A.-E. BREHM

MERVEILLES DE LA NATURE

LA TERRE

LES MERS ET LES CONTINENTS

GÉOGRAPHIE PHYSIQUE, GÉOLOGIE ET MINÉRALOGIE

PAR

FERNAND PRIEM

ANCIEN ÉLÈVE DE L'ÉCOLE NORMALE SUPÉRIEURE
AGRÉGÉ DES SCIENCES NATURELLES, PROFESSEUR AU LYCÉE HENRI IV

PARIS
LIBRAIRIE J.-B. BAILLIÈRE ET FILS
19, rue Hautefeuille, près du boulevard Saint-Germain

LES MERVEILLES DE LA NATURE

LA TERRE

LES MERS ET LES CONTINENTS

2028-1892. — CORBEIL. Imprimerie CRÉTÉ.

PRÉFACE

La collection des *Merveilles de la Nature* ne comprenait jusqu'ici que la *Vie des animaux* de Brehm et le volume sur les *Races humaines* du Dr Verneau. Mais il ne suffit pas de connaître les êtres vivants qui habitent notre planète, il faut étudier aussi la Terre en elle-même, sa configuration actuelle, les matériaux qui la composent, les modifications que sa surface éprouve sans cesse sur l'action des différentes forces naturelles. Nous avons entrepris ce travail. Nous nous sommes efforcé d'apporter dans l'accomplissement de notre tâche cette exactitude et cette clarté qui ont rendu si populaire l'œuvre de Brehm et des savants qui l'ont adaptée au goût des lecteurs français : MM. Gerbe, Kunckel d'Herculais, Sauvage, de Rochebrune et Verneau.

Ce présent ouvrage est au courant des recherches les plus récentes. Dans une première partie nous esquissons l'histoire de la Géologie, puis nous considérons le globe terrestre dans ses rapports avec les autres astres pour étudier ensuite les divers éléments de notre planète : l'atmosphère, les terres et les mers. Une grande partie de l'ouvrage est consacrée aux changements continuels de la surface terrestre dus aux actions de la mer, des eaux courantes et des forces souterraines ; en particulier les questions relatives aux glaciers, aux volcans, aux tremblements de terre sont traitées avec tous les développements qu'elles comportent.

Les minéraux et les roches sont ensuite passés en revue, et nous insistons surtout sur les matériaux utiles, les métaux, les pierres précieuses. Le livre se termine par une esquisse des faunes et des flores qui peuplent la terre ; il se relie ainsi aux volumes déjà publiés, dont il est le complément nécessaire.

Pour accomplir cette œuvre longue et difficile nous avons mis à contribution les travaux des géographes et naturalistes qui ont étudié la Terre dans tous ses détails, et notamment le magistral ouvrage de M. Suess : *Das Antlitz der Erde* [(la Face de la Terre] malheureusement encore inachevé). Nous avons puisé aussi de nombreux renseignements dans l'ouvrage de feu Neumayr, l'auteur de l'ouvrage allemand ayant pour titre *Erdgeschichte der Erde* [l'Histoire de la Terre]. Nous lui avons emprunté un certain nombre de figures. Beaucoup de gravures aussi sont dues à l'obligeance de M. Vélain qui a bien voulu mettre à notre disposition, avec une bienveillance dont nous le remercions vivement, les clichés de plusieurs de ses ouvrages et de belles photographies. Le lecteur trouvera dans ce volume une illustration très variée. A côté de cartes et de figures d'un grand intérêt scientifique, il rencontrera de nombreuses gravures représentant les sites les plus pittoresques et les exploitations minières les plus célèbres. Puisse ce livre trouver auprès du grand public auquel il est destiné, le même accueil que les autres parties des *Merveilles de la Nature!* C'est là le vœu que nous formons ; sa réalisation sera notre récompense.

F. PRIEM.

Novembre 1892

La Montagne.

LA TERRE ET LES MERS

INTRODUCTION

LES SCIENCES DE LA TERRE.

L'homme étudie sans cesse la planète qu'il habite; il y est poussé par les nécessités matérielles et aussi par l'intelligente curiosité qui est un de ses principaux attributs. Mais les faits que l'homme recueille dans sa patiente investigation de la Terre se laissent classer en plusieurs groupes, et constituent ainsi des sciences distinctes. Il faut d'abord connaître la place et l'importance de la Terre dans l'Univers, étudier ses mouvements, préciser sa forme générale et mesurer ses dimensions. Les deux premières questions sont du ressort de l'*Astronomie*, la dernière n'est autre que le domaine de la *Géodésie* ou Géographie mathématique. Si, au lieu de considérer l'ensemble du corps planétaire, l'homme examine les détails de sa surface, il est amené à étudier la répartition des terres et des mers, la disposition des chaînes de montagnes, celle des profondeurs océaniques, les conditions de température des diverses régions du globe. Tout cela constitue la *Géographie physique*. L'étude spéciale de l'élément gazeux de notre planète, c'est-à-dire de l'atmosphère, forme la Météorologie.

Un examen plus attentif montre que le sol n'est pas homogène, qu'il est constitué par des masses d'apparence et de composition diverses, ce sont les roches, où l'on peut distinguer de nombreux éléments généralement cristallisés : les minéraux. L'étude des éléments du sol forme deux sciences d'ailleurs intimement unies : la *Minéralogie* qui s'occupe des minéraux pris isolément et la *Pétrographie* qui s'occupe de leurs associations, c'est-à-dire des roches.

Tous les points de vue auxquels nous nous sommes placés jusqu'à présent ne comportent que l'étude de l'état présent de notre planète. Mais la Terre subit une lente évolution. De nos jours elle se modifie; nous voyons la mer dégrader ses côtes (fig. 1), les fleuves former des dépôts à leur embouchure, les glaciers avancer ou reculer dans les vallées; trop souvent la surface du globe est bouleversée par des éruptions volcaniques ou des tremblements de terre. En outre, si au lieu de nous borner à l'étude de la surface du sol, nous examinons les points où l'on peut examiner ses parties profondes, comme les ravins, les carrières, ou mieux encore les dislocations des pays de montagnes, nous reconnaissons que le globe est formé de couches successives, disposées souvent d'une manière très compliquée ; de plus, ces couches contiennent des restes d'animaux et de végétaux, des coquilles, des ossements, des empreintes. Tous ces faits nous révèlent que la Terre a subi de nombreuses vicissitudes ; la mer a couvert des régions aujourd'hui à sec et y a constitué des dépôts ; des formes animales et végétales différentes des formes actuelles se sont succédé sur notre globe. En un mot la Terre n'a pas toujours été telle que nous la voyons aujourd'hui : elle a une histoire. Retracer cette histoire, essayer de comprendre les différentes phases du passé de notre planète, observer les phénomènes actuels pour s'expliquer les phénomènes anciens, tel est le but de la *Géologie*. Quant à l'étude des restes organiques trouvés dans le sol, de ces restes qu'on appelle les fossiles, elle constitue la *Paléontologie*, science encore jeune qui s'efforce de reconstituer les faunes et les flores disparues et d'établir leurs rapports avec les faunes et les flores actuelles.

Mais toutes les sciences de la Terre se prêtent un mutuel secours ; entre elles il y a, en quelque sorte, des territoires où leurs domaines se pénètrent, et dans bien des questions il faut s'éclairer à la fois des lumières de la Géologie, de la Paléontologie, de la Minéralogie et de la Géographie physique.

Dans ce volume nous allons étudier l'état présent de notre planète et les phénomènes qui modifient actuellement cet état.

Dans un autre volume nous retracerons les différentes époques de son histoire et les modifications successives des faunes et des flores. Toutefois il est nécessaire pour comprendre le présent d'avoir une idée générale du passé ; dès maintenant il nous faut connaître les résultats généraux de la Géologie.

DONNÉES GÉNÉRALES DE LA GÉOLOGIE.

LES ROCHES.

Quand on examine le sol, on constate qu'il est formé de deux grandes catégories de roches. Si nous allons en Auvergne nous trouvons en bien des points une roche noire, compacte, paraissant formée d'une pâte où se montrent disséminés des cristaux. C'est le basalte. On voit qu'il forme de vastes coulées partant des volcans éteints de l'Auvergne. Son origine est donc évidente, il a été rejeté par les volcans ; c'est une roche *éruptive*. Les laves des volcans actuels ont souvent une grande analogie avec les basaltes. Bien d'autres roches contiennent des cristaux, et souvent beaucoup plus visibles que ceux du basalte. Ainsi la plus grande partie du sol de la Bretagne est constituée par une roche grisâtre entièrement formée de grains cristallisés serrés les uns contre les autres, ce qui lui a valu le nom de granite. Toutes les roches ressemblant plus ou moins aux laves actuelles, constituées par des minéraux cristallisés, sont appelées roches éruptives ; elles sont venues de l'intérieur du sol (fig. 2).

Dans beaucoup de régions de la France, et en particulier aux environs de Paris, nous ne trouvons aucune roche éruptive, mais en revanche si nous examinons une tranchée de chemin de fer ou une carrière, nous sommes frappés de ce fait que les roches mises à nu,

Fig. 1. — La mer.

la craie, le calcaire grossier, l'argile, les sables, sont disposées en couches parallèles ou *strates*. On dit que ces roches sont *stratifiées*. L'observation de ce qui se passe sur les bords de la mer ou des fleuves nous renseigne sur l'origine des roches stratifiées. Les dépôts marins, les alluvions des rivières et des lacs se déposent aussi en couches parallèles. Il en est ainsi pour tous les matériaux en suspension dans l'eau. Si nous agitons avec de l'eau dans une cuvette des graviers, des sables, du limon, nous voyons que les dépôts commencent à se former dès que nous cessons d'agiter. Les éléments les plus lourds, les graviers, tombent les premiers au fond ; sur eux se déposent les sables ; enfin le limon plus léger forme une couche nouvelle sur la précédente. La cuvette nous fournit en petit un exemple de stratification. Ainsi les roches stratifiées sont des roches déposées par les eaux. Comme les matériaux en suspension dans l'eau sont appelés sédiments, les roches stratifiées sont aussi désignées sous le nom de roches *sédimentaires* (fig. 2).

Dans les alluvions de la mer, des fleuves, des lacs, on trouve les débris des animaux ou des végétaux qui ont vécu dans les eaux ou dans leur voisinage, et surtout des coquilles. On trouve des débris semblables dans les roches considérées ; le calcaire grossier de Paris est particulièrement riche en restes de ce genre. Tous les débris d'origine organique ensevelis dans les roches sont désignés sous le nom de *fossiles*. Les roches sédimentaires forment donc une seconde catégorie qui se distingue facilement des roches éruptives par la présence des fossiles et la disposition en couches parallèles.

Les stratifications. — Une partie importante de la Géologie est la *Stratigraphie* qui étudie les *stratifications*, c'est-à-dire les manières dont les roches sédimentaires se superposent.

Les roches sédimentaires s'étant déposées dans les eaux ont dû y former originellement des couches horizontales absolument parallèles (fig. 3). La stratification est donc d'abord horizontale. Mais il arrive souvent quand on examine les coupes géologiques que fournissent les falaises, les carrières, les tranchées,

Fig. 2. — Roches éruptives et roches stratifiées. Vue du pic Abajo (Colorado), d'après Hayden.

de voir les couches inclinées tout en gardant leur parallélisme (fig. 5). Il faut alors, pour expliquer cette disposition, faire intervenir des mouvements du sol analogues à ceux dont nous parlerons plus loin, mouvements qui ont eu pour effet d'incliner les couches primitivement horizontales. Quelquefois aussi ce sont des roches éruptives qui, venant s'intercaler au milieu des roches sédimentaires, les ont rejetées de part et d'autre (fig. 5).

Lorsque les couches sont inclinées, il y a à faire deux mesures : déterminer l'orientation de l'horizontale menée dans le plan des couches (en allemand : *streichen*) et mesurer l'inclinaison de ces couches sur l'horizon (en allemand : *fallen*). On emploie à cet effet une boussole (fig. 6) placée dans une boîte carrée. La ligne N.-S. gravée sur le cercle de la boussole est parallèle à l'un des côtés de la boîte. Pour déterminer l'orientation de l'horizontale du plan des couches (disons pour abréger la direction horizontale), on place la boussole sur la tranche horizontale des couches de façon que la ligne N.-S. soit parallèle à la direction en question ; on n'a plus qu'à mesurer l'angle que fait avec la ligne N.-S. la moitié nord de l'aiguille aimantée. Généralement le cercle de la boussole est divisé en 360 degrés, le zéro correspondant au point N. et les divisions croissant dans le sens des aiguilles d'une montre. Si l'on trouve que la moitié nord de l'aiguille vient à 30°, à droite de la ligne N.-S., on dira que l'horizontale des couches est dirigée à 30° à l'ouest, ce qu'on écrit N. 30° O. Nous représentons ici la boussole construite sur le modèle de celle de l'école des mines de Freiberg en Saxe ; elle a un intérêt historique parce que les géologues de Freiberg ont les premiers déterminé l'orientation des couches et des filons. Dans cette boussole le cercle gradué est divisé en vingt-quatre heures, subdivisées chacune en 15 degrés. De plus, très souvent, la position de l'est (*ost* en allemand) et de l'ouest (*west*) est intervertie, c'est-à-dire qu'on a gravé à droite de la ligne N.-S. la lettre O, et à gauche la lettre W ; de cette façon quand on voit, pendant la recherche de l'orientation, que le pôle nord de l'aiguille va vers W, on peut en conclure que l'horizontale est à l'ouest. Si l'on dit, quand on emploie cette boussole, que les couches ont la direction de neuf heures, cela signifie qu'elles sont exactement dirigées du S.-E. au N.-O. Il faudra dire, pour compléter la détermination, si l'inclinaison se fait vers le N.-E. ou vers le S.-O.

Pour mesurer l'inclinaison on ajoute à la boussole un dispositif consistant en un demi-cercle gradué sur lequel peut osciller un petit pendule mobile autour du pivot de l'aiguille. Celle-ci de plus peut être retenue sur la ligne N.-S. à l'aide d'une petite vis. On détermine d'abord la ligne de plus grande pente ;

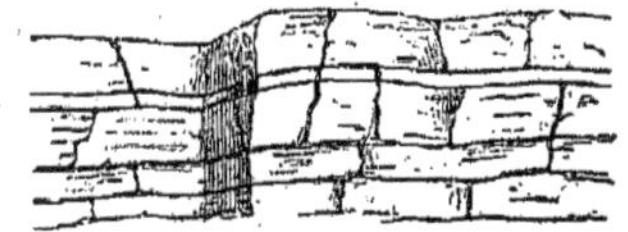
Fig. 3. — Couches horizontales, avec fissures.

Fig. 4. — Couches inclinées.

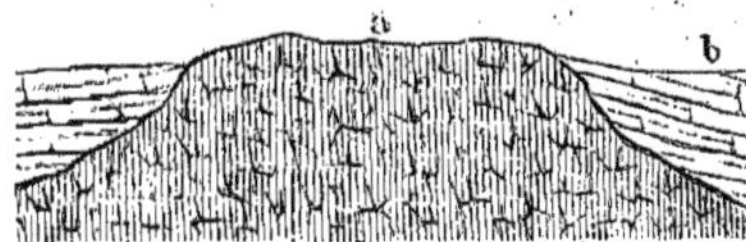

Fig. 5. — Roches éruptives formant massif. *a*, massif éruptif; *b*, roches sédimentaires.

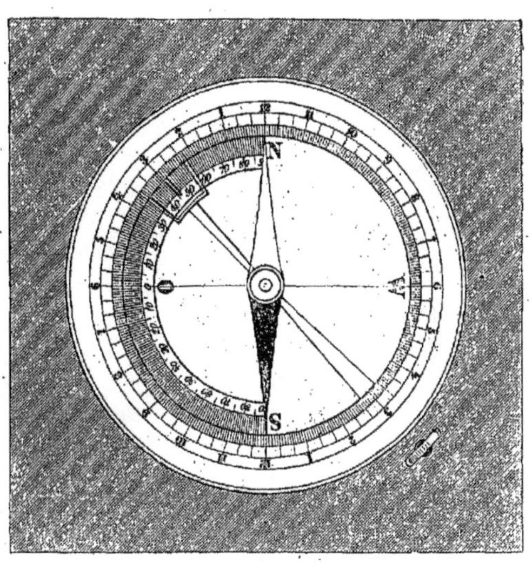

Fig. 6. — Boussole de géologue.

elle est perpendiculaire à la direction horizontale des couches déterminée précédemment. On redresse la boussole de façon que la ligne N.-S. soit perpendiculaire à la ligne de plus grande pente; le pendule prend la direction de la verticale; l'angle qu'il fait avec la ligne N.-S. est l'angle cherché.

Les résultats des déterminations de ce genre sont indiqués sur les cartes par un symbole : un trait indique la direction de l'horizontale du plan des couches, une flèche indique la pente et un chiffre la valeur de l'angle. Ainsi le symbole 45° indique une couche orientée N.-O.-S.-E. et inclinée de 45° vers le N.-E.

Les couches peuvent, au lieu d'être inclinées, se montrer plissées (fig. 7), ondulées, comme si elles avaient été refoulées latéralement; elles présentent alors des parties saillantes et des parties rentrantes. Les premières sont appelées des plis *anticlinaux* (fig. 8) ou des *selles* parce qu'à partir du sommet les couches prennent deux inclinaisons opposées. Les parties rentrantes sont appelées des plis *synclinaux* (fig. 9) parce que les couches s'inclinent de manière à se rencontrer au point le plus bas. Le Jura nous présente beaucoup d'exemples de couches ainsi plissées.

Dans tous les cas précédents les couches, qu'elles soient horizontales, inclinées ou ondulées, sont parallèles entre elles; la stratification est *concordante*. Il peut arriver, au contraire, que sur un système de couches parallèles entre elles se trouve un second système de couches aussi parallèles entre elles mais dont l'inclinaison est différente de celle des premières. Par exemple sur des couches inclinées se trouvent des couches horizontales, ou bien celles-ci viennent buter contre un massif de couches inclinées. La stratification est alors *discordante*. Ces faits s'expliquent par des mouvements du sol qui ont redressé des couches d'abord horizontales, puis la mer est revenue et a déposé de nouveaux sédiments (fig. 10).

Souvent les couches sédimentaires, à la suite des mouvements qu'elles ont subis, se sont brisées; on constate l'existence de cassures. Un cas remarquable de cassure nous est présenté par les *failles*. Il y a eu fracture et ensuite affaissement de l'une des lèvres de la cassure tandis que l'autre lèvre est restée en place. Alors les couches ne se correspondent pas des deux côtés. C'est ce que représentent les figures 11, 12, 13.

Les roches éruptives se disposent de diverses façons par rapport aux couches sédimentaires. Parfois on les trouve en grandes masses portant sur leurs flancs les roches stratifiées qu'elles ont soulevées et disloquées. On dit alors qu'elles forment des *massifs* (fig. 13). Ailleurs on observe au milieu des roches stratifiées des fentes remplies par des roches éruptives. C'est ce qu'on nomme des *filons de roches* (fig. 14). Souvent

Fig. 7. — Roches calcaires plissées (d'après Green).

les filons une fois arrivés à la surface s'y épanchent, et c'est ce qui forme des *nappes* ou *coulées*. Le basalte se présente souvent avec cet aspect sur les calcaires.

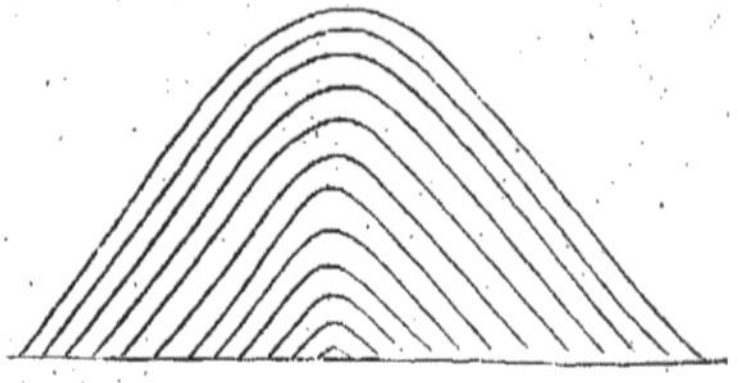

Fig. 8. — Pli anticlinal.

Très fréquemment les régions disloquées, comme le Harz par exemple, présentent de grandes cassures qui sont remplies, non pas de roches éruptives, mais de minerais, c'est-à-dire de composés chimiques d'où l'on peut

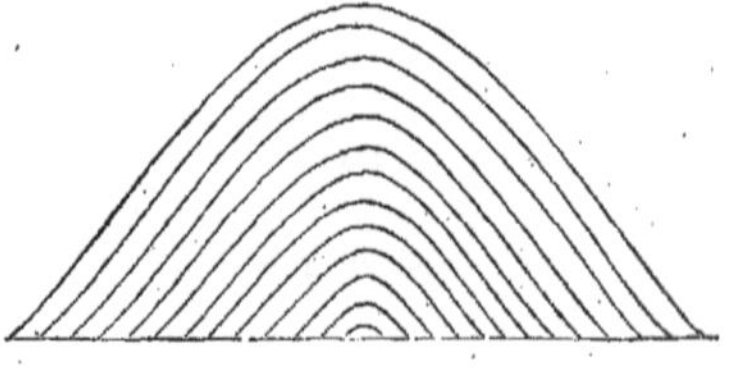

Fig. 9. — Pli synclinal.

extraire des métaux. Les minerais sont accompagnés de matières pierreuses ou *gangues* sans grande valeur industrielle. Ces assemblages de minerais et de gangues sont les *filons métallifères* (fig. 16). Ils doivent leur origine aux eaux souterraines chaudes et chargées de substances minérales. Ces eaux se sont élevées dans les fentes du sol et y ont déposé peu à peu divers matériaux. Ce qui le prouve, c'est que très souvent les substances des filons sont disposées symétriquement par rapport aux parois; elles se répètent exactement des deux côtés. Il y a eu ici des dépôts successifs comme cela a lieu dans les tuyaux de conduite incrustés de matières pierreuses. La puissance des filons est très variable. Certains sont extrêmement minces tandis que d'autres atteignent une épaisseur de 50 ou 60 mètres. Souvent l'on voit des filons se croiser. Le plus récent coupe en deux le filon le plus ancien; si en outre il y a eu glissement d'une des parois de la nouvelle fente, le filon interrompu est *rejeté* en avant ou en arrière.

LES PÉRIODES GÉOLOGIQUES.

L'épaisseur totale des couches sédimentaires est évaluée à plus de 50 000 mètres. Le but principal de la Géologie est de classer ces couches, d'en faire la chronologie, c'est-à-dire d'établir leur âge relatif.

On doit considérer tout d'abord l'ordre de superposition. Si une couche en recouvre une autre, c'est qu'elle s'est déposée sur celle-ci ; elle est donc plus récente. En d'autres termes, dans une localité donnée, les couches les plus

Fig. 10. — Stratification discordante.

profondes sont aussi les plus anciennes. Mais quand il s'agit de reconnaître les couches qui se sont formées à la même époque dans deux pays différents, on ne peut compter sur la continuité des couches d'un pays à l'autre à cause des dislocations, des cassures, des failles. De plus dans l'intervalle des deux pays il a pu y avoir des érosions qui ont enlevé les couches en question, ou bien celles-ci ne se sont pas déposées parce qu'à cette époque la région intermédiaire était émergée; en un mot il y a des *lacunes* qui interrompent la continuité. Il faut avoir recours à la Paléontologie.

Si, en effet, on examine les diverses assises géologiques d'un pays, on constate que chacune de ces assises possède un certain nombre de fossiles qui ne se trouvent pas dans les autres. Ils permettent donc de reconnaître ces couches; ce sont des *fossiles caractéristiques*. Si l'on trouve dans deux pays différents deux formations stratifiées contenant les mêmes fossiles, on dira qu'elles se sont déposées au fond des eaux à la même époque, qu'elles sont *contemporaines* ou *synchrones*. Ici le terme contemporain n'a pas le sens strict qu'on lui donne dans le langage ordinaire, il veut dire simplement que si l'on a catalogué toutes les assises géologiques depuis la plus ancienne jusqu'à la plus récente, les deux couches en question ont précisément le même numéro dans le catalogue général.

On partage l'ensemble des couches sédimentaires en quatre groupes qui sont par ordre d'ancienneté décroissante : le groupe *primitif* ou *archaïque*, le groupe *paléozoïque*, le groupe *mésozoïque* et le groupe *cænozoïque*, et on donne le nom d'*ères* aux intervalles de temps, de durée inconnue d'ailleurs, correspondant à ces groupes.

Le groupe primitif contient des roches rappelant à la fois les roches stratifiées et les roches éruptives. Elles sont cristallines comme ces dernières, et elles présentent d'autre part une stratification imparfaite. On n'y trouve aucun débris organique.

Le groupe paléozoïque, dont le nom signifie que la faune est ancienne, présente des fossiles très différents des animaux actuels; le groupe cænozoïque, c'est-à-dire à faune récente, rappelle par ses types organiques les types actuels; enfin le groupe mésozoïque ou à faune intermédiaire, sert de transition entre le groupe paléozoïque et le groupe cænozoïque. On constate, en effet, quand on examine l'ensemble des documents paléontologiques, que la vie a subi à la surface de la terre une véritable évolution; depuis l'ère paléozoïque les animaux et les végétaux se sont rapprochés de plus en plus des animaux et des végétaux actuels.

Les êtres vivants de l'ère paléozoïque diffèrent beaucoup des êtres actuels. Les animaux qui dominent sont les Crustacés; les Vertébrés ne sont guère représentés que par des Poissons et des Batraciens. La flore se composait de plantes sans fleurs (Cryptogames) auxquelles venaient s'adjoindre des végétaux analogues aux Pins et Sapins actuels (Gymnospermes).

Dans l'ère mésozoïque se développent de nombreux Mollusques, des Reptiles gigantesques. Les Oiseaux et les Mammifères font leur apparition ainsi que les plantes à fleurs.

L'ère cænozoïque est remarquable par de nombreux Mammifères très voisins des Mammifères actuels.

Chaque groupe est divisé en plusieurs *systèmes* ou *terrains* que nous allons rapidement caractériser. De même que l'ère correspond au groupe, la *période* correspond au système.

Ère Paléozoïque. — Nous faisons abstraction ici du système paléozoïque le plus inférieur : le *Précambrien* ou *Huronien*, dépourvu de fossiles.

Cambrien. — Les couches les plus anciennes,

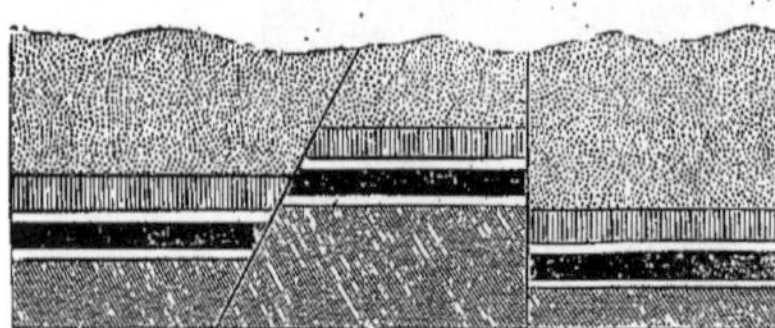

Fig. 11. — Failles.

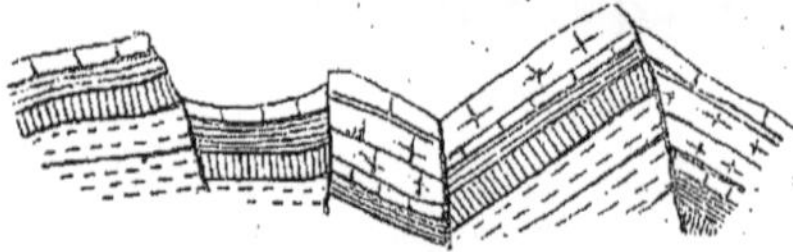

Fig. 12. — Exemple de failles.

Fig. 13. — Failles avec retroussement des couches.

Fig. 14. — Massif de roche. Enclave granitique.

Fig. 15. — Roche éruptive *a* injectée dans une roche sédimentaire; *b*, filons de roche.

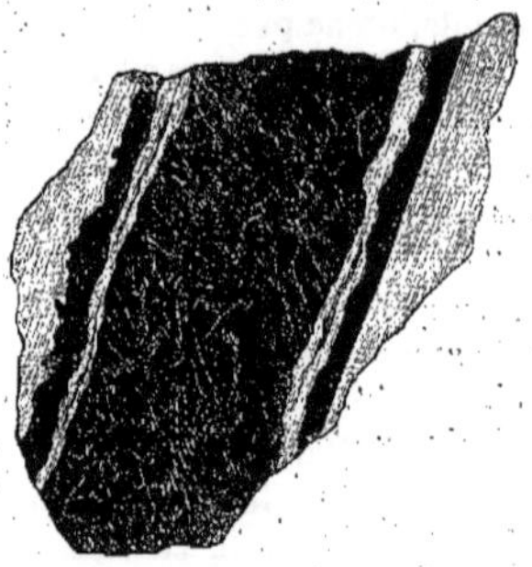

Fig. 16. — Coupe d'un filon métallifère.

où l'on ait trouvé des fossiles, constituent le système cambrien, ainsi nommé de l'ancien nom latin (*Cambria*) du pays de Galles. On y trouve de nombreuses empreintes de Crustacés qui ont reçu le nom de Trilobites, parce que leur corps se divise en trois lobes aussi bien dans le sens longitudinal que dans le sens transversal. C'est ce que l'on peut voir dans le *Paradoxides bohemicus* (fig. 17). Les trois lobes transversaux sont la tête, le thorax divisé en anneaux, et l'abdomen. Les anneaux du thorax présentent des appendices latéraux ou plèvres, d'où résulte la division longitudinale en trois lobes. Les Trilobites caractérisent l'ère paléozoïque; ils apparaissent et disparaissent avec elle.

Le Cambrien est souvent considéré comme l'étage le plus inférieur du système qui suit immédiatement.

Silurien. — Ce système a été appelé Silurien parce qu'il a d'abord étudié dans le pays de Galles, où habitait autrefois la tribu celtique des Silures. La période silurienne est remarquable par l'épanouissement remarquable des Trilobi-

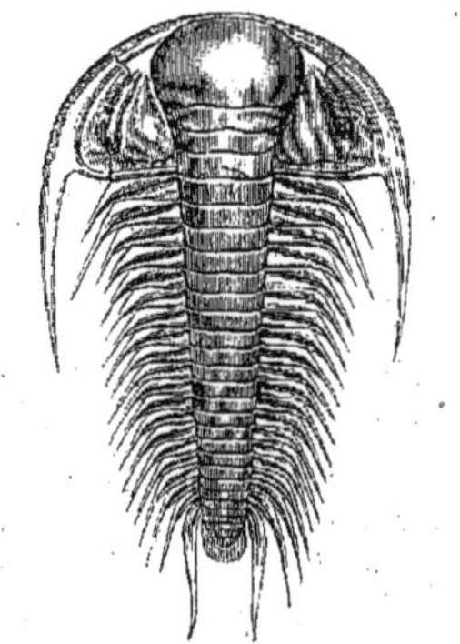

Fig. 17. — *Paradoxides bohemicus.*

Fig. 24. — *Productus horridus.*

Fig. 22. — Fusuline, grandeur naturelle et grossie.

Fig. 19. — *Orthoceras regulare.*

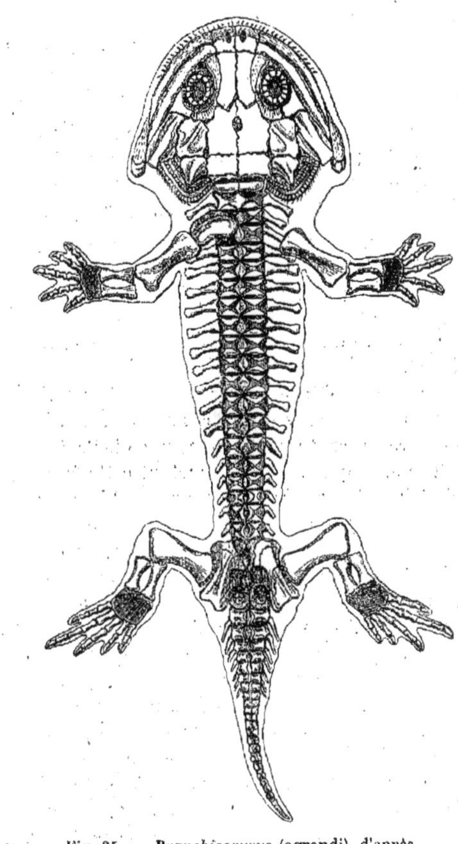

Fig. 25. — *Branchiosaurus* (agrandi), d'après Fritsch.

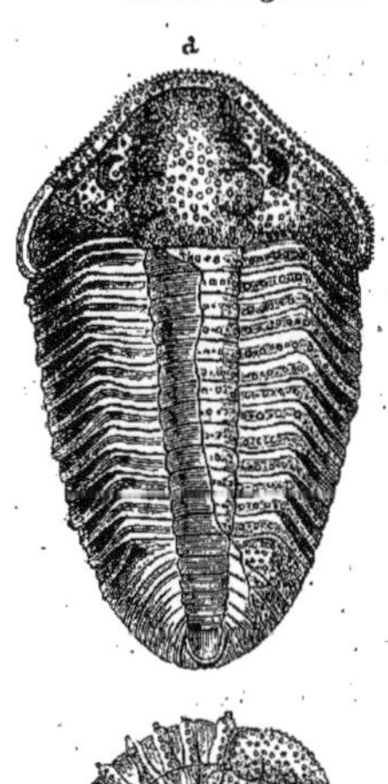

Fig. 18. — *Calymene Blumenbachi.*

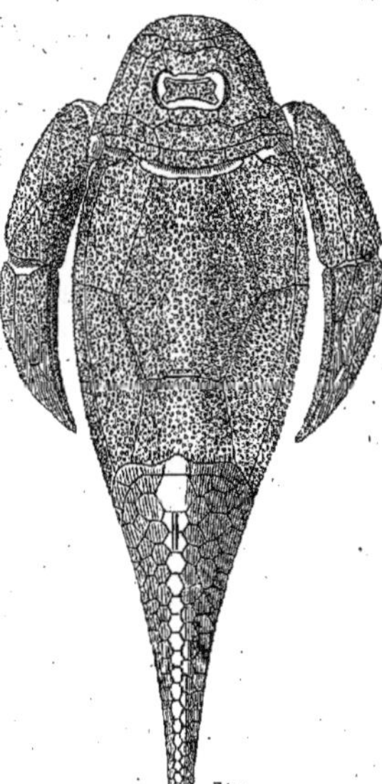

Fig. 21. — *Pterichthys.*

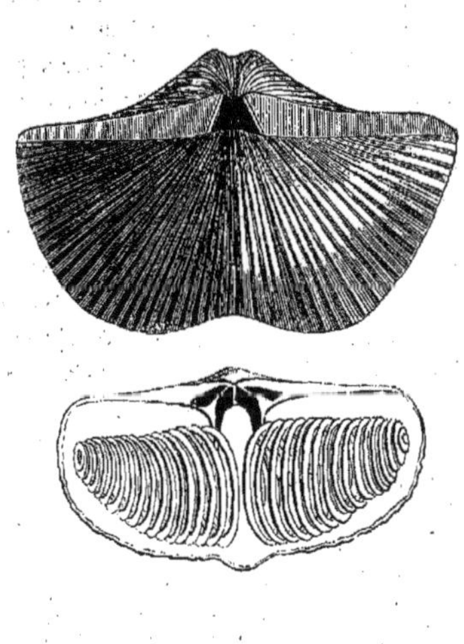

Fig. 20. — *Spirifer striatus* du Calcaire carbonifère.

FOSSILES DES TERRAINS PRIMAIRES.

tes, qui vont ensuite devenir de moins en moins nombreux. Nous en figurons un exemple : le *Calymene Blumenbachi* (fig. 18). On peut citer aussi de très abondants Céphalopodes, analogues aux Nautiles actuels ; la coquille est enroulée, ou en partie déroulée ou entièrement droite (*Orthoceras*, fig. 19).

Dévonien. — Le système dévonien succède au système silurien. Il tire son nom du comté de Devon, en Angleterre, où il est très développé.

La faune dévonienne ne présente pas la richesse de formes de la faune silurienne. Le nombre des espèces est beaucoup moins considérable. Ce qui caractérise surtout cette faune c'est la présence de nombreux Brachiopodes, animaux aujourd'hui relativement peu communs. Ils sont munis d'une coquille bivalve, à l'intérieur de laquelle se trouvent deux longs appendices ou bras enroulés souvent sur un appareil calcaire spécial. Parmi les Brachiopodes du Dévonien il faut citer les *Spirifers* (fig. 20), remarquables par leur appareil brachial enroulé en spirale. Le Dévonien est caractérisé aussi par des Poissons nombreux, de formes souvent étranges. Tels sont les Placodermes couverts de larges plaques formant une vraie cuirasse. Nous en figurons ici un exemple, le *Pterichthys*, dont les nageoires ressemblent beaucoup à des ailes (fig. 21).

Carbonifère. — La période carbonifère est la première qui nous montre une remarquable extension de la vie continentale. Les animaux marins présentent de grands rapports avec ceux du Dévonien ; on peut citer, parmi les plus remarquables, des Brachiopodes appelés *Productus* et des Foraminifères, désignés sous le nom de Fusulines (fig. 22). Ce sont de petites coquilles en forme de fuseau, longues de 10 à 12 millimètres, et dont l'intérieur est divisé en chambres nombreuses. Le corps des Fusulines, comme celui de tous les Foraminifères, se composait d'une simple masse gélatineuse remplissant toute la coquille et poussant au dehors des prolongements.

La houille qui a valu son nom au terrain carbonifère est due à la décomposition lente des végétaux dans l'eau. On y trouve de nombreux débris de plantes. Les terres émergées étaient étendues à l'époque carbonifère et couvertes d'épaisses forêts. Les débris de végétaux, entraînés par les eaux de ruissellement le long des pentes, se sont déposés dans des dépressions du sol, dans des lacs ou des lagunes, et là ils se sont lentement carbonisés. La flore de l'époque houillère était très différente de la flore actuelle. Elle se composait de Cryptogames et aussi de Gymnospermes. Les empreintes de Fougères sont très abondantes dans les couches de houille. Les Lycopodiacées, famille de Cryptogames aujourd'hui très réduite, étaient au contraire en plein épanouissement à l'époque carbonifère ; elles présentaient alors des arbres de 20 à 30 mètres de haut, les *Lepidodendrons* (fig. 23). Sur leur écorce on voit des cicatrices losangiques laissées par la base des feuilles en se détachant.

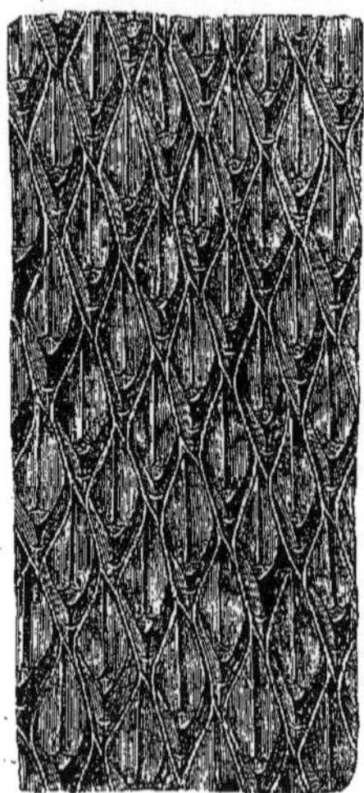

Fig. 23. — *Lepidodendron aculeatum.*

Les continents carbonifères étaient peuplés de Mollusques terrestres, de Scorpions, de nombreux Insectes. Les Vertébrés y étaient représentés par des animaux qui rappellent par leur organisation les Batraciens actuels. On les a appelés Stégocéphales, à cause des plaques osseuses qui couvrent le crâne d'un toit continu.

Permien. — Le système permien succède au carbonifère et les deux systèmes passent de l'un à l'autre d'une manière insensible. En un mot la période permienne n'est que la terminaison de la période carbonifère. Elle est caractérisée, comme celle-ci, par l'existence de continents étendus couverts d'une abondante végétation. Le nom de Permien est dû à ce que ces couches ont été d'abord découvertes dans le gouvernement de Perm en Russie. La faune permienne rappelle la faune carbonifère. Parmi les animaux marins on retrouve les *Productus* (fig. 24), parmi les animaux terrestres ou amphibies les Stégocéphales.

Plusieurs de ces derniers rappellent les Salamandres actuelles. Ils n'atteignent que 10 à 13 centimètres; la tête est large avec de grandes cavités orbitaires, les côtes sont faiblement développées. L'animal subissait des métamorphoses comme les Batraciens actuels; dans sa jeunesse il possédait des branchies portées par des arcs branchiaux. C'est ce que présente le *Branchiosaurus* du Permien de Bohême, ici figuré (fig. 25).

Ère Mésozoïque. — 1° *Trias*. — Les systèmes mésozoïques débutent par le Trias, ainsi nommé parce qu'en Allemagne, où il a d'abord été étudié, il se compose de trois parties très nettes : les grès bigarrés, le *muschelkalk* ou grès coquillier et les marnes irisées ou *keuper*. La faune diffère notablement de la faune paléozoïque. Parmi les Céphalopodes, les Nautilidés sont en pleine décroissance tandis que se développe une famille jusqu'alors faiblement représentée. C'est la famille des Ammonitidés; elle est caractérisée surtout par ce fait que les cloisons de la coquille se repliaient sur le bord d'une manière sinueuse; de là sur les moules internes des coquilles des lignes plus ou moins compliquées, dites lignes suturales. L'un des Ammonitidés caractéristiques du Trias est le *Ceratites nodosus* (fig. 26).

Les Vertébrés sont représentés par des Stégocéphales, des Reptiles dont certains ressemblent aux Crocodiles, enfin les Mammifères apparaissent. Ils sont de petite taille, leurs restes sont rares; on en a trouvé dans le Wurtemberg, l'Angleterre, le sud de l'Afrique et l'Amérique du Nord, quelques ossements, surtout des mâchoires inférieures; la dentition rappelle celle des Marsupiaux et des Insectivores actuels.

2° *Jurassique*. — A la période triasique succéda une longue période pendant laquelle les mers occupèrent une vaste étendue. Cette période, dite Jurassique, a laissé des dépôts très développés dans le Jura. Ils forment aussi, en France, le sol d'une grande partie de la Lorraine, de la Normandie, du Poitou. A la fin de la période il y eut un mouvement d'émersion qui se généralisa de plus en plus. Il a commencé par le sud-est et atteignit ensuite le nord. La France, d'abord réduite à trois grandes îles : l'Armorique, le Plateau Central et les Vosges, fut presque complètement émergée à la fin du Jurassique. Elle se souda à l'Angleterre et l'emplacement actuel de la Manche était alors occupé par des lacs et des forêts.

Les Ammonites sont très communes pendant la période jurassique; elles servent à caractériser les divers étages; l'*Amaltheus margaritatus* ici figurée (fig. 27) est une Ammonite propre à l'étage le plus ancien, appelé Lias. D'autres Céphalopodes très répandus pendant cette période sont : les Belemnites (fig. 28), dont on trouve abondamment les osselets comparables à celui de la Seiche actuelle. Les Oursins (fig. 29) sont extrêmement nombreux. Toutes les classes de Vertébrés sont représentées, mais les Reptiles dominent. Les plus remarquables sont des Reptiles nageurs comme l'Ichthyosaure (fig. 30) et le Plésiosaure (fig. 31), et des Reptiles volants comme le Ptérodactyle (fig. 32). Les Oiseaux commencent à apparaître et présentent un type d'une organisation extraordinaire, l'*Archæopteryx* (fig. 33) pourvu d'une longue queue de lézard, de griffes aux ailes, et de dents aux mâchoires. Les Mammifères encore faibles et rares rappellent ceux du Trias.

3° *Crétacé*. — Au commencement de la période suivante, dite Crétacée, la mer envahit de nouveau les territoires qu'elle avait abandonnés vers la fin de la période jurassique. Parmi les dépôts qu'elle forme se trouve la craie (en latin *creta*), qui a valu son nom à cette période. Les Ammonitidés, les Oursins (fig. 34 et 35) se montrent avec une grande abondance de formes différentes de celles du Jurassique. Les Mollusques bivalves sont remarquables par des types étranges : les Rudistes (fig. 36) dont la coquille se compose d'une grande valve en forme de cornet et d'une petite valve qui surmonte ce cornet en guise d'opercule; ex. : les *Hippurites*.

Les Reptiles atteignent leur plus grand développement pendant cette période. Le groupe le plus important est celui des Dinosauriens, ainsi appelés à cause de la grande taille de certains genres. Ces animaux, qui se trouvent déjà au début de l'ère mésozoïque, présentent au commencement du Crétacé leurs formes les plus étranges avec l'*Iguanodon*, qui par ses fortes pattes de derrière et sa longue queue rappelle le Kangourou. L'animal debout atteignait 4m,50 de hauteur (fig. 37).

Les Oiseaux se trouvent quelquefois dans le Crétacé. Les couches des territoires de l'Ouest

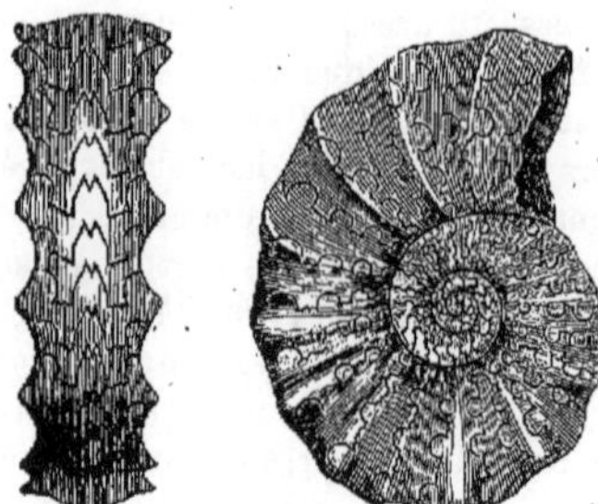

Fig. 26. — *Ceratites nodosus.*

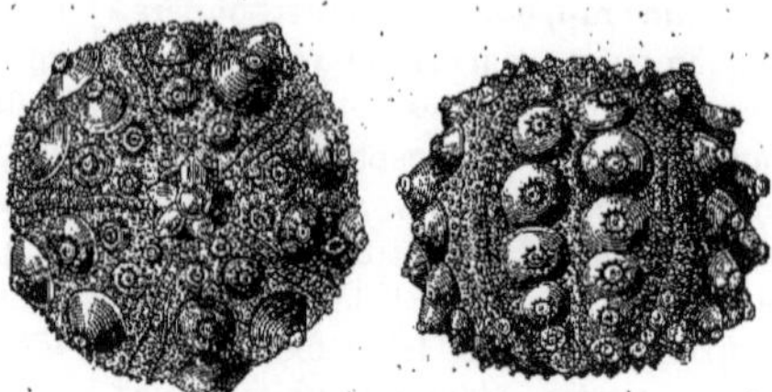

Fig. 29. — *Hemicidaris crenularis.*

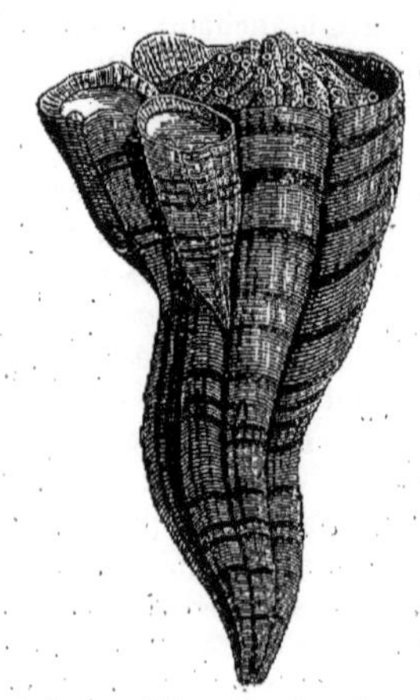

Fig. 36. — Groupe d'*Hippurites toucasianus*, exemple de Rudistes.

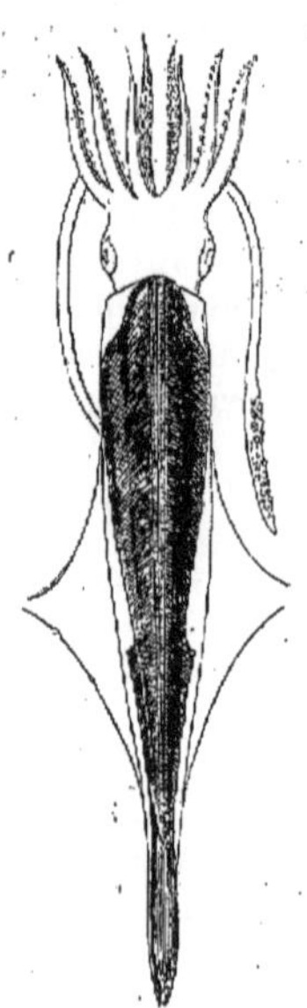

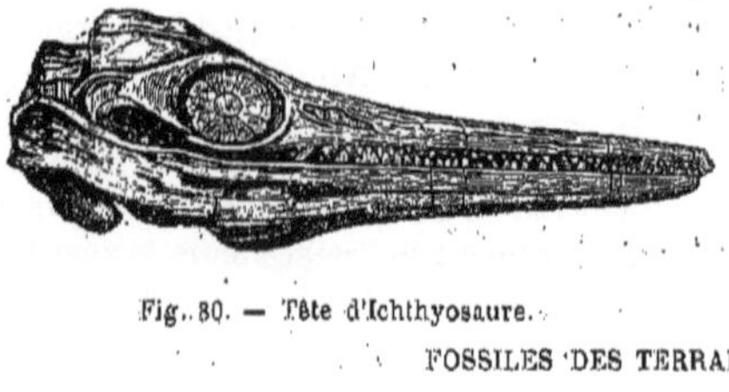

Fig. 28. — Belemnite restaurée.

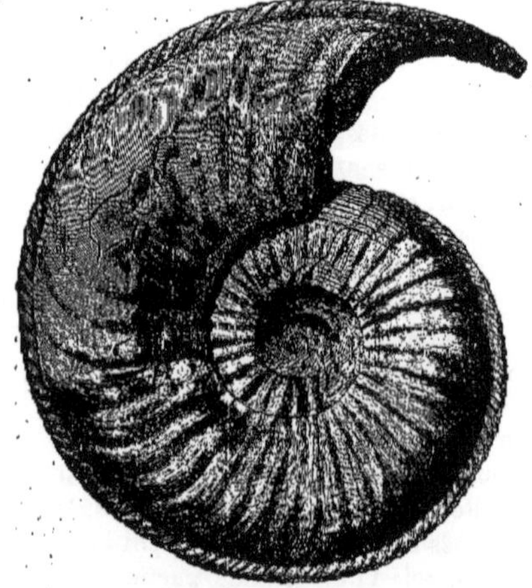

Fig. 27. — *Ammonites* (*Amaltheus*) *margaritatus.*

Fig. 30. — Tête d'Ichthyosaure.

FOSSILES DES TERRAINS SECONDAIRES.

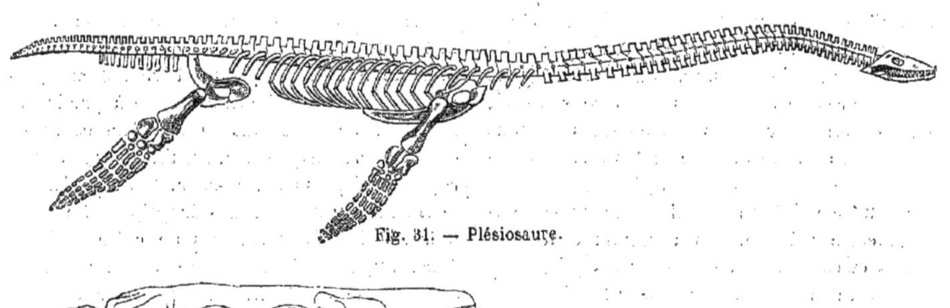

Fig. 31. — Plésiosaure.

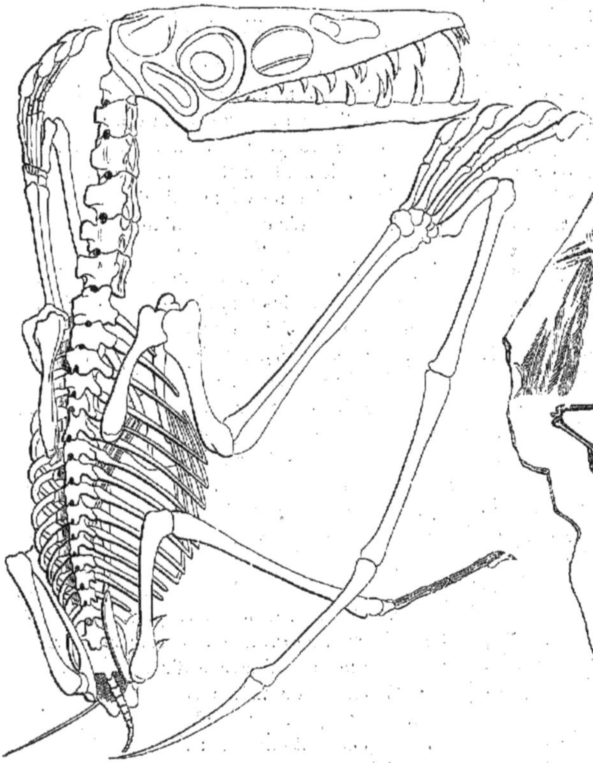

Fig. 32. — Ptérodactyle.

Fig. 33. — *Archæopteryx lithographica.*

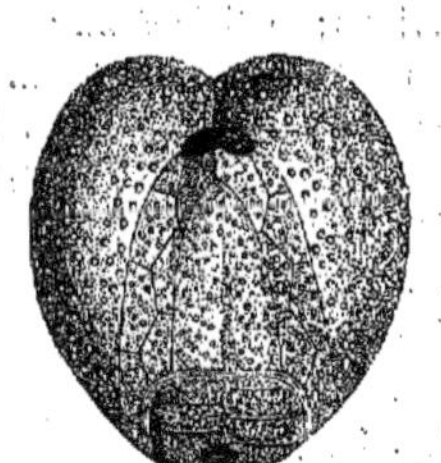

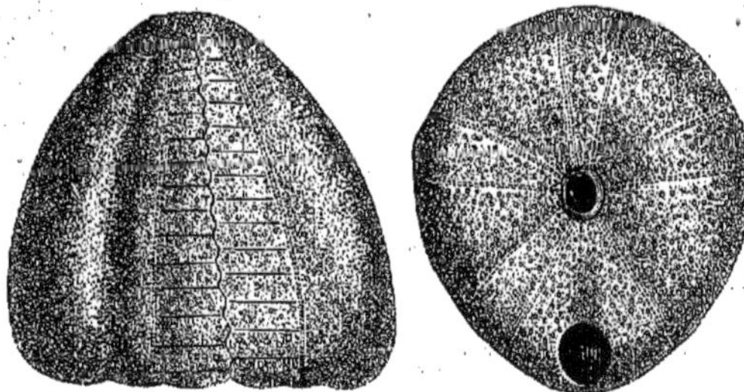

Fig. 34. — *Micraster coranguinum.*

Fig. 35. — *Galerites albogalerus.*

FOSSILES DES TERRAINS SECONDAIRES.

aux États-Unis en ont fourni deux genres remarquables : l'*Ichthyornis* et l'*Hesperornis* (fig. 38) munis de dents. Les Mammifères n'ont pas encore été découverts dans ce système, mais on en trouve dans des couches qui font transition entre le Crétacé et les terrains tertiaires.

La flore subit un grand changement pendant cette période. Les végétaux à feuilles larges et caduques, comme les Peupliers, les Platanes, se montrent tandis que les Conifères très communs au Jurassique sont en pleine décroissance.

Ère cænozoïque. — *Tertiaire.* — L'ère cænozoïque débute par les formations tertiaires qui comprennent quatre systèmes. Ceux-ci sont, du plus ancien au plus récent, l'*Éocène*, l'*Oligocène*, le *Miocène* et le *Pliocène*. Éocène veut dire aurore des formes actuelles, Pliocène signifie plus récent, Miocène veut dire moins récent (sous-entendu : que le Pliocène), enfin Oligocène veut dire peu récent (par rapport au Miocène).

La faune tertiaire est très différente de la faune mésozoïque. Les Ammonitidés et les Bélemnitidés disparaissent ; il en est de même des Reptiles gigantesques du Jurassique et du Crétacé et des Oiseaux dentés. Les Mammifères peu nombreux jusqu'alors présentent un nombre remarquable de formes ; tous les ordres actuels et des types de transition entre ces ordres apparaissent. Cuvier le premier étudia les nombreux Mammifères du gypse de Montmartre et montra leurs rapports avec les genres actuels. L'un des plus célèbres parmi les types découverts par Cuvier est le *Palæotherium* (fig. 39) qui ressemblait beaucoup au Tapir.

Parmi les animaux inférieurs il faut citer les Nummulites, Foraminifères cloisonnés ressemblant à des pièces de monnaie (fig. 40). Ils sont extrêmement abondants dans l'Éocène et ont donné leur nom à toute une formation, la formation nummulitique, très répandue dans le bassin de la Méditerranée.

Pendant la période tertiaire se sont produits de grands changements orographiques. Le principal soulèvement des Pyrénées se place à la fin de l'Éocène et le soulèvement définitif des Alpes pendant le Miocène. En même temps les phénomènes volcaniques, presque nuls durant toute l'ère mésozoïque, prennent une grande importance à partir du Miocène. Pendant tout le Pliocène et aussi dans la période quaternaire, l'Auvergne et les régions voisines (Haute-Loire, Ardèche) furent le théâtre de nombreuses éruptions. Le pays présente bien des vestiges de cette activité volcanique, ainsi la chaîne des Puys aux environs de Clermont est formée de volcans éteints.

Des changements climatériques d'une grande importance eurent lieu aussi pendant le Tertiaire. En Europe la faune et la flore éocènes ont un caractère tropical bien marqué, tandis que graduellement la température s'abaisse pendant le Miocène et le Pliocène, tout en restant plus élevée qu'aujourd'hui.

Quaternaire. — La période quaternaire ou *pléistocène* qui succède à la période tertiaire présente encore plus que celle-ci des rapports étroits avec la période actuelle qui n'en est que la suite. Tous les animaux quaternaires appartiennent à des genres qui vivent encore aujourd'hui. Un certain nombre d'espèces ont émigré dans d'autres pays, comme le Renne, ou ont complètement disparu, comme l'Éléphant appelé Mammouth (fig. 41), mais l'ensemble de la faune quaternaire existe encore actuellement. C'est aussi à cette époque que l'Homme apparaît sur la terre.

Pendant cette période se sont produits d'importants phénomènes géologiques. Les glaciers prirent une grande extension et couvrirent presque toute l'Europe d'un manteau de glace. Il en est de même de l'Amérique du Nord. Les cours d'eau produits par la fusion des glaces étaient énormes ; leur régime était torrentiel comme le prouve la grosseur des blocs transportés. Ils ont ainsi puissamment contribué au creusement des vallées et déposé de puissantes alluvions : le *Diluvium*.

Les phénomènes volcaniques ont continué pendant le Quaternaire. La chaîne des Puys d'Auvergne doit être rapportée à cette période. La région de l'Eifel possédait aussi de nombreux volcans, et l'Etna, le Vésuve commençaient leurs éruptions.

HISTOIRE DES PROGRÈS DE LA GÉOLOGIE.

Ce magnifique ensemble de faits et de doctrines qui constitue les sciences géologiques a été élaboré peu à peu, et dès l'antiquité les savants se sont mis à l'œuvre pour comprendre

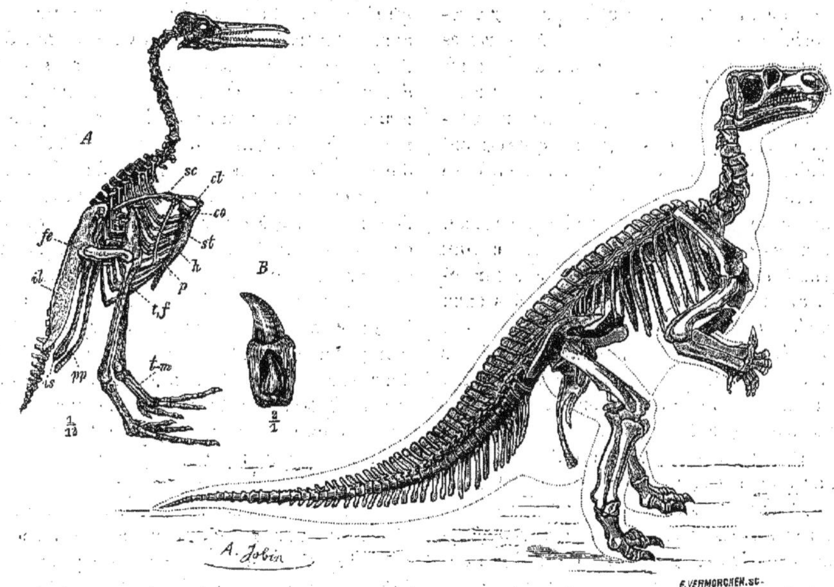

Fig. 38. — *Hesperornis regalis. A*, squelette ; *B*, dent et germe dentaire.

Fig. 37. — *Iguanodon Mantelli.*

Fig. 39. — *Palæotherium* restauré.

Fig. 40. — *Nummulites lævigata.*

la Terre, son présent et son passé (1). Ici comme dans les autres branches des sciences humaines, on a cherché à échafauder des théories, avant d'avoir étudié suffisamment les faits. L'esprit humain se préoccupe toujours des causes des phénomènes avant de les avoir bien observés, avant même de les connaître, pour ainsi dire. Aussi les philosophes anciens nous ont-ils fourni plus d'hypothèses que de faits établis. Pour Thalès l'eau est le principe de toutes choses, pour Anaximène ce principe est l'air, mais ils ne définissent ni l'un ni l'autre ce qu'ils entendent par ces mots ; ce sont de véritables abstractions. Thalès plaçait la terre au centre du monde ; il la croyait ronde et supportée par un océan ; il attribuait aux mouvements de cette masse d'eau les tremblements de terre et la sortie des sources. Anaximène au contraire croyait la terre plate ; à cause de sa grande largeur elle était, d'après lui, soutenue par l'air.

Xénophane le premier s'appuya sur des observations exactes. Son attention fut attirée par la présence des fossiles dans les couches du sol, dans les carrières de Syracuse et les

(1) Voir Ch. Sainte-Claire Deville : *Coup d'œil historique sur la géologie et sur les travaux d'Élie de Beaumont.* Paris, 1878.

marbres de Paros. Il leur attribua leur véritable origine, en les regardant comme des restes d'animaux ayant vécu autrefois. Il arriva ainsi à la notion des changements de position réciproque des terres et des mers; les eaux, pensait-il, envahissent des régions qui étaient jusqu'alors à sec, et ces phénomènes se répètent.

Empédocle né en Sicile, au pied de l'Etna, observa les phénomènes volcaniques, ce qui l'amena à la notion d'un foyer de chaleur interne, auquel il attribuait l'origine des eaux thermales, et le soulèvement des montagnes. L'école pythagoricienne exprima aussi des idées justes ayant pour base l'observation des faits. Elle admettait les changements réciproques des mers et de la terre ferme, en s'appuyant sur la présence de coquilles marines à de grandes distances de l'Océan. Elle attribuait le creusement des vallées à l'action des eaux; elle avait reconnu la variabilité des phénomènes volcaniques, les changements de position des cratères adventifs des volcans. Un pythagoricien, Philolaüs, émit le premier l'hypothèse de la rotation diurne de la Terre et regarda le Soleil comme le centre de l'Univers.

Le grand naturaliste de l'antiquité, Aristote, n'a en rien contribué aux progrès de la géologie. Il combattait l'hypothèse d'un système héliocentrique, et aussi le double mouvement de rotation et de translation de la terre. Il était moins avancé, relativement aux fossiles, que Xénophane; pour lui il s'agissait là d'êtres qui s'étaient égarés dans l'intérieur de la terre et qui s'y étaient changés eux-mêmes en terre. Des idées analogues à celles d'Aristote régnèrent pendant tout le moyen âge.

Le savant arabe Avicenne regardait les fossiles comme des « jeux de la nature »; il admettait une force mystérieuse, *vis plastica*, qui engendrait les fossiles dans le sein de la terre. De même le célèbre minéralogiste du XVIe siècle, Agricola, pensait que les coquilles fossiles étaient dues à l'action de la chaleur interne sur les matières grasses et visqueuses du sol. Mercati en 1574 regardait les coquilles du musée du Vatican comme formées par l'influence des astres sur la terre.

Cependant, dès cette époque, des idées plus justes commençaient à prendre naissance. Léonard de Vinci, qui travailla à un canal dans le nord de l'Italie, y trouva de nombreux fossiles et soutint que les espèces qu'on découvrait ainsi avaient vécu aux endroits mêmes où elles étaient enfouies; que la mer par suite avait couvert les hauteurs. « On prétend, dit-il, que ces coquilles ont été formées sur les collines par l'influence des étoiles, mais je demande où sont aujourd'hui les étoiles qui forment sur les collines des coquilles d'âges et d'espèces différents? Comment d'ailleurs les étoiles expliquent-elles l'origine du gravier que l'on rencontre à diverses hauteurs et qui se compose de galets qui semblent avoir été arrondis par les mouvements de l'eau courante? »

Fracastoro adopta en 1517 l'opinion de Léonard de Vinci pour les nombreuses coquilles trouvées à Vérone. En France Bernard Palissy, dans son ouvrage intitulé *De l'origine des sources* (1580), dit aussi : « Les poissons armez, lesquels sont pétrifiés en plusieurs carrières, ont été engendrez sur le lieu même, pendant que les rochers n'étoient que de l'eau et de la vase, lesquels depuis ont esté pétrifiés avec lesdits poissons, après que l'eau a défailly. » Et plus loin il ajoute « qu'il a trouvé plus d'espèces de poissons ou coquilles d'iceux, pétrifiés en terre, que non pas des genres modernes qui habitent dans la mer Océane ».

Dès que cette idée se fut propagée, que les fossiles étaient les restes de vrais animaux et de vraies plantes, on fut conduit à expliquer leur présence sur les montagnes par l'action des eaux. Beaucoup de savants les regardèrent comme ayant vécu avant le déluge biblique. Cette idée, émise pour la première fois dès le Ve siècle par Orose, fut exprimée aussi au XVe siècle par Alexander ab Alexandro de Naples et adoptée pendant le XVIe, le XVIIe et même le XVIIIe siècle par la plupart des hommes instruits.

Cependant dès 1669, Nicolas Sténon reconnut qu'il y avait eu plusieurs submersions successives de la terre ferme par la mer. Sténon était un naturaliste danois qui résida quelque temps en Toscane à la cour du grand-duc. Il publia un traité ayant pour titre *De Solido intra Solidum contento.* Il y distingua les roches antérieures à l'existence des êtres vivants et les roches superposées aux premières et remplies de fossiles. Il établit la véritable origine de ceux-ci et montra leurs rapports avec la faune actuelle. Ayant disséqué un Squale, il montra que ses dents étaient identiques aux pétrifications en forme de flèche appelées glossopètres; celles-ci n'étaient donc que des dents de Poissons. Le premier, Sténon établit que les couches sédimen-

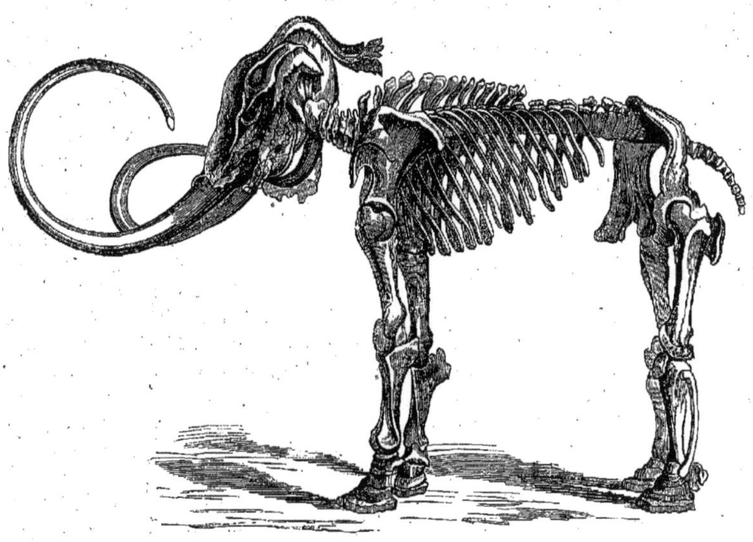

Fig. 41. — Squelette restauré de Mammouth (*Elephas primigenius*).

taires se déposent horizontalement et que leur inclinaison ultérieure est due à des mouvements du sol. Il admit pour la Toscane, d'après la nature des couches, six périodes successives : deux fois le pays aurait été couvert par la mer, deux fois il aurait été une plaine basse, et enfin deux fois une région montagneuse. Le livre de Sténon est l'un des écrits géologiques les plus importants du XVIIe siècle.

En même temps que Sténon, Robert Hooke se préoccupa aussi des fossiles, et dans son *Discours sur les tremblements de terre* qui ne parut qu'en 1705, se trouve la remarquable phrase suivante : « Bien qu'un fragment de coquille puisse paraître à bien des gens une chose fort triviale, ce sont des coins et des médailles, aussi propres à donner la chronologie des temps anciens du globe que les livres et les manuscrits, ou inscriptions, pour faire connaître l'histoire et pour établir les intervalles de temps entre lesquels ont eu lieu les catastrophes et les changements. » Hooke expliquait la présence des coquilles sur les montagnes et à l'intérieur des continents par des mouvements du sol, analogues à ceux qui résultent parfois des tremblements de terre, dont il s'exagérait ici les effets. « Ces apparences et d'autres pourraient, dit-il, avoir été produites par des tremblements de terre qui auraient changé la position relative des terres et des mers, et placé les coquilles, les poissons, les plantes là où nous les voyons avec étonnement. » Il reconnaissait qu'il y avait eu des changements de faune, que par exemple les Tortues et les Ammonites trouvées à Portland indiquent une température plus élevée qu'aujourd'hui. Hooke en concluait des changements de climats ; il attribuait même ces variations à un changement dans l'axe de la Terre, idée reprise plusieurs fois de nos jours.

Le XVIIe siècle vit paraître aussi plusieurs théories de la Terre. La notion que toutes mirent en évidence, c'est qu'il y a dans la Terre un foyer de chaleur auquel on doit attribuer les phénomènes volcaniques, tandis que l'écorce solide, qui recouvre ce noyau central fluide, est relativement mince. Descartes le premier proclama l'unité de composition des corps célestes. Pour lui « la Terre et les cieux sont faits de la même matière ». Dans les *Principes de Philosophie*, publiés en latin à Amsterdam (1644), puis en français en 1668, il considère la Terre comme un astre refroidi à la surface qui conserve dans son intérieur un *feu central*. Le refroidissement de la masse centrale produit une contraction de cette masse d'où résultent les dislocations de la croûte terrestre. Leibniz, dans sa *Protogæa* (1693), qui ne parut en entier que trente-trois ans après sa mort, en 1749, s'inspira à la fois des idées de Descartes et de celles de Sténon. Il attribuait en grande partie les phénomènes géologiques à une force ignée interne. La formation des premières couches de l'écorce était due au refroidissement du noyau central; les dislocations des couches résultaient de ruptures dans les profondeurs du noyau par suite de son refroidissement. Leibniz attribuait aussi à une partie des roches une origine aqueuse, mais cette idée juste de la double origine des masses rocheuses n'était pour lui qu'une vue de l'esprit; il ne rapportait aucune observation personnelle et citait seulement les recherches de Sténon.

Vers la même époque, un jésuite, le Père Athanase Kircher, publiait un livre sous le titre de *Mundus subterraneus*. Il y exposait des idées analogues à celles de Descartes et de Leibniz, mais en s'appuyant sur des faits. Il rapporte des observations faites dans les mines, et prouvant que la température devient de plus en plus élevée au fur et à mesure qu'on s'enfonce dans le sol. Il décrit le tremblement de terre de la Calabre en 1638, et donne des figures, fantaisistes il est vrai, de l'Etna et du Vésuve. Le père Kircher attribue les phénomènes volcaniques à un feu central et admet même que les différents volcans sont alimentés par autant de lacs souterrains de matières en fusion; cette idée a été renouvelée de nos jours avec succès et nous aurons à la discuter. Kircher devance ici son siècle; il le devance encore quand il affirme que les différentes chaînes de montagnes sont alignées suivant certaines directions ayant entre elles des relations géométriques. On reconnaît ici une idée qui fut développée et poussée à l'extrême par Elie de Beaumont. Nous reproduisons une figure extraite de Kircher, indiquant les relations des volcans avec l'intérieur du globe (fig. 42).

Buffon s'inspira dans ses écrits géologiques (*Théorie de la Terre*, 1749; *Époques de la Nature*, 1777) des idées de ses prédécesseurs. Il regarde avec raison les fossiles comme des espèces perdues ayant vécu là où on les trouve. Il remarque que leur constitution suppose une température plus élevée qu'aujourd'hui; en effet, dans les régions septentrionales on trouve des ossements de grands Mammifères qui n'y vivent plus actuellement. Buffon comprend et fait entendre que l'état actuel du globe n'est que la conséquence d'une longue suite de changements. Il rattache les modifications de climats révélés par l'étude des fossiles à l'hypothèse d'un foyer de chaleur interne. Buffon prouve la chaleur propre du globe, comme Kircher, par l'accroissement de température observé dans les mines; il emprunte à Descartes, à Leibniz, l'idée d'un noyau fluide qui se refroidit peu à peu. De plus, par les courants marins, par l'action des flots contre les côtes, et le mouvement des eaux à la surface de la Terre, il explique tous les phénomènes de sédimentation, l'accumulation des dépôts, le creusement des vallées. Il n'est pas toujours aussi bien inspiré. Ainsi, dans ses *Époques de la Nature*, il ne se sert pas de l'hypothèse du feu central pour expliquer les éruptions volcaniques; il fait intervenir des phénomènes électriques et des inflammations accidentelles de matières pyriteuses et combustibles. Buffon se croit obligé aussi d'expliquer la fluidité primitive de la planète, et suppose que le choc d'une comète a enlevé au Soleil une partie de sa masse, ce qui aurait produit la Terre et les autres planètes avec leurs satellites.

En résumé, Buffon a tiré des faits qu'il connaissait un certain nombre de conséquences justes, mais il s'est laissé égarer par des hypothèses; comme ses prédécesseurs du XVIIe siècle, il a construit un système où l'observation et l'expérience ne tiennent qu'une faible place. Suivant Elie de Beaumont (1), « Buffon entreprit la géologie d'une manière plutôt théorique que pratique. Il avait commencé l'étude des sciences par la traduction en français de quelques-uns des ouvrages de Newton; et la grandeur des idées de Newton, la grandeur aussi des idées du siècle de Louis XIV, dont la gloire expirante avait éclairé son berceau, eurent une grande influence sur ses travaux. La pompe du grand roi semblait revivre dans son style; l'admirable simplicité des idées newtoniennes était le type sur lequel se modelaient ses conceptions. Doué du talent d'allier ces deux genres de grandeur si différents, il les porta dans toutes les parties de l'histoire naturelle et principalement dans la géologie. »

Buffon rendit ce grand service d'attirer l'attention sur les problèmes géologiques et de faire partager à ses contemporains son ardeur pour l'étude de la nature. Comme le dit E. de Beaumont, « Buffon par ses écrits, que leur style seul rendrait immortels, avait conquis

(1) E. de Beaumont, *Leçons de géologie pratique*. Paris, 1845, t. I, p. 20 et 26.

pour la géologie une place imprescriptible dans la pensée humaine ».

Dès le milieu du XVIIIe siècle plusieurs naturalistes se tournèrent vers l'observation des faits géologiques. En Italie Lazzaro Moro étudia les phénomènes volcaniques et les tremblements de terre; il recueillit des documents sur les effets de toutes ces manifestations de l'activité interne du globe. En 1707, une éruption se produisit dans le golfe de Santorin, accompagnée de secousses, et le résultat fut la formation d'une île nouvelle, Néa-Kaméni ou la Nouvelle-Brûlée, s'élevant de 8 mètres au-dessus du niveau de la mer. Frappé de ce fait, Lazzaro Moro considéra les tremblements de terre comme la cause de toutes les dislocations du sol; il dépassait ici les conclusions légitimes des observations.

En 1751, Guettard remarqua près de Moulins des pierres dont on faisait un bassin de fontaine; par leur couleur noire, leur dureté et leur porosité, elles lui rappelèrent les laves du Vésuve. Il apprit que ces pierres venaient de Volvic en Auvergne, et dans ce pays il découvrit en effet des laves, des cendres, toutes les traces d'anciens volcans, là où avant lui on ne voulait voir que des amas de scories abandonnés par les métallurgistes de l'antiquité. En 1771, Desmarets visita aussi l'Auvergne et reconnut dans la chaîne des Puys (fig. 43), et le Mont Dore, la grande extension des phénomènes volcaniques anciens. C'est Guettard et Desmarets qui reconnurent ainsi les premiers l'origine ignée du basalte.

La fin du XVIIIe siècle fut remplie par les discussions auxquelles donna lieu l'origine des roches. Des géologues, qualifiés de neptuniens, voyaient partout la trace de l'action des eaux; les plutoniens, non moins exclusifs, attribuaient toutes les roches à l'activité volcanique. Les premiers se rattachaient à l'école de Werner. Cet illustre savant professa à l'école des mines de Freiberg en Saxe à partir de 1774 et mourut en 1817. Il joua en géologie le rôle que Linné tient en zoologie et en botanique, c'est-à-dire celui d'un classificateur. Il donna ainsi à la science des bases positives. Développant des principes déjà posés en 1762 par Füchsel, il établit, pour une partie de l'Allemagne, l'âge relatif des couches du sol, et étudia et caractérisa les diverses sortes de roches par les minéraux qui les composent. Il distingua le premier les terrains paléozoïques, qu'il appelait terrains de transition, nom aujourd'hui abandonné. Le premier aussi il fit une description détaillée des filons et fixa leur âge relatif.

Werner fut moins heureux dans ses conceptions théoriques. En effet, pour lui, le granite et les autres roches cristallines sont des dépôts marins aussi bien que les roches stratifiées. Il supposait que les matériaux de toutes ces formations étaient à l'origine soit en dissolution, soit en suspension dans l'Océan. De celui-ci se seraient successivement séparés tous les terrains, les uns par voie chimique, les autres par voie purement mécanique. Le granite, les gneiss et autres roches schisteuses cristallines se seraient d'abord précipités avant l'origine de la vie sur le globe, formant ainsi les terrains *primitifs*. Puis la mer diminua de hauteur et fournit des précipités à demi chimiques et à demi mécaniques, c'est ce qui donna les terrains de *transition*. Enfin, la mer diminuant encore, se formèrent mécaniquement les terrains que Werner appelle *secondaires* et qui répondent aux formations désignées maintenant sous le nom de mésozoïques et de cænozoïques. — Werner suppose que les terrains se sont rompus en se consolidant, et l'eau pénétrant de *haut en bas* dans ces fissures aurait abandonné les diverses matières qu'elle tenait en dissolution, donnant ainsi naissance aux filons métallifères.

Le géologue écossais James Hutton sut le premier reconnaître que l'action des eaux et l'action éruptive du globe étaient intervenues l'une et l'autre dans la formation des roches. Son livre parut à Édimbourg en 1795, mais ses idées furent surtout popularisées par son disciple Playfair, qui écrivit l'*Illustration of the Huttonian Theory of the Earth*. L'écrit de Hutton fait époque dans l'histoire de la science. On peut dire que c'est le premier essai de synthèse géologique reposant sur un nombre considérable d'observations exactes.

Hutton remarque que les calcaires, les roches siliceuses, les argiles, contiennent des débris d'animaux marins, d'animaux terrestres, des empreintes de végétaux. Il constate dans la houille le passage graduel du combustible qui a perdu toute trace d'organisation à celui dans lequel la structure végétale est bien nette, par suite la houille tire son origine de végétaux qui ont vécu sur la surface du globe avant la formation du sol tel que nous le voyons. En un mot des continents et des mers ont existé de tout temps et les matériaux que

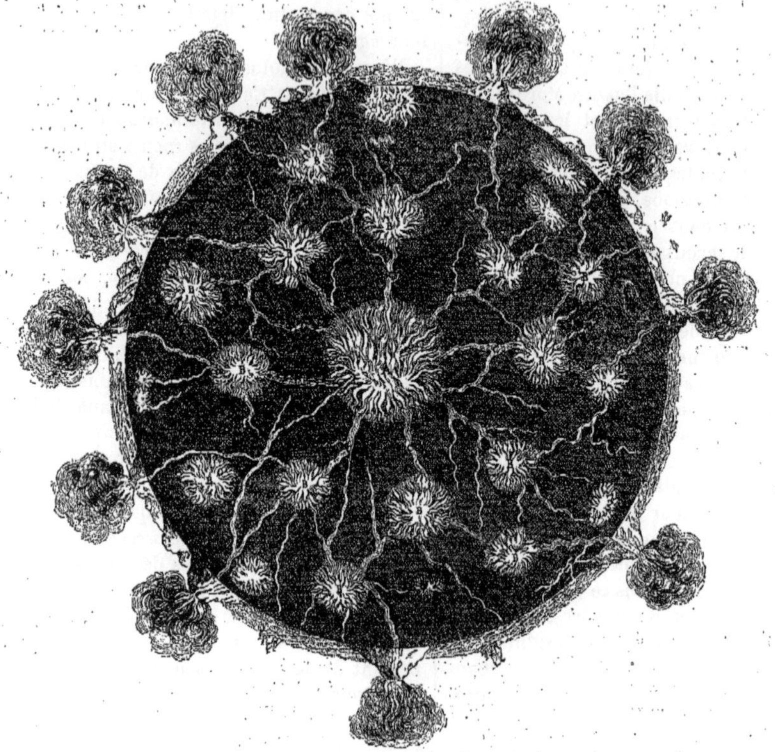

Fig. 42. — Intérieur de la Terre et volcans d'après Kircher.

dépose la mer pour former des couches nouvelles proviennent de la destruction des premiers continents. La dégradation d'une partie du globe sert sans cesse à la reconstruction d'autres parties. Ainsi Hutton montre que les agents naturels qui fonctionnent sous nos yeux doivent servir à expliquer l'histoire du globe.

D'autres roches viennent de la profondeur du sol. Hutton découvrit le premier l'origine éruptive du granite. En étudiant cette roche en Écosse, dans les montagnes de Glen-Tilt, il reconnut qu'elle forme dans les masses encaissantes des filons qui montrent qu'elle a été injectée. De même il reconnut que d'autres roches, les trapps, sont aussi d'origine ignée. Il trouva que les basaltes par leur structure se rapprochent beaucoup des laves actuelles, et doivent avoir la même origine. Il regarda les filons, contrairement à l'opinion de Werner, comme ayant été remplis de *bas en haut;* cette idée a été confirmée par les observations et les expériences faites depuis. Enfin Hutton le premier a attiré l'attention sur l'action de la chaleur interne jointe à la pression. Il admet que les couches déposées au fond des mers sont ensuite transformées sous l'influence de la pression de l'Océan et de la chaleur propre du globe en roches cristallines (marbres, schistes micacés).

Les idées de Hutton ont souvent été méconnues : souvent il a été regardé comme exclusivement plutonien, et l'apparition de ses écrits donna un nouvel aliment à la querelle des neptuniens et des volcaniens. Ces discussions eurent au moins cet excellent résultat de susciter toute une série de recherches. C'est du XVIIIe siècle que datent les grands voyages faits dans un but géologique. Nous avons cité déjà les observations de Guettard et de Desmarets en Auvergne; d'autres naturalistes se livrèrent

Fig. 43. — Volcans d'Auvergne, vus du Puy de la Rodde (d'après Poulett-Scrope).

à des études du même genre. Dolomieu parcourut l'Auvergne, la Sicile, la Calabre, le Tyrol, et suivit l'expédition d'Égypte en qualité de géologue. Il découvrit en Tyrol (1789) une roche calcaire de propriétés et d'origine remarquables qui fut plus tard, de son nom, appelée dolomie. Le grand physiologiste italien Spallanzani, à l'âge de cinquante ans, commença de grands voyages, le marteau du géologue à la main. Il explora le littoral de la Méditerranée et particulièrement les régions volcaniques de l'Italie. Dans son livre intitulé *Voyage dans les Deux-Siciles*, il rapporte un grand nombre de faits bien observés. Pour réunir de nouveaux documents il ne recule pas devant le danger; il monte au Stromboli, qui toutes les dix minutes lance des projectiles, pour plonger ses regards dans le cratère.

Parmi les plus grands voyageurs scientifiques se trouve Pallas. De 1768 à 1774 il explora une grande partie de l'empire russe, en particulier l'Oural et la Sibérie; en 1793 et 1794 il visita les provinces méridionales de la Russie. Ses recherches portèrent surtout sur la zoologie, mais il ne négligea pas la géologie. Il découvrit en Sibérie de nombreux ossements de l'Éléphant fossile appelé Mammouth, et un Rhinocéros (*Rhinoceros tichorhinus*) conservé intact dans le sol gelé et encore couvert de sa chair et de sa peau. Un peu plus tard, en 1799, il confirma ces découvertes en trouvant à l'embouchure de la Léna un Mammouth avec sa peau et ses poils. Rappelons aussi que Pallas mentionne la présence près de Jenisseï d'une pierre tombée du ciel ou météorite pesant 1600 livres.

Avant le XVIIIe siècle les phénomènes les plus intéressants et les plus faciles à observer, comme les glaciers, étaient à peine connus. La mer de glace de Chamonix fut en quelque sorte découverte en 1741 par deux Anglais, Pocock et Windham, dont les noms sont gravés sur un bloc de granite appelé la *pierre aux Anglais*. « Ce monument, car c'en est un, dit E. de Beaumont (1), indique l'époque où commença en Europe ce qu'on peut appeler la *mode des voyages*. Jusqu'alors les voyageurs n'osaient presque pas s'écarter des villes et des grandes routes, et aller dans des contrées reculées, comme la Savoie, qui étaient pourtant déjà habitées par une population nombreuse et intelligente. Nos deux Anglais racontent quelque part comment ils ont été à Chamonix, comment ils plantèrent leurs tentes en dehors du village, combien leur voyage parut extraordinaire aux habitants de la vallée, stupéfaits de la curiosité qui amenait ces étrangers chez eux; comment de leur côté les voyageurs ne s'approchaient des habitants qu'avec une sorte de crainte. A la fin cependant ils firent connaissance avec le prieur de Chamonix; et c'est alors qu'ils visitèrent les glaciers du mont Blanc, espèce de découverte dont ils parlent à peu près comme Cook raconte les siennes dans les îles de la mer du Sud. »

C'est vingt ans après que Horace de Saus-

(1) E. de Beaumont, *Leçons de géologie pratique*, t. I, p. 17. Paris, 1845.

sure commença ses voyages dans les Alpes. Guidé par Balmat et Pacard il atteignit le sommet du mont Blanc le 21 juillet 1788. Dans son livre : *Voyage dans les Alpes*, il décrit tous les faits qu'il a observés et cherche à établir des conclusions générales ; ainsi il remarque que les couches sont souvent verticales, ce qu'il explique justement par un refoulement et une pression latérale.

Werner exerça une grande influence sur ses élèves qui, pour vérifier les idées de leur maître, entreprirent de grands voyages. Cuvier a pu dire que « d'un bout du monde à l'autre on avait interrogé la nature au nom de Werner. » Parmi ces missionnaires de la géologie deux se sont particulièrement illustrés : Alexandre de Humboldt et Léopold de Buch.

Alexandre de Humboldt explora les régions intertropicales de l'Amérique de 1799 à 1804, et réunit toute une série de documents. Il détermina les positions géographiques, les altitudes, les climats, la faune et la flore. Le point de vue géologique ne fut pas négligé. Il étudia les pics volcaniques de la chaîne des Andes, analysa même les gaz qui s'en dégagent. Il voyagea plus tard en Sibérie et mit en œuvre les résultats de ses longues explorations, dans son livre, le *Cosmos*, qui renferme d'admirables tableaux de la nature.

Léopold de Buch, au sortir de l'école de Freiberg, commença aussi de longs voyages. Il vint en France, et parcourut l'Auvergne. D'abord neptunien convaincu, il reconnut et proclama la justesse des vues de Desmarets sur l'origine ignée du basalte. Plus tard il visita les îles Canaries et étudia en particulier les îles de Ténériffe (fig. 44) et de Palma. Il reconnut les diverses manières d'être des massifs volcaniques ; certains sont purement alignés ; d'autres, comme le pic de Teyde, présentent un cratère central autour duquel rayonnent des cratères secondaires. L. de Buch étudia aussi les modifications que subissent les roches stratifiées sous l'influence des masses éruptives, posant ainsi les bases du *métamorphisme*. Ainsi au Tyrol, dans la vallée de Fassa, il revit la roche signalée par Dolomieu et nommée par Th. de Saussure la *dolomie*. Il constata qu'il y a, outre la dolomie, du calcaire et du mélaphyre, roche éruptive, et il mit hors de doute que le calcaire se transforme en dolomie sous l'influence plus ou moins directe du mélaphyre.

Vers la même époque, au commencement du XIXe siècle, furent explorées au point de vue scientifique les diverses régions de l'Angleterre. En 1790 William Smith dans sa *Tabular View of the British strata* donna une classification des formations mésozoïques de l'ouest de l'Angleterre. Il arriva aux mêmes idées que Werner, pour la superposition des roches stratifiées. Il reconnut que l'ordre de succession n'était jamais interverti. Il divisa tous les terrains d'après les fossiles qu'ils renferment et désigna toutes ces divisions par des noms locaux qui ont été pour la plupart conservés. William Smith, à la suite de ses recherches, dressa une carte géologique de l'Angleterre, terminée en 1815, tentative qui suscita en Europe une foule de travaux du même genre.

Alexandre Brongniart et Cuvier partagent avec William Smith l'honneur d'avoir posé le principe des fossiles caractéristiques. Par la considération des restes organiques des couches géologiques ils classèrent les terrains tertiaires du bassin de Paris. Leur *Description minéralogique des environs de Paris* parut en 1809.

Cuvier, dans son grand ouvrage intitulé *Recherches sur les ossements fossiles* (1812), inaugura la paléontologie des vertébrés. Il étudia les restes fossiles des Mammifères de la pierre à plâtre, de Paris, il reconnut qu'ils différaient des Mammifères actuels et parvint à les reconstituer. Dans son célèbre *Discours sur les révolutions du globe* qui sert de préface à son grand ouvrage, il expose les idées qui l'ont guidé dans ses recherches. Il fait remarquer combien il est difficile de déterminer les os fossiles, étant donné que ces os sont isolés, jetés pêle-mêle, souvent brisés. Mais il y a un principe : le *principe de corrélation des formes*, au moyen duquel tout être pourrait, à la rigueur, être reconnu par chaque fragment de chacune de ces parties.

« Tout être organisé, dit-il, forme un ensemble, un système unique et clos dont les parties se correspondent mutuellement et concourent à la même action définitive par une réaction réciproque. Aucune de ces parties ne peut changer sans que les autres changent aussi, et par conséquent chacune d'elles, prise séparément, indique et donne toutes les autres.

« Ainsi, si les intestins d'un animal sont organisés de manière à ne digérer que de la chair et de la chair récente, il faut aussi que ses mâchoires soient construites pour dévorer une proie; ses griffes pour la saisir et la déchirer; ses dents pour la couper et la diviser; le système entier de ses organes de mouvement pour la poursuivre et pour l'atteindre; ses organes des sens pour l'apercevoir de loin; il faut même que la nature ait placé dans son cerveau l'instinct nécessaire pour savoir se cacher et tendre des pièges à ses victimes. Telles sont les conditions générales du régime carnivore; tout animal destiné pour ce régime les réunira infailliblement, car sa race n'aurait pu subsister sans elles.

« La forme de la dent entraîne la forme du condyle, celle de l'omoplate, celle des ongles tout comme l'équation d'une courbe entraîne toutes ses propriétés; et de même qu'en prenant chaque propriété séparément pour base d'une équation particulière, on retrouverait et l'équation ordinaire et toutes les autres propriétés quelconques, de même l'ongle, l'omoplate, le condyle, le fémur et tous les autres os pris chacun séparément, donnent la dent ou se donnent réciproquement; et en commençant par chacun d'eux, celui qui posséderait rationnellement les lois de l'économie organique pourrait refaire tout l'animal. » (Cuvier.)

Cependant le principe de la corrélation des formes doit quelquefois être aidé de l'observation. La forme de la dent des Ruminants peut bien faire connaître celle du condyle, mais « je doute, dit-il, qu'on eût deviné, si l'observation ne l'avait appris, que les Ruminants auraient tous le pied fourchu et qu'ils seraient les seuls qui l'auraient : je doute qu'on eût deviné qu'il n'y aurait de cornes au front que dans cette seule classe; que ceux d'entre eux qui auraient des canines aiguës manqueraient pour la plupart de cornes, etc. »

Ajoutons avec M. Edmond Perrier (1), que les découvertes récentes ont mis en défaut parfois ce principe cependant si fécond. Nous avons parlé plus haut de cet Oiseau à affinités reptiliennes, l'Archæopteryx, et des Oiseaux dentés de la craie d'Amérique. Un fragment isolé de ces animaux ne suffirait plus pour les reconstituer, précisément à cause de leurs singularités.

Dans son *Discours*, Cuvier se montre adversaire déclaré, non seulement d'une évolution graduelle des formes animales, idée aujourd'hui acceptée de tous depuis Darwin, mais aussi de transformations lentes de la planète, opinion professée, au moins implicitement, par plusieurs de ses contemporains, entre autres par Hutton. Cuvier est le plus illustre partisan de la théorie des « cataclysmes » et des « créations successives ». Pour lui chaque période géologique est sans rapports avec celle qui la précède et celle qui la suit. Elle se termine brusquement par une convulsion de la nature; tous les êtres organisés sont détruits et la terre est dépeuplée jusqu'à ce qu'une création nouvelle intervienne. Cette idée de Cuvier, aujourd'hui complètement abandonnée, est exprimée dans divers passages de son célèbre *Discours*. Le changement des conditions climatériques est subit. Il en donne pour preuve les cadavres de Mammouth trouvés dans la terre gelée de la Sibérie. « S'ils n'eussent été gelés aussitôt que tués, la putréfaction les aurait décomposés. Et d'un autre côté, cette gelée éternelle n'occupait pas auparavant les lieux *où ils ont été saisis*, car ils n'auraient pu vivre sous une pareille température. C'est donc le *même instant* qui a fait périr les animaux et qui a rendu glacial le pays qu'ils habitaient. Cet événement a été *subit, instantané, sans aucune gradation*, et ce qui est si clairement démontré par cette dernière catastrophe ne l'est guère moins pour celles qui l'ont précédée. » Plus loin Cuvier ajoute : « La vie a donc souvent été troublée sur cette terre par des événements effroyables. Des êtres vivants sans nombre ont été victimes de ces catastrophes : les uns, habitants de la terre sèche, se sont vus engloutis par des déluges; les autres, qui peuplaient le sein des eaux, ont été mis à sec avec le fond des mers subitement relevé; leurs races même ont fini pour jamais et ne laissent dans le monde que quelques débris à peine reconnaissables pour le naturaliste. »

Cuvier s'éloigne complètement des idées si remarquables de Hutton et ne reconnaît pas, aux forces qui agissent actuellement, assez de puissance pour expliquer les phénomènes anciens. « C'est en vain, dit-il, que l'on cherche dans les forces qui agissent maintenant à la surface de la terre, des causes suffisantes pour produire les révolutions et les catastrophes dont son enveloppe nous montre les traces; et si l'on veut recourir aux forces extérieures constantes (Cuvier veut parler ici du déplacement du pôle), connues jusqu'à présent, l'on n'y trouve pas plus de ressources. » Ailleurs, dans son style magnifique, il s'écrie :

(1) E. Perrier, *Anatomie et physiologie animales*. Paris, 1882, p. 23.

Fig. 44. — Le pic de Ténériffe.

« Le fil des opérations est rompu ; la marche de la nature est changée ; et *aucun des agents,* qu'elle emploie aujourd'hui, ne lui aurait suffi pour produire ses anciens ouvrages. »

Tout d'abord les recherches paléontologiques n'apportèrent pas d'arguments contre la théorie des cataclysmes. Suivant Alcide d'Orbigny, l'auteur de la *Paléontologie Française,* il y a 27 étages géologiques ; chacun représente une époque qui est caractérisée par des espèces propres, et ce n'est que tout à fait exceptionnellement qu'une espèce se retrouve dans deux étages successifs. Ainsi, d'après lui il y aurait eu 27 cataclysmes ; 27 fois des êtres nouveaux ont apparu sur la terre, 27 fois ils ont été détruits. Le progrès des études géologiques démontra qu'il y a des transitions entre les étages, et que les faunes se rattachent les unes aux autres.

La théorie des cataclysmes trouva un ferme soutien dans Élie de Beaumont. Cet illustre savant, au début de sa carrière, étudia directement les faits et rendit ainsi les plus grands services à la géologie. Il entreprit avec Dufrénoy la carte géologique de la France qui fut publiée en 1841. Cette carte et son *Explication* constituent un véritable monument scientifique. Les *Leçons de géologie pratique* professées au Collège de France en 1843 et 1844 sont une œuvre remarquable où l'auteur étudie minutieusement les dunes, les deltas, le régime des rivières.

Élie de Beaumont s'occupa aussi des volcans. Il étudia leurs produits, et examina en détail l'Etna et les volcans éteints d'Auvergne. Imbu de la théorie des cataclysmes, il adopta les idées de Léopold de Buch sur la formation des volcans, et développa la théorie des cratères de soulèvement. Suivant cette théorie les cônes volcaniques résultent d'un soulèvement du sol sous l'action d'une poussée verticale. Le terrain s'est soulevé en forme de dôme, puis rompu, ce qui a formé des fentes étoilées qui convergent au-dessus du centre de poussée en une dépression cratériforme. Ensuite les projections ont formé, au centre de ce gouffre, un cône de débris, c'est le cratère proprement dit. Ainsi à l'Etna (fig. 45), il s'est produit, d'après de Beaumont, un soulèvement, la *gibbosité centrale,* sur laquelle s'est établi le cône actuel. Ces phénomènes sont le résultat d'une véritable convulsion de la nature. « Un jour, dit E. de Beaumont, l'agent intérieur qui fendait si souvent le terrain, ayant sans doute déployé une *énergie extraordinaire,* l'a rompu et soulevé. *Dès lors l'Etna a été une montagne*... On pourrait se demander si ce soulèvement a été graduel ou bien s'il s'est opéré *subitement et d'un seul coup. Cette dernière supposition me paraît la seule admissible* (1). » L'observation des faits ne fournit cependant pas de preuves suffisantes à la doctrine des cratères de soulèvement aujourd'hui abandonnée ; pour tous les géologues les cônes volcaniques ne sont autre chose que les pro-

(1) Élie de Beaumont, *Mémoires pour servir à une description géologique de la France,* t. IV. *Recherches sur le mont Etna.* Paris, 1838, p. 188-193.

Fig. 45. — Vue de l'Etna (d'après Sartorius de Waltershausen).

duits de l'accumulation, autour de l'orifice, des matériaux rejetés par la cheminée.

E. de Beaumont abandonne bien des fois le domaine des faits dans ses théories sur les systèmes de montagnes. Pour apprécier l'âge d'une chaîne, le procédé est bien simple ; on détermine l'âge de la couche la plus récente qui se trouve redressée sur les flancs de la montagne ; d'autre part on détermine la date géologique de la couche la plus ancienne qui se trouve étendue horizontalement au pied de la chaîne ; la chaîne s'est formée naturellement dans l'intervalle de temps compris entre le dépôt de ces deux couches (fig. 46). Suivant E. de Beaumont la chaîne s'est produite tout d'un coup ; mais rien ne le prouve et la méthode précédente fournit non pas la date du soulèvement, mais celle du dernier de tous les mouvements, souvent très nombreux, qui ont produit la montagne.

Léopold de Buch avait déjà remarqué que les chaînes de montagnes de l'Allemagne sont disposées suivant quatre directions principales. Élie de Beaumont pensa « que des distinctions si tranchées dans les directions se liaient à un *même phénomène mécanique* et à une *autre époque* de formation (1). » D'après lui toutes les chaînes de montagnes de la terre, qui ont la même direction, se sont formées à la même époque. Elles sont dues à un soulèvement brusque et ce sont ces soulèvements qui constituent les révolutions du globe dont parle Cuvier ; ils séparent les diverses périodes géologiques et par leurs contre-coups ils ont causé la destruction des faunes successives. En Europe il distinguait dans sa *Notice sur les systèmes de montagnes* (1852) vingt-deux orientations. Plus tard (*Rapport sur les progrès de la Stratigraphie* 1869) il admettait pour toute la terre quatre-vingt-cinq systèmes de montagnes correspondant à autant de catastrophes. « En voyant se multiplier ainsi les *systèmes des montagnes*, dit-il, plusieurs personnes ont pensé que, par cette multiplication même, la notion du soulèvement des montagnes et des *révolutions du globe* semblait en quelque sorte s'égrener, et perdait ainsi de sa grandeur. (2) »

(1) Ch. Sainte-Claire Deville, *Coup d'œil historique sur la géologie et sur les travaux d'Elie de Beaumont.* Paris, 1878, p. 481.

(2) Élie de Beaumont, *Rapport sur les progrès de la stratigraphie.* Paris, 1869, p. 31.

Et en effet la complication de la théorie d'E. de Beaumont devenait excessive et invraisemblable. Il cherchait aussi à reconnaître des relations géométriques entre les orientations des différents systèmes. Il les rapportait à de

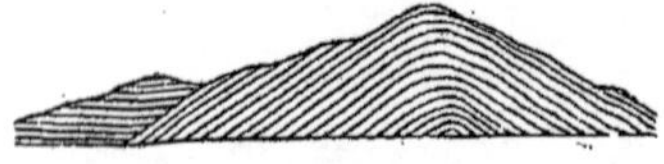

Fig. 46. — Schéma pour la détermination de l'âge d'une montagne.

grands cercles dessinant sur la surface du globe un réseau compliqué, que de Beaumont a appelé le *réseau pentagonal*. Cette conception vivement attaquée dès l'origine n'a plus que quelques rares adhérents.

Charles Lyell, dans ses *Principles of Geology* (1833), soutint des idées tout à fait opposées à celles de Cuvier et d'Élie de Beaumont. Il attribua tous les phénomènes anciens à des causes identiques à celles qui agissent aujourd'hui, ce qu'on a nommé d'après lui les *causes actuelles*. Ainsi, d'après lui, le présent continue simplement le passé, il y a évolution lente et non pas révolutions soudaines. Mais si les idées de Lyell sont aujourd'hui adoptées par tous dans leurs grandes lignes, il ne faut pas non plus oublier que leur auteur les a souvent exagérées. Non seulement d'après lui il y a identité de causes pour les phénomènes anciens et les phénomènes actuels, mais il y a aussi identité dans l'intensité de ces causes. Elles n'auraient jamais agi, suivant lui, avec plus de force qu'aujourd'hui ; Lyell attribue ainsi les grandes chaînes de montagnes à une série très longue de secousses semblables à celles de nos tremblements de terre, chacune soulevant le sol d'une très faible quantité. Or l'étude des phénomènes anciens montre qu'ils l'emportent souvent par leur puissance sur les phénomènes actuels. Il suffit de comparer les énormes dislocations présentées par nos montagnes aux effets permanents si peu considérables des tremblements de terre sur la surface du sol. Il suffit aussi de remarquer que les phénomènes glaciaires de la période quaternaire l'emportent de beaucoup en puissance sur le phénomène glaciaire de nos jours. On doit donc reconnaître que les causes actuelles ont agi de tout temps, mais qu'à certaines époques leur intensité a été beaucoup plus grande qu'elle ne l'est aujourd'hui. Les opinions de Lyell furent adoptées dès leur origine en Angleterre et en Allemagne ; en France les idées de E. de Beaumont l'emportèrent, bien que plusieurs géologues, entre autres Constant Prévost, se montrassent les partisans convaincus de Lyell.

Toutes ces controverses eurent pour heureux résultat d'attirer l'attention générale sur les sciences géologiques ; de toutes parts de nombreux savants se mirent au travail. Charpentier, Agassiz et beaucoup d'autres étudièrent scientifiquement les glaciers. Boussingault, Charles Sainte-Claire Deville, M. Fouqué s'occupèrent de déterminer les émanations volcaniques. Dans tous les pays on s'occupa de dresser des cartes géologiques et d'établir l'ordre de succession des couches. En France M. Hébert se fit connaître par de nombreux travaux de géologie.

De nombreux paléontologistes ont étudié les faunes disparues et, s'appuyant sur la théorie de l'évolution, cherchent à expliquer les transformations des êtres. M. Gaudry tout particulièrement s'efforce de mettre en évidence les *Enchaînements du monde animal*. L'introduction du microscope en pétrographie a renouvelé toute une partie de la science, sous l'influence de Sorby, Zirkel, Rosenbusch, MM. Fouqué et Auguste Michel-Lévy.

En revanche, les grandes constructions géologiques sont devenues rares et la plupart des savants se sont tenus avec soin dans le domaine des faits et de l'analyse. M. Suess de Vienne dans un ouvrage devenu célèbre dès son apparition (*Das Antlitz der Erde* [La face de la Terre], 1885-1888), nous a récemment offert un essai de synthèse géologique. L'ouvrage n'est pas encore terminé. M. Suess étudie les grandes chaînes de montagnes, leur distribution, leur âge relatif. Il attribue une grande importance aux plissements et aux effondrements qui se sont produits aux différentes époques. Il établit aussi, contrairement aux idées de Lyell, qu'il n'y a nulle part de preuve véritable de soulèvements ou d'affaissements lents du sol, tandis qu'au contraire le niveau de la mer est sujet à des changements de forme dus à des causes locales.

Dans les pages qui vont suivre nous allons étudier le globe terrestre dans son ensemble, puis les grands phénomènes dont sa surface est le théâtre. Nous aurons souvent à discuter les opinions des maîtres de la science que nous avons précédemment cités, et nous nous inspirerons en particulier des idées émises avec tant d'éclat par M. Suess.

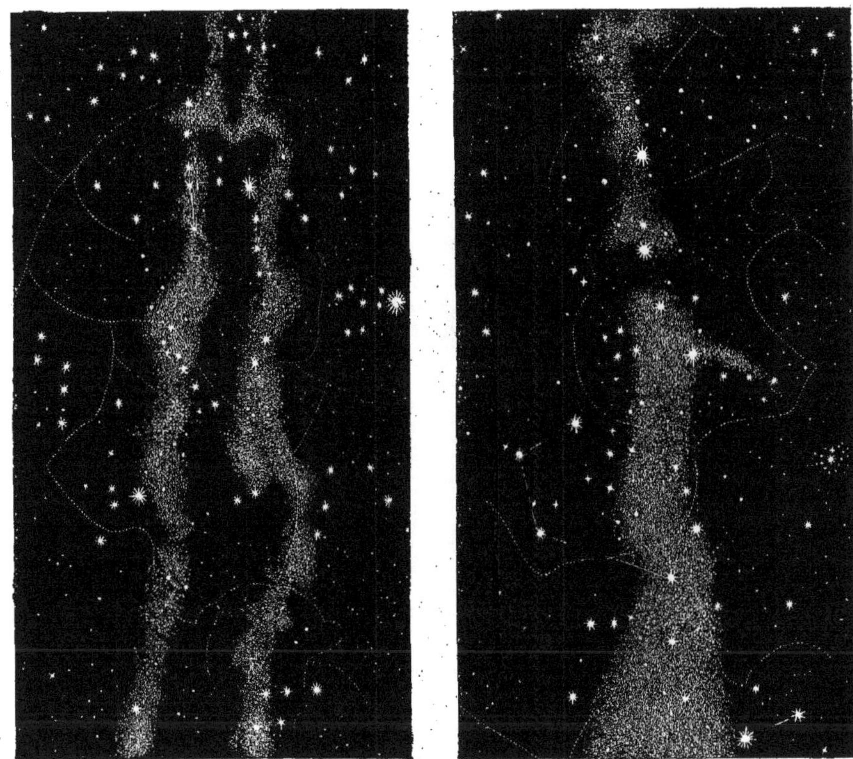

Fig. 50 et 51. — La voie lactée.

LE GLOBE TERRESTRE

PLACE DE LA TERRE DANS L'UNIVERS

LES NÉBULEUSES. LE SYSTÈME SOLAIRE.

Aux yeux de celui qui sonde les espaces célestes la Terre n'est qu'un point dans l'espace. C'est l'astronomie qui lui assigne sa place véritable. Lorsque par une belle nuit sans nuages on contemple le ciel, il apparaît tout parsemé de points brillants, les étoiles. Mais on voit en outre des sortes de nuages lumineux ; on les appelle les *nébuleuses*. Leur nombre connu dépasse 5,000. A l'aide du télescope, certaines se montrent comme des amas d'étoiles, de là leur nom d'*amas stellaires*, d'autres, dites *nébuleuses résolubles*, se laissent décomposer partiellement en étoiles; d'autres enfin n'ont pu jusqu'à présent être décomposées par les instruments les plus grossissants.

Les amas stellaires sont composés d'étoiles serrées les unes contre les autres au nombre de plusieurs milliers. L'un des plus remarquables est l'amas du Toucan (fig. 47) appartenant au ciel austral. Le centre est d'un rouge orangé tandis que la périphérie est blanche. Les nébuleuses ont souvent des formes très irrégulières, telle est celle d'Orion dont la forme spiralée indique un mouvement de rota-

Fig. 47. — Amas stellaire du Toucan.

tion rapide de la matière cosmique (fig. 48) et encore mieux celle des Chiens de chasse (fig. 49).

La nébuleuse qui intéresse le plus l'astronome est la voie lactée (fig. 50 et 51). Elle se montre comme une zone blanchâtre divisant la

Fig. 48. — Nébuleuse d'Orion.

sphère céleste en deux parties presque égales. Le pôle nord de cette zone est près de la chevelure de Bérénice et le pôle sud dans la constellation de la Baleine. Le nombre des étoiles est beaucoup plus grand près de la zone que près des pôles. La voie lactée elle-même a pu être

Fig. 49. — Nébuleuse des Chiens de chasse.

résolue en partie et W. Herschel évalue à 18 millions le nombre d'étoiles qu'elle renferme. Ces étoiles sont trop petites pour être vues à l'œil nu et leur ensemble produit une lueur laiteuse qu'on aperçoit quand le ciel est pur et que la Lune ne brille pas. Avec William Herschel on admet aujourd'hui que le Soleil et toutes les étoiles que nous voyons appartiennent au monde de la voie lactée; les nébuleuses seraient d'autres voies lactées également formées de soleils analogues au nôtre.

Ainsi le Soleil est une étoile et les étoiles sont autant de soleils semblables à l'astre qui nous éclaire. Mais notre Soleil est le centre d'un système. Autour de lui gravitent des astres qui de la Terre nous paraissent se déplacer irrégulièrement au milieu des étoiles en gardant un éclat presque constant au lieu de scintiller comme ces dernières. Ce sont les planètes. Elles tournent autour du Soleil en même temps qu'elles tournent sur elles-mêmes. La Terre n'est autre chose qu'une planète et l'une des moins importantes.

Le système solaire comprend huit grosses planètes en comptant la Terre. Les planètes inférieures, c'est-à-dire celles qui sont moins éloignées du soleil que la Terre, sont Mercure et Vénus. Les planètes supérieures, plus éloignées que la nôtre, sont Mars, Jupiter, Saturne, Uranus et Neptune, rangées ici dans l'ordre croissant des distances. Il y a en outre un très grand nombre de petites planètes dites télescopiques qui se trouvent entre Mars et Jupiter. Toutes les planètes décrivent d'occident en orient des ellipses peu allongées dont le Soleil occupe l'un des foyers, de plus chaque planète tourne sur elle-même d'occident en orient autour d'un axe incliné sur son orbite.

LE SOLEIL. — ANALYSE SPECTRALE.

Le Soleil est un globe énorme dont le volume est égal à environ 1,280,000 fois celui de la terre. Sa distance à la terre est de 38 millions de lieues, de sorte qu'un train express marchant avec une vitesse de cinquante kilomètres par heure n'atteindrait le Soleil qu'au bout de 337 ans.

Lorsqu'on observe le Soleil à l'aide d'une

Fig. 52. — Taches du Soleil, d'après Secchi.

forte lunette dont l'oculaire est garni d'un verre coloré pour garantir l'œil contre l'éclat des rayons, on voit que sa surface n'a pas un éclat uniforme. Il y a des taches sombres isolées ou groupées. La figure (fig. 52) représente de ces taches dont le dessin a été fait par le P. Secchi, qui s'est beaucoup occupé du Soleil. La partie centrale est noire, on l'appelle le *noyau* ou l'*ombre*; le contour est estompé; c'est la *pénombre*. La dimension des taches est très variable et leur forme change souvent très vite, non seulement d'un jour à l'autre, mais aussi dans l'espace de quelques heures; parfois plusieurs taches se réunissent en une seule, ou au contraire une tache se divise en plusieurs. De plus ces taches ne sont pas répandues uniformément sur la surface de l'astre; il n'y en a jamais aux pôles; elles sont de part et d'autre de l'équateur.

On voit aussi sur le Soleil des taches d'une blancheur éclatante qui tranchent sur le reste de la surface. Ce sont les *facules* (fig. 53). Elles se trouvent auprès des bords ou dans le voisinage des taches noires.

Les taches se déplacent. Elles apparaissent d'abord à l'observateur sur le bord oriental de l'astre, puis elles traversent le disque et après treize à quatorze jours elles disparaissent au bord occidental. Une même tache restée invisible pendant treize jours revient de nouveau au bord oriental. Souvent on la voit effectuer plusieurs révolutions avant de se déformer et de se dissiper complètement. On a d'abord voulu expliquer l'existence de ces taches par l'interposition de corps opaques entre le Soleil et l'observateur. Mais l'apparence des taches, leur vitesse variable, qui va en augmentant vers le milieu du disque pour diminuer ensuite,

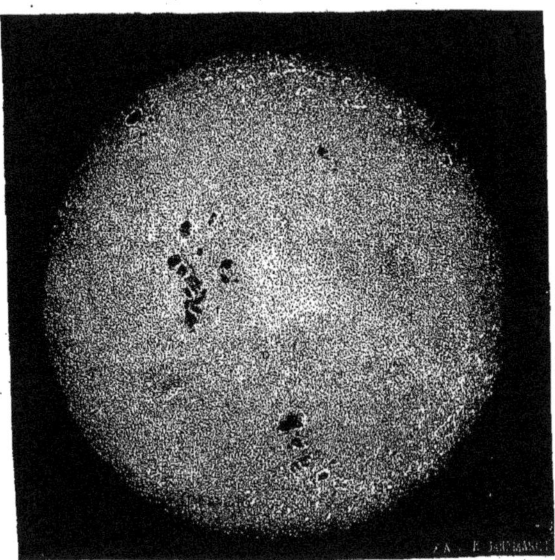

Fig. 53. — Soleil avec taches et facules, d'après Secchi.

s'expliquent beaucoup mieux en admettant que les taches font partie du Soleil et que celui-ci tourne autour d'un axe, en effectuant sa révolution complète en 27 jours 1/2. On constate que les taches marchent d'autant plus vite qu'elles sont plus près de l'équateur. La rotation se fait en 24 jours 22 heures à l'équateur, et en 28 jours 11 heures à 45° de latitude australe. On remarque aussi qu'en vertu des lois de la perspective, une même tache change de forme; ovale au bord du disque, elle s'élargit, devient circulaire au centre de l'astre, puis les changements se font en sens inverse.

Pour William Herschel le Soleil se compose d'un noyau central obscur entouré d'une enveloppe gazeuse incandescente, la *photosphère*. Il expliquait les taches en supposant des déchirures de la photosphère permettant d'apercevoir le noyau obscur. Aujourd'hui on admet avec M. Faye qu'il se produit dans la photosphère des courants gazeux ascendants. Ils donnent lieu à une ouverture dans les couches superficielles de la photosphère, et la masse interne ayant un faible pouvoir émissif comparé à celui des parties périphériques, il en résulte un contraste très net avec les points environnants, de là les taches.

Les découvertes de Kirchhoff et Bunsen ont permis aux physiciens d'acquérir sur la constitution du Soleil beaucoup de données nouvelles, Kirchhoff et Bunsen ont trouvé le moyen de reconnaître la nature d'un corps par l'analyse des flammes, ce qu'on appelle l'*analyse spectrale*.

La flamme fournie par le gaz d'éclairage donne un spectre à peine visible, mais si l'on introduit dans la flamme quelques gouttes d'alcool salé, on voit dans le spectre une ligne jaune brillante caractéristique du sodium : avec les sels d'autres métaux on voit d'autres lignes de couleur et de position différentes, qui sont caractéristiques de ces métaux. D'autre part, on sait que le spectre solaire présente des raies noires, tandis que la lumière émise par un corps solide incandescent, comme le bâton de chaux de la lumière Drummond, fournit un spectre absolument continu. Kirchhoff a montré que si sur le trajet de la lumière Drummond on place la flamme de l'alcool salé on voit paraître dans le spectre continu une raie noire occupant exactement la place de la raie D du spectre solaire. Ainsi une flamme contenant du sodium a la propriété d'émettre seulement des rayons jaunes et d'autre part elle a la propriété d'absorber la lumière jaune émise par une source sans absorber les autres couleurs que fournit cette

Fig. 54. — Spectroscope (*).

lumière. Des flammes contenant d'autres métaux produisent dans le spectre continu d'autres raies noires ayant des positions déterminées dans le spectre solaire.

Les expériences de ce genre sont faites à l'aide d'un appareil appelé le *spectroscope* (fig. 54), ici représenté. Un tube porte à l'une

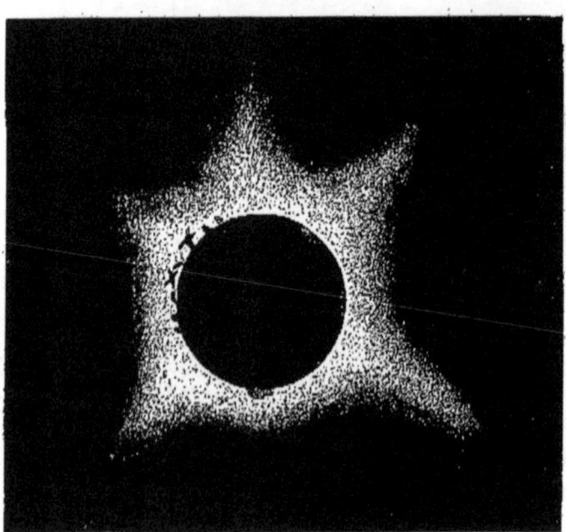

Fig. 55. — Soleil au moment d'une éclipse (protubérances et corona), d'après Secchi.

de ses extrémités une fente étroite et à l'autre une lentille convergente. La fente est précisément au foyer de la lentille. La source lumineuse étant placée à cette fente, il sort du tube un faisceau de rayons parallèles. Ce tube porte le nom de *collimateur*. Les rayons traversent un prisme puis sont reçus dans une lunette. On observe dans celle-ci un spectre d'autant plus pur mais d'autant moins brillant que la fente du collimateur est plus étroite.

Les expériences qui précèdent conduisent à une interprétation des raies du spectre solaire. Il suffit d'admettre que la photosphère contient à l'état de vapeurs des substances diverses. Le noyau incandescent du Soleil

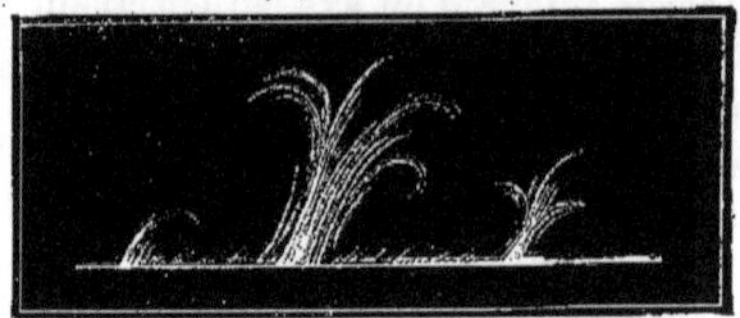

Fig. 56. — Protubérances roses, d'après Secchi.

fournit un spectre continu, mais les vapeurs de la photosphère absorbent certains rayons et produisent ainsi dans le spectre un grand nombre de raies obscures. Si l'on constate une coïncidence exacte entre certaines raies obscures du spectre solaire et les lignes brillantes fournies par certaines vapeurs incandescentes, on pourra en conclure l'existence de ces vapeurs dans la photosphère. Kirchhoff a démontré ainsi l'existence dans le Soleil du sodium, du potassium, du calcium, du baryum, du magnésium, du zinc, du fer, du chrome, du cobalt, du nickel, du cuivre. Le plomb, l'étain, l'or, l'argent, paraissent manquer.

Ainsi le Soleil doit se composer d'un noyau

(*) A, lunette oculaire; B, collimateur; C, tube avec micromètre; P, prisme; l'image du micromètre se superpose à celle du spectre.

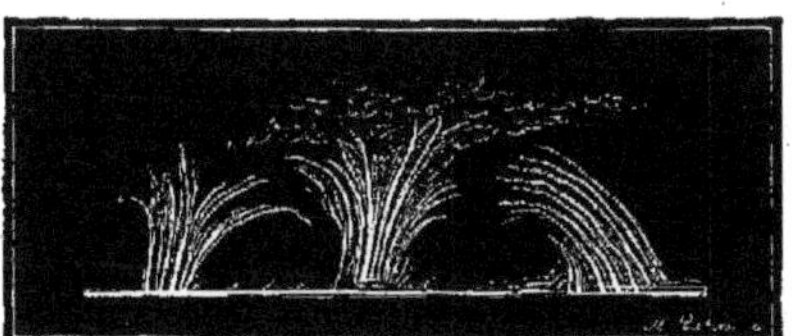

Fig. 57. — Protubérances roses, d'après Secchi.

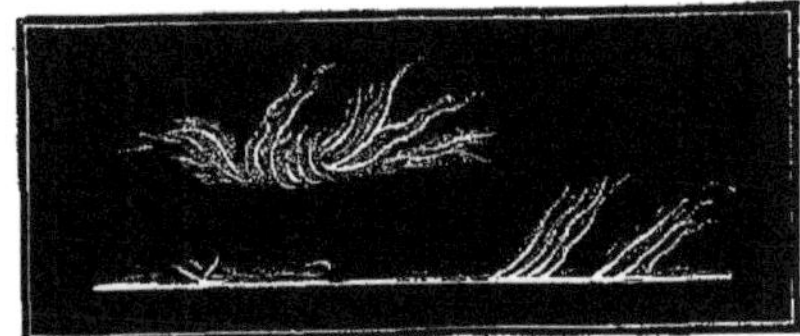

Fig. 58. — Protubérances roses, d'après Secchi.

central incandescent, solide ou même liquide, entouré d'une enveloppe gazeuse éclatante : la *photosphère*. Mais il a d'autres enveloppes encore plus externes. Lorsqu'on examine le disque au moment d'une éclipse totale, on voit à l'extérieur un mince anneau rouge, la *chromosphère*, où le spectroscope décèle les raies caractéristiques de l'hydrogène. Il existe enfin une atmosphère moins chaude, très tourmentée, la *corona*. On voit s'élancer de la chromosphère, pendant les éclipses totales, des flammes rouges d'une grandeur énorme : elles atteignent le quart du rayon du Soleil. Ce sont les *protubérances* (fig. 55, 56, 57, 58). Elles se déforment, se tordent, s'épanouissent avec une rapidité incroyable. Par une méthode due à M. Janssen, on peut maintenant les observer constamment en suivant le bord du Soleil au spectroscope. On sait aujourd'hui que ces protubérances ne sont autre chose que des jets d'hydrogène incandescent.

LA LUNE.

Un astre important au point de vue terrestre est la Lune. Elle partage notre attention avec le Soleil; elle nous éclaire pendant la nuit grâce à la lumière qu'elle reçoit du Soleil et qu'elle nous réfléchit.

La Lune se déplace parmi les étoiles, suivant de l'ouest à l'est un grand cercle. L'astronomie nous apprend en effet que la Lune est le satellite du globe terrestre; elle décrit une ellipse dont la Terre occupe un des foyers. Sa distance à la Terre est d'environ 96 000 lieues de 4 kilomètres et son volume est 49 fois plus petit que celui de notre planète; celle-ci doit se présenter de la Lune comme un globe énorme (fig. 59). Sa révolution est de 27 jours et 7 heures.

La surface de la Lune a été bien étudiée. On y voit de larges espaces gris, qui ont été considérés d'abord comme des mers, ce sont des plaines. Il y a de plus un grand nombre de montagnes en forme de cratères (fig. 60), ce qui donne à notre satellite l'aspect général de l'Auvergne avec ses volcans éteints ou celui de la région des Champs Phlégréens et du Vésuve (fig. 61). Les montagnes lunaires ont pu être mesurées et toutes ont reçu des noms; il faut citer les monts Leibniz qui atteignent 7 610 mètres, le cratère de Newton (7264^{m}), celui de Tycho (6151^{m}) et le mont Huyghens (5560^{m}). Leur diamètre est beaucoup plus grand que celui des volcans terrestres. Au Vésuve le cirque de la Somma mesure 3 600 mètres et celui du val del Bove à l'Etna 5 500 mètres; tandis que pour beaucoup de volcans lunaires le diamètre dépasse 100 000 mètres.

La Lune est privée d'atmosphère. C'est ce que prouvent plusieurs faits importants. On ne constate aucune dégradation de lumière le long du cercle qui sépare l'hémisphère éclairé de l'hémisphère obscur; or il y aurait une sorte de crépuscule s'il y avait une atmosphère. Lorsque la Lune passe devant une étoile et la dérobe à notre vue, la durée de l'occultation serait moindre que la durée assignée par le calcul, s'il y avait une enveloppe gazeuse, car celle-ci réfracterait les rayons de lumière envoyés par l'étoile et l'astre, au lieu de disparaître au moment précis où la Lune passe devant lui, resterait visible encore quelque temps après; de même il commencerait à reparaître quelque temps avant que l'interposition de la Lune eut complètement cessé. Une autre preuve, c'est que quand la Lune passe devant le Soleil et l'éclipse, son contour se présente bien tranché et sans pénombre. Enfin lorsqu'un astre, comme une planète, a une atmosphère, son spectre lumineux présente des raies d'absorption, tandis que la Lune renvoie

Fig. 59. — Paysage lunaire montrant de nombreuses montagnes annulaires, d'après Nasmyth et Carpenter.

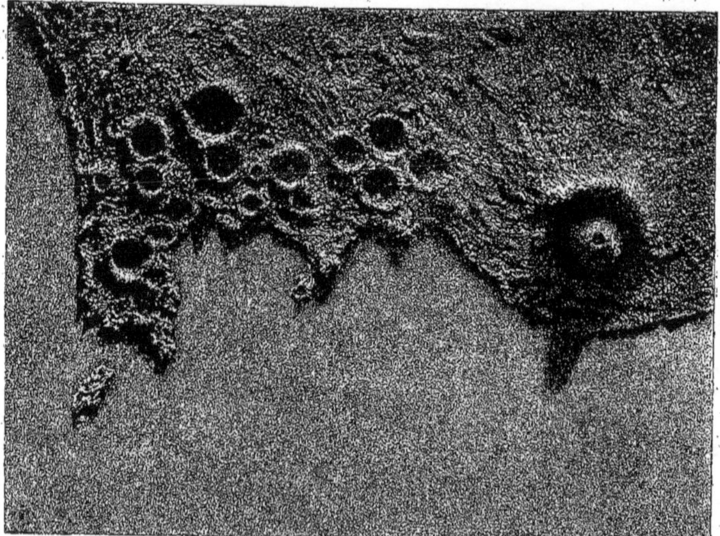

Fig. 60. — Le Vésuve et les champs Phlégréens (paysage lunaire), d'après Nasmyth et Carpenter.

simplement la lumière solaire sans la modifier.

Puisque la Lune n'a pas d'atmosphère, elle n'a pas non plus d'eau, car celle-ci se vaporiserait immédiatement pour former une atmosphère. Il n'y a pas d'êtres vivants sur notre

Fig. 61. — La Terre vue de la Lune.

satellite, car nous ne pouvons les concevoir sans air et sans eau. La Lune est donc un astre mort, qui a été travaillé par de formidables éruptions volcaniques.

MOUVEMENTS DE LA TERRE.

La Terre, comme nous le savons, a un double mouvement. Elle tourne sur elle-même en 24 heures de l'ouest à l'est. La rotation se fait autour d'un axe qui perce la sphère terrestre en deux points : les *pôles*, l'un est le pôle nord, l'autre le pôle sud. A égale distance des pôles on imagine un cercle partageant la sphère terrestre en deux moitiés ou hémisphères, ce cercle est l'*équateur*. Au nord de l'équateur se trouve l'hémisphère nord ou boréal, au sud l'hémisphère sud ou austral. Quand nous nous trouvons vers le pôle nord, dont l'étoile polaire nous donne à peu près la direction, le *sud* se trouve derrière nous, l'*est* à notre droite et l'*ouest* à notre gauche. La rotation diurne, nulle aux pôles qui se trouvent sur l'axe, est d'autant plus rapide pour un point du globe, que ce point est plus éloigné de l'axe ; en effet, ce point doit décrire en 24 heures un cercle d'autant plus grand qu'il est plus éloigné de l'axe. A Saint-Pétersbourg la vitesse de rotation est de 14 kilomètres par minute, à Paris de 18 kilomètres et à l'équateur de 28.

Outre ce mouvement de rotation diurne il y a à considérer le mouvement de translation autour du Soleil ; il s'accomplit dans le courant d'une année, c'est-à-dire qu'au bout d'un an la Terre se retrouve dans l'espace à son point de départ. La vitesse moyenne avec laquelle la Terre accomplit ce mouvement est de 30 kilomètres par seconde.

Ces deux mouvements ont des conséquences importantes. La Terre en tournant sur elle-même présente successivement ses différents points aux rayons du Soleil. Un même point est donc tour à tour éclairé et plongé dans l'obscurité; de là résulte la succession des *jours* et des *nuits*.

La ligne des pôles n'est pas perpendiculaire à l'orbite terrestre. Si l'axe était perpendiculaire au plan de l'orbite, la partie du globe éclairée par le Soleil s'étendrait toujours d'un pôle à l'autre; il y aurait partout égalité des jours et des nuits, partout les jours et les nuits seraient composés de douze heures.

Il n'en est pas ainsi; pour un même point de la Terre, la longueur du jour et de la nuit varie dans le courant d'une année suivant la position de la Terre sur son orbite. A l'équateur seul il y a constamment égalité du jour et de la nuit. En dehors de l'équateur le jour et la nuit ne sont d'égale durée que deux fois par an: le 21 mars et le 22 septembre. Ces dates sont appelées les *équinoxes*; la première est l'équinoxe du printemps, l'autre l'équinoxe d'automne.

Ainsi le mouvement de translation a pour conséquence l'*inégalité des jours et des nuits*. Mais de ce dernier fait il résulte que la quantité de lumière et de chaleur reçue par un point déterminé de la Terre varie suivant le moment de l'année considéré. C'est ce qui explique le phénomène des *saisons*; quand les heures du jour sont plus nombreuses que les heures de nuit la Terre s'échauffe : c'est la saison chaude. Quand l'inverse a lieu, la terre perd plus de chaleur par rayonnement pendant la nuit qu'elle n'en gagne pendant le jour: c'est la saison froide.

On appelle *cercles polaires*, des cercles à 23° 27' 28" des pôles, et *tropiques* des cercles à la même distance de l'équateur; celui de l'hémisphère nord est le tropique du Cancer, et celui de l'hémisphère sud le tropique du Capricorne. La zone torride est comprise entre les deux tropiques, les zones tempérées nord et sud entre les tropiques et les cercles polaires, les zones glaciales arctique et antarctique entre les cercles polaires et les pôles nord et sud (fig. 62).

Dans les régions tempérées, c'est-à-dire dans la plus grande partie de l'espace compris entre l'équateur et les pôles, l'année se partage entre quatre saisons : le printemps, l'été, l'automne et l'hiver. Le printemps est compris entre le 21 mars (équinoxe de printemps) et le 21 juin, époque de l'année où le jour est le plus long (solstice d'été); l'été est compris entre le 21 juin et le 22 septembre (équinoxe d'automne); l'automne entre le 22 septembre et le 21 décembre, époque de l'année où le jour est le plus court (solstice d'hiver); enfin l'hiver du 21 décembre au 21 mars.

L'ensemble du printemps et de l'été s'appelle aussi la saison chaude; celui de l'automne et de l'hiver la saison froide.

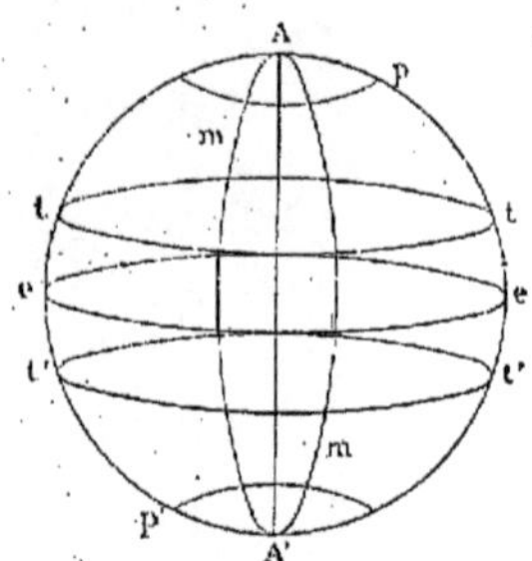

Fig. 62. — Cercles de la sphère terrestre. — AA', ligne des pôles; *pp'*, cercles polaires; *tt'*, tropiques; *m*, méridien.

Dans le voisinage immédiat de l'équateur, dans ce qu'on appelle la zone torride ou tropicale, il n'y a pas de saison froide: il y a une saison sèche et une saison de pluies.

Au voisinage des pôles le soleil reste six mois sur l'horizon et disparaît pendant les six autres mois; mais pendant le long jour de six mois, il n'y a pas, à proprement parler, de saison chaude, parce que les rayons solaires arrivent très obliquement.

L'inégalité de durée des quatre saisons s'explique aussi par la considération du mouvement de translation.

L'orbite terrestre n'est pas un cercle; c'est une ellipse, et la distance de la Terre au Soleil varie suivant sa position sur cette ellipse.

D'autre part la Terre se meut d'autant plus vite sur son orbite qu'elle se rapproche davantage du Soleil. Or elle est plus rapprochée du Soleil dans la saison froide que dans la saison chaude. Pour cette raison la saison chaude, c'est-à-dire l'ensemble du printemps et de l'été, a une durée d'environ cent quatre-vingt-six jours, tandis que la durée de la saison froide, c'est-à-dire de l'ensemble de l'automne et de l'hiver est seulement de cent soixante-dix-neuf jours.

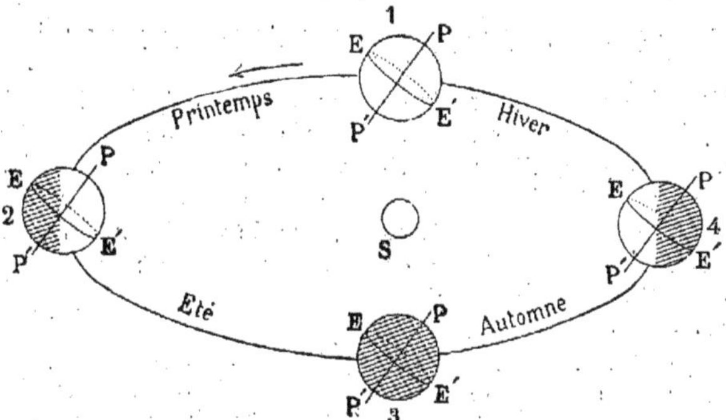

Fig. 63. — Relations de la Terre et du Soleil dans les différentes saisons.

La saison chaude pour l'hémisphère boréal est la saison froide pour l'hémisphère austral puisque la Terre tourne pendant six mois le pôle nord vers le Soleil et pendant les six autres mois le pôle sud. Il en résulte donc que la saison chaude de l'hémisphère nord dépasse de sept jours la saison chaude de l'hémisphère sud.

La figure théorique ci-jointe (fig. 63) met en évidence la relation de la Terre et du Soleil dans les différentes saisons. On a exagéré à dessein les différences de distance au Soleil aux différentes époques. La flèche indique le sens de la rotation de la Terre; la ligne PP' est la ligne des pôles, P étant le pôle nord; la ligne EE' représente l'équateur. L'hémisphère non éclairé par le Soleil est ombré. Le n° 1 représente la Terre au 21 mars, le n° 2 la Terre au 21 juin, le n° 3 au 22 septembre et le n° 4 au 21 décembre.

En réalité les mouvements de la Terre ne sont pas aussi simples que nous venons de le décrire. La ligne des équinoxes se déplace vers l'ouest ; c'est ce qu'on nomme la *précession des équinoxes*. Il en résulte que l'axe terrestre, qui lui est perpendiculaire, décrit un cône en 25765 ans; de plus l'axe dans chacune de ses positions oscille en décrivant un petit cône; et le plan de l'orbite ou écliptique diminue d'obliquité. Pour ces raisons l'équinoxe avance et sa précession totale est de 21 000 ans. Par suite, la durée des saisons varie sans cesse. A l'époque actuelle la saison chaude l'emporte de 7 à 8 jours sur la saison froide dans l'hémisphère boréal; dans 10 500 ans l'inverse se produira et l'hémisphère austral sera favorisé à son tour.

Il faut ajouter que l'excentricité de l'orbite diminue ; elle se rapproche actuellement d'un cercle, mais plus tard elle s'allongera de nouveau sous l'influence de l'attraction des planètes. Celles-ci par leurs perturbations bien connues et calculées d'avance, surtout celles dues à Jupiter et à Vénus, déforment l'orbite terrestre.

Enfin le système solaire tout entier se déplace, le Soleil s'avance avec toutes ses planètes vers la constellation d'Hercule, avec la vitesse énorme de 200 000 lieues par jour. La Terre se déplace ainsi vers ce point de 74 kilomètres environ par seconde.

Pour toutes ces raisons notre planète décrit en réalité une spirale compliquée. Mais les mouvements de la Terre ne resteront pas indéfiniment ce qu'ils sont aujourd'hui. Le frottement des marées contre le fond et les rivages des mers a pour effet de diminuer la vitesse de rotation de 22 secondes par siècle. Si l'action des marées a toujours été la même, notre globe d'après William Thomson devait avoir il y a 10 millions d'années une vitesse double de sa vitesse actuelle, et dans 86 millions de siècles, la rotation cesserait complètement. Alors la Terre obéissant à ses attractions perdra son existence indépendante, soit qu'elle s'unisse à d'autres planètes, soit qu'elle aille tomber sur le Soleil.

FORME EXACTE, DIMENSIONS ET DENSITÉ DE LA TERRE.

Après avoir déterminé les mouvements de notre globe, il faut chercher quelle est sa forme exacte. La Terre, dans une première approximation, peut être regardée comme une sphère. C'est ce que prouvent les observations suivantes. Si l'on regarde un vaisseau s'éloigner, on voit que toutes ses parties ne disparaissent pas en même temps ; la coque disparaît d'abord, puis les mâts les moins élevés, enfin le sommet de la mâture ; inversement quand un navire approche on distingue le haut des mâts avant d'apercevoir la coque (fig. 64). On doit en conclure que la surface du globe est convexe, car les inégalités du sol sont assez faibles pour qu'on puisse regarder la surface des continents et celle des mers comme formant une seule et même surface.

Une autre preuve est fournie par les voyages de circumnavigation. Ainsi les navires de Magellan, se dirigeant toujours vers l'ouest, revinrent au port dont ils étaient partis ; ils avaient donc décrit une circonférence complète autour de la Terre.

Enfin la forme toujours circulaire de l'horizon conduit à affirmer la sphéricité de la Terre, car la sphère est le seul corps qui présente une forme circulaire de quelque côté qu'on le regarde.

Cependant la Terre n'est pas une sphère parfaite, c'est un ellipsoïde. Newton, le premier en 1687, regardant la Terre comme ayant été primitivement fluide, remarque qu'une masse fluide animée d'un mouvement de rotation devait prendre la forme d'un ellipsoïde de révolution aplati aux pôles et renflé à l'équateur. A peu près à la même époque en 1672, Richer avait constaté qu'un pendule à secondes apporté de Paris à Cayenne devait être raccourci pour continuer à battre la seconde. Or ce fait indiquait que l'intensité de la pesanteur est plus faible à l'équateur que vers les pôles. Cette diminution de l'intensité de la pesanteur tient d'abord à ce que la force centrifuge, qui agit en sens contraire de la pesanteur, est plus grande à l'équateur que vers les pôles, où elle s'annule ; de plus si la Terre est vraiment aplatie aux pôles, l'intensité de la pesanteur doit y être plus grande qu'à l'équateur puisque l'attraction du centre sur un objet placé à la surface y sera plus grande comme s'exerçant à une plus faible distance. On conçoit donc que l'on puisse évaluer l'aplatissement terrestre par la mesure du pendule à secondes aux diverses latitudes. Les recherches de Sabine montrent nettement comment varie la longueur du pendule. Les principaux résultats sont les suivants :

	Latitude.	Longueur du pendule à secondes exprimée en millimètres.
Saint-Thomas....	0°,25′	990,887
Ascension........	7°,56′	991,192
Jamaïque........	17°,56′	991,471
New-York.......	40°,43′	993,147
Londres	51°,31′	994,113
Drontheim.......	63°,26′	995,002
Spitzberg........	79°,50′	996,043

Pour Paris la longueur du pendule est 993,90.

Un procédé direct pour évaluer l'aplatissement terrestre est de mesurer un arc de méridien à diverses latitudes (1). Si la longueur de l'arc de 1° est la même à toutes les latitudes c'est que la méridienne est circulaire, par suite la Terre est une sphère parfaite. Si au contraire cette longueur varie aux diverses latitudes c'est que la Terre n'est pas sphérique, et si la Terre est aplatie aux pôles et renflée à l'équateur, on doit constater que la longueur de l'arc de 1° devient plus grande au fur et à mesure qu'on se rapproche du pôle. C'est précisément ce qui a été trouvé. Sur l'initiative de l'Académie des sciences de Paris Bouguer, La Condamine et Gaudin partirent pour le Pérou en 1735, tandis qu'en 1736 Maupertuis, Clairaut, Camus et Lemonnier se rendaient en Laponie; chacune des expéditions était munie d'un exemplaire en fer de la toise de Paris. En Laponie on trouva après correction comme longueur de l'axe de 1° 57196 toises, 16, et au Pérou, seulement 56736 toises, 81.

En 1792 Delambre et Méchain mesurèrent l'arc de la méridienne qui traverse la France de Dunkerque vers Barcelone et ils assignèrent

(1) On sait que les *méridiens* sont les cercles déterminés sur une sphère par des plans qui passent par l'axe, et que les *parallèles* sont au contraire des cercles dont les plans sont perpendiculaires à l'axe et par suite parallèles à l'équateur. La *latitude* d'un lieu est comptée sur le méridien de ce lieu à partir de l'équateur, et la *longitude* est comptée sur le parallèle du lieu, à partir d'un méridien (pris à volonté), par exemple celui de Paris ou celui de Greenwich. Une *méridienne* est la ligne d'intersection d'un plan méridien avec la sphère terrestre.

Fig. 64. — Sphéricité de la Terre. Positions successives d'un navire approchant du rivage.

pour longueur au quart du méridien 5130740 toises. La dix-millionième partie de cette longueur fut choisie sous le nom de mètre pour nouvelle mesure de longueur. Le mètre légal fut ainsi fixé à 0 toise 513074 ou 3 pieds 0 pouce 11 lignes 296.

La méridienne de France fut prolongée jusqu'à Formentera, une des Baléares, par Biot et Arago. En réalité, comme on l'a reconnu depuis, la longueur du quart du méridien est de 5131180 toises, et le mètre légal n'en est pas la dix-millionième partie; il est trop petit de 0 ligne 038.

Désignons par a le demi-axe équatorial de la Terre et par b le demi-axe polaire. La discussion de toutes les mesures prises sur les méridiennes aux diverses latitudes conduit aux valeurs suivantes : $a = 6377397$ kilomètres, $b = 6356079$ kilomètres. L'aplatissement s'exprime par la fraction $\frac{a-b}{a}$ et d'après Bessel il est de $\frac{1}{299,15}$, ainsi environ $\frac{1}{300}$. La différence des deux rayons est de 21 kilomètres.

On peut dans la pratique regarder la Terre comme une sphère parfaite ayant un rayon de 6366 kilomètres, en chiffres ronds de 6000 kilomètres. La circonférence de notre globe est d'environ 40000 kilomètres, sa superficie d'à peu près 510 millions de kilomètres carrés. Son volume est de plus de un trillion (mille milliards) de kilomètres cubes; il n'est cependant que la 1280e partie de celui du Soleil.

Il est possible de calculer la densité moyenne de la Terre, c'est-à-dire de trouver de combien notre globe est plus lourd qu'une sphère d'eau d'égal volume. Plusieurs procédés ont été employés, d'abord Bouguer et La Condamine ont constaté que le pendule dévie au voisinage des montagnes en vertu de l'attraction propre de celles-ci. Maskelyne en 1775 chercha la déviation produite par le mont Shéhallien en Écosse, qui est bien isolé et dont il est facile de mesurer le volume et de calculer le poids. Il compara l'action de la montagne à l'action totale du globe, ce qui permet de déduire la densité cherchée. La valeur trouvée fut de 5 environ.

Un autre procédé employé par Cavendish consiste à comparer l'attraction de la terre et celles de grosses boules de plomb sur de petites boules de métal. Le résultat obtenu pour la densité fut de 5,50. Les expériences de Cavendish et de Maskelyne furent répétées à plusieurs reprises avec toutes les précautions nécessaires et l'on peut dire avec certitude que la Terre est 5 fois 1/2 plus dense que l'eau. Comme la densité des roches de la surface est en moyenne de 2 1/2, on en conclut que les autres matériaux de l'intérieur du globe doivent être très lourds et sont probablement métalliques. On voit de plus par ce qui précède que les éléments du globe sont superposés par ordre de densité, fait en faveur de l'hypothèse d'une fluidité primitive de la Terre.

COMPARAISON DE LA TERRE ET DES AUTRES PLANÈTES.

Les autres planètes ont avec notre globe de nombreux points de ressemblance et aussi des différences notables que nous allons rapidement étudier.

La planète la plus rapprochée du Soleil est *Mercure*. Sa distance à l'astre central est au minimum de 11 millions de lieues environ et sa distance maximum de plus de 17 millions. L'orbite de Mercure est très allongée, c'est une ellipse véritable et non une courbe se rapprochant d'un cercle, et la planète ne met que 88 jours pour la parcourir; d'après Schiaparelli c'est précisément le temps que l'astre met à tourner sur lui-même; on a cru à tort pendant longtemps que la durée de la rotation était de 24 heures. L'erreur provient de ce que Mercure plongée dans les rayons du Soleil est difficile à observer, ainsi donc la durée de l'année se confond sur Mercure avec celle du jour. Le volume est 18 fois plus petit que celui de la Terre. Il y a sur Mercure de très hautes montagnes, la plus élevée aurait 19 kilomètres. On voit autour de la planète un faible anneau nébuleux au moment de son passage sur le Soleil; de plus la lumière va en diminuant du centre vers les bords, enfin on voit souvent des bandes obscures. Tous ces faits font conclure à l'existence d'une atmosphère. L'analyse spectrale conduit aux mêmes conclusions. Le spectre de Mercure est celui du Soleil, ce qui s'explique puisque la lumière des planètes leur est envoyée par l'astre central, mais on reconnaît de plus des raies dues à l'absorption des rayons par la vapeur d'eau. Ainsi Mercure est environnée d'une atmosphère nuageuse qui fait écran pour les rayons du Soleil dont l'intensité est sept fois plus grande pour Mercure que pour la Terre. Cette condition permet peut-être la vie sur cette planète.

De Mercure l'aspect du ciel doit être le même que de notre globe; mais Vénus est l'astre qui doit briller le plus, après vient la Terre (fig. 65) sous l'apparence d'une étoile de première grandeur.

La planète *Vénus* est placée entre Mercure et nous. Sa distance au Soleil est de 27 millions de lieues et sa distance à la Terre de 11 millions au minimum et de 66 millions au maximum (fig. 66). C'est pour nous l'astre le plus brillant du ciel et depuis longtemps on le connaît sous le nom d'étoile du matin, d'étoile du berger, d'étoile du soir. Vénus est parfois visible en plein jour.

Son volume est presque égal à celui de la Terre; il en est les 87 centièmes. La rotation se fait en 23 heures, 21 minutes, de sorte que le jour et la nuit sur Vénus sont sensiblement égaux aux nôtres. L'année est de 225 jours environ et, l'orbite étant presque circulaire, les quatre saisons ont presque la même durée.

L'examen de Vénus a montré qu'il existe sur cette planète de hautes montagnes, dont certaines ont 44,000 mètres. On y voit aussi des taches sombres qui doivent représenter des mers et des taches blanches qui sont peut-être des continents. L'atmosphère de la planète est épaisse et nuageuse. Les conditions physiques doivent donc être à peu près celles de la Terre, car l'atmosphère dense et chargée de nuages compense l'intensité plus grande des rayons solaires.

L'axe de Vénus étant très incliné, les saisons doivent être plus tranchées que les nôtres, les régions polaires et les régions tropicales sont plus larges tandis que la zone tempérée est plus étroite. En somme la vie sur Vénus est sans doute peu différente de celle de la planète Terre.

Vénus et Mercure n'ont pas de satellites. Au contraire *Mars*, la première des planètes supérieures, en possède deux. Cette planète apparaît à l'œil nu comme l'étoile la plus rouge du ciel. Sa distance minimum au Soleil est de 52 millions et demi de lieues. L'ellipse est très allongée. Le volume est 6 fois et demi plus petit que celui de la Terre.

La rotation se fait en 24 heures 37 minutes; par suite le jour et la nuit sur Mars sont semblables à ceux de la Terre et suivent les mêmes lois. Quant à l'année elle est de 687 jours; elle est à peu près le double de la nôtre; la succession des saisons se fait comme sur la Terre, mais chacune est presque le double des saisons terrestres (fig. 67).

Il y a une atmosphère, comme le montrent les nuages mobiles qui se déplacent sur le disque comme le font les nôtres. L'analyse spectrale met aussi en évidence les raies caractéristiques de la vapeur d'eau.

La géographie de Mars est aujourd'hui assez bien connue, et les travaux récents de Schia-

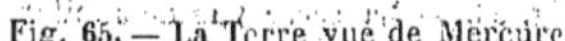

Fig. 65. — La Terre vue de Mercure.

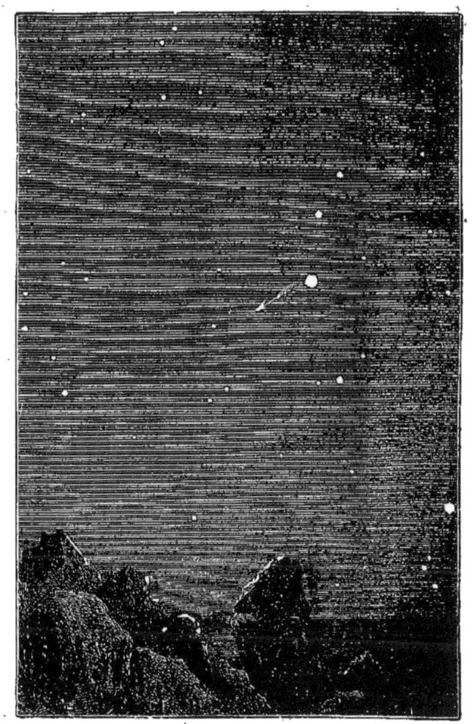

Fig. 66. — La Terre vue de Vénus.

pareils ont encore accru nos connaissances sur cette planète.

Vers les pôles se trouvent deux taches blanches ; ce sont des régions couvertes de glace ; leur étendue varie avec les saisons. Ainsi, lorsque l'hémisphère austral de Mars est dans la saison chaude sa tache polaire diminue, pour augmenter quand revient la saison froide. Il y a de plus deux autres séries de taches ; les unes sombres, de couleur grisâtre sont les mers ; les autres jaunes ou orangées sont les continents.

La disposition des continents et des mers sur Mars est toute différente de ce qui a lieu sur notre Terre. Tandis que les trois quarts de notre globe sont couverts d'eau, le rapport des continents et des eaux sur Mars est presque égal à l'unité ; il y a même un peu plus de terre que d'eau. Les terres sont rassemblées plutôt sur l'hémisphère boréal et les mers sur l'hémisphère austral. Il n'y a pas sur Mars de grand continent, mais un grand nombre d'îles séparées par des bras de mer. La figure 69 due à Schiaparelli montre une partie de la surface de Mars avec ses îles, ses golfes, ses détroits, auxquels on a donné des noms, suivant les ressemblances avec notre planète. Un fait remarquable c'est l'absence entre les terres de grands océans comme l'Atlantique et le Pacifique ; un autre fait qui attire l'attention est l'existence de bandes sombres qui partent des taches sombres, de sorte que si celles-ci sont des mers, les premières sont des *canaux*. Tel est le nom qu'on leur a donné.

Un de ces canaux plus visible que les autres figure déjà sur les dessins donnés par Schröter en 1798 ; il a 200 à 300 kilomètres de large. Mais depuis on en a découvert un grand nombre de 60 à 100 kilomètres de large. Ils constituent d'après Schiaparelli un véritable réseau enveloppant toutes les régions continentales. Jamais un canal n'est isolé ; toujours il aboutit à une mer ou à un autre canal, qu'il peut couper sur un angle quelconque. Les canaux

Fig. 67. — La Terre vue de Mars.

Fig. 68. — La Terre vue de Jupiter.

peuvent devenir invisibles à certaines époques, leur largeur varie avec le temps. De plus ils présentent une transformation remarquable : la gémination ; c'est-à-dire qu'un canal simple peut, en quelques jours et même en quelques heures, être remplacé par un canal double formé de deux bandes parallèles très voisines. Ce dédoublement se produit simultanément sur toute la longueur du canal ; il disparaît à son tour et le canal géminé est remplacé par un canal simple.

On a fait bien des hypothèses sur la nature des canaux de Mars. Suivant M. Fizeau ils ne sont autre chose que des crevasses dans des glaciers. Dans nos régions polaires se produisent sans cesse des crevasses rectilignes souvent très longues. Sur Mars il doit y avoir des glaciers très étendus, car l'échauffement que la planète reçoit du Soleil n'est que les $\frac{4}{9}$ de celui de notre globe. On peut donc admettre que sur Mars il y a des glaciers analogues aux nôtres, plus développés et présentant des phénomènes de rupture plus considérables. Remarquons cependant que l'hypothèse de M. Fizeau soulève une grave objection, car les canaux sont encore visibles quand les taches blanches qu'on assimile à nos glaces des pôles sont fortement réduites par la chaleur de l'été.

Les planètes dont il nous reste à parler sont bien différentes de notre Terre par leur volume, leurs mouvements, leurs conditions climatériques.

Jupiter se trouve à une distance du Soleil cinq fois plus grande que celle de la Terre. Il ne s'approche jamais de nous à moins de 150 millions de lieues (fig. 68). Son volume est 1414 fois celui de la Terre. La rotation de la planète sur elle-même se fait en 10 heures et à cause de la faible inclinaison de l'axe il y a peu de différence entre la durée du jour et celle de la nuit. Le jour dure environ 5 heures et la nuit également, sous toutes les latitudes.

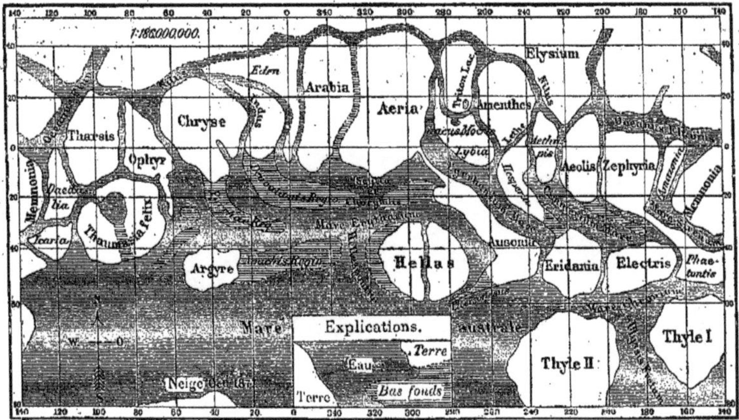

Fig. 69. — Carte d'une partie de la planète Mars.

Il en résulte l'absence de saisons tranchées; il doit y avoir une remarquable uniformité de la température pendant la longue année de Jupiter, qui équivaut à près de 12 années terrestres.

Jupiter reçoit du Soleil une quantité de chaleur et de lumière 27 fois plus faible que nous. La température sur cette planète serait donc peu élevée, s'il n'y avait pas d'autre source de chaleur, mais il y a de larges bandes grisâtres au nord et au sud de l'équateur, qui paraissent être des amas de nuages toujours en mouvement (fig. 70). On doit en conclure l'existence dans l'atmosphère de Jupiter d'une quantité de vapeur d'eau bien supérieure à celle que l'action de la chaleur pourrait y maintenir. Il faut admettre que la planète est chaude par elle-même; qu'elle possède un foyer interne très intense, ce qui rend probablement la vie impossible à sa surface.

Jupiter est accompagné de quatre satellites; ses nuits sont ainsi éclairées par quatre lunes dont la révolution est très rapide. Le ciel vu de Jupiter est donc tout différent du nôtre.

Saturne, qui vient après Jupiter pour le volume qui est 750 fois environ plus grand que celui de la Terre, est très éloigné de nous; sa distance moyenne à la Terre est de 360 millions de lieues, et sa distance au Soleil 9 fois et demie celle de notre globe à l'astre central. Il y a autour de cette planète un anneau elliptique en réalité composé de trois anneaux concentriques (fig. 71). Entre l'anneau intérieur et la planète se trouve un espace vide de 6000 lieues. On admet généralement que l'anneau de Saturne est en réalité formé de corpuscules voisins les uns des autres et tournant autour de la planète. Celle-ci possède en outre huit lunes ou satellites.

Saturne tourne sur lui-même en 10 heures et demie; les jours et les nuits sont donc fort courts et de plus ils sont inégaux, car l'axe de la planète est sensiblement incliné sur l'orbite, par suite les saisons sont bien tranchées. L'année de Saturne est fort longue; elle équivaut à 30 années terrestres environ.

L'aspect du ciel vu de Saturne doit être extraordinaire. Le Soleil n'est plus qu'un petit globe, la Terre un simple point lumineux très rapproché du Soleil. Jupiter y brille matin et soir comme une splendide étoile. Durant une demi-année saturnienne les anneaux brillent d'un vif éclat, pendant les nuits, sur un hémisphère. Quant aux huit lunes leur lumière ne doit pas être très vive, car à surface égale elles ne reçoivent que la 90e partie de celle que reçoit du Soleil la lune terrestre. Le Soleil subit de longues éclipses et disparaît pour le pôle pendant quinze ans.

L'atmosphère de Saturne est épaisse et chargée de nuages formant des bandes parallèles à l'équateur. Or la chaleur que la planète reçoit du Soleil n'étant que la 90e partie de ce que reçoit la Terre, il faut admettre comme pour Jupiter que Saturne est chaud par lui-même; on ne s'expliquerait pas autrement la grande quantité de vapeur d'eau de son atmosphère. La température de la surface est sans doute trop élevée pour permettre l'éclosion de la vie, au moins comme nous la concevons.

Uranus et *Neptune* sont placés à l'extrémité

du système solaire. Uranus n'a été découvert qu'en 1781 par Herschel. Cette planète est près de 80 fois plus grosse que la Terre; sa distance au Soleil est de plus de 728 millions de lieues. Elle gravite lentement et son année équivaut à 84 années terrestres. La durée de la rotation d'Uranus sur lui-même est inconnue, car le disque vu de la Terre est trop petit pour qu'on ait pu mesurer cette rotation. Il y a huit satellites qui au lieu de se mouvoir comme ceux

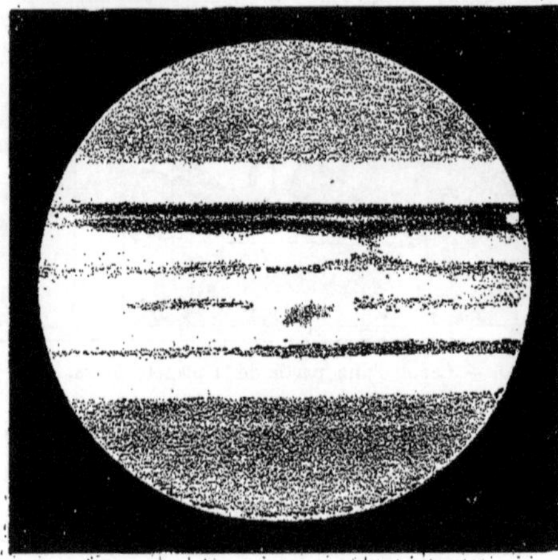

Fig. 70. — Aspect de Jupiter.

des autres planètes, presque dans le plan de l'orbite, tournent dans un plan qui lui est presque perpendiculaire et dans le sens rétrograde (de l'est à l'ouest). Pour Uranus le Soleil est 390 fois moins chaud que pour nous, mais il est probable que, comme cela a lieu pour Jupiter et Saturne, la planète est chaude par elle-même et inhabitée.

Neptune a été découvert par Le Verrier au moyen du calcul. Certaines perturbations

Fig. 71. — Saturne et son anneau.

d'Uranus étaient inexplicables et l'on supposait qu'elles étaient dues à une planète inconnue. Le Verrier en 1846 parvint à assigner la place de la planète perturbatrice, et Galle de Berlin la découvrit à l'endroit du ciel désigné par l'astronome français. Neptune est 84 fois plus gros que la Terre, sa distance du Soleil est de 1 100 millions de lieues, son année est égale à 165 des nôtres. La durée de la rotation serait de 7 heures 55 minutes, mais le nombre trouvé est encore contesté. Il y a un satellite de sens rétrograde. La chaleur et la lumière solaire sont 900 fois plus faibles que sur notre globe. La clarté y est donc beaucoup moins intense que sur la Terre.

D'Uranus et de Neptune le Soleil se présente comme un très petit disque lumineux dans le rayonnement duquel se perd notre planète, qui devient invisible. Combien cette Terre que nous explorons sans cesse, dont tant de régions sont encore inexplorées, combien notre planète est peu de chose dans le système de l'Univers!

LES MÉTÉORITES.

Notre globe reçoit souvent des corps étrangers qui, traversant son atmosphère, tombent à sa surface. Ce sont les météorites, appelées aussi bolides ou aérolithes. Ces *pierres tombées du ciel* sont aujourd'hui bien connues. Leur nombre est considérable; le Muséum de Paris en présente une collection d'échantillons de près de 400 chutes, recueillie par MM. Daubrée (1) et Stanislas Meunier.

La chute des météorites est acompagnée de lumière et de bruit. Le bolide qui tomba à Orgueil (Tarn-et-Garonne) en 1864 fut aperçu jusqu'à Gisors (Eure) à plus de 500 kilomètres de distance. On pense que cette lumière est due à l'entrée du bolide dans l'atmosphère; il comprime celle-ci, l'échauffe et cette chaleur le porte lui-même à l'incandescence. Grâce à la lumière qui l'accompagne on peut mesurer la vitesse de la météorite, vitesse qui peut atteindre 20 kilomètres par seconde, et même 30 kilomètres. La chute du bolide est précédée d'une détonation comparable au bruit du tonnerre, alors la masse éclate et ses fragments tombent avec un sifflement dû à leur rapide passage dans l'air. Les morceaux au moment où ils arrivent à terre sont brûlants à la surface, mais à l'intérieur ils sont extrêmement froids. La partie centrale a gardé le froid intense des espaces célestes, tandis que l'extérieur a été porté à l'incandescence.

Les fragments qui résultent de l'explosion du bolide peuvent être très nombreux. La chute d'Orgueil a fourni des fragments sur un vaste espace ayant 20 kilomètres de longueur. A Laigle en 1803, le bolide qui éclata a fourni près de 3000 morceaux; celui de Pultusk en Pologne (1868) en a donné encore davantage.

Ces fragments peuvent pénétrer profondément dans le sol et même dans des roches compactes. Leur poids est très variable. Au Brésil il y a des échantillons de fer météorique pesant plusieurs milliers de kilogrammes. Cependant le poids ordinaire ne dépasse pas 50 kilogrammes et le plus gros échantillon recueilli à Orgueil était de 2 kilogrammes. Parfois même les morceaux sont de simples petits grains de moins d'un gramme.

Les éclats sont tranchants; ils sont toujours couverts d'une croûte noire ressemblant à un vernis et dont l'épaisseur ne dépasse pas un millimètre. Elle résulte évidemment d'une fusion que la pierre a subie pendant qu'elle était incandescente. Quand la masse présente des fentes, la matière fondue y pénètre, de sorte qu'on voit alors, comme dans la météorite de Kakova, des filons de matière fondue noire au milieu du fragment.

Les météorites n'ont pas toutes la même constitution. M. Daubrée les divise en plusieurs groupes. Il appelle *holosidères* celles qui sont entièrement métalliques. Le fer y domine, mais il est toujours allié à divers métaux dont le plus constant est le nickel. On y trouve en outre un sulfure de fer sous forme de rognons encadrés de graphite; et aussi on constate la présence d'un phosphure de fer et de nickel. Parmi les holosidères il faut citer le fer de Caille (Alpes-Maritimes). On leur a rapporté à tort des masses énormes de fer qui se trouvent à Ovifak, au Groënland. Les Esquimaux s'en servaient pour fabriquer des instruments. Il a été reconnu, depuis, que dans le voisinage il y a du basalte contenant du fer métallique mélangé de nickel et semblable à celui des météorites. Le fer d'Ovifak a donc une origine éruptive, et ce fait montre de plus que dans les profondeurs du globe se trouvent des masses de fer volumineuses.

La structure des fers météoriques est très remarquable. Si, après en avoir poli la surface, on y verse un acide, on voit apparaître des figures singulières, dites de *Widmanstätten*, du nom du savant qui les a le premier signalées (fig. 72). Elles constituent des lignes qui

(1) Voir Daubrée, *Études synthétiques de géologie expérimentale*. Paris, 1879.

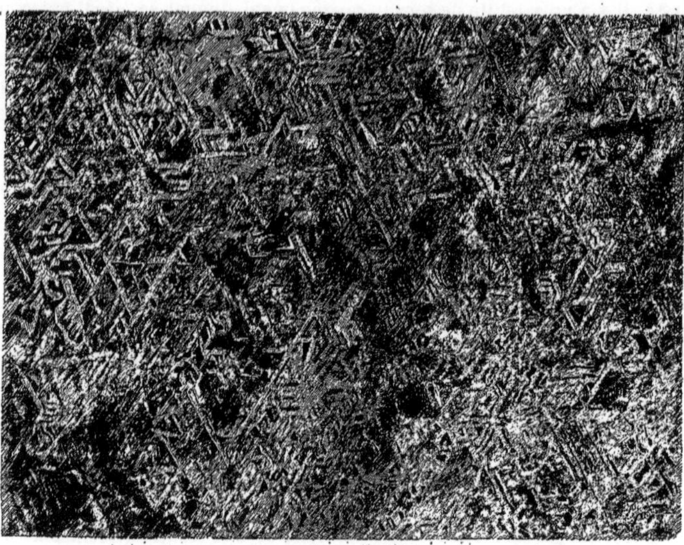

Fig. 12. — Figures de Widmanstätten dans les météorites.

s'entre-croisent sous forme de réseau en relief. Cela tient à ce qu'une partie de la substance est attaquée ; la partie inaltérée fait ainsi saillie. C'est l'alliage de fer et de nickel appelé *tænite*. Il est disposé en lames très fines souvent orientées suivant les faces de l'octaèdre régulier. Les chutes d'holosidères bien constatées sont rares ; en plus d'un siècle on n'en cite que deux certaines en Europe : celle de Braunau en Bohême (1751) et celle d'Agram en Croatie (1847).

Viennent ensuite les *syssidères* composées d'une sorte d'éponge métallique dont les pores sont remplies de matière pierreuse. Celle-ci consiste surtout en un minéral, le péridot, commun dans les roches éruptives terrestres. Un exemple célèbre est la masse de fer découverte au siècle dernier par Pallas à Krasnojarsk en Sibérie.

Enfin, la plupart des météorites appartiennent au groupe des *sporadosidères*. Elles consistent en une masse pierreuse où le fer est disséminé en grains irréguliers. On y trouve du fer nickelé, du sulfure de fer et du fer chromé. Souvent la matière pierreuse forme des globules irréguliers, de là le nom de *chondrites* qui veut dire boule, donné par Rose à ces météorites.

Un quatrième groupe très rare est celui des *asidères*, presque entièrement privées de fer. On y trouve des matières charbonneuses. Le charbon est en combinaison avec l'hydrogène et l'oxygène, formant un composé analogue à ceux qui résultent de la décomposition des matières végétales. La matière pierreuse est formée comme dans le cas précédent de péridot et de pyroxène. Le bolide d'Orgueil est un exemple de ces météorites charbonneuses noires et friables, qui peuvent servir à expliquer la chute de certaines poussières. En effet des aérolithes de cette espèce, dès qu'ils sont mouillés, se réduisent en particules très fines.

Les analyses nombreuses faites des météorites montrent qu'elles ne présentent aucun corps simple étranger à notre globe. On y trouve le fer, le nickel, le cobalt, le chrome ; le magnésium, l'oxygène, et le silicium sont dans la matière pierreuse ; le manganèse, le titane sont rares. L'étain, le cuivre, l'aluminium, l'arsenic, le phosphore existent aussi de même le potassium, le sodium et le calcium, le soufre. Il y a des traces de chlore. L'azote a été découvert par Berzélius dans la météorite charbonneuse d'Alais ; le carbone se trouve comme on l'a vu à l'état de graphite ou combiné à l'oxygène et à l'hydrogène ; enfin ce dernier se montre parfois dans le fer météorique. Un fait remarquable c'est que les trois

Fig. 13. — Chute d'étoiles filantes. Vue prise à Biarritz.

corps qui prédominent dans les météorites, le fer, le silicium et l'oxygène, prédominent aussi dans notre globe. Cela démontre une fois de plus l'unité de constitution des corps célestes, révélée par l'analyse spectrale ; d'ailleurs M. Daubrée a pu reproduire artificiellement des météorites du type commun en oxydant partiellement du siliciure de fer dans une brasque de magnésie. Le fer se sépare à l'état métallique et aussi à l'état de silicate de fer et de magnésie ayant exactement la constitution et l'état cristallin du péridot. Le même savant a reproduit l'association, commune dans les météorites, du sulfure de fer et du carbone. En faisant passer du sulfure de carbone, à la température du rouge, sur une barre de fer, celle-ci se recouvre d'une pellicule bronzée de sulfure de fer (pyrrhotine). En dissolvant ce dernier dans un acide on obtient un dépôt de soufre et de graphite, comme lorsqu'on traite la pyrrhotine des météorites.

La surface des météorites présente des cavités arrondies ou cupules, analogues aux empreintes produites par les doigts sur une pâte molle. M. Daubrée a cherché leur explication. Il a remarqué que les grains de poudre qui tombent de la bouche d'un canon au moment de l'explosion sont aussi creusés de cupules, et que l'on obtient ces mêmes cavités, quand on soumet du fer ou de la fonte à l'action de la dynamite. Ces cupules sont dues à l'érosion produite par les gaz qui tourbillonnent rapidement en exerçant une forte pression. On peut expliquer de même les cupules des météorites. Lorsque celles-ci arrivent dans l'atmosphère, elles refoulent l'air qui, en tourbillonnant sous cette forte pression, pratique, suivant l'expression de M. Daubrée, une sorte de *taraudage*. L'air de même en vertu de sa grande compression arrache au bolide une partie de sa substance à l'état de poussière ; celle-ci accompagne la météorite sous forme d'une traînée

Quelle est l'origine des météorites ? Laplace et Berzélius les regardaient comme les projections des volcans de la Lune. Mais elles devraient alors avoir été lancées par l'éruption avec une vitesse prodigieuse, plus de cinq fois celle d'un boulet de canon, autrement elles retomberaient sur la Lune en vertu de l'attraction de cet astre. On admet plus généralement avec Chladni que ce sont des astéroïdes qui se trouvent entre Mars et Jupiter et pénètrent fortuitement dans la sphère d'attraction de la Terre. Ils semblent être les débris d'une seule et même planète rompue par une explosion. Peut-être cependant les météorites nous viennent-elles des parties du ciel situées en dehors du système solaire. Schiaparelli a montré en effet que les étoiles filantes, astres qui nous arrivent par essaims à intervalles fixes, proviennent de la rencontre de la Terre avec un courant de substance cométaire (fig. 73). Les météorites nous viennent peut-être aussi des espaces intrastellaires.

ORIGINE DU SYSTÈME SOLAIRE. HYPOTHÈSE DE LA NÉBULEUSE PRIMITIVE.

A diverses époques les savants et les philosophes ont essayé d'expliquer le mode de formation de l'Univers en général et de la Terre en particulier. Mais c'est à partir du siècle dernier que les hypothèses faites à ce sujet ont été établies sur des bases scientifiques solides.

Le philosophe Kant donna en 1755 dans sa *Théorie du ciel* une explication de la formation du système solaire (1). D'après le penseur allemand, les matériaux dont se composent aujourd'hui le Soleil et les planètes remplissaient à l'origine l'espace entier dans lequel circulent aujourd'hui ces astres. Entre les molécules s'exercent une attraction, et aussi une force répulsive qui n'agit qu'à une très faible distance. Les particules tendent à tomber vers le centre, mais elles subissent dans leur chute des déviations latérales par suite de leurs répulsions réciproques : de là des mouvements tourbillonnaires, qui se croisent dans tous les sens. Les chocs provenant de ces croisements ne laissent subsister que des mouvements circulaires, parallèles et de même sens. Mais au centre s'est produit une condensation, c'est le Soleil. Kant admet qu'il se forme de nouveaux centres d'attraction qui deviennent les planètes ; elles doivent tourner dans des orbites presque circulaires autour du Soleil et dans le sens de la rotation du Soleil, en vertu des mouvements primitifs des molécules qui les composent. Ainsi les planètes, d'après les idées de Kant, auraient un mouvement de rotation rétrograde et leurs satellites aussi, c'est-à-dire d'orient en occident, ce qui est contraire à la réalité.

(1) Voir Wolf : *Les Hypothèses cosmogoniques*, examen suivi de la traduction de la *Théorie du Ciel* de Kant. Paris, 1886.

Laplace, dans son *Exposition du système du monde* dont la première édition parut en 1796, émit une autre théorie, qui présente avec celle de Kant un point de départ commun. Laplace fait naître aussi le système solaire d'une nébuleuse primitive. Mais tandis que la nébuleuse de Kant est formée de particules indépendantes ayant chacune une vitesse propre, celle de Laplace est formée d'un gaz élastique dont toutes les molécules ont la même vitesse angulaire de rotation. La cause de cette rotation n'est pas indiquée par Laplace; la rotation paraît être pour lui, comme l'attraction, une propriété originelle de la matière.

D'après Laplace tout l'espace occupé aujourd'hui par le système planétaire était primitivement occupé par une masse gazeuse très légère tournant d'un mouvement d'ensemble. Cette masse s'est refroidie en rayonnant de la chaleur et une condensation s'est produite au centre, ce qui a formé le Soleil. En même temps, par suite du resserrement de la nébuleuse, la vitesse de rotation a augmenté et de même la force centrifuge. Les molécules laissées en dehors du centre de condensation se sont rassemblées en zones concentriques formant des anneaux circulant autour du Soleil. « Si toutes les particules d'un anneau continuaient à se condenser sans se désunir, dit Laplace, elles formeraient à la longue un anneau liquide ou solide. Mais la régularité, que cette formation exige dans toutes les parties de l'anneau et dans leur refroidissement, a dû rendre ce phénomène extrêmement rare. Aussi le système solaire n'en offre-t-il qu'un exemple, celui des anneaux de Saturne. Presque toujours chaque anneau de vapeur a dû se rompre en plusieurs masses qui, mues avec des vitesses très peu différentes, ont continué

Fig. 74. — Observatoire Vallot sur le mont Blanc.

de circuler à la même distance autour du Soleil. » Ces masses ont, en se séparant, pris un mouvement de rotation dirigé dans le sens de leur révolution. Les satellites s'expliquent de la même manière. L'atmosphère des planètes nouvelles s'est partagée en anneaux sur lesquels se sont formées des condensations, constituant autant de lunes autour de la planète.

L'hypothèse de Laplace rend compte de la coïncidence des plans des orbites planétaires avec celui de l'équateur du Soleil; elle explique aussi la faible excentricité des orbites qui à l'origine devaient être circulaires et aussi le sens des mouvements. Mais la théorie prête à plusieurs objections.

A cause de l'homogénéité primitive de la nébuleuse, homogénéité qui persiste pendant la contraction, on ne comprend pas tout d'abord la formation d'anneaux successifs écartés l'un de l'autre, tels que les suppose Laplace. Il n'y aurait jamais abandon de matière pendant la condensation, ou bien il y aurait abandon continu formant des anneaux très voisins. De ces anneaux résulteront non pas de grosses planètes éloignées les unes des autres, mais de nombreux corpuscules planétaires très rapprochés. Il faut donc admettre pendant la condensation de la nébuleuse des ruptures brusques d'équilibre, se produisant à des moments déterminés et donnant naissance aux anneaux. On ne s'explique pas bien non plus comment au moment de la rupture d'un anneau toute sa substance, ou du moins la plus grande partie de sa substance, a pu se condenser *immédiatement* pour former une grosse planète, pourquoi il ne s'est pas produit toute une poussière de planètes, suivant l'expression de M. Wolf (page 42). On doit donc admettre dans chaque anneau l'existence d'un centre de condensation.

Une objection très importante a été faite à l'hypothèse de Laplace par M. Faye. Suivant lui les planètes issues des anneaux de Laplace devraient avoir non pas un mouvement de rotation direct, comme cela existe, mais au contraire un mouvement rétrograde. Il faudrait, pour s'expliquer la rotation directe, admettre que les diverses couches concentriques de l'anneau pressent les unes sur les autres comme dans une atmosphère. Comme il n'en est pas ainsi, que chaque zone circule avec sa vitesse propre d'autant plus faible qu'elle est plus éloignée du Soleil, M. Faye arrive à cette conclusion, qu'en vertu de l'hypothèse de Laplace les planètes doivent bien circuler autour du Soleil dans le sens direct, mais que leurs rotations et leurs satellites seraient rétrogrades (1). Pour lever la difficulté on doit supposer avec Laplace une égalisation des vitesses des diverses zones de l'anneau par frottement mutuel des molécules.

M. Faye fait remarquer aussi que les mouvements des satellites d'Uranus et de Neptune sont rétrogrades, et aussi probablement les mouvements de rotation de ces planètes, ce que n'explique pas Laplace. L'illustre astronome n'explique pas non plus les inclinaisons des orbites planétaires sur le plan de l'équateur solaire. Enfin une autre difficulté est que le premier satellite de Mars, Phobos, tourne plus vite que la planète. La première et la troisième objections peuvent se lever en regardant ces phénomènes comme dus à des causes qui ont agi postérieurement à la naissance des planètes lorsque les noyaux de celles-ci étaient déjà condensés. Quant à la seconde difficulté, Laplace lui-même cherche à la faire disparaître en remarquant que le système solaire n'a pu se former avec une régularité parfaite et « on conçoit, dit-il, que les variétés sans nombre, qui ont dû exister dans la température et la densité des diverses parties de ces grandes masses, ont produit les excentricités de leurs orbites et les déviations de leurs mouvements, du plan de cet équateur (équateur solaire) ».

M. Faye a émis récemment une autre hypothèse. Suivant lui toute la matière de l'Univers formait à l'origine un chaos animé de mouvements tourbillonnaires. Il s'en est séparé une multitude de nébuleuses dont la condensation progressive a fourni le système stellaire et le système solaire.

La nébuleuse d'où est sorti notre système était primitivement homogène et sphérique; la vitesse angulaire de toutes ses particules était la même, ce qui explique la formation d'anneaux réguliers tournant tout d'une pièce d'un même mouvement de rotation. Les anneaux se sont rompus, donnant ainsi des nébuleuses planétaires continuant à tourner dans le sens direct. Dans chacune se sont formés des anneaux. Les uns subsistent, c'est le cas dont Saturne fournit un exemple; les autres se sont condensés en satellites.

M. Faye admet que la Terre et les autres planètes à rotation directe se sont formées avant le Soleil. Celui-ci une fois formé a modifié, par sa masse prépondérante, le mouvement de rotation des deux anneaux extérieurs de matière diffuse qui ont formé plus tard Uranus et Neptune. Ces deux planètes ont à cause de cela une rotation rétrograde ainsi que leurs satellites.

Remarquons, avec M. Wolf, que l'hypothèse de M. Faye n'échappe pas plus que celle de Laplace à deux difficultés : celle de comprendre comment la matière d'un anneau se rassemble en une planète unique, et celle d'expliquer l'obliquité des axes de rotation des planètes.

Les théories cosmogoniques constituent l'effort le plus remarquable de l'esprit humain avide de s'expliquer l'origine du monde, mais il ne faut pas les regarder comme des certitudes ; ce sont simplement de grandioses hypothèses.

CONDITIONS PHYSIQUES DU GLOBE TERRESTRE. L'ATMOSPHÈRE.

CONSTITUTION DE L'ATMOSPHÈRE.

La surface terrestre est constituée par trois éléments : l'élément solide ou terre ferme, l'élément liquide ou océan, enfin l'élément gazeux ou atmosphère qui enveloppe les deux premiers. C'est l'atmosphère que nous étudierons en premier lieu.

Elle est constituée essentiellement par l'air. Depuis les immortelles recherches de Lavoisier on sait que l'air se compose essentiellement d'un mélange de deux gaz : l'oxygène et l'azote dans la proportion de 21 volumes d'oxygène pour 79 d'azote. Cette proportion est sensiblement la même en tous les points du globe et à toutes les altitudes. Franckland a constaté que l'air des Alpes pris à diverses hauteurs, à Chamonix (914^{m}), aux Grands Mu-

(1) Faye, *Sur l'origine du monde*, Paris, 1884.

Fig. 75. — Gay-Lussac et Biot font des expériences de physique à 4000 mètres de hauteur.

lets (3350^m), au sommet du mont Blanc (4810^m, fig. 74) contenait toujours une proportion d'oxygène variant de 20,89 à 20,96. Gay-Lussac au commencement du siècle recueillit de l'air à 7000 mètres de hauteur dans une ascension en ballon ; cet air présentait la même composition que l'air recueilli dans les plaines (fig. 75).

Outre l'oxygène et l'azote l'atmosphère contient toujours de l'acide carbonique et de la vapeur d'eau. La quantité d'acide carbonique est toujours faible ; elle est comprise, comme l'ont montré Boussingault et Reiset, entre 3 et 4 dix-millièmes en volume. Il parait y en avoir plus la nuit que le jour. Malgré la faible proportion d'acide carbonique contenue dans l'air, il est toujours facile de déceler sa présence : une dissolution limpide d'eau de chaux exposée à l'air se recouvre bientôt d'une pellicule blanche de carbonate de chaux.

Quant à la vapeur d'eau, sa proportion varie constamment. C'est elle qui, en se condensant par suite d'un abaissement de température, donne naissance aux nuages, à la pluie et à la neige.

Outre ces éléments qui sont de beaucoup les plus importants, il y a toujours dans l'air un peu d'acide sulfhydrique et d'ammoniaque provenant de la décomposition des matières organiques. Il se forme aussi pendant les orages de l'ozone et de l'azotate d'ammoniaque. Enfin, de Saussure avait indiqué autrefois l'existence dans l'air d'un carbure d'hydrogène. Boussingault l'a prouvé en faisant arriver de l'air dépouillé d'humidité et d'acide carbonique sur de l'oxyde de cuivre chauffé au rouge dans un tube de verre. A la suite se trouvaient des tubes à ponce sulfurique et à potasse tarés d'avance. La ponce augmente de poids, ce qui indique la formation d'un peu d'eau ; il en est de même de la potasse, ce qui prouve qu'elle a absorbé un peu d'acide carbonique. Il y a donc dans l'air un gaz à la fois carboné et hydrogéné.

On peut ajouter que l'air des villes industrielles contient un peu d'acide sulfureux ; il provient de la combustion du charbon de terre qui renferme du soufre.

On a constaté que la proportion d'ammoniaque augmente notablement quand on s'élève dans l'atmosphère. A la surface du sol elle est de 1 à 2 milligrammes par mètre cube; au contraire on trouve 3 milligrammes au sommet du Puy-de-Dôme (1464m) et 5 milligrammes au pic de Sancy (1886m). Il faut remarquer que ce corps n'a pas pour source unique la décomposition des matières organiques, il se forme aussi sous l'influence de l'électricité et par suite dans les orages; cela explique sa présence dans l'atmosphère des montagnes.

POIDS DE L'ATMOSPHÈRE. — HAUTEUR DE L'ATMOSPHÈRE.

Le poids de l'atmosphère est relativement faible puisque un litre d'air pèse environ 1gr,293; cela donne pour la masse totale de l'atmosphère, d'après John Herschel, un peu moins de la douze cent millième partie de la masse totale du globe. Malgré ce faible poids la pression que l'atmosphère exerce sur les corps placés à la surface du sol est considérable. On sait que cette pression est mesurée par la colonne de mercure qui s'élève dans le baromètre. La colonne de mercure est en moyenne de 76 centimètres, et la densité du mercure étant de 13,59, la pression exercée par l'atmosphère sur 1 centimètre carré est $76 \times 13{,}59 = 1033^{gr},3$, ce qui donne par mètre carré une pression de 10333 kilogrammes.

Toutefois, s'il est facile de mesurer la pression atmosphérique et de calculer la masse de l'atmosphère, on ne sait pas d'une manière positive jusqu'à quelle hauteur l'air s'élève dans l'espace, c'est-à-dire quelle est l'épaisseur de l'atmosphère. On a pu étudier directement celle-ci jusqu'à 8000 et même plus de 10000 mètres au-dessus du niveau de la mer. En 1804, Gay-Lussac s'éleva jusqu'à 7016 mètres, en 1850 Barral et Bixio montèrent à 7049 mètres En 1862, Glaisher et Coxwell atteignirent la hauteur de 11000 mètres environ (fig. 76). Au fur et à mesure qu'on s'élève, l'air se raréfie de plus en plus; la colonne barométrique qui fait équilibre à sa pression baisse graduellement. A 6000 mètres, hauteur au-dessus de laquelle se dressent encore bien des montagnes, la pression atmosphérique n'est plus que la moitié de ce qu'elle était au niveau de la mer. Au sommet de l'Ibi-Gamin, le point le plus haut qu'on ait atteint dans une ascension, Schlagintweit se trouvait à 6704 mètres. La colonne barométrique y était seulement de 339 millimètres; le voyageur avait au-dessous de lui près des trois cinquièmes de la masse de l'air (1). On peut calculer la pression atmosphérique correspondant à une altitude donnée. A 32 kilomètres de hauteur la pression ne serait plus qu'un trentième de ce qu'elle est au niveau des mers, et si l'on cherche pour quelle altitude la pression est nulle, ce qui donne la limite supérieure de l'atmosphère, on trouve 48 kilomètres. C'est un nombre bien inférieur à celui de 42,000 kilomètres auquel arrivait Laplace en cherchant à quelle hauteur, par suite de l'accroissement de la force centrifuge et de la diminution de la pesanteur, les molécules aériennes devraient quitter l'orbite terrestre. En s'appuyant sur la réfraction des rayons solaires à l'aurore et au crépuscule, on trouve pour épaisseur de l'atmosphère 75 kilomètres. Au moyen des observations relatives à la durée du crépuscule dans les régions tropicales, M. Liais trouve de 320 à 340 kilomètres.

On voit donc que l'épaisseur de l'atmosphère est tout à fait inconnue, mais il faut remarquer que tous les phénomènes atmosphériques que nous aurons à étudier se produisent dans la zone comprise entre le niveau de la mer et le sommet des plus hautes montagnes, c'est-à-dire dans une zone d'environ 8800 mètres.

MOUVEMENTS DE L'ATMOSPHÈRE. — VENTS RÉGULIERS.

L'atmosphère est sans cesse en mouvement; les courants dont elle est ainsi agitée sont les vents. Ils ont une vitesse très variable. On dé-

(1) Voir E. Reclus, *La Terre*, t. II, p. 271, Paris, 1881.

Fig. 76. — MM. Glaisher et Coxwell procèdent, dans la nacelle de l'aérostat, à des observations météorologiques.

termine la vitesse des vents qui soufflent à la surface du sol au moyen de petits moulinets ou *anémomètres* à ailettes très mobiles dont on évalue le nombre de tours par seconde ; ou bien encore on mesure le temps que mettent des poussières à franchir des distances connues. Pour déterminer la vitesse des vents élevés on mesure la vitesse de translation de l'ombre que les nuages projettent sur le sol.

Dans la zone tropicale il y a des vents qui soufflent toute l'année. On les appelle vents *alizés*. Leur origine est la suivante.

Sur une bande équatoriale d'une largeur de 1000 kilomètres environ, les rayons du soleil peuvent être considérés comme verticaux. La chaleur envoyée par le soleil est donc très grande. Une partie de cette chaleur reste dans l'atmosphère et elle est absorbée par la vapeur d'eau. Elle est par suite localisée dans une zone d'environ 8 kilomètres comptés à partir de la surface du sol, car plus haut il n'y a presque plus de vapeur. Mais le reste de la chaleur est absorbé par le sol lui-même et renvoyé par lui à l'atmosphère. Pour ces deux raisons la bande équatoriale est chauffée par le bas et en se dilatant se bombe vers le haut. L'équilibre avec les parties voisines est rompu et il se produit un double mouvement d'écoulement. L'air dilaté se déverse en haut de l'équateur vers les pôles, tandis que l'air des pôles afflue en bas vers l'équateur. Il ne se produit pas, comme on le supposait d'abord, de courants de bas en haut, ou de tirage équatorial. Jamais les navigateurs ne les ont ob-

Fig. 77. — Le désert libyque.

servés (1). Le vent qui souffle des pôles vers l'équateur est l'*alizé* et celui qui souffle en haut de l'équateur vers les pôles est le *contre-alizé*.

Si la Terre était immobile il y aurait un alizé nord et un alizé sud. Mais à cause de la rotation du globe il se produit une déviation. En effet, considérons la masse d'air qui se dirige de l'équateur vers le pôle Nord. La vitesse de rotation est maximum à l'équateur. Par suite, la masse d'air partie de l'équateur avec une certaine vitesse initiale arrive en des points animés d'une vitesse plus faible. Pour l'observateur elle est affectée d'un excédent de vitesse vers l'est, de sorte que le vent paraîtra souffler non pas du sud, mais du sud-ouest. Ainsi dans l'hémisphère boréal le contre-alizé souffle du sud-ouest et le vent inférieur ou alizé, pour la raison contraire, souffle du nord-est. Au contraire dans l'hémisphère sud l'alizé inférieur est sud-est et le contre-alizé nord-ouest.

Les vents qui ont été les premiers découverts sont naturellement les alizés inférieurs ou de retour qui soufflent à la surface du sol. Ce sont eux qui ont poussé vers les Antilles Christophe Colomb venant d'Europe. Le terme d'alizés employé en France indique le mouvement régulier de ces courants atmosphériques. Les Anglais, frappés des avantages que la constance des alizés présente à la navigation, leur ont donné le nom de vents du commerce (*trade-winds*).

Les vents supérieurs ou contre-alizés ont été découverts plus tard, grâce aux poussières qu'ils transportent. On cite en particulier une pluie de cendres qui tomba à la Barbade en 1812. D'après la direction de l'alizé soufflant du nord-est, on pouvait supposer que ces cendres provenaient des Açores, tandis qu'elles provenaient du volcan de l'île Saint-Vincent, située au sud-ouest. L'éruption les avait projetées au-dessus de l'alizé inférieur dans le contre-alizé marchant en sens inverse ; de même ce vent a parfois apporté jusque dans la vallée du Rhône des carapaces d'infusoires provenant des vallées du fleuve des Amazones et de l'Orénoque situées au sud-ouest.

Les deux bandes d'alizés au nord et au sud de l'équateur sont séparées par une zone d'une largeur de 250 à 1000 kilomètres. C'est la zone des *calmes équatoriaux*. Elle correspond aux points où a lieu le maximum d'échauffement de l'air. Là les mouvements sont faibles. Il en est de même à la limite nord et à la limite sud des alizés réguliers. Ceux-ci s'étendent sur une largeur de 15 à 20°. Au-delà on trouve la *zone des calmes tropicaux*. Ici les vents ne présentent ni la constance qu'ils ont près de l'équateur ni l'inconstance qu'ils présentent quand on s'avance vers les pôles. Les calmes y sont en réalité assez rares et ne durent guère que pendant un jour toutes les deux ou trois semaines.

Des vents non plus constants mais périodiques sont les *moussons*. Celles-ci s'observent sur toutes les mers tropicales. Elles sont particulièrement curieuses dans la mer des Indes où elles soufflent six mois dans un sens et les six autres mois dans le sens opposé. La mousson d'été souffle d'avril à octobre de la mer vers la terre ; la mousson d'hiver souffle d'octobre à avril de la terre vers la mer. Le nom de mousson vient de l'arabe *maussim* ou *moussim* qui veut dire changement, saison. Au moment où la mousson change de sens, il se produit des

(1) Voir Duclaux, *Cours de physique et de météorologie*, Paris, 1891.

perturbations, des tempêtes, souvent très dangereuses. Les moussons ont été utilisées dès l'antiquité pour les voyages d'aller et de retour de l'Arabie aux côtes de l'Inde. Ces courants atmosphériques ne sont autre chose que des inflexions des alizés dues à l'influence des masses continentales. Celles-ci s'échauffent beaucoup plus que les mers pendant l'été et se refroidissent beaucoup plus pendant l'hiver. Les terres en s'échauffant attirent les alizés perpendiculairement à leurs côtes parce que l'air placé au-dessus du sol se dilate et se déverse sur les régions marines voisines, tandis qu'un retour se produit à la partie inférieure de ces régions vers la partie la plus chaude. L'inverse a lieu de la mer vers la terre pendant l'hiver.

Des phénomènes du même genre se produisent dans la Méditerranée. Celle-ci est parcourue pendant une grande partie de l'année par des courants atmosphériques soufflant du nord perpendiculairement à la côte africaine. Ce sont les vents *étésiens* (de *etos*, année). Ils sont dus à l'échauffement du Sahara et du désert libyque (fig. 77) qui constituent de puissants foyers d'appel. A cause de ces vents les arbres des Baléares sont tous penchés dans la direction du sud, et la traversée de France en Algérie est, pour les voiliers, d'un quart moins longue que le voyage en sens inverse (1).

Une cause du même genre produit sur les côtes les *brises de terre* et *de mer*. Tous les matins, vers 10 heures, le vent s'élève de la mer et souffle vers la terre : c'est la *brise de mer*. Puis la nuit le vent souffle de la terre vers la mer : c'est la *brise de terre*. Cela tient à ce que la terre s'échauffe plus que la mer et produit pendant le jour un appel de l'air de la mer ; au contraire la nuit la terre se refroidit plus que la mer et l'appel a lieu en sens inverse. Ces brises sont pour ainsi dire des moussons journalières.

Les montagnes donnent lieu à des brises analogues. Elles s'échauffent plus que les plaines pendant le jour et se refroidissent davantage pendant la nuit parce que la rareté de la vapeur d'eau rend le rayonnement plus intense. Il en résulte que le jour on observe un courant ascendant le long des pentes, et pendant la nuit un courant descendant qui se manifeste dès le coucher du soleil.

VENTS LOCAUX. VENTS VARIABLES.

Dans certains pays il y a des vents qui soufflent d'une manière assez régulière et qui tiennent à la répartition inégale de la chaleur aux divers points de la terre. Tel est le *simoun* du Sahara (fig. 78), tels sont encore l'*harmattan* des côtes de Guinée et le *chamsin* de l'Égypte (fig. 80). Ils soufflent en tourbillon comme des vents de bourrasque et s'accompagnent comme ceux-ci d'une dépression barométrique. L'air devient sec et brûlant, la température s'élève rapidement à 45° ou 50° ; en même temps le sable est soulevé en masses épaisses qui voilent le soleil (fig. 79).

Un vent chaud et humide soufflant du sud est le *sirocco*, bien connu en Italie et dans le midi de la France. On ne connaît pas bien son origine. On suppose que c'est une sorte de simoun qui se charge d'humidité en traversant la Méditerranée.

Le *föhn* de Suisse est un vent du sud dont la nature est mal connue. Suivant les uns c'est le contre-alizé qui est descendu, suivant les autres il provient du Sahara. Quoi qu'il en soit il amène une température élevée qui provoque la fonte rapide des glaces. Cet échauffement s'explique ainsi. L'air en s'élevant sur les pentes des Alpes se refroidit en se dilatant, mais en retombant sur le versant opposé d'une hauteur égale il reprend sa chaleur perdue. Or on peut calculer que si deux courants, l'un sec et l'autre humide, ayant une température initiale de 10°, franchissent un faîte de 3000 mètres, l'air sec y arrivera avec une température de — 20° et l'air humide avec une température de — 7°,1 parce que la vapeur d'eau en se condensant lui rend une partie de la chaleur qu'il perd. En retombant de l'autre côté l'air sec reprend sa température de + 10°. L'air humide accomplissant le même travail va aussi se réchauffer de 30°, de sorte que sa température deviendra + 22°,9. Il pourra donc fondre la glace des montagnes. Le föhn doit ainsi ses propriétés au travail mécanique intense que lui imposent les Alpes (2).

Un vent local célèbre est le *mistral* qui souffle du nord-ouest dans le midi de la France. Sa vitesse suffit pour déraciner des arbres et soulever de grosses pierres. Il descend des Cévennes par suite de l'appel dû à l'échauffe-

(1) Reclus, *La Terre*, t. II, p. 315, Paris, 1881.
(2) De Lapparent, *Traité de géologie*, Paris, 1885.

ment de l'air sur le littoral. Il souffle surtout en hiver et au printemps alors que la différence de température entre les Cévennes couvertes de neige et la côte est plus grande.

Fig. 18. — Le Simoun (d'après Fromentin).

Sur les côtes de l'océan et les parties accidentées de l'Europe, les vents les plus fréquents sont ceux du sud-ouest; ils résultent de l'abaissement des contre-alizés à la surface du sol. En passant sur l'Atlantique, ils se chargent d'humidité et nous amènent la pluie

Fig. 19. — Ouragan de sable dans le désert.

Fig. 80. — Chamsin d'Égypte.

et une température modérée. Sur les côtes orientales et dans l'intérieur des continents dominent les vents du nord-est; ce sont les alizés venant des pôles, mais plus ou moins détournés de leur route par la distribution inégale des terres et des mers. Le vent équatorial et le vent polaire se succèdent, et il y a une certaine irrégularité dans la succession des vents. Ils accomplissent une sorte de rotation dans le même sens que le mouvement apparent du soleil de l'est à l'ouest. Dove a reconnu que dans la zone tempérée du nord les vents se succèdent généralement dans l'ordre indiqué par la formule suivante :

S.O — O — N.O — N — N.E — E — S.E — S — S.O.

C'est ce qu'on appelle la *loi de giration*.

Ainsi les régions tempérées sont soumises à un régime *variable* de vents. La vitesse de ceux-ci change dans les limites assez étendues. Elle peut être seulement de 1 mètre par seconde; mais elle peut atteindre aussi 50 mètres. Dans ce dernier cas, on donne au vent le nom d'*ouragan*, et il y a généralement alors un mouvement tourbillonnaire de l'atmosphère, analogue à ceux que nous allons maintenant étudier (fig. 81).

MOUVEMENTS TOURBILLONNAIRES. — CYCLONES. — BOURRASQUES.

Les mouvements tourbillonnaires sont très fréquents dans les régions tropicales. Ce sont les *cyclones* (fig. 82). Ils s'observent surtout dans les parages des Antilles (1), dans la mer des Indes, sur les côtes de la Réunion et de Maurice; en somme, ils se produisent dans les régions de moussons. De plus, ils ne s'observent pas à toutes les époques de l'année; ils ont lieu de préférence au moment du changement de la mousson. Ainsi dans la mer des Indes, ils sont très nombreux à l'automne et au printemps.

(1) Exemple : le cyclone de la Martinique, 18 août 1891.

La masse d'air de plus de 100 lieues de diamètre tourne sur elle-même. La vitesse est nulle au centre, s'accroît jusqu'à une certaine distance, puis redevient faible sur les bords. Cette rotation se fait toujours en sens inverse des aiguilles d'une montre dans l'hémisphère nord, et dans le même sens que les aiguilles d'une montre dans l'hémisphère sud. En même temps, le tourbillon a un mouvement de translation; il voyage, et son centre décrit approximativement un axe de parabole dont le sommet est tourné vers l'ouest. La vitesse de translation est variable, allant de 10 kilomètres à plus de 60 kilomètres à l'heure. On

Fig. 81. — Effets d'un ouragan.

constate que le baromètre est d'autant plus bas dans un cyclone qu'on se trouve plus près du centre. La pression se répartit régulièrement sur des circonférences concentriques; celles-ci sont les courbes qui réunissent les points d'égale pression barométrique, et qu'on nomme des *isobares* (fig. 86).

Le cyclone se partage en deux moitiés dissemblables, le *bord dangereux* et le *bord maniable*. Cela tient au mouvement de translation du centre. Suivant l'un des bords, la vitesse de translation et la vitesse de rotation se composent pour donner une résultante plus grande que si le cyclone était immobile, c'est le bord dangereux. Sur l'autre moitié la résultante est plus petite que si le cyclone était au repos, c'est le bord maniable. Le vent peut doubler d'intensité au bord dangereux

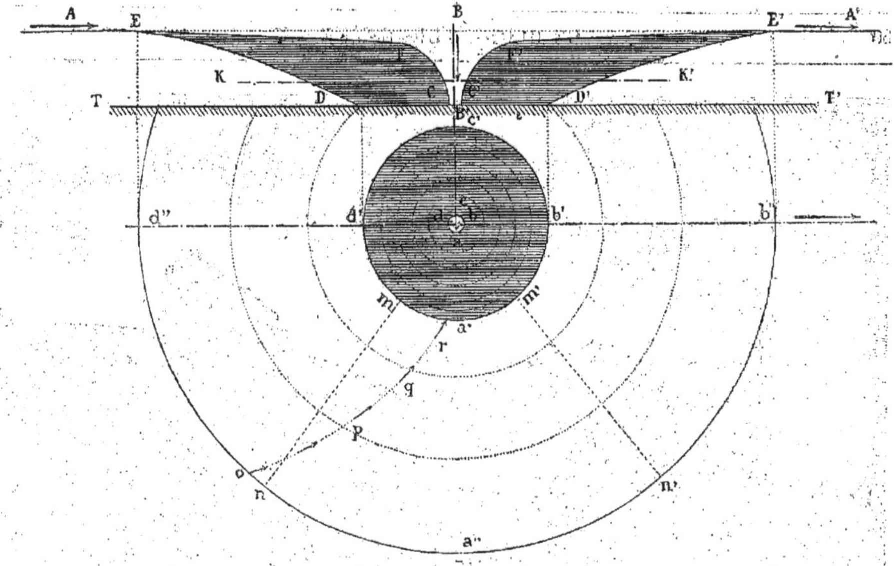

Fig. 82. — Coupe verticale et projection horizontale d'un cyclone (d'après M. Faye).

Coupe verticale. — TT', ligne de terre ;
AA', direction du courant supérieur charriant des cirrus ;
BB', axe du cyclone.
DE, D'E', coupe de l'embouchure tronconique du cyclone.
CF, C'F', parois de l'espace intérieur où ne pénètrent pas les spires descendantes du cyclone, chargées de cirrus. C'est la région du calme central dans laquelle l'air situé au-dessus du courant AA' pénètre sans tourbillonner. Cet air est dépourvu de cirrus ;
KK', niveau auquel les plus hautes stations de montagne permettent d'atteindre.
Projection horizontale. — *abcd*, trace horizontale du cône de calme intérieur ;
a'b'c'd', trace horizontale du cyclone. C'est dans ce cercle que les girations descendantes atteignent le sol ; c'est le domaine de la tempête (sauf le calme central *abcd*) ;
a''b''c''d'', projection horizontale du cercle EE', mal déterminé, qui limite en haut l'embouchure ;
d''b'', trajectoire du centre de la tempête, parallèle à la direction AA' du courant supérieur.
» Les cercles ponctués concentriques représentent les isobares. Dans le cas auquel répond la figure, où toute la région se trouvait dans un état d'équilibre au moment où la tempête s'y est établie passagèrement, ces isobares sont des circonférences ; d'abord très espacées à partir du cercle extérieur, elles se resserrent à partir du cercle *a'b'c'd'*, à l'intérieur duquel la dépression est beaucoup plus forte.

Fig. 83. — Ravages d'un cyclone à Louisville (État de Kentucky), en 1890.

Fig. 84. — Cyclone de la Martinique (1891). — Les ruines d'une habitation près de Saint-Pierre.

et prendre une vitesse de plus de 100 kilomètres à l'heure. Aussi les ravages causés par un cyclone peuvent-ils être très considérables (fig. 83). Les navires tournent sur eux-mêmes; leur mâture est emportée, ils sont souvent engloutis. A terre les arbres sont déracinés, les constructions sont renversées, les eaux des fleuves sont arrêtées, refluent vers leur source et produisent des inondations. Le cyclone de Calcutta en 1865 fracassa en quelques heures plus de cent cinquante vaisseaux; celui du delta du Gange en 1737 noya plus de vingt mille personnes. Ces ouragans sont toujours accompagnés d'éclairs, de tonnerre et d'une pluie abondante. Celui de la Martinique en 1891 eut aussi des effets désastreux (fig. 84).

La théorie des cyclones n'est pas encore bien établie. Nous avons vu qu'ils se produisent dans les régions où il y a des moussons et à l'époque du renversement de ces dernières. A ce moment les vents contraires dominent tour à tour dans l'atmosphère; il y a donc des masses d'air animées de mouvements inverses; elles s'entrechoquent, ce qui produit un mouvement de rotation et de plus le tourbillon est emporté dans le sens du courant qui l'a produit. Mais jusqu'à présent on ne sait pas pourquoi il décrit une trajectoire parabolique.

Dans les mers de Chine, on observe souvent des cyclones localisés qu'on appelle *typhons* (fig. 85). On suppose qu'ils résultent de mouvements tourbillonnaires que prennent des masses d'air en venant se heurter à des montagnes. Ils ne seraient autres que des moussons transformées en cyclones par l'obstacle que leur présentent les montagnes des Philippines et

Fig. 85. — Typhon des mers de Chine.

de Formose; en effet leur direction est généralement normale à la côte comme celle des moussons.

Le courant d'eau chaude appelé le Gulf-Stream qui se dirige vers l'ouest de l'Europe est accompagné par un courant aérien qui

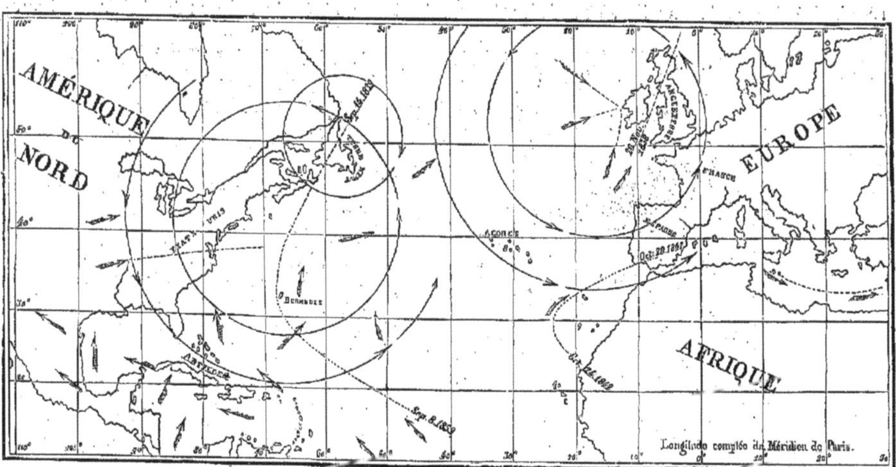

Fig. 86. — Translation des bourrasques sur l'Atlantique.

prend la direction S.-O., et porte à l'Europe de la chaleur et de l'humidité.

Ce courant équatorial provient du contre-alizé qui revient à la surface du sol. Très souvent, il est agité de mouvements tourbillonnaires appelés *bourrasques*. Ils tournent comme les cyclones en sens inverse des aiguilles d'une montre. Mais ils n'ont pas la

Fig. 87. — Trombe de sable.

régularité des cyclones; ils se produisent en tout lieu et toute saison; toutefois les bour-

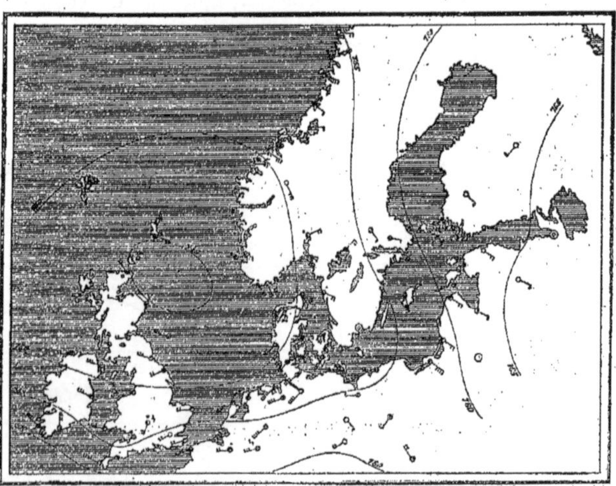

Fig. 88. — Isobares du nord-ouest de l'Europe, le 29 août 1877.

rasques sont surtout fréquentes en hiver sur les côtes d'Europe et d'Amérique. Leurs isobares

Fig. 89. — Trombe se déplaçant sur l'Océan.

sont à peu près concentriques, mais irrégulières, tourmentées. Il y a comme dans les cyclones un mouvement descendant de l'air appelé du haut vers les régions inférieures par le vide dû au mouvement centrifuge, il y a un bord maniable et un bord dangereux. Ce dernier est au sud de la trajectoire du centre. La vitesse de translation est de 20 à 30 kilomètres à l'heure (fig. 86).

On peut prévoir les bourrasques, noter leur marche à travers l'Atlantique et prévenir par le télégraphe les points de l'Europe les plus menacés. Mais la station de Valentia en Irlande qui est la plus avancée de l'Europe dans la direction de l'ouest est particulièrement importante pour la prévision des bourrasques. Quand le vent devient fort à Valentia, vire vers le S.-O., et que le baromètre baisse, on peut compter avec une certitude presque parfaite sur l'arrivée d'une bourrasque. Le service météorologique, organisé en France par Le Verrier, publie chaque jour des cartes où sont tracées les isobares, courbes d'égale pression atmosphérique (fig. 88). Quand on voit ces courbes contourner la station de Valentia, on peut se faire une idée par le rapprochement des isobares et par la surface qu'elles couvrent de l'importance de la bourrasque qui s'avance. On arrive ainsi à annoncer douze ou

Fig. 90. — Trombe en spirale.

vingt-quatre heures d'avance les tempêtes et à retenir les navires dans les ports (1).

D'autres phénomènes dus à des mouvements

(1) Voir Duclaux, *Cours de physique et de météorologie*. Paris, 1891, p. 349.

tourbillonnaires de l'air sont les *trombes*. Elles proviennent de la rencontre de deux masses d'air qui se choquent obliquement. La rotation se fait dans un sens ou dans l'autre puisqu'il s'agit ici du choc de courants quelconques. Au centre du tourbillon se produit un mouvement descendant de l'air par suite du vide qui existe au centre. L'air qui descend se refroidit en se dilatant, et la vapeur d'eau qu'il contient se condense. La trombe apparaît donc comme une sorte de brouillard de forme conique dont la pointe monte ou s'abaisse par suite des mouvements tourbillonnaires. Elle entraîne avec elle la poussière (fig. 87 et 90), les autres objets légers, et déracine les arbres. On cite la trombe de Malaunay et Monville en Normandie (1845). Elle se forma sur la Seine, s'avança en zigzag dans la vallée de Maromme, renversa les bois qui se trouvaient sur son passage et démolit, en les enserrant de ses spirales, trois grandes filatures à Monville. Les objets qu'elle entraînait avec elle : ardoises, pierres, planches, retombèrent près de Dieppe à des distances de 25 à 30 kilomètres du lieu d'origine.

Lorsqu'une trombe passe sur la mer, sa pointe s'y enfonce, fait bouillonner l'eau, et en entraîne souvent avec elle. Les trombes marines sont particulièrement communes dans les parages des Baléares et du détroit de Gibraltar, par suite de la rencontre du vent d'est qui souffle sur la Méditerranée et du vent du sud-ouest qui vient de l'Atlantique (fig. 89).

Les *tornados* d'Amérique, très fréquents dans la vallée du Mississipi, ne sont autre chose que des trombes. Ils ne s'en distinguent que par leur grande violence et leur apparition brusque. A quelques secondes de distance on passe d'un air absolument calme à un vent qui renverse les maisons.

LES CONTINENTS.

RÉPARTITION DES TERRES ET DES MERS.

Un fait qui frappe vivement l'observateur qui étudie une mappemonde, c'est la répartition très inégale des terres et des mers.

Sur les 510 millions de kilomètres carrés que comprend la surface entière du globe, 136 millions seulement, d'après Behm et Wagner, sont occupés par les terres, tandis que 374 millions (en nombre rond) appartiennent à l'Océan.

Ainsi la surface de notre planète comprend 26,7 p. 100 de terre ferme et 73,3 p. 100 de mers ; en d'autres termes la surface des terres est à celle des eaux dans le rapport de 1 à $2\frac{3}{4}$. Aussi dit-on, en exagérant un peu la part de l'Océan, qu'il couvre les trois quarts de la surface du globe.

Les explorations modernes des régions polaires ont démontré qu'il fallait augmenter un peu la part des continents. Les limites des terres du pôle nord sont mieux connues. Parry, en 1827, s'est avancé jusqu'à 82°,45' ; Payer, en 1874, jusqu'à 82°,50 ; enfin Markham a trouvé en 1876 la terre jusqu'à 83°,20' de latitude nord. La surface encore inexplorée au pôle nord est de 6 millions de kilomètres carrés. Au pôle sud Ross a atteint 78°,10' de latitude. La surface encore absolument inconnue est de 4 1/2 p. 100 de la surface totale du globe ; on l'a autrefois portée au compte des eaux, bien qu'il existe fort probablement un continent antarctique. Si toute l'aire encore inexplorée était émergée, la surface couverte par les eaux marines serait encore à la terre ferme dans le rapport de $2\frac{1}{5}$ à 1.

La terre et les mers ne sont pas également réparties dans les deux hémisphères. La terre ferme est concentrée dans l'hémisphère boréal tandis que les mers occupent presque la totalité de l'hémisphère austral. Notre hémisphère a 39 p. 100 de terre ferme et l'hémisphère sud seulement 14 p. 100. L'Europe s'avance jusqu'à 71°,10' de latitude nord, l'Amérique jusqu'à 71°,50' ; l'Asie jusqu'à 77°,42' ; au contraire l'Amérique du Sud n'atteint que le 56° de latitude sud ; l'Australie avec sa dépendance la Tasmanie 43°,40' ; l'Afrique atteint seulement à sa pointe extrême 34°,51'. On peut dire que l'hémisphère boréal est un hémisphère continental et l'hémisphère austral un hémisphère océanique (fig. 91).

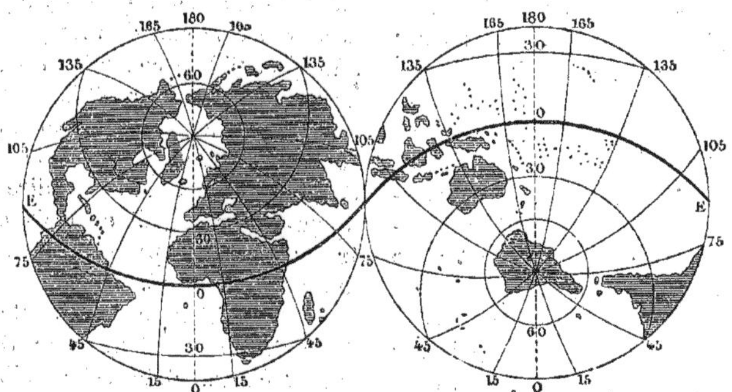

Fig. 91. — Hémisphère continental et hémisphère océanique.

FORME DES CONTINENTS. — LEURS RAPPORTS. — LEUR ÉTENDUE.

La forme des continents donne lieu à quelques remarques importantes.

Les terres occupent dans l'hémisphère boréal une surface d'autant plus grande qu'on s'approche davantage du cercle polaire (fig. 92). Elles sont groupées autour du pôle nord et divergent de plus en plus en s'avançant vers le sud. Ainsi le détroit de Behring qui sépare l'Asie de l'Amérique a seulement une largeur de 111 kilomètres ; l'espace qui sépare le

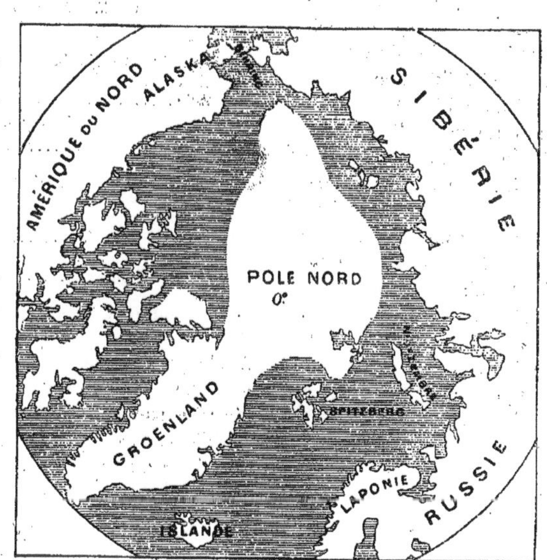

Fig. 92. — Carte des régions arctiques.

Groënland de la Norwège est seulement de 1 500 kilomètres. Au contraire les continents se terminent en pointe vers le sud et leurs caps extrêmes sont séparés par de vastes étendues océaniques. La distance entre le cap de Bonne-Espérance qui termine l'Afrique et le cap Horn qui termine l'Amérique est de 89 degrés (la longueur d'un degré est de 111 kilomètres); le cap Horn est séparé du South Cap qui est la pointe extrême de la Tasmanie par 144 degrés; il y a 173 degrés entre le South Cap et le cap de Bonne-Espérance.

La terminaison des terres en pointe vers le sud est générale comme le fait remarquer M. Suess (1) et le fait se trouve dans l'orientation des presqu'îles. Ainsi les péninsules méditerranéennes (Espagne, Italie, péninsule balkanique), la presqu'île scandinave, l'Arabie, les Indes terminées par le cap Comorin, le Groënland terminé par le cap Farewell, la Floride, etc. Il y a très peu d'exceptions à cette règle (presqu'île du Jutland).

Il faut remarquer aussi que les masses continentales sont interrompues par une ceinture maritime qui fait tout le tour du globe. C'est ainsi que la Méditerranée sépare l'Europe de l'Afrique, que la mer des Indes s'étend entre l'Asie et l'Australie, que la mer des Antilles enfin sépare l'Amérique en deux masses unies seulement par l'isthme de Panama.

L'ensemble des masses continentales se divise en trois groupes longitudinaux, partagés eux-mêmes en deux parties. Les deux Amériques constituent l'un de ces groupes. Il n'y a pas à proprement parler de limites nettes entre l'Asie d'une part et le continent australien d'autre part. Les îles intermédiaires présentent des transitions insensibles de climat, de faune et de flore. Quant à l'Europe on est tenté au premier abord d'en faire une simple péninsule asiatique. Il y a sur les limites des deux continents passage graduel et mélange de faune et de flore. Mais la géologie nous apprend que jadis l'Europe et l'Asie étaient séparées l'une de l'autre par un bras de mer unissant l'Océan glacial à la Méditerranée. La Caspienne, la mer d'Aral, d'autres lacs placés au voisinage du golfe de l'Obi, sont des restes de cette mer; les steppes du Manitch qui séparent la mer Noire de la mer Caspienne sont encore couvertes de lacs salins. Au contraire il y a une liaison entre l'Europe et l'Afrique; une chaîne sous-marine rattache la Sicile à la Tunisie et un soulèvement de 180 mètres suffirait pour le faire émerger. Au point de vue des faunes il y a de grands rapports entre le sud de l'Europe et le nord de l'Afrique. Si l'on considère les Mollusques en particulier, les deux régions constituent une seule et même province zoologique. L'Europe et l'Afrique constituent donc un troisième couple continental. On peut dire que les terres fermes se partagent en trois groupes longitudinaux divisés par des méditerranées dans le sens transversal.

La disposition des continents donne lieu à une autre observation. La partie australe des masses continentales est sensiblement déviée vers l'est par rapport à la partie boréale. L'Afrique australe est rejetée à l'est de l'Europe, l'Australie se projette sous le Japon et les méridiens de l'Amérique du Sud ne rencontrent que quelques points de l'Amérique du Nord.

Si nous faisons abstraction des îles et aussi de l'isthme américain, nous trouvons comme surfaces des différents continents les nombres qui suivent :

Continents du Nord.

	Millions de kilom. carrés.
Amérique du Nord	19,3
Europe	9,2
Asie	41,9
Ensemble	70,4
ou	56,4 p. 100.

Continents du Sud.

	Millions de kilom. carrés.
Amérique du Sud	17,6
Afrique	29,3
Australie	7,6
Ensemble	54,5
ou	43,6 p. 100.

A chaque continent nord correspond un continent sud. On voit que les deux continents américains sont presque égaux, tandis qu'il y a une disproportion manifeste entre l'Europe et l'Afrique d'une part, l'Asie et l'Australie d'autre part.

RELIEF DES CONTINENTS. — SA FAIBLE VALEUR RELATIVE.

Les terres s'élèvent plus ou moins au-dessus du niveau des mers. La hauteur verticale d'un point quelconque des continents au-dessus de ce niveau est l'*altitude* de ce point et l'ensemble de ces altitudes constitue le *relief continental*.

Ce relief est en somme assez peu considérable. En effet le Gaurisankar dans l'Himalaya, la plus haute montagne connue, atteint 8 840 mètres. Ce nombre est la sept cent vingtième partie du rayon terrestre. Le Mont Blanc, dont l'altitude est de 4810 mètres, ne représente que le $\frac{1}{1321}$ du rayon.

(1) Suess, *Das Antlitz der Erde*, Wien, 1885, t. I, p. 1.

Sur un globe de un mètre de rayon, la plus forte saillie continentale ne serait représentée que par un millimètre et demi ; aussi peut-on dire que les inégalités de la surface terrestre n'ont guère plus d'importance que les aspérités de l'écorce d'une orange.

Les altitudes s'obtiennent au moyen de l'observation du baromètre. Quand on s'élève dans l'air, la colonne barométrique descend, parce que la pression atmosphérique devient plus faible. Lorsqu'il s'agit d'altitudes faibles ne dépassant pas une centaine de mètres, on peut se contenter de prendre la hauteur barométrique en bas de l'éminence et la hauteur barométrique en haut de cette éminence ; la différence exprimée en millimètres et multipliée par 10m,5 donne une mesure approximative de l'altitude, parce qu'une différence de 1 millimètre de mercure correspond à une différence de hauteur des deux stations d'environ 10m,5. Mais lorsqu'il s'agit d'altitudes plus considérables, il faut employer une formule compliquée établie par Laplace, où entrent non seulement les hauteurs barométriques aux deux stations, mais aussi les températures, et la latitude.

Les nombreuses mesures d'altitudes faites depuis un siècle sur tout le globe ont permis de calculer l'altitude moyenne des continents. Le nombre le plus fort est fourni par l'Asie, à cause du Thibet, où il n'y a pas un point qui soit au-dessous de 4000 mètres d'altitude.

Andree et Leipoldt ont donné des nombres qui ont été ensuite modifiés par M. de Lapparent, qui a tenu compte des travaux récents des Russes et des Allemands. Voici les altitudes moyennes rectifiées par M. de Lapparent (1). Il trouva comme valeurs maxima et valeurs minima, suivant la manière d'opérer les calculs :

Europe	292m,00	228m,00
Asie	879m,00	662m,00
Afrique	602m,00	453m,00
Amérique du Nord	595m,00	454m,00
Amérique du Sud	537m,50	397m,50
Océanie	362m,50	277m,00

On peut dire, en résumé, que l'altitude moyenne des continents est de 5 à 600 mètres. Leipoldt et Krümmel donnent pour l'altitude moyenne le nombre, notablement inférieur, de 440 mètres.

DISPOSITION DU RELIEF. — TYPE PACIFIQUE ET TYPE ATLANTIQUE.

Si l'on considère un continent en particulier, on constate immédiatement que son relief n'est pas distribué d'une manière régulière. Les plus hautes chaînes de montagnes ne sont pas placées au centre du continent; au contraire elles sont pour la plupart disposées sur les bords du continent au voisinage de la mer. Il nous suffira de citer, pour le moment, le massif du Thibet et de l'Himalaya au voisinage de la mer des Indes, les chaînes des Andes et des montagnes Rocheuses qui longent le littoral américain du Pacifique.

D'ailleurs l'étude particulière d'une chaîne de montagnes révèle des faits du même genre. Les deux versants de la chaîne ne sont jamais également inclinés; toujours l'un des deux est plus abrupt que l'autre. C'est ainsi que la chute des Alpes vers le Piémont est brusque, tandis que du côté nord on constate une série d'ondulations parallèles. Les Pyrénées présentent du côté français un versant beaucoup plus abrupt que du côté espagnol. Le Jura présente de même une série d'ondulations (fig. 93), et de son altitude la plus élevée (1 678 m.), il retombe brusquement à l'altitude du lac de Genève.

Si l'on recherche les rapports qui existent entre les contours des continents et les chaînes de montagnes, on constate que deux cas se présentent.

Fig. 93. — Vallées du Jura.

Les chaînes peuvent être parallèles aux côtes, ou bien au contraire ces chaînes arri-

(1) De Lapparent, *Traité de géologie*, Paris, 1885, p. 65.

vent à la mer transversalement; il n'y a plus de parallélisme. M. Suess, dans son grand ouvrage, insiste particulièrement sur ces deux dispositions auxquelles il donne le nom de *type Pacifique* et de *type Atlantique* (1).

Quand on part de Chittagong, extrémité nord du golfe du Bengale, et quand de ce point on se dirige le long de la côte de l'Indo-Chine vers Java, quand ensuite on remonte le long de la côte asiatique du Pacifique, par le Japon, les îles Kouriles, on constate soit sur la côte, soit dans les îles, que les chaînes de montagnes sont parallèles aux côtes; il y a ici des rapports déterminés entre le bord de la terre ferme et son relief. C'est ce que M. Suess appelle le *type Pacifique*. Cette disposition se continue dans les îles Aléoutiennes, et se retrouve sur toute la côte ouest de l'Amérique, depuis le territoire d'Alaska jusqu'au cap Horn. Il suffit de citer les montagnes Rocheuses et les Andes. Ainsi le parallélisme des chaînes et des contours continentaux se constate sur tout le vaste pourtour du Pacifique et des mers voisines, depuis le Gange jusqu'à l'extrémité de l'Amérique du Sud (fig. 94).

Si nous visitons au contraire le bord Atlantique de l'Amérique, nous observons un état de choses tout différent. La côte patagonienne, la côte brésilienne, enfin toute la côte est de l'Amérique jusqu'au Groënland, ne sont plus parallèles aux lignes de relief. Lorsqu'il y a dans le voisinage de la mer une chaîne de montagne, comme les Appalaches, une inflexion se produit et la chaîne s'éloigne de la côte. Cette disposition constitue le *type Atlantique* de M. Suess. On la retrouve dans l'ancien monde en Scandinavie, en France, en Portugal, dans une partie de l'Espagne. Le nord de l'Écosse montre aussi nettement que de grandes dislocations ayant la direction N.E. traversent tout le pays et se terminent à la mer, tandis que le rivage au contour dentelé forme une ligne brisée entre ces dislocations. Ce type caractérise donc bien les côtes de l'Atlantique; il y a cependant deux exceptions: la côte nord de l'Espagne suit la direction de la chaîne cantabrique, et la mer des Caraïbes, située entre les Antilles et la côte d'Amérique, appartient par les îles qui l'environnent au type Pacifique.

La Méditerranée appartient également pour sa plus grande partie au type Pacifique, comme le montre l'orientation des chaînes dans une partie de l'Espagne, en Italie, dans la presqu'île des Balkans, en Asie Mineure, en Syrie et sur la partie de la côte d'Afrique où s'étend l'Atlas.

M. Suess regarde comme appartenant au type Atlantique l'Afrique, la péninsule des Indes et l'Australie. Remarquons cependant qu'une partie de la côte nord de l'Afrique présente la disposition Pacifique; de même les côtes de la mer Rouge sont bordées par une chaîne; Madagascar et les îles voisines présentent un relief parallèle aux côtes. La chaîne des Ghâts suit le bord ouest des Indes; une partie du golfe Persique est également limitée par une chaîne. Enfin Java, Sumatra appartiennent nettement au type Pacifique. On peut dire que l'océan Indien et ses dépendances montrent une combinaison des deux types, puisque le type Pacifique se montre sur les côtes des îles de la Sonde, la côte sud-occidentale des Indes, une partie du golfe Persique, la mer Rouge, Madagascar; tandis que l'on trouve le type Atlantique en Australie, dans les parties orientale et nord-occidentale des Indes, la côte sud de l'Arabie et la côte est du continent africain. La carte ci-jointe donne une idée de la répartition des deux types orographiques (fig. 94).

AGE DES CONTINENTS.

Une question importante qui se pose est celle de savoir si les continents sont toujours restés tels que nous les voyons, au moins dans leurs traits principaux, ou si au contraire leurs contours ont notablement changé dans les temps géologiques.

Plusieurs opinions ont été émises à ce sujet. Playfair et Léopold de Buch admettaient des mouvements d'élévation et d'affaissement du sol qui auraient pu dans le cours des temps produire la submersion de continents entiers et soulever ensuite à leurs places de nouvelles terres. D'après Lyell les continents n'ont pas changé depuis la fin de la période tertiaire; il s'appuie sur ce que les animaux fossiles sont alliés à ceux qui vivent encore actuellement dans les mêmes régions. Ainsi en Australie les Mammifères fossiles sont des Marsupiaux

(1) Suess, *Das Antlitz der Erde*, t. I, introduction, p. 6, et t. II, p. 42 à 256.

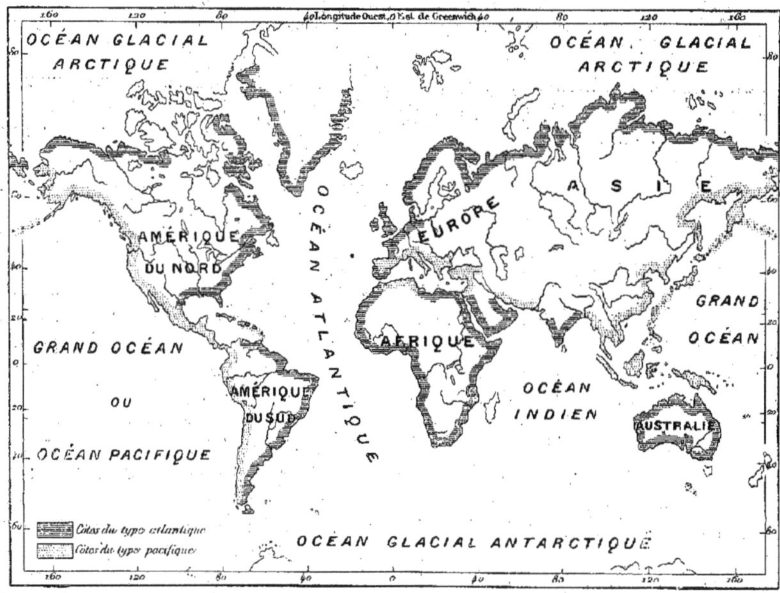

Fig. 94. — Type Pacifique et type Atlantique.

comme les Mammifères actuels ; de même l'Amérique du Sud était habitée par des Paresseux, des Tatous ou des genres voisins, comme elle l'est encore aujourd'hui. Dès les époques miocène et pliocène on trouve des Singes, des Éléphants, des Rhinocéros. Mais si l'on remonte plus haut, jusqu'à l'éocène par exemple, les limites des faunes ne sont plus tranchées ; on constate un tel mélange de formes dont les alliés actuellement vivants se trouvent dans les parties du globe les plus éloignées les unes des autres, que certainement la distribution des terres et des mers à l'époque éocène a été complètement différente de celle qui existe aujourd'hui. Ainsi, d'après Lyell, les continents restent constants dans le cours d'une même période, mais dans la suite des diverses périodes géologiques ils changent complètement de position. « Si, dit-il, nous possédions une suite de cartes dans lesquelles serait rétablie la géographie physique de trente périodes ou plus, ces cartes, sous le rapport de la distribution des terres et des mers, ne ressembleraient pas plus les unes aux autres ou à celles de nos jours, que la carte d'un hémisphère ne ressemble actuellement à celle d'un autre hémisphère. »

D'autres géologues pensent au contraire que les continents et les bassins maritimes sont restés tels que nous les voyons aujourd'hui, depuis les périodes géologiques les plus anciennes. Dana le premier, puis plus récemment Geikie, Wallace et d'autres, ont soutenu cette opinion. D'après eux les changements subis par les terres n'ont jamais été que relativement faibles. En effet il y a de nombreuses intercalations de formations d'eau douce au milieu des dépôts anciens, et les faunes terrestres qui se substituent les unes aux autres indiquent nettement la continuité de la vie. Les oscillations n'ont donc été ni violentes ni très importantes.

Un autre argument a été apporté par Murray à l'appui de cette opinion. Ce qu'on trouve actuellement au fond des mers, c'est une argile rouge avec des nodules de manganèse et des produits volcaniques comme les ponces. S'il y avait eu changement complet des rivages, si de grands fonds océaniques anciens étaient aujourd'hui remplacés par des continents, on devrait trouver dans les couches du sol des dépôts correspondants, ce qui n'a pas lieu. D'ailleurs les couches géologiques sont continues ; les lacunes ne sont jamais considérables et ces couches forment autour des massifs anciens des ceintures régulières. Tous ces faits indiquent qu'il n'y a pas eu de changements brusques résultant d'un bouleversement.

M. Suess fournit plusieurs arguments contre la primordialité des continents (1). Il rappelle l'épaisseur énorme des dépôts du trias et du jurassique inférieur dans les Alpes. Il rappelle aussi la grande épaisseur, en Suisse, d'une formation locale appelée le flysch, composée de grès et de schistes avec des empreintes d'algues. Cette formation est tertiaire, ce qui pourrait prouver des changements très récents des côtes, si l'on ne savait pas que le flysch est peu étendu; la configuration générale des continents n'a donc pu être très troublée par l'existence de la mer du flysch. Suess fait remarquer enfin que dans le type Atlantique les chaînes de montagnes sont tranchées par les côtes. Il est évident que ces chaînes se prolongeaient au delà, et comme beaucoup d'entre elles sont modernes, c'est-à-dire tertiaires, on doit en conclure que la disposition des côtes l'est aussi.

Nous devons admettre que certaines parties au moins des contours de nos continents sont très anciennes, datent du commencement de la période mésozoïque et même de la fin de la période carbonifère. La partie sud de l'Afrique, Madagascar, la presqu'île des Indes, dans leurs plateaux élevés, paraissent n'avoir plus été couverts par la mer depuis la fin du carbonifère; l'Océan a déposé ses sédiments aux pieds de ces hautes terres au fur et à mesure que l'océan Indien actuel se formait par effondrement d'une partie de ce plateau d'abord continu. Le Sahara, l'Égypte, la Syrie, l'Arabie ont été couverts par les eaux jusqu'à la fin du crétacé et même pendant une partie de la période tertiaire. Toutes ces terres ont constitué d'abord, d'après M. Suess, un continent, l'Indo-Afrique, aujourd'hui séparé en deux masses par l'océan Indien.

La plus grande partie de l'Asie et l'Europe constituent par leur ensemble ce que M. Suess appelle l'Eurasie. Leurs limites actuelles sont récentes et datent du tertiaire. L'océan Atlantique, qui sépare aujourd'hui l'Europe de l'Amérique, n'a pas toujours existé. D'après les analogies que présentent les régions du nord de l'Amérique, l'Écosse, la Scandinavie, il y a eu là, au commencement des temps géologiques, un continent dont la plus grande partie a maintenant disparu sous les eaux. De même il est fort probable qu'il y a eu pendant la période tertiaire continuité de l'Europe aux Antilles, car les coquilles tertiaires littorales des Antilles sont semblables à celles de l'Europe.

Le continent qui paraît être formé depuis le plus longtemps, celui dont les contours ont été arrêtés le plus tôt, est l'Amérique du Nord. Sauf les parties montagneuses orientales et occidentales, la plus grande partie du pays a été couverte par la mer durant le crétacé moyen et supérieur. Mais depuis la fin du crétacé il y a eu retraite des eaux marines; à l'intérieur du continent toutefois s'est étendue une vaste mer d'eau douce, la mer de Laramie, qui a formé de vastes dépôts pendant le tertiaire.

L'Amérique du Sud n'est un tout compact que depuis le milieu du tertiaire, car jusqu'à cette époque des dépôts marins se sont formés assez loin dans l'intérieur du continent.

L'océan le plus anciennement délimité est l'océan Pacifique. Les chaînes de ses côtes sont partout parallèles à son contour et par suite le contour existait déjà avant leur formation. Sur ses bords se trouve le trias, tandis que sur les contours de l'océan Indien les sédiments les plus anciens sont du jurassique moyen, et sur la lisière de l'Atlantique les dépôts les moins récents sont du crétacé supérieur.

Ainsi donc la distribution des terres et des mers paraît avoir subi d'assez grands changements pendant les périodes géologiques. L'état actuel n'a commencé à se produire qu'à la fin de la période paléozoïque ou au commencement des temps mésozoïques. De plus les divers continents et les divers océans datent d'époques très différentes (1).

(1) Suess, *Das Antlitz der Erde*, t. I, p. 5.

(1) Voir, outre Suess : *Das Antlitz der Erde*, t. I, p. 764 et suivantes, une conférence de M. Marcel Bertrand dans le *Bulletin de la Société géologique de France*, 1887, et une analyse de M. de Margerie dans l'*Annuaire géologique international*, 1888.

LES MERS.

COMPOSITION DE L'EAU DE MER.

L'eau de mer présente une composition assez constante. Elle contient environ, sur 1000 parties, 35 parties de sels dissous. Ce nombre mesure ce qu'on peut appeler la *salinité* des eaux marines. De ces 35 parties, les trois quarts sont formés de chlorure de sodium (sel marin). Viennent ensuite par ordre d'importance le chlorure de magnésium, les sulfates de magnésie et de chaux, le chlorure de potassium et le carbonate de chaux.

Voici les proportions de ces substances :

Chlorure de sodium	26,965
— de magnésium	3,371
Sulfate de magnésie	2,113
— de chaux	1,412
Chlorure de potassium	0,725
Carbonate de chaux	0,130
Pour 1000 grammes d'eau de mer..	34,716

L'eau de mer contient aussi certains corps en proportion très faible. En première ligne vient le brome qui se trouve à l'état de bromure de magnésium dans les eaux mères des marais salants. Les cendres des plantes marines fournissent un assez grand nombre de substances que ces plantes ont peu à peu retirées de l'eau de mer et concentrées dans leurs tissus. C'est ainsi que les cendres des varechs fournissent du brome, de l'iode, du bore et un grand nombre de métaux en proportions infinitésimales, ainsi le fer, le cobalt, le nickel, le zinc, le cuivre, le plomb.

Certains Coralliaires, comme le *Pocillopora alcicornis*, ont la singulière propriété de réunir dans leur corps différents métaux. Le *Pocillopora* contient 1/500,000 de cuivre, 1/375,000 de plomb et aussi de l'argent 1/3,000,000. Ce dernier métal se précipite souvent sur le doublage en cuivre des navires qui ont longtemps navigué. On a pu déceler dans l'eau de l'Océan la présence de l'arsenic et de l'or. Ajoutons la silice qui constitue, comme on le sait, la carapace des Radiolaires et les spicules de beaucoup d'Éponges, enfin l'ammoniaque provenant de la décomposition des organismes. Les boues marines sont très ammoniacales ; celles de l'étang de Lavalduc, à l'embouchure du Rhône, contiennent, d'après Dieulafait, deux cent cinquante fois plus d'ammoniaque que l'eau de la Seine en aval de la traversée de Paris.

D'une manière générale on peut dire que l'eau de mer renferme et doit renfermer tous les corps simples. En effet au début des temps géologiques l'eau a dû emprunter à l'atmosphère tous les corps qu'elle contenait à l'état de vapeurs; de plus l'eau des fleuves qui arrive à la mer a opéré préalablement un lavage de tous les éléments solubles de la croûte terrestre ; or il n'est aucun minéral qui ne soit soluble dans une quantité d'eau suffisante au bout d'un temps plus ou moins long.

L'eau de mer dissout l'air atmosphérique, et comme l'oxygène est plus soluble que l'azote, il en résulte que les deux gaz ne sont pas dans la mer dans les mêmes proportions que dans l'atmosphère. La proportion d'oxygène est plus grande, ce qui est évidemment favorable à la respiration des êtres marins. On trouve d'une manière générale 33,9 p. 100 d'oxygène et 66,1 p. 100 d'azote. Il y a aussi de l'acide carbonique, mais la quantité de ce gaz est très variable, car celui qu'on recueille avec l'air par l'ébullition de l'eau est non seulement l'acide qui se trouvait à l'état libre, mais aussi une partie de celui des carbonates dissous qui se décomposent.

La salinité des diverses mers varie dans des proportions assez fortes. Cela tient à l'évaporation plus ou moins rapide et à l'apport plus ou moins considérable des fleuves. Ainsi la salinité de la Méditerranée est de 38 millièmes à cause de la forte évaporation. La teneur en sels de la mer Rouge fortement échauffée par le soleil et dans laquelle ne débouche aucun cours d'eau important est encore plus grande; elle s'élève à 41 et même 43 millièmes. La mer Caspienne présente, dans son étendue, de très grandes différences de salinité. Au voisinage des deltas du Volga, de l'Oural, du Térek, l'eau est presque douce; la salinité est seulement de 9 millièmes. Mais cette mer présente un golfe qui ne communi-

Fig. 95. — Vue de la mer Rouge à Aden.

que avec elle que par un canal étroit; c'est le Karaboghaz ou gouffre noir. Là l'évaporation est très rapide et sans cesse de l'eau venant de la Caspienne y dépose du sel. Aussi les eaux du Karaboghaz sont-elles aujourd'hui à peu près saturées, de sorte que la vie a disparu de ce golfe. De Baer a prouvé que le Karaboghaz reçoit chaque jour de la Caspienne 350,000 tonnes de sel, qui n'en sortiront plus.

Les mers à évaporation faible et qui reçoivent de nombreux cours d'eau ont une teneur en sels très minime. La salinité de la mer Noire est de 11 millièmes; celle de la

Fig. 96. — Phosphorescence de la mer.

Baltique est à peine de 5 millièmes. Cette mer est donc environ neuf fois moins salée que la mer Rouge (fig. 95).

La densité moyenne de l'eau de mer est de 1,028. Elle varie depuis 1,029 pour la Méditerranée où la chaleur solaire vaporise beaucoup de liquide, jusqu'à 1,016 pour la mer Noire où débouchent des fleuves considérables. Les eaux de l'hémisphère austral paraissent être en moyenne un peu plus légères que celles de l'hémisphère boréal.

Terminons cette étude des eaux de la mer en disant quelques mots de leur couleur. La couleur propre de l'eau est bleue comme le montrent diverses expériences. Si l'on examine de l'eau de mer à travers un tube noirci à l'intérieur, on voit nettement sa teinte bleue. De même si l'on immerge des disques de couleurs différentes à une profondeur de deux pieds, le blanc passe au bleu, le jaune au vert, le pourpre au violet par le mélange du bleu à la couleur primitive. Tyndall attribue cette

Fig. 97. — Embouchure du fleuve des Amazones.

couleur bleue à des particules solides très fines tenues en suspension. Toutefois le plus souvent des particules même impalpables donnent lieu à des teintes tirant sur le vert; c'est ce qu'on voit sur les côtes anglaises de la Manche, où la mer tient en suspension de la craie blanche. De même à l'embouchure des fleuves le plus souvent l'eau est verte à cause des argiles qu'elle renferme (1). Les matières organiques agissent de la même manière. Parfois la couleur change par suite de la nature même du fond ou des sédiments transportés, ainsi la mer est rouge à l'embouchure des Amazones (fig. 97), la mer Jaune doit son

(1) Thoulet, *Océanographie*, t. I, Paris, 1890, p. 381 et 383.

nom aux boues que lui apporte le Hoang-ho.

Les organismes peuvent aussi communiquer aux eaux de la mer une couleur spéciale,

Fig. 98.— Noctiluque.

On attribue la couleur vert clair des mers du Groënland aux Diatomées et autres organismes végétaux. A l'embouchure du Tage la mer prend parfois une teinte rouge à cause de nombreuses algues microscopiques (*Protococcus atlanticus*) dont 1 seul centimètre cube d'eau contient 40,000 individus. La mer Rouge est en réalité d'un bleu verdâtre et ne paraît présenter aucun phénomène spécial. Son nom vient peut être, d'après Günther, de la teinte rosée de ses bancs de coraux. A certaines époques de l'année se développent aussi dans cette mer de nombreuses Algues rouges.

Quant à la phosphorescence (fig. 96) qui s'observe dans toutes les mers, même dans la mer du Nord et la Baltique, elle est due à des organismes microscopiques, comme les Noctiluques (fig. 98).

NIVEAU DES MERS.

Une question qui se pose est celle-ci. Toutes les mers ont-elles absolument le même niveau? On l'a cru pendant longtemps. Mais cependant bien des causes interviennent pour troubler l'équilibre océanique. Certaines sont accidentelles. Ainsi quand les vents soufflent constamment dans la même direction, ils repoussent les eaux contre la terre et élèvent leur niveau. Dans la Baltique l'eau s'entasse vers l'est, à cause de la prédominance des vents d'ouest. Par les vents d'ouest la mer s'élève sur les côtes de Prusse et par les vents d'est sur celles du sud de la Suède. Les marées interviennent aussi pour changer les niveaux des mers voisines. Ainsi la Méditerranée est moins élevée de $0^m,80$ que la mer Rouge quand celle-ci est à marée haute tandis qu'à marée basse les deux niveaux sont les mêmes.

Comme les mers n'ont pas la même teneur en sels, les niveaux varient; l'eau de mer étant d'autant plus dense qu'elle est plus riche en sels, lorsque des mers qui communiquent sont de salure inégale, la plus salée a un niveau moins élevé que la moins salée. Un apport d'eau douce agit de la même façon : en diminuant la densité de l'eau, il en élève le niveau. L'évaporation au contraire, augmentant la densité, abaisse le niveau. Ainsi à Honfleur, au Havre, à Saint-Nazaire, d'après M. Bouquet de la Grye, à cause de l'apport d'eau douce dû à la Seine et à la Loire, la densité de l'eau peut passer de $1^m,028$ à $1^m,012$; ce qui fera, pour 5 mètres de marée, une différence de 8 centimètres. M. Bouquet de la Grye, en basant ses calculs sur les densités dans le golfe de Gascogne et à l'embouchure du Rhône, a trouvé que le niveau de l'Atlantique à l'embouchure de la Gironde est de $0^m,72$ plus élevé que celui de la Méditerranée à Marseille. A Nice le niveau est plus bas qu'à l'embouchure du Rhône. Le niveau de la Baltique est plus élevé de quelques centimètres que celui de la mer du Nord.

Une autre cause permanente paraît agir pour troubler l'équilibre des mers, savoir l'attraction des continents. De même qu'une montagne dévie le fil à plomb et l'attire, de même les terres doivent attirer les eaux de la mer et relever le niveau le long des côtes. Saigey en 1842 évalua cette élévation à 36 mètres pour l'Europe, 144 mètres pour l'Asie, 172 mètres pour l'Afrique, 54 mètres pour l'Amérique du Nord et 76 mètres pour l'Amérique du Sud. M. Fischer pour calculer la surélévation littorale fit des observations à l'aide du pendule. Supposons un pendule dont la longueur a été réglée pour battre la seconde; si partout la surface de la mer est au même niveau, c'est-à-dire partout à la même distance du centre, cette longueur devra être identique en tous les lieux placés au bord de la mer sur le même parallèle. Un tel pendule fera alors par jour 86,400 oscillations. Mais si le lieu le plus bas est rapproché du centre, l'attraction sur le pendule sera plus grande et il fera plus de 86,400 oscillations ; si le lieu est plus haut, c'est-à-dire si la mer est surélevée, le pendule fera moins d'oscillations. M. Fischer par le calcul trouva que la différence de une oscillation par 24 heures pour le pendule à secondes correspond à une différence de niveau de 122 mètres. Or à Calcutta le pendule exécute 3 oscillations de moins que dans les îles Maldives, et en moyenne 9, 3 oscillations de moins au bord des continents qu'au milieu des océans. Il y aurait ainsi une ascension moyenne de 1000 mètres le long des côtes; de même au centre de l'Atlantique près de Sainte-Hélène, il y aurait une dépression de niveau de 847 mètres et le Pacifique subirait aux îles Bonin une dépression de 1309 mètres. Par suite la surface des mers ne serait pas du tout un ellipsoïde de révolution, comme on le supposait, mais un solide déformé que M. Listing a appelé un géoïde.

M. Faye n'a pas voulu admettre ces résultats et pour lui notre globe est bien, comme l'enseigne l'astronomie, un ellipsoïde de révolution dont l'aplatissement es 1/292. Pour expliquer la marche plus rapide du pendule en pleine mer il admet que la croûte terrestre est plus épaisse et plus dense sous les mers que sous les continents, de là un excès d'attraction. Il attribue cette augmentation d'épaisseur à ce que la température des eaux au fond de la mer est voisine de 0°. Elles auraient refroidi la surface du fond et par suite l'intérieur fluide du globe; la croûte se serait épaissie et serait devenue plus compacte à cause de ce refroidissement. M. de Lapparent a fait remarquer que le sol d'Yakoutsk où règne un froid de —10° devrait être plus dense que partout ailleurs, et que dans les plaines de la Sibérie le pendule devrait osciller plus vite, ce qu'on n'a jamais constaté. De plus au-dessous de ce sol gelé la température passe pour 126 mètres de profondeur de —10° à 0°, car de cette profondeur jaillissent des eaux; cela montre bien qu'un grand froid superficiel n'agit que très faiblement sur la profondeur, à l'inverse de ce que pense M. Faye (1).

Lorsque pour une cause quelconque la masse d'un continent augmente, son attraction doit augmenter aussi et le niveau de la mer doit s'élever le long de ce continent. Cela doit arriver quand le continent est couvert de glace. Une épaisseur de 1000 mètres de glace correspond pour l'attraction à 300 mètres de terre de densité 2,5, et produisait une déviation du pendule de 11 secondes. Or chaque seconde, d'après M. Fischer, correspond à une dénivellation de 8 mètres. Ainsi l'ascension de la mer dans le voisinage d'un continent couvert de glace pourrait être de 90 mètres. Si l'épaisseur de la glace diminue, le niveau baissera. Les oscillations de niveau le long des côtes de la Scandinavie sont peut-être dues à des changements dans l'épaisseur des glaciers.

De ce qui précède il résulte que le niveau des mers est très variable. Mais il semble cependant qu'on ait exagéré la valeur des dénivellations. D'après le commandant Defforges, du service géographique de l'armée, on aurait commis des erreurs dans les observations du pendule, et d'après M. Lallemand, ingénieur attaché au nivellement de précision de la France, les différences de niveau entre des mers différentes ou des parties plus ou moins éloignées d'un même océan seraient moindres qu'on ne l'avait supposé. D'après lui, la différence entre l'Atlantique et la Méditerranée au lieu d'être de $0^m,72$ serait de 1 ou 2 centimètres. Quoi qu'il en soit les variations existent et la surface océanique n'est pas une surface géométrique régulière.

LE FOND DE LA MER. LES GRANDES PROFONDEURS OCÉANIQUES.

Le fond de la mer est généralement convexe, toutefois le Pas de Calais est concave. Le fond des mers est accidenté; il présente des vallées sinueuses, de vastes plateaux et de véritables montagnes sous-marines qui s'étendent en crêtes continues ou forment des pics isolés. Les vallées nous fournissent les grandes profondeurs indiquées par les sondages; les montagnes nous fournissent les faibles profondeurs. Lorsque les montagnes sous-marines dépassent le niveau de l'eau, il en résulte les îles et les écueils.

De nombreux sondages, effectués surtout en vue de l'immersion des câbles télégraphiques, ont prouvé que la profondeur des mers est très variable. La mer du Nord (fig. 99) ne présente guère plus de 80 mètres de profondeur, sauf le long de la côte scandinave où se trouve un chenal étroit et profond de 800 mètres. La profondeur de la Manche est aussi très faible, le Pas de Calais n'a qu'une soixantaine de mètres

(1) Voir Faye : *La Terre à travers les âges géologiques* (*Revue scientifique*, 20 février 1886) et de Lapparent : *Le niveau de la mer* (*Revue scientifique*, 1er mars 1886).

Fig. 99. — Vue de la mer du Nord. (Plage de Scheveningue, d'après un tableau de Mesdag.)

de profondeur. La Baltique a une profondeur moyenne qui ne dépasse pas 30 mètres. On peut dire que le sous-sol de la mer du Nord et de la Baltique forme un vaste plateau (*Continental Shelf* des Anglais, *Flachsee* des Allemands) qui sert de base à l'Angleterre et aux îles voisines. Un soulèvement d'une centaine de mètres suffirait pour réunir les Iles Britanniques au continent.

La Méditerranée a une profondeur moyenne d'environ 1 340 mètres. Elle est séparée en deux bassins distincts par une chaîne sous-marine qui relie l'Italie à l'Afrique par la Sicile et Malte. Un soulèvement de 200 mètres du sol sous-marin assurerait la communication de ces divers pays.

On évalue la profondeur moyenne de l'Atlantique à 3 600 mètres. Cet océan est divisé également en cuvettes distinctes par des crêtes sous-marines (l'une des plus importantes est la crête Wyville Thomson entre l'Écosse et les Faroer).

En réunissant tous les résultats obtenus, on est arrivé à cette conclusion que la profondeur moyenne des mers est d'environ 4,000 mètres (3438^{m},4 d'après Krummel), c'est-à-dire environ sept fois l'altitude moyenne admise pour les continents. Cette altitude moyenne, comme nous l'avons vu, paraît être de 500 mètres au moins. Krümmel ne lui donne comme valeur que 440 mètres. En additionnant les deux nombres 440 et 3 438,4 on aura la valeur minimum du relief moyen de notre globe, c'est-à-dire 3 878^{m},4. Comme nous l'avons vu, il faudrait joindre à ce nombre un chiffre pour la valeur de l'attraction des terres sur les mers. Ce chiffre aurait pour effet d'augmenter la valeur du relief continental, toujours comptée à partir du niveau littoral, et par conséquent le relief total doit dépasser de beaucoup le nombre que donne Krümmel; il doit se rapprocher de 4 500 mètres.

On trouve çà et là dans les océans de véritables abîmes de 6 000 à 8,500 mètres, qui dépassent par suite notablement la profondeur moyenne.

Ainsi dans l'océan Atlantique il y a, au nord des Antilles, une dépression suivant la côte d'Amérique et contournant le banc de Terre-Neuve, qui atteint 5 300 mètres et même en un point près de l'île Saint-Thomas 7 100 mètres. On l'appelle la *dépression nord-*

Fig. 100. — Les vagues à Helgoland.

ouest. Les côtes d'Afrique, d'Espagne et de France sont longées par une dépression analogue : la *dépression de l'est.* Entre les deux dépressions se trouve un vaste plateau sous-marin dont la profondeur n'excède jamais 1800 mètres.

Les dépressions les plus profondes se rencontrent dans l'océan Pacifique. Entre l'Amérique septentrionale et le Japon, le navire américain le *Tuscarora* a révélé l'existence d'un vaste abîme qu'on a appelé la *fosse du Tuscarora.* Sa profondeur près des îles Kouriles dépasse 8500 mètres. Entre les îles Mariannes et les îles Carolines se trouve la *fosse du Challenger*, ainsi nommée du navire anglais dont l'expédition est restée célèbre. Elle présente un trou profond de 8366 mètres.

Le long de l'Amérique du Sud il n'y a pas de dépression bien marquée, sauf le *canal de Valparaiso*, dont la plus grande profondeur est tout au plus de 3000 mètres.

On peut remarquer que les plus grandes profondeurs océaniques sont toutefois peu de chose comparées au rayon terrestre ; elles sont du même ordre que les grandes altitudes et sur un globe de 1 mètre de rayon seraient représentées par des entailles de 1 millimètre et demi à peine.

Si l'on compare la disposition du relief océanique à celle du relief terrestre, on constate que les montagnes les plus élevées sont opposées aux mers les plus profondes. Ainsi au pied des Andes le Pacifique présente un chenal profond de 3000 mètres, au contraire les monts Appalaches ou Alleghanys qui arrivent à l'Atlantique et sont moins élevés que les Andes correspondent à une profondeur océanique moins grande.

Nous avons vu précédemment que le relief terrestre ne présente pas de symétrie ; habituellement une chaîne de montagnes présente deux versants irrégulièrement inclinés ; par exemple les Alpes, le Jura, les Pyrénées. Le fond de la mer présente des faits du même genre. Ainsi près des îles Kouriles, dans la fosse du Tuscarora, il descend brusquement à 8500 mètres, puis remonte progressivement à l'est vers les îles Sandwich.

MOUVEMENTS DE LA MER. LES VAGUES. LES MARÉES.

La surface de la mer est rarement calme. En général le vent y soulève l'eau en vagues plus ou moins hautes.

La hauteur des vagues n'est pas la même dans toutes les mers ; elle est d'autant plus grande que le bassin est plus profond et la surface plus librement parcourue des vents. Les vagues de la Caspienne ne sont pas compara-

Fig. 101. — Phare d'Eddystone entouré par les vagues.

bles à celles de la Méditerranée, que surpassent aussi de beaucoup celles de l'Atlantique.

Les vagues atteignent facilement une hauteur de 4 à 5 mètres dans les tempêtes. Au

Fig. 102. — Le flux.

large du cap de Bonne-Espérance, elles atteignent jusqu'à 15 et 16 mètres. Mais c'est sur la côte que les vagues, à cause des obstacles qu'elles rencontrent, atteignent leur plus grande hauteur (fig. 100). C'est ainsi que le phare de Belle-Rock qui se dresse sur un ro-

Fig. 103. — Le reflux.

cher de la côte d'Écosse, à 34 mètres, est très souvent entièrement enveloppé par les vagues, de même celui d'Eddystone (fig. 101).

La mer subit aussi des mouvements réguliers ; ce sont les *marées*. Deux fois par jour ou plus exactement en 24 heures 50 minutes, la mer se soulève : c'est le *flux* (fig. 102) dont la durée est de 6 heures. Après ce premier mou-

Fig. 104. — L'arrivée du flot dans la baie du mont Saint-Michel.

vement il y a un repos de quelques minutes et ensuite le niveau s'abaisse, c'est le *reflux* (fig. 103). Ces mouvements réguliers sont dus surtout à l'attraction de la Lune sur les eaux. Il y a une marée haute au passage supérieur de la Lune au méridien, une marée basse au coucher de la Lune, une nouvelle marée haute au passage inférieur de la Lune au méridien,

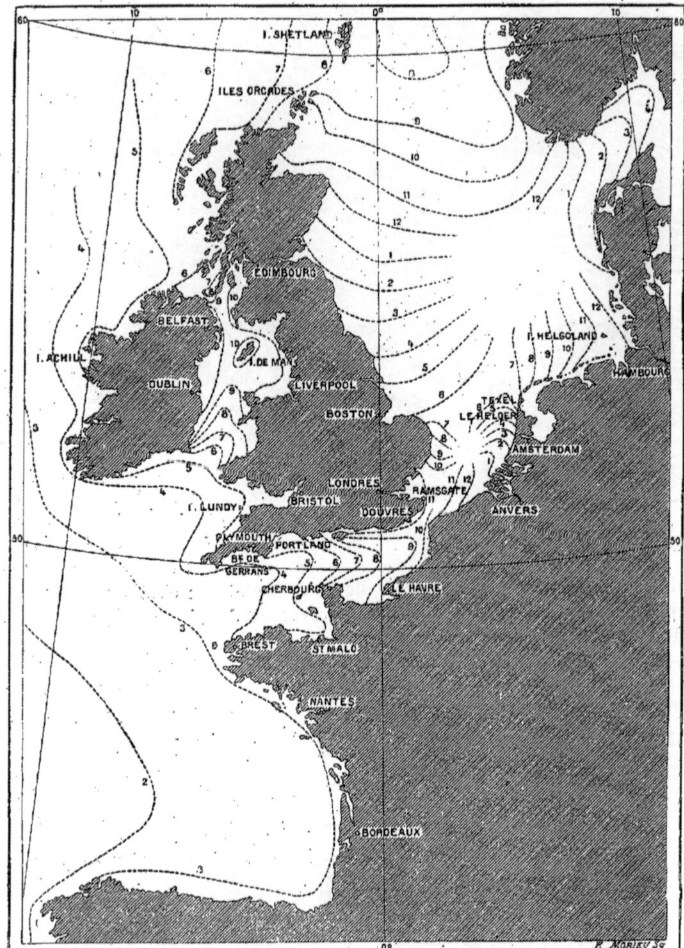

Fig. 105. — Carte des lignes cotidales sur les côtes d'Angleterre, d'après Whewell.

enfin une nouvelle marée basse au lever de la Lune. L'amplitude de la marée, en un point donné, varie avec les phases de la Lune. Elle atteint son maximum à la nouvelle lune et à la pleine lune, c'est-à-dire aux syzygies ; elle est minimum au moment des quadratures, c'est-à-dire au premier et au dernier quartiers. A l'époque des équinoxes les marées des syzygies sont les plus fortes de toutes.

L'attraction des eaux n'est pas seulement causée par la Lune, mais aussi par le Soleil, dont l'action est moins forte à cause de sa plus grande distance à la Terre. Les deux actions peuvent s'ajouter ou se contrarier. Ainsi aux syzygies les trois astres Terre, Lune et Soleil sont en ligne droite, les deux effets s'ajoutent et l'on a les fortes marées. A l'époque des quadratures, le Soleil et la Lune passent au méridien à 6 heures de distance, les deux effets se retranchent et l'on a les plus faibles marées.

Les passages successifs de la Lune au méridien se font avec un retard de 50 minutes. Il

Fig. 106. — La barre à l'embouchure du Tsientang en Chine (page 82).

en résulte un retard journalier de 50 minutes pour la marée. Mais 50 minutes de retard par jour donnent un retard de 24 heures après une lunaison complète ou 29 jours un tiers. Aussi les heures des marées sont-elles les mêmes de quinze jours en quinze jours, avec

Fig. 107. — La barre à l'embouchure du Gange (page 82).

cette différence que celles du matin deviennent celles du soir et inversement, et au bout de la lunaison l'heure est identiquement la même.

Le mouvement de la marée se propage de la haute mer vers la côte, mais la configuration variable de celle-ci oppose des obstacles à la propagation de l'onde. Pour cette raison, le flot ne se produit pas exactement au moment du passage de la Lune au méridien, et de plus l'heure de la marée n'est pas nécessairement la même pour deux ports situés sous le même méridien. Le retard, constant pour un port, est variable d'un port à l'autre ; c'est ce qu'on nomme l'*établissement du port*. A Gibraltar le retard est nul, mais à l'embouchure de la Gironde il est de sept heures quarante minutes, à Brest de trois heures quarante-six, au Havre de neuf heures cinquante-trois, à Dieppe de onze heures huit, à Dunkerque de onze heures quarante-cinq minutes.

Le retard est d'autant plus grand que la profondeur de la mer est plus faible sur la côte ; la vitesse de propagation des marées est en raison de la profondeur des eaux. Sur les cartes marines on joint d'un trait continu les points où la pleine mer se produit exactement à la même heure ; on obtient ainsi des courbes sinueuses : les *lignes cotidales* (fig. 105).

Au milieu des océans largement ouverts l'élévation du niveau dû à la marée ne dépasse pas 70 centimètres à 1 mètre. Au contraire, dans les baies, les golfes, le flux peut atteindre une hauteur considérable. Ainsi dans la baie du mont Saint-Michel la différence de hauteur entre la haute mer et la basse mer est de 14 ou 15 mètres. Au reflux la mer se retire à plus de 10 kilomètres du rivage et laisse à sec une vaste plage (fig. 104). Ces grandes surélévations du niveau sont dues à ce que deux vagues de marée s'entre-choquent venant de points opposés, l'une entrant dans la Manche et l'autre venant d'Angleterre, et elles ajoutent leurs effets. Le fait inverse peut se produire ; deux courants de marée peuvent se neutraliser. C'est ce qui arrive quand le flux de l'un d'eux se croise avec le reflux de l'autre; alors il y a équilibre et le niveau de l'eau ne change pas. Cela se produit dans la mer du Nord, au voisinage du Pas de Calais, sur les côtes d'Angleterre et de Hollande. Au Havre un autre effet s'observe ; la mer, au lieu de baisser lorsqu'elle a atteint son point culminant, reste *étale* pendant trois heures par suite de l'arrivée d'un courant de marée qui vient de l'Atlantique en longeant la côte de Normandie.

Dans les mers intérieures les marées sont peu sensibles, les eaux n'ont pas l'espace nécessaire pour se soulever et s'étendre. Le niveau de la Méditerranée est presque constant ; toutefois, sur la côte d'Afrique il y a des marées appréciables qui atteignent 3 mètres dans les Syrtes. Dans l'Adriatique, sur la côte est, le niveau varie de 16 centimètres, et à Trieste de 70 centimètres. Au fond de la Baltique, les marées, même à l'époque des syzygies, atteignent à peine 11 centimètres. On peut dire que toute masse d'eau, aussi petite qu'elle soit, a ses marées, mais que celles-ci sont souvent peu appréciables. Le lac Michigan est la plus petite nappe où l'on ait jusqu'à présent constaté des marées ; elles sont de 75 millimètres.

Le mouvement de la marée se propage, comme nous le savons, de la haute mer vers les côtes. Il remonte le cours des fleuves et produit une grosse vague animée d'une grande vitesse, c'est la *barre* ou *mascaret* (fig. 106). Dans la Seine cette vague atteint 2 ou 3 mètres de hauteur ; le flux se fait sentir jusque vers le confluent de l'Eure. Dans la Garonne le flot remonte jusqu'à plus de 160 kilomètres, dans le Gange (fig. 107) jusqu'à 250, et dans le fleuve des Amazones jusqu'à plus de 320 kilomètres de l'embouchure.

LES COURANTS MARINS.

Outre le mouvement régulier des marées, il y a dans les mers échange d'eau, et par suite des courants dont on a étudié la direction, la vitesse et la température. Des régions équatoriales partent des courants d'eau chaude qui se dirigent vers les pôles. Ils sont dus aux vents alizés du nord-est et du sud-est qui, soufflant continuellement dans le même sens, finissent par imprimer à la surface de la mer un mouvement de même sens que le leur, c'est-à-dire un mouvement dirigé de l'est vers l'ouest.

Le mieux connu de ces courants est le *Gulf-Stream* ou courant du Golfe, ainsi nommé parce qu'il se développe en un long circuit dans le golfe du Mexique avant d'arriver à l'océan Atlantique (fig. 108). Ce courant a été particulièrement étudié par Maury dans sa *Géographie de la mer*. C'est lui que Maury décrit en ces termes : « Il est un fleuve dans l'Océan ; dans les plus grandes sécheresses jamais il ne tarit ; dans les plus grandes crues jamais il ne déborde. Ses rives et son lit sont des couches d'eau froide entre lesquelles coulent à flots pressés des eaux tièdes et bleues. Nulle part sur le globe il n'existe un courant

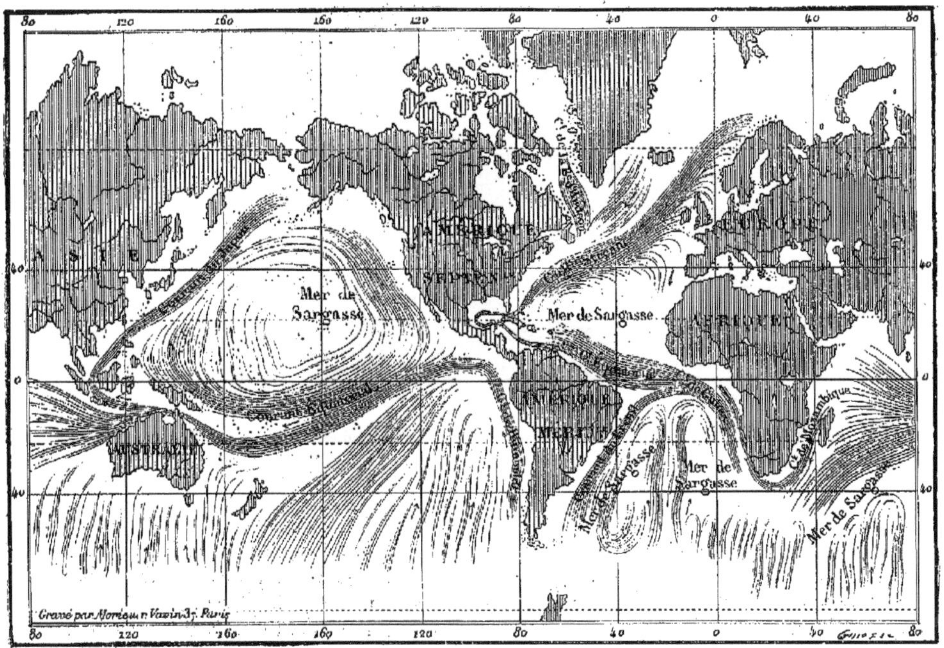

Fig. 108. — Courants marins, d'après Maury.

aussi majestueux. Il est plus rapide que l'Amazone, plus impétueux que le Mississipi, et la masse de ces deux fleuves ne représente pas la millième partie du volume d'eau qu'il déplace. »

Les eaux tropicales forment un courant au large de la côte d'Afrique; il traverse l'Atlantique et se partage au cap Saint-Roch en deux branches. L'une descend le long de la côte du Brésil; l'autre, beaucoup plus importante, remonte vers le nord-ouest en longeant la Guyane. Toutes ces eaux chaudes arrivent en contournant le Yucatan dans le golfe du Mexique. Là elles s'échauffent encore, tournoient dans cette sorte de chaudière et elles en ressortent par le canal de la Floride. A sa sortie, le Gulf-Stream forme à la surface de l'Atlantique un courant d'une largeur de 50 kilomètres environ sur une profondeur de 400 mètres; sa vitesse est de $2^{m},57$ par seconde, sa température d'environ 30°. Le courant prend une direction nord-est et traverse en écharpe l'Atlantique. Au fur et à mesure qu'il avance sa profondeur diminue et sa largeur augmente. Au large du cap Hatteras il a 115 kilomètres. Il produit de nombreux courants partiels dont le trajet est difficile à suivre; quoi qu'il en soit, le Gulf-Stream se retrouve entre les Iles Britanniques et l'Islande et sur les côtes de Norwège. Dans ces régions arrivent des bois flottés des régions tropicales. On a même trouvé sur les plages du Spitzberg des graines d'une plante des Antilles (*Entada gigalobium*).

Dans le détroit de la Floride la température du courant, qui est de 30°, ne dépasse que de 5° celle du liquide environnant. Vers Terre-Neuve la différence atteint 12° à 15°; en Norwège la température du courant est encore de 16°,5 et dépasse d'au moins 10° la température du fond.

Grâce au Gulf-Stream, la partie occidentale de l'Europe reçoit beaucoup de chaleur, et sa température est plus élevée que les parties de l'Amérique placées sur la même latitude. C'est lui qui entretient les brouillards qui entourent la Grande-Bretagne; grâce à lui les lacs des Færoer ne gèlent jamais, et en Norwège le port de Hammerfest est toujours libre de glaces malgré sa haute latitude.

Certaines parties du Gulf-Stream ne vont pas jusque vers le pôle. Au lieu de continuer leur route vers le nord-est, les eaux reviennent vers l'équateur en décrivant un circuit.

Fig. 109. — Transport de troncs d'arbres par le Kuro-Siwo sur les côtes des îles Aléoutiennes.

Tel est le courant de Rennell qui descend le long des côtes d'Espagne et du Maroc. Ce courant circonscrit une sorte de bassin où les eaux sont calmes et habitées par de nombreuses algues et une faune spéciale; c'est la mer des Sargasses.

Les eaux du Gulf-Stream, arrivées au pôle, s'y refroidissent et retournent vers le sud sous forme d'un courant qui descend le long du Groënland et des côtes américaines, en entraînant avec lui des glaces fondantes. Le courant froid rencontre le Gulf-Stream au voisinage de Terre-Neuve, et le mélange de l'air froid qui accompagne le courant polaire avec l'air chaud et humide qui surmonte le courant d'eau chaude produit les brouillards si intenses de cette région; en même temps les glaces fondent. Le courant polaire forme le long des côtes d'Amérique une sorte de *muraille froide* large de quelques kilomètres. Cette bordure, qui est verte, est côtoyée par les eaux tièdes et bleues du Gulf-Stream.

Dans le Pacifique on trouve des courants analogues à ceux de l'Atlantique et dus comme eux à l'action des vents alizés. Un courant d'eau chaude se forme au voisinage des îles de la Sonde. Il envoie une branche vers l'Afrique; elle passe entre Madagascar et le continent; c'est le *courant du Mozambique*. Le reste du courant est rejeté vers le nord et se retrouve au large du Japon. Les Japonais l'appellent *Kuro-Siwo* (fleuve noir) à cause de la teinte bleue très foncée de ses eaux (fig. 109). Ce courant, arrivé aux îles Aléoutiennes, ne trouve devant lui qu'une ouverture étroite, le détroit de Behring; il rebrousse chemin, longe la Californie et vient rejoindre, vers les îles Hawaï, le courant de départ.

Un courant froid fait équilibre au courant chaud. Il descend le long des côtes d'Asie, en passant entre la Chine et le Japon; aussi les côtes de Chine sont-elles, à latitude égale, moins chaudes que celles de l'Amérique du Nord qui bordent le Pacifique.

Les eaux froides du pôle Sud se dirigent vers le nord sous forme d'un vaste courant, le *courant de Humboldt*, qui longe les côtes de Patagonie et du Chili; c'est lui qui rend si rude le climat de la Terre de Feu.

D'après ce qui précède on peut conclure que les deux grandes mers de l'hémisphère boréal ont une circulation double, formant même un circuit complet et tournant dans le sens des aiguilles d'une montre. La circulation est moins nette dans les mers australes qui sont largement ouvertes vers le sud; toutefois, si l'on donne comme pendant au courant de Mozambique le courant de Humboldt, et au courant chaud de la côte du Brésil un courant froid qui vient du sud et longe la côte occidentale d'Afrique vers Sainte-Hélène, on trouve alors dans l'hémisphère austral une circulation marine en sens inverse des aiguilles d'une montre (1). Nous avons signalé des mouvements du même genre pour les courants atmosphériques.

(1) Duclaux, *Cours de physique et de météorologie*, Paris, 1891, p. 235.

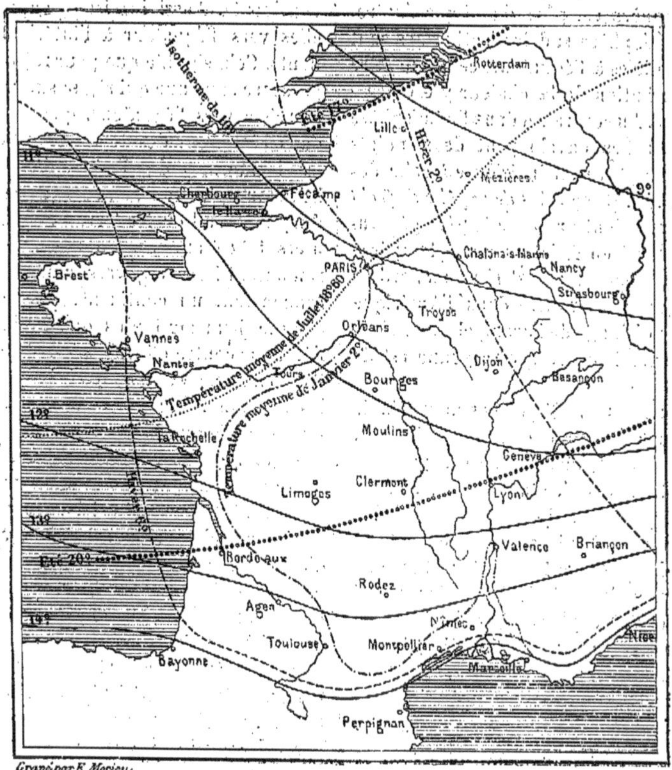

Fig. 110. — La température en France.

RÉPARTITION DE LA CHALEUR.

DISTRIBUTION DES TEMPÉRATURES A LA SURFACE DU SOL. CLIMATS.

La chaleur se montre inégalement répartie à la surface du sol. L'inégalité de cette répartition ne tient pas seulement à la différence de latitude, elle tient aussi à la distribution inégale des terres et des mers; c'est pourquoi elle doit être étudiée ici.

Chaque localité est caractérisée au point de vue de la chaleur par la température moyenne de l'air. Celle-ci s'obtient de la manière suivante. On prend, avec toutes les précautions que suggère l'expérience, la température à diverses heures du jour. La moyenne des valeurs obtenues donnera la température de la journée. Puis on fait la moyenne des températures de tous les jours de l'année, d'une année à l'autre le résultat ne présente que de très faibles variations. A Paris, par exemple, la moyenne annuelle est de 10°,8.

Si sur une carte on joint d'un trait continu, comme de Humboldt l'a fait le premier, tous les points du globe possédant la même température moyenne, on obtient des courbes appelées *isothermes*. Par leur seul aspect on a une idée nette de la distribution de la température à la surface du globe (fig. 110).

La plus haute moyenne annuelle de température est 27°,5. L'isotherme correspondante s'appelle l'*équateur thermique*. Elle se trouve presque tout entière dans l'hémisphère nord. Ceci confirme ce que nous savions déjà, que notre hémisphère est plus chaud que l'autre.

Dans l'hémisphère sud les isothermes sont presque parallèles à l'équateur, ce qui montre que la distribution de la chaleur y est presque régulière. Au contraire, dans l'hémisphère nord, ces courbes enveloppent deux points dont la température est inférieure à celle des régions voisines. Ce sont les *deux pôles de froid* qui ne se confondent pas avec le pôle géographique. L'un est en Asie, avec une température moyenne de —17°; il est situé au nord de Jakoutsk; l'autre se trouve dans l'Amérique du Nord, au voisinage de l'archipel de la Nouvelle-Sibérie; sa température moyenne est de — 19°.

Les isothermes ne suffisent pas pour définir le climat, car avec un été très chaud et un hiver très froid, un lieu pourra se trouver sur la même isotherme qu'un autre dont la température est presque uniforme. De Humboldt a fait remarquer lui-même que les côtes tempérées de la Bretagne se trouvent sur la même isotherme que Pékin, où l'été est plus chaud qu'au Caire et l'hiver plus froid qu'à Upsal (1). Outre la moyenne annuelle d'un lieu, il faut prendre aussi pour ce lieu la moyenne des six mois d'hiver, et celle des six mois d'été. On obtient ainsi deux séries de courbes nouvelles: les lignes *isochimènes* (égal hiver) et les lignes *isothères* (égal été).

L'examen de toutes ces courbes (fig. 111) a montré quelles sont les influences qui déterminent le climat. Ces influences sont: d'abord la latitude; plus le lieu considéré est éloigné des pôles, plus en général la température est élevée. Vient ensuite l'altitude; la température diminue au fur et à mesure qu'on s'élève. D'après Helmholtz, il y a une décroissance de 1° par 180 mètres de hauteur en été, et par 240 mètres en hiver, ce qui donne en moyenne 210 mètres pour l'année entière. Il faut remarquer à ce sujet que les lignes isothermes, isochimènes, isothères tracées sur les cartes se rapportent aux moyennes corrigées, c'est-à-dire *réduites* à ce qu'elles seraient au niveau de la mer. Les courbes *vraies* seraient très capricieuses et rappelleraient les courbes de niveau.

Le voisinage de la mer a une grande importance; la température est plus douce et les différences entre l'hiver et l'été sont moins sensibles sur les côtes que dans l'intérieur des continents. Aussi les isothermes s'abaissent-elles vers l'équateur à l'intérieur des continents. Cela signifie que pour retrouver la température moyenne qui règne sur la côte, il faut marcher vers l'équateur, quand on s'enfonce dans l'intérieur des terres. Pour cette raison les isothermes de l'hémisphère nord sont beaucoup plus tourmentées que celles de l'hémisphère sud où les terres sont rares et les mers très étendues. De même les isothères remontent beaucoup vers le nord, quand elles rencontrent un continent, car la terre s'échauffe beaucoup plus que la mer pendant l'été; par contre elles s'abaissent sur les mers. C'est exactement le contraire de ce que font les isochimènes, parce que, l'hiver, la mer est plus chaude que la terre.

La mer agit non seulement par son simple voisinage, mais aussi par les courants qui la traversent. Si la côte est longée par un courant d'eau chaude, ce dernier aura pour effet d'élever et de régulariser sa température. C'est ce que produit le Gulf-Stream pour l'Europe occidentale. A latitude égale le climat y est plus doux qu'en Amérique. « Les Anglais nous volent notre climat, » disent souvent par plaisanterie les Américains du Nord. On voit l'isotherme de 0° remonter beaucoup vers le nord dans l'Atlantique et le Pacifique sous l'influence du *Gulf-Stream* et du *Kuro-Siwo*.

Les considérations précédentes permettent de classer les climats. On distingue les climats *maritimes* ou *constants*, et les climats *continentaux* ou *excessifs*:

Pour les climats maritimes la différence entre la température du mois le plus froid (janvier) et celle du mois le plus chaud (juillet) est très faible. A Madère elle n'est que de 2°; aux îles Færoer de 6°,7.

Pour les climats continentaux la différence est considérable. A Berlin elle atteint 18°, à Moscou près de 23°, à Irkoutsk plus de 33°.

Entre les climats maritimes et les climats continentaux, on place les climats *variables*. Tels sont celui de Londres, où la différence des deux températures est de 13°,35, et celui de Paris, où cette différence est de 14°,42. L'exemple suivant donne encore une idée de l'influence du voisinage de la mer: la différence des températures extrêmes est de 11° à Cherbourg, de 14°,42 à Paris et de 20° à Vienne, bien que les latitudes de ces trois stations soient sensiblement les mêmes.

(1) Duclaux, *Cours de physique et de météorologie*, p. 488.

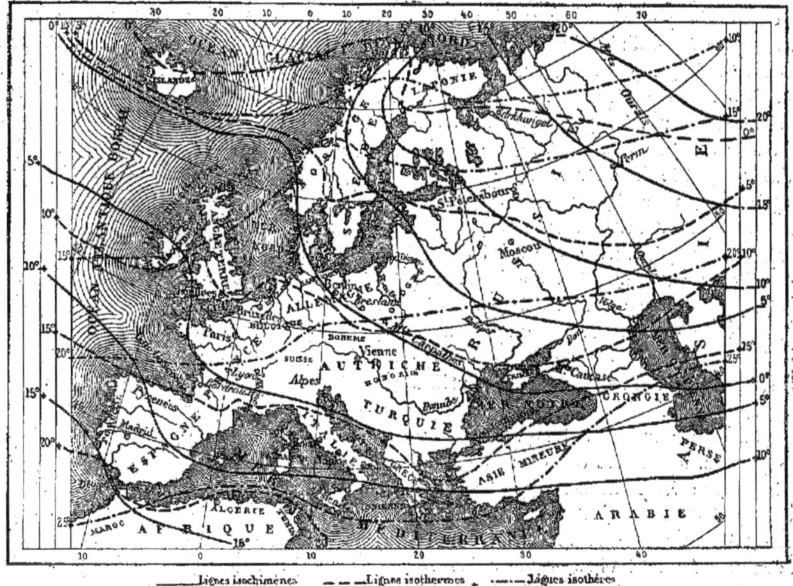

Fig. 111. — Lignes isothermes, isothères et isochimènes en Europe.

DISTRIBUTION DE LA CHALEUR DANS LES MERS. TEMPÉRATURE DES GRANDES PROFONDEURS OCÉANIQUES.

La température moyenne d'un océan à la surface sera d'autant plus basse qu'il communiquera plus facilement avec les mers glaciales. Mais la température dépend surtout des courants marins et pourra ainsi varier beaucoup d'un point à un autre. C'est ce que nous avons déjà vu pour le Gulf-Stream, qui au sortir du golfe du Mexique roule des eaux chaudes à 30° environ au milieu d'une mer à 20° ou 25°. Nous avons cité aussi la *muraille froide* du littoral de l'Amérique à côté du courant chaud. Les isothermes se relèvent vers les pôles le long des courants chauds et s'abaissent vers l'équateur le long des courants froids.

Les deux points de la surface des mers où la température est la plus élevée sont situés l'un sur la côte est de l'Amérique du Sud entre Cayenne et le Para, et l'autre sur la côte occidentale d'Afrique entre Freetown et Cape-Coast-Castle; la température moyenne annuelle y est de 28°. Les parties les plus chaudes sont ensuite la mer des Antilles, le golfe du Mexique, la mer Rouge, le golfe Persique, les mers de la Sonde. La plus haute température enregistrée par le *Challenger* est 31°,1 le 21 octobre 1874, dans la mer de Célèbes, et la plus basse — 2°,8 vers 65° de latitude Sud. L'intervalle est donc compris entre 32° environ et — 3°,67, point de congélation moyen de l'eau salée, ce qui fait en tout 36° (1).

L'eau de surface est en général plus chaude de 1° environ que l'air qui la recouvre immédiatement. Les saisons exercent une influence sur la température des mers, mais moins que sur celle des terres. Ainsi à Lisbonne, la température pour l'air présente une différence de 12°, entre la moyenne de janvier et celle de juillet, tandis que la différence pour la surface de la mer n'est que de 6°. D'après Toynbee, qui a recueilli 25000 observations, l'air est plus froid que la mer dans l'Atlantique nord en automne, plus chaud en

(1) Thoulet, *Océanographie*, t. I, p. 305.

été, et de température égale au printemps.

La température diminue en général de la surface vers le fond, d'abord rapidement, puis plus lentement, jusqu'à une profondeur qui varie suivant les localités de 700 à 1100 mètres, et où règne une température de 4°. Ensuite elle s'abaisse encore plus lentement jusqu'au fond. Là, dans les régions polaires, la température descend jusqu'à — 2°,5. Dans les grandes profondeurs de l'Atlantique et du Pacifique, la température est aussi très peu élevée. Ainsi au voisinage du tropique, dans l'Atlantique, on trouve à la surface environ 25°, et à 4200 mètres de profondeur la température de 0°. La température du fond du Pacifique, entre les Sandwich et les Kouriles, atteint de même 0°.

Pour expliquer la basse température des eaux abyssales, la plupart des océanographes admettent avec M. Krümmel que les eaux sont animées, dans chaque hémisphère, d'un mouvement de surface les entraînant de l'équateur aux pôles. Là elles se refroidissent, descendent dans les profondeurs et retournent, en glissant sur le fond, du pôle à l'équateur; elles remonteraient ensuite perpendiculairement et gagneraient de nouveau la surface. C'est ce qu'on appelle la circulation verticale. En réalité on n'a aucune preuve directe de cette circulation, et il faut remarquer que le fond des mers est composé de cuvettes séparées les unes des autres par des seuils. Un courant froid glissant sur le fond, du pôle à l'équateur, serait donc bientôt arrêté. Il y a là une difficulté, et M. Thoulet pense au contraire que le fond de l'Océan est occupé par une couche d'eau presque stagnante, surmontée d'une nappe dans laquelle se produisent tous les phénomènes de circulation océanique (1).

Quoi qu'il en soit, les grandes profondeurs de la mer renferment une faune remarquable qui présente de grandes analogies avec celle qui vit dans les régions polaires. Dans les grands fonds, au voisinage du Sénégal et des îles du Cap-Vert, on a trouvé divers mollusques communs dans les mers arctiques, ainsi des bivalves comme la *Malletia obtusa* et le *Pecten vitreus*, des Gastéropodes comme le *Latirus albus* et le *Fusus islandicus*. De même une Étoile de mer, la *Brisinga* (fig. 113) et un Crinoïde, le *Rhizocrinus lofotensis* (fig. 112), découverts sur les côtes de Norwège, se trouvent à 2500 mètres de profondeur sur les

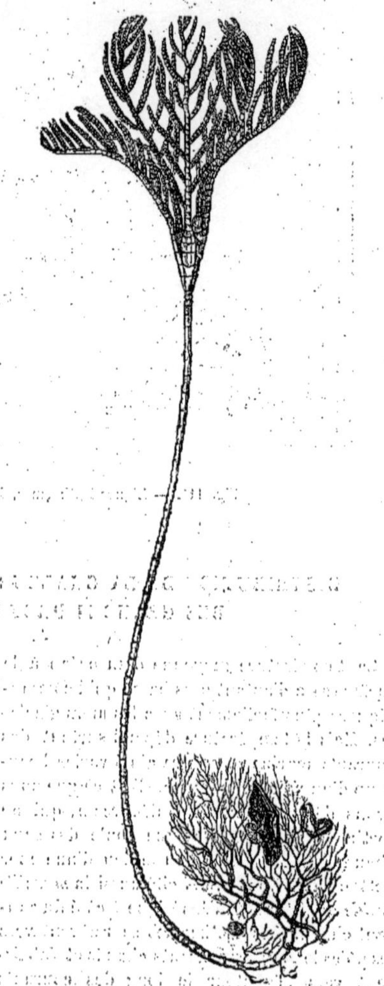

Fig. 112. — *Rhizocrinus lofotensis.*

côtes du Maroc. C'est pourquoi Gwyn Jeffreys a émis l'idée que la faune des grands fonds était une faune polaire entraînée graduellement dans les profondeurs par le courant froid qui se dirige vers les régions équatoriales.

(1) Thoulet, *Les eaux abyssales* (*Revue générale des sciences*, 30 août 1890).

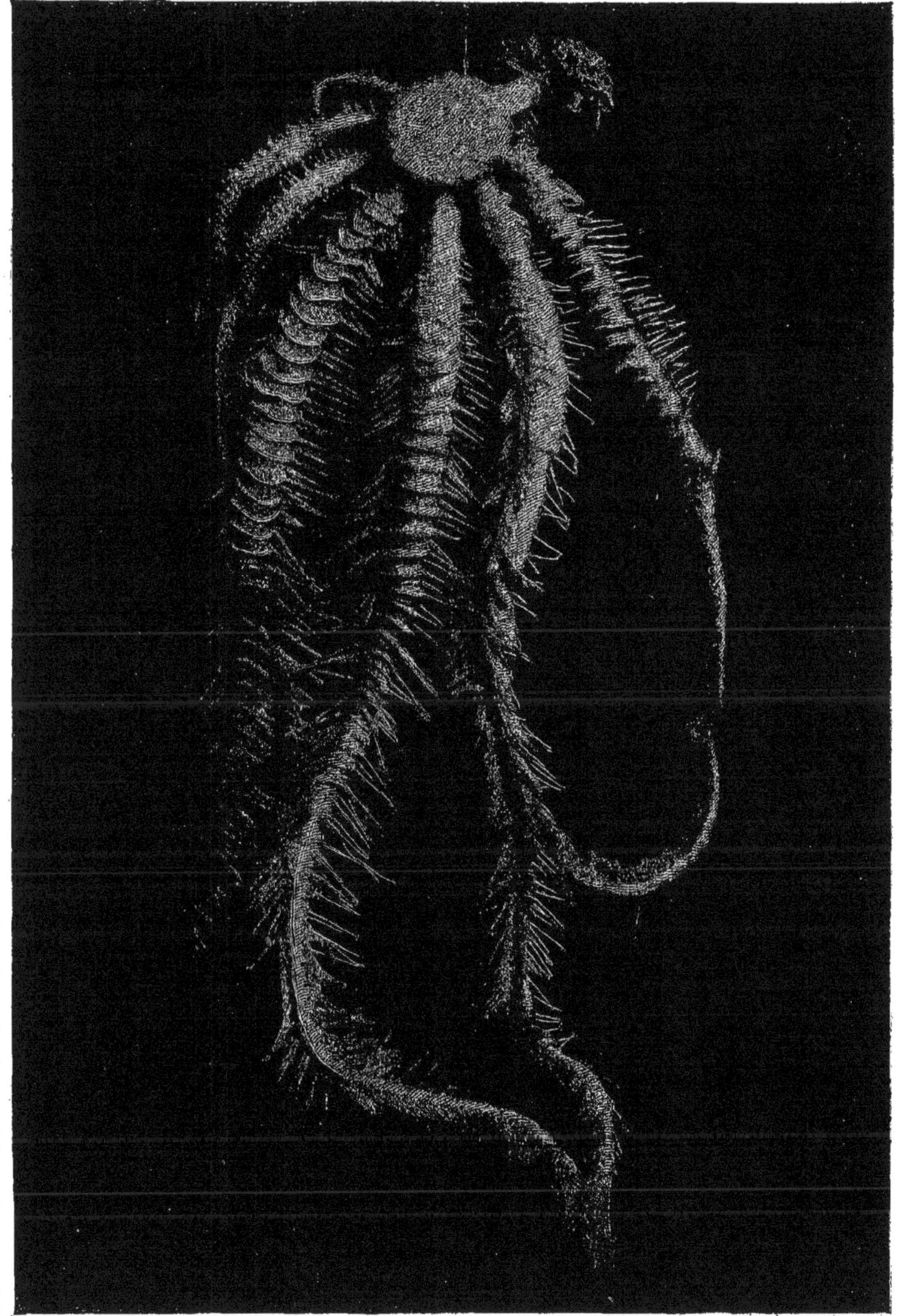

Fig. 113. — *Brisinga coronata*. Étoile de mer des grandes profondeurs, provenant des sondages du *Travailleur* (d'après une photographie communiquée par M. le professeur Perrier).

RÉPARTITION DES TEMPÉRATURES A L'INTÉRIEUR DU SOL.

Quand on s'enfonce dans le sol, on constate qu'à une faible profondeur les variations de température de l'air extérieur ne se font presque plus sentir ; c'est pour cette raison que nos caves nous paraissent chaudes en hiver et fraîches en été. A une certaine profondeur la température reste constante toute l'année. Ainsi à Paris, les caves de l'Observatoire ont 28 mètres de profondeur. Dès 1671, on y déposa un thermomètre et l'on put constater que la colonne liquide avait toujours la même hauteur. En 1783 Lavoisier construisit lui-même un nouveau thermomètre qui fut installé dans les caves par les soins de Cassini. C'est un thermomètre à échelle Réaumur, ayant un réservoir d'environ $0^{m},07$ de diamètre, une tige capillaire longue de $0^{m},57$ et parfaitement calibrée. Chaque degré de la division Réaumur occupe $0^{m},109$ de hauteur et par suite on peut estimer facilement le demi-centième de degré. On a tenu compte du déplacement du zéro, et l'on a constaté que depuis 1783 ce thermomètre ne variait presque pas, à peine d'un dixième de degré. Il marque $11°,8$ (échelle centigrade), c'est-à-dire un degré de plus que la température moyenne de l'air à Paris (Arago).

Il y a donc, en chaque point du globe et à une faible distance de la surface, une couche à température invariable. Mais si, à partir de cette couche, on continue à s'enfoncer, on constate que la chaleur augmente constamment. Déjà en 1662 le Père Kircher avait cité des faits de ce genre, relatifs aux mines de Hongrie. En 1740 Gensanne fit des observations dans les mines de Giromagny, et trouva que le thermomètre marquait à 101 mètres $12°,5$, à 206 mètres $13°1$, à 308 mètres $19°$, à 433 mètres $22°,7$. Saussure fit des observations analogues dans un puits de mine situé près de Bex (canton de Vaud) ; de Humboldt, Friesleben, puis d'Aubuisson opérèrent de même dans les mines de Freiberg. Des observations ont été faites aussi dans les mines de houille de Cornouailles ; également dans la célèbre mine d'or et d'argent de Comstock dans le Nevada, où la température atteint 40° à 610 mètres de profondeur. On peut dire que toujours dans les galeries de mines la température est plus élevée qu'au jour, et si deux galeries sont à des niveaux différents, la ga-

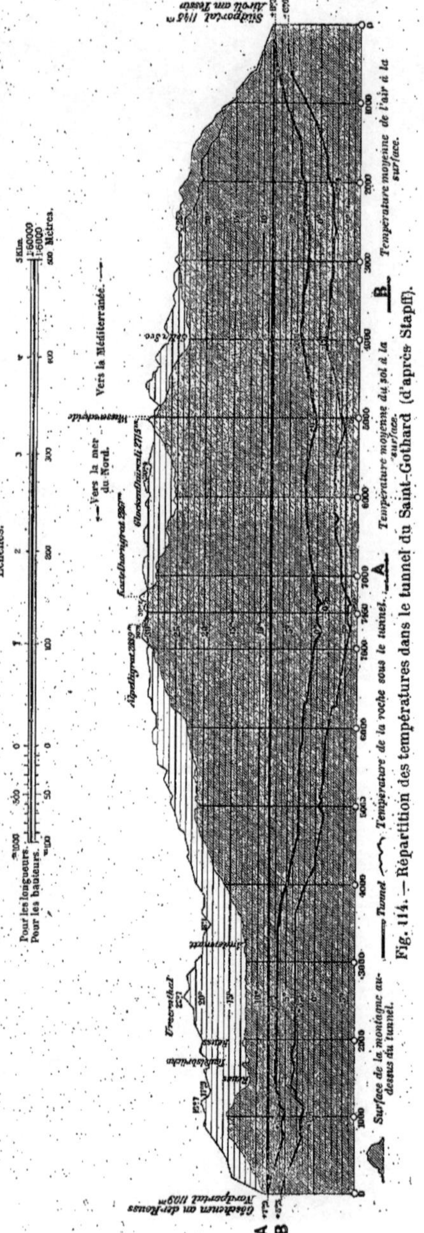

Fig. 114. — Répartition des températures dans le tunnel du Saint-Gothard (d'après Stapff).

lerie inférieure est plus chaude que la supérieure.

Des observations ont été faites sur les puits artésiens. L'eau du puits de Grenelle, qui vient d'une profondeur de 548 mètres, a une température de 27°,7. L'accroissement de la température avec la profondeur s'observe partout. Dans les tunnels creusés au-dessous d'une grande masse de roches, la température peut devenir très élevée. Ainsi le tunnel du mont Cenis a au-dessus de lui une crête de 1609 mètres; on trouve 29°,5 au milieu du tunnel, tandis que sur la crête alpine règne une température de + 3°. Au Saint-Gothard (fig. 114) la température au milieu du tunnel est de 35°. Des observations faites en Sibérie démontrent également l'accroissement graduel de la température du sol. A Jakoutsk la température moyenne à la surface est de — 10°. On creusa la terre afin de trouver de l'eau liquide toute l'année; à 115 mètres le sol était encore gelé, mais la température était montée à — 0°,6.

La profondeur dont il faut s'abaisser dans le sol pour que le thermomètre monte de 1 degré, s'appelle le *degré géothermique*. Les observations faites ont conduit à des nombres différents pour ce degré, mais sa valeur moyenne est de 30 à 32 mètres.

Ainsi le puits de Grenelle, qui a une profondeur de 548 mètres et dont l'eau a au fond une température de 27°,7, donne pour valeur du degré géothermique 32 mètres. Les mesures ont été faites de 1835 à 1837 par Arago et Walferdin avec des thermomètres à *maxima*, c'est-à-dire construits de telle sorte que, remontés à la surface, ils indiquent la température la plus élevée à laquelle ils ont été soumis dans la profondeur.

On a fait en 1872 à Sperenberg près de Berlin, un trou de sonde à 1267 mètres. Ici le terrain est absolument homogène et composé de sel gemme. On a introduit dans le trou, de l'eau dont on a pris avec soin la température à différentes profondeurs avec des thermomètres à *maxima* perfectionnés. L'eau au bout d'un certain temps avait pris évidemment la température des couches du sol qui l'entouraient. M. Dunker, qui a fait les expériences, a obtenu pour valeur du degré géothermique 32m,5. Le sondage le plus profond effectué jusqu'à présent est celui de Schladebach près de Leipzig (1675 mètres); il a donné le même résultat que le précédent.

Au contraire, les observations faites dans les mines donnent des résultats très variables. Pour les mines de Cornouailles en Angleterre, on trouve 19 mètres; pour celles de Minas-Geraes au Brésil, 86 mètres. Au fond de la mine d'or de Comstock dans le Nevada, à 610 mètres de profondeur, on trouve 40° pour la température de l'air; au contraire, dans la mine de Przibram en Bohême qui est la plus profonde de toutes (889 mètres au-dessous du niveau de la mer, ou 1100 mètres si on ne tient pas compte de l'altitude de l'orifice), on trouve 21°,8 pour la température de la roche et 17° pour celle de l'air.

Ces variations s'expliquent par la conductibilité différente des roches pour la chaleur venant de l'intérieur et le froid venant de l'extérieur. Plus le terrain est conducteur, plus il faut s'abaisser pour trouver une augmentation de 1°, c'est-à-dire plus le degré géothermique est grand. Il faut surtout tenir compte des sondages dans une roche homogène et des résultats obtenus à l'aide des puits artésiens, parce qu'alors il n'y a pas de perturbations dues à des différences de conductibilité.

HYPOTHÈSES SUR L'ÉPAISSEUR DE LA CROUTE TERRESTRE ET SUR L'ÉTAT DE L'INTÉRIEUR DU GLOBE.

On peut admettre, d'après ce qui précède, que quand on s'enfonce dans le sol d'environ 30 mètres, la température s'élève de 1 degré. Si cette progression se poursuivait d'une manière régulière, la température à 3000 mètres serait de 100°, à 30 kilomètres de 1000°, température des laves en fusion, à 60 kilomètres de 2000°, température de fusion du platine, qui est cependant l'un des corps les plus réfractaires. Comme le rayon terrestre est de 6366 kilomètres, la température du centre de la terre serait énorme, en admettant que la progression soit continue. D'ailleurs les phénomènes volcaniques montrent que le sol renferme d'énormes quantités de matières en fusion.

Les déductions précédentes ont fait supposer que le centre de la Terre est occupé par une masse en fusion. Cette hypothèse, désignée sous le nom d'hypothèse de la *chaleur cen-*

trale ou du *noyau fluide*, a été soutenue d'abord par Descartes et Leibnitz, puis par Laplace, Fourier et Cordier. Les parties solides du globe ne formeraient qu'une écorce mince au-dessus du noyau fluide (fig. 115). On n'a d'abord attribué à cette croûte qu'une épaisseur de 5 à 6 milles, mais il serait difficile d'expliquer qu'une écorce aussi peu épaisse présentât la stabilité que nous constatons. Aussi est-il généralement admis, avec de Humboldt et Cordier, que l'épaisseur de la croûte terrestre est de 20 à 30 kilomètres.

On a fait plusieurs objections à l'hypothèse du noyau fluide. On s'est appuyé sur les variations du degré géothermique. M. Dunker avait cru pouvoir conclure de ses observations à Sperenberg que le degré géothermique diminuait à partir d'une certaine profondeur. Il avait exprimé les résultats du sondage par une formule d'après laquelle à 1600 mètres la température était de 51°, et ensuite il y avait diminution. On serait arrivé à la température de 0° pour la profondeur de 3 kilomètres et demi. Ainsi le noyau central serait solide. Mais une formule n'est applicable que dans les limites des observations, et celle de M. Dunker a été reconnue inexacte. En réalité l'augmentation de la chaleur doit être regardée à Sperenberg comme continue.

M. W. Thomson a invoqué contre l'hypothèse de la fluidité centrale l'absence de marées souterraines. L'attraction de la Lune et du Soleil, qui déforme l'Océan, devrait déformer la croûte terrestre supposée très mince. Comme il n'en est pas ainsi, la planète n'est pas fluide. Mais W. Thomson a reconnu depuis (1876) l'insuffisance de son objection. La hauteur des marées tient à des causes très complexes et l'argument ne s'applique, comme l'a montré Delaunay, qu'à un fluide parfait. Un liquide interne comme des laves en fusion, constitue une masse visqueuse qui équivaut à un solide non déformable.

On a fait remarquer aussi que l'énorme pression exercée par les parties supérieures doit entraver la fusion des parties plus profondes. Les expériences de physique nous démontrent, en effet, que le point de fusion d'une substance s'élève avec la pression qu'elle supporte. La croûte terrestre est donc peut-être plus épaisse qu'on ne l'a supposé. On a même tiré de ce fait cette conséquence que le noyau liquide ou pâteux doit être très condensé par suite de la pression énorme qu'il subit, ce qui est en contradiction avec la valeur relativement peu élevée de la densité moyenne. Mais il n'est pas prouvé que la compressibilité des liquides ou des semi-liquides est indéfinie; il est probable que les influences répulsives augmentent rapidement.

Hopkins s'est appuyé sur l'existence de l'aplatissement terrestre et de la précession des équinoxes. Cette sorte de tremblement dérive de l'action du Soleil et de la Lune sur le renflement équatorial. Il doit être d'autant plus faible que le noyau est plus lourd et les couches périphériques plus légères, car alors l'importance relative du bourrelet est moindre. D'après Hopkins les observations astronomiques sur la précession concordent avec l'hypothèse d'un noyau entièrement solide, ou avec celle d'un noyau liquide couvert d'une croûte très épaisse de 1200 à 1500 kilomètres de profondeur. Roche de Montpellier a repris l'hypothèse d'Hopkins et a fait des calculs d'après lesquels il conclut que le globe se compose de trois parties : 1° une croûte superficielle rigide occupant le 1/6e du rayon et de densité 3 en moyenne ; 2° une couche en fusion de densité 7 à 7,5 (c'est la densité du fer), enfin 3° un noyau solide et chaud de densité 10 à 12, par suite comparable à l'argent ou au plomb et non à l'or, comme le croyait Élie de Beaumont.

Green en 1882 a même cherché à expliquer l'origine du noyau solide. D'après lui la Terre a été primitivement fluide ; elle s'est refroidie par rayonnement à sa surface. Les parties extérieures solidifiées les premières sont retombées au sein de la masse interne, et n'ont pu rentrer en fusion à cause de la pression. Ainsi s'est formé un noyau solide interne qui s'est accru jusqu'à ce que les couches moyennes soient devenues trop pâteuses pour livrer passage aux substances refroidies; alors les couches externes sont restées en place, se sont solidifiées par suite du rayonnement et de la conducibilité, et il en est résulté une croûte superficielle séparée du noyau par des zones pâteuses (1).

Quelle est la nature des parties profondes? Tout le monde admet que les parties supérieures du globe sont les plus légères ; à l'intérieur doivent se trouver des matériaux plus denses. Il ne doit pas y avoir beaucoup d'oxygène, car si la Terre a été à l'état gazeux,

(1) Voir A. de Saporta, *L'intérieur du globe terrestre* (*Revue des Deux Mondes*, 1er septembre 1887).

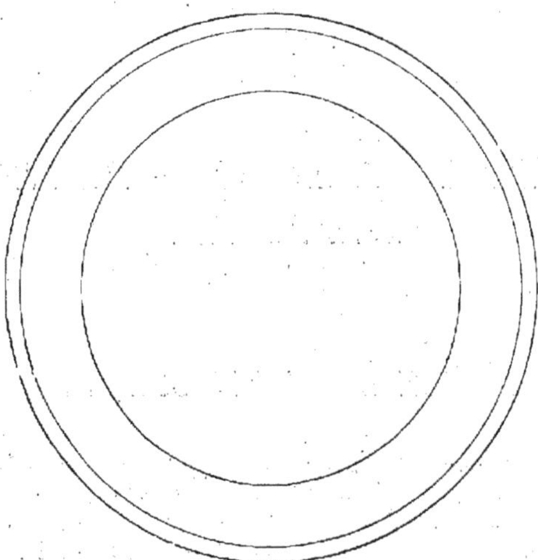

Fig. 115. — Coupe schématique de la Terre. — Le cercle extérieur représente une écorce d'une épaisseur de 6 milles géographiques; l'espace entre les deux premiers cercles une épaisseur de 55 milles; celui entre le cercle le plus externe et le plus interne une épaisseur de 250 milles.

l'oxygène a dû être repoussé vers l'extérieur à cause de sa faible densité. On admet souvent que la teneur en fer croît avec la profondeur. Nordenskiöld pense qu'il y a au centre un noyau de fer inoxydé. Il donne comme arguments le poids spécifique du globe et ses propriétés magnétiques. La Terre, en effet, dirige l'aiguille aimantée. Mais on sait que les propriétés magnétiques disparaissent au rouge; Nordenskiöld en conclut que la température du noyau ne doit pas être trop élevée. Remarquons que l'influence des composés ferrugineux de l'écorce suffit largement pour expliquer les propriétés magnétiques de la Terre sans être forcé de recourir à l'hypothèse d'un noyau de fer.

Nordenskiöld explique de la manière suivante la constitution du globe. D'après lui la masse terrestre s'est accrue peu à peu par l'effet des matières cosmiques. Le mouvement de ces aérolithes se serait converti en chaleur, de là un affinage; le métal s'est séparé de la gangue, ce qui a produit finalement un noyau central composé de fer et recouvert par une couche de scories. Suivant Nordenskiöld la chaleur n'a jamais fondu la totalité du bloc terrestre.

L'hypothèse de Nordenskiöld n'est pas admise. Le métal qui constitue la majeure partie du globe ne doit pas être pur. L'analogie des roches, comme les basaltes, avec les météorites cryptosidères fait supposer, par M. Daubrée et d'autres géologues ou chimistes, que ce métal doit être mélangé de soufre, qui figure toujours dans les parties inférieures des filons, de silicium et autres substances que nous avons énumérées à propos des météorites.

Nous retiendrons donc de ce qui précède que la partie superficielle du globe est peu épaisse, qu'elle a une trentaine de kilomètres, ce qui, sur un globe de 1 mètre de rayon, ferait 5 millimètres; nous admettrons avec la majorité des géologues, la fluidité interne et l'analogie de composition du noyau central avec les météorites.

MODIFICATIONS ACTUELLES DE L'ÉCORCE TERRESTRE

ACTION DE L'ATMOSPHÈRE

Le sol éprouve de nos jours des modifications continuelles. La mer ronge ses rivages; les eaux courantes agissent de même sur leurs rives; les eaux marines ou courantes vont ensuite déposer en certains points des galets, des sables, des limons; des matières fondues sortent des volcans et s'amoncellent au voisinage. Tous ces phénomènes dont nous sommes les témoins sont appelés *phénomènes actuels*. Leur étude est fort importante, d'abord au point de vue pratique, puis parce qu'elle permet de comprendre plus facilement les phénomènes dont la Terre a été le théâtre dans la suite des temps.

Fig. 116. — Rocher avec sillons creusés par le sable sous l'action du vent.

Les phénomènes actuels qu'on vient d'énumérer sont, comme on le voit, de deux sortes. Certains sont dus aux eaux de la mer, à la pluie, aux eaux courantes. D'autres doivent leur origine non plus à des causes extérieures, mais à des causes siégeant dans les profondeurs du sol. Tels sont l'émission des laves, les sources thermales, les tremblements de terre.

Avant d'étudier ces deux sortes d'actions nous examinerons l'action de l'atmosphère qui se combine le plus souvent à celle des eaux.

ACTIONS DESTRUCTIVES DE L'ATMOSPHÈRE.

L'atmosphère agit par ses mouvements. Le vent entraîne les parties les moins résistantes du sol et les transporte souvent au loin. Les parties les plus résistantes sont ainsi dénudées et se dressent isolément; elles méritent le nom de *roches perchées*. Telle est la roche plate portée par une sorte de piédestal qu'on trouve à Saint-Mihiel et qui a été appelée *table du Diable*. On en cite beaucoup d'autres exemples. Schweinfurth a vu dans son voyage au centre de l'Afrique un bloc de granite de 10 mètres de hauteur, absolument isolé et rétréci à la base, figurant ainsi une sorte de poire renversée. Il avait été isolé par le vent et dénudé à sa partie inférieure par le tourbillonnement de l'air chargé de sable (1).

Ce dernier, en effet, quand il est transporté par l'air avec une grande vitesse, possède une

Fig. 117. — Bloc de conglomérat façonné par le vent (d'après Gilbert).

puissance d'érosion considérable. On voit très souvent dans le Sahara des calcaires qui ont été usés et sont devenus polis comme du marbre. D'autres fois le sable a creusé dans les roches des stries ou des sillons profonds dans le sens des vents dominants (fig. 116).

Gilbert cite aussi à Rocker-Creek dans l'Arizona (partie ouest de l'Amérique du Nord) un bloc dur de conglomérat qui se trouve dans une gorge escarpée parcourue par un vent violent. Il repose sur un schiste tendre; ce dernier a été détruit tout autour par la force des tourbillons, il n'est resté intact que sous le conglomérat qui se dresse ainsi sur une sorte de piédestal (Neumayr) (fig. 117).

Un autre effet destructeur de l'air est dû à la vapeur d'eau qu'il contient. Celle-ci pénètre dans les fentes, dans les pores des pierres et s'y condense. Lorsqu'une gelée survient, les interstices s'agrandissent en vertu de la force expansive de la glace, et la roche éclate. Bien des pierres ne peuvent être employées dans les constructions parce qu'elles se désagrègent sous l'effet de la gelée; on les appelle *pierres gélives*.

(1) De Lapparent, *Traité de Géologie*. Paris, 1885, p. 146.

LES DÉSERTS. — LE SAHARA.

Lorsque l'air ne contient pas de vapeur d'eau, il donne naissance aux *déserts*. La végétation, privée d'humidité, languit et disparait, les cours d'eau tarissent et le sol se dessèche.

Fig. 118. — Désert de Gobi.

Il devient alors très mobile et le vent peut exercer sur lui sans obstacles son action mécanique. Ainsi les déserts se forment dans toutes les régions où par suite de la prédomi-

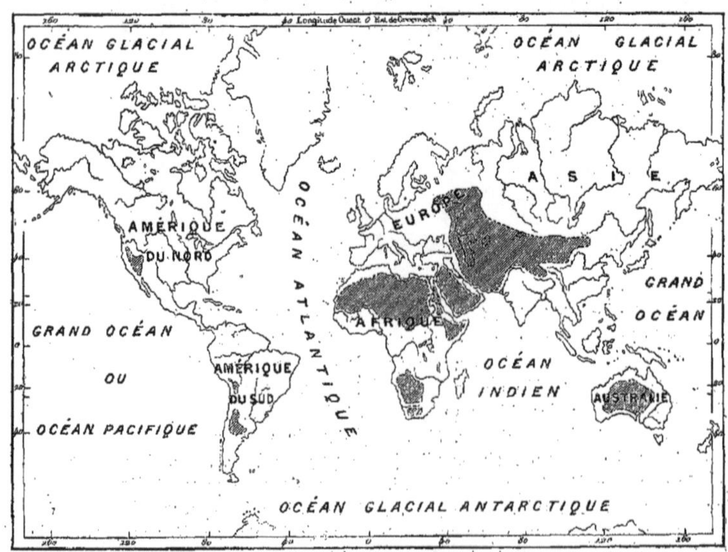

Fig. 119. — Régions de la terre privées de cours d'eau.

nance des vents secs, les précipitations atmosphériques sont réduites au minimum.

Le Sahara doit sa sécheresse aux vents du nord et du nord-est, qui se sont asséchés en

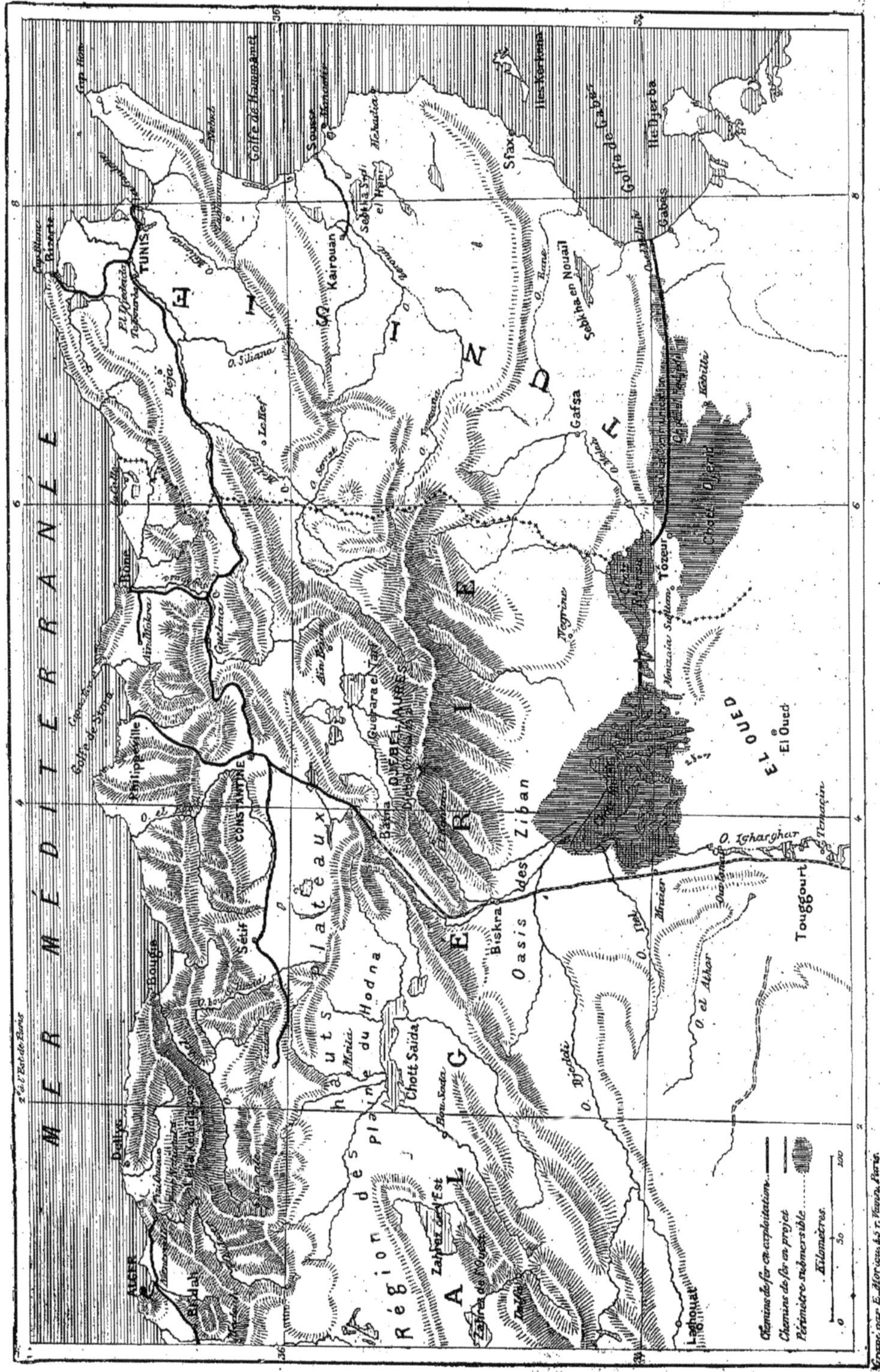

Fig. 120. — Sahara et projet de mer intérieure.

traversant l'Europe et qui ne prennent pas au passage de la Méditerranée assez de vapeur d'eau pour en arroser le continent africain; toute leur humidité s'est condensée sur l'Atlas. Le désert de Gobi (fig. 118), au centre de l'Asie, est entouré de hautes chaînes sur lesquelles les vents polaires ont condensé toutes leurs vapeurs. Le Touran, l'Iran, l'Arabie sont également sous l'influence de vents secs.

Toutes ces régions constituent une vaste zone de déserts, privée de cours d'eau, mais interrompue à de grands intervalles par des vallées de fleuves et des chaînes de montagnes. Elle s'étend obliquement à travers l'Ancien Monde sur une longueur d'environ 12 500 kilomètres (Reclus). On peut citer encore le désert de Kalahari dans l'Afrique Australe, la côte de l'Amérique du Nord à l'ouest des Montagnes-Rocheuses, le désert d'Atacama sur la frontière du Chili et de la Bolivie, enfin l'intérieur de l'Australie. La carte ci-jointe indique toutes ces régions arides (fig. 119).

Le Sahara avec son prolongement oriental, le désert libyque, s'étend de l'Atlantique jusque vers la mer Rouge, et de l'Atlas au Soudan. L'espace qu'il occupe est à peu près aussi grand que l'Europe, abstraction faite des îles. Pendant longtemps on a regardé le Sahara comme une sorte de bassin sablonneux, plus bas que le niveau de la mer. On le prenait pour un fond de mer desséché, qu'il serait facile de transformer à l'aide d'un canal en une méditerranée (fig. 120). On se préoccupait même des avantages et des inconvénients de ce projet. Certains craignaient que la création d'une mer saharienne eût pour résultat de nous priver de l'action bienfaisante des vents chauds du désert, et de ramener pour l'Europe une nouvelle période glaciaire. Les travaux récents, et en particulier les explorations de Rohlfs et de Zittel nous ont même fait connaître cette vaste région, et ont redressé toutes les erreurs dont elle était l'objet. Les vents du désert n'arrivent pas à l'Europe centrale et par suite ne nous distribuent aucune chaleur; de plus le Sahara n'est pas une dépression d'origine marine, car sauf une zone étroite au sud de Tunis et dans le voisinage de l'oasis de Jupiter Ammon, il est plus élevé que le niveau de la mer. Son altitude moyenne est de 358 mètres. Le Sahara présente des montagnes qui atteignent 2 500 mètres (Sahara oriental), de hauts plateaux, des régions sablonneuses couvertes de dunes, des dépressions, des lacs salés. Il n'y a d'autre caractère commun que la grande rareté de l'eau.

Les plateaux sont formés de couches horizontales et sont cachés souvent par le sable. Celui-ci est la formation récente. Il est dû à l'action de l'air sec et provient de la désagrégation des grès, des calcaires et des autres roches. Les débris les plus ténus sont emportés au loin; les grains de quartz provenant des grès sont déposés en dunes que le vent déplace.

Les plateaux du Sahara ou *hammâda* sont des déserts de pierres, ils sont couverts de blocs, de cailloux, et s'élèvent à 5 ou 600 mètres comme des falaises. Ils sont découpés en morceaux isolés, séparés par des ravins creusés par des torrents aujourd'hui disparus, ce qui indique à quel point les conditions météorologiques anciennes du Sahara ont été différentes des conditions actuelles.

Les hautes montagnes se trouvent dans la partie orientale; elles sont d'origine volcanique. Elles constituent la chaîne de Tibesti dont le plus haut sommet, le Toussidé, s'élève à 2 500 mètres. Pendant trois mois d'hiver ces crêtes sont couvertes de neiges. Les précipitations atmosphériques sont suffisantes pour alimenter dans les vallées des ruisseaux au bord desquels se développe une riche végétation.

Les sables couvrent, comme on le sait, une grande partie du Sahara : la région de l'Areg et le désert libyque. « A perte de vue, dit Zittel, on ne voit qu'une mer de sable, sur laquelle font saillie de hautes dunes qui ressemblent à de grandes vagues pétrifiées. Dans le désert libyque, qui est la plus grande région sablonneuse du Sahara, on voit des dunes disposées pour la plupart comme des chaînes de montagnes, et déjà reconnaissables de loin à leur couleur d'un jaune pur et à leur profil polycéphale. Entre ces chaînes s'étendent des vallées planes de largeur variable, soit couvertes de sable, soit présentant des roches dures et dénudées » (fig. 121).

Ces solitudes ne peuvent être parcourues qu'au prix des plus grandes fatigues et des souffrances causées par la chaleur étouffante du jour auquel succède le froid vif de la nuit. En effet à cause de la grande sécheresse de l'air la chaleur reçue pendant le jour à la surface du sol se perd dans l'espace par le rayonnement nocturne. En vingt-quatre heures la température peut varier de 45°.

Fig. 121. — Bab-el-Cailliaud dans le désert libyque.

Le Sahara a-t-il une origine marine, comme on l'a longtemps soutenu? Nous avons vu que le relief est très variable et peut atteindre une grande valeur. Il est possible que la mer ait couvert la région basse placée au voisinage immédiat de la Méditerranée, mais on n'a aucune raison de supposer que tout le Sahara ait été autrefois submergé. Le sel qu'on rencontre en bien des endroits se trouve de même dans toutes les régions sans eau; et le sable provient d'une destruction par l'air de grès dévoniens et crétacés occupant une vaste sur-

Fig. 122. — Oasis d'El Hadjira, dans le Sahara.

face. Mais il est certain que le Sahara a subi de grandes modifications de climat. Il était certainement arrosé autrefois par des cours d'eau nombreux, comme le montrent les découpures des plateaux. Ceux-ci ont été façonnés par les eaux et les ravins ou *ouâdi* ont été certainement creusés par les torrents. On a encore d'autres preuves de ces modifications climatériques. Dans les marécages du Ahaggar se trouvent, comme l'a montré von Bary, des Crocodiles, qui sont les derniers représentants d'une époque où de grands fleuves coulaient dans la contrée; ils ne peuvent plus vivre qu'en quelques points déterminés. On trouve çà et là des grottes avec stalactites et des dépôts de calcaire stalagmitique. Dans un de ces derniers Zittel a trouvé près de Kafr Dachel dans le désert libyque une feuille de chêne vert, arbre aujourd'hui absolument inconnu dans la contrée, mais qui se trouve dans les forêts de la région méditerranéenne.

Dans les parties occidentales du Sahara et dans l'Atlas on trouve des rochers sculptés représentant des Éléphants, des Rhinocéros, des Girafes et autres animaux qui ne pourraient vivre aujourd'hui dans le pays. Ces sculptures montrent que l'homme a connu dans cette région désolée un état de choses différent. On sait aussi que du temps des Pharaons, des Carthaginois et même sous les empereurs romains il y avait des villes dans des parties aujourd'hui stériles. Tous ces faits montrent que le Sahara a vu ses conditions météorologiques se modifier, probablement à la suite d'un changement dans les vents dominants, et il est probable que pendant la période glaciaire le Sahara jouissait d'un climat humide (Neumayr).

Aujourd'hui encore il y a des sources cachées sous les sables et par suite l'homme peut, par le forage de puits artésiens, les faire venir au jour et changer ainsi l'aspect du désert, créer de nouvelles cultures. Partout où il y a de l'eau poussent des palmiers et se forment des oasis (fig. 122). Les Français ont ainsi, de 1856 à 1876, creusé une grande quantité de puits, au moins 150 dans la province de Constantine. D'ailleurs le désert recule graduellement, les moussons du sud-ouest apportent au nord du Soudan de l'humidité et les forêts gagnent de plus en plus, d'après Rohlfs, sur la région des sables. Au contraire le désert de Kalahari, dans l'Afrique australe, paraît s'accroître; d'après les missionnaires anglais le fleuve Orange et ses affluents tarissent peu à peu (Reclus).

Nous n'insisterons pas sur les autres déserts de l'Ancien Monde. Ceux d'Amérique méritent quelques mots. Dans l'Amérique du Nord les déserts sont compris entre les Montagnes Rocheuses à l'est et la Sierra Nevada à l'ouest. Cet espace s'appelle le Grand Bassin. Là se trouve la région dite l'Utah, vaste surface argileuse découpée par de nombreuses crevasses et présentant des efflorescences de sel. L'aridité du sol tient à ce que les courants atmosphériques venant du Pacifique déposent toute leur humidité sur les chaînes occidentales. Au contraire dans l'Amérique du Sud les vents qui apportent l'humidité sont ceux de l'Atlantique; ils sont arrêtés avant d'arriver à la côte ouest par les Andes. Aussi sur le littoral du Pacifique y a-t-il des villes comme Iquique où il ne tombe de pluie que tous les cinq ou même tous les dix ans. De grandes solitudes arides comme le désert d'Atacama, celui de Tamarugal, doivent leur existence à ces singulières conditions météorologiques.

DÉPOTS ÉOLIENS. — LE LOESS.

Le vent emporte souvent à de grandes distances les poussières et les sables. Les cendres du Vésuve ont souvent été portées jusqu'en Grèce et à Constantinople. Celles des volcans d'Islande arrivèrent en 1875 jusqu'à Stockholm après un parcours aérien de 1 900 kilomètres. Nous citerons d'autres exemples du même genre lorsque nous étudierons les volcans. On a observé plusieurs fois en Italie la chute de sables ayant probablement une origine saharienne. D'ailleurs les sables du Sahara arrivent à une grande distance dans l'Atlantique, portés par les alizés.

Les poussières entraînées par le vent peuvent s'accumuler dans certaines localités et y former des dépôts dits *éoliens*. C'est ce qu'on observe particulièrement sur les hauts plateaux du Mexique. Un dépôt analogue mais d'une puissance extraordinaire semble se former en Chine. Là tout le bassin du Hohang-ho ou Fleuve Jaune est occupé par une sorte d'argile très fine que les Chinois appellent le *hoangtou*, ce qui veut dire « terre jaune ». Cette formation est désignée par de Richthofen sous le nom de *loess*, par analogie avec certains dépôts de la vallée du Rhin et de celle du Danube. Cette terre extrêmement fertile atteint au moins en certains endroits une épaisseur de 600 mètres. Les eaux de ruissellement l'ont divisée en prismes verticaux, et en falaises qui se dressent à pic (fig. 123). Cette argile très légère est soulevée au moindre vent en nuées de fine poussière.

Par suite il est facile de creuser cette terre friable et les Chinois s'y creusent souvent des habitations. On voit partout des édifices souterrains dont l'extérieur est orné de colonnades, de vérandahs, de balcons. Sur les buttes isolées sont construits des temples fortifiés où les habitants se réfugient dans les

Fig. 123. — Falaises de Loess, au bord du Hoang-ho, en Chine (d'après de Richthofen).

temps de guerre civile. L'aspect du pays est des plus extraordinaires. Afin de ne pas se priver d'un terrain très fécond on voit les paysans se creuser une habitation au-dessous

Fig. 124. — Habitations dans le loess en Chine (d'après de Richthofen).

de leurs propres champs ; ils n'ont qu'à monter quelques marches pour aller les cultiver (fig. 124).

D'après M. de Richthofen le loess n'est autre chose qu'un amas de poussière accumulé pendant des siècles par les vents du nord ; les couches d'argile ne s'accroissaient pas assez vite pour empêcher la végétation de se produire. On trouve dans le loess des débris de plantes, des coquilles terrestres; on voit un grand nombre de trous verticaux; ce sont les espaces laissés vides par les radicelles des plantes. Ce qui fait regarder le loess comme un dépôt éolien, c'est l'absence presque complète de stratification. Toutefois il y a en certains points des traces évidentes de remaniement par les eaux.

La théorie éolienne de M. de Richthofen n'est pas admise par tous les géologues, qui ne s'expliquent pas comment ces dépôts se trouvent toujours dans les vallées, là où les phénomènes d'alluvionnement sont le plus intenses. Ils ne s'expliquent pas non plus comment le loess peut atteindre des hauteurs de 5 à 600 mètres sans que la végétation cesse de suivre ce mouvement d'ascension. Il est probable que l'origine du loess est plus compliquée que ne le pense M. de Richthofen. Le vent a pu enlever les parties meubles du sol, mais les eaux qui ruissellent sur les pentes ont dû faire descendre peu à peu les particules et assez lentement pour ne pas briser les coquilles terrestres et pour ne pas interrompre la végétation des pentes.

LES DUNES.

Le phénomène le plus important produit par l'action des vents est la formation des dunes. Sur les plages sableuses on voit souvent des éminences plus ou moins élevées et disposées généralement suivant des lignes parallèles à la direction de la côte. Ces monticules de sable sont les dunes (fig. 125). Leur origine est facile à expliquer. Elle est due à l'action du vent sur le sable de la plage. Les particules sableuses poussées par le vent viennent butter contre les inégalités du sol, comme les touffes d'herbe, les cailloux, les coquillages. Elles s'accumulent contre l'obstacle et forment ainsi en avant de lui un petit monticule; puis les grains de sable montant peu à peu sur la pente de l'éminence tournée vers la mer retombent de l'autre côté, et finissent par recouvrir complètement l'obstacle. On aura finalement une dune; la pente vers la mer est douce; elle est de 7° à 8°; celle vers la terre est plus rapide et atteint 30°. Le vent exerçant son action d'une manière régulière, les grains de sable montent constamment le long de la pente douce et retombent sur le côté abrupt. Chaque grain de sable s'éloigne ainsi de la mer de toute la largeur de la dune. Au fur et à mesure que les dunes s'écroulent vers l'intérieur des terres, de nouvelles se forment sur la plage qui s'écrouleront à leur tour. Le sol est donc envahi de plus en plus par des sortes de vagues de sable.

Les dunes n'atteignent pas en général plus de 10 à 30 mètres de hauteur. Cependant celles de la Gascogne atteignent 75 mètres. Les plus élevées qu'on connaisse se trouvent en Afrique sur le littoral de l'Atlantique entre le cap Bojador et le cap Vert. Elles ont de 120 à 180 mètres.

La marche des dunes vers l'intérieur des terres peut être assez rapide, elle atteint même 20 à 25 mètres par an. Les dunes de Gascogne sont particulièrement célèbres. Elles s'étendent sur toute la côte jusqu'à la pointe de Grave à l'embouchure de la Gironde. La largeur moyenne de la zone qu'elles occupent est de 6 à 8 kilomètres. Depuis le commencement de l'ère historique elles ont causé bien des désastres. Poussés par le vent les sables envahissaient les landes et menaçaient les villages. Les habitants ont été plusieurs fois réduits à les abandonner ou à les reconstruire plus loin. C'est ainsi que l'église de Lège a été rebâtie en 1480 et en 1650, la première fois à 4 kilomètres, la seconde à 3 kilomètres plus avant dans les terres. A la place qu'occupaient au moyen âge le vieux et le nouveau Soulac au sud de la pointe de Grave, on ne voit plus que du sable. On peut encore citer les villages, aujourd'hui disparus, de Lislan et de Lélos dont on ignore l'emplacement exact.

Les dunes de Gascogne empêchent également l'écoulement des eaux. Les ruisseaux nombreux qui traversent les landes ne peuvent arriver à la mer à cause de la ligne des dunes; ils forment derrière celle-ci des étangs, comme ceux de Cazau, de Biscarosse, d'Aureilhan, de Soustous, de Tosse, etc., qui ne communiquent avec la mer que par des canaux tortueux.

Seul le bassin d'Arcachon, qui reçoit la Leyre, communique largement avec l'Océan. A bien des reprises les dunes dans leur marche progressive ont fait refluer les étangs vers

Fig. 125. — Pays de dunes.

l'intérieur, menaçant les malheureux Landais non seulement d'un envahissement par les sables, mais encore d'inondations. L'ancienne église de Saint-Paul se trouve maintenant sous les eaux de l'étang d'Aureilhan; de même le bourg de Bias a été noyé; une ancienne chaussée romaine qui conduisait de Bordeaux à Bayonne a également disparu (1).

A la fin du siècle dernier la marche des dunes était particulièrement inquiétante. Les dunes de la Teste en certains points avançaient de 23 mètres par an. Brémontier se préoccupa d'arrêter les sables et entreprit dès 1787 des plantations de Pin maritime. Les branches des arbres arrêtent le vent, qui laisse tomber le sable; et par suite les dunes ne peuvent plus progresser. Ce pays désolé est couvert aujourd'hui de belles forêts qui contribuent à la richesse du pays par le bois et la résine qu'on en tire. D'après Reclus la valeur estimée des forêts des dunes landaises est de 25 millions, soit 600 francs l'hectare.

Le littoral français présente encore d'autres dunes. Elles sont assez rares sur les côtes rocheuses de la Bretagne. Il y en a toutefois aux environs de Roscoff et à l'entrée de la rivière de Laber (Finistère). Certaines même se sont avancées avec une grande rapidité : sous l'action du vent de nord-est, tout un district près de Saint-Pol-de-Léon fut envahi vers 1666 par les dunes, plusieurs villages durent être abandonnés. La surface envahie fut en cinquante-six ans de six lieues (2).

(1) Voir E. de Beaumont, *Leçons de géologie pratique*, t. I, p. 207.
(2) *Id.*, p. 201.

La mer du Nord est bordée par une ligne de dunes depuis le cap Blanc-Nez à l'ouest de Calais jusqu'à l'embouchure de l'Elbe. Du sommet du mont Cassel dans le département du Nord on voit la bande des dunes se diriger vers l'est sans interruption. Elle borde toute la Belgique jusqu'à l'Escaut, puis reprend sa régularité en Hollande et sur les plages basses de l'Allemagne. Dans le département du Nord

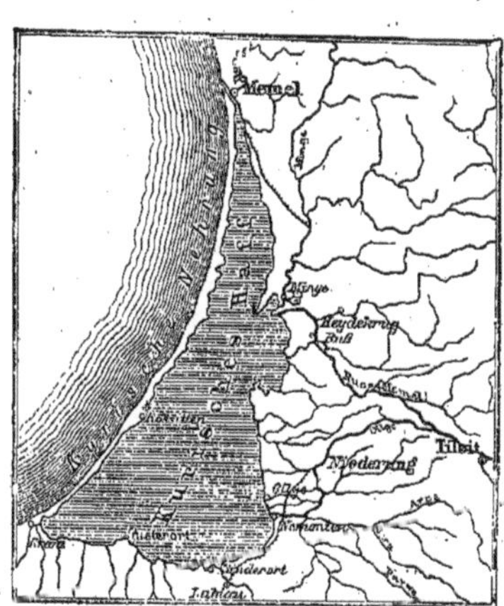

Fig. 126. — Le Kurisches Haff (côtes de Prusse).

et en Belgique on fixe les dunes au moyen de certaines herbes de la famille des Cypéracées appelées *Hoyas* ou *Oyats* (*Carex arenaria*) qui en s'étalant sur le sol empêchent le sable d'être soulevé par le vent.

Trop souvent l'homme est responsable de l'envahissement des dunes. Il a détruit les forêts qui en bien des endroits protégeaient

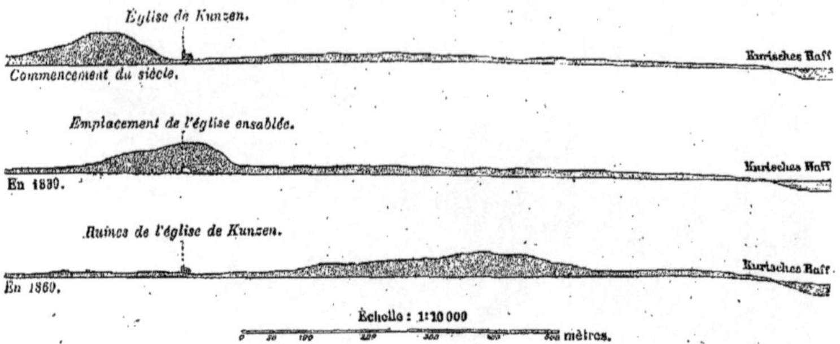

Fig. 127. — Marche des dunes près du village de Kunzen sur le Kurische-Nehrung (d'après Berendt).

le littoral et a ainsi rendu au sable sa mobilité. Sur les côtes de la Prusse, à l'embouchure de la Vistule et de la Memel, se trouvent des lagunes : le Frisches Haff et le Kurisches Haff (fig. 126), sortes de golfes d'eau saumâtre séparés de la mer par une flèche de sable ou *nehrung*. Sur le *nehrung* du Frisches Haff il y avait au siècle dernier de grands bois de pins qui arrêtaient les sables. Le roi Frédéric-Guillaume Ier les fit abattre et immédiatement des dunes se formèrent et engloutirent plusieurs villages. Depuis on a pu les fixer par de nouvelles plantations (Reclus). Il en a été de même pour la flèche du Kurisches Haff d'après Berendt. Cette flèche large de 11 milles présente une chaîne de dunes qui en certains de ses sommets atteint 70 mètres d'altitude. La destruction des forêts pendant la guerre de Sept Ans a rendu le sable mobile. Il s'avança vers la lagune poussé par le vent de la Baltique, avec une vitesse de 6 mètres par an. Depuis le commencement du siècle plusieurs villages ont été abandonnés. Aigetta, Negeln, Karwaiten ont disparu ; Pillkoppen fut rebâti plus loin, de nouveau envahi, et une seconde fois édifié plus près de la lagune. Aujourd'hui les sables le menacent encore une fois du même sort. De même au commencement du siècle le village de Kunzen fut envahi (fig. 127) ; vers 1839 l'église fut entièrement recouverte ; aujourd'hui on en voit les ruines faire saillie à la surface. La dune s'est transportée plus loin, elle a traversé toute la flèche et vient s'écrouler dans le Haff. Celui-ci diminue par suite constamment d'étendue et l'on peut prévoir que dans 200 ans, ou tout au plus dans 250, toute sa partie nord-est sera absolument comblée.

Les dunes n'existent pas seulement sur les côtes ; on les trouve dans l'intérieur des continents partout où le sol est sablonneux ; ainsi dans les déserts, comme le Sahara, elles atteignent 20 ou 30 mètres de hauteur. On peut même citer des dunes terrestres à l'intérieur de la France. Il s'en forme sur la rive du Gardon sous l'influence du mistral, et il y en a, de faible hauteur, dans la forêt de Fontainebleau. La marche des dunes continentales n'est pas aussi régulière que celle des dunes littorales, parce que le vent n'a pas une direction aussi constante que sur les plages. La disposition de ces dunes est par suite assez désordonnée ; cependant il y a toujours un vent prédominant qui finit par imposer sa direction à la marche des sables. Ainsi les dunes du désert libyque tendent à envahir l'Égypte, et la mer Caspienne se comble à l'est par les sables que le vent pousse du désert de Touran.

ACTION DE LA MER

ÉROSION DES COTES PAR LA MER.

Les vagues ont une action destructive sur les côtes. Elles désagrègent les roches les plus tendres tandis que les plus dures résistent. Cette érosion due aux vagues explique la forme sinueuse d'une côte; la disparition des parties les plus attaquées donne naissance à de petites baies; les parties que l'assaut des vagues entame moins constituent des caps ou quelquefois des îles.

La destruction des côtes dépend de la nature des roches, de la hauteur des vagues, de l'amplitude de la marée; elle dépend aussi du moment considéré. Quand la mer commence à monter l'action est presque nulle; elle augmente au fur et à mesure de la montée et elle atteint son maximum quand la marée est arrivée à peu près à la moitié ou aux trois quarts de sa hauteur. Il est évident d'ailleurs

Fig. 128. — Rochers sur les côtes de Bretagne.

que l'érosion subie par la côte dépend de la force du vent qui pousse les vagues.

Cette érosion est relativement faible sur les côtes de Bretagne (fig. 128) formées de roches dures; au contraire elle s'exerce avec une grande puissance sur les falaises de Normandie formées de craie. De plus ces falaises présentent en certains points des fentes; la mer y pénètre et la roche s'écroule en partie, en laissant comme à Étretat des aiguilles, des pyramides. La mer creuse aussi des arcades et des grottes dans les falaises. Les figures (fig. 129, 130, 131, 132) donnent une idée de l'érosion par la mer.

Les îles d'origine volcanique, composées de matériaux relativement tendres et mal joints, souffrent beaucoup de l'érosion marine. C'est ce que montre en particulier l'île Jan Mayen dans l'Océan glacial arctique (fig. 133).

Certains points des côtes sont spécialement exposés aux attaques de la mer. Sur la côte du comté de Kent en Angleterre le recul des rivages est d'environ 1 mètre par an. Non loin de Douvres s'élève la falaise de Shakespeare, ainsi nommée en souvenir de la description que le grand tragique en a faite dans le *Roi Lear*. Elle souffrait beaucoup de l'érosion et Jukes pense que depuis dix-huit siècles cette falaise a perdu 2 kilomètres de largeur. Pour la préserver ainsi que le chemin de fer qui la traverse en tunnel, on en a fait sauter par des mines la partie supérieure. Les dé-

Fig. 129. — Falaise maritime. (Voy. p. 105.)

combres ont formé au pied des roches une *basse falaise* que la mer attaque, laissant ainsi intacte la falaise principale. Quelquefois une basse falaise se forme naturellement parce que le couronnement des rochers rongé par les eaux d'infiltration s'éboule au bas de la falaise principale. C'est ce qui s'est produit au Havre. Grâce à ces éboulements qui se font parfois sur une longueur de 400 mètres et une largeur de 15 mètres, la côte du Havre

Fig. 130. — Rivage près de Sorrente. (Voy. p. 105.)

ne recule pas de plus de $0^m,25$ par an.

L'un des points du globe où l'érosion marine atteint sa plus grande intensité est l'île d'Helgoland (fig. 134) sur les côtes d'Allemagne. Cette île formée de grès bigarrés présente partout à la mer des falaises à pic de 60 mètres de hauteur. Vouée à une destruction certaine, elle a diminué environ des trois quarts, suivant les chroniqueurs, dans l'espace de cinq siècles. Ce n'est plus qu'un rocher long de 2 kilomètres et large de 600 mètres.

La mer façonne les falaises; elle leur enlève toutes leurs parties saillantes et tendres et souvent produit des gradins où les parties

Fig. 131. — Falaises au Tréport. (Voy. p. 105.)

plus dures sont seules restées. Ce sont les *terrasses;* il y en a plusieurs superposées, correspondant respectivement aux basses mers, aux hautes mers et aux tempêtes. Cette régularité se manifeste aussi dans les dépôts de galets que produit la mer; ils sont disposés en gradins successifs.

L'origine des galets est très simple. Les

Fig. 132. — Falaises du cap Lizard en Cornouailles. (Voy. p. 105.)

matériaux arrachés aux côtes par les vagues sont de diverses sortes; ils se composent de gros blocs, de graviers et de sables provenant de la destruction des grès ou des rochers granitiques, enfin de vases dues à la trituration des argiles. Les gros blocs ne peuvent pas être entraînés bien loin à cause de leurs dimensions. Constamment agités par les vagues les uns contre les autres, ils se réduisent en morceaux plus petits qui frottent les un contre les autres. Ils perdent ainsi leurs arêtes vives, s'arrondissent : ce sont des galets. Les galets sont particulièrement abondants sur les côtes de la Normandie. En effet, dans les

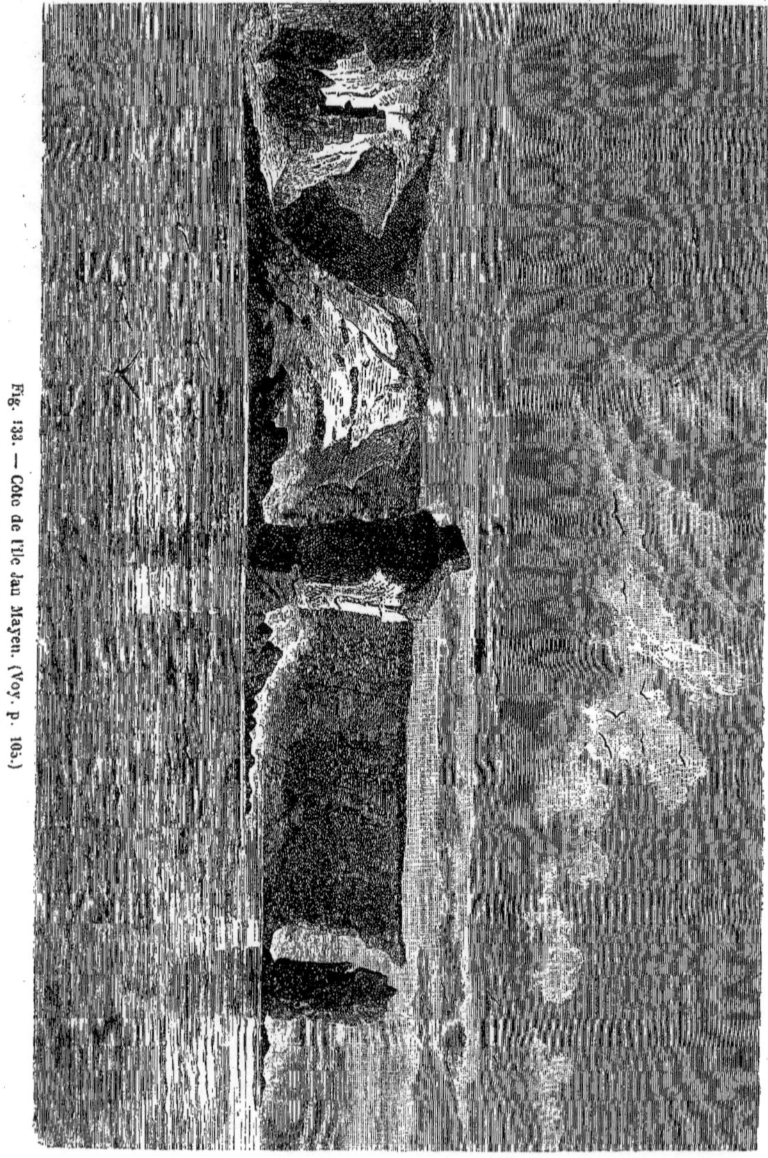

Fig. 133. — Côte de l'île Jan Mayen. (Voy. p. 105.)

falaises de craie, on trouve de distance en distance des rangées de silex. Ces silex mis en liberté par la destruction de la falaise et roulés par les vagues deviennent des galets.

Fig. 134. — Côtes d'Helgoland.

Il faut remarquer que ceux-ci contribuent encore à la dégradation du rivage, car les lames en se brisant sur la côte entraînent avec elles des galets dont elles bombardent en quelque sorte la falaise. Les galets produisent aussi un phénomène singulier. Un galet peut pénétrer dans une crevasse où il reste prisonnier. La mer l'y agite, le fait tourner sur lui-même, et par suite il s'arrondit en même temps qu'il arrondit et approfondit où il se trouve. Ces dépressions circulaires au fond desquelles il y a un galet s'appellent des *marmites de Géants*. On en voit beaucoup sur les côtes de Scandinavie.

CORDONS LITTORAUX. ATTERRISSEMENTS.

La mer transporte à une certaine distance les matériaux qu'elle vient d'arracher à la côte ; elle les tiendra en suspension d'autant plus longtemps qu'ils seront plus légers. Au contraire elle déposera les plus lourds à une faible distance des côtes parce que son agitation diminue rapidement à mesure qu'on s'éloigne du littoral. Les sables, les graviers, les galets se déposeront donc les premiers, tandis que les vases seront tenues plus longtemps en suspension.

Ces sables, ces galets sont déposés sur les côtes plates ou au bord des échancrures. Il en résulte des levées que viennent souvent renforcer des dunes, ce sont les *cordons littoraux* (fig. 135). Ils sépareront ainsi de la mer des plages qu'elle n'occupera plus qu'au moment des grandes tempêtes. Ils pourront même barrer presque complètement des échancrures du rivage, et interrompre leur communication avec la haute mer. C'est de la sorte que se forment les *lagunes* qui ne sont en relation avec la mer que par des passages étroits changeant sans cesse et tendant à disparaître. Tels sont le *Frisches Haff* (fig. 136) et le *Kurisches Haff* de la mer Baltique ; telles sont encore les célèbres lagunes de Venise. Les cordons littoraux préparent une conquête de la terre ferme sur la mer. Les lagunes, les plages qu'ils protègent sont bientôt envahies par les limons apportés par les cours d'eau et se couvrent de végétation. Aussi ne peut-on qu'avec peine maintenir intactes les lagunes ; elles tendent à se combler. Les passes des lagunes de Venise doivent être sans cesse entretenues. Celles de Comacchio placées plus au sud fournissent aux habitants une pêche abondante, et pour prévenir les atterrissements ils ont détourné le cours d'eau de toutes les rivières qui y aboutissent.

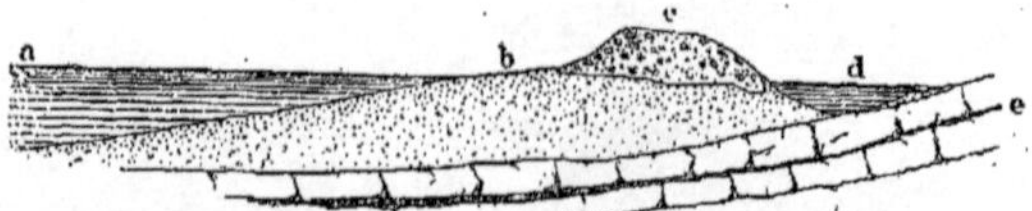

Fig. 135. — Coupe théorique d'une plage et d'un cordon littoral. *a*, niveau de la mer; *b*, plage de sable; *c*, cordon littoral; *d*, lagune interceptée; *e*, sous-sol géologique.

Comme on le voit, les lagunes ne se trouvent que sur le bord des mers intérieures et presque sans marées comme la Baltique et l'Adriatique. Dans le golfe de Venise où les marées sont le plus sensibles, elles atteignent à peine 12 décimètres aux équinoxes. Il est évident en effet qu'un mince cordon littoral ne pourrait résister et s'accroître sur des côtes exposées à de grandes marées et à de fortes tempêtes.

Les cordons littoraux jouent un grand rôle en Hollande. On peut dire que ce pays, plus bas que le niveau de la mer, subsiste seulement grâce à ces cordons formés ici de sables que le vent met en œuvre pour édifier des dunes. Ces cordons sont renforcés par des digues. Les cours d'eau déposent une vase argileuse qui élève un peu le sol. Il se produit ainsi d'abord une plage basse : le *marsch* que la mer envahit tous les jours. Puis le sol s'élevant davantage, des plantes, entre autres les Salicornes, s'y établissent; l'eau séjourne moins longtemps; les grandes marées seules y arrivent, alors du gazon apparaît. Le *marsch* est devenu un *heller*. Enfin ce dernier se gazonne complètement et on élève des digues pour le protéger ; c'est alors un *polder* qu'on peut labourer ou transformer en riche pâturage. Mais il faut toujours craindre un retour offensif de l'Océan. Les digues peuvent se rompre sous l'effort des grandes tempêtes et de terribles catastrophes se produisent. Le golfe du Zuyderzée n'a pas toujours existé. Il y avait simplement là un lac, le lac Flevo, que connaissaient les Romains. Pomponius Mela dit qu'il s'était formé par les eaux du Rhin qui avaient envahi quelques terrains bas. Un isthme rattachait la Frise à la Nord-Hollande. A plusieurs reprises et notamment en 1246, 1249 et 1251 cet isthme fut envahi par la mer et finalement se rompit en 1282, transformant le lac en un grand golfe. Cette catastrophe coûta, dit-on, la vie à cent mille personnes. L'ancien isthme n'est

Fig. 136. — Le Frisches Haff.

plus représenté que par les hauts fonds qui barrent l'entrée du Zuyderzée. Le golfe du Dollart, à l'embouchure de l'Ems, date seulement de 1277; alors une grande marée commença l'envahissement de cette région ; d'autres marées suivirent et ce ne fut qu'en 1539 qu'on réussit à arrêter par de fortes digues l'invasion de la mer (1).

DÉPOTS MARINS. DÉPOTS DES GRANDES PROFONDEURS.

La mer dépose au voisinage des côtes des sables, des graviers et des galets. Il en est ainsi dans la zone comprise entre le niveau des basses mers et la profondeur de 200 mètres. Ces dépôts côtiers correspondent au soubassement continental. Il y a une première bande des matériaux les plus lourds, c'est-à-dire des galets, puis une bande de graviers, enfin une de sables.

Au delà de cette zone côtière commence la zone des boues grises ou bleues qui s'étend depuis 200 mètres de profondeur jusqu'à

(1) E. de Beaumont : *Leçons de Géologie pratique*, I, p. 306.

1 300 au moins. Ce sont les sédiments les plus fins, que l'eau de mer a tenus le plus longtemps en suspension. Ces vases dégagent souvent de l'acide sulfhydrique, dû à la décomposition des sulfates de l'eau de mer par les matières végétales et animales en décomposition. La couleur bleue est due à des matières organiques. Après dessiccation la vase devient grise mais ne présente jamais la plasticité des véritables argiles. Souvent les boues sont vertes, et elles doivent alors cette coloration à la présence de la glauconie en grains isolés ou en concrétions. Les vases vertes contiennent souvent aussi des nodules de phosphate de chaux.

Les vases déposées par la mer sont parfois différentes. Cela tient aux sédiments apportés par les grands fleuves et que reprend la mer. Ainsi sur les côtes de Chine on trouve assez loin des rivages des boues jaunes apportées par le Hoang-ho. Les vases rouges apportées par le fleuve des Amazones se retrouvent au large de l'Amérique du Sud. Les îles volcaniques, comme les îles Sandwich, sont entourées de sables noirs et de boues d'origine volcanique contenant des fragments de ponces et de scories. Tous ces dépôts peuvent être appelés littoraux. Ils ne s'étendent jamais à plus de 300 kilomètres des rivages.

Viennent ensuite les dépôts d'eau profonde et des abîmes océaniques. Ils doivent le plus souvent leur origine aux débris d'animaux marins qui s'accumulent au fond de la mer. Ainsi dans l'Atlantique entre 450 et 5000 mètres on trouve souvent une vase calcaire très riche en débris de carapaces de Foraminifères, entre autres les Globigérines ; de là le nom de vase à Globigérines. Ailleurs on trouve des vases siliceuses composées de carapaces de Radiolaires, de spicules d'Éponges, de débris de Diatomées ; ces trois éléments peuvent être réunis ou séparés. La couleur peut être pâle ou tourner au rouge par suite de la présence d'oxydes de fer et de manganèse. Ces vases siliceuses se trouvent à des profondeurs variant entre 2 300 et 3 600 mètres. Elles s'étendent surtout dans l'océan Antarctique au nord des îles Kerguelen, et dans l'Océan Arctique. On en a dragué à la baie Melville et près du Kamtschatka. Il semble que les organismes siliceux exigent un degré spécial de salure ou une température assez basse, ou bien les deux conditions à la fois (1).

(1) Thoulet, *Océanographie*, I, p. 175.

Mais ces dépôts d'origine organique sont assez restreints, et ils ne couvrent, avec les dépôts d'origine mécanique, qu'un cinquième au plus de la surface totale du fond des Océans. On a pu, par des sondages, s'assurer de la nature du fond à de grandes distances des côtes et à des profondeurs de 4 000 à 8 000 mètres. Ces recherches ont été faites surtout par l'expédition du *Challenger*. Elles ont révélé l'existence d'une argile rouge : l'*argile rouge des grands fonds*. Cette argile doit sa couleur à l'oxyde de fer ; elle peut être aussi colorée en brun chocolat foncé par l'oxyde de manganèse. Les couches d'argile rouge sont très peu épaisses, et leur surface est parsemée de dents de Requins et de caisses tympaniques de Cétacés recouvertes d'une croûte de peroxyde de manganèse très mince. Souvent ces restes appartiennent à des espèces éteintes, ce qui montre que le dépôt d'argile se fait très lentement. Il y a aussi de nombreux débris d'origine volcanique, des ponces, des cristaux de quartz, de mica, d'augite, de feldspath. De plus on trouve des nodules nombreux manganésiens. Lorsqu'on les brise on trouve au centre de la ponce ou des restes de vertébrés. Leur surface d'un brun sale est formée de peroxyde de manganèse en couches concentriques. Il s'est donc déposé peu à peu sur place. Il est mélangé à de l'oxyde de fer.

D'après Buchanan l'argile rouge serait le dernier terme de la modification des vases par l'action prolongée de la mer. En traitant par un acide étendu de la vase à Globigérines, il a obtenu un résidu insoluble contenant de la silice, de l'alumine et de l'oxyde rouge de fer, très analogue à l'argile rouge. Il faudrait probablement admettre que c'est l'acide carbonique dissous qui intervient dans la nature pour produire cette transformation. Mais d'après Murray et Renard l'argile rouge proviendrait de la décomposition des éléments volcaniques du fond ; et cette origine expliquerait bien la présence du fer et du manganèse. Quant aux enduits de ces métaux, M. Dieulafait suppose qu'ils sont dus à la décomposition par l'oxygène de l'air de carbonates de protoxydes qui seraient dissous dans la mer à la faveur de l'acide carbonique. On voit donc que les particularités présentées par les grands fonds ne sont pas encore expliquées d'une manière définitive.

ACTION DES EAUX COURANTES ET DES EAUX D'INFILTRATION.

LA PLUIE. LES EAUX DE RUISSELLEMENT.

Quand l'air se refroidit, la vapeur d'eau qu'il contient se condense en fines gouttelettes qui restent d'abord suspendues dans l'atmosphère, ce qui produit les *nuages*. La condensation se poursuivant, les gouttelettes grossissent, deviennent assez volumineuses pour vaincre la résistance de l'air s'opposant à leur chute et tombent enfin sur le sol. C'est ce qui constitue la *pluie*.

La quantité de pluie qui tombe en un lieu donné dans le cours d'une année est à peu près constante. Ainsi la France reçoit en moyenne $0^m,76$ d'eau par an. Cette quantité ne se répartit pas également sur toutes les saisons. Dans nos pays l'automne est la saison pluvieuse par excellence. D'un pays à l'autre, il y a souvent de grandes différences au point de vue de la quantité d'eau qui tombe tous les ans. Ces différences tiennent à l'altitude, à la position géographique de la contrée. Ainsi nos côtes de l'ouest, l'Angleterre et l'Irlande, sont particulièrement pluvieuses, à cause des vents du sud-ouest qui leur arrivent chargés des vapeurs du Gulf-Stream. L'influence de ce courant se fait sentir aussi sur les côtes de Norwège; en certains points des côtes de ce pays la quantité de pluie qui tombe tous les ans atteint la hauteur de 2 mètres. Au contraire la Castille que des montagnes garantissent des vents pluvieux du golfe de Gascogne est un des pays les moins arrosés de l'Europe. Quand les précipitations atmosphériques sont presque nulles, se produisent alors, comme nous l'avons vu, les déserts. On cite comme contrées presque privées de pluies les côtes du Pérou et la Bolivie, où il ne pleut que tous les cinq ou six ans, et la partie occidentale de l'Amérique du Nord entre les chaînes côtières et les Montagnes-Rocheuses.

Fig. 137. — Grès de la forêt de Fontainebleau. Gorges d'Apremont (d'après une photographie de M. Vélain).

Fig. 138. — Blocs du Sidobre, près de Castres.

L'eau de pluie tombée sur le sol se divise en trois parties : la première s'évapore et retourne dans l'atmosphère ; la seconde s'infiltre dans le sol ; la troisième enfin coule à la surface du sol et forme le long des pentes de minces filets qui descendent dans les vallées

Fig 139. — Pyramides de terre du Ritten, près de Botzen.

et les dépressions du sol. Cet écoulement superficiel des eaux de pluie s'appelle le *ruissellement*.

En cheminant dans toutes les directions les eaux de ruissellement agissent mécaniquement sur le sol. Elles entraînent les parties les plus meubles et les emportent dans les endroits placés plus bas. Nous pouvons citer d'abord les énormes blocs de grès disposés sur le sol sablonneux de la forêt de Fontainebleau (fig. 137). Les grès sont formés de grains de sable réunis par un ciment, mais toutes les parties ne sont pas également dures; celles qui étaient relativement tendres ont été détruites par les eaux de pluie et se sont désagrégées; il n'est resté que les parties dures. On peut citer aussi les blocs granitiques du Sidobre (fig. 137).

Dans le Tyrol, sur le Ritten près de Botzen, les eaux de ruissellement ont produit un phénomène singulier. Là, dans les vallées du Katzenbach et de Finsterbach, on voit des centaines de pyramides de terre ayant parfois plusieurs mètres de hauteur et coiffées chacune d'un gros bloc de pierre (fig. 139). Les eaux de ruissellement ont formé ces pyramides. Les parties meubles placées sous les blocs ont été protégées contre l'action de l'eau de pluie; elles ont par suite persisté tandis que les parties intermédiaires exposées à l'action destructive de l'eau ont été emportées et détruites.

L'érosion due aux eaux de ruissellement a produit des effets singuliers et d'une grande importance dans le loess de la Chine. Cette formation, comme nous l'avons vu, consiste en une argile tendre où l'on voit des tubes verticaux produits par les radicelles des plantes. L'eau de pluie s'introduit dans ces tubes, creuse de plus en plus et divise le loess en prismes verticaux. Elle finit par y former de véritables couloirs (fig. 140) de 30 à 50 pieds de profondeur et d'une largeur de 3 à 6 pieds. Les habitants les égalisent, les élargissent et en font ainsi des sentiers qui serpentent au sein de toute cette formation. Le loess est également débité par les eaux de ruissellement en terrasses analogues aux terrasses marines, correspondant à autant de périodes où l'érosion a été particulièrement intense (fig. 141).

Des régions aujourd'hui privées de précipitations atmosphériques abondantes, comme le Colorado, le Wyoming, compris entre les chaînes entières du Pacifique et les Montagnes-Rocheuses, présentent des phénomènes d'érosion très manifestes, ce qui indique un notable changement de climat (fig. 142). Là se trouvent des grès tendres et des conglomérats d'origine volcanique. La pluie y laisse souvent des traces sous forme de sillons ou de crevasses profondes comme les roches du *Salt Creek Cañon* (Utah) (fig. 143). Ailleurs l'érosion a divisé les roches en masses travaillées qui ressemblent à des ruines de châteaux forts ou de cathédrales; on y voit aussi des colonnes naturelles ou des pyramides de terre comme celles de Botzen.

Fig. 140. — Couloir dans le loess en Chine (d'après de Richthofen).

Les effets de la pluie et des eaux de ruissellement ne sont pas seulement mécaniques; ils peuvent être chimiques. Les eaux dissolvent et décomposent lentement les roches à la faveur de l'acide carbonique qui les accompagne, et qui provient de l'air dissous. Grâce à cet acide elles dissolvent les calcaires; c'est là une des causes de la dégradation lente des édifices construits en pierres calcaires.

Dans les régions calcaires, comme la Carniole, les eaux de pluie profitent de toutes les crevasses, s'y infiltrent et creusent de véri-

Fig. 141. — Région du loess en Chine avec terrasses (d'après de Richthofen). (Voy. p. 114.)

Fig. 142. — Érosion des roches dans le Wyoming (Amérique du Nord). (Voy. p. 114.

Fig. 143. — Action de la pluie sur les roches du Salt Creek Cañon dans l'Utah (d'après Clarence King). (Voy. p. 114.)

tables entonnoirs qu'on trouve remplis d'une terre rouge : la *terra rossa*. C'est une argile contenant environ 20 p. 100 d'oxyde de fer. Elle résulte de la décomposition du calcaire par l'acide carbonique. L'expérience a montré qu'avec les calcaires les plus purs on finit toujours par obtenir à la longue un résidu rouge et argileux ressemblant à l'argile rouge des grands fonds.

Les eaux de ruissellement sont l'un des plus puissants agents de formation pour la terre végétale. Elles entraînent avec elles des parcelles très fines de calcaire, de silice, d'argile; tout cela constitue une sorte de poudre blanchâtre à laquelle viennent s'adjoindre les débris organiques provenant de la décomposition des végétaux. Ils la colorent et lui donnent des propriétés nutritives ; la terre végétale est alors formée et s'épaissira de plus en plus par suite de la décomposition sur place des plantes qui s'en sont nourries.

L'eau de pluie agit chimiquement sur les roches les plus dures et leur fait subir des altérations profondes. Elle altère à la longue le granite lui-même, le décompose à l'aide de l'acide carbonique qu'elle renferme et finit ainsi par le transformer en une argile blanche : le kaolin. Cette action est assez rapide pour que les constructions en granite présentent au bout d'un ou deux siècles des dégradations profondes. Le granite de la cathédrale de Limoges bâtie il y a quatre cents ans est complètement altéré aujourd'hui sur la face nord plus directement exposée aux vents dominants et à la pluie. L'obélisque de Louqsor taillé dans le granite rouge, et qui se dresse sur la place de la Concorde à Paris, après avoir persisté intact pendant des siècles sous le climat sec de l'Égypte, s'effrite et se dégrade rapidement.

LES TORRENTS.

Souvent les eaux de ruissellement peuvent se rassembler dans une dépression, un bassin naturel, dont les bords ont une pente très rapide. C'est ce qui arrive dans les montagnes. Le bassin une fois rempli, les eaux débordent et coulent sur la pente. A cause de leur grande vitesse, elles entraînent avec elles les blocs de rochers les moins résistants et finissent par creuser sur la pente rapide une sorte de couloir qui prolonge le bassin de réception. Le cours d'eau ainsi produit est un *torrent* fig. 145); le couloir qu'il parcourt est le lit du torrent. Les torrents sont des cours d'eau essentiellement temporaires. Quand le bassin de réception est vide, le couloir est à sec. Mais par suite d'un orage ou d'une fonte rapide des neiges le bassin se remplit de nouveau et le torrent se remet à couler. Il roule dans ses flots pressés de grandes quantités de limon, de cailloux, des blocs énormes, et sortant de son lit il les répand sur ses bords, transformant des champs bien cultivés en solitudes infertiles. En 1882 les torrents des Alpes tyroliennes et vénitiennes se gonflèrent à la suite de fortes pluies, et toute la région du cours supérieur de la Drave, du Rienz et des torrents voisins fut inondée. Les ravages causés par le Wielenbach dans le Pustbertal (Tyrol) furent particulièrement sensibles (fig. 146).

Fig. 144. — Torrent dans les Alpes.

On s'étonne souvent de la dimension des blocs entraînés par les torrents, grâce à la rapidité de la pente. Élie de Beaumont a vu en 1835 un torrent du Valais, le Naut de Saint-Barthélemy près Saint-Maurice, entraîner un énorme amas de terres et de glaces fondantes provenant d'un éboulement de la

Fig. 145. — Torrent.

Fig. 146. — Ravages causés par le Wielenbach dans le Pustherthal (1882).

Fig. 147. — Régularisation d'un torrent dans les Alpes françaises par des barrages de pierres et de branchages.

Dent du Midi. Des blocs de calcaire compact de plusieurs mètres cubes étaient entraînés, dit Élie de Beaumont, par la masse boueuse sur laquelle ils semblaient flotter comme des morceaux de bois sur de l'eau ordinaire (1).

Les torrents approfondissent sans cesse leur lit, dont les parois sont polies par le frottement des matériaux transportés. Le canal d'écoulement vient en général déboucher dans une vallée. La vitesse de l'eau s'amortit ; elle ne peut plus entraîner de débris volumineux et ceux-ci se déposent à la base du torrent sous forme d'un amas conique qu'on appelle le *cône de déjection.*

Dans certaines régions les torrents sont très nombreux et causent de grands ravages. C'est ce qui se produit particulièrement dans les départements des Hautes-Alpes et des Basses-Alpes (fig. 144). Les pentes des montagnes y étaient autrefois couvertes de gazon et de forêts. Les arbres retenaient une quantité d'eau considérable, le gazon en absorbait aussi, les racines maintenaient la terre végétale contre le rocher et la préservaient de l'action des eaux de ruissellement. Mais l'homme a détruit les forêts, le gazon a disparu sous la dent de nombreux troupeaux de chèvres. Les eaux superficielles ont pu dès lors se rassembler sans obstacles, enlever la terre végétale et creuser de profonds ravins. Aussi la culture est-elle devenue presque impossible en beaucoup de localités. Les habitants ont dû abandonner leurs champs et émigrer. Le pays n'a qu'une faible population, et les villes ne sont guère que des bourgades ; telle est Barcelonnette menacée plu-

(1) E. de Beaumont, *Leçons de géologie pratique*, t. II, p. 40.

sieurs fois par le torrent, l'Ubaye, dont le lit est plus élevé que les rues. De 1836 à 1881, la population des deux départements des Alpes a diminué de plus d'un septième.

On prend maintenant des mesures sérieuses contre l'extension des torrents. On établit de distance en distance dans leur lit des barrages de pierres, ils ont pour effet de rompre la pente rapide des torrents, et les eaux se précipitent en cascades au-dessus des barrages sans dégrader leur lit ; de plus on place, dans les intervalles des barrages de pierres, d'autres barrages formés de pieux et de branchages entrelacés qui diminuent la vitesse de l'eau (fig. 147). Enfin on maintient les terres sur les bords en les regazonnant et en les reboisant. Tous ces travaux, longs et coûteux, ont exercé déjà une heureuse influence sur le régime des torrents alpins. Les barrages de pierres ont régularisé les torrents les plus dangereux, et les clayonnages ont été employés avec succès dans les petits ravins.

RÉGIME DES COURS D'EAU.

Lorsqu'un cours d'eau, au lieu d'être temporaire comme les torrents, est permanent, on lui donne le nom de *rivière*. On lui réserve celui de *fleuve* quand il se rend directement à la mer. Il est alimenté soit par des sources, soit surtout par la fonte des neiges et des glaces. Mais les cours d'eau permanents se présentent sous divers aspects.

Certains d'entre eux coulent sur une pente très forte, et à cause de leur grande vitesse ils charrient de grandes quantités de matériaux et creusent encore leur lit. Ils ressem-

Fig. 148. — Lac de Genève, l'entrée du Valais et les dents du Midi.

blent donc à des torrents. On les appelle les *rivières torrentielles*. On peut prendre pour type de ces rivières la Durance, dont la pente est de $\frac{2}{1000}$ par mètre ou 7′ 19″. Les torrents proprement dits ont des pentes énormes, 6 ou 8 centimètres par mètre, ou 3° ou 4°. Leur vitesse atteint environ 15 mètres par seconde. Ces chiffres sont très différents de ceux qu'on obtient pour les rivières à l'état de *régime* c'est-à-dire pour celles qui entament à peine leurs berges et dont la vallée est assez large pour que, même dans les crues, elles n'en fassent pas écrouler les parois. Ainsi des fleuves comme le Rhône, le Rhin, le Gange coulent avec une vitesse de 1m,50 par seconde sur une pente de $\frac{4}{100.000}$ par mètre ou 8″. La Seine, de l'em-

Fig. 149. — Inondation à Szegedin (Hongrie).

bouchure de l'Oise jusqu'à Rouen, a une pente de $\frac{8}{100.000}$ par mètre ou 19″ et une vitesse moyenne de $0^{m},60$. La vitesse dépend non-seulement de la pente, mais aussi du *débit*, c'est-à-dire de la masse d'eau qui s'écoule par seconde.

Une rivière dont le régime est définitive-

Fig. 150. — Inondation du Nil.

ment fixé oscille entre deux conditions extrêmes : celle d'*étiage* où le niveau est le plus bas possible et celle de *crue*.

Le lit dont la rivière se contente habituellement s'appelle le *lit mineur*. Lorsqu'elle est à l'état de crue, elle déborde, inonde le pays voisin et occupe toute la vallée au fond de laquelle elle coule. C'est son *lit majeur*.

Les crues se produisent après les grandes pluies et la fonte des neiges, et d'autant plus vite et avec plus d'importance que la rivière a plus d'affluents. Les crues sont très fortes lorsque les affluents entrent en crue en même temps que le cours d'eau principal, ce qui arrive pour la Seine. Ce fleuve, à l'état moyen débite 130 mètres cubes d'eau par seconde :

à l'étiage 75, et dans les crues 1350 mètres cubes.

La Loire a un débit très inégal, ce qui rend ses crues très redoutables. A l'étiage elle débite seulement à Orléans 30 mètres cubes par seconde, et dans ses crues le débit peut s'élever à 10000 mètres cubes et même davantage. Au contraire la Somme est le type des rivières paisibles. A son étiage elle débite à Amiens 20 mètres cubes par seconde, et dans ses crues 80. Dans les crues la vitesse tout naturellement augmente, mais elle est rarement triplée.

Pour certaines rivières les crues sont très atténuées parce qu'elles trouvent des lacs où s'emmagasine l'excès d'eau et qui leur servent pour ainsi dire de *régulateurs*. Ainsi le Rhône à sa sortie du lac de Genève (fig. 148) est beaucoup plus constant qu'à l'entrée ; il perd ensuite de sa fixité sous l'influence d'affluents dont le débit est très variable, comme la Saône et la Durance. Celle-ci passe d'un débit de 30 mètres à l'étiage à celui de 3000 mètres cubes. D'autres rivières à régulateurs sont la Reuss à sa sortie du lac de Lucerne, la Limmat à sa sortie du lac de Zurich, le Rhin à sa sortie du lac de Constance, le Tessin à sa sortie du lac Majeur. Mais le type de ces cours d'eau est le Saint-Laurent qui traverse le lac Ontario et dont les nombreux affluents communiquent avec les grands lacs du Canada. Le niveau du fleuve est presque constant; il n'y a pour ainsi dire ni crue ni étiage.

On se préserve des inondations qui résultent des crues au moyen de digues. Mais il est imprudent d'enfermer strictement le fleuve dans son lit mineur, car ce lit s'exhausse par suite du dépôt des matériaux entraînés par le cours d'eau. Le lit s'exhaussant, il faut aussi surélever les digues, qui en même temps perdent de leur résistance. Le lit du Pô, à cause de son endiguement, s'est élevé de 5m,50 depuis le quinzième siècle, entre Mantoue et Modène. Souvent de grandes catastrophes se produisent à cause d'un endiguement trop étroit. C'est ainsi qu'en 1879 la ville de Szegedin en Hongrie fut engloutie à la suite de la rupture des levées de la Tisza et de la Maros (fig. 149).

En Égypte, les crues du Nil sont utilisées; la partie cultivée du pays n'est autre que le lit majeur du fleuve (fig. 150). Là où les eaux ne peuvent atteindre, ce n'est plus l'Égypte, c'est le désert (de Rozière). Lors des crues le niveau du fleuve s'élève de 7m,40, et cette région est couverte d'eau ; mais le fleuve dépose alors un limon qui rend le sol d'une fertilité extraordinaire; en outre, l'eau est en partie emmagasinée dans des canaux d'irrigation ménagés à diverses hauteurs.

CREUSEMENT DES VALLÉES.

Les cours d'eau coulent dans des vallées très profondes et très larges. On doit rechercher comment ces vallées se sont creusées. Les rivières torrentielles du Colorado, sur le versant occidental des montagnes Rocheuses, nous permettront de résoudre la question. On voit dans cette région des gorges profondes à parois presque verticales; on les appelle dans le pays des *cañons* (fig. 151 et 152).

Le Grand Cañon où coule le Rio Colorado est dominé par des terrasses où l'on voit toutes les couches tertiaires, mésozoïques et permiennes. La gorge est creusée dans le Carbonifère et laisse voir jusqu'au Silurien inférieur. Sa profondeur est de 2000 mètres; sa largeur de 5 à 12 milles anglais et sa longueur de 200 milles. Les parois sont à pic et découpées en pyramides (fig. 153). Sur les côtés du grand Cañon viennent s'en ouvrir d'autres plus petits où coulent les affluents du fleuve. Ainsi la disposition générale de ces gorges est celle des cours d'eau du pays. C'est donc l'eau qui les a creusées, en profitant des nombreuses crevasses du terrain pour s'introduire et provoquer des écroulements. Cette eau descendant avec une forte pente de montagnes riches en précipitations atmosphériques a creusé ce plateau desséché et aride. D'après Dutton la formation du grand Cañon a commencé pendant le Pliocène, époque à laquelle le climat devait être aussi sec qu'aujourd'hui; mais pendant la période glaciaire qui sépare la période pliocène de la nôtre, cette formation a dû s'accélérer, car bien que l'on ne trouve pas de traces de glaciers dans le Colorado, la période glaciaire a été certainement plus froide et plus humide que celle qui l'a précédée et que celle qui la suit. Mais il n'en a pas moins fallu un temps énorme pour produire ces vallées si profondes et si étendues (fig. 154).

Un fait qui montre la grande force de creusement de l'eau nous est présenté par le fleuve

Fig. 151. — Grand Cañon du Colorado (d'après Ives).

Simeto. Son cours fut barré en 1603 par la lave sortie de l'Etna ; mais depuis cette époque il s'est creusé, dans cette digue, un lit de 50 à 100 pieds de profondeur et de 40 à 50 de largeur. Les travaux pour le lavage de l'or, en Californie, ont fourni à Dutton des faits du

Fig. 152. — Vue intérieure du grand Cañon du Rio Colorado (Amérique du Nord), d'après Ives. (Voy. p. 122.)

même genre (fig. 155). Pour séparer l'or des matières qui l'accompagnent, on fait arriver l'eau d'un terrain plus élevé par des conduits inclinés, où elle acquiert une grande vitesse. Sous l'influence de sa pression, l'or est débarrassé de sa gangue, mais l'eau emporte les

Fig. 153. — Piliers naturels dans le grand Cañon du Rio Colorado (Amérique du Nord), d'après Ives. (Voy. p. 122.)

cailloux et les sables avec une telle force que son action érosive est énorme; parfois, dans l'espace d'une année, se creusent, dans le basalte compact, des rigoles profondes de 10 ou 20 pieds (Neumayr).

Ce qui précède nous permet de nous expli-

Fig. 154. — Cañon de Lodore dans la chaîne d'Uinta (Amérique du Nord), d'après Clarence King. (Voy. p. 122.)

quer l'origine des vallées où coulent les fleuves de nos pays. Si nous considérons, par exemple, la vallée de la Seine, ce fleuve n'en occupe aujourd'hui que la partie la plus basse, mais on voit que les rives de la vallée se correspondent exactement; chaque couche de terrain qu'on trouve sur l'une des berges a son pendant sur l'autre. Il résulte de là que ces couches se présentent comme si autrefois elles s'étaient prolongées au travers de l'espace, vide aujourd'hui, qui constitue la vallée. Nous en conclurons donc que les fleuves ont eux-mêmes creusé la vallée où ils coulent aujourd'hui. Ce creusement s'est effectué dès la fin de l'ère tertiaire et s'est terminé pendant l'ère quaternaire. Alors, les fleuves roulaient beaucoup plus d'eau qu'aujourd'hui, comme le montrent les alluvions anciennes, qui se trouvent à une grande hauteur sur les flancs de la vallée; de plus, la pente était plus forte et le régime était torrentiel, comme le prouve la grosseur des blocs rencontrés dans les alluvions quaternaires. La Seine, dont la largeur moyenne est maintenant de 160 mètres, avait, dans les temps quaternaires, 6 kilomètres de large; elle roulait, au moment des crues, 60,000 mètres cubes. Ces chiffres ont été déduits de l'étendue et de l'épaisseur des alluvions anciennes (fig. 156).

Aujourd'hui, les fleuves ne modifient plus leur lit que d'une manière insignifiante, si on compare leur action actuelle à leur action passée. D'une manière générale, une rivière ronge constamment ses rives concaves, et dépose ses alluvions sur ses rives convexes. En effet, le flot vient se briser sur la rive concave,

Fig. 155. — Lavage de l'or dans le Montana.

et tend à détruire cet obstacle, tandis que sur la rive opposée il se produit des frottements qui diminuent la vitesse et favorisent l'alluvionnement. De cette manière se forment des courbes sinueuses, des méandres, dont le résultat est d'amoindrir la pente et la vitesse, en allongeant le cours du fleuve. C'est à ses méandres nombreux que la Seine doit d'être si bien navigable. D'après Belgrand, tandis que de Paris au Havre le cours développé de la Seine est actuellement de 355 kilomètres, il était seulement de 227 kilomètres pendant la période quaternaire. La première origine des méandres se trouve dans les inégalités du fond,

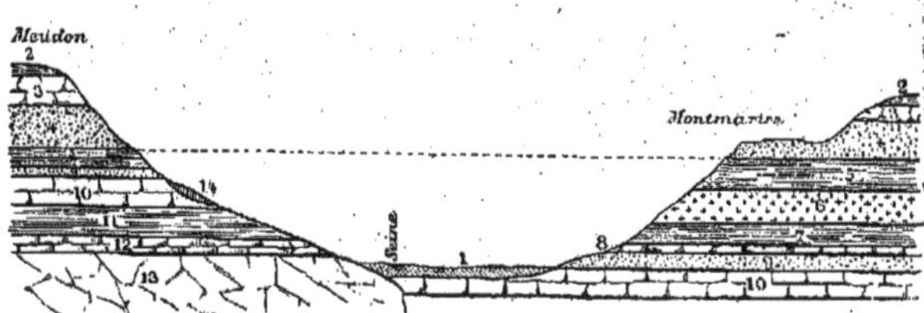

Fig. 156. — Coupe de la vallée de la Seine (voy. p. 126).

dans les roches plus ou moins dures des berges, qui modifient incessamment la direction des eaux, et qui les empêchent de se diriger, en vertu de la pesanteur, en droite ligne vers l'Océan par la pente la plus rapide.

Lorsque la pente change brusquement, il se produit des chutes d'eau, ce qu'on appelle des *rapides*, des *cascades* ou *cataractes*. L'une des chutes les plus célèbres en Europe est celle du Rhin (fig. 157). En Amérique, on cite celle du Niagara (fig. 158). Le fleuve sort du lac Érié et tombe des deux côtés de l'île de la Chèvre (Goat Island), en formant une cataracte de 50 mètres de hauteur. Les roches du haut desquelles le fleuve se précipite sont des calcaires durs, mais qui reposent sur des marnes tendres. L'eau délaye ces marnes qui s'éboulent et entraînent avec elles les assises supérieures. Par suite, la cataracte recule constamment vers l'amont, au taux moyen de 31 centimètres par an. Si l'on suppose que le recul a toujours eu la même valeur, ce qui n'est qu'une hypothèse, on arrive avec Lyell à conclure que le Niagara a reculé de

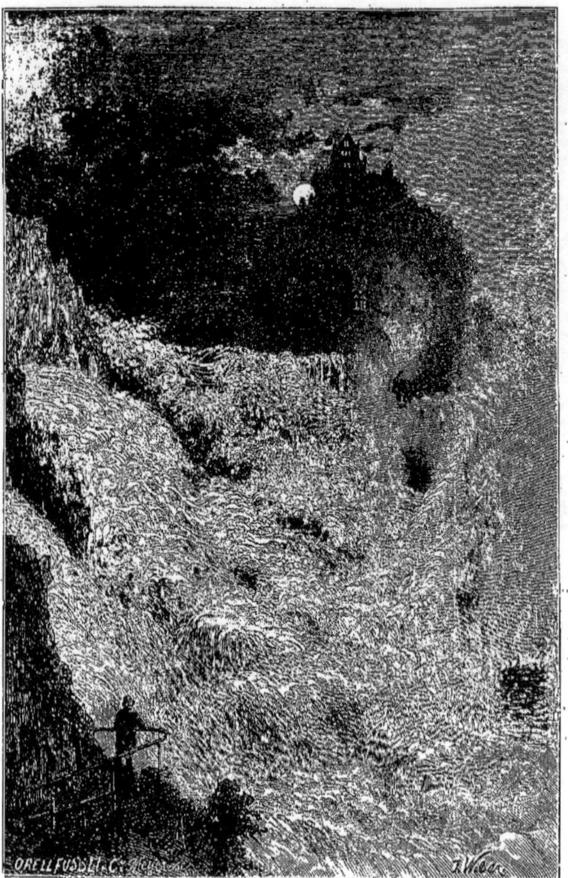

Fig. 157. — Chute du Rhin à Laufen.

5 kilomètres et demi en 35 000 ans environ.

La rotation terrestre paraît avoir une action, d'ailleurs faible, sur les eaux fluviales; elle tend à déplacer graduellement leur lit. Cela s'explique facilement. On sait que la vitesse de rotation, dirigée de l'ouest à l'est, s'accroît des pôles à l'équateur. Par suite, un corps qui se dirige d'un des pôles vers l'équateur arrive dans des régions dont la vitesse est plus grande que la sienne; il reste en arrière du mouvement qui l'emporte, et doit dévier vers l'ouest. Au contraire, un corps qui se dirige de l'équateur vers l'un des pôles a une vitesse plus grande que celle des points où il arrive; il est en avance par suite de sa vitesse acquise, et dévie vers l'est. Aussi voit-on, comme l'a montré le premier de Baer, les fleuves de la Sibérie qui se jettent dans l'océan Arctique ronger constamment leur rive orientale, c'est-à-dire leur rive droite. De même, le Volga, qui coule vers le sud, dévie de plus en plus vers sa droite, c'est-à-dire vers l'ouest; son ancien lit, l'Achtouba, est aujourd'hui à 20 kilomètres du courant principal. On peut encore citer la Vistule, qui approfondit son embouchure orientale aux dépens de son embouchure occidentale. L'un des fleuves dont les changements de cours sont les plus singuliers

Fig. 158. — Cataracte du Niagara.

est l'Oxus ou Amou-Daria. Il se dirige vers le nord-ouest, et va se jeter dans la mer d'Aral; mais autrefois il allait se jeter dans la mer Caspienne par une branche sud-occidentale, près de Krasnowodsk. Strabon a connu l'embouchure de l'Oxus dans la Caspienne; l'ancien lit reste d'ailleurs encore bien tracé, et n'a été abandonné qu'au XVIe siècle. Il y a, en réalité, des oscillations; le fleuve se dirige alternativement vers la mer d'Aral et la Caspienne; aujourd'hui, il tend à reprendre son ancien lit. Ces oscillations n'ont probablement rien à voir avec la loi de Baer, que l'Oxus semble d'ailleurs suivre, car il ronge sa rive droite. Le Hoang-ho, ou fleuve Jaune, subit aussi des changements de direction; son embouchure s'est déplacée plusieurs fois du nord vers le sud et du sud vers le nord.

Il y a donc lieu d'étudier les changements de lit des grands fleuves, mais on ne peut pas toujours, pour les expliquer, faire intervenir la rotation terrestre, comme l'a fait de Baer. Il peut y avoir des oscillations, et beaucoup de cours d'eau, entre autres le Mississipi et le Rhône, au lieu de gagner sur leur rive droite vers l'ouest, tendent à se diriger vers l'est. La question est, en somme, très compliquée, et n'est pas encore élucidée. Récemment, M. Duponchel l'a soumise au calcul, et il n'évalue la déviation due à la rotation terrestre qu'à $\frac{1}{20000}$ du déplacement longitudinal. M. Dana trouve que les actions érosives sur les deux berges, pour un courant de 300 mètres de largeur et de 3 mètres de profondeur, sont sensiblement égales; elles sont dans le rapport de 461 à 460.

Fig. 150. — Le sphinx de Gizeh en Égypte.

ALLUVIONS FORMÉES PAR LES EAUX COURANTES.

Les fleuves charrient toujours des matériaux provenant, pour la plupart, de la partie supérieure de leur cours, et apportés par les torrents qui les alimentent. Ces débris sont plus ou moins volumineux. La puissance de transport des eaux courantes dépend de leur vitesse. Ainsi la Seine, dont la vitesse est de $0^m,50$, ne peut charrier que du sable en temps ordinaire, et en temps de crue du petit gravier. Il faut une vitesse de $1^m,20$ par seconde pour déplacer des cailloux de la grosseur d'un œuf. C'est au moment des crues que le transport est le plus actif, à cause de la plus grande vitesse de l'eau. Le fleuve, alors, charrie plus loin les matériaux déjà déposés au fond, et les entraîne peu à peu jusqu'à l'embouchure.

Les débris entraînés par le fleuve cheminent ainsi lentement, et frottent les uns contre les autres. Les plus tendres se réduisent en sable, tandis que les cailloux les plus durs émoussent leurs angles et prennent une forme grossièrement arrondie; on les appelle des *cailloux roulés*. Leur aspect est caractéristique.

Les matériaux entraînés par les eaux se déposent dès que la vitesse s'amortit, et donnent naissance à ce qu'on nomme *atterrissements* ou *alluvions*.

Nous avons déjà vu que les fleuves alluvionnent surtout sur leurs rives convexes. Mais les atterrissements se produisent surtout au moment des crues, car les eaux, en s'étalant, perdent brusquement leur vitesse. Les matériaux les plus lourds, cailloux, graviers, se déposent d'abord; viennent ensuite les sables. Quant à ce limon qui résulte de la trituration de tous les matériaux, et qui donne à l'eau, dans les crues, une teinte jaune caractéristique, il ne se dépose qu'en dernier lieu, à une certaine distance du lit normal, quand la nappe d'eau est devenue stagnante. Il y a intérêt à répandre ce limon sur le sol qu'il rend plus fertile. On recueille les eaux bourbeuses des fleuves au moment des crues, dans des canaux d'irrigation, et on laisse écouler ces eaux quand elles ont déposé leur limon. Par cette opération, appelée le *colmatage*, on a pu transformer des terrains stériles en terrains très fertiles.

Les couches de limon déposées sont souvent très épaisses. En examinant les bases des monuments et des statues environnées par le limon du Nil on a pu calculer approximativement de quelle quantité le sol de l'Égypte s'exhausse tous les ans. « A Karnak et à

Fig. 160. — Stratification torrentielle à Navajo-Church (ouest de l'Amérique du Nord).

Fig. 161. — Le lac de Silvaplana (Engadine) avec un cône de déjection.

Louqsor, sur l'emplacement de l'ancienne Thèbes, dit Girard, il y a environ 6 mètres de différence entre le niveau actuel de la vallée et celui de sa surface lorsqu'elle fut couverte par le remblai sur lequel les édifices ont été construits : à raison de $0^m,126$ par siècle, cela ferait remonter le commencement de ce remblai à 2 960 ans avant notre ère. » Girard avait calculé que le sol de la vallée du Nil s'élève de 126 millimètres par siècle ; d'après de Rozière qui faisait partie comme Girard de l'expédition d'Égypte, l'exhaussement serait un peu plus rapide : 162 millimètres par siècle.

Lorsque les sédiments se déposent lentement sur une vaste étendue ils sont disposés en couches bien horizontales, mais lorsque le bassin n'est pas très large il y a des irrégularités. Les bancs principaux sont bien horizontaux, mais dans leur masse se détachent des couches minces qui ne sont parallèles les unes aux autres que sur un petit trajet et qui coupent la direction principale du banc sous des angles variables. Cela se produit surtout pour les sables et pour les grès qui résultent de la réunion de leurs grains.

On peut donner comme exemple le Sphinx de Gizeh en Égypte (fig. 159). C'est un rocher de grès qui avait primitivement de vagues contours figurant un animal accroupi et dont les architectes égyptiens ont complété les formes à l'aide d'une maçonnerie. Le cou est formé d'un banc de grès qui présente nettement cette inclinaison des couches qu'on appelle la *stratification torrentielle* ou fausse stratification (fig. 160). Cette variété de stratification est caractéristique des eaux courantes et peut souvent servir pour reconnaître l'origine d'un dépôt.

Lorsqu'un ruisseau rapide arrive à un grand fleuve ou dans un lac où ses matériaux se déposent parce que sa vitesse s'amortit, on voit se produire cette stratification torrentielle. Il se forme un amas conique, le *cône de déjection*, formé de couches dont la pente varie entre 2° et 12° (fig. 161). Ce dernier chiffre n'est atteint que par les torrents les plus impétueux. Les atterrissements qui arrivent ainsi à un lac gagnent peu à peu, le rétrécissent et finissent par le combler. Le Rhône en fournit un exemple.

Il arrive dans le lac de Genève chargé d'une énorme quantité de sédiments que lui apportent les torrents des Alpes. Il abandonne ces sédiments et sort du lac purifié et limpide. Le lac de Genève se comble avec une certaine rapidité. Des localités qui, à l'époque romaine, se trouvaient au bord de l'eau en sont aujourd'hui assez éloignées. Port-Valais, par exemple, qui était autrefois sur la rive, s'en trouve maintenant à une distance de 2 kilomètres et demi.

LES DELTAS.

Les alluvions les plus importantes des fleuves se font à leur embouchure. Celle-ci se trouve dans une échancrure de la côte appelée *estuaire*. Au moment où l'eau arrive dans la mer elle éprouve une forte résistance, sa vitesse diminue brusquement et il se produit un dépôt de matériaux : une *barre*. Ce dépôt est mobile ; il varie avec l'heure ou la force de la marée, car celle-ci en dissémine les éléments ou lui fait subir des flexions. La barre d'un fleuve, à cause de sa mobilité, de ses changements de formes, constitue un obstacle très sérieux pour la navigation. Mais quand le jeu des marées est peu considérable, comme dans la Méditerranée, l'Adriatique, et qu'il n'y a pas de courants littoraux, les matériaux de la barre ne se dispersent pas, ils s'accumulent dans l'estuaire et le comblent peu à peu. Ces dépôts d'estuaire ont une forme plus ou moins triangulaire qui leur a valu le nom de *deltas*, du nom de la lettre grecque (Δ) dont la forme est, en effet, celle d'un triangle.

La formation d'un delta est encore facilitée quand la mer a donné lieu à un cordon littoral. A l'abri de ce cordon les dépôts du fleuve comblent rapidement l'estuaire.

Le delta produit par le fleuve devient un obstacle à l'écoulement de ce dernier qui doit se frayer un passage jusqu'à la mer en envoyant des bras au milieu de ses dépôts. Ces bras s'allongeront de plus en plus au fur et à mesure des alluvions.

Le delta dont la forme triangulaire est le mieux accusée est celui du Nil (fig. 162). Le sommet de ce triangle est au Caire à 200 kilomètres de la côte ; sa superficie est de plus de 22 000 kilomètres carrés. Le fleuve fournit un grand nombre de branches qui s'entre-croisent, mais il n'arrive plus à la mer que par deux branches importantes ; celle de Rosette

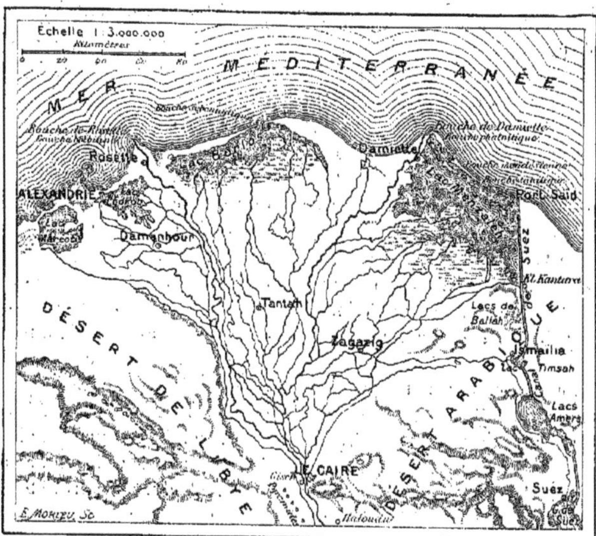

Fig. 162. — Delta du Nil.

qui correspond à l'ancienne bouche *bolbitine* d'Hérodote, et celle de Damiette qui est l'ancienne bouche *phatnitique*. Les Anciens connaissaient encore cinq autres bouches : *canopique*, *sebennytique*, *mendésienne*, *tanitique* et *pélusiaque*, aujourd'hui plus ou moins oblitérées. Le sol du delta est formé par les alluvions du Nil qui le recouvre chaque année d'une nouvelle couche de limon, avec d'autant plus de facilité que le fleuve n'est pas endigué et peut se répandre facilement sur son lit majeur. D'après les fouilles faites autour des monuments anciens on évalue l'exhaussement à 9 centimètres par siècle. Le contour extérieur du delta est convexe; derrière une bande de terre assez étroite se trouvent des lagunes dont les principales sont appelées lacs Maréotis, Madieh, Edkou, Burlos et Menzaleh. Ces lagunes sont très peu profondes et sont en train de disparaître. Le lac Maréotis situé près d'Alexandrie communiquait du temps de César avec la Méditerranée, puis il se combla presque complètement. Aujourd'hui c'est un territoire marécageux qu'on s'efforce de dessécher et de rendre cultivable. Le lac Menzaleh placé près de Damiette est le plus grand des lacs d'Égypte; il n'est couvert que d'une faible épaisseur d'eau. Le canal de Suez traverse la partie orientale du lac ; Port-Saïd qui se trouve à l'entrée du canal est bâtie sur la plage sablonneuse étroite séparant le lac Menzaleh de la Méditerranée. Le contour extérieur du delta n'a que fort peu changé depuis les Anciens ; il ne gagne sur la mer que par ses deux bouches de Rosette et de Damiette; l'allongement ne dépasse certainement pas 4 mètres par année. Cela tient à ce fait que le fleuve n'étant pas endigué, ses alluvions peuvent se former facilement sur toute l'étendue du delta ; elles ne sont pas emportées en masse à la mer. En résumé le delta du Nil est un estuaire comblé dont les lagunes littorales sont les derniers restes.

Le Rhône a produit un delta très étendu. Les anciens comptaient jusqu'à 7 bouches du Rhône. Il n'y en a plus que deux importantes, qui se séparent à Fourques, à 1 kilomètre en avant d'Arles. La branche orientale est la plus principale; c'est le *Grand Rhône*, la branche occidentale est le *Petit Rhône*. Chacune de ces branches est accompagnée vers l'ouest d'un canal abandonné par les eaux. Celui qui accompagne le Grand Rhône s'appelle le *canal du Japon* ou *Vieux Rhône;* celui qui est à l'ouest du Petit Rhône est le *Rhône Mort*. On trouve même encore plus à l'ouest les traces d'un autre bras en relation avec des marais qui communiquent eux-mêmes avec l'étang de Mauguio. Les eaux ont abandonné le Rhône Mort et le Vieux Rhône, une fois que le lit est devenu trop élevé par suite de l'alluvionnement; le courant s'est alors rejeté vers l'est. Le delta du Rhône s'appelle la *Camargue;* c'est tout l'espace dans lequel s'étendent et se sont étendus les bras actuels et les anciens bras, mais on appelle dans un sens plus restreint *île de la Camargue* le triangle renfermé entre les deux grands bras du Rhône. Sa surface est de 73 000 hectares. C'est une plaine de limon présentant de nombreux marais et des lagunes. L'une des plus importantes est celle de Vaccarès qui couvre à elle seule 6 480 hectares. Le fleuve est endigué, par suite la plus grande partie de ses limons arrive à la mer; il y jette par an environ 20 millions de mètres cubes de troubles. Aussi son cours s'allonge-t-il assez rapidement. L'allongement moyen du Grand Rhône est de 57 mètres par an. Les témoins les plus irrécusables de cet allongement sont les tours qu'on élevait autrefois des deux côtés pour servir de guides aux navires et pour surveiller l'approche des pirates barbaresques. L'accroissement successif est marqué par l'ordre de ces tours bâties le long du Rhône. La tour de Saint-Louis bâtie sur le rivage même, à l'embouchure du Grand Rhône, en 1737, est aujourd'hui à plus de 8 kilomètres de la mer.

Le Pô et l'Adige confondent leurs alluvions pour édifier dans l'Adriatique un delta très étendu. Aujourd'hui ce delta fait une saillie très prononcée qui certainement n'existait pas à l'origine (fig. 163). Ce sont les alluvions du fleuve qui ont fait reculer le rivage de la mer. La ville d'Adria était jadis au bord de l'Adriatique; elle est aujourd'hui à plus de 22 kilomètres; à l'époque romaine toutefois elle n'était déjà plus qu'un port lacustre. Le Pô a changé plusieurs fois de direction et des branches successives se sont formées. Les documents historiques ont permis d'assurer qu'au XIIe siècle Adria se trouvait à 10 kilomètres de la mer, et en 1600 à 18 kilomètres et demi, ce qui donne de 1200 à 1600 un accroissement annuel de 25 mètres par an. Mais depuis 1600 de grands travaux ont été entrepris sur les bords de l'Adige et du Pô; les deux fleuves sont étroitement endigués et la plus grande partie de leurs matériaux arrivent à la mer. D'après de Prony cité par Élie de Beaumont, de 1604 à 1804, l'accroissement annuel du delta aurait été de 70 mètres. On évalue les troubles tenus en suspension par les eaux du fleuve à 43 millions de mètres cubes; ils s'élèvent même en certaines années à 100 millions.

Le fleuve d'Europe qui entraîne le plus de sédiments est le Danube. Il en déverse 60 millions de mètres cubes par an dans la mer Noire. Le fleuve se divise un peu au-dessus d'Ismaïl et présente aujourd'hui trois bouches qui sont, en allant du sud au nord, celle de Saint-Georges, celle de Soulina, enfin la bouche de Kilia. La distance qui sépare les deux extrêmes est de 87 kilomètres, espace double de celui qui sépare les deux grands bras du Rhône. La surface du delta est de 4000 kilomètres carrés. Au temps de Strabon elle paraît n'avoir été que de 2000 kilomètres. L'accroissement annuel est donc considérable.

Les fleuves qui se jettent dans la mer à marées sensibles comme l'Atlantique ne peuvent, malgré la masse des sédiments qu'ils charrient, combler leur estuaire. Ainsi le fleuve des Amazones qui refoule avec force le flot marin et dont les troubles se reconnaissent à leur couleur à une grande distance des côtes, ne peut donner naissance qu'à une barre sans cesse dispersée par les courants. Cependant certains fleuves très puissants qui se jettent au fond de golfes peuvent vaincre l'effort des marées surtout au moment des crues. Tel est d'abord le Hoang-ho ou fleuve Jaune qui se jette dans une mer peu profonde, abritée par des îles, et parcourue par des marées relativement faibles. Le fleuve Jaune apporte une quantité énorme de matières limoneuses qui ont valu à lui et à la mer où il se jette leur couleur et leur nom. Son delta s'étend sur une surface de 250 kilomètres carrés.

Le Gange peut vaincre aussi les marées du golfe de Bengale ; son embouchure est voisine de celle du Brahmapoutra, et les deux fleuves unissent leurs atterrissements. Le delta ainsi formé vient immédiatement pour l'étendue après celui du fleuve Jaune. Il commence à 320 kilomètres de la mer et sa base le long de la côte atteint 300 kilomètres. Sa superficie est le double de celle du delta du Nil qui a environ 145 kilomètres de base et 140 kilomètres de largeur. Les atterrissements du Gange et du Brahmapoutra sont traversés par de nombreux bras ; il y a dix ou douze bouches. Les bras principaux sont le Gange proprement dit et l'Hoogly qui paraît être le bras le plus ancien. Les rapports du Gange et du Brahmapoutra sont à peu près ceux du Pô et de l'Adige. On attribue à l'épaisseur des dépôts 24 mètres. Le delta s'accroît uniquement dans la saison des pluies. C'est alors que le fleuve peut vaincre l'effort des marées grâce à l'énorme

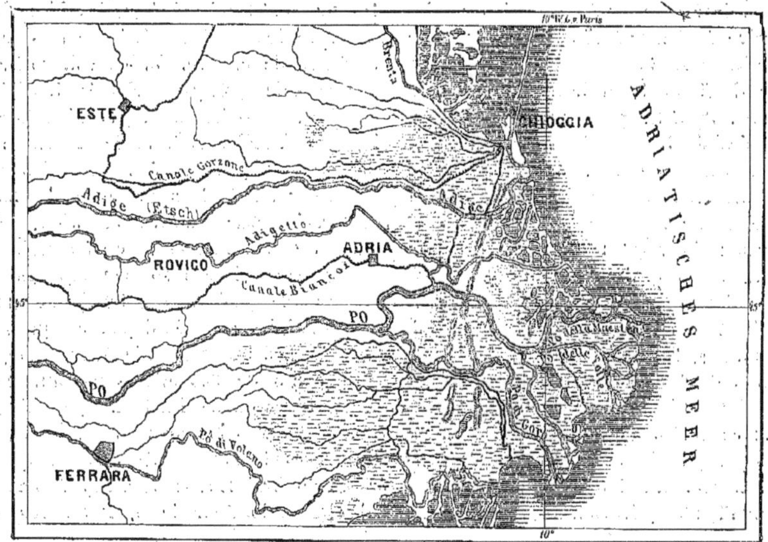

Fig. 163. — Delta du Pô.

quantité des limons entraînés; ceux-ci troublent l'eau de mer jusqu'à 100 kilomètres de l'embouchure.

Le Mississipi peut aussi pousser ses dépôts dans le golfe du Mexique (fig. 164). Les marées n'ont qu'une amplitude de 60 centimètres à 1 mètre et ne sont sensibles que jusqu'à 50 kilomètres au-dessus de l'embouchure; généralement la marée ne remonte pas jusqu'à la Nouvelle-Orléans. C'est à 460 kilomètres de l'embouchure principale que le Mississipi commence à se diviser; il fournit alors vers l'ouest un bras considérable, l'Atchafalaya, puis la Placumana se détache à 385 kilomètres

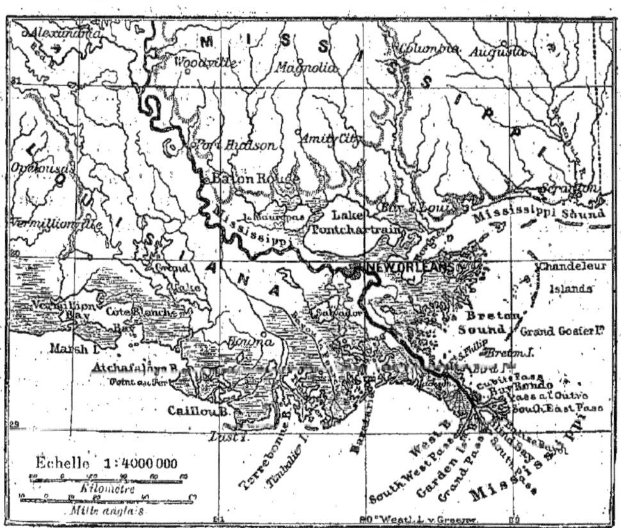

Fig. 164. — Delta du Mississipi.

et la Fourche à 325 kilomètres. Le tronc principal arrive à la mer à 176 kilomètres de la Nouvelle-Orléans. Cette branche principale s'avance directement dans la mer au milieu de ses dépôts. Le delta présente ainsi un long promontoire de 50 kilomètres, comparable, comme le dit E. de Beaumont, au long cou d'une hydre. A son extrémité il se divise en cinq rameaux figurant une patte d'oie et dans ces rameaux s'ouvrent les cinq bouches du fleuve. La longueur de ces rameaux est de 8 à 10 kilomètres. Les passes du fleuve sont peu profondes; elles ont tout au plus 4 à 5 mètres d'eau, tandis que la profondeur du fleuve est de 30 à 40 mètres.

Les dépôts du Mississipi constituent un sol marécageux couvert de roseaux. Ils contiennent une immense quantité de troncs d'arbres charriés par le fleuve. On voit naître au milieu des vases des monticules qui se soulèvent à 3 ou 4 mètres ; ce sont les îles de boue (*mud lumps*), puis le centre du monticule s'affaisse et se creuse en forme de cratère. On en voit sortir une source et des gaz hydrocarbonés. L'origine de ces îles temporaires n'est pas bien élucidée, les uns l'attribuent à la fermentation des débris organiques qui fait gonfler les vases; d'autres admettent la présence de nappes souterraines placées au-dessous du delta actuel; leur pression serait suffisante à certains moments pour soulever le sol peu stable du delta. On ne connaît pas exactement de quelle quantité le Mississipi accroît ses dépôts chaque année. D'après E. de Beaumont, le fleuve allongerait son cours de 350 mètres par an, ce qui donnerait à peine 1400 ans pour l'âge du delta; mais des documents récents paraissent établir que l'allongement est beaucoup moins rapide; il serait seulement suivant Thomassy et d'autres explorateurs de 80 à 100 mètres par an.

NAPPE D'INFILTRATION. SOURCES ET PUITS ARTÉSIENS.

Nous avons vu qu'une partie de l'eau de pluie s'évapore, qu'une autre ruisselle à la surface du sol, qu'une troisième enfin s'infiltre dans le sol. Les eaux d'infiltration deviennent de moins en moins accessibles à l'évaporation; par suite à une certaine profondeur la terre est saturée d'humidité et il se forme des nappes souterraines qu'on appelle *nappes d'infiltration*. Lorsqu'une telle nappe rencontrera une dépression du sol, elle coulera sur les pentes formant ainsi des sources. Les coteaux qui dominent celles-ci peuvent être absolument arides. Ainsi en Champagne on voit très souvent s'élever au voisinage de sources abondantes des falaises de craie blanche complètement dépourvues de végétation. Il faut remarquer que la surface de la nappe d'infiltration n'est pas nécessairement horizontale. Il n'en est ainsi que pour celles qui se trouvent sous un sol lui-même horizontal. Mais si le sol a une surface ondulée, les mêmes ondulations se répètent pour la nappe d'infiltration (fig. 165). En effet supposons la plaine entamée par deux vallées, celles-ci exercent sur l'eau une action de drainage; et l'eau s'écoulera vers les deux dépressions, sa surface sera par suite relevée sous le faîte de partage. La figure représente l'allure d'une nappe d'infiltration sur un terrain ondulé. La ligne *aa* représente le niveau de cette nappe. C'est pour cela que quand on creuse un puits sur le bord de la vallée de la Seine, le niveau de l'eau dans le puits est d'autant plus élevé qu'on s'éloigne davantage du fleuve. Un puits n'est en effet qu'une cavité creusée jusqu'à la rencontre de la nappe d'infiltration. Ainsi, à Paris sous l'Arc de Triomphe, le niveau de la nappe d'eau est à 8 mètres au-dessus de celui de la Seine. Pour la même raison encore, un puits creusé sur le bord de la mer ne fournira que des eaux douces, à moins que l'eau salée n'ait pu pénétrer par de larges fissures du sol.

Il faut remarquer que les conditions météorologiques n'influent pas immédiatement sur le régime des sources. Une pluie abondante peut très bien ne pas produire sur le champ son effet sur la richesse des sources, parce que les eaux ont à effectuer un long trajet souterrain. Ainsi pendant un été sec le débit des sources peut fort bien ne pas diminuer sensiblement si l'hiver précédent a été très humide; au contraire pendant un été pluvieux, les sources sont souvent relativement pauvres parce que l'hiver a été sec, que les neiges ont été peu abondantes. Au Havre par exemple d'après M. Meurdra le tribut d'un hiver pluvieux met trente mois à s'écouler.

La température des sources est constante ; elle est égale en général à la moyenne annuelle de la température de l'air au point d'émergence. Nous avons vu en effet que les variations thermométriques ne se font sentir

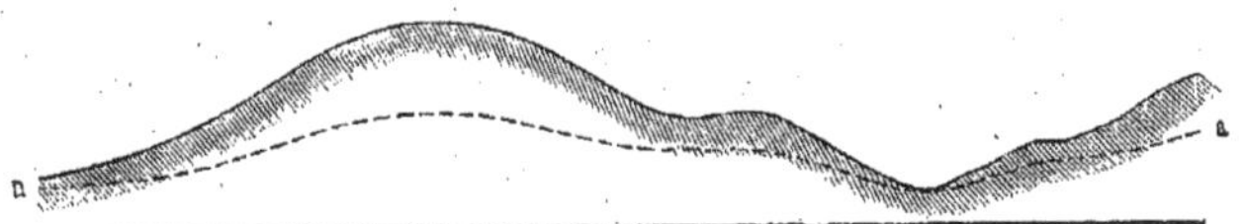

Fig. 165. — Surface de la nappe d'infiltration sous un terrain ondulé.

que lentement à l'intérieur du sol. A partir d'une faible profondeur même leur effet est nul et la température s'accroît graduellement au fur et à mesure qu'on s'enfonce.

Il peut arriver que l'eau en s'infiltrant rencontre une couche d'argile imperméable. Elle ne pourra la franchir et partout où la couche d'argile sera rencontrée par une dépression

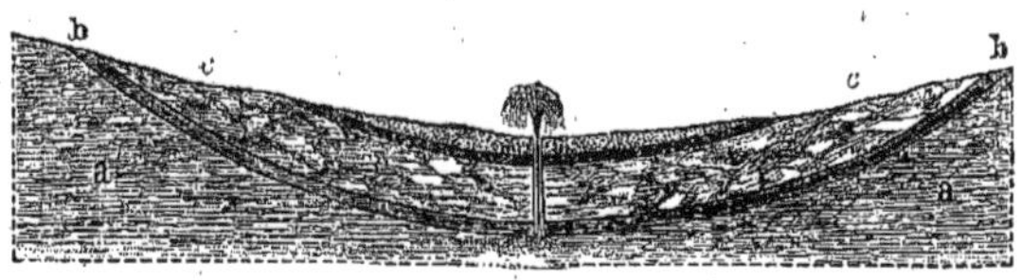

Fig. 166. — Représentation schématique d'un puits artésien. — *a*, couche imperméable; *b*, nappe d'eau; *c*, couche imperméable.

du sol, on verra surgir de véritables sources. Une couche imperméable de cette sorte s'appelle un *niveau d'eau*. Les sources qu'elle produit seront moins constantes que celles provenant de nappes profondes, car celles-ci seront plus abondamment alimentées.

De pareilles couches imperméables produisent un phénomène plus important, celui

Fig. 167. — Puits artésien de Grenelle.

d'eaux jaillissantes Supposons qu une couche perméable, de sable par exemple, se trouve comprise entre deux couches d'argile. L eau de la pluie qui tombe aux points *b*, *b*, où les couches affluent, s'enfonce dans ce sable et y forme une nappe emprisonnée entre les deux bancs d'argile et qui en suit toutes les sinuosités. Si alors en un point plus bas que le niveau supérieur de l'eau on fore un puits qui traverse la couche imperméable supérieure *c*,

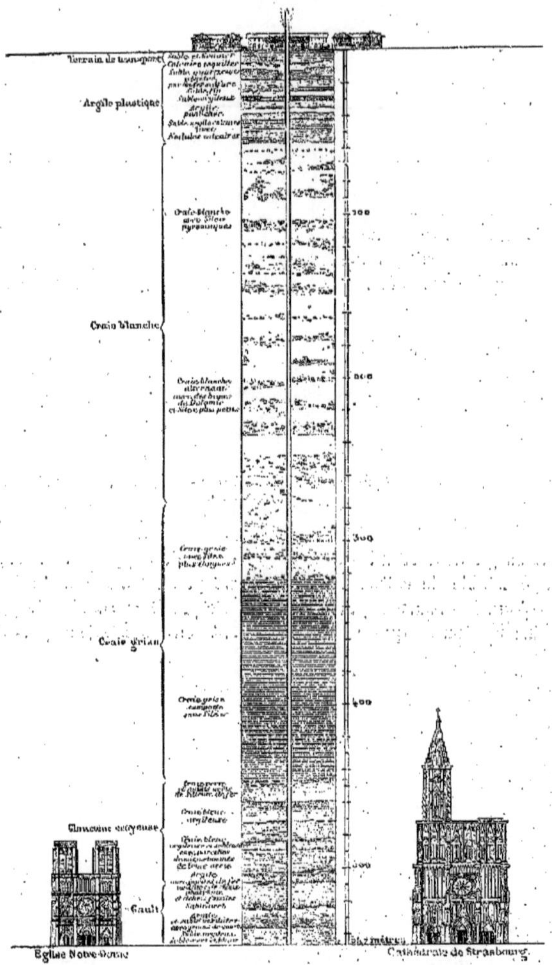

Fig. 168. — Puits artésien de Passy.

l'eau jaillira par l'ouverture et tendra, en vertu du principe des vases communiquants, à reprendre son niveau le plus élevé (fig. 166). Ces puits d'eaux jaillissantes sont appelés *puits artésiens* parce que le premier sondage de ce genre en Europe fut pratiqué au XIIme siècle à Lillers près de Béthune en Artois. Mais on se servait depuis très longtemps déjà de puits artésiens en Chine et dans les oasis du désert libyque.

Des puits artésiens célèbres sont ceux de Grenelle et de Passy (fig. 167 et 168) à Paris. L'eau qui les alimente vient des plateaux de la Champagne. Pour atteindre la nappe aquifère il a fallu creuser à Grenelle jusqu'à 548 mètres de profondeur et à Passy jusqu'à 580 mètres. Cette nappe d'infiltration est renfermée dans des sables verts compris entre deux couches d'argile. A l'origine (1842) le puits de Grenelle fournissait 3200 mètres cubes au niveau du sol, c'est-à-dire à 36^{m},60, en vingt-quatre heures. On a fait monter l'eau dans des tubes jusqu'à 73 mètres, ce qui a réduit le débit à 1100 mètres cubes. Lorsqu'on a creusé en 1861 le puits de Passy, qui est alimenté par la même nappe, le débit du puits de Grenelle a encore diminué ; il est maintenant de 335 mètres cubes. Le débit de celui de Passy est de 6192 mètres cubes à l'altitude de 77 mètres. La température de l'eau de Grenelle est, comme nous l'avons déjà vu, d'environ 28° (18° de plus que la moyenne annuelle de Paris).

Aujourd'hui les puits artésiens rendent de grands services en Algérie et ont permis de créer des oasis et de développer la culture des dattiers. Il y a en effet dans le désert des nappes d'infiltration, des sources cachées par des amoncellements de sables, et par des croûtes de sel et de gypse déposées par les eaux d'infiltration en s'évaporant. Ces croûtes suffisent par leur pression à empêcher la sortie des eaux profondes, mais si on les perce par un trou de sonde on atteint l'eau qui arrive à la surface et peut même jaillir. C'est ce qui arrive, d'après M. Dru, dans la région des Chotts tunisiens (1). Par des ouvertures que les indigènes appellent *Aïn-el-Behhar* (œil de la mer), on voit les eaux de la nappe souterraine des Chotts à quelques décimètres de la surface. Ces eaux donnent lieu par l'évaporation solaire à un dépôt salé dont les éléments sont empruntés aux formations qu'elles traversent. Ce dépôt d'abord peu épais s'accroît rapidement et empêche les eaux de couler.

DANGERS DES INFILTRATIONS.

Les eaux d'infiltration produisent souvent des éboulements. Accumulées au-dessus d'une couche d'argile elles finissent par la délayer, et les terrains placés sur cette argile détrempée glissent en blocs énormes dans les vallées, causant de terribles catastrophes.

C'est ce qui se produisit en 1806 pour la montagne de Rossberg en Suisse. Cette montagne repose sur un lit d'argile que délayent les eaux d'infiltration. Cette argile se réduisit en une masse boueuse et tout un pan de la montagne glissa sur sa base et se détacha. Une masse de blocs évaluée à 40 millions de mètres cubes couvrit de ses débris la vallée de Goldau,

Fig. 109. — Catastrophe d'Elm, près de Glaris, en Suisse (1881). (Voy. p. 140.)

(1) Dru, *Mission Roudaire dans les Chotts Tunisiens. Hydrologie et Géologie*, Paris, 1881, p. 12.

engloutissant plusieurs villages et causant la mort de 457 personnes.

Un éboulement du même genre, mais moins important, se produisit en 1837 à la montagne de Perrier près d'Issoire.

La catastrophe la plus récente est celle d'Elm en Suisse près de Glaris fig. 169. Au-dessus de ce village se trouvent des escarpements d'ardoise à pente assez forte. On les exploitait depuis des siècles sans étayer les roches. Des infiltrations se produisirent à la partie supérieure, des crevasses se formèrent, enfin le 11 septembre 1881 se détacha une masse de dix millions de mètres cubes. Elle se précipita dans la vallée de Sernft, détruisit une moitié du village d'Elm et s'écroula sur le village d'Unterthal. Cette masse vint se heurter aux flancs d'une montagne opposée, le Düniberg, qui rejeta de nouveau dans la plaine une partie de cette avalanche de pierres. La vitesse de l'éboulement fut évaluée par Heim à 120 mètres par seconde. L'air placé devant la masse en mouvement était pressé avec une telle violence qu'il faisait tourbillonner devant lui les arbres et les maisons.

Les eaux souterraines produisent également dans les profondeurs des phénomènes de dissolution. Elles dissolvent le gypse ou pierre à plâtre, de là des éboulements et des mouvements du sol très brusques, c'est-à-dire de véritables tremblements de terre. Ainsi dans la vallée de Visp (Valais) il y eut en 1855 pendant un mois une série de secousses dues à la dissolution du gypse dans les profondeurs du sol.

Ces eaux souterraines dissolvent aussi le sel gemme, et tous les dépôts de sel qu'on exploite auraient depuis longtemps disparu s'ils n'étaient intercalés dans des argiles qui les protègent.

GROTTES, STALACTITES ET STALAGMITES.

C'est dans les régions calcaires que les eaux souterraines produisent les effets les plus importants et les plus singuliers. Elles pénètrent dans les fentes qu'elles élargissent peu à peu et y forment des cavités ou *grottes*. En s'accumulant dans ces cavités elles finissent par former des cours d'eau souterrains assez puissants. On peut citer les grottes de Han en Belgique, où s'engouffre la Lesse, l'un des affluents de la Meuse (fig. 171). En Amérique se trouve dans le Kentucky la célèbre caverne du Mammouth (*Mammoth's cave*) (fig. 170). Elle n'a pas encore été complètement explorée. Elle a 15 kilomètres de profondeur et présente un très grand nombre d'allées formant labyrinthe. On en a parcouru 233 ayant ensemble 240 kilomètres de longueur.

L'un des pays les plus remarquables par les grottes est la région du Karst en Autriche qui s'étend entre Laibach et Fiume (Carniole et Istrie) (fig. 172). Là comme dans la caverne du Mammouth il y a des lacs et des rivières serpentant dans des grottes très étendues. Toute la surface du pays est creusée de trous ou d'abîmes. On y voit en particulier des entonnoirs qui s'ouvrent sur les plateaux nus et qui communiquent avec les réservoirs souterrains. Ce sont les *dolines* (fig. 173). Les eaux de la profondeur ont fini par agrandir les cavités où elles s'accumulent, par suite s'est produit l'effondrement des voûtes de ces abîmes; c'est ainsi qu'ont dû se former beaucoup de ces dolines. Mais certaines sont trop régulières pour provenir d'effondrements. Ce sont des entonnoirs parfaits, au fond desquels on trouve la *terra rossa* dont nous avons déjà parlé. Ces dépressions sont dues à une dissolution des calcaires par l'eau chargée d'acide carbonique et la *terra rossa* est le résidu de cette dissolution. Des entonnoirs du même genre se trouvent en Grèce où on les appelle *catavothra;* on les retrouve, mais avec une moins grande étendue, dans les *creux* et les *emposieux* du Jura. Les *dolines* du Karst ont depuis un mètre jusqu'à 2/3 de kilomètre de diamètre.

Le réseau de grottes du Karst comme celui d'Amérique est habité par une faune spéciale qui s'est peu à peu adaptée à des conditions nouvelles d'existence. On y trouve des animaux dont les organes visuels se sont atrophiés par défaut d'usage, ainsi beaucoup d'Insectes, et le curieux Batracien appelé le Protée. Il se trouve dans la célèbre grotte d'Adelsberg en Carniole dans la région du Karst. Cette grotte est particulièrement remarquable par les productions calcaires appelées *stalactites* et *stalagmites* qui la tapissent (fig. 174). L'origine de ces productions est la suivante. L'eau chargée de calcaire, qui suinte au plafond d'une grotte,

Fig. 170. — Les grottes de Han, où s'engouffre la Lesse, en Belgique (la salle du Dôme).

Fig. 171. — Grotte du Mammouth, près de Cave City, dans le Kentuchy (États-Unis d'Amérique).

dépose sur cette voûte un anneau de carbonate de chaux, en s'évaporant. D'autres gouttes en arrivant prolongent cet anneau et en font un cylindre creux qui pend à la voûte ; c'est une

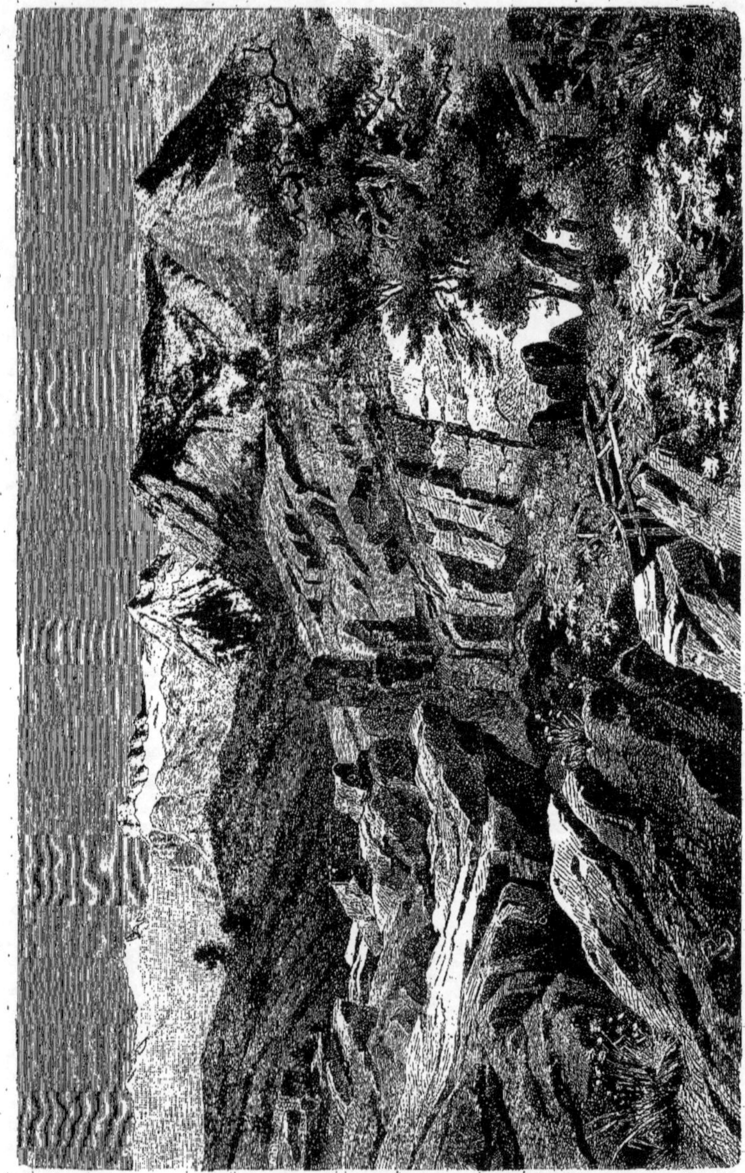

Fig. 172. — La région du Karst aux environs de Trieste.

stalactite. L'eau qui tombe sur le sol de la grotte perd le reste de son carbonate de chaux, et il en résulte d'autres cylindres qui se dressent vers le plafond ; ce sont les *stalagmites*.

Fig. 173. — Une *doline* dans le Karst de Trieste.

Les stalactites et les stalagmites en se rejoignant finissent par former de véritables colonnes. Les deux figures (fig. 175 et fig. 176) montrent l'abondance de ces productions dans la grotte d'Adelsberg (fig. 177); on y voit pendre à la voûte de véritables draperies calcaires, tandis que du sol s'élèvent des obélisques et des clochetons.

Fig. 174. — Stalactites et Stalagmites (voy. p. 140).

Fig. 175. — Entrée de la grotte d'Adelsberg en Carniole.

Fig. 176. — Stalactites et Stalagmites de la grotte d'Adelsberg.

Fig. 177. — Grotte d'Adelsberg.

VALEUR DE L'ÉROSION PRODUITE PAR LES EAUX.

Le rôle des eaux dans l'érosion des continents est, comme le montrent les chapitres qui précèdent, extrêmement important. Elles transforment les terres fermes, les rongent et en entraînent les débris dans la mer pour former de nouveaux sédiments. Combien les Alpes ont-elles dû changer d'aspect dans les temps géologiques pour offrir des ruines comme les trois créneaux de Schluderbach dans le Tyrol (fig. 178)! Combien la dénudation a été active à l'Aiguille Rouge près de Chamonix (fig. 179) pour ne laisser sur ce sommet haut de 3 000 mètres que quelques lambeaux de Jurassique supérieur! Si, avec M. Suess, on se figure sur l'Erzgebirge en Saxe le manteau complet des couches paléozoïques, représentées seulement aujourd'hui par quelques débris, on sera confondu de l'importance des érosions.

D'autre part, le résultat n'a pu se produire que dans un temps très long, si l'on en juge par le travail actuel des eaux. On a calculé que le Pô, pour abaisser son bassin de un pied, met 729 ans, le Gange supérieur 823 ans, le Hoang-ho 1 464, le Rhône 1 526, le Nil 4 733, le Mississipi 6 000 ans; en moyenne on arriverait à 3 000 ans pour le temps nécessaire à une dénudation des continents égale à un pied (Neumayer). Cela conduirait à un nombre d'années extraordinaire pour l'abaissement complet des continents, et pour les ramener au niveau de la mer.

Des calculs plus récents effectués par Murray ont conduit à un nombre encore considérable mais beaucoup moins élevé. D'après Murray tous les fleuves terrestres emportent chaque année à la mer un volume total de matériaux égal à 10 kilomètres cubes et 43 centièmes. La part de l'érosion marine est beaucoup plus faible. Évaluant à 3 centimètres par an le recul des côtes, on trouve trois dixièmes de kilomètre cube pour la part de l'ablation due aux océans. Enfin d'après Murray l'action dissolvante des eaux continentales enlève aux terres 5 kilomètres cubes par an de matières solides. En tout les continents perdraient chaque année 16 kilomètres cubes, soit en supposant l'altitude moyenne des continents de 700 mètres environ, $\frac{11}{100}$ de millimètre.

Fig. 178. — Les trois créneaux de Schluderbach (Tyrol). (Page 145.)

Mais les sédiments enlevés aux continents vont se déposer dans la mer et élever son ni-

Fig. 179. — L'Aiguille Rouge (d'après Favre). (Page 145.)

veau. Pendant que les continents s'abaissent de $\frac{11}{100}$ de millimètre, le niveau marin monterait de $\frac{11}{252}$. Par suite l'altitude de la terre relativement à la surface marine diminuerait de $\frac{11}{100}+\frac{11}{252}$ ou 153 millièmes de millimètre. Cela donne quatre millions et demi d'années pour amener le niveau de la mer exactement à la même hauteur que la masse continentale progressivement abaissée (1). Au bout de cette période l'érosion et la sédimentation cesseraient, à moins qu'il ne se soit produit dans l'intervalle de grands phénomènes de dislocation changeant les relations réciproques des terres et des mers. Ces phénomènes ont eu lieu dans le passé à bien des reprises; nous ne pouvons donc pas appliquer aux périodes écoulées les résultats numériques fournis par l'étude des phénomènes dont nous sommes les témoins et qui se produisent dans une période exempte de tout changement orogénique notable. Nous devons nous borner à constater la grandeur des érosions continentales sans attacher beaucoup d'importance aux hypothèses faites sur le temps qu'il a fallu à la mer pour déposer les 45 000 mètres qui forment l'épaisseur totale des formations sédimentaires et aux eaux continentales pour produire les érosions observées.

LES GLACIERS

NEIGE ET NÉVÉ. FORMATION DES GLACIERS.

Lorsque la température est inférieure à 0°, la vapeur d'eau atmosphérique, au lieu de se condenser en pluie, tombe sur le sol à l'état de *neige*. C'est ce qui arrive sur les montagnes, car la température s'abaisse au fur et à mesure qu'on s'élève dans l'air.

Une grande partie des neiges tombées pendant l'hiver fond pendant l'été, mais à partir

(1) Voir de Lapparent, *Phénomènes de sédimentation* (*Bulletin de la Société géologique de France*, 1890).

Fig. 180. — Glacier de Zermatt à son origine. (Page 150.)

d'une certaine hauteur, la température de l'été n'arrive pas à fondre la totalité de ces neiges. Le sommet des hautes montagnes sera donc constamment couvert de neige, et il y a

Fig. 181. — La Mer de Glace au Montanvers. (Page 151.)

une limite au-dessus de laquelle les neiges sont *persistantes;* on l'appelle aussi limite des neiges *éternelles*, mais à tort, puisque ces neiges fondent en partie sous l'influence des rayons du soleil.

La limite des neiges persistantes descend

nécessairement d'autant plus bas que la région est plus froide. Dans les régions polaires, elle descend très bas, jusqu'au niveau de la mer; dans les Alpes elle monte à 2 700 ou 2 800 mè-

Fig. 182. — Glacier d'Aletsch (Oberland Bernois). (Page 151.)

très ; sous les tropiques, elle se trouve à près de 5 000 mètres d'altitude. Le tableau suivant nous fournit, d'après Hann, des données précises sur la limite des neiges persistantes aux diverses latitudes.

Il faut remarquer toutefois que la hauteur des neiges ne dépend pas seulement de la latitude, mais aussi des conditions météorologiques. Sur le versant sud de l'Himalaya la limite des neiges persistantes descend à 4 940 mètres, tandis que sur le versant nord elle ne descend qu'à 5 670. En effet, le versant sud exposé aux vents chauds et humides du golfe de Bengale reçoit beaucoup plus de neige que le versant nord exposé à des vents froids et relativement secs.

Localités.	Position géographique.		Limite des neiges persistantes.
Spitzberg	77° latitude nord.		460m
Islande	65°	—	936m
Norwège	70°	—	1021m (1) 884m (2)
Norwège	60°	—	1680m (1) 1360m (2)
Alpes occidentales	45°-47°	—	2700m
Alpes orientales	45°-47°	—	2800m
Caucase (est)	41°-44°	—	4300m
Caucase (ouest)	41°-44°	—	3570m
Himalaya (vers. sud)	27°-34°	—	4940m
Himalaya (vers. nord)	27°-34°	—	5670m
Karakorum	28°-36°	—	5820m
Kilima-Ndscharo (Afrique centrale)	3° latitude sud.		5000m
Andes :			
Équateur	0°	—	4820m
Bolivie	16°	—	4850-5620
Chili	33°	—	4500m
Patagonie	42°	—	1830m
Détroit de Magellan	52°	—	1100m
Géorgie du Sud	54°	—	0m

Les neiges ne s'accumulent jamais indéfiniment sur les montagnes ; une grande partie se précipite dans les vallées sous forme d'énormes masses entraînant avec elles des blocs de rochers. Ce sont les *avalanches*, souvent si redoutables. La masse de neige roule sur la pente avec une vitesse considérable, grossit de plus en plus et renverse tous les obstacles qu'elle rencontre. Les avalanches se produisent surtout au printemps quand la neige commence à fondre. En effet, la fusion se fait à la surface ; l'eau provenant de la fusion s'infiltre, ruisselle en dessous et les parties supérieures n'étant plus soutenues glissent sur les pentes.

En suivant les pentes, les neiges persistantes finissent par s'accumuler dans des dépressions circulaires ou *cirques*, dominés par les hautes cimes. Là elles subissent une transformation. La neige, quand elle tombe, est à l'état de petits cristaux étoilés à six branches, réunis en flocons, qui laissent entre eux de nombreux interstices occupés par l'air. Mais dans les cirques où elle s'accumule, la neige se tasse, et une grande partie de l'air est expulsée. En outre, elle fond sous l'action du soleil. Les cristaux se transforment en petits grains arrondis entre lesquels circulent les gouttelettes d'eau provenant de la fusion. Cette eau se congèle pendant la nuit en expulsant l'air. La neige est transformée de cette manière en un amas de granules présentant assez de cohésion pour que la marche y soit relativement facile. Cette neige granuleuse contenant peu d'air s'appelle le *névé*.

Les cirques où s'accumulent les névés communiquent en général avec des gorges profondément encaissées. Les névés descendent sous l'effet de leur propre poids et de la pression qu'ils subissent de la part des masses supérieures. Ils arrivent ainsi à un niveau assez bas pour que la température soit au-dessus de zéro. La fusion se produit ; tout l'air qui restait encore est expulsé ; puis sous l'effet d'un abaissement de température, sous l'influence des gelées nocturnes, par exemple, une nouvelle solidification se produit, mais cette fois à l'état de glace cohérente, compacte : un *glacier* s'est constitué (fig. 180). Ainsi, un glacier est un champ de glace alimenté par des cirques remplis de névés, qui sont en quelque sorte ses réservoirs, et les cirques sont eux-mêmes dominés par des cimes couvertes de neiges. Les neiges se transforment, par suite de leur descente, en névés, et les névés en descendant plus bas se transforment en glace. Dans les régions polaires la glace couvre le sol d'un véritable manteau ; les glaciers descendent jusqu'à la mer ; c'est ce qui se produit au Spitzberg et au Groënland, à la Terre de Feu. Au contraire dans les Alpes les glaciers n'arrivent en moyenne que jusqu'à 1 740 mètres ; le glacier du Grindelwald descend cependant jusqu'à 983 mètres.

Les glaciers sont très nombreux dans les Alpes ; on en compte plus de deux mille, que l'on partage aujourd'hui, à l'exemple de Saussure, en deux catégories. A la première catégorie appartiennent les grands glaciers formés d'une glace compacte et qui occupent des vallées très encaissées dont les parois rocheu-

(1) Sur les îles plus directement exposées à l'influence bienfaisante du climat maritime.

(2) Sur les côtes.

ses les protègent contre la fusion. Les glaciers de la seconde catégorie sont les *glaciers suspendus*. Ils sont étalés sur les versants des vallées, et ne sont pas protégés contre les rayons du soleil. Leur fusion est rapide, la glace qui les compose est par suite peu cohérente, poreuse. Les glaciers suspendus sont toujours beaucoup moins étendus que les glaciers encaissés. Ceux-ci sont naturellement les moins nombreux. Dans les Alpes, il n'y a pas plus de deux cents glaciers de la première catégorie; sur les trois cents glaciers du groupe d'Otzthal (Tyrol), il n'y en a que dix-neuf de cette catégorie. Les grands glaciers atteignent souvent dans les Alpes une longueur de plusieurs kilomètres; le glacier d'Aletsch (fig. 182) dans l'Oberland bernois atteint 23 kilomètres de long, la Mer de Glace (fig. 181) au mont Blanc 12 kilomètres. La largeur est très variable, parce que les vallées encaissées qu'occupent les glaciers présentent des étranglements et des élargissements. On peut prendre comme valeur moyenne 1 kilomètre, mais il faut remarquer que toujours la largeur d'un glacier est très faible comparée à celle des cirques de névés et aux champs de neiges qui l'alimentent. Ces espaces où les glaciers trouvent la matière de leurs masses gelées, ont souvent de grandes dimensions, parfois 40 kilomètres carrés. On peut évaluer à 3500 kilomètres carrés, dans les Alpes, l'étendue des champs de névés et de glace.

Quant à l'épaisseur des glaciers il est difficile de la mesurer. Il y a en effet des crevasses profondes, mais bien rarement elles traversent toute l'épaisseur du glacier et, quand cela arrive, on doit supposer qu'on a affaire à des points où par suite d'une saillie du fond la glace est particulièrement peu épaisse. Les sondages dans les crevasses ne conduisent donc à aucun résultat certain. Parfois la profondeur des fentes est énorme; Agassiz, au glacier de l'Aar, sonda jusqu'à 190 mètres et même jusqu'à 260 mètres sans trouver le fond. La méthode la meilleure, mais aussi la plus longue et la plus pénible, consiste à faire des forages dans la glace. Agassiz fora jusqu'à 66 mètres de profondeur au glacier de l'Aar sans arriver à la roche du fond. On n'a donc que des données encore peu précises sur l'épaisseur des glaciers.

Les glaciers sont beaucoup moins nombreux dans les Pyrénées que dans les Alpes; ils appartiennent à la catégorie des glaciers suspendus exposés à une fusion rapide.

MARCHE DES GLACIERS.

Malgré leur immobilité apparente, les glaciers cheminent dans le sens de la pente et descendent de plus en plus bas dans les gorges qu'ils occupent. Les montagnards des Alpes connaissaient déjà depuis un temps immémorial ce phénomène de la marche des glaciers; de Saussure le premier, en 1788, signala le fait à l'attention des savants; enfin Hugi et Agassiz firent des observations pour mesurer la vitesse des glaciers.

Hugi construisit en 1827 sur le glacier de l'Aar une hutte de pierres; il la retrouva en 1830 à 100 mètres plus bas. Agassiz constata en 1836 qu'elle était à 714 mètres et en 1840 à 1 428 mètres de sa position primitive. Cela donnait en moyenne 110 mètres pour le mouvement annuel, mais la descente s'était faite dans cet intervalle de 1827 à 1840 d'une manière très irrégulière : dans la première période la descente annuelle avait été de 33 mètres : dans la seconde, de 102 mètres et dans la troisième de 178 mètres. Dans la période de 1836 à 1840, la vitesse a été de 488 millimètres par jour ou environ 2 centimètres par heure : c'est l'une des vitesses les plus rapides qu'on ait observées dans les glaciers des Alpes. On a pu obtenir aussi des données sur la vitesse des glaciers, grâce à la trouvaille d'objets qui avaient été abandonnés en des points déterminés et qu'on retrouvait plus bas bien des années après. Ainsi, de Saussure, lors de son ascension au mont Blanc en 1788, avait laissé une échelle sur la Mer de Glace; on en retrouva les débris en 1832, beaucoup plus bas; ils avaient parcouru 114 mètres par an ou 321 millimètres par jour. En 1845, Jules Martin revit ces débris à 370 mètres plus bas, ce qui indiquait un ralentissement notable pour les treize années qui venaient de s'écouler. En 1846 on trouva à l'extrémité inférieure du glacier de Talèfre le sac perdu dix ans auparavant par un guide dans une crevasse; on peut ainsi évaluer la marche du glacier pendant cette période. Elle était de 131 mètres par an, soit 359 millimètres par jour ou 1 centimètre et demi par heure. On retrouve souvent de la même manière les restes de victimes engloutis dans des crevasses à la partie supérieure des glaciers (fig. 183). L'une des catastrophes les plus célèbres est celle qui se produisit au mont Blanc le 20 août 1820 : le naturaliste Hamel et deux naturalistes anglais étaient partis avec de nombreux guides et des porteurs chargés d'instruments pour escalader le mont Blanc. Non loin du sommet une avalanche engloutit trois des membres de l'expédition. Quarante et un ans plus tard, on retrouva à la partie inférieure du glacier des Bossons plusieurs pièces de vêtement des victimes et le voile vert du docteur Hamel, qui furent reconnus par les guides survivants ; un an après on trouva une main isolée et quelques autres débris.

Des observations précises sur la marche des glaciers ont été faites par Agassiz, Forbes, Tyndall et d'autres encore. La méthode est très simple. On place sur une même ligne transversale des piquets ou de grosses pierres et on note leur position par rapport à des points de repère pris sur les bords du glacier. De temps en temps, on détermine de nouveau leur position et on constate des différences qui tiennent à ce que la glace a marché en entraînant avec elle les piquets ou les pierres. Les observations les plus minutieuses ont été faites depuis 1874 sur le glacier du Rhône, qui est long de 10 kilomètres, par le Club alpin suisse. En quatre endroits on y a placé des rangées de pierres grosses comme le poing serrées les unes contre les autres, et de 20 en 20 mètres se trouve une pierre plus grosse portant un numéro gravé. La rangée la plus élevée se trouve tout en haut du glacier ; elle est composée de 53 grosses pierres, elle est longue de 1100 mètres et sur toute sa longueur elle est peinte en rouge ; la seconde rangée se trouve au milieu du glacier supérieur, qui est séparé de la partie inférieure par une large crevasse due à un changement brusque de pente ; cette rangée est formée de 51 grosses pierres peintes en jaune ; une troisième rangée de 27 grosses pierres peintes en vert est placée immédiatement au-dessous de la crevasse ; enfin la quatrième série composée de 25 grosses pierres noires est à la terminaison du glacier. Depuis 1874, on note exactement la position des quatre rangées et celle des 156 gros blocs pris chacun en particulier par rapport à des points de repère choisis sur les bords du glacier (Neumayr).

On constate, dans les observations de ce genre, que les jalons descendent avec une vitesse qui varie d'un glacier à l'autre ; on constate en outre que les jalons ne restent pas en ligne droite ; ils forment bientôt une courbe : ceux du centre sont plus bas que ceux des bords. Il faut en conclure que la vitesse du glacier est plus grande au centre que sur les côtés. Le glacier se comporte donc dans sa marche comme une rivière ; pour celle-ci également, à cause du frottement le long des berges, la vitesse est plus faible sur les bords qu'au centre.

La vitesse varie énormément d'un glacier à l'autre. Agassiz a trouvé que le glacier de l'Aar n'avance que de 5^m,6 par an ; la rangée de pierres noires du glacier du Rhône au lieu d'avancer recule annuellement de 5 mètres ; mais il s'agit ici de deux glaciers qui sont dans des conditions anormales. Le glacier du Rhône est maintenant dans une période de recul très prononcé ; il a perdu en quinze ans 900 mètres de longueur. Quant au glacier de l'Aar, son mouvement est gêné par une saillie rocheuse. En moyenne, les glaciers des Alpes avancent de 100 mètres par an. Ce n'est qu'exceptionnellement que cette vitesse est dépassée ; nous avons cité le cas de la hutte d'Hugi sur le glacier de l'Aar, qui avança de 178 mètres pendant la période comprise entre 1836 et de 1840. La Mer de Glace en certains points a eu parfois une vitesse énorme ; un bloc de pierre de juillet 1846 à juillet 1850 parcourut 250 mètres, soit 68 centimètres par jour ; enfin le glacier de Vernagt dans l'Otzthal avança le 1er juin 1845 de 12 mètres, presque un centimètre par minute ; le mouvement était visible à l'œil nu. Ce sont des cas exceptionnels qui ne se présentent que pendant des périodes très courtes. Les glaciers du Groënland ont une vitesse plus grande que ceux des Alpes ; ils s'avancent de l'intérieur du pays vers la mer très rapidement. La vitesse du glacier de Jacobshavn est de 14 à 20 mètres par jour.

Lorsque l'on considère les divers points d'un même glacier, on trouve des résultats variables. La vitesse augmente dans les étranglements, au passage des gorges, tandis qu'elle diminue quand le glacier s'élargit. Cela a lieu aussi pour les rivières : le courant est plus rapide dans les parties étroites que dans les parties larges. D'une manière générale, à la limite supérieure du glacier au-dessus des névés, la

Fig. 183. — Crevasse profonde dans le glacier de Grindelwald.

vitesse est peu considérable, plus bas elle atteint son maximum, puis elle diminue de là vers la partie inférieure. Bien entendu, on suppose la pente uniforme; là où la pente devient plus raide, le mouvement de la glace devient plus rapide, abstraction faite de sa position en bas ou en haut. Les mesures suivantes d'Agassiz concernent différents blocs du glacier de l'Aar en 1842-46, sur une pente presque constante. Le premier bloc se trouvait en haut du glacier et le dernier tout en bas.

	Vitesse	
	annuelle.	quotidienne.
Bloc 1........	38m,16	105 millim.
— 2........	74m,36	197 —
— 3........	77m,01	211 —
— 4........	67m,58	185 —
— 5........	70m,70	194 —
— 6........	56m,47	155 —
— 7........	38m,66	106 —
— 8........	29m,52	81 —

(Neumayr).

Il y a des variations journalières; pendant le jour la vitesse est plus grande que pendant la nuit; de même quand il fait plus chaud la vitesse augmente. Elle est plus grande en été qu'en hiver, et son maximum a lieu pendant le temps de la fonte des neiges (du milieu d'avril au milieu de juin). Alors la vitesse peut devenir double de celle de l'hiver. Voici les résultats obtenus par Agassiz, pour le glacier de l'Aar en 1845 et 1846. La vitesse moyenne par jour est exprimée en millimètres :

	Millimètres.
Du 21 juillet au 16 août...............	223
16 août au 6 septembre............	198
6 septembre au 12 septembre....	267
12 septembre au 24 septembre....	212
24 septembre au 23 octobre.......	194
23 octobre au 19 décembre.......	153
19 décembre au 11 janvier........	133
11 janvier au 19 janvier..........	256
19 janvier au 17 février..........	279
17 février au 3 mars.............	281
3 mars au 17 mars..............	204
17 mars au 17 avril.............	183
17 avril au 30 mai...............	374
30 mai au 13 juin................	343
13 juin au 22 juin................	330
22 juin au 6 juillet...............	222
2 juillet au 18 juillet............	165

Du milieu d'avril au milieu d'octobre, la vitesse moyenne quotidienne a été de 274 millimètres; du milieu d'octobre au milieu d'avril de 192, et du milieu d'avril au milieu de juin de 365 millimètres.

En résumé les glaciers s'avancent sous l'action de leur propre poids; ils glissent ainsi sur les pentes, se comportant comme de véritables fleuves; la seule différence avec les rivières est leur faible vitesse. Mais on ne s'explique pas d'abord comment un glacier, qui est une masse solide, peut se mouler exactement sur les parois rocheuses qui l'encaissent (fig. 184). Or le moulage est absolument parfait; le glacier suit toutes les anfractuosités de sa vallée, comme le montre la figure.

La raison de ce phénomène est une propriété de la glace, appelée le *regel*, qui a été découverte par Faraday et étudiée tout particulièrement par Tyndall (1). La glace se dilate en se refroidissant et se contracte en s'échauffant et en fondant, par suite une haute pression a pour effet d'abaisser le point de fusion; comprimée, la glace fond non plus à 0°, mais à une température inférieure à 0°. D'après cela, si on exerce une pression sur de la glace à 0°, sa température sera alors supérieure au point de fusion, et la glace va fondre; mais cette fusion est accompagnée d'une absorption de chaleur latente et quand la pression cesse, l'eau provenant de la fusion, qui est maintenant au-dessous de 0°, se regèle. C'est ce qui explique pourquoi l'on peut souder deux morceaux de glace l'un à l'autre en les maintenant en contact; la fusion se produit entre les deux morceaux, mais l'eau se congèle dès qu'on cesse de presser, et les deux fragments se trouvent réunis. Faraday le premier appela l'attention sur ce fait. Il plaçait sur une assiette des morceaux de glace fondante et prenant l'un d'eux à la main il le pressait sur un autre qu'il pouvait ainsi retirer de l'assiette; il recommençait et arrivait à souder les uns aux autres les morceaux mis successivement en contact; les morceaux d'abord disséminés formaient à la fin une chaine continue. C'est d'ailleurs ce qui a lieu quand on fait une boule de neige bien pressée. La pression de la main donne lieu à la fusion de la neige, suivie bientôt d'un regel qui transforme la neige peu adhérente en une boule de glace.

Tyndall a fait sur le regel des expériences très curieuses. En comprimant au moyen de la presse hydraulique des morceaux de glace dans des moules en bois sphériques, cylindriques, lenticulaires, etc., il a obtenu, grâce au regel, des sphères, des cylindres, des lentilles de glace. Par la pression les morceaux avaient fondu, et la pression cessant, l'eau provenant de la fusion s'était congelée en prenant la forme du moule où elle se trouvait.

Des phénomènes du même genre se produisent dans les glaciers. La pression est due à la glace de la partie supérieure de la vallée qui agit de tout son poids sur celle de la partie inférieure et le moule est représenté par les

(1) Voir Tyndall, *La chaleur comme mode de mouvement*, 2e édition française, 1874, p. 179 et suivantes.

Fig. 184. — Vue d'un glacier de Norwège (montrant la glace moulée exactement sur les parois).

parois rocheuses qui encaissent le glacier.

La descente des glaciers est nécessairement accompagnée d'une fusion. Au fur et à mesure qu'il descend le glacier arrive dans des régions plus chaudes; une fusion se produit à la fois à la surface et à l'extrémité inférieure. Ainsi le glacier se détruit par son extrémité libre à cause de la fusion, tandis qu'il s'accroît par sa partie supérieure. Plusieurs cas peuvent se présenter. S'il se produit plus de glace en haut qu'il ne s'en fond en bas, le front du glacier descend de plus en plus ; s'il y a égalité entre la glace formée et la glace fondue le glacier reste stationnaire ; si enfin la fusion l'emporte, le glacier recule. Les glaciers sont donc soumis dans leur marche à des oscillations qui dépendent de la quantité de neige tombée pendant l'hiver et de la chaleur de l'été. Il faut remarquer cependant que, quand le bassin où s'accumulent les neiges qui alimentent le glacier est très étendu, l'influence d'un été chaud ne se fera pas sentir immédiatement et le glacier continuera à descendre, mais s'il y a toute une série d'étés brûlants, le glacier finira par reculer.

Les glaciers des Alpes présentent de remarquables oscillations; ils progressent et reculent périodiquement. Le glacier de Vernagt dans l'Otzthal se trouvait pendant les années 1840-45 dans une période de progression rapide, comme l'indique le tableau suivant dû à Stotter :

Époque de la progression.	Accroissement	
	total.	en un jour.
13 novembre 1843-18 juin 1844...	376m,0	1m,71
18 juin 1844-18 octobre 1844.....	105m,6	0m,68
18 octobre 1844-3 janvier 1845...	132m,8	1m,73
3 janvier 1845-19 mai 1845......	379m,2	2m,78
17 mai 1845-1er juin 1845........	129m,6	9m,02

Les nombres précédents indiquent non la vitesse de la marche du glacier, mais la rapidité avec laquelle le front du glacier, malgré la fusion qu'il subit, gagne sur le terrain jusqu'alors libre de glace. Les documents et les traditions locales indiquent que pendant le XVIIe et le XVIIIe siècle il y a eu dans les Alpes un progrès général des glaciers ; il n'est question que de gorges autrefois praticables, de forêts, de pâturages envahis par les glaces. Dans notre siècle il y eut pendant les années 1815 et 1816 froides et humides un progrès des glaciers, vers 1820 un recul se produisit, puis un nou-

Fig. 185. — Crevasses marginales du glacier de Zermatt et moraines superficielles.

veau progrès ; enfin vers 1850 commença une longue période de recul. Celui-ci est devenu général depuis 1856. Beaucoup de glaciers ont reculé de plus d'un kilomètre et dans le Valais 60 kilomètres de terre sont devenus libres de glace. Tout naturellement il y a des variations d'un glacier à l'autre pour la valeur du recul. Si le glacier de l'Aar n'a reculé que de 40 mètres, tandis que celui du Rhône a reculé de 900, cela s'explique facilement. La partie inférieure des glaciers du Rhône est formée d'une glace peu épaisse, tandis que le front des glaciers de l'Aar a une épaisseur considérable ; une fusion identique doit donc débarrasser beaucoup plus de terrain sur le premier que sur le second. Le glacier d'Obersulzbach qui descend du Venediger vers le Pinzgau a atteint ses plus grandes dimensions d'après Richter en 1850. Depuis il a reculé de 430 mètres, jusqu'à 1882, et en certains points sa longueur a diminué de 50 à 80 mètres. On évalue l'ablation totale jusqu'en 1882 à 60 millions de mètres cubes, et la surface abandonnée par les glaces est de un demi-million de mètres carrés.

SURFACE DES GLACIERS. TRANSPORT PAR LES GLACIERS.

La surface des glaciers est loin d'être unie. Ils ne sont pas absolument plastiques malgré leur moulage sur les parois qui les encaissent, et les mouvements produisent dans la masse gelée des dislocations profondes. Toutes les fois qu'un étranglement se présente il en résulte un laminage et des crevasses *longitudinales*. On voit aussi sur le bord des crevasses *marginales* (fig. 185) se présentant comme des chevrons. Elles sont dues aux tiraillements que subit la glace par suite de l'inégalité de vitesse du centre et des bords. Il y a aussi des crevasses *transversales* (fig. 186) coupant la glace dans toute la largeur, dues à des saillies du sol sous-jacent.

Enfin à sa partie inférieure le glacier présente des crevasses disposées en éventail ; ce sont les crevasses *radiées*, dites aussi frontales parce qu'elles se forment à l'extrémité libre ou front des glaciers. Toutes ces crevasses, comme nous l'avons vu à propos des glaciers de l'Aar, sont souvent larges et profondes

Fig. 186. — Crevasses transversales de la Mer de Glace, près Chamonix.

(fig. 187). La neige y pénètre et y forme des ponts fragiles sur lesquels on ne s'aventure pas sans danger.

La fusion qui se produit à la surface par l'action des rayons du soleil contribue encore à rendre cette surface très inégale. Les petits

Fig. 187. — Crevasses sur un glacier.

Fig. 188. — Table glaciaire (glacier du Rhône).

cailloux tombés des parois et disséminés sur les glaces s'échauffent rapidement au soleil et fondent la glace tout autour d'eux en formant des trous qui s'approfondissent peu à peu pendant le cours de l'été; ils se comblent pendant l'hiver par les chutes de neige.

Si au contraire un gros bloc de roche est tombé sur le glacier, il protège contre la fusion la glace qui est au-dessous tandis que les parties voisines fondent. Au bout de peu de temps le bloc ressemblera à une table supportée par un piédestal de glace. C'est là ce qu'on appelle des *tables* ou *plateaux glaciers*. La figure représente une de ces tables sur le glacier du Rhône (fig. 188), elle est supportée par des colonnes de glace hautes de 2 à 3 mètres. Grâce à un bloc, la glace qui est dessous ne fond d'après Schlaginweit que de 7 à 8 millimètres par jour, tandis que tout autour la fusion est de 28 à 30 millimètres. Par suite en quelques mois la table s'élève à une hauteur considérable, mais en même temps la fusion de son piédestal se produit et elle est plus intense du côté du Sud; la table s'incline, finit par perdre l'équilibre et tombe de son socle.

L'eau provenant de la fusion des glaces se glisse dans les crevasses et atteint le fond du glacier; elle sort sous celui-ci en formant un torrent qui peut devenir un fleuve considérable. Le Rhin, le Rhône, le Danube, sont à leur origine des torrents glaciaires entraînant avec eux de nombreux débris. A l'endroit où sort le torrent au front du glacier se forme une voûte étendue haute de plusieurs mètres, sous laquelle le cours d'eau arrive au jour. C'est une *porte de glacier*. Ces portes sont, ainsi que les grottes de glace qui communiquent avec elles, l'une des plus curieuses particularités des glaciers. Ces voûtes transparentes donnent lieu à de magnifiques jeux de lumière. La porte du glacier du Rhône en fournit un exemple. Mais le recul notable des glaciers dans ces dernières décades a fait disparaître plusieurs de ces palais de glace.

Sur les glaciers on voit des *bandes boueuses* formant des courbes dont la convexité est tournée vers le bas. Leur origine est la suivante. Quand la pente se brise brusquement, on voit s'accumuler au pied de cette pente les pierres et les menus débris que charriait la glace dans la partie supérieure. Emportés par le mouvement de progression, ces débris cheminent à la surface et à cause de la plus

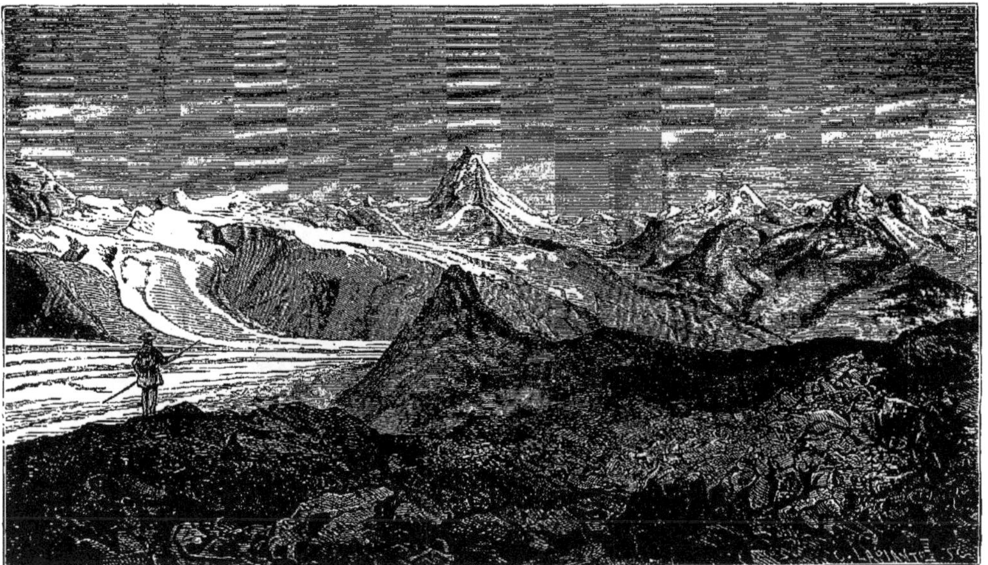

Fig. 189. — Moraines et affluents du glacier du mont Cervin.

grande vitesse du centre, les courbes qu'ils forment sont convexes vers le bas.

La surface des glaciers est couverte d'un grand nombre de débris. Ils ont été arrachés par le vent ou la pluie aux parois rocheuses du glacier, tombent sur lui et sont entraînés dans sa marche. On voit sur les bords du glacier deux rangées continues de blocs, ces deux bandes s'appellent les *moraines latérales* (fig. 189). Mais le plus souvent la vallée où des-

Fig. 190. — La Pierre de la Mule du Diable dans la moraine frontale d'Artas (Isère).

cend un glacier communique avec d'autres vallées également occupées par des glaciers : un glacier reçoit ainsi des affluents. La Mer de Glace par exemple communique avec le glacier du Géant, celui de Léchaud, etc. Après la rencontre de deux glaciers les moraines extérieures continuent à occuper les bords du glacier principal, mais les moraines intérieures du glacier principal et de son affluent vont se rencontrer et ne formeront plus qu'une rangée unique de débris au milieu du grand glacier. C'est une *moraine médiane* (fig. 191). Le glacier principal présentera autant de moraines médianes, parallèles les unes aux autres, qu'il recevra d'affluents. Le glacier de Gorner près de Zermatt dans le Valais en présente

Fig. 191. — Moraines médianes d'un glacier.

7 ou 8. Sur le glacier de l'Aar on voit une moraine médiane très puissante séparant les deux parties principales du grand glacier : le glacier de Lauteraar et celui de Finsteraar, et ces deux glaciers possèdent, le premier 7, le second 8 petites moraines. La grande moraine médiane du glacier de l'Aar est une véritable digue haute de 42 mètres et large de 200 mètres. Les moraines latérales peuvent atteindre jusqu'à 60 mètres de haut.

Tous ces blocs tombant sur le glacier vont cheminer lentement avec lui, et comme ils ne frottent pas les uns contre les autres, ils garderont leurs angles, ce qui les distingue à première vue des blocs charriés par les cours d'eau. Ils arrivent enfin au front du glacier; là ils forment une muraille appelée la *moraine frontale* (fig. 190). Elle s'appuie sur les moraines latérales, se présente comme un arc convexe en avant et au milieu duquel se trouve une brèche pour le passage du torrent glaciaire. La moraine frontale est souvent haute de 100 mètres. Si le glacier avance il pousse devant lui sa moraine frontale; s'il recule il la laisse en place. Elle peut donc servir à mesurer l'extension antérieure d'un glacier qui n'occupe plus qu'une partie de sa vallée ou qui, même a complètement disparu. Mais un glacier laisse en disparaissant d'autres indices que nous allons maintenant étudier.

Fig. 194. — Roches moutonnées aux environs de Saint-Moritz (Engadine).

Fig. 195. — Roches moutonnées et lacs des hautes terres en Écosse (d'après Geikie).

Fig. 192. — Roches moutonnées et striées.

LIT DES GLACIERS. ÉROSION PAR LES GLACIERS. ANCIENNE EXTENSION DES GLACIERS.

La masse énorme qui constitue un glacier doit nécessairement agir avec force sur les roches de son lit. En descendant elle exerce un frottement énergique; les roches du fond perdent leurs angles, prennent une forme arrondie et mamelonnée. On les a comparées à un troupeau de moutons endormis, d'où le nom de *roches moutonnées* (fig. 192) qu'on leur a appliqué.

Le produit de l'écrasement que le glacier opère sur son lit est une boue très fine, d'un gris ardoisé; on l'appelle *boue glaciaire*. Le torrent qui s'écoule sous le glacier en entraîne une grande partie.

Le glacier frotte aussi en descendant contre ses parois rocheuses et les polit; en même temps les blocs transportés par le glacier, les cailloux qui sont tombés entre le glacier et ses parois produisent en frottant contre celles-ci des raies ou stries dirigées dans le sens du mouvement. Les roches des parois sont donc *polies* et *striées* (fig. 193). Les cailloux qui ont servi en quelque sorte de burins ont à leur tour striés par les roches contre lesquelles ils ont frotté.

La présence de roches moutonnées, de roches, polies et striées, indique, comme celle des moraines, que les pays où on les trouve ont été occupés autrefois par des glaciers. Les figures représentent les roches moutonnées des environs de Saint-Moritz (fig. 194) dans l'Engadine et celle des *highlands* en Écosse (fig. 195). Ces pays ont été occupés à une époque antérieure à la nôtre, et qu'on a appelée période glaciaire, par des glaciers étendus. On trouve de pareilles traces dans les Vosges, dans les montagnes d'Auvergne aujourd'hui complètement dépourvues de glaciers, etc.

Une autre preuve de l'ancienne extension

Fig. 193. — Caillou strié sur le fond d'un glacier.

des glaciers est la présence en bien des points d'énormes blocs le plus souvent isolés et qu'on a appelés blocs erratiques (fig. 196 et 197). Leurs angles saillants montrent bien qu'ils n'ont pas été apportés par les eaux. Ils sont d'une nature différente de celle des roches du sol sur lequel ils reposent. On a pu constater

Fig. 196. — Bloc de gneiss amphibolique de l'Oiseau, vallée de Thodure.

que tous ceux de la Suisse étaient de même nature que les roches les plus élevées des Alpes. Ils provenaient donc de hautes régions; n'ayant pas été apportés par les eaux, ils avaient dû être charriés par les glaciers; d'où cette conclusion que les glaciers de la Suisse étaient autrefois beaucoup plus étendus qu'aujourd'hui.

Ces blocs erratiques d'origine alpine se trouvent dans les plaines de l'Ain, de l'Isère et jusque sur les collines qui avoisinent Lyon, ainsi à Fourvières. Il est établi aujourd'hui que le glacier du Rhône, qui n'occupe plus qu'une simple gorge du Saint-Gothard, s'étendait jusqu'à Lyon. C'est aux efforts de nombreux savants, parmi lesquels il faut citer tout

Fig. 197. — Bloc erratique perché.
Brèche triasique de la Carentaire. Bourget (Savoie).

spécialement de Charpentier, Charles Martins et Falsan (1), qu'on doit les preuves décisives de l'ancienne extension des glaciers des Alpes.

Les roches striées donnent lieu à quelques remarques. Les stries peuvent n'être pas bien reconnaissables, parce que la roche exposée à l'action érosive de l'atmosphère finit par s'altérer. Mais souvent les stries sont protégées par un dépôt de boue glaciaire, qui les a maintenues très fraîches malgré le temps énorme qui nous sépare de l'époque glaciaire. Il faut remarquer que les stries, qui sont généralement parallèles et dirigées dans le sens de la marche du glacier, peuvent aussi se couper, se croiser de diverses manières. Cela tient à des irrégularités dans la marche du glacier; il ne faudrait pas conclure de la présence de ces entre-croisements sur les roches d'un ancien pays glaciaire, qu'il a été occupé successive-

(1) Falsan, *Les Alpes* (*Bibliothèque scientifique contemporaine*, 1892).

Fig. 198. — Marmite de Géants dans le Jardin du Glacier à Lucerne.

ment par des glaciers ayant des directions différentes.

Parfois on trouve sur le lit d'un ancien glacier, au milieu des roches moutonnées, des dépressions au fond desquelles il y a un galet. Ce sont des *marmites de Géants* glaciaires. Le torrent qui coulait au-dessous du glacier a entraîné avec lui des cailloux; ceux-ci, pénétrant dans des fissures du sol et y étant constamment mis en mouvement par les eaux, se sont arrondis et ont peu à peu arrondi et approfondi ces fissures. On voit un exemple de ces marmites de Géants glaciaires au Jardin du Glacier à Lucerne (fig. 198).

ORIGINE DES LACS.

La question de l'origine des lacs (fig. 199) se rattache à l'étude des glaciers. L'existence de bassins dont le fond est plus bas que les bords, et qui sont remplis d'eau, peut provenir de diverses causes (1).

Les grands bassins qui se présentent comme entourés de régions élevées s'expliquent non par un phénomène d'érosion ou de dénudation, mais par les grands traits de la structure des pays où ils se trouvent. Il doit en être ainsi pour la mer d'Aral, la Caspienne, le lac Baïkal, le Lop-Nor et le Koukou-Nor en Mongolie, le lac Tschad et les grands lacs de l'Afrique centrale. Ils tirent leur orgine de grandes dislocations du globe. Parfois ce sont d'anciens golfes que des changements dans la distribution des terres et des eaux ont séparé de la mer; peu à peu l'eau y est devenue douce grâce à l'afflux des fleuves. Ce sont des « reliques » d'un état de choses antérieur. Leur faune souvent le démontre. Dans la Caspienne on trouve le Phoque, des Poissons de mer, des coquilles marines comme *Cardium edule*, *Venus gallina;* dans le Baïkal on trouve également le Phoque et des Crustacés appartenant à des genres marins. Il en est de même pour les lacs Wener et Wetter en Suède contenant des Crustacés d'eau de mer, pour le lac de Garde même contenant des Poissons (*Blennius*, *Gobius*, et des Crustacés (*Palæmon*) d'origine marine.

(1) Voir Neumayr, *Erdgeschichte*, I, p. 513-520.

Fig. 199. — Lac et col de la Magdeleine (Falsan).

D'autres lacs ne sont autre chose que d'anciennes lagunes peu à peu séparées de la mer par un cordon littoral et les alluvions des eaux douces; tels sont les *haffe* de la mer Baltique et les lacs qu'on trouve dans les deltas, par exemple ceux du delta du Nil. D'autres proviennent d'anciens fjords barrés par des dépôts, ainsi que cela s'est produit en Norwège et sur les côtes d'Écosse. D'autres encore, comme ceux des steppes, tirent leur origine de cours d'eau devenus stagnants par suite de sables mouvants qui les ont en partie comblés.

Il peut arriver aussi qu'une vallée soit barrée par des éboulements ou par les alluvions d'un cours d'eau coulant devant sa gorge. Ce dernier cas s'est probablement présenté pour les deux lacs d'Agrinion et d'Angelocastro en Grèce. Ils sont dans une vallée barrée par les dépôts de l'Achelaüs.

Ailleurs c'est un glacier qui a barré en descendant une vallée latérale, soit directement, soit par ses moraines. Ainsi le glacier de Vernagt au temps de sa plus grande progression remplit toute la vallée de Vernagt et barra celle de Rofen. Derrière la ligne de glace le Rofenbach se transforma en lac. En 1601 et plusieurs fois ensuite la barrière se rompit et l'eau se précipita sur la pente dévastant tout l'Otzthal. Comme l'a montré Penk, l'Ackensee, dans le Tyrol, se trouve dans une vallée qui s'ouvre dans celle de l'Inn; cette vallée a été barrée à l'époque glaciaire par une moraine du glacier de l'Inn.

Mais les lacs sont particulièrement communs dans les régions autrefois occupées par les glaciers. On en compte un grand nombre dans les Alpes creusés au milieu des roches moutonnées, de même dans les hautes terres d'Écosse, en Finlande, en Scandinavie, etc. Cette distribution des lacs a conduit Ramsay et d'autres géologues à supposer qu'ils doivent leur existence aux glaciers; ceux-ci, grâce aux énormes masses de glace qu'ils ont mises en mouvement à l'époque glaciaire et avec l'aide de leur moraine frontale, les auraient creusés en rabotant les roches de leur lit. On peut se demander si jamais les glaciers ont eu un pouvoir d'érosion assez considérable pour produire un tel effet, si plutôt ils n'ont pas simplement rempli des cavités préexistantes en égalisant simplement les contours et le fond. En tous cas les glaciers actuels des Alpes ne manifestent aucune action de ce genre. La question est encore à l'étude, mais il semble que Ramsay a exagéré ici la valeur de l'érosion glaciaire.

Fig. 200. — Tout le pays est couvert d'une véritable calotte de glace, ce que les Scandinaves appellent l'*Inlandsis*.

DISTRIBUTION DES GLACIERS. GLACES POLAIRES.

Nous avons étudié surtout, dans ce qui précède, les glaciers des Alpes. Dans les Pyrénées, comme nous l'avons déjà dit, les phénomènes glaciaires sont aujourd'hui très réduits. En Norwège, les glaciers sont au contraire très étendus. Ils manquent complètement dans les Carpathes et les montagnes du sud de l'Europe. En Asie, le Caucase, l'Himalaya, le Kuenlun, le Karakorum surtout présentent de nombreux glaciers. L'Altaï, malgré sa grande hauteur, sa position géographique à 50° de latitude, est complètement dépourvu de glaciers, à cause du peu d'abondance des précipitations atmosphériques. Il en est de même dans l'Amérique du Nord, abstraction faite des régions polaires, et pour les plus hauts sommets des Andes. C'est encore la pauvreté de ces régions en chutes de neige, qui restreint ici le phénomène glaciaire. Au contraire, dans l'extrême sud de l'Amérique et dans les îles de la côte occidentale, les pluies et les neiges sont abondantes et les glaciers, sous une latitude qui n'est que de 50°, descendent jusqu'à la mer. Au milieu des forêts exubérantes et toujours vertes de la Terre de Feu, les glaciers favorisés par un climat exceptionnellement humide, arrivent jusque dans la mer où vivent encore des coquilles tropicales (*Voluta*, *Terebra*). Les îles Falkland, la Géorgie du Sud, sont couvertes d'un manteau de glace. A la Nouvelle-Zélande aussi, qui n'est guère plus éloignée de l'équateur que la plaine de Lombardie, les glaciers descendent au milieu de forêts d'un caractère subtropical, et à côté des Fougères arborescentes.

Le phénomène glaciaire se présente avec une intensité extraordinaire autour du pôle Nord. Ici ce ne sont plus des glaciers isolés, sortes de fleuves gelés, mais tout le pays est couvert d'une véritable calotte de glace, ce que les Scandinaves appellent l'*Inlandsis* (fig. 200). Cette calotte s'observe au Spitzberg, à la Nouvelle-Zembie, à la Terre de François-Joseph, au Groënland où elle occupe toute la superficie, sauf une bande étroite le long des côtes, encore interrompue par des glaciers qui arrivent à la mer. L'Inlandsis groënlandaise est maintenant assez bien connue grâce aux expéditions danoises; elle a même été traversée d'une côte à l'autre par un courageux explorateur, M. Nansen (1888). La pente est faible; sur les côtes elle est de 2°, et

Fig. 201. — Glacier de l'île Jan Mayen descendant jusqu'à la mer (Expédition polaire norwégienne).

au loin dans l'intérieur de 17′ seulement. L'épaisseur de la calotte glaciaire atteint 200 mètres. Sa surface est ondulée; elle est interrompue par de nombreuses crevasses; il y a un

Fig. 202. — Paysage polaire.

grand nombre de petits lacs épars sur l'Inlandsis, formant des taches d'un bleu de saphir; des rivières coulent dans de profonds ravins; elles sont alimentées par les lacs et la fonte même du glacier. Les moraines sont très peu développées, parce qu'en général aucune

Fig. 203. — Icebergs (d'après Geikie).

crête rocheuse ne s'élève au-dessus de la glace. Le commandant Jensen en a cependant trouvé une, à 75 kilomètres dans l'intérieur; elle était large de 3 kilomètres et demi et haute de 125 mètres; elle était au voisinage d'un pic rocheux qui a pu en fournir les matériaux. La surface de l'Inlandsis est recouverte de particules argileuses qui ont peut-être été apportées par le vent. Elles forment une couche de un millimètre à un centimètre, sur laquelle s'établit pendant l'été une maigre végétation. Les rivières transportent une quantité considérable de limons ou *slams* provenant soit des poussières apportées par le vent, soit de l'érosion du sous-sol par les cours d'eau, soit encore de la trituration du fond par la calotte de glace. La rivière de Nagsutok (côte occidentale) apporte par jour, d'après Jensen, 4 062 millions de kilogrammes au fond du fjord où elle débouche, et celui-ci a déjà été comblé sur une longueur d'environ 70 kilomètres (1).

Le mouvement de l'Inlandsis paraît être très lent à cause de la faible pente, mais certains glaciers qu'elle pousse jusqu'à la côte ont au contraire une marche rapide. Le glacier de Jakobshavn a une vitesse de près de 20 mètres en vingt-quatre heures, et une autre branche de l'Inlandsis se meut à raison de 43 mètres par jour.

Les glaciers polaires arrivent jusqu'à la mer (fig. 204) et empiètent même parfois sur le domaine maritime, poussés par la masse postérieure. La partie en surplomb est soutenue à marée haute, mais elle s'écroule souvent à marée basse; il en résulte de grandes masses de glace qui flottent au gré des flots; ce sont les *icebergs* (montagnes de glace) (fig. 202 et 203). D'après plusieurs observateurs, la rupture peut être quelquefois attribuée à la pression que la

Fig. 204. — Schéma d'un iceberg nageant.

(1) Voir Rabot, *Les glaciers polaires* (*Revue scientifique* du 19 juillet 1890).

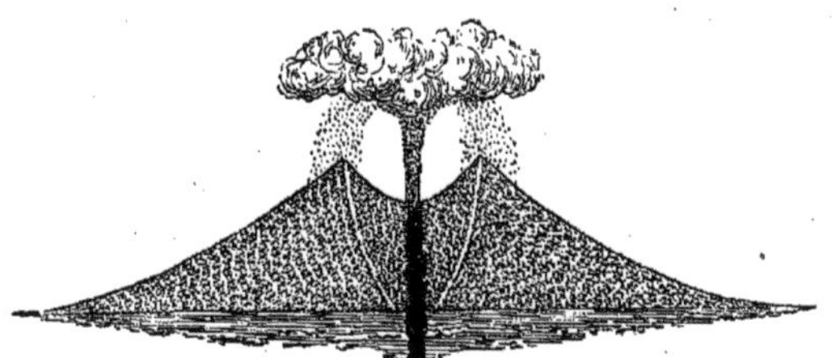

Fig. 205. — Coupe théorique d'un volcan (d'après Poulett Scrope).

masse d'eau sous-jacente exerce de bas en haut sur la nappe de glace. Une fois libre, le glaçon basculerait sur lui-même et changerait d'axe. Ainsi s'expliquerait la hauteur considérable des icebergs, qui dépasse de beaucoup l'épaisseur des glaciers (1). Le poids spécifique de la glace étant les $\frac{9}{10}$ de celui de l'eau de mer, la partie émergée n'est que le dixième de l'épaisseur totale (fig. 204). Ces montagnes de glaces flottantes sont emportées vers des latitudes plus chaudes où elles finissent par fondre complètement. Les icebergs du pôle nord descendent jusqu'au-dessous de Terre-Neuve; ceux du pôle sud arrivent jusqu'au Cap et au voisinage de l'embouchure de la Plata. Ces glaces n'emportent que fort peu de débris, car, comme nous l'avons vu, les moraines manquent sur les glaciers polaires. Mais il se forme aussi des glaces le long des rivages, par la congélation de l'eau de la mer. Si elles sont dominées par des falaises, elles en reçoivent les éboulis. Se détachant ensuite sous l'effet d'une tempête elles emportent au loin ces débris. On réserve le nom de *banquises* à ces champs de glace provenant des rivages. Les banquises ont une faible épaisseur et sont planes, mais elles s'entrechoquent, s'unissent et finissent par former d'énormes paquets. Les blocs et les débris emportés tombent au fond de la mer à la suite de la fusion des glaces. Les opérations de sondage dans les mers polaires ont démontré que souvent le fond est couvert de pareils débris.

LES VOLCANS.

LES PROJECTIONS VOLCANIQUES.

Un volcan consiste en une montagne conique, terminée par une ouverture en forme d'entonnoir, qu'on appelle le *cratère*. Au centre du cratère, débouche un canal ou *cheminée* par où montent les matières rejetées. La montagne conique, ou *cône* du volcan, est formée par les matériaux émis par le volcan. Celui-ci crée donc peu à peu son cône. Les débris qui constituent ce dernier sont disposés en couches inclinées (fig. 205).

En général un volcan n'est pas dans un état d'activité permanent. Il présente une suite d'*éruptions* séparées les unes des autres par des intervalles de repos plus ou moins longs.

Quand le volcan est en repos, la cheminée est habituellement obstruée par des matières solidifiées qui s'y étaient élevées à l'état liquide, c'est-à-dire à l'état de *laves*, lors d'une éruption antérieure. Il s'échappe du cratère des émanations gazeuses et de la vapeur d'eau formant ainsi au-dessus du volcan un panache de fumée.

Lorsque l'éruption va se produire, des phénomènes précurseurs se manifestent plusieurs jours ou plusieurs semaines à l'avance. Ils consistent en tremblements de terre qui se font sentir au voisinage du volcan, en bruits souterrains; de plus les sources de la région environnante tarissent ou du moins leur débit diminue. Si le cône est couvert de neige comme en Islande et au Kamtschatka, cette neige fond rapidement. Bientôt le panache de fumée grandit et

(1) Rabot, *Une exploration au Grœnland* (*Revue scientifique*, 8 février 1890).

Fig. 206. — Panache de fumée du Vésuve en 1822 (d'après Poulett Scrope).

prend la nuit l'aspect d'une gerbe de feu à cause de la réverbération des laves en fusion qui remplissent la cheminée (fig. 206).

Alors l'éruption commence, des explosions,

Fig. 207. — Bombe volcanique (Éruption du Vésuve en 1872).

des craquements se font entendre, d'énormes masses de vapeur s'élancent du cratère, entraînant avec elles des blocs de pierre arrachés aux parois de la cheminée.

Fig. 208. — Tuf volcanique sur un soubassement incliné. Vallée d'Yellowstone dans l'Amérique du Nord (d'après Heyden).

Ce ne sont pas là les seules projections volcaniques. La vapeur qui sort du cratère est chargée de gouttelettes de laves extrêmement fines. Ces gouttelettes se solidifient à l'air et retombent à l'état de *cendres*. La quantité de cendres rejetées est souvent très considérable; elles sont emportées par le vent et parfois à de grandes distances. Les cendres du Vésuve arrivent ainsi à Constantinople; celles des volcans d'Islande à Stockholm.

Les fragments de lave solidifiée plus volumineux, entraînés par la vapeur, forment de petites pierres appelées *lapilli* ou *rapilli*. L'écume qui se produit au-dessus de la lave dans le cratère est lancée également par la vapeur et constitue des pierres poreuses appelées *scories*. Les pierres ponces en sont une variété.

Quand les fragments de lave liquide ainsi rejetés ont été animés par la vapeur d'un mouvement de rotation, ils affectent en se solidifiant une forme globuleuse et se terminent à chaque extrémité par une partie effilée. Ce sont les *bombes volcaniques* (fig. 207). Quand on casse une bombe, on voit souvent au milieu un morceau de scorie ancienne qui était retombé dans le cratère et autour duquel la lave nouvelle s'est solidifiée.

Tous ces débris solides : cendres, lapilli, scories, sont entraînés par l'eau provenant de la condensation de la vapeur. Ils descendent sous forme de courants boueux les pentes du cône, et se solidifient ensuite. Les roches qui en résultent s'appellent des *tufs volcaniques*. Comme le montre la figure (fig. 208), les tufs peuvent se solidifier sur des pentes assez fortes. Il se forme aussi des tufs quand les projections volcaniques viennent tomber dans un lac ou dans la mer. Ils contiennent alors des coquilles.

LES LAVES.

Les matières en fusion, ou *laves*, que contient le volcan, se montrent au dehors après les premières projections. Il est rare qu'elles sortent par le cratère. En général les laves qui remplissent la cheminée exercent une pression assez forte sur les parois pour produire dans le cône des fissures. C'est par ces fentes que se déversent et coulent sur les pentes de la montagne de véritables fleuves de matières fondues de couleur généralement foncée. Comme les laves sont accompagnées de vapeurs et de gaz, il en résulte souvent le long de la fente des explosions qui produisent des accumulations de cendres et de scories. La fente présente alors sur son trajet de petits cônes secondaires appelés *cônes* ou *cratères adventifs* parce qu'ils s'adjoignent au cratère principal. On peut citer comme exemple les

Fig. 209. — Une coulée de lave du Vésuve.

Bocche nuove du Vésuve, qui sont huit cratères adventifs disposés sur une même fente. Ces cratères qui fournissent des laves sont ébréchés; ils présentent latéralement une ouverture béante; ils ne sont complets que s'ils donnent seulement des gaz et que les laves sortent plus loin. Les fissures sont presque rectilignes avec des sinuosités imposées par la nature du sol. Il peut y avoir des fentes parallèles, trois, quatre ou davantage. Ces fentes se font avec soulèvement des deux lèvres; mais ce soulèvement n'atteint jamais que quelques mètres, souvent c'est un simple bourrelet. Il faut remarquer aussi que la fente ne se produit pas tout d'un coup. Elle débute par l'extrémité la plus rapprochée du centre et se continue ensuite vers la périphérie. Outre les fissures longitudinales, il peut y avoir des fentes transversales produites par la résistance du sol.

Les laves ont des températures comparables à celles qu'on peut produire dans les laboratoires. De courageux observateurs ont pu s'approcher de la lave sortant des crevasses et constater que la température est d'environ 1000°. La lave se couvre rapidement d'une croûte de scories qui conduit si mal la chaleur qu'on peut stationner dessus, et par les crevasses on voit couler sous cette couche protectrice la lave en fusion. Le procédé employé par M. Charles Sainte-Claire Deville pour obtenir la température est très simple. Il consiste à introduire dans la lave des fils métalliques. Comme on connaît la température de fusion du métal, on en conclut celle de la lave. L'introduction de ces fils n'est pas toujours facile, car la matière fondue oppose une grande résistance; elle se déprime autour de l'objet; des blocs de pierre même, projetés dans la lave, ont peine à s'y enfoncer.

Le plomb, le zinc fondent facilement dans les laves, ce qui indique une température d'au moins 600°; le cuivre, l'argent y fondent aussi, ce qui indique une température d'environ 1000°. Mais le fer n'y fond pas. M. Ch.

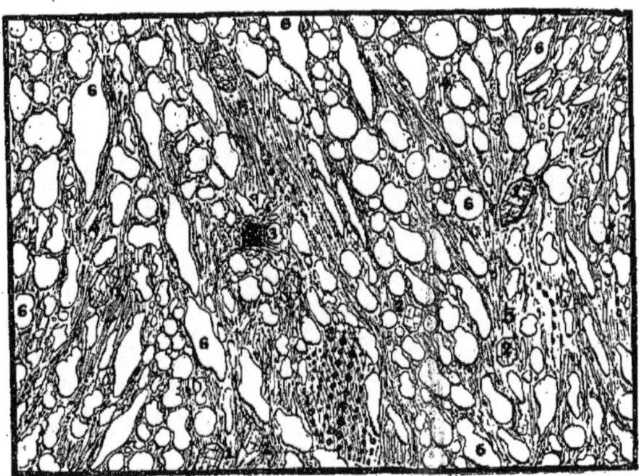

Fig. 210. — Lave vitreuse du Kilauea (île Sandwich), vue au microscope (figure communiquée par M. Vélain).

Sainte-Claire Deville avait cru reconnaître une fusion de ce métal, mais en réalité il se ramollit seulement et se laisse briser par le courant. D'ailleurs, quand un fil métallique fond, on voit se former à son extrémité un petit bouton. On ne voit jamais sur un fil de fer le bouton caractéristique, l'extrémité est seulement déchiquetée.

La haute température des laves peut se maintenir de longues années, à cause de la couche de scories qui les recouvre. Sept ans après sa sortie, la coulée du Vésuve de 1858

Fig. 211. — Leucitite de la Somma au Vésuve (vue au microscope) (figure communiquée par M. Vélain).

avait encore à sa surface une température de 72°. La coulée du Jorullo de 1759 était encore chaude cinquante et un ans après son émission.

Mais le rayonnement des coulées n'est pas intense. On peut prendre au Vésuve de la lave dans des sortes de moules, à chaque éruption, et en frapper des médailles. Une coulée peut passer au milieu d'une forêt sans en carboniser les arbres; ceux-ci, couverts d'une gaine de scories qui se moule sur leur écorce, conservent leur feuillage et continuent à croître (fig. 209) (1).

(1) Vélain, *Les Volcans*, p. 97. Paris, 1884.

Fig. 212. — Grotte sous les laves au volcan de la Réunion (figure communiquée par M. Vélain).

Les laves sont visqueuses, elles ne sont jamais réellement liquides, aussi leur vitesse n'est-elle pas très considérable. On doit citer comme exceptionnelle la vitesse de la coulée qui sortit du Vésuve le 12 août 1805 et qui, coulant sur une pente rapide, parcourut pendant les quatre premières minutes un espace de 5 kilomètres et demi. Les laves fluides des volcans des îles Sandwich sont les plus rapides (fig. 210). En deux heures elles parcoururent une fois 23 kilomètres. Mais généralement les nombres obtenus sont beaucoup plus faibles.

Fig. 213. — Grotte de Rosemont (île de la Réunion).

On regarde à l'Etna la vitesse comme considérable quand la lave parcourt 1 kilomètre en deux ou trois heures; souvent le mouvement est très lent et ne dépasse pas 1 mètre par heure. La vitesse des laves et la manière dont elles se solidifient dépendent surtout de leur composition.

Les laves ont été longtemps regardées comme des matières fondues vitreuses. Suivant certains géologues, elles contenaient des gaz et des vapeurs, et ne marchaient que grâce à cette poussée intérieure. Mais il n'en est rien, les laves contiennent peu de matières volatiles. Si on prend de la lave avec des pinces au moment même où elle coule et si on la plonge dans l'eau, on aura à l'état solide la lave avec la composition même qu'elle a à l'état liquide. Par des procédés que nous étudierons plus tard on peut observer cette lave au microscope. On constate que toujours elle consiste en une matière fondue, dans laquelle sont distribués des cristaux. La viscosité tient au plus ou moins grand développement de ceux-ci. Ces cristaux consistent surtout en silicates d'alumine et d'une autre base qui est la potasse, la soude ou la chaux. On les appelle *feldspaths*. Ils ont un éclat nacré et une couleur blanche ou légèrement teintée. Il y a aussi des cristaux abondants de pyroxène, c'est-à-dire de silicate de chaux avec du fer et de la magnésie. L'*augite* ou *pyroxène des volcans* contient beaucoup de fer et, par suite, elle

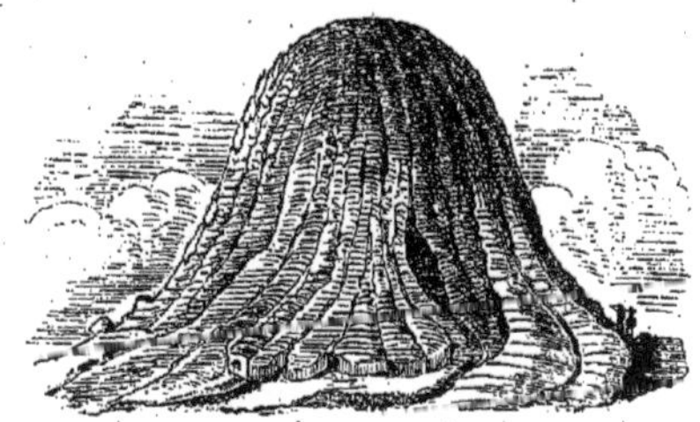

Fig. 214. — Laves en forme de cloche à l'île de la Réunion.

est d'une couleur foncée noir verdâtre. Il y a d'autres minéraux moins abondants dont nous parlerons plus tard, entre autres le *fer oxydulé* ou fer magnétique. Dans les roches du Vésuve, les feldspaths sont remplacés en tout ou en partie par un autre minéral blanc, la *leucite*, qui est un silicate de potasse (fig. 211).

Lorsque les laves contiennent 66 à 68 p. 100 de

silice, on dit qu'elles sont *acides;* lorsqu'elles en contiennent seulement de 40 à 55 p. 100, on dit qu'elles sont *basiques.* Les roches basiques par excellence sont les *basaltes*, roches

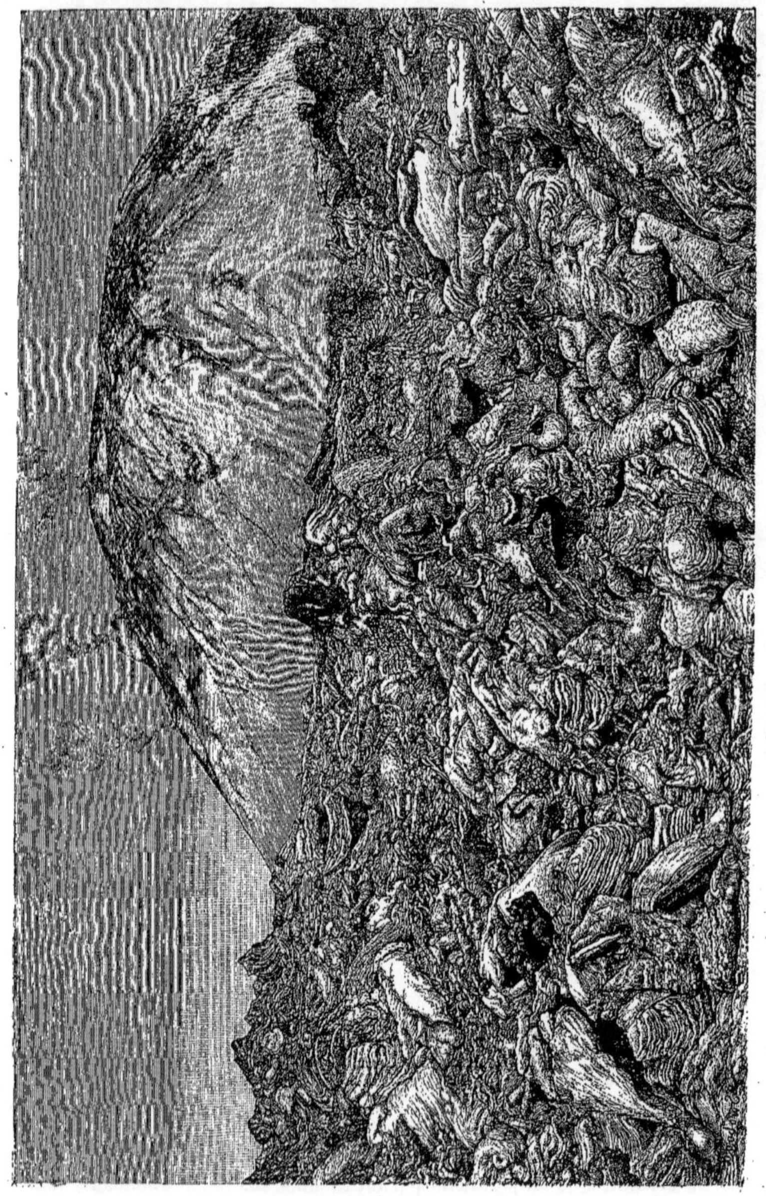

Fig. 215. — Laves cordées du Vésuve.

noires et compactes. Des roches qui contiennent plus de silice sont les *trachytes* et surtout les *andésites*. Ce sont des roches acides. Les laves basiques contiennent plus de matière vi-

Fig. 216. — Grotte de Fingal (île de Staffa).

treuse que les laves acides. Leurs feldspaths contiennent de la chaux; ce sont le *labrador*, l'*anorthite;* au contraire les feldspaths des roches acides sont riches en potasse et en soude; ce sont l'*orthose*, l'*oligoclase*.

Les laves basiques contiennent à leur sortie beaucoup de matière vitreuse; elles sont fluides et coulent assez rapidement. Elles se couvrent immédiatement d'une gaine de scories sous laquelle elles circulent. Quand la coulée cesse, le niveau de la lave baisse, et le canal se vide peu à peu en formant une sorte de tunnel dans lequel on peut pénétrer. On voit beaucoup de ces tunnels à la Réunion (fig. 212). Quelquefois les gaz qui accompagnent la lave et qui tendent à s'échapper soulèvent la croûte superficielle et forment ainsi un monticule conique dont le centre reste creux (fig. 214). Une de ces grottes est célèbre à la Réunion sous le nom de *caverne de Rosemont* (fig. 213). Elle se trouve sur une des coulées qui descendent du piton Bory aujourd'hui éteint. Cette grotte est large de 18 à 20 mètres sur 4 à 5 mètres de haut, et s'étend sur une quarantaine de mètres de longueur. Sa voûte en partie effondrée est tapissée de longues stalactites de laves (1). Des grottes du même genre se trouvent en Islande et constituent l'une des principales curiosités de l'île. La plus connue est le Surtshellir (grotte noire) près de Kalmanstunga; elle a une longueur de 1600 mètres sur une largeur de 16 à 18, et une hauteur de 11 à 12; elle se divise en plusieurs chambres et présente de magnifiques stalactites. La célèbre vallée de Thingvalla a la même origine. La croûte superficielle s'est effondrée sur une longueur d'un mille et il en est résulté dans le champ de lave une longue cavité limitée par des murs verticaux.

Des laves basiques et fluides forment souvent en se solidifiant de longues traînées ondulées qui figurent des paquets de cordages entrelacés ou les replis de l'intestin. Ce sont les *laves cordées*. La figure 215 en montre un exemple au Vésuve et l'on en voit aussi au voisinage de la grotte de Rosemont.

Lorsque les laves basiques coulent sur une pente peu considérable elles s'accumulent dans les dépressions et donnent lieu par la solidification à des prismes disposés en colonnades. Les basaltes ont formé autrefois des constructions de ce genre et il s'en forme encore aujourd'hui. Les laves basaltiques de l'Etna par exemple ne diffèrent pas des basaltes tertiaires. Ces formations sont dues à un retrait ré-

(1) Vélain : page 98.

Fig. 217. — Extrémité d'un courant de lave à Giorgios (Santorin), cumulo-volcan (d'après Fouqué).

gulier de la masse qui se solidifie. On cite particulièrement la grotte de Fingal dans l'île de Staffa en Écosse (fig. 216), la Chaussée des Géants en Islande, les orgues d'Espaly près du Puy-en-Velay (Haute-Loire). Les prismes ont des grandeurs très variables. Certains, longs de 100 à 150 pieds, ont seulement 8 ou 9 pouces de diamètre. Au Baulaberg en Islande se trouvent des prismes de l'épaisseur du doigt, tandis que d'autres ont jusqu'à 9 pieds d'épaisseur (Neumayr). Les laves acides étant peu fusibles se refroidissent brusquement; une croûte se forme à la surface immédiatement et constitue en se brisant un amas de blocs solides. Souvent sur l'orifice même de sortie s'accumulent des blocs noirs, irréguliers, qui sont brisés par la poussée souterraine. L'ensemble constitue un *cumulo-volcan*. On en vit un exemple lors de l'apparition du Giorgios en 1866 à Santorin (fig. 217).

La lutte qui s'établit entre la lave et la croûte de scories qui l'emprisonne devient plus intense si des gaz se dégagent; alors au lieu d'avoir une surface lisse comme pour les laves basiques, la coulée se présente avec une surface rugueuse; elle est couverte de blocs anguleux et déchiquetés. Ces formations sont communes dans le Cantal au voisinage des volcans éteints; on les y appelle *cheires*. A l'Etna ce sont les *sciarres* (dents de scie).

Parfois la sortie des laves acides est assez rapide pour que la proportion de matière fluide soit considérable, malgré le grand nombre de cristaux déjà formés. Alors la lave se divise en prismes qui ressemblent à ceux des basaltes. C'est ce qui a lieu à l'île de Milo, aux Açores, ou à Motu-Roa à la Nouvelle-Zélande (fig. 218). On trouve dans ces localités des prismes trachytiques ou andésitiques.

Beaucoup de laves trachytiques se présentent à l'état vitreux. Ce sont alors des masses brillantes, à cassure conchoïdale, de couleur généralement noire, quelquefois brun foncé ou grisâtres ou verdâtres. On les appelle des *obsidiennes*. Ces *verres des volcans* ne sont pas cependant de véritables verres; ils montrent au microscope dans la masse fondamentale un grand nombre de petits cristaux. Il faut citer particulièrement les obsidiennes des îles Lipari, celles d'Islande, des Canaries et de Java. On ne connaît pas les conditions de leur formation. Il semble inadmissible d'attribuer, comme on l'a fait, les obsidiennes à la rapidité avec laquelle les laves se sont solidifiées. Très

Fig. 218. — Colonnes trachytiques de Motu-Roa à la Nouvelle-Zélande (d'après de Hochstetter).

rarement les laves basaltiques présentent des obsidiennes; lorsque celles-ci se montrent, c'est toujours sur les bords des coulées, ce qu'on nomme les salbandes. Ces verres basaltiques appelés *trachylytes* se voient bien sur le courant basaltique de la Gueule de l'Enfer dans l'Ardèche; ils se trouvent immédiatement au contact de la roche sous-jacente, qui est ici

Fig. 219. — Les filons apparaissent alors en saillie, à la manière d'un mur avancé (voy. p. 180).

du gneiss. Il semble donc que les magmas basaltiques soient peu capables en général de fournir des verres; cependant les recherches récentes de Cohen ont montré, comme l'avait déjà affirmé Brigham, que les volcans des îles du Pacifique fournissent en grandes quantités des obsidiennes basaltiques (Neumayr).

Les laves ne se solidifient pas seulement en dehors de la cheminée. Quand l'éruption cesse, la lave qui remplit les fentes du cône volcani-

Fig. 220. — Filons de lave dans le tuf à l'Etna (d'après Sartorius de Waltershausen).

que se solidifie également et bouche ces fissures. Le cône présentera donc au milieu des débris meubles, comme les scories et les cendres, des bandes beaucoup plus résistantes formées par les laves; ce sont des *filons de roches*. Il arrive souvent que les roches plus tendres qui avoisinent ces filons se désagrègent sous l'action des eaux. Les filons apparaissent alors en saillie à la manière d'un mur avancé (fig. 219 et 220). C'est ce qu'on nomme des *dykes* (d'un mot anglais qui signifie *digues*).

ÉMANATIONS GAZEUSES. LES FUMEROLLES.

De grandes quantités de matières gazeuses sont émises pendant les éruptions. Ce sont elles qui forment au-dessus des cratères les grands panaches de fumée; ce sont elles encore qui s'échappent des crevasses du cône, des moindres interstices de la lave à l'état de fumées blanches que l'on appelle les *fumerolles* (*fumarolli* des Italiens).

Il y a toujours une énorme quantité de vapeur d'eau. On a évalué à 22 000 mètres cubes celle qui est sortie journellement des cratères adventifs de l'Etna en 1865, ce qui équivaut à 2 millions de mètres cubes pour les cent neuf jours qu'a duré cette éruption. Il y a en outre les acides chlorhydrique, sulfureux, sulfurique, sulfhydrique, carbonique, de l'acide borique transporté par la vapeur d'eau, de l'ammoniaque, des sels ammoniacaux, des chlorures de sodium et de potassium, de l'oxygène, de l'hydrogène, de l'azote, des carbures d'hydrogène gazeux et parfois des carbures liquides ressemblant à ceux du pétrole. On trouve aussi des chlorures de fer et de cuivre, de manganèse, parfois, mais rarement, du chlorure de plomb. M. Fouqué a trouvé du carbonate de soude. Accidentellement on a observé la présence de l'arsenic et du tellure soit à l'état d'acide, soit en combinaison avec le soufre, l'iode, le brome, le fluor. On trouve des sulfates, de l'acide phosphorique, mais les sulfates paraissent provenir d'une oxydation des sulfites, et l'acide phosphorique paraît être à l'état d'apatite. Rarement il y a des sels de chaux et de magnésie, qui proviennent probablement de l'altération des roches.

Jusqu'à Charles Sainte-Claire Deville les émanations volcaniques n'avaient pas été étudiées avec méthode. Les chimistes qui s'en étaient occupés n'avaient observé généralement qu'un seul volcan : Gay-Lussac puis Verdet le Vésuve, les Siciliens l'Etna, Bory de Saint-Vincent la Réunion, Humboldt et Boussingault les Andes. En outre le volcan n'avait été étudié qu'à un certain moment de l'éruption. On avait par suite généralisé ce qui n'était que transitoire, et l'on avait conclu que chaque volcan était caractérisé par des produits spéciaux : l'Etna par l'acide sulfureux et les autres composés sulfurés, le Vésuve par l'acide chlorhydrique et les chlorures, les volcans des Andes par l'acide carbonique, etc.

Charles Sainte-Claire Deville visita l'Italie, la Sicile et montra que les produits étaient plus nombreux qu'on ne le supposait et pouvaient se rencontrer dans un même volcan. Au début il y a d'après lui des produits différents de ceux de la période ultime, et dans la période du maximum, quand on s'éloigne du centre, on trouve une série décroissante correspondant dans l'espace à une série décroissante dans le temps (1). Ch. Sainte-Claire Deville établissait cinq catégories de fumerolles :

1° Les *fumerolles sèches* au moment du maximum. M. Deville les regardait comme absolument anhydres. Elles ne se dégagent que des laves en fusion ; leur température est de 500. Elles consistent en chlorures parmi lesquels

(1) Voy. *Comptes rendus de l'Académie des sciences*, t. XL, XLI, XLIII et Vélain, *Les Volcans*, p. 48.

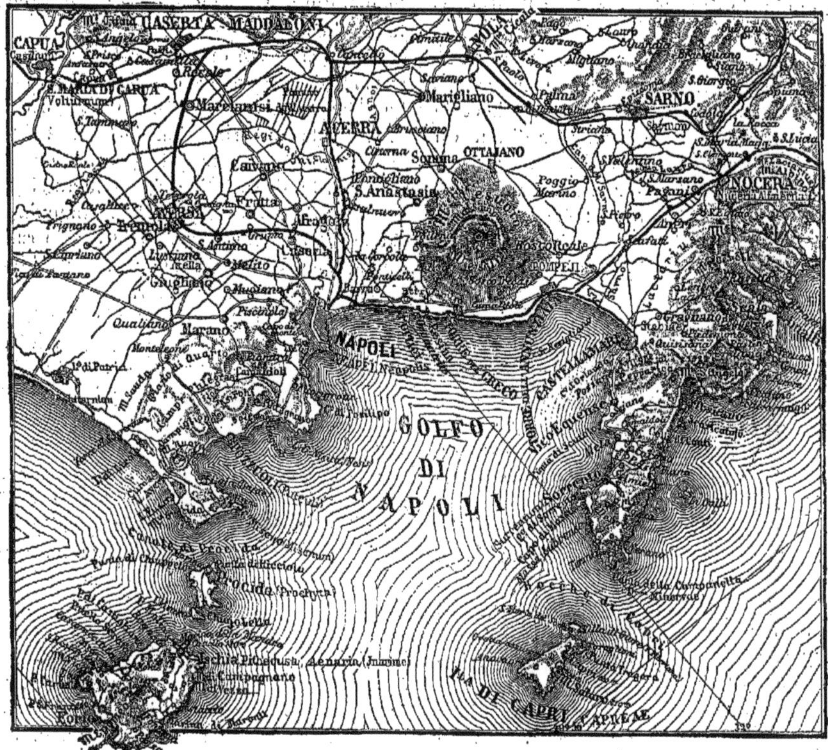

Fig. 221. — Carte des environs de Naples.

dominent les chlorures de sodium et de potassium volatilisés.

2° Les *fumerolles acides* dont la température est 3 ou 400°. Elles sont formées d'acide sulfureux, d'acide chlorhydrique et d'une grande quantité de vapeur d'eau. Il n'y a plus de sels de potasse et de soude et il n'y a pas encore d'acides carbonique et sulfhydrique.

3° Les *fumerolles* dites *alcalines*, parce qu'il se dégage souvent beaucoup de chlorhydrate d'ammoniaque et de l'ammoniaque qui ont une réaction alcaline; mais il y a aussi de l'acide carbonique, de l'acide sulfhydrique, et une énorme quantité de vapeur d'eau. La température est de 100°.

4° Les *fumerolles froides*, dont la température est inférieure à 100°. Elles ne donnent plus que de la vapeur d'eau presque pure accompagnée d'un peu d'acide carbonique et parfois d'acide sulfhydrique.

5° Les *mofettes*. Ce sont des dégagements d'acide carbonique. Ils persistent bien longtemps après les éruptions, des mois, des années, parfois des siècles. L'Auvergne, riche en volcans éteints, présente de nombreuses mofettes aux environs de Clermont, de Royat. La région de l'Eifel autrefois volcanique, située sur la rive gauche du Rhin, possède aussi de ces dégagements irrespirables. Ils sont aussi très communs, comme nous le verrons, en Italie. L'acide carbonique est accompagné d'azote et d'oxygène, représentant de l'air dépouillé d'une partie de son oxygène (19,4 de ce gaz pour 80,6 d'azote). La température des mofettes est celle du sol où elles se dégagent.

Ainsi pour M. Deville il y avait succession dans les produits; le volcan changeait en quelque sorte de nature. M. Fouqué a montré qu'il n'en était pas ainsi. Il a étudié l'Etna, le Stromboli, le volcan sous-marin de Santorin et a constaté qu'au moment du maximum on peut recueillir les produits de toutes les périodes. Il y a non pas substitution, mais disparition graduelle des éléments dans l'ordre inverse de leur volatilité.

Quand l'éruption est à son maximum on ne recueille pas seulement, comme le croyait M. Deville, des vapeurs de sels de soude et de potasse, mais aussi de la vapeur d'eau. On recueille toutes ces fumées dans une capsule surmontée d'un entonnoir entouré de neige. L'eau recueillie est très acide ; elle contient de l'acide chlorhydrique et de l'acide sulfureux. Il y a aussi dans le liquide condensé du chlorhydrate et du sulfate d'ammoniaque. Si au-dessus de la coulée on dispose un tube et si on aspire les gaz on trouve beaucoup d'acide carbonique. Quand il n'y a pas contact avec l'air, comme à Santorin où le volcan est sous-marin, on trouve de l'acide sulfhydrique et des carbures d'hydrogène. L'acide sulfureux provient de la combustion à l'air de l'acide sulfhydrique.

Les erreurs de Charles Sainte-Claire Deville s'expliquent. Il n'arrivait que le lendemain ou le surlendemain d'une éruption. A ce moment les produits très volatils ont disparu et la coulée ne donne plus que des produits de volatilité difficile. En outre M. Deville installait ses appareils à un kilomètre de la bouche.

M. Deville pensait que l'acide carbonique manquait dans la seconde période. Cela résulte de ce fait que l'acide est moins reconnaissable que les acides sulfureux et chlorhydrique. En réalité, il y a de l'acide carbonique, des sels ammoniacaux et même de l'acide sulfhydrique si la température n'est pas trop élevée.

Dans la troisième période l'acide sulfureux ne paraît plus parce que la température est trop basse pour permettre à l'acide sulfhydrique de brûler. Quant à l'acide chlorhydrique sa disparition s'explique, d'après M. Fouqué, parce que c'est un produit secondaire qui ne se forme qu'au rouge, probablement par l'action de la vapeur d'eau sur un mélange de chlorure de sodium et des silicates, si abondants dans les roches volcaniques. C'est ce qui résulte d'une expérience de Gay-Lussac faite en 1806.

Dans la dernière période on ne trouve plus que de l'acide carbonique, de l'azote, parfois de l'hydrogène. La température est la température ordinaire ; or l'acide sulfhydrique exige 50° ou 60°.

L'acide borique est surtout recueilli dans la troisième période parce que l'eau à 100° l'entraîne. Mais il peut exister à une plus haute température. Ainsi au cratère de Vulcano les fumerolles acides en entraînent.

L'oxygène a été observé surtout à Santorin avec l'hydrogène et les carbures d'hydrogène. Le dégagement d'oxygène et d'hydrogène provient de la dissociation de l'eau et du refroidissement brusque qui empêche la recomposition. La dissociation s'observe aussi pour le carbonate et le chlorhydrate d'ammoniaque. On peut recueillir à la fois de l'acide carbonique et de l'ammoniaque qui se recombinent si on les laisse arriver à l'air.

Les chlorures métalliques que l'on trouve dans les fumerolles les plus chaudes doivent provenir de l'action de l'acide chlorhydrique sur les minéraux des roches qu'il rencontre dans le volcan. Ainsi le chlorure de fer proviendrait de l'action de l'acide chlorhydrique sur le fer oxydulé très abondant dans les roches volcaniques (1). Ce chlorure de fer sous l'action de la vapeur d'eau fournit du fer oligiste (sesquioxyde de fer) sous forme de poussière rouge ou de petits cristaux brillants, très nombreux au voisinage des volcans.

Le chlorure de sodium volatilisé se sublime immédiatement au voisinage des coulées, et forme parfois un tapis blanc épais de plus de 1 centimètre. Çà et là il est émaillé de taches jaunes de chlorure de fer. On voit aussi, dans les pays volcaniques, des dépôts de soufre. Ce dernier provient de la décomposition de l'acide sulfhydrique sous l'action de l'air à une basse température.

En résumé, les volcans se présentent à nous sous diverses formes. Il y en a qui sont constamment en activité, comme le Stromboli ; il produit sans cesse des vapeurs et des projections solides. Cette phase porte le nom de *strombolienne*. D'autres, comme le Vésuve, présentent la phase *éruptive ;* ils présentent des périodes d'activité séparées par des intervalles de repos. D'autres sont presque éteints ; ils ne dégagent plus que de l'eau et de l'acide sulfhydrique ; c'est ce qui se produit à la *solfatare* de Pouzzoles, fournissant beaucoup de soufre ; de là le nom de phase *solfatarienne*. Enfin, lorsque le volcan est complètement éteint, il fournit pendant longtemps encore des *mofettes*.

Nous allons étudier maintenant les principaux volcans et la distribution géographique de ces curieux appareils naturels.

(1) Voir sur les fumerolles : Fouqué, *Lettre à M. Ch. Sainte-Claire Deville* (*Comptes rendus*, t. LX) et *Santorin et ses éruptions*, Paris, 1879.

Fig. 222. — L'Observatoire du Vésuve.

LE VÉSUVE.

Le groupe volcanique des environs de Naples (fig. 221) comprend le Vésuve et les Champs Phlégréens. Il y a une démarcation entre les deux parties; elles sont séparées par une rivière qui passe à l'est de Naples. Le cône du Vésuve est à 8 kilomètres environ de cette ville. Il est assez régulier, il est tronqué à la partie supérieure. La troncature varie avec les éruptions, et ne dépasse pas cependant de 1 à 2 kilomètres. La base a environ 2 kilomètres de diamètre. La pente est de 30°, et l'altitude prise au-dessus du niveau de la mer est d'environ 1 300 mètres. D'ailleurs, la hauteur varie. Au moment des grandes éruptions, le cône se découronne par suite des explosions, tandis que les petites éruptions ont pour effet d'augmenter la hauteur. C'est ce qu'indique le tableau suivant, dressé par Neumayr; il montre les variations de hauteur.

1749	1160 mèt.	1845	1182 mèt.
1810	1249 —	1846 (février) ..	1193 —
1822	1269 —	1846 (mars)....	1196 —
1832	1140 —	1846 (juillet)...	1219 —
1847 (janvier)..	1222 mèt.	1855	1286 mèt.
1847 (mars)....	1237 —	1855	1234 —
1847 (août).....	1240 —	1868	1297 —
1850	1291 —		

Le cône est entouré, au nord et à l'est, par une crête demi-circulaire : la *Somma*, qui n'est autre chose que le reste de l'ancien cratère du

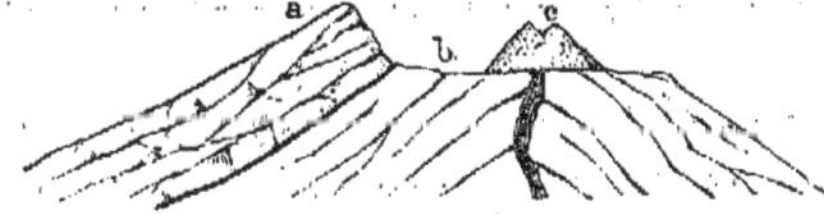

Fig. 223. — Coupe théorique du Vésuve. — *a*, Somma; *b*, Atrio del Cavallo; *c*, cône actuel.

Vésuve. La crête de la Somma est assez déchiquetée; le point le plus élevé est appelé *Punto di Nasone* (1124 m.). L'intervalle compris entre la Somma et le cône actuel s'appelle l'*Atrio del Cavallo*, dont l'altitude est 814 mètres (fig. 223). Le cône présente des ravins profonds, dont les deux principaux sont le *Fosso grande* et le *Fosso della Vetrana* fournissant une bran-

Fig. 224. — Forme supposée du Vésuve avant l'éruption de l'an 79.

che : le *Fosso di Faraone*. Sur les flancs de la montagne se montrent deux cônes adventifs dont le plus important est au sud du couvent des Camaldoli. Un observatoire se trouve au pied du cône; il est chargé de l'étude du volcan (fig. 222). Des localités importantes sont situées sur la côte, au voisinage du volcan : telles sont Resina bâtie sur les ruines d'Herculanum, Torre del Greco, Castellamare. Le long de ces villes et de la côte se trouve la *Via campana* des Anciens.

La région du Vésuve est très fertile. Les produits du volcan sont riches en potasse, à cause de la leucite qu'ils renferment. Les cendres, les lapilli, les laves même se décomposent rapidement sous l'action de l'air et de l'eau, et l'on y plante des vignes qui fournissent le vin de Lacryma-Christi.

Fig. 225. — Bas-relief représentant la destruction d'un temple (tremblement de terre de Pompéi en l'an 63).

La première éruption historique date de l'an 79 de notre ère. Avant cette époque, le volcan était éteint. Les anciens ne l'avaient pas connu en éruption. Ils regardaient cependant cette montagne comme ayant été autrefois volcanique. Vitruve, à propos des pouzzolanes, dit que, suivant les traditions, il y avait autrefois sous le Vésuve un foyer ardent qui a vomi des flammes; c'est pour cela que la roche appelée ponce a acquis par la cuisson les propriétés qu'elle possède.

Strabon dit, dans sa *Géographie*, qu'au-dessus des villes de Naples et d'Herculanum se trouve une montagne, le Vésuve, entourée d'une riche campagne. Son sommet est stérile et en grande partie plat. Les pentes sont couvertes de vignes. La montagne a été, comme le montrent ses roches scoriacées, le siège d'un embrasement. Une peinture trouvée à Pompéi, dans la maison dite du Centenaire, représente une montagne dont les flancs sont couverts de vignes. Il est probable qu'on a voulu représenter le Vésuve.

Plutarque, à propos de Spartacus, parle du Vésuve. Refoulé par les troupes romaines, Spartacus se réfugia, avec trois mille esclaves

Fig. 226. — Cône de cendres du Vésuve avant l'éruption de 1872 (d'après Heim).

révoltés, sur le Vésuve. D'après Plutarque, Spartacus descendit par des échelles formées de sarments de vigne pour venir attaquer les derrières du camp.

On a fait plusieurs hypothèses sur la configuration primitive du Vésuve. D'après Scacchi, le cône formé par la Somma présentait, du côté du sud, un escarpement abrupt; et son sommet, comme l'indique Strabon, était plat. D'après Daubeny et Lyell, il y avait un cône régulier avec un cratère très abrupt vers l'intérieur, à fond plat. Daubeny suppose que Spartacus était à l'intérieur de la cavité, et qu'il grimpa sur la crête avec ses échelles. C'est cette configuration qui est ici représentée (fig. 224). Notons que Strabon se borne à dire

Fig. 227. — Cône de cendres du Vésuve après l'éruption de 1872 (d'après Heim).

que le fond était plat, et ne parle pas d'une cavité. Von Roth émet une autre opinion. Suivant lui, le Vésuve avait déjà, en 79, la forme actuelle; la Somma dominait la surface plane décrite par Strabon. D'après lui, Spartacus se serait trouvé sur la crête de la Somma, et serait descendu sur la surface plane.

On a, sur l'éruption de 79, de nombreux documents : les lettres de Pline le Jeune et les résultats des fouilles de Pompéi. L'éruption avait été annoncée par des signes précurseurs. En l'an 63 se produisit un tremblement de terre qui détruisit une première fois Pompéi. Un décret impérial de Claude, qui dispense les habitants de Pompéi d'impôts, afin de leur permettre de rebâtir leurs maisons, nous donne la date exacte de ce tremblement de terre. Un bas-relief trouvé dans la ville représente le temple du Forum tout près de tomber, tandis que des sacrificateurs s'apprêtent au sacrifice (fig. 225). La ville fut reconstruite; les monuments restés debout furent réparés, et l'on trouve dans les fouilles des maisons avec des crevasses bouchées. Mais en 79 se produisit une éruption formidable. Le volcan ensevelit alors sous des cendres et des ponces Pompéi, Herculanum et Stabies. L'éruption dura quatre jours. C'est Herculanum qui a reçu surtout les projections; la ville est recouverte par

Fig. 228. — Éruption du Vésuve en 1872. Blocs de lave et fumerolles sur une coulée.

30 mètres de débris. L'épaisseur des projections, à Pompéi, est de 7 à 8 mètres. Ces ponces sont retombées à une température assez basse pour ne pas produire d'incendie,

Fig. 220. — La coulée du Vésuve en 1872 à Massa (d'après une photographie de Sommer).

car l'on trouve du bois intact dans des garnitures métalliques, ce qui montre que le métal n'a pas été chauffé ; les conduites de plomb ne sont pas fondues ; les peintures, qui sont faites sur stuc, sont dans un bel état de conservation. Les os des squelettes, trouvés en grand nombre, ne sont pas altérés.

Pendant l'éruption se sont dégagées d'énormes quantités d'acide carbonique, provenant vraisemblablement du Vésuve lui-même, et rabattues par le vent sur la ville. A Pompéi même, il y a encore des dégagements locaux d'acide carbonique; les fentes du Vésuve se prolongeaient peut-être jusque-là. On ne peut pas supposer que les habitants ont été asphyxiés par l'acide sulfureux ou l'acide chlorhydrique, car ces gaz ne produisent pas une mort tranquille, les victimes s'agitent; l'allure calme des cadavres de Pompéi prouve que c'est l'acide carbonique qui a joué le principal rôle. On sait qu'on a pu prendre l'empreinte de plusieurs cadavres en coulant du plâtre dans les cavités de la cendre où se trouvaient des squelettes. Pline l'Ancien trouva la mort en observant l'éruption. Il fut entouré, dit son neveu, d'un nuage formé probablement de vapeur d'eau et d'acide carbonique. Il se coucha, mais, ses esclaves ayant fui, ne put se relever et fut asphyxié. Des constructions furent renversées par le poids des cendres et par des secousses du sol comme il y en a toujours pendant les grandes éruptions. On a trouvé des squelettes sous des murs effondrés. Pline le Jeune dit qu'il y eut du tonnerre et des éclairs. Pendant les éruptions se produisent en effet des phénomènes électriques dus au frottement de la vapeur d'eau qui se dégage. On a d'ailleurs découvert à Pompéi trois mai-

Fig. 230. — Intérieur du cratère du Vésuve en 1880 (d'après une photographie de Sommer).

sons où il y a des traces manifestes de la chute de la foudre pendant l'éruption; il y a des indices de fusion et de vitrification.

On s'est demandé pourquoi la ville a été définitivement abandonnée malgré la faible épaisseur des cendres. Bien certainement des habitants sont revenus faire des fouilles, car on trouve des trous dans les murailles, mais les dégagements de gaz, qui se produisent encore ont dû écarter la population. En outre le port était ensablé, le Sarno qui coule au voisinage était obstrué, il n'y avait plus de place possible en cet endroit pour une ville de commerce maritime comme l'avait été Pompéi (1).

Après l'éruption de 79, il y eut une période de repos. Une seconde éruption se produisit en 203 sous l'empereur Sévère, puis une autre en 472. Celle-ci fut racontée par Procope; d'après lui, les cendres du Vésuve arrivèrent portées par le vent jusqu'à Constantinople. Dans l'éruption de 512 elles arrivèrent jusqu'à Tripoli d'Afrique. On cite ensuite les éruptions de 685, 993, 1139 et 1500. Dans les deux dernières il y eut des coulées de laves. L'éruption fournit un cratère qui dépassait de 40 mètres la Somma. Celle-ci n'a pas donné de nouvelles éruptions depuis son effondrement en 79. Il faut remarquer que toutes les éruptions du douzième au dix-septième siècle furent assez médiocres, car les pentes de la montagne se couvrirent de végétation, et dans le cratère, lors de l'éruption de 1631, se trouvait une forêt de vieux arbres; il n'y avait là que des fumerolles isolées et trois sources chaudes.

L'éruption de 1631 fut terrible. Le 15 décembre se produisirent des secousses; il y en eut vingt jusqu'au 16 à 5 heures du matin. Des coulées de lave se dirigèrent alors vers Torre del Annunziata à l'est du couvent des Camaldoli, vers Torre del Greco et vers Resino. Il y avait eu auparavant des projections. Les pluies de cendres s'étendirent jusqu'à Tarente et jusqu'en Thessalie. Les coulées atteignirent la mer en huit heures, avec une vitesse bien supérieure à celle que l'on constate aujourd'hui. Le 17 au soir l'éruption était terminée. Quand l'obscurité due aux cendres fut dissipée on reconnut que la plus grande partie du cône s'était effondrée. Avant la catastrophe il dé-

(1) Notes prises au cours de M. Fouqué au Collège de France, 1884.

Fig. 231. — Monte Nuovo près de Pouzzoles (page 191).

passait la Somma de 40 mètres; après il était à 130 mètres au-dessous; il avait donc perdu 170 mètres.

Le nombre des victimes est évalué à 3000, la plupart à Torre del Greco où elles périrent asphyxiées. L'éruption de 1631 est celle qui a fourni le plus de lave. Celle-ci a 7 ou 8 mètres d'épaisseur; on l'exploite activement; elle fournit une pierre très homogène, se taillant très facilement et durcissant à l'air. On l'emploie beaucoup à Naples.

Il y eut de nouvelles éruptions en 1660, 1681, 1694, 1697, 1698, 1734. Celle-ci fut importante, le cône s'abaissa de nouveau et Torre del Greco fut de nouveau recouvert par la lave. L'éruption de 1794 détruisit de nouveau cette ville; la lave l'envahit et s'avança dans la mer. Il y eut d'énormes quantités de cendres qui couvrirent tous les environs; à Naples c'était une fine poussière, mais au voisinage de la lave les projections étaient des *lapilli*. De nouveaux paroxysmes se produisirent en 1822, 1839, 1850, 1855, 1861, 1865. Les deux dernières furent peu considérables, mais en 1872 il y en eut une nouvelle beaucoup plus importante. C'est la dernière éruption notable du Vésuve; celles qui se sont produites depuis sont presque insignifiantes, y compris celle de 1891. Il y avait alors, depuis 1865, à l'intérieur du cratère deux cônes de cendres dont l'un atteignait 100 mètres. Dans la nuit du 12 au 13 janvier 1871, se produisit une troisième bouche sur le côté nord à 65 mètres au-dessus du sommet (fig. 226 et 227). Pendant toute l'année 1871 et le commencement de 1872 eurent lieu des explosions et des projections de bombes volcaniques (fig. 228). Le 24 avril, les laves sortirent et descendirent jusque dans l'Atrio. Dans la nuit du 25 au 26 de nombreux touristes étaient allés visiter ce courant de matières fondues; brusquement se produisit une explosion terrible et quatre-vingts personnes furent tuées. La coulée poussa un bras vers Torre del Greco, mais ne l'atteignit pas; une autre détruisit une partie de Massa et de San Sebastiano (fig. 229).

En 1880, on voyait à l'intérieur du cratère un cône de cendres sur lequel s'élevait une colonne de laves qui depuis a été recouverte par le produit des projections ultérieures (fig. 230). Comme on le voit, l'intérieur du cratère subit des changements continuels.

LES CHAMPS PHLÉGRÉENS.

La région des champs Phlégréens montre une grande ressemblance avec la carte de la Lune. On y trouve un grand nombre de cratères bien formés, comme le Cigliano, l'Astroni, le lac Averne, le Monte Nuovo. D'autres, au voisinage de Camaldoli, qui est le point le plus élevé du pays (450 mètres), sont moins bien formés. Il y a aussi des accumulations peu élevées, qui sont d'origine douteuse; on ne sait s'il faut les regarder comme des restes de cratères. A cause de difficultés de ce genre certains géologues n'admettent que cinq ou six cratères dans les champs Phlégréens, tandis que d'autres en admettent dix, vingt ou davantage. Quoi qu'il en soit, la nature des roches sépare nettement les champs Phlégréens du Vésuve. Ce dernier ne présente que des roches à leucite, tandis que les laves phlégréennes sont des roches acides à feldspath : les andésites. Il y a aussi des produits de projections, comme les tufs du Pausilippe et de Naples. Ces tufs sont d'origine marine. Ils ont été projetés dans l'eau par des bouches sous-marines. Les ponces du tuf renferment des débris de coquilles marines identiques à celles qui vivent dans le golfe de Naples. Le tuf présente une certaine consistance. Les Romains ont pu creuser le tunnel de Pausilippe long de quatre kilomètres. Naples est bâtie sur cette roche et l'on y a creusé des carrières pour y prendre des matériaux, et des catacombes renfermant des tombeaux qui datent de l'époque romaine et des époques suivantes jusqu'au XVIIIe siècle.

Le Monte Espina est entièrement formé de tufs et paraît avoir été formé en 1198 avec le lac d'Agnano placé dans le voisinage. Ce lac est séparé de la mer par le monte Espina. Son diamètre est de 800 mètres. Il est assez plat; le fond se trouve à 12 mètres au-dessous du niveau de la mer et le niveau de l'eau se trouvait à 6 mètres au-dessus de la mer. Mais le lac est maintenant en partie desséché; on a fait une tranchée par laquelle l'eau s'est écoulée. Ce lac était remarquable par son bouillonnement dû au dégagement d'acide carbonique à travers l'eau. Il y a au voisinage les étuves (*Stuffe*) de San Germano. Ce sont des dégagements de vapeur d'eau mêlée d'acide carbonique et d'azote ; leur température varie de 60° à 80°.

La célèbre grotte du Chien se trouve près du Monte Espina. Cette grotte (*grotta del Cane*) présente une mofette. Le gaz carbonique, plus dense que l'air, s'échappe par de nombreuses fissures et forme sur le sol en se dégageant constamment une couche épaisse de 1 mètre. Par suite, un animal de petite taille, comme le chien, y est asphyxié tandis que l'homme ne court aucun danger. La température de la grotte est d'environ 18°.

La solfatare de Pouzzoles est célèbre; elle a donné son nom, comme nous l'avons déjà dit, à toute une catégorie de phénomènes volcaniques. Elle s'élève à une hauteur maximum de 200 mètres; du côté S.-O., il y a dans le cratère une échancrure, et l'altitude n'y est plus que de 166 mètres. Le fond du cratère est plat, son diamètre est de 500 mètres; il est à 70 mètres tout au plus au-dessous des bords. La solfatare est composée en grande partie de produits de projection; les roches sont très attaquées, très poreuses; de noires qu'elles étaient, elles sont devenues blanches. Il est par suite difficile de distinguer les roches massives des tufs. Pourtant on trouve des laves du côté N. Le Monte Olibano formé d'andésites représente peut-être aussi les laves de la solfatare. Tous les historiens sont d'accord pour parler d'une éruption qui aurait eu lieu en 1198, pendant la grande phase de repos du Vésuve. Depuis cette époque, il n'y a plus eu d'éruption. La solfatare dégage seulement des émanations gazeuses par plusieurs bouches dont la position change sans cesse. La grande bouche qui se trouvait autrefois au milieu de la paroi sud s'est transportée à l'est. Il y a une petite bouche à l'ouest. Les émanations consistent en vapeur d'eau et en acide sulfhydrique. Celui-ci se décompose à l'air et fournit d'abondants dépôts de soufre exploités depuis un temps immémorial. Ce même acide s'oxyde aussi et se transforme successivement en acide sulfureux et en acide sulfurique. Il en résulte la formation de sulfates comme le gypse et l'alunite qu'on exploite, des aluns, du sulfate de magnésie, du sulfate de soude. On trouve aussi des aluns de fer (voltaïte), de la pyrite, des composés d'arsenic comme le mispickel, le réalgar, enfin de l'acide borique.

Au nord de la Solfatare se trouve l'Astroni qui est le plus beau cratère des champs Phlégréens. On ne l'a jamais connu en activité. Il est essentiellement formé de tufs, mais à l'intérieur on voit quelques massifs de roches solides et des blocs d'obsidienne. La forme est elliptique, les pentes sont très inclinées à l'extérieur et très raides à l'intérieur. Dans sa plus grande longueur le cratère atteint 2000 mètres et dans sa plus faible 1300. Les parois forment un véritable mur, on a pratiqué une route pour pénétrer dans le cratère qui est devenu un parc.

Le Cigliano est un autre cratère remarquable par ses escarpements concentriques, qui sont toutefois de simples arcs de cercle. On dirait qu'il y a eu tantôt des projections lancées à distance, tantôt des projections tombant plus près.

Le lac Averne est aussi un ancien cratère dont les parois sont formées de projections. Le niveau de l'eau y est à peu près à la hauteur du niveau de la mer; au voisinage se

Fig. 232. — Bloc de tuf isolé dans le golfe de Lacco à Ischia.

trouvent des sources chaudes et des dégagements sulfurés.

Le Monte Nuovo (fig. 231) au sud du lac Averne est bien connu. C'est une montagne conique haute de 139 mètres, le diamètre de son cratère est de 370 mètres, sa profondeur de 120 mètres; par suite, le sol du cratère n'est qu'à 10 mètres au-dessus du niveau de la mer. Le cône s'est formé en 1538 brusquement au milieu d'une plaine. Quarante-huit heures, et même vingt-quatre, d'après certains historiens, avaient suffi pour l'édifier. Le Monte Nuovo a donné lieu à une discussion entre les partisans des mouvements brusques du sol et ceux des mouvements lents. Les premiers regardaient le Monte Nuovo comme dû à un soulèvement. Mais avec Lyell on s'accorde à le considérer comme un simple produit de projection. La montagne est composée de ponces blanchâtres et de scories d'un gris brunâtre. Il y a bien à l'intérieur du cratère une petite coulée de laves, mais certainement elle n'aurait pas suffi pour produire un soulèvement. Dans les tufs du Monte Nuovo il y a des coquilles marines, ce qui montre que le sous-sol était autrefois occupé par la mer. L'éruption eut lieu le 29 septembre 1538; jusqu'en janvier suivant, il y eut des dégagements de vapeur au sommet du cratère; depuis cette époque le volcan est complètement éteint.

Aux champs Phlégréens se rattachent les îles Nisita, Procida et Ischia. L'île Nisita est un cratère ébréché, dans lequel la mer pénètre, formant ainsi une baie, comme cela se produit pour beaucoup d'îles volcaniques. L'île de Procida est le prolongement du cap Misène. Elle présente des collines circulaires très abruptes qui sont des cratères.

L'île d'Ischia est surtout formée de tufs disposés en couches régulières. Elle doit probablement son origine à des éruptions sous-marines, et elle n'est que le reste d'un dépôt plus étendu. Ainsi l'on trouve dans le golfe de Lacco un bloc de tuf qui s'élève isolé au milieu de l'eau (fig. 232). Il y a aussi des laves, entre autres la grande coulée appelée Lava del Arso. Au centre de l'île se trouve le Monte Epomeo qui s'élève à 800 mètres. C'est une butte cratériforme composée de tufs. Sur ses bords il y a des cônes adventifs et des coulées de lave. Plusieurs éruptions se sont produites à Ischia dans les temps historiques;

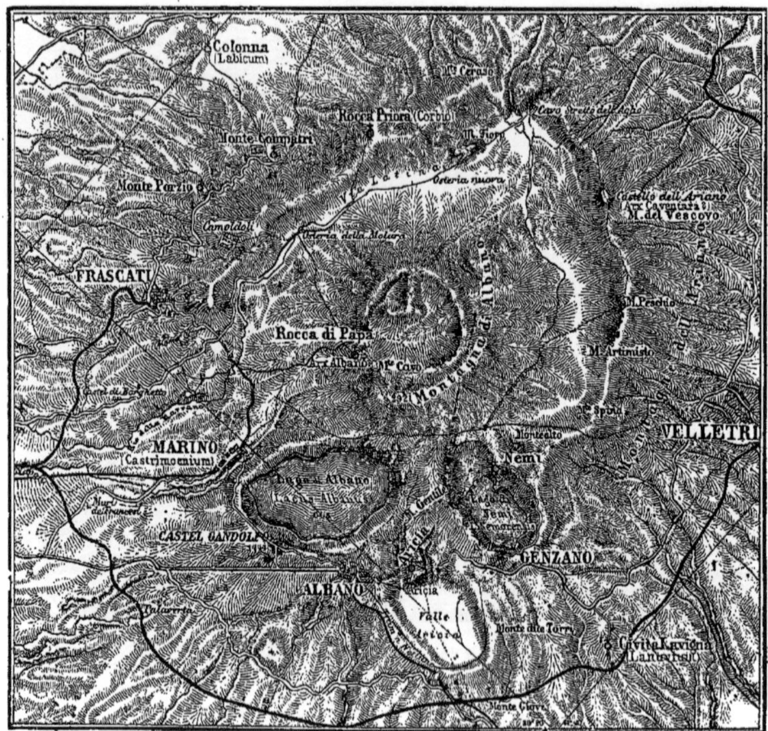

Fig. 223. — Carte des environs d'Albano.

on en cite une en 472, mais la plus importante et la dernière eut lieu en 1302 sur les pentes de l'Epomeo. Elle a fourni la coulée del Arso, qui aujourd'hui, après six cents ans, est aussi fraîche qu'au premier jour. Elle arrive à la mer; sa longueur est d'environ 2 kilomètres et sa largeur de 3 à 4 kilomètres. Cette lave est une roche très rude, une andésite à mica noir. Elle est remarquable, car les laves actuelles sont presque toujours basaltiques, et quand elles sont andésitiques comme celles des îles de la Sonde ou du Mexique, elles ne sont jamais aussi acides que celle d'Ischia.

Depuis 1302, il n'y a plus eu d'éruption dans l'île, mais on y trouve encore des restes d'activité volcanique. Il y a des fumerolles, des sources chaudes; aussi, de nombreux tremblements de terre, que nous aurons plus tard à relater, se font-ils sentir à Ischia. Ils sont certainement d'origine volcanique. Ils se produisent dans la partie N.-O. de l'île, entre l'Epomeo et Casamicciola. C'est dans cette région que se trouvent les roches volcaniques; les autres parties sont composées de tufs anciens.

Aux environs du Vésuve, nous trouvons une autre région volcanique. C'est le massif du Vultur qui se trouve à l'est. Ses dimensions sont à peu près celles du Vésuve; la hauteur est de 1 329 mètres; la circonférence de 32 kilomètres. Au milieu du cratère il y a deux petits lacs. Les roches du Vultur sont des roches à leucite. Le volcan n'a pas donné d'éruption depuis les temps historiques. Un autre massif leucitique est celui de Rocca Monfina.

Au sud-est de Rome, il y a une région de volcans éteints, c'est celle des montagnes d'Albano (fig. 223). Là se trouve un cratère de grandes dimensions, mais de hauteur peu considérable et à pentes douces. Il commence à

Fig. 234. — Éruption sur un cône parasite de l'Etna (d'après Sartorius de Waltershausen).

Frascati, sa crête se dirige sur Rocca Priora, de là sur le Monte Ceraso, le Monte Vescovo et se termine au lac Nemi. La crête n'est pas continue; elle est largement ouverte à l'ouest et là se trouvent trois petits bassins cratériformes dont deux : le lac d'Albano et le lac de Nemi, sont remplis d'eau, tandis que le troisième, celui d'Ariccia, est desséché. Au centre de cette crête qu'on peut comparer à la Somma, se trouve un cratère interne comparable au cône actuel du Vésuve. Il est ouvert à l'ouest et présente à l'intérieur une plaine, ancien bassin lacustre, que domine de 190 mètres le Monte Cavo élevé de 954 mètres. Le cirque d'Albano a fourni des coulées de laves qui s'étendent jusqu'au voisinage de Rome. Un courant arrive jusqu'à Acqua Acetosa, à 6 kilomètres de la porte Paola. Ce sont des laves à leucite.

Nous citerons seulement sans insister les collines Euganéennes, dans la Haute Italie, près de Padoue. Nous y reviendrons plus tard. Nous allons maintenant nous occuper de la région volcanique la plus importante du sud de l'Europe, celle de l'Etna.

L'ETNA.

La région de l'Etna est très vaste. Elle est dominée par le cône dont l'altitude est de 3313 mètres (fig. 235), mais elle se divise en trois parties : 1° la partie déserte formant le centre; elle reçoit les projections, les émanations gazeuses, et s'élève à 2500 mètres; 2° la partie boisée qui est habitée; on y trouve des bois de pins et de châtaigniers; enfin 3° la partie cultivée qui est en bas; à cause des coulées de laves il y a là des endroits stériles, mais en bien des points les cendres se sont accumulées, décomposées et ont formé un sol très fertile où l'on cultive la vigne.

Le soubassement du cône qui forme la partie déserte s'appelle le *Piano del Lago*. Là s'élève une cabane où s'arrêtent les touristes : la *Casa inglese*. Ce soubassement est ce que les géologues de l'école d'Elie de Beaumont désignaient sous le nom de gibbosité centrale. Sur le flanc oriental, il y a dans la région boisée une sorte de bassin, le *Valle del Bove*. L'escarpement du fond est assez abrupt; on appelle ce fond le *Trifoglietto*. On voit le long des pentes des coulées de lave. Le *Valle* a 6 à 8 kilomètres de long et 4 à 5 de large. Très souvent s'y produisent des éruptions et des projections. On admet généralement que le Valle del Bove a été produit par une explosion analogue à celle qui eut lieu en 1883 au Krakatau, dans le détroit de la Sonde. Cette explosion emporta les deux tiers nord de cette montagne et il s'y trouve une excavation cylindrique analogue au Valle del Bove, mais la cavité est occupée par la mer.

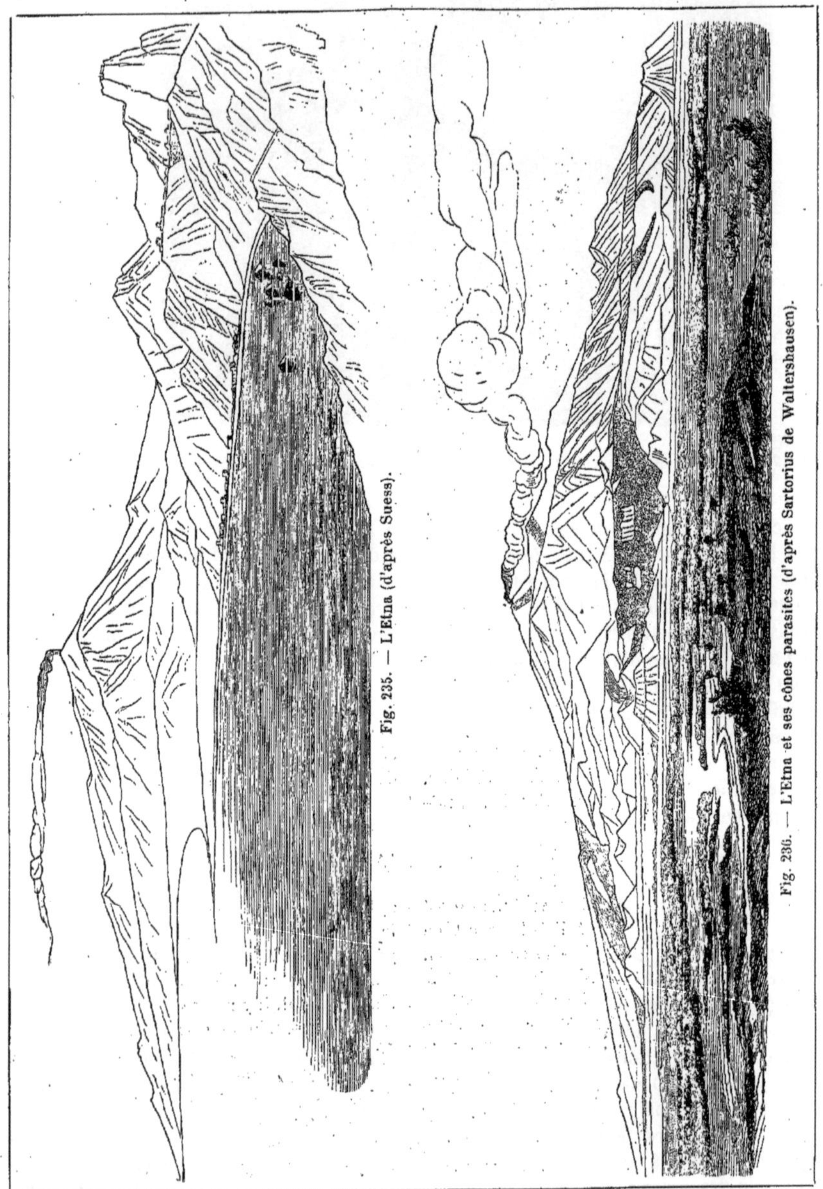

Fig. 235. — L'Etna (d'après Suess).

Fig. 236. — L'Etna et ses cônes parasites (d'après Sartorius de Waltershausen).

Sur les pentes de l'Etna on voit un grand nombre de cônes adventifs ou parasites (fig. 236); chaque éruption présente sa bouche spéciale (fig. 234); il y a au moins 200 de ces cônes; l'un

Fig. 237. — Coulées de l'Etna.

des principaux est le Monte Rosso près de Nicolosi d'où sortit la lave pendant la formidable éruption de 1659 ; il atteint une hauteur de 250 mètres au-dessus du terrain environnant.

Les éruptions de l'Etna sont fréquentes (fig. 237). Les anciens connaissaient la nature volcanique de la montagne et supposaient que les Titans étaient enchaînés sous sa masse.

Fig. 238. — Cratère de l'Etna en 1804-1805 (d'après Sartorius de Waltershausen).

La première éruption dont parlent les historiens se produisit en l'an 693 avant J.-C. L'éruption de 475 avant J.-C. inspira quelques vers à Pindare. On pense que cette éruption a fermé le Monte Arso del Cavaliere. Il en part une coulée encore bien distincte. D'autres éruptions importantes eurent lieu en 350, 126, 122, 49 avant J.-C. En 38 après J.-C. le volcan rentra en éruption après un repos assez long, et depuis cette époque les paroxysmes se multiplient. En 550 d'après Procope les cendres arrivèrent à Constantinople.

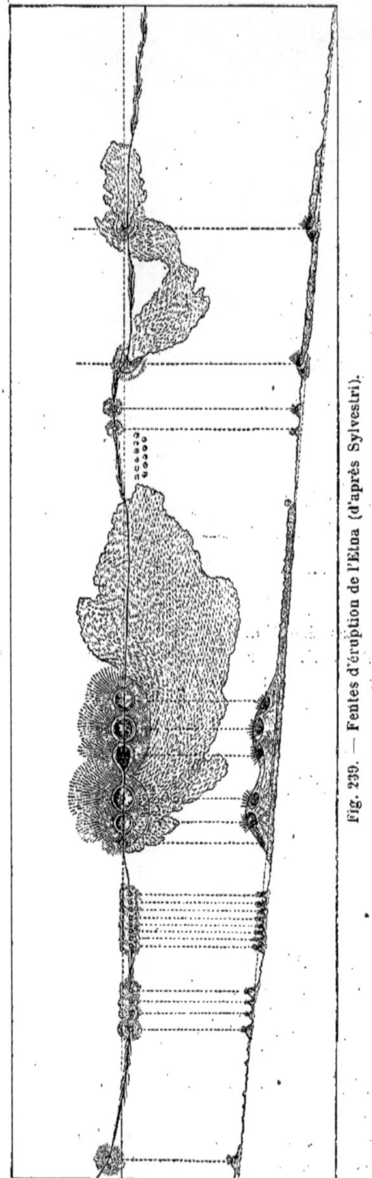

Fig. 239. — Fentes d'éruption de l'Etna (d'après Sylvestri).

En 1169 les tremblements de terre qui accompagnèrent l'éruption détruisirent Catane. L'éruption de 1285 est la première qui eut lieu dans le Valle del Bove et fournit une coulée visible jusqu'au commencement de notre siècle. L'éruption de 1381 combla le port de Catane. En 1537 se produisit une éruption qui fournit une énorme quantité de laves. Elle parcourut 12 kilomètres en quatre jours et s'arrêta à un kilomètre de Nicolosi. L'éruption de 1603 barra le cours du Simeto comme nous l'avons déjà rapporté (1).

L'éruption de 1669 fut de beaucoup la plus importante (2). L'Etna fournit une énorme quantité de laves. L'éruption commença en mars. Il y eut des tremblements de terre violents qui renversèrent Nicolosi. Près de cette ville s'ouvrit une fente longue de 20 kilomètres et large de 5 ou 6 mètres ; de là sortaient les laves et les projections. Il y a là vingt bouches alignées qui se formèrent successivement en descendant. Le point le plus actif est appelé aujourd'hui le Monte Rosso. Il est de couleur rouge, ce qui tient à l'altération et à l'hydratation du fer oxydulé des laves. Le Monte Rosso resta le point d'émanation des gaz, et l'écoulement de laves se fit de plus en plus bas. De nombreuses coulées détruisirent une douzaine de localités. L'une d'elles arriva aux portes de Catane le 4 avril. On ferma les portes, mais les laves s'accumulèrent le long des remparts et sous leur poussée les murailles cédèrent. Vers le commencement de mai, une partie de la ville fut envahie et détruite. La lave atteignit la mer et s'y avança à une centaine de mètres formant ainsi une sorte de môle. L'éruption dura trois mois et demi. La fente qu'elle produisit est encore très visible aujourd'hui ; c'est la *grotta delle Palombe*.

La figure 239 représente une fente analogue mais plus petite qui se produisit lors d'éruptions ultérieures. La partie supérieure est une carte où la fente est figurée par une ligne noire. On voit alignés sur elle 23 cônes parasites, d'où sortent quatre courants de lave. La partie inférieure montre ces cônes de profil.

L'éruption la plus forte depuis celle de 1669 se produisit en 1865. Elle a été étudiée et suivie dans tous ses détails par M. Fouqué. Elle débuta dans la nuit du 30 au 31 janvier par des secousses de tremblement de terre. Puis une fente se produisit à la base du

(1) Page 123.

(2) Notes prises au cours de M. Fouqué au Collège de France, 1885.

Fig. 240. — Cratère de l'Etna en 1805-1809 (d'après Sartorius de Waltershausen).

Monte Frumento et sur une longueur de 2 kilomètres et demi. La lave en jaillissait avec une vitesse de 6 mètres à la minute. Le 2 février la coulée atteignait le Monte Stornello et se précipitait dans la vallée. Elle s'arrêta à l'altitude de 800 mètres. Six cônes de projection se formèrent; ils atteignaient 100 mètres de hauteur. L'éruption dura deux mois. M. Fouqué évalue à 90 mètres cubes par seconde la masse des laves. La coulée traversa le bois de la *Cerrita* où se trouvent des chênes, des bouleaux, des pins et des châtaigniers gigantesques. M. Fouqué constata que la lave formait autour des arbres une gaine de 6 à 7 mètres de hauteur. Beaucoup restaient couverts de leur feuillage ; la gaine solidifiée les avait protégés contre la température de la lave avoisinante.

Les figures donnent une idée du cratère à différentes époques (fig. 238 et 240).

LES ILES LIPARI.

Les îles Lipari sont plus rapprochées de la Sicile que de l'Italie. Ce groupe d'îles ne présente qu'un seul point actif, le Stromboli (fig. 241). Ce volcan est en éruption continuelle, et il a donné son nom à une phase du vulcanisme. L'île a la forme d'un cône. Elle a 5 kilomètres de long et 3 de largeur. Le volcan s'élève environ à 900 mètres. Toute l'île est formée de laves, de ponces et de cendres. Le cratère est profond de 60 mètres. Au siècle dernier, Spallanzani y vit des laves bouillonnantes d'où s'échappaient de grosses bulles de gaz et de vapeurs. Aujourd'hui on n'y voit que des blocs incohérents roulés les uns sur les autres. De cinq en cinq minutes sont lancés des ponces et des blocs parfois gros comme le poing. Le sol est couvert de cristaux de pyroxène augite. Les blocs en effet en contiennent beaucoup et comme la matière fondue qui les accompagne se réduit en poussière quand le bloc retombe, les cristaux d'augite s'en séparent. Les vapeurs sont très abondantes. Les éruptions du Stromboli sont en rapport avec les variations atmosphériques. Quand le baromètre est élevé les explosions sont plus rares; quand il est bas, que le sirocco souffle, elles sont plus fréquentes et plus fortes. Cela s'explique parce que, quand la pression atmosphérique est forte, les vapeurs qui produisent l'explosion ont à vaincre une plus grande résistance.

Au nord de Stromboli se trouve Stromboluzzo, écueil élevé de 60 mètres au-dessus du niveau de la mer. L'île Panaria n'a pas de cratère ; il y a un dégagement de vapeur d'eau. Ces trois îles présentent des roches basaltiques, basiques, se rapprochant de celles de l'Etna.

Au contraire, à Lipari, on trouve des roches acides, les rhyolites. Il y a là des ponces qu'on exploite et des obsidiennes.

D'autres rochers du groupe sont : Salina, Felicudi, Alicudi. L'île Vulcano très rapprochée de Lipari mérite une mention spéciale (fig. 242). Le cône placé au nord-est de l'île atteint 386 mètres d'altitude; il est pourvu

Fig. 241. — L'île de Stromboli.

d'un cratère de 300 mètres de diamètre et de 186 mètres de profondeur. Ses éruptions paraissaient terminées; on citait, comme ayant été les dernières, celles de 1775 et 1786, et jusqu'à 1873, le volcan était réduit à l'état de solfatare, mais en 1873 le Vulcano lança quelques blocs pendant plusieurs mois. En 1878 l'activité fut très grande. Des blocs considérables furent lancés de même en 1888. Les vapeurs qui se dégagent du Vulcano sont surtout de la vapeur d'eau et de l'acide sulfhydrique. Ce dernier brûle à l'air et produit de l'acide sulfureux, M. Fouqué en 1866 recueillit les gaz. Dans le cratère se trouvent de l'acide sulfureux et au bord de la mer de l'acide carbonique et du carbure d'hydrogène. En certains points du cratère il y a des fumerolles d'acide chlorhydrique, de chlorure de fer, de chlorhydrate d'ammoniaque.

On exploite à Vulcano du soufre, de l'alun, de l'acide borique.

A la partie nord de Vulcano se trouve la saillie de Vulcanello. Ce cône s'est produit au XVe ou au XVIe siècle.

Nous devons citer, après les îles Lipari ou Éoliennes, les îles Ponza qui se trouvent sur la côte d'Italie à l'ouest du golfe de Gaëte. Les roches y sont très vitreuses, acides; on y trouve même du quartz libre. Au point de vue de la composition il y a donc des différences sensibles entre les roches de l'Etna qui sont basiques, celles du Vésuve remarquables par leur leucite, les roches feldspathiques et relativement acides des champs Phlégréens, et enfin les roches acides des îles Lipari et Ponza.

L'ILE JULIA.

Au sud de la Sicile, entre cette île et l'île Pantellaria elle-même d'origine volcanique, se trouve un point intéressant par ses éruptions sous-marines. Là, avant 1831, la sonde ne trouvait pas le fond à 100 brasses. Mais le 28 juin 1831 un navire anglais passant dans ces parages éprouva une secousse telle que le capitaine crut avoir touché un banc de sable. Le 8 juillet le capitaine d'un brigantin sicilien vit s'élever une colonne d'eau haute de 60 pieds; l'eau s'élevait et s'abaissait alternativement; toutes les quinze ou trente minutes l'éruption recommençait. Le 10 juillet s'élevait une gerbe d'eau de 20 mètres de haut et de près de 800 mètres de diamètre; ensuite il y eut une colonne de vapeur haute de 600 mètres. Le 12 on vit de Sciarra, en Sicile, la mer couverte de scories brunes et de poissons morts, et le 13 une colonne de fumée qui était rouge pendant la nuit. Enfin un navire trouva en cet endroit le 18 une petite île au milieu de laquelle se trouvait un cratère rejetant des pro-

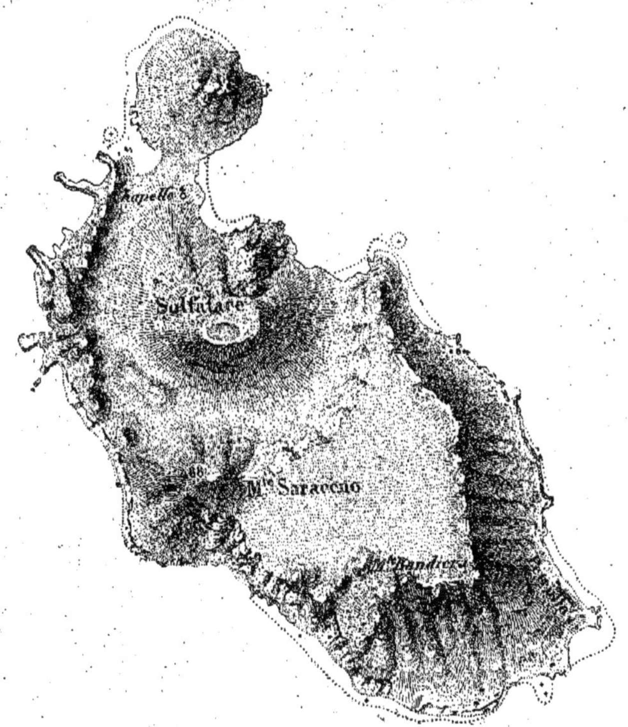

Fig. 242. — Vulcano et sa solfatare (île Lipari).

jections et des vapeurs. L'île nouvelle reçut la visite de plusieurs géologues; on lui donna plusieurs noms : Julia, Ferdinandea, Graham, Hotham, Nerita. En août, au moment de son plus grand développement, elle avait un pourtour de 2 000 pieds et une hauteur de 200 pieds. Ses pentes étaient très raides, car au voisinage la profondeur de la mer atteignait 700 pieds. Les Anglais en prirent possession le 2 août, et le 29 du même mois le roi de Naples la revendiquait. Mais l'éruption était terminée et les vagues commençaient déjà à dissiper les matériaux légers : bombes, cendres, qui la constituaient. Il n'y avait pas de lave, et par suite l'île n'avait aucune consistance. A la fin d'octobre le cratère avait disparu et l'île était réduite à un petit monticule s'élevant à peine au-dessus du niveau de la mer. En décembre tout avait disparu et la sonde indiquait au même endroit une profondeur de 24 brasses, suivant certains récits. Le fait est cependant douteux, car il y avait là jusqu'à la fin de 1833, suivant d'autres observations, un bas-fond redouté des navires, et l'on voyait à marée basse le sol volcanique (1). L'île Julia a reparu en 1863 pour peu de temps. Abstraction faite de cette île, des éruptions sous-marines se sont produites en d'autres points sur la côte sud de la Sicile. On en observa une dans la nuit du 4 au 5 octobre 1846 près de Girgenti, et une autre le 18 juin 1845 un peu plus loin au sud-est. Ces faits ne sont pas isolés (2); nous allons voir que bien souvent des éruptions sous-marines ont produit des îles qui ont persisté grâce à l'existence de laves consolidant les matériaux rejetés. L'archipel de Santorin va nous en offrir un premier exemple.

(1) Neumayr, *Erdgeschichte*, I, p. 197.

(2) Près de Pantellaria s'est produite en octobre 1891 une éruption sous-marine.

Fig. 243. — Groupe de Santorin dans la mer Egée (d'après Fouqué).

LE GROUPE DE SANTORIN.

Le groupe de Santorin, dans les Cyclades, se compose de plusieurs îles (fig. 243). La plus grande, Santorin ou Théra, a la forme d'un demi-cercle. Viennent ensuite Thérasia et Aspronisi, qui figurent avec Théra un cratère ininterrompu. Au milieu se trouvent les îlots appelés Palæa-Kaméni, Mikra-Kaméni et Nea-Kaméni (ancienne, petite et nouvelle brûlée). Toutes ces îles sont formées de produits volcaniques, sauf Théra, qui présente sur son bord oriental une grande montagne : le mont Élie, composé de schistes cristallins et de marbre. Grâce aux recherches récentes de M. Fouqué, et aux renseignements tirés des écrits anciens, on peut reconstituer l'histoire de ce groupe.

Vers la fin de la période pliocène existait seulement un rocher isolé composé de schistes et de marbre : c'est le mont Élie de Théra. Pendant le Pliocène commencèrent les éruptions, qui continuèrent pendant la plus grande partie de la période quaternaire. Elles ont eu lieu un peu à l'ouest du récif primitif, et ont donné un cône volcanique dont les projections sont arrivées au contact du mont Élie. Le reste de ce cône, formé par des éruptions sous-marines, nous est représenté par Théra, Thérasia et Aspronisi. Ces phénomènes se sont produits avant les temps historiques; mais on est sûr, maintenant, que l'homme a assisté aux dernières grandes éruptions de ce cratère aujourd'hui démoli. En effet, on a trouvé, sous

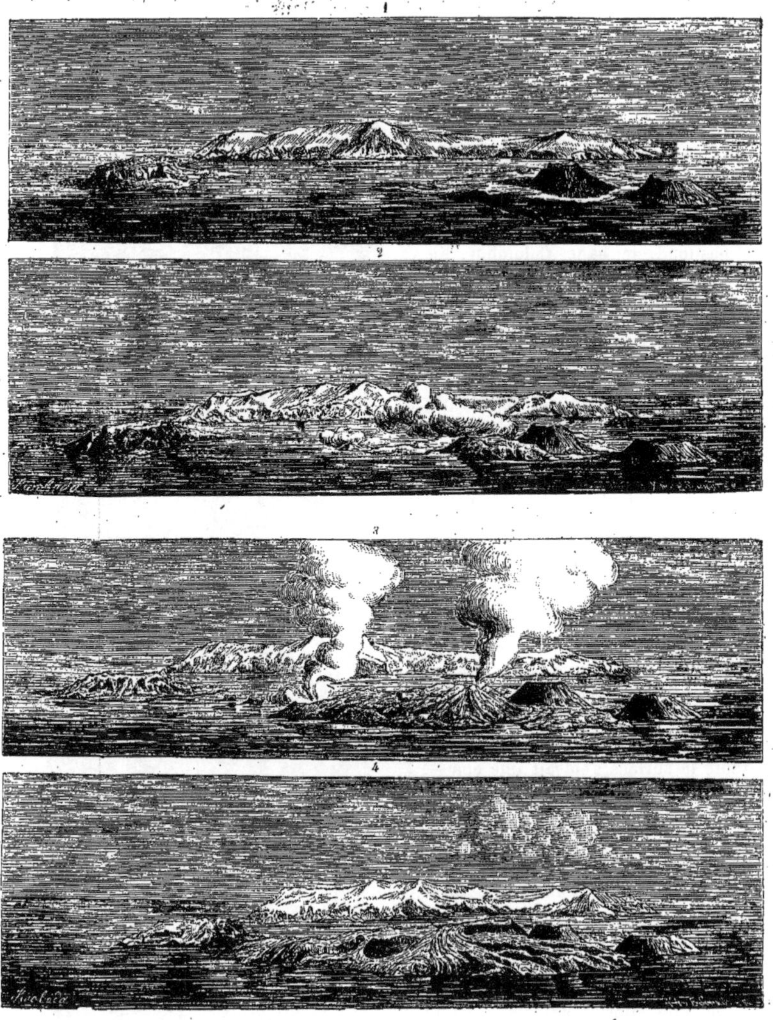

Fig. 244. — Les îles Kameni. — 1, avant l'éruption; 2, pendant l'éruption (d'après Fouqué); 3, pendant l'éruption; 4, après l'éruption de 1866 (d'après Fouqué). A l'arrière-plan se trouve l'île de Therasia.

les tufs de Thera et de Therasia, des restes d'habitations en pierres non dégrossies, des poteries non cuites, des armes et des instruments de pierres. Les indigènes connaissaient l'agriculture, comme l'indiquent les provisions d'orge et d'olives découvertes; ils possédaient des moutons et des chèvres. Dans les constructions, ils employaient beaucoup de bois, ce qui montre que l'île, aujourd'hui dépourvue d'arbres, était couverte de forêts. Comme objets de métal, on n'a découvert que deux anneaux d'or, dont la matière est venue certainement de l'extérieur. Thera et Therasia offrent des restes de semblables villages; il y avait donc, dans les temps préhistoriques, une population agricole et consacrée à l'élevage des bestiaux; elle fut probablement détruite par les catastrophes suivantes ou forcée de s'expatrier.

Après cette période d'éruptions vraisemblablement fort longue, et qui se termina par l'écroulement du cône, il y eut une longue phase de repos. En l'an 198 avant J.-C. se produisit une première éruption à l'intérieur de l'anneau, qui forma l'île Hiera, appelée depuis Palæa-Kaméni. Vinrent ensuite de nombreux paroxysmes qui, comme celui de 726, agrandirent l'îlot; les autres, au contraire, comme celui de 1457, en emportèrent une partie. En 1573, une nouvelle éruption forma Mikra-Kaméni; en 1650, une éruption sous-marine près de Santorin, mais en dehors de l'anneau, donna un bas-fond, le banc Colombus. En 1707, une éruption particulièrement violente eut lieu au milieu du cercle, et il en résulta Néa-Kaméni, le plus grand des îlots intérieurs. Toute activité s'éteignit jusqu'en 1866. Alors se produisit une éruption qui fut étudiée par M. Fouqué. Elle commença le 26 janvier par des secousses du sol, des mouvements tumultueux de la mer. Le 1ᵉʳ février, le côté sud-ouest de Néa-Kaméni se fendit; au-dessus de l'eau on voyait, pendant la nuit, de petites flammes. Un bloc de lave noir apparut au-dessus de la mer; d'autres suivirent, s'élevant les uns au-dessus des autres. Ils formèrent ainsi un îlot sans cratère, le Giorgios, type de cumulo-volcan. L'accroissement se fit sans secousses, sans projections, avec une telle rapidité que M. Fouqué l'a comparé au développement d'une bulle de savon. Il se faisait du dedans en dehors; les blocs partaient du centre et se dirigeaient de là vers la périphérie. De toute la surface s'élevait une épaisse fumée blanche. Dès le 5 février, le Giorgios se soudait à Néa-Kaméni. Au sud-ouest, les mouvements tumultueux de la mer recommencèrent, et un nouvel îlot, Aphroessa, se forma; il se souda de même à Néa-Kaméni. Le 20 février, une formidable explosion se produisit sur le Giorgios; des laves incandescentes furent projetées, et un troisième îlot, Reka, apparut. Il se souda à Aphroessa. Dès le courant de mai s'élevèrent les îlots appelés Maionisi. Ensuite, l'éruption décrut progressivement. Le Giorgios avait, en mars 1866, quand M. Fouqué en fit l'ascension, 350 mètres de large et 50 mètres de hauteur (1).

Les figures suivantes sont prises du même point du Santorin (fig. 244). Sur l'arrière-plan, on voit Therasia. Dans la première, on aperçoit à gauche Palæa-Kaméni; et à droite Néa et Mikra-Kaméni, qui paraissent jointes, mais qui sont, en réalité, séparées par un bras de mer. Dans la seconde figure, Giorgios est en pleine activité; la troisième le montre encore

Fig. 245. — Volcans d'Auvergne, vus du Puy Chopine.

agrandi, et entre lui et Palæa-Kaméni, deux petits récifs appelés Maionisi. En 1870, comme

(1) Fouqué, *Santorin et ses éruptions.*

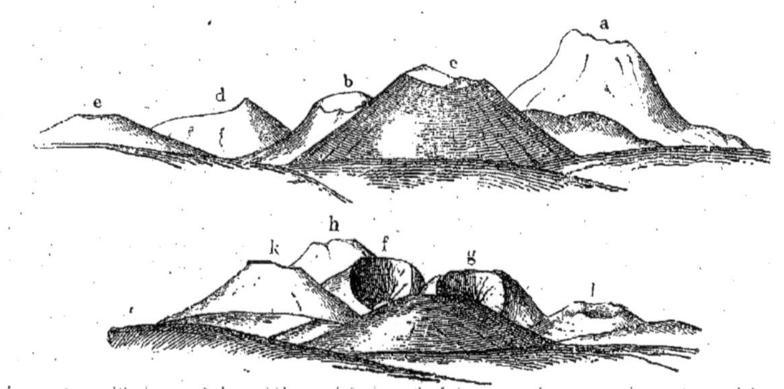

Fig. 246. — *a*, cratère égueulé de Lassolas; *b*, cratère égueulé de la Vache; *c*, puy de Mercœur; *d*, puy de Montchal; *e*, puy de Boursoux; *f*, puy de Dôme; *g*, le petit Sarcouy; *h*, puy de Côme; *k*, puy de Pariou; *l*, puy de Fraisse.

le montre la quatrième figure, Néa-Kaméni est très accrue; les Maionisi ne sont plus visibles, et les trois Kaménis paraissent réunies.

Mentionnons encore, parmi les îles grecques : Milos, composée en partie de roches volcaniques, et qui est à l'état de solfatare; Kos, où il y a des roches trachytiques et deux petites solfatares; on voit là une montagne rhyolitique, le Zeni, formée de cendres et de ponces. Nisyros est un volcan avec un cratère bien net. Au xve siècle s'y produisit une éruption, et même dans notre siècle il y eut des traces d'activité. Des secousses se firent sentir en 1873. D'après Ross, le cratère est une solfatare donnant d'abondantes émanations.

VOLCANS ÉTEINTS DE FRANCE ET D'ALLEMAGNE.

La France présente toute une série de volcans éteints. Près d'Agde, dans le département de l'Hérault, il y a un point éruptif isolé; quelques autres se trouvent près de Montpellier. Mais c'est le plateau central de la France qui a été le théâtre des principales éruptions. Ce plateau comprend le Limousin, l'Auvergne, le Velay (Haute-Loire), le Vivarais (Ardèche) et le Forez (Loire). Il est essentiellement formé de gneiss et de micaschistes que percent des îlots de granite. Son altitude varie de 600 à 900 mètres. Sur le plateau central sont éparpillés des bassins houillers. Il y a aussi des couches tertiaires d'eau douce indiquant l'emplacement d'anciens lacs. Sur le plateau se sont produites des éruptions volcaniques à partir du Miocène; elles ont continué pendant le Pliocène et la période quaternaire. L'homme a certainement assisté aux dernières de ces éruptions. En effet, au volcan de la Denise, près du Puy-en-Velay (Haute-Loire), on a trouvé, dans les tufs, des ossements humains mêlés à ceux des animaux quaternaires. On trouve, en Auvergne, trois massifs volcaniques : la chaîne des Puys, près de Clermont, le massif du Mont-Dore et celui du Cantal.

Les puys d'Auvergne sont des cratères bien caractérisés. Il y en a plus de quarante formant une double série (fig. 245, 246, 248). Plusieurs ont gardé leur forme (puy de Pariou), d'autres sont ébréchés (puy de la Vache). Il y a aussi des gouffres circulaires sans rebord

Fig. 247. — Mont Mézenc, vu des Estables.

occupés par l'eau; tel est le célèbre lac Pavin (fig. 249, 250). Il nous fournit un exemple de *cratère d'explosion*. Les vapeurs se dégagent parfois des volcans en telle abondance qu'elles font sauter comme à la mine le cône de débris, à la place duquel se forme un gouffre. Les puys d'Auvergne sont formés de scories et datent du début de la période

Fig. 248. — Volcans d'Auvergne, vus du sommet du Puy-de-Dôme, côté nord. 1, puy de Côme; 2, puy de Pariou; 3, puy des Goules; 4, petit Sarcouy; 5, grand Sarcouy; 6, puy de Fraisse; 7, puy de Chaumont; 8, puy des Gouttes; 9, puy de Chopine; 10, puy de la Coquille; 11, puy de Jumes; 12, puy de la Nugère; 13, puy de Louchadière; 14, puy des Tressoirs.

quaternaire. Beaucoup ont fourni des laves basaltiques; certains ont donné des roches plus acides, comme les andésites; tel est le puy de Volvic. Le puy de Dôme ne présente pas de cratère; il l'a perdu par suite de l'érosion. Il est formé d'un trachyte particulier appelé *domite*.

Le pic du Sancy dans le massif du Mont-Dore (1890 mètres) ne présente pas non plus de cratère; il est trachytique. Le Plomb du Cantal (1861 mètres) est formé de roches andésitiques couronnées par du basalte. Les Roches Tuilière et Sanadoire dans le massif du Mont-Dore, qui se dressent comme deux piliers au sud de la vallée de Rochefort, sont formées de phonolithe. On appelle ainsi une

Fig. 249. — Lac Pavin, au pied du mont Chalme; *s*, scories; *b*, basalte (Vélain).

sorte de trachyte se divisant en lames minces qu'on utilise comme ardoises. Ces lames rendent au marteau un son clair, ce qui leur a valu leur nom de phonolithe (pierre sonore). Le Velay présente une chaîne phonolithique dont fait partie le Mézenc (1745 mètres) (fig. 247). Le Vivarais montre aussi des traces d'éruptions basaltiques (les Coirons) et phonolithiques (mont Gerbier de Joncs, source de la Loire).

Nous avons pu constater que les volcans sont situés dans des îles ou au voisinage des côtes, et nous verrons cette règle se vérifier de plus en plus au fur et à mesure que nous avancerons dans cette étude. Mais le plateau central paraît faire exception. Il faut remarquer toutefois qu'au moins pendant la période tertiaire le pays était recouvert de grands lacs; ceux-ci remplaçaient la nappe marine. De plus la Méditerranée empiétait sur les rivages actuels et envoyait à l'époque pliocène un bras dans la vallée du Rhône. D'ailleurs l'éloignement de la mer pour l'Auvergne n'est pas plus grand que pour le Popocatepetl du Mexique; il est plus faible même que pour le Tolima de l'Amérique centrale.

Fig. 250. — Lac Pavin.

L'Allemagne offre en un grand nombre de points des roches volcaniques récentes ; notamment dans une zone étendue qui va du Rhin au Westerwald, au Vogelsberg et arrive jusque vers Cobourg. Dans le prolongement de cette zone se trouvent les basaltes qui forment en Bohême le pied du Riesengebirge et qui s'étendent en Silésie. C'est toutefois la région de l'Eifel en Westphalie qui nous présente avec le plus de clarté les vestiges d'une activité volcanique intense ; cette activité s'est exercée pendant la période quaternaire. La région de l'Eifel s'étend sur la rive gauche du Rhin. Elle est constituée par le terrain dévonien qui présente dans les contrées rhénanes une puissance considérable. A travers les couches dévoniennes se sont produites des éruptions volcaniques. Il y a deux groupes des centres éruptifs : l'Eifel proprement dit et le pays du Laacher See (fig. 251). Les plus anciennes éruptions datent du Miocène, mais la plupart sont plus récentes et ne remontent qu'au Quaternaire après le creusement des vallées. Il y a beaucoup de cratères bien conservés avec des coulées de lave, tels sont le Mosenberg près de Brettenfeld, le Firmerich près de Daun, le volcan de Gerolstein, le Bellerberg, le Roderberg près de Rolandseck, etc. Mais le grand intérêt de l'Eifel se trouve dans les lacs appelés les *Maare*. Ils proviennent d'explosions. L'expansion des gaz a découpé à l'emporte-pièce dans les schistes dévoniens des ouvertures circulaires. Le bord est formé de roches massives, mais il peut y avoir tout autour des scories ou d'autres fragments provenant du schiste ou du grès brisé. Le plus grand de ces lacs est le Laacher See d'où est sorti, d'après la plupart des géologues, la coulée de lave de Niedermendig. Il est entouré en grande partie de schistes dévoniens et aussi de projections. D'autres *Maare* plus petits sont le Pulvermaar, le Gillenfelder et le Weinfelder Maare (fig. 252), les *Maare* d'Ulmen, de Daun, de Moorbruck, de Merfelden ; certains qu'on appelle les *Hütsche* n'ont que quelques pieds de diamètre. Celui de Laacher See a une superficie de 1/6 de mille carré.

Les volcans de l'Eifel ont rejeté une grande quantité de ponces. Les tufs occupent une grande étendue au voisinage du Laacher See, notamment dans la vallée de Brohl et la région de Nette. On les exploite pour la fabrication du ciment. On trouve également une formation terreuse grise ou jaune contenant beaucoup de fragments de ponce et souvent des

Fig. 251. — Le Laacher See.

morceaux de schistes, de basaltes ou des cristaux isolés de sanidine, d'augite, etc. Il s'agit probablement là d'anciens courants boueux qui remplissaient les vallées et que les fleuves ont entaillés sur leurs bords (Neumayr).

Le nord de la Bohême montre les traces d'une activité volcanique récente, ainsi au Kammerbühl près d'Eger. Il y a là un cône de scories et des bouches volcaniques. Dans la Silésie autrichienne, il y a trois cônes volcani-

Fig. 252. — Le Weinfelder Maar.

ques : le Rautenberg, le Köhlerberg et le volcan de Messendorf. La Moravie présente près d'Orgiof, sur la limite de la Hongrie, un cône plat avec cratère bien conservé. En Hongrie, au bord sud des Carpathes, se trouvent d'énormes masses de trachyte tertiaire. En Transylvanie, il y a des cratères trachytiques qui présentent même encore quelques traces d'activité solfatarienne.

Fig. 253. — Le mont Hékla.

ILES VOLCANIQUES DE L'ATLANTIQUE.

Les volcans sont très répandus dans les îles de l'Atlantique. En première ligne vient l'Islande. Le sol de l'île est formé de puissantes coulées basaltiques tertiaires et de tufs où sont incluses des lignites appelées *Surturbrandr*. A mi-route entre l'Islande et l'Écosse, se trouvent les Færoer qui ont la même constitution. On peut supposer que ces îles formaient autrefois avec l'Islande une énorme masse basaltique continue, à laquelle appartenaient aussi les basaltes d'Écosse et d'Irlande. Sur ce plateau basaltique ancien s'élèvent les volcans actuels d'Islande qui présentent une puissance extraordinaire; ils fournissent une quantité considérable de laves et de projections. On peut dire que la majeure partie de l'île est couverte de glaciers, de laves et de cendres volcaniques.

Les volcans d'Islande occupent une zone étendue qui occupe l'île du sud-ouest au nord-est; ils sont disposés en deux rangées parallèles. On en compte vingt-sept, et depuis la découverte de l'île au IXe siècle il y a eu au moins cent éruptions. Parmi les volcans, les plus célèbres sont l'Hékla haut de 1 654 mètres (fig. 253), le Katla, le Katluga. L'éruption de l'Hékla en 1845 fut très violente; les cendres volèrent jusqu'aux îles Færoer et en Norvège. Le Skaptar Jökull est célèbre par son énorme coulée de lave basaltique qui, en 1789, couvrit une grande étendue de pays. Les éruptions d'Islande sont d'autant plus dévastatrices qu'elles produisent la fusion des glaces qui couvrent les cônes volcaniques; aux courants de laves et aux pluies de cendres s'ajoutent des torrents qui descendent avec rapidité des montagnes, entraînant avec eux d'énormes quantités de glaces et de rochers.

L'île Jan Mayen, située plus au nord, continue la série volcanique de l'Islande. Son plus haut sommet, le Beerenberg (fig. 254) (2 094 mètres), est un cratère éteint. Le Fugleberg (fig. 255) est de même un volcan où la mer pénètre par une large brèche. En plusieurs points de l'île et dans Egg-Island, qui est très voisine, l'activité volcanique se manifeste encore.

On peut dire que l'océan Atlantique, depuis la côte nord-est du Groënland qui est de nature basaltique jusqu'à l'île de Tristan d'Acunha sous le parallèle du cap de Bonne-Espérance, est jalonné par une série de volcans soit éteints, soit en activité. L'île de Sainte-Hélène (fig. 256) paraît avoir été un centre éruptif d'où partent deux lignes de fractures sur lesquelles sont disposés d'anciens volcans. Sur une première ligne nord-est se placent les îles Fernando-Po, Principe, San Thomé, Annobon et la région volcanique de Cameron dans le golfe de Guinée, où se trouvent plusieurs cônes dont le plus élevé (4 128 mètres) a eu une éruption il y a environ cinquante ans. Une seconde ligne se dirige vers le nord-ouest sur l'Ascension, également volcanique. Sur la côte ouest d'Afrique, à 10° de latitude sud, se trouvent la grande soufrière de Zambi

Fig. 254. — Le Beerenberg à l'île Jan Mayen (Expédition polaire norwégienne).

Fig. 255. — Le Fugleberg à l'île Jan Mayen. Exemple de cratère ruiné (Expédition polaire norwégienne).

Fig. 256. — Colonne de basalte à l'île Sainte-Hélène.

et le Pembo plus à l'intérieur des terres.

Mais les groupes volcaniques les plus intéressants de l'océan Atlantique sont les Açores, les Canaries et les îles du Cap-Vert. Madère est aussi d'origine volcanique, mais depuis sa découverte on n'a observé aucune éruption.

Les Açores comprennent neuf îles dont les principales sont San Miguel, Terceira, Pico, Fayal et San Jorge. On y trouve un grand nombre de cônes, des scories, d'énormes coulées de lave qu'une végétation puissante tend à recouvrir. Au voisinage se produisent encore des éruptions sous-marines. Elles ont souvent donné des îles nouvelles que la mer a rapidement fait disparaître. Tel a été le sort de l'île Sabrina élevée par l'éruption de 1811.

En 1867 se forma entre San Miguel et Terceira un îlot sous-marin après de violentes secousses qui détruisirent en partie le village de Serreta. Mais quelques mois après l'îlot avait été démoli par les vagues.

Parfois des coulées de lave ont soudé les matériaux et les récifs ainsi élevés persistent. Tels sont l'îlot Brazil, près de Terceira, et celui de Branco, près de Fayal, où se trouvent beaucoup de laves (1).

Les îles Canaries sont bien connues; elles ont été étudiées par de nombreux géologues : Léopold de Buch, Cordier, Charles Sainte-Claire Deville, etc. Les principales îles de l'archipel sont Ferro, Palma, Gomera, Ténériffe, Gran Canaria, Fuerteventura et Lanzarote. Depuis l'occupation espagnole, Ténériffe, Palma et Lanzarote (fig. 257), ont eu des éruptions.

L'île de Ténériffe consiste en un volcan de grandes dimensions. Le cratère forme une sorte de Somma elliptique ayant dans une direction une longueur de deux milles géographiques et dans une autre celle de un mille et demi. Cette Somma présente des brèches par lesquelles sont sorties des coulées, et il y a sur les parois beaucoup de cônes parasites ana-

(1) Fouqué, *Éruptions sous-marines des Açores* (*Comptes rendus*, 1867).

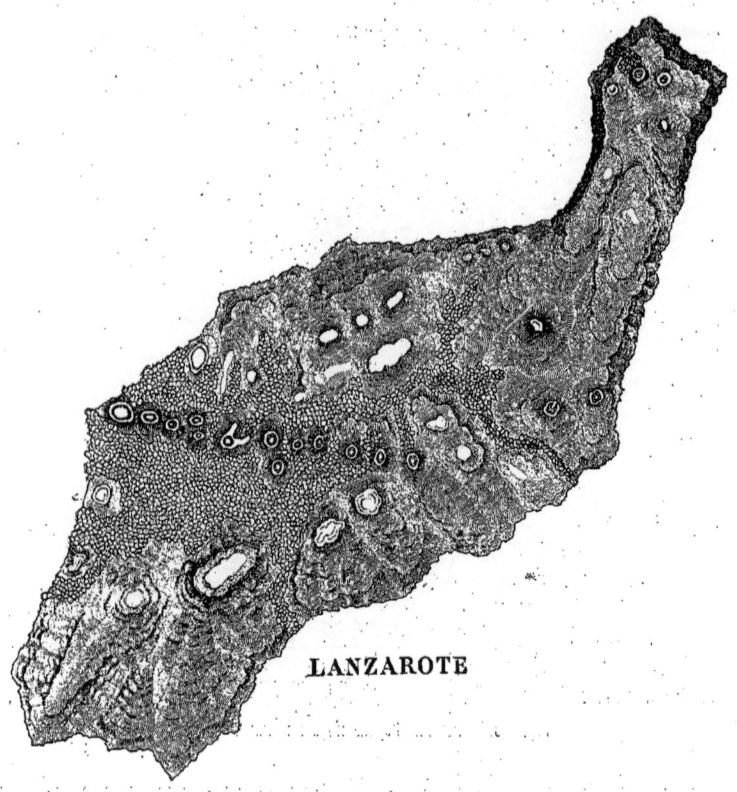

Fig. 257. — Ile Lanzarote avec ses cratères et ses coulées.

logues à ceux de l'Etna, qui ont donné naissance à ces laves. Au milieu s'élève le pic de Ténériffe ou de Teyde, haut de 3706 mètres, qui, toujours fumant, domine tout le pays (fig. 258). Il est creusé d'un cratère profond.

Au moment de la visite de Charles Sainte-Claire-Deville, il donnait des fumerolles d'acide sulfureux ayant une température de 84°. A l'intérieur du cercle se trouvent, outre le pic de Teyde, ceux de Montana Blanca (2659 mètres) et de Cahorra (3126 mètres).

Tous ces cônes présentent une énorme quantité de ponces, et les montagnes paraissent ainsi couvertes de neige. Sur la blancheur des ponces tranche la couleur noire de grandes coulées d'obsidienne; le pic de Cahorra en fournit même de plus puissantes que le pic de Teyde. Certaines vont jusqu'au fond du cirque extérieur; les autres s'arrêtent sur les flancs des cônes.

L'île de Palma consiste surtout en roches volcaniques récentes qui ont fait éruption à travers des roches beaucoup plus anciennes, comme des diabases. Elle a la forme d'un coin. A son extrémité large se trouve un cratère, la *Caldera*, et à l'extrémité étroite une crête allongée, la *Cumbre Pieja* qui porte de nombreux cônes d'éruption. A l'extrémité sud de la *Cumbre*, à la pointe de l'île, se trouve le volcan haut de 728 mètres, où s'est produite la dernière éruption de Palma en 1669. La *Caldera* est le reste d'un cône énorme; le sommet manque et il n'y a plus qu'un bassin large et profond. Cette sorte de chaudière est entourée d'une crête qui atteint du côté nord 2311 mètres d'altitude et du côté sud 2133 mètres; le fond est à 700 mètres au-dessus du niveau de la mer; de sorte que la cavité est profonde de 1200 à 1600 mètres. On y arrive par un ravin étroit, creusé par des torrents;

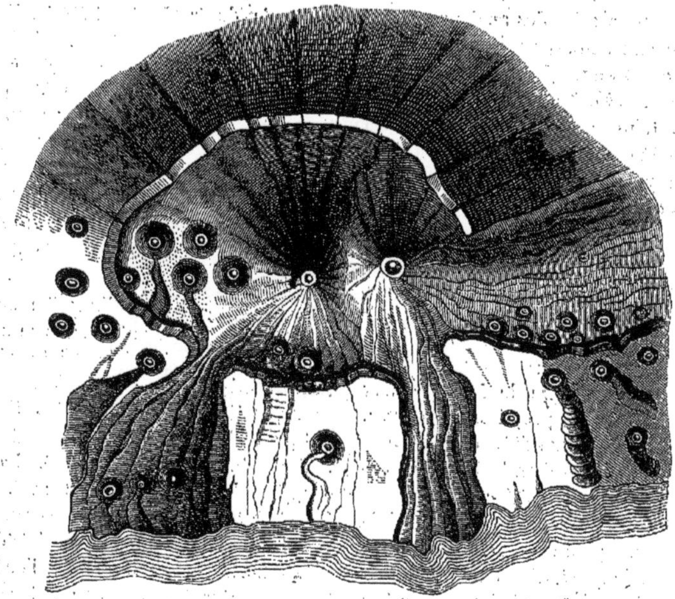

Fig. 258. — Sommet du pic de Ténériffe.

c'est le *Baranco de las Angustias*. Les bords de la *Caldera* sont formés de matériaux volcaniques; il y a des cônes parasites dont les laves arrivent jusqu'à la mer. Lorsqu'on s'avance vers l'intérieur de la *Caldera* par le *Baranco*, on voit succéder aux produits volcaniques des roches anciennes : diabase, hypersthénite. Ces roches forment aussi le fond de la Caldera tandis que les parois sont d'origine récente. Il est probable qu'à l'origine il y avait une montagne diabasique de 1200 mètres environ de hauteur, si l'on en juge par l'altitude qu'atteignent les roches anciennes. Sur cette montagne se produisirent des éruptions qui édifièrent un cône de larves et de cendres, couvrant toute la partie ancienne. Puis une explosion fit sauter toute la partie extérieure du cône jusqu'à la hauteur actuelle des parois (2511 mètres au maximum), et fendit la montagne du haut en bas. Les éruptions continuèrent sur les flancs où se formèrent des cônes parasites. La montagne prit ainsi l'apparence de l'Etna; la *Caldera* et le *Baranco* représentant le Valle del Bove. Mais l'érosion par les eaux a peu à peu approfondi le *Baranco*.

Sur les pentes de la crête ou *Cumbre* qui entoure la *Caldera* il y a aussi des ravins appelés *petits Barancos*, qui ne pénètrent pas jusqu'à l'intérieur. Ils sont dus simplement à l'action des eaux courantes, lors des pluies et de la fusion des neiges (Neumayr). Gran Canaria a une structure analogue; elle possède une *Caldera* avec deux *Barancos*.

Fuerteventura et Lanzarote présentent un type spécial. Elles diffèrent beaucoup des autres Canaries en ce qu'elles ne présentent aucune élévation notable.

Le plus haut sommet de Fuerteventura a 796 mètres d'altitude et le plus haut du Lanzarote 727 mètres seulement. Les roches anciennes sont encore des diabases et des hypersthénites auxquelles se joignent des trachytes et des basaltes. Les éruptions les plus récentes sont basaltiques et l'on peut même, d'après Reiss et Hartung, y distinguer trois périodes. A Lanzarote, la première période a fourni seulement des scories; il n'y a ni cratères ni coulées de lave. La seconde a donné des cratères et des coulées. Enfin la troisième comprend les produits des éruptions de 1730 à 1736, qui sont sortis de toute une longue rangée de cratères.

Près d'un tiers de l'île fut alors couvert de laves et le principal volcan alors en éruption, la Montana de Fuego, élevé de 533 mètres, est encore aujourd'hui dans un état d'activité modérée. Les éruptions se firent dans une toute autre direction que celle des anciennes éruptions ; les anciennes bouches se trouvent dirigées du sud-ouest au nord-est, tandis que les éruptions de 1730-1736 se firent suivant une ligne est-ouest, presque parallèle à celle qui passerait par Ferro, Gomera, Gran Canaria et Ténériffe. Il n'y a pas sur cette fente moins de trente cônes de lapilli, la plupart ayant 200 à 400 pieds d'élévation.

Léopold de Buch a laissé un récit célèbre de ces éruptions. Il le composa quatre-vingt-cinq ans après la catastrophe avec les renseignements fournis par Andréa Lorenzo Curbeta, curé de Yaisa.

C'est près de ce lieu que le 1er septembre 1730 se firent sentir les premières secousses. L'éruption commença aussitôt à l'est de la Montana de Fuego, à mi-chemin de cette montagne et de Subaco. Pendant les mois de septembre, d'octobre, de novembre, se produisirent en plusieurs points de grandes coulées et des projections extraordinaires de lapilli et de cendres. Le 1er décembre la lave arriva à la mer et y forma un îlot. De nouvelles éruptions se produisirent en janvier, en février, en mars, et toujours se transportèrent graduellement de l'est à l'ouest; cependant aux points primitifs situés à l'est il y eut de nouvelles éruptions. A la fin de décembre 1731 la lave s'approcha de Yaisa; les habitants perdirent tout espoir de voir les éruptions cesser; ils quittèrent Lanzarote pour Gran Canaria. Les phénomènes continuèrent sans interruption et ne cessèrent enfin complètement que le 26 avril 1736. Depuis cette époque le repos de l'île n'a été troublé que par une éruption peu importante en 1824.

Les îles du Cap-Vert ont été étudiées d'abord par Darwin puis par Dölter. Elles ne sont pas entièrement formées de produits volcaniques. Elles se composent surtout de roches anciennes : gneiss, schistes cristallins, diorite, diabase, syénite, ce qui fait croire que ces îles ne sont que les débris d'une terre disparue. On a voulu y retrouver l'Atlantide des anciens. L'île de Fogo, la plus importante du groupe, présente une grande analogie de structure avec le Vésuve.

Le cône est entouré d'une Somma entamée au nord-est présentant à sa base une dépression comparable à l'atrio del Cavallo. Sur la pente nord-est du cône se trouvent de nombreux cratères adventifs et les coulées de lave ont gagné la mer; elles y forment autour de l'île des brisants et des récifs. La dernière éruption de Fogo date du 9 avril 1847; elle fut très intense; sept bouches se sont ouvertes et ont fourni de grandes quantités de laves.

Les bords occidentaux de l'océan Atlantique ne présentent que peu de traces de phénomènes volcaniques. Il n'y en a aucune sur la terre ferme, et abstraction faite de l'île Fernando Noronha qui se trouve au large du cap Roque, on ne peut citer que les Antilles. Le 24 novembre 1837 il y eut une éruption sous-marine sur le banc de Bahama. Les îles Saint-Vincent, Sainte-Lucie, la Martinique, la Guadeloupe, Saint-Christophe, etc., sont certainement d'origine volcanique et ont présenté des éruptions dans les derniers siècles. Le volcan le plus connu des Antilles est la Soufrière de la Guadeloupe, l'un des rares volcans dont les laves renferment des grains de quartz bien nets.

VOLCANS DE L'ASIE OCCIDENTALE ET DE L'OCÉAN INDIEN.

Si nous abordons l'Asie, nous voyons dans l'Asie Mineure un certain nombre de volcans (fig. 259, 260, 261). De nombreux cônes se trouvent à 15 milles à l'est de Smyrne, et trois d'entre eux présentent des cratères bien formés et des coulées. Plus à l'est, sur une ligne dirigée de l'ouest à l'est se trouvent les volcans éteints de Afinn-Kara-hissar, de Hassan-dagh (2400m) et de Erdschjas-dagh (3841m). Les roches trachytiques et basaltiques prennent un grand développement en Arménie et dans le Caucase. Près d'Erzeroum s'élèvent le Bingöl et le Palandokän, plus loin le Tandurck encore à l'état de solfatare. On doit citer aussi le plateau de Karabagh avec quatre volcans dont les cratères sont occupés par des lacs, le plateau de Agmangan, et surtout le mont Ararat. Ce

Fig. 259. — Cratère de l'Asie Mineure.

dernier, haut de 5604 mètres, a été actif jusqu'au XVe siècle; il a donné de grandes coulées de laves; il en a été de même du petit Ararat.

Fig. 260. — Mont Argée (Asie Mineure), d'après de Tchihatchef (1).

La chaîne du Caucase présente un grand nombre de volcans éteints; les deux plus hauts sommets, l'Elbrous (5 660m) et le Kasbek (5 043m) ont des cratères bien caractérisés.

En Perse se trouve un volcan encore à l'état de solfatare; il a eu suivant toute vraisemblance des éruptions dans les temps historiques; c'est le Demavend (6500m), le plus haut sommet de la chaîne de l'Elbourz qui borde le sud de la mer Caspienne.

Tous les volcans que nous venons de citer bordent le prolongement de la dépression méditerranéenne. Si nous nous dirigeons plus à l'est, vers le centre du continent asiatique nous trouvons, dans la chaîne de Thianschan, des traces d'éruptions. Le fait est d'autant plus remarquable que ces volcans sont très éloignés de la mer et n'ont même aucune grande nappe lacustre dans leur voisinage. On a d'abord exagéré l'importance de ce district volcanique. Il est prouvé maintenant que dans ces régions il y a des embrasements souterrains de couches de houille; c'est ce qui se produit aux prétendus volcans de Kullok et Katou, et aux prétendues solfatares d'Urumtschi, de Turfane, de Kukscha. Mais, comme l'a établi Muschketow, le mont Peschan ou Baischan est bien d'origine volcanique, et présente des coulées de laves. Stoloïzka au nord de Kaschgar, dans la partie sud de la chaîne, découvrit un véritable cratère éteint; il est au sud du lac de Tschatyrkul. On trouve en Asie un autre district volcanique très éloigné de la mer; il est en Mandchourie, sur le Noni, affluent de l'Amour. D'après les écrivains chinois, la dernière éruption se serait produite en 1720; et en effet Kropotkine a trouvé là un cône volcanique avec des coulées de lave encore très fraîches.

Descendons maintenant vers la mer Rouge. En Syrie, au sud et à l'est de Damas, il y a une région volcanique étendue qui a son plus

(1) De Tchihatchef, *Asie Mineure. Géographie physique.*

Fig. 261. — Cratère près de Karabounar (Asie Mineure), d'après de Tchihatchef.

grand développement dans la chaîne d'Hauran; là se trouvent de grandes coulées et des cônes de débris certainement post-tertiaires. L'Arabie est riche en volcans; dans le voisinage de Médine, à 30 milles de la mer, il y eut au treizième siècle une terrible éruption. Sur la côte ouest se dirige vers le sud une chaîne éruptive; le voisinage d'Aden présente de nombreux cratères. Le Djebel-Tarr, en 1834, et l'île Saddle en 1824 ont eu des éruptions; ils donnent encore de la fumée. L'île Périm est un grand cratère où la mer pénètre par une brèche. Sur la côte africaine, en Abyssinie, il y a des volcans nombreux dont beaucoup étaient encore en éruption au temps des Ptolémées. La presqu'île des Somalis en possède aussi : l'île Sokotra qui fait face au cap Guardafui a un cône régulier haut de 1.500 mètres.

Nous arrivons ainsi à la côte de l'océan Indien. L'Afrique orientale depuis le 9° de latitude nord jusqu'à l'équateur est bordée par des régions volcaniques; il y a là des volcans encore actifs et des laves. On en trouve aussi au-dessus de l'équateur; il y a un grand volcan dans le Mozambique.

Les îles surtout sont volcaniques. Les Comores ont deux volcans actifs; Mayotte est un volcan éteint. Madagascar présente dans sa partie nord-ouest quatre volcans actifs. Nossi-Bé, dans la même région, possède des cratères-lacs. La plus grande des îles Mascareignes, l'île de la Réunion, est particulièrement active.

Dans le sud de l'océan Indien se trouvent les cratères insulaires de Saint-Paul et d'Amsterdam. Plus au sud encore se trouvent l'archipel des Crozet, l'île du Prince-Édouard, l'île de Kerguelen à 48° latitude sud. Nous trouverons même quelques volcans dans la mer glaciale du sud, mais sur le prolongement du continent américain.

L'île de la Réunion (fig. 262) et l'île Saint-Paul méritent une étude spéciale. Le piton de la Fournaise (fig. 263) présente à son sommet un cratère terminal (2 628^{m}).

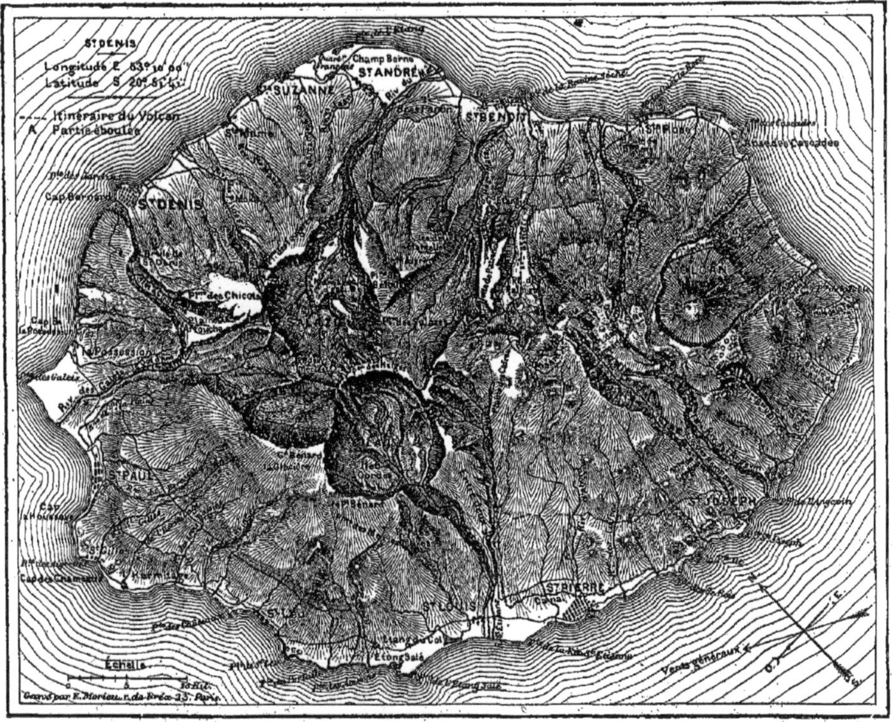

Fig. 262. — Carte de l'île de la Réunion (d'après la carte dressée en 1852 par M. L. Maillard, ingénieur colonial).

Les laves sont très fluides; elles remplissent le cratère et se déversent sur ses bords, à la manière d'un trop-plein. Ce cratère terminal (fig. 264) (cratère Dolomieu) montre des coulées de lave superposées les unes aux autres. M. Vélain a fait son ascension en 1874 (1). A ce moment le cratère atteignait 400 mètres de diamètre et de 150 à 160 mètres de profondeur. Les parois ne présentent pas de matériaux meubles ; il n'y a que des coulées noires horizontales entremêlées de lits minces de scories rouges. Sur les pentes il n'y a que des coulées vitreuses ruisselant à la manière d'un vernis. A diverses hauteurs on voit des coulées de même nature. « La montagne, en un mot, semblait avoir de partout exsudé des laves. » Au fond s'échappaient des fumerolles. A la base, au moment de l'ascension de M. Vélain, s'était produite une crevasse laissant échapper un courant de matières fondues. Fait remarquable, les laves de la base sont plus denses (2,97) et plus basiques (48,90 de silice) que celles qui se sont échappées du sommet de déversement (densité 2,4; 56,20 de silice). Les laves supérieures représentent en quelque sorte l'écume des coulées de la matière fondue.

Les caractères généraux de l'éruption de 1874 à la Réunion ont donc été : d'abord le déversement au sommet d'une lave vitreuse assez acide, puis le soutirage par des crevasses latérales d'une lave plus basique et plus dense. C'est la dernière qui est la plus abondante; par son accumulation elle accroît les talus du cône, tandis que les laves du sommet n'ont d'autre effet que d'exhausser successivement le cône terminal.

En d'autres points de la Réunion se trouvent des cônes de débris (fig. 265). La figure 266 représente, d'après M. Vélain, une coupe théorique des massifs du volcan.

L'île de la Réunion présente de nombreux accidents géologiques des plus pittoresques dont M. Vélain a donné de minutieu-

(1) Vélain, *Les Volcans*, p. 35.

Fig. 263. — Le piton de la Fournaise à la Réunion (d'après Vélain, page 215).

ses descriptions et d'excellentes figures (1).

L'île présente deux massifs montagneux séparés par une dépression, la plaine des Cafres, dont l'altitude est de 1600 mètres seulement, tandis que le groupe montagneux du nord-nord-ouest atteint plus de 3 000 mètres d'altitude et l'autre, celui du sud-sud-est, plus de 2 600 mètres.

Le premier massif est marqué par trois grandes vallées d'effondrement en forme de cirques : le *cirque de Cilaos*, le *cirque de Salazie* et celui de *Mafatte*. De ces vallées s'échap-

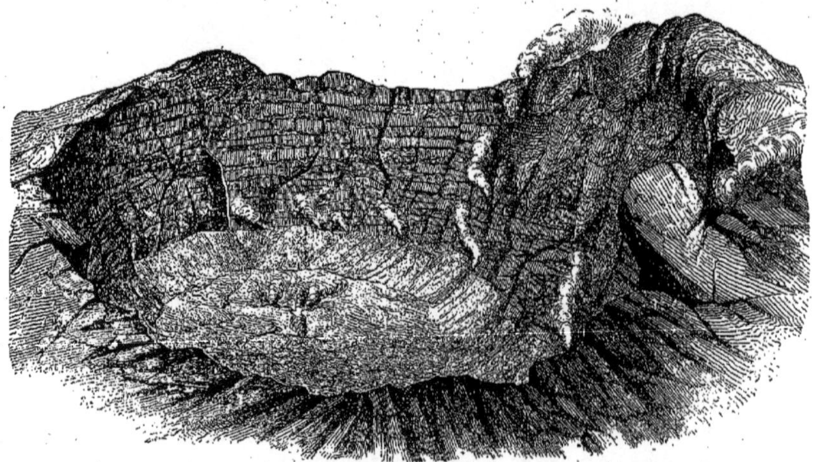

Fig. 264. — Cratère terminal du piton de la Fournaise (île de la Réunion), d'après Vélain, page 215.

pent des torrents qui se rendent à la mer. La figure 267 représente les gorges de la rivière du Mât dans le cirque de Salazie.

Il y a là des escarpements de roches volcaniques qui se dressent subitement jusqu'à des hauteurs de 2000 à 3000 mètres pour former les points culminants de l'île. « Ils peuvent être considérés aujourd'hui comme les piliers restés debout de la voûte effondrée qui s'étendait autrefois sur les trois cirques. » (Vélain.)

Les gorges profondes de la rivière du Mât présentent aussi de grandes coulées basaltiques que l'on retrouve au sommet du massif du Gros-Morne et qui semblent s'être étendues sur toute la partie ancienne de l'île. Ces cou-

(1) Vélain, *Description géologique de la presqu'île d'Aden, de l'île de la Réunion, des îles Saint-Paul et Amsterdam* (*Thèse de doctorat*, 1878).

Fig. 265. — Cône de débris de la plaine des Sables (île de la Réunion).

lées sont le plus souvent formées de prismes bien nets, parfois recourbés d'une manière très remarquable. C'est ce que représente la figure 268.

Les hautes montagnes qui surplombent et séparent les cirques étant formées, au moins en partie, de laves poreuses et friables, ne peuvent résister à l'action des eaux. Il se produit souvent des éboulements. Ainsi, le 26 novembre 1875, le terrain compris entre la mare d'Affouches et le camp de Pierrot dans le cirque de Salazie fut couvert par une avalanche énorme de matériaux détachés du Gros-Morne. L'étendue couverte était de 166 hectares. Au pied de la montagne se trouve le vallon du Grand-Sable qui, par son sol fertile, avait attiré toute une population créole. Lors de l'éboulement de 1875, soixante-deux personnes restèrent ensevelies sous l'entassement des blocs écroulés (fig. 269).

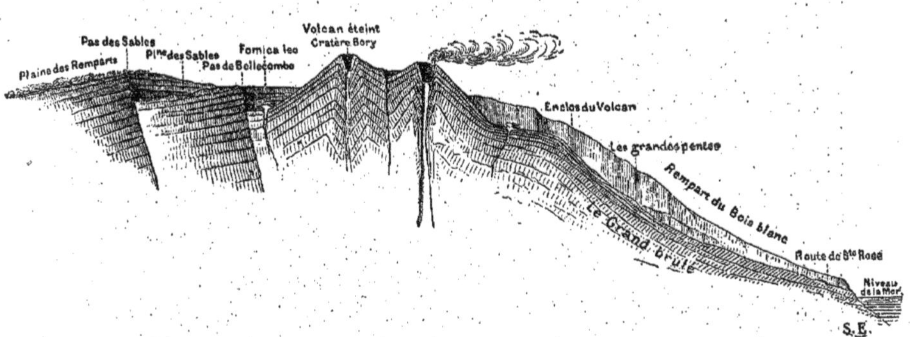

Fig. 266. — Ile de la Réunion, coupe théorique du massif du volcan.

Les îles d'Amsterdam et de Saint Paul sont le résultat d'éruptions sous-marines. Elles ont persisté parce que les laves qui les forment en grande partie ont résisté à l'action des vagues.

L'île Saint-Paul (fig. 270, 271, 272) est particulièrement remarquable. C'est un cratère ébréché, de 1600 mètres de diamètre. La mer y pénètre et y forme un lac d'environ 60 mètres de profondeur. Toute l'île est formée de couches de laves superposées, inclinées vers l'intérieur de 20° à 30° et coupées verticalement par des dykes (fig. 273, 274). Le volcan s'est édifié sur des projections ponceuses bien visibles dans les falaises du nord-est. Ces projections ont d'abord été tumultueuses, les fragments qui les forment ont alors été de grandes dimensions. Puis elles sont devenues plus régulières, plus modérées; alors se sont déposés des tufs ponceux nettement superposés; enfin les laves sont sorties. Au début le cratère a été envahi par les eaux à cause de sa faible hauteur; c'est ce que prouve la présence de tufs dans les falaises du nord (fig. 275), entremêlés avec les premières coulées de lave basaltique (1). Ensuite les éruptions se sont faites

(1) Vélain, *Les Volcans*, p. 40.

Fig. 267. — Les gorges de la rivière du Mât, dans le cirque de Salazie (île de la Réunion). Figure communiquée par M. Vélain, page 216.

sans secousses, le cône s'est graduellement exhaussé grâce aux laves qui se déversaient par-dessus ses bords, comme le montrent les superpositions régulières des parois. Des cônes adventifs formés des matériaux scoriacés se sont produits en des points assez éloignés du cratère principal (fig. 276).

Ce dernier ne s'est formé qu'assez tard, et lorsque l'île était déjà soulevée. Les laves du début fournies par les éruptions sous-marines

Fig. 268. — Basaltes prismés et recourbés près des sources de la rivière du Màt (île de la Réunion). Figure communiquée par M. Vélain, page 217.

sont acides, ce sont des rhyolithes. Il y a eu à la fois des laves basaltiques, accompagnées de projections. Les falaises intérieures du cratère sont formées d'alternances nombreuses de laves et de scories. C'est évidemment le cirque occupé aujourd'hui par la mer qui a produit ces coulées et ces projections. Actuellement le cratère, ébréché à l'est, ne fournit plus que des fumerolles. Celles-ci rejettent surtout de la vapeur d'eau.

Fig. 269. — Vue de l'endroit où est enseveli le village du Grand-Sable, sous l'écroulement du Gros Morne. Figure communiquée par M. Vélain, page 217.

A l'île d'Amsterdam se trouve un énorme cratère d'explosion, au milieu d'un plateau basaltique (fig. 277).

Si nous considérons maintenant les rivages orientaux de l'Océan Indien, nous voyons d'autres formations volcaniques. La péninsule des Indes nous offre l'énorme masse éruptive appelée trapp du Dekhan. Elle s'est formée à l'époque tertiaire, mais il y a eu des éruptions plus récentes dans le golfe du Bengale; une

Fig. 270. — Ile Saint-Paul, vue du côté ouest (d'après Vélain, page 217).

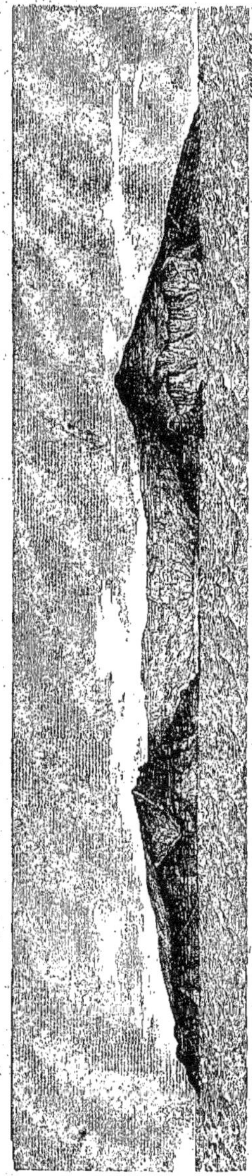

Fig. 271. — Ile Saint-Paul, vue dans le nord-est (à bord de la *Dives* en septembre 1874), d'après Vélain, page 217).

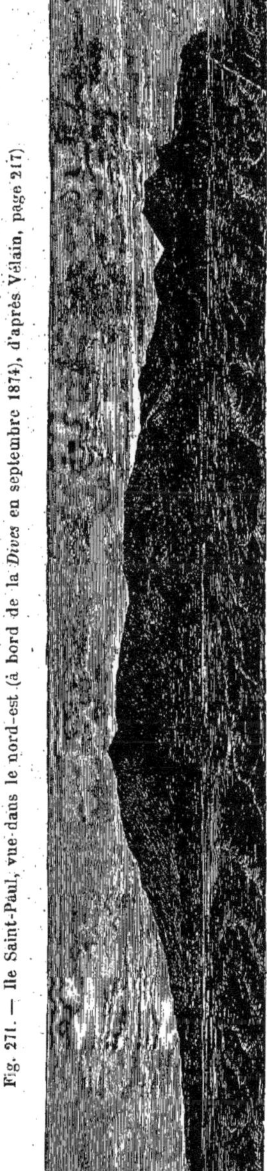

Fig. 272. — Ile Saint-Paul, vue du sommet du cratère (d'après Vélain, page 217).

éruption sous-marine s'est produite au voisinage de Pondichéry. La côte de Birmanie offre une longue série de volcans dans le voisinage de l'Irraouaddi; le plus éloigné au nord est près de Bhamo (24° latitud.). A 19°,30′ de latitude se trouvent les îles Ramrri et Tschédouba, puis sur la côte d'Arrakan le Raguain dont la dernière éruption date de 1839. Les

Fig. 273. — Falaises de l'île Saint-Paul (côte ouest), montrant les coulées de lave successives, directement superposées sans intercalation de projections (Vélain, p. 217).

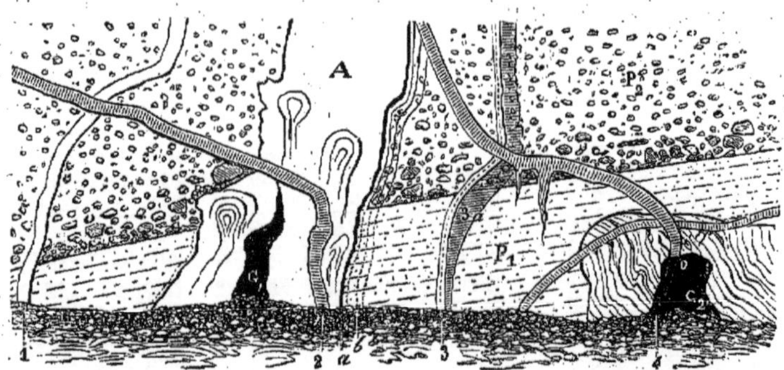

Fig. 274. — Falaise à l'extrémité nord-est de la baie des Manchots à l'île Saint-Paul (Vélain, page 217). P_1, tufs ponceux; P_2, conglomérats ponceux et chy-clithiques; A, filon de dolérite; 1, 2, 3, 4, filons basaltiques; G_1, G_2, grottes naturelles.

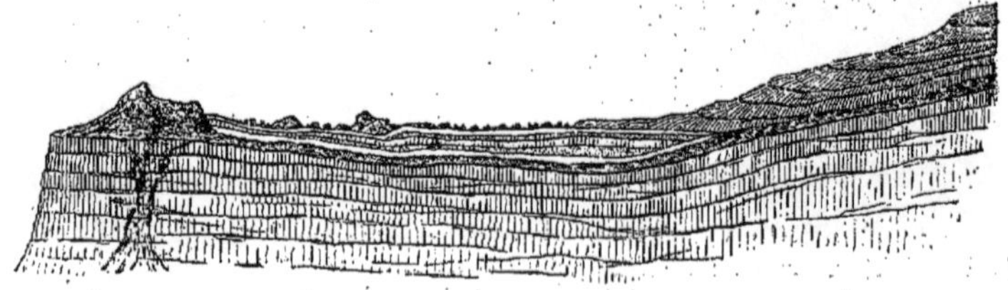

Fig. 275. — Coupe N.-O.-S.-E. au travers du plateau qui aboutit à la pointe nord (Vélain, page 218).

Fig. 276. — Cône adventif de débris à la pointe Smith. — 1, laves basaltiques à anorthite; 2, 3, laves basaltiques à labrador (Vélain, page 218).

îles Nicobar et Andaman présentent plusieurs centres éruptifs; telle est l'île Narcondam (13° lat. N) qui n'est autre chose qu'une masse de lave sur laquelle s'élève un cône haut de

Fig. 277. — Blocs projetés sur les hauts plateaux de l'île d'Amsterdam par l'explosion qui a présidé à la formation du grand cratère du sommet (Vélain, page 220).

210 mètres éteint depuis peu. Barren-Island bien connue depuis Léopold de Buch est un petit cratère toujours actif comme le Stromboli. Il est entouré d'une Somma à demi effondrée à l'intérieur de laquelle pénètre la mer.

CEINTURE VOLCANIQUE DU PACIFIQUE.

L'Océan Pacifique est entouré d'une ceinture de volcans, d'un véritable cercle de feu (fig. 278). Le cercle commence à la Nouvelle-Zélande et se continue par les îles de la Sonde et les Philippines. Viennent ensuite les volcans du Japon et des îles Kouriles. Le Kamtchatka qui fait suite présente trente-huit volcans dont douze en activité. Les îles Aléoutiennes qui relient l'Asie à l'Amérique sont aussi volcaniques. Une fois sur le continent américain on trouve les volcans de la presqu'île d'Alaska et de la Colombie anglaise. Il y a une interruption sur les côtes des États-Unis, où l'on trouve toutefois des volcans éteints et des sources d'eau bouillante : les Geysers. Au Mexique se présente toute une série de volcans, puis viennent les innombrables volcans de l'Amérique centrale et ceux de la chaîne des Andes. Il y a des cratères jusqu'à la Terre de Feu. Celle-ci est reliée par les îles Schetland du sud aux volcans antarctiques : l'Erèbe et le mont Terror, rattachés eux-mêmes à la Nou-

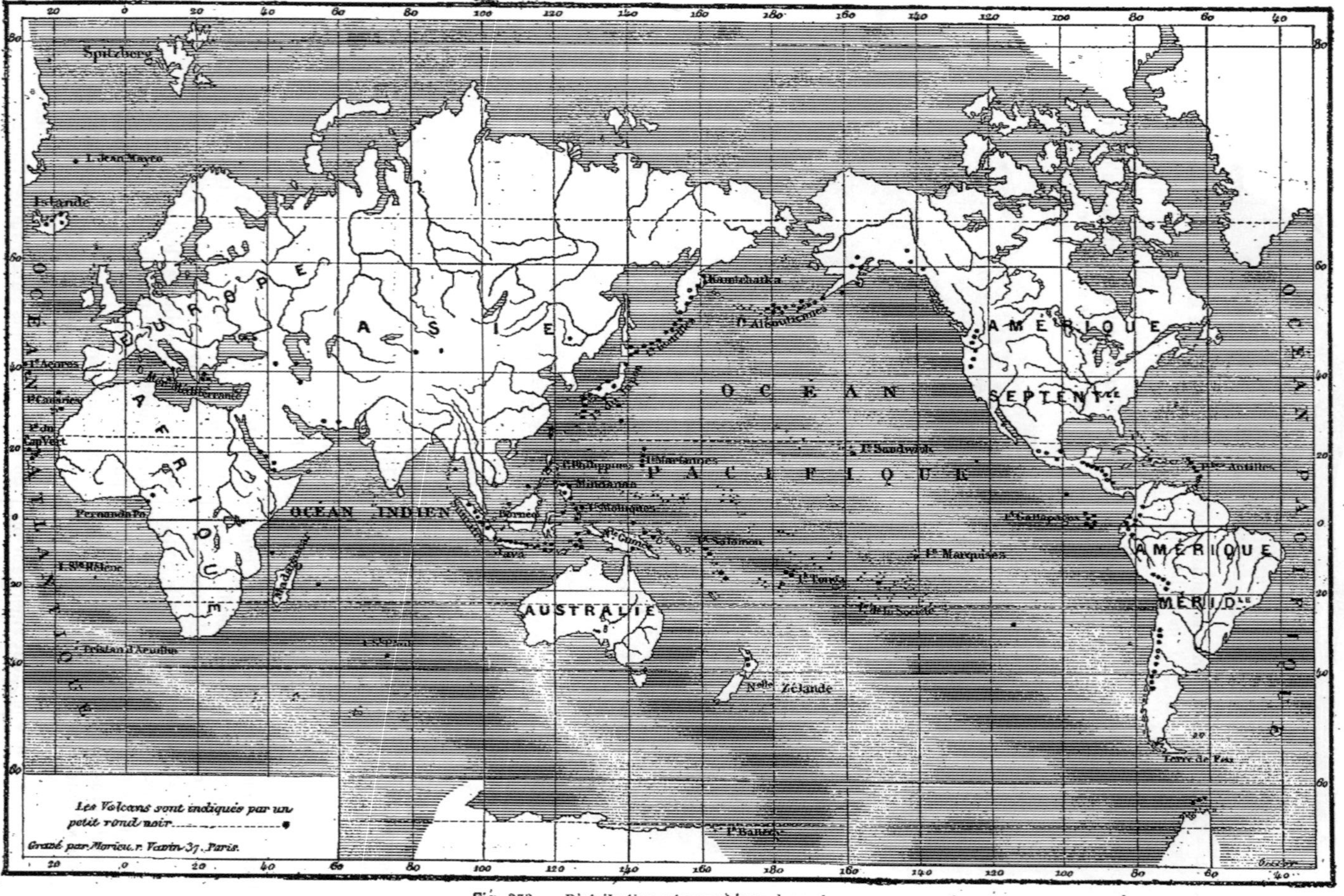

Fig. 278. — Distribution géographique des volcans.

Fig. 279. — Mont Egmont à la Nouvelle-Zélande (d'après de Hochstetter).

velle-Zélande par quelques îlots volcaniques. Le cercle est donc complet. Au centre enfin de cet anneau se trouvent plusieurs groupes d'îles volcaniques, dont les plus importantes sont les îles Sandwich (voir la carte page 233).

Nous allons maintenant examiner en détail les principaux groupes volcaniques qui constituent ce cercle de feu.

VOLCANS DE LA NOUVELLE-ZÉLANDE ET DES ILES DE LA SONDE.

La Nouvelle-Zélande est l'une des parties les plus actives de la chaîne volcanique du Pacifique. L'île sud ne présente que quelques volcans aujourd'hui inactifs sur sa côte est, mais, dans l'île nord, de Hochstetter distingue trois régions distinctes. La zone de Taupo comprend une fente allant du sud-ouest au nord-est. Sur cette fente sont alignés des volcans, entre autres le Ruapahu haut de 3749 mètres. La ligne atteint la mer au nord-est et c'est dans son prolongement que se trouve l'île fumante de Whakari. Cette contrée est remarquable par le grand développement des sources chaudes, des geysers et des volcans de boue. Une seconde zone est formée de l'isthme d'Auckland. Sur un espace de 600 kilomètres carrés, de Hochstetter a compté 63 volcans ayant de 100 à 200 mètres de hauteur ; un seul atteint 298 mètres. Chacun de ces cratères paraît n'avoir eu qu'une seule éruption, mais a donné un grand courant lavique. Cette zone représente en quelque sorte les champs Phlégréens dans la Nouvelle-Zélande. Enfin la troisième zone comprend le mont Egmont ou Taranaki haut de 2522 mètres (fig. 279). Son cône très régulier est couvert de sillons partant du sommet ; ce sont des *barancos* creusés par l'eau de pluie.

En remontant vers le nord, nous trouvons les cratères des îles Viti, les volcans actifs de Matthew, Tanna, Loperi, Ambrym dans les Nouvelles-Hébrides, celui de Semoya dans les îles Salomon. Ces centres éruptifs relient la Nouvelle-Zélande aux îles de la Sonde.

Celles-ci contiennent environ 50 volcans en activité. Java qui ne s'étend pas sur plus de 150 milles géographiques présente au moins 100 volcans actifs ou éteints. Nulle part au monde on ne trouve autant de cratères sur un espace aussi restreint. Les volcans de Java se trouvent environ à 10 milles de la mer. La plupart sont disposés sur une ligne ouest-est qui coïncide avec la direction de l'île ; quelques-uns se trouvent sur une ligne nord-est perpendiculaire à la première. Une particularité des volcans de Java, c'est que leur cône porte un grand nombre de ravins allant du haut en bas. Ils sont analogues aux *barancos* de Palma dans les Canaries. Ils sont probablement dus comme eux à l'action érosive des eaux. On trouve une petite quantité de coulées. Les matériaux sont surtout des projections, des cendres.

L'altitude des volcans de Java varie entre 2000 et 3800 mètres. Le cône le plus élevé est le Gunung Semeru (3740 m.) ; le Gunung Tengger est remarquable par son grand diamètre. On compte à Java environ 30 volcans

Fig. 280. — Le *Gunung Sœmbing*, avec ravinements causés par les eaux.

actifs; l'activité du Gunung Guntur et du Gunung Lamongung est presque ininterrompue. Les éruptions sont de véritables explosions qui lancent en l'air une énorme quantité de débris. Le Gunung Sœmbing (1658 m.) est connu pour la violence de ses explosions (fig. 280). Celle de 1836 qui ne dura que trois heures a recouvert l'île d'une pluie de cendres et de pierres (1).

Le Gunung Gelungung en 1822 eut une éruption formidable. Le 8 octobre vers une heure de l'après-midi une violente explosion ébranla toute l'île; un immense fleuve de boue descendit de la montagne, détruisant tout son passage. En même temps le cratère lançait à de grandes hauteurs des pierres et des cendres. Une nouvelle explosion aussi destructive se produisit le 12 octobre à sept heures du soir. On a évalué à quatre mille personnes le nombre des victimes de l'éruption de 1822. Junghuhn a montré clairement que le cratère du volcan était occupé avant l'éruption par un lac, et que le déluge boueux était dû au mélange de l'eau avec les cendres rejetées par le volcan, à la fin de l'éruption il y eut des pluies de cendres sèches, parce que le lac étant vidé, les projections n'étaient plus au contact de l'eau (Neumayr).

(1) Boscowitz, *Les Volcans*, p. 330.

Parmi les cratères éteints de Java on cite la célèbre *vallée de Mort* ou *du Poison*. L'acide carbonique se dégage par toutes les fissures du sol, qui est jonché de squelettes d'animaux surpris par ces émanations. Cette vallée est donc une mofette.

A l'est de Java se trouvent les îles de Bali et Lombok avec des volcans actifs, puis l'île de Sumbawa avec le redoutable Temboro (fig. 281). En 1815 ce volcan eut une éruption formidable. Les explosions commencèrent le 5 avril, le 10 elles présentèrent toute leur intensité. Leur bruit semblable à celui d'une canonnade s'entendit jusqu'à Sumatra à 260 milles de distance, à la Nouvelle-Guinée, et jusque sur la côte nord d'Australie (fig. 282). Les secousses se firent sentir sur un espace de 450 milles de l'est à l'ouest et sur une longueur égale du nord au sud. La montagne fut démolie par les explosions; elle perdit 1600 mètres de sa hauteur. On évalue la masse des matériaux à 300 kilomètres cubes (Junghuhn). Les cendres arrivèrent jusqu'à Batavia et jusqu'à Macassar. A Lombok, à 22 milles de distance, il y en avait une couche de deux pieds. A Banjuwangi, à 52 milles de distance, le soleil fut obscurci

Fig. 281. — Le Temboro.

pendant trois jours par les cendres; l'obscurité était celle d'une nuit sans étoiles; pour cette localité, le soleil ne reparut que le 14 avril. A Chéribon, distant de 40 milles, le soleil était obscurci par une épaisse fumée. La mer fut couverte à une grande distance de cendres et de ponces. A Sumbawa même, 12000 personnes périrent. Dans bien des loca-

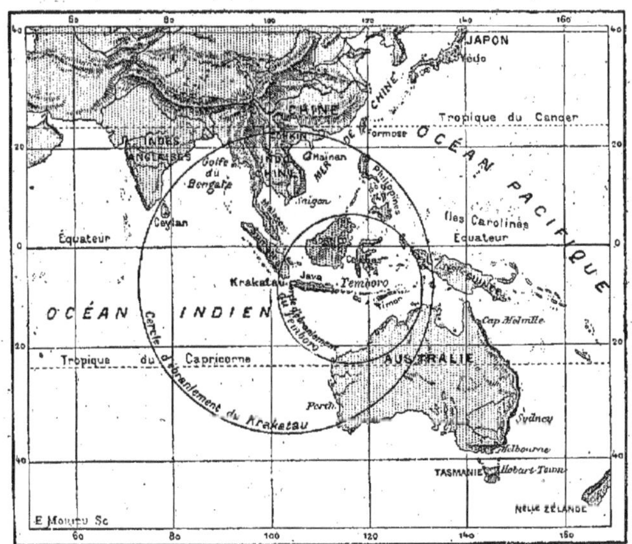

Fig. 282. — Cercle d'ébranlement du Krakatau et cercle d'ébranlement et d'éruption de cendres du Temboro.

lités la végétation fut détruite par les cendres et la famine en résulta pour de nombreuses populations.

A Sumatra il y a 19 volcans, dont 7 en activité; plusieurs cratères-lacs atteignent dans cette île des dimensions qui ne sont nulle part dépassées. Dans le détroit de la Sonde, entre Java et Sumatra, se trouvent plusieurs îles volcaniques. Jusqu'à ces derniers temps on savait seulement qu'elles sont situées sur une même crevasse, et que l'une d'elles, Krakatau ou Pœlœ Rakata, était active en 1680,

Mais brusquement le Krakatau en 1883 produisit une catastrophe analogue à celle du Temboro.

C'est en mai 1883 que le volcan se réveilla, et l'éruption atteignit en août une intensité extraordinaire. Elle fut remarquable par la force des détonations, les changements de configuration qu'elle produisit (fig. 283 et 284), la hauteur à laquelle les cendres furent transportées. Quant à la masse des matériaux projetés, elle fut inférieure à celle des éruptions du Temboro et du Conseguina.

Comme l'île Krakatau est inhabitée, qu'elle n'est fréquentée que par des pêcheurs de Sumatra, on ne sait que peu de chose sur les commencements de l'éruption et sur les signes précurseurs. Les premières observations furent faites par des vaisseaux franchissant le détroit de la Sonde alors que les phénomènes étaient déjà très accusés (1). Le 20 mai on vit du navire allemand *Elisabeth* s'élever au-dessus du cône un panache de fumée atteignant 11 000 mètres d'altitude, et malgré l'éloignement le pont du navire fut couvert de cendres. Ces phénomènes durèrent plusieurs jours et furent aperçus de divers navires et aussi d'Anjer et d'autres points de la côte ouest de Java. Jusqu'à Batavia on sentit des secousses et on entendit des explosions. Une pluie de cendres se mit à tomber, mais les habitants ne savaient encore à quel volcan l'attribuer. Puis les phénomènes prirent fin; il semble cependant que jusqu'à la grande catastrophe du mois d'août il y ait eu quelques paroxysmes. Probablement vers le milieu de juillet se produisit une éruption, car au commencement d'août le vapeur anglais *Siam* rencontra à 16° à l'ouest du détroit de la Sonde une grande masse de ponces couvrant la mer. Elles provenaient sans doute du Krakatau; aucun autre volcan de la région n'était en éruption.

Le 26 août eut lieu le cataclysme; nous ne savons sur lui que ce que nous ont appris les vaisseaux voguant dans le voisinage et ce qu'on pouvait observer de Java et de Sumatra. Si d'ailleurs l'île Krakatau eût été habitée, nous n'en saurions pas davantage, car même à l'île Sebesie éloignée de 20 kilomètres (fig. 285), toute la population fut détruite. Le jour était clair et beau, quand vers 2 heures 1/2 après midi le navire anglais *John Bull* remarqua que l'agitation du volcan augmentait; vers le soir des cendres tombèrent à Lampong à Sumatra; à Anjer et d'autres points de la côte de Java on observa une profonde obscurité immédiatement après le coucher du soleil. On entendit des détonations, la mer fut agitée, quelques bateaux furent submergés ou poussés à terre; en quelques points la mer envahit la côte et plusieurs villages furent inondés; mais les ravages n'étaient pas encore très considérables. A cause de la direction des vents dominants, les effets de l'éruption furent plus grands vers le sud. D'épaisses pluies de cendres tombèrent mêlées de fragments de pierres. La masse des projections était si grande, que sur le pont du *Berbice*, il y en avait un mètre vers deux heures du matin. Une épaisse obscurité régnait; les explosions se faisaient entendre d'une manière formidable. L'atmosphère était chargée d'électricité; il y avait des éclairs; dans les cordages et les mâts se montraient les flammes du feu Saint-Elme.

Le matin du 27 août le jour parut, mais fut bientôt remplacé par une épaisse obscurité qui dura dix-huit heures. Des quantités énormes de cendres, qui mêlées d'eau formaient une sorte de pâte, des scories, des ponces, tombèrent sur le détroit de la Sonde et les parties voisines de Java et de Sumatra. De grosses vagues envahirent les parties basses vers 6 heures du matin. Vers 10 heures la catastrophe fut à son maximum. Par suite d'une formidable explosion et de l'écroulement dans la mer d'une grande partie de Krakatau, une vague énorme, véritable avalanche de 30 mètres de hauteur, envahit les rivages. Elle détruisit nombre de villes et de villages, entre autres Anjer, Bantam et Merak; dans les îles Sebesie et Seramy toute la population fut engloutie. A Sumatra elle porta un vaisseau à 2 kilomètres du rivage, le laissant dans les terres, à 9 mètres environ au-dessus du niveau des eaux.

Le 28 août le soleil reparut; l'éruption n'était pas terminée, mais avait considérablement diminué. L'aspect des côtes de Java et Sumatra avait absolument changé; on ne reconnaissait plus les lieux que d'après leur position, et non d'après leur apparence. Partout où la mer avait pénétré, la végétation tropicale avait disparu; le sol était dépouillé, cou-

(1) Voir dans Neumayr, *Erdegeschichte*, I, p. 228-235, le résumé des documents hollandais et aussi dans la *Revue scientifique*, décembre 1888 et janvier 1889, un article de M. H. de Varigny, d'après le rapport de la Société Royale de Londres.

Fig. 283. — Krakatau pendant l'éruption de 1883 (d'après Metzger).

vert de boue et de produits de projection, d'arbres renversés, de débris de constructions, de cadavres d'hommes et d'animaux; dans le détroit de la Sonde surnageaient des ponces, avec des arbres et des cadavres. Le nombre des victimes fut évalué d'après les rapports officiels hollandais à 4,000 environ.

L'île Krakatau avait considérablement changé. Le 26 août c'était un îlot de 33 kilomètres carrés et demi avec un cône volcanique de 822 mètres d'élévation et deux petits cratères. C'est de l'un de ces derniers que la grande éruption tira son origine. Le 28 août la plus grande partie de l'île était effondrée, il ne restait plus de l'ancienne île que 10 kilomètres carrés et demi. Mais sur les bords de cette ruine de larges bandes de produits volcaniques ont été depuis déposées; de sorte

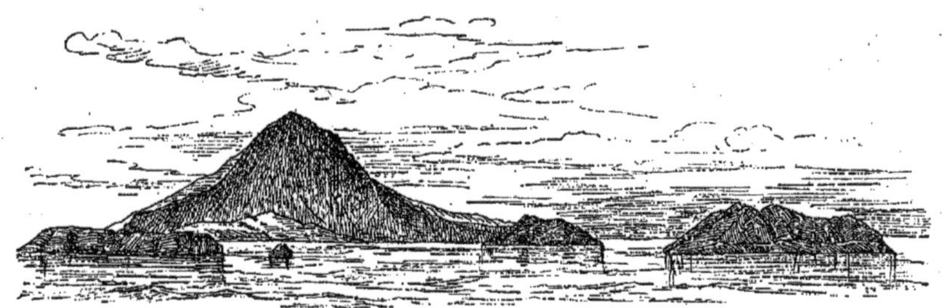

Fig. 284. — Krakatau après l'éruption de 1883 (d'après Metzger).

que la nouvelle Krakatau a aujourd'hui une étendue de 15 kilomètres carrés et demi. La rupture s'est faite au milieu du grand cratère qui s'élève encore à 800 mètres; ses parois plongent verticalement dans la mer, qui occupe aujourd'hui l'intérieur de la cavité. Là où se trouvait la terre ferme, il y a maintenant des profondeurs marines de 200 ou 300 mètres, d'où s'élève un îlot. On ne peut pas admettre ici un effondrement, car en dehors des cratères la mer n'est nulle part profonde. Elle a même diminué de profondeur autour de l'île à cause du dépôt des matériaux volcaniques. Tous les effets doivent être attribués à des explosions. Elles ont fendu et démoli le cratère dont les débris ont été lancés en l'air. La démolition s'est produite jusqu'au-dessous du niveau de la mer; par suite, celle-ci s'est précipitée dans le cratère détruit. L'eau arrivant sur des masses incandescentes, il en est résulté une explosion formidable; les débris du cratère ont été lancés dans l'atmosphère avec les eaux, et tout autour la mer est entrée en agitation.

La vague qui se précipita le 27 août vers dix heures sur les côtes du détroit de la Sonde a été la conséquence de cette catastrophe. Cette vague est très intéressante, car elle s'est propagée au loin, comme l'ont montré les marégraphes disposés sur les côtes en des points très divers du globe. A son origine elle avait une grande hauteur; au phare de Vlakken hoek elle avait 15 mètres, près de Telok Betong 22 mètres, près de Merak, Anger et à l'île Divars 35 mètres. Au nord et à l'est de Krakatau, où il y a beaucoup d'îles et d'îlots, sa course a été restreinte; à 150 kilomètres au nord elle n'a plus que $2^m,40$ de hauteur; rien n'a été noté à Hong-Kong et à Singapour. Au sud-est même chose ; la vague n'a pas dépassé les côtes d'Australie. Au contraire, vers l'ouest elle a été fort loin. On l'a signalée à Ceylan, Maurice, au Port Élisabeth (colonie du Cap), et même sur les côtes de la Manche à 20,000 kilomètres de distance (Cherbourg, le Havre, Devonport, Portland). D'après l'heure à laquelle elle est arrivée à Port Élisabeth, on a évalué la vitesse à 306 milles géographiques à l'heure. Des perturbations ont été observés aux îles Hawaï, à San-Francisco et aussi à Colon sur l'isthme de Panama. On les a d'abord attribuées à la vague du Krakatau, mais une discussion attentive des faits a conduit M. Wharton à penser que ces hautes marées n'ont pas de liaison avec l'éruption de Krakatau, car on arrive à des vitesses très discordantes comprises entre 102 milles et 797 milles à l'heure.

En même temps que la mer, l'atmosphère a subi un trouble profond. Des ouragans formidables se sont fait sentir dans le voisinage de Krakatau ; le baromètre a oscillé d'une manière très sensible; le mercure est monté, puis descendu rapidement de 2 pouces. L'explosion du 27 août a produit une vague atmosphérique qui s'est propagée par toute la terre. En Europe, dans le nord de l'Amérique, les effets n'en ont pas été assez terribles pour être observés de tous, mais les instruments météorologiques les ont enregistrés. Dans les derniers jours d'août et les premiers jours de septembre, il y eut partout chute et ascension brusque du baromètre, ce qu'on a attribué à la vague atmosphérique provoquée par l'éruption du Krakatau. On a constaté ces effets à l'observatoire de Berlin. Une première vague atmosphérique y a été enregistrée dix heures après la catastrophe; si on considère le plus court chemin de Berlin à Krakatau, chemin qui est celui des Indes, on trouve ainsi pour la vitesse 1 000 kilomètres à l'heure. Une seconde vague a été enregistrée seize heures après; elle est arrivée par le chemin de l'Amérique qui est le plus long. A

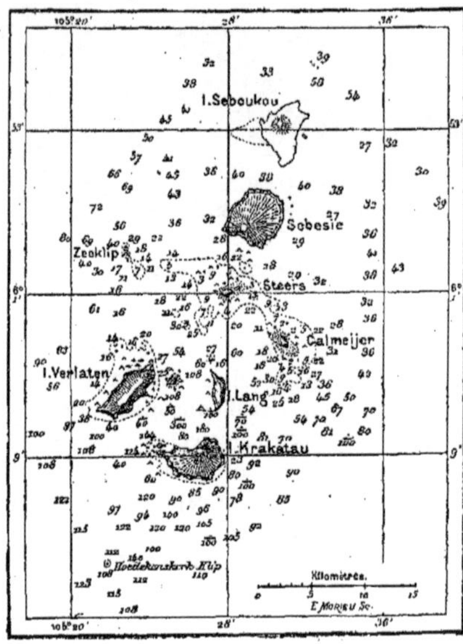

Fig. 285. — L'île Krakatau et les îles voisines.

Saint-Maur, près Paris, on a aussi enregistré des perturbations ayant même cause. Il y a donc eu deux vagues atmosphériques, l'une marchant de l'est vers l'ouest, et l'autre de l'ouest à l'est.

L'espace sur lequel ont été entendues les détonations est vraiment extraordinaire; et fait singulier, elles ont parfois été mieux perçues en des points éloignés qu'en des points rapprochés; probablement la chute d'énormes quantités de cendres au voisinage immédiat du volcan est un obstacle à la facile propagation des ondes sonores. Les points les plus éloignés où l'on ait entendu les détonations sont Ceylan, les îles Andaman, Saïgon, les Philippines, la Nouvelle-Guinée et Perth dans le sud-ouest de l'Australie. On n'a aucun renseignement pour le sud où se trouvent de vastes espaces océaniques. Le son s'est propagé sur une distance de 3400 kilomètres sur

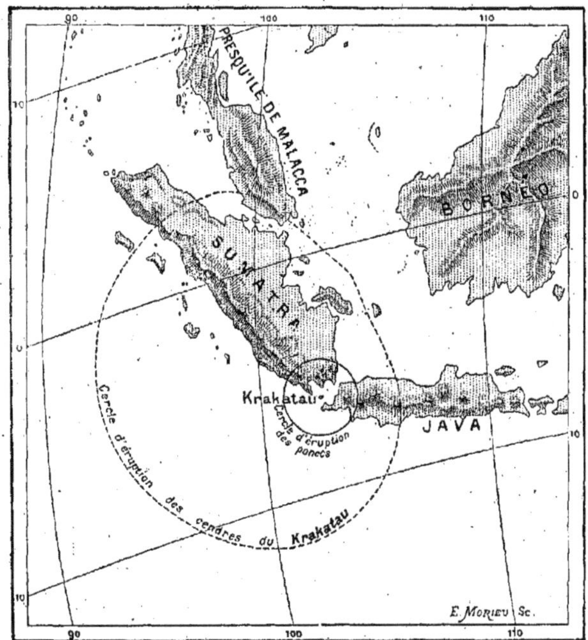

Fig. 286. — Cercle d'éruption des cendres de Krakatau.

un cercle comprenant le quinzième de la surface terrestre. Aucune autre explosion ne s'est fait entendre aussi loin.

Les projections ont été surtout des ponces et des cendres fines. Verbeeck évalue leur masse à 18 kilomètres cubes, dont 12 tombèrent dans un cercle de 12 kilomètres autour du volcan et y formèrent une couche de 20 à 40 mètres d'épaisseur. Non seulement la profondeur de la mer vers le nord jusqu'à l'île Sebesie, profondeur qui était avant la catastrophe de 36 mètres, a diminué, mais elle n'est plus suffisante pour les grands navires et il s'est formé de nouvelles îles.

Sur les ruines de Krakatau se sont déposées, comme on l'a vu, des couches d'une étendue de 5 kilomètres carrés; les îles Lang Eiland et Verlaaten Eiland ont augmenté; la première de 30 hectomètres carrés, la seconde de 8 kilomètres carrés, tandis qu'une très petite île : Poolsche Hoedje a disparu, emportée par la grande vague. Deux nouvelles îles : Steers Eiland et Calmeyer Eiland, l'une de 3, l'autre de 4 kilomètres carrés, s'étaient formées; elles étaient peu élevées au-dessus du niveau de la mer et ont disparu depuis, démolies par les vagues. Quand Verbeeck explora le voisinage en octobre 1883, ces îles fumaient encore par suite de la chaleur des matériaux entassés, mais il n'y avait aucune trace de points éruptifs indépendants; la nouvelle répandue à cette époque, que 16 nouveaux volcans s'étaient formés, reposait seulement sur l'existence de vapeurs s'échappant des projections composant les îles. Des masses considérables de ponces se répandirent sur la mer et formèrent des îles flottantes s'élevant d'environ deux mètres au-dessus de l'eau. Notamment près de Sumatra, à l'entrée et à l'intérieur des baies de Lampong et de Semangka, ces bancs flottants étaient si épais que même de forts vapeurs ne pouvaient qu'avec peine s'y frayer un passage. Les cendres les plus fines se répandirent sur une espace d'environ 750,000 kilomètres de circonférence (fig. 286).

Les poussières du Krakatau répandues dans l'atmosphère s'y élevèrent à une hauteur considérable, 36 kilomètres probablement, et elles ont donné naissance à des phénomènes optiques singuliers qui ont été observés sur une grande partie du globe. D'après toutes les observations relevées en plus de 800 localités le nuage de poussière très fine sortie du Krakatau a pris naissance le 27 août et entraîné vers l'ouest, il s'est élevé à une grande altitude, avons-nous dit, et probablement à cause de sa haute température. Il est arrivé sur la côte d'Afrique le 28 août, à Sainte-Hélène le 30; le 31 on le trouve au Brésil, le 1er septembre au Pérou; le 2 il est aux environs des Galapagos et passe sur les archipels du Pacifique; du 4 au 5 il passe aux Sandwich, et enfin revient à son point de départ ayant accompli son tour du monde en 13 jours. Ce n'est que vers le 9 ou le 10 qu'il se montre dans les régions les plus voisines de son origine, comme les Indes. Il s'est révélé sur tout son passage par des colorations anormales des crépuscules, par des colorations singulières des astres. Ainsi dans les régions intra-tropicales le soleil était bleu, vert, jaune, argenté et même violet; la lune était verte. Ces phénomènes se sont montrés à deux reprises, et l'intervalle entre les deux apparitions a été de 13 jours, ce qui montre bien que le passage s'est fait deux fois. Son second circuit s'est produit dans le même sens du 9 au 22 septembre. Ensuite il a continué à faire le tour de la terre, mais il s'est étalé sur une plus grande surface et ses particules se sont répandues de divers côtés avec tous les courants atmosphériques. Le 23 novembre une partie du nuage a été entraînée d'Amérique en Islande, d'Islande en Europe, d'Europe en Asie avec une vitesse de 73 milles par heure, c'est-à-dire 143 kilomètres. Ces phénomènes optiques ont été observés jusque vers la fin de 1885.

Ils ont consisté surtout dans nos pays en des couchants colorés, en une brume particulière qui, rouge ou jaune dans l'océan Indien, était plus loin transparente, ressemblant à un cirro-stratus très élevé, visible autour du soleil à son lever et à son coucher. Cette brume ne disparut qu'en 1885, alors que les parcelles même les plus ténues, cédant à leur tour à l'attraction, sont tombées à la surface de la terre. Un autre phénomène singulier a été l'anneau dit de Bishop, du nom d'un observateur d'Honolulu qui l'observa le premier. C'était un halo s'étendant à 20° ou 30° du soleil et visible aussi autour de la lune. Il consistait en une brume blanchâtre avec une nuance rosée se dégradant en lilas ou pourpre sur le bleu du ciel. Il a été vu dès le 27 août 1883 jusque vers la fin de 1884 avec maximum au printemps 1884. Il a même persisté pour la lune jusqu'en juin 1886. Ce qui caractérisait surtout l'anneau de Bishop était le cercle coloré extérieur. On suppose que les parcelles qui l'ont produit étaient surtout des fragments vitreux.

M. Russell a recherché si des phénomènes de ce genre s'étaient produits lors d'éruptions précédentes. A la suite de l'éruption du Kotlugja en Islande (1755) il y eut des cercles colorés autour du soleil et de la lune. De même en 1783 lors de l'éruption du Skaptar Jokull, il y eut en France, en Angleterre, en Norwège, etc., de la brume, des couchants rouges, une coloration du soleil; en 1831, année où l'île Julia, le Vésuve, l'Etna, le Pichincha entrèrent en éruption, il en fut de même. En 1680 lors de la précédente éruption de Krakatau ces phénomènes s'étaient manifestés au Danemark, à la grande terreur de la population. En somme, de 1750 à 1886, il y eut 90 années à éruptions; dans 26 il y eut des couchants particuliers, et sur ces 26 années, 25 étaient des années à éruption.

Passons aux autres volcans d'Océanie. Il y en a un dans le nord de Bornéo. On en trouve onze, dont plusieurs actifs, dans la presqu'île nord de l'île Célèbes. Il y en a aussi dans les Philippines. Mais ceux des îles Hawaï ou Sandwich sont particulièrement remarquables.

VOLCANS DES ILES SANDWICH.

L'île Hawaï (fig. 287) présente deux volcans importants, le Mauna-Loa haut de 4200 mètres toujours actif, et le Mauna-Kea, un peu moins élevé et qui a des périodes de repos. Le Mauna-Loa est terminé par un cratère, le Mokua-Weo-Weo, et sur ses flancs à 1200 mètres d'altitude on voit un véritable lac de feu, le Kilauea (fig. 288) toujours rempli de lave bouillante. Cette cavité présente 4900 mètres de grand axe et 12 kilomètres de tour. Pendant le jour on distingue dans le fond une vive lueur, mais la nuit la lave incandescente illumine toute l'étendue du cratère et celui-ci paraît en feu (1). Les volcans des Sandwich ne fournissent pas de projections solides. Les dégagements gazeux entraînent une partie des

(1) Vélain, *Les Volcans*, p. 12.

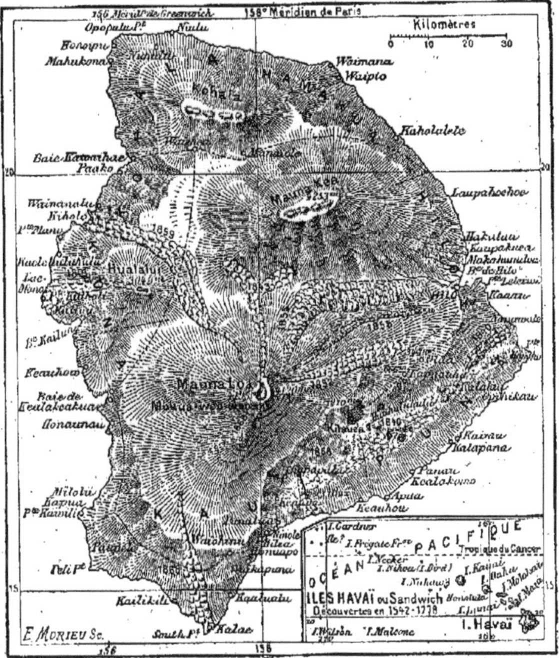

Fig. 287. — Carte de l'île Hawaï et de l'archipel des Sandwich.

Fig. 288. — Cratère du Kilauea.

Fig. 289. — Éruption du Mauna-Loa (1880-1881). Vue d'un lac situé dans le voisinage de Hilo où la lave s'est déversée (d'après une photographie).

laves très fluides sous forme de filaments soyeux et nacrés offrant l'aspect du verre filé : c'est ce qu'on nomme les *cheveux de Pélé*, Pélé étant, pour les indigènes, la divinité qui habite le volcan.

Le cratère terminal ou Mokua-Weo-Weo est elliptique; sa plus grande longueur est de 5 kilomètres et sa plus grande largeur de

Fig. 290. — Jet de lave à la surface d'une coulée du Mokua-weo-weo (d'après Dana).

2700 mètres. La profondeur est de 250 mètres. Au nord et au sud se trouvent deux autres cratères; ce dernier s'appelle le Poha-kua-hanalei. Au moment des paroxysmes le cratère est rempli de lave en fusion qui déborde et se déverse sur les flancs. Des jets de lave incandescente s'élèvent en l'air avec des torrents de vapeur à des hauteurs de 25 ou 30 mètres (fig. 290). On en a même vu, en 1852, à plus de 100 mètres.

Les principales émissions de laves ont eu lieu en 1832, 1843, 1852, 1859, 1866, 1875, c'est-à-dire environ tous les dix ans. Dans les intervalles le cratère terminal reste à l'état d'activité solfatarienne. Les laves sont très fluides; elles circulent très rapidement, couvertes de gros blocs solidifiés entassés comme les glaçons pendant l'hiver sur un fleuve gelé. M. Green a assisté à l'éruption qui commença le 5 novembre 1880 et se continua jusqu'en août 1881. Il en prit des photographies aux diverses phases. Partout où la lave était aperçue au travers des crevasses de sa croûte scoriacée, elle coulait, portée au rouge blanc, avec la fluidité de l'eau. En une heure et demie M. Green la vit remplir un étang à parois verticales situé à 3 kilomètres de Hilo (fig. 289). Ensuite elle se solidifia en replis ondulés, cordés (fig. 291). Cette fluidité, ce mode de solidification, sont dus à la grande proportion de matière vitreuse que la lave renferme.

Fig. 201. — Aspect pris par la coulée après avoir comblé le lac en son entier (d'après une photographie exécutée une heure après la précédente).

VOLCANS DE LA COTE D'ASIE.

Revenons à la ceinture volcanique du Pacifique. Sur la côte d'Asie, en remontant vers le nord, on trouve d'abord la grande île de Formose, contenant quatre volcans, dont trois en activité; sur les côtes de l'île il y a souvent des éruptions sous-marines.

Vient ensuite l'archipel de Liou-Kiou encore assez peu connu. Il y a là des volcans actifs; mais ces îles ne sont pas entièrement éruptives. On y connaît des dépôts secondaires, peut-être jurassiques, des schistes cristallins, du calcaire corallien récent.

Les volcans semblent surtout placés sur les petits îlots formant la partie interne de la chaîne.

Le Japon présente une riche série de volcans. D'après Naumann il y en a 17 actifs et 31 éteints. Nippon en contient plus de la moitié, Yesso 11 et Kiou-Siou 6. Les plus connus sont le Asamayama, et le Fusinoyama. Le premier a eu en 1783 une éruption formidable avec d'énormes émissions de laves. Le second, situé au sud de Yeddo, s'élève à 3757 mètres. Son cratère a 4 ou 500 mètres de diamètre et 167 de profondeur. Il semble aujourd'hui sommeiller sous une épaisse couche de neige, mais en 1707 il eut une très forte éruption. La masse énorme de cendres qu'il lança rappelle celle du Temboro; la lave sortit d'un cône adventif.

Des îles volcaniques forment une petite rangée perpendiculaire à la direction de Nippon. Il y a là une île encore active il y a peu de temps : l'île Ooshima; plus loin vers le sud se trouvent sur la même ligne les îles Bonin et les Mariannes, de nature éruptive.

Au nord du Japon la série volcanique se continue par les îles Kouriles et le Kamtchatka. Dans les Kouriles il y a 20 volcans dont la moitié encore actifs. Le Kamtchatka, par son énergie volcanique, n'est dépassé par aucune contrée, à l'exception de Java. Suivant sa longueur se trouvent trois chaînes de montagnes parallèles; la chaîne orientale est la plus riche en volcans et aussi la plus connue. La distribution des volcans n'est pas régulière; il n'y en a pas au nord; ils sont au sud du point où la chaîne des îles Aléoutiennes vient se rattacher à la presqu'île. On en connaît 38 dont 11 actifs; mais il paraît y en avoir un plus grand nombre. Certains sont d'une grandeur extraordinaire. Ainsi l'Uson a un cratère de plus d'un mille de diamètre. Le volcan appelé Klutschewskaja-Sopka est le plus élevé du monde; il se trouve sur le bord de la mer et

Fig. 292. — Orizaba (page 238).

atteint 4886 mètres d'élévation; tandis que le Cotopaxi des Andes, qui dépasse 5900 mètres, repose sur une base non volcanique située à 2000 mètres d'altitude.

Les îles Aléoutiennes forment un arc convexe réunissant l'Asie à l'Amérique. A l'ouest de leur série il n'y a pas d'éruption; les volcans commencent assez loin vers l'est et sont d'autant plus élevés qu'on se rapproche davantage de l'Amérique. Il y en a 48, dont tous étaient actifs il y a peu de temps. Près de l'île Umnak il y eut dans les premiers jours de mai 1796 une éruption marine. Elle donna naissance à l'île nouvelle *Joanna Boguslawska*. Les éruptions continuèrent jusqu'en 1822. L'île avait alors une circonférence de 4 milles géographiques; mais par suite de l'érosion des vagues elle diminua promptement et elle était réduite en 1832 à 2 milles.

Cependant elle existe encore, parce qu'elle est formée non seulement de produits de projection mais aussi de laves.

VOLCANS D'AMÉRIQUE.

Les îles Aléoutiennes viennent se terminer au territoire d'Alaska en Amérique. Là se trouvent cinq volcans dont le plus connu est le mont Élie, haut de 5444 mètres; plus au nord dans l'intérieur des terres il y a, sur la rivière du Cuivre, un autre volcan. Récemment, le 8 octobre 1883, se produisit une explosion au pic Saint-Augustin qui se dresse au nord-est de l'île de Chernaboura, à l'entrée du passage de Cook. Ce pic se fendit en deux et l'une des moitiés s'effondra dans la mer produisant une vague énorme. L'île se transforma en un vaste cratère projectant des cendres qui obscurcirent le soleil sur une étendue de 60 milles.

Fig. 293. — Popocatepetl et Iztaccihuatl au Mexique (page 238).

Des explosions se produisirent dans la mer au voisinage et donnèrent naissance à deux îles nouvelles entre Chernaboura et le continent.

Si l'on suit la côte au-dessous d'Alaska on voit une puissante chaîne de montagnes qui traverse la Colombie anglaise et qui se prolonge aux États-Unis sous le nom de Cascade Range et de Sierra Nevada. Elle est séparée du rivage par la chaîne appelée Coast Range. Enfin beaucoup plus à l'est se trouvent les Montagnes Rocheuses. Elles sont séparées de la Cascade Range et de la Sierra Nevada par de puissants plateaux qui comprennent les territoires d'Idaho, d'Utah, de Nevada, d'Arizona, puis plus bas le Washington, l'Orégon, la Californie, le Colorado, le Nouveau-Mexique. La plupart des volcans se trouvent sur la chaîne occidentale; à 58°-45° se dresse à 4550 mètres dans la Colombie anglaise le mont Fair Weather encore actif; puis beaucoup de volcans éteints, enfin à la limite nord de la Californie le mont Shasta. Il y a là au moins douze montagnes qui ne sont peut-être pas toutes volcaniques. Cependant le mont Hood dans l'Orégon est encore à l'état de faible activité; le mont Baker dans le territoire de Washington a eu une éruption en 1880. Au sud du Shasta une grande partie de la Sierra Nevada jusqu'au Lassen's Peak est volcanique. Sur le Coast Range de Californie on cite comme volcan éteint le Monte Diablo.

La région comprise entre la Sierra Nevada et les Montagnes Rocheuses est parcourue par des chaînes importantes comme le Wahsatch, les Uintah Mountains, l'Humboldt Range, etc. Il y a là une grande quantité de roches éruptives récentes, des trachytes, des basaltes. De plus, beaucoup de cratères y sont encore bien nets, et ils ont eu certainement des éruptions dans les derniers siècles. D'ailleurs, en 1873, l'Heureka dans le Nevada a eu, dit-on, une éruption. On en a cité une aussi en 1877 sur le Rio Colorado à 60 milles de la mer. On a annoncé aussi l'éruption d'un volcan le 9 août 1881 sur le territoire d'Idaho à 110 ou 120 milles de la mer. Ces récits n'ont pas été confirmés et sont par suite très douteux (Neumayr).

Au Mexique, sur la côte de l'océan Pacifique, se trouve une série de volcans : le Tepic (1361 mètres), le Ceboruco (1525 mètres), le Colima di Fuego, le pic de Tanzitaro, le Soconusco au sud du Mexique. Mais l'activité volcanique paraît surtout concentrée sur une ligne traversant le pays de l'Atlantique au Pacifique, et dans le voisinage de Mexico. Cette ligne commence à l'Atlantique, au sud-est de Vera-Cruz, avec le Tuxtla (1663 mètres) qui eut une éruption en 1793 et donne encore beaucoup de vapeurs. Viennent ensuite le pic d'Orizaba (fig. 292), ou Citlatepetl (5393 mètres), le Cofre de Perote ou Nauhcamptepetl, puis dans le voisinage de Mexico le Popocatepetl (fig. 294) (5399 mètres), réduit à l'état de solfatare, et le Iztaccihuatl (fig. 293) (4687 mètres) aujourd'hui éteints. A l'ouest de Mexico se trouve le Cerro de Ajusco qui est éteint. Mais en 1881 se forma plus loin dans les montagnes de Ajusco un nouveau volcan, qui est également éloigné des deux océans; sa distance à la mer est d'environ 30 milles géographiques. Plus près du Pacifique se trouve le Jorullo (1309 mètres) (fig. 295), enfin sur la côte le Tanzitaro dont nous avons déjà parlé.

Le Jorullo (fig. 296) prit naissance brusquement en 1759 au milieu de champs cultivés. Il est bien connu par la description qu'en a donnée Alexandre de Humboldt. Voici ce que raconte l'illustre explorateur :

« Dans la série des volcans mexicains le phénomène le plus considérable et celui qui a attiré le plus l'attention depuis mon voyage d'Amérique a été le soulèvement et l'émission de laves du Jorullo nouvellement formé. Ce volcan, par sa position entre le Toluca et le Colima et par son éruption sur une fente d'activité volcanique qui de l'Atlantique s'étend jusqu'au Pacifique, constitue une manifestation importante dont par suite on a d'autant plus disputé.

« En suivant la puissante coulée de laves que le nouveau volcan a fournie, j'ai pu pénétrer profondément dans l'intérieur du cratère et y installer des instruments.

« Son éruption eut lieu dans une vaste plaine, longtemps tranquille, de la province de Michoacan, et éloignée de 30 milles géographiques des autres volcans; elle se produisit dans la nuit du 28 au 29 septembre 1759. Jusqu'à ce moment il y avait eu depuis le 29 juillet, c'est-à-dire pendant deux mois entiers, des bruits souterrains ininterrompus. L'éruption du nouveau volcan fut annoncée vers 3 heures du matin par un phénomène qui habituellement se produit non pas au commencement, mais à la fin des éruptions. Car là où se trouve aujourd'hui le volcan, il y avait un épais bosquet de goyaviers, arbres estimés des habitants pour leurs fruits savoureux. Les travailleurs des champs de cannes à sucre de l'hacienda de San Pedro Jorullo étaient allés cueillir ces fruits. Quand ils revinrent à l'hacienda, on remarqua avec étonnement que leurs grands chapeaux de paille étaient couverts de cendres volcaniques.

Fig. 294. — Vue du Popocatepetl.

« Il est probable que déjà s'étaient formées dans ce qu'on appelle aujourd'hui *Malpaïs* (champs de lave incultes), au pied de la haute chaîne basaltique El Guiche, des crevasses qui avaient rejeté ces cendres, avant qu'on eût aperçu dans la plaine aucun changement. Dans les archives épiscopales de Valladolid on a trouvé une lettre du Père Joachim de Ansogorri écrite trois semaines après la première éruption.

« D'après cette lettre le Père Isidor de Molina du collège des Jésuites de Patzcuaro fut envoyé « pour apporter des consolations spirituelles « aux habitants très effrayés par les bruits sou- « terrains et les tremblements de terre ». Il

Fig. 295. — Le Jorullo au Mexique (voy. p. 238).

s'aperçut du danger croissant et assura ainsi le sauvetage de toute la petite population. Dans les premières heures de la nuit les cendres atteignaient déjà une hauteur d'un pied;

Fig. 296. — Le cratère du Jorullo.

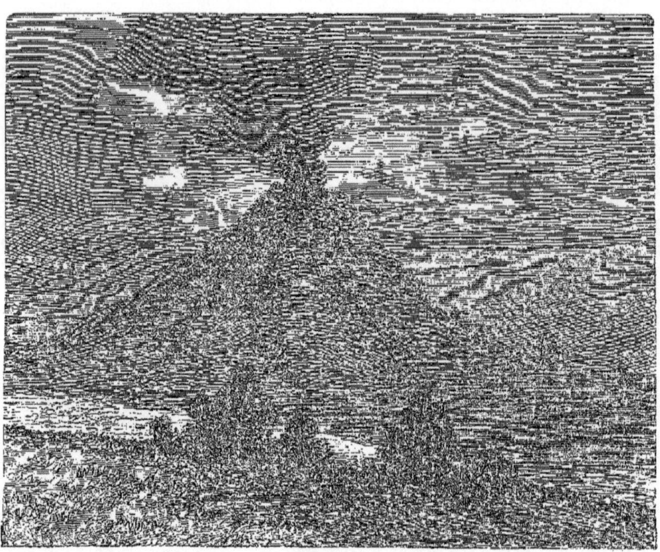

Fig. 297. — L'Isalco au San Salvador.

tout le monde s'enfuit vers les collines de Aguasarco, village d'Indiens à 2260 pieds au-dessus de l'ancienne plaine de Jorullo. De ces hauteurs on vit, d'après les traditions, une grande étendue de pays dans un état d'éruption formidable, et au milieu des flammes, comme s'expriment ceux qui firent l'ascension de la montagne, parut une énorme masse informe semblable à un noir château fort.

« D'après les traditions répandues parmi les indigènes et qui s'accordent entre elles, il y eut dans les premiers jours projection de gros blocs, de scories, de sables et de cendres, qui étaient accompagnés d'une sortie d'eau boueuse. Dans le récit remarquable du 19 octobre 1759, déjà mentionné et dont l'auteur est un homme qui raconte l'événement avec une grande connaissance des lieux, il est dit expressément que le volcan rejeta du sable, des cendres et de l'eau. Tous les témoins oculaires racontent qu'avant l'apparition de la montagne les secousses et les bruits souterrains augmentèrent, que le jour même de l'éruption le sol fut soulevé verticalement, plus ou moins boursouflé, et que la plus haute des boursouflures qui se formèrent est aujourd'hui le volcan. Ces ampoules de diamètre très différent et parfois très régulièrement coniques crevèrent plus tard et donnèrent lieu à une sorte de masse visqueuse scorifiée qu'on trouva couverte de pierres noires et jusqu'à une distance très considérable. Ces récits historiques qu'on peut désirer plus détaillés s'accordent avec celui que j'entendis en 1803 de la bouche des indigènes. A cette question, si on a vu la montagne s'élever peu à peu pendant des mois ou des années, ou si elle apparut dès les premiers jours, on n'obtenait aucune réponse. L'assertion d'après laquelle les éruptions se seraient continuées jusqu'en 1776 était regardée comme inexacte (1). »

Ainsi de Humboldt regardait le Jorullo comme dû à un soulèvement brusque; il attribuait de même à des soulèvements de ce genre les petits cônes ou *hornitos* qui se trouvent en grand nombre sur le côté ouest du volcan. Mais de Saussure visita plus tard le Jorullo et arriva à un résultat opposé : « Le volcan Jorullo, dit-il, n'est certainement pas dû à un soulèvement et ses phénomènes, bien loin de prouver le pouvoir d'élévation des forces volcaniques, montrent au contraire que les éruptions les plus puissantes peuvent se produire sans apporter le moindre changement dans la position des couches du sol. » Le Jorullo, comme le Monte-Nuovo, est donc un cône de dé-

(1) De Humboldt, *Cosmos*, t. IV.

Fig. 298. — Offerte au Massaya (Nicaragua) (d'après une gravure du temps, 1520, page 242).

bris, mais qui s'est formé très rapidement.

Le Soconusco, dans le sud du Mexique, commence la série des volcans de l'Amérique centrale. La partie de l'Amérique Centrale située au nord-est, le long de l'Atlantique, présente une chaîne montagneuse composée de roches éruptives anciennes, de schistes cristallins, de couches sédimentaires. La partie sud-ouest bornée par le Pacifique est une terre basse. Là se dressent plus de soixante volcans. Ils ne forment pas une série unique; ils se trouvent sur une large zone où ils sont soit isolés, soit groupés à plusieurs sur des fentes transversales allant du sud-ouest au nord-est. En général ils n'ont pas une très grande hauteur, mais certains d'entre eux montrent une très grande activité. Les plus considérables se trouvent dans le Guatémala. Au voisinage immédiat de la ville de ce nom se trouvent le volcan de Fuego qui doit son nom à ses coulées de laves et le volcan di Agua. Ce dernier est ainsi appelé parce qu'en 1540 un cratère-lac établi à son sommet se vida complètement lors d'une éruption. Dans le San Salvador se trouve l'Isalco élevé de 641 mètres (fig. 297). Il se forma à la fin du siècle dernier et depuis son activité a été presque ininterrompue. En 1879, à 12 kilomètres seulement de la ville de San Salvador, se forma un nouveau volcan.

Le Nicaragua nous présente à son extrémité ouest, qui s'avance dans la baie de Fonseca, le Conseguina. Il n'a que 162 mètres d'élévation et cependant c'est l'un des volcans les plus redoutables. Il se place en effet, pour la force de ses explosions, à côté du Krakatau, du Temboro, du Gelungung de Java. On connaît surtout ses éruptions de 1809 et 1836. Elles ont donné lieu à une énorme quantité de cendres et de scories qui s'est étendue sur un rayon de 1500 kilomètres. Elles arrivèrent jusqu'à la Jamaïque. La mer était couverte de ponces qui formèrent deux îles nouvelles dans la baie de Fonseca. Le bruit des détonations se fit

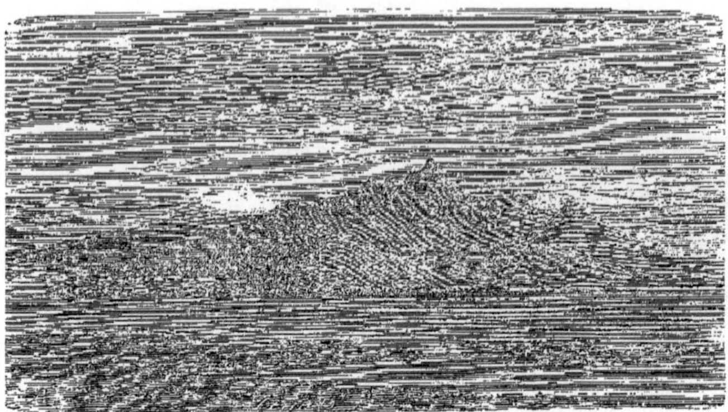

Fig. 299. — Sommet du Pichincha (Équateur).

entendre jusqu'à Santa Fé de Bogota dans l'Amérique du Sud.

Dans le Nicaragua se trouve aussi le cratère appelé le Massaya. Il était en complète activité lors de l'arrivée des Espagnols. La lave en fusion le remplissait complètement et ses coulées par débordement s'étendaient jusqu'à 30 ou 40 kilomètres. D'après Oviedo, qui visita le volcan en 1520, de nombreux sacrifices humains étaient offerts au Massaya pour l'apaiser. Les indigènes précipitaient des jeunes filles dans le brasier (fig. 298).

A la série volcanique de l'Amérique Centrale succède celle de l'Amérique du Sud. Elle offre cette particularité que sa distance à la mer est considérable. Seuls, les volcans les plus méridionaux sont près de la côte. Le Tolima se trouve à 40 milles et le Sangai, probablement le plus actif de la terre, est à 28 milles de l'Océan. C'est parce que les cartes sont à petite échelle qu'on dit souvent que les volcans de l'Amérique du Sud sont sur la côte. Ils appartiennent à la chaine des Andes et ils doivent pour la plupart leur grande altitude au socle très élevé qui les supporte. Une particularité de ces volcans c'est que, comme ceux de Java, ils ne fournissent que peu de laves.

Les volcans de l'Amérique du Sud ne sont pas régulièrement distribués le long des Andes; ils forment trois grands groupes entre lesquels il y a des intervalles non volcaniques. Ce sont les groupes de l'Équateur, du Pérou-Bolivie et du Chili. Outre ces volcans actifs ou éteints, on trouve aussi des dômes trachytiques sans trace de cratères, ni de coulées, ni de projection. Le type est le Chimborazo (6310 mètres). On ne s'entend pas sur leur origine. On ne sait si ce sont des volcans normaux qui ont perdu par érosion leurs parties peu résistantes; ou bien si, comme le pense von Seebach, ils sont le produit d'éruptions massives (Neumayr). D'après M. Daubrée, ces dômes trachytiques de l'Amérique du Sud sont sortis du sol dans un état voisin de l'état solide, poussés par les gaz internes.

Le groupe nord ou de l'Équateur se trouve compris entre le 5° de latitude nord et le 2° de latitude sud. Il y a là deux chaines parallèles entre lesquelles s'ouvre la haute vallée de Quito. Les volcans se dressent sur les deux chaînes, mais il y en a un à l'est dans la région du fleuve des Amazones. C'est le Sangai haut de 5220 mètres. Il est en activité perpétuelle; on peut compter généralement 250 explosions par heure avec scories et cendres. Son cratère embrasé projette sur le ciel des lueurs vives. Lors des mesures astronomiques de Bouguer et La Condamine (1738-1740), le Sangai servit de signal de feu perpétuel. D'autres volcans de l'Équateur sont le Tolima qui entra en éruption en 1795 et 1826, le Pichincha (fig. 299) (4780 mètres), d'apparence étrange avec sa crête surmontée de quatre sommets. Viennent ensuite l'Antisana (5833 mètres) et le Cotopaxi (fig. 300) (5943 mètres). Ce dernier a un magnifique cratère. Il était en éruption en 1543, lors de l'arrivée des Espagnols; il eut ensuite un repos de deux siècles. Nouvelles éruptions en 1742, en 1768. Dans notre siècle il y eut une terrible catastrophe en 1877. Les éruptions du Cotopaxi sont caractérisées de la manière suivante : il y a rarement des trem-

Fig. 300. — Le Cotopaxi.

blements de terre ; les bruits souterrains ne se laissent pas généralement entendre très loin. Il y a de fortes projections de cendres, de lapilli, de blocs ; le phénomène le plus frappant consiste en courants boueux qui descendent sur les pentes entraînant des blocs de glace et des rochers. On les attribuait à la fonte subite des neiges par suite de la chaleur du volcan. On pensait aussi qu'il n'y avait pas de laves. C'est peu de temps après la catastrophe de 1877, que Stübel et Wolf nous fournirent des renseignements précis sur le volcan.

En réalité le Cotopaxi donne beaucoup de laves, et ces matières fondues en descendant sur les pentes produisent la fusion d'énormes quantités de neige et de glace, de là des courants boueux. Il n'y a pas de véritables coulées ; la lave sort de partout, des parties les plus basses comme du sommet, et coule dans toutes les directions ; par suite les courants de lave se forment tout autour de la montagne. Ils s'étendirent en 1877 sur un rayon de plus de dix lieues ; leur vitesse était de 10 mètres par seconde. Ils entraînèrent les habitations et les cultures, engloutissant tout sur leur passage. L'éruption commença le 21 avril par une pluie de cendres et un petit épanchement de lave. C'est le 25 et surtout le 26 juin que se produisirent les paroxysmes. Le 26 il y eut de terribles détonations qu'on entendit beaucoup mieux à Guayaquil éloigné de 350 kilomètres qu'au voisinage même du volcan. Nous avons rapporté des faits du même genre à propos du Krakatau.

Entre la série de l'équateur et la série péruvienne il y a un intervalle de près de 200 milles géographiques. Les volcans du groupe nord se terminent à 2° de latitude nord ; ceux du Pérou commencent au 16° et arrivent jusqu'au 24°. Ils sont au nombre de 19 ; leur distance à la mer est d'environ 40 milles. Le plus connu est le Sahama ou Gualatieri qui s'élève à 6888 mètres ; mais son piédestal composé de roches sédimentaires atteint à lui seul une altitude de 5400 mètres et le cône volcanique n'a que 1450 mètres. Ce volcan bouleverse souvent la ville d'Arica. De même celle d'Arequipa a été ensevelie en 1869 par les cendres rejetées par le Misti qui s'élève dans le voisinage.

Après la série péruvienne on trouve un intervalle de 6 degrés libre de tout volcan. La série chilienne se poursuit ensuite du 30° au 43° de latitude sud.

Il y a là trente-quatre volcans. Ceux qui sont le plus au nord sont assez éloignés de la mer; mais la série se rapproche de plus en plus de la côte à mesure qu'elle descend vers le sud. Les volcans sont à l'état de solfatare, mais à cet état de repos peuvent succéder de terribles paroxysmes. Ainsi le Chillan, couvert de neige jusqu'en 1861, est alors entré subitement en éruption; depuis il recouvre de ses cendres les couches annuelles de glace qui se stratifient ainsi avec les débris projetés (1). L'Aconcagua s'élève jusqu'à 6970 mètres; ce serait le volcan le plus haut de la terre; on a cru cependant qu'il était formé de roches stratifiées; le premier, Gussfeld, qui en a fait l'ascension jusqu'à 6410 mètres, a reconnu qu'il était constitué réellement de roches éruptives, mais on ne sait encore s'il y a un cratère (Neumayr).

Près de la côte du Chili, entre Valparaiso et l'île Juan Fernandez, se trouve un volcan sous-marin, et l'île Juan Fernandez, bien qu'on n'y connaisse pas d'éruptions, est formée de matériaux volcaniques : de scories et de basaltes.

On savait que la Patagonie présente des champs de laves et de scories, mais on n'y connaissait pas, il y a encore peu de temps, d'éruptions. Hall raconta avoir vu à 55° de latitude sud, à la partie méridionale de la Terre de Feu, un volcan en éruption. Deux navires, l'un anglais, l'autre américain, ont assisté aussi à une éruption entre l'île Wellington et la côte de Patagonie. Il semble donc qu'il y ait un volcan actif au sud de la Patagonie.

Au-delà du continent américain, se trouve dans les Schetland du sud le cratère de la Déception réduit à l'état de mofette; puis viennent les îles Balleny et l'île Alexandre qui sont volcaniques. Enfin Ross a découvert sur la terre Victoria à 76° de latitude sud deux grands cratères : l'Erèbe (3570 mètres) et le mont Terror (3110 mètres); le premier, à l'époque de la découverte était en éruption (fig. 301).

NOMBRE DES VOLCANS.

On a cherché à cataloguer les volcans. Un pareil travail a une valeur très relative : le nombre même des volcans actifs est incertain, car on en découvre de nouveaux, et il peut s'en produire d'autres dans des lieux où il ne s'en trouvait pas d'abord. De plus il est très difficile de séparer les volcans éteints des volcans actifs; tel qui paraît éteint peut se réveiller; nous en avons rapporté beaucoup d'exemples. Il est non moins difficile de savoir si telle ou telle cheminée volcanique est bien indépendante; souvent on ne peut dire s'il s'agit d'un cône latéral ou d'un volcan indépendant. Voici, avec quelques changements apportés par Neumayr aux résultats des travaux de Fuchs, le nombre des volcans actifs dans les diverses régions :

Europe continentale (Vésuve)	1
Iles de la Méditerranée	6
Afrique continentale	17
Iles africaines	10
Indes occidentales	5
Arabie	1
Asie centrale	(?) 2
Volcans sous-marins près de Pondichéry	1
Kamtchatka	12
Alaska	3
États-Unis	10
Mexique	10
Amérique centrale	26
Équateur	14
Pérou-Bolivie	6
Chili	17
Terre de Feu	1
Nouvelle-Guinée	5
Nouvelle-Zélande	3
Aléoutiennes	31
Kouriles	10
Japon	17
Entre Japon et Philippines	8
Philippines, Moluques et îles de la Sonde	49
Islande	9
Jan Mayen	2
Açores	6
Canaries	3
Iles du Cap-Vert	1
Antilles	6
Volcans sous-marins dans l'Atlantique	3
Volcans de l'Océan Indien	5
Volcans du Pacifique	26
Mer Glaciale du Sud	2
Total	328

(1) Vélain, *Les Volcans*, p. 106.

Fig. 301. — Volcans : l'Erèbe et la Terror dans l'île Beaufort, pôle sud.

CONSIDÉRATIONS GÉNÉRALES SUR LES VOLCANS.

ANCIENNES THÉORIES.

Le chapitre précédent montre combien l'étude des volcans est maintenant avancée. Des faits observés se dégagent aujourd'hui des idées générales assez bien établies et qu'il nous faut exposer.

L'observation attentive des volcans est relativement récente. Jusqu'au commencement de ce siècle bien peu de savants avaient visité ces grands appareils naturels. On ne connaissait pas leur importance et à plusieurs reprises on voulut les expliquer par des causes hors de toute proportion avec les effets constatés. C'est ainsi que Buffon et même Werner pensaient qu'ils étaient dus à l'incendie de bancs de houille, ou autres matières combustibles comme les lignites.

D'autres les attribuaient à des phénomènes chimiques. C'est ce que fit dès le XVIIe siècle Lémery, en se basant sur une expérience qui est restée classique sous le nom de *volcan de Lémery*. Si l'on place un mélange de fleur de soufre et de limaille de fer humecté légèrement, à une faible profondeur dans le sol, on constate que celui-ci se boursoufle, se fend et donne passage à des vapeurs et à des gaz sulfurés. Il se dégage beaucoup de chaleur et parfois le mélange devient incandescent et fait saillie en donnant en petit l'image d'une éruption.

Humphry Davy après sa découverte du potassium voulut expliquer les volcans à l'aide des propriétés de ce métal. Quand on verse de l'eau sur du potassium, elle est décomposée, l'oxygène se combine au potassium pour former de la potasse; en même temps l'hydrogène s'enflamme à cause de la haute température dégagée par la réaction. En tous les points touchés par les gouttes d'eau, le métal oxydé se creuse en un petit cratère où se produit une déflagration; c'est un volcan en miniature.

L'expérience paraissait expliquer la composition des roches volcaniques où l'on trouve toujours des oxydes alcalins; mais la proportion d'hydrogène des éruptions est beaucoup plus faible que ne l'exige la théorie; en outre on a calculé que pour amener à l'état de fusion et élever dans la cheminée la moindre des coulées de l'Etna il fallait admettre l'existence, sous la montagne, de 7 millions de mètres cubes de potassium (1). L'explication de Davy est donc invraisemblable et elle fut vite abandonnée. D'ailleurs déjà à cette époque d'illustres savants, de Humboldt, Léopold de Buch, etc., avaient commencé à observer les volcans. Leur étude sortit du domaine purement spéculatif. Cependant de Humboldt et de Buch voulurent expliquer l'origine des cônes volcaniques et édifièrent la théorie des soulèvements, encore exagérée par E. de Beaumont.

THÉORIE DES SOULÈVEMENTS.

D'après cette théorie, non seulement les éruptions mettent au jour des matières fondues, mais elles donnent lieu à un soulèvement du sol. La surface se soulève sous forme de bulle. Souvent le phénomène se réduit à cela; il n'y a pas émission de matière fondue; on voit alors seulement un dôme trachytique ou basaltique sans cratère, ni cendres, ni scories, ni coulées de laves. Tels sont les dômes des Andes comme le Chimborazo; tels sont encore le Puy-de-Dôme en France, le Vultur en Italie, etc. Dans d'autres cas la bulle se crève; de cette manière se forme un *cratère de soulèvement*, au centre duquel prend naissance graduellement le *cratère d'éruption* proprement dit, qui met au jour la lave et les projections. Ainsi d'après la théorie des soulèvements la Somma est le cratère de soulèvement du Vésuve, tandis que le cône de cendres central est dû à l'accumulation des produits éruptifs, ou bien est un second cratère de soulèvement formé à l'intérieur du premier. Beaucoup de géologues refusèrent aux produits éruptifs tout rôle important pour la construction des cônes volcaniques et attribuaient ceux-ci seulement à des soulèvements; au contraire d'autres, comme de Humboldt dans son *Cosmos*, ne professaient pas de telles exagérations et admettaient l'existence de cônes purement éruptifs.

Voici ce que dit Léopold de Buch à propos des îles Canaries et en particulier du pic de Ténériffe.

« On ne peut regarder le groupe entier des îles Canaries comme autre chose qu'une réunion d'îles qui se sont élevées l'une après l'autre et séparément du fond de la mer. La force qui a pu produire un effet si considérable doit longtemps se concentrer et se renforcer à l'intérieur avant d'arriver à vaincre la résistance de la masse qui presse au-dessus. Alors elle soulève jusqu'à la surface, et d'une profondeur considérable, le fond de la mer et entre autres les couches de basalte et de conglomérat. Elle se dissipe par la formation d'un puissant cratère de soulèvement. Mais une si grande masse soulevée tombe de nouveau et bouche l'ouverture produite par une pareille manifestation de force. Le pic s'élève au milieu d'un semblable cratère de soulèvement comme un dôme élevé de trachyte; maintenant il y a communication permanente de l'intérieur avec l'atmosphère. »

Ainsi L. de Buch distingue plusieurs phases: la poussée du sol; la formation puis la fermeture du cratère de soulèvement; enfin l'éruption au milieu de cet éboulement.

Une grande difficulté pour la théorie des soulèvements était d'expliquer que, sauf de rares exceptions, le cratère est formé uniquement de roches volcaniques. On aurait dû trouver du calcaire, de l'argile, des grès, en un mot des roches quelconques, aussi bien que des laves ou des tufs. Pour échapper à cette difficulté, on supposait que, lors de la formation de la première croûte terrestre par suite du refroidissement, il s'était produit des fentes; ces fentes auraient livré passage à des trachytes, des basaltes qui auraient formé ainsi une couche épaisse et étendue sur les autres roches. Ces éruptions primitives seraient ensuite boursouflées en manières d'ampoules par la force volcanique ultérieure et formeraient ainsi les cratères de soulèvement. E. de Beaumont, Dufrénoy et leurs disciples trouvaient un argument en faveur de cette hypothèse, dans ce fait que l'on voit souvent les coulées successives de laves se superposer et donner lieu à une apparence stratifiée. C'est ce que présente la Somma; c'est ce que l'on voit aussi à l'Etna. Pour E. de Beaumont, à

(1) Vélain, *Les Volcans*, p. 6.

l'Etna, le soubassement du cône, ce qu'il appelait la gibbosité centrale, serait un cratère de soulèvement; le Valle del Bove serait la cassure due au soulèvement. Mais la supposition précédente sur l'origine des trachytes et des basaltes explique la présence, mais non la présence exclusive, de pareilles roches dans les cratères de soulèvement, et il devrait y avoir une différence entre les matériaux du cratère de soulèvement et les produits des éruptions récentes, ce qui n'a pas lieu.

Comme preuve de leur théorie, E. de Beaumont et ses disciples citaient la position inclinée de beaucoup de coulées et de filons de laves. Ils supposaient que ces laves n'avaient pris cette pente que par un soulèvement ultérieur, car d'après eux les matières fondues ne pouvaient rester et se solidifier sur un soubassement trop incliné. E. de Beaumont attachait une grande importance à cet argument et d'après lui les laves ne pouvaient exister sur des pentes de plus de 4°; exceptionnellement elles pouvaient se solidifier sur des pentes de 6. Mais on a beaucoup exagéré au début la pente des cônes volcaniques; elle paraît considérable à cause surtout du contraste avec le reste du paysage. On a reconnu depuis par des mesures précises que tout ce qu'on avait dit de la raideur excessive des cônes volcaniques était inexact. Le Vésuve avec une pente de 31° est déjà l'un des cônes les plus inclinés; le Gunung Sumbing à Java avec 37°, et le Klutschewskaja Sopka au Kamtchatka avec 38° sont des exceptions. On ne connaît pas de volcan dont les pentes atteignent 40° (Neumayr) : quant à la seconde assertion d'E. de Beaumont, que les laves ne pouvaient se solidifier sur un sol très incliné, elle a été reconnue inexacte à bien des reprises. Lyell a cité, notamment à l'Etna, beaucoup d'exemples de coulées très inclinées, l'une entre autres qui s'est solidifiée sur une pente de 35°; or la situation du courant principal dont elle s'est séparée et les couches de tuf sur lesquelles elle s'est frayé un passage écartent toute idée de soulèvement. Rappelons aussi que les laves à la Réunion sont souvent soulevées par les gaz en forme d'ampoules très inclinées et qu'en se solidifiant elles constituent des cloches à bords très raides, des grottes comme celles de Rosemont.

Il est évident aussi que s'il y avait soulèvement, ce dernier devrait être accompagné de brisures considérables; une roche d'abord horizontale ne pourrait se soulever en forme de cône ou de cloche sans présenter de profondes cassures. Or dans la majorité des cas il n'y en a pas trace. Nous avons cité les barancos des Caldeiras des Canaries, les rainures qui courent le long des cônes de Java, et aussi sur le mont Egmont à la Nouvelle-Zélande; mais ce ne sont pas des vallées s'élargissant vers le haut, comme cela devrait être si leur origine était due à un soulèvement; ce sont exclusivement des sillons creusés par les eaux dans leur descente.

On a voulu appuyer la théorie des soulèvements sur les récits historiques relatifs à la formation de nouveaux volcans comme le Monte Nuovo et le Jorullo. Sur le premier on a quatre récits de la même époque; d'eux d'entre eux parlent d'un soulèvement, les deux autres n'en disent rien. De plus l'auteur Francisco del Nero auquel on attribuait le plus de confiance, n'a pas vu l'éruption sur les lieux mêmes comme on le croyait; il ne l'a vue que d'une hauteur près de Naples. Enfin au pied du Monte Nuovo on trouve les restes d'un temple d'Apollon dont les colonnes sont bien verticales et supportent une architrave horizontale, ce qui écarte toute idée d'un déplacement du sol. Quant au Jorullo nous savons que son prétendu soulèvement a été affirmé seulement par des indigènes qui s'étaient réfugiés à 2 260 pieds au-dessus de la plaine où s'est produit le phénomène; c'est de là qu'ils l'auraient constaté; leur récit ne mérite aucune confiance. En outre le Malpais du Jorullo avec ses nombreux cônes à fumerolles appelés les *hornitos*, est un simple champ de lave où rien n'indique un soulèvement en forme d'ampoule.

Une objection grave à la théorie des soulèvements résulte de la disposition des couches de débris qui forment le cône. Sur les pentes extérieures les bancs s'inclinent vers le dehors en partant du centre, mais au contraire à l'intérieur toutes les couches s'inclinent vers le centre. Ce genre de stratification dite *quaquaversabe* s'observe en particulier dans la solfatare de Pouzzoles. Cela s'explique bien dans la théorie des éruptions; les projections retombent du bord du cratère vers l'intérieur et s'y disposent dans le cours des temps en couches successives; mais cette disposition ne s'explique pas dans la théorie des soulèvements.

Enfin on a pu observer les relations des cratères avec les couches anciennes du voisinage. Poulett-Scrope rapporte le cas très instructif d'un petit cône de la Nouvelle-Zélande

Fig. 302. — Volcan à la Nouvelle-Zélande s'élevant sur des couches tertiaires horizontales (d'après Poulett-Scrope).

qui s'élève sur des couches tertiaires horizontales (fig. 302). Celles-ci ne se sont pas du tout soulevées; il y a même un léger affaissement vers le point éruptif. De même le fameux volcan de Perse, le Demavend, s'élève sur la chaîne de l'Elbourz. On n'observe aucun changement dans l'allure des couches au voisinage du volcan; elles n'ont subi aucun soulèvement sur ses pentes.

Ces faits sont donc contraires à la théorie des soulèvements. Celle-ci fut d'abord acceptée en Allemagne grâce aux efforts de Léopold de Buch; et en France, malgré plusieurs géologues, comme Virlet d'Aoust, elle régna avec Élie de Beaumont et son école. Au contraire en Angleterre elle ne fut jamais acceptée. Lyell et Poulett-Scrope soutinrent la *théorie* dite *des amoncellements*, d'après laquelle tout l'appareil volcanique est formé des produits rejetés : cendres, scories, laves. Le cône est formé des cendres et des scories; il se crée peu à peu; les laves sortent par des fissures qu'elles produisent par leur pression sur les parois du cône, et se solidifient dans ces crevasses sous forme de filons ou dykes verticaux. Quant à des phénomènes de soulèvement on n'en observe pas. Telle est la théorie des amoncellements acceptée aujourd'hui de tous les géologues.

Cependant cette théorie, elle aussi, a été exagérée. Il semble que dans certains cas les masses éruptives jouent un rôle actif et produisent des mouvements des parties superficielles, des soulèvements en forme de dôme. C'est ce que montrent les faits suivants, surtout mis en évidence par M. Suess.

LES INTRUSIONS. LES LACCOLITHES.

Poulett-Scrope a observé au Puy Chopine en Auvergne le fait suivant. Le Puy Chopine est un ancien cône volcanique entouré d'une crête demi-circulaire, le Puy de la Goutte, analogue à la Somma du Vésuve. Dans le Puy Chopine (fig. 303) il n'y a pas seulement des roches volcaniques récentes : trachyte et basalte; il y a aussi du granite. Sur l'un des côtés de la montagne il y a seulement du trachyte, mais vers le sud, le sud-est et le sud-ouest, la base est formée de basalte et de scories basaltiques, puis se trouve une masse de granite en forme de table et encore au-dessus du trachyte. Le plateau granitique se trouve entre le basalte et le trachyte, d'après l'expression de Poulett-Scrope, « comme la viande dans un sandwich ». Par endroits on voit aussi du trachyte sous le granite. On n'a pu encore expliquer toutes les particularités du Puy Chopine, mais cette montagne semble indiquer un soulèvement local de roches anciennes par suite de l'éruption des roches récentes.

Les recherches récentes d'Abich sur les volcans d'Arménie semblent prouver aussi un soulèvement local suivi d'un éboulement subséquent (1).

Au sud d'Erzeroum se dresse le Palandokan (2947 mètres) sous le sommet duquel s'ouvre à

(1) Voir Suess, *Das Antlitz der Erde*, t. I, p. 201 et suivantes.

Fig. 303. — Le Puy Chopine en Auvergne (d'après Poulett-Scrope).

l'O. un grand cratère. La montagne est formée de calcaire crétacé, de gabbros et de serpentines sur lesquels s'étendent des roches éruptives tertiaires. Dans le cratère on trouve les mêmes roches anciennes, calcaires, gabbros, schistes chloriteux, sous forme de récifs bouleversés. Elles sont donc des parties intégrantes du cratère; ces roches ont été poussées par les masses volcaniques et chassées vers le dehors au sud et au nord.

Dans la vallée de l'Araxe, au sud de Nachitschewan, on voit sur les terrains paléozoïques des couches tertiaires dont les plus jeunes appartiennent au miocène. Dans cette série tertiaire sont inclus des conglomérats rouges formés de trachyte. A l'est de cette série se dressent des montagnes trachytiques disposées sur une même ligne : Nagajir, Asabkewdagh et Ingatasch; enfin sur le prolongement de cette ligne s'élève au S.-S.-E le Dary-dagh (1943 mètres). Cette montagne consiste en une voûte traversée d'une crevasse N.-S. avec affaissement de la partie ouest. Elle est formée de calcaire nummulitique et de débris trachytiques. D'après M. Suess il y aurait eu sur cette ligne des éruptions trachytiques : Nagajir et ses voisins aux dépens desquels se seraient formés les conglomérats du Dary-dagh. Ensuite sur cette même ligne les éruptions auraient produit le bombement du Dary-dagh, bombement suivi d'un éboulement. La crevasse qui traverse le Dary-dagh n'a pas fourni de roches éruptives, mais on y observe la transformation du calcaire en gypse et des émanations d'hydrogène arsénié. Ainsi donc les roches éruptives peuvent pénétrer dans les roches sédimentaires, y produire des *intrusions*, ce qui donne comme résultat un bombement des couches sus-jacentes.

Les collines euganéennes près de Padoue nous présentent des intrusions. Ces collines présentent plusieurs cônes éruptifs, dont le principal est le mont Venda. On trouve dans ce district des roches sédimentaires et des roches éruptives. Les premières forment une série continue depuis le tithonique (jurassique supérieur) jusqu'au miocène. Ce qui est surtout développé est le crétacé supérieur représenté par un calcaire divisible en plaquettes, la *scaglia*. Quant aux roches éruptives, elles offrent une riche série : il y a des roches acides (rhyolites) avec 82 p. 100 de silice, des roches moins acides (trachytes) avec 68 p. 100 de silice, enfin des roches relativement basiques (andésites) contenant 54 p. 100 de silice.

On trouve des intrusions bien nettes. Au pied ouest du mont Venda, près de Fontana Fredda, il y a dans le tithonique une masse de trachyte. Elle a pénétré donc dans le calcaire jurassique après le dépôt de celui-ci et elle l'a même *métamorphisé* au contact, c'est-à-dire transformé en marbre. En bien des points l'intrusion éruptive a rompu le calcaire. On trouve aussi de grandes masses de trachyte entre les couches de *scaglia*, qu'elles ont séparées les unes des autres, et il s'est produit de véritables brèches composées de morceaux de *scaglia* réunis par un ciment trachytique.

En Amérique on trouve des intrusions beaucoup plus importantes que celles d'Europe. Ce sont des masses éruptives postcrétacées qui forment des masses arrondies, des demi-lentilles, au milieu des sédiments. Gilbert leur a donné le nom de *laccolithes* (fig. 305). On en trouve à différents horizons depuis le carbonifère jusqu'à la craie supérieure. Jusqu'à présent on n'a pas trouvé de laccolithes basiques. Tous sont acides : il y a des andésites, des trachytes, des rhyolites. Les couches sédimentaires se relèvent sur les bords de ces laccolithes en manière de voûte, et souvent forment sur eux des sommets arrondis. Mais la dénudation a pu enlever les couches superficielles, et les laccolithes apparaissent alors comme des buttes entourées à la base de roches sédimentaires. Ainsi au Nouveau-Mexique on voit des montagnes trachytiques entourées de tous côtés de couches relevées sur les bords. Le mont Ellsworth (fig. 306) d'après Gilbert est un laccolithe s'élevant jusqu'à 2438 mètres; sur ses flancs on trouve le trias et le jurassique relevés; quant à la craie et aux couches tertiaires, elles n'existent pas. Gilbert admet qu'elles existaient et ont entièrement disparu par érosion. On pourrait douter ici qu'il y ait véritablement intrusion, mais les géologues américains font remarquer que si la roche, qui se présente maintenant dénudée, ne s'était pas formée sous des couches sédimentaires, elle se serait étalée.

La surface voûtée des laccolithes peut être complètement unie, ou bien présenter des franges, des filons qui peuvent arriver à la surface et même, comme dans le Colorado, fournir des épanchements superficiels. Les laccolithes peuvent être ou bien isolés, ou bien réunis en groupes dans un même massif (fig. 304).

Les laccolithes se montrent dans les montagnes de l'ouest des États-Unis, des deux côtés des Montagnes Rocheuses. Les exemples les plus importants sont d'abord les montagnes autour de Park View Mount, sur la ligne de séparation des eaux entre North Park et Middle Park; les Spanish Peaks en avant du prolongement oriental des Montages Rocheuses; ensuite de l'autre côté des Montagnes Rocheuses, sur le plateau du Colarodo, les masses isolées de la Sierra la Plata, Sierra San Miguel, Sierra el Late, Sierra Carriso, Sierra Abajo, Sierra la Sal, et enfin encore plus à l'ouest, au bord du grand plateau, la chaîne des monts Henry presque parallèle aux Montagnes Rocheuses.

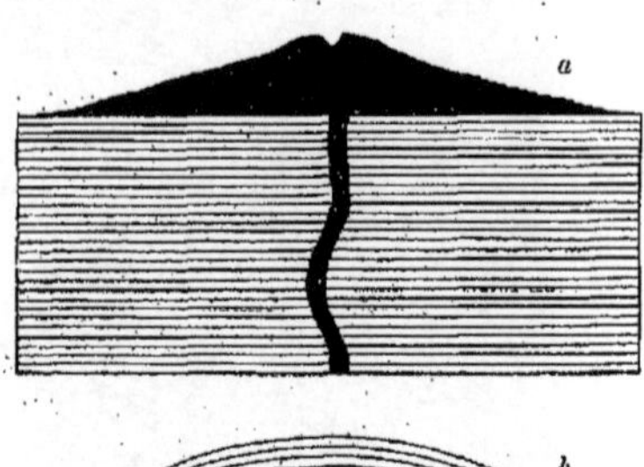

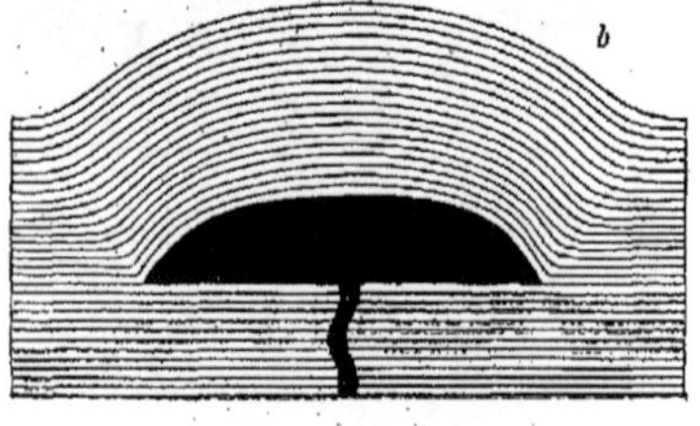

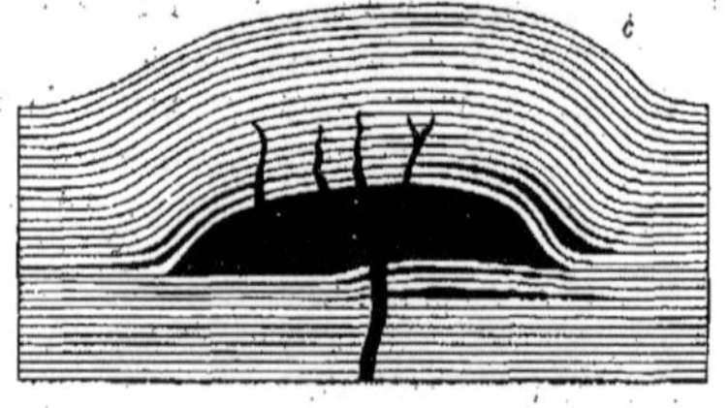

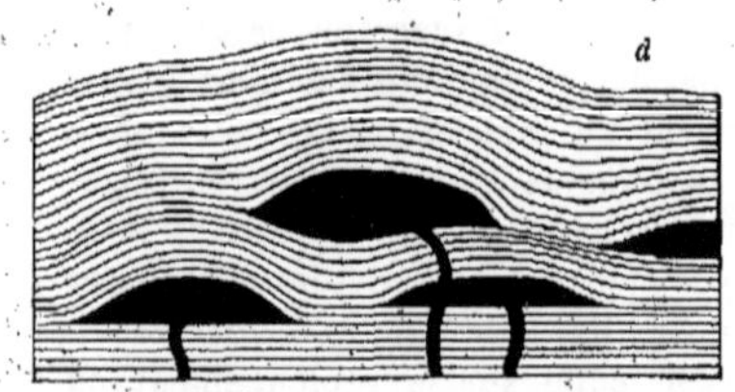

Fig. 304. — *Coupes théoriques.* — *a*, à travers un volcan normal; *b*, à travers un laccolithe simple; *c*, à travers un laccolithe avec filons; *d*, à travers un groupe de laccolithes.

Dans la Serra la Plata (Colorado sud-ouest) se trouve en particulier le mont Hesperus. C'est un laccolithe dans les schistes crétacés. Sa surface de base est plane, son dos voûté; et dans les couches crétacées également bombées se répètent de petites intercalations de trachyte. Dans la Sierra el Late, Holmes a mon-

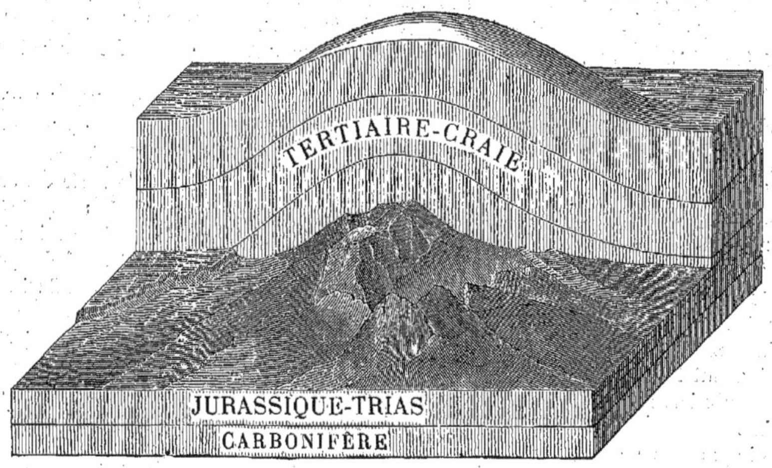

Fig. 305. — Modèle d'un laccolithe (mont Ellsworth), d'après Gilbert.

tré que les masses intruses dans les schistes crétacés sont remplies de fragments de ces schistes, mais que tout fragment de sédiments plus profonds manque, ce qui indique que le

Fig. 306. — Vue d'un laccolithe : le mont Ellsworth (d'après Gilbert).

gouffre a été étroitement limité en profondeur. Au-dessus ne se trouve aucune voûte visible et l'horizon inférieur du schiste se mélange intimement à la roche éruptive. Plus loin vers le sud-ouest, dans la Sierra Carriso, les parties supérieures de la craie ont été enlevées par la dénudation et l'on voit les masses de trachytes traverser toutes les couches depuis le trias jusqu'à la craie inférieure.

Les Spanish Peaks, situés à l'est, sont remarquables par les filons radiaux de leur surface supérieure.

La masse éruptive se trouve dans des grès et schistes carbonifères, et pousse un réseau de filons jusque dans le crétacé, à travers la voûte supérieure rompue.

Les monts Henry, décrits par Gilbert, nous présentent des laccolithes disposés en groupes. Le mont Ellsworth n'est formé que d'un seul laccolithe, mais le mont Holmes en présente deux, le mont Pennell et le mont Hillers un grand et plusieurs petits, le mont Ellen une trentaine.

Ces cinq masses montagneuses constituant la chaîne des monts Henry peuvent atteindre 3398 mètres (mont Pennell) et même 3429 mètres (mont Ellen). Les laccolithes atteignent depuis le carbonifère jusqu'à la craie. Le grand laccolithe du mont Hillers se trouve à la partie supérieure du carbonifère; son épaisseur est de 2000 mètres; sa base s'étend sur 6 kil. 4 et 5 kil. 6. Les petits laccolithes qui l'accompagnent s'élèvent jusque dans la craie; le plus haut s'élève de 500 mètres au-dessus de la base de la craie. Le mont Holmes présente une voûte complète formée par les couches sédimentaires.

En somme, les laccolithes d'Amérique et les intrusions des collines euganéennes se ressemblent beaucoup. Pour les dernières, les dimensions sont plus faibles; et le socle est entièrement formé de calcaire; il n'y a pas là comme en Amérique des parties moins résistantes où les laccolithes ont pénétré exclusivement, ce qui est la règle en Amérique. Enfin les filons radiaux du sommet sur le mont Venda se sont produits par suite d'éruptions successives dans un cône de cendres; ils ne proviennent pas, comme ceux des Spanish Peaks, de ce que la voûte sédimentaire a sauté. Mais les phénomènes amenés par l'intrusion sont tout à fait semblables, et l'on peut dire que les collines euganéennes présentent des laccolithes dans le tithonique (jurassique supérieur), le *biancone* (crétacé inférieur) et la *scaglia* (crétacé supérieur) (1).

L'examen des faits précédents et d'autres du même genre a conduit M. Suess à émettre les idées suivantes sur l'origine des volcans, que nous allons exposer à cause de leur importance.

IDÉES DE M. SUESS SUR LA FORMATION DES VOLCANS.

Les volcans se trouvent toujours dans les régions disloquées. Pour les anciens géologues, ces dislocations étaient dues précisément à la force éruptive. Mais aujourd'hui on est d'accord pour admettre une condensation graduelle du noyau interne de notre planète par suite du refroidissement constant; ce refroidissement résulte du rayonnement de la chaleur de notre globe, dans l'espace. La couche solide superficielle doit donc se plisser pour suivre le mouvement de retrait du noyau. Il se produit des bourrelets saillants et des plis rentrants : les premiers sont les reliefs montagneux et les seconds sont les dépressions océaniques (fig. 307). Mais par suite de ces plissements même la voûte terrestre se rompt, des fractures se forment; c'est par là que vont sortir les fluides internes. On imagine souvent que par ces crevasses la masse fluide interne inégalement pressée par la croûte superficielle sort directement (fig. 308). Les laccolithes auraient la même origine; ces masses éruptives pénétreraient dans les couches sédimentaires et leur intrusion produirait un bombement de ces couches, mais la résistance des parties superficielles empêcherait une éruption; les masses fondues se solidifieraient dans les profondeurs sans parvenir à la surface.

Pour M. Suess les roches éruptives ont un rôle simplement passif. Elles n'interviennent pas, ou simplement pour quelques traits accessives, sur la formation du relief (2). D'après lui, dans les régions déjà disloquées par la contraction générale de l'écorce se produisent des effondrements de la croûte superficielle vers l'intérieur sous l'action de la pesanteur seule. Il se produirait ainsi de grandes cavités ou *macules* dans lesquelles pénètrent passivement les matières fondues. Ces macules sont parallèles à la surface. Si la voûte ne s'écroule pas, les laves se solidifient dans la cavité et forment ainsi des laccolithes. Mais les plissements du sol peuvent donner lieu à un écroulement de la voûte; alors par les fentes et les crevasses la lave jaillit, une éruption a lieu et un volcan se forme.

(1) Suess, *Das Antlitz der Erde*, I, p. 199.
(2) Suess, *Das Antlitz der Erde*, I, p. 219.

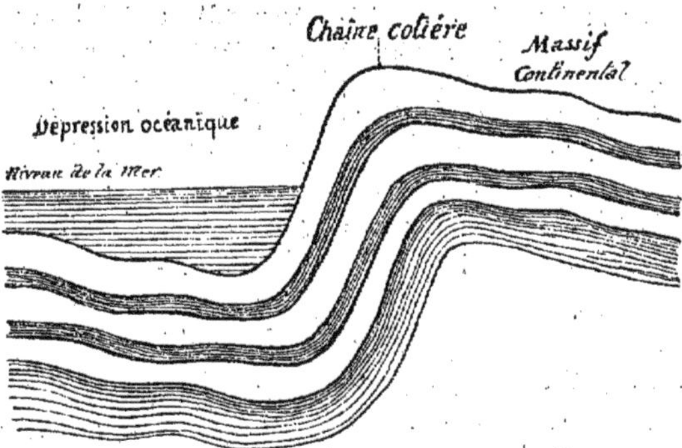

Fig. 307. — Diagramme représentant la disposition réciproque des saillies continentales et des dépressions océaniques (Vélain).

M. Suess expose comme suit la manière dont se construit et se solidifie un cône volcanique. Il prend comme exemple le Vésuve. On sait que ce volcan est entouré d'une Somma; entre celle-ci et le cône central se trouve un espace annulaire : l'atrio del Cavallo. Chaque grande éruption donne lieu à un filon vertical de lave solidifiée qui s'étend de la cheminée jusqu'à la surface externe du cône de débris, c'est-à-dire jusqu'à l'atrio; de plus il y a des laves qui se déversent dans celui-ci et y forment un anneau plus ou moins fermé; enfin un grand torrent peut s'échapper à travers les brèches de la Somma et s'écouler sur la pente de celle-ci. A chaque éruption ces phénomènes se produisent. L'atrio par suite s'élève de plus en plus contre les bords de la Somma et son diamètre grandit. Les épanchements solidifiés

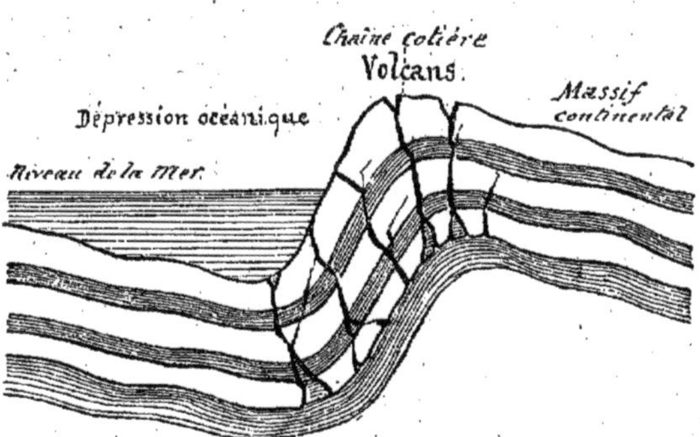

Fig. 308. — Origine des volcans (Vélain).

dans l'atrio forment des anneaux de diamètre de plus en plus grand qui, placés l'un à côté de l'autre, composent à l'intérieur de la montagne une grande coupe conique ouverte vers le haut, qui sépare le cône central du cône extérieur ou Somma et enferme les filons éruptifs du cône central. Ces filons sont verticaux et disposés en rayonnant autour de l'ouverture centrale. Sur cette charpente sont disposées les projections, scories et cendres. Naturellement cette régularité de la charpente ne se trouvera que dans les cônes entourés d'une Somma. Si celle-ci n'existe pas les laves ne peuvent former une couronne autour du cône et descendent immédiatement le long de la montagne.

M. Suess insiste beaucoup sur les phénomènes de dénudation que subissent les volcans. Cette dénudation amène au jour des parties de plus en plus profondes. Le cône de cendres disparaît le premier et la charpente se montre à nu comme au mont Venda. On voit alors des intrusions analogues aux laccolithes américains. La dénudation gagne de plus en plus et l'on a sous les yeux un amas éruptif profond, ce que M. Suess appelle le *schlot*. D'après M. Suess la nature des produits peut se modifier profondément dans la suite des temps. Ainsi les îles Hébrides se trouvent sur une fente qui s'est ouverte à quatre reprises. On trouve là en effet des roches anciennes acides (granites), des roches anciennes basiques (gabbros), des roches récentes acides (trachytes), enfin à la partie supérieure des roches récentes basiques (basaltes). Tout cela constituerait le même amas profond (le *schlot*) et proviendrait d'une même macule.

ORIGINE DES LAVES.

On a fait bien des hypothèses sur l'origine des laves. Nous savons que la croûte terrestre atteint une épaisseur probablement assez considérable, mais nous avons vu aussi dans un chapitre précédent qu'on a fait des suppositions variées sur l'intérieur du globe. Suivant les uns il est fluide, suivant les autres il est solide. La première hypothèse qui ait été faite sur l'origine des laves, c'est qu'elles ne sont autre chose que les parties fluides du noyau qui se fraient un passage jusqu'à la surface par les crevasses du sol.

Une autre hypothèse, qui avait été adoptée par Lyell, consiste à supposer que les laves se forment dans les couches sédimentaires par une fusion locale. Celle-ci serait due à l'accroissement graduel de la température avec la profondeur. Partout où la puissance des sédiments serait suffisante, la température dans les profondeurs deviendrait suffisante pour la fusion des matériaux, fusion encore facilitée par la présence de l'eau dans les roches sédimentaires. L'hypothèse est séduisante, mais non recevable, parce que la composition des roches sédimentaires est très variée, tandis que les roches éruptives, malgré le développement variable des minéraux qu'elles renferment, ont une composition chimique élémentaire très peu différente. Par suite, comme l'a fait observer de Richthofen, il est impossible que les laves d'une composition si uniforme proviennent de la fusion de roches si différentes. En outre rien ne prouve, comme l'exigerait l'hypothèse de Lyell, que les volcans se trouvent précisément là où l'épaisseur des sédiments est le plus considérable. Ce n'est pas même vraisemblable.

D'autre part on ne peut adopter purement et simplement l'hypothèse que les laves sont les parties fluides du noyau interne. Car il est admis de plus en plus généralement que la croûte terrestre est assez épaisse; beaucoup de géologues même admettent que ce noyau est solide. Reyer, pour expliquer dans cette hypothèse l'origine des laves, se fonde sur les effets de la pression. Un corps même porté à une haute température ne peut fondre quand la pression qu'il supporte est trop considérable. Mais si la pression cesse d'agir la fusion se fait immédiatement. Par suite si une crevasse se fait dans la croûte terrestre jusqu'à une profondeur suffisante, les roches se fondent; ce serait l'origine des laves. En somme on peut concevoir que celles-ci proviennent soit d'un noyau fluide, soit d'un noyau solide, mais il faut admettre dans les deux hypothèses que des cassures doivent préalablement se produire et à une grande profondeur dans l'écorce terrestre.

Comme les laves des divers volcans ne sont pas identiques, et que d'autre part pour un même volcan il y a une grande uniformité dans la composition de ces laves, on a conclu que les laves ne proviennent pas d'un seul et même réservoir. D'après Hopkins il y aurait à l'intérieur du globe de grandes cavités isolées remplies de laves; des sortes de lacs souterrains. Il les regarde comme le reste de la masse primitive fondue de la terre, et les appelle *residual lakes*. A chaque volcan correspondrait un réservoir particulier. Cette hypothèse explique ce fait très fréquent en Amérique, du retour de la même suite de roches éruptives : propylite, andésite, trachyte, rhyolite, basalte, constituant la série de Richthofen (1). Une uniformité analogue dans les roches éruptives se trouverait au Japon. On peut d'ailleurs adapter l'idée d'Hopkins à l'hypothèse d'un noyau solide. Ce seraient certaines parties de ce noyau, toujours les mêmes, qui à la suite de fractures, entreraient en fusion et alimenteraient des volcans déterminés.

D'après Dutton les réservoirs de laves ou *macules* ne seraient pas primitifs; ils se forme-

(1) Suess, *Das Antlitz der Erde*, I, p. 220.

raient dans le sol à la suite des effondrements; les matières fondues entreraient dans les cavités ou macules provenant de ces effondrements. Cela s'accorde avec les idées de M. Suess exposées plus haut. On s'explique bien ainsi que le volcan doit s'éteindre quand son réservoir est épuisé, mais pourquoi rentrerait-il en activité?

Il vaut mieux admettre que les volcans s'alimentent à un foyer commun, mais à des parties plus ou moins profondes de ce foyer. Les matières du noyau interne doivent être disposées par ordre de densités; les plus légères moins profondément, les plus lourdes vers le centre. Les roches les plus légères sont les plus acides, par suite des roches comme les rhyolites, les trachytes, les andésites; les plus lourdes sont les plus basiques, c'est-à-dire les basaltes. Cette supposition s'accorde bien avec ce fait que pour la plupart des volcans les anciennes éruptions sont acides, et les récentes basiques. C'est le cas au Vésuve, où les parties anciennes, la Somma, la colline sur laquelle s'élève l'observatoire, consistent en roches relativement plus acides que les roches récentes, qui sont des leucitites. En Islande, comme l'a montré Bunsen, il y a des éruptions trachytiques, des éruptions basaltiques, et d'autres dont les produits peuvent être regardés comme un mélange en proportions définies de trachyte et de basalte. On peut imaginer que les éruptions trachytiques proviennent d'une partie peu profonde du noyau interne et les éruptions basaltiques d'une partie plus profonde. Celles où il y a mélange proviennent de la région de contact des deux types, ou proviennent encore de ce que la masse basaltique s'est élevée la masse trachytique et a fait éruption en même temps qu'elle, en s'y mélangeant plus ou moins intimement.

A quel facteur attribuer l'ascension des laves jusqu'à la surface? Il est probable que la pesanteur joue un grand rôle; la pression exercée par les parties solides qui s'affaissent sur le bord des crevasses doit produire la sortie des laves. Mais il y a aussi à tenir grand compte des gaz et surtout de la vapeur d'eau qui accompagnent les matières fondues. Leur force d'expansion est énorme et nous avons vu, à propos des éruptions de Java et de Krakatau, la puissance des explosions dues aux gaz. M. Daubrée attribue aux fluides élastiques la formation des dômes volcaniques de l'Amérique du Sud, de Java, des Sandwich, etc. Il remarque que les volcans d'une même région ont à peu près la même hauteur. Ainsi ceux du plateau de Quito: Cotopaxi, Carguairazo, Sangaï, etc., varient de 5900 à 5300 mètres; dans les îles Sandwich le Mauna Loa et le Mauna Keo ont des altitudes presque identiques (4463 et 4303 mètres). L'Érèbe et le mont Terror dans les régions australes ont 3570 et 3110 mètres. En France même le mont Dore et le Cantal mesurent la même hauteur (1880 et 1858 mètres). Le Mezenc s'en rapproche beaucoup (1754 mètres). D'après M. Daubrée il y a un lien visible entre les cônes du même groupe; ce lien est la pression qui les a fait surgir et qui a été à peu près égale pour tous. Toutes ces montagnes volcaniques sont en quelque sorte des manomètres qui ont enregistré le même phénomène de pression souterraine (1).

ORIGINE DES ÉMANATIONS GAZEUSES.

On s'est demandé quelle était l'origine des gaz et de la vapeur d'eau rejetés par les volcans. Les expériences prouvent que les matières fondues, roches, métaux, etc., ont la propriété d'absorber les gaz. Ceux-ci se dégagent quand ces matières se solidifient ou que la pression diminue. Il est probable que quand la terre s'est individualisée, qu'elle est passée de l'état gazeux à l'état liquide, les matières fondues se sont imbibées et saturées de gaz qui sont restés emprisonnés sous la croûte superficielle. Quand une crevasse se forme et que les laves y pénètrent, les gaz, les vapeurs qu'elles contiennent n'étant plus soumis dans qu'à la pression atmosphérique, se dégagent.

Une autre source d'émanations gazeuses est l'eau d'infiltration. Les eaux superficielles peuvent pénétrer pas les crevasses jusqu'aux laves et s'y vaporiser ainsi que tous les corps qu'elles tenaient en dissolution. Cette hypothèse s'appuie surtout sur ce fait bien connu que la plupart des volcans sont voisins de la mer. De 145 volcans qui, depuis 1750, ont eu des éruptions, 100 se trouvent dans des îles et la plupart des autres sur les côtes. Dans les éruptions volcaniques, par exemple dans celles

(1) Daubrée, *Comptes rendus de l'Académie des sciences*, Paris, 1891.

de l'Etna, se dégagent d'énormes quantités de vapeur d'eau; on pourrait s'en rendre compte en supposant une communication entre la mer et l'intérieur du volcan. M. Fouqué a montré que les produits gazeux dégagés sont précisément pour la plupart ceux qui peuvent résulter de l'évaporation et de la décomposition de l'eau de mer; ainsi, le sel marin et l'acide chlorhydrique provenant de la décomposition de ce chlorure. Mais on ne peut s'expliquer ainsi la présence de l'acide carbonique en énormes quantités. Il y a aussi dans les émanations des volcans de l'acide borique, du cuivre, du plomb, etc., qui n'existent qu'en quantités infinitésimales dans l'eau de mer, tandis que le brome et l'iode beaucoup plus abondants dans la mer ne jouent qu'un très faible rôle dans les émanations volcaniques.

D'ailleurs rien ne prouve qu'il y ait au fond de la mer des ouvertures par lesquelles il y ait constamment infiltration. L'existence même dans beaucoup de petites îles de sources d'eau douce alimentées par la côte voisine, semble en contradiction avec l'idée d'une pareille circulation de l'eau de mer. Enfin, on peut invoquer contre l'hypothèse d'une origine marine pour les émanations gazeuses, que bien des volcans sont éloignés de la mer. Nous savons que ceux de l'Amérique du Sud et du Mexique sont à 30, 40 et même 50 milles de la mer. Ceux de l'Amérique du Nord, comme celui d'Idaho qui, dit-on, est entré en éruption en 1881, peuvent se trouver à 110 ou 120 milles de distance. Il est vrai qu'on fait observer que cette région était couverte à l'époque tertiaire, alors que la plupart des volcans des territoires de l'Ouest étaient en éruption, de grands lacs leur fournissant toute l'eau nécessaire. On invoque de même pour les volcans éteints d'Auvergne, la présence de grands lacs et une proximité plus grande de la mer à l'époque tertiaire; la Méditerranée s'avançait alors dans la vallée du Rhône et empiétait sur ses côtes actuelles. Mais comment expliquer les volcans de l'Asie centrale? Leur existence est aujourd'hui bien démontrée; en Mandchourie, près de la ville de Mergen, il y a un volcan; sa distance à la mer est de 160 à 170 milles géographiques.

On voit donc que bien des difficultés s'opposent à l'hypothèse ci-dessus développée. Il est possible, probable même, que dans bien des cas les émanations gazeuses empruntent partiellement leurs produits aux infiltrations marines, mais leur principale source semble se trouver dans les gaz et les vapeurs retenus à l'intérieur du sol depuis l'origine du globe.

En repoussant même complètement l'hypothèse d'une origine marine pour les émanations, on s'expliquerait cependant la proximité de la mer pour la plupart des volcans. Les dépressions océaniques correspondent, comme nous le savons, à des plissements de l'écorce terrestre, plissements qui produisent des fractures; les îles volcaniques placées le long des côtes correspondent avec la plus grande certitude à de pareilles crevasses. On peut dire que la condition pour la manifestation des phénomènes volcaniques n'est pas le voisinage de la mer, mais l'existence d'une crevasse.

LES GEYSERS. LES SALSES. LES SOURCES THERMALES.

LES GEYSERS D'ISLANDE.

Les geysers sont des sources bouillantes intermittentes qui lancent de temps en temps des gerbes d'eau chaude.

La forme d'un geyser rappelle celle des cratères. Au sommet d'un cône aplati se trouve un large bassin circulaire dans lequel vient déboucher un canal qui amène l'eau. Le cône est fabriqué par le geyser lui-même. L'eau contient en dissolution beaucoup de silice. Cette silice se dépose rapidement sur les bords du bassin qu'elle exhausse de plus en plus. La silice hydratée, d'un blanc assez pur, fournie par les geysers, a été appelée *geysérite*.

Il y a des périodes de calme plus ou moins longues, mais de temps en temps des éruptions d'eau se produisent, précédées de bruits souterrains, et durent une dizaine de minutes. Les colonnes d'eau projetées peuvent s'élever jusqu'à 10 mètres et plus; leur diamètre est de 3 mètres.

Les geysers les plus connus et les plus étu-

Fig. 309. — Geysers d'Islande.

Fig. 310. — Le Strokkur, geyser d'Islande.

diés sont ceux d'Islande (fig. 309). Le mot *geyser* veut dire en islandais : furieux. La vallée des geysers se trouve au bout du grand glacier qui couvre le haut plateau de l'île ; elle est à une hauteur d'environ 110 mètres au-dessus du niveau de la mer. Cette plaine s'étend sur une largeur d'environ 2 milles. Elle est couverte d'un gazon épais au milieu duquel serpentent des ruisseaux aux eaux claires. A une certaine distance déjà, le voyageur aperçoit des vapeurs qui s'élèvent du sol, ou d'épaisses colonnes de fumées qui s'élèvent en forme de nuages ; puis il arrive à tout un système de grandes et de petites sources chaudes disposées sur une même fente de direction nord-nord-est. Ce sont les geysers.

Le Grand Geyser d'Islande a un cône aplati de 5 à 6 mètres de hauteur ; la pente est de 7 à 8 degrés. Dans le cône s'ouvre un bassin ayant 17 mètres de diamètre, mais on voit le diamètre diminuer de plus en plus vers le bas, et au fond du cratère s'ouvre un canal dont le diamètre est trois fois moindre ; il s'enfonce jusqu'à 23^{m},5, mais il est certain qu'il communique plus bas avec des fissures étroites par lesquelles l'eau arrive. Lorsque le Geyser est calme, on voit le bassin rempli d'une eau limpide, vert de mer, qui s'écoule par trois petits canaux creusés sur la pente est du cône. A la surface la température de l'eau est de 82°. Au commencement du siècle le Grand Geyser était assez régulier dans ses éruptions ; toutes les heures environ s'élevait dans l'air une colonne d'eau d'une hauteur d'environ 30 mètres. Maintenant les éruptions ne se font plus que toutes les vingt-quatre ou trente heures, et parfois même il faut attendre des semaines entières.

Outre le Grand Geyser, il y en a 40 ou 50 autres, parmi lesquels le plus important est le Strokkur (fig. 310). Il n'a pas de véritable cône ; son orifice est entouré d'un simple bourrelet de 4 pouces de hauteur. Le canal s'ouvre immédiatement à la surface ; là son diamètre est de 2 mètres, mais à une profondeur de 8 mètres il n'est plus que d'un pied. L'eau se trouve à 10 ou 13 pieds de la surface ; elle est constamment en ébullition ; de grosses bulles la traversent sans cesse. On peut obtenir à volonté les projections. Il suffit d'obstruer l'orifice avec des mottes de terre ; alors se produit une éruption violente qui dure un quart d'heure et peut se renouveler quinze à vingt fois.

Pour arriver à expliquer le phénomène des geysers plusieurs observateurs, et surtout M. Descloizeaux et Bunsen, ont pris la température de la colonne d'eau qui remplit la cheminée à diverses hauteurs. Ils ont constaté que la distribution de la température y était inégale, croissait avec la profondeur, mais n'était nulle part suffisante pour l'ébullition à la profondeur observée ; mais il y a un point où la différence entre la température observée et celle de l'ébullition est plus faible qu'ailleurs. On admet aujourd'hui l'explication suivante.

Les geysers se trouvent dans des régions volcaniques. L'eau qui remplit leur canal y est arrivée par infiltration, grâce aux fissures du sol. Elle provient soit de la pluie, soit de la fonte des neiges. Elle s'y échauffe par suite du voisinage des masses en fusion contenues souterrainement, et des gaz et des vapeurs émanés du foyer volcanique. On comprend que les différents points de la colonne aqueuse soient inégalement échauffés suivant la distribution des sources de chaleur. L'eau peut en un certain point de la colonne recevoir assez de chaleur pour entrer en ébullition malgré la pression qu'exercent sur elle les couches supérieures. Les vapeurs qui se forment ainsi projettent alors dans l'air la masse d'eau placée au-dessus.

Les intermittences du geyser s'expliquent facilement. Il faut que l'eau d'infiltration puisse arriver par les fissures dans le canal du geyser pour remplacer l'eau expulsée ; il faut ensuite qu'elle s'échauffe.

Une expérience ingénieuse due au physicien anglais Tyndall met en évidence le phénomène geysérien et montre que l'explication donnée est suffisante. L'appareil employé consiste en un tube de fer assez long fermé par le bas. Il représente la cheminée du geyser ; une petite cuve circulaire placée en haut représente le bassin terminal. En chauffant ce tube à la base d'une part et à sa partie moyenne d'autre part, on voit à des intervalles rapprochés et bien rythmés un jet d'eau bouillante s'élancer hors du bassin (1).

L'ébullition de l'eau est d'autant plus difficile que la pression est plus forte. Il en résulte que quand, par suite du dépôt de la silice, le cône atteint une certaine hauteur, la pression de l'eau empêche les parties inférieures de la colonne d'entrer en ébullition.

(1) Tyndall, *La chaleur comme mode de mouvement*, 2e éd., 1874, p. 124.

Fig. 311. — Sources chaudes et geysers de Orakaikorako à la Nouvelle-Zélande (d'après de Hochstetter).

Le geyser devient alors inactif ; ce n'est plus qu'une citerne remplie d'une eau limpide, au fond de laquelle on voit la bouche du canal désormais inutile. Beaucoup de ces citernes ou *laugs* se trouvent au voisinage des geysers d'Islande.

On a analysé l'eau des geysers. Elle contient un peu plus de 1 p. 100 de matières minérales. La silice y entre presque pour la moitié. Il y a en outre du sel marin, du carbonate de soude, du carbonate d'ammoniaque, du sulfate de soude, du sulfate de potasse, etc. Ces produits se trouvent, comme on le sait, pour la plupart dans les émanations volcaniques ; la silice provient des roches, et l'eau à haute pression et à haute température a, nous le savons, un grand pouvoir dissolvant. L'acide carbonique est assez abondant dans l'eau des geysers. La silice hydratée ou *geysérite* ne se dépose pas par évaporation ; l'eau du geyser placée dans un vase ne produit aucun dépôt. Cette silice doit se trouver dans l'eau à l'état de silicates alcalins. Les vapeurs sulfureuses et chlorhydriques qui se dégagent en meme temps que l'eau chaude saturent l'alcali, et mettent la silice en liberté.

LES GEYSERS DE LA NOUVELLE-ZÉLANDE ET DES ÉTATS-UNIS.

Les geysers ne se trouvent pas seulement en Islande. Il y en a dans plusieurs régions volcaniques. L'île San-Miguel aux Açores présente aussi des sources geysériennes. M. de Hochstetter en a découvert à la Nouvelle-Zélande. Là dans l'île du Nord se trouve une zone de geysers, au voisinage du lac Taupo. La seule vallée d'Orakaikorako contient, sur un espace de 2 kilomètres au plus, 76 de ces sources chaudes (fig. 311). Dans la même zone, au voisinage du lac Rotomahana, se trouve une autre localité geysérienne. On y voit une véritable rivière d'eau bouillante avec des cascades de 25 mètres de haut. Ces cascades sont formées d'une succession de terrasses constituées par les dépôts de silice que les eaux abandonnent en s'écoulant. Sur la pente d'une colline se trouve le lac Rotomahana qui est un ancien cratère d'explosion. Tout près de là se trouve un bassin rempli d'une eau à 100°. D'immenses nuages de vapeur s'en échappent et à des intervalles éloignés l'eau est lancée dans les airs. Elle alimente le Tetarata qui descend de terrasse en terrasse jusqu'au lac de Rotora (fig. 308) (1).

Dans les Montagnes Rocheuses à 2500 mètres d'altitude près des sources du Yellowstone et du Madison, affluents du Missouri, se trouve

(1) Vélain, *Les Volcans*, p. 57.

une région que les Américains appellent le *Parc National*. Il y a là environ dix mille sources jaillissantes, dont les unes déposent de la silice et les autres du calcaire. Elles sont été étudiées

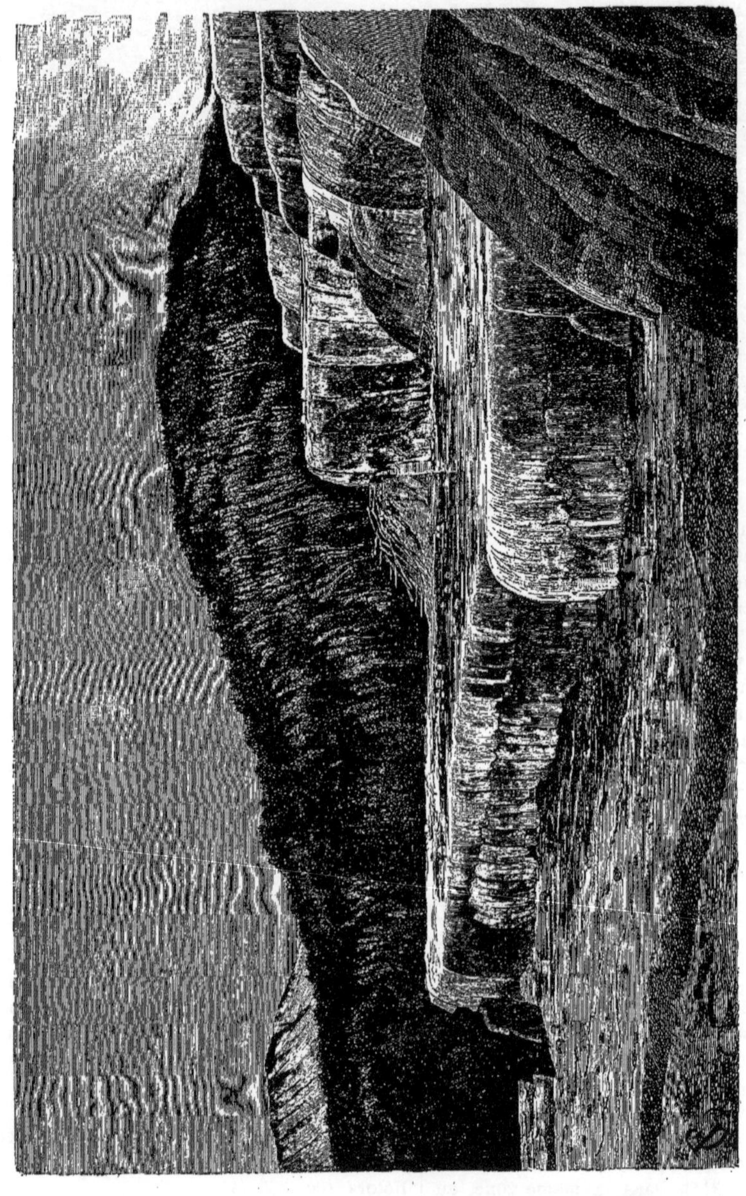

Fig. 312. — Terrasses de Tetarata (Nouvelle-Zélande).

d'abord en 1869 par Cook et Folsom, puis en 1871 par Hayden. Plusieurs, par leurs dimensions, dépassent ceux d'Islande. Le Geyser Géant (fig. 313) a un cône de dix pieds de haut

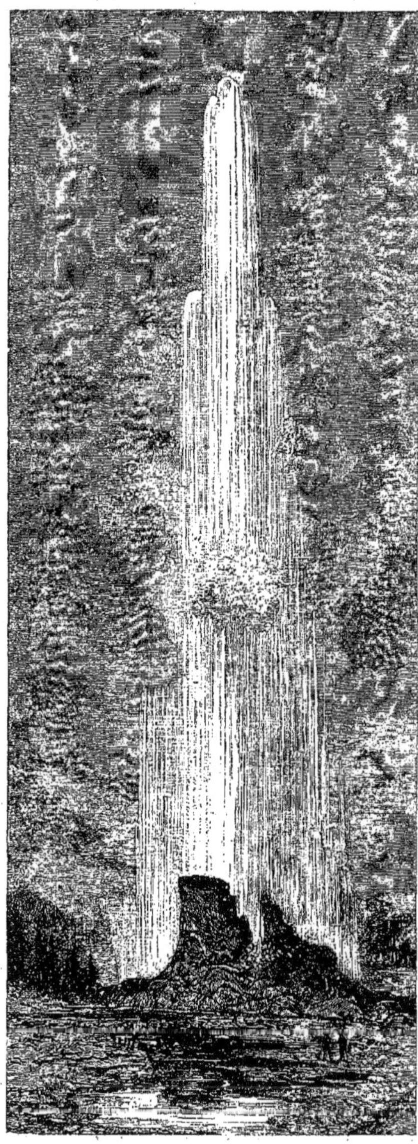

Fig. 313. — Le Geyser géant (d'après une photographie).

et dont le diamètre est de 24 pieds. Il lance à des intervalles très éloignés et pendant plus de trois heures une colonne d'eau qui atteint une hauteur de 90 à 200 pieds. Certains cônes plus petits sont encore plus actifs. Le Beehive a un petit cône très régulier d'où sort une fois par jour une colonne d'eau de 200 pieds (fig. 328).

Le Old Faithful (Vieux Fidèle) doit son nom à la régularité de ses éruptions. Chacune dure 65 minutes. Elle commence par une émission abondante de vapeurs, suivie d'une colonne d'eau qui atteint la hauteur de 130 pieds. Cette colonne s'élance en poussant un violent sifflement pendant que d'énormes nuages s'accu-

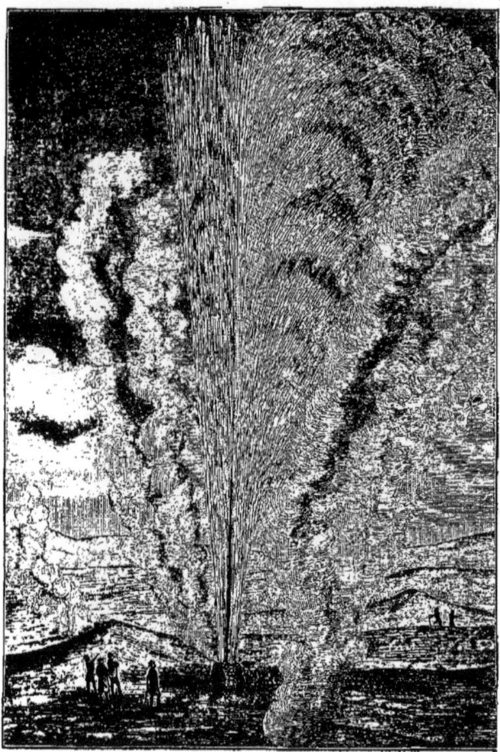

Fig. 314. — Le Beehive en activité (d'après Dana).

mulent au-dessus du cratère. Des arcs-en-ciel se succèdent autour de ce jet d'eau qui s'abaisse peu à peu et disparaît, pour recommencer deux heures après.

Cette région des geysers d'Amérique est l'une des merveilles du monde, et les Américains ont sagement fait de la préserver de toute tentative de défrichement, en la déclarant domaine de l'État et Parc National.

On peut encore citer dans la vallée du Fire-Hole (l'abime du Feu) un immense cratère : le Château-Fort (*Castle Geyser*), qui lance des vapeurs et des projections d'eau bouillante à 2 ou 3 mètres de hauteur. A côté se trouve une source tranquille dont les eaux sont à 27° ou 30°. Sur les bords du bassin circulaire qui la renferme, d'abondants dépôts de limonite jaune ou brun rouge couvrent le sol et forment un frappant contraste avec la blancheur des dépôts siliceux ou calcaires des geysers (fig. 315) (1).

LES SUFFIONI.

On peut rattacher aux geysers les *soufflards* ou *suffioni* de la Toscane. Ce sont des jets de vapeur d'eau et de gaz qui sortent des fentes du sol. Ils sont évidemment d'origine volcanique. Les suffioni comprennent sept groupes distincts au sud-est de Volterra près de Florence. Les jets de vapeur ont une température de 120° environ et s'élancent à 20 mètres de hauteur. Les gaz qui sont mélangés à la vapeur sont l'acide carbonique et l'hydrogène sulfuré. Celui-ci fournit, dans les bassins où l'on recueille la vapeur condensée, du soufre et du gypse. Ce dernier est d'un blanc pur, compact

(1) Voir Vélain, *Volcans*, p. 58.

et susceptible d'un beau poli. Il constitue l'albâtre de Volterra.

Les bassins de condensation s'appellent les *lagoni*. Leur eau très minéralisée contient, avec

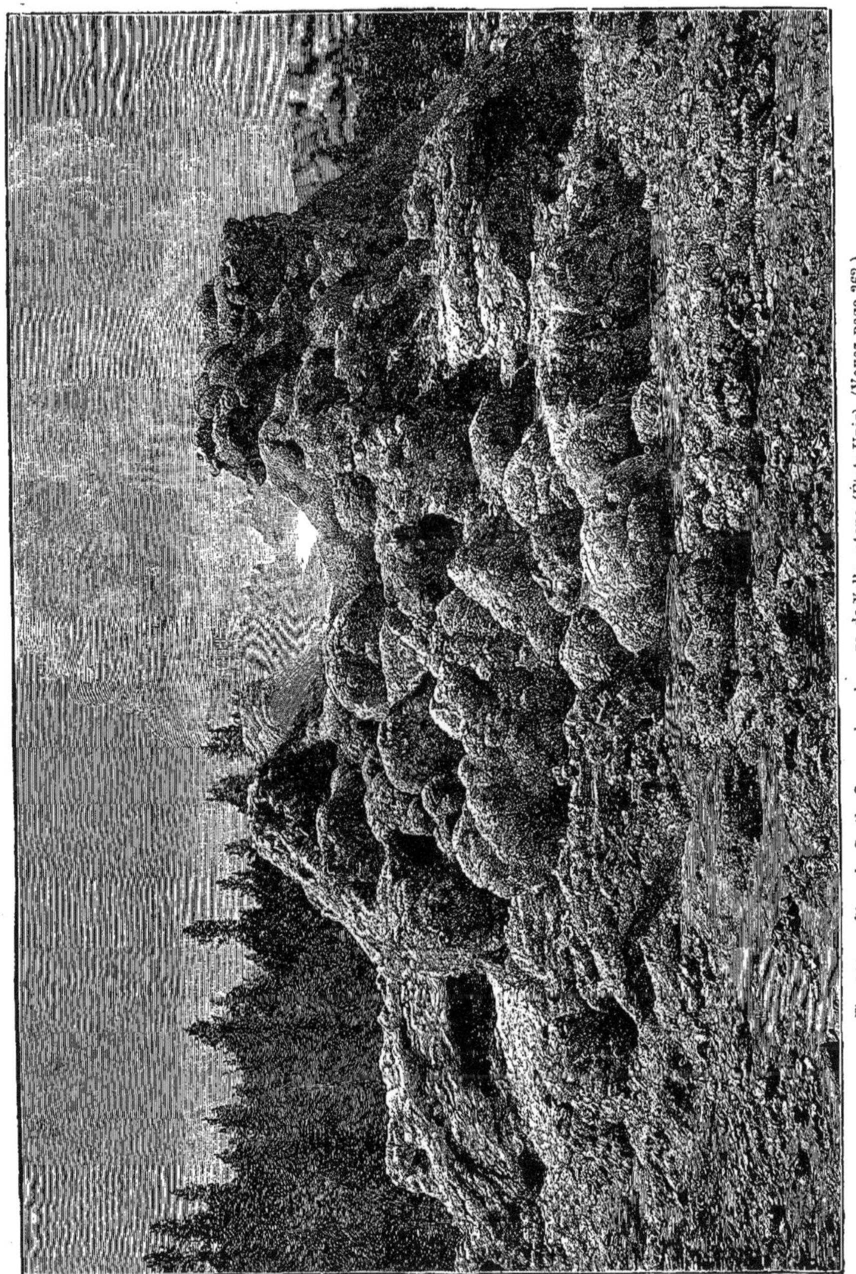

Fig. 315. — Cône du Castle-Geyser dans le parc de Yellowstone (États-Unis). (Voyez page 262.)

de la silice, de l'acide borique en proportion notable. On extrait ce dernier en utilisant pour l'évaporation des eaux boracifères la vapeur des suffioni. On a accru le nombre de ces der-

Fig. 316. — Le Harapiti de la Nouvelle-Zélande, d'après M. de Hochstetter.

niers par des forages (fig. 317), et l'industrie de l'acide borique est aujourd'hui très active en Toscane.

Des soufflards se trouvent dans d'autres régions volcaniques. Leurs dépôts minéraux constituent souvent une sorte de cratère d'où sortent d'énormes jets de vapeur. C'est ce que présentent les *soufflards mugissants* de Java. C'est ce que montre aussi le Harapiti de la Nouvelle-Zélande (fig. 316). Cette cavité cratériforme est située dans la vallée d'Otumaheke. Elle fournit un jet de vapeur qu'on peut apercevoir à plus de 20 kilomètres avant d'entendre ses sifflements aigus (1).

LES SALSES.

D'autres manifestations volcaniques sont les *salses* ou volcans de boue. Ces appareils naturels laissent échapper une boue salée ayant une température de 36° à peine, et des dégagements d'hydrogène carboné.

Fig. 317. — Coupe du forage exécuté à Travale (Toscane) sur le *Suffione Carlo*.

Le plus souvent les salses se présentent sous forme de petites collines coniques terminées par un cratère (fig. 318). Le cône peut être si plat que la salse forme un véritable cratère-lac rempli d'une eau boueuse. Toujours l'eau ou la boue des salses est traversée de nombreuses bulles gazeuses, dont il suffit d'approcher une allumette pour obtenir une flamme. Celle-ci n'a pas la couleur bleue caractéristique de l'hydrogène protocarboné ou gaz des marais; elle est jaune à cause de la présence de particules de sel marin dans la flamme.

Le volcan de boue qui a été le premier étudié se trouve en Sicile. C'est le Macaluba de Girgenti à 11 kilomètres de cette ville. La première description en a été donnée en 1781 par Dolomieu. C'est un mamelon de 150 pieds d'élévation formé de marnes gypsifères de la période miocène. On voit sur son sommet un grand nombre de petits cônes éruptifs et de cratères-lacs formés d'argile. Il y en a une centaine. A l'intérieur se trouve une boue argileuse grise que traversent des bulles gazeuses. Celles-ci for-

(1) De Hochstetter, cité par Vélain, *Volcans*, p. 62.

Fig. 318. — Salses du Turbaco près de Carthagène (Amérique du Sud).

mées de gaz des marais viennent crever à la surface et rejettent hors de l'orifice l'argile qui coule à la manière des laves sur les flancs du monticule. On voit aussi à la surface de la boue, dans certaines de ces cavités, une couche de bitume, c'est-à-dire de carbure d'hydrogène liquide. Parfois il y a des paroxysmes dus à la force expansive des gaz. Alors le Macaluba a de véritables éruptions. Elles sont précédées, comme celles des volcans, de tremblements de terre, de bruits souterrains, puis un jet de 50 mètres de hauteur s'élance dans l'air, et une véritable coulée de boue, accompagnée de dégagements de gaz hydrocarbonés, vient recouvrir une étendue de plusieurs lieues. Ces éruptions se font surtout à l'automne, quand la boue desséchée pendant l'été a mis longtemps obstacle à l'émission des gaz. Depuis Dolomieu le Macaluba de Girgenti a été étudié à plusieurs reprises, et l'on sait maintenant que les carbures d'hydrogène qui s'échappent sont mélangés d'acide carbonique et quelquefois d'azote.

Beaucoup de dégagements du même genre se produisent autour de l'Etna. Telles sont les *salinelles* de Paterno. Il y a là, sur une colline plate, environ 23 ouvertures circulaires de 1 à 2 pieds de diamètre. Elles sont remplies d'une eau grise et boueuse traversée de nombreuses bulles de gaz; l'argile est lancée au dehors et se solidifie sur les bords de l'orifice. Les dégagements se font tranquillement, sans violence. Les ouvertures changent souvent de place; certaines se bouchent tandis que d'autres s'ouvrent. Il n'y a que rarement des paroxysmes. La dernière grande éruption des salinelles eut lieu en 1866; il y eut aussi une augmentation d'activité en 1878; les jets de boue s'élevèrent à 2 ou 3 mètres; la température s'éleva de 20° ou 26° à 37° et même 46°.

Les diverses sources hydrocarbonées de Sicile sont nécessairement en relation avec les différentes phases d'activité de l'Etna. Dans les grandes éruptions du volcan, elles éprouvent une recrudescence; leurs dégagements augmentent, et des différences se manifestent, comme l'a montré M. Fouqué, dans leur composition. Ainsi en 1865, lors de l'éruption qui donna lieu à la coulée de Frumento, la salse de Santa Venerina près d'Aci Reale rejeta, outre du gaz hydrocarboné, de l'hydrogène libre; il y avait aussi de l'hydrogène sulfuré et de l'acide carbonique.

Les salses et les salinelles sont communes dans la région des Apennins. Au pied de ces montagnes, sur une longue ligne de fracture (est-ouest, 17° nord) parallèle à la chaîne, se trouvent de nombreux cônes de boue et d'orifices par où se dégagent les gaz hydrocarbonés. On peut citer près d'Imola la salse de Bergullo présentant des cônes hauts de 3 mètres sur 12 de circonférence; ailleurs ce sont

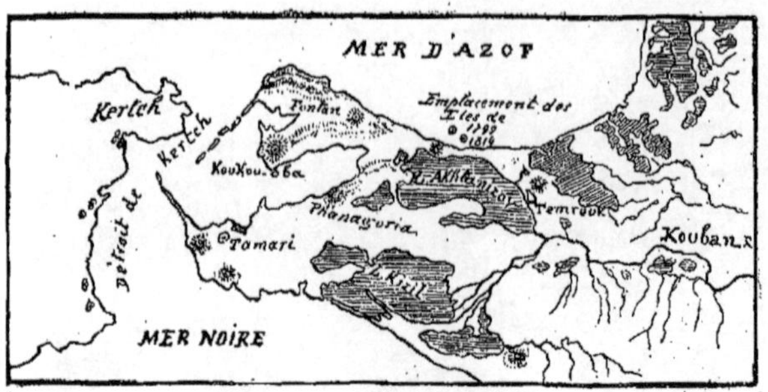

Fig. 319. — Péninsule de Taman.

non plus des cônes, mais des lacs de boue.

La salse de Sassuolo, près de Modène, apparut d'après Pline l'an 90 avant J.-C., à la suite d'un violent tremblement de terre. Très souvent il y a des paroxysmes accompagnés de violentes secousses. Spallanzani explora Sassuolo à plusieurs reprises. En 1789, à sa première visite, la salse était tranquille; c'était un cône peu élevé, du sommet duquel se déversaient des masses d'argile boueuse. En 1790, il y avait autour du grand cône quatre petits monticules de même origine. Ils s'étaient formés à la suite de projections violentes qui avaient lancé avec des quantités de pierres un bloc calcaire de 400 kilogrammes. A une dernière visite en 1793, Spallanzani trouva la salse presque inactive; un seul cône persistait et donnait de faibles dégagements gazeux. En 1835 le Sassuolo se réveilla; il lança une masse de boue et de pierres évaluée à un millier et demi de kilomètres cubes. Les courants de boue s'avancèrent à un kilomètre de distance. Depuis cette époque la salse est en repos; il y a eu à peine quelques secousses légères.

La région du Sassuolo se trouve dans les collines subapennines à 600 mètres d'altitude. En s'élevant plus haut, on ne trouve plus d'argile, mais des grès durs. Le sol n'est plus favorable à la formation de volcans de boue. Les gaz s'échappent à sec des fissures du sol, ou bien sortent des nappes d'eau. De là les *terrains ardents* et les *fontaines ardentes* très répandus aux environs de Modène et de Bologne. Leur nom vient de ce que, quand on a enflammé ces dégagements hydrocarbonés, il est difficile de les éteindre. Suivant la saison et l'abondance des pluies, un même endroit fournit un dégagement à sec ou une fontaine ardente.

C'est la région du Caucase qui nous fournit le plus grand nombre de salses et de terrains ardents. Nous avons vu d'ailleurs que cette région est volcanique. Les dégagements gazeux et les volcans de boue se trouvent dans les péninsules qui terminent à l'ouest et à l'est la chaîne du Caucase. La péninsule de l'ouest ou péninsule de Taman (fig. 319) présente sur son pourtour des centaines de salses. La plus connue est le Koukou-Oba (colline bleue), qui se dresse sur un cap élevé à l'entrée du détroit de Kertch (1) (fig. 320). Il eut une violente éruption en 1794; des torrents de boue se répandirent

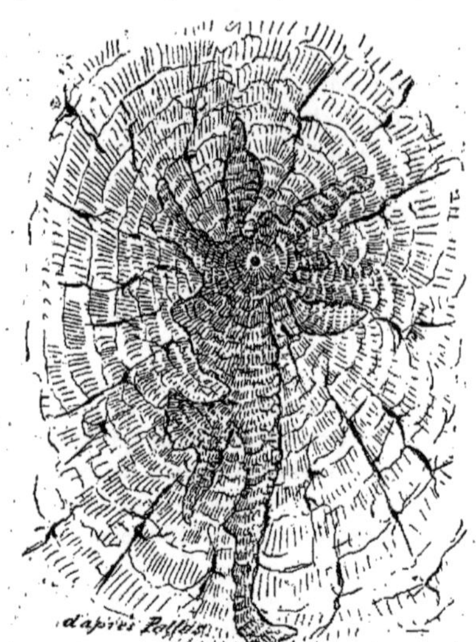

Fig. 320. — Le *Koukou-Oba*, volcan de boue de la péninsule de Taman.

(1) Vélain, *Volcans*, p. 83.

Fig. 321. — Péninsule d'Apchéron, à l'est du Caucase.

dans la plaine sur une étendue de plusieurs lieues. Des éruptions du même genre se sont produites dans la mer d'Azof. Elles donnèrent lieu en 1799 et 1814 à des îles de boue qui furent bientôt détruites par les vagues.

La presqu'île de Kertch, en face de celle de

Fig. 322. — Mer Morte, du haut de Béthanie.

Taman dont elle est séparée par le détroit de Kertch, présente de nombreuses salses, qui prennent leur maximum d'activité sur la pointe d'Yeni-Kaleh.

La péninsule d'Apchéron, à l'est du Caucase, est tout entière d'origine volcanique (fig. 321). Les salses y forment des marécages boueux très abondants. Elles se prolongent dans la Caspienne par des buttes d'argile; ce sont autant d'îlots dont les cratères lancent jusque sur le continent des fragments de boue solidifiée.

Dans toute cette région se dégagent des gaz hydrocarbonés par les fissures du sol. Ces jets inflammables sortent même de la mer au sud de Bakou, près du cap de Chikow, et il suffit pour les allumer de jeter sur l'eau des étoupes enflammées. A Atech-Gah, au nord-est de Bakou, ces dégagements se produisent sur un espace de 2 lieues carrées. C'est là que les Parsis, adorateurs du feu, avaient installé leur temple. Aujourd'hui on enflamme ces gaz combustibles pour le chauffage, l'éclairage et la cuisson du calcaire dans les fours à chaux du voisinage.

Aux salses se rattache la mer Morte ou lac Asphaltique (fig. 322). Son bassin, qui résulte d'un effondrement, forme la partie la plus déprimée du sillon où coule le Jourdain. Les eaux sont extrêmement salées. Leur densité est de 1,162 et peut même atteindre 1,250. Il y a deux fois plus de sel marin que dans la Méditerranée; la proportion de bromure de potassium est énorme; il y a 7gr,093 de brome par kilogramme d'eau. Au contraire l'iode, si caractéristique des eaux marines, fait ici défaut. Sur la mer Morte on voit flotter souvent de grandes masses de bitume, qui sont rejetées sur le rivage. Tout indique que la mer Morte est un ancien lac d'eau douce dont la composition a été modifiée par des sources d'origine volcanique jaillissant dans le fond du bassin. Les hautes falaises du rivage oriental sont basaltiques, et présentent encore des sources chaudes et des dégagements gazeux (1).

SOURCES DE PÉTROLE.

Aux salses se rattachent intimement les sources de pétrole. Nous avons vu qu'il y avait dans les salses du gaz des marais et souvent aussi des carbures liquides comme le bitume du Macaluba, de la mer Morte, etc. Ces carbures liquides produisent de véritables sources de pétrole. Ainsi dans les Apennins près de Sassuno; avec beaucoup plus d'intensité à Bakou en Caucasie.

Au voisinage de cette ville le sol est tellement imprégné de naphte, qu'il suffit de le percer à une faible profondeur pour livrer passage aux vapeurs inflammables (fig. 323). On a creusé sept cents puits de naphte qui fournissent annuellement 320 millions de kilogrammes de pétrole. Celui-ci est accumulé dans des couches gréseuses intercalées dans des marnes tertiaires; il s'élève d'une profondeur de 80 à 100 mètres, et entraîne avec lui des quantités de sables qui s'accumulent au bord de l'orifice et finissent par former des monticules coniques de 15 mètres de hauteur (1).

C'est surtout aux États-Unis que sont développées ces sources de pétrole. On les trouve dans une région qui s'étend du haut Canada jusqu'à la vallée du Kanawha (Virginie), en passant par le lac Erié près duquel se trouve en Pensylvanie le célèbre gîte d'*Oil creek*.

Le pétrole imprègne des roches arénacées ou schisteuses, siluriennes ou dévoniennes, tandis que, en Italie, en Asie, il se trouve dans des couches tertiaires. Les sources pétrolifères émergent des grandes fissures du sol. En beaucoup d'endroits, la sortie de l'huile minérale a été facilitée par des forages. Dans tous ces puits artésiens qui ne descendent guère au-dessous de 600 mètres, on a remarqué que la volatilité du pétrole augmente avec la profondeur, de sorte qu'à une certaine profondeur on ne trouve plus que des gaz carbonés. C'est ce qui arrive au gîte de *Pioneer Run* en Pensylvanie, mais il est possible d'obtenir une séparation dans des conduits distincts du pétrole et des gaz (2).

M. Fouqué a reconnu sur les gaz recueillis par M. Foncon, que leur composition chimique variait avec la profondeur des puits et leur température à l'orifice de sortie. Pour quelques mètres de différence, et une différence de température de 1°, on constate une diminution des gaz hydrocarbonés et une augmentation d'acide carbonique. Les gaz des sources de *Fredonia* sur les rives de Canadaway Creek et ceux des sources de *Petrolia* sur le Bear Creek, sont du gaz des marais (C^2H^4) et de l'hydrure d'éthyle (C^4H^6). Dans le dernier point les gaz

(1) Reclus, *Géographie universelle (Asie Russe)*, p. 204.

(1) Lartet, *Exploration de la Palestine (Annales des sciences géologiques*, t. I).

(2) Voir les Sources de pétrole : Vélain, *Les Volcans*, p. 80.

Fig. 323. — Sources de pétrole à Bakou pendant les cinq premiers jours (d'après une photographie).

font jaillir le pétrole au-dessus du sol, à la manière d'un geyser et à des intervalles assez rapprochés. Les dégagements les moins riches en carbures sont ceux de Roger's Gulch en Virginie et de Burning Springs. On n'y trouve que du gaz des marais avec une proportion notable d'acide carbonique et d'azote libre.

La région à pétrole de l'Amérique présente des fontaines ardentes, c'est-à-dire des sources jaillissantes riches en gaz combustibles. Ainsi en Pensylvanie près de la ville de Kane on a fait en 1879 un sondage à une profondeur de 2 000 pieds; par le trou de sonde s'élance à des intervalles d'environ 13 minutes un jet d'eau d'une hauteur de 100 à 150 pieds. Le liquide est accompagné de gaz combusti-

Fig. 324. — Geyser à eau et à gaz de Kane (Pensylvanie).

bles qui souvent s'enflamment, puis s'éteignent pour s'enflammer de nouveau (fig. 324).

On peut citer encore comme région pétrolifère la Birmanie. Plus loin nous étudierons les huiles minérales avec plus de détails.

LES SOURCES THERMALES.

En bien des localités existent des sources dont la température est notablement plus élevée que celle de l'air extérieur. Ce sont les sources *chaudes* ou sources *thermales*. Généralement elles sont, à cause de leur température, chargées de matières qu'elles tiennent en dissolution. Une eau en effet dissout d'autant plus de matériaux qu'elle est plus chaude; elle les emprunte aux roches qu'elle traverse. Dans d'autres cas les substances qu'elles contiennent proviennent d'émanations volcaniques.

Les sources chaudes en effet existent surtout dans les pays volcaniques. On en trouve autour de tous les volcans, et les régions possédant des volcans aujourd'hui éteints, comme l'Auvergne, présentent aussi de nombreuses sources thermales. Il faut évidemment rattacher aux sources d'Auvergne celles de Vichy. Ces sources, dont les plus chaudes sortent à une température de 35° à 45°, sont alignées sur des fissures parallèles; ce sont celles qui ont livré passage à l'époque miocène aux nappes basaltiques des environs de Vichy et du Roannais. Il en est de même pour la source de Montrond. En 1879 on fit là un sondage dans l'espoir de retrouver le prolongement du bassin houiller de Sainte-Foi-l'Argentière. On obtint non pas de la houille mais une source ascendante débitant de 350 à 400 litres par minute.

Fig. 325. — Source salée de Touzla (Asie Mineure), d'après de Tchihatchef (page 273).

L'eau est chargée comme celle de Vichy de bicarbonate de soude.

Ces eaux thermales sont en relation avec les grandes coulées basaltiques du Forez. La soude est empruntée à ces basaltes dont le feldspath est à base de soude.

En somme les sources des pays volcaniques doivent être considérées comme un dernier reste d'activité volcanique; les fentes du sol par où elles sortent, au lieu d'émettre des laves, ne laissent plus échapper que de la vapeur d'eau et des gaz, qui arrivent à la surface, condensés en eaux chaudes.

Les sources éloignées des pays volcaniques, comme celles de Plombières, dans les Vosges, par exemple, paraissent tout d'abord plus difficiles à expliquer. Mais on constate que les sources thermales éloignées des centres volcaniques sont toujours situées dans les régions disloquées, qu'elles se trouvent sur des lignes de fracture du sol. Elles sont dues à des infiltrations facilitées par l'état fissuré du pays. Ces eaux se sont échauffées parce que, comme nous le savons, les couches du sol sont d'autant plus chaudes qu'elles sont plus profondes.

L'emploi des eaux minérales en médecine est aujourd'hui très répandu. Elles constituent une véritable richesse pour les pays où elles se trouvent. En France, d'après la statistique officielle de 1882, il y a 1 102 sources, dont 1 027 exploitées; il faut ajouter 47 sources pour l'Algérie.

On classe les eaux minérales suivant leur température et leur composition. Celles qui sont au-dessous de 15° sont dites froides. La température varie beaucoup. A Vichy les plus froides sont à 17° et les plus chaudes à 45°. A Barèges la température est de 60°, à Luxeuil 69°, à Plombières 74°, à Olette 78°. A Chaudes-Aigues en Auvergne les eaux sont à 81°. Depuis longtemps les habitants tirent parti de cette haute température pour la préparation des aliments, le chauffage des maisons et le lavage des étoffes de laine fabriquées dans le pays.

Au point de vue de la composition chimique on distingue :

Fig. 326. — Cascade pétrifiante à Etufs (Aube) (page 274).

1° Les *sources sulfureuses* : elles dégagent de l'acide sulfhydrique avec une odeur d'œufs pourris; exemple : Barèges, Cauterets, Bagnères-de-Luchon, Amélie-les-Bains, Eaux-Bonnes, Allevard; la source d'Enghien, près de Paris, contient de l'acide sulfhydrique et de l'acide carbonique libres;

2° Les *sources acidulées* ou *gazeuses* : elles dégagent de l'acide carbonique. On les trouve dans les régions volcaniques actuelles ou éteintes;

3° Les *sources ferrugineuses* : elles contiennent du sulfate et du carbonate de fer qui, en se décomposant, produisent des dépôts couleur de rouille. Beaucoup de sources d'Auvergne

Fig. 327. — Chute d'eau de Tivoli et ses dépôts de travertin. (Voy. p. 274.)

appartiennent à ce groupe ; de même encore Orezza (Corse) et Sylvanès ;

4° Les *sources alcalines* : la soude y prédomine à l'état de carbonate ou de bicarbonate, comme à Vichy, à Vals. En Belgique on peut citer Spa ;

5° Les *sources salines*, elles tiennent en dissolution beaucoup de sels, comme le chlorure de sodium (Luxeuil et Bourbon-l'Archambault), le sulfate de soude (Evaux et Bains), le sulfate de magnésie (Epsom, Sedlitz). La figure 325 représente une source salée de l'Asie Mineure.

6° Les *sources calcaires* : très riches en carbonate de chaux.

DÉPOTS DES SOURCES MINÉRALES.

Les sources thermales, à cause de leur température et des substances qu'elles tiennent en dissolution, agissent chimiquement sur les roches qu'elles traversent. On en voit un bon exemple à Plombières. Les eaux y atteignent dans certaines sources une température de 70°. Les Romains avaient disposé autour des sources de Plombières, pour les isoler, un béton formé de fragments de briques avec ciment de chaux. Chaque source ne pouvait sortir de cette maçonnerie que par une cheminée verticale en pierres de taille, pour s'élever et s'écouler ensuite vers les piscines. On trouve dans les cavités de la brique et de la chaux, comme l'a montré M. Daubrée, un grand nombre de minéraux cristallisés provenant de l'action des eaux sur le béton. Ces minéraux sont différents pour les briques et pour la

Fig. 328. — Cascade de Hammam-Meskoutine, aux environs de Bône (Algérie), d'après une photographie.

chaux. Ceux qui sont dans le ciment sont à base de chaux, et ceux des briques contiennent surtout de la potasse et de la soude. Ils ne proviennent donc pas d'un simple dépôt; ils sont dus à une réaction chimique de l'eau sur les briques et leur ciment.

Les sources calcaires ne tiennent en dissolution le carbonate de chaux qu'à la faveur d'un excès d'acide carbonique. Celui-ci se dégage quand l'eau arrive à l'air, et le calcaire se dépose. Il encroûte ainsi les parois du ruisseau et les objets qu'on y dépose (œufs, nids, paniers tressés). C'est ce qu'on appelle des *pétrifications* ou *incrustations*. En France, les sources incrustantes les plus connues sont celles de Saint-Allyre et de Saint-Nectaire près Clermont-Ferrand. On peut citer aussi celle d'Etufs (Aube) fig. 326).

Le calcaire des sources incrustantes, qui se dépose sur les parois des ruisseaux et les plantes qui s'y trouvent, finit par former une pierre d'un blanc grisâtre, criblée de cavités, appelée *tuf calcaire* ou *travertin*. Cette pierre est souvent presque entièrement composée de mousses incrustées. On cite pour leurs dépôts de travertin les sources de Tivoli en Italie (fig. 327) et surtout celles d'Hammam-Meskoutine (les bains maudits) dans la province de Constantine (fig. 328).

Ces dernières, au nombre d'une centaine, se trouvent sur la rive droite de l'Oued Zenati, au milieu d'un vaste plateau. Leur température est de 95°. A cause de cette grande chaleur et de la forte proportion d'acide carbonique qu'elles renferment, les eaux empruntent une grande quantité de carbonate de chaux aux massifs calcaires sous-jacents, et le déposent ensuite sous forme de travertin. Le sol du plateau est couvert de cheminées calcaires de 8 à 10 mètres édifiées par l'eau; celle-ci s'échappe du sommet de ces sortes de cônes, et forme aussi des terrasses blanches de cal-

Fig. 329. — Pont naturel de travertin à Pambouk-Kalessi (Asie Mineure), d'après de Tchihatchef.

caire; elle se déverse en donnant toute une série de cascades. Le débit des sources d'Hammam-Meskoutine est de 20 000 litres par minute.

Il y a de nombreuses sources calcaires en Asie Mineure (fig. 329 et 331).

Les sources calcaires d'Hiéropolis près de Smyrne déposent des travertins qui forment une cascade de plus de 100 mètres de haut sur 4 kilomètres de large. Çà et là on voit des colonnades et des stalactites calcaires.

Les grains de sable tenus en suspension par le courant se recouvrent successivement de plusieurs couches calcaires et grossissent ainsi peu à peu. Quand on les casse, on voit au centre le grain de sable entouré de couches calcaires concentriques. Ces petits corps, qui atteignent souvent la grosseur d'un pois, s'appellent pour cette raison *pisolithes;* d'autres plus petits encore, n'ayant que la grosseur d'un grain de millet, sont comparés à des œufs de poisson et sont appelés *oolithes.* On cite particulièrement les pisolithes de Carlsbad (Bohême) et de Tivoli. Les concrétions calcaires ainsi formées par les sources peuvent être réunies entre elles par un ciment et former une roche compacte.

LES FILONS MÉTALLIFÈRES.

Souvent les régions disloquées comme le Harz par exemple, présentent de grandes fentes verticales un peu inclinées, remplies de substances minérales. Ces substances sont des *minerais*, c'est-à-dire des composés chimiques d'où l'on peut extraire des métaux. Les minerais sont accompagnés de matières pierreuses, appelées *gangues*, sans grande valeur industrielle. Ces assemblages de minerais et de gangues sont les filons métallifères.

Ils doivent généralement leur origine, comme l'a montré Werner, aux eaux souterraines chaudes et chargées de substances minérales. Ces eaux se sont élevées dans les fentes du sol et y ont déposé peu à peu divers matériaux. Ce qui le prouve, c'est que très souvent les substances des filons sont disposées symétriquement par rapport aux parois : elles se répètent exactement des deux côtés. Il y a donc eu là des dépôts successifs comme cela a lieu dans les tuyaux de conduite incrustés de matières pierreuses. On peut prendre comme exemple le filon appelé *Spitaler Gang*, près de Chemnitz en Hongrie (fig. 330). Au

Fig. 330. — Coupe d'un filon. Le *Spitaler Gang* près de Chemnitz. — *a*, minerais; *bb*, quartz blanc; *cc*, minerai grossier; *dd*, parois des filons (trachyte).

milieu se trouve une masse puissante de 2 ou 3 pieds, formée de pyrite de fer (sulfure de fer), de galène (sulfure de plomb), de pyrite de cuivre (sulfure de cuivre), de blende (sulfure de zinc); cette masse est traversée de nombreuses veines de quartz blanc (silice cristallisée). Sur les côtés vient une couche de quartz épaisse de quelques pouces, puis de chaque côté une couche de minerai compact, qui tapisse les parois trachytiques du filon. Parfois le filon est encore plus compliqué; tel est le *Gregorius Gang* cité par Werner. De chaque côté se trouve du quartz blanc, puis une couche de galène, ensuite une couche de carbonate de fer, encore une couche de galène, que suivent des couches d'argent rouge antimonial et arsenical et d'argentite (argent sulfuré). Enfin le milieu du filon est formé de carbonate de chaux cristallisé (spath calcaire).

Les filons produits par les eaux sont dits aussi *filons concrétionnés*, parce qu'on donne le nom de concrétions aux substances minérales, en général cristallisées peu distinctement, déposées par les eaux. Les parois qui encaissent un filon sont appelées *épontes*; souvent entre le filon et les épontes se trouvent des matières argileuses formant une couche nommée une *salbande*. Les mineurs appellent *toit* d'un filon incliné la partie qui s'élève vers le ciel et *mur* la partie qui regarde l'intérieur du sol.

Les minéraux filoniens principaux sont, comme gangues, le quartz, la barytine (sulfate de baryte), la calcite (carbonate de chaux) et la fluorine (spath fluor); comme minerais, les pyrites de fer et de cuivre, la blende, la galène, l'argent rouge (combinaison du sulfure d'argent avec le sulfure d'antimoine ou d'arsenic), les carbonates de fer, de zinc, etc.

On trouve aussi des filons composés presque exclusivement de quartz ; ils contiennent cependant parfois des parcelles de minerais métalliques et présentent ainsi des transitions avec les filons métallifères. On les reconnaît souvent à la surface du sol quand les parties quartzeuses, ayant résisté à la dénudation, se montrent sous forme de saillies escarpées. Ces filons sont dus à l'eau surchauffée qui, dans les profondeurs du sol, s'est chargée de quartz aux dépens de la roche encaissante. Les filons quartzeux de la Sierra Nevada en Californie, sont aurifères.

Parfois aussi, les minerais, au lieu d'occuper des fentes, remplissent des interstices de formes variées et irrégulières. Ce sont des *amas filoniens*. On peut citer les amas de calamine (silicate de zinc et carbonate de zinc hydratés) de la Vieille-Montagne près d'Aix-la-Chapelle, les mines de zinc, plomb, argent du Laurium en Grèce, etc. Tous ces amas sont dus à des eaux métallifères qui ont circulé dans les nterstices de roches préexistantes.

Fig. 331. — Dépôts de travertin à Pambouk-Kalessi (Asie Mineure), d'après de Tchihatchef. (Page 275.)

LES TREMBLEMENTS DE TERRE.

CARACTÈRES GÉNÉRAUX DES TREMBLEMENTS DE TERRE. BRUITS ET SECOUSSES.

Les tremblements de terre sont des ébranlements brusques du sol. Ils consistent en secousses qui se succèdent souvent à de courts intervalles.

Un tremblement de terre est précédé habituellement de bruits qui tantôt ressemblent à un grondement lointain, tantôt sont stridents comme le bruit de chaînes violemment agitées ou d'un train de chemin de fer en marche. Le bruit précède ordinairement de très près les secousses. Parfois on a observé des bruits sans secousses, et inversement des secousses qui se produisent en silence. Ce dernier cas s'est présenté lors du tremblement de terre de Rio Bamba (Colombie) en 1797.

Outre ces bruits, le seul signe précurseur des secousses qu'on possède aujourd'hui est la terreur manifestée par les animaux avant l'apparition du phénomène. C'est ainsi qu'à San Pedro d'Alcantara, en Andalousie, lors du tremblement de terre de 1884, un quart d'heure avant la secousse, tous les animaux des fermes cherchaient à fuir en poussant des mugissements d'angoisse. Cette agitation est due sans doute à des frémissements très faibles du sol, précédant les grandes secousses et que l'homme ne perçoit pas. D'ailleurs des instruments spéciaux très sensibles dont nous par-

Fig. 332. — Vue prise à Diano Marina (tremblement de terre de Ligurie, 1887).

lerons plus loin, permettent de reconnaître que le sol est soumis presque constamment à des secousses très légères ne pouvant causer aucun accident.

Fig. 333. — Arenas del Rey en Andalousie après le tremblement de terre.

Les secousses proprement dites, celles qui donnent lieu à de trop fréquents désastres, sont de plusieurs sortes.

Elles sont *trépidatoires*, c'est-à-dire verticales, dans le cas de tremblements de terre violents. Alors le sol est agité de bas en haut. Dans le tremblement de terre des Calabres en 1783, le pavé des rues fut soulevé, quelques pavés retombèrent retournés. Certaines de ces secousses verticales ressemblent à des explosions ; des maisons sautent en l'air, des personnes sont projetées à une hauteur de 20 mètres et plus. L'un des tremblements de terre les plus violents à ce point de vue fut celui de Rio Bamba en 1797.

Les secousses peuvent être *ondulatoires ;* alors le sol oscille comme une mer houleuse. On voit des arbres se pencher, puis se redresser ; des fentes s'ouvrent dans le sol, puis se referment. D'après Günther (1) les mouvements ondulatoires peuvent être plus destruc-

(1) Günther, *Lehrbuch der Geophysik*, Stuttgart, 1884 t. I, p. 374.

Fig 334. — Pyramide contournée (Extrait des *Transactions of the seismological Society of Japan*). (Page 280.

teurs que les mouvements verticaux. Il raconte que lors du tremblement de terre des Calabres en 1783, si l'on en croit Dolomieu, les villes de Messine et de Reggio restèrent debout malgré de violentes secousses verticales, tandis que la bourgade de Polistena, qui n'avait subi qu'un mouvement ondulatoire, fut ruinée de fond en comble. M. Fouqué (1) n'adopte pas l'idée de Günther et attribue le fait à l'inégalité d'intensité des secousses successives et à la différence de solidité des constructions dans les deux villes et la bourgade en question. En se basant sur ses observations personnelles faites à Métélin et à Céphalonie en 1867, et en Andalousie en 1884, M. Fouqué maintient que les trépidations sont la cause ordinaire de la ruine des constructions (fig. 332); de même en Ligurie en 1887 (fig. 333). On cite aussi des exemples de *mouvements rotatoires*, d'objets tournant sur eux-mêmes. Dolomieu en 1783 en Calabre observa un mouvement de ce genre pour deux pyramides en forme d'obélisque placées devant le cloître Saint-Bruno à San Stefano del Bosco

Fig. 335. — Obélisque de Saint-Bruno.

(fig. 335). Chacune d'elles se composait de trois blocs de pierre superposés portés par un piédestal. Ce dernier resta en place, tandis que

(1) Fouqué, *Les tremblements de terre*, Paris, 1888, p. 49. (Bibliothèque scientifique contemporaine.)

les blocs tournèrent sur eux-mêmes sans tomber. Un fait semblable fut observé pour une tour d'église à Majorque en 1851.

En 1867 une statue élevée à l'entrée du port d'Argostoli à Céphalonie a subi sur son piédestal une rotation de 20°. Il en fut de même pour un ange en bronze de 5 mètres de haut placé sur le dôme de Bellune. Lors du tremblement de terre de 1873 il éprouva aussi une rotation de 20° sur son axe. Von Lasaulx cite une statue de Minerve haute de 3 mètres, placée devant l'école polytechnique d'Aix-la-Chapelle et composée de trois pièces, qui en 1878 éprouva une torsion comme les obélisques de San Stefano.

Dans le cimetière de Faro en 1873, d'après Falb (1), une pyramide formée de sept assises de pierres superposées éprouva un mouvement de torsion, chacune des assises ayant tourné sur l'assise inférieure de plusieurs degrés. A Agram en 1880 une cheminée d'usine restée debout a subi une véritable torsion à sa partie supérieure. M. Fouqué a observé aussi une rotation pour les assises d'une pyramide quadrangulaire élevée sur l'une des places de Malaga (1884). A Casamicciola, dans l'île d'Ischia, en 1883, une statue de la Madone se retourna.

Enfin le tremblement de terre de Tokio (Japon) en 1880, et surtout celui d'Ilopango dans l'Amérique centrale (1879) ont fourni des exemples du même genre (fig. 334).

Les mouvements rotatoires ne constituent pas une catégorie particulière de mouvements. On les attribue souvent à ce que deux mouvements ondulatoires partis de centres différents se rencontrent et se combinent; la composition de deux mouvements donnerait naissance à une secousse rotatoire. Mais M. Fouqué les explique plus simplement de la manière suivante. Un objet incomplètement fixé adhère plus particulièrement au sol en un point qui ne se trouve pas sur la verticale de son centre de gravité; alors la composante horizontale du choc (que l'on peut toujours remplacer par une composante horizontale et une composante verticale) fait tourner le corps autour de son point d'adhérence.

Les secousses sont généralement, comme nous l'avons vu, précédées ou accompagnées de bruits. On s'accorde à admettre que les causes des secousses et des bruits sont les mêmes. Il y a moyen d'enregistrer de très petits mouvements du sol, et en même temps, avec des microphones spéciaux (*auscultateurs endogènes* de M. de Rossi), on constate l'existence de bruits très faibles.

Pour expliquer les bruits on a supposé que le bruit correspond à des vibrations plus rapides et la secousse à des vibrations plus lentes du sol. Imaginons un éboulement souterrain, cause à laquelle on attribue beaucoup de tremblements de terre. Il se produira des vibrations lentes et d'autres rapides; les secondes seules donneront un son; mais comme celui-ci se fait généralement entendre avant l'arrivée de la secousse, il faut admettre que les vibrations les plus rapides se propagent plus vite que les autres. Une seconde explication a été proposée par M. Fouqué. Quand un ébranlement se produit, il naît des vibrations longitudinales et des vibrations transversales. Or les premières se propagent plus vite, et entre les deux catégories il y a un rapport constant. Les vibrations longitudinales sont très rapides et produiraient un son, les transversales sont plus lentes et ébranleraient le sol fortement, mais sans donner de son.

INSTRUMENTS DE RECHERCHE.

Il y a des instruments qui permettent d'apprécier la direction et l'intensité des secousses. On les appelle *séismographes* (ce qui veut dire en grec : qui inscrit les secousses) quand ils enregistrent eux-mêmes leurs indications, et *séismomètres* quand ils exigent la présence d'un observateur. On remplace aujourd'hui aussi, assez communément, l'expression de tremblement de terre par celle de *séisme*.

Les régions exposées à de fréquents tremblements de terre possèdent d'assez nombreux observatoires munis d'instruments séismologiques. En Italie il y en a dans un grand nombre de villes, en particulier à Naples, à Catane, à Rome, à Gênes. Au Japon, où l'on observe les tremblements de terre depuis un temps immémorial, M. Milne a installé un observatoire modèle. En Suisse, M. Forster à Berne, M. Heim à Zurich, font aussi des observations telluriques.

Les séismographes sont nombreux. Dans les uns le mouvement du sol est accusé par les

(1) Cité par Fouqué, *Les tremblements de terre*, p. 56.

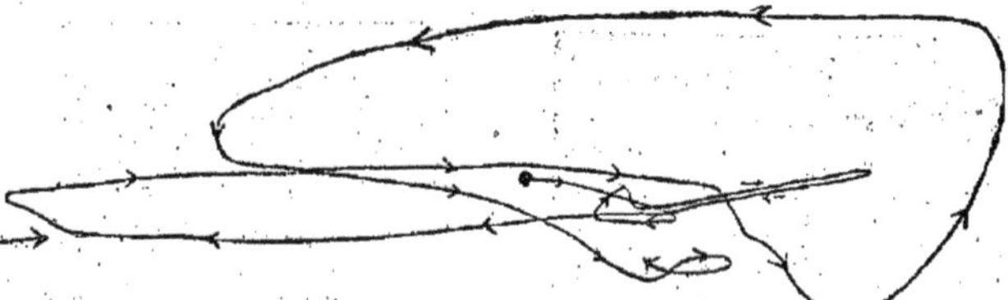

Fig. 336. — Courbe d'un séismographe à pendule libre (Japon) (page 283).

Fig. 337. — Courbe du même séismographe (Japon) (page 283).

déplacements d'un liquide (de préférence le mercure); dans les autres on utilise des corps solides, disposés surtout sous forme de pendule ou balancier d'horloge.

L'un des plus employés, en Italie, est celui de Cacciatore. Il se compose d'une coupe en fer à bords peu élevés et remplie de mercure. Au moindre choc le liquide se déverse dans des godets par des rainures pratiquées suivant les principales directions de l'espace. On peut juger du sens de la secousse par la direction du godet et de son intensité par la quantité de mercure déversée.

Mallet a employé le système des quilles. Sur

Fig. 338. — Courbe du même séismographe (Japon) (page 283).

une surface bien horizontale sont disposées des quilles dans deux directions à angle droit.

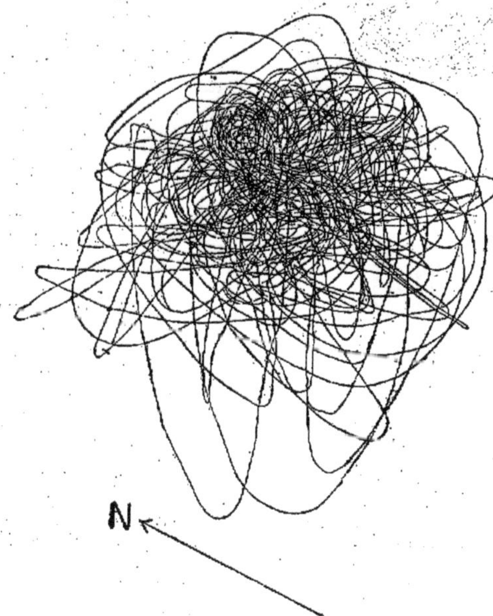

Fig. 339. — Courbe du séismographe à pendule libre, tracée par le tremblement de terre de Manille (page 283).

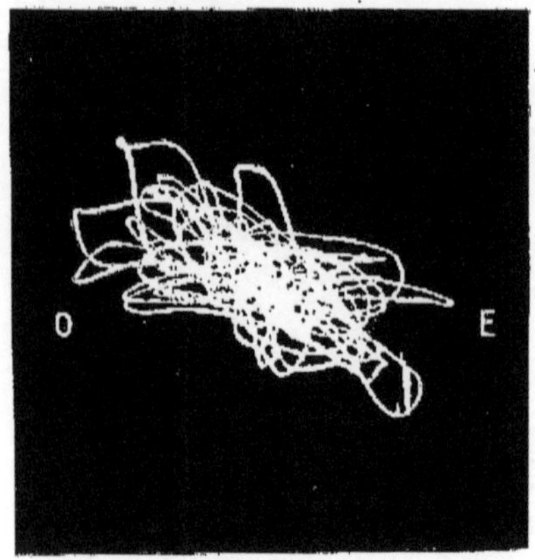

Fig. 340. — Pendule de 1 mètre à Moncalieri.

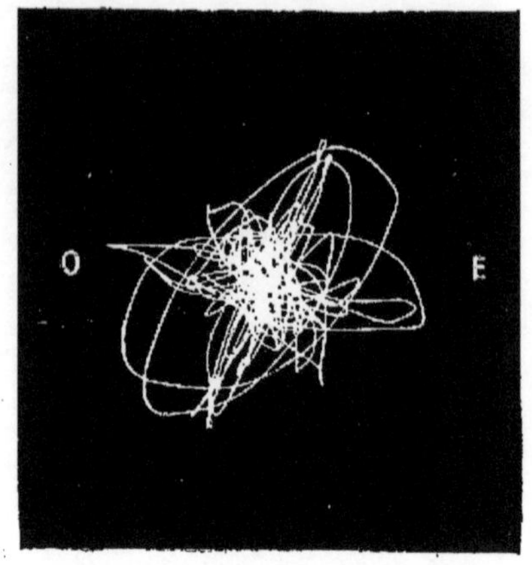

Fig. 341. — Pendule de $0^m,60$ à Moncalieri.

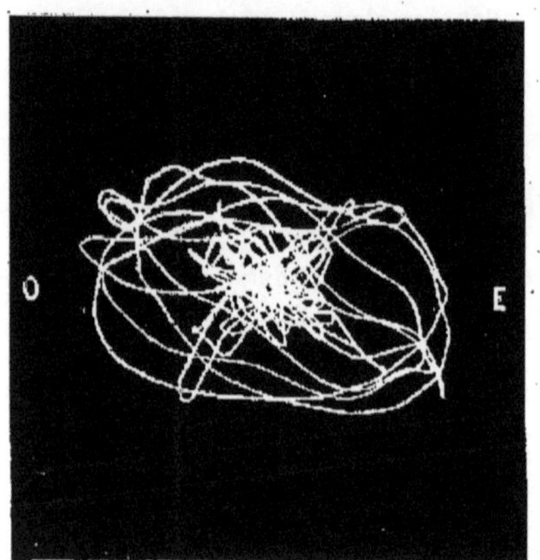

Fig. 342. — Pendule de $1^m,20$ à Moncalieri.

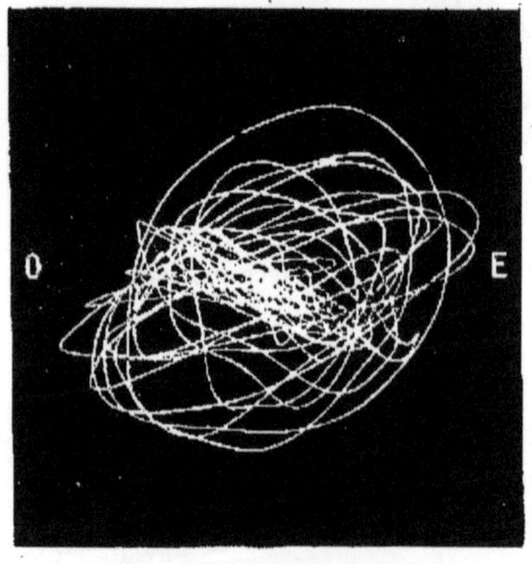

Fig. 343. — Pendule de $0^m,80$ à Moncalieri.

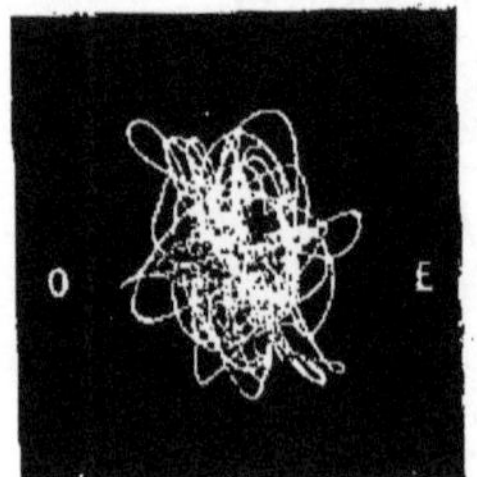

Fig. 344. — Pendule de $0^m,40$ à Moncalieri.

Fig. 345. — Pendule de $6^m,50$ à Florence.

Tremblement de terre du 23 février 1887.

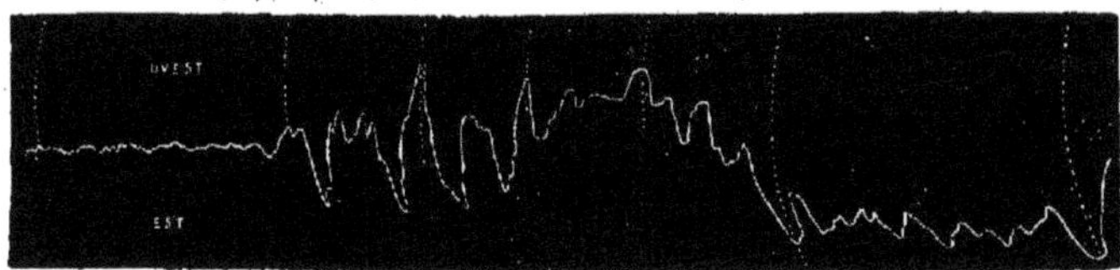

Fig. 346. — Séismographe Cecchi. Diagramme du tremblement de terre du 23 février 1887 à Moncalieri (Denza) (page 284).

Elles reposent sur le sable. Mallet jugeait de la direction d'après le sens dans lequel la quille avait été jetée. La colonnette se couche en sens inverse du mouvement parce qu'elle est atteinte au pied. Les colonnettes avaient un décimètre de hauteur, mais leur diamètre variait de quelques millimètres à un décimètre. Mallet jugeait ainsi de l'intensité de la secousse.

Lorsqu'on emploie des pendules, il faut en avoir disposé dans des plans horizontaux pour enregistrer les composantes horizontales, et d'autres verticaux, oscillant dans toutes les directions de l'espace, pour enregistrer les composantes verticales. L'extrémité des pendules est terminée par un crayon ou une plume mise en communication avec un réservoir rempli d'encre. L'inscription se fait alors sur du papier blanc, ou bien le papier est enduit de noir de fumée ou imbibé d'un réactif chimique; le contact de la pointe suffit pour y marquer une empreinte (1).

Les figures 336, 337, 338 représentent les tracés obtenus au Japon, et celui obtenu à Manille en 1880 (fig. 339). Il y a des modifications dans la manière dont le pendule est construit. Parfois le pendule est muni sur le côté d'une petite tige écrivante. Ailleurs, comme dans le pendule horizontal de Zöllner, c'est une tige flexible encastrée dans un mur, et portant une boule avec un poinçon qui appuie sur une surface enduite de noir de fumée. On emploie aussi des balances, ayant à l'extrémité du fléau un petit pinceau qui enregistre les vibrations.

Au Japon on emploie beaucoup des séismographes ayant la forme d'un battant de porte ou d'une girouette mobile autour d'un axe vertical servant de charnière. Pour déterminer l'action de la composante horizontale, on dispose à angle droit deux de ces appareils. Un stylet très fin, porté par l'extrémité libre du battant, inscrit une courbe sur un papier enduit de noir de fumée, qu'un chariot mobile

(1) Fouqué, *Les tremblements de terre*, p. 36.

fait circuler sous chacun des instruments. Pour la composante verticale, on emploie au Japon un ressort en spirale, attaché à l'une de ses extrémités et portant à l'autre un stylet transversal. Il inscrit sa courbe sur une feuille de papier verticale, entraînée horizontalement par un mouvement d'horlogerie.

Les pendules présentent des inconvénients. Ils sont plus ou moins inertes. Leur sensibilité à la secousse varie avec leur longueur et leur masse. Suivant M. Cavalleri, le meilleur pendule pour l'indication des intensités est celui

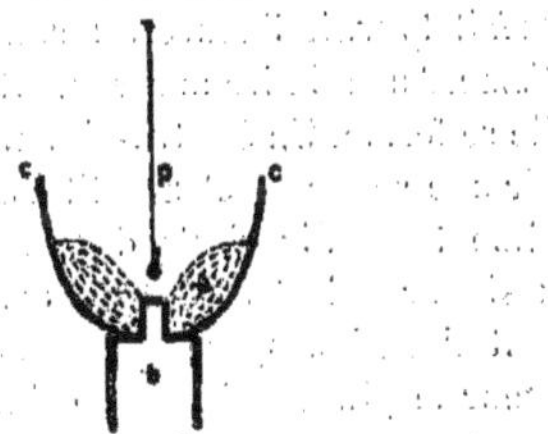

Fig. 347. — Cupule de l'avertisseur Bertelli (page 284).

dont les oscillations sont synchrones avec la durée de l'oscillation du sol. Les pendules longs sont bons quand les mouvements sont lents; quand les vibrations sont rapides il faut des pendules courts. D'après cela, M. Cavalleri emploie à Moncalieri, près Turin, une collection de six pendules, dont le plus long a $1^{m},20$ et le plus court $0^{m},20$. Cette réunion constitue un *séismoscope*; elle a pour but de ne laisser échapper aucune secousse terrestre à l'observation (1). Les figures représentent les tracés fournis par cinq des pendules de Moncalieri en 1887, et un pendule à Florence (fig. 340 à 345).

Il est nécessaire, quand il s'agit de secousses très faibles, d'avoir des instruments très sensibles. Ceux qu'on appelle *avertisseurs* indiquent simplement que le sol a tremblé. Tel est l'avertisseur de Cecchi; c'est un pendule renversé,

(1) Fouqué, *Les tremblements de terre*, p. 41.

Fig. 348. — Perturbations magnétiques constatées à Lisbonne lors du tremblement de terre de Ligurie en 1887. D, courbe de déclinaison; CH, courbe de la composante horizontale; CV, courbe de la composante verticale.

surmonté d'un clou qui tombe à la moindre secousse. Dans d'autres, un dispositif plus parfait fournit l'heure du commencement du séisme. Au moindre mouvement le circuit d'une pile se ferme. Un électro-aimant interposé fait agir une sonnerie et avertit l'observateur; en même temps la chute d'un taquet, produite aussi par l'électro-aimant, arrête le mouvement d'une horloge : on a ainsi l'heure. L'avertisseur le plus sensible est celui de Bertelli. Il se compose d'un pendule suspendu à une spirale métallique. La pointe du pendule pénètre dans une petite cavité produite au milieu d'une surface de mercure par la saillie du fond d'une cupule. Celle-ci est portée par un autre ressort. Au moment du contact, un courant électrique s'établit et arrête une horloge (fig. 347).

Cecchi a combiné aussi un avertisseur avec un système de pendules enregistreurs. C'est ce qu'on appelle un *séismographe analyseur*. Il y a deux pendules verticaux et une caisse en bois dont les parois sont enduites de noir de fumée. Au moment de la secousse, un avertisseur de Bertelli met une horloge en marche et en même temps la caisse de bois descend au contact des styles enregistreurs des deux pendules. Par suite, les secousses sont enregistrées en même temps que l'horloge donne l'heure à laquelle chacune d'elles s'est produite (fig. 346).

Pour arriver à déterminer la vitesse de propagation des secousses, il est nécessaire d'avoir l'heure exacte de l'arrivée de l'ébranlement en chaque lieu. Si les horloges du pays sont bien réglées, comme en France sur l'heure de Paris, on y arrive facilement. Souvent même la secousse arrête, quand elle est assez forte, l'horloge au moment précis de son arrivée. Toutefois, on ne connaît généralement l'heure de cette manière qu'à une minute près. Il vaut donc mieux employer les avertisseurs déjà décrits. En Allemagne on se sert de divers appareils, entre autres de ceux de Seebach et de von Lasaulx. Dans le premier une roue dentée d'horloge est retenue par un petit index porté par une quille. Celle-ci tombe à la moindre secousse et la roue tourne. Dans le second il y a une boule avec un ressort en spirale. La secousse fait mouvoir la boule et allonge le ressort; un index porté par celui-ci avance, et l'horloge, qui était arrêtée, se met à marcher.

Pour mettre en évidence les plus petits mouvements du sol, surtout dans les pays volcaniques, on a imaginé en Italie des *microséismographes* qui sont enregistreurs, et des *tromomètres* qui ne le sont pas.

Le microséismographe de de Rossi consiste en cinq pendules inégaux reliés par des fils de soie. Au milieu d'eux est suspendu un petit poids; dès qu'il se produit un choc, le poids arrive au contact du mercure placé dans une cupule; un courant s'établit et détermine l'inscription d'un point sur un papier enregistreur à mouvement continu.

Le tromomètre le plus employé consiste en un poids suspendu à un fil de soie. Sur l'une

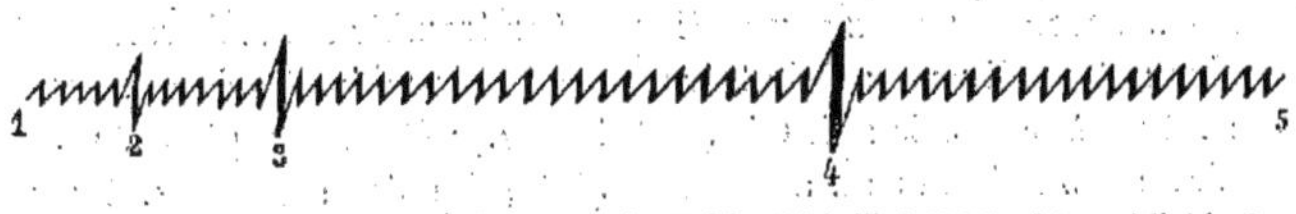

Fig. 349. — Diagramme du tremblement de terre de Tokio (25 juillet 1880), obtenu à l'aide du séismographe de Wagner.

des faces du poids est gravé un trait vertical; on l'observe à l'aide d'un microscope qui tourne autour de l'axe d'oscillation du pendule. On peut constater un écart de la position d'équilibre, ne dépassant pas un centième de millimètre. L'appareil est protégé par une cage de verre contre les courants d'air. On constate que les tromomètres sont rarement en repos; dans les régions volcaniques le sol est perpétuellement en mouvement (1).

On a remarqué que les appareils magnétiques des observatoires pouvaient servir de séismographes, car les tremblements de terre produisent des perturbations dans les oscillations des aiguilles aimantées. Lors du tremblement de terre des côtes de Ligurie, le 23 février 1887, on a constaté des perturbations magnétiques dans les observatoires de Perpignan, Lyon, Nantes, Saint-Maur, Montsouris, Greenwich, Wilhemshafen, Bruxelles, Utrecht, Vienne, Lisbonne et Pola (1) (fig. 348).

(1) Fouqué, *Les tremblements de terre*, p. 116.

(1) Fouqué, *Les tremblements de terre*, p. 121.

INTENSITÉ ET DURÉE DES TREMBLEMENTS DE TERRE.

Il n'y a pas d'exemple de tremblement de terre composé d'une seule secousse. Les secousses se répètent toujours, mais leur nombre est variable. La durée totale varie de quelques jours à quelques mois. Parfois même, les secousses se répètent pendant des années. En Calabre, elles commencèrent le 5 février 1783 et durèrent jusqu'à la fin de 1786. Il n'y a pas toujours continuité; il y a des repos. C'est pourquoi on peut les regarder comme des tremblements de terre séparés; de là des différences dans les statistiques, d'autant plus que rarement le repos est absolu.

Quand les secousses sont rapprochées, elles sont petites; lorsqu'elles sont plus rares, il y en a habituellement de plus fortes que les autres.

La première catégorie constitue ce que les Allemands appellent les tremblements de terre par essaim (*Erdbebenschwärme*). Tels sont ceux qui se produisirent à Grossgerau, près de Darmstadt, de janvier 1869 à janvier 1870. Du 12 janvier au 31 octobre 1869 il n'y eut pas moins de 53 secousses, faibles d'ailleurs. Ensuite, jusqu'en janvier 1870, il y eut des secousses plus fortes.

Dans la même catégorie se place le tremblement de terre de la Viège (Valais). A Visp, en particulier, il consista en une série de petites secousses faisant simplement vibrer les carreaux et osciller les corps suspendus. Il n'y eut aucun maximum sensible. Ce séisme débuta le 25 juillet 1855 et se prolongea jusqu'en 1857.

La seconde catégorie (celle des *Einzelbeben* des Allemands), comprend les tremblements de terre où il y a des secousses fortes assez peu nombreuses, séparées par des repos ou par une série de petites secousses. Il peut y avoir un seul maximum au début ou au milieu, mais le plus souvent il y en a plusieurs. La figure (fig. 349) donne le tracé graphique, obtenu à l'aide du séismographe, du tremblement de terre de Tokio (Japon), le 25 juillet 1880. Il y eut trois maxima, dont l'un plus fort que les deux autres.

Le fameux tremblement de terre de Lisbonne appartient à cette catégorie. Il débuta le 1er novembre 1755 par une grande secousse; du 1er au 18 il y eut plusieurs maxima marqués et ensuite une longue série de petites secousses.

De même à Ischia en 1883, il y eut au début une grande secousse, qui détruisit Casamicciola et Forio. En Andalousie, une première secousse se fit sentir le 22 décembre 1884, puis il y eut le 25 décembre une secousse formidable qui, en dix secondes, couvrit de ruines les provinces de Malaga et de Grenade; enfin depuis ce jour jusqu'au 9 mars 1885, des secousses incessantes plus ou moins fortes se produisirent.

D'une manière générale, on peut dire que les tremblements de terre des régions volcaniques consistent en secousses assez peu différentes les unes des autres. Il y a au début des secousses faibles, dues à la tension des laves qui doivent sortir, un maximum au moment où le sol s'entr'ouvre, puis les secousses diminuent. De nouveaux maxima se produiront si l'éruption éprouve un obstacle, si la cheminée s'obstrue. Les tremblements de terre si nombreux dans les régions du Vésuve et de l'Etna se présentent ainsi. Il en est de même des tremblements de terre locaux comme ceux de Darmstadt.

Les tremblements de terre qui se font sentir sur une grande étendue, comme celui de Lisbonne, présentent plus de différences dans l'intensité des secousses. Ils ne sont plus la conséquence de l'effort des laves pour sortir. Ils proviennent probablement de mouvements de contraction de l'écorce terrestre qui occasionnent des éboulements souterrains. De là, une irrégularité dans les secousses, et des maxima bien marqués dont le plus intense est généralement au début.

ÉTENDUE DES TREMBLEMENTS DE TERRE.

Il n'y a aucun rapport fixe entre l'intensité d'un tremblement de terre et l'étendue sur laquelle il se fait sentir. Cela s'explique facilement. A partir du centre d'ébranlement l'intensité diminue proportionnellement au carré de la distance. Il y aurait donc proportionnalité entre l'intensité et l'étendue si le centre d'ébranlement était toujours à la même profondeur, mais cela n'a pas lieu. Si le centre d'ébranlement est peu profond, à égalité d'intensité, le tremblement de terre s'étendra sur une plus grande surface que s'il était très profond.

Les tremblements locaux sont généralement liés aux éruptions volcaniques. A Terceira, qui a 50 kilomètres de diamètre, le séisme de 1866, qui dura plusieurs mois, se limita à un petit nombre de localités. Les secousses qui accompagnent les éruptions du Vésuve ne se font généralement pas sentir à Naples. Celles de l'Etna ne dépassent guère une étendue de quelques kilomètres; très rarement on les observe à Reggio, sur la côte d'Italie.

L'île d'Ischia (fig. 350) présente de nombreux séismes qui sont d'origine volcanique. Elle renferme en effet un volcan, le Monte Epomeo, aujourd'hui inactif, et des sources thermales. Les secousses ne se propagent que sur une faible étendue. En 1855 elles furent très violentes dans l'île; mais à Procida, dont elle n'est séparée que par un bras de mer de deux kilomètres, les secousses furent très faibles; à Pouzzoles, qui se trouve en face sur la côte napolitaine, elles agitèrent seulement les cloches des églises. Le séisme du 28 juillet 1883 a présenté les mêmes caractères. A Procida et à Pouzzoles, la commotion a été extrêmement faible. A Naples, ce n'est que par un séismographe qu'on a appris les secousses.

Parfois aussi des tremblements de terre non volcaniques sont très peu étendus. Ainsi celui de Ransdorf et celui d'Essen, en Westphalie, celui de Douai (1885). Toutefois, c'est l'exception. Généralement les tremblements de terre non volcaniques ont une aire de propagation énorme. Le tremblement de terre de Lisbonne du 1er novembre 1755 se fit sentir sur un tiers de la surface du globe. Il s'étendit au sud jusqu'à Mogador, sur la côte du Maroc; il bouleversa une grande partie de la péninsule hispanique, fut ressenti dans tout le Portugal, Séville, Cadix, Madrid, etc. On l'observa à Madère, en de nombreux points de la France, en particulier à Caen. Il fut ressenti aussi à Cork en Irlande, en Hollande, en Allemagne, en Suisse, dans le nord de l'Italie (Turin, Milan). Au contraire, le sud de l'Italie resta en repos. Le tremblement de terre s'éloigna des volcans actifs, et parut même amener une diminution dans l'activité volcanique. On a remarqué qu'il avait coïncidé avec un ralentissement des éruptions du Vésuve.

On constata aussi que le séisme ébranla les lacs sur une grande partie de l'Europe. Les lacs d'Écosse, de Suisse et, dit-on, de la Suède et de la Norwège furent agités, bien qu'il n'y eût pas de vent. Beaucoup de sources furent aussi modifiées dans leur débit, leur limpidité et leur température. Aux bains de Teplitz, le 1er novembre 1755, entre onze heures et midi, la quantité d'eau augmenta dans une proportion très considérable, et déjà une demi-heure avant l'eau était devenue boueuse (1). Il est remarquable que l'agitation des lacs et le trouble des sources se soient manifestés sur un espace beaucoup plus étendu que les secousses du sol.

(1) Hoff, cité par Neumayr, *Erdgeschichte*, I, p. 277.

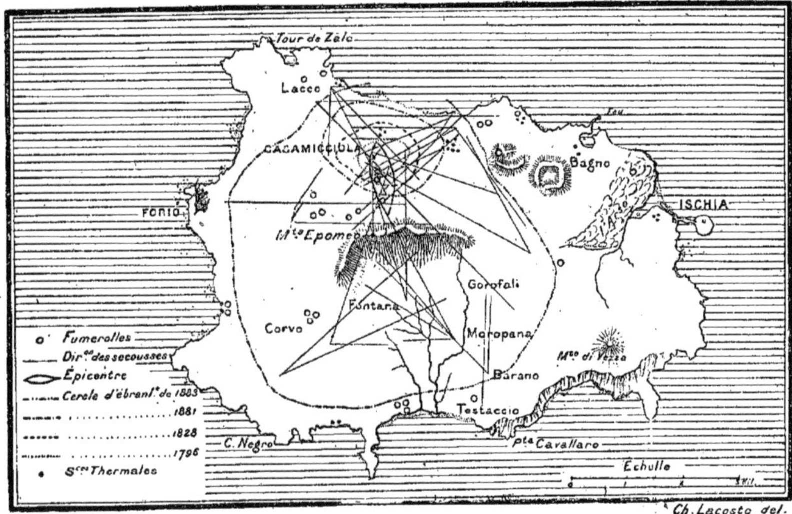

Fig. 350. — L'île d'Ischia.

On peut citer encore pour son étendue le tremblement de terre du 24 juin 1870; il agita l'Arabie, l'Égypte, l'Italie, la Grèce, l'Asie Mineure et la Syrie. Sur la rive occidentale de la mer Rouge, il atteignit Aden; les autres points extrêmes furent Naples et Urbino en Italie, Athènes, les Dardanelles, Lesbos, Smyrne et Beyrouth en Syrie.

PROPAGATION DES SECOUSSES DANS LES OCÉANS.

Les secousses séismiques agitent fortement les eaux de la mer. Elles produisent des vagues énormes. Il est certain que, dans la plupart des cas signalés, les secousses sont parties de la terre ferme et sont arrivées ensuite par propagation successive jusqu'à la mer. Il semble cependant que parfois elles partent du sol sous-marin. Quoi qu'il en soit, ces mouvements de la mer sont très redoutables. Dans certains cas, la mer commence par se retirer, puis revient, et se précipite vers l'intérieur des terres, sous forme d'une vague de 10 à 30 mètres de hauteur. C'est ce qu'on nomme un *raz de marée*. Ainsi, lors du tremblement de terre de 1699, le rivage près de Catane fut d'abord mis à sec sur une étendue de 2 000 toises, puis fut envahi par une vague énorme. Le retour se fait souvent après un temps assez long, parfois deux ou trois heures. Dans quelques cas, comme à Arica en 1873 et à Iquique en 1877, la mer a monté d'abord et s'est retirée ensuite. A Lisbonne, en 1755, la vague séismique s'éleva à 16 pieds d'abord, puis à 40 pieds au-dessus du niveau des hautes mers. A Lima, le 28 octobre 1724, un tremblement de terre détruisit la ville, et en même temps au Callao se produisit une vague de 80 pieds de haut qui submergea tout. De 23 navires qui se trouvaient dans le port, 19 furent immédiatement coulés, tandis que les 4 autres furent lancés à une lieue dans les terres.

La propagation des vagues séismiques se fait sur une étendue extraordinaire. Nous avons déjà eu l'occasion de parler de la vague produite par l'explosion du Krakatau, le 27 août 1883. Elle fut signalée sur une grande partie du globe. La vague engendrée par le séisme de Lisbonne traversa tout l'Atlantique et ravagea la Jamaïque. Elle avait mis neuf heures et demie pour faire ce trajet.

Les vagues des séismes de l'Amérique du Sud s'étendent sur le Pacifique, et atteignent les côtes d'Australie et du Japon. Les séismes du Japon, en revanche, arrivent jusqu'en Amérique. Lors du tremblement de terre du 20 novembre 1854, le flot atteignit la côte de l'Amé-

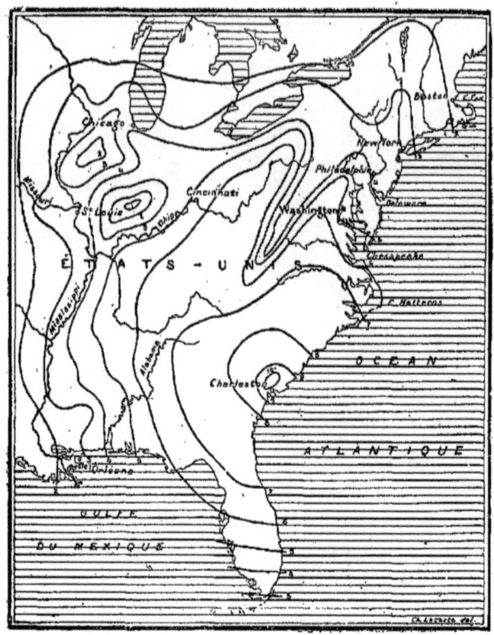

Fig. 351. — Courbes isoséistes, tremblement de terre de Charleston, 1887.

rique du Nord en 12 heures 28 minutes, et celle de l'Amérique du Sud en 13 heures 50 minutes.

Plusieurs observateurs se sont préoccupés de déterminer la vitesse de ces vagues. De Hochstetter, lors du séisme d'Arica, le 13 août 1868, trouva que la rapidité de la vague séismique s'accordait avec celle de la marée. Le fait fut confirmé par les recherches de Geinitz sur la vague du séisme d'Iquique, le 9 mai 1884. Voici les résultats de Hochstetter :

Trajet de la vague.	Distance en milles marins.	Durée du trajet.	Vitesse par heure.
D'Arica à Valdivia......	1420	5 heures.	284 milles.
— à New Castle...	7380	16 h. 02 m.	319 —
— aux îles Chatham.........	5520	15 h. 19 m.	360 —
— à l'île Oparo (groupe des Tubuaï).....	4057	11 h. 11 m.	362 —
— à Honolulu.....	5580	12 h. 37 m.	442 —

Le séisme de la baie de Simoda au Japon (île de Nippon), mérite une mention spéciale. Il se produisit le 23 décembre 1854. La mer s'éleva et inonda la ville entière. Son niveau varia de 2m,65 au moins à 12 mètres, et le retour eut lieu cinq fois dans la journée. La ville tout entière fut détruite. De 1000 maisons, 17 seulement restèrent debout. Les jonques qui se trouvaient dans le port furent lancées à 1 ou 2 milles dans les terres. La frégate russe la *Diane* se trouvait dans le port. Elle éprouva la première secousse à 9 heures 1/4 ; la vague s'élança dans la baie à 10 heures, et la masse d'eau du port éprouva de telles fluctuations, de tels tourbillonnements, qu'en 30 minutes, le navire tourna quarante-trois fois sur lui-même. Les mouvements étaient si violents que personne ne pouvait se tenir debout. Les secousses firent sortir les canons de leurs places ; les cordages et les chaînes s'entortillaient, par suite des tourbillonnements, en nœuds inextricables. La mer se calma vers 2 heures.

MODE DE PROPAGATION DES SECOUSSES.

L'ébranlement qui constitue un tremblement de terre se produit dans la profondeur du sol et se propage jusqu'à la surface. La région limitée où il rencontre la surface s'ap-

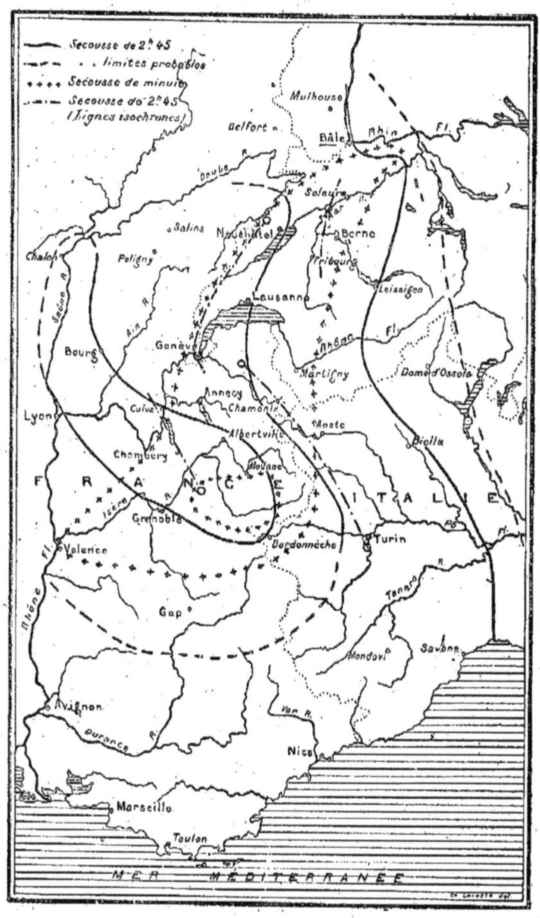

Fig. 352. — Tremblement de terre du 22 juillet 1881, en Suisse, d'après M. Ch. Soret (page 290).

pelle l'*épicentre*. Si le foyer d'ébranlement était localisé dans un très petit espace et si le sol était homogène l'épicentre serait un simple point. Mais il n'en est pas ainsi; l'épicentre est une petite aire généralement limitée par une ellipse. Là, tout naturellement, les secousses sont le plus violentes, elles y sont verticales. Ainsi l'épicentre est la surface où les secousses sont le plus fortes. On peut dire aussi que c'est la réunion des points où commencent à se faire sentir les secousses.

A partir de l'épicentre l'ébranlement se propage dans toutes les directions à la surface du sol sous forme de secousses ondulatoires, de la même manière que l'ébranlement produit par une pierre dans l'eau se propage concentriquement autour du point ébranlé. On peut sur la carte prendre un certain nombre de points où se font sentir les mouvements ondulatoires et marquer en chacun d'eux la direction suivant laquelle sont arrivées les secousses. Si l'épicentre était un point théorique les diverses lignes devraient s'y croiser. Mais on constate qu'en réalité elles ne convergent pas en un même point; elles se rencontrent dans une petite région, qui est l'épicentre cherché. C'est ce que montre la figure 350 représentant l'île d'Ischia avec l'épicentre de 1883. Ce dernier n'avait pas plus de 1 kilomètre et demi de longueur et 500 mètres de largeur. Il peut se faire que l'épicentre soit une ligne très allongée; cela indique que le foyer d'ébranlement occupe toute une cassure souterraine. Ainsi le 2 mars 1878 un violent tremblement de terre se manifesta simultanément au pied du versant sud de l'Himalaya sur une longueur de plus de 1000 kilomètres.

Dans d'autres cas le centre d'ébranlement se déplace ; il en est de même de l'épicentre, et par suite le lieu du maximum des bouleversements se transporte à la surface du sol. C'est ce qui eut lieu en Calabre en 1783 ; l'épicentre se déplaça graduellement vers le nord-est, détruisant les villes les unes après les autres.

Il est évident qu'en dehors de l'épicentre les secousses seront d'autant plus faibles qu'on s'éloignera davantage. On peut par conséquent tracer autour de l'épicentre des couches concentriques reliant les points où les secousses ont eu la même intensité. Ces courbes des intensités décroissantes s'appellent courbes *isoséistes*. On distingue pour construire ces courbes les secousses *très fortes* qui renversent tous les édifices, les secousses *fortes* qui ne renversent que ceux moins solidement construits, les secousses *assez fortes* qui renversent les objets mobiliers et arrêtent les horloges, les secousses *faibles* qui ébranlent les objets mobiles, enfin les secousses *très faibles* qui ne sont sensibles qu'aux instruments séismographiques. Les isoséistes ne sont des ellipses régulières que si le sol est homogène. Généralement elles présentent des irrégularités, des inflexions tenant à la constitution géologique, à l'orographie. Les dislocations du sol, la nature des roches, l'épaisseur plus ou moins grande des dépôts, influent sur l'intensité. C'est ce que montre la figure (fig. 351).

On peut aussi, grâce aux instruments séismographiques, tracer des courbes *homoséistes*, c'est-à-dire joindre sur la carte d'un trait continu, tous les points où les secousses sont arrivées en même temps. Elles sont de même apparence que les isoséistes; les mêmes circonstances influent sur leur forme.

A l'aide des homoséistes on peut obtenir la vitesse de propagation du séisme à la surface du sol. Voici quelques résultats :

D'après les documents contemporains le tremblement de terre de Lisbonne aurait dû se propager avec une vitesse de 2488 mètres par seconde. Toutefois Mallet a trouvé suivant les directions des vitesses variant de 500 à 1 500 mètres.

Le tremblement de terre du 21 au 22 juillet 1881, en Suisse, a eu des vitesses variant suivant les directions de 300 à 747 mètres (fig. 352). Il y a eu des variations analogues pour le séisme de Charleston du 31 août 1886; la vitesse a été de 4250 au minimum et de 6 000 au maximum, par seconde.

On voit que les chiffres diffèrent beaucoup. La vitesse peut être très grande, mais elle peut être très petite. Ainsi pour le tremblement de terre senti à Genève, le 28 juin 1880, la vitesse de propagation entre Genève et Coppet n'a été, d'après M. Heim, que de 54 mètres par seconde.

VITESSE DE PROPAGATION DES SECOUSSES A TRAVERS LE SOL.

Les résultats obtenus pour la vitesse de propagation des tremblements de terre sont, comme on le voit, très différents. Il a donc fallu recourir à l'expérimentation pour déterminer la vitesse de translation des secousses dans des sols de nature diverse.

Mallet a fait des expériences sur différents terrains. L'ébranlement était produit par l'explosion d'une certaine quantité de poudre enfoncée dans des trous de mine. Le mouvement se transmettait dans le sol et on l'observait à un demi-mille (792 mètres) du lieu de l'explosion. On constatait l'arrivée des secousses à l'aide d'un bain de mercure où l'on notait avec une lunette l'apparition de rides. En même temps on prenait l'heure de l'arrivée. Mallet trouva pour la vitesse par seconde les nombres suivants :

Sable	248
Granite fendillé	371
Granite compact	473
Micaschistes	368

On voit en somme que la vitesse est plus faible dans les terrains meubles que dans les terrains compacts.

Abbot, aux États-Unis, fit des expériences analogues à celles que Mallet avait effectuées en Angleterre. L'explosion était produite par la dynamite. Le lieu d'observation était notablement éloigné de celui de l'explosion. Comme Mallet, il observait les ébranlements transmis par le sol à un bain de mercure. Abbot trouva que la vitesse n'est pas constante; elle diminue avec la distance parcourue ; elle augmente avec la charge. La moyenne des vitesses obtenues pour le granite est de 2270 mètres par seconde.

Fig. 353. — Appareil de MM. Fouqué et Auguste Michel Lévy.

Milne, au Japon, fit de nombreuses expériences sur un sol d'alluvion. Il produisait les chocs avec un marteau-mouton, ou avec de la dynamite. Les appareils pour noter l'arrivée des secousses étaient des pendules et des séismographes. La vitesse peut se décomposer suivant trois directions perpendiculaires : l'une verticale, une seconde suivant la ligne joignant l'épicentre au lieu d'observation (direction normale), enfin une troisième horizontale et perpendiculaire à la précédente (direction transversale). D'après Milne les trois composantes ont des vitesses inégales; celle qui marche le plus vite est la composante verticale, vient ensuite la composante normale, et enfin la composante transversale est la plus lente. Les nombres trouvés étaient très faibles dans une série d'expériences; on avait respectivement pour les trois vitesses : 174 mètres, 105 mètres, et 73 mètres en moyenne.

MM. Fouqué et Aug. Michel Lévy ont repris la question, après avoir étudié les tremblements de terre d'Andalousie, en 1885. Ils ont imaginé un appareil très parfait et se sont mis à l'abri de toutes les causes d'erreur (fig. 353) (1).

Dans de premiers essais ils se servaient d'un bain de mercure, d'un téléphone et d'un cylindre enregistreur à plume électrique de M. Marey. Le bain de mercure réfléchissait l'image des deux fils croisés d'un réticule bien éclairé. Quand le mercure est immobile il y a superposition dans l'œil de l'objet et de son image, mais s'il se produit dans le mercure un petit mouvement il n'y a plus superposition. On a deux images. Immédiatement l'observateur enregistrait à la main sur le cylindre le moment d'arrivée de la secousse, en appuyant sur un commutateur électrique; d'autre part le téléphone lui permettait de connaître le moment du choc. La différence entre les deux moments était le temps que la secousse avait employé pour parcourir une distance connue, celle du lieu du choc au lieu d'observation. On pouvait donc avoir facilement la vitesse.

(1) Voir Fouqué, *Les tremblements de terre*, p. 202 à 248.

L'appareil donnait lieu à une grave objection. Quand on voit les images se déplacer, il y a toujours une certaine hésitation dans la main qui pousse le bouton du commutateur. Il en résulte une erreur variable d'un observateur à l'autre. MM. Fouqué et Michel Lévy eurent recours à la photographie pour obtenir un enregistrement automatique. La maison Bréguet construisit l'appareil (fig. 354).

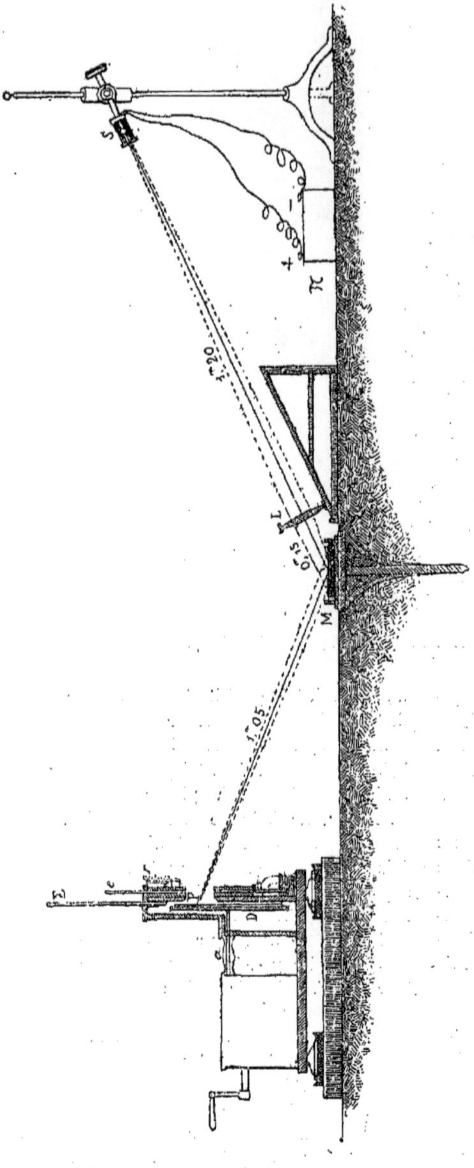

Fig. 354. — Coupe de l'appareil de MM. Fouqué et Auguste Michel Lévy.

La lumière est fournie par une lampe à incandescence *s*, modèle Trouvé. Le faisceau lumineux tombe sur une lentille L, qui le concentre sur un bain de mercure M. L'image réfléchie vient se former sur une plaque sensible P au gélatino-bromure. Cette plaque est contenue dans une chambre noire et portée par un disque D, muni d'un axe horizontal *a*. La plaque tourne; par suite l'image réfléchie y trace un cercle lumineux. Ce cercle a une épaisseur et une intensité constantes aussi longtemps que le bain de mercure est immobile, mais dès qu'une secousse arrive et que le mercure s'agite, on voit la lumière s'étaler et s'entourer d'une pénombre. A chaque secousse correspondra un renflement sur le cercle (fig. 355).

L'ouverture de la chambre noire est fermée par deux volets, l'un inférieur et l'autre supérieur *l. e.* Le volet E qui ferme le châssis métallique de la plaque sensible se retire complètement au moment de l'expérience. A ce moment aussi, un électro-aimant mis en relation avec le point d'origine du choc, fait tomber le volet inférieur. La lumière impressionne la plaque. Mais en même temps un mouvement d'horlogerie, muni d'un régulateur à ailettes *r*, entre en jeu et fait tomber, au bout d'un temps déterminé, le volet supérieur, de manière à masquer de nouveau l'orifice.

On peut régler le mouvement d'horlogerie du disque, de manière à obtenir un tour en 5 ou en 10 secondes. Le jeu successif des volets ne permet à l'image d'impressionner la plaque que pendant un temps donné, inférieur à la durée d'une rotation totale.

L'expérience terminée, on enlève la plaque et sur le cercle tracé on superpose un rapporteur en verre, dont les divisions se placent sur la trace laissée par la photogra-

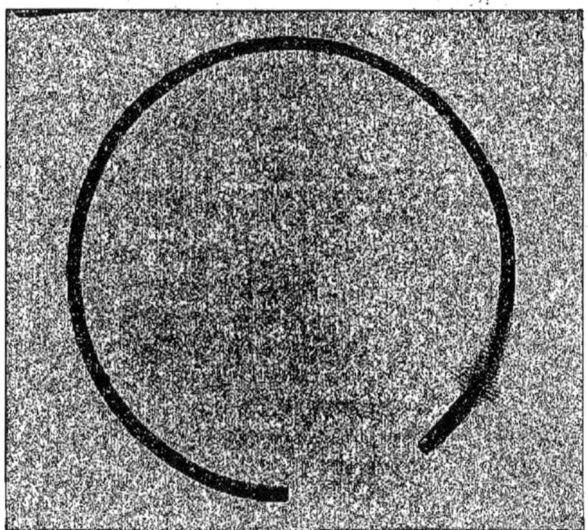

Fig. 355. — Figure schématique donnant une idée des perturbations apportées par un choc dans le tracé de l'image.

phie. Il y a 500 divisions. Le cercle est décrit, par exemple, en 5 secondes, donc chaque division correspond à 1/100. Par la superposition, on voit bien au bout de combien de centièmes se sont propagées les secousses.

MM. Fouqué et Aug. Michel Lévy ont fait plusieurs séries d'expériences (fig. 356). Ils ont opéré au Creusot en utilisant le choc du marteau-pilon pour produire les secousses. Les vibrations se propageaient dans le grès permien, avec une

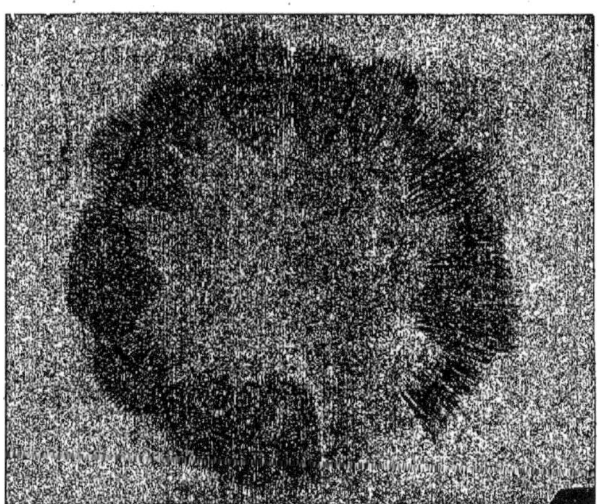

Fig. 356. — Figure schématique donnant une idée des perturbations apportées par des chocs dans le tracé de l'image.

vitesse de 1 190 mètres. Des expériences ont été faites sur la terrasse de Meudon avec un marteau-mouton, et y ont donné pour vitesse dans les sables dits de Fontainebleau 300 mètres.

Les opérateurs ont cherché la vitesse dans le granite de Montvicq, près Commentry. Le choc était fourni par des cartouches de dynamite. Les résultats obtenus ont varié avec la charge, de 2 450 mètres par seconde à 3 141.

A Commentry, on a fait deux séries d'expériences. Dans l'une, l'appareil était à la surface du sol, et les explosions étaient produites par la dynamite à l'intérieur de la mine. Dans l'autre série, l'appareil était dans une galerie, et l'explosion se faisait dans une autre galerie. La vitesse dans les grès houillers a varié de 2 000 mètres à 2 526.

Enfin, dans le marbre cambrien de Saint-Léon (Allier), près des mines de manganèse, la vitesse n'a été que de 632 mètres.

Tout ce qui précède montre combien la vitesse de propagation varie avec la nature de la roche. Mais elle dépend aussi des cassures, des dislocations que présente cette roche.

Suivant que les secousses se propagent en direction des filons et parallèlement aux couches, ou qu'elles se propagent normalement, on trouve pour la vitesse des nombres différents, comme l'a montré M. Noguès (1).

(1) Noguès, *Comptes rendus de l'Académie des sciences*, t. CVI, p. 1110.

PROFONDEUR DU CENTRE D'ÉBRANLEMENT.

Quand on veut se rendre compte des causes des tremblements de terre, on est conduit à se poser la question suivante : A quelle profondeur se produit l'ébranlement dont les secousses arrivent ensuite à la surface du sol ?

Plusieurs méthodes ont été proposées pour chercher la position du centre d'ébranlement. Les plus connues sont celles de Mallet. Elles reposent sur les principes suivants :

Représentons la surface terrestre par la ligne *cc* et le centre d'ébranlement inconnu par F. L'épicentre E s'obtiendra en menant du point F une perpendiculaire sur *cc*; la droite FE est le plus court chemin du centre à la surface, et c'est au point E que les secousses se font sentir avec le plus de violence. Au contraire, les secousses seront d'autant plus faibles aux points *a*, *b*, *c*, que ces points seront plus éloignés de F, c'est-à-dire d'autant plus faibles que l'angle des droites F*a*, F*b*, F*c* avec la droite *cc* sera plus aigu. Cet angle est appelé l'angle d'*émission* ou d'*émergence*. Pour avoir le centre F cherché, il suffira de connaître cet angle pour quelques points de la surface. Le point de rencontre des lignes F*a*, F*b*, F*c*, FE, sera le centre du séisme (fig. 357).

Une première méthode employée par Mallet pour déterminer les rayons d'émergence F*a*, F*b*... consiste à observer les crevasses du sol, les fentes des murs produites par les secousses. Mallet admet que ces fentes sont normales à la direction des ébranlements. Par suite, il suffira, pour obtenir les lignes F*a*, F*b*, etc., de constater la direction des plans de fracture des constructions et de mener des perpendiculaires à ces plans (1) (fig. 358). Dans la figure, les lignes *cd*, *ef*, représentent des lézardes; le point de rencontre de leurs normales *ag*, *bh*, sera le centre cherché. Ce procédé a été bien des fois essayé, mais il semble peu exact. L'inclinaison des lézardes des murailles dépend non seulement de la direction des secousses,

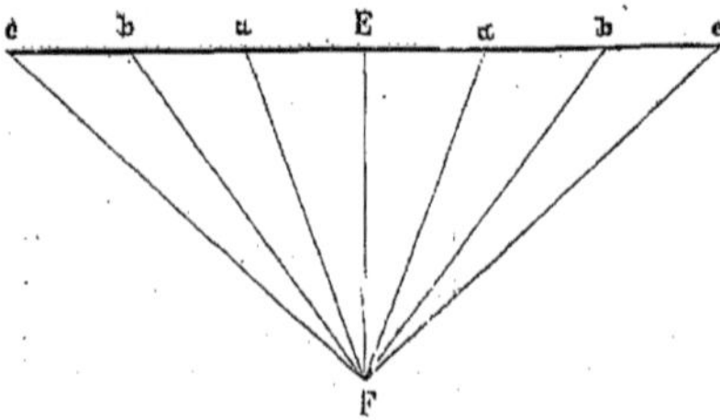

Fig. 357. — *Propagation des secousses.* — *cc*, surface terrestre; E, épicentre; F, centre d'ébranlement.

mais aussi, et pour une très grande part, du mode de construction et de la nature des matériaux. A l'île d'Ischia, lors du tremblement de terre de 1883, M. Mercalli a employé le procédé de Mallet. Il a fait un grand nombre de

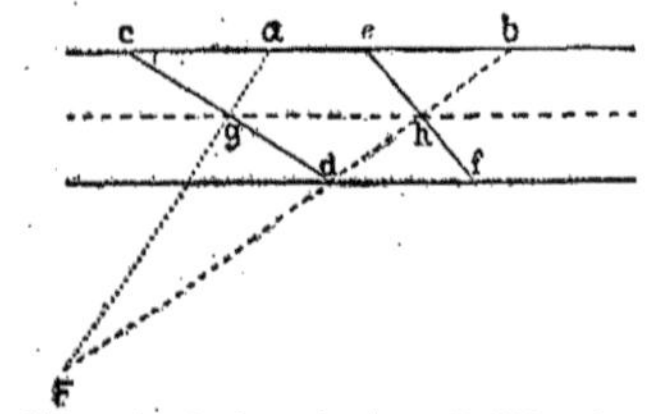

Fig. 358. — Profondeur du foyer F d'ébranlement. — *d* est à l'intersection des trois lignes *cg*, F*b* et *df*.

mesures en plusieurs points de l'île. Les résultats sont assez concordants et donnent pour profondeur du foyer d'ébranlement 1 kilomètre ou 1k,200. En mettant lui-même en pratique son procédé, lors du séisme de 1847 à Naples, Mallet trouva pour le foyer la profondeur de 11 kilomètres.

(1) L'angle d'émergence est évidemment égal à celui que fait la fente considérée avec la verticale.

Une autre méthode, due à Mallet, consiste à déduire l'angle d'émergence de la place où est lancée, lors d'une secousse, une boule placée sur le bord d'une terrasse. Mais jamais on n'a mis cette méthode en pratique.

Un autre procédé, imaginé par Hopkins, et perfectionné par Seebach, est fondé sur la considération de l'heure du commencement de la secousse en des points inégalement distants de l'épicentre. Quand le foyer est peu profond, les secousses doivent se propager avec une vitesse presque constante, et les courbes homoséistes doivent être presque également écartées les unes des autres. Quand le foyer est profond, la vitesse d'abord très grande, diminue ensuite pour ne devenir constante qu'à une grande distance de l'épicentre. De l'observation des homoséistes, Seebach a déduit une construction géométrique. Il arrive à une équation qui fournit la profondeur du centre d'ébranlement, connaissant la vitesse aux différents points de la surface. La méthode de Seebach suppose que le centre d'ébranlement est un simple point, ce qui certainement n'a pas toujours lieu. Elle suppose aussi que le sol où se produit le séisme est homogène. Or on sait que les séismes se produisent généralement dans les régions disloquées. La méthode de Seebach a été employée surtout en Allemagne. Von Lasaulx l'a appliquée aux séismes d'Herzogenrath en 1873 et 1877. Il a trouvé pour la profondeur du foyer, dans le premier cas 28 kilomètres, et dans le second 27 kilomètres et demi.

Citons aussi le procédé de Falb, basé sur la détermination de l'intervalle du temps qui s'écoule entre l'arrivée d'une secousse et celle du bruit qui la précède. Enfin, MM. Dutton et Hayden ont trouvé un procédé fondé sur la distribution des couches isoséistes. Si l'on considère ces lignes, on trouve qu'en certains points de la carte les courbes isoséistes se resserrent, se rapprochent les unes des autres. Ce sont les points où les intensités décroissent le plus rapidement. Il suffira de déterminer la distance de ces points à l'épicentre et de la multiplier par $\sqrt{3}$ pour avoir la profondeur cherchée. Naturellement, le lieu géométrique de ces points à décroissance rapide ne se rapprochera d'un cercle que si le terrain est bien homogène; et d'autre part il est difficile de construire les isoséistes, faute d'une définition bien nette des intensités. Le procédé de MM. Dutton et Hayden, appliqué au tremblement de terre de Charleston de 1886, a donné pour la profondeur 29 kilomètres. Appliqué par M. Fouqué au tremblement de terre d'Andalousie, il donne 18 kilomètres (1).

En résumé, toutes les méthodes employées jusqu'ici pour déterminer la profondeur du centre d'ébranlement, sont approximatives, et elles le seront toujours à cause de l'hétérogénéité du terrain. Mais elles conduisent toutes à ce résultat, que les centres d'ébranlement sont peu profonds; ils ne dépassent guère 35 kilomètres. D'après Dutton et Hayden, parmi les séismes des cent cinquante dernières années, neuf seulement auraient eu leur foyer plus profond que celui de Charleston; beaucoup l'auraient eu moins profond. Leur méthode, appliquée au séisme d'Ischia, ne donne que 250 mètres. Ainsi les phénomènes séismiques sont dus à des causes qui résident dans l'épaisseur de l'écorce terrestre et non dans le noyau interne.

RÉPARTITION GÉOGRAPHIQUE DES TREMBLEMENTS DE TERRE.

Les diverses parties du globe sont inégalement partagées au point de vue des séismes. Les régions exposées aux secousses sont les régions disloquées, celles où le sol présente des fractures; ainsi l'Italie, l'Espagne, l'archipel grec, les côtes du Pacifique, comme l'Amérique centrale, le Chili, le Pérou, le Japon. Il faut y ajouter la Suisse et les pays situés au bord des Alpes, comme le bassin de Vienne en Autriche.

Dans toutes ces régions le sol est bouleversé; ses assises, au lieu d'être horizontales, sont retirées, ployées, contournées. Au contraire, les pays où il y a une grande épaisseur de couches sédimentaires, horizontales, sans dislocations, sont exempts de tremblements de terre. Ainsi les plaines de la Russie et de la Sibérie, l'Allemagne du Nord, les pampas de l'Amérique du Sud, l'intérieur de l'Afrique entre le Congo et le Mozambique, où les voyageurs ont trouvé, comme nous l'avons déjà vu, des blocs de pierre façonnés par l'érosion, et ne tenant que par miracle. Les plus faibles secousses les renverseraient. Il faut ajouter

(1) Voir sur ce procédé, Fouqué, *Tremblements de terre*, p. 110 à 112.

aux régions indemnes, celles où les dislocations sont anciennes, comme en Bretagne.

Dans les pays menacés on doit prendre des précautions pour assurer la solidité des édifices. Les façades doivent être alignées dans la direction habituelle des secousses; il faut éviter de bâtir au contact de deux sols de composition différente et surtout sur un terrain meuble reposant sur une roche solide. En effet, la vitesse de propagation des secousses est ralentie dans les terrains meubles, mais l'ébranlement produit est plus considérable. A Lisbonne, les maisons bâties sur du calcaire restèrent debout; celles bâties sur le sable ou l'argile s'écroulèrent.

Les cavités du sol opposent un obstacle à la propagation des secousses. Ce fait a été remarqué par les habitants de Saint-Domingue, qui creusent des trous profonds au voisinage de leurs maisons pour en assurer la stabilité.

Nous allons maintenant étudier avec quelques détails certaines des régions les plus remarquables par leurs séismes.

TREMBLEMENTS DE TERRE DE LA BASSE-AUTRICHE ET DE LA HAUTE-ITALIE.

Les séismes sont communs dans le bassin de Vienne (359). Ce bassin est tertiaire; il continue vers l'ouest le grand bassin de Hongrie. Il se trouve adossé au grand massif bohémien composé de granite, de gneiss et schistes anciens. Au sud se trouve la chaîne des Alpes et entre les deux massifs le bassin de Bavière. Cette plaine très serrée entre Ybbs et Saint-Pölten est suivie par le Danube jusqu'au point où ce fleuve est parvenu à entailler sa vallée dans le prolongement sud du massif ancien de Bohême. Le massif est traversé par une rivière : le Kamp, qui passe à Neustift et vient se jeter presque perpendiculairement dans le Danube. Nous verrons qu'elle joue un rôle important. Enfin au nord du bassin de Vienne se montrent les Carpathes. Les Alpes présentent vers la ville de Vienne une inflexion et elles sont alors limitées vers l'ouest par une ligne de fracture remarquable. Cette ligne, appelée *Thermenlinie* à cause des sources chaudes de Meidling, Baden, Vöslau, se prolonge jusqu'à Wiener-Neustadt. Elle se prolonge à travers les Alpes par une ligne de fracture qui part de Gloggnitz sur le Semmering, atteint Mürzuschlag et suit alors la vallée de la Mürz, de cette localité à Bruck-sur-Mur. On appelle cette ligne la « *Mürzlinie* ». Le Kamp, dont nous avons déjà parlé, coule dans une fracture transversale aux Alpes, la *Kamplinie*, qui commence à Brünn près de Wiener-Neustadt et se dirige alors vers le nord-ouest, traversant les Alpes, atteignant la plaine près d'Altlengbach et pénétrant dans le cœur du massif bohémien jusqu'au delà de Messern. Cette ligne de Kamp est, comme le montre la carte, en croix avec la *Thermenlinie* et la *Mürzlinie*. Les séismes nombreux dont le bassin de Vienne est le théâtre se propagent toujours le long de ces lignes de fractures et se montrent ainsi en relation avec la constitution géologique du pays.

M. Suess a bien mis en évidence cette relation (1). Il a montré que les séismes se propagent parallèlement à la chaîne des Alpes, le long de la *Thermenlinie* et de la *Mürzlinie*, et transversalement à la chaîne, suivant la *Kamplinie*.

En voici quelques exemples. Le plus violent tremblement de terre de la région eut lieu le 15 septembre 1890; il eut son maximum à Neu-Lengbach sur la ligne du Kamp et se propagea dans cette direction au delà de Messern et d'Iglau; il fut ressenti jusqu'à Prague. D'autre part il suivit la ligne des Thermes et se fit ressentir à Tratskirchen. Sur la carte, on a ombré les points où les secousses se font sentir avec le plus de fréquence et d'intensité. On voit que la région de Wiener-Neustadt, au point de jonction de la ligne du Kamp et de celle des Thermes, est particulièrement remarquable.

Le séisme du 27 février 1768 fut surtout transversal, c'est-à-dire perpendiculaire aux Alpes. Les secousses les plus fortes se firent sentir à Brünn sur la ligne des Thermes et endommagèrent Wiener-Neustadt. Sur la ligne du Kamp elles se propagèrent jusqu'au delà d'Iglau.

Le 14 mars 1837, il y eut propagation longitudinale, c'est-à-dire parallèle aux Alpes. Le centre était à Mürzzuschlag et au Semmering, et les secousses se propagèrent le long de la ligne de la Mürz jusqu'à Bruck-sur-Mur. Dans le sens transversal elles se firent sentir

(1) Suess, *Das Antlitz der Erde*, I, p. 104 et suivantes.

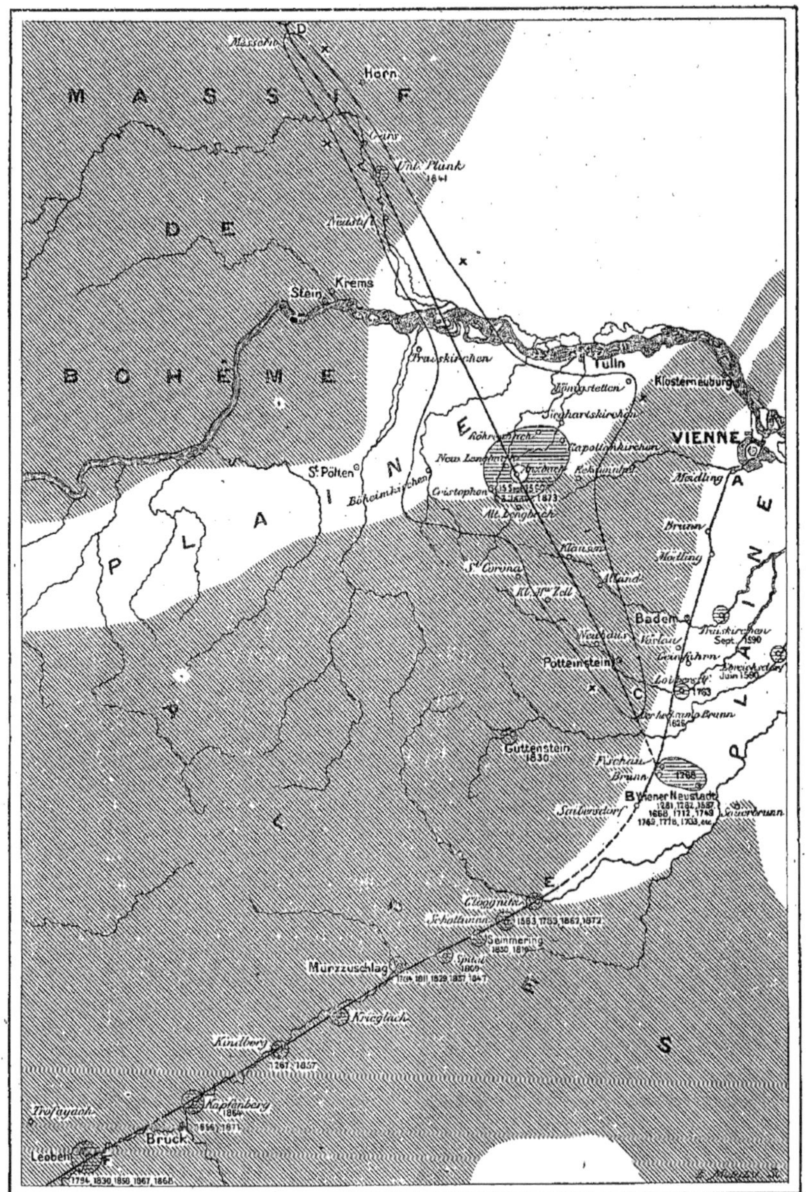

Fig. 359. — Tremblements de terre de la Basse-Autriche. — AB, ligne des sources thermales; CD, ligne du Kamp; EF, ligne de la Mürz; XXX, limites du séisme du 3 janvier 1873.

au-dessus de Prague jusqu'à Alt-Bunzlau.

Le tremblement de terre de Neu-Lengbach, le 3 janvier 1873, se propagea dans un espace en forme de croix dont les limites sont indiquées sur la carte par la ligne *x*. La longueur de la croix est dirigée suivant la ligne du Kamp. Elle s'étendait jusqu'à Messern, au nord, dans le massif bohémien, et au sud, jusque près de la ligne des Thermes. Les deux bras de la croix se trouvaient entre Köningstetten et Pyhra. Le phénomène se répéta au même endroit le 12 juin 1874, mais avec moins d'intensité.

Une autre ligne transversale parallèle à celle du Kamp, se trouve à Scheibbs, plus à l'ouest, dans la Basse-Autriche. La région ébranlée, le 17 juillet 1876, avait la forme d'une poire ou d'une bouteille. La partie allongée s'étendait du N.-N.-O. jusque vers Dresde. A Lobositz, sur l'Elbe, les cloches sonnèrent. Au sud, dans les Alpes, les secousses n'atteignirent que Graz; à l'est, elles arrivèrent jusqu'à Presbourg, et à l'ouest à Passau. Si l'on considère la région voisine des Carpathes, on trouve là aussi une ligne parallèle à celle du Kamp, c'est-à-dire transversale aux Alpes. Le tremblement de terre de Sillein, le 15 janvier 1858, avait son maximum dans la haute vallée de la Waag, dans une ellipse s'étendant du nord au sud. Il se prolongea au sud jusqu'à Gran sur le Danube, et au nord, à travers les Carpathes et les autres chaînes, jusqu'à Trebnitz au nord de Breslau.

Si l'on s'enfonce dans les Alpes, et si l'on arrive au sud de cette chaîne, dans la Haute-Italie, on trouve une autre région de séismes. C'est celle de Belluno. Le tremblement de terre du 29 juin 1873 y prit naissance, mais traversa toute la largeur des Alpes et se fit sentir au delà de Linz et de Freistadt jusqu'en Bohême. M. Hörnes a cherché à mettre en évidence, au pied sud des Alpes, du lac de Garde jusqu'au delà de Fiumes, une zone d'ébranlements fréquents. Ce serait une ligne périphérique d'où s'étendraient un certain nombre de directions d'ébranlements. H. Hoefer, par l'étude des tremblements de terre de Carinthie, est arrivé à trouver un réseau de grandes lignes d'ébranlement dont certaines suivent la direction des chaînes. Mais cette partie des Alpes a une structure compliquée, et des études nouvelles sont nécessaires pour la solution de la question.

TREMBLEMENTS DE TERRE D'ALLEMAGNE ET DE SUISSE.

Il y a aussi des relations entre les tremblements de terre de l'Allemagne et la constitution géologique du pays. A Herzogernrath il y eut deux tremblements de terre, en 1873 et 1877. Dans cette région le carbonifère forme une bande s'étendant de Liège par Aix-la-Chapelle jusqu'au bassin de la Ruhr, suivant la direction S.-S.-O. — N.-N.-E. L'épicentre du séisme de 1877 est allongé suivant cette direction, et celui de 1873 suivant la direction perpendiculaire. Les plissements du houiller se font dans la direction N.-N.-E. Von Lasaulx admet l'existence de lignes de fracture parallèles entre ces plis, et d'après lui l'extension de l'épicentre dans cette direction résulte de la continuité des couches (1). Il admet pour expliquer le séisme de 1873 l'existence d'une faille transversale. Toutefois, d'après Hoefer, il y aurait non pas ici deux systèmes de fentes rectangulaires, mais trois systèmes de failles se croisant aux environs d'Aix-la-Chapelle.

En Suisse, les secousses sont très fréquentes. Heim a noté, de novembre 1879 à la fin de 1880, c'est-à-dire pendant quatorze mois, 69 tremblements de terre dans les Alpes Suisses. La carte ci-jointe (fig. 360), dressée par M. Forel, indique les aires d'ébranlements pour les 21 tremblements de terre de cette période qui ont été sensibles à l'observation directe. La plupart ont pour centre des localités remarquables par quelque dislocation (1). L'un d'eux s'est étendu sur toute la Suisse occidentale, la Savoie, la Bresse ; son épicentre est parallèle à la direction du Jura (VII). Un autre (XIII) a atteint presque toute la Suisse, une partie du Piémont et de la Lombardie. Il s'étend de l'est à l'ouest en suivant la direction de la chaîne principale des Alpes.

La carte (fig. 352) montre que le tremblement de terre de la nuit du 21 au 22 juillet 1881, a été caractérisé par deux secousses. La première est survenue à minuit et son épicentre était allongé dans la direction N.-N.-E. ; la seconde, survenue à 2h,45, a eu son épicentre dans la direction N.-N.-O. (2). Deux causes géologiques différentes sont donc intervenues ici.

(1) Fouqué, *Tremblements de terre*, p. 195.

(1) Fouqué, *Tremblements de terre*, p. 18.
(2) Fouqué, *Ibid.*, p. 20.

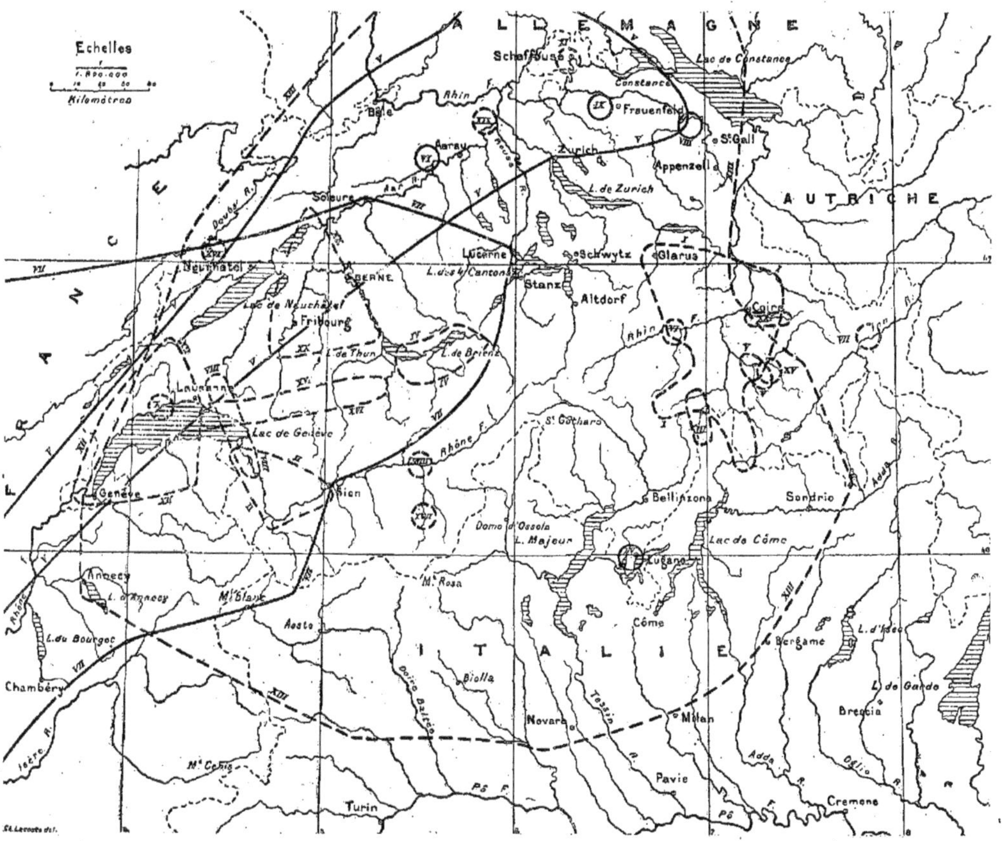

Fig. 360. — Tremblement de terre de la Suisse de novembre 1879 à décembre 1880 (d'après Forel).

Tableau explicatif.

1879.

IV.	Lugano	28 novembre.
V.	Savoie et Suisse	4-5 décembre.
VI.	Lostrof	12 —
VII.	Savoie et Suisse	30 —
VIII.	Niederaach	30 —

1880.

I.	Grisons	7 janvier.
II.	Bas-Valais	30 —
III.	Splügen	20 février.
IV.	Oberland Bernois	23 —
V.	Albula	12 avril.
VI.	Ilanz	26 avril.
VII.	Tarasp	7 mai.
VIII.	Villeneuve	7 —
IX.	Islikon	23 —
X.	Morges	4 juin.
XI.	Schaffhouse	9 —
XII.	Genève-Nyon	28 —
XIII.	Suisse	4 juillet.
XIV.	Locle	9 —
XV.	Bergün	14 —
XVI.	Lavaux	20 août.
XVII.	Zermatt	3 septembre.
XVIII.	Viège	8 —
XIX.	Brugg	10 —
XX.	Fribourg	19-24 —
XXI.	Davos	22 décembre.

TREMBLEMENTS DE TERRE DE L'ITALIE MÉRIDIONALE.

Quand des îles Lipari on regarde la terre ferme et la côte nord de Sicile, on se voit entouré de montagnes escarpées composées surtout de granite et de gneiss. Les roches plus récentes jusqu'au flysch se trouvent sur le versant qui est opposé aux îles Lipari. Vers le nord-est est le massif de Cocuzzo séparé de celui de la Sila qui se trouve sur l'Adriatique

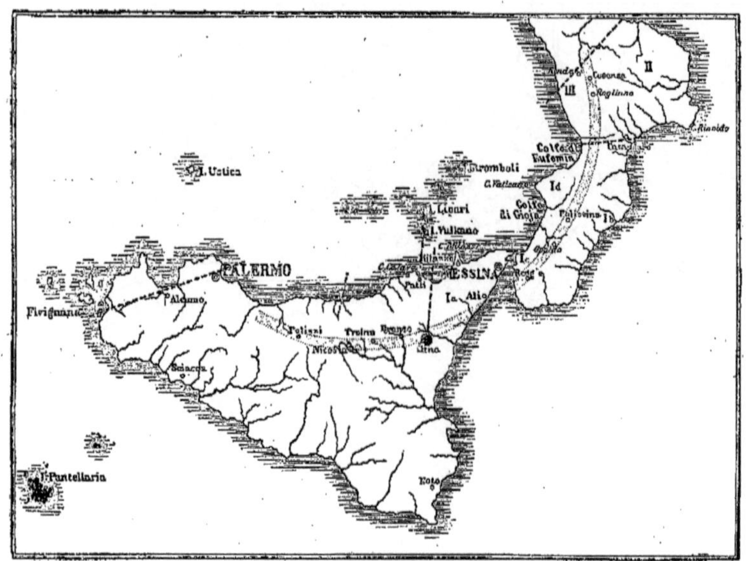

Fig. 361. — Tremblements de terre de l'Italie Méridionale (d'après Suess). — Ia, chaîne péloritanique ; Ib et c, Aspromonte et Scylla ; II, Sila ; III, Cocuzzo.

par la vallée longitudinale de Crati (fig. 361), En descendant vers le sud on trouve les hauteurs gnessiques du cap Vaticano et les roches granitiques de Scylla, qui sont les parties basses de l'Aspromonte. Cette chaîne élève au-dessus d'eux sa pente escarpée et elle est recouverte du côté de la mer Ionienne par des couches plus récentes. Enfin, sur la côte de Sicile se trouve la chaîne péloritanique ; ses parties granitiques se montrent au jour vers le nord-est de l'île, pendant que sur le versant sud se continuent contre l'Etna les couches récentes de l'Aspromonte avec un changement de direction.

Ainsi le Cocuzzo, la Sila, les hauteurs vaticaniques et de Scylla, l'Aspromonte et la chaîne péloritanique forment un demi-cercle, qui autrefois continu est aujourd'hui divisé par le détroit de Messine. Une ligne de fracture suit ce demi-cercle, à l'ouest de l'Aspromonte. C'est le long de cette ligne de fracture de l'Aspromonte que, d'après M. Suess, se propagent les principaux séismes de l'Italie méridionale (1).

Il en a été ainsi en particulier pour les séismes de la Calabre, de 1783. La série des phénomènes paraît avoir commencé en 1780 par une éruption de l'Etna que suivirent à Ali, sur la côte de Sicile, de violentes secousses locales. Puis eut lieu une éruption au Vulcano, et le 5 février 1783 se produisit le premier ébranlement à Oppido et Santa Cristina. Le centre d'ébranlement se déplaça sur la ligne de fracture de l'Aspromonte, et en quelques semaines le maximum se transporta de Soriano et Polia jusqu'à Gerifalco, près de l'extrémité nord de la ligne de fracture, et retourna ensuite à Radicena, près d'Oppido, au voisinage du point de départ. Il y eut des secousses jusqu'en 1786. Toute la Calabre fut ruinée par ces tremblements de terre ; les villes furent détruites les unes après les autres. Le nombre des victimes, évalué parfois à 60000, paraît cependant avoir été compris entre 10000 et 30000. La surface du sol fut bouleversée. De grandes crevasses de plusieurs mètres de largeur et de 40 de profondeur se formèrent. Telle est celle du Monte Sant'Angelo (fig. 362). Des failles se produisirent, c'est-à-dire que l'une des lèvres de la fente s'affaissa. Ainsi la tour de Terra Nova se fendit et l'une des moitiés s'affaissa tout en restant ap-

(1) Suess, *Das Antlitz der Erde*, I, p. 111 et suivantes.

Fig. 362. — Fente produite au Monte Sant'Angelo en Calabre par le tremblement de terre de 1783.

Fig. 363. — La cathédrale de Paterno en Calabre après le grand tremblement de terre de 1857 (d'après Mallet).

Fig. 364. — Restes de la tour de Santa Dominica à Montemurro en Calabre (1857), d'après Mallet.

puyée sur l'autre. Il y eut des glissements et des effondrements. Le cours de bien des ruisseaux fut entravé et l'eau envahit les dépressions du sol, formant des lacs ou des étangs. Près de Rosarno se produisirent environ cinquante ouvertures circulaires. Elles résultent d'un effondrement superficiel; sur leurs bords il y a de nombreuses fentes radiales. Ces gouffres sont entièrement remplis d'eau, provenant soit des profondeurs du sol, soit des précipitations atmosphériques. En 1857 la Calabre fut de nouveau ravagée (fig. 363 et 364).

Suivant la même ligne de fracture qui se prolonge, comme on l'a vu, en Sicile, se produisent beaucoup des séismes de cette île. Mais en dehors de cette ligne demi-circulaire on peut reconnaître des lignes d'ébranlement partant en rayonnant des îles Lipari. Sur ces lignes les séismes se propagent à partir des îles. Parmi ces lignes l'une part à l'ouest et se dirige de Palerme sur Fivignana; sur une autre se trouvent Lipari, Vulcano, Vulcanello; elle croise la ligne périphérique et se dirige vers l'Etna. Les tremblements de terre se font particulièrement sur cette ligne. Une troisième fracture volcanique porte le Stromboli et se prolonge en Calabre du golfe de Santa Eufemia à Catanzaro, sur la côte est. Il s'y produit aussi des secousses nombreuses. On arrive à cette conclusion qu'il y a une relation entre les lignes volcaniques des Lipari et les lignes d'ébranlements de la Calabre. Plusieurs observateurs ont démontré qu'il y avait un rapport entre l'activité du Stromboli et les ébranlements de la Calabre; tels sont Kircher en 1638, Grimaldi et la plupart des témoins des séismes de 1783. De même Ferraro a cherché à établir un rapport entre les éruptions de Lipari et les ébranlements de la côte sicilienne nord. « On doit donc, dit M. Suess, imaginer que dans un espace limité par la ligne périphérique de 1783, l'écorce terrestre s'est enfoncée et a pris la forme d'une écuelle, ce qui a donné lieu à des fentes radiales qui convergent vers les îles Lipari. Ces lignes convergentes se

Fig. 365. — Une partie de Casamicciola (île d'Ischia) après le tremblement de terre de 1883 (page 304).

trouvent en rapport dans le voisinage du centre avec les lieux d'éruptions volcaniques. Toute rupture d'équilibre des divers morceaux donne lieu dans les îles à une activité volcanique plus grande, et sur la terre ferme ou en Sicile à des tremblements de terre (1). »

TREMBLEMENTS DE TERRE D'ISCHIA.

L'île d'Ischia est, comme nous le savons déjà, d'origine volcanique. Une éruption se produisit même en 1302 au Monte Epomeo ; ce fut la dernière. Le sol est formé de tufs et de laves. De nombreuses sources chaudes, des fumerolles, dénotent que toute activité n'a pas entièrement disparu. Elles sont placées sur deux grandes crevasses qui, d'après Baldacci, se croisent à Casamicciola, c'est-à-dire précisément au point où les séismes ont leur maximum (fig. 366). Ce fait montre bien que les séismes d'Ischia sont dus à une cause volcanique, qu'ils sont produits par les mouvements des laves et des gaz dans les profondeurs.

Depuis la fin du siècle dernier, les principaux tremblements de terre d'Ischia sont les suivants :

1762, 1796, 1805, 1812, 1828, 1841, 1863, 1867, 1875, 1881 et 1883.

La plupart eurent leur centre à Casamicciola. Celui de 1881 se produisit le 4 mars; il fut très

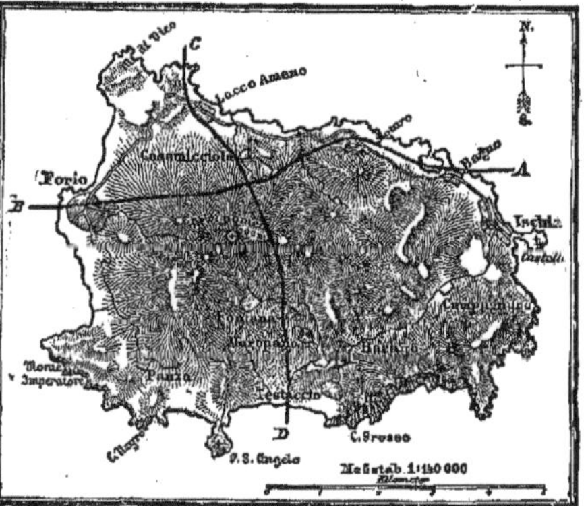

Fig. 366. — Carte de l'île d'Ischia.

localisé, et se manifesta seulement dans le dis-

(1) Suess, *Das Antlitz der Erde*, I, p. 114.

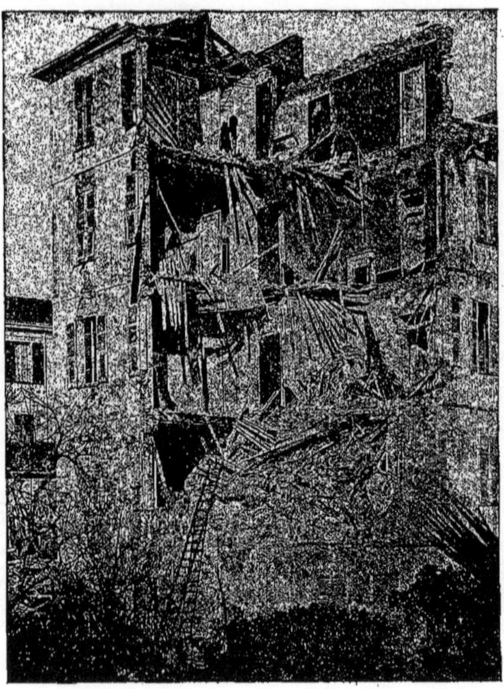

Fig. 367. — Vue prise à Menton, en 1887, page 306.

trict de Casamicciola. En janvier et mars 1882 il y eut de nouveau quelques légères secousses, puis en 1883 une terrible catastrophe (fig. 365). Elle se produisit le 28 juillet à 9h,25 du soir. Il n'y eut aucun signe précurseur. La première secousse fut de beaucoup la plus violente et ressembla à une explosion ; ensuite se produisirent des secousses ondulatoires. A Casamicciola toutes les maisons, sur une longueur d'environ 1 200 mètres, furent jetées par terre. La secousse fut accompagnée, ou précédée suivant quelques témoins, d'un bruit très intense. Le séisme s'est fait sentir dans une grande partie de l'île, tandis que les tremblements de terre précédents, comme le montre la carte, ont été beaucoup plus restreints. Dans toute l'île il y a eu 2 313 morts et 800 blessés; à Casamicciola et les localités voisines, il y eut 2 245 victimes.

Les secousses ont produit des glissements du sol à l'Epomeo ; les fumerolles ont augmenté d'activité. Des crevasses nouvelles se sont formées avec de nouvelles fumerolles. Cela s'est produit surtout au-dessus de Fango et à Montecito.

M. Mercalli a étudié spécialement le séisme de 1883. D'après lui, l'épicentre coïncide avec la fraction radiale de l'Epomeo, sur laquelle se trouvent les fumerolles de Ignazio Verde et de Montecito, et les sources thermales de la Rita et du Capitello. M. Mercalli a, comme nous l'avons déjà vu, employé le procédé de Mallet pour calculer la profondeur du centre d'ébranlement, et l'évalue à 1 200 mètres.

On peut dire, avec M. Fouqué, que le séisme de 1883 s'est produit sous l'influence d'une poussée explosive et a servi ainsi de témoin à une éruption étouffée (1).

(1) Fouqué, *Tremblements de terre*, p. 285.

Fig. 368. — Vue prise à Menton en 1887 (page 306).

TREMBLEMENT DE TERRE DE LIGURIE (1887).

Les côtes du golfe de Gênes sont sujettes aux tremblements de terre, mais rarement ils sont violents. Nice, par exemple, depuis le XVIe siècle a ressenti de nombreuses secousses, qui n'y ont généralement produit que peu de dégâts. C'est ce qui eut lieu particulièrement en 1752.

Fig. 369. — Vue prise à Diano Marina en 1887 (page 306).

Au contraire, le séisme du 23 février 1887 a été beaucoup plus intense. Il a eu pour centre Nice et ses environs, mais les secousses ont été ressenties du côté de l'ouest jusqu'à Vérone et Venise, à l'ouest jusqu'à Privas et Valence, au nord jusqu'à Zurich, au sud jusqu'à Ajaccio. De plus, les séismographes ont enregistré de faibles secousses dans le nord et le centre de l'Italie. Enfin les appareils magnétiques ont subi des perturbations sur une grande partie de l'Europe. On les a notées à Paris, Bruxelles, Utrecht, Wilhemshafen, Vienne, Lisbonne, et en d'autres localités. L'épicentre s'est étendu parallèlement à la côte sur une longueur de 55 kilomètres, sa largeur a été de 30 kilomètres. Les points les plus éprouvés sont compris entre San Remo et Alassio, mais il y a eu des dégâts sérieux jusqu'à Albissola et Savone d'une part, jusqu'à Monaco et Menton (fig. 367 et 368) d'autre part.

A Nice, la partie de la ville bâtie sur un sol d'alluvion a beaucoup souffert; il y a eu des crevasses et des effondrements, tandis que la vieille ville, bâtie sur des roches solides, est restée presque intacte. Il en a été de même à Menton. La localité de Diano Marina (fig. 369) a été la plus éprouvée, parce qu'elle est bâtie sur un sol d'alluvion reposant sur un terrain ancien. A Bajardo, près San Remo, les maisons en mauvais état se sont effondrées, et les habitants réunis dans l'église ont été écrasés sous la voûte. Deux cent vingt-quatre victimes furent ensevelies sous les décombres. Il y a eu trois séries de secousses, dont la première beaucoup plus violente. La première a commencé à 5h,38 du matin et a duré une minute et demie; la seconde a débuté à 5h,50 environ, et la troisième, beaucoup plus faible, a été ressentie vers 8h,15. Des bruits violents ont immédiatement précédé le phénomène (1).

TREMBLEMENTS DE TERRE DE LA PÉNINSULE HISPANIQUE.

La péninsule hispanique est une des contrées sujettes aux séismes les plus violents. Nous avons déjà parlé à plusieurs reprises du tremblement de terre de Lisbonne du 1er novembre 1755. Son épicentre se trouvait dans cette ville, mais les secousses, comme nous l'avons vu, se propagèrent dans une grande partie de l'Europe; elles s'étendirent de la Norwège au Maroc. A Lisbonne, la plupart des monuments et des maisons s'écroulèrent; d'après les récits les plus dignes de foi, 30000 personnes au moins périrent (fig. 370). Le feu des maisons se communiqua aux matières combustibles renversées parmi les décombres, de sorte qu'un incendie vint ajouter ses ravages à ceux du tremblement de terre. Dans le Tage se forma une vague haute de 26 mètres, qui fit périr un grand nombre d'habitants réfugiés sur les quais.

On connaît environ 1100 tremblements de terre qui ont eu pour théâtre l'Espagne et le Portugal. La plupart de ceux d'Espagne se sont produits en Andalousie; 5 seulement se sont fait ressentir en Catalogne.

Le séisme d'Andalousie de 1884 a été particulièrement bien étudié, grâce aux travaux de la mission française dirigée par M. Fouqué (fig. 371).

La secousse principale, précédée de quelques secousses faibles, s'est produite le 25 décembre 1884 vers 9h,15 du soir. Un bruit précurseur violent, qui a été comparé au grondement du tonnerre, s'est fait entendre 1 ou 2 secondes avant la grande secousse. Dans la nuit du 25 au 26 il y eut des secousses jusqu'à 2 heures et demie du matin. Ensuite, elles se reproduisirent à plusieurs reprises; les paroxysmes eurent lieu le 30 décembre 1884, le 5 janvier, les 13 et 27 février, les 25 et 26 mars, et le 11 avril 1885. Avant la grande secousse, on avait senti, le 22 décembre, une assez forte secousse à Lisbonne et à Funchal.

L'épicentre est allongé suivant la sierra Tejeda. C'est une ellipse dont le centre est sensiblement à la jonction de la sierra Tejeda et de la sierra Almijara. Ses axes ont respectivement 40 et 10 kilomètres de longueur. Toute la région est traversée de nombreuses failles, qui ont bouleversé les terrains paléozoïques et le jurassique.

Les localités appartenant à l'épicentre ont été complètement détruites. A Arenas del Rey (fig. 372) quelques pans de murs sont seuls restés debout; sur 1500 habitants il y eut 135 morts et 253 blessés. A Alhama et Albuñuelas (fig. 373), les maisons, d'ailleurs anciennes et en mauvais état, n'étaient plus que des ruines. Dans beaucoup de localités, comme à Jatar, les habitants ont dû se construire des abris provisoires (fig. 374 et 375). On évalua à

(1) Fouqué, *Tremblements de terre*, p. 308-326.

Fig. 370. — Ruines de l'église Saint-Nicolas à Lisbonne (1er novembre 1755).

12000 le nombre des maisons ruinées, et à 6000 celui des maisons endommagées. D'après les statistiques officielles, il y eut dans la province de Grenade 690 morts et 1 426 blessés, et dans celle de Malaga 55 morts et 57 blessés.

Le séisme d'Andalousie s'est fait sentir sur

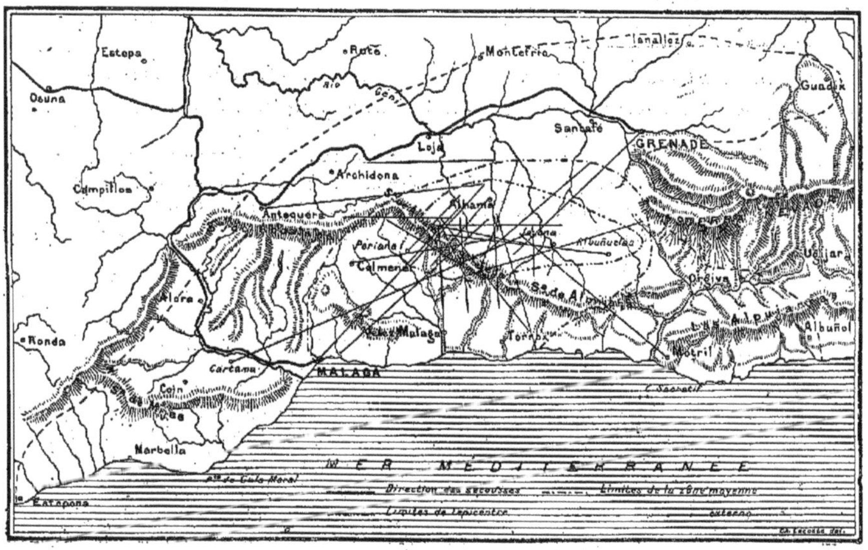

Fig. 371. — Andalousie. — Tremblements de terre du 25 décembre 1884, d'après les travaux de la commission française.

Fig. 372. — Arenas del Rey.

Fig. 373. — Albuñuelas (province de Granada).

Fig. 374. — Mairie provisoire de Jatar.

Fig. 375. — Église provisoire de Jatar.

(Figures exécutées d'après des photographies de la mission française en Andalousie, 1885.)

une grande partie de l'Espagne, mais faiblement. Les secousses ont été perçues à Madrid et à Ségovie au nord, Caceres et Huelva à l'ouest, Valence et Murcie à l'est, et sur la Méditerranée au sud. Les séismographes de Rome, Velletri et Moncalieri les ont enregistrées. Enfin on a observé des perturbations magnétiques à Lisbonne, Greenwich et Wilhemshafen. A Saint-Maur, près Paris, on a constaté une perturbation très légère vers $9^h,24$ du soir, le 25 décembre (1).

TREMBLEMENTS DE TERRE DE GRÈCE ET DE L'ARCHIPEL.

La Grèce et les îles de l'Archipel constituent aussi une région de tremblements de terre. Plusieurs de ces séismes méritent une mention spéciale.

Le 26 décembre 1861 la côte du golfe de Corinthe fut agitée par de fortes secousses. A Kalamaki, sur la côte est de l'île, se formèrent de nombreuses crevasses de 30 à 40 mètres de long, mais étroites et peu profondes; elles étaient remplies de sable et de vase. En beaucoup de puits se dégageaient des gaz, surtout du carbure d'hydrogène (gaz des marais), et de l'hydrogène sulfuré. Le sol, en effet, est une formation de delta ; il est composé d'alluvions qui ne sont solides qu'à la surface; la profondeur est marécageuse. C'est ce qui explique que les

(1) Fouqué, *Tremblements de terre*, p. 286-307.

Fig. 376. — Ouvertures circulaires à Rosarno (Calabre) produites par le tremblement de terre de 1783.

fentes soient remplies de boue et de sable; les gaz proviennent de la décomposition des matières organiques. Partout où l'émission des gaz est considérable, partout où la pression de la croûte superficielle fait sortir par les crevasses la boue et le sable du fond, se forment des cratères boueux très aplatis et larges de 1 mètre à peine à la partie supérieure. En bien des endroits la croûte superficielle s'effondre et l'eau des profondeurs sort, entraînant de la boue et des morceaux de bois, des branches d'arbres qui se trouvaient enfouis. De pareils cônes de sable et de boue se sont produits aussi lors du tremblement de terre de la Phocide, le 1er août 1870; à Agram en Croatie, en 1880, le phénomène s'est produit également; on l'avait observé aussi en Calabre, lors des secousses de 1783.

Le séisme de la Phocide, le 1er août 1870, ravagea une partie de la Grèce, et se fit sentir dans une partie de la Turquie. Les villes de Delphes, Itea, Chrisso, Amphissa, furent entièrement ruinées. Du 1er juillet 1870 au 1er août 1873, on compte 35 grandes secousses et un grand nombre de petites.

L'île de Chio fut ravagée à plusieurs reprises par des séismes violents. Le 3 avril 1880, vers 1h,40 du matin, se produisirent les premières secousses qui allèrent en croissant d'intensité; une nouvelle série se produisit vers 2h,5, et une troisième à 3 heures. Elles étaient accompagnées de bruits violents, comparables à des coups de tonnerre. Les jours suivants il y eut encore des secousses, parfois violentes. Un nouveau paroxysme se produisit le 11 avril à 7h,14 du soir, et depuis ce moment jusqu'au 12 avril à 7h,14 du matin on compta 68 secousses. Le nord-ouest de l'île fut seul affecté par le séisme, mais dans cette moitié de l'île, sur 17 000 maisons, 14 000 furent détruites. Il y eut 3 541 morts et 1 160 blessés (Vom Rath).

EFFETS PERMANENTS DES TREMBLEMENTS DE TERRE.

L'Asie Mineure est ravagée, comme l'île de Chio, par des tremblements de terre violents. En 536, le tremblement de terre d'Antioche fit, suivant les historiens byzantins, 120 000 victimes. Citons encore le séisme d'Alep en 1822.

On a beaucoup exagéré souvent les changements que le sol subit par l'action des tremblements de terre. Nous avons vu qu'il se produisait des fissures, mais généralement étroites et peu profondes, comme en Calabre. Les failles sont relativement rares, et souvent la dénivellation qu'on observe, en comparant les deux lèvres de la fente, est très légère. Il peut se produire comme en Calabre des effondrements circulaires, mais généralement ils sont de faibles dimensions (fig. 376). On cite toutefois le gouffre d'Oppido qui a 160 mètres de diamètre et 65 mètres de profondeur.

Souvent les fentes sont dues à des glissements, par l'effet des secousses, de couches de terrain détrempées par les eaux. C'est ce qui s'est produit en Andalousie en 1884. Le village

Fig. 377. — Cratères de sable et fentes en Grèce, à la suite du tremblement de terre du 26 décembre 1861 (d'après Schmidt).

de Guevejar est bâti sur l'argile, et celle-ci repose sur des bancs de calcaire fortement inclinés. Elle a glissé le long de la pente, entraînant avec elle les arbres et les maisons. La portion du terrain demeurée stationnaire est séparée de la partie dérangée par des crevasses de 1 ou 2 mètres de large et de quelques mètres de profondeur. La déchirure a laissé intacte la roche sous-jacente à l'argile (fig. 378). Il en a été de même à Guaro, où la crevasse de séparation est large aussi de 1 ou 2 mètres. Outre cette crevasse, il se produisit, par suite des inégalités du mouvement de descente, de larges crevasses transversales (Fouqué).

Les tremblements de terre troublent aussi le régime des sources, dont le débit peut augmenter ou diminuer. Cela tient à ce que les secousses, à cause des dislocations qu'elles produisent, changent le parcours des eaux. Pour la même raison les eaux peuvent se charger de matières nouvelles, perdre leur limpidité, devenir boueuses, changer de température. Des variations de ce genre se sont, dit-on, produites à Teplitz, à la suite du tremblement de terre de Lisbonne. De même en Andalousie, en 1884. A Guaro la source est devenue trouble, plus abondante et s'est montrée à un niveau plus bas. A Alhama le débit a augmenté et la température s'est élevée; de plus l'eau qui était alcaline est devenue sulfureuse. Au pont d'Ilo a apparu une source nouvelle, qui lors de la secousse principale avait une température de 45°; trois mois plus tard elle était encore à 26° (Fouqué).

Dans les terrains marécageux, dans les formations de delta, par suite de la pression de la croûte superficielle, les crevasses peuvent livrer passage à des gaz, à de la boue ou du sable et former de petits cônes cratériformes comme ceux du golfe de Corinthe ou de Phocide (fig. 377). Citons encore quelques exemples des effets produits par les secousses sur des terrains de ce genre.

Lors du tremblement de terre du Bas-Danube, en janvier 1838, les alluvions récentes de Dunbowitza jusqu'au fleuve Sereth furent traversées de fentes par lesquelles l'eau s'élança en bouillonnant. C'est parce que sur les bords des grands fleuves l'eau souterraine s'étend assez loin et son niveau monte de plus en plus à droite et à gauche au fur et à mesure que l'on s'éloigne davantage du fleuve.

Fig. 378. — Portion de la fissure de Guevejar (Andalousie).

Les dépôts sont ainsi imprégnés d'eau, et la couche supérieure seule est sèche. Elle se crevasse facilement à la moindre secousse.

Le même fait se produisit sur les alluvions du Mississipi, lorsque au 6 janvier 1812, la région du fleuve au voisinage de New-Madrid, près du confluent de l'Ohio, fut ébranlée. D'après Bringier, témoin oculaire, pendant que les masses d'eaux souterraines se frayaient un passage, la terre était soulevée par des explosions bruyantes. Elle s'ouvrit, entraînant avec elle une masse énorme de bois carbonisé qui fut lancée d'une profondeur de 10 à 15 pieds. En même temps la surface supérieure s'enfonça et un liquide noir s'éleva jusqu'au ventre des chevaux. Le lac Eulalie, près New-Madrid, fut complètement mis à sec, car le fond se crevassa et le lac se vida dans les eaux souterraines de la profondeur.

Le 12 janvier 1862 tout le pourtour sud du lac Baïkal, en Sibérie, et le delta du fleuve Selenga qui s'y jette, reçut une forte secousse. La steppe à l'est de Selenga, sur laquelle se trouvait un campement de Bouriates, s'affaissa sur une longueur de 21 kilomètres et une largeur de 9^{kil},5 à 15 kilomètres. Des eaux s'élancèrent de partout, sortirent aussi des puits; enfin le Baïkal pénétra dans cette grande dépression qui fut entièrement remplie. Des sources se formèrent en beaucoup de points, ainsi entre le village de Dubinin et la steppe de Sagansk. Dans le hameau de Kudara, les couvercles de bois des puits furent lancés en l'air comme des bouchons, et par endroits des jets d'eau tiède s'élevèrent à une hauteur de 3 sagènes (6^{m},4). L'ébranlement s'étendit au sud de Kjachta jusqu'à Urga, et les Mongols en furent si effrayés que leurs lamas instituèrent des cérémonies religieuses pour apaiser les mauvais esprits qui, d'après eux, faisaient remuer la terre (1).

Les tremblements de terre sur le cours inférieur de l'Indus, du Gange et du Brahmapoutra ont fourni de nombreux exemples de puissantes sorties d'eaux souterraines à travers les couches alluviales rompues. Le delta de l'Indus en présente un exemple célèbre (fig. 379). Près de l'embouchure du plus oriental des anciens bras de l'Indus, le Khori, se trouve la ville de Lukput. Là se termine la chaîne des

(1) Suess, *Das Antlitz der Erde*, I, p. 44.

Fig. 379. — Carte du delta de l'Indus (Lyell).

hauteurs de Kachh qui s'étend vers le sud-est le long de la côte. Cette chaîne sépare de la mer le prolongement oriental du delta de l'Indus qu'on appelle le *Ran de Kachh*. La surface du Ran est au-dessous de la mer ; tantôt au moment de la mousson elle est couverte par l'eau salée qui lui arrive par un étroit goulet ; tantôt elle est inondée par les hautes eaux du Bunass ou du Luni ; tantôt, enfin, elle est desséchée et couverte d'efflorescences salines. Il en est ainsi depuis 1762. Avant cette époque le bras est de l'Indus, ou Phurraun, débouchait dans la mer en traversant le Kachh, où il se prolongeait par le Khori. Ses inondations annuelles arrosaient le sol, et la plus grande partie du Ran était cultivée et fournissait de riches récoltes de riz. Mais à la suite d'une lutte entre les habitants de Kachh et un chef du Sind, ce dernier éleva une digue, ou comme on dit dans le pays, un *Bund*, en travers du Phurraun. Il en résulta que toute culture reposant sur l'irrigation disparut dans le Ran, qui se transforma en un désert.

En juin 1819 se produisit, d'après Burnes, un violent tremblement de terre, sur le cours inférieur de l'Indus. Dans le Ran se formèrent de nombreuses crevasses par lesquelles sortirent pendant trois jours des masses énormes d'une eau noire et boueuse. Des puits du district de Bunni, qui touche au Ran, l'eau sortit en bouillonnant et couvrit le sol d'une couche de 6 et même 10 pieds. A Sindree, sur les bords de ce qui avait été autrefois le bras oriental de l'Indus, il y avait un poste de douane (fig. 380 et 381). Il fut assailli et emporté par un tourbillon d'eau. On constata aussi que la plaine de Sindree autrefois aride et desséchée était transformée en un vaste lac. Au nord de Sindree les indigènes constatèrent la présence d'une digue d'argile et de sable, à un endroit où jusqu'alors le sol avait été bas. Elle traversait le Phurraun, le séparant en quelque sorte pour toujours de la mer. Les habitants appelèrent cette digue l'*Ullah-Bund*, ou digue de Dieu, parce qu'elle n'était pas comme les autres digues de l'Indus l'œuvre des hommes. Burnes visita le pays en 1827. Il constata que l'Ullah-Bund, dirigée du nord-est au sud-ouest, n'est pas une bande étroite comme une digue artificielle. C'est une surface large de 16 milles qui ne présente au nord aucune pente ; ce n'est qu'au sud qu'elle se termine brusquement. Sa hauteur a été évaluée à 10, 15, 18 et même 20 pieds et demi ; mais ces hauteurs sont rapportées au niveau variable de l'eau qui baigne sa base. On crut d'abord que l'Ullah-Bund provenait d'un soulèvement du sol, causé par le tremblement de terre de 1819. Ce fut l'opinion adoptée par Lyell. Mais l'aspect du pays ne permet pas d'accep-

Fig. 380. — Le fort de Sindree sur la branche orientale de l'Indus, avant la submersion par suite du tremblement de terre (Lyell).

ter cette explication. Avec M. Suess, il faut admettre que le sol au sud de l'Ullah-Bund, ainsi que Sindree, s'est affaissé pendant le tremblement de terre. Ce dernier a eu pour effet d'amener un tassement dans ce sol boueux, solidifié seulement à la surface. En même temps il y a eu sortie des eaux souterraines. L'Ullah-Bund, qui paraît être une élévation, est simplement la limite de l'affaissement. Elle sépare la partie effondrée de la partie intacte. En amont de l'Ullah-Bund aucun changement ne s'est produit ; la pente du fleuve n'a pas changé.

Cette conception simple de l'état des choses est conforme à la description que donna Carless en 1837, de ce pays, dans un mémoire sur les travaux d'arpentage dans le delta de l'Indus. Il dit seulement que le sol bas d'alluvion

Fig. 381. — Le fort de Sindree, vu de l'ouest, en mars 1838.

s'affaissa en plusieurs endroits de quelques pieds lors du tremblement de terre de 1819, qu'un petit fort (poste de Sindree), situé près du fleuve, fut renversé, et que depuis la contrée est couverte d'eau (Suess).

SOULÈVEMENTS SUPPOSÉS DE LA COTE OUEST DE L'AMÉRIQUE DU SUD.

Les côtes du Pacifique, dans l'Amérique du Sud, sont sujettes à de nombreux tremblements de terre. D'après Lyell, les secousses ont quelquefois pour effet de soulever la côte et d'accroître ainsi le domaine de la terre ferme. Lyell cite en particulier le séisme du Chili, en 1837, qui aurait relevé le fond de la mer de 2^m,60. M. Suess discute ces prétendus exhaussements du sol sur les côtes du Pérou et du Chili, et il arrive à cette conclusion que jamais on n'a véritablement observé de soulèvement du sol, à la suite d'un tremblement de terre.

Nous résumons ici sa discussion, à cause de sa grande importance.

La côte de l'Amérique du Sud est bordée par l'une des plus grandes lignes volcaniques de la terre, et cette circonstance pouvait faire supposer, à l'époque où l'on associait l'idée des soulèvements du sol à celle du volcanisme, qu'il y avait eu vraiment des soulèvements sur cette côte. En outre celle-ci est bordée de terrains d'alluvions, où l'on trouve des coquilles à un niveau plus élevé que le niveau actuel de la mer ; enfin, le pied de la côte est couvert en beaucoup d'endroits de *Kjokkenmoeddings* (débris de cuisine) analogues à ceux du Danemark ; ce sont des amas de coquilles, débris de repas des anciens indigènes. On les regardait autrefois comme ayant été déposés par la mer, et par suite comme un signe de soulèvement récent. Darwin en avait trouvé en 1835 dans l'île de San Lorenzo, près de Callao, à 85 pieds d'altitude. C'est Dana qui éclaircit leur origine ; il y a là, en effet, mêlés à ces amas de coquilles, des morceaux de tissus et d'autres traces de travail humain. Cette île de San Lorenzo, qui est aujourd'hui à deux milles de la terre ferme, s'en est trouvée tantôt à une plus grande, tantôt à une plus petite distance. On en avait conclu l'existence de soulèvements et d'affaissements réitérés du sol autour de Callao. Mais le fait peut s'expliquer plus simplement. Il y a entre l'île et la côte un bas-fonds qui s'est trouvé plusieurs fois à sec. Il a pu être formé soit par un atterrissement lent, soit par un apport soudain de sédiments, comme il s'en produit souvent à la suite des secousses du tremblement de terre. Ces secousses arrachent du fond de la mer des masses énormes de sédiments, et les rejettent sur la côte. Ainsi à Callao, en 1746, après la destruction de la ville par les vagues soulevées, il resta sur les ruines de la ville de grands grands monceaux de sable et de galets. Plus tard ces terres nouvelles peuvent être rompues et détruites par d'autres vagues séismiques. Telle est probablement la cause des oscillations de San Lorenzo.

Le 19 novembre 1822 il y eut un tremblement de terre à Valparaiso (fig. 382). D'après une lettre adressée par Mrs Maria Graham à la Société géologique de Londres, la côte entière fut soulevée sur une longueur de plus de 100 milles au-dessus de son ancien niveau. A Valparaiso le soulèvement était de 3 pieds, à Quintero de 4. A la haute mer on aurait trouvé à sec l'ancien lit de la mer, avec des huîtres et autres coquilles adhérant aux rochers. Mais l'assertion de Mrs Maria Graham est contredite par d'autres témoins. Les capitaines des vaisseaux anglais, stationnés sur la côte du Chili, n'ont eu aucune connaissance du fait. Le naturaliste Cuming, qui se trouvait à Valparaiso lors du séisme, n'a rien vu de pareil. Il a récolté, avant et après le tremblement de terre, des patelles et des balanes sur la côte, sans remarquer aucun changement. L'idée d'un soulèvement de la côte repose simplement sur ce fait qu'une accumulation de débris alluviaux se forma là où se trouvait auparavant la mer ; on y bâtit même des maisons et on y perça des rues ; mais cette alluvion ne s'est produite qu'en 1827, cinq ans après le tremblement de terre. Des pluies violentes avaient dégradé le sol granitique peu résistant des pentes voisines et accumulé du sable au pied de ces pentes.

Un autre cas est celui du tremblement de terre de la Concepcion, le 20 février 1835. Au nord de la ville se trouve la Bahia de Talcahuano ou golfe de la Concepcion, sur le rivage sud-est de laquelle est bâtie la vieille ville de Penco. L'île de Quiriquina s'étend transversalement sur une grande étendue du golfe. Au sud-ouest de la Concepcion se trouve la Bahia de Aranco, limitée vers l'ouest par la Punta Lavapiès, dont l'île Santa-Maria forme le prolongement.

Le capitaine Fitzroy, commandant du *Beagle*, à bord duquel Darwin fit son grand voyage, se trouvait à la Concepcion le jour du séisme. La première secousse eut lieu à 11^{h}40^{m} du matin et détruisit la ville. Pendant trois jours la mer avança et recula successivement et à plusieurs reprises. D'après Fitzroy, la mer, après la catastrophe, ne remonta plus jusqu'aux marques habituelles. L'île Santa-Maria se serait élevée de 9 pieds environ ; près de Tubul, sur la terre ferme, le soulèvement aurait été de 6 pieds. Quelques semaines après, il y aurait eu un affaissement, et l'île aurait perdu la plus grande partie de son soulèvement. Darwin se trouvait alors à Valdivia. Fitzroy et Darwin envoyèrent à ce sujet une communication à la Société géologique de Londres, mais en même temps arrivaient à la Société un récit de Rivero et une lettre de Walpole, qui tous les deux se pro-

Fig. 382. — Valparaiso (Chili).

nonçaient contre l'idée d'un changement de niveau survenu au Chili pendant ce tremblement de terre. Il est probable que la différence passagère et peu notable du niveau peut s'expliquer par un violent ébranlement de la mer. Entre Punta Lavapiès et Santa Maria, il y a en effet un courant très fort. On peut se demander si pendant quelque temps ce courant ne s'est pas détourné, ce qui aurait déterminé une variation passagère de niveau.

Sur le prétendu soulèvement lors du tremblement de terre de Valdivia (fig. 383) (7 novembre 1837), on n'a que la communication du capitaine Coste sur l'île Lemus, dans l'archipel de Chonos. Quand il visita l'île, le 11 décembre de la même année, il trouva que le fond de la mer s'était soulevé de plus de 2m,60 ; les rochers qu'elle couvrait jusqu'alors étaient à sec ; une grande quantité de coquillages et de poissons en décomposition couvraient le rivage, et celui-ci présentait aussi de nombreux arbres déracinés apportés par la mer. Le capitaine Coste vit là des indices, d'oscillations de la mer. Il est probable que tous les débris sont dus à une grande agitation de la mer, qui les a simplement rejetés sur la côte. Et, en effet, on sait que lors de ce tremblement de terre le mouvement de l'Océan a été extraordinaire ; les îles Gambier et Tonga ont été inondées. Sur Wawau, dans le groupe des Tonga, un soulèvement considérable de la mer a été observé pendant 36 heures. Rien ne prouve que les rochers aient été vraiment mis à sec. En beaucoup de points de la côte pacifique de l'Amérique du Sud, la présence de constructions anciennes est contraire à l'opinion d'un soulèvement considérable du sol. Sur la côte de Bolivie, beaucoup de tumuli anciens sont à 20 pieds à peine au-dessus du niveau de la mer. A Valparaiso même, les constructions montrent, d'après Darwin, que la plus grande élévation possible du sol n'a pas dépassé 15 pieds depuis 220 ans.

Quant aux terrasses élevées au-dessus de la mer, qui ont été regardées comme des indices de soulèvements, elles manquent dans des ré-

blements de terre, tandis qu'elles existent sur la côte sud-est, où les séismes sont très fréquents. Les terribles tremblements de terre de Caracas se sont produits bien en dehors de la région des volcans et des terrasses.

La plus grande autorité sur la question, le professeur Philippi, dit qu'il n'a découvert aucun fait indiquant un soulèvement de la contrée dans les temps historiques, et il a remarqué qu'après le séisme d'Arica, le 18 août 1868, on n'a signalé ni soulèvement, ni affaissement du sol sur la côte péruvienne et la côte chilienne. Suivant lui, il est très possible que, dans le golfe de Corral, les alluvions du fleuve de Valdivia aient produit un bas-fonds qui, étant devenu très évident, aurait été attribué dans la suite au tremblement de terre de 1837.

En somme, suivant M. Suess :

1° A Callao, il y a eu simplement alluvionnement, puis dispersion d'un banc sur la côte de l'île San Lorenzo tournée vers la terre ferme ;

2° A Valparaiso, d'après les témoins les plus sûrs, comme Cuming, on doit nier, sans aucun doute possible, tout changement de la ligne de rivage ;

3° A la Concepcion, en 1835, il y a eu des oscillations de la mer à la suite des secousses, et plusieurs semaines se sont écoulées avant le rétablissement de l'équilibre ;

4° Sur Valdivia (1837), on n'a pas de données exactes.

M. Suess conclut que dans aucun des nombreux tremblements de terre de l'Amérique du Sud qui se sont produits jusqu'ici, on n'a observé de soulèvement du sol. L'unique effet important des séismes peut être un affaissement, quand le sol est boueux et seulement solidifié à la surface.

RELATIONS DES TREMBLEMENTS DE TERRRE AVEC LES PHÉNOMÈNES ASTRONOMIQUES.

On a cherché les relations qui pouvaient exister entre les tremblements de terre et les phénomènes astronomiques, météorologiques, géologiques. Pour cela on a fait des statistiques.

Alexis Perrey admettait que les séismes étaient dus à des marées intérieures. D'après lui la Lune et le Soleil agissent par attraction sur les matières fluides contenues dans l'intérieur du globe, et ces matières pressant sur l'écorce solide doivent produire des secousses, ou tout au moins en faciliter le développement (1). D'après cela : 1° les séismes doivent être plus fréquents aux syzygies qu'aux quadratures, parce qu'aux syzygies correspondent les fortes marées; 2° l'influence de la Lune doit être plus forte quand la Lune est le plus rapprochée de la Terre (périgée), que quand elle en est le plus éloignée (apogée) ; 3° en un lieu donné, les séismes doivent être plus fréquents au moment du passage de la Lune au méridien (culminations). Perrey a cru que ces trois déductions étaient démontrées ; il en faisait de véritables lois.

Le phénomène le plus marqué, suivant lui, est celui des syzygies et des quadratures. Sur 5388 tremblements de terre catalogués par Perrey, il y en a eu 2761 aux syzygies et 2627 aux quadratures. On voit que la différence est bien faible : 134, soit 2,4 p. 100. D'ailleurs Roth trouve, de son côté, qu'au lieu d'un maximum à la pleine Lune, les tremblements de terre présentant alors, au contraire, un minimum; de même un minimum au dernier quartier. D'après Schmidt, le maximum se produirait à la nouvelle Lune et au dernier quartier. Les résultats sont donc contradictoires. M. de Montessus a repris la question pour l'Amérique centrale. Il trouva pour la nouvelle lune 1225 séismes, pour le premier quartier 1221, pour la pleine lune 1278, et pour le dernier quartier 1218. La distribution est presque régulière.

Pour le périgée et l'apogée, les différences sont aussi très faibles. M. de Montessus trouve 229 séismes le jour du périgée, et 196 le jour de l'apogée, tandis qu'il y en a 417 certain jour intermédiaire.

Le voisinage du méridien n'a pas non plus grande importance. M. de Montessus trouve 1858 séismes avant la culmination supérieure et 1731 après. En somme, si l'influence de la Lune sur les tremblements de terre existe, elle est très faible.

On a cherché aussi à démontrer l'influence du Soleil. Il y aurait des relations entre la fréquence des tremblements de terre et la distance de la Terre au Soleil, la position de la terre

(1) Voir Fouqué, *Tremblements de terre*, p. 155.

Fig. 383. — Valdivia (Chili).

sur l'écliptique (saisons), l'heure du jour ou de la nuit; enfin les tremblements de terre seraient aussi sous l'influence des taches solaires.

En réalité les résultats obtenus sont médiocrement concluants. Il n'y a pas de différences sensibles pour la fréquence au périhélie et la fréquence à l'aphélie.

D'après Perrey, Mérian, Mallet, Falb, Volger, etc., les saisons auraient une influence. La fréquence des séismes serait plus grande en hiver qu'en été; le maximum pour l'hémisphère boréal se produirait en janvier, et pour l'hémisphère austral en juin (loi de Mérian); mais si la loi paraît être vérifiée en Suisse et au Pérou, elle ne l'est pas dans l'archipel Indien. De plus, sur 4943 séismes, M. de Montessus en trouve, pour l'Amérique centrale, 1195 en automne, 1319 en été, 1190 au printemps, et 1239 en hiver; les différences sont peu considérables.

Il paraît établi que les tremblements de terre sont plus fréquents la nuit que le jour. Le maximum pour les secousses et les bruits souterrains a lieu après minuit, entre une et deux heures, et le minimum un peu après midi. D'après M. de Montessus dans l'Amérique centrale, 65 p. 100 des séismes se produisent pendant la nuit, et 35 p. 100 pendant le jour. Au San Salvador les bruits souterrains seraient plus fréquents que les secousses, et surtout la nuit : 75 p. 100 la nuit, 25 p. 100 le jour. Mais M. Fouqué fait justement remarquer (1) que la question n'est pas encore bien élucidée; les résultats ne seront vraiment établis que quand ils résulteront d'observations faites à l'aide d'instruments enregistreurs. Les commotions faibles et les bruits peuvent échapper pendant le jour, tandis que le silence de la nuit et la position horizontale sont très favorables à leur perception.

En comparant les variations des taches solaires aux déviations de l'aiguille aimantée on a trouvé une relation. D'après Wolf le nombre des taches et les variations magnétiques présenteraient des maxima à la même époque, et seraient soumis à la même période de dix ans un tiers. D'autre part nous savons que les tremblements de terre produisent des perturbations magnétiques. Mais celles-ci sont de simples effets mécaniques dus à l'ébranlement, et rien ne prouve que ce dernier soit en rapport avec les taches solaires.

(1) Fouqué, *Tremblements de terre*, p. 175.

On a cherché aussi à établir qu'il y avait dans la fréquence des tremblements de terre une certaine périodicité, en rapport avec des phénomènes astronomiques également périodiques. Ainsi le capitaine Delaunay a cherché à prouver, mais sans grand succès, l'existence de périodicités de douze et de vingt-huit ans correspondant aux révolutions de Jupiter et de Saturne.

D'après le capitaine Chapel, les chutes d'étoiles filantes seraient en relation avec les tremblements de terre ; ces astéroïdes en tombant sur le sol, produiraient des vibrations susceptibles de se propager à de grandes distances. Mais en réalité on n'a observé aucun maximum de fréquence, aux époques bien connues du passage des astéroïdes au voisinage de la terre.

En somme, les influences astronomiques sur les tremblements de terre sont très contestables. Ce qui paraît le mieux prouvé c'est le plus grand nombre des séismes pendant la nuit. Remarquons cependant une coïncidence remarquable. Le tremblement de terre de Charleston, le 31 août 1886, eut lieu au moment de la plus haute marée du mois; cette marée se produisit à 9h44m du soir, seize minutes avant la secousse principale.

RELATIONS DES TREMBLEMENTS DE TERRE AVEC LES PHÉNOMÈNES MÉTÉOROLOGIQUES.

La fréquence des pluies paraît avoir une action considérable sur la fréquence des séismes. Les eaux donnent lieu à des infiltrations, à des éboulements dans la profondeur du sol, et par suite à des secousses. C'est à cette cause qu'on attribue les tremblements de terre de la Suisse, et c'est elle qui expliquerait l'existence d'un maximum séismique pendant la saison des pluies. Volger a catalogué 1230 séismes en Suisse, depuis le neuvième siècle jusqu'en 1854. Sa statistique fournit les chiffres suivants : hiver 461, printemps 314, été 141, automne 313.

On a attribué aussi aux variations de la pression barométrique une influence sur les tremblements de terre. Les grandes dépressions barométriques amènent des pluies et celles-ci, comme nous l'avons vu, peuvent provoquer des secousses. Cette influence des dépressions barométriques sur les séismes a été invoquée par M. Laur. Toutefois, M. de Montessus, en compulsant les observations de séismes faites pendant vingt années dans le Guatemala et quatre ans au San Salvador, n'a pu mettre en évidence l'influence des dépressions barométriques, bien qu'il y en ait de très fortes dans ces pays. Il devrait y avoir un séisme toutes les fois que se produit un cyclone, car celui-ci est accompagné d'une forte dépression et d'une chute d'eau considérable. Cette coïncidence est regardée comme fondée aux Indes, aux îles de la Sonde, aux Antilles. Au Venezuela il y eut à la fois, le 4 novembre 1799, cyclone et tremblement de terre ; de même à Saint-Thomas, le 19 novembre 1867. Toutefois la coïncidence n'a pas toujours lieu. Dans l'Amérique centrale, les séismes sont très fréquents, et les cyclones presque inconnus. Malgré la croyance très répandue dans ce pays, il n'est pas exact que les tremblements de terre se produisent surtout au passage de la saison sèche à la saison pluvieuse, ou inversement.

Il n'y a pas non plus de relation nette avec les orages et autres phénomènes d'électricité atmosphérique.

HYPOTHÈSES SUR LES CAUSES DES TREMBLEMENTS DE TERRE.

Il nous reste, pour terminer cette étude des tremblements de terre, à examiner rapidement les hypothèses émises pour expliquer ces phénomènes.

Autrefois on a voulu attribuer aux séismes des causes électriques ou chimiques. Suivant plusieurs savants, comme Hoefer, il y aurait dans les profondeurs du globe des orages électriques qui détermineraient des secousses. Suivant d'autres, des réactions chimiques se produiraient dans le sol, avec dégagement de chaleur; il en résulterait des ébranlements souterrains et des phénomènes volcaniques. La première théorie est tout hypothétique; la seconde est insuffisante pour expliquer l'intensité des secousses, et l'observation des laves et des dégagements gazeux ne lui fournit aucun appui.

Les tremblements de terre locaux peuvent s'expliquer par plusieurs causes. La plus importante est le volcanisme. Léopold de Buch et Élie de Beaumont comparaient les volcans à des soupapes de sûreté, et pensaient que quand une éruption se produit il n'y a plus de tremblement de terre. Nous savons qu'au commencement surtout des éruptions se produisent des secousses; on peut les attribuer aux efforts que font les gaz et les laves pour sortir. Le tremblement de terre d'Ischia paraît s'être produit sous l'influence d'une poussée explosive et signale, pour ainsi dire, une éruption avortée. Mais il peut y avoir coïncidence parfaite entre le séisme et l'éruption. Celle-ci peut suivre le séisme et se manifester comme sa conséquence immédiate. C'est ce qui s'est produit au lac d'Ilopango, au San Salvador, en 1879. Du 20 au 27 décembre on ressentit aux environs de 600 à 800 secousses; le 31, il y eut un ébranlement violent, et au milieu du lac des gaz et des laves firent éruption. Un volcan se forma. Son cratère est maintenant démantelé par les eaux; il émet cependant encore des émanations sulfureuses (Fouqué).

On peut attribuer à beaucoup de séismes une origine volcanique, mais il faut y distinguer les petites secousses et les explosions. Les petites secousses sont dues aux efforts que font les matières en fusion pour sortir. Les explosions, comme celle d'Ischia, ne peuvent pas résulter de la même cause. Elles doivent provenir de la vapeur d'eau. Beaucoup de géologues admettent que l'eau de la mer, ou les eaux d'infiltration, arrivent par des fissures au contact des laves incandescentes. Le liquide se réduit brusquement en vapeur et produit ainsi une explosion. M. Boutigny fait intervenir des phénomènes de caléfaction. Il admet qu'il y a de l'eau liquide séparée de la lave incandescente par de la vapeur. Par suite d'un refroidissement le contact aurait lieu et tout le liquide se vaporiserait à la fois; de là une secousse. Enfin d'autres savants pensent que les gaz et les vapeurs proviennent des laves elles-mêmes, s'accumulent dans les cavités et, quand leur tension est suffisante, ces gaz produiraient un violent effort contre les parties superficielles. Il est possible d'ailleurs que toutes ces causes interviennent à la fois et combinent leurs effets.

D'autres séismes locaux ne peuvent être attribués au volcanisme. Ce sont ceux qui se produisent, comme ceux de Suisse, loin de tout volcan. Bischoff et Volger les expliquent par la théorie des éboulements souterrains. Les eaux qui circulent dans les profondeurs dissolvent le gypse, le sel gemme et autres matières solubles. Il doit en résulter dans les profondeurs du sol des cavités dont la voûte en s'écroulant provoque un ébranlement. On connaît d'ailleurs l'existence de pareilles cavités. Dans la région houillère du nord de la France il existe un espace vide au milieu des couches de houille : la *mer carbonifère* des ingénieurs.

Les tremblements de terre très étendus ne semblent pas en rapport avec les phénomènes volcaniques et ne peuvent être produits par des infiltrations. Il faut leur attribuer une cause générale affectant toute la surface du globe terrestre. La théorie des explosions, suivant laquelle les vapeurs émanées des matières fluides internes s'accumuleraient dans des cavités et exerceraient leur effort contre les parties superficielles, cette théorie ne paraît pas s'appliquer aux séismes à large surface. Comme nous l'avons déjà vu, Alexis Perrey et quelques autres savants, ont voulu attribuer ces séismes à des marées internes. Les matières fluides du noyau central seraient soumises, comme les eaux de la mer, à l'attraction de la Lune et du Soleil, et viendraient ébranler les couches superficielles. Mais les relations des séismes avec les phénomènes astronomiques sont, nous le savons, très contestables.

Il faut évidemment faire intervenir ici des mouvements de l'écorce terrestre. On a expliqué les tremblements de terre par la contraction lente et continue du noyau interne, due elle-même au refroidissement du globe par rayonnement. Mais cette conception doit être précisée car les phénomènes séismiques sont en réalité intermittents, et souvent très intenses. Ils se produisent, comme nous le savons, dans des régions déjà disloquées. On peut admettre que les dislocations proviennent de la contraction graduelle de notre planète; ces dislocations sont accompagnées de tremblements de terre; mais après ces dislocations il peut y avoir des séismes provenant de ce que, au-dessous de la surface terrestre et par la simple action de la pesanteur, des parties déjà disloquées s'effondrent. Cela expliquerait l'intermittence des phénomènes. M. Suess sépare nettement les tremblements de terre d'origine volcanique, des tremblements de terre *tectoniques* ou de dislocation (Suess). Suivant lui les mouvements qui proviennent de la diminution du volume de notre globe produisent des tensions de deux sortes : des tensions *radiales*, c'est-à-dire de haut en bas produisant des effondrements; et des tensions *tangentielles*, perpendiculaires au rayon, qui produisent des poussées et des plissement. De là deux sortes de tremblements de terre : ceux d'effondrement et ceux de plissement. Ainsi s'explique la fréquence des tremblements de terre dans les pays fissurés, disloqués. Ces secousses qui arrivent à la surface ne sont autre chose que l'indice de grands mouvements se produisant dans la profondeur, et qui ont pour effet de modifier le relief. La formation des grandes chaînes de montagnes a été certainement accompagnée de violents séismes. et il en est de même des mouvements souterrains qui doivent encore se produire dans ces grandes masses traversées de nombreuses crevasses. C'est à un travail de ce genre que Boussingault attribuait les séismes de l'Amérique du Sud. Suivant lui, un *véritable tassement* s'opère à l'intérieur de la Cordillière. « Ces tassements de Cordillières, dit-il, qui devaient être si fréquents après leur soulèvement, durent encore de nos jours. Je n'hésite pas à leur attribuer la plupart des grands mouvements qui ébranlent si souvent ces montagnes. »

LE DÉLUGE

RÉCIT DE BÉROSE.

La Bible nous donne un récit détaillé de cette grande catastrophe, connue sous le nom de Déluge, et les traditions écrites ou parlées de beaucoup de peuples, nous parlent aussi de terribles désastres causés par l'eau. Les géologues expliquent généralement tous ces récits plus ou moins légendaires, par de grandes inondations qui se seraient produites à la fin de la période glaciaire, à la suite de la fusion des glaces, et dont le souvenir aurait été gardé par l'homme. M. Suess, dans son magistral ouvrage : *Das Antlitz der Erde*, rattache le Déluge aux phénomènes produits par les tremblements de terre sur les côtes plates et dans les deltas.

On sait depuis longtemps que dans la basse vallée de l'Euphrate subsistait la tradition d'une grande inondation s'accordant en beaucoup de points avec le récit biblique. Nous possédons des fragments des écrits de Bérose, prêtre babylonien, qui vécut de 330 à 260 avant J.-C. D'après Bérose, cette grande inondation eut lieu sous le règne de Xisuthros, fils d'Otiartes. Kronos annonce en songe à Xisuthros que le 15 du mois de Daisios tous les hommes seront détruits par un déluge. Il lui ordonne d'enterrer les livres saints à Sippara, la ville du Soleil, de construire ensuite un bateau, de le fournir de vivres, d'y mettre des quadrupèdes et des oiseaux, et d'y monter avec sa famille et ses amis. Xisuthros exécuta cet ordre. Le Déluge a lieu et couvre la terre. L'inondation diminue ensuite, et Xisuthros laisse voler des oiseaux pour se rendre compte de l'état des choses; enfin il abandonne son bateau et offre avec sa famille un sacrifice aux dieux. En récompense de sa piété, il est transporté au ciel pour habiter avec les dieux, ainsi que sa famille et le pilote.

D'après Bérose, il reste encore des débris du navire de Xisuthros dans les montagnes d'Arménie où il s'est arrêté, et les habitants raclent la poix dont il est couvert au dehors, pour s'en servir comme amulettes. Les amis sauvés par Xisuthros retournèrent à Sippara, y retrouvèrent les livres saints, puis ils construisirent des cités et bâtirent un temple.

L'ÉPOPÉE D'IZDUBAR.

Récemment on a découvert une bonne partie de la littérature de la vallée de l'Euphrate, et en particulier une nouvelle et très complète description du Déluge. Plusieurs chercheurs, comme Layard, Loftus, G. Smith, ont extrait des monceaux de débris du Kujundjik, les restes de la bibliothèque royale de Ninive (fig. 384). Cette bibliothèque était formée de

Fig. 384. — Ruines de Ninive.

briques couvertes d'écriture cunéiforme. Ces inscriptions, grâce aux travaux de Rawlinson, G. Smith, Lenormant, Oppert, Paul Haupt, ont été déchiffrées, et l'on sait maintenant que ces tablettes ont été copiées sous le règne d'Asûrbânîpal (670 avant J.-C.), d'après les originaux conservés dans les bibliothèques de Babylone, Kuthis, Akkad, Ur, Erech, et autres villes. Ces écrits n'ont pas seulement rapport à la religion; ils ont trait aux branches les plus diverses des connaissances humaines. Le récit du Déluge forme un épisode d'une grande épopée, qui raconte les hauts faits du héros Izdubar, et qui était conservée dans la bibliothèque des prêtres d'Erech. Elle est composée de douze chants. Le onzième contient le récit du Déluge.

Izdubar, qui est vraisemblablement le Nemrod biblique, a perdu un de ses amis, et pour se consoler va trouver à l'embouchure de l'Euphrate son aïeul Hasis-Adra. Ce dernier, sauvé du Déluge, jouit du don de l'immortalité. Izdubar lui demande le récit des événements merveilleux de sa vie, et Hasis-Hadra raconte le Déluge.

Il habitait la ville de Surippak sur l'Euphrate. Les dieux se réunissent dans cette ville et décident les préparatifs du Déluge. Le dieu de la mer, Eâ, fait part de cette résolution à Hasis-Adra, et lui ordonne de construire un bateau, de prendre avec lui sa famille, ses valets et ses servantes, tous ses biens, des bestiaux et des bêtes sauvages. Hasis-Adra hésite, craint les moqueries de ses concitoyens, enfin il obéit. Il reçoit un dernier avertissement d'Eâ, monte dans le bateau, détache l'amarre, et confie la direction du navire au pilote Buzurkurgal.

Vient ensuite la description du Déluge. Une nuée sombre monte à l'horizon, et Ramman (dieu de l'atmosphère) fait craquer son tonnerre. Il se produit un tourbillon, les canaux débordent, les vagues sont soulevées jusqu'au ciel; en même temps les Anunnaki (esprits des profondeurs) font sortir les eaux souterraines. Tout est dans les ténèbres. Les hommes sont détruits; le cataclysme effraie les dieux eux-mêmes, qui se sauvent plus haut dans les cieux, vers le ciel du dieu Anu. Le phénomène dure six jours et sept nuits. A l'aube du septième jour la tempête se calme, la mer décroît, enfin le bateau échoue sur une colline des environs de Nizir. Hasis-Adra resta six jours en ce lieu, et le septième jour lâcha successivement une colombe, une hirondelle et un corbeau. Enfin les eaux ayant décru, Hasis-Adra abandonne le bateau avec tous ses compagnons et offre un sacrifice dont l'odeur attire les dieux. La déesse Istar élève en l'air les arcs-en-ciel. Le dieu Bel, qui a causé le Déluge, est d'abord furieux du sauvetage d'Hasis-Adra, mais Eâ, dieu de la mer, le calme. L'humanité sera visitée par la peste, la famine, les animaux carnassiers, mais il n'y aura plus de Déluge. Bel élève Hasis-Adra et sa femme au rang des dieux et les transporte à l'embouchure du fleuve.

INTERPRÉTATION DU RÉCIT ASSYRIEN.

D'après le texte publié par les assyriologues et les commentaires qu'ils y ont ajouté, M. Suess interprète le récit précédent.

Il cherche à fixer d'abord le point de départ, La ville de Surippak était bâtie près de l'Euphrate, mais il est sûr que son emplacement se trouvait moins éloigné de la mer qu'aujourd'hui. En effet, les atterrissements de l'Euphrate et du Tigre sont très rapides. La mer s'est retirée au fur et à mesure. D'après Loftus, les formations marines à l'intérieur des terres montrent que le golfe Persique pénétrait, à une époque relativement récente, à 400 kilomètres plus au N.-O. que l'embouchure actuelle du Chatt-el-Arab, et à 240 kilomètres plus à l'intérieur que le confluent de l'Euphrate et du Tigre à Korna. Les deux fleuves étaient alors séparés l'un de l'autre; ils avaient des embouchures indépendantes, mais le récit d'Hasis-Adra qui dit que les dieux l'installèrent « sur la bouche des fleuves » indique bien que ceux-ci ne se jetaient pas loin l'un de l'autre dans la mer.

Ainsi la région où s'est produit le Déluge est l'Euphrate inférieur, à une certaine distance de la côte actuelle. Hasis-Adra raconte qu'il versa du bitume sur le côté externe et le côté interne de son navire pour le rendre imperméable. On trouve, en effet, dans la région de l'Euphrate et du Tigre des collines miocènes riches en asphalte. Les habitants, d'après Cernik (1), emploient encore, pour construire leurs barques, le procédé d'Hasis-Adra. Ils font une construction en roseaux, dont les membrures sont des rondins de tamaris, les intervalles sont remplis de paille et de roseaux, et le tout est enduit d'asphalte en dehors et en dedans.

Quelle est la nature des avertissements reçus par Hasis-Adra? Il les reçoit du dieu de la mer. M. Suess pense qu'il s'agit de petites secousses de tremblements de terre qui ont poussé les eaux de la mer dans la vallée de l'Euphrate et produit des inondations partielles. Le dernier avertissement est d'une autre espèce. Il s'agit d'une voix. « Alors parla une voix : ce soir le ciel répandra sa destruction. » Il s'agit peut-être d'un grondement séismique.

Le récit indique que des phénomènes destructeurs se sont produits dans l'atmosphère et sur la terre. Il y a eu des tourbillons. Ceux-ci sont très communs en Mésopotamie d'après les voyageurs. Ils soulèvent une grande masse de sable et de poussière, qui obscurcit le Soleil. Le récit d'Hasis-Adra fait allusion à un phénomène de ce genre, en parlant « de colonnes du ciel » qui s'avancent sur la montagne et la terre. Il parle aussi, en propres termes, de tourbillons.

Le débordement des canaux s'explique bien par des secousses violentes, mais il peut avoir été encore amplifié par le refoulement des eaux dû à la tempête, Les Anunnaki, esprits des profondeurs, ébranlent la terre et « de la profondeur apportent les inondations ». Il y a eu sortie des eaux souterraines. La Genèse l'indique aussi par ces termes : « *Rupti sunt omnes fontes abyssi magni et cataractæ cœli aperti* » et par ceux-ci « *Et clausi sunt fontes abysssi et prohibitae sunt pluviae de coelo* ». Cette eau des profondeurs, cette eau « de l'abîme» est sortie par un phénomène semblable à ceux que nous avons rapportés dans le chapitre précédent. Lorsque des secousses de tremblement de terre affectent un delta, le sol boueux, solidifié seulement à la surface, se crevasse, et par les fentes sortent des jets d'eau souterraine. Nous avons cité le phénomène qui s'est produit en Valachie en 1838, ceux qui se sont produits dans les alluvions du Mississipi, au lac Baïkal (fig. 385), au Ran de Kachh. Ainsi, d'après M. Suess, le récit d'Izdubar indique nettement qu'un ébranlement séismique s'est produit dans la vallée de l'Euphrate, au milieu d'un sol d'alluvion riche en eaux souterraines.

Du récit assyrien on peut conclure aussi que de l'eau est tombée du ciel, comme l'affirme la Genèse. En effet Hasis-Adra dit : « Les vagues de Ramman s'élèvent jusqu'au ciel. » Il parle ici de Ramman, dieu de l'atmosphère, et non d'Eâ, dieu de la mer. Il ne s'agit donc pas ici d'un simple raz-de-marée causé par des secousses de tremblement de terre. M. Suess pense que ce dernier a été accompagné d'un phénomène atmosphérique, d'un cyclone, lequel a poussé les eaux de la mer sur la terre ferme, et a été accompagné, comme la plupart des cyclones, d'une pluie torrentielle. Les vagues soulevées par ces ouragans s'élèvent de plus en plus à mesure qu'elles se rapprochent de la terre, et se précipitent avec une violence

(1) Cité par Suess, p. 37.

Fig. 385. — Lac Baïkal.

Fig. 386. — Cyclone dans la mer des Indes.

extraordinaire sur le sol, qu'elles dévastent. Souvent les cyclones se produisent en même temps que les tremblements de terre (fig. 386). C'est ce qui a eu lieu à Calcutta dans la nuit du 11 au 12 octobre 1737. De même, le séisme de Bagdad, du 1er mai 1769, et qui détruisit un millier de maisons, fut accompagné d'un vent terrible, d'une pluie torrentielle et de grêle. Un cyclone venant du golfe Persique accompagnant un tremblement de terre, tel est le phénomène qui répond le mieux à la description d'Hasis-Adra. Le récit parle de ténèbres épaisses ; il en est toujours ainsi quand un grand cyclone se déchaîne. Remarquons que le récit assyrien attribue au cataclysme une durée de 6 jours et de 7 nuits, temps beaucoup plus court que celui indiqué par la Bible, et qui se rapproche davantage de ce qui a lieu aujourd'hui pour les phénomènes analogues.

Le navire d'Hasis-Adra s'est échoué sur une éminence des environs de Nizir. On a aujourd'hui des renseignements sur l'emplacement de ce pays, grâce à une inscription qui raconte une expédition du roi Asûr-Nâcir-Pal. Cette contrée s'étend à l'est du Tigre, entre le 35° et le 36° de latitude. Elle est séparée du Tigre par une chaîne de hauteurs miocènes, comme le Karatschock-dagh, le Baruvan-dagh. Ces montagnes sont traversées par plusieurs fleuves, entre autres le Zab inférieur. Leur altitude est d'environ 300 mètres. Il est probable que le bateau, poussé dans la direction du N.-O. par le cyclone, pénétra dans la région où le Tigre est profondément encaissé et s'échoua sur le penchant d'une ces collines miocènes. Il n'atteignit pas le sommet de la montagne, mais les individus sauvés quittèrent alors le navire et gravirent la montagne, comme il résulte de ce passage : « J'élevai un autel sur le sommet de la montagne. » Tout le récit d'Hasis-Adra indique que le navire a été porté de la mer vers l'intérieur du fleuve, et par suite que l'inondation est venue de la mer. Si conformément à l'opinion la plus répandue sur le Déluge, cette inondation avait été causée surtout par la pluie, elle aurait certainement entraîné le navire de l'Euphrate inférieur dans le golfe Persique. D'ailleurs, dès la fin du siècle dernier, beaucoup d'exégètes avaient abandonné l'ancienne opinion, parce que l'atmosphère ne leur semblait pas, avec raison, contenir une quantité d'eau suffisante pour produire un phénomène de ce genre ; dans le texte hébreu, au lieu de lire *majim* qui indiquait une inondation par l'eau du ciel, ils lisaient *mijam* qui indiquait une inondation par la mer (1).

RÉCITS BIBLIQUES.

M. Suess fait remarquer que l'intelligence du texte biblique présente de grandes difficultés. Il est établi que ce texte se compose de deux versions juxtaposées qui, séparées, donne chacune une description complète du Déluge. Les deux versions offrent des divergences secondaires, mais elles diffèrent en outre d'une manière frappante, parce que l'une désigne la divinité au singulier sous le nom de Jahveh (Jéhovah), et l'autre emploie la forme collective Elohim. Les exégètes admettent aujourd'hui que le Déluge n'a pas été universel, et que par l'universalité du Déluge, il faut entendre universalité dans la région alors habitée. Nous venons de voir qu'ils l'expliquent par une inondation venue de la mer et non par des précipitations atmosphériques; celles-ci n'auraient joué qu'un rôle accessoire. Enfin par « montagnes d'Ararat » il ne faut pas, suivant eux, entendre la montagne actuelle de ce nom (fig. 387), mais les collines d'un pays dont la position est indéterminée.

Les analogies des récits bibliques avec le récit assyrien sont frappantes, comme on a pu le voir plus haut. Il y a des différences; ainsi au sujet des oiseaux qui sont lâchés, et parce que le Noé assyrien est élevé au ciel comme la Genèse le rapporte d'Hénoch. La différence caractéristique est que le récit biblique est moins rationnel; il est tel que pouvait l'admettre un peuple éloigné de la mer. Le bateau n'est plus dirigé, il n'a pas de pilote et vogue à l'aventure; ce n'est plus un véritable navire comme celui d'Hasis-Adra, mais une *arche*, c'est-à-dire une sorte de coffre. Il semble donc que le récit biblique se rapporte bien au même phénomène naturel que le récit assyrien. Mais il a été altéré. Ce Déluge biblique s'est produit dans la vallée de l'Euphrate et les Hébreux paraissent avoir emprunté aux Assyriens le récit d'Hasis-Adra, contenu dans l'épopée d'Izdubar. C'est vraisemblablement à la même source qu'il faut rapporter le récit de Bérose.

(1) Suess, *Das Antlitz der Erde*, I, p. 51.

Fig. 387. — Le grand et le petit Ararat.

RÉCITS ÉGYPTIENS, SYRIENS ET HELLÉNIQUES.

M. Suess, pour bien montrer que le Déluge a été localisé dans la vallée de l'Euphrate, examine les traditions des différents peuples. Il recherche si en Égypte on trouve une description indigène du Déluge. L'absence d'un récit indigène peut être donnée comme preuve que la catastrophe n'a pas atteint la Méditerranée, car à l'époque où le phénomène s'est produit sur l'Euphrate, la civilisation égyptienne devait être déjà florissante.

Les annales de l'Égypte ne fournissent que peu de documents sur la question. A Thèbes existent de nombreux temples consacrés a la mémoire des rois (fig. 388) et les tombeaux de beaucoup de ces princes (fig. 389). On a trouvé dans le tombeau de Seti Ier, à Thèbes, des inscriptions relatives à une destruction des hommes par les dieux. L'exécution est confiée à la déesse Hathar, qui procède d'une manière sanglante; tout le pays est couvert de sang. Tous les hommes périssent, sauf ceux qui se sont réfugiés sur les hauteurs. Ceux-ci se réconcilient ensuite avec les dieux. Plus tard, il est question d'une inondation, mais elle n'est pas présentée comme un châtiment. Au contraire elle est bienfaisante. On voit que les rapports avec le récit assyrien sont difficiles à découvrir. On peut même les mettre en doute. Le souvenir d'un Déluge n'existait donc pas en Égypte.

Les côtes de Syrie, de l'Asie Mineure, de la Grèce, ont été souvent envahies par des inondations séismiques, qui se sont étendues très loin dans les terres. Un exemple de phénomène de ce genre eut lieu en 479 avant J.-C., alors qu'Artabaze assiégeait la ville de Potidée qui fermait les approches de la presqu'île de Pallena dans la Chalcidique. Hérodote raconte comment les assiégeants s'aperçurent que la mer baissait et rendait le golfe praticable, comment ils voulurent traverser ce golfe pour s'approcher de la ville, et furent brusquement surpris par le flot de retour. Ce fait rappelle la traversée de la mer Rouge par le Pharaon Menephtah.

Ces inondations périodiques ont donné lieu à des traditions de Déluges répétés en Grèce; ceux d'Ogygès, de Deucalion, de Dardanos. Dans la tradition du Déluge de Deucalion, entre autres, il y a des parties qui rappellent le récit assyrien : la fuite dans une arche flottante, la présence dans l'arche d'animaux de toute espèce, les oiseaux lâchés, en particulier une colombe. A cette tradition se rattachait une cérémonie particulière, celle de l'hydrophoria. On célébrait à Athènes, en souvenir du Déluge de Deucalion, une fête pendant laquelle on répandait de l'eau, et on jetait du miel et de la farine en manière d'offrande, dans le gouffre d'où s'était écoulée l'eau du Déluge.

La cérémonie de l'hydrophoria est men-

Fig. 388. — Ruines du temple de Karnak à Thèbes.

Fig. 389. — Vallée funéraire des rois de Thèbes.

Fig. 390. — Vue du fleuve Jaune.

tionnée à propos du temple d'Hiérapolis sur l'Euphrate supérieur, dans un écrit attribué à tort ou à raison à Lucien.

Le temple d'Hiérapolis (Mambedj) était dédié à une déesse syrienne. Lucien raconte qu'il fut bâti par Deucalion Sisythes sous lequel eut lieu le Déluge. Celui-ci fut un châtiment des dieux. La terre fit sortir de son sein une grande masse d'eau; en même temps il y eut de fortes pluies, les fleuves débordèrent et la mer se répandit au loin hors de son lit. Deucalion échappa seul avec sa famille dans une arche où il avait introduit une paire de toutes les espèces d'animaux. Suivant Lucien, il y a à Hiérapolis une ouverture autour de laquelle Deucalion établit un temple. C'est par là que s'est écoulée l'eau du Déluge. En commémoration de l'événement, deux fois par an on fait une cérémonie à laquelle prennent part non seulement les prêtres, mais les Syriens et les Arabes et beaucoup d'hommes de l'autre côté de l'Euphrate. On amène à la mer une statue dorée, ayant sur la tête une colombe également dorée. On rapporte de la mer de l'eau qu'on verse dans le temple; elle s'écoule ensuite dans l'ouverture.

Depuis on a recherché cette ouverture. Rey a visité les ruines du sanctuaire et a retrouvé les restes d'un vivier. Rey pense que les cours d'eau souterrains qui existent dans le pays ont dû donner lieu à la fable d'un gouffre absorbant l'eau du Déluge et à l'érection d'un temple. On retrouve dans le récit précédent un écho du récit assyrien, avec les trois formes différentes : eaux souterraines, eaux de la mer, eau du ciel. Les traditions helléniques et syriennes semblent résulter de la combinaison des traditions assyriennes et de traditions locales relatives à des inondations séismiques. Mais rien, dans ces récits, ne démontre l'extension du phénomène de la Mésopotamie, au bassin de la Méditerranée (1).

RÉCITS HINDOUS ET CHINOIS.

Les livres sacrés des Hindous contiennent plusieurs récits de grandes inondations. Le Satyavrata du Bhagârata-Purâna auquel Vischnou annonce le Déluge et qui est sauvé comme gardien des livres saints, n'est autre que l'Hasis-Adra de l'épopée d'Izdubar, et le Xisuthros du récit de Bérose. Mais toutes les circonstances des récits hindous, montrent

(1) Suess, *Das Antlitz der Erde*, I, . 89.

qu'il s'agit d'une tradition d'origine étrangère, et que le Déluge ne s'est pas étendu dans les Indes. C'est ainsi que d'après le Rig-Veda, Manu Vaivasvata sauvé des eaux, attache son navire à l'un des hauts sommets de l'Himalaya. Il y a eu certainement ici une adaptation du récit assyrien.

Il était intéressant de consulter les écrits chinois, dont les plus anciens remontent à 3000 ans avant J.-C. Ces écrits ne présentent aucune trace de merveilleux; ce sont des rapports administratifs.

D'après le Schû-King, il y eut une grande inondation sous le règne de l'empereur Yaô, qui vivait 2357 ans avant J.-C. et qui régna 70 ans. Le souverain chargea le ministre Kwañ, puis le ministre Yû, de réparer les désastres causés par l'inondation. Yû pendant huit ans fait de grands travaux, régularise le cours des fleuves, les endigue, débarrasse leurs embouchures des atterrissements; il se montre le bienfaiteur de l'empire. De Richthofen a prouvé l'exactitude des renseignements fournis par les écrits chinois sur les grands travaux de Yû. Il serait difficile de retrouver dans ce qui précède un écho du Déluge biblique. Alors probablement les inondations ont été produites par le fleuve Jaune (fig. 390) qu'on a appelé le fléau de la Chine; mais les données fournies par les écrits chinois sur l'origine des inondations, sont fort incomplètes. On y voit seulement que l'eau est restée pendant longtemps sur le sol, et qu'elle a apporté de grandes perturbations dans la vie nationale.

Chez les peuplades américaines, il y a des récits d'inondations ayant de grands rapports avec le récit biblique. M. Suess, s'appuyant sur l'autorité de Waitz, y voit seulement les récits faits par les missionnaires, mal compris et altérés par les indigènes, puis recueillis comme des traditions primitives. Dans les îles de l'Océanie il y a des récits relatifs à de grandes inondations de la mer, dues à des secousses séismiques.

CONCLUSION.

En résumé, le grand phénomène naturel, désigné sous le nom de Déluge, s'est produit dans la vallée de l'Euphrate, et les traditions des différents peuples ne démontrent pas que le cataclysme se soit étendu hors du cours inférieur de l'Euphrate et du Tigre.

La cause la plus probable de la catastrophe a été un grand tremblement de terre dans la contrée du golfe Persique ou au sud de cette contrée, qui a été précédé de plusieurs secousses légères. Le séisme a produit un mouvement de la mer, qui a envahi la terre ferme, et a produit aussi la sortie des eaux souterraines. Il est très vraisemblable qu'au plus fort de l'agitation, un cyclone venant du sud est entré dans le golfe Persique, accompagné de pluies torrentielles. Un homme prévoyant, Hasis-Adra, craignant le Seigneur, a été averti par les secousses réitérées du sol. Il a construit un bateau pour sauver sa famille, et l'a calfaté avec de l'asphalte, comme on le fait encore dans la région de l'Euphrate. Il s'est embarqué, et la mer pénétrant dans les terres et soulevant le bateau, l'a poussé vers le nord, et l'a fait échouer sur l'une des collines miocènes qui dominent la vallée du Tigre. Quant à la date du Déluge, il est difficile de la déterminer. L'interprétation des inscriptions et leur comparaison avec les observations astronomiques de l'antiquité, avait conduit Bosanquet à donner comme date l'an 2379 avant J.-C. (1), mais il est probable que la catastrophe s'est produite bien plus tôt, plus de 3000 ans avant notre ère.

(1) Suess, p. 53.

Fig. 391. — Vue d'Hammerfest en Norwège.

LES DÉPLACEMENTS DES LIGNES DE RIVAGE. HISTORIQUE DE LA QUESTION.

THÉORIE DE LA DESSICCATION ET THÉORIE DES SOULÈVEMENTS LENTS.

On voit très souvent sur le bord d'un rivage les traces d'un ancien niveau plus élevé que le niveau actuel de la mer. Sur des étendues considérables ces traces se poursuivent à la même hauteur, quelle que soit la nature du bord, sur des pentes de calcaire, de granite, sur des pentes formées de matériaux volcaniques ou sur des dépôts tertiaires. Ces anciennes lignes de rivage entourent comme d'un cordon la terre ferme et les îles. On arrive ainsi à l'idée de grandes oscillations du niveau des mers, se produisant dans un temps très long. Certains observateurs ont imaginé qu'il se produisait des changements continus dans la quantité totale des eaux marines, et ont ainsi édifié des théories qu'on peut appeler avec M. Suess des théories de la *dessiccation;* d'autres supposent que le niveau marin ne change pas, mais que la terre ferme éprouve des mouvements de *soulèvement* réguliers et graduels, ou, comme l'on dit, *séculaires* (1).

(1) Suess, *Das Antlitz der Erde*, II, p. 16. Consulter tout le chapitre premier du tome II.

Déjà, dans l'antiquité, on se préoccupait des oscillations du niveau. On savait que la mer s'était étendue jusqu'à l'oasis de Jupiter Ammon. Strabon pensait que non seulement les îles, mais aussi la terre ferme, se soulevaient, et que des étendues de terre grandes ou petites pouvaient se rompre et s'effondrer. Mais les observations étaient superficielles et peu nombreuses; dans tout le moyen âge on se bornait à des discussions théoriques sur les relations réciproques de la terre et de l'Océan. Nous retrouvons ces discussions dans un écrit intitulé : *De duobus elementis : aqua et terra*, attribué à Dante, mais probablement apocryphe (1).

De Maillet, qui fut consul de France en Égypte, dans le Levant et à Livourne, apprit à connaître les côtes de la Méditerranée. Il trouva des indices du recul de l'eau et conclut à une diminution graduelle du volume de la mer. Ses observations furent publiées après sa mort, en 1708. Manfredi à Bologne et Zen-

(1) *Biographie de Dante*, par E. Rod (*Revue des Deux Mondes*, 15 décembre 1890)

drini à Venise étaient arrivés à des résultats complètement opposés à ceux de De Maillet. D'après eux le niveau de la Méditerranée ne s'abaissait pas, mais au contraire il s'élevait un peu. Ils en donnaient comme preuves la découverte, sous le dôme de Ravenne, d'un pavage en marbre qui se trouvait à 8 pouces au-dessous du niveau actuel, et la submersion constante des fondations du palais des Doges, à Venise. Après la mort de Manfredi, parut, en 1746, son écrit : *De aucta maris altitudine*, dans lequel il expliquait l'élévation du niveau par la grande quantité de matériaux se déposant au fond et apportés annuellement par les fleuves.

Vers la même époque on se préoccupait, en Suède, de la même question. Le physicien Hjärne observa le recul de la ligne de rivage et fit graver des marques sur les rochers pour observer la marche du phénomène. Swedenborg, à cause du rapide accroissement des terres en Laponie, avança cette idée que les mers s'abaissent dans les régions polaires et que leur niveau s'élève au contraire dans le voisinage de l'équateur.

Celsius visita, en 1724, les côtes du golfe de Bothnie. Il remarqua à Huddikswall, Pitea, Lulea, le recul de la mer. Le port de Tornea établi en 1620 n'était déjà plus praticable. Les bateliers montraient des endroits où il y avait à peine assez d'eau pour les canots, tandis qu'auparavant de grands navires pouvaient y manœuvrer. Dans certaines localités, comme à Langelö, Celsius vit des anneaux placés bien au-dessus du niveau de la mer et auxquels on attachait autrefois les navires. Linné, son ami, fit des constatations analogues, et tous deux conclurent que le niveau de la mer s'abaissait dans le golfe de Bothnie de 45 pouces ($1^{m},33$) par siècle.

Celsius, dans une lecture académique, exposa l'idée suivante. Les planètes se présentent successivement sous les trois états d'inondation, intermédiaire et de conflagration. Autrefois la Terre était à l'état d'inondation, elle se trouve aujourd'hui dans l'état intermédiaire, mais la mer recule partout, sa masse diminue et la Terre se rapproche de l'état suivant, celui de conflagration, dans lequel se trouve le Soleil. Celsius prédisait donc la fin du monde.

Linné était plus consolant. A l'origine, suivant lui, la terre était seulement une île sur laquelle le Créateur avait placé tout ce qui était nécessaire à l'homme. Cette île, le Paradis, est une des hautes montagnes situées sous l'équateur. La température y décroît graduellement de la base jusqu'au sommet et sur ses flancs étaient distribuées d'abord toutes les espèces animales et végétales, d'après le climat. Mais progressivement la mer recule et l'île primitive s'est élargie; sa population a graduellement occupé les espaces mis à sec. Linné n'allait pas jusqu'à la prédiction extrême faite par son ami. Ainsi Celsius et Linné concluaient à une dessiccation graduelle de la mer. Beaucoup de savants adoptèrent cette opinion, et expliquèrent la diminution de l'Océan par une évaporation continue ou par la solidification de plus en plus grande de la sphère terrestre. Frisi, de Milan, conclut des observations de Celsius et de Manfredi que, dans le Nord, le niveau de la mer s'abaisse, et que dans le Sud il s'élève. Il remarque bien que toutes les mers se trouvant en libre communication devraient avoir le même niveau, mais il explique la différence par la vitesse de rotation plus grande au pôle qu'à l'équateur.

On ne tint aucun compte des écrits de Browallius, qui prouvait que Celsius et Linné avaient généralisé trop vite, car sur les côtes de Finlande on n'observait pas de recul de la mer; dans le district d'Abo de très vieux arbres ne s'élevaient que de 4 pieds au plus au-dessus de la mer. On ne tint pas compte non plus des observations de l'amiral Nordenankar. Celui-ci disait que la Baltique devait être rangée parmi les mers intérieures, dont le caractère général est d'être plus élevées que les océans. Il pensait que l'abaissement du niveau avait commencé lorsque la Baltique avait été mise en communication avec la mer du Nord, par le Sund et les Belt, et que l'équilibre finirait par s'établir. Nordenankar faisait aussi les remarques suivantes très justes et très profondes. La Baltique reçoit un grand nombre de cours d'eau; de là des variations de niveau suivant les années et suivant les saisons. Le vent favorise aussi ou empêche l'arrivée de l'eau et influence le niveau. Malgré toutes ces remarques et les observations contradictoires, la théorie de la dessiccation fut en faveur jusqu'au commencement de ce siècle.

En 1802, Playfair remarqua qu'on trouvait sous les tropiques des formations coralliennes au-dessus du niveau actuel; par suite, il repoussa la théorie de Frisi, et conclut à un soulèvement pour le sol de la Suède. Léopold de Buch entra dans la même voie. Il visita la

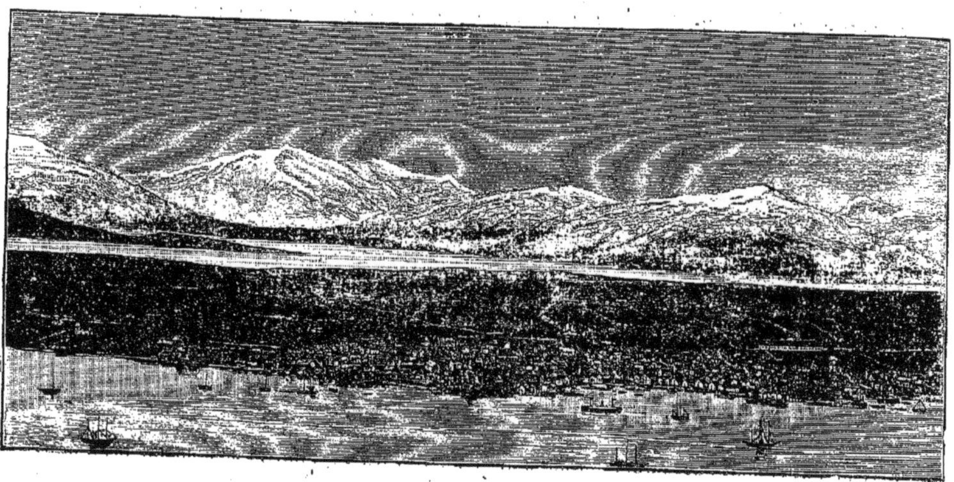

Fig. 392. — Vue de Tromsö (Norwège).

Suède en 1807 et écrivit à la suite de cette exploration les lignes suivantes : « Il est certain que le niveau de la mer ne peut pas baisser, l'équilibre des mers s'y oppose absolument. D'autre part le phénomène de retrait est indiscutable ; il ne reste donc, autant que nous le voyons maintenant, d'autre issue que de supposer que toute la Suède s'élève lentement de Frederikshald jusqu'à Abo et le mouvement s'étend peut-être jusqu'à Pétersbourg (1). »

La théorie des soulèvements lents eut comme principaux défenseurs Lyell et Darwin. Charles Lyell voyagea en Suède en 1834 ; il reconnut l'exactitude des faits, et constata aussi que les indices d'un soulèvement sont plus nets dans le nord que dans le sud du pays. Plus tard, s'appuyant surtout sur les données de Nilsson, il émit l'idée que c'est dans le nord de la Scandinavie que le soulèvement est le plus important ; il diminue vers le sud et cesse près de Sodertelje à quelques milles au S.-O. de Stockholm ; ensuite dans le sud de la péninsule il y aurait un atterrissement ; en particulier plusieurs des anciennes rues de Malmoë et d'Ystad sont maintenant sous l'eau. Ainsi la presqu'île scandinave serait soumise à un mouvement de bascule autour d'un axe dirigé de l'est à l'ouest, et la région qui s'affaisse serait beaucoup plus petite que celle qui s'élève. Le Groënland serait soumis à un mouvement analogue.

(1) Cité par Suess, II, p. 16.

Charles Darwin visita, comme on sait, de 1832 à 1836, l'Amérique du Sud et le Pacifique ; d'après lui toute la partie sud du continent jusqu'au 30° subit un soulèvement important, mais intermittent, comme le prouvent les terrasses superposées. Au contraire la structure des récifs de corail démontre, d'après Darwin, un affaissement étendu pour la plus grande partie du fond du Pacifique dans les latitudes chaudes. Darwin essaya même d'indiquer sur une carte la séparation des contrées soulevées et des contrées affaissées.

Suivant Bravais il y avait dans l'Altenfjord, près d'Hammerfest (fig. 391) et de Tromsö (fig. 392), deux lignes de rivage non horizontales, et la pente de la terrasse la plus élevée était plus grande que celle de la plus basse. Cela semblait indiquer un soulèvement inégal de la terre ferme. Mais il fut reconnu depuis que Bravais s'était trompé et que les terrasses, près d'Hammerfest, sont en parallélisme exact avec le niveau de la mer. En outre, Eugène Robert montrait la grande extension des terrasses dans tout le nord de l'Europe ; Chambers les étudiait en Amérique et en Angleterre, Domeyko au Chili. Dana, en 1849, à la suite de ses grands voyages dans le Pacifique, émit l'idée d'une élévation notable vers le pôle nord et d'un mouvement contraire vers l'équateur. Le phénomène du déplacement des lignes de rivages se montrait gé-

(1) Suess, II, p. 22.

néral; il était par suite difficile de le regarder comme dû à des affaissements ou à des soulèvements locaux. Chambers remarquait qu'en Angleterre les lignes de rivage étaient bien horizontales, comme en Norvège. C'était une difficulté pour la théorie du soulèvement lent. Chambers préférait supposer que sous les tropiques, dans la région des îles de corail, se produisait un affaissement étendu du fond de la mer, provoquant un afflux de l'eau des pôles, et par suite la formation de terrasses sous les hautes latitudes. On a cherché aussi à rattacher les déplacements des lignes de rivage à la contraction lente du noyau terrestre, entraînant le plissement de la croûte superficielle; de là, suivant les localités, des soulèvements et des affaissements. Mais des lignes de rivage successives, ne s'écartant pas de l'horizontale, se montrent sur les montagnes plissées; par suite la cause des plissements paraît différente de celle des déplacements du niveau.

On a été conduit ainsi à établir des théories dans lesquelles la terre ferme reste fixe tandis que la surface des mers subit des changements de forme généraux. Dans toutes ces théories la pesanteur joue un grand rôle, et M. Suess les réunit pour cela sous le nom de théories de la *gravitation*.

THÉORIES DE LA GRAVITATION.

Bertrand attribuait l'accumulation ou la diminution des eaux de la mer aux différentes positions du centre de gravité de la terre. En 1804 Wrede supposa aussi que le centre de gravité de la terre ne doit pas nécessairement coïncider avec le centre de figure; sa position doit changer par suite du dépôt de sédiments et de beaucoup d'autres circonstances; de là des changements de niveau. Cette idée a été reprise récemment par G. Jäger.

Suivant Howorth et Belt, il y a afflux de l'eau des pôles symétriquement des deux côtés de l'équateur. Le premier l'attribue à une diminution de l'aplatissement des pôles, le second à la formation simultanée de calottes de glace aux deux pôles.

Au contraire, une autre école, celle d'Adhémar, soutient que des deux côtés de l'équateur les oscillations du niveau sont inverses.

Adhémar cherche l'origine des changements dans les phénomènes astronomiques : la précession des équinoxes et le déplacement du périhélie. La chaleur solaire n'est reçue par un lieu donné que pendant le jour; elle se perd pendant la nuit, et quand il y a égalité du jour et de la nuit, l'équilibre se produit entre l'échauffement diurne et le refroidissement nocturne. Or le pôle sud a aujourd'hui pendant une année 168 heures environ de nuit de plus que d'heures de jour, tandis qu'au pôle nord c'est l'inverse; le nombre des heures de jour l'emporte de 168 sur celui des heures de nuit. Par suite la glace doit se former en plus grande abondance au pôle sud qu'au pôle nord. A cause de la précession des équinoxes et du déplacement du périhélie, au bout de 10 500 ans les rapports sont inverses pour les deux hémisphères. Aujourd'hui la somme du printemps et de l'été est plus grande pour nous de 7 jours (168 heures), que celle de l'automne et de l'hiver; dans 10 500 ans c'est l'hémisphère austral qui sera favorisé. Jusqu'en l'année 1248 de notre ère, l'hémisphère sud s'est refroidi constamment et, par suite, sa calotte glaciaire s'est accrue; le centre de gravité de la planète s'est déplacé et l'eau a été attirée vers le sud. C'est ce qui explique la grande extension de la mer du sud, tandis qu'au nord la terre ferme l'emporte. Depuis 1248 l'hémisphère sud s'échauffe, tandis que le nôtre se refroidit. Après 10 500 ans, c'est-à-dire en l'an 11748, l'état du plus grand froid et de la plus grande extension de l'eau sera atteint par le pôle nord.

Ainsi à cause du mouvement planétaire il se produit, d'après Adhémar, un transport périodique de la calotte de glace d'un pôle à l'autre, accompagné d'une plus grande submersion pour l'hémisphère correspondant. Toutefois rien dans les observations ne vient à l'appui de cette conclusion. Car, si depuis 1248 l'hémisphère nord se refroidissait, sa calotte glaciaire devrait augmenter, et aujourd'hui que nous avons accompli le $\frac{1}{17}$ de la période de 10 500 années, on devrait observer une montée de la mer sur tous les rivages de notre hémisphère, ce qui n'est pas le cas. Adhémar pour lever cette objection admet que la glace antarctique met beaucoup de temps pour se détacher, ce qui recule le moment de la constatation du phénomène. Malgré ses points faibles, la théorie d'Adhémar, modifiée ensuite par Croll, a été reçue avec une grande faveur, parce qu'elle explique trois grands phénomè-

Fig. 393. — Un Fjord en Norwège.

nes : la prépondérance de l'eau dans l'hémisphère sud, l'existence de périodes glaciaires, la généralité et la constance des oscillations du niveau. Elle fut particulièrement adoptée par Charles Darwin et par beaucoup de géologues, entre autres par Geikie.

Mais il faut remarquer que les théories de la gravitation supposent toujours que les oscillations dans les diverses parties du monde reposent sur une loi simple, qu'il y a de grandes régions continues d'exhaussement et d'affaissement disposées régulièrement autour de la ligne des pôles. Or les faits cités sont souvent douteux ; on a cru observer des mouvements inverses dans des régions très rapprochées. S'il n'y a pas de régularité dans la distribution des oscillations, on ne peut expliquer celles-ci par des variations générales de forme de la mer ; il faut chercher leur origine dans des circonstances locales.

TERMINOLOGIE ADOPTÉE AUJOURD'HUI.

En présence de ce conflit d'opinions, on se voit forcé d'examiner avec soin chacun des exemples d'oscillation. Mais il est nécessaire, avant tout, d'adopter une terminologie n'impliquant aucune idée préconçue. C'est ce que Chambers a proposé dès 1848. Il ne parlait plus ni de soulèvements, ni d'affaissements, mais seulement de *shifts of relative level*, c'est-à-dire de *déplacements de la ligne de rivage*.

Cette expression est aujourd'hui adoptée. Les déplacements des lignes de rivage vers le haut sont dits *positifs*, et ceux vers le bas *négatifs*, parce que c'est le moyen de désignation de toutes les échelles et de tous les maréographes. Les oscillations observées seront donc affectées suivant les cas du signe + ou du signe —. Ainsi l'ancienne expression : « affaissement du sol » est remplacée par : *déplacement positif* de la ligne de rivage, et l'expression : « soulèvement du sol » par *déplacement négatif*.

Avec cette terminologie on peut procéder à un examen approfondi des oscillations du niveau. Mais la question est fort difficile; il y a beaucoup de causes d'erreur. Le niveau des mers dépend d'une foule de circonstances : de la marée, de la chaleur du soleil, de la pression de l'air, de l'afflux des eaux douces ou de la vaporisation dans des espaces de mer limités, des attractions locales de la terre ferme, etc. Certaines de ces circonstances, comme les vents et les éléments du climat, rendent difficile l'établissement du niveau moyen et, pour obtenir ce dernier, il faut une longue série de mesures. D'autres, comme les marées, s'éliminent facilement par leur périodicité. L'attraction des continents joue un rôle important, et élève le niveau. Le dépôt de nouveaux sédiments agit lentement mais constamment pour produire un déplacement positif, et en même temps il agit par attraction. On ne doit pas oublier non plus les affaissements qui se produisent dans les fonds océaniques, affaissements qui ont formé la mer Égée, la mer Tyrrhénienne, le nord de l'Adriatique. Des effondrements de ce genre produisent des mouvements négatifs généraux très importants parce qu'un afflux d'eau se produit pour remplir le vide formé.

Les causes d'erreur sont nombreuses. L'une des principales est de prendre des rivages d'âge différent pour des formations synchroniques. C'est ainsi qu'au Groënland on a supposé qu'il y avait un mouvement de bascule, parce qu'on a regardé comme contemporaines les terrasses du nord qui sont élevées, et des traces de déplacement positif sur les constructions qui se trouvent au sud. Mais ces traces positives sont en réalité récentes, et les terrasses sont beaucoup plus anciennes; ces terrasses existent aussi bien au sud qu'au nord.

Le procédé de recherche, qui paraît le plus simple et le plus exact, celui qui consiste à faire des marques sur le rivage, présente en réalité de grandes difficultés. Le plus souvent les mouvements positifs laissent peu de traces, tandis que les déplacements négatifs se laissent facilement apprécier. Par suite, là où se présente un mouvement d'oscillation de caractère positif, on peut ne voir qu'un indice de mouvement négatif. C'est ce que M. Suess démontre par l'exemple suivant.

Soient des espaces égaux *ab*, *bc*, ... parcourus dans le même temps, et supposons un déplacement positif avec récurrence négative dans le rapport de 4 à 3. On a le schéma suivant :

	e		*m*		
	+ *de*	— *ef*	+ *lm*	— *mn*	
	+ *cd*	— *fg*	+ *kl*	— *no*	
	+ *bc*	— *gh*	+ *ik*	— *op*	etc.
	+ *ab*	*h*	+ *hi*		+ *pq*
a				*p*	

Le rivage dans quatre unités de temps a subi quatre changements positifs de *a* à *e*; là il a atteint la marque la plus élevée, puis pendant trois autres unités il est descendu jusqu'en *h*, puis pendant quatre unités il est monté jusqu'à la marque *m*, etc. La ligne de rivage laissée en *e* reste visible pendant 6 unités de temps de *ef* à *kl*, dont trois négatives et trois positives, et elle cesse seulement d'être visible pendant l'unité de temps *lm*. Ainsi, bien que dans le cas actuel le mouvement positif l'emporte sur le mouvement négatif dans le rapport de 4 à 3, il y a cependant six chances contre une, qu'on verra une marque au-dessus du niveau de la mer, et l'on conclura par suite à tort un mouvement négatif (Suess).

Ce simple exemple montre quelle est la difficulté du sujet et explique les résultats contradictoires auxquels on est souvent arrivé dans les observations les plus consciencieuses.

LES DÉPLACEMENTS DES LIGNES DE RIVAGE. DISCUSSION DE QUELQUES EXEMPLES.

LES COTES DE SCANDINAVIE.

Sur les côtes de Norwège on trouve non seulement des couches de sables et d'argile mélangées de coquilles marines, mais aussi des bancs exclusivement coquilliers. Ces bancs sont au moins au nombre de trente, superposés à différentes hauteurs sur les pentes. Les plus élevés, qui s'élèvent à 4 ou 500 pieds au-dessus du niveau actuel, renferment des espèces qui

Fig. 394. — Région des terrasses en Norwège.

vivaient pendant la période glaciaire, tandis que dans les bancs les moins élevés il n'y a que des espèces vivant encore actuellement sur les côtes de Norwège.

La formation des terrasses est encore beaucoup plus étendue que ces bancs coquilliers. Quand des bords de la mer on s'élève dans une vallée, on constate que le sol est constitué par des terrasses disposées en gradins. De la mer on arrive par une pente inclinée de 30° à une surface plane qui est une première terrasse, puis vient ensuite une seconde pente dominée par une seconde terrasse et ainsi de suite. Les plus hautes de ces terrasses s'élèvent à 600 pieds au-dessus du niveau marin. Ces gradins s'étendent transversalement dans la vallée et sont simplement interrompus pour le passage d'un cours d'eau se rendant à la mer. Ces terrasses ne se trouvent que dans les fjords (fig. 393) et non tout le long de la côte. Elles sont formées de sables, d'argile, de cailloux apportés par les eaux douces et leur position indique l'ancien niveau marin. Si celui-ci s'abaisse, on conçoit que le fleuve doit couler plus bas et donne lieu à une autre terrasse. On en concluait, comme nous l'avons déjà vu, un soulèvement graduel de la côte. Mais les terrasses ne sont pas partout au même niveau (fig. 394). Aux environs de Christiania et de Trondheim, elles s'élèvent jusqu'à 200 mètres d'altitude, tandis que plus au nord elles ne sont jamais aussi élevées. De plus, dans bien des fjords, les terrasses se montrent comme d'anciennes moraines remaniées, et certaines côtes portent à des niveaux déterminés des cannelures horizontales où l'on doit reconnaître l'action combinée de la vague et de la gelée à un moment où la vague affleurait en ce point (1). Il est impossible, à cause de toutes les variations d'altitude suivant les localités, d'attribuer les bancs coquilliers et les terrasses à un exhaussement du sol. Il faut admettre, avec M. Penck, que les changements de niveau sont dus à l'attraction variable des glaces. A l'époque glaciaire les glaciers étaient plus importants qu'aujourd'hui en Norwège; la masse du continent était donc plus grande, et par suite de son attraction accrue sur les eaux de la mer, devait provoquer une élévation du niveau. Depuis l'époque glaciaire, l'épaisseur de la glace a

(1) De Lapparent, *Du niveau de la mer* (*Bull. soc. géol.*, 1886).

diminué et le niveau a baissé. Cette action, attribuée à la glace, explique les variations locales des terrasses. Celles-ci doivent être en effet plus hautes, comme c'est d'ailleurs le cas, à Trondheim et à Christiania, parce que là se trouve la région la plus élevée de la Norwège, celle qui a dû porter autrefois la plus grande épaisseur de glace. Comme terrasses remarquables non pour leur élévation, mais par leur largeur, on peut citer celles de Tromsö dans le Finmark. La ville est bâtie sur une ancienne plage présentant des lits énormes de coquillages. A une hauteur qui varie de 4 à 6 mètres, il y a une seconde terrasse qui porte les maisons des pêcheurs; enfin, à 12 mètres plus haut se trouve une autre plage recouverte par les éboulis des roches supérieures (1).

De même plus haut aux environs du cap Nord (fig. 395); il y a des terrasses.

En Angleterre on trouve aussi en certains points des coquilles marines au milieu de dépôts morainiques à de grandes hauteurs au-dessus de la mer. En Écosse il y a des terrasses analogues à celles de Norwège; on les appelle *parallel roads*. Il faut aussi les attribuer à l'attraction variable des glaces depuis l'époque quaternaire. Les plus élevées correspondaient à la période où les glaces étaient les plus épaisses.

En Suède, avons-nous vu dans le chapitre précédent, Celsius, dès 1724, observa un recul de la mer. Pour arriver à des résultats précis il fit des entailles dans les rochers (skärgärd) qui forment comme une chaîne le long de la côte de Suède; une entre autres fut faite à Gèfle en 1731 (2). Au commencement de ce siècle le colonel Hällström arriva avec de Buch à cette conclusion qu'un changement de niveau s'était produit pendant le XVIIIe siècle et qu'il n'était pas le même partout. De 1820 à 1821 toutes les marques faites antérieurement furent examinées par les officiers du service du pilotage et ils arrivèrent à la même conclusion qu'Hällström. Lyell examina les marques en 1834 et il en conclut qu'il y avait eu là un exhaussement de 101 millimètres depuis les dernières observations, ce qui faisait 76 centimètres par siècle. Dans le sud du pays, sur la côte basse et sablonneuse de Scanie on concluait à un affaissement. Suivant Loven, il y avait eu autrefois une forêt de chênes sur les bancs maintenant submergés devant Landskrona. Nilsson affirmait la présence de couches de tourbe au-dessous du niveau de l'air sur la côte de Scanie. Il s'appuyait aussi sur ce fait que quand le vent est très fort à Malmö l'eau inonde une rue; de plus on a découvert là une ancienne rue au-dessous d'une rue nouvelle, mais à 2^{m},40 plus bas. A Ystad une rue se trouve exactement au niveau de la mer, et elle n'y aurait pas été construite à l'origine. Linné voulant s'assurer si la mer se retirait des côtes de Scanie avait mesuré, en 1749, la distance qu'il y avait entre la Baltique et une grosse pierre placée à Stafsten, près de Telleberg. D'après Nilsson cette distance, en 1836, avait diminué de 30 mètres depuis Linné. D'autre part une marque faite à Skallo, près de Calmar, en 1760, n'avait pas changé de niveau. Nilsson était ainsi conduit à supposer que la Suède était animée d'un mouvement oscillatoire autour d'un axe passant près de Kalmar; le nord s'élevait et le sud s'abaissait.

La question fut reprise par Erdman. Il fit ressortir que la distance de Stafsten à la mer, donnée par Linné dans son voyage en Scanie, est inexacte et en désaccord avec le journal de Linné. Dans ce journal la distance est à peu près identique à celle mesurée par Nilsson; elle lui est même inférieure de 7 mètres; ce qui indique non une invasion mais un recul de la mer. En somme le déplacement de la ligne de rivage est partout négatif en Suède et l'on peut regarder comme réfutée l'hypothèse d'un mouvement de bascule de la péninsule scandinave (1). Les variations de niveau sont toutes de sens négatif, mais elles changent suivant les lieux, et dans un même lieu suivant l'époque. Grâce à Erdman on établit sur les côtes de la Baltique et du Cattégat des stations d'observations journalières. Forsman examina les journaux de ces stations pour la période 1852-1875 et en tira les conclusions suivantes :

1° Nulle part il n'y a de déplacement positif de la ligne de rivage. Partout le déplacement est négatif et il varie suivant les lieux de 0^{m},10 à 0^{m},70 par siècle;

2° Le niveau moyen oscille d'année en année, mais le sens des oscillations est le même pour le Cattégat et la Baltique, ce qui démon-

(1) Reclus, *Géographie universelle : l'Europe scandinave et russe*, p. 95.

(2) Consulter Lyell, *Principes de géologie*, t. II, p. 232 et suivantes.

(1) Voir Holmstrom, *Le niveau des côtes de Suède* (*Revue scientifique*, 1888, t. II, p. 302.

Fig. 395. — Le cap Nord.

tre une communication intime des deux mers ;

3° Le niveau est généralement au plus bas en mars-mai, et au plus haut en septembre-octobre ;

4° La différence entre le niveau maximum et le niveau minimum est d'environ $0^m,18$ (1).

M. Suess, après avoir discuté les résultats précédents, se range à l'opinion de Nordenankar qui, nous l'avons déjà vu, exprimait l'avis que la Baltique se vide peu à peu dans l'Océan. La question, d'après Suess, est du domaine de la climatologie et de l'hydrostatique, et non du domaine de la géologie. « Il y a, dit-il, sortie des eaux de la Baltique (*Entleerung*), et non soulèvement (*Hebung*). Le déplacement de la ligne de rivage est un déplacement négatif. » Il s'explique par la sortie des eaux de la Baltique, qui se rendent dans l'Océan. Quant aux oscillations suivant les saisons elles tiennent à des causes locales. La Baltique reçoit de nombreux fleuves qui lui apportent des quantités variables d'eau. Le niveau marin monte lorsque le débit des fleuves s'accroît par suite de la débâcle des glaces, de la fusion des neiges, et aussi à cause des précipitations atmosphériques. Il faut définitivement renoncer aux idées de soulèvement et d'affaissement des côtes scandinaves mises en circulation par de Buch et Lyell.

LES RÉGIONS POLAIRES : LE GROENLAND.

Comme en Norwège, on voit au Spitzberg d'anciennes plages à des hauteurs assez considérables. Il y en a dont l'altitude atteint 45 mètres. On y trouve de nombreux coquillages appartenant à des espèces encore vivantes, des os de baleine, de grandes quantités de bois de dérive. Ces plages se voient surtout à l'angle nord-occidental de la Terre du nord-est. A l'île Basse, dit Reclus (1), le sol semble à peine asséché, et çà et là dans l'intérieur des terres, des fragments de navires sont mêlés aux bois flottés et aux ossements de baleine. On en a conclu, comme pour la Scandinavie, à un soulèvement de l'archipel du Spitzberg ; on avait même calculé que si le mouvement d'exhaussement continuait, le

(1) Suess, *Das Antlitz der Erde*, II, p. 524.

(1) Reclus, *Géographie universelle : l'Europe scandinave et russe*, p. 260.

Spitzberg serait relié à la Scandinavie au bout de trente-quatre siècles. Mais ici comme en Suède il n'y a pas en réalité de soulèvement. Le déplacement négatif de la ligne de rivage doit s'expliquer par l'attraction moindre des glaciers, qui ont diminué d'épaisseur depuis l'époque quaternaire; d'ailleurs, en bien des points du Spitzberg les glaciers, s'ils ont gagné à la baie de la Recherche, ont reculé ailleurs. C'est ce qui est arrivé depuis l'époque de la découverte pour la baie de Nord-Sund; cette baie est aujourd'hui libre.

Le Groënland a donné lieu a des observations analogues. Au nord, à partir de 76° de latitude, Kane et Hayes ont remarqué d'anciennes plages à 33 et 41 mètres de hauteur; Payer a trouvé des indices semblables sur la côte orientale. Il y a là des terrasses comme en Norwége, dues comme celles-ci à un abaissement du niveau marin: Hammer et Steenstrup signalent des plages à 145 mètres de hauteur. Au contraire sur la côte occidentale le déplacement de la ligne de rivage est positif, d'après Pingel et Graab, sur une longueur de 960 kilomètres. La côte, suivant divers indices et les traditions, aurait été envahie par les eaux pendant les quatre derniers siècles. On cite en particulier, au sud, le fjord d'Igalliko. Là des constructions encore visibles en 1777 auraient disparu sous les eaux. Plus d'une fois, dit-on, les colons danois ont été forcés de planter plus loin dans les terres les pieux auxquels ils amarraient leurs bateaux. Mais d'autre part, sur les bords mêmes du fjord d'Igalliko on trouve des terrasses à une grande hauteur, comme l'a observé Laube. Il y a donc à Igalliko un phénomène purement local. Plusieurs géologues ont voulu expliquer les faits à l'aide d'un mouvement de bascule de tout le Groënland, le nord s'élevant et le sud s'abaissant. Mais il y avait là une interprétation erronée. Les terrasses qu'on observe dans le nord sont d'origine quaternaire; la submersion d'Igalliko est toute récente; les deux phénomènes ne sont donc pas contemporains et le mouvement de bascule est inadmissible. Toutes les oscillations sur les côtes du Groënland ont probablement leur origine dans les variations d'épaisseur de la calotte de glace qui couvre tout le pays.

COTES DE LA MER DU NORD, DE LA MANCHE ET DE L'OCÉAN ATLANTIQUE.

Sur les côtes de la mer du Nord et de la Manche on a cité un grand nombre d'exemples de prétendus mouvements du sol, qu'on attribuait à la contraction séculaire de notre planète. Le sol de la Hollande est cité comme une région d'affaissement bien net. Le Zuiderzée s'approfondit; une grande partie du pays est au-dessous du niveau de la mer et protégée par des digues. C'est surtout à l'embouchure des fleuves comme le Rhin, l'Escaut, que la submersion est sensible. En 1520, on voyait encore à 1 kilomètre en mer les ruines du château de Brettenbourg construit par les Romains, à l'embouchure du Vieux-Rhin. Près des bouches de l'Escaut le niveau des polders est de 3 mètres et demi au-dessous des hautes marées. Il est probable qu'on ne doit pas faire intervenir des causes profondes. Le sol de la Hollande formé des alluvions du Rhin, de la Meuse, de l'Escaut, ne s'affaisse vraisemblablement que par suite du tassement graduel de ses matériaux. Ce tassement s'effectue sous l'action du poids du sol lui-même et des digues et autres constructions. On trouve souvent dans le sol des couches alternantes de tourbe et de sable marin, ce qui indique des invasions de la mer sur une plage basse. Il n'est pas nécessaire pour expliquer ces faits de supposer des soulèvements et des affaissements alternatifs du sol. Ces retours offensifs de la mer peuvent s'être effectués à la suite du tassement des tourbes, ou à la suite de la rupture d'un cordon littoral, causé par une tempête ou par une augmentation de l'intensité des marées.

On doit probablement expliquer pour les mêmes causes plusieurs faits découverts dans le nord de la France. Ainsi sur le littoral de Dunkerque, M. Gaspard a trouvé au-dessous des sables marins une couche de tourbe renfermant des pointes de flèches en os et d'autres débris préhistoriques. M. Debray a trouvé de même, près d'Ardres, sous les sables, dans la tourbe, des monnaies romaines remontant à 270 ans après Jésus-Christ. Il y a eu par suite une submersion de la contrée vers cette date (1).

En Bretagne on observe des faits sembla-

(1) *Bull. soc. géol.*, 1873, p. 46-49.

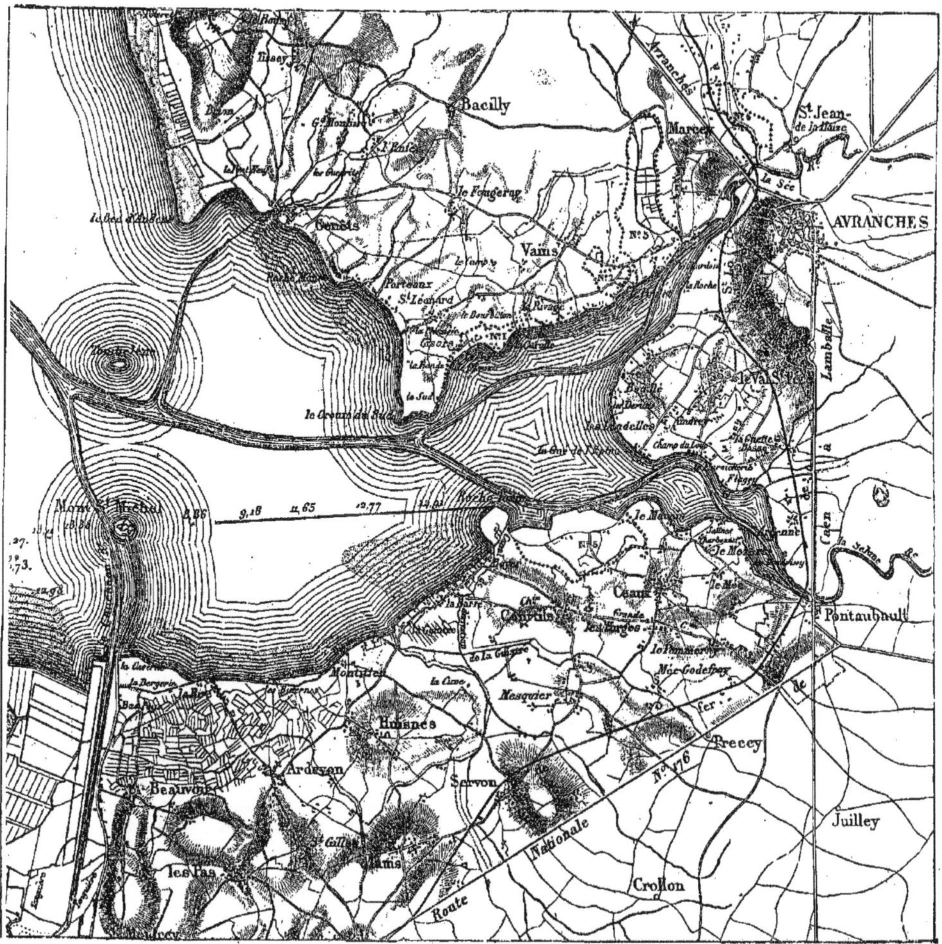

Fig. 396. — Plan général de la baie du mont Saint-Michel.

bles. Dans les marais de Dol (Ille-et-Vilaine), se voient des couches alternatives de tourbes et de sables marins. Durocher et Chèvremont en avaient conclu des oscillations du sol. Mais M. Sirodot a examiné le gisement de plus près. Il a constaté que les couches successives de tourbe avaient jusqu'à la mer la même épaisseur, tandis que les couches de sables marins avaient leur épaisseur maximum près de la mer et s'amincissaient graduellement en forme de coin en s'avançant vers la terre ferme; il en résulte qu'alors les différentes couches de tourbe d'abord bien séparées se confondent. Les couches de sable sont dues sans doute à des invasions successives d'une plage basse réunissant les îles normandes à la terre ferme.

Bien des traditions locales et même des documents précis indiquent un déplacement positif de la ligne de rivage sur les côtes de Normandie et de Bretagne. Les rochers du Calvados qui ne découvrent plus qu'à marée basse faisaient autrefois partie de la terre ferme. Le mont Saint-Michel (fig. 397 et 398) a été construit en 709 à 10 lieues dans l'intérieur des terres; aujourd'hui la mer en bat le pied et les plages qui l'entourent sont inondées à marée haute. D'anciennes cartes montrent que les îles Chausey avaient autrefois une étendue plus considérable qu'aujourd'hui. Jersey était

Fig. 397. — Mont Saint-Michel, vu de la Digue.

moins éloignée de la terre ferme et en a peut-être fait partie. La baie du mont Saint-Michel (fig. 396), le plateau des Minquiers, les îles Chausey, Jersey, auraient avant le VIIIe siècle été cou-

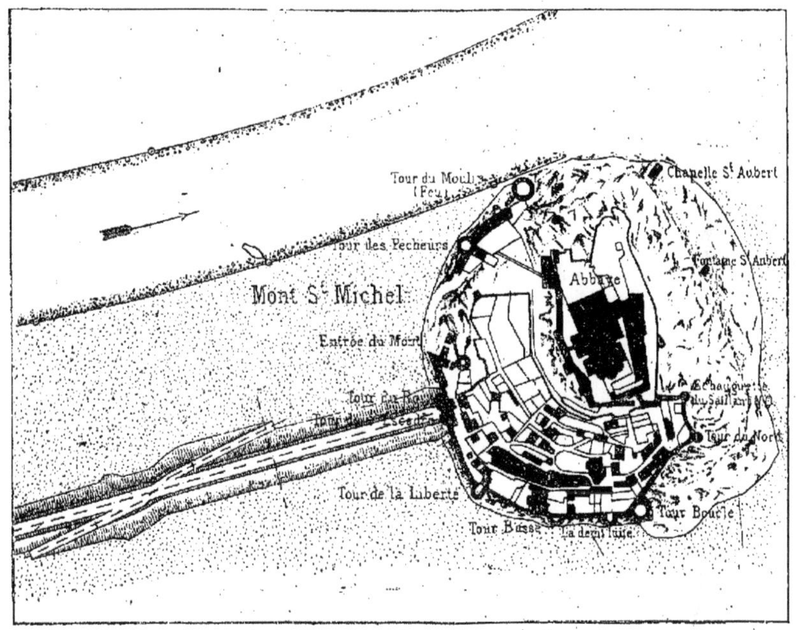

Fig. 398. — Digue du mont Saint-Michel.

vertes d'une seule et même vaste forêt appelée Koquelunde. Il paraîtrait qu'au XVe siècle des pâturages auraient existé entre Saint-Malo et l'île Cézembre distante aujourd'hui de 8 kilomètres de la terre ferme. On en avait conclu à un affaissement graduel du sol sur les rivages du Cotentin; mais les documents ont probablement été mal interprétés et les traditions locales sont sûrement exagérées. La question demande à être examinée de plus près. L'invasion de la mer sur les côtes de Normandie est en somme assez récente et n'est sans doute qu'une conséquence de la force croissante des grandes marées.

On a cité aussi sur tout le littoral du Cotentin de prétendues forêts submergées. Sous le sable on trouve des troncs d'arbres et d'autres débris végétaux. Il en est de même à Morlaix et en d'autres points de la Bretagne. Mais ces formations ne sont que des dépôts dus aux cours d'eau; il s'agit là d'anciens deltas envahis par la mer. Les marées ont dans toute cette région augmenté d'amplitude depuis les temps historiques. Une invasion des eaux marines s'est produite aussi dans la baie de Douarnenez. Celle-ci, d'après les légendes bretonnes, marque l'emplacement de la ville d'Ys, qui aurait été détruite par la mer au Ve siècle. Cette baie très pittoresque présente en particulier dans ses environs la célèbre pointe du Raz (fig. 399).

Les plages du Poitou, de l'Aunis, de la Saintonge, présentent des indices d'un déplacement négatif du niveau marin. La Rochelle, qui doit son nom à ce qu'elle a été bâtie sur un rocher isolé au milieu des eaux, ne communique plus avec la mer que par un étroit chenal menacé par les vases. L'île de Noirmoutier n'est plus une île qu'à la haute mer; elle communique à la basse mer avec la côte. Mais ce retrait du niveau s'explique facilement par les alluvions vaseuses qui se produisent sur le littoral du Poitou et de la Saintonge. On ne doit pas faire intervenir ici un soulèvement lent de la côte, pas plus qu'il ne faut admettre un affaissement sur les rivages du Cotentin. Tous ces déplacements du niveau sur les côtes de France ont leur origine dans des circonstances purement locales; il ne faut pas la chercher dans de prétendus mouvements séculaires de la terre ferme.

Fig. 399. — Pointe du Raz (près de la baie de Douarnenez).

Fig. 400. — Vue de Carthage.

LES COTES DE LA MÉDITERRANÉE. LE TEMPLE DE SÉRAPIS.

Les documents relatifs aux déplacements du niveau sur les côtes de la Méditerranée et de l'Adriatique sont nombreux mais difficiles à interpréter, car en certains points le déplacement est positif, et en d'autres souvent rapprochés des premiers, il est négatif. Les Baléares, la Sicile présentent d'anciennes plages à 55 mètres d'altitude. En Tunisie, les anciens ports de Carthage (fig. 400), d'Utique, etc., se sont comblés. D'autre part, à Malte, il y a des terrasses, ce qui indique d'anciens déplacements négatifs, tandis que l'état des chemins de construction phénicienne sur les rivages indique un déplacement négatif. Dans l'Attique certaines voies romaines du golfe d'Arta sont aujourd'hui recouvertes de $1^m,20$ d'eau ; l'isthme de Corinthe est plus étroit aujourd'hui (1). Au fond de l'Adriatique il y a submersion ; on voit au-dessous du niveau marin des pavés et des sarcophages. Des documents ont été recueillis à ce sujet par Manfredi, dès le siècle dernier, comme nous l'avons vu dans le chapitre précédent.

(1) Voir Issel, cité par de Lapparent, *Traité de géologie*, 2e éd., p. 552.

Sur le littoral de la Syrie, des déplacements en sens contraire se manifestent. Les plages du golfe d'Iskanderoum gagnent incessamment en largeur; à Beyrouth une tour s'enfonce de plus en plus; en revanche, l'ancienne île de Tyr est rattachée au continent (1).

Ainsi aucun résultat général ne se dégage de toutes les observations faites. Les déplacements des lignes du rivage sont tantôt positifs, tantôt négatifs. On ne peut donc parler de mouvements séculaires de la terre ferme. Les variations de niveau doivent provenir de causes locales; alluvions des fleuves, apport des eaux douces, évaporation plus ou moins grande des eaux de la mer, etc. En somme, jusqu'à présent, on n'a trouvé dans la Méditerranée aucune preuve de mouvements séculaires de soulèvement ou d'affaissement depuis l'origine des temps historiques. D'après M. Suess la surface de cette mer a la forme d'un entonnoir dont le fond se trouve entre la Crête et la côte d'Afrique. Tout changement météorologique dans les régions méditerranéennes se

(1) De Lapparent, *ibid.*, p. 552.

traduit par un changement dans la profondeur de cette dépression marine (1). M. Suess insiste sur ce fait que les nombreux tremblements de terre qui affectent les bords de la Méditerranée n'ont produit aucune dislocation sensible sur les rivages.

Un point des côtes méditerranéennes est particulièrement remarquable par les variations de niveau qu'il a éprouvées à diverses reprises, et a donné lieu à de nombreuses discussions. Il s'agit du temple de Sérapis, près de Pouzzoles (fig. 401) (2). On trouve là trois colonnes de marbre de 12m,50 de hauteur. Elles restèrent à moitié enfouies dans des couches marines récentes jusqu'au milieu du siècle dernier. En 1750 le sol fut déblayé et l'on reconnut que ces colonnes faisaient partie d'un édifice dont le pavé supportait plusieurs colonnes de granite et de marbre. Le plan du bâtiment se montrait distinctement. Il était de forme quadrangulaire; la grande cour était entourée d'appartements, qui probablement servaient de thermes, car une source chaude jaillit encore de terre derrière les constructions. En fouillant les ruines, on découvrit une statue du dieu Sérapis, puis à Pouzzoles on déterra une colonne portant une ancienne inscription, datée de l'an 105 avant J.-C. (648 après la fondation de Rome). Cette inscription mentionne différents édifices, entre autres le temple de Sérapis. Celui-ci est décrit comme situé près de la mer ou dans ses environs, *ad mare versum*. Les archéologues en ont conclu que les ruines en question appartenaient à un temple de Sérapis construit vers l'an 105 avant J.-C. La surface des colonnes est unie jusqu'à la hauteur de 3m,60 au-dessus du pavé, mais immédiatement au-dessus on observe une zone de 2m,70 de haut, criblée de trous qui ont été creusés par des mollusques perforants (*Lithodomus dactylus*). Au fond de ces cavités pyriformes, on trouve encore beaucoup de ces coquilles. Ces trous indiquent que les colonnes ont été longtemps immergées. Leur partie inférieure a été protégée contre les perforations par des dépôts marins et volcaniques, et l'eau a atteint la hauteur d'environ 6m,50. En faisant des fouilles en 1828, au-dessous du pavé en marbre du temple, on en a trouvé un autre en mosaïque à 1m,50 plus bas. Ainsi une première submersion a eu lieu après la construction du temple primitif, et probablement vers la fin du second siècle. En effet, des inscriptions apprennent que Septime Sévère décora les murs de l'édifice entre les années 194 et 211 de notre ère. Aujourd'hui le pavé du temple est de nouveau envahi; il est à 0m,30 au-dessus du niveau des hautes eaux (le golfe de Baies a des marées d'ailleurs faibles). Les documents historiques nous manquent et ne nous permettent pas de fixer la date de l'invasion de la mer. Les dépôts qui couvraient le pavé du temple étaient, à la partie inférieure, un calcaire marin, puis un tuf volcanique, provenant probablement de la Solfatare voisine, ensuite un calcaire d'eau douce et des cendres volcaniques. On suppose que la submersion complète eut lieu lors de l'éruption de la Solfatare de Pouzzoles en 1198. L'émersion a commencé à se produire au début du XVIe siècle, comme le montrent deux documents authentiques. Le premier, daté de 1503, est un acte par lequel Ferdinand et Isabelle accordent à l'Université de Pouzzoles un territoire dont la mer se retire (*che va secando el mare*); le second, en latin, daté de 1511, est un décret qui gratifie la ville d'un territoire alors à sec (*dessiccatum*) (1). L'émersion complète se produisit sans doute en 1538 lors de l'éruption du Monte Nuovo.

Plusieurs explications ont été données du phénomène de Pouzzoles (2). Pendant le siècle dernier on admit que ce phénomène était dû à des oscillations de la mer. On pensait que durant de longues années une marée haute de 5 mètres avait envahi le temple et y avait persisté. Breislak s'éleva le premier contre cette idée et démontra l'impossibilité d'admettre une marée d'une pareille durée. Suivant lui, c'était le sol lui-même qui avait subi un affaissement et un soulèvement successifs. D'autres auteurs, comme Pini et Goethe, pensaient que les ruines du temple avaient circonscrit en s'accumulant une sorte de bassin; par suite de tempêtes ou de vagues séismiques l'eau avait été soulevée jusqu'à ce bassin qui serait resté rempli et dans lequel les Lithodomes auraient vécu au-dessus du niveau de la mer. Mais ces opinions ne furent pas admises et sous l'influence de Lyell les géologues expliquèrent presque unanimement les phénomènes de Pouzzoles par des mouvements du sol. On présenta les colonnes du temple de Sérapis comme un exemple typique des oscillations répétées

(1) Suess, *Das Antlitz der Erde*, II, p. 584.

(2) Voir Lyell, *Principes de géologie*, II, p. 217 et suivantes.

(1) Ces documents sont cités par Lyell, p. 224.

(2) Suess, *Das Antlitz der Erde*, II, p. 487 et suivantes.

Fig. 401. — Le Temple de Sérapis à Pouzzoles (on voit vers le milieu des grandes colonnes les perforations dues aux mollusques).

de la terre ferme. Babbage expliquait les soulèvements et les affaissements purement locaux de Pouzzoles, par une augmentation ou une diminution de la chaleur volcanique en cet endroit. Il existe, d'après lui, une certaine connexité entre chaque période de soulèvement et un développement local de la chaleur volcanique, et toute période de dépression concorde avec un état de repos ou d'assoupissement des forces souterraines. Lyell accepte cette idée. « Ces phénomènes, dit-il (1), semblent être parfaitement d'accord avec l'hypothèse suivante, à savoir : que lorsque, la chaleur souterraine augmentant d'intensité, la lave se forme sans trouver une issue facile par une grande ouverture appropriée à cet objet, comme celle du Vésuve, la surface incombante est soulevée dans cette région ; tandis que cette même surface est abaissée lorsqu'au-dessous d'elle les roches, portées à une haute température, se contractent en se refroidissant, et que les laves se solidifient lentement en diminuant de volume. »

Malgré l'autorité de Lyell et de Babbage, il y eut cependant des géologues qui refusèrent d'admettre des mouvements du sol. Forbes,

(1) Lyell, *Principes de géologie*, II, p. 229.

en 1829, se demandait s'il n'y avait pas des changements de niveau de la Méditerranée. Niccolini commença en 1808 des recherches sur le phénomène de Pouzzoles, et en publia les résultats de 1828 à 1845. D'après lui, la terre ferme est restée immobile, et la mer a subi des variations de niveau. Il prouva que pendant une longue période s'était produit un déplacement positif du niveau, qui atteignit son maximum entre le XIIIe siècle et l'année 1538. A cette date eut lieu l'éruption du Monte Nuovo, et alors brusquement se produisit un déplacement négatif de la mer dans la région des Champs Phlégréens. Lors de l'éruption du Vésuve en 1861, il y eut aussi une brusque variation de la mer dans le sens négatif. D'après Palmieri, la mer baissa à Torre del Greco de 1^{m},12 et laissa ainsi à sec des Fucus et des coquilles. Palmieri attribuait d'ailleurs ce fait à un soulèvement du sol. Il y eut à Tanna, l'une des Nouvelles-Hébrides, une éruption le 18 janvier 1878, accompagnée d'une forte dénivellation de la mer. Il semble donc que les éruptions volcaniques, quand elles se produisent au voisinage des côtes, soient accompagnées d'un déplacement négatif brusque du niveau marin, auquel succède d'ailleurs bientôt un relèvement de ce niveau. On est ainsi conduit à supposer que l'attraction de la terre sur la mer diminue à la suite de la sortie des laves, parce que la masse continentale diminue et que la cavité qui était remplie de laves se vide. La diminution de l'attraction produit un déplacement négatif de la mer. Toutefois on a cherché par le calcul à savoir quelle doit être la grandeur d'une cavité qui se forme dans le sol, pour que la dépression de la mer atteigne un mètre. M. Suess donne les résultats de ces calculs. La cavité doit avoir dans les conditions les plus favorables un volume de 104 kilomètres cubes. Or les éruptions les plus intenses n'ont rejeté qu'une masse de matériaux bien inférieure. Verbeek évalue à 18 kilomètres cubes seulement la masse rejetée par le Krakatau en 1883. Qu'on se rappelle en outre qu'il s'agit pour le Monte Nuovo d'un déplacement non pas de 1 mètre, mais de 5 ou 6 mètres. L'hypothèse précédente a donc contre elle de fortes objections.

Cependant, qu'on adopte l'opinion de Babbage ou la dernière hypothèse, qui fut indiquée pour la première fois par Bruchhausen en 1845, on arrive à la conclusion suivante. Le phénomène de Pouzzoles ne vient pas à l'appui de la théorie des mouvements séculaires. C'est un phénomène purement local qui s'est produit dans une région volcanique : les Champs Phlégréens, où tout reste d'activité n'a pas disparu. On en trouvera l'explication par l'étude des volcans actifs, du Vésuve, ou mieux encore, comme le dit M. Suess, par celle du vaste champ de lave (le *pahoe-hoe*) du Kilauea, aux îles Sandwich.

LES COTES DU PACIFIQUE.

Les côtes du Pacifique offrent des traces remarquables de déplacements du niveau marin. On sait que les coraux sont très développés dans cet Océan. Ils forment des récifs autour des îles et des continents. Souvent les îles sont entourées d'un véritable anneau madréporique; il arrive même fréquemment que ces anneaux appelés *atolls* ne présentent pas de noyau rocheux central (fig. 402). Ils forment alors un cercle plus ou moins complet, limitant une lagune encore en communication avec la mer ou bien séparée de l'Océan. C'est ce que l'on voit avec un développement énorme aux îles Maldives. L'épaisseur de ces atolls peut dépasser 5 ou 600 mètres. Or les coraux ne peuvent prospérer à une profondeur supérieure à 37 mètres. Darwin (1) a conclu de ce qui précède que le lit marin s'est graduellement affaissé. Lorsque les polypes ont commencé leur travail, ils se trouvaient tout au plus à 40 mètres de profondeur ; mais au fur et à mesure qu'ils élevaient leurs constructions le sol s'est affaissé ; par suite le mur de corail a plongé de plus en plus, mais il s'accroissait sans cesse par le sommet, il a fini par atteindre une épaisseur considérable. Ce mur à l'origine formait une simple frange autour des îles ; celles-ci se sont affaissées, l'intervalle compris entre le récif et le sommet de l'île a augmenté graduellement jusqu'à ce que ce sommet, réduit d'abord à un noyau central s'élevant au milieu de la lagune, se soit complètement enfoncé au-dessous du niveau marin. De cette manière, Darwin expliquait tous les intermédiaires entre les récifs en barrière et les atolls les plus parfaits. Dana a adopté cette manière de voir de

(1) Darwin, *Les récifs de corail*, traduction française, Paris, 1878.

Fig. 402. — Atoll des Cocos.

Fig. 403. — Ualan. Iles Carolines orientales.

Darwin, et a même apporté d'autres arguments à l'appui de cette opinion d'un affaissement graduel du Pacifique. Ainsi, aux îles Carolines (fig. 403) il y a un déplacement positif du niveau; la base d'anciens édifices est aujourd'hui baignée par l'eau.

Une notable portion du Pacifique serait donc en voie d'affaissement. Mais tout récemment Murray a attaqué la théorie de Darwin et de Dana (1). D'après lui, les îles coralliennes ont un soubassement volcanique; les atolls sont établis sur des cônes d'éruption arasés par les vagues à une faible profondeur au-dessous de la surface marine, et c'est ce qui explique leur forme circulaire. D'ailleurs, certains récifs sont à un niveau notable au-dessus du niveau marin, ce qui indique une émersion. Sur les côtes de la Nouvelle-Guinée, d'après Wallace, les formations coralliennes s'élèvent à 2 ou 300 pieds au-dessus de la mer. Il y a des terrasses marines émergées à la Nouvelle-Zélande et sur les côtes de l'Australie du Sud. Il y a aussi des terrasses sur les côtes de l'Amérique du Sud au delà du 25°, et le phénomène est d'autant plus prononcé qu'on s'éloigne du tropique. Darwin en avait conclu une émersion du sud de l'Amérique. Toutefois ces terrasses prêtent à de nombreuses objections (2). Beaucoup d'amas coquilliers paraissent être artificiels; ce sont des débris de cuisine, des accumulations de coquilles ayant servi à la nourriture des habitants. De plus, dans ces régions les cours d'eau qui descendent le long des pentes produisent des sortes de terrasses ou de gradins avec les matériaux qu'ils entraînent et les plus basses de ces terrasses terrestres peuvent être confondues avec des lignes de rivage. La question est, comme on le voit, très complexe et chaque cas particulier demande à être étudié de près. Il faut donc, en attendant des données précises, renoncer à l'hypothèse des mouvements séculaires et parler simplement de déplacements positifs et négatifs de la ligne de rivage, sans en conclure pour la terre ferme un soulèvement ou un affaissement. Des circonstances locales ont produit ces déplacements, et pour les hautes latitudes aussi bien dans l'hémisphère sud que l'hémisphère nord, l'attraction variable des glaces continentales a pu provoquer la formation de terrasses littorales. Rappelons en terminant que jamais les tremblements de terre n'ont produit sur les côtes de l'Amérique du Sud de soulèvement appréciable (1).

Dans les périodes géologiques antérieures à la nôtre, il y a eu certainement de grands déplacements généraux des lignes de rivage tenant à diverses causes. Nous n'avons pas à nous occuper ici de ces mouvements généraux anciens de la surface de la mer, que M. Suess appelle mouvements *eustatiques*. Disons seulement que quand il se produit un effondrement brusque du sol, comme ceux qui ont donné naissance à l'océan Indien où à la mer Égée, les eaux s'y précipitent; de là une baisse générale pour toutes les eaux du globe, donc un déplacement négatif. D'autre part l'accumulation des sédiments au fond de la mer produit un déplacement positif, et par suite un envahissement graduel des parties basses des continents, une *transgression* (2).

(1) Voir de Lapparent, *Traité de géologie*, 2e édit., p. 376 et suivantes.

(2) Suess, *Das Antlitz der Erde*, II, p. 655 et suivantes.

(1) Voir page 314.

(2) Suess, *Das Antlitz der Erde*, p. 280, 338, 680, 688.

LES DISLOCATIONS DU SOL.

DISLOCATIONS PAR MOUVEMENTS TANGENTIELS. PLISSEMENTS.

Nous avons passé en revue les divers phénomènes qui modifient de nos jours l'écorce terrestre. Nous allons étudier maintenant les dislocations du sol, c'est-à-dire les grands phénomènes mécaniques qu'on observe dans les chaînes de montagnes et qui ont altéré l'horizontalité et le parallélisme primitif des couches du sol.

Ces dislocations sont le résultat des mouvements produits par la contraction du volume de notre planète. Les tensions qui résultent de ces mouvements se décomposent en tensions tangentielles parallèles à la surface, et en tensions radiales, dirigées normalement.

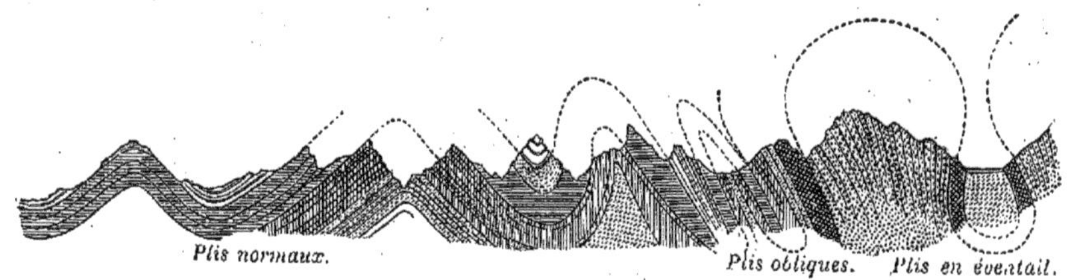

Fig. 404. — Diverses sortes de plis.

Les premières donnent lieu à des poussées, des plissements; les secondes à des mouvements verticaux, c'est-à-dire à des effondrements. Les dislocations se divisent donc en deux groupes : les unes sont engendrées par des déplacements plus ou moins horizontaux d'une partie de la surface grande ou petite; les autres par des déplacements plus ou moins verticaux (1).

Il y a des régions étendues où dominent les dislocations du premier groupe, d'autres où ce sont celles du second, d'autres enfin où les deux causes tangentielle et radiale ont agi en même temps. Cette distinction ne se montre pas seulement dans l'ancien monde. Elle existe aussi en Amérique. La province géologique du Grand Bassin, dit Clarence King (1), a été soumise à deux types différents d'activité dynamique, l'un dans lequel la tension tangentielle a été visiblement le facteur principal et a produit une poussée et un plissement vraisemblablement avant la période ju-

Fig. 405. — Noyaux calcaires dans le gneiss de l'Oberland Bernois. — *a*, calcaire; *b*, gneiss.

rassique; l'autre vertical, datant probablement de la période tertiaire et où l'on trouve peu de preuves et de traces de tension tangentielle. Les géologues américains ont même été plus loin, Gilbert en comparant la région plissée des Appalaches à la région d'effondrement du Basin Ranges, émit cette idée que dans les Appalaches la cause du mouvement était superficielle et que dans le Basin Ranges elle était profonde. On peut dire que, d'une façon générale, les dislocations du second groupe sont seules accompagnées d'éruptions volcaniques.

La conséquence la plus simple d'un mouvement tangentiel est la formation de longs plis parallèles. Il y a successivement des saillies (anticlinaux ou selles) et des creux (synclinaux), comme le présente le Jura. Si les couches sont cassantes, la selle se brise au sommet et il en résulte une rigole ordinairement traversée par un cours d'eau qui continue l'érosion. Les selles sont généralement linéaires. Elles finissent par devenir insensibles et par se transformer en un plateau, parce que la selle, après avoir été très serrée, s'élargit là où la poussée est moins intense.

(1) Voir Suess, I, p. 143 et tout le chapitre III.

(1) Cité par Suess, I, p. 143.

Les plissements si remarquables dans le Jura se retrouvent avec une régularité schématique en Moravie sur le bord extérieur des Carpathes. On trouve des plissements très

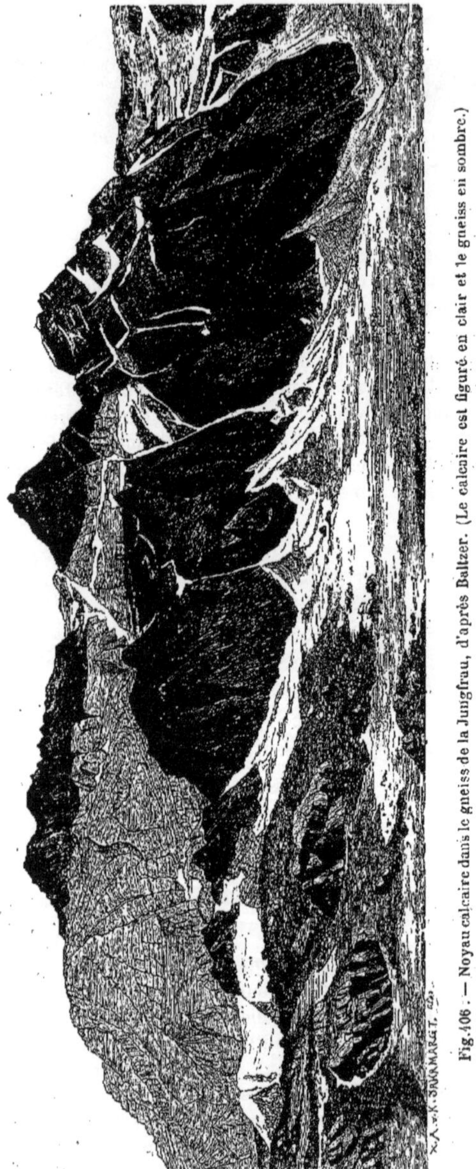

Fig. 406. — Noyau calcaire dans le gneiss de la Jungfrau, d'après Baltzer. (Le calcaire est figuré en clair et le gneiss en sombre.)

Fig. 407. — Bélemnite étirée.

compliqués au lac des Quatre-Cantons. A des altitudes qui dépassent de beaucoup les plus hauts sommets des Alpes, se voient dans l'Himalaya de grands plissements. Citons encore les Appalaches.

La figure (fig. 404) montre des plis de diverses

Fig. 408. — Schistes plissés avec nombreuses fêlures.

sortes, plis normaux, plis obliques ou couchés, plis en éventail. Les différentes parties de la figure montrent la complication des plissements dans le Jura et les Alpes, et montrent aussi que ces plissements affectent les roches les plus différentes.

La poussée s'exerçant sur toutes les roches, le pli comprendra des éléments variés; viennent ensuite des érosions, on ne trouvera plus que les débris de ces plis, et il faudra rétablir d'une manière idéale leur continuité pour comprendre la structure de la montagne. Ces *encastrements* de roches plus récentes dans des roches plus anciennes se voient en grand nombre dans les Alpes Suisses (fig. 405). Le calcaire jurassique pénètre sous forme de coins dans le gneiss et les micaschistes. A la Jungfrau (fig. 406) on voit deux grands coins jurassiques; le plus élevé pénètre dans le gneiss sur une longueur de 3 kilomètres en se rétrécissant de plus en plus, tandis que le plus bas se termine brusquement. Au Gstelli-Horn, comme l'a montré M. Baltzer, il y a dans le calcaire jurassique cinq noyaux de gneiss entourés de trias. Le sommet, escarpé et découpé par l'érosion, se compose du noyau gneissique le plus élevé, au-dessous vient la masse plissée de jurassique et de nouveau du gneiss.

Malgré la fréquence des plissements dans les montagnes, on ne connaît pas bien encore les conditions de leur formation. Les roches les plus dures ainsi que les plus tendres subissent ces plissements; on y voit le calcaire, la dolomie, les grès, les silex, le gneiss, les schistes cristallins, aussi bien que les schistes argileux; on s'explique difficilement comment les plus résistants de ces matériaux ne soient pas réduits en débris. On pensait autrefois que les plissements s'étaient produits avant le durcissement des roches. Mais cette supposition ne peut être admise, car dans un seul et même pli on peut rencontrer des roches pa-

Fig. 409. — Schistes finement plissés avec deux petites failles.

léozoïques, mésozoïques et même tertiaires, dans beaucoup de cas toute la série mésozoïque est affectée par le même plissement. Aucun géologue ne croit plus que, par exemple, les grès bigarrés étaient encore une formation sableuse sans consistance et le muschelkalk (calcaire coquillier) un assemblage incohérent de débris de coquilles, avant que la craie supérieure se soit déposée. Et en effet, dans les conglomérats de celle-ci et même à une époque plus reculée, on trouve des fragments de roches absolument durs; par exemple des morceaux de calcaire jurassique dur dans le crétacé inférieur (néocomien) des Carpathes. Neumayr cite un épais système de couches de silex très dur, à Szczawnica en Galicie, courbé pour former un pli ressemblant à un point d'interrogation. Dans beaucoup de cas les matériaux, dans l'endroit du plus fort plissement, sont brisés, mais très souvent aussi on voit les couches garder leur homogénéité, tout en se plissant d'une manière extraordinaire.

A la suite des travaux des géologues suisses sur les remarquables plissements du bord nord du Finster-Aarhorn, on a mis l'idée suivante. D'après Heim, toutes les roches, lorsqu'elles sont soumises à la pression de 2000 mètres de couches sus-jacentes, deviennent plastiques et peuvent se plisser sans se crevasser; d'après lui, dans de tels cas un système de couches primitivement très puissant peut être laminé et perd ainsi de son épaisseur. Baltzer, sans aller aussi loin, est arrivé à des conclusions analogues. Il serait trop tôt aujourd'hui d'émettre un jugement sur cette hypothèse. L'opinion que, par la pression d'une masse sus-jacente de 2000 mètres d'épaisseur, les matériaux deviennent plastiques, a rencontré une opposition générale, et cette opinion était à peine soutenable. Le fait qu'en un certain point un même horizon de calcaire a une épaisseur de plus de 1000 pieds, tandis qu'ailleurs il est épais seulement de quelques pieds, ce fait doit être expliqué par des différences originelles, par un développement en forme de lentille, et non par une pression. Mais d'autre part certains phénomènes comme les plissements très fins de schistes cristallins, ou l'étirement des roches, par exemple la présence sur une roche paraissant homogène d'une Belemnite brisée, étirée, qui a une longueur triple de sa longueur primitive (fig. 407), tous ces faits semblent indiquer un certain degré de plasticité. Souvent on voit aux points de plissement des fêlures véritables (fig. 409); c'est ce que Gümbel a découvert en regardant au microscope des plaques minces de roches plissées, qui paraissaient absolument intactes. Tandis qu'à l'œil nu ou à la loupe ces fragments semblaient homogènes, on voyait à un fort grossissement qu'ils s'étaient réduits en poussière et s'étaient ensuite cimentés (Neumayr) (fig. 408). Il faudrait des recherches minutieuses pour décider si le fait précédent se produit toutes les fois qu'il y a plissement, ou si la courbure se produit absolument sans brisure. On n'a pas jusqu'ici réussi à rendre plastiques sous l'effet d'une forte pression le calcaire et les autres roches dures, tandis qu'on y arrive pour d'autres substances, notamment pour les métaux. Quelle que soit l'explication donnée pour ces singuliers phénomènes, il est toutefois bien établi que des roches dures peuvent être soumises à un plissement intense.

Les plissements peuvent être, comme le montrent les figures précédentes, très tourmentés, plus ou moins inclinés. Mais le bouleversement peut aller plus loin et donner lieu à des *plis renversés*. Dans ces plis l'inclinaison est telle que l'une des moitiés de la selle se couche et disparaît aux regards. La partie qui reste visible présente les couches dans la disposition normale, tandis que la partie qui disparaît présenterait la série des couches retournée. Par suite si l'on a à la suite les uns des autres un certain nombre de ces plis, on verra se répéter plusieurs fois la série normale des couches. En allant de l'extérieur vers l'intérieur de la chaîne, on trouvera, si l'on désigne les diverses couches par des lettres: *abcde*, *abcde*, *abcde*, tandis qu'un plissement simple nous donnerait, comme il est facile de le voir : *abcdedcbabcdedcba*, etc. On a donc, quand on regarde toute une suite de plis renversés, une sorte d'imbrication; c'est pourquoi on a désigné ce phénomène sous le nom de *structure écailleuse* (1). On peut l'observer dans les Alpes orientales, dans la Basse-Autriche.

Ces renversements de plis peuvent produire un chevauchement de couches anciennes sur des couches plus récentes. Ainsi dans le Jura oriental, au tunnel de Bötzberg, toute la série des couches est renversée; on trouve le trias sur le jurassique et celui-ci sur le miocène. De même au Habsburg au bord de l'Aar on voit aussi les couches anciennes brisées et poussées en avant sur des couches plus récentes : le trias se trouve en haut, puis vient le jurassique inférieur et enfin le jurassique supérieur est tout à fait au-dessous. Ces chevauchements, qui sont la plus haute expression des plissements, sont appelés par M. Suess *Wechsel*, tandis que le pli proprement dit s'appelle en allemand *Falten* (2). M. Suess cite encore comme exemple le gisement de Ram-

(1) Suess, I, p. 149.
(2) Suess, I, p. 152.

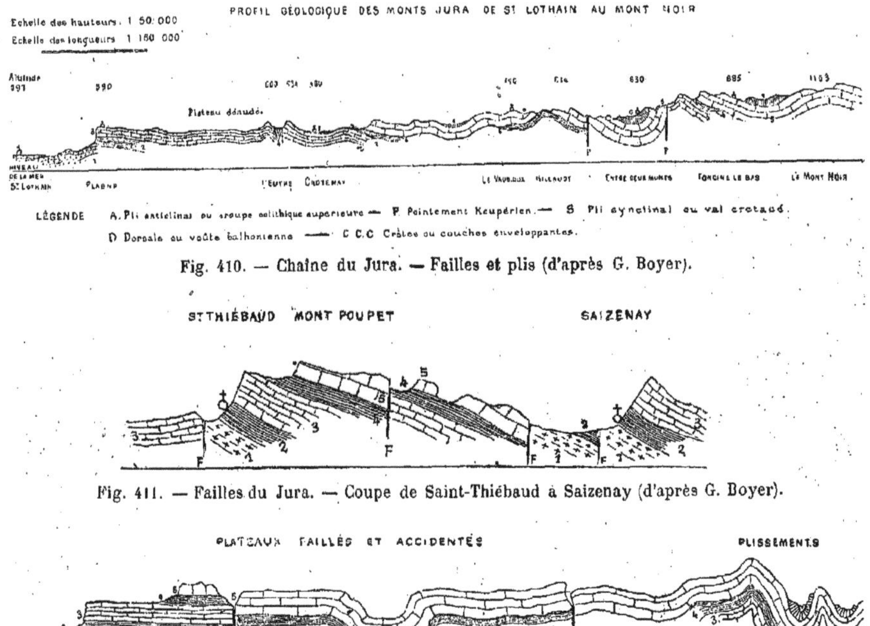

Fig. 410. — Chaîne du Jura. — Failles et plis (d'après G. Boyer).

Fig. 411. — Failles du Jura. — Coupe de Saint-Thiébaud à Saizenay (d'après G. Boyer).

Fig. 412. — Chaîne du Jura. — Plateaux faillés et accidentés (d'après G. Boyer).

melsberg près Goslar, en Saxe, où le dévonien inférieur a glissé sur le dévonien moyen. M. Marcel Bertrand a étudié aussi des mouvements de ce genre dans le Jura entre Besançon et Salins, et en Provence. Ces chevauchements ou *Wechsel*, qui se font par renversement des plis, ne peuvent se produire sans cassures; la moitié de la selle, qui passe au-dessus de l'autre moitié renversée sous elle, s'en sépare par une cassure transversale à la direction de la poussée.

CASSURES RADIALES, CONSÉQUENCES DE POUSSÉES TANGENTIELLES.

En même temps que des plis, une poussée tangentielle peut produire des cassures dirigées dans le sens de la poussée et plus ou moins obliques aux plis. Elles résultent de ce que les terrains n'étant pas homogènes, l'intensité de la poussée peut varier, ou de ce que certaines parties n'ont pu suivre le reste.

On peut citer la masse du Santis où l'on voit de grands plis N.-E.-S.-O., au nombre de six. Ils sont traversés par une grande fente transversale. C'est une faille; il y a déplacement des deux côtés de la fente et les deux bords ne sont pas au même niveau. Le Jura (fig. 410, 411, 412) présente une faille du même genre aux environs de Pontarlier. Il y a déplacement des couches le long de cette faille : la partie E. des plis est portée plus loin vers le nord que la partie O.

On trouve des failles du même genre dans les Alpes orientales. Là dans le gneiss du Tauern, aux environs de Salzbourg, il y a de nombreuses fentes remplies par des filons aurifères. Ces sortes de feuillets, que M. Suess appelle *Blätter*, sont très nombreux et sauf quelques exceptions se dirigent vers le N.-N.-E. ou le N.-E. les uns à côté des autres. Ils sont réunis en paquets et deux de ces zones ou paquets sont particulièrement remarquables; l'une s'étend sur une largeur de 1 700 mètres le long de la ligne du Rathhausberg, et l'autre suivant la ligne Erzweise-Siglitz sur une largeur de 7 kilomètres. Ces *Blätter* se laissent suivre sur une longueur de 40 ou 50 kilomètres.

La région du Raibl (fig. 413) en Carinthie présente des feuillets du même genre. Il y a

Fig. 413. — Le Raiblersee en Carinthie.

là une série triasique composée de calcaire sur lequel reposent des schistes à poissons. Le calcaire est traversé par une série de fentes remplies de galène. Ces fentes se dirigent vers le nord ; elles sont comparables à de fins sillons dans la roche. Toute la montagne du Kœnigsberg est dérangée par ces *Blätter*. A l'ouest le calcaire est poussé à 420 mètres en avant par rapport au schiste, tandis qu'à l'est le déplacement atteint environ 760 mètres.

Aux environs de Vienne, à Wiener-Neustadt, il y a des perturbations du même genre produites par les *Blätter*. Le trias est poussé en avant au-dessus du crétacé et l'on voit des cassures N.-N.-O. presque perpendiculaires à la direction des plis.

A l'île de Wight (fig. 414, 415) il y a une grande faille (la *Medina-fault*), le long de laquelle une moitié de l'île est soulevée sur l'autre (fig. 416).

Remarquons que les *Blätter* sont plus ou moins perpendiculaires aux plis, souvent très étroites, et généralement remplies de minerais.

CAS DE PLUSIEURS CENTRES DE POUSSÉES.

Il peut y avoir dans une même région plusieurs centres de poussées et par suite plusieurs directions de plissements. Ainsi dans le nord de l'Allemagne, entre la mer du Nord et les Alpes, on trouve deux séries de plis. L'une des directions de poussée est S.-E.-N.-O. ; l'autre pous-

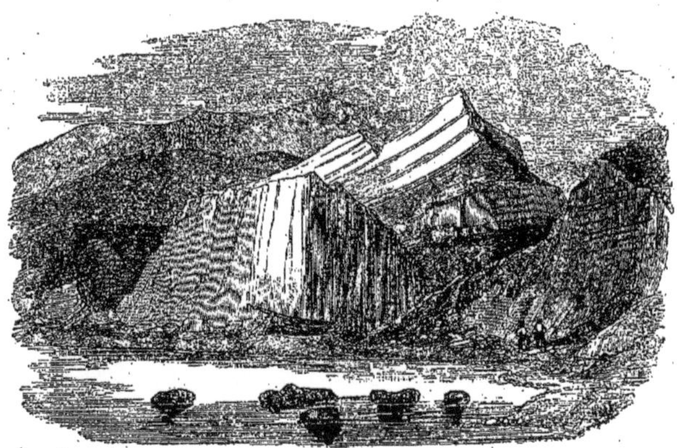

Fig. 414. — Couches de Headon Hill à l'île de Wight, vues du rivage.

Fig. 415. — Couches de craie disposées verticalement à l'île de Wight.

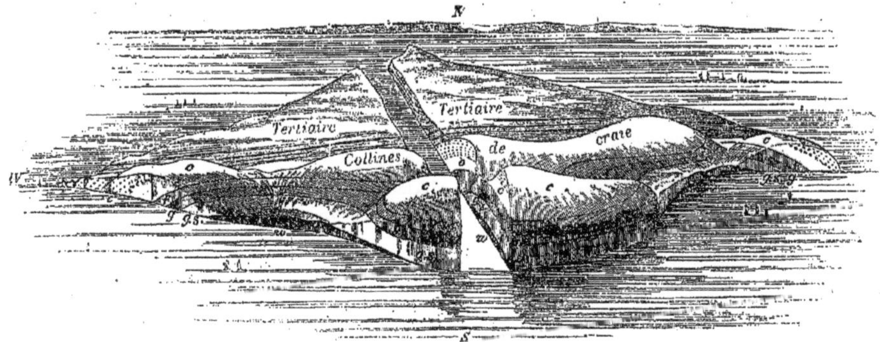

Fig. 416. — Grande faille de l'île de Wight. — Carte de l'île d'après Jhon Phillips. — L'île est supposée fendue suivant cette faille. — *c*, craie inférieure et supérieure; *s*, silex; *g*, gault; *gs*, sables verts; *w*, wealdien.

sée a agi dans le sens perpendiculaire S.-O.-N.-E. C'est ce qu'on appelle les directions *niederlandienne* (dominant aux Pays-Bas) et *hercynienne* (Forêt-Noire). Ainsi d'après Lossen, le Harz est

Fig. 417. — Le Brocken.

dû à ces deux poussées agissant successivement. Le plissement a débuté dans le sens hercynien. D'abord a agi une force venant du S.-E. et qui a produit les grandes lignes de structure; celles-ci sont orientées en effet vers le N.-E. (sens perpendiculaire à la poussée); puis la force S.-O. a agi. Ce qui montre bien que la poussée niederlandienne a agi la première, c'est que le plissement N.-E. affecte seulement les granites, et les schistes paléozoïques au Brocken (fig. 417); au contraire la force S.-E. n'a affecté que les couches plus récentes. Les deux mouvements ont produit une torsion de la chaîne. Celle-ci présente en effet du côté de Saint-Andréasberg des faisceaux de fentes rayonnantes. Or les expériences de M. Daubrée montrent que la torsion produit des faisceaux de ce genre. Si on soumet entre des mâchoires une plaque de verre en forme de ruban à une torsion hélicoïde de 20°, on voit se produire à des distances régulières des bords libres droit et gauche du ruban des faisceaux rayonnants de fentes.

Les cassures du Harz, dont certaines atteignent 14 kilomètres de longueur, se sont probablement produites, d'après M. Suess, dans d'autres conditions. Les bords libres du ruban, qui sont dans les recherches de M. Daubrée en rapport avec l'ordre des fentes, n'existent pas dans la nature. Probablement, au lieu d'une torsion en hélice, il y a eu deux mouvements perpendiculaires dont l'un a commencé plus tôt et l'autre plus tard, et aucun de ces mouvements considéré à part n'a été un mouvement de rotation.

Les fentes de Saint-Andréasberg ont été bien étudiées par Kayser. D'après lui chacune des grosses fentes a été accompagnée d'une dislocation de la montagne dans le sens horizontal et dans le sens vertical. Il y a eu déplacement des couches dans les deux sens. Les lignes principales de fracture sont l'Oderspalte, l'Ackerspalte et les fentes (*Ruscheln*) d'Andréasberg.

L'Oderspalte, longue de 15 kilomètres, court vers le N.-N.-O., traversant la direction niederlandienne de la chaîne; la lèvre orientale de la chaîne se déplace sur cette chaîne vers le nord et vers le bas. A l'est de cette grande ligne se trouvent des fentes dirigées vers le N.-O., qui la coupent à angle aigu; sur la plus méridionale la lèvre orientale se déplace fortement vers le nord.

L'Ackerspalte commence dans le voisinage

du point d'origine de l'Oderspalte et se dirige d'abord vers le N.-O., puis sa direction gagne de plus en plus vers l'O.-N.-O., de sorte qu'elle s'éloigne toujours davantage de l'Oderspalte. On observe sur elle un déplacement remarquable vers le N. de la lèvre orientale.

Le groupe des fentes (*Ruscheln*) qui suivent au sud est caractérisé par un affaissement de la lèvre sud. Ce sont de larges crevasses remplies de roches broyées et qui limitent vers le N., l'O. et le S. un espace en forme de coin contenant les filons d'argent d'Andréasberg. On peut reconnaître là les traces d'une grande torsion et trouver une certaine analogie entre le rayonnement des filons et le faisceau de crevasses de M. Daubrée. Il paraît certain que le granite du Harz est resté complètement passif par rapport à ces formations de fentes.

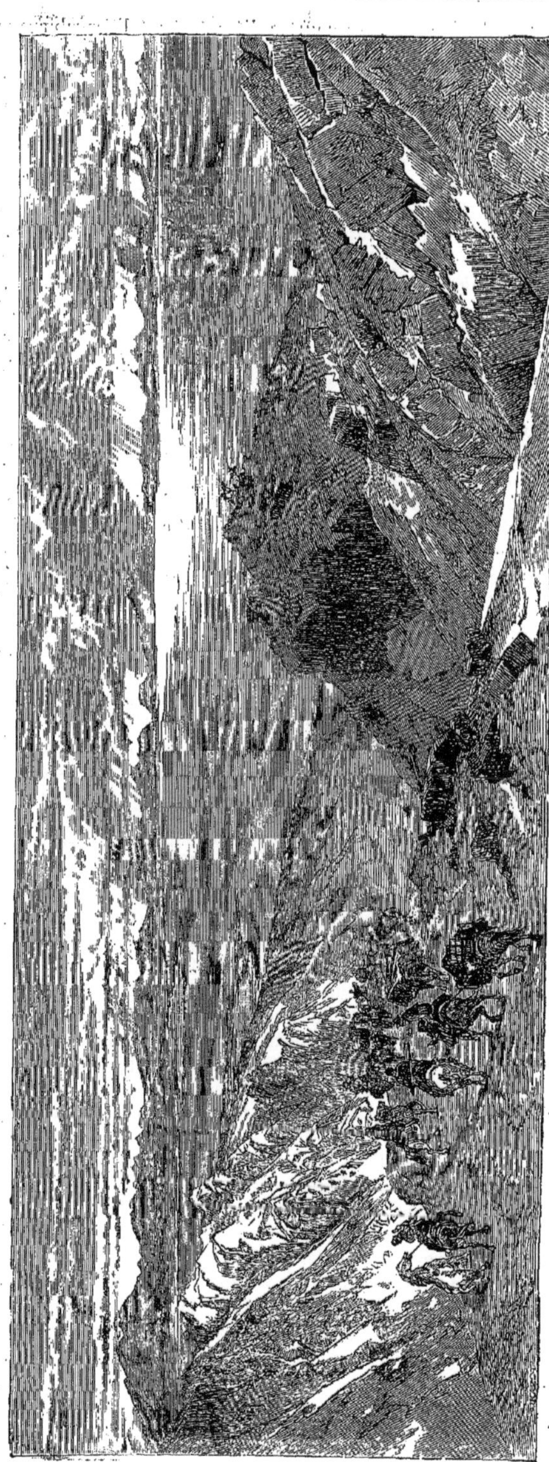

Fig. 418. — Le Grand Lac Salé (1).

DISLOCATION PAR MOUVEMENTS RADIAUX. EFFONDREMENTS LINÉAIRES.

Souvent on voit dans une région étendue des lignes disposées en réseaux ou en systèmes le long desquelles se produisent des effondrements. Ces lignes démontrent l'existence d'un champ commun d'effondrement et, comme les plis d'une chaîne, proviennent d'une cause commune.

Dans un champ normal d'effondrement on distingue deux directions principales de fentes que M. Suess appelle *fentes périphériques* et *fentes radiales*. Il y a en outre des *fentes diagonales* disposées sans règle

(1) Figure empruntée à *L'Amérique du Nord*, par Cullen Bryant, Librairie L.-H. May.

générale et d'autres plus courtes dites *fentes transversales* qui rencontrent à angle droit les fentes principales.

Les fentes périphériques sont les plus importantes. Elles forment autour du champ une courbe ou un polygone, et se répètent plus ou moins concentriquement à l'intérieur de ce contour. Sur chacune des fentes périphériques la lèvre tournée vers le centre du champ s'affaisse, de sorte que s'il y a des lignes concentriques, la valeur des affaissements s'accroît vers le centre. Il peut se faire aussi qu'entre deux fentes la bande de terrain se soit affaissée très profondément, formant une sorte de fossé (en allemand *Graben*) entre les deux fentes. Il y a ainsi des sortes de gradins. Entre les deux fentes parallèles l'affaissement n'a pas toujours même valeur et les gradins successifs communiquent ainsi par des parties en quelque sorte suspendues entre les deux crevasses; c'est ce qu'on appelle des *ponts* (*Brücke*).

Entre deux champs d'affaissement se trouve une croupe qui les sépare et n'a pas bougé; de part et d'autre de cette croupe les effondrements forment des gradins. On donne à ces parties stables un nom employé dans l'exploitation des mines. Ce sont des *Horste* (môle, butoir). Tels sont la Forêt-Noire, les Vosges, le Morvan, le Plateau central de la France, le plateau de Kaibab dans le Colorado. Outre ces *horste* de premier ordre, il y a des *horste* subordonnés qui se trouvent çà et là dans le réseau des fentes. Il s'en produit sur les crevasses dans les montagnes plissées lorsqu'il y a en même temps un mouvement vertical; ainsi à l'Ackerspalte près d'Andréasberg.

Les fentes radiales sont bien développées dans les champs d'effondrement de grande étendue. Elles traversent les fentes périphériques et produisent des divisions plus ou moins trapézoïdales ou en forme de coin, qui sont souvent des champs d'effondrement particuliers. Comme exemples de fentes, vers le fond d'un champ d'effondrement, on peut citer le Högau près du lac de Constance et les îles Lipari.

Comme champ d'effondrement M. Suess cite le quadrilatère de Bohême limité comme on sait par l'Erzgebirge, le Riesengebirge, le Böhmerwald et enfin vers le sud par les collines de Moravie. On voit des cassures parallèles au Riesengebirge et au Böhmerwald; mais les plus importantes et celles qui se répètent le plus près du centre sont les fentes parallèles à l'Erzgebirge se dirigeant vers le N.-E. Telle est la crevasse près de Przibram appelée la *Lettenkluft* qui coupe les filons argentifères. On peut dire que la très grande partie de la Bohême, et en particulier l'ouest, le nord et l'est, a été le théâtre d'effondrements étendus, qui ont donné lieu à de nombreuses cassures.

Ces effondrements linéaires se voient surtout dans l'Amérique du Nord. Il y a là des plateaux horizontaux d'une étendue énorme traversés par de longues fentes. Sur celles-ci la grandeur de l'effondrement varie et il se produit soit d'un côté soit de l'autre. M. Suess cite en particulier, et d'après Dutton, les dislocations des hauts plateaux de l'Utah occidental.

Les monts Wahsatch forment une chaîne à l'E. du grand lac Salé (fig. 418) et du lac Utah; elle s'étend du nord au sud où elle atteint le mont Nebo à la latitude de 39° 45'. Cette chaîne est traversée vers le lac Salé par une grande crevasse ayant la direction N.-S. et dont la lèvre ouest est affaissée. Vers le sud elle est remplacée par deux autres crevasses en échelons. Le mont Nebo qui vient ensuite est traversé par une fente, prolongement de la précédente; et la lèvre est s'affaisse. Ensuite du mont Nebo jusqu'au grand Cañon (fig. 419) où coule le Colorado, s'étend une vaste région formée de couches disposées horizontalement. C'est le bord ouest du grand plateau du Colorado. On y trouve tous les terrains depuis le carbonifère. Dans la craie il y a des intercalations de couches à végétaux et de couches d'origine lacustre. Ensuite viennent des couches tertiaires lacustres et un manteau étendu de formations volcaniques. Certaines parties de cette région de plateaux s'élèvent à 3600 mètres d'altitude.

Il y a là de grandes dislocations linéaires qui semblent être une division en faisceaux de la grande fente du Wahsatch. Ces fentes délimitent des parties de plateau, comme le plateau de Wahsatch, celui de Kaibab. Ces lignes en faisceaux divergent vers le sud, traversent le grand Cañon du Colorado et se continuent plus loin. Entre les fentes d'un même faisceau on constate des effondrements, formant de véritables fossés (*Graben*). Telle est la zone de Musinia comprise entre deux crevasses.

Ces effondrements se rattachent à un phénomène général dans le pays, celui des *flexures* (fig. 420). Il consiste en ce que des couches d'abord horizontales s'incurvent ensuite pour

Fig. 419. — Grand Cañon du Colorado.

devenir de nouveau horizontales. La courbure se fait brusquement, mais suivant les cas elle se produit sans rupture, ou bien il y a formation d'une crevasse avec affaissement d'une des lèvres, c'est-à-dire une faille. Les flexures et les failles sont un seul et même phénomène.

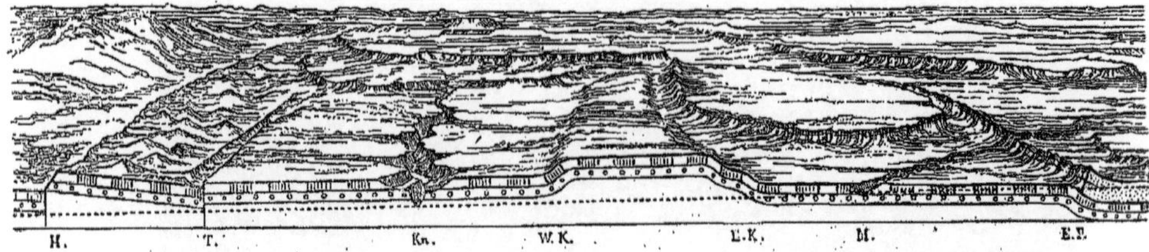

Fig. 420. — Coupe à travers le plateau du Colorado (d'après Powell): à gauche failles, à droite flexures.

Sur la même ligne de perturbations elles se présentent alternativement, et d'ailleurs sur une même ligne la dislocation peut se présenter à un niveau élevé comme une flexure et à un niveau plus bas comme une faille. En outre pour celle-ci c'est tantôt la lèvre est et tantôt la lèvre ouest qui est affaissée, comme nous l'avons vu à propos des Wahsatch et du mont Nebo, et comme E. de Beaumont l'a depuis longtemps reconnu pour la crevasse de Saverne (1). Les dénivellations dues aux flexures peuvent être très grandes. Tel est le cas de la crevasse de la Sevier, ainsi nommée d'une rivière. Elle commence à 35 milles au N. du grand Cañon. Près du village mormon de Monroe (38° 38') la chute est de 1.000 mètres, mais elle diminue rapidement au nord et au sud. Entre Glenwood et Salina (38'45' — 38° 75') elle devient nulle. De plus il y a maintenant renversement complet. Jusqu'alors c'était la lèvre O. qui était affaissée, maintenant c'est la lèvre E.

Les crevasses et les flexures sont probablement peu anciennes. Elles traversent les couches tertiaires. Elles sont probablement tertiaires, et certaines sont vraisemblablement post-tertiaires.

M. Suess donne aux failles provenant de flexures et qui présentent un rejet changeant, le nom de *Tafelbrüche* (failles linéaires) (1).

Comme effondrements linéaires on peut citer aussi celui de la mer Rouge, celui du Jourdain, qui présentent toutefois des caractères spéciaux; de même le lac Tanganika dans l'Afrique centrale. En Europe l'un des effondrements linéaires les plus importants est la vallée du Rhin comprise entre les deux *horste* des Vosges et de la Forêt-Noire.

(1) Suess, p. 171.

(1) Suess, I, p. 174.

EFFONDREMENTS CIRCULAIRES.

Il y a d'autres effondrements qui se produisent sans formation visible de fentes linéaires. Un morceau de l'écorce de contour plus ou moins circulaire s'est enfoncé; des parois raides l'entourent. Dans certains cas une ligne droite forme une partie du contour; mais elle n'a pas été produite par l'effondrement; celui-ci a profité d'une fente ancienne.

Un effondrement remarquable est celui du Riess près de Nordlingen sur la lisière de la Bavière et du Wurtemberg. C'est une plaine basse entourée d'escarpements; sur les bords et dans l'intérieur il y a des tufs volcaniques et des dépôts d'eau douce. M. Suess cite le cirque de Hirchberg creusé dans le granite de la Schneekoppe, l'une des cimes du Riesengebirge, le cirque de Salzbourg formé dans l'éocène; le gouffre de Prättigau en Suisse sur les bords du Rhin, sorte de cylindre qui entame le jurassique; le gouffre de Laibach, à contours très irréguliers, le bassin de Vienne, plus long que large, qui entame tout le tertiaire. Sur la lisière est des Alpes se trouvent deux affaissements contigus : le cirque de Landsee près Güns et celui de Graz. Le premier présente au fond du basalte. Le second plus étendu est mal délimité vers l'E. C'est une plaine basse unie, où l'on voit une masse cubique de basalte : le Riegersburg et les éminences trachytiques de Gleichenberg. Entre les deux effondrements se trouve le chaînon dévonien de Güns, qui forme ainsi un *horst*.

Les effondrements circulaires sont communs en Italie. Tel est d'abord l'effondrement toscan. Ceux dont la forme circulaire est typique sont : d'abord le golfe de Naples sur son bord

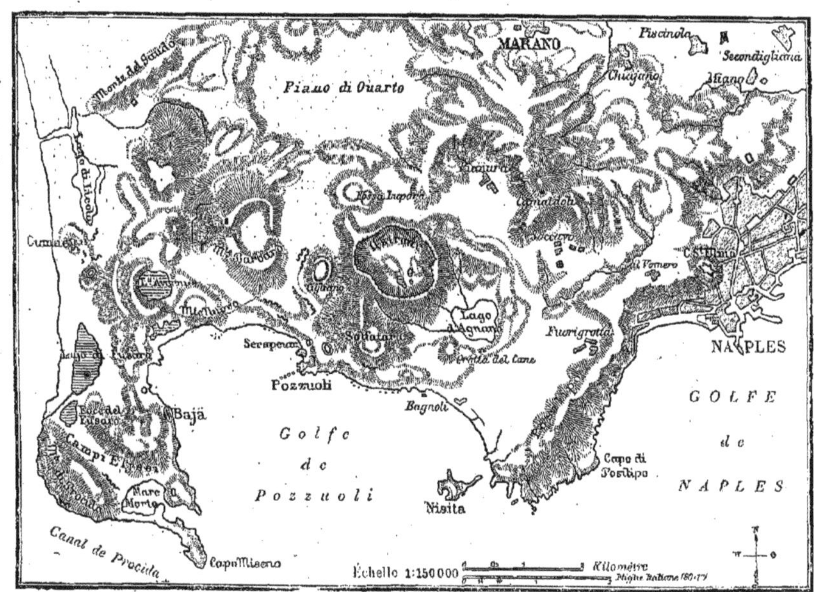

Fig. 421. — Golfe de Naples.

sud jusqu'à Capri (fig. 421); le golfe de Salerne entre Capri et Punta Licosa (fig. 422), le golfe de Santa Eufemia entre le cap Suvero et le cap Vaticano, le golfe de Gioja entre ce cap et

Fig. 422. — Golfe de Salerne.

Scilla. Les *horste* qui séparent ces effondrements s'avancent dans la mer sous forme de promontoires. On ne connaît pas la profondeur de ces effondrements, on sait seulement qu'à Naples il y a encore des cendres et des tufs à 1 500 pieds de profondeur. Suivant M. Suess la ligne suivant laquelle se propagent les tremblements de terre en Calabre n'est autre chose que la base suivant laquelle se prépare un nouvel effondrement. Citons encore les Champs Phlégréens entre Naples et le cap Misène.

Les ruptures de cette espèce peuvent atteindre une plus grande valeur comme l'indique l'état de beaucoup de côtes rompues à pic. Ainsi Pallas regardait déjà la moitié nord de la mer Noire comme un champ d'effondrement, et beaucoup de géologues, entre autres Spratt, ont conclu de la même manière en se basant sur la pente brusque du fond de la mer et sur la rupture du bord des montagnes de Crimée. Le long de celle-ci les profondeurs atteignent de 1 000 à 1 800 mètres. Il semble y avoir eu là un effondrement est et un effondrement ouest entre lesquels la chaîne de Tauride formerait un *horst*.

Entre la Grèce et l'Asie Mineure se trouvent des îles innombrables, qui ne sont pas absolument distribuées sans règle. Certaines se trouvent sur les côtes de la terre ferme, tandis que d'autres sont disposées en séries transversalement à la largeur de la mer et forment comme les sommets d'une chaîne sous-marine réunissant la Grèce à l'Asie. Les îles Cyclades, commençant avec Andros et Zia, se trouvent sur les côtes de l'Attique et d'Eubée, tandis que d'autre part Kos, Nisyros, Kalymnos, etc., se lient à la côte d'Asie. Cette chaîne des Cyclades divise la mer Égée en deux bassins. Celui du sud est séparé de la Méditerranée par plusieurs îles, comme la Crète, Cerigo, Cerigotto et Rhodes. Au milieu de ce bassin la profondeur atteint 1 200 brasses, tandis qu'au sud de la Crète la profondeur de la Méditerranée est encore plus considérable.

Le bassin méridional de la mer Égée nous offre un exemple d'effondrement circulaire. La Crète aujourd'hui pauvre en eau présente de hauts plateaux arides formés de couches où l'on trouve en grand nombre des os d'hippopotame. Cela montre qu'à l'époque quaternaire ces hauts plateaux étaient couverts d'eau et que l'île possédait des lacs et des fleuves. Elle devait faire partie d'une vaste terre aujourd'hui submergée. En Crète, à Rhodes, à Kos (fig. 424) on trouve sur les côtes des formations d'eau douce. Au sud-est de Kos il y a des dépôts pliocènes et quaternaires qui s'élèvent jusqu'à 200 mètres et au pied desquels la mer descend brusquement à de grandes profondeurs. Ces faits indiquent un effondrement d'une terre formant un pont entre la Morée et l'Asie Mineure, et dont les Cyclades sont les débris. Cet effondrement s'est fait après la période tertiaire, pendant la période quaternaire alors, que l'homme existait déjà. La question se pose de savoir si les premiers habitants de la Grèce ne sont pas venus de l'Asie Mineure par cette terre aujourd'hui submergée.

D'ailleurs une foule de faits indiquent qu'à une époque relativement récente il y a eu dans la région méditerranéenne une grande submersion. La carte indique la distribution approximative des terres et des mers au commencement du pliocène, terme le plus jeune de la série tertiaire (fig. 423). La plus grande partie des terres disparues se sont effondrées à cette époque. Malte et la Sicile étaient unies à l'Afrique, comme l'indiquent en particulier les restes d'éléphants africains et d'autres animaux trouvés dans ces îles. Sur le bord est des Apennins la mer s'étendait plus loin qu'aujourd'hui, mais la partie est de l'Adriatique actuelle était à sec et le Monte Gargano de l'Italie inférieure se rattachait à la Dalmatie. Le bras de mer situé entre les îles Ioniennes et la Grèce n'existait pas ; la mer de l'Archipel était encore un simple golfe s'étendant entre la Crète et le Péloponèse jusqu'au voisinage d'Athènes et de Mégare. Par contre, la côte sud actuelle de la Crète, celle de l'Asie Mineure, le nord de l'Afrique, la Palestine et la Syrie n'étaient pas baignés par la mer. Celle-ci envoyait un bras vers l'est, comme l'indiquent les formations pliocènes qui se trouvent à Chypre.

Si l'on songe qu'aujourd'hui dans ces mêmes régions les profondeurs marines atteignent 3 000 mètres, et qu'autrefois le niveau était plus élevé que maintenant, comme l'indique l'altitude des dépôts d'origine marine, on restera convaincu de la grande valeur de cet effondrement. Les phénomènes de ce genre démontrent aussi comment le niveau des mers autrefois plus élevé a pu baisser pour permettre à l'eau de remplir les bassins formés par effondrement.

Les îles qui entourent certains bassins maritimes indiquent que d'autres phénomènes du même genre se sont produits. La mer du Japon.

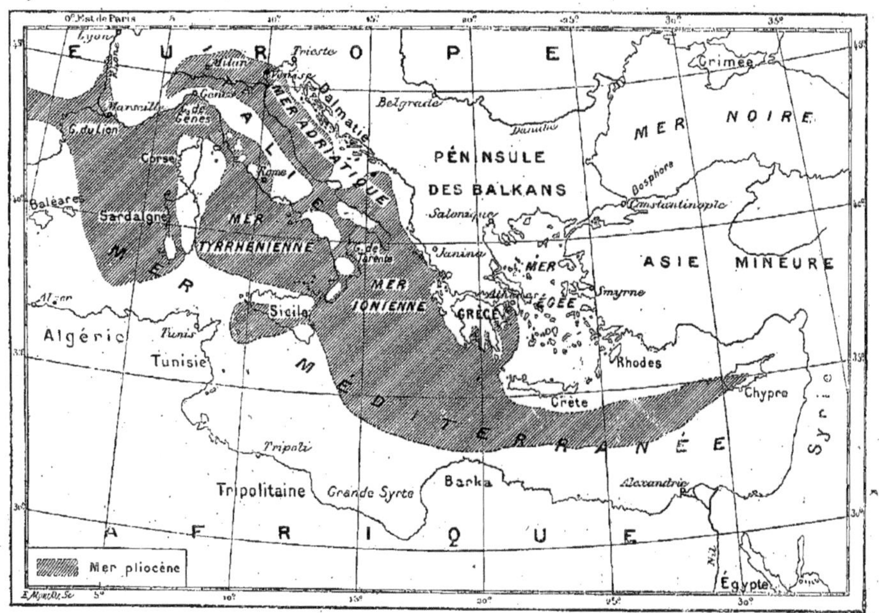

Fig. 423. — Méditerranée à l'époque pliocène.

la mer d'Ochotsk, la mer de Behring, les bassins maritimes de la Malaisie sont aussi des régions effondrées. De même dans l'Atlantique, la mer des Caraïbes ou des Antilles bornée par l'Amérique centrale à l'ouest, l'Amérique du Sud au midi, les Antilles au nord et à l'est (Neumayr).

DISLOCATIONS PAR EFFONDREMENT ET MOUVEMENT TANGENTIEL COMBINÉS.

Il peut se faire que le mouvement tangentiel et le mouvement radial agissent ensemble; il y a alors en même temps plissement et effondrement. M. Suess cite quelques exemples de ce cas. La chaine du Riesengebirge en présente sur une longueur de 127 kilomètres entre Oberau près Meissen, et Littau. En certains points on voit des roches plissées appartenant au jurassique et au crétacé, et parfois il y a un véritable chevauchement du granite sur le jurassique et la craie. En même temps l'effondrement est accusé par une grande fracture et une dénivellation considérable du S.-O. Les deux mouvements coexistent aussi dans les Alpes bavaroises près de Voglarn. Au Prättigau, dans la vallée du Rhin, il y a, comme on sait, un effondrement. Les escarpements qui le bordent, à l'est, constituent le Rhätikon; c'est une région plissée.

Les affaissements peuvent favoriser le plissement de la région placée en arrière, lorsque la poussée agit d'arrière en avant. Un mouvement horizontal de ce genre favorisé par l'effondrement produit ce que M. Suess appelle un *plissement déversé en avant* (*Vorfaltung*). Le terrain houiller franco-belge en présente un exemple. Depuis les environs de Boulogne jusqu'à Aix-la-Chapelle il y a un grand plissement venant du sud, avec de grandes failles sur lesquelles se sont produits des affaissements considérables : ce sont la faille de Boussu, le cran de retour d'Anzin, la grande faille du Midi. D'après M. Gosselet « la cause du plissement se trouve dans l'affaissement de la partie centrale du bassin et l'élévation relative du bord avec glissement d'une couche sur l'autre. L'affaissement lui-même est une conséquence de la contraction continuelle de l'écorce terrestre (1). »

(1) Cité par Suess, p. 187; voir *Bull. Soc. géol. France*, 1879-1880.

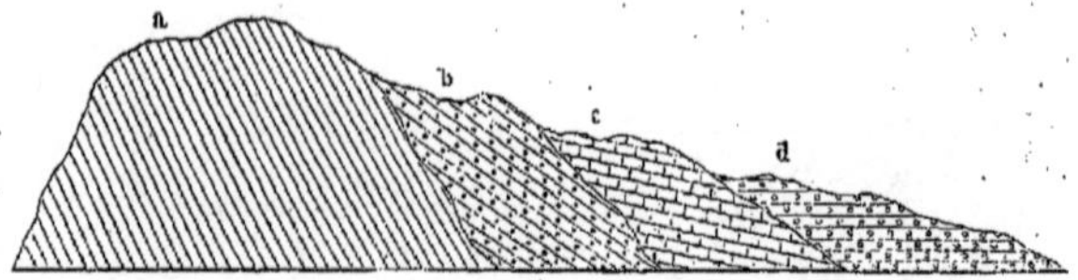

Fig. 424. — Coupe schématique de l'île de Kos, sur la côte d'Asie Mineure. — *a*, roches anciennes; *b*, couches d'eau douce miocènes; *c*, couches d'eau douce du pliocène ancien; *d*, formations marines du pliocène récent.

LA FORMATION DES CHAINES DE MONTAGNES.

ANCIENNES THÉORIES SUR LA FORMATION DES CHAINES DE MONTAGNES.

L'étude des dislocations nous servira à élucider la question de l'origine des chaînes de montagnes. Bien des théories ont été émises à ce sujet. On a invoqué les soulèvements et les affaissements du sol; on a aussi rattaché cette question à celle des forces volcaniques. A la fin du siècle dernier on avait des idées si inexactes sur la structure des chaînes de montagnes que pour Werner, l'un des fondateurs de la Géologie, toutes les roches, à l'exception du granite et des laves, s'étaient formées dans l'eau et se trouvaient encore dans leur position originelle. D'après lui les montagnes étaient des parties plus résistantes ayant échappé à l'érosion qui avait enlevé les parties environnantes. Si les couches étaient déplacées, disposées obliquement ou verticalement, il s'agissait de phénomènes locaux dus à des écroulements. Comme nous l'avons déjà dit dans l'introduction de cet ouvrage, Werner n'avait guère visité que les environs immédiats de Freiberg et ses idées sur les grandes chaînes devaient par suite être inexactes. L'opinion de Werner ne put plus être soutenue après les explorations des grandes chaînes qui commencèrent peu après lui et dont le promoteur fut de Saussure. Les déplacements des couches, les dislocations furent partout reconnues; elles ne pouvaient être regardées plus longtemps comme des accidents locaux. Alors la théorie de Werner fut abandonnée pour celle de Léopold de Buch et de Humboldt. On plaça la cause de la formation des chaînes dans le soulèvement des roches éruptives. Les montagnes furent attribuées, comme la ceinture extérieure des volcans, à une poussée de bas en haut des matières fondues. Toutes les fois qu'on trouvait, comme dans les Alpes, un noyau central de granite ou de gneiss, on attribuait à sa sortie l'origine de la chaîne. Brusquement, pensait-on, le soulèvement avait eu lieu d'un seul coup. C'est ainsi qu'Élie de Beaumont s'expliquait l'origine des montagnes. Il entreprit d'établir la direction relative des principales chaînes et leur âge relatif. Pour fixer ce dernier point il suffit de recher-

Fig. 425. — Schéma pour la détermination de l'âge d'une chaîne de montagnes.

cher l'âge de la dernière couche soulevée et l'âge de la plus ancienne couche qui s'est déposée horizontalement au pied de la chaîne sans prendre part à son soulèvement. L'origine de la montagne, d'après É. de Beaumont, correspond à l'intervalle de temps compris entre l'âge de la dernière couche soulevée et celui de la dernière couche horizontale (fig. 425). Remarquons cependant qu'Élie de Beaumont, en supposant un soulèvement brusque de la chaîne, commettait une erreur. Ce soulèvement a demandé un temps très long et le procédé employé donne seulement l'âge du dernier mouvement de la chaîne.

C'est ce qu'on peut élucider par l'exemple suivant emprunté à Neumayr. Dans l'île de Kos, sur la côte d'Asie Mineure, il y a des couches d'âge très différent (fig. 424). La charpente rocheuse de l'île se compose d'une chaîne formée de schistes cristallins avec dépôts de marbre et de calcaires crétacés. Le

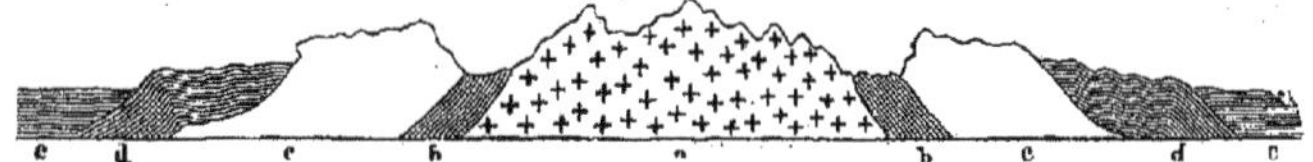

Fig. 426. — Coupe schématique des Alpes au point de vue de la théorie des soulèvements. — *a*, schistes cristallins ; *bb*, formations paléozoïques (grauwackes) ; *cc*, calcaires ; *dd*, grès ; *ee*, plaine.

tout est fortement redressé. Ensuite viennent avec une inclinaison moindre des couches tertiaires. Les plus anciennes sont des calcaires d'eau douce d'âge miocène s'élevant sur les flancs de la chaîne jusqu'à 300 mètres. Leur inclinaison est de 45°. Sur ces calcaires s'appuient des couches d'eau douce de pliocène ancien, avec une inclinaison de 15° à 20° Enfin contre eux viennent buter des dépôts marins également pliocènes et des couches quaternaires. Ces derniers termes de la série se présentent horizontalement au pied de la montagne. On voit qu'ici, depuis les dépôts les plus anciens jusqu'aux plus récents, il y a eu toute une suite de mouvements du sol. Un premier s'est produit après le dépôt du crétacé et avant

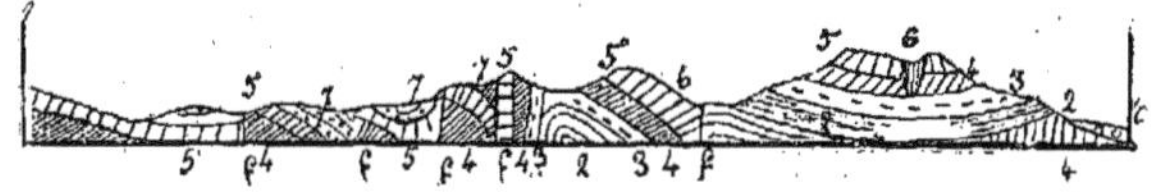

Fig. 427. — Coupe du massif de la Chartreuse.

le miocène, un second s'est produit avant le pliocène, enfin les derniers mouvements ont persisté jusqu'au pliocène supérieur. Le soulèvement a donc duré longtemps, tandis que d'après Élie de Beaumont, et en employant purement et simplement son procédé, on arrivait à cette conclusion que la formation de la chaîne s'est produite entre le pliocène inférieur et le pliocène supérieur.

Pour É. de Beaumont le soulèvement de chaque grande chaîne a été une catastrophe brusque. Le noyau fluide interne se contracte en rayonnant sa chaleur dans l'espace, la croûte superficielle devient trop grande pour le noyau, un espace vide se forme entre les deux, puis la croûte se rompt et vient de nouveau au contact du noyau fondu. Il y aura repos jusqu'à ce que, à cause d'un nouveau

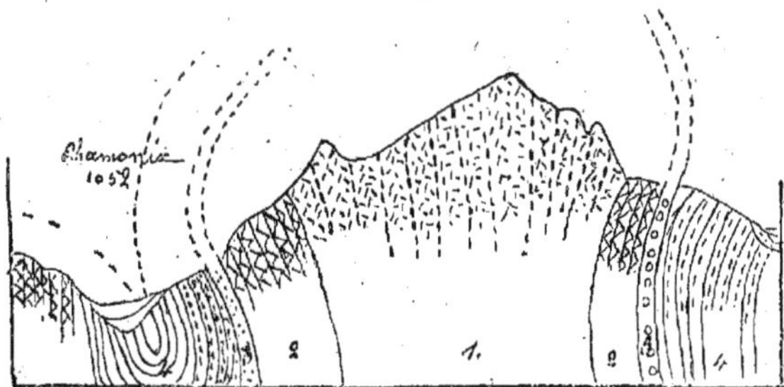

Fig. 428. — Coupe général (d'après M. Alph. Favre) du massif du mont Blanc au 200 000e.

refroidissement, le même phénomène se reproduise. Par suite de la rupture les roches des bords brisés sont soumises à une pression latérale énorme, se soulèvent pour former des chaînes de montagnes, et se fracturent, tandis que les ébranlements qui accompagnent ces phénomènes font périr tous les organismes. Une nouvelle période géologique s'ouvre ensuite. D'après É. de Beaumont toutes les chaînes parallèles entre elles se sont formées en même temps et les ruptures de l'écorce terrestre se font suivant des lois géométriques. En développant ces considérations É. de Beaumont échafauda sa théorie du réseau pentagonal dont nous avons déjà parlé (1). Ce système a définitivement perdu tout crédit. Il n'est

(1) Voy. Introduction, page 27.

resté des travaux d'É. de Beaumont que la partie positive, c'est-à-dire la détermination de la direction des principales chaînes dans les diverses parties du monde, et la détermination de l'âge relatif de ces chaînes.

Depuis les travaux de Lyell, de Hoff, de Constant Prévost, la théorie des soulèvements brusques a été remplacée par d'autres qui considèrent la formation d'une chaîne comme une œuvre de longue durée, comme la somme d'un grand nombre de petits mouvements. Pour Lyell et Constant Prévost une secousse brusque du sol pouvait produire un très petit soulèvement, et d'autres phénomènes du même genre se produisant pendant une longue période finissaient par constituer les chaînes de montagnes. Pour eux ces effets se sont manifestés à toutes les époques avec la même intensité qu'aujourd'hui dans les tremblements de terre et les déplacements lents des rivages.

THÉORIES ACTUELLES.

Aujourd'hui les géologues admettent, pour la plupart, l'idée de mouvements lents se prolongeant pendant un temps très long, mais ils ne regardent plus ces mouvements comme étant des soulèvements. Ceux-ci n'existent pas, comme nous l'avons déjà fait observer dans les chapitres précédents. On considère les mouvements de l'écorce terrestre comme pouvant être de deux sortes, des mouvements tangentiels produisant des plissements et des mouvements radiaux produisant des effondrements. Il n'est pas possible d'admettre aujourd'hui la théorie des soulèvements. Ceux-ci impliquent l'idée d'une symétrie parfaite des chaînes des deux côtés d'un axe central. Prenons comme exemple, avec Neumayr, la chaîne des Alpes et supposons une coupe du nord au sud. Les partisans des soulèvements regardaient cette chaîne comme étant d'une symétrie parfaite (fig. 426). Au centre une masse formée de roches éruptives et de schistes cristallins; cette masse en sortant des profondeurs du sol aurait été la cause première du soulèvement. Puis vers l'extérieur et avec des pentes toujours décroissantes les formations paléozoïques, des roches calcaires et ensuite des grès. Le soulèvement se serait produit peu à peu, redressant toutes ces couches. Mais en réalité, on ne trouve pas dans les Alpes une structure aussi simple.

On y constate les indices évidents de mouvements horizontaux. Ceux-ci au lieu de produire une structure symétrique par rapport à un axe, doivent donner naissance à une structure dissymétrique (fig. 427 et 428). Lorsqu'il y a plissement en effet, les couches sont poussées en avant dans une direction déterminée, tandis que du côté opposé d'où vient la poussée se produit une puissante crevasse. Nous avons cité dans le chapitre précédent des exemples nombreux de plissements dans les Alpes. M. Suess a démontré la structure dissymétrique des Apennins, des Carpathes, du Jura; dans cette dernière chaîne le côté interne tombe brusquement vers le sud-ouest contre les Alpes, les plis s'inclinent pour la plupart vers le nord; ils deviennent moins marqués au bord antérieur; il y a là des flexures, des crevasses longitudinales et enfin les couches deviennent horizontales. Dana a mis en évidence la structure dissymétrique des chaînes de l'Amérique du Nord, comme les Alleghanys. Il faut donc admettre que les mouvements tangentiels jouent un rôle prédominant dans la formation des chaînes. Les effondrements sont beaucoup moins importants. Ils se sont toutefois produits, comme nous l'avons vu déjà, en bien des points autour des masses qui sont restées isolées et forment ainsi des saillies, des *horste;* tels sont les Vosges, la Forêt-Noire, le Plateau central. Quant à l'origine des mouvements tangentiels et radiaux nous devons la chercher, avons-nous déjà dit à plusieurs reprises, dans la contraction progressive du noyau interne. Rappelons aussi que jamais on n'a pu citer un exemple bien net de soulèvement, en dehors des laccolithes (1) qui semblent produire des phénomènes tout particuliers, bien différents de ceux qu'on observe dans les chaînes de montagnes.

Neumayr se demande si la force qui a autrefois produit les chaînes de montagnes continue aujourd'hui son action. Nous n'avons sur la question aucun renseignement historique; toutefois aucune chaîne ne s'est formée après le tertiaire; mais on ne peut pas conclure cependant de ces résultats négatifs que tout mouvement de masse a pris définitivement fin. Il est certain que l'effondrement de

(1) Voir page 250.

Fig. 429. — Érosion des montagnes : gorge en Andalousie dans la Sierra Morena (page 360).

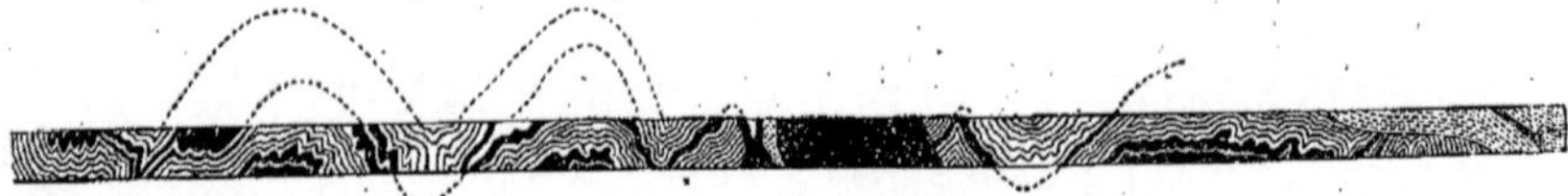

Fig. 430. — Coupe des formations anciennes de Petite Nation à Saint-Jérôme au Canada (d'après Logan), montrant la valeur des érosions (page 369).

la mer Égée s'est produit en grande partie après le tertiaire. Quant au plissement et au redressement des couches, des nivellements de précision accomplis avec soin et dans beaucoup de pays tous les cent ans, pourraient conduire à la constatation de faits de ce genre. Dans les terrains d'alluvions quaternaires, on observe souvent des perturbations qui sont généralement attribuées à des éboulements, à des glissements locaux, mais qui pourraient bien être dus, au moins en partie, à la force de plissement toujours agissante.

D'ailleurs bien des faits observés dans les carrières indiquent l'existence d'une tension horizontale qui avec le temps peut donner lieu à des mouvements considérables. Neumayr rapporte, qu'en Amérique, les grandes plaques extraites des carrières, subissent une dilatation et deviennent plus longues que la cavité d'où on les a extraites. Elles reprennent donc la longueur primitive qui avait diminué par suite d'une tension horizontale. Le même fait se présente à Mauthausen en Autriche. Dans le voisinage de Chicago en Amérique on mit à nu dans une carrière une couche profonde du silurien; elle forma immédiatement un pli aplati de 800 pieds de long, de 6 pouces de hauteur et de 18 pieds de largeur; et une fente longitudinale se forma au sommet. Nous avons vu aussi que les tremblements de terre de grande étendue, ceux qui ne sont pas en rapport avec les éruptions, ou tremblements de terre tectoniques, sont en relation intime par leur distribution, avec les grandes chaînes de montagnes et les champs d'effondrement. Il n'est pas douteux que des changements du sol aussi considérables que des plissements, des redressements de couches, des productions de crevasses, ont dû être accompagnés de secousses. Il est naturel de regarder les tremblements de terre tectoniques comme des phénomènes en rapport avec la formation des montagnes. Quand les plissements et autres changements du sol se font graduellement et très lentement, il n'y a pas d'ébranlement sensible. Mais quand la tension de plissement devient assez grande pour vaincre les obstacles dus au frottement, des mouvements notables du sol prennent naissance et sont accompagnés de fortes secousses.

Aujourd'hui les séismes sont relativement peu importants, mais on peut supposer qu'à certaines époques la tension a été assez forte pour donner lieu à des dislocations intenses, à des lignes de relief, et pour produire des tremblements de terre beaucoup plus intenses que ceux que nous connaissons. Nous vivons dans une période de repos relatif, mais l'énorme valeur des dislocations observées dans les couches anciennes, montre que la Terre a souvent été le théâtre de mouvements importants. Les tensions qui donnent naissance aux chaînes de montagnes existent toujours; leurs effets sont très longtemps insensibles, jusqu'à ce qu'enfin ces tensions atteignent une valeur suffisante pour se manifester pleinement et changer notablement l'état de la surface de notre planète. La théorie des causes actuelles de Lyell a donc été abandonnée, dans ce qu'elle avait d'excessif. Ce sont toujours les mêmes forces qui agissent aujourd'hui et qui ont agi autrefois; mais dans certaines périodes géologiques antérieures à la nôtre, elles se sont fort probablement manifestées avec une intensité beaucoup plus grande qu'à l'époque présente.

DESTRUCTION DES MONTAGNES.

Les chaînes de montagnes sont dues, comme nous venons de le voir, aux tensions qui résultent de la contraction du noyau terrestre. Ces tensions ont agi dès le début des périodes géologiques. Mais les chaînes les plus anciennes ont subi pendant des espaces de temps considérables l'érosion causée par les agents atmosphériques. Elles ont donc perdu beaucoup de leur hauteur. Aussi sont-elles aujourd'hui bien moins élevées, bien moins impor-

Fig. 431. — Drei Schusterspitze (Montagnes dolomitiques du Tyrol.)

tantes que les chaînes les plus jeunes. Celles-ci remontent seulement au tertiaire. Le dernier mouvement considérable des Alpes et des Carpathes date du miocène; dans les Apennins et les chaînes de la Grèce le mouvement s'est prolongé jusque dans le pliocène. De même le Caucase, l'Himalaya, les Andes, les chaînes occidentales de l'Amérique du Nord ont subi leurs redressements les plus importants vers la fin du tertiaire. Toutes ces montagnes ont cependant éprouvé déjà des érosions considérables (fig. 429), qui nous montrent combien les chaînes anciennes ont dû perdre de leur hauteur depuis leur érection. Ainsi, considérons les coupes de la figure (fig. 430) : nous voyons des lignes en pointillé qui représentent les parties saillantes de plis aujourd'hui arasés. Dans les montagnes dolomitiques du

Tyrol l'érosion est énorme, et on y voit beaucoup de sommets complètement ruinés (fig. 431).

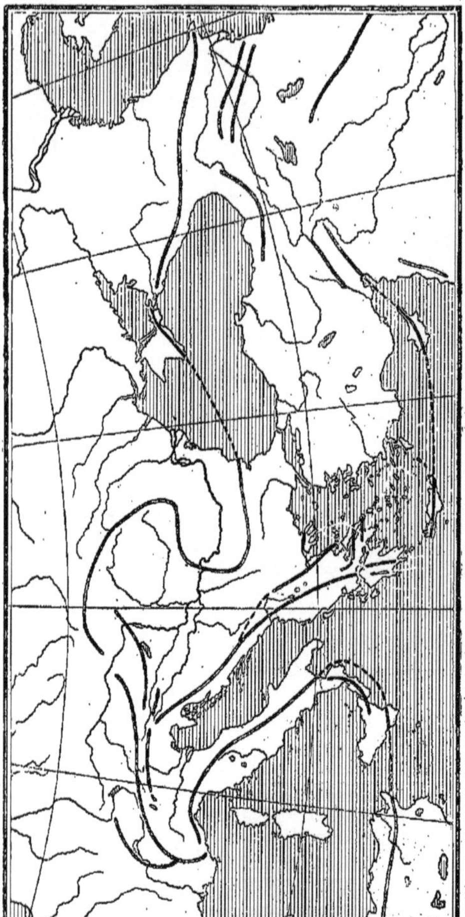

Fig. 432. — Principales chaînes de montagnes d'Europe et des contrées voisines.

On peut dire qu'aucune montagne ne nous présente la valeur exacte des plissements qui l'ont formée, car au fur et à mesure qu'elle se dressait l'érosion agissait en sens contraire. Les vallées qui entaillent les chaînes ne se sont pas produites après elles, mais l'eau les a creusées en même temps que la chaîne se formait, ou même avant. Les régions archéennes paléozoïques nous présentent souvent de vastes espaces sans élévation notable du sol ; mais si l'on considère avec soin l'allure des couches, on voit qu'elles sont fortement plissées ; seulement par suite de l'érosion les parties saillantes ont disparu dans le cours des âges géologiques. C'est ce que nous montre la figure 430. Les lignes ponctuées représentent les masses rocheuses enlevées. Il s'agit là, comme on le voit, de véritables montagnes archéennes, c'est-à-dire antécambriennes, qui ont complètement disparu. Ce qui a lieu au Canada, se montre aussi en Europe, en Chine, etc. Nous n'avons, en somme, sous les yeux, que des indices de l'orographie ancienne. Dans bien des cas nous en sommes réduits aux hypothèses.

AGE DES PRINCIPALES CHAINES DE MONTAGNES.

D'après ce qui précède, les massifs montagneux ont une altitude d'autant plus forte qu'ils datent d'une époque plus récente. Les Vosges, les Pyrénées, les Alpes par exemple (fig. 432) seront rangées dans le même ordre, que l'on considère leur altitude ou leur date d'apparition. Nous savons déjà comment on peut déterminer l'âge relatif des diverses chaînes. Une chaîne est plus récente que les assises qu'elle a redressées et plus anciennes que celles qui s'étalent horizontalement contre ses flancs.

Les Vosges, d'après M. Suess, constituent un *horst* (fig. 438). « Les Vosges, dit-il (1), doivent leur relief ac-

(1) Suess, *Das Antlitz der Erde*, I, p. 266.

tuel non à un soulèvement propre, mais à l'affaissement général de tout ce qui les entourait. Pour avoir la mesure exacte du mouvement de descente de l'écorce terrestre et de l'érosion ultérieure, on doit se figurer toute l'épaisseur du trias et du jurassique empilés au-dessus des Vosges, de la Forêt-Noire et de leurs prolongements septentrionaux. » Ainsi d'après M. Suess les plus hautes cimes des Vosges portaient autrefois toute l'épaisseur du trias et du jurassique (1000 m. de couches), que le cours du temps a fait disparaître et l'émersion définitive aurait eu lieu après le jurassique. Mais M. de Lappa-

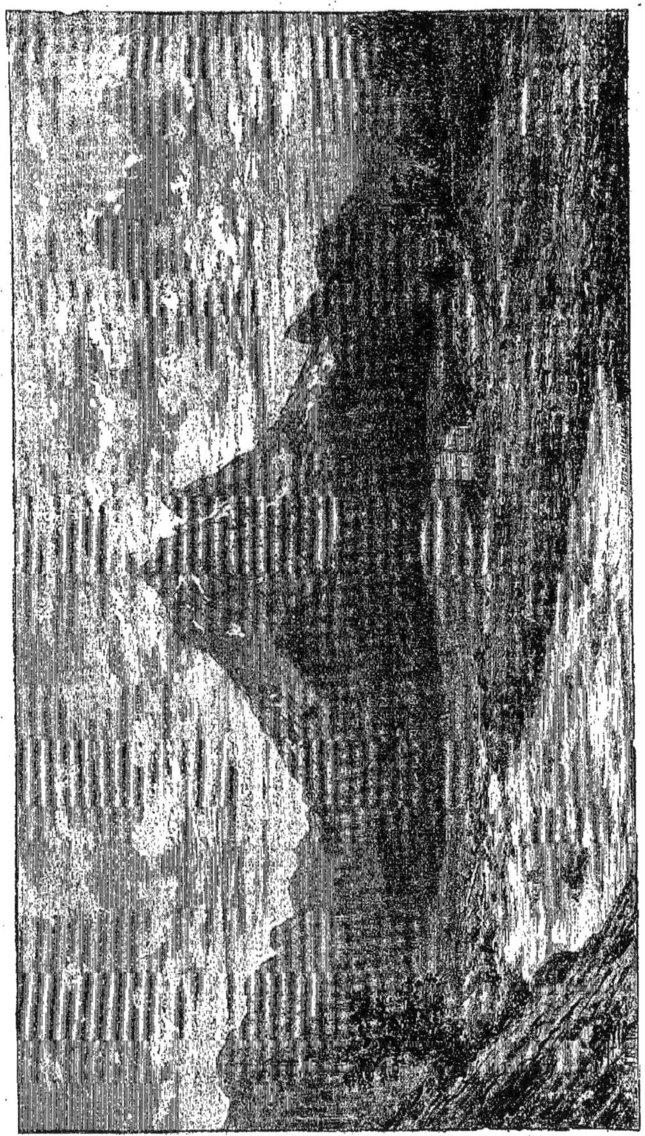

Fig. 433. — Pic du Midi d'Ossau.

rent (1) fait remarquer que le corallien se trouve au pied des Vosges avec tous les caractères d'un récif-barrière; par suite il indique un rivage, et les Vosges auraient été émergées dès l'époque corallienne, c'est-à-dire avant la fin du jurassique.

Les Pyrénées (fig. 439) sont le résultat de mouvements qui se sont produits à diverses

Fig. 434. — Pic de Ger et ses environs.

reprises. Les assises primaires sont en concordance avec les schistes cristallins et sont éloignées de l'horizontale. Un premier mouvement semble donc s'être produit avant le dépôt du carbonifère. La série qui vient ensuite, en discordance avec la précédente, comprend

(1) De Lapparent, *Sur le sens des mouvements de l'écorce terrestre* (*Bull. Soc. géol.*, t. XV; 1882, p. 224).

tous les terrains depuis le houiller jusqu'au crétacé inférieur, puis une nouvelle série commence avec le crétacé. Un second mouvement s'est donc produit avant le dépôt de

Fig. 435. — Vallée de l'Ariège.

ce dernier terrain. Mais le mouvement principal de la chaîne pyrénéenne s'est manifesté à la fin de l'éocène, car les assises nummulitiques qui appartiennent à cette période ont

Fig. 436. — Cirque de Gavarnie.

été portées jusqu'à plus de 3000 mètres au Mont-Perdu.

Les figures ci-jointes représentent divers points particulièrement pittoresques des Pyrénées, le pic du Midi d'Ossau (fig. 433), le pic de Ger (fig. 434), la vallée de l'Ariège (fig. 435), le cirque de Gavarnie (fig. 436) et le lac d'Oo (fig. 437) (1).

Les Alpes (fig. 440 et 441) ont pris leur relief définitif après les Pyrénées. Elles ont subi toute

(1) Nous devons à l'obligeance de M. Oudin, éditeur, de pouvoir reproduire les figures 433 à 437, extraites des *Pyrénées françaises*, par Paul Perret, avec illustration par E. Sadoux.

Fig. 437. — Lac d'Oo.

Fig. 438. — Ballons des Vosges (pages 370-371).

une suite de mouvements de plissement (1). Le premier date de l'époque permienne et les couches carbonifères se montrent concordantes avec les schistes cristallins. Ensuite des mouvements se produisent à la fin du crétacé, et alors apparaissent des îles autour desquelles se déposent les sédiments éocènes. A cette époque le plissement s'accentue et les chaînes

Fig. 439. — Profil des Pyrénées, vues de Toulouse (page 372).

intérieures se constituent. Toutefois le mouvement définitif, celui qui a donné aux Alpes leur relief actuel, ne s'est produit que vers la fin du miocène. En effet, la partie extérieure de la chaîne se compose de couches redressées d'un grès tendre, calcaire, appelé la mollasse. C'est après le dépôt de la mollasse que le mouvement de plissement atteint son maxi-

Fig. 440. — Profil des Alpes (dents et aiguilles). L'hôtel du Schwarzsee et le Cervin.

mum. Alors la grande chaîne alpine se montre entièrement émergée.

Les dislocations du Jura (fig. 442) sont en rapport intime avec celles des Alpes. L'âge du plus grand effort de dislocation est le même pour les deux chaînes. Il y a eu dans la région du Jura de nombreuses oscillations pendant les temps secondaires. Dès la fin du jurassique la partie orientale était émergée, les couches crétacées y font défaut. Le mouvement d'é-

(1) De Lapparent, *Traité de géologie*, 2e édit., p. 1409.

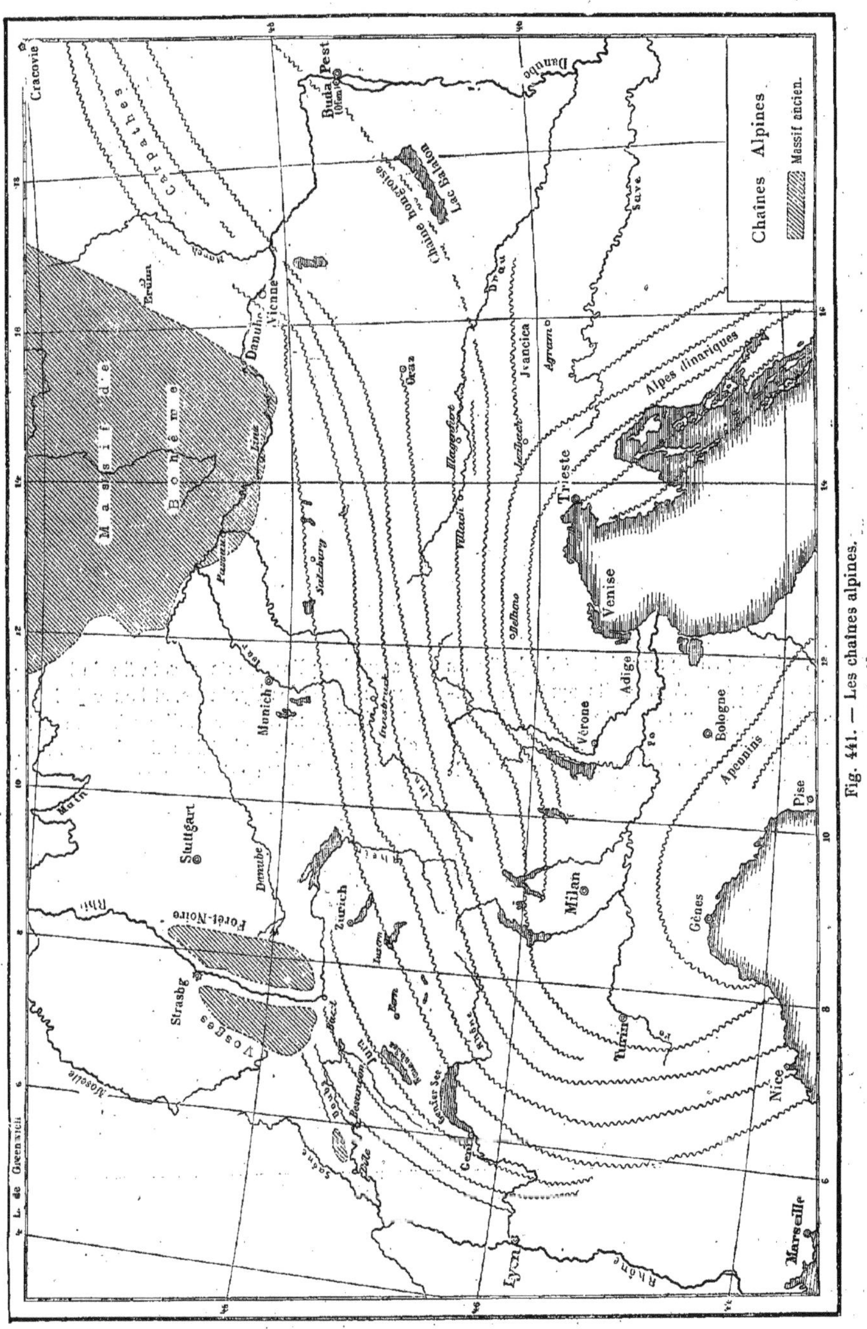

Fig. 441. — Les chaînes alpines.

mersion s'est propagé vers l'ouest, où manque presque complètement le crétacé supérieur. L'éocène est représenté par des couches d'eau douce. A ce moment les plissements ont com-

Fig. 442. — Vue du Jura.

mencé, et les principaux datent de la fin du miocène. Ils se sont produits après la mollasse, c'est-à-dire en même temps que le soulèvement des Alpes.

La chaîne des Apennins est plus récente. Il y a eu des plissements vers la fin de l'éocène, comme dans les Pyrénées, et l'on voit le miocène inférieur reposer en discordance sur l'éocène supérieur. Mais à la suite de ces mouvements les dépôts miocènes se sont produits

Fig. 443. — Les monts Himalaya.

dans la région des Apennins, au sein d'une mer relativement profonde. Le relèvement définitif a eu lieu à la fin du pliocène; les marnes pliocènes ont été portées ainsi à une altitude de plus de 1 000 mètres.

En Asie nous ne considérerons que l'Himalaya (fig. 443). Son histoire ressemble à celle des Alpes. On trouve à l'extérieur de la chaîne et redressée contre elle une série concordante de couches comprenant presque tout le tertiaire depuis l'éocène nummulitique jusqu'au pliocène. Le nummulitique marin se voit au cœur de la chaîne à des altitudes de 20 000 pieds, ce qui montre que la chaîne n'existait

Fig. 444. — Les montagnes Rocheuses.

pas encore au commencement de la période tertiaire. Le principal soulèvement a dû se produire à la fin du miocène, mais les derniers mouvements ont pu persister jusque dans le pliocène, car au pied de la chaîne se trouvent les collines Siwalik formées de couches d'eau douce appartenant au miocène supérieur, et peut-être même au commencement du quaternaire.

L'Amérique du Nord présente des chaînes très anciennes. D'après M. Dana (1), la chaîne des Apalaches comprend une chaîne antésilurienne, les Montagnes Vertes, dont le soulèvement s'est produit à la fin du silurien, et en dernier lieu les Alleghanys, qui datent de la fin du carbonifère.

Les Montagnes Rocheuses (fig. 444), la Sierra Nevada (fig. 445), sont beaucoup moins anciennes. Contre leurs flancs on voit relevés en concordance tous les dépôts, depuis le cambrien jusqu'à la base du tertiaire. La chaîne s'est donc soulevée après le crétacé. Les mouvements orogéniques se sont continués dans l'Amérique du Nord jusqu'à la fin du tertiaire, car dans l'Utah et le Colorado les failles et les plis affectent les roches volcaniques et les couches pliocènes. Dans les monts Wahsatch un mouvement s'est produit après le crétacé, et l'éocène repose en discordance sur lui ; mais d'autres mouvements sont beaucoup plus récents, car on y trouve le pliocène incliné à 60°. La chaîne des Andes (fi)g. 446 et 447 qui s'étend tout le long de l'Amérique du Sud paraît, d'après les documents encore incomplets qu'on possède sur elle, être relativement moderne, et les derniers mouvements doivent s'y être produits après le pliocène. Ce serait, d'après Élie de Beaumont, la chaîne la plus récente du globe. Pour lui, qui admettait le soulèvement brusque des montagnes, la formation des Andes avait provoqué une agitation considérable dans les eaux de la mer,

(1) Cité par de Lapparent, *Traité de géologie*, p. 1426.

Fig. 445. — La Sierra Nevada.

un dérangement de niveau qui avait peut-être déterminé le déluge biblique. On n'admet plus, nous le savons, de pareils mouvements brusques, et dire que les Andes sont très récentes, signifie simplement que les derniers mouvements organiques s'y sont produits après les temps tertiaires. Cette chaîne nous réserve sans doute encore bien des découvertes, puis-

Fig. 446. — Vue des Andes.

Fig. 447. — Vue des Andes Péruviennes.

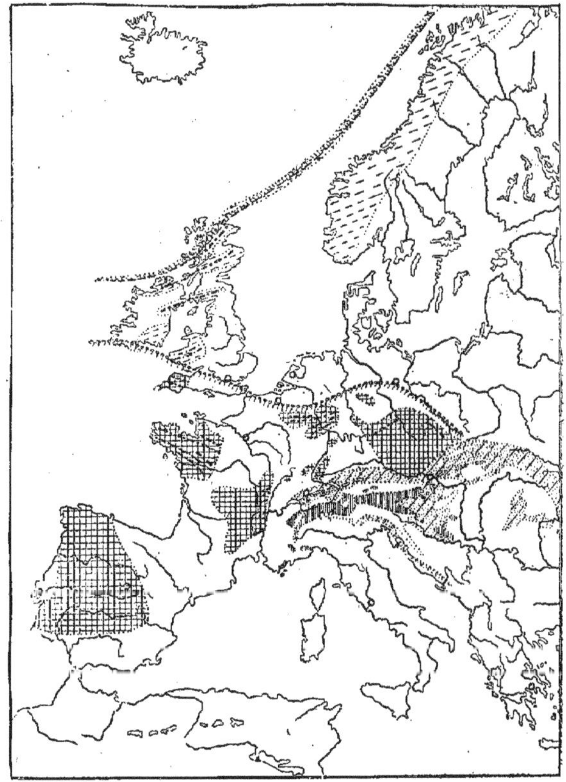

Fig. 448. — Formation du relief européen, d'après M. Marcel Bertrand.

que récemment on y a trouvé toute une série de roches éruptives datant du jurassique et du crétacé, et à peine représentée en Europe.

Les travaux de M. Suess nous permettent de résumer de la manière suivante la formation du relief du continent européen (1). Ce relief résulte d'une série de plissements qui se sont propagés du nord au sud (fig. 442). Il y a trois rides formées chacune en retrait de la précédente, et toutes trois renversées sur leur bord septentrional.

Au silurien la terre est au nord, la mer couvre la plus grande partie de l'Europe et de l'Amérique septentrionale. Il y a un continent *huronien*, c'est-à-dire anté-cambrien au nord (Groenland, Canada, etc.). Une première ride se forme de la Norwège au Saint-Laurent, c'est la chaîne *calédonienne*, comprenant les Alpes Scandinaves, les Grampians. Cette chaîne se disloque ensuite et le vieux grès rouge (dévonien) remplit les dépressions.

Une seconde ride se forme en arrière ; c'est la *chaîne hercynienne* ou *houillère* allant de la Silésie à l'Irlande, et se prolongeant en Amérique. Elle comprend la Bohême, le Harz, les Ardennes, les Vosges, le Plateau central, la Bretagne. Entre cette ride et la première se forme la houille. La chaîne se disloque, il n'en reste plus aujourd'hui que des *horste*. Dans les dépressions se déposent le trias, le lias, les bancs de coraux du jurassique et la grande mer est reléguée au sud.

Puis les Alpes se constituent; il en résulte une troisième ride (*chaîne alpine*) qui embrasse toute la région méditerranéenne, des Pyrénées à l'Himalaya.

Une quatrième ride tend probablement à se former en arrière.

(1) Suess, *Das Antlitz der Erde*, t. I; voir aussi Marcel Bertrand, *la Chaîne des Alpes et la formation du continent européen* (*Bull. Soc. géol.*, 21 mars 1887).

LES ROCHES

LES ROCHES ÉRUPTIVES

PRINCIPAUX ÉLÉMENTS DES ROCHES ÉRUPTIVES.

Les roches éruptives, comme nous l'avons déjà dit dans l'introduction, sont des roches ne présentant aucune trace de stratification, ne contenant pas de fossiles, et constituées par les minéraux cristallisés. Nous avons donné comme exemples le granite de la Bretagne, le basalte de l'Auvergne, les laves des volcans actuels. Toutes ces roches sont venues de l'intérieur du sol, s'épancher à la surface ou s'intercaler au milieu des matériaux de l'écorce terrestre.

Une roche éruptive est caractérisée par sa composition, c'est-à-dire par les éléments minéraux qui se réunissent pour la former, et par le mode de structure, c'est-à-dire par la manière dont ces éléments sont disposés. Il faut avant tout connaître les éléments fondamentaux des roches. Ils sont relativement peu nombreux, tandis que les éléments accessoires sont en nombre considérable. Passons en revue les éléments fondamentaux, mais rappelons d'abord quelques notions de Cristallographie.

Les minéraux se présentent le plus souvent sous des formes régulières, géométriques, limitées par des faces planes. Ces formes s'appellent des *cristaux*. Leur étude ou Cristallographie a été créée à la fin du siècle dernier par Romé de l'Isle et par Haüy.

Le premier de ces savants montra que les cristaux d'une même espèce minérale peuvent différer; les diverses faces peuvent avoir un développement très inégal d'un échantillon à l'autre, mais les angles formés par les faces correspondantes (faces homologues) sont *constants*, ce qui permet de retrouver ces faces. Romé de l'Isle posa ainsi la *loi* de la *constance des angles*.

Haüy démontra l'existence d'une autre loi : la *loi de symétrie*. Les cristaux d'une même espèce minérale peuvent être très différents, mais on peut toujours les faire dériver d'une forme parallélipipédique (solide à six faces parallèles deux à deux), dite *forme primitive*, en coupant les angles de ce solide par des facettes convenablement inclinées, ou en remplaçant les arêtes par des facettes menées parallèlement à leur direction. Toutes les facettes ainsi obtenues sont appelées des *troncatures*. Haüy a constaté que : Tous les éléments semblables (angles, arêtes) d'une forme primitive sont modifiés simultanément et semblablement. On doit compléter cette loi en disant que : 1° la moitié où le quart seulement des éléments d'une forme primitive, peuvent être modifiés simultanément; 2° que tous les éléments semblables peuvent être modifiés simultanément, mais ne porter que la moitié ou le quart des modifications qu'ils devraient simultanément porter. Quand les modifications portent sur la totalité des éléments semblables de la forme primitive, le cristal est *holoèdre;* quand elles ne portent que sur la moitié ou le quart, le cristal est *hémièdre* ou *tétratoèdre*.

Fig. 449.
Quartz (cristal de roche).

L'ensemble de toutes les formes qu'on peut faire dériver d'une même forme primitive s'appelle un *système cristallin*. Il y a sept systèmes de ce genre :

1° Le *système cubique :* la forme primitive est le cube (fig. 457) ; 2° le *système quadratique :*

la forme primitive est le prisme droit à base carrée (fig. 453); 3° le *système orthorhombique :* qui a pour forme primitive le prisme droit à base rhombe (losange) (fig. 450); 4° le *système rhomboédrique*. La forme primitive est le rhomboèdre. C'est un solide compris sous six faces parallèles deux à deux et qui sont des rhombes (losanges) égaux (fig. 455); 5° le *système hexagonal :* la forme primitive est un prisme droit à base hexagonale (fig. 452 et 456); 6° le *système monoclinique :* la forme primitive est un prisme oblique (fig. 451), dont la base est un rhombe; 7° le *système triclinique :* la forme primitive est un prisme oblique à base parallélogramme (fig. 458).

Tous les cristaux connus, ceux qu'on trouve

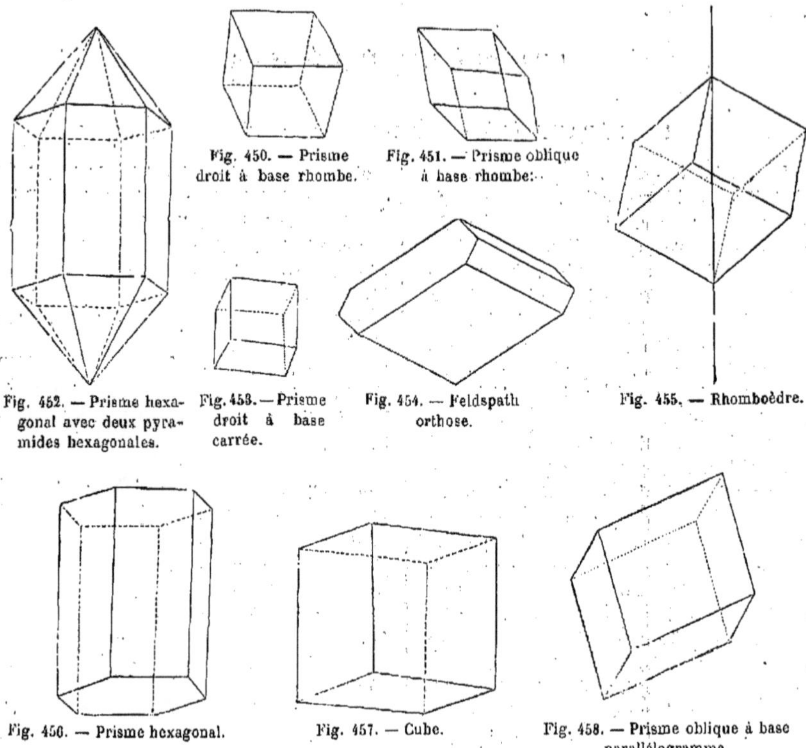

Fig. 450. — Prisme droit à base rhombe.

Fig. 451. — Prisme oblique à base rhombe.

Fig. 452. — Prisme hexagonal avec deux pyramides hexagonales.

Fig. 453. — Prisme droit à base carrée.

Fig. 454. — Feldspath orthose.

Fig. 455. — Rhomboèdre.

Fig. 456. — Prisme hexagonal.

Fig. 457. — Cube.

Fig. 458. — Prisme oblique à base parallélogramme.

dans la nature et ceux qu'on produit artificiellement, rentrent dans l'un ou l'autre de ces systèmes.

Les éléments fondamentaux des roches éruptives sont les uns blancs ou faiblement colorés, les autres de couleur foncée. Parmi les éléments blancs vient en première ligne le quartz (1). On appelle ainsi la silice cristallisée ou cristal de roche. C'est un minéral appartenant au système rhomboédrique. Il se présente en cristaux limpides ayant souvent la forme de prismes à six faces portant (fig. 449) sur chacune de leur bases une pyramide hexagonale. Le quartz est très dur; il n'est pas rayé par le canif, et ne se laisse rayer que par la topaze, le corindon, le diamant. Il résiste à l'action de tous les acides, sauf à celle de l'acide fluorhydrique.

Les *feldspaths* jouent aussi un rôle très important dans la composition des roches. Ce sont des silicates contenant de l'alumine et une autre base qui est la potasse, la soude ou la chaux. Ils ont un éclat nacré et une couleur généralement blanche. L'oxyde de fer les co-

(1) Formule chimique : SiO^2.

lore légèrement en rose; d'autres impuretés les colorent en jaune ou en vert.

On distingue immédiatement parmi les feldspaths, qui sont assez nombreux, l'espèce à base de potasse appelée *orthose* (1) (fig. 458). Elle doit ce nom à la propriété suivante : La plupart des minéraux se laissent facilement diviser en lames parallèles sous le choc ou sous l'action du canif. Cette propriété se nomme le *clivage*, et on appelle direction de clivage les directions suivant lesquelles les minéraux se laissent ainsi diviser. Ces directions varient avec les formes cristallines affectées par les minéraux. L'orthose appartient au système cristallin dit monoclinique. Il présente deux directions différentes de clivage faisant entre elles un angle droit; c'est précisément ce qu'exprime ce mot orthose (du grec *orthos*, droit). Au contraire, les autres feldspaths appartiennent au système triclinique. Ils sont réunis sous le nom général de *plagioclases* (de *plagios*, oblique), parce que les deux clivages ne sont pas à angle droit.

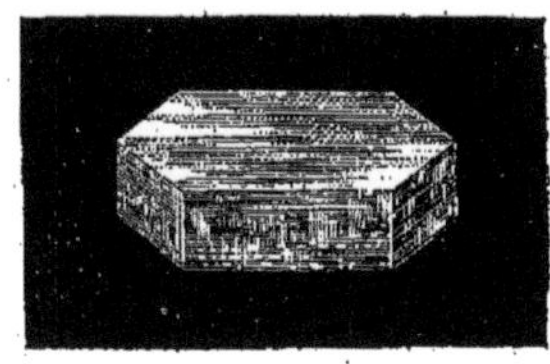

Fig. 459. — Lamelles de mica superposées.

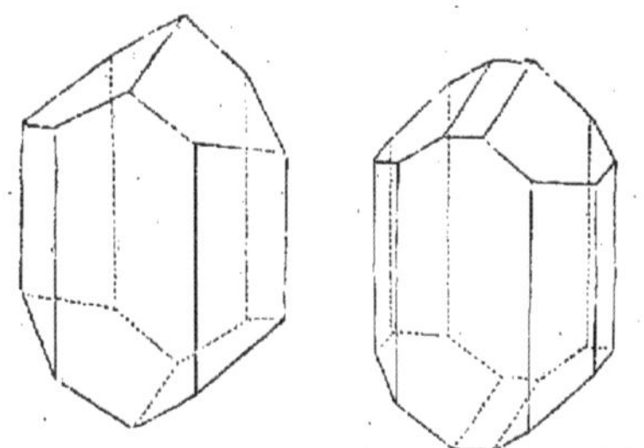

Fig. 460 et 461. — Cristaux de pyroxène.

L'*orthose* est généralement d'aspect laiteux avec des teintes roses ou jaunâtres. Il y a une variété vitreuse, propre aux roches volcaniques ; on l'appelle *sanidine*.

Un feldspath triclinique, le *microcline*, fait transition de l'orthose aux plagioclases proprement dits. Il est à base de potasse comme l'orthose, et ses clivages sont presque à angle droit (90° 16′ au lieu de 90°). Il accompagne d'ailleurs presque toujours l'orthose.

Les plagioclases sont : l'*albite*, à base de soude, ainsi nommé à cause de la blancheur de certains de ces cristaux ; l'*oligoclase*, contenant à la fois de la soude et de la chaux ; le *labrador*, presque entièrement à base de chaux; certaines variétés trouvées sur la côte du Labrador sont remarquables par leurs reflets chatoyants bleus, verts, jaunes et rouges ; enfin, une dernière espèce de plagioclase est l'*anorthite* exclusivement à base de chaux. L'*andésine* paraît être simplement un mélange d'oligoclase et de labrador. Même d'après M. Tschermak tous les feldspaths tricliniques seraient des mélanges; ils résulteraient de la combinaison en proportions définies de l'albite et de l'anorthite. M. Tschermak donne des arguments tirés des analyses, de la continuité des formes cristallines et des propriétés optiques. Toutefois un fait qui vient à l'encontre de cette théorie, c'est que dans les expériences de reproduction artificielle des feldspaths, on n'obtient pas toutes les combinaisons possibles, mais seulement les types spécifiques connus. Quoi qu'il en soit, cependant, les conclusions de M. Tschermak paraissent se vérifier de plus en plus.

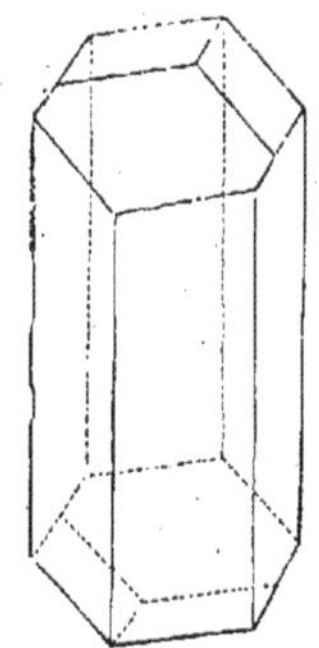

Fig. 462. — Amphibole.

Les feldspaths présentent souvent ces groupements de cristaux qu'on appelle des macles. Ils sont assez durs pour rayer le verre. L'acide fluorhydrique les détruit rapidement; l'anorthite est même attaquée par l'acide chlorhydrique à chaud.

Dans certaines roches, comme les phonolites, les feldspaths sont remplacés en tout ou en partie par un autre élément blanc : la *néphéline*. Ce minéral est un silicate d'alumine

(1) Formule chimique : $K^2Al^2Si^6O^{16}$.

riche en soude, et contenant aussi un peu de potasse et de chaux. Les cristaux appartiennent au système hexagonal. Le minéral est incolore, d'un éclat vitreux. Il est très attaquable aux acides; l'acide azotique le rend nébuleux ; c'est ce qui lui a valu son nom.

La *leucite* (anciennement appelée *amphigène*) doit son nom à sa couleur blanche (*leucos*, blanc). C'est un silicate d'alumine et de potasse qui se présente en cristaux blancs à contours octogonaux ou arrondis. Ces cristaux, à cause de leur forme, paraissent appartenir au système cubique; mais la leucite est en réalité du système orthorhombique. Ce minéral est très attaquable aux acides. On le trouve en abondance, comme nous l'avons déjà vu, dans les laves du Vésuve.

La famille des *micas* renferme des éléments les uns blancs, les autres de couleur foncée. Ils ont un éclat métallique très vif auquel ils doivent leur nom (du mot latin *micare*, briller). Les cristaux ont la forme de tables hexagonales qui (fig. 459) se laissent cliver en lamelles excessivement minces. C'est ce qui fait que les micas se présentent dans les roches en paillettes très fines. On utilise ce clivage facile des micas; en effet, on les emploie en tabletterie et on se sert du mica blanc (*muscovite*) comme verre à vitre. Le système cristallin est le système monoclinique avec des angles voisins de ceux du système hexagonal.

Les micas sont des silicates d'alumine et de potasse qui contiennent en outre du sesquioxyde de fer et de la magnésie en plus ou moins grande quantité. Plus il y a de magnésie et de fer et plus le mica est foncé. Parmi les *micas blancs* on distingue la *muscovite*, minéral très commun, riche en potasse, et le *lépidolite*, parfois rose, qui outre la potasse contient de la lithine. Les micas foncés sont la *biotite* ou *mica noir*, d'un brun foncé, la *lépidomélane* encore plus ferrugineuse et plus foncée, le *méroxène* ou mica vert du Vésuve.

Les *pyroxènes* et les *amphiboles* (1) sont des minéraux généralement de couleur foncée, très répandus dans les roches éruptives. Ce sont des silicates appartenant au système monoclinique. Ils contiennent surtout des bases protoxydes, comme le protoxyde de fer, la magnésie et la chaux. Il y a en outre toujours de l'alumine et il peut y avoir du sesquioxyde de fer.

Dans les *amphiboles* (fig. 462) la magnésie domine sur la chaux. Les deux clivages se font sous un angle de 124°. L'espèce d'amphibole la plus répandue est la *hornblende*, qui contient beaucoup de fer. Elle se présente sous l'aspect de fibres d'un noir verdâtre striées longitudinalement. L'*actinote*, qui contient moins de fer, est d'un vert pâle. La *trémolite*, riche en chaux, est généralement blanche ou légèrement verdâtre. En s'hydratant elle se divise en fibres flexibles; c'est l'*asbeste*, d'un éclat soyeux. La variété la plus blanche d'asbeste est l'*amiante*, qui est incombustible. On s'en servait autrefois pour tisser une toile dont on enveloppait les corps qu'on livrait au bûcher.

Dans les *pyroxènes* (fig. 460 et 461), à l'inverse des amphiboles, la chaux domine sur la magnésie. Les cristaux sont monocliniques comme ceux des amphiboles, mais les deux clivages, au lieu d'être à 124°, se coupent presque à angle droit (87°). Le pyroxène le plus commun est l'*augite* (pyroxène des volcans). Le fer y domine, ce qui colore fortement le minéral, qui est soit brun, soit vert, suivant l'état d'oxydation du fer.

L'augite se transforme facilement en amphibole : ce phénomène s'appelle l'*ouralitisation*, parce qu'il a été observé d'abord sur un pyroxène de l'Oural, par Gustave Rose. La *diallage* est un pyroxène plus clair, d'un éclat nacré et métallique. Elle diffère de l'augite par la présence d'un clivage parallèle aux arêtes du prisme et qui donne au minéral un aspect lamelleux. Elle subit aussi l'ouralitisation. Il semble même que l'augite passe à l'état de diallage avant de se transformer en amphibole, car on voit apparaître au début sur l'augite, les stries caractéristiques de la diallage. Les pyroxènes et les amphiboles sont faiblement attaquables aux acides.

A côté des pyroxènes se placent d'autres minéraux qu'on appelle les *pyroxènes rhombiques*, parce qu'ils appartiennent au système orthorhombique. Chez eux la magnésie prédomine beaucoup sur la chaux. Tel est l'*hypersthène* qui est ferrugineux et brun; telle est encore l'*enstatite* à peine verdâtre ou brunâtre et peu ferrugineuse.

Un dernier élément fondamental des roches éruptives est le *péridot* (1). C'est un silicate de

(1) Même formule $RO\,SiO^2$ où $R = \begin{Bmatrix} Mg \\ Ca \\ Fe \end{Bmatrix}$. On fait abstraction ici de l'alumine.

(1) Formule chimique: $2RO.Si\,O^2$ $R = \begin{Bmatrix} Mg \\ Fe. \end{Bmatrix}$

magnésie contenant du fer qui remplace une partie de la magnésie. La variété magnésienne contenant peu de fer s'appelle l'*olivine,* elle est d'un vert pâle rappelant la couleur de l'olive. On appelle *fayalite* (de Fayal, dans les Açores), une variété plus ferrugineuse et d'un vert noir. L'olivine est la plus répandue. Le péridot cristallise dans le système orthorhombique, mais se présente le plus souvent en masses arrondies.

APPLICATION DU MICROSCOPE A L'ÉTUDE DES ROCHES ÉRUPTIVES.

Pendant longtemps on a étudié simplement les roches à l'œil nu ou à la loupe. On reconnaissait ainsi que certaines, comme le granite, étaient entièrement formées d'éléments cristallisés serrés les uns contre les autres. Elles étaient appelées pour cette raison, par Brongniart et par Cordier, des roches phanérogènes, c'est-à-dire à éléments visibles. D'autres roches, au contraire, examinées à l'œil nu ou

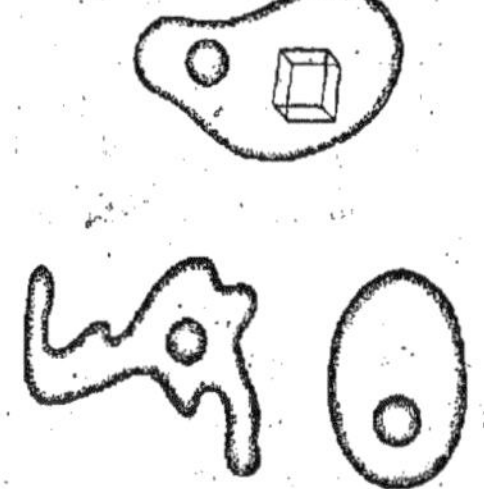

Fig. 463. — *Inclusions avec bulle gazeuse.* L'une des inclusions renferme un cristal de chlorure de sodium.

à la loupe, se présentent comme formées d'une pâte compacte dans laquelle sont enchâssés çà et là des cristaux plus ou moins volumineux. La pâte qui sert de ciment est généralement d'une couleur foncée et les grands cristaux se détachent bien sur ce fond sombre. C'est ce que montrent en particulier les porphyres. Des roches de ce genre étaient dites, par Cordier, roches adélogènes.

Vers 1860, une nouvelle voie de recherches s'ouvrit aux minéralogistes et aux pétrographes, grâce à l'application du microscope à l'examen des roches (1). Dès 1826, un physicien anglais, William Nicol, avait trouvé le moyen de réduire les roches en lames si minces qu'elles se laissaient traverser par la lumière; on pouvait par suite les observer au microscope. Le procédé employé est le suivant: On prend un fragment aussi plat que possible de la roche à étudier. On frotte une de ses faces sur un plan de verre avec de l'émeri humecté d'eau jusqu'à ce qu'on l'ait aplanie; ensuite on colle, à l'aide de résine, la surface polie sur un morceau de verre épais. On peut ainsi polir la seconde face comme on l'avait fait pour la première. Enfin la lamelle, ayant atteint le degré de minceur voulu, est décollée et définitivement transportée entre deux lames de verre où on la fixe à l'aide d'un enduit résineux. Grâce à ce procédé, les roches les plus compactes se laissent réduire en lamelles au travers desquelles on peut lire

Fig. 464. — Microlithes de feldspath.

facilement les petits caractères d'imprimerie. On amène ainsi le granite le plus dur, le porphyre ou le basalte le plus foncé, à l'état d'une pellicule épaisse seulement de 1 à 2 centièmes de millimètre.

Le procédé de William Nicol fut mis en pratique dès 1831 par le botaniste Witham pour l'étude des bois fossiles. Il montra, grâce à des coupes minces, que ces bois avaient gardé leur structure et toutes les particularités de leur organisation. En 1858, Sorby commença

Fig. 465. — Cristallites.

l'étude méthodique des minéraux engagés dans les roches. Il fit une découverte des plus curieuses. Les cristaux contiennent souvent des matières étrangères qu'ils ont enfermées au moment de leur formation. C'est ce qu'on appelle des *inclusions* (fig. 463). Le quartz des granites se montra à Sorby criblé de petites inclusions liquides. On y voit une foule de petites cavités remplies d'eau; la plupart ne sont visibles qu'à un fort grossissement. Il peut y en avoir plusieurs millions sur une surface de 1 centi-

(1) Voir Fouqué et Aug. Michel-Lévy, *Minéralogie micrographique*, Paris, 1879, et un article de M. Fouqué, *les Applications modernes du microscope à la géologie Revue des Deux Mondes*, 15 juillet 1879).

mètre carré. Généralement chacune de ces inclusions renferme une petite bulle de gaz qui flotte au sein du liquide et s'y agite sans cesse. Dans d'autres cas, les inclusions, au lieu d'être aqueuses, sont formées d'un liquide qui se réduit facilement en vapeur et qu'on a reconnu comme étant de l'acide carbonique liquide. Cela montre que ces cristaux se sont formés sous de très hautes pressions. Certains minéraux des roches renferment des inclusions purement gazeuses reconnaissables à leur contour largement ombré. Les inclusions peuvent aussi avoir l'apparence du verre. Ces inclusions vitreuses montrent que la cristallisation du minéral s'est opérée dans un mélange en fusion ; ce sont les restes de la matière amorphe au sein de laquelle le cristal a pris naissance. On trouve ces inclusions vitreuses dans les roches volcaniques.

Les découvertes de Sorby excitèrent le zèle de plusieurs géologues comme Zirkel et Vogelsang. Ils examinèrent toutes les roches et firent complètement disparaître la distinction de roches, phanérogènes et de roches adélogènes faite par Cordier. Ils reconnurent que les roches, qui paraissent formées d'une pâte non cristalline présentant çà et là de grands cristaux, comme les porphyres, les trachytes, etc., sont en réalité entièrement cristallisées. La pâte, d'apparence amorphe, est formée d'une grande quantité de très petits cristaux appelés pour cette raison *microlithes*, formés des mêmes minéraux que les cristaux volumineux (fig. 464).

Le microscope a permis aussi de reconnaître la fréquence dans les roches de minéraux jusqu'alors considérés comme rares. Ainsi pour la néphéline dont on ne connaissait que quelques gisements. On s'étonnait de pouvoir faire pousser des plantes comme le blé dans les terrains granitiques et de trouver dans ces végétaux de l'acide phosphorique dont on ne s'expliquait pas l'origine. Le microscope a montré que dans le granite existe l'apatite. C'est ce minéral (chlorofluophosphate de chaux) qui est la source continue de l'acide phosphorique; il se décompose au fur et à mesure et produit cet acide.

Grâce au microscope, on peut aujourd'hui assister en quelque sorte à la genèse des minéraux. Vogelsang a montré qu'il y a des intermédiaires entre la matière amorphe et la matière cristallisée : les *cristallites* (fig. 465). Les uns sont ellipsoïdaux et dits *globulites;* les autres, allongés, sont appelés *longulites*. Souvent, ils se groupent et forment des arborisations ou des filaments enchevêtrés qui ont reçu le nom de *trichites*.

En 1872, M. Rosenbusch commença à appliquer à l'étude des roches cette variété particulière de lumière désignée sous le nom de lumière polarisée. Ses procédés, employés aussi et développés par d'autres savants, entre autres MM. Fouqué et Michel-Lévy, ont définitivement fondé la pétrographie moderne. Le long d'un rayon de lumière se produisent des vibrations au sein d'un fluide impondérable : l'éther. A chaque instant, ces vibrations se font dans un plan perpendiculaire à la direction du rayon lumineux ; mais dans ce plan la vibration change constamment de direction et d'intensité. Il est cependant possible de *polariser* la lumière, c'est-à-dire de régulariser le mouvement lumineux de telle sorte que les vibrations se fassent toujours dans la même direction. Le procédé le plus simple consiste à faire passer la lumière au travers d'un prisme de spath d'Islande (calcaire cristallisé) qui a été coupé obliquement en son milieu, puis recollé à l'aide de baume du Canada. Un prisme de spath ainsi disposé s'appelle un *nicol*, du nom de son inventeur. Un rayon de lumière naturelle tombant sur un pareil prisme se modifie en le traversant et en sort polarisé. Les vibrations lumineuses se font désormais dans un certain plan ayant une position fixe par rapport aux faces du prisme et qu'on appelle la section principale du nicol.

Pour l'étude des roches, on emploie le *microscope polarisant*. Il en existe plusieurs modèles dont le plus commode et le plus employé est celui construit par M. Nachet (fig. 466). C'est un microscope auquel on adapte deux nicols. Le premier se trouve sous le porte-objet et se nomme le *polariseur ;* la lumière le traverse avant de traverser la plaque microscopique. Le second est placé entre l'objectif et l'oculaire; c'est l'*analyseur*. En outre, la plaque porte-objet est un disque circulaire à vernier pouvant tourner sur un limbe fixe divisé. L'oculaire porte deux fils croisés.

L'étude des sections de roches au microscope polarisant repose sur les faits suivants:

On croise les nicols, c'est-à-dire qu'on les arrange de manière que leurs sections principales soient à angle droit l'une sur l'autre. Les fils de l'oculaire indiquent précisément le sens de ces sections principales. Quand les

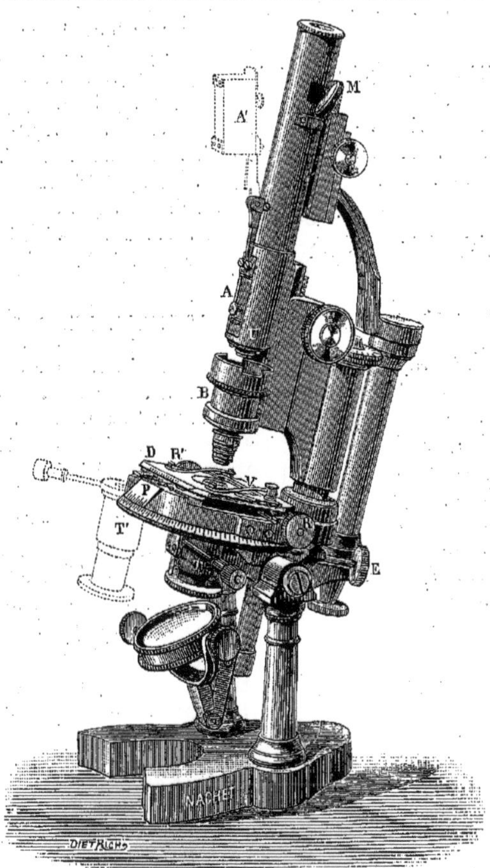

Fig. 466. — Microscope grand modèle de pétrographie (modèle Nachet). — A, analyseur; A', analyseur déplacé latéralement; M, miroir pour éclairer les fils de l'oculaire; B, objectif; T, tube contenant le polariseur; T', ce tube a été déplacé latéralement; E, pignon mettant en mouvement la platine P; D, chariot mobile; V, équerre d'appui pour les lames de verre.

nicols sont ainsi croisés, si l'on ne place rien sur le porte-objet, l'obscurité est complète dans le microscope, parce que les vibrations lumineuses qui émergent du premier nicol sont arrêtées complètement par le second. Mais si l'on place alors sur le porte-objet une plaque mince de roche, tout change aussitôt. Les divers minéraux de la plaque s'éclairent et prennent des couleurs brillantes. Seuls les minéraux du système cubique et les substances vitreuses restent constamment éteints.

On constate aussi que les colorations changent pour une section minérale donnée quand on fait tourner le porte-objet. Pour une certaine position, chaque section minérale présente un maximum d'éclat, puis, si la rotation se produit, la section s'assombrit peu à peu et devient complètement noire. Pour un tour complet de la préparation le minéral s'éteint quatre fois dans des orientations à angle droit, et quatre fois il se montre en pleine période d'éclat. On peut noter la direction des côtés de la section par rapport aux fils croisés de l'oculaire au moment des extinctions. La valeur de l'angle trouvé varie avec l'espèce minérale.

Lorsqu'une plaque mince se trouve sur le porte-objet, certaines des sections qu'elle renferme sont dans leur position d'extinction et sont noires, tandis que les autres sont dans leur période d'éclat ou dans des périodes intermédiaires. Il en résulte que les minéraux s'apercevront beaucoup plus nettement que sans la lumière naturelle et qu'on pourra les reconnaître.

Une autre propriété optique qui permet de distinguer les minéraux les uns des autres est le *polychroïsme*. Cette propriété consiste en ce que beaucoup de minéraux, lorsqu'on les observe par transparence, présentent telle ou telle teinte, suivant le sens dans lequel la lumière les a traversés. Pour apprécier le polychroïsme avec le microscope polarisant, il suffit de supprimer l'analyseur et de regarder dans l'oculaire, tandis qu'on fait tourner soit le polariseur, soit la lamelle. On voit alors les minéraux polychroïques changer de couleur. Ainsi le mica noir, très commun dans le granite, passe du brun clair au gris très foncé.

Ce qui précède va nous servir à caractériser les divers types de roches éruptives, mais il faut connaître d'abord leur classification et leur âge relatif.

CLASSIFICATION DES ROCHES ÉRUPTIVES. LEUR AGE RELATIF.

Nous avons déjà dit, à propos des laves (1), que les roches éruptives se divisent en deux groupes d'après leur composition chimique. Celles qui sont très chargées de silice sont les roches *légères* ou *acides*. La teneur en silice dépasse souvent 65 à 68 p. 100, c'est-à-dire la proportion qui convient aux feldspaths les plus acides, comme l'orthose. La silice en excès forme du quartz. Il n'y a dans ces roches que des feldspaths à base de potasse ou de soude (orthose, oligoclase); on y trouve aussi beaucoup de micas. A cette catégorie appartiennent, parmi les roches les plus connues, le granite et les porphyres quartzifères.

Des roches moins acides, mais contenant encore de 50 à 65 p. 100 de silice, sont les porphyrites, les trachytes, les andésites. On les appelle quelquefois *roches neutres*.

Les roches qui ne contiennent que de 40 à 50 p. 100 de silice sont dites *lourdes* ou *basiques*. Elles ne renferment pas de quartz, ne contiennent que des feldspaths à base de chaux (labrador, anorthite), ou la leucite, la néphéline. Les micas sont rares ou complètement remplacés par des silicates riches en magnésie ou en fer comme les amphiboles et les pyroxènes, ou encore par des silicates exclusivement magnésiens comme le péridot. Nous citerons comme exemples les diorites, les diabases, les basaltes.

Pour la classification des roches il faut aussi tenir grand compte de la texture. Tantôt, comme dans le granite, la roche est complètement cristallisée, il n'y a pas trace de substance vitreuse. C'est la texture *granitoïde*. Tantôt, comme dans le trachyte, il y a des cristaux nettement cristallisés et de grandes dimensions dans une pâte que le microscope montre formée de microlithes. C'est la texture *trachytoïde*. Enfin la roche peut être complètement amorphe et se comporte comme une masse vitreuse. C'est la texture *vitreuse*; exemple : les obsidiennes. Chacun de ces modes de texture se subdivise lui-même en plusieurs variétés.

Un troisième caractère utile pour la classification est l'âge relatif de la roche. Pour déterminer cet âge on s'appuie sur les règles suivantes :

Si une roche éruptive en traverse une autre, ou traverse des couches sédimentaires en y formant des filons ou des nappes, on en conclut qu'elle est venue au jour après le dépôt des roches qu'elle traverse.

Si une roche éruptive contient des fragments d'une autre roche, c'est qu'elle est plus récente. Elle a arraché ces débris, au moment de son éruption, à des roches préexistantes.

Si au contraire on trouve dans des couches sédimentaires à l'état de cailloux roulés, des fragments d'une roche éruptive, on doit en conclure que l'éruption et la consolidation de cette roche ont précédé le dépôt de la couche sédimentaire.

Voici une application de ces règles. Le granite est traversé par toutes les autres roches éruptives et n'en traverse aucune. On voit en particulier le basalte en Auvergne traverser le granite; il contient des morceaux de granite; sans aucun doute il lui est postérieur.

Des remarques de ce genre ont conduit à cette conclusion importante qu'il y a eu, au moins pour l'Europe occidentale, deux séries d'éruptions bien tranchées. La première, dite *ancienne*, s'est poursuivie pendant toute la durée de l'ère primaire et s'est terminée avec le trias. La seconde, dite *récente*, a commencé avec l'ère tertiaire et s'est continuée de nos jours par les éruptions volcaniques. Il y a eu sommeil de l'activité éruptive pendant l'ère secondaire. Les deux séries se distinguent par

(1) Voir page 176.

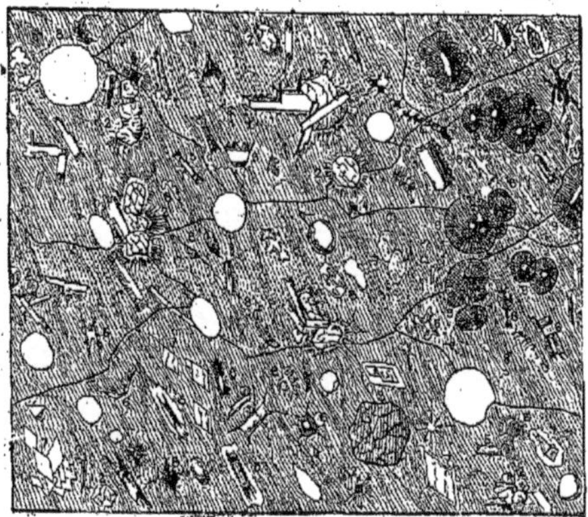

Fig. 467. — Lave du Kilauea (éruption de 1881) vue au microscope, en lumière naturelle, à un grossissement de 40 fois, montrant la structure fluidale. — 1, labrador; 2, augite; 3, péridot; 4, magnétite; 5, microlithes d'anorthite; 6 et 7, cristallites d'augite; 8 et 9, concrétions sphérolithiques.

la nature des roches. Dans la série ancienne, les roches acides sont de beaucoup les plus nombreuses, et la texture granitoïde est celle qui domine; les roches microlithiques ou vitreuses n'apparaissent que tardivement (fig. 467). A la série ancienne appartiennent le granite, les porphyres. Les roches à éléments microlithiques ou vitreux, dominent au contraire dans la série récente. Le type basique y est très répandu; il y a peu de roches franchement acides. C'est l'ère des trachytes, des andésites, des basaltes.

La distinction de deux séries éruptives ne se montre pas aussi nettement dans l'Europe orientale. Pendant la période secondaire il y a eu de fortes éruptions en Crimée, en Autriche, en Silésie. Les éruptions de roches ont été énormes en Amérique pendant le jurassique et le crétacé. Les Andes ont été à cette époque le théâtre de très grandes émissions porphyriques; il en a été de même pour le Colorado.

Passons maintenant en revue les principaux types de roches éruptives.

PRINCIPAUX TYPES DE ROCHES ÉRUPTIVES (1). ROCHES GRANITIQUES.

Le *granite* est l'une des roches éruptives les plus connues. On l'emploie souvent comme pierre de construction. Cette roche mérite bien son nom de granite, car elle se montre entièrement formée de grains cristallins serrés les uns contre les autres. La roche a une couleur générale habituellement grisâtre, mais on y distingue immédiatement trois minéraux caractéristiques : 1° des grains de forme très irrégulière, incolores, transparents, c'est du *quartz;* 2° des fragments opaques blancs ou légèrement teintés de rose formés de *feldspath orthose;* 3° de petites paillettes noires, brillantes, faciles à détacher au couteau, composées de *mica noir* (*biotite*). Il peut y avoir d'autres minéraux, ainsi de l'*oligoclase* en cristaux striés sur les faces de clivage, du *zircon* (silicate de (zircone), du *sphène* (silico-titanate de chaux), de l'*apatite* (chlorofluophosphate de chaux).

Quand on regarde au microscope une coupe mince de granite (fig. 468), le quartz se présente en plages irrégulières, ayant des couleurs de polarisation vives, et reconnaissables à leurs nombreuses inclusions limpides disposées en traînées. L'orthose est en cristaux brisés, fendillés ; ils sont généralement maclés, c'est-à-dire associés deux à deux; par suite l'un des cristaux est éteint quand l'autre est éclairé, et les plages d'orthose présentent une bande d'un gris bleuâtre à côté d'une bande absolument noire. L'oligoclase présente des macles multiples, et consiste en nombreuses lamelles parallèles, d'épaisseur régulière, alternativement noires et blanc grisâtre. Le mica noir est en lamelles déchiquetées, brunes et très polychroïques. Les cristaux des différents minéraux ne sont pas disposés au hasard dans

(1) Voir Fouqué et Aug. Michel-Lévy, *Minéralogie micrographique*, Paris, 1879, et Aug. Michel-Lévy, *Structure et classification des roches éruptives*, Paris, 1889.

Fig. 468. — Granite des Hautes-Chaumes (Vosges), vu au microscope polarisant (Vélain). — 1, zircon ; 2, mica noir ; 3, oligoclase ; 4, orthose ; 5, orthose ; 6, quartz.

le granite. Toujours le mica noir englobe le zircon, le sphène, l'apatite quand ceux-ci existent. Cela montre qu'il a cristallisé après eux, car autrement il ne se serait pas moulé sur eux. De même les feldspaths entourent le mica, enfin le quartz se moule sur tous les autres éléments et les enveloppe. Donc les divers éléments ne se sont pas cristallisés en même temps ; il y a eu plusieurs stades de consolidation ; le mica noir appartient à l'un des premiers, puis viennent les feldspaths ; le quartz appartient au dernier stade.

Le granite est une roche très répandue en Bretagne, dans le Cotentin, le plateau central de la France (Auvergne, Limousin). On le trouve aussi dans les Vosges et dans la partie centrale des Pyrénées et des Alpes. Il présente d'ailleurs plusieurs variétés. Quand les trois minéraux qui le composent sont d'égale dimension, la roche est dite à *grain fin*. Tel est le granite de Vire, très commun dans le Calvados et le Cotentin, ainsi qu'aux îles Chausey (fig. 469). Lorsque au contraire il présente de grands cristaux de feldspath tranchant sur le reste de la masse, le granite est dit à *grandes parties ;* exemple celui de Cherbourg et de beaucoup de localités de Bretagne, entre autres Rostrenen, où les cristaux d'orthose atteignent 10 à 12 centimètres de long.

Le granite est la roche éruptive la plus ancienne, il est traversé par toutes les autres roches éruptives et n'en traverse aucune. Ses éruptions se sont faites pour la plupart avant le dépôt des roches sédimentaires ; les plus récentes paraissent dater du cambrien.

Malgré sa dureté le granite s'altère rapidement sous l'action de l'eau. Celle-ci agit surtout par l'acide carbonique qu'elle tient en dissolution. L'orthose, qui est du silicate d'alumine et de potasse, est décomposé ; le silicate de

Fig. 469. — Vue des îles Chausey (Manche).

potasse est transformé en carbonate de potasse, lequel se dissout ; le silicate d'alumine reste intact et forme une argile pure et blanche : le *kaolin*. Le quartz qui reste se désagrège ainsi que le mica. Il en résulte une sorte de sable ou *arène*. Dans les pays granitiques, la transformation du granite en arène se constate parfois jusqu'à une profondeur de 15 à 20 mètres.

Dans certaines variétés de granite le mica noir est remplacé en grande partie par un

Fig. 470. — Granulite de Saint-Amé (Vosges), vue au microscope polarisant. — 1, tourmaline; 2, apatite dans le mica noir; 3, mica noir; 4, oligoclase; 5, orthose; 6, microcline avec filonnets d'albite; 7, quartz granulitique ; 8, mica blanc (Vélain).

minéral ferrugineux, l'amphibole hornblende. Au microscope celle-ci se présente en lumière naturelle avec des teintes vertes ou brunes; les teintes de polarisation sont analogues. Le polychroïsme est intense. Souvent les sections présentent deux clivages à 124°. Le *granite*

Fig. 471. — Granulite de la Guyane. — 11, mica noir; 6, orthose; 7, microcline; 9, oligoclase; 10, mica blanc; 2, quartz (dessin communiqué par M. Vélain).

amphibolique a une couleur générale rouge, de là le nom de granite rouge qu'on lui donne souvent. Il doit cette couleur à ce que l'orthose est remplacé par un autre feldspath, le microcline, qui renferme de nombreuses inclusions d'hématite rouge (sesquioxyde de fer). Le microcline se reconnaît au microscope polarisant, grâce à une sorte de quadrillage dû à des ma-

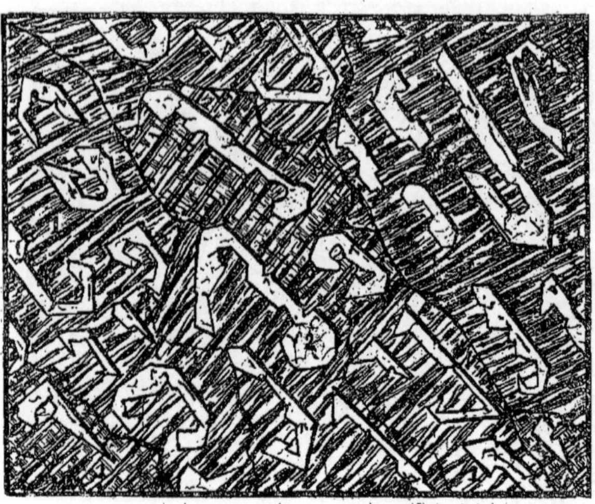

Fig. 472. — Pegmatite de Saint-Nabord (Vosges), vue au microscope polarisant. — 1, microcline; 2, quartz pegmatoïde (dessin communiqué par M. Vélain).

cles multiples. Le granite rouge est également appelé granite égyptien, parce qu'il est abondant en Égypte, près de Syène. Mais il existe dans bien d'autres régions. Ainsi dans les Vosges il constitue les ballons de Servance et d'Alsace.

Une roche très voisine du granite est la *granulite* (fig. 470 et 471). Elle contient encore comme le granite de l'orthose, du quartz et du mica, mais la plus grande partie de ce dernier est du *mica blanc* (*muscovite*). De plus le quartz, au lieu de se présenter en contours mal définis comme celui du granite, se présente en petits cristaux bipyramidés bien nets. L'aspect de la granulite au microscope diffère de celui du granite; il y a là une variété de structure spéciale. Le quartz et le feldspath ne forment plus de larges plages, mais de petits individus isolés. En même temps le quartz présente souvent des contours hexagonaux. Il appartient avec le mica blanc au dernier temps de consolidation. Le mica blanc fournit des couleurs de polarisation vives et irisées.

La granulite contient beaucoup de minéraux accessoires; d'abord la *tourmaline* (fig. 473) boro-silicate fluorifère d'alumine), en prismes noirs cannelés, puis l'*émeraude*, la *topaze*, le *zircon*, le *sphène*, l'*apatite*, etc. Elle peut renfermer jusqu'à 78 p. 100 de silice, tandis que le granite n'en contient que 72 p. 100. Elle forme souvent des filons d'une grande longueur (20 à 30 kilomètres); il n'en est pas ainsi du granite. La granulite est plus récente que lui; elle a donné des éruptions dans le silurien, le dévonien et même le carbonifère. La granulite est très développée dans le Morvan, le Limousin, le Cotentin. Elle forme le rocher du mont Saint-Michel.

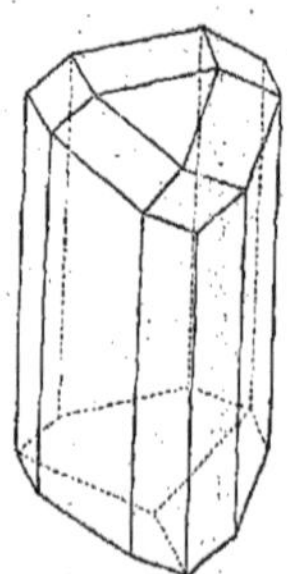

Fig. 473. — Tourmaline.

Une variété particulière de granulite est la *pegmatite* ayant une texture caractéristique (fig. 472). Le quartz et le feldspath sont engagés l'un dans l'autre. Le mica blanc, beaucoup moins abondant, est concentré par places et constitue souvent des masses d'un blanc d'argent ayant une forme palmée. Cette roche de couleur claire, blanche ou rosée, se trouve particulièrement dans les Pyrénées.

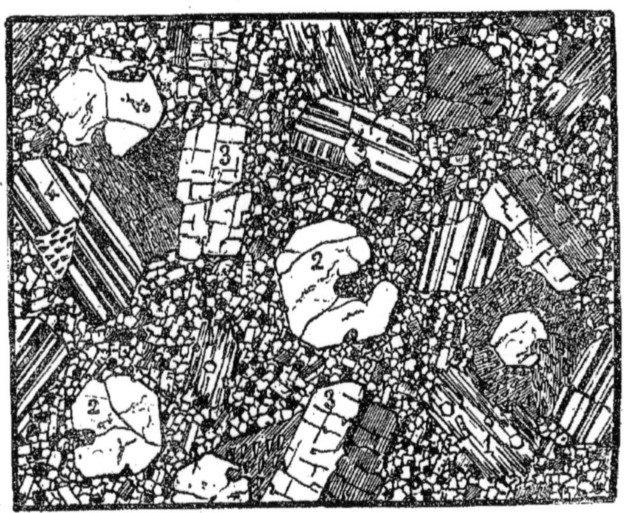

Fig. 474. — Microgranulite de Bussang (Vosges), vue au microscope polarisant. — 1, mica noir avec inclusion d'apatite; 2, quartz bipyramidé; 3, orthose; 4, oligoclase; le tout dans un magma entièrement cristallisé composé de quartz et d'orthose en association microgranulitique 5, ou micro-pegmatoïde 6 (Vélain).

Dans une variété de pegmatite les petits cristaux de quartz qui se détachent sur le feldspath affectent l'apparence de caractères cunéiformes ou de lettres hébraïques; de là le nom de *pegmatite graphique* ou *hébraïque*.

Dans la granulite le mica peut être remplacé par un minéral se divisant comme lui en feuillets, mais d'une belle couleur verte, d'où lui est venu le nom de *chlorite*. La roche a alors une teinte verte très prononcée. Elle est abondante dans les Alpes, particulièrement au mont Blanc, et dans l'Oisans. On lui a donné le nom de *protogine* (en grec, première formée), parce qu'on la regardait autrefois comme la roche la plus ancienne.

ROCHES PORPHYRIQUES.

Les roches porphyriques présentent à l'œil nu quelques grands cristaux disséminés dans une pâte d'apparence homogène. Si l'on regarde au microscope une coupe mince d'une roche de ce genre, on constate que la pâte est en réalité formée de cristaux très petits ou de matière vitreuse. Les éléments minéraux sont ceux des roches granitiques; il y a toujours du quartz. Cette structure montre qu'il y a eu deux stades de consolidation. Les grands cristaux (quartz, orthose, mica) toujours brisés et corrodés existaient avant la sortie de la roche et correspondent à un premier stade. Le magma cristallisé ou vitreux correspond au second stade; il s'est solidifié après la sortie.

Les porphyres sont nombreux. Certains appelés anciennement porphyres quartzifères, et désignés encore par les Allemands sous le nom de *Quartzporphyr*, présentent à l'œil dans une pâte rose ou rouge des cristaux de quartz bipyramidé, d'orthose et de mica noir ou blanc. La pâte examinée au microscope a tout à fait la structure d'une granulite ou d'une pegmatite. De là le nom que leur donnent MM. Fouqué et Michel-Lévy de *microgranulites* (fig. 474), ou de *micropegmatites* (fig. 475). Elles datent du commencement de l'époque carbonifère.

D'autres porphyres également de couleur claire et dont les grands cristaux sont plus disséminés s'appellent *porphyres à quartz globulaires*. Et en effet la pâte est composée de globules sphériques (sphérolithes) formés de quartz. Ils peuvent être simples ou se montrer formés de couches concentriques. Parfois dans les globules on trouve quelques taches de feldspath. Les sphérolithes peuvent être assez gros pour se discerner à l'œil nu. La couleur généralement rouge vif est due à des

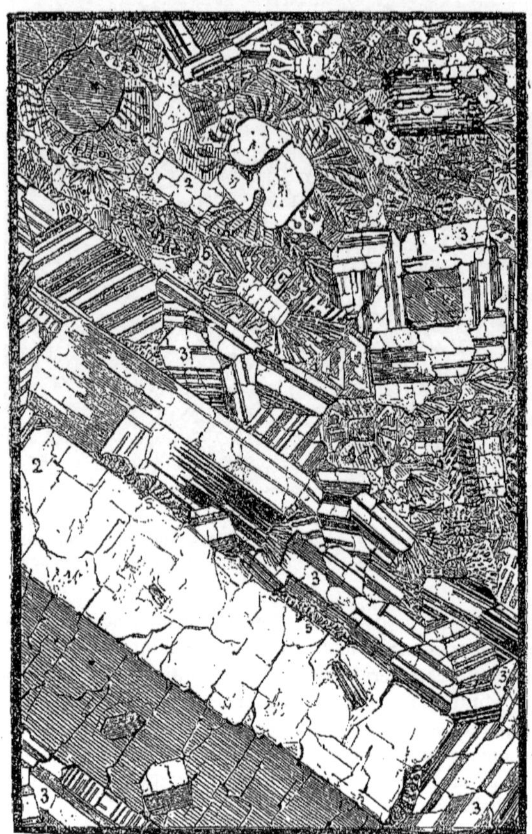

Fig. 475. — Micropegmatite de Nertchinsk (Sibérie) vue au microscope polarisant. — 1, mica noir; 2, orthose; 3, oligoclase; 4, quartz; 5, micropegmatite; 6, quartz granulitique (Vélain).

produits ferrugineux provenant de l'oxydation des minéraux ferro-magnésiens (micas, accessoirement amphibole et pyroxène). Les porphyres à quartz globulaire se trouvent comme les précédents dans le Morvan, le Plateau central, le bassin houiller de la Loire, la Bretagne, les Vosges (fig. 476). Les porphyres globulaires forment dans la rade de Brest les falaises de l'île Longue, remarquables par leur division en colonnades prismatiques. Ces porphyres sont plus récents que les microgranulites et remontent au houiller ou à la base du permien.

Les *porphyres pétrosiliceux* (fig. 477) sont caractéristiques de l'époque permienne. Sur la pâte se détachent de petits cristaux de quartz. La pâte est constituée par une matière amorphe formant des traînées et qui offre la composition d'un feldspath sursaturé de silice. Dans la pâte il y a un grand nombre de sphérolithes présentant une structure radiée. Dans la lumière polarisée ces sphérolithes fournissent chacun une croix noire qui tourne en même temps que les nicols. La substance du sphérolithe est formée de quartz, de feldspath et de matière amorphe. La croix noire est d'autant plus nette que le quartz est plus abondant.

Les porphyres pétrosiliceux sont très développés dans les Vosges; leur coloration y est brune ou violacée. Dans le massif de l'Esterel, en Provence (fig. 478), les porphyres pétro-

Fig. 476. — Massif des ballons des Vosges, vu du Thanet, d'après une photographie communiquée par M. Vélain.

siliceux forment d'énormes massifs de couleur rouge. Dans les Vosges, on trouve beaucoup de tufs porphyriques (*argilolites*) (fig. 479).

Lorsque les sphérolithes sont assez gros pour

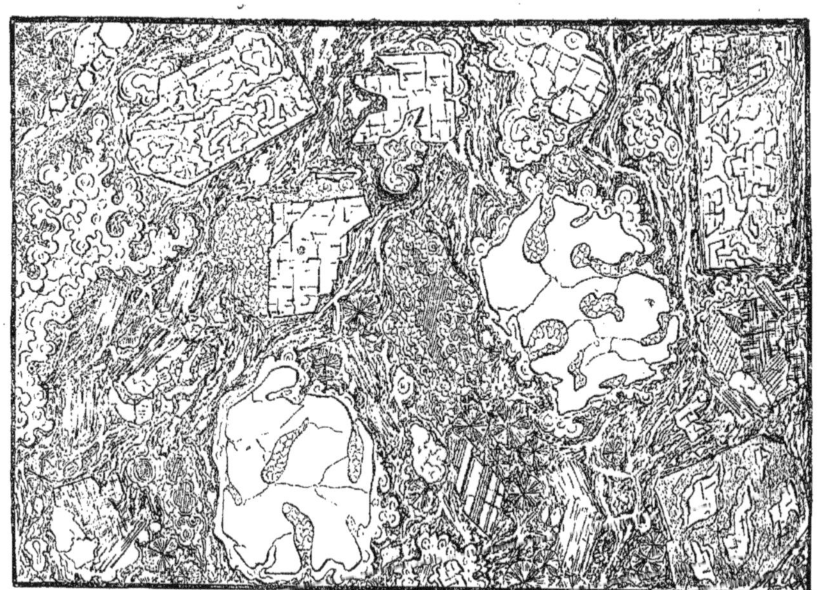

Fig. 477. — Porphyre pétrosiliceux, vu au microscope polarisant, montrant les corrosions caractéristiques des quartz anciens (Vélain).

devenir visibles à l'œil nu, la roche s'appelle une *pyroméride* (fig. 480). Les plus beaux exemples sont ceux de Jersey, où les sphérolithes atteignent jusqu'à 0m,25 de diamètre.

Enfin, les sphérolithes peuvent, au contraire, devenir très peu nombreux ou manquer com-

Fig. 478. — Vue générale de l'Esterel (1).

plètement. La pâte est formée alors seulement de matière amorphe ayant une disposition fluidale. On y voit beaucoup de cristallites et de trichites. Il y a aussi des fissures très fines circulaires ou spiraliformes (texture perlitique). Ces roches appelées *pechsteins* ou *rétinites* (fig. 481) se présentent comme des verres naturels, ayant un éclat résineux. La couleur

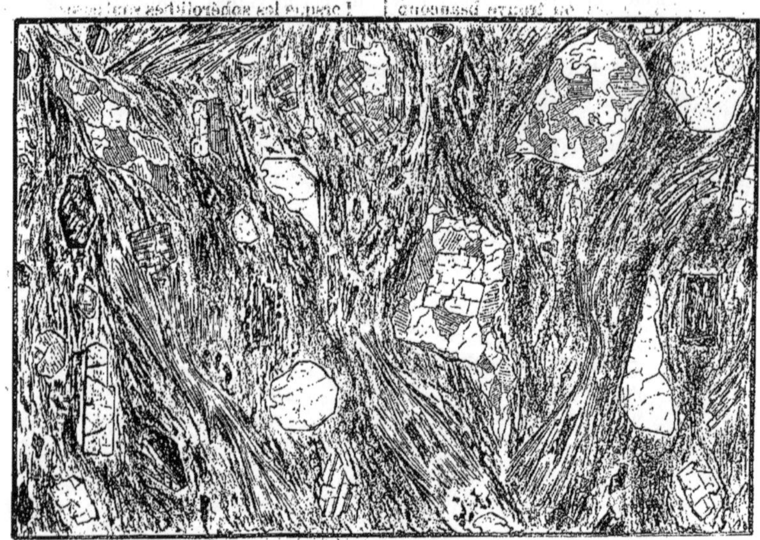

Fig. 479. — Argilolite, vue au microscope polarisant (Vélain).

dominante est le brun, le jaune ou le vert clair. Leurs gisements sont très limités. On les trouve en Saxe, dans le Tyrol méridional, aux environs de Fréjus, et enfin à l'île d'Arran Hébrides). Dans cette dernière localité, le développement des cristallites est particulièrement remarquable.

(1) Figure empruntée à la *Côte d'Azur*, par Liégeard, Paris, Librairie May.

Fig. 480. — Pyroméride de Gonfaron (Var). — 1, sphérolithes à croix noire; 2, magma pétrosiliceux; 3, quartz grenu; 4, veinules de calcédoine et d'opale.

ROCHES ANCIENNES DÉPOURVUES DE QUARTZ.

D'autres roches anciennes ne contiennent pas de quartz, sauf dans des cas exceptionnels. Leur acidité est très inférieure à celle des roches précédentes; elles tiennent le milieu

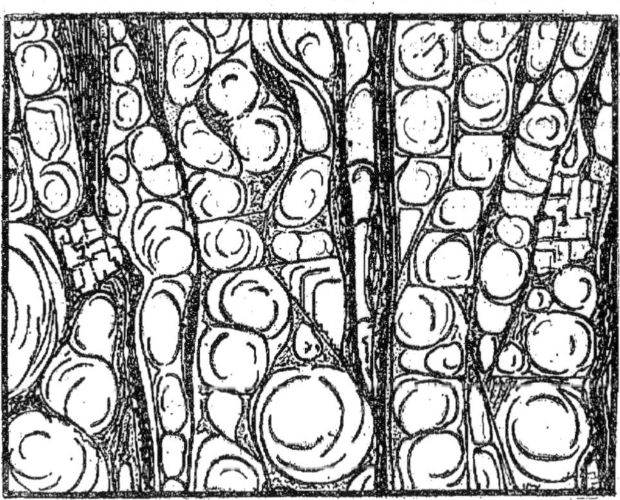

Fig. 481. — Pechstein perlitique du col de Grane (Var). Orthose vitreux enveloppé dans les bandes fluidales (dessin communiqué par M. Vélain).

entre les roches acides et les roches basiques, de là leur nom de *roches neutres*.

Telles sont les *syénites*. On appelle ainsi des roches de structure granitoïde composées d'orthose et d'amphibole (fig. 482). Il peut y avoir aussi de l'oligoclase et du mica noir. Cette

Fig. 482. — Syénite du haut du Them (Vosges), vue au microscope polarisant. — 1, apatite; 2, sphène; 3, mica noir; 4, mornblende; 5, oligoclase; 6, orthose; 7, orthose.

roche est abondante en Saxe et dans les Vosges. Ici elle se présente sous forme de filons d'un beau rouge, couleur qui est due aux impuretés du feldspath et sur laquelle tranchent les fibres noirâtres de l'amphibole. La syénite est cambrienne et silurienne.

Certaines syénites ont mérité le nom de *syénites éléolithiques*. Elles doivent ce nom à la présence d'un minéral d'aspect gras appelé *éléolithe*. Ce n'est autre chose que la néphéline. Elle se moule sur les feldspaths de la syénite sous forme de plages à fentes grossières parallèles; l'éclat est résineux. Ce minéral s'altère facilement : il est très attaquable aux acides. Les syénites éléolithiques connues d'abord en Norwège ont été trouvées depuis dans les Açores, le Portugal, dans les Pyrénées à Pouzac, etc. On y trouve le *zircon*, minéral de couleur jaune ou brune. L'orthose de ces syénites zirconiennes est remarquable par son reflet bleu chatoyant. Ces roches sont intéressantes parce qu'elles présentent à l'état de silicates un certain nombre de métaux très rares comme le zirconium (le zircon est le silicate de l'oxyde de zirconium), le thorium, le cérium, le didyme, le lanthane, etc.

Aux syénites se rattachent les *minettes* des Vosges, ainsi nommées parce que leurs filons sont fréquents au voisinage de certaines mines de fer. Ce sont des syénites où le mica noir très abondant remplace presque entièrement l'amphibole. Le *kersanton* est une roche sombre où l'orthose des syénites est remplacé presque complètement par l'oligoclase, tandis que l'amphibole est accompagnée de mica noir. Cette roche est exploitée depuis longtemps en Bretagne, près du hameau de Kersanton, dans la rade de Brest.

D'autres roches neutres, et se rapprochant davantage des roches basiques, sont les *porphyrites* (fig. 483). Elles présentent la structure microlithique, c'est-à-dire que les grands cristaux se trouvent plongés dans une pâte formée de microlithes d'oligoclase. Citons la porphyrite de Lessines, en Belgique, devant sa couleur verdâtre (de là son nom de *chlorophyre*) à la présence de l'amphibole. La porphyrite augitique à labrador contient de grands cristaux d'augite, reconnaissables à leurs sections dont les clivages grossiers sont presque à 90°, et de grands cristaux de labrador dont les lamelles étroites et éclairées sont de largeur très inégale. Un exemple de porphyrite augitique est le *porphyre vert antique* de Marathon où les grands cristaux de feldspath d'un blanc verdâtre tranchent sur le fond vert foncé de la pâte. Il y a des porphyrites à amphibole. Tel est le *porphyre rouge antique* de la côte de la mer Rouge, en Égypte. Des cristaux d'amphibole et de feldspath labrador se détachent sur une pâte rouge de sang. Les porphyrites sont très communes dans le

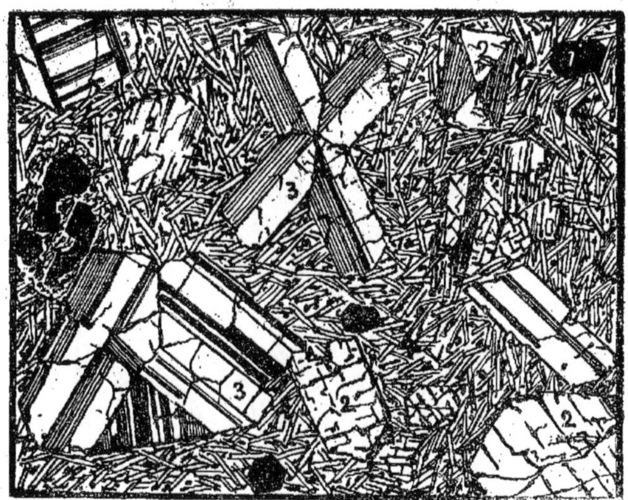

Fig. 483. — Porphyrite labradorique à pyroxène de Belfahy (Vosges), vue au microscope polarisant. — 1, fer oxydulé; 2, augite; 3, labrador; 4, microlithes d'oligoclase et de fer oxydulé (Vélain).

Morvan, le Beaujolais, les Vosges. Elles datent de l'époque carbonifère. Quant au chlorophyre de Lessines il est silurien.

Nous arrivons aux roches anciennes franchement basiques.

Les *diorites* (fig. 484) sont des roches basi-

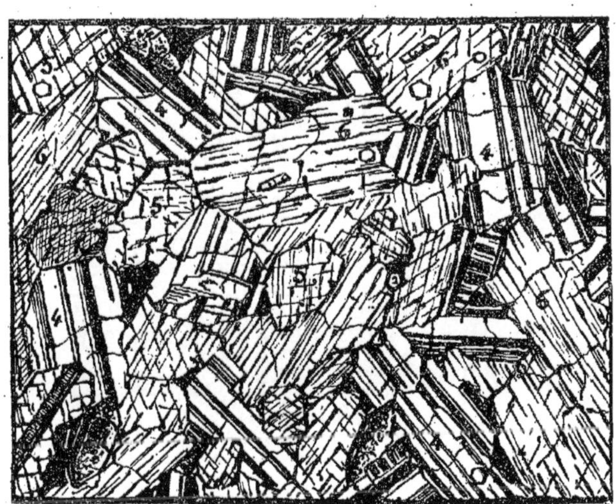

Fig. 484. — Diorite andésitique de Saint-Maurice (Vosges), vue au microscope polarisant. — 1, fer oxydulé; 2, apatite (accessoire); 4, oligoclase; 5, 6, hornblende.

ques de structure granitique. Elles sont entièrement formées de grands cristaux de feldspath plagioclase (soit l'oligoclase, soit le labrador) et de cristaux d'amphibole. Celle-ci donne à la roche une couleur d'un noir verdâtre, sur laquelle apparaissent des taches d'un blanc mat correspondant au feldspath. Les diorites sont communes en Bretagne, particulièrement dans le Finistère où elles se montrent dans le silurien et le dévonien.

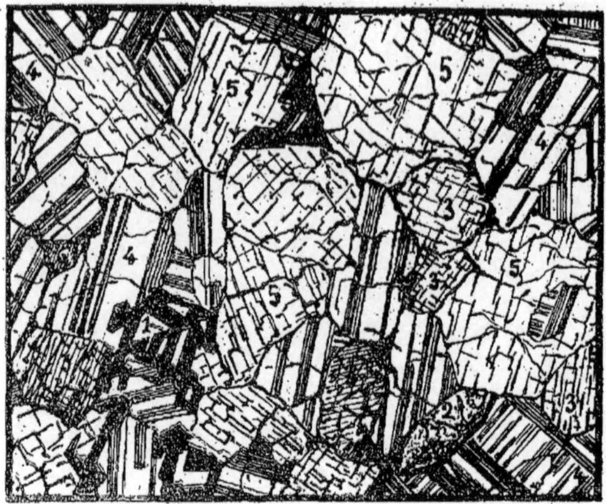

Fig. 485. — Diabase labradorique de Ternuay (Vosges), vue au microscope polarisant. — 1, fer titané; 2, sphène; 3, pyroxène; 4, labrador; 5, pyroxène.

En Corse se trouve une variété de diorite. C'est la *corsite* ou *diorite orbiculaire* ainsi appelée parce que les éléments de la roche : le feldspath plagioclase (ici l'anorthite) et l'amphibole, sont disposés en globules élégamment zonés de blanc et de noir. Ces globules sont de dimensions variables (diamètre de 3 à 6 centimètres) et souvent groupés par dizaines ou par centaines. Quand on a poli la roche, ils apparaissent sous forme de cercles de couleurs tranchées.

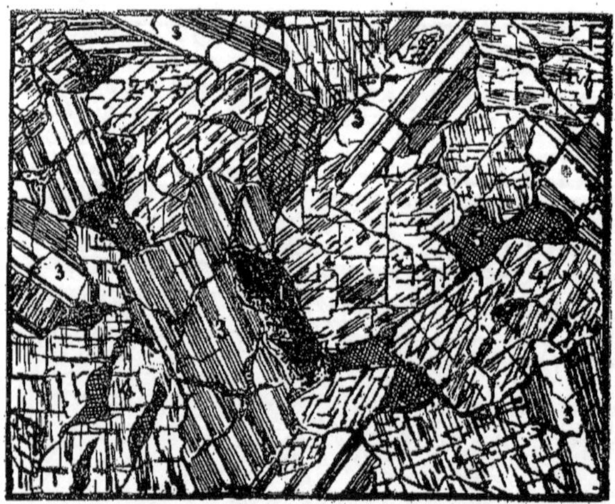

Fig. 486. — Euphotide labradorique du mont Genèvre, vue au microscope polarisant. — 1, fer titané; 2, amphibole; 3, labrador; 4, diallage; 5, chlorite.

Les *diabases* (fig. 485) diffèrent des diorites en ce que l'amphibole est remplacée par le pyroxène augite bien reconnaissable à son polychroïsme presque nul et à ses clivages grossiers presque à 90°. La roche est encore d'un

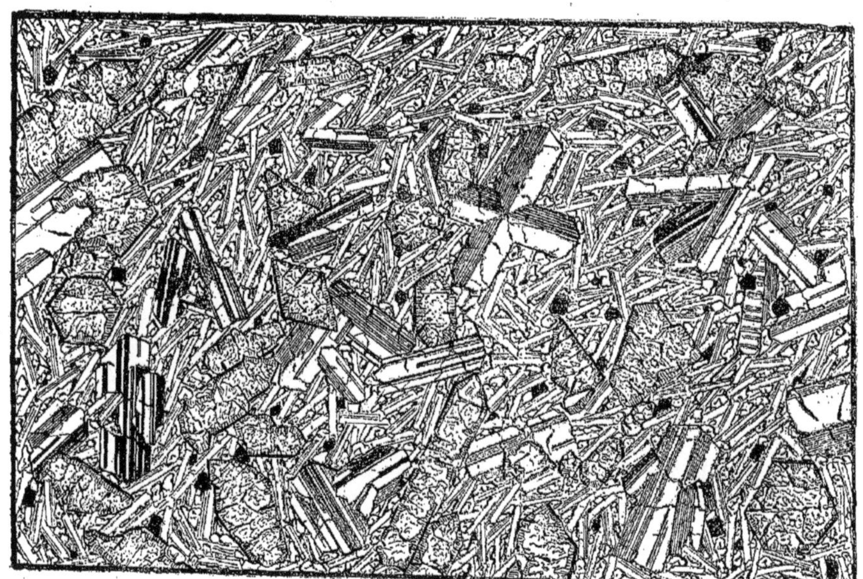

Fig. 487. — Mélaphyre de la Grande Fosse (Vosges), vue au microscope polarisant. — 1, fer oxydulé; 2, péridot; 3, labrador; 4, microlithes d'oligoclase; 5, microlithes d'augite et de fer oxydulé. D'après M. Vélain.

vert foncé avec des taches blanches de feldspath. Les diabases sont plus répandues que les diorites et forment dans le silurien et le dévonien des filons qui peuvent atteindre une longueur de 50 kilomètres.

Les *gabbros* sont des roches où l'augite est remplacée par un autre pyroxène, la *diallage*. Celle-ci, qui forme le ciment de la roche, est d'un beau vert à reflets métalliques; dans ce ciment apparaissent des cristaux de feldspath (oligoclase, labrador ou anorthite) d'un blanc verdâtre. Une espèce bien connue de gabbro labradorique est l'*euphotide* (fig. 486), belle roche verte qui constitue le mont Genèvre, dans les Alpes. Son âge est triasique. A la partie antérieure des massifs d'euphotide se trouve une roche de même composition générale, mais présentant de grandes taches blanches arrondies qui lui ont valu le nom de *variolite*. Les cailloux roulés par la Durance sont en variolite. Ces globules blancs sont formés de microlithes radiés d'oligoclase entre lesquels se trouvent de petits granules pyroxéniques. Il y a eu dans la roche un excès de silice, grâce auquel l'oligoclase s'est substituée au labrador.

Dans les Pyrénées les gabbros sont remplacés par d'autres roches vertes, les *ophites*, qui sont aussi d'âge triasique, au moins pour la plus grande partie. Ces roches, constituées par la diallage, l'amphibole et les plagioclases, doivent une texture spéciale à leur feldspath; celui-ci se présente sous une forme et avec une dimension intermédiaires entre les grands cristaux et les vrais microlithes.

Nous terminons cette série de roches par les *mélaphyres* (fig. 487), qui sont les roches anciennes les plus basiques. Ils sont noirs, ne présentent généralement à l'œil nu presque aucun cristal. Ils ressemblent aux basaltes modernes, dont ils sont d'ailleurs l'équivalent ancien. Au microscope on y voit de grands cristaux de labrador, de l'*olivine* (péridot) reconnaissable à ses sections dont la surface est ridée, chagrinée et fait fortement relief. Il y a une pâte vitreuse contenant de nombreux petits cristaux allongés ou microlithes de feldspath plagioclase (labrador ou oligoclase). Il y a en outre de nombreux petits grains noirs appartenant au *fer oxydulé* (*magnétite*) (1). C'est ce dernier qui donne à la roche, comme aussi au basalte, la couleur noire. Les mélaphyres forment, comme les basaltes modernes, des coulées et des colonnades prisma-

(1) Formule chimique : Fe^3O^4.

Fig. 488. — Saint-Raphaël, vu de la plage du Corail (1).

tiques. On désigne souvent ces roches sous le nom de *trapps*, mais ce nom est aussi donné à des porphyrites. Les mélaphyres sont permiens et triasiques.

Dans les *péridotites*, le feldspath disparaît complètement et l'élément dominant est l'olivine à laquelle peut s'adjoindre l'augite ou la diallage.

Les roches riches en magnésie comme toutes celles qui contiennent de l'olivine, fournissent par décomposition des *serpentines*. Celles-ci, généralement vertes, et parfois brunes, ont une structure feuilletée ou fibreuse et ne sont pas cristallisées. Elles consistent en un hydrosilicate de magnésie provenant de l'hydratation du péridot. Il peut y avoir encore des fragments inaltérés, des minéraux de la roche éruptive qui a donné naissance à la serpentine. L'hydratation peut atteindre la diallage et il y a des serpentines associées aux gabbros, mais d'ailleurs ceux-ci renferment souvent de l'olivine. Le nom de serpentine vient de ce que la roche rappelle la peau d'un serpent à cause du mélange de teintes vert clair et de teintes vert foncé. Les anciens la regardaient comme un antidote contre la morsure des serpents venimeux.

ROCHES ÉRUPTIVES RÉCENTES.

Les roches récentes, c'est-à-dire tertiaires et post-tertiaires, nous présentent comme la série ancienne des types acides et des types basiques; mais les types acides sont de beaucoup les moins nombreux.

On retrouve tous les genres de structures des roches anciennes. Ainsi il existe à l'île d'Elbe et en Algérie des roches à structure granitoïde; ce sont des *granites*, *granulites*, *microgranulites*, *micropegmatites* tertiaires. Il y a là du quartz libre; l'orthose, comme dans toutes les roches tertiaires, appartient à la variété vitreuse appelée *sanidine*.

Les porphyres pétrosiliceux et à quartz globulaire sont représentés dans la série récente par les *rhyolites* (fig. 501). Les grands cristaux sont du quartz, de la sanidine, du mica; le magma est formé de traînées pétrosiliceuses et de sphérolithes. On en trouve en Hongrie, aux îles Lipari, en Islande, au mont Dore.

Les *pechsteins* sont remplacés par les rétinites d'Islande, du mont Dore, des collines euganéennes, etc. D'autres roches à grands cristaux de quartz sont les *dacites*, qui diffèrent

(1) Figure empruntée à la *Côte d'Azur* par S. Liegeard, librairie L.-H. May.

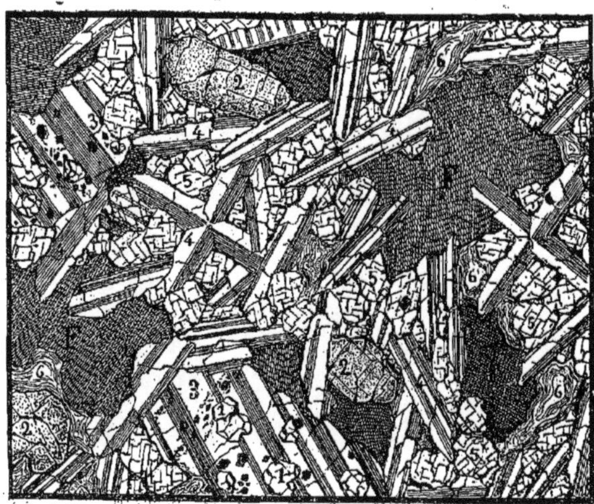

Fig. 489. — Dolérite d'Ovifak (Groenland). Dessin communiqué par M. Vélain. — On voit des cristaux de labrador (3, 4) et d'augite (5) dans une pâte formée des mêmes éléments, avec du fer oxydulé. Il y a du fer natif (F) et de la serpentine (6).

des rhyolites par le peu d'abondance de la sanidine. On en trouve dans l'Esterel et surtout en Transylvanie. A Saint-Raphaël (fig. 488), dans l'Esterel, le porphyre bleu turquin est

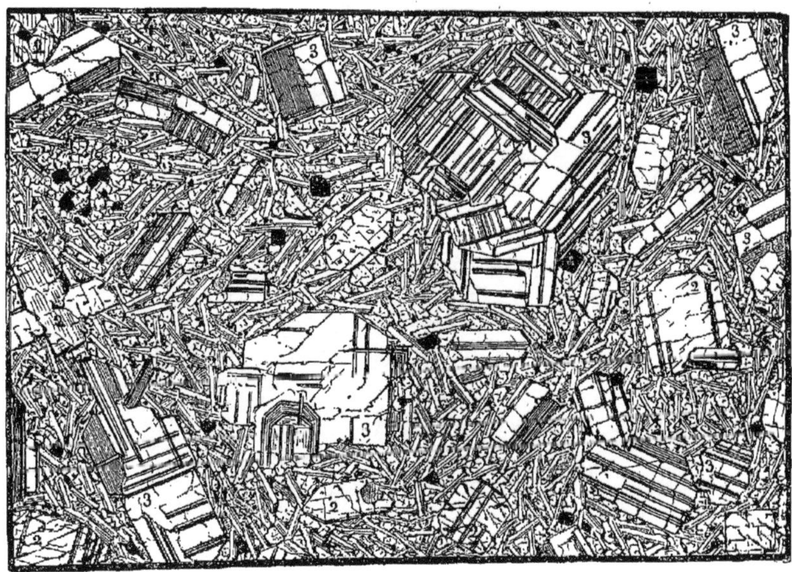

Fig. 490. — Andésite à pyroxène d'Irkoutsk. — 1, fer oxydulé; 2, pyroxène augite; 3, labrador; 4, microlithes de fer oxydulé, d'augite et d'oligoclase (Vélain).

une sorte de dacite se rapprochant des microgranulites. Il est riche en augite.

Les *dolérites* sont l'équivalent moderne des diabases (fig. 489).

Fig. 491. — Pics phonolitiques placés au centre des escarpements trachytiques d'Auvergne, près du puy Griou.

Des roches moins acides et plus répandues sont les *trachytes* (62 à 64 p. 100 de silice). Ce sont des roches rudes au toucher, ce qui leur a valu leur nom tiré du grec. Elles consistent

Fig. 492. — Mont Gerbier de Joncs (sources de la Loire).

en une pâte grisâtre ou violacée, terne, et contenant de grands cristaux blancs vitreux de sanidine. On peut voir aussi des cristaux plus petits de pyroxène, d'amphibole, de mica

Fig. 493. — Roches Tuilière et Sanadoire (mont Dore), d'après une photographie communiquée par M. Vélain.

noir. La structure de la pâte est microlithique; elle se compose en moyenne partie de petits cristaux allongés de sanidine et d'oligoclase. Les variétés de trachyte sont nombreuses. Il y en a beaucoup en Auvergne. L'une des variétés appelée *domite* forme le puy de Dôme, c'est une roche poreuse qu'on retrouve à Ténériffe.

Les *andésites* (fig. 490) sont moins acides que les trachytes (60 p. 100 de silice); et le feldspath au lieu d'être la sanidine est l'oligoclase. On les trouve dans les Andes, ce qui leur a valu leur nom, mais elles existent aussi en Hongrie, à Ténériffe, en Auvergne où elles constituent particulièrement le puy de Volvic.

M. A. Michel-Lévy a signalé au mont Dore des andésites remarquables par la présence de l'*hauyne*, minéral de couleur bleuâtre qui se présente en sections rectangulaires ou hexagonales remplies souvent de nombreuses inclusions formant une fine poussière noire.

Aux trachytes et aux andésites se rattachent des roches vitreuses, le plus souvent noires. Ce sont les *obsidiennes* ou verres des volcans. Elles renferment de 60 à 80 p. 100 de silice. Elles contiennent des cristallites, des trichites, dans une pâte amorphe.

Les *ponces* ne sont autre chose que des obsidiennes poreuses et très légères qui constituent l'écume des laves.

Aux trachytes se rattachent les *phonolites*. Ce sont des roches grisâtres ou verdâtres, compactes, à structure feuilletée, commune en Auvergne et dans le Velay (fig. 491). Elles se divisent souvent en plaques régulières, aussi minces que des ardoises, et qui rendent au marteau un son clair d'où la roche a tiré

Fig. 494. — Orgues d'Espaly près du Puy-en-Velay (page 409).

son nom (en grec, pierre sonore). Les phonolites renferment généralement de la *néphéline*, qui se montre sous le microscope en rectangles et en hexagones gris clair. Il y a aussi des feldspaths, grands cristaux de sanidine et microlithes. L'augite des phonolites est une variété spéciale d'un vert clair : l'*ægyrine*. Dans les vraies phonolites la néphéline est abondante, c'est ce qu'on trouve dans les phonolites de Bohême, et aussi celles du Gerbier de Joncs (fig. 492) et de la roche Sanadoire (fig. 493). Mais la plupart des phonolites françaises sont relativement pauvres en néphéline et sont plutôt des trachytes phonolitiques. Ce qui domine est la sanidine.

Il en est ainsi pour les roches du Velay (Haute-Loire). Là se trouve une région phonolitique qui s'étend depuis le Mezenc jusqu'aux monts Miaune, et à la Madeleine au nord de la Loire. Les roches de cette région sont très réfractaires à l'action des acides. La néphéline y est rare. On la trouve cependant dans les phonolites du Mézenc et aussi dans celles de Jaurence et du mont Gros. Le minéral y forme réseau avec les microlithes d'augite. L'*hauyne* ou *noséane* avec ses cristaux hexagonaux remplis de fines inclusions noires, est commune dans les phonolites d'Allemagne et des Canaries ; elle est aussi abondante dans celles du mont Dore. Au contraire elle est moins répandue dans celles du Velay (roche de Mercœur). En somme, les phonolites du Velay

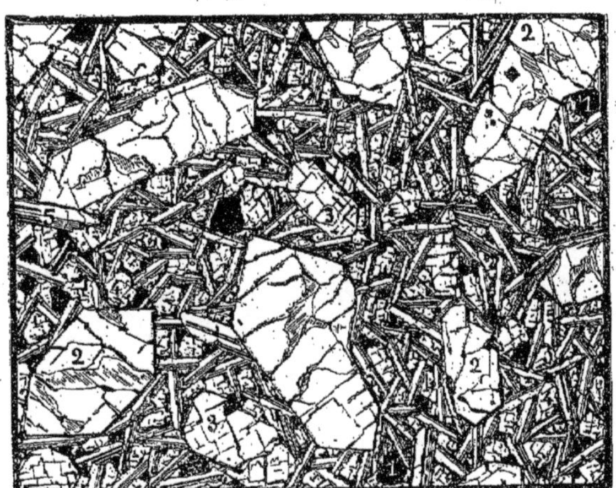

Fig. 495. — Basalte des plateaux de l'Auvergne, vu au microscope polarisant. — 1, fer oxydulé; 2, olivine; 3, pyroxène augite; 4, microlithe d'augite; 5, microlithes de feldspath labrador. Dessin communiqué par M. Vélain.

sont des phonolites à sanidine dominante et par suite rappellent beaucoup les trachytes (1).

Les phonolites proprement dites ou à néphéline ont comme analogues dans la série ancienne les syénites éléolithiques.

Les *labradorites* sont des roches basiques (45 p. 100 de silice) très répandues et qui sont souvent confondues avec les basaltes. Elles consistent en un mélange microlithique de labrador, d'augite, de fer oxydulé, avec quelques grands cristaux des mêmes éléments. Les roches sont compactes et de couleur noire à cause de la grande abondance du fer oxydulé. A cause de ce dernier aussi, ces roches, de même que les basaltes, sont très lourdes et produisent, quand elles sont en masse, une déviation de l'aiguille aimantée. Aux labradorites appartiennent les laves de l'Etna, de Santorin, des volcans d'Islande.

Les vrais *basaltes* (fig. 495, 496 et 497) diffèrent des labradorites par la présence de l'olivine, et se rapprochent ainsi des mélaphyres anciens. Le feldspath des basaltes peut être soit le labrador, soit l'anorthite; l'un ou l'autre de ces feldspaths domine. L'olivine au lieu de former, comme dans les mélaphyres, de très petits grains indiscernables à l'œil nu, se présente au contraire en gros grains arrondis souvent réunis en grandes masses. Les laves basaltiques, comme nous l'avons déjà vu (1), ont subi en se refroidissant un retrait qui les a souvent découpées en prismes réguliers réunis en colonnades. Ces colonnades sont communes en Auvergne et dans l'Ardèche (fig. 497 et 498). On peut citer aussi, comme exemple de beaux prismes de basalte, les *orgues d'Espaly*, près du Puy-en-Velay (fig. 494) et la chaussée des Géants, en Irlande (fig. 499); d'ailleurs nous savons déjà que parfois les trachytes donnent lieu également à des colonnades régulières (fig. 501).

Près du Puy-en-Velay on voit se dresser au-dessus des roches granitiques, une masse basaltique, la roche Rouge (fig. 500), qui doit son nom aux lichens d'un jaune rouge qui la recouvrent.

Aux basaltes correspondent des obsidiennes à olivine. Les laves modernes si fusibles de Kilauea aux îles Sandwich, sont de ces verres naturels contenant de 50 à 53 p. 100 de silice.

Les roches basaltiques peuvent perdre complètement leur feldspath; elles ne sont plus alors qu'un assemblage d'augite, de péridot et de fer oxydulé, avec une matière vitreuse. Telle est la *limburgite* qu'on trouve en Allemagne et aussi dans le Cantal.

Souvent s'associe aux feldspaths un autre élément blanc : la *leucite*. Celle-ci se présente dans les roches sous forme de sections hexa-

(1) Priem, *les Phonolites de la Haute-Loire* (dans le *Naturaliste*, 15 février 1891).

(1) Page 177.

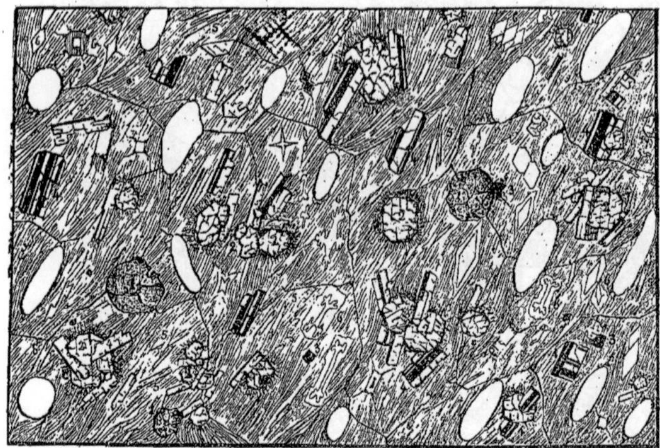

Fig. 496. — Lave vitreuse à labrador de la Réunion de l'éruption de 1874 (basalte). — 1, fer oxydulé; 2, péridot; 3, augite; 4, anorthite; 5, microlithes de labrador; 6, granules d'augite et de fer oxydulé, disséminés dans une matière amorphe à structure fluidale.

gonales ou octogonales dont les angles sont le plus souvent émoussés, de sorte que les sections sont plus ou moins arrondies. Dans ces cristaux d'un blanc vitreux apparaissent de nombreuses inclusions disposées généralement en couronnes concentriques. Ce sont des cristaux d'augite, de fer oxydulé ou des inclusions vitreuses avec une bulle. Lorsque la leucite est associée à la sanidine la roche s'appelle *leucitophyre*. Exemple : les laves de l'Eifel et celles

Fig. 497. — Dykes basaltiques de Rochemaure, dans l'Ardèche, sur les bords du Rhône.

des monts Albano, près de Rome. M. Lacroix a trouvé tout récemment la leucite dans un basalte du mont Dore.

Lorsque la leucite est associée à un plagioclase, comme le labrador, la roche s'appelle une *leucotéphrite;* exemple : les laves du Vésuve. Il y a souvent comme élément accessoire de la néphiline dans les *leucitites* (fig. 502), le plagioclase a disparu complètement ou au moins en grande partie. La roche ne contient plus, outre la leucite, que l'augite, le fer oxydulé et quelquefois du péridot (olivine).

Fig. 498. — Coulée de basalte sur la rive gauche de la Volano, d'après une photographie de M. James Jackson communiquée par M. Vélain.

ORIGINE DES ROCHES ÉRUPTIVES. LEUR REPRODUCTION ARTIFICIELLE.

Récemment M. Rosenbusch (1) a émis sur les roches des idées nouvelles qui l'ont conduit à une classification particulière. Les roches éruptives proviennent toutes d'un magma initial plus ou moins profondément situé au-dessous de la surface terrestre ; mais d'après M. Rosenbusch toutes ne sont pas arrivées à la surface. Certaines, comme les laccolithes des États-Unis (1) n'ont jamais quitté la profondeur. D'autres ont monté dans des cheminées, mais

(1) Rosenbusch, *Mikroskopische Physiographie der massigen Gesteine*, 2e édition, Stuttgart, 1887.

(1) Voir page 250.

Fig. 499. — Chaussée des Géants (*Giant's Causeway*) (Irlande) (1) (page 409).

sont restées en route. On peut donc considérer pour une roche qui est arrivée jusqu'à la surface, trois périodes : 1° une cristallisation s'est produite dans les profondeurs ; 2° une autre s'est produite dans les filons d'ascension ; 3° la roche s'est épanchée à la surface. Une roche donnée correspond à l'un ou l'autre de ces stades et présente une structure variable suivant le lieu où elle s'est consolidée. Si la roche s'est consolidée dans les profondeurs, elle y est restée presque en repos, soumise à une pression énergique et à un refroidissement très lent. Il s'est formé ainsi de grands cristaux et la roche s'est entièrement cristallisée. Tel est le granite. D'après M. Rosenbusch, cette roche n'a jamais vu le jour; elle s'est formée dans les profondeurs par une cristallisation *intratellurique*. Si nous voyons maintenant les granites à la surface du sol, c'est par suite de l'érosion qui les a privés du manteau de couches sédimentaires qui les recouvrait.

Quand la roche se forme dans un filon, elle est en mouvement pour arriver à la surface, et de plus il y a pression des parois encaissantes ; les cristaux sont par suite gênés dans leur formation ; ils sont petits et brisés. La structure

(1) Figure empruntée à *l'Angleterre, l'Écosse et l'Irlande*, par P. Villars. Paris, librairie L.-H. May.

Fig. 500. — Roche Rouge près du Puy-en-Velay (page 409).

de la roche est à grain fin. Tels sont les microgranites, les minettes, les kersantites.

Enfin pour que la roche arrive à la surface, il faut qu'elle ne soit pas solidifiée complètement; le reste du magma cristallise en microlithes qui, à cause du mouvement, sont alignés. Exemples : les porphyres quartzifères, les porphyres pétrosiliceux, les pechsteins. M. Rosenbusch distingue par suite les *roches profondes*, les *roches de filons* et les *roches d'épanchement*. Les premières sont les roches granitiques, les syénites, les diorites, les gabbros. Les secondes sont les granites, syénites, diorites à grain fin. Les roches d'épanchement sont les porphyres quartzifères ou pétrosiliceux et les porphyrites pour la série ancienne ; les rhyolites, trachytes, phonolites, andésistes, basaltes, roches leucitiques pour la série ancienne. Il est certain, en effet, que les porphyres et les porphyrites sont venus au jour à la manière des laves actuelles, par des volcans analogues aux nôtres, car ils sont accompagnés de tufs comme les roches volcaniques actuelles.

Ainsi, d'après M. Rosenbusch, à une roche d'épanchement correspond dans la profondeur une roche dont elle n'est que la modification. Les microgranulites seraient la roche d'épanchement des granites, les orthophyres (porphyres sans quartz) seraient les roches d'épanchement des syénites. Aux porphyrites à amphibole correspondent dans les profondeurs les diorites. Les trachytes correspondent de même aux syénites, les andésites et les basaltes aux diorites, les rhyolites aux granites, les phonolites ont comme source les syénites éléolithiques. En résumé, les roches grenues se feraient encore aujourd'hui dans les profondeurs et les laves que nous observons n'en seraient que l'écume. Les idées de M. Rosenbusch séduisent par leur grande simplicité et par l'esprit de large généralisation qu'elles dénotent (1). Toutefois elles sont en partie hypothétiques; bien souvent on ne voit pas le passage par des filons de la roche d'épanchement à la roche de profondeur. En outre comment expliquer les roches à leucite qui sont essentiellement modernes et que rien ne représente dans les profondeurs? M. Michel-Lévy (2) oppose à la théorie de M. Rosenbusch un grand nombre d'objections, dans le détail desquelles nous ne pouvons entrer ici. Il faut baser la classification des roches sur des faits indépendants de toute hypothèse, sur la structure d'association des éléments et la composition minéralogique. C'est l'observation et l'expérience qui doivent nous éclairer sur la genèse des roches.

La question de l'origine des roches est à l'étude depuis longtemps. Bien des savants ont cherché à reproduire les minéraux qui les constituent, et les associations de ces minéraux, c'est-à-dire les roches elles-mêmes. Les méthodes de synthèse font sans cesse de nouveaux pro-

(1) Rosenbusch, *Mikroskopische Physiographie.*

(2) Auguste Michel-Lévy, *Structure et classification des roches éruptives*, Paris, 1889.

Fig. 501. — Colonnes trachytiques (trachyte quartzifère = rhyolite) dans les montagnes Rocheuses (d'après Clarence King) (page 409).

grès (1) et permettent d'avoir une idée, encore incomplète cependant, de la genèse des roches.

MM. Fouqué et Michel-Lévy sont parvenus à reproduire un certain nombre de roches basiques. Avant eux on considérait la plupart de ces roches comme d'origine pseudo-ignée, c'est-à-dire comme étant dues à l'action simultanée de la vapeur d'eau et de la chaleur. M. Delesse trouvait de l'eau dans la pâte feldspathique du basalte et considérait par suite cette roche comme ayant subi une sorte de fusion aqueuse. On sait maintenant que l'eau du basalte provient de l'altération du péridot qui se change en chlorite. Les recherches de MM. Fouqué et Michel-Lévy ont montré que le basalte est une roche d'origine purement ignée. Ils ont reproduit cette roche (1877) en chauffant dans un creuset de platine un verre noir artificiel, constitué de manière à présenter en bloc la composition d'un basalte riche en olivine. Pendant quarante-huit heures le creuset était maintenu au rouge blanc, puis pendant quarante-huit heures encore au rouge cerise. Dans la première phase s'est formée l'olivine cristallisée, dans la seconde se sont produits les microlithes du labrador. Le fer oxydulé s'est formé pendant les deux phases. Le résultat final a été un basalte artificiel, identique avec celui des plateaux d'Auvergne (fig. 503).

Des labradorites ont été obtenues (1881), en fondant un mélange de trois parties de labrador et d'une partie d'argile. Des andésites à oligoclase ont été produites (1878), en fondant un mélange de quatre parties d'oligoclase pour une d'augite. Le recuit a duré trois jours, comme dans le cas précédent. En ajoutant un léger excès de chaux, les opérateurs ont obtenu dans l'andésite des microlithes de labrador. Les roches à leucite ont été aussi reproduites (1879-1880). En fondant, puis recuisant pendant trois jours un mélange de neuf parties de leucite et d'une d'augite, on a obtenu un culot formé de cristaux de leucite entourés d'une couronne de cristaux d'augite et de fer oxydulé. C'était une leucitite normale. Les leucotéphrites (laves ordinaires du Vésuve), contiennent à la fois leucite et feldspath. Pour les reproduire, MM. Fouqué et Michel-Lévy ont fondu en un

(1) Voir Fouqué et Michel-Lévy, *Synthèse des minéraux et des roches*, Paris, 1882. — Stanislas Meunier, *les Méthodes de synthèse en minéralogie*, Paris, 1891.

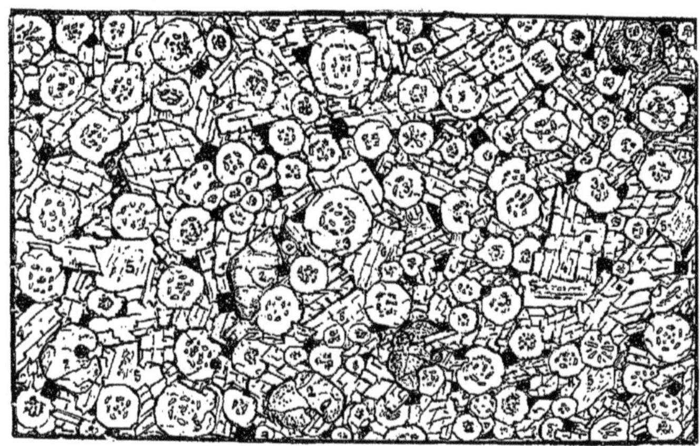

Fig. 502. — Leucitite de la Somma (Vésuve), vue au microscope polarisant. — I, *éléments de première consolidation*. — 1, magnétite; 2, péridot; 3, leucite; 4, augite. — II, *éléments de seconde consolidation*. — 5, microlithes d'augite et de fer oxydulé; 6, mélilite (page 410).

verre homogène les éléments chimiques du mélange : silice, alumine, potasse, soude, magnésie, chaux et oxyde de fer. Ils ont chauffé successivement au rouge blanc, puis au rouge cerise, et ont obtenu ainsi des culots qui, réduits en lames minces, ont montré au microscope l'augite, le labrador et la leucite dans les proportions voulues. Les diabases et les ophites ont été aussi obtenues. Ainsi toutes les roches microlithiques et ophitiques ont une origine purement ignée.

Dans les scories artificielles provenant des incendies (fig. 504), dans les laitiers des hauts fourneaux, on trouve un grand développement de cristaux rappelant les roches microlithiques.

La genèse des trachytes et des phonolites est encore obscure. Toutefois la question a fait récemment un grand pas. On n'a pas pu reproduire par voie purement ignée la sanidine, c'est-à-dire l'orthose de ces roches volcaniques. Mais MM. Friedel et Sarasin l'ont obtenue (1881), en chauffant sous pression dans un tube de fer doublé de platine et hermétiquement clos, un mélange de silicate de potasse, de silicate d'alumine et d'eau. MM. Ch. et G. Friedel, en attaquant par l'eau surchauffée un mélange de mica muscovite, de silicate de potasse et de potasse, ont obtenu (1890) de beaux cristaux d'orthose et des agrégats de cristaux analogues à ceux des sanidines (1). Tout récemment MM. Fouqué et Michel-Lévy (2) ont repris la question de la reproduction des trachytes. Ils ont chauffé en vase clos un mélange de granite de Vire fondu et d'eau. L'appareil est un cylindre en platine iridié, à parois très épaisses, hermétiquement fermé par un bouchon de même métal. Le verre de granite a été ainsi chauffé pendant un mois. Il s'est transformé en une masse bulleuse remplie de petits cristaux d'orthose et de mica noir. On peut assimiler la roche obtenue à un *trachyte micacé*, analogue à celui de certains volcans. Il reste à multiplier ces expériences, et l'on pourra dire alors que toutes les roches éruptives récentes ont été reproduites sauf les rhyolites.

Mais celles-ci contiennent du quartz. Or les roches acides ont jusqu'ici résisté à la synthèse. On peut citer seulement la reproduction de la micropegmatite par MM. Friedel et Sarasin (1879-1880). Dans cette roche, le quartz et l'orthose se montrent engagés l'un dans l'autre. Or en chauffant ensemble en vase clos en présence de l'eau, du silicate de potasse et du silicate d'alumine, les deux savants ont obtenu l'association du quartz et de l'orthose. Le quartz présente bien les formes raccourcies qu'on observe dans les microgranulites, les porphyres pétrosiliceux, les rhyolites, mais l'orthose toutefois ne présente pas sa macle caractéristique. Enfin les deux minéraux ne sont pas pris en masse; ils constituent une poussière. L'expérience n'est donc pas absolument concluante. Par suite la question de l'origine du granite et des roches analo-

(1) Stanislas Meunier, p. 282.
(2) *Comptes rendus de l'Acad. des sc.*, 10 août 1891.

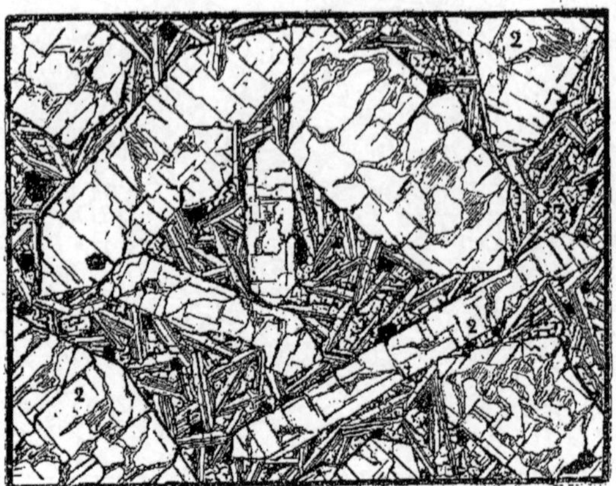

Fig. 503. — Basalte artificiel, vu au microscope polarisant. — 1, leucite; 2, labrador; 3, péridot; 4, pyroxène; 5, fer oxydulé, d'après MM. Fouqué et Michel-Lévy (dessin communiqué par M. Vélain) (page 414).

gues, c'est-à-dire les conditions dans lesquelles elles se sont formées, cette question est toujours controversée.

Pour Werner le granite était une roche d'origine aqueuse. Bientôt on abandonna complètement cette opinion sous l'influence de Hutton. On admit que les premières parties du globe solidifiées avaient cristallisé par fusion et que c'était précisément le granite. Celui-ci fut donc regardé comme le substratum de toutes les couches sédimentaires. On reconnut ensuite que le granite était moins ancien qu'on ne le pensait. Au lieu de se trouver sous le gneiss et les schistes cristallins, il les traversait et faisait éruption à travers le cambrien et peut-être plus haut, car sa variété granulitique se trouve jusque dans le carbonifère. Cela montrait que le granite était bien une roche éruptive. Mais son origine est-elle purement ignée? Des faits importants ont ébranlé cette opinion d'abord admise. Il existe parfois dans le granite des minéraux phosphorescents ou *pyrognomiques*, qui chauffés à la chaleur rouge s'altèrent, perdent leur transparence, deviennent solubles dans les acides. Tels sont les silicates appelés : orthite, pyrorthite, gadolinite. Scheerer en concluait, vers 1847, que le granite n'avait pas été soumis à une température élevée. De plus si le granite s'était formé par voie ignée, le quartz, étant le moins fusible des éléments, aurait dû se cristalliser le premier. On remarque, et on remarquait déjà du temps de Scheerer sur des plaques polies, que le quartz moulait les autres éléments : donc il s'était consolidé le dernier. Scheerer, Breithaupt, Delesse et d'autres, tiraient de ces faits la conclusion que le granite n'était pas arrivé à l'état de fusion, mais à l'état de pâte hydratée ou ramollie par l'eau. Cette pâte devait d'ailleurs être à une température assez élevée et elle se trouvait soumise à une pression considérable. Un autre fait vient encore à l'appui de la théorie de Scheerer. Ce fut la découverte des inclusions aqueuses du quartz du granite par Sorby. Il est vrai que ces inclusions peuvent s'expliquer autrement. Si le granite a cristallisé, comme le pense M. Rosenbusch, dans les profondeurs, de l'eau a pu être emprisonnée par suite de la pression.

Le quartz du granite s'est certainement formé par voie aqueuse. En effet, on a reproduit le quartz par différents procédés. M. Hautefeuille l'a obtenu (1878) en prenant comme dissolvant le tungstate de soude. La silice amorphe, maintenue dans le tungstate à 750°, s'est séparée à l'état de quartz en doubles pyramides hexagonales. Mais ce quartz artificiel ne ressemble pas du tout à celui du granite. Celui qui s'en rapproche le plus a été obtenu par voie humide. M. Daubrée (1) employait un tube de verre rempli d'eau, fermé à la lampe et introduit lui-même dans un tube de fer à parois très épaisses, clos à la forge à une

(1) Daubrée, *Études synthétiques de géologie expérimentale*, Paris, 1879, p. 159.

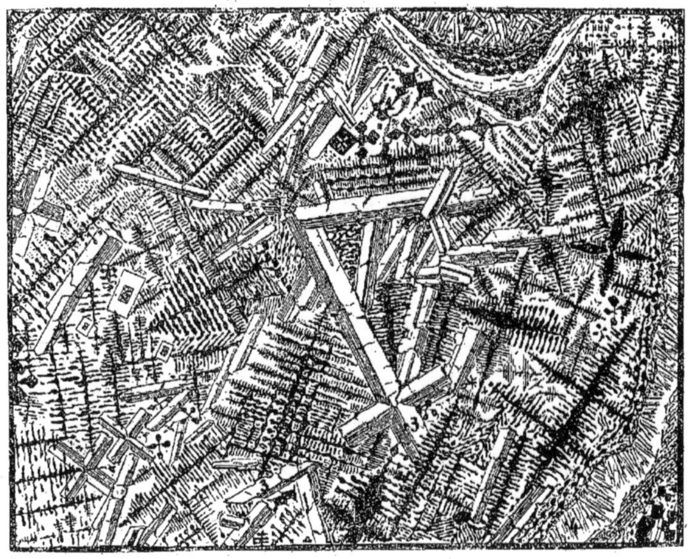

Fig. 504. — Vue au microscope d'une scorie artificielle provenant d'un incendie de l'Odéon 1850 (dessin communiqué par M. Vélain). On voit surtout du feldspath anorthite (3) et des réseaux de fer oxydulé.

extrémité, fermé par un bouchon à vis à l'autre extrémité. Pour contre-balancer, dans l'intérieur du tube de verre, la tension de la vapeur qui pourrait le faire éclater, on verse de l'eau extérieurement à ce tube, entre ses parois et celles du tube de fer qui lui sert d'enveloppe (fig. 505). On chauffait au-dessous du rouge naissant pendant plusieurs semaines.

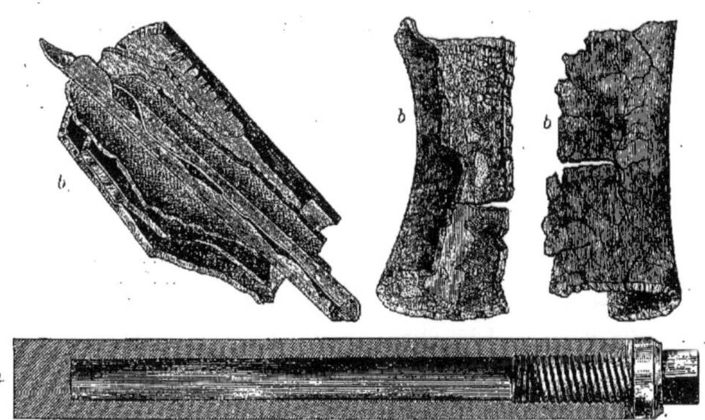

Fig. 505. — Expériences de M. Daubrée. — *a*, tube de fer; *b*, *b*, *b*, morceaux de verre soumis à l'action de l'eau surchauffée.

L'eau réagit dans ces conditions sur les silicates du verre, et le tube de verre se transforme en une masse blanche ressemblant à du kaolin sur laquelle se trouve à l'intérieur une croûte transparente, hyaline, incolore. Cette croûte se montre constituée, quand on l'observe à la loupe, de petits cristaux de quartz ayant la forme de prismes hexagonaux bipyramidés, assez semblables à ceux des roches. Il se produisait aussi dans cette expérience des sphérolithes fibreux, inattaquables à l'acide chlorhydrique et présentant une croix noire entre les nicols croisés. Ces sphérolithes sont probablement de nature calcédonieuse (la calcédoine est un mélange de silice cristallisée et de silice amorphe).

MM. Friedel et Sarasin (1879), pour obtenir le quartz, ont employé un procédé déjà pratiqué par de Sénarmont. Ils ont chauffé en vase clos de la silice gélatineuse en présence de l'eau en excès. Ils ont produit ainsi des cristaux très petits d'une netteté parfaite. En prenant, au lieu de silice gélatineuse, les éléments d'un silicate de potasse, il y avait de la silice gélatineuse en grand excès, de l'alumine précipitée et de la potasse. Au bout de trente-huit heures, on obtenait, en chauffant au-dessous du rouge, des cristaux de quartz à formes raccourcies rappelant absolument le quartz bipyramidé des roches.

L'orthose et les micas ont été reproduits par la chaleur. M. Hautefeuille a produit de l'orthose en chauffant pendant un mois vers 1000° dans le tungstate de potasse un mélange de silice et d'alumine (1877). MM. Friedel et Sarasin ont cependant reproduit l'orthose par voie humide en faisant réagir sous pression un mélange de silicate de potasse, de silicate d'alumine et d'eau, mais cette orthose est une poudre cristalline ; par suite l'expérience n'explique pas l'orthose des roches.

Les micas ont été obtenus récemment (1888) à l'aide des fluorures, substances volatiles. MM. Hautefeuille et de Kroustchoff avaient employé un mélange de fluorures, de silice et d'alumine. M. Doelter, lui, fondit avec les fluorures de soude, de potasse, de magnésie, des silicates naturels (hornblende, augite). Il a ainsi reproduit la biotite, la muscovite, la lépidolite. Les micas se formaient ici par volatilisation.

Voici comment on peut expliquer l'origine du granite, en s'éclairant des faits précédents. Cette roche s'est formée à la fois par voie ignée et par voie aqueuse. La cristallisation a commencé à se faire avant la sortie, et au-dessous de 1200°, car à cette température le granite se détruit, et l'eau et les autres minéralisateurs n'existent plus. Le feldspath a alors cristallisé. Les micas ont pu se former sous l'influence de fluorures qui se sont dégagés du magma fondu. C'est au milieu de celui-ci que les micas ont dû se former par volatilisation, et la pression du magna les a empêchés de se décomposer, car il faut remarquer que ces minéraux se détruisent vers 8 ou 900°. Ce qui montre bien que le feldspath et le mica ont existé avant la sortie, c'est qu'ils sont brisés, comme s'ils avaient été charriés par une masse visqueuse. Ensuite, le quartz s'est formé sous pression, grâce à la vapeur d'eau ; et il s'est moulé sur les autres éléments, emprisonnant d'ailleurs à l'état d'inclusions une partie de l'eau. Le granite est probablement resté sous l'écorce, déjà assez épaisse, formée des premiers dépôts sédimentaires et n'a été mis au jour que par érosion.

On voit cependant que la question de l'origine des roches grenues est encore fort obscure et ne sera résolue que quand on aura réussi à reproduire ensemble les minéraux qui constituent ces associations.

LES PRINCIPALES ROCHES SÉDIMENTAIRES.

Les roches sédimentaires constituent la plus grande partie de l'écorce terrestre. Leur origine est complexe. Certaines sont *détritiques*, c'est-à-dire qu'elles proviennent de la destruction, par la mer, les eaux courantes ou l'atmosphère, de roches préexistantes, par exemple des roches du terrain primitif (gneiss, micaschistes), ou des roches éruptives. D'autres ont une origine *chimique;* elles sont le résultat de décompositions, de précipitations opérées par l'eau ou par des émanations quelconques. D'autres, enfin, ont été produites par les organismes. Ces roches d'origine *organique* proviennent de l'activité des coraux, des foraminifères, ou de la décomposition des végétaux. Mais quel que soit le mode d'origine de ces roches, elles se sont déposées dans l'eau et pour cette raison elles présentent une disposition stratifiée, c'est-à-dire se composent de couches parallèles. Le dépôt s'est généralement produit horizontalement; dans des cas particuliers seulement, il s'est produit sous un certain angle, par exemple quand un torrent apporte des cailloux roulés ou du gros sable dans un lac à bords escarpés, ou tombe d'une haute vallée latérale dans une large vallée

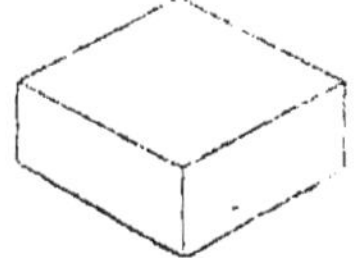

Fig. 506. — Spath d'Islande ou calcite (carbonate de chaux cristallisé).

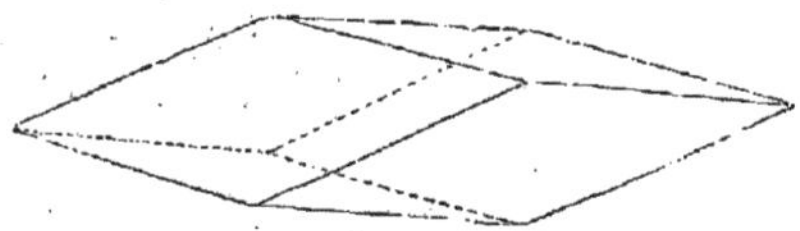

Fig. 507. — Carbonate de chaux (calcite).

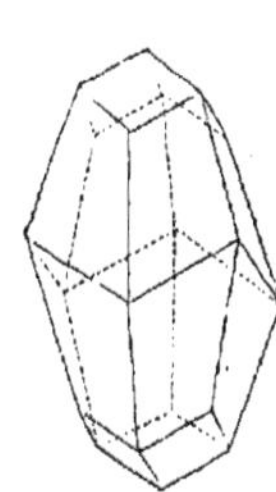

Fig. 508. — Carbonate de chaux (calcite).

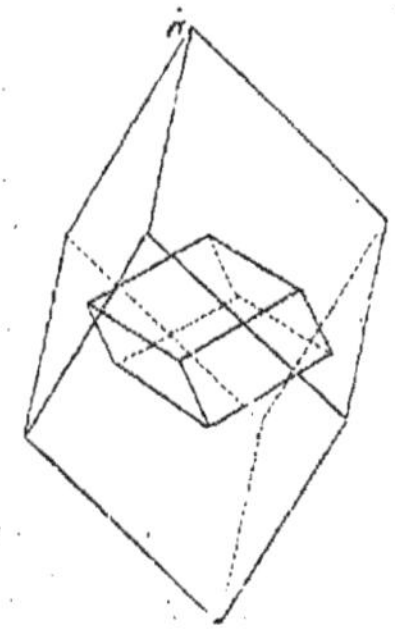

Fig. 509. — Carbonate de chaux (calcite). Rhomboèdre inverse.

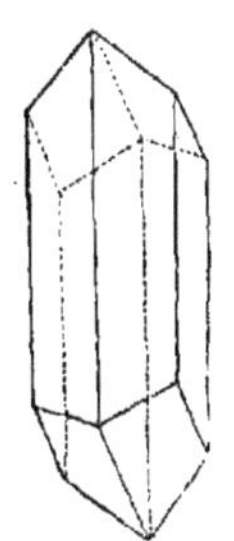

Fig. 510. — Aragonite.

principale, ou quand par suite de circonstances locales, le fond est très incliné. Toutefois, très souvent, comme nous l'avons déjà vu, les dépôts primitivement horizontaux sont ensuite relevés sous des angles très sensibles et même verticalement par suite des mouvements du sol. Dans l'introduction de cet ouvrage, nous avons insisté sur les divers modes de stratification (1).

Rappelons aussi que dans les roches sédimentaires, on trouve des *fossiles*, c'est-à-dire les restes d'animaux ou de végétaux qui vivaient au moment de leur dépôt. Nous allons étudier ici les principaux types de roches sédimentaires, en insistant particulièrement sur leur origine.

LES ROCHES CALCAIRES. LEURS PRINCIPALES VARIÉTÉS.

Les roches calcaires sont formées de carbonate de chaux. Elles se reconnaissent facilement. Si l'on prend un morceau de craie ou de marbre et si l'on verse sur lui une goutte d'acide, par exemple d'acide chlorhydrique, il y a *effervescence;* il se dégage de l'acide carbonique. Ce sont des calcaires. Tous les calcaires sont attaqués par les acides; de plus, ils sont rayés par le canif.

Le carbonate de chaux se présente souvent en beaux cristaux et cela sous deux formes différentes.

La première variété est le *spath d'Islande* ou *calcite* qui cristallise dans le système rhomboïdrique (fig. 506, 507, 508, 509). Ses cristaux d'une grande limpidité sont employés pour la fabrication des instruments d'optique. Ils présentent à un haut degré le phénomène de la *double réfraction*, c'est-à-dire qu'un objet regardé à travers un cristal de spath est vu double. Ce phénomène, découvert en 1670 par Érasme Bartholin, puis étudié par Huyghens, a été le point de départ de toute une série de découvertes en physique. Malheureusement, le spath, si recherché pour ses propriétés optiques, est fort rare. On ne l'obtient en quantité considérable qu'en Islande, au bord du ruisseau Silfra-loekr (ruisseau d'Argent), vers le milieu de la côte orientale de l'île. En cet endroit, il emplit dans une roche volcanique une vaste cavité de 500 mètres cubes environ; elle a 16 mètres de long sur 8 de large et 4 mètres de haut (Reclus).

La seconde variété de carbonate de chaux cristallisé est l'*aragonite* (fig. 510) ainsi appelée parce que beaucoup des plus beaux cris-

(1) Voir page 4 et suivantes.

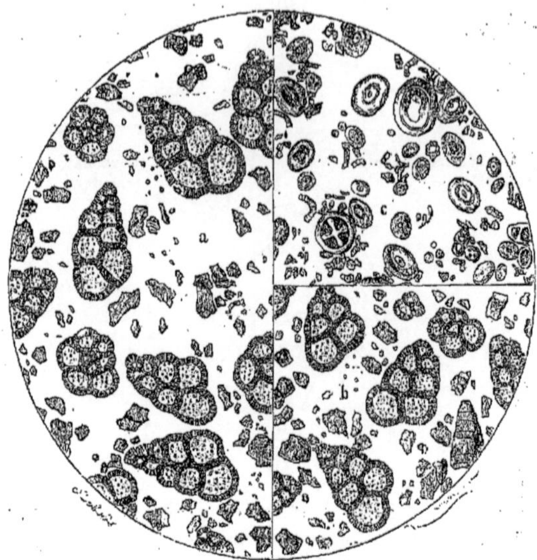

Fig. 511. — Résultat du lavage de la craie (d'après Zittel). — *a*, Sussex; *b*, désert de Libye (grossi 150 fois); *c*, résidu desséché (grossi 1200 fois).

taux des collections viennent d'Espagne. L'aragonite cristallise dans le système du prisme orthorhombique.

Parfois, de petits grains de spath s'associent et donnent lieu ainsi à une roche dont la cassure est grenue comme celle du sucre; de là le nom de *calcaire saccharoïde*. C'est ce calcaire qui forme le *marbre blanc* ou *statuaire* (ex. : celui de Paros, celui de Carrare). En plaque mince, dans la lumière polarisée, on voit étinceler tous ces petits cristaux de spath. La calcite, en effet, a des couleurs de polarisation très vives; elle est comme irisée par des teintes grises, roses et bleues, qui rappellent les feux des perles fines. Des impuretés communiquent souvent au marbre saccharoïde des teintes variées; ainsi le marbre du Pentélique est blanc avec des zones verdâtres.

Dans le marbre cristalloïde, les traces d'organismes manquent complètement. Mais il existe des calcaires compacts, susceptibles d'un beau poli et qu'on appelle aussi des *marbres*. On y trouve des restes de coquilles et aussi des cristaux de spath qu'on ne voit qu'à un fort grossissement. Le calcaire des coquilles est souvent devenu aussi cristallin par transformation moléculaire. Ces agrégats compliqués présentent fréquemment des veines de couleurs variées, qui les font employer pour l'ornementation. Citons ici le *marbre de Sainte-Anne*, et le *marbre petit granite*, noirs ou gris avec des veines blanches, qu'on exploite en Belgique; le *marbre griotte* à fond brun parsemé de taches rouges, exploité près de Carcassonne, à Caunes.

Beaucoup de calcaires compacts sont dits *oolithiques* parce qu'ils sont formés de grains arrondis ressemblant à des œufs de poisson. Ces petits grains se montrent composés de couches concentriques et de fibres rayonnantes. Ils sont réunis par un ciment calcaire plus ou moins cristallin. D'autres calcaires compacts ont une texture serrée, bien homogène; leur éclat est terne, leur teinte est grisâtre. Ce sont les *calcaires lithographiques* employés pour la reproduction des dessins et des écritures. Les meilleurs viennent de Solenhofen et de Papenheim en Allemagne. Il y en a aussi en France dans le département de l'Ain (Belley, Cérin). Le *calcaire grossier* est la pierre à bâtir de Paris. Il est criblé de trous qui sont des empreintes de coquilles.

Très souvent les calcaires compacts montrent nettement des caractères détritiques. Ils sont formés de morceaux de calcaire soudés par un ciment formé de carbonate de chaux

Fig. 512. — Travertin de Tivoli près de Rome avec empreintes de feuilles.

pur ou mélangé de silice. Quand les morceaux de calcaire ont été roulés par les eaux et ont ainsi perdu leurs angles, la roche est un *poudingue;* quand les fragments de calcaire sont au contraire à angles vifs, la roche est une *brèche*.

Certains calcaires sont très peu résistants, friables et se laissent rayer par l'ongle. Telle est la *craie*. Si on la réduit en poudre, et si on examine cette poudre au microscope, elle se montre formée de grains amorphes de carbonate de chaux et de débris de coquilles microscopiques : les Foraminifères (fig. 511). La craie, abondante aux environs de Paris, s'y présente bien blanche et bien pure. Elle est particulièrement exploitée à Meudon sous le nom de *blanc d'Espagne*. Nous avons vu précédemment que la craie constitue la plupart des falaises de Normandie.

CALCAIRES D'ORIGINE CHIMIQUE.

Un certain nombre de calcaires sont dus à l'évaporation de l'eau chargée de carbonate de chaux, ou à une précipitation chimique. Nous avons donné déjà comme exemple de dépôts par évaporation, les stalactites et les stalagmites si développées dans certaines grottes, ainsi à Adelsberg (1). Ces productions sont généralement formées de calcite; cependant certaines, comme celles d'Antiparos, sont constituées par l'aragonite. Nous avons parlé des tufs calcaires et des travertins produits par les sources incrustantes. Les eaux ne tiennent en dissolution le carbonate de chaux, qu'à la faveur d'un excès d'acide carbonique. Celui-ci se dégage quand l'eau arrive au contact de l'air et le calcaire se dépose. Les tufs sont des dépôts très légers formés autour d'algues ou de mousses. Quand le dépôt est dû à des eaux courantes tombant en cascade, comme à Tivoli par exemple, on lui donne plutôt le nom de *travertin* (fig. 512). Il commence par être poreux, à cause des végétaux incrustés, puis de nouvelles arrivées de carbonate de chaux finissent par le transformer en travertin compact. Le travertin de Tivoli présente de nombreuses empreintes de feuilles.

Le carbonate de chaux en dissolution dans l'eau de mer peut aussi se déposer et servir de ciment pour agglutiner des grains de sable ou des débris de coquilles. On observe des productions de ce genre aux environs de Royan, et surtout dans la Méditerranée. Le carbonate

(1) Page 143.

de chaux mélangé de matières organiques, forme souvent une sorte d'enduit noirâtre sur les rochers, ainsi, sur les calcaires magnésiens au cap Ferrat près de Nice.

M. Cloez a trouvé dans cet enduit du carbonate de chaux, du carbonate de magnésie, de l'oxyde de fer, de la silice, du chlorure de sodium et des matières organiques. Un enduit semblable a été observé par M. des Cloizeaux sur les roches feldspathiques de la Corse et sur les roches schisteuses du littoral d'Oran. M. Vélain l'a trouvé aussi sur des laves basaltiques de l'île de la Réunion. Citons aussi les calcaires cristallisés qui s'accumulent à l'embouchure du Rhône, cimentant les débris qui jonchent le fond.

Dans les mers chaudes l'évaporation des eaux de la mer sur les côtes est très active et fournit un véritable tuf calcaire. C'est ce que les nègres appellent, à la Guadeloupe, la pierre « maçonne-bon-Dieu ». Ils la voient se former sous leurs yeux; chaque marée ajoute de nouvelles couches à ce calcaire, qu'on emploie pour la construction. Dans ce tuf furent découverts des squelettes de Caraïbes. L'un de ces corps se trouve au British Museum; un autre est au Muséum de Paris. Ce dernier porte même au cou une pierre d'ornement semblable à celle que les Caraïbes portaient encore au dix-septième siècle. Il y a aussi dans ce tuf des débris de poteries, des grains desséchés de raisinier (*coccoloba uvifera*) et des restes d'animaux, comme le chien. Tous ces corps ont été certainement recouverts par le calcaire depuis la découverte de l'Amérique (1).

Le calcaire peut aussi être précipité par voie chimique à la suite d'une double décomposition. Si l'on ajoute une solution de carbonate alcalin à une solution de sulfate de chaux, il se produit un précipité de carbonate de chaux. D'après M. Thoulet (2), cela doit se produire dans la mer, à l'embouchure des fleuves. Cependant peu de calcaires doivent avoir cette origine à cause de la finesse des sédiments produits et de la lenteur de leur chute, circonstances grâce auxquelles les grains doivent se redissoudre en grande partie avant d'arriver au fond.

CALCAIRES PRODUITS PAR LES MOLLUSQUES, LES ÉCHINODERMES ET LES CORALLIAIRES.

La plus grande partie des calcaires est produite aujourd'hui, et a été produite dans les périodes géologiques antérieures, par les organismes qui ont retiré ce carbonate de chaux des eaux de la mer.

Sur le littoral s'accumulent de nombreuses coquilles de Mollusques : Huîtres, Peignes, Littorines, etc., qui forment ainsi de véritables bancs. Verrill signale sur la côte nord-est des États-Unis, des bancs formés d'un amoncellement d'excréments de Poissons qui ont dévoré les Mollusques et en ont rejeté les coquilles. Un calcaire de même origine forme le sous-sol de la Floride. Cette roche, appelée dans le pays *coquina*, est tendre, mais durcit à l'air (1). Bischof s'est demandé pour quelle cause les coquilles ne se dissolvent pas immédiatement dans l'eau de mer après la mort de l'animal qui les a sécrétées. Il attribue leur résistance à la matière animale, c'est-à-dire à la chitine qu'elles contiennent.

Souvent les débris de coquilles sont tellement triturés par les vagues qu'ils finissent par constituer une sorte de sable calcarifère. Telle est la *tangue* de la baie du Mont-Saint-Michel. C'est une sorte de vase constituée par les éléments des terrains granitiques du voisinage, et par le calcaire des coquilles, dont la proportion peut s'élever à 50 p. 100. Aussi emploie-t-on la tangue pour l'amendement des terres siliceuses. Il y a même dans ce sable de l'acide phosphorique, qui paraît provenir de la décomposition de petits Poissons qui abondent dans l'estuaire du Mont-Saint-Michel (3).

Beaucoup de calcaires déposés dans les périodes géologiques antérieures se montrent formés de débris de coquilles, et ces restes, lorsqu'on regarde des coupes minces au microscope, constituent l'élément principal de la roche. Ce sont les *calcaires coquilliers*, dont certains, les *lumachelles*, sont dus à une agglomération de petites coquilles d'Ostracés. Les marbres griottes des Pyrénées sont

(1) Reclus, *Géographie universelle Indes occidentales*, Paris, 1891, p. 866.

(2) Thoulet, *Océanographie*, I, p. 272.

(1) Thoulet, *Océanographie*, I, p. 273.

(3) De Lapparent, *Traité de géologie*, 2e édit., p. 175.

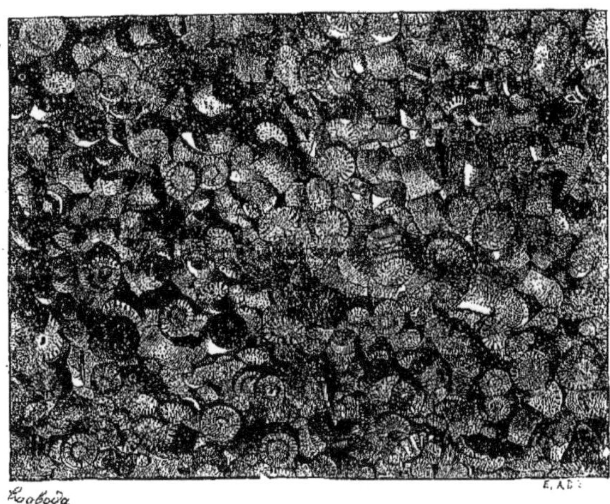

Fig. 513. — Calcaire à encrines.

aussi remplis de coquilles de Mollusques.

Certains Échinodermes : les Crinoïdes, ont aussi contribué à la formation des calcaires. Le corps de ces animaux se compose d'un calice formé de pièces calcaires et d'un pédoncule articulé qui s'enfonce dans le sol sous-marin. Les Crinoïdes aujourd'hui peu abondants, ont été fort nombreux dans les

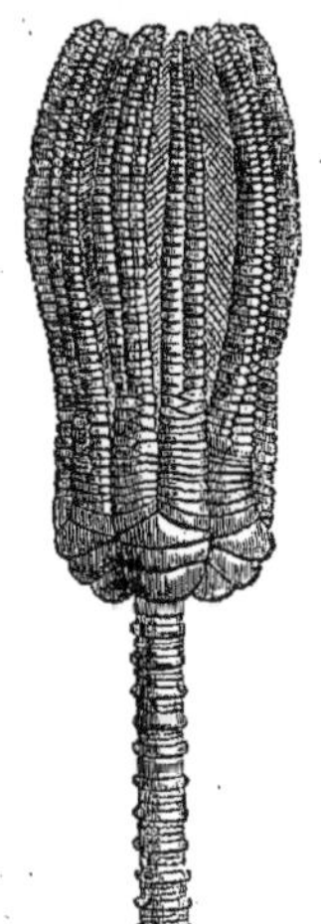

Fig. 514. — Encrinus liliiformis.

temps primaires et le commencement de la période secondaire. Les articles de leur tige, connus sous le nom d'*entroques*, forment souvent la majeure partie des calcaires anciens et sont transformés en spath. Le marbre *petit granite* de Belgique en est pétri. A la base du muschelkalk, calcaire coquillier du trias, se

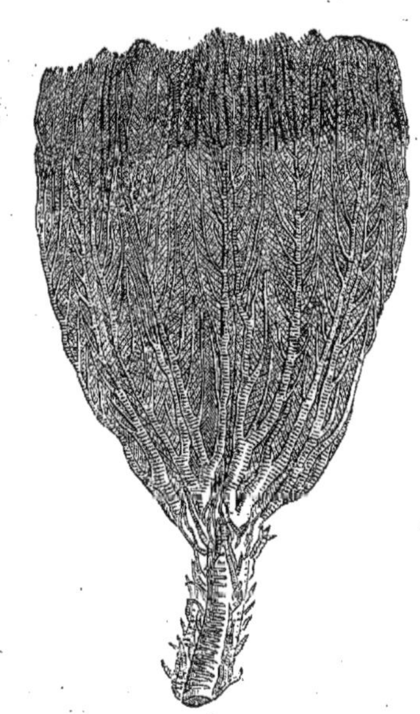

Fig. 515. — Pentacrine (page 425).

trouve le calcaire dit à *entroques* ou à *encrines* (fig. 513) (*Trochitenkalk*), entièrement formé de fragments spathisés de tiges d'un Crinoïde appelé *Encrinus liliiformis* (fig. 514). Le terrain

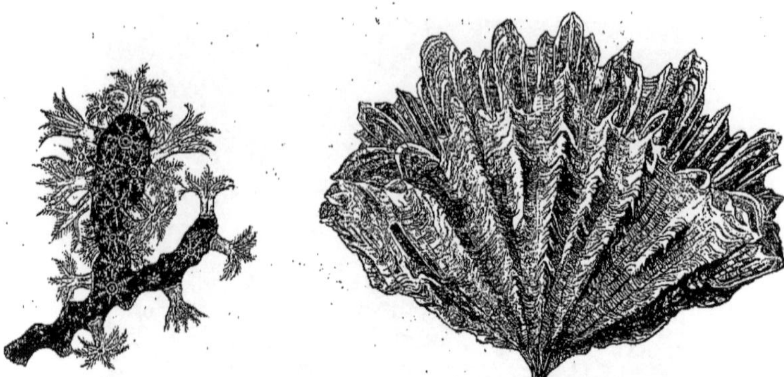

Fig. 516. — Branche de Corail rouge (page 426).

Fig. 517. — Flabellum (page 426).

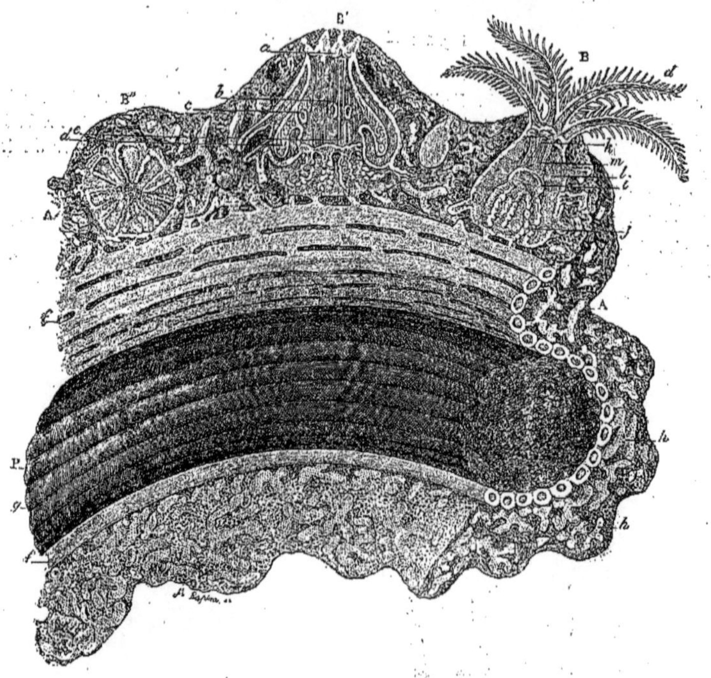

Fig. 518. — Coupe d'une portion de tige de Corail. — Portion d'une tige dont l'écorce a été fendue suivant la longueur et en partie enlevée. — B, B', B", Polypes ouverts et vus dans des positions différentes. — B, Polype dont les tentacules (*d*) sont épanouis. — *k*, bouche. — *m*, œsophage. — *i*, bourrelet ou sphincter inférieur de l'œsophage. — *j*, replis radiés ou mésentéroïdes. — B', Polype à tentacules (*d*) rentrés dans les loges péri-œsophagiennes. — *e*, espace circulaire autour de la bouche et œsophage. — *c*, orifice correspondant aux tentacules retournés. — *b*, partie du corps formant le tube saillant lorsque l'animal est épanoui. — *a*, festons du calice. — B", Polype coupé profondément et montrant les huit sections rayonnantes ou replis radiés libres vers le milieu de la cavité. — AA, sarcosome avec ses vaisseaux en réseaux irréguliers (*h*); en réseaux à tubes longitudinaux (*f*). — P, Polypier. — *g*, ses cannelures, dans lesquelles se logent les vaisseaux longitudinaux (*f*) (page 426).

jurassique nous offre, en particulier, comme fossiles, de nombreux Pentacrines (fig. 515), Crinoïdes dont le calice porte des bras d'une longueur énorme. Leurs plaquettes calcaires sont parfois au nombre de plusieurs milliers. Les débris de tous ces Crinoïdes jurassiques ont produit des amas considérables de calcaire. M. Neumayr cite particulièrement une contrée

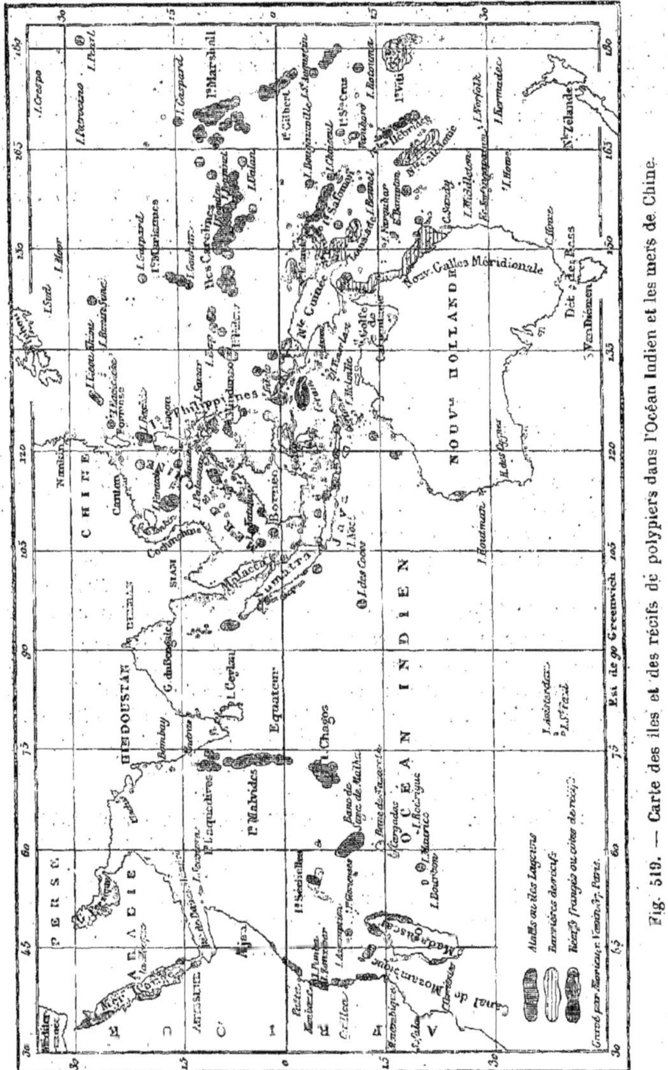

Fig. 519. — Carte des îles et des récifs de polypiers dans l'Océan Indien et les mers de Chine.

située dans les Carpathes à la limite de la Hongrie et de la Galicie. Dans le sud de la région dite des Klippenkalk (calcaire à récifs), au midi de Cracovie, jusqu'au voisinage de Eperies dans le comitat de Saros en Hongrie, presque tout le jurassique moyen est formé de puissantes accumulations d'articles de Crinoïdes (Neumayr).

Toutefois l'importance des Crinoïdes au point de vue de l'origine des calcaires, s'efface complètement à côté de celle des Coralliaires.

Les Coralliaires appartiennent à la grande division des Cœlentérés, c'est-à-dire des animaux dont la cavité générale se confond avec la cavité digestive, et qu'on appelle ordinairement les *polypes*. Leur corps se compose d'un simple sac muni d'une seule ouverture entourée de tentacules. La cavité du sac est la cavité générale du corps et en même temps sa paroi interne digère les matières nutritives. Chez les Coralliaires (ex. : le Corail rouge, fig. 516), l'organisation n'est pas aussi simple que chez les autres polypes. A l'intérieur de la cavité se trouve un tube ouvert à ses deux extrémités et qui pend au milieu du sac. On l'appelle le *canal œsophagien*. Il est rattaché aux parois du sac par des replis : les *replis mésentériques*, qui délimitent ainsi des loges se continuant chacune par un tentacule (fig. 518). Les polypes vivent le plus souvent en colonies qui se produisent par bourgeonnements répétés sur un polype primitif, et les cavités de tous les polypes communiquent entre elles.

Dans les tissus de ces animaux se développent des parties dures calcaires servant de soutien et de protection, et dont la substance est empruntée au carbonate de chaux de l'eau de mer.

Il se forme ainsi une sorte de loge ou calice, dans laquelle peut se retirer le polype; vers l'intérieur se développent des lamelles rayonnantes ou cloisons, qui correspondent aux intervalles des plis mésentériques. Parfois les divers individus restent isolés. Le plus souvent se forme, comme nous l'avons déjà dit, une colonie, et les diverses loges se réunissent en une masse commune : le polypier. Dans le dernier cas les calices des polypes peuvent simplement s'appliquer les uns sur les autres, ou produire en se juxtaposant de longs rameaux; mais les cloisons du calice peuvent s'étendre vers le dehors et s'enchevêtrer avec celles des individus voisins; enfin les divers calices peuvent être plongés dans une masse calcaire commune (1).

Les Coralliaires sont représentés dans toutes les mers. Il y en a dans les eaux froides comme dans les eaux chaudes, dans les eaux peu profondes comme dans les grandes profondeurs. Mais pour qu'ils se développent largement, il faut des conditions spéciales. Dans les régions froides ou dans les grandes profondeurs se trouvent seulement des Coralliaires isolés (*Flabellum* (fig. 517) *Ceratotrochus*), ou de petites colonies composées de quelques cellules. Les grandes agglomérations, les champs pour ainsi dire de Coraux, se montrent exclusivement dans les mers chaudes, où la température de la surface ne descend pas dans les mois les plus froids, à moins de 20° (fig. 519 et 520). Et encore là leur extension est limitée en profondeur. Ils ne s'élèvent pas au-dessus du niveau des plus basses marées, et ne descendent jamais très bas. Déjà à 20 brasses (36m,5), leur existence est très compromise, car l'accès de l'air et de la lumière paraît leur être nécessaire; cependant on a trouvé encore des exemplaires vivants à 40 brasses (1). Ces Coraux ont besoin d'une eau pure, contenant la proportion normale de sel; quand l'eau est troublée par des sédiments, ou perd de sa salinité, les grandes colonies de Coraux ne peuvent vivre. Par suite elles s'éloignent des fonds vaseux que les vagues labourent sans cesse, et aussi des embouchures des fleuves, qui amènent à la mer des sédiments et des eaux douces.

Quand ils trouvent des conditions favorables, les Coralliaires forment de véritables bancs, des récifs dont nous allons parler. Cependant il y a de vastes régions où ils manquent complètement, sans cause apparente; ainsi sur la côte ouest de l'Amérique du Sud. D'une manière générale ils se développent le mieux sur les bas-fonds des mers tropicales. Dans ces régions les colonies de ces animaux sécrètent leur enveloppe calcaire, et par leur activité persistante résistent à l'action destructive du flot. C'est même là où les vagues ont le plus de violence que les constructions des Coraux s'accroissent le mieux et le plus vite, et prennent un développement extraordinaire. M. Alexandre Agassiz a récemment signalé un exemple intéressant de la rapidité de croissance des Coraux. Ceux-ci se sont développés sur un câble sous-marin entre la Havane et la Floride, et qui se trouve à la profondeur de 15 mètres. Le câble, immergé en 1881 et retiré en 1886, présentait une couche de Coraux de 6 à 7 centimètres d'épaisseur et de plus de 15 centimètres de largeur (2).

Les espèces coralligènes sont très nom-

(1) Voir pour plus de détails sur les Coralliaires : Brehm, *Merveilles de la Nature* (*les Vers*, *les Mollusques*, etc.).

(1) Neumayr, *Erdgeschichte*, I, p. 560.

(2) Voir *Annuaire géologique universel* (année 1889), *Cœlentérés*, par G. Dollfus, p. 1010.

breuses. Citons en particulier les *Porites* (fig. 522) dont le squelette calcaire est criblé de trous, les *Madrépores* (fig. 521) où les murailles des loges sont perforées, mais où les cloisons sont entières ; les *Astræidés* (fig. 523) dont les loges relativement grandes sont appliquées les unes contre les autres; enfin les *Méandrines* (fig. 525) où les loges sont groupées en rangées très sinueuses.

D'autres polypes coralligènes ne sont plus

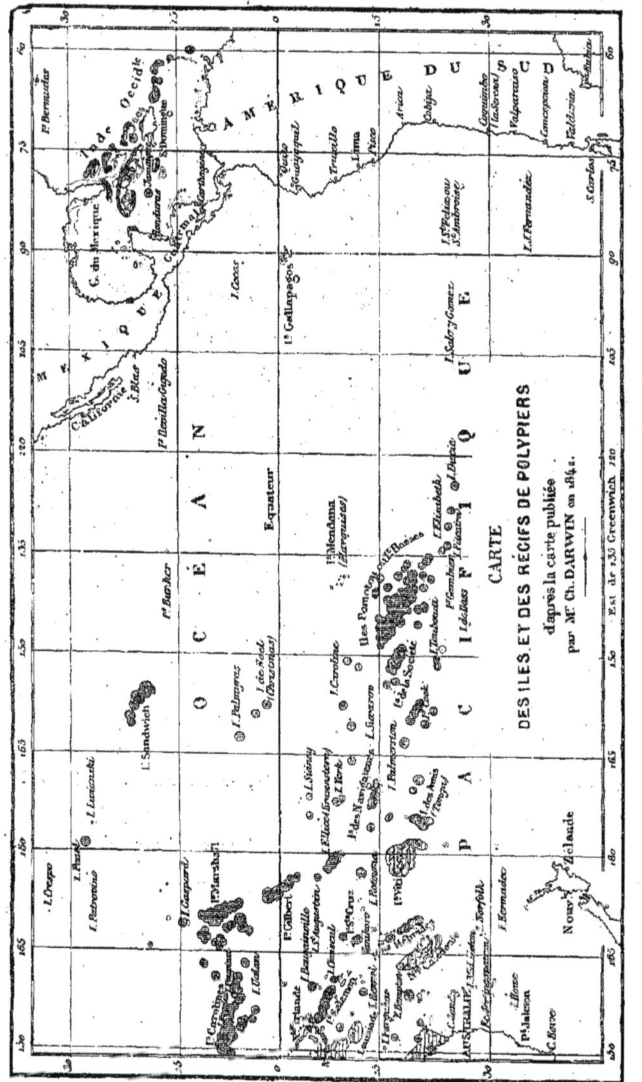

Fig. 520. — Carte des îles et des récifs de polypiers d'après la carte publiée par M. Ch. Darwin en 1842.

des Coralliaires proprement dits. Tels sont les *Millepores* qui appartiennent à la division des Hydrozoaires. La cavité générale du polype est simple ; il n'y a plus de canal œsophagien ni de replis mésentériques. Le polypier est formé de lamelles horizontales et de tubes verticaux divisés par des tables ou planchers. C'est dans ces tubes que se trouvent les polypes. Des algues même, les *Nullipores*, prennent part à la construction des récifs. Ces

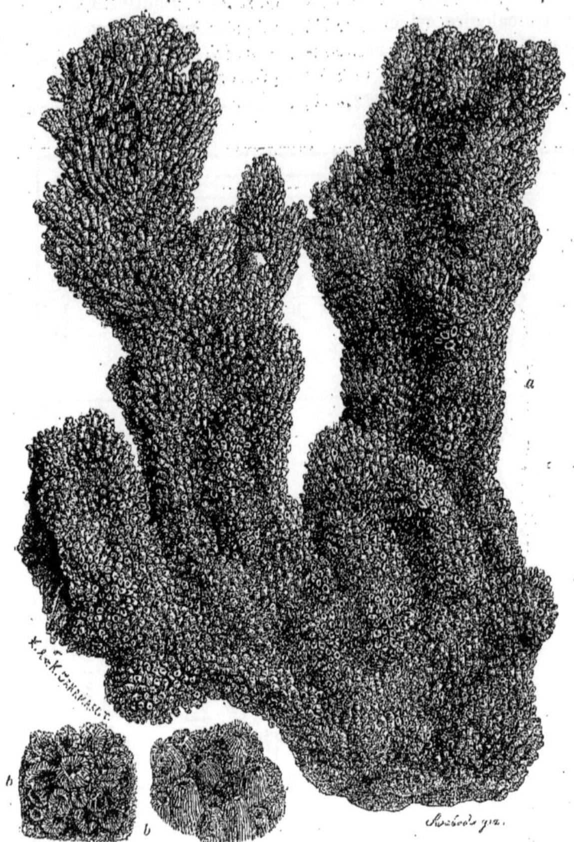

Fig. 521. — *Madreporata palmata* (d'après Agassiz), grandeur naturelle et grossi (*a*, *b*).

végétaux complètement pierreux forment des croûtes à la surface des Coraux et s'étendent sur eux à la manière des lichens. Les Bryozoaires forment aussi des récifs. Ce sont de petits animaux incrustants, qui par leur organisation se rapprochent des Mollusques.

La grandeur des individus pris isolément d'une colonie coralligène est généralement très faible, et chez les Millepores, les Porites, les Madrépores, ces individus sont même d'une extrême petitesse; mais par un bourgeonnement répété chez beaucoup de formes, par scissiparité chez d'autres, il se produit sans cesse de nouvelles loges. Les colonies prennent ainsi par l'agglomération de tous ces individus des dimensions considérables. Les polypiers en forme de dômes des Astræidés

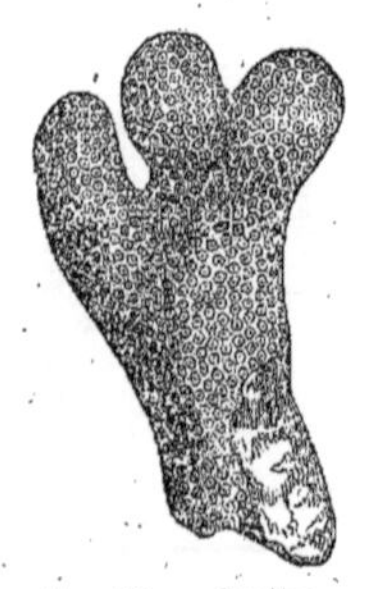

Fig. 522. — *Porites*.

et des Méandrines peuvent atteindre un dia-

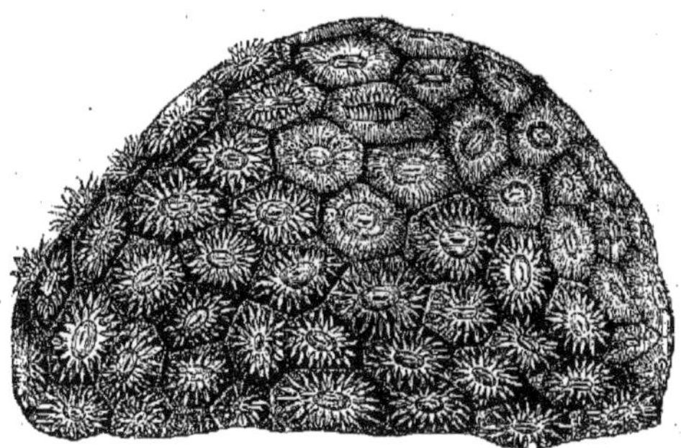

Fig. 523. — *Astræa*.

mètre de 8 mètres; les Porites forment des arborisations massives qui s'élèvent parfois à 6 mètres. Il faut remarquer que toutes ces cellules ne renferment pas des polypes vivants.

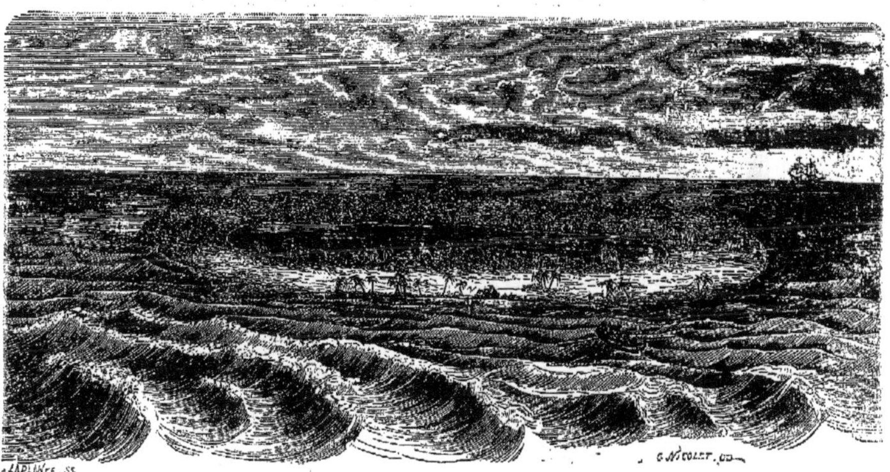

Fig. 524. — Atoll des Cocos.

Le polypier meurt par la base, tandis qu'il se développe par le haut. La partie superficielle est seule vivante. Sur les dômes énormes des Astræidés la couche des polypes vivants est seulement de 12 millimètres. On ne sait pas encore d'une manière exacte combien mettent de temps les constructions coralligènes pour acquérir les dimensions que nous venons de citer. Souvent la rapidité avec laquelle se fait l'accroissement est considérable, comme le montre l'exemple signalé plus haut par M. Alexandre Agassiz; mais il est probable que les dimensions extraordinaires de certains polypiers n'ont été acquises qu'après un temps bien supérieur à la vie moyenne de l'homme.

Les gigantesques constructions coralliennes

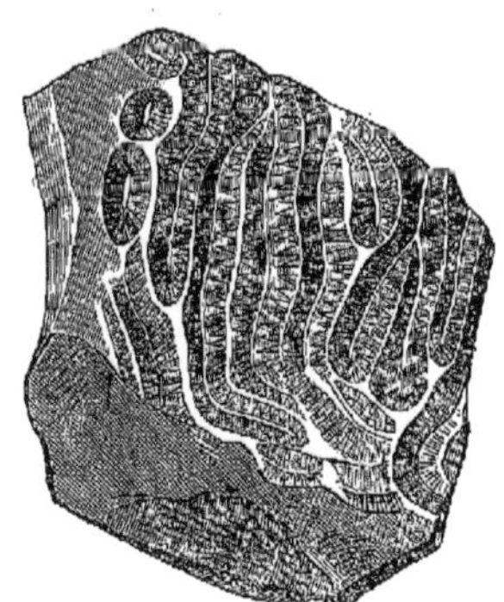

Fig. 525. — *Meandrinæ*.

Fig. 526. — Ile élevée avec récifs en barrière et récifs en ceinture.

qui se produisent dans les mers tropicales donnent naissance aux *récifs coralliens* ou *madréporiques* qui bordent les côtes des îles et des continents, et aux *îles coralliennes*, qui se montrent en plein Océan loin de toute autre terre. Ces îles ont souvent la forme d'une ceinture plus ou moins complète, entourant un lac intérieur ou *lagon*. On donne à ces îles le nom d'*atoll* (fig. 524) emprunté à la langue maldive. Nous avons vu que les Coraux ne peuvent prospérer à une profondeur supérieure à 20 brasses. Cependant on connaît des îles coralliennes qui s'élèvent au milieu de l'Océan et dont les parois s'enfoncent perpendiculairement sous les eaux jusqu'à une profondeur de 300 et même de 650 mètres. On pensait autrefois que les Coraux vivaient au fond de la mer et élevaient peu à peu leurs constructions jusqu'à la surface. C'est ce que croyait Forster, qui accompagna Cook dans

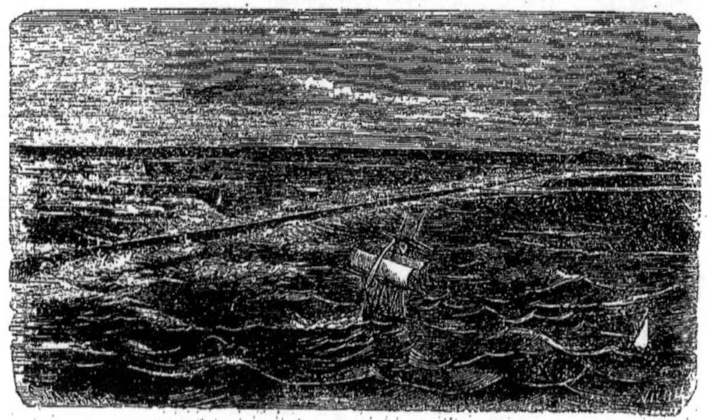

Fig. 527. — Récif-barrière de la côte de Pernambuco.

ses voyages de découverte. Mais on a abandonné cette explication, parce que les Coraux ne travaillent que sur des bas-fonds et que le long des récifs on ne ramène d'une grande profondeur que des polypiers morts. Les formations coralliennes ont été étudiées avec soin dans ce siècle par Darwin (1) d'abord, puis par le géologue américain Dana (2). Leurs descriptions et leurs théories sur l'origine de ces récifs et de ces atolls furent pleinement admises jusqu'à ces derniers temps.

(1) Darwin, *les Récifs de corail, leur structure et leur distribution* (1842), traduction française, Paris, 1878.

(2) Dana, *Corals and Coral Islands*, London, 1872.

Lorsque les polypes trouvent sur les côtes des conditions favorables, ils construisent leurs agglomérations sur le bord même de la côte. Ils forment ainsi à la terre ferme une ceinture, qui s'élève jusqu'au niveau des plus basses mers, et qui se continue vers le bas jusqu'à une profondeur de 20 brasses. Les versants du récif sont très raides, presque à pic. Une construction de ce genre s'appelle un *récif en ceinture* ou *récif frangeant* (fig. 526).

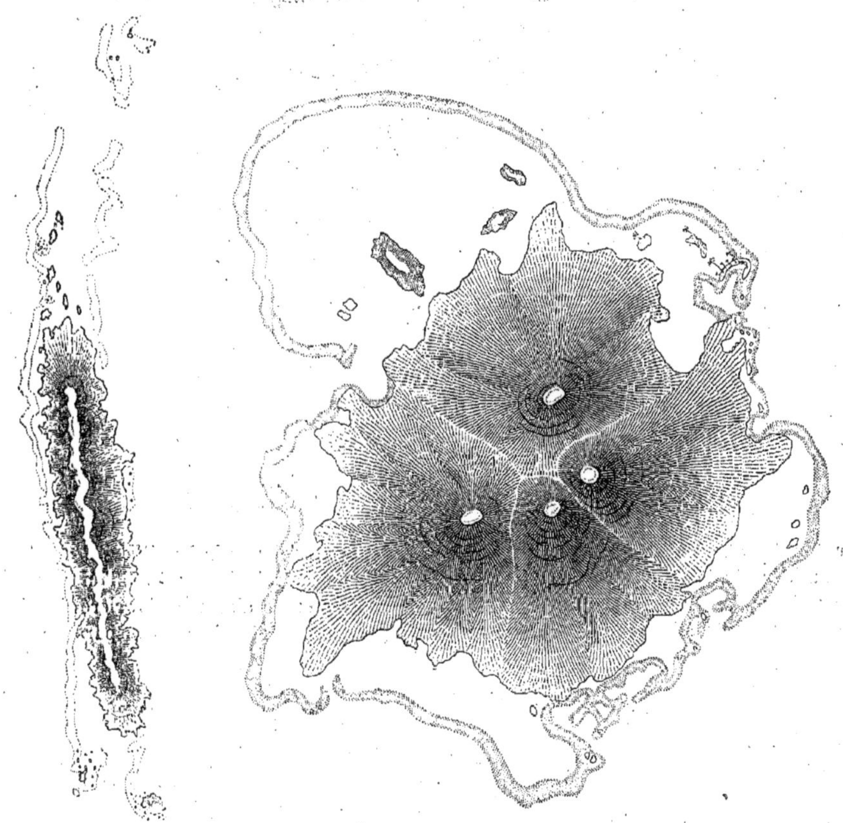

Fig. 528. — Nouvelle-Calédonie avec sa barrière de récifs (d'après Darwin).

Fig. 529. — Ile Ponape, d'après Darwin.

On en voit dans toutes les mers chaudes sauf, pour des raisons encore peu connues, dans une grande partie de l'océan Atlantique, même vers l'équateur. La mer Rouge par contre est bordée sur une grande partie de son pourtour par de semblables récifs. Sur ceux-ci on trouve une abondante population d'Annélides, d'Holothuries, de Crustacés, qui mangent les polypes et broutent en quelque sorte ces prairies marines. Tous les voyageurs qui ont visité les récifs de Coraux décrivent avec enthousiasme la vie qui s'épanouit sur ces écueils (1). La partie du récif tournée vers la pleine mer et soumise à l'agitation des vagues est toujours beaucoup plus développée et s'élève davantage. Elle pourra atteindre le niveau des basses mers, tandis que la partie interne sera arrêtée dans son extension et restera sous l'eau. Par suite il y a souvent, entre la côte et la muraille externe du récif, une portion de mer, une lagune peu profonde et où l'eau est peu agitée. La côte peut d'ailleurs, à l'intérieur de cette lagune, présenter une nouvelle bande de récifs formant ceinture.

Les récifs ainsi éloignés de la côte par une lagune sont appelés des *récifs-barrière* (fig. 527). Ils peuvent avoir une grande extension. Tels sont ceux de la côte nord-est de l'Australie, qui s'étendent sur une longueur de 1100 milles anglais, et sont éloignés de la côte d'environ 20 ou 30 milles. Le récif de la Nouvelle-Calédonie (fig. 528) a une longueur de 400 milles anglais. Souvent des îles sans importance, comme l'île Ponape (fig. 529), sont

(1) Voir Brehm, *les Merveilles de la Nature* (*Vers, Mollusques*, etc.), p. 591.

Fig. 530. — Iles Gambier (d'après Darwin).

entourées d'une semblable barrière. Les îles Gambier (fig. 530) sont entourées aussi d'une barrière; d'après Darwin elles sont en voie d'affaissement; elles plongent, tandis que le mur extérieur de la barrière s'élève et que la lagune centrale s'agrandit. Si l'on suppose que l'île entourée d'un récif-barrière s'affaisse de plus en plus et finisse par disparaître complè-

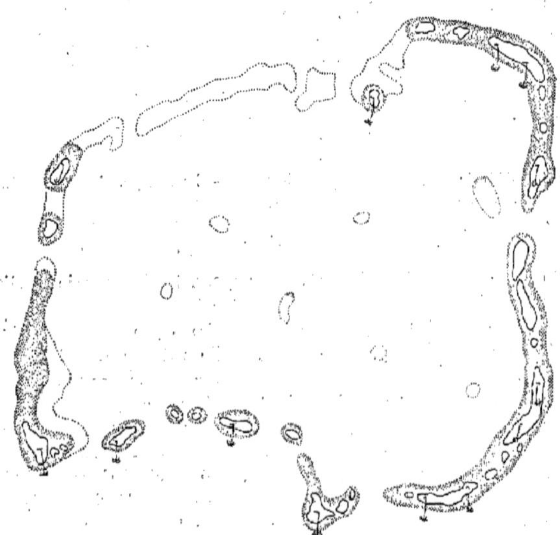

Fig. 531. — Atoll de Peros-Banhos (d'après Darwin).

tement sous les eaux, il restera seulement un récif annulaire entourant une lagune, récif généralement interrompu par place. Ce sera un *atoll* ou récif à lagune ex. : l'atoll de Peros Banhos) (fig. 531). Le nombre de ces îles annulaires dans l'océan Pacifique et dans l'océan Indien est énorme.

Les îles Maldives, à l'ouest de Ceylan, pré-

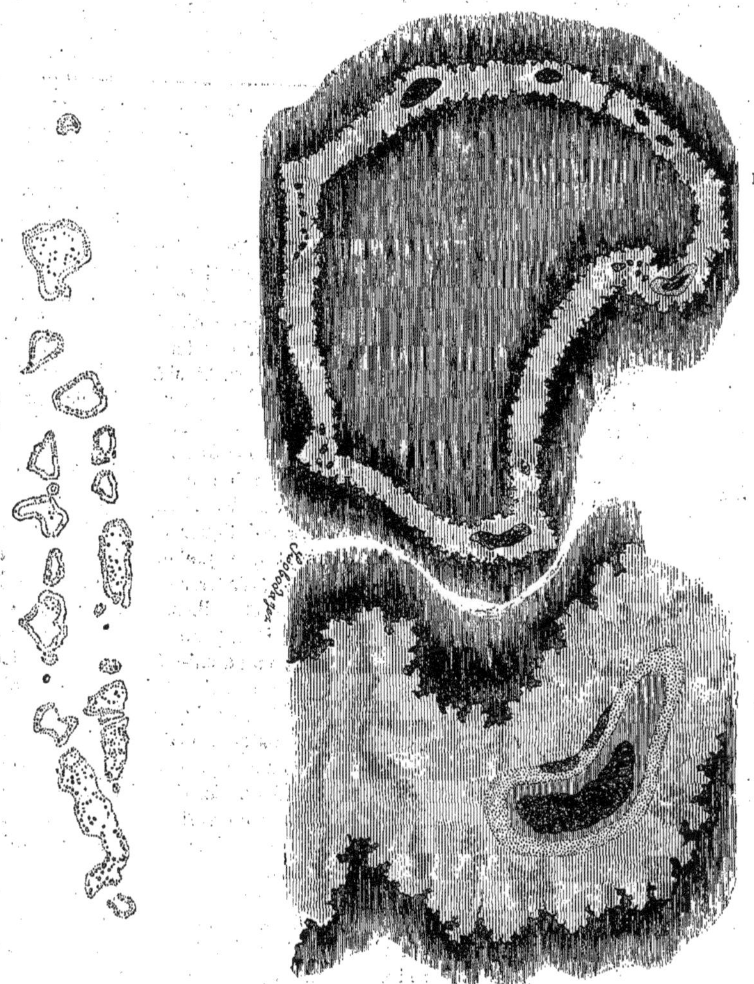

Fig. 532. — Les îles Maldives (d'après Darwin).

Fig. 533. — 1, *atoll Stewart* (d'après de Hochstetter). Les raies sombres indiquent la mer; les raies claires le récif; le noir indique les parties qui s'élèvent au-dessus de l'eau et couvertes de végétation. — 2, partie du récif (agrandie).

sentent une disposition spéciale. Le groupe présente la disposition générale d'une grande île annulaire, d'un atoll qui se serait séparé en plusieurs parties qui sont devenues autant d'atolls distincts. Ces atolls du premier ordre, au nombre de dix-sept, sont eux-mêmes subdivisés en plus de douze mille petites îles (fig. 532). Les îlots qui surgissent dans les lagunes sont eux-mêmes constitués à l'état d'atolls. Darwin a expliqué cette disposition de la manière suivante. Il suppose que primitivement se trouvait à l'emplacement des îles Maldives une grande terre comme la Nouvelle-Calédonie, entourée d'un récif-barrière. Cette terre s'est graduellement affaissée et il n'en est plus resté que les plus hauts sommets. Les parties émergées du récif-barrière ont été assez isolées les unes des autres et la lagune interne est devenue assez large pour que le régime de la pleine mer se soit fait sentir sur toute la périphérie, au lieu de se produire seulement sur le côté interne. Par suite chaque partie séparée s'est constituée à l'état d'atoll complet. Mais les diverses parties présentent encore dans leur ensemble des indices du contour de la grande île disparue.

En résumé, d'après Darwin, une grande partie du fond de l'océan Pacifique est en voie d'affaissement continu. La figure schématique suivante est relative à une île en voie d'affaissement (fig. 534). Les lignes I, II, III, IV indiquent les niveaux toujours plus élevés de la mer autour de l'île. Quand le niveau était en I, s'est formé un récif en ceinture *f*; la ligne de niveau s'est élevée ensuite dans le cours des siècles jusqu'en II. Les Coraux ont continué leur construction; des deux côtés, entre la muraille externe *b* et l'île, s'est formée une lagune à l'intérieur de laquelle s'est constituée contre l'île une ceinture *f'*. Puis la ligne du niveau est montée jusqu'à III et IV, alors sur le côté gauche s'est formé un simple récif-barrière *b'*, *b''*; tandis qu'à droite, par suite du plongement des sommets les plus bas de l'île, de nouveaux récifs *i'''* ont été constitués et nous avons là plusieurs barrières à la porte les unes des autres. Si l'eau s'élève encore un peu, les plus hauts sommets de l'île sont eux-mêmes couverts, et un atoll complet se constitue. Cette explication s'accorde avec le fait que les Coraux ne peuvent prospérer à plus de 20 brasses; ils se développent sur des parties en voie d'affaissement, de sorte que leur distance maximum au niveau marin ne dépasse jamais 20 brasses, et à cause de cela des atolls peuvent graduellement atteindre, comme celui de Keeling dans l'océan Indien, une épaisseur de 2000 pieds au-dessous du niveau marin actuel, avec une pente de 50°.

L'atoll présente généralement des ouvertures qui mettent la lagune en communication avec la pleine mer; ce sont les points où les Coraux n'ont pu se développer, à cause de la configuration du sous-sol qui ne leur a pas permis de prendre racine, ou bien parce que débouchent là des courants tenant des matières solides en suspension.

Peu à peu l'atoll prend une texture plus compacte; dans les intervalles des Coraux vivants les vagues apportent des débris formés par la trituration des parties immergées, et ces débris forment bientôt un remplissage solide. En outre l'atoll, qui se trouve d'abord seulement au niveau de l'eau, va s'élever peu à peu, car les vagues arrachent à la muraille externe des morceaux, souvent d'énormes blocs, qu'elles lancent sur la plate-forme. Il y aura donc, comme à l'atoll Stewart (fig. 533), des parties dépassant considérablement le niveau, de 5 à 6 mètres parfois. Les semences apportées par les flots, par le vent ou les oiseaux peuvent s'y développer, et l'atoll se couvre de végétation; il devient habitable. A l'île Pfingst (fig. 535) tout le cercle est devenu terre ferme; on a donc là une île de forme parfaitement circulaire. Remarquons d'ailleurs qu'en d'autres points la mer, au lieu d'édifier des terres, va au contraire produire des ruines. Ainsi à l'atoll Stewart se trouve un débris de ce genre qui a échappé à l'érosion. Il est couvert de végétation, c'est « le Pot de Fleurs » (*Blumentopf*).

Le contour et les dimensions d'un atoll sont très variables. Beaucoup sont circulaires, d'autres elliptiques ou très irréguliers. Certains n'ont que quelques milles (anglais) de diamètre, d'autres ont un diamètre de 30, 60 et même 80 milles. La largeur du récif qui sépare la lagune de la pleine mer est tout au plus d'un demi-mille. Les figures 536 et 537 représentent d'après Dana la coupe d'un récif coralliaire. Au niveau de la basse mer se trouve (B) une plate-forme littorale dont le bord extérieur peut être surélevé de 1 mètre par des algues calcaires. Ensuite vient une plage (C) horizontale couverte d'eau à la marée. Au-dessus se trouve l'île éloignée du bord d'environ 2 ou 300 mètres. La partie D élevée de 2 ou 3 mètres n'est couverte que lors des grandes marées et des tempêtes, mais la végétation ne s'établit que plus haut (en E), où se trouve une agglomération de fragments et de sable corallien rejetés par la mer. C'est là que les indigènes bâtissent leurs habitations.

La théorie de Darwin et de Dana rend bien compte de la plupart des faits; mais elle repose sur l'idée d'un affaissement graduel d'une grande partie du Pacifique; or en bien des endroits il y a plutôt des indices de soulèvement, et nous avons vu dans un chapitre précédent que rien n'est plus difficile que d'apprécier le sens du déplacement des lignes de rivage. Tout récemment M. John Murray, l'un des naturalistes du *Challenger*, est venu combattre l'explication de Darwin, et proposer une autre interprétation des faits. D'après lui il y a sur le fond du Pacifique et de l'Atlantique un grand nombre de cônes volcaniques.

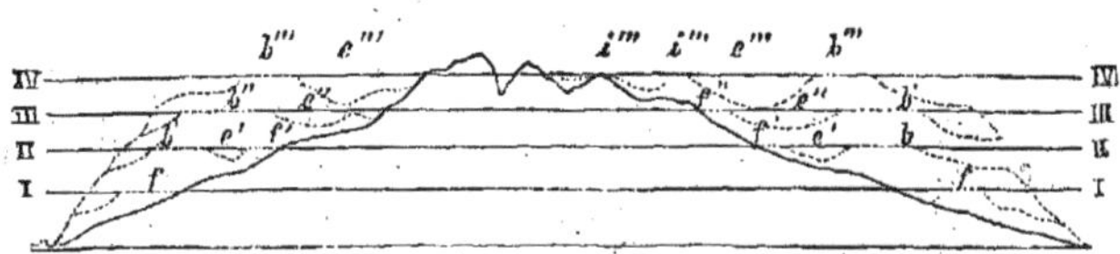

Fig. 534. – Coupe schématique d'une île coralliaire avec ses récifs.

Quand ils atteignent le niveau de la mer ou le dépassent, ils forment des îles comme l'Ascension, Saint-Paul, les Açores, les Fidji. Mais beaucoup ont été arasés par les vagues et sont immergés à une certaine profondeur. Il y a dans le Pacifique plus de 300 de ces cônes. Sur ces pics voisins de la surface viennent s'accumuler des sables, des débris de coquilles, des vases, et le tout finit par former une terrasse sur laquelle les Coraux s'établissent. Les atolls

Fig. 535. — Vue d'un atoll (d'après Darwin). Ile Pfingst.

seraient formés par les polypes établis sur un cône volcanique sous-marin. Au début la lagune interne n'existe pas, la hauteur est partout la même autour du support. Mais bientôt les individus qui sont le plus près du bord externe, ayant plus facilement de la nourriture, s'épanouissent, et la muraille externe s'élève; au contraire la partie centrale dépérit, meurt et se dissout; ainsi se forme la lagune intérieure centrale pour l'atoll, concen-

Fig. 536. — Coupe d'un récif coralliaire.

trique pour l'île entourée d'un récif-barrière. D'ailleurs, au-dessous de 40 ou 60 mètres, le soubassement du récif ou de l'atoll est surtout formé de débris volcaniques. Dans d'autres cas le récif corallien repose sur un banc calcaire édifié par d'autres animaux, comme les Foraminifères ou les Ptéropodes (1). La théorie de M. Murray, plus simple que celle de Darwin, en ce qu'elle n'exige pas des mouvements du sol, a déjà beaucoup de partisans

Fig. 537. — Coupe d'un récif coralliaire. (On voit à l'extérieur les coupes de l'atoll, et à l'intérieur la lagune).

et leur nombre s'accroît tous les jours; mais nous savons, pour l'avoir déjà vu souvent dans le cours de ce livre, qu'il faut se garder des théories trop générales et que souvent bien des causes très différentes interviennent pour produire le même phénomène.

Quoi qu'il en soit, les Coraux sont les arti-

(1) Voir une analyse des opinions de Murray, par M. G. Dollfus, dans l'*Annuaire géologique universel*, année 1889, p. 999 et suivantes.

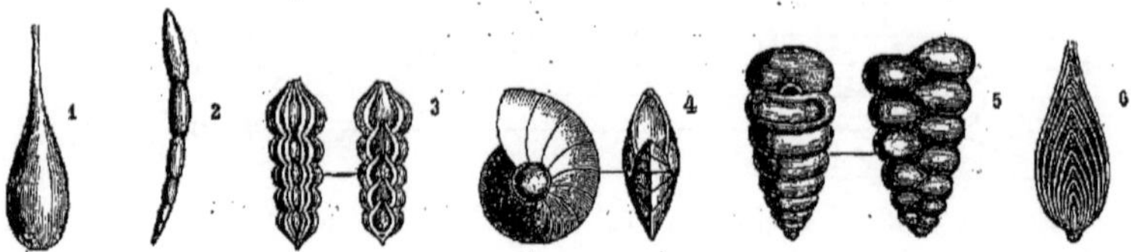

Fig. 538. — Foraminifères. — 1, Lagena; 2, Dentalina; 3, Nodosaria; 4, Cristellaria; 5, Textularia; 6, Frondicularia.

sans les plus actifs de la formation des calcaires. Certains calcaires compacts résultent du développement régulier des Coraux en place, dont les intervalles ont été comblés par des matériaux détritiques. Il s'en forme actuellement en bien des points de la Polynésie, comme à Tongatabu. D'autres ont une origine purement détritique. Les débris des Coraux triturés par les vagues forment un conglomérat bien cimenté par le carbonate de chaux que dépose l'eau de mer en s'évaporant. Les calcaires criblés de débris de Coraux qu'on trouve dans le terrain jurassique se sont formés de l'une ou l'autre de ces manières.

La trituration par les vagues donne lieu enfin à une sorte de sable calcaire que la mer rejette sur les plages des récifs extérieurs, et qui peut aussi se cimenter par le carbonate de chaux des eaux d'infiltration. Ce sable fournit également les calcaires oolithiques, si répandus dans le jurassique. L'eau de la mer, par suite de la puissante évaporation qui se fait dans les contrées tropicales, dépose autour de chaque grain une couche mince de calcaire. Le même phénomène se produit à chaque marée; par suite, les grains s'accroissent et leur agglomération constitue une roche oolithique. Les roches de ce genre ne se forment ni à la base ni dans le corps des récifs, mais seulement sur les plages.

CALCAIRES PRODUITS PAR LES FORAMINIFÈRES.

D'autres organismes enlèvent aussi à l'eau de mer son carbonate de chaux et par l'accumulation de leurs coquilles fournissent d'énormes masses de calcaire. Tels sont les Foraminifères (fig. 538, 539). Ce sont des animaux microscopiques appartenant au grand groupe des Protozoaires. Leur corps consiste en une masse protoplasmique à peine différenciée; leur coquille est percée d'une ou plusieurs ouvertures permettant le passage de prolongements protoplasmiques du corps ou pseudopodes. Ces animaux sont extrêmement nombreux et de formes très variées. Mais leur petitesse les a laissé longtemps échapper à l'attention des naturalistes. C'est en 1731 que Beccari, observant à la loupe du sable marin, sur la côte de Ravenne, y découvrit une énorme quantité de coquilles calcaires. Pour donner une idée du nombre incroyable de ces animalcules, il suffira de dire que, d'après Max Schultze, il y a 5 000 coquilles de Foraminifères dans 1 gramme de sable de Molo di Gaeta près de Naples.

On sait que depuis un certain nombre d'années plusieurs expéditions de sondage ont été entreprises dans les différentes mers, et qu'elles ont permis d'acquérir une foule de notions précieuses sur les dépôts sous-marins et sur la

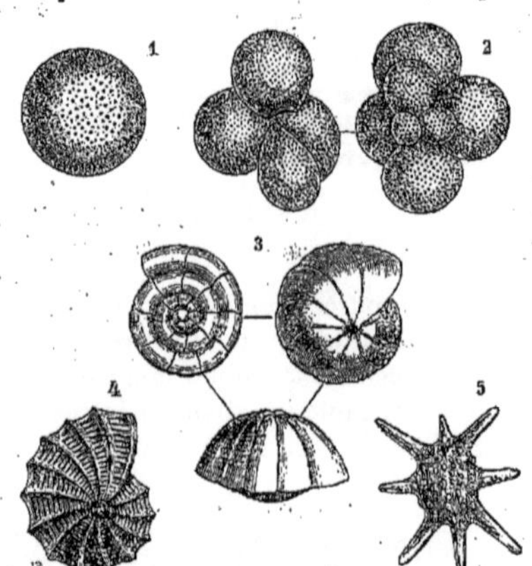

Fig. 539. — Foraminifères. — 1, Orbulina; 2, Globigerina; 3, Rotalia; 4, Polystomella; 5, Calcarina.

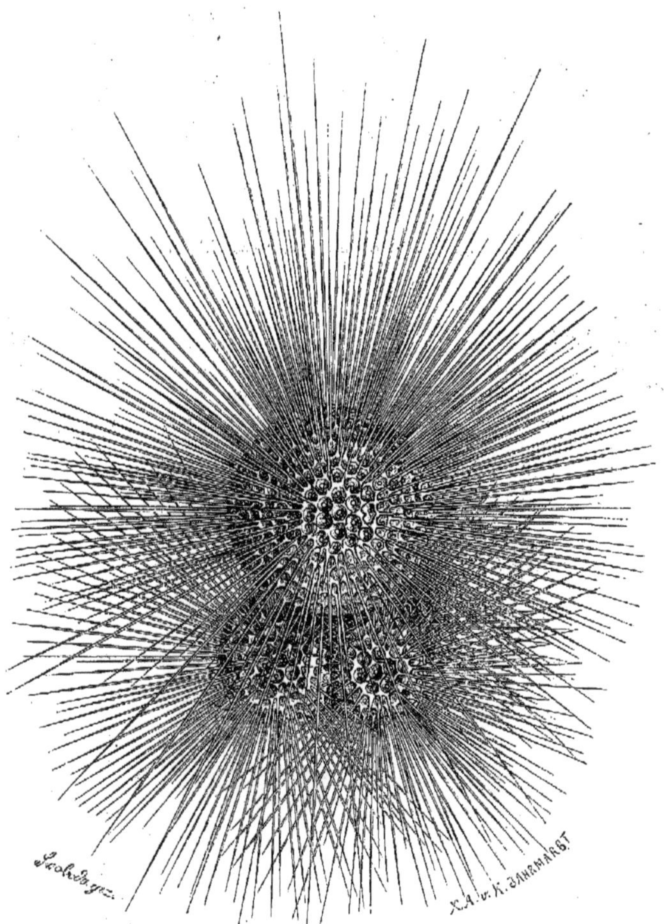

Fig. 540. — Globigérine vivante (très grossie, d'après Thomson).

vie dans les grandes profondeurs (1). Les premières de ces expéditions furent celles effectuées par Wyville Thomson à bord du *Lightning* et du *Porcupine* (1868-70). Elles conduisirent à une découverte des plus importantes, confirmée peu après par l'expédition du *Challenger*. Le fond de l'Océan, jusqu'à une profondeur de 2 300 brasses (environ 4 000 mètres) est tapissé d'un limon calcaire jaunâtre ou grisâtre qui, desséché, se montre au microscope comme formé par un grand nombre de Foraminifères.

Les Globigérines (fig. 540) dominent, ce qui a valu à ce limon le nom de « bouc à Globigérines », mais on y trouve aussi des Orbulines et des Pulvinulines. Beaucoup de ces coquilles sont intactes, d'autres sont brisées. Jamais on n'y a trouvé une coquille encore vivante, c'est-à-dire avec l'animal. Au contraire, les Foraminifères se montrent très nombreux à la surface de la mer ou à peu de distance de cette surface. On se les procure en promenant un très fin filet à la surface de la mer quand celle-ci est très calme. C'est après leur mort que les coquilles tombent au fond et constituent le limon calcaire. Ce dernier ne se trouve plus au-dessous de 4 000 mètres, parce que la haute pression de l'eau brise ces coquilles fragiles, ou que la teneur de l'eau en acide carbonique augmente, ce qui produit

(1) Voir Brehm, *Merveilles de la Nature* (*Vers, Mollusques*, etc.), p. 743 : La vie dans les profondeurs de l'Océan.

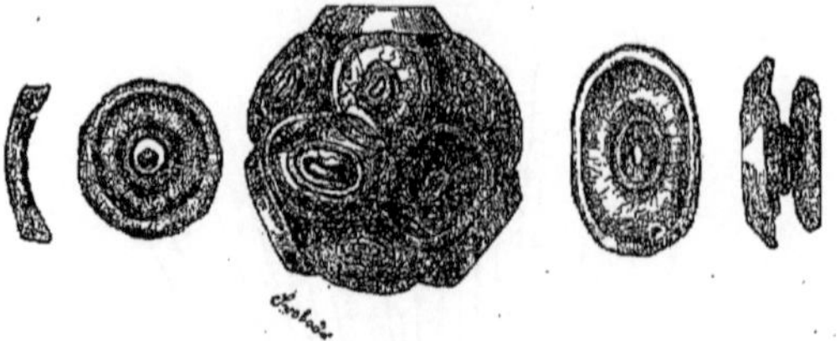

Fig. 541. — Coccolithes et coccosphères.

leur dissolution. Dans le limon, il y a outre les Foraminifères, d'autres éléments singuliers qui ont été signalés par Wyville Thomson (1) : des grains de calcaire amorphe, des coquilles de Radiolaires, des spicules d'Éponges, des carapaces de Diatomées, mais surtout des corpuscules appelés *coccolithes* et *rhabdolithes* (fig. 541). Les coccolithes sont de petits corps arrondis, visibles seulement au grossissement de 800 à 1 000 fois, et composés de carbonate

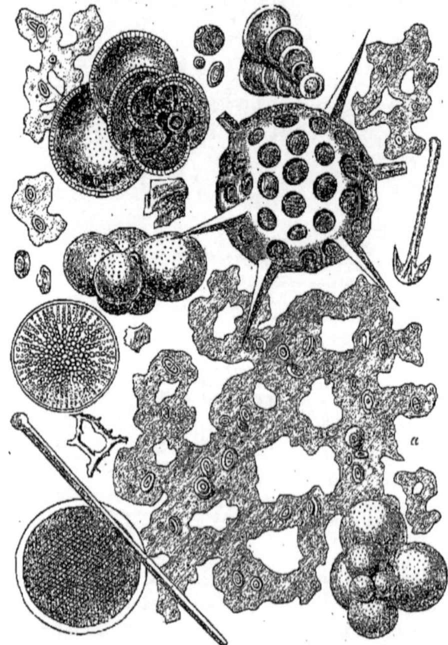

Fig. 542. — Boue des mers profondes, grossissement de 700 fois (d'après Haeckel), avec Foraminifères, Radiolaires, Diatomées, spicules d'Éponges, coccolithes et Bathybius (*a*).

de chaux. Les uns sont seulement arrondis; d'autres, appelés aussi *cyatholithes*, sont formés de deux disques accolés et rappellent, quand on les voit de côté, des boutons de manchette. Les rhabdolithes sont des bâtonnets renflés à l'un des bouts. Les coccolithes se rassemblent souvent pour former une sorte de sphère (*coccosphère*); il en est de même des rhabdolithes qui se groupent en *rahbdosphères*. Ces petits éléments sont souvent épars

(1) W. Thomson, *les Abîmes de la mer*, trad. franç., Paris, 1875, p. 348.

Fig. 543. — Calcaire nummulitique.

dans une masse transparente, gélatineuse, qui fut regardée comme vivante par Huxley et Haeckel et appelée *Bathybius* (qui vit dans les profondeurs) (fig. 542). Pour Haeckel, c'était la gelée primordiale d'Oken (*Urschleim*), qui par des transformations graduelles, aurait produit tous les êtres organisés. On crut avoir découvert le lien entre la nature inorganique et la nature organique, et résolu ainsi le problème de l'origine de la vie. Mais il est prouvé maintenant, par les travaux de Murray et Buchanan, que cette prétendue gelée vivante n'est autre que du sulfate de chaux amorphe dont la précipitation est due à l'alcool employé pour conserver ce limon. Celui-ci peut en effet se redissoudre dans l'eau et en être précipité de nouveau, mais à l'état d'aiguilles cristallines de gypse (sulfate de chaux).

En somme, la vase calcaire des grands fonds est formée de Foraminifères, de coccolithes, et de coccosphères, avec quelques autres éléments. Elle a été immédiatement comparée à la craie. Celle-ci, en effet, contient de nombreux débris de Foraminifères, et Sorby, dès 1861, avait remarqué dans la craie l'abondance des coccolithes (il y a parfois la proportion de 1 dixième). M. Wyville Thomson a donné (1) une liste d'espèces de Foraminifères, communes, suivant lui, à la craie et au limon de l'Atlantique. Cette liste contient dix-neuf espèces, dont les principales sont : *Globigerina bulloïdes, Dentalina communis, Cristellaria rotulata, Lagena globosa.* Cette analogie a fait dire par Wyville Thomson et par Huxley que la période crétacée se continuait de nos jours et que le limon de l'Atlantique était de la craie en formation. La masse crayeuse, si puissante en France, en Angleterre et dans le nord de l'Allemagne, se serait constituée dans les mêmes conditions que la boue à Globigérines actuelle. Il est bien vrai que la craie blanche observée au microscope présente une certaine

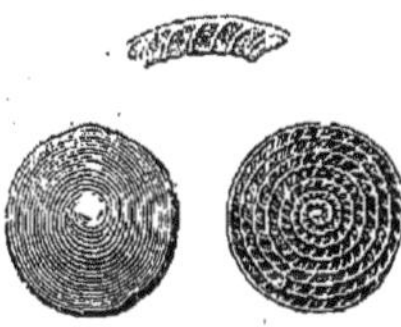

Fig. 544. — Nummulite.

analogie avec le limon de l'Océan ; on y voit des grains de calcaire amorphe, des coccolithes, des Foraminifères. Mais ceux-ci, relativement rares dans la craie blanche, plus communs dans la craie marneuse, sont beaucoup plus nombreux dans le limon actuel. MM. Mu-

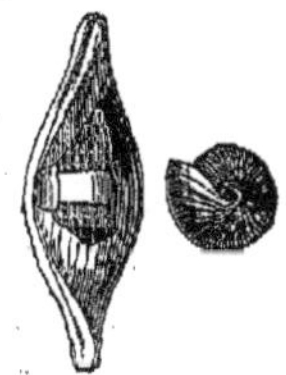

Fig. 545. — Fusuline.

nier-Chalmas et Schlumberger (1) ne croient pas à l'identité absolue des espèces de la craie et des espèces actuelles. L'espèce et même le genre sont difficiles à déterminer chez les Foraminifères, et des coquilles semblables à l'extérieur offrent à l'intérieur, comme le montrent les coupes microscopiques, des différences notables.

(1) W. Thomson, *les Abîmes de la mer*, p. 406.

(1) Munier-Chalmas et Schlumberger, *Bulletin de la Société géologique de France*, 1885.

Les Foraminifères n'ont pas seulement contribué à la formation de la craie. On les trouve en abondance dans d'autres calcaires. Le calcaire dit *nummulitique* (fig. 543) est pétri d'une énorme quantité de coquilles arrondies et aplaties comme des pièces de monnaie : les Nummulites (fig. 544). Beaucoup d'assises du calcaire grossier ou pierre à bâtir de Paris, sont remplies de petits organismes, de la grosseur d'un grain de millet : les Miliolites. En Russie, on trouve un calcaire blanc, crayeux, constitué par des Foraminifères : les Fusulines (fig. 545). Ce calcaire appartient à la période carbonifère; c'est l'équivalent marin de la houille. Quant aux coccolithes, dont la nature n'est pas bien connue, Gümbel les a trouvés dans les calcaires marneux de toutes les époques géologiques. Ils ne se voient pas dans les calcaires compacts, probablement parce qu'ils sont décomposés ou altérés. D'après Gümbel, les coccolithes et les Foraminifères sont les meilleures preuves de l'origine marine des calcaires où ils se trouvent (1).

Certains calcaires, mais peu nombreux, sont dus à l'activité des Algues. Nous avons déjà parlé des Algues calcaires, des Nullipores, à l'occasion des récifs madréporiques. Mais d'autres plantes, appartenant aussi au groupe des Algues, ont prospéré aux époques géologiques antérieures et l'accumulation de leurs débris a formé des calcaires. Telles sont les Dactyloporidées à l'époque triasique; telles sont encore les *Lithothamnium* qui ont végété en masse dans les eaux peu profondes de la fin du tertiaire. Le calcaire de la Leitha, la pierre de construction de Vienne (Autriche), en est presque entièrement formée (2).

LA DOLOMIE.

Certaines roches ont été longtemps confondues avec les calcaires. Ces roches sont particulièrement abondantes dans le Tyrol méridional. Le minéralogiste français Dolomieu reconnut, en 1771, que ces prétendus calcaires avaient une densité supérieure à celle du marbre, et qu'ils étaient peu sensibles à l'action des acides, qui s'exerce si facilement sur les calcaires. La roche fut appelée de son nom par Th. de Saussure, la *dolomie*. Elle fut analysée, et l'on reconnut qu'elle était composée de carbonate de chaux et de carbonate de magnésie, dans les proportions normales de 54,35 p. 100 du premier, pour 45,65 p. 100 du second. D'ailleurs, les proportions varient souvent ; il peut y avoir beaucoup moins de carbonate de magnésie, et tous les intermédiaires existent entre le calcaire dolomitique et le calcaire ordinaire. Les dolomies sont plus dures que les calcaires, elles ont une rugosité particulière. Souvent, elles sont criblées de trous ; on les appelle alors *cargneules;* cela tient à l'action des eaux qui entraînent le carbonate de chaux, lequel est plus soluble que le carbonate de magnésie. De même qu'il y a des calcaires saccharoïdes, il y a des dolomies saccharoïdes aussi blanches que le marbre, mais à grain plus fin.

Dans le Tyrol méridional, les dolomies sont particulièrement développées. Elles peuvent atteindre 1 000 mètres d'épaisseur. Leurs massifs, d'un blanc rosé et complètement dépourvus de végétation, sont souvent privés de toute trace de fossiles et de stratification (fig. 546). La structure est cristalline et grenue ; la roche est parsemée de cavités dont les parois sont tapissées de rhomboèdres de dolomie, c'est-à-dire de carbonate double de chaux et de magnésie (3).

La question de l'origine de la dolomie est en discussion depuis Léopold de Buch. Ce géologue visita la vallée de Fassa peu après Dolomieu, et les autres points du Tyrol où la roche est développée. Il reconnut tout de suite que celle-ci est un produit de transformation, qu'elle ne s'est pas déposée avec sa composition actuelle. Il remarqua sous les dolomies l'existence de grandes masses éruptives, de porphyres augitiques et de mélaphyres. L'éruption de ces roches aurait été accompagnée d'après lui d'émanations magnésiennes qui auraient transformé le calcaire précédent en dolomie. Cette explication est adoptée, au moins pour les dolomies en contact avec les roches mélaphyriques. M. Mojsisovics pense que les massifs calcaires aujourd'hui dolomitisés ont été formés par les Coraux. Ils ont été peu à peu transformés par l'introduction de la magnésie et l'élimination du carbonate calcique par l'action de l'eau. Comme la densité de

(1) Zittel, *Traité de Paléontologie*, Paris, 1883, t. I, p. 72.

(2) Neumayr, *Erdgeschichte*, I, p. 582.

(3) Formule chimique : $CaO.CO^2 + MgO.CO^2$.

Fig. 546. — Dreischusterspitze (Montagnes dolomitiques du Tyrol).

la dolomie est supérieure à celle du calcaire, la transformation a fait naître des vides, où le carbonate double de chaux et de magnésie a pu cristalliser (1).

Mais quelles étaient ces émanations magnésiennes et comment ont-elles pu agir sur le calcaire? Comme l'eau de mer contient du chlorure de magnésium et du sulfate de magnésie, on a pensé que ces sels pouvaient agir directement dans les conditions ordinaires sur le carbonate de chaux. Le sulfate de magnésie aurait cédé sa magnésie à l'acide carbonique du calcaire, qui aurait été ainsi transformé en carbonate de magnésie, tandis qu'une quantité

(1) De Lapparent, *Traité de géologie*, p. 687 et 898.

correspondante de chaux se serait combinée à l'acide sulfurique pour fournir du sulfate de chaux ou gypse. Et en effet, celui-ci se trouve parfois associé aux dolomies. Mais en réalité, ces réactions chimiques exigent pour se produire une haute pression et une température de plus de 100°. On peut d'après cela imaginer que précisément les éruptions mélaphyriques ont introduit dans les mers contemporaines de grandes quantités de chlorure de magnésium et de sulfate de magnésie, et qu'elles ont aussi élevé suffisamment la température de ces mers pour rendre possible l'attaque du calcaire. Neumayr (1), cependant, ne croit pas que l'explication soit suffisante ; il fait remarquer combien est énorme la masse qui aurait été ainsi transformée p r la chaleur des éruptions et les apports de sels magnésiens ; elle s'étend de la vallée de l'Adige au Frioul ; en outre, ces tufs associés aux roches éruptives sont remplis de fossiles encore bien conservés, ce qui montre que l'eau n'a jamais été assez chaude pour empêcher la vie de prospérer.

Il est probable que l'on a attribué aux éruptions mélaphyriques un trop grand rôle dans la dolomitisation. Certainement elles ont agi, mais les dolomies, d'ailleurs très nombreuses au voisinage desquelles on ne voit pas de roches éruptives, ont dû se former autrement. Elles se sont produites, d'après la plupart des géologues, dans les conditions normales de température. Des eaux riches en sels magnésiens, circulant à travers le calcaire, ont enlevé de la chaux et laissé une quantité équivalente de magnésie. D'autre part des eaux riches en acide carbonique, traversant un calcaire contenant une faible proportion de magnésie, ont peu à peu dissous une partie du carbonate de chaux, enrichissant ainsi graduellement le calcaire en magnésie. On peut donner comme preuve de cette dolomitisation progressive, ce qui se passe, d'après Dana, sur certains récifs coralliens, comme celui de Mathea. Ce calcaire y renferme jusqu'à 38,07 p. 100 de carbonate de magnésie. Il est probable que les sels magnésiens de l'eau de mer se sont peu à peu infiltrés dans le calcaire et l'ont ainsi graduellement transformé.

On voit que l'origine de la dolomie est due sans aucun doute à plusieurs causes, dont il s'agit de déterminer exactement l'importance. Une explication générale ne peut être donnée ; les différents cas particuliers exigent probablement une explication différente, et la question de la dolomitisation est toujours à l'étude, depuis les recherches de Léopold de Buch.

LE SEL GEMME, LE GYPSE. LEUR ORIGINE.

Le chlorure de sodium (2) ou sel marin se trouve parfois en masses épaisses dans le sol. On l'appelle alors *sel gemme*. Ce minéral se reconnaît à sa saveur et à sa facile solubilité. Il cristallise dans le système cubique, et le plus souvent sous la forme du cube. Lorsqu'il est ainsi dans le sol, toujours il est compris entre des couches imperméables, argileuses ou marneuses, qui le protègent contre l'action des eaux d'infiltration.

Le gypse est le sulfate de chaux hydraté (3). Ce minéral incolore ou blanc jaunâtre, se reconnaît aux caractères suivants : Il ne fait pas effervescence avec les acides, se laisse rayer à l'ongle et se réduit en une poussière blanche, qui est le plâtre, sous l'influence de la chaleur. Il cristallise dans le système monoclinique. Il se clive facilement en lamelles minces. On le trouve souvent en cristaux groupés deux à deux sous la forme de *fer de lance* ou sous forme de lentilles aplaties (fig. 547). Mais il se présente encore sous d'autres aspects. Le

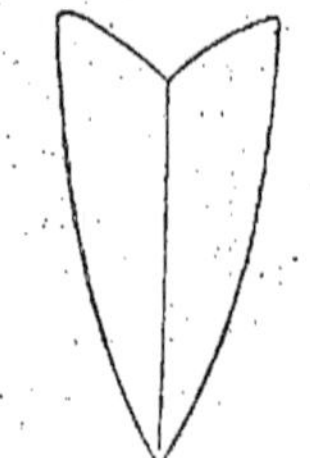

Fig. 547. — Gypse fer de lance.

gypse peut former des masses grenues, translucides, d'un blanc pur et susceptibles d'un beau poli ; on l'appelle alors *saccharoïde* ou *albâtre gypseux*. Il ne faut pas le confondre avec l'albâtre calcaire qui est le calcaire des stalactites. Le gypse peut être aussi en masses cristallines de couleur blonde. C'est le gypse

(1) Neumayr, *Erdegeschichte*, I, p. 589.
(2) Formule chimique : $NaCl$.
(3) Formule chimique : $CaO.SO^3 + 2HO$.

Fig. 518. — Lac salé de Too-Gyagar au Thibet (d'après de Richthofen).

pied d'alouette. On trouve cette roche dans la plupart des collines de Paris et des environs; elle atteint 20 mètres d'épaisseur à Montmartre. Nous aurons plus loin à y revenir.

Le sulfate de chaux peut être anhydre; on lui donne alors le nom d'*anhydrite* ou *karsténite*. Il cristallise dans le système rhombique. Il ne blanchit pas et ne s'exfolie pas par la chaleur, comme le gypse. Il se raye aussi plus difficilement.

Sel gemme, gypse, anhydrite, sont le plus souvent intimement associés; ils sont, comme nous allons le voir, d'origine purement chimique. Mais suivant divers géologues ces dépôts résultent de l'activité interne du globe; suivant la plupart au contraire, ils proviennent de l'évaporation des eaux de la mer.

Nous savons que les volcans dégagent du sel gemme en vapeur, qui se sublime ensuite. Nous avons vu aussi qu'il se dégage de l'acide sulfhydrique. Celui-ci, pense-t-on, devenant acide sulfurique en absorbant l'oxygène de l'air, réagit sur des calcaires voisins et transforme le carbonate de chaux en anhydrite ou en gypse, suivant qu'il y a ou non de l'eau en présence. Les sources thermales, liées comme nous le savons à l'activité interne, ont pu jouer, pense-t-on aussi, un rôle dans la formation du gypse. C'est l'origine que M. Hébert attribuait au gypse du bassin parisien (1). Suivant lui le gypse aurait été précipité par des sources minérales dont les produits venaient se déposer au fond de lagunes ou de lacs voisins de la mer. Celle-ci les envahissait de temps en temps comme le montrent les couches marneuses à fossiles marins que présente le gypse. Les eaux douces venant se déverser dans ces lagunes, entraînaient avec elles les restes d'animaux terrestres, et ce sont ces restes (*Palæotherium*, etc.), qu'on retrouve dans la formation gypseuse. Mais les recherches récentes de M. Munier-Chalmas doivent faire abandonner complètement cette opinion. Le gypse provient encore ici d'une évaporation d'eaux marines.

(1) Hébert, *Bull. Soc. géol.*, 2e série, t. XVII, p. 803.

Dans le tertiaire du Jura on trouve un terrain appelé *sidérolithique*. Il y a là du fer hydroxydé (limonite) en petits grains et des amas de gypse. Les deux minéraux dérivent peut-être d'émanations de sulfure de fer qui, accompagnées de sources calcaires, auraient fourni à la fois de la limonite et du sulfate de chaux (1).

Sans aucun doute possible la plus grande partie des amas de sel gemme et de sulfate de chaux proviennent certainement de l'évaporation des eaux marines. Considérons en effet ce qui se passe quand ces eaux s'évaporent à la température ordinaire. Elles laissent d'abord déposer une petite quantité de carbonate de chaux avec du sesquioxyde de fer hydraté, mêlé à une faible proportion de manganèse. Elles restent ensuite parfaitement limpides, jusqu'à ce qu'elles aient diminué des

(1) De Lapparent, *Traité de géologie*, p. 1379.

Fig. 549. — Le Grand Lac Salé, vue prise de l'est.

4/5 de leur volume primitif. Alors elles déposent un abondant précipité de gypse pur; puis quand l'eau est réduite au 1/10 de son volume primitif commence le dépôt de sel marin pur qui continue jusqu'à une nouvelle réduction de moitié. Ensuite on a successivement du sel marin mélangé de sulfate de magnésie; le sel mixte mélangé à équivalents égaux de chlorure de sodium et de sulfate de magnésie; la carnallite ou chlorure double de potassium et de magnésium; enfin reste une eau mère ne contenant plus que des sels déliquescents comme le chlorure de magnésium, et qui ne pourra plus s'évaporer à la température ordinaire. On voit donc que le gypse correspond à une première phase d'évaporation; et le sel gemme à une seconde. Cela explique que dans les couches du sol, on trouve souvent des gisements de gypse sans sel gemme, mais qu'on ne connaît pas de sel gemme sans gypse. A l'époque actuelle l'étang de Lavalduc à l'embouchure du Rhône, complètement isolé de la mer, en est arrivé à la période de dépôt du gypse (1). Son niveau est maintenant à 15 mètres au-dessous de la Méditerranée. Nous avons vu déjà que dans la mer Caspienne existe un golfe : le Karabogaz, qui ne communique avec la mer que par un étroit canal. L'évaporation y est très active; l'eau de la Caspienne arrive sans cesse dans le Karabogaz, et il n'y a pas de contre-courant. En vingt-quatre heures la quantité de matières salines qui passe dans le golfe, pour y rester toujours, est évaluée à 350 000 tonnes. Aussi l'eau du Karabogaz est-elle presque saturée. Bientôt elle laissera déposer son gypse.

Ce qui se produit de nos jours s'est produit aussi dans les périodes géologiques antérieures. Le dépôt de sel gemme le plus puissant est celui de Stassfurt près de Magdebourg. Le sel y atteint 290 mètres d'épaisseur. On pense que c'est cette même assise qui a été retrouvée à Sperenberg, au sud de Berlin, et qu'on a pu suivre jusqu'à une profondeur de 1 200 mètres. Or le gisement de Stassfurt, considéré dans son ensemble, fournit la succession complète des dépôts salins qu'abandonnent les eaux des mers modernes par l'évaporation, et l'ordre relatif de succession est le même. Le gisement de Stassfurt s'est donc bien formé par évaporation marine. On a cru trouver une difficulté dans la présence du borate de soude à la partie supérieure du gisement, au milieu des sels déliquescents. L'acide borique est en effet lié, le plus souvent, comme nous l'avons vu déjà, à l'activité interne du globe, aux phénomènes volcaniques. Mais M. Dieulafait a constaté que l'acide borique existe normalement, avec les sels déliquescents, dans les dernières eaux mères des marais salants du midi de la France (1). Sa quantité est même relativement si considérable, que, pour le reconnaître par l'analyse spectrale, une seule goutte d'eau mère est plus que suffisante. La présence de l'acide borique au sommet du gisement de Stassfurt s'explique donc d'elle-même.

De ce qui précède M. Dieulafait tire les conclusions suivantes. Lors de la première consolidation d'une écorce terrestre, le chlore et le soufre étaient dans l'atmosphère. Quand la

(1) Voir Dieulafait, *Origine et mode de formation des eaux minérales salines* (Rev. scient. du 8 juillet 1882).

(1) Voir l'article déjà cité de la *Revue scientifique*, 1882.

Fig. 550. — Lac Lal et mont Agassiz dans la chaîne d'Utah (Amérique du Nord), d'après Clarence King.

température fut suffisamment abaissée, ces deux éléments ont formé des chlorures et des sulfates en s'unissant aux métaux qui existaient dans la croûte terrestre. Ces métaux sont ceux qui existent encore dans les eaux marines (lithium, potassium, sodium, magnésium, calcium).

Les sels dissous dans les eaux ont donc une origine extérieure. Plus tard des portions de mers se sont isolées; elles se sont évaporées et, suivant le degré de concentration, il s'est déposé des sels, parfois de nature assez complexe, mais qui présentent toujours ce caractère qu'ils débutent par des dépôts de gypse. Telle serait l'origine des gisements salins de notre globe. Toutes les fois que les eaux d'infiltration atteignent ces dépôts, elles en dissolvent des quantités plus ou moins considérables, et quand elles reviennent au jour, elles constituent les eaux minérales salines, comme celles du Dauphiné, du Jura, de la Suisse, de l'Allemagne, etc.

Il existe à la surface du globe de vastes régions où les eaux n'ont plus d'écoulement vers la mer. Les cours d'eau se jettent dans des bassins fermés. Tels sont la Caspienne qui reçoit le Volga, le Terek, l'Oural, etc.; le lac d'Aral qui, par l'Oxus ou Amou Daria, emmagasine les eaux descendues de l'Hindou-kousch et du Pamir; le Balchasch où arrive l'Ili; le Lop Nor au cœur du désert de Gobi. Citons encore de nombreux lacs sur les plateaux élevés du Thibet (fig. 548). Nulle part ailleurs qu'en Asie on ne voit davantage de régions sans écoulement. Il y a bien en Afrique des contrées dont les eaux n'arrivent pas à la mer, mais précisément là les précipitations atmosphériques sont rares ou presque nulles, de sorte qu'il n'y a pas dans ces régions de grands fleuves, et seulement quelques bassins lacustres isolés (lac Tchad, les Chotts). Dans l'intérieur de l'Australie il y a aussi des bassins fermés; et de même dans l'Amérique du Nord entre la Sierra Nevada et la chaîne de Wahsatch, on trouve le Grand Lac Salé d'Utah (fig. 549) et une foule de lacs plus petits (fig. 550). Tous ces bassins fermés présentent ce caractère commun d'avoir des eaux fortement salées. Cela s'explique facilement. Les eaux qui y arrivent peuvent contenir seulement une faible proportion de matières salines, mais la concentration se fait dans le bassin. L'eau s'évapore en partie tandis que les sels restent. Leur proportion peut devenir assez grande avec le temps pour déterminer une cristallisation. Le carbonate de chaux, qui est le moins soluble, doit se déposer d'abord, et cela explique probablement l'existence d'un certain nombre de calcaires lacustres; mais ensuite d'autres sels comme le sulfate de magnésie, le carbonate de soude, le sel marin se déposent à leur tour. Au Thibet beaucoup de lacs sont réduits à l'état de mares boueuses recouvertes d'une couche de sel. Les petits lacs répandus sur les steppes du Volga inférieur fournissent par an une quantité de sel considérable. Le lac Yelton en dépose 2 millions de tonnes par an.

Nous avons vu que l'anhydrite accompagne souvent le sel gemme. Sa présence à Stassfurt et dans d'autres gisements d'origine marine est assez difficile à expliquer. Une eau de mer qui s'évapore dans les conditions ordinaires ne dépose que du gypse. Pour obtenir de l'anhydrite il faut une température de 140° environ. Hoppe-Seyler l'a obtenue en chauffant à cette température du gypse avec de l'eau saturée de sel marin (1). Mais il est possible qu'elle puisse se former à la température ordinaire sous une pression considérable dans une eau très concentrée; par exemple dans un bassin d'une certaine profondeur en voie d'évaporation (2). Quoi qu'il en soit, l'anhydrite ne se montre jamais à la surface du sol; elle ne se trouve qu'à une certaine profondeur; et en effet, elle se change facilement en gypse sous l'action des eaux. Cette hydratation se fait souvent grâce aux eaux d'infiltration; l'anhydrite se gonfle alors en se changeant en gypse et son volume augmente d'environ 33 p. 100. Ce foisonnement est accompagné souvent d'une force d'expansion telle, que les rochers placés au-dessus de l'anhydrite subissent des bouleversements, des changements de stratification. Il en résulte des dégâts pour les constructions. Neumayr cite l'exemple d'un tunnel établi près d'Heilbronn en Wurtemberg, il y a environ vingt ans. Ce tunnel traversait l'anhydrite soit en bancs compacts, soit en poches dans l'argile. L'hydratation se produisit déjà pendant le travail, au contact de l'air et de l'eau; des bancs s'élevèrent de trois pieds, d'autres se rompirent avec fracas, des parties furent rompues par le foisonnement et en peu de temps toute la maçonnerie du tunnel fut en ruines.

LES ROCHES ARGILEUSES.

L'argile, connue sous le nom de *terre glaise*, est cette terre qui adhère fortement aux pieds. Elle se délaye dans l'eau tout en étant imperméable et développe par l'insufflation une odeur particulière, celle de la terre après la pluie. Elle se laisse rayer à l'ongle et ne fait pas effervescence avec les acides. Le plus souvent les argiles sont colorées en rouge ou en jaune par de l'oxyde de fer. On s'en sert alors en peinture sous le nom d'*ocres*, de *terre de Sienne*, etc.

Les argiles qui font avec l'eau une pâte liante sont appelées *argiles plastiques;* elles servent à faire des poteries, d'autres servent à faire des briques. L'argile *smectique* ou terre à *foulon* se délaye mal dans l'eau; elle est grise ou verdâtre, se polit facilement à l'ongle et elle est plus ou moins translucide sur les bords. On l'emploie pour le dégraissage des étoffes de laine.

Souvent les argiles se disposent en feuillets parallèles facilement clivables; ce sont les *schistes argileux*. Les plus purs et les mieux clivables, à grain fin et homogène, sont les ardoises exploitées dans les Ardennes et aux environs d'Angers. Lorsque les schistes contiennent des éléments cristallins (mica, pyrite, quartz, etc.), on les appelle des *phyllades*, nom qui indique la facilité qu'ils montrent à se diviser en feuillets minces. Les ardoises sont de véritables phyllades durs en lits très minces.

Les argiles sont souvent mélangées de calcaire et font alors effervescence avec les acides. Ces argiles calcaires sont appelées *marnes*. On s'en sert pour amender les terres.

Les argiles sont pour la plupart des éléments détritiques. Elles résultent de l'agglutination d'éléments très fins laissés longtemps en suspension dans l'eau. Mais la compression a joué aussi un rôle dans leur formation. C'est à elle qu'il faut attribuer la schistosité, c'est-à-dire la faculté des ardoises de se diviser en feuillets. La schistosité est d'ailleurs indépendante de la stratification; les plans de stratification à Angers, par exemple, sont ployés, contournés, tandis que ceux de clivage restent parallèles entre eux. M. Daubrée a mis en évidence le rôle des compressions dans la schistosité : de l'argile molle qu'on fait écouler sous la forme d'un jet au moyen de la presse hydraulique se divise en feuillets très nets.

Certaines formations argileuses sont difficiles à expliquer. Telle est l'argile rouge des grandes profondeurs océaniques, dont nous avons déjà parlé (1). Elle forme une couche peu épaisse à la surface de laquelle il y a des dents de Requins et des caisses tympaniques de Cétacés, couvertes d'une mince croûte de peroxyde de manganèse. En outre, il y a des débris d'origine volcanique, des ponces et aussi des nodules manganésiens. Suivant Buchanan l'argile rouge serait le résultat de la modification des vases à Globigérines par

(1) Fouqué et A. Michel-Lévy, *Synthèse des minéraux et des roches*, p. 335.
(2) Neumayr, *Erdgeschichte*, I, p. 548.

(1) Page 111.

Fig. 551. — Accumulation de grès dans la forêt de Fontainebleau (photographie communiquée par M. Vélain.)

l'acide carbonique dissous dans l'eau de mer. Suivant d'autres, comme Murray et Renard, l'argile rouge serait le produit de la décomposition des éléments volcaniques du fond. Dans l'un ou l'autre des cas l'argile rouge serait un produit d'origine chimique. Il en est de même pour le *kaolin* ou terre à porcelaine. C'est l'argile pure et blanche (1). Le kaolin provient souvent de la décomposition du felspath du granite, comme nous l'avons dit déjà à propos de cette dernière roche. Mais dans beaucoup de cas le kaolin paraît dû aux émanations fluorées qui ont accompagné la sortie des pegmatites, et qui ont attaqué celles-ci. Ainsi les kaolins du Limousin se rattachent aux pegmatites; il en est de même de ceux d'Itsatsou et de Louhoussoa (Basses-Pyrénées) qui se trouvent dans une pegmatite (1).

LES ROCHES SILICEUSES.

Les roches siliceuses sont essentiellement formées de silice. Elles ne font pas effervescence avec les acides et ne se laissent pas rayer au canif. La silice pure et cristallisée est le quartz ou cristal de roche dont nous avons parlé plus haut à propos des roches éruptives. Le mélange du quartz et de la silice non cristallisée s'appelle la *calcédoine*, dont une variété est l'*agate*. Les principales roches sédimentaires siliceuses sont les suivantes : les silex, les sables, les grès, les meulières.

On appelle *silex* des mélanges de silice non cristallisée et de silice cristallisée. Ce sont des calcédoines compactes, de structure grossière. Ils sont plus ou moins purs, et de couleurs variées, bruns, gris, jaunes, noirs. Le principal est le *silex pyromaque* ou *pierre à fusil* qui fait feu au briquet. C'est le caillou ordinaire. La cassure est conchoïdale, c'est-à-dire qu'elle est concave comme une coquille. C'est ce silex qui forme des bancs dans la craie et constitue les galets des plages de Normandie. Les silex noirs, impurs, mélangés d'argile, sont appelés *jaspes*. Telle est la pierre de touche employée pour les essais des alliages d'or.

Les *sables* sont formés de petits grains de quartz isolés et irréguliers. Ils sont souvent colorés en rouge ou en jaune par des oxydes de fer. Dans les régions granitiques le sable est mélangé de feldspath, de mica; il provient de la décomposition du granite; nous avons déjà vu que ce sable particulier porte le nom d'*arène*.

Les *grès* sont des sables dont les grains sont agglutinés par un ciment qui peut être soit siliceux, soit calcaire ou argileux. Les grès calcaires sont tendres et font effervescence

(1) Formule chimique : $Al^2O^3.2SiO^2 + 2HO$.

(1) De Lapparent, *Traité de géologie*, p. 1388.

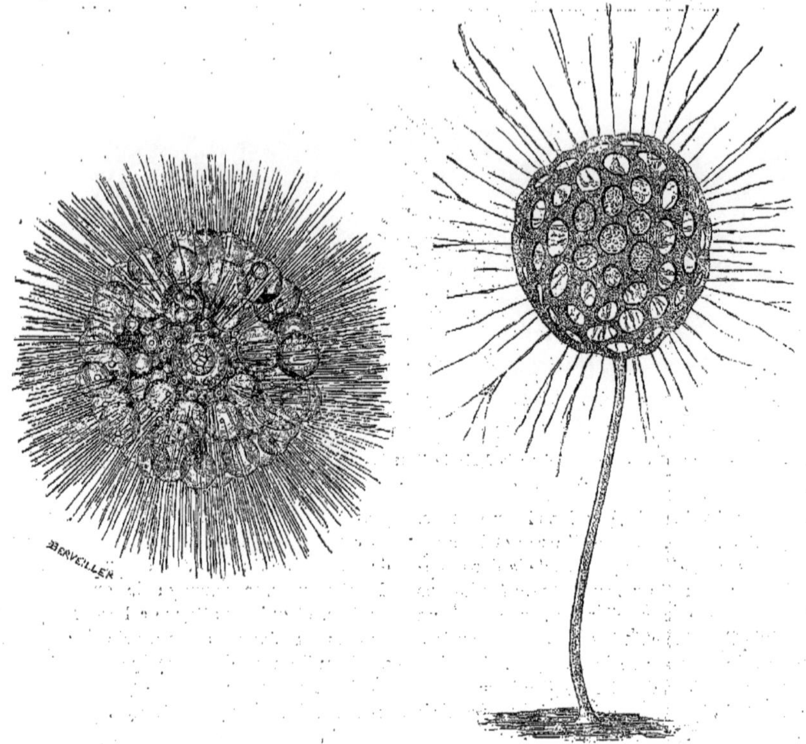

Fig. 552. — Radiolaires (*Thalassicola pelagica, Clathrulina elegans*).

avec les acides; les grès siliceux sont résistants et servent au pavage. On peut citer comme exemple de grès ceux de Fontainebleau (fig. 551) dont les uns sont à ciment calcaire et les autres à ciment siliceux. Les grès siliceux à grain extrêmement fin sont appelés *quartzites*. Examinés au microscope les quartzites montrent des grains de quartz réunis par un ciment quartzeux également cristallisé.

Parfois les éléments du granite : quartz, feldspath et mica, d'abord séparés, s'agglutinent sur place au milieu d'une arène granitique; ils constituent ainsi un grès appelé *arkose*.

Les *meulières* sont des silex tout criblés de trous. Ces roches sont abondantes aux environs de Paris (Brie, Beauce), et les variétés compactes sont employées pour faire des meules (ex. : la Ferté-sous-Jouarre).

La plupart des roches sédimentaires sont d'origine détritique, c'est-à-dire proviennent d'une roche préexistante dont les éléments ont été séparés ; tels sont les sables et les grès. Les silex ont une origine chimique. On les a expliqués de plusieurs manières. Suivant les uns, la silice amenée par des sources se serait concrétée autour de corps en décomposition ; et en effet on trouve souvent à l'extérieur des silex des coquilles ou des Oursins.

D'après les autres, ces silex auraient l'origine suivante. Beaucoup d'Éponges ont une sorte de squelette formé de petites baguettes siliceuses appelées *spicules* (fig. 553). Des animaux microscopiques, les Radiolaires (fig. 552) ont aussi une carapace siliceuse. La silice aurait été fournie par les spicules d'Éponges et les Radiolaires ; elle se serait ensuite séparée de la craie par voie de concentration. Il existe d'ailleurs des dépôts siliceux dont l'origine organique n'est pas douteuse. Les squelettes

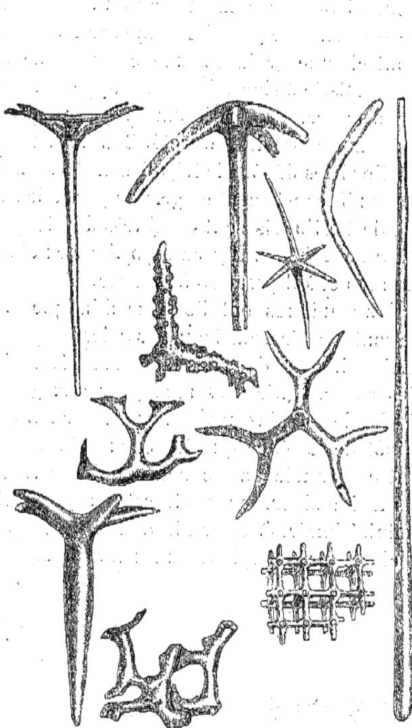

Fig. 553. Spicules d'Éponges (d'après Zittel), page 448.

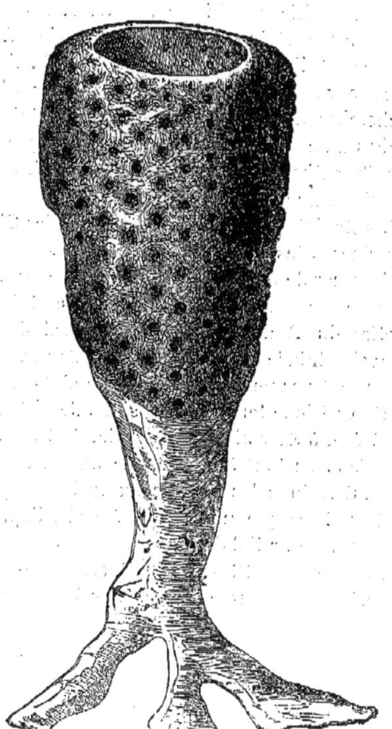

Fig. 554. — Ventriculites (exemple d'Éponge siliceuse).

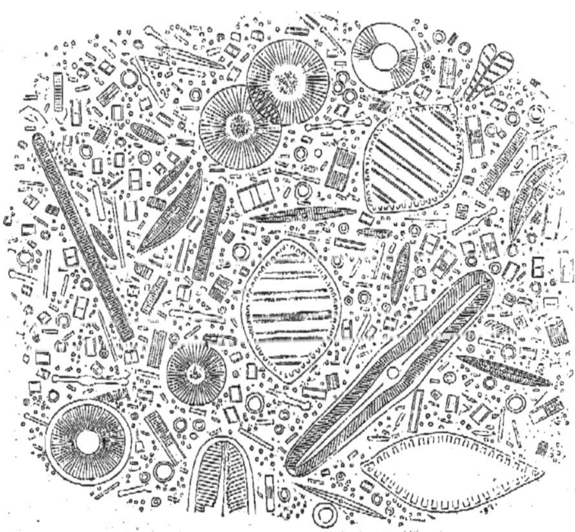

Fig. 555. — Diatomées.

d'Éponges siliceuses bien conservés sont communs dans certaines localités de la craie d'Angleterre et d'Allemagne (Ahlten, Linden, Haldem), et aussi en France à Rethel. D'après les recherches de Gümbel et de Zittel certaines roches du crétacé du nord de l'Allemagne et des Carpathes sont entièrement formées de spicules d'Éponges siliceuses (fig. 554).

Les Radiolaires se déposent, comme les Globigérines et les Orbulines, au fond des mers; mais leur rôle est moins important. Leurs dépôts ne forment le fond que dans certaines parties du Pacifique, comme au nord de la Nouvelle-Guinée et au sud des îles Sandwich. Ils se sont accumulés en certains points pendant la période tertiaire ; ainsi à l'île d'Égine en Grèce, à Caltanisetta en Sicile, à Oran en Algérie et surtout à la Barbade dans les Antilles. Certains calcaires siliceux du Jurassique sont aussi presque uniquement formés, d'après Hantken, de Radiolaires.

Il existe de petites Algues à carapace siliceuse, les Diatomées, qui vivent aussi bien dans les eaux douces que dans la mer (fig. 555). Leurs débris s'accumulent au fond des eaux et constituent une poussière, une sorte de farine, dont chaque grain est une carapace de Diatomée. Cette farine siliceuse est appelée *tripoli*. On s'en sert particulièrement pour polir les métaux à cause de sa dureté. Dans l'Allemagne du Nord les dépôts de tripoli sont très importants : ils constituent en grande partie le sous-sol de Berlin. Ils sont aussi très développés à Bilin en Bohême. Il y en a en France : ainsi à Randan et à Ceyssat en Auvergne.

Les meulières sont d'origine chimique. Elles se sont formées, ainsi que des calcaires plus ou moins siliceux, dans des lacs où se déversaient des sources siliceuses analogues aux geysers d'Islande ou plus probablement par suite du dépôt de la silice que les eaux d'infiltration ont empruntée aux couches qu'elles traversent. La silice, en effet, est en proportion infinitésimale, il est vrai, dans beaucoup de roches, par exemple dans les calcaires.

LE GNEISS. LES SCHISTES CRISTALLINS. LE MÉTAMORPHISME.

LE GNEISS.

La série des couches sédimentaires repose sur des roches qui constituent la première écorce terrestre, celle sur laquelle se sont formés les sédiments. Ces roches tiennent à la fois des roches éruptives et des roches sédimentaires. Comme les premières elles sont formées d'éléments cristallisés ; comme les secondes elles sont stratifiées. Il est vrai que la stratification est plus ou moins distincte. Cette série que nous allons maintenant étudier constitue le terrain primitif appelé aussi archéen. Elle se compose du gneiss et des schistes cristallins. Il y a passage insensible de ceux-ci au précambrien ou huronien avec lequel débute la série sédimentaire proprement dite.

Le *gneiss* est le terme le plus inférieur et par suite le plus ancien du terrain primitif. Il présente les trois éléments fondamentaux du granite : feldspath orthose, quartz, mica noir; mais ce dernier, au lieu d'être distribué au hasard dans les roches, y forme des bandes plus ou moins marquées. La roche, par suite, présente une sorte de stratification.

A la partie la plus inférieure du terrain primitif se trouve un gneiss où l'alignement du mica est peu accusé. Ce gneiss ressemble donc beaucoup au granite et on l'appelle *gneiss granitoïde*. Sa présence au bas de la série primitive explique cette idée, parfois encore soutenue aujourd'hui, que la partie la plus ancienne de l'écorce du globe est formée par le granite.

Le gneiss granitoïde est compact, à peine stratifié. Au-dessus vient le *gneiss normal* où le mica est bien aligné et qui par suite est feuilleté. Souvent même les lits sont très inégaux; ainsi on trouve un lit riche en mica, puis un lit riche en feldspath, etc., de telle sorte que la roche a un aspect rubané. Le gneiss est généralement d'un gris foncé dû à la présence du mica noir. Mais il existe une variété dite *gneiss rouge* à cause de sa couleur

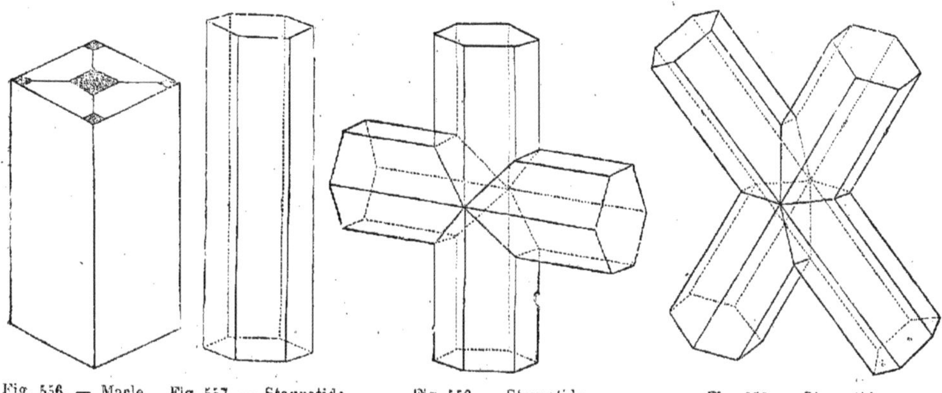

Fig. 556. — Macle. Fig. 557. — Staurotide. Fig. 558. — Staurotide. Fig. 559. — Staurotide.

dominante. Il contient des éléments accessoires : mica blanc, grenat, tourmaline, qui sont dus à l'action énergique que la granulite a exercée sur lui, et que nous étudierons plus loin.

SCHISTES CRISTALLINS.

Au-dessus du gneiss se montrent les schistes cristallins qui comprennent plusieurs étages. Le plus inférieur est celui des *micaschistes*. Ceux-ci ne contiennent que du quartz et du mica noir. Ils sont très feuilletés, parce que le mica forme des plaques séparées par de petits lits de quartz. Souvent dans le gneiss il y a des micaschistes interposés, mais on les trouve surtout bien développés au-dessus du gneiss. Ils constituent donc un étage moins ancien.

Au sommet de la série des micaschistes se trouvent des schistes contenant beaucoup de minéraux très bien développés. Ce sont les *schistes à minéraux*. On y remarque le mica blanc, le grenat, la tourmaline, l'andalousite, la staurotide. On appelle *andalousite* ou *macle* (fig. 556) un silicate d'alumine appartenant au système orthorhombique, et contenant des particules charbonneuses groupées de manière à former une croix. Quand l'andalousite se charge de fer elle prend le nom de *staurotide* (fig. 557, 558, 559), ce qui veut dire pierre de croix, parce que les cristaux sont groupés deux à deux en forme de croix rectangulaire. Un autre silicate d'alumine qui se trouve dans les schistes est le *disthène*, appartenant au système triclinique et de couleur bleue. Accidentellement enfin s'y rencontrent la topaze, le corindon, l'émeraude. C'est dans cette zone aussi que se trouve l'or à l'état natif. Les alluvions qui renferment l'or sont formées de détritus provenant de la zone des schistes à minéraux,

La partie la plus élevée du terrain primitif est constituée par des schistes cristallins appelés *amphiboloschistes*, *chloritoschistes*, *schistes à séricite*. Les premiers sont riches en amphibole, les seconds contiennent du mica presque entièrement altéré et transformé en *chlorite*, minéral vert à paillettes; les derniers enfin contiennent un mica hydraté, verdâtre en petits filaments d'un toucher onctueux. On l'a appelé *séricite*, mais on l'a pendant longtemps confondu avec le talc. Il y a d'ailleurs des intermédiaires entre les trois espèces de schistes ci-dessus désignés et ils sont associés de diverses manières.

Dans les gneiss et les micaschistes on trouve en grande abondance des marbres appelés *cipolins*. Ces calcaires cristallins existent en dykes ou en filons. Ils renferment un grand nombre de minéraux, comme le mica blanc, le grenat, le rutile ou oxyde de titane en sections hexagonales jaune brun, des variétés d'amphibole peu ferrugineuses (trémolite ou variétés passant à l'actinote), un bisilicate à base de chaux en aiguilles fibreuses : la *wollastonite;* enfin un minéral magnésien et fluoré, la *chondrodite*, qui est caractéristique des cipolins. Ceux-ci forment souvent d'énormes masses qui font saillie au-dessus des schistes cristallins à cause de leur plus grande résis-

Fig. 560. — Vue du mont Athos (Chalcidique).

tance. C'est ce que montrent les rivages de l'archipel Grec. Le mont Athos, qui s'élève en Chalcidique jusqu'à 2000 mètres, est une lentille gigantesque de marbre cipolin incluse dans les schistes cristallins (fig. 560).

Citons encore dans le terrain primitif le graphite, qui se trouve soit dans le gneiss, soit dans le calcaire. Il y a aussi et surtout, dans les gneiss, des gisements de fer magnétique, qu'on exploite comme minerai de fer. Ils sont bien développés en Suède.

Le terrain primitif, partout où l'on peut l'observer, se montre avec les mêmes caractères. Il est bien développé en Bretagne dans le Cotentin, les Vosges, les Alpes, et forme presque tout le plateau central de la France. est aussi bien net sur les bords de la Méditerranée, dans les massifs des Maures et de l'Esterel où abondent les schistes à minéraux.

Le terrain primitif est bien visible sur les lisières de la Bavière et la Bohême, dans cette contrée montagneuse appelée *Bayerischerwald* (forêt de Bavière) et *Böhmerwald* (forêt de Bohême). Gümbel y distingue le gneiss de Bojic bariolé ou rouge, le gneiss hercynien qui est gris et les micaschistes hercyniens. Le terme le plus jeune du terrain primitif se compose de schistes argilo-cristallins appelés phyllites. Une des particularités les plus remarquables de cette formation est la présence de quartzite s'élevant à l'intérieur du gneiss de Bojic, à des hauteurs souvent assez considérables, parce que la roche, à cause de sa grande dureté, a résisté à l'érosion. Ce quartzite forme au milieu du gneiss une sorte de saillie : le *Pfahl* (Poteau) qui s'étend sur une longueur de plus de 18 milles géographiques (fig. 561 et 562).

Le terrain primitif est très développé dans l'Amérique du Nord. On trouve à la base une série de gneiss qui constitue l'étage *laurentien* des géologues américains, du nom du Saint-Laurent. Ensuite viennent des micaschistes des schistes chloriteux, etc., qui constituent l'étage *huronien* ou *précambrien* mais une partie de cet étage doit probablement être rattachée au cambrien.

LES TRACES DE LA VIE ORGANIQUE DANS LE TERRAIN PRIMITIF.

Le cambrien placé au-dessus du terrain primitif et du précambrien contient des fossiles; la vie s'est donc manifestée à cette époque. Mais la question se pose, de savoir si dans le terrain primitif il n'y a pas de traces de la vie, ou si à cette époque existaient sur le globe des conditions telles que la vie était impossible sur l'écorce terrestre. On a cru un moment le problème résolu. Il semblait résulter des recherches faites, que les êtres organisés avaient

Fig. 561. — Une partie du *Pfahl* dans le Böhmerwald.

vécu pendant cette période. On trouva en 1818, dans le laurentien du Canada, des masses particulières dans lesquelles Logan crut reconnaître une structure organique. C'est le fameux *Eozoon canadense*, ainsi baptisé par Dawson en 1864. Ce corps se présente sous forme de masses discoïdes irrégulières composées de lamelles nombreuses alternantes de serpentine verte et de calcite blanche (fig. 563). Les lamelles de serpentine présentent des étranglements comme si elles étaient ormées d'une série de globules soudés entre eux. D'après Dawson les parties vertes de l'*Eozoon* représenteraient les loges d'un Foraminifère qui auraient été remplies postérieurement par la serpentine. Carpenter et plusieurs naturalistes ont émis la même idée. Il y a en outre des filons de serpentine réunissant transversalement les diverses rangées et qui seraient des canaux de communication (fig. 564 fig. 565).

Pour d'autres naturalistes comme King et Carter, il s'agit tout simplement d'une concrétion minérale qu'on retrouve d'ailleurs en bien des localités, en Bavière, en Silésie, dans les Pyrénées, etc. C'est aussi la conclusion de Möbius. La bordure des étranglements est formée de petites fibres où l'on a voulu voir

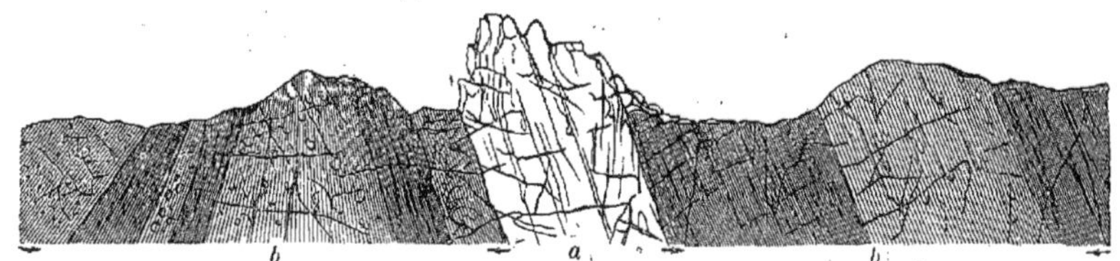

Fig. 562. — Coupe du *Pfahl* dans le Böhmerwald (d'après Gümbel). — *a*, quartzite ; *b*, gneiss.

a représentation d'une muraille percée de pores, semblable à celle des Foraminifères, mais d'après Möbius cette prétendue muraille ne serait qu'un revêtement de cristaux de chrysolite provenant de la décomposition de la serpentine (fig. 566).

Quoi qu'il en soit, les concrétions qualifiées du nom d'Eozoon sont encore si peu nombreuses et si mal conservées qu'il est sage de faire des réserves et de ne pas trancher définitivement la question. On doit agir de même à l'égard d'autres corps trouvés dans le laurentien du Canada et que Dawson considère comme des organismes, tel est l'*Archæosphærina* de Dawson. Toutefois, bien qu'il soit difficile d'affirmer la nature animale de l'Eozoon, on ne doit pas entièrement nier l'existence d'êtres organisés dans le terrain primitif. Il y a même des substances dont la présence ne peut s'expliquer dans ce terrain qu'en admettant qu'elles proviennent d'organismes. De plus les roches éruptives ont tellement modifié les gneiss et les schistes cristallins, leur ont fait subir un tel *métamorphisme*, que s'il y a eu des restes d'animaux et de plantes, ces restes doivent être devenus méconnaissables. Il y a dans les schistes cristallins des matières charbonneuses. Or quand les organismes se décomposent à l'abri de l'air ils se carbonisent. La tourbe se forme sous nos yeux par un procédé de ce genre ; et les lignites, les houilles, l'anthracite, le graphite, les matières bitumeuses

Fig. 563. — Eozoön (d'après Logan), 1/2 grandeur.

ont une origine de ce genre. C'est évident pour les lignites et la houille; et il est probable que toute matière carbonée a une origine organique.

Le graphite existe en beaucoup de régions dans le terrain primitif; on y cite également l'anthracite dans le gneiss de Norwège; et Igelström a même trouvé à Nullaberg dans le Wermeland (Suède) des gisements de gneiss et de schistes bitumineux contenant jusqu'à 10 p. 100 de matières organiques; ils doivent au bitume une couleur noire (1). Ces dépôts n'ont pu provenir que de l'activité organique. Il doit en être de même pour les nombreux gisements de calcaires des schistes cristallins. Nous avons vu précédemment que les calcaires résultent de l'activité des animaux et des végétaux. Il ne serait pas logique d'attribuer une autre cause à ceux du terrain primitif. Seulement ces calcaires primitifs ont été soumis à un puissant métamorphisme de la part des roches éruptives. Toute trace de fossiles y a disparu, tandis que des minéraux variés s'y sont développés. Enfin un autre argument pour l'existence d'une faune et d'une flore primitives nombreuses est celui-ci. Dès les premiers terrains sédimentaires les êtres vivants se montrent avec une grande abondance, et déjà des types relativement élevés, des Brachiopodes, des Crustacés, se manifestent. Or d'après la théorie de la descendance, qui seule peut expliquer la succession des formes animées dans les temps géologiques, tous les types animaux et végétaux descendent d'un petit nombre de souches

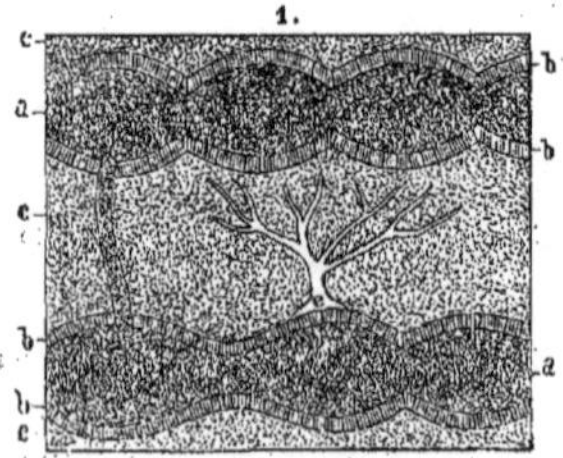

Fig. 564. — Coupe de l'Eozoon (Carpenter). — *a*, serpentine; *b*, muraille fibreuse; *c*, calcaire compact; *e*, canal ramifié.

qui se sont peu à peu développées et ramifiées. Cette théorie suppose donc que les souches en question ont existé avant le cambrien et par suite dans les schistes cristallins. Remarquons toutefois que les conclusions précédentes sont en grande partie hypothétiques et que l'observation seule pourra plus tard, grâce à des découvertes probables, fournir des faits positifs et indiscutables.

(1) Voir Neumayr, *Erdgeschichte*, I, p. 617.

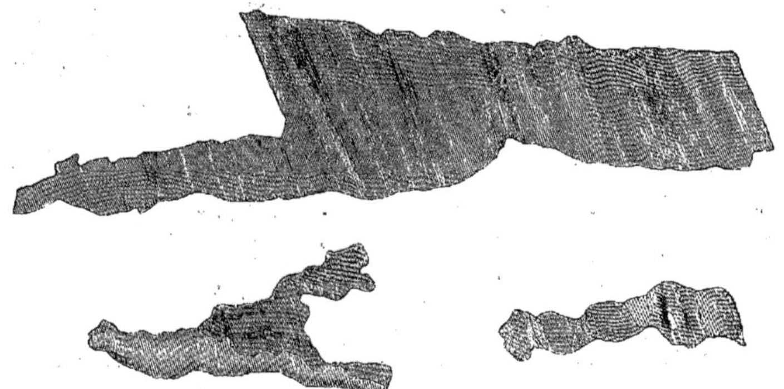

Fig. 565. — Prétendus canaux de l'Eozoon, traités par l'acide chlorhydrique (d'après Möbius); très grossi, page 453.

ORIGINE DU TERRAIN PRIMITIF.

La question de l'origine du terrain primitif donne lieu à de nombreuses difficultés; bien des hypothèses ont été émises à ce sujet.

Suivant M. Daubrée les roches de ce terrain se sont formées à une température très élevée. L'eau était encore à l'état de vapeur; les minéraux se sont condensés dans l'atmosphère par une sorte de sublimation et se sont précipités à la surface. Ensuite quand l'eau a commencé à se constituer à l'état liquide, elle a réagi sur ces silicates préexistants et a donné naissance à des produits nouveaux. Pénétrant les matières fondues, elle en a fait disparaître la matière première et a fourni de nouveaux minéraux. « Ces matières formées ou suspendues au sein du liquide devaient se précipiter sur son fond et produire des dépôts présentant des caractères différents à mesure que la chaleur du liquide diminuait (1). » Il y a des objections à faire à cette hypothèse. On ne s'explique pas facilement l'existence dans le gneiss de lits où dominent tour à tour le feldspath, le mica, etc.; de plus, à la température élevée que suppose cette théorie, le mica se serait décomposé, puisqu'il se détruit au rouge.

Une autre hypothèse, celle qui est le plus souvent exposée dans les ouvrages de géologie, admet que la température s'est assez abaissée pour qu'il se soit produit à la surface du globe une solidification, sans cependant qu'il y ait eu d'abord de l'eau à l'état liquide. Le gneiss serait dans cette hypothèse la première croûte formée; de plus il se serait constitué à une température inférieure à celle de la décomposition du mica. Ainsi se serait formée une première croûte superficielle de gneiss granitoïde. L'atmosphère contenait à l'état de vapeur toute l'eau et tous les sels des océans actuels. Dès que la première croûte s'est constituée par refroidissement du globe, l'atmosphère, étant ainsi séparée de l'intérieur, a subi une première condensation. Il en est résulté une eau très chaude tenant en dissolution un grand nombre de composés chimiques et qui par suite a pu agir énergiquement sur l'écorce solide. Celle-ci devait s'épaissir graduellement par suite des progrès du refroidissement, mais, sous l'action de l'eau elle a subi un commencement de stratification en même temps que des cristallisations s'effectuaient. C'est de cette manière qu'on peut expliquer l'origine des gneiss feuilletés, micaschites, chloritoschistes, etc. Mais bientôt des éruptions de granite se sont produites à travers la croûte primitive, de là les premières saillies de cette croûte formant comme des îlots au milieu d'un vaste océan. Celui-ci a arraché aux rivages des matériaux, les a triturés et déposés autour des premières saillies du globe, commençant ainsi la série des formations sédimentaires. En même temps, à cause de la diminution de la température, la vie est devenue possible et les premiers fossiles se sont déposés avec les premiers sédiments.

Il semble que le rôle attribué ici à l'eau dans le remaniement de la croûte primitive soit exagéré. La masse d'eau ne pouvait être supérieure à celle de nos jours et l'on s'explique difficilement qu'elle ait pu modifier aussi for-

(1) Daubrée, *Études et expériences synthétiques sur le métamorphisme et sur la formation des roches cristallines*, Paris, 1859.

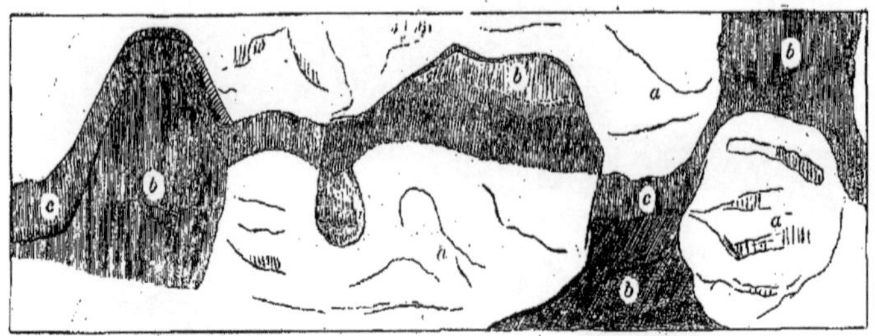

Fig. 566. — Coupe de l'Eozoon (d'après Möbius); très grossi. — *a*, serpentine; *b*, calcaires; *c*, fibres, page 453.

tement la première écorce. On est disposé aujourd'hui à reculer encore dans le lointain des âges l'origine des terrains sédimentaires; et le terrain de gneiss et de micaschistes ne serait qu'un terrain sédimentaire modifié après coup par les roches éruptives; ce serait un produit du *métamorphisme*. Il y aurait eu injection dans les sédiments d'éléments d'apport étranger, et en même temps des actions mécaniques auraient produit le feuilletage de la roche, ses plissements et ses dislocations.

Des schistes et des grès franchement sédimentaires, métamorphisés par le contact du granite et de la granulite, prennent une structure identique, comme le montre l'examen micrographique, à celle des gneiss et des schistes cristallins. Dans les roches cambriennes, siluriennes, on voit très nettement cristalliser la matière primitivement argileuse. Certains cristaux, comme l'andalousite, s'y montrent même parfois plus abondants que dans les roches anciennes. M. A. Michel-Lévy admet ces idées sur l'origine du terrain primitif (1) et avec lui on suppose en somme aujourd'hui, une croûte solide primitive qui a été travaillée par l'eau et a formé des roches sédimentaires (argiles, grès, calcaires). Ces premiers terrains détritiques ont été modifiés à cause de l'eau sous pression et surtout sous l'influence des roches éruptives et des émanations sorties du substratum sous-jacent. Ce dernier est complètement inconnu. Les gneiss ne le représentent pas; tout ce qu'on appelle terrain primitif serait un produit complexe de roches éruptives postérieures au gneiss et de couches détritiques métamorphisées (1). On donne souvent comme argument en faveur de l'origine détritique des gneiss, l'existence de conglomérats, de cailloux roulés de gneiss et de micaschites dans un magma gneissique. Mais M. A. Michel-Lévy ne se sert pas de cet argument et pense qu'on doit rapprocher ces faits des englobements, par la granulite et le granite francs, de boules arrondies empruntées aux roches encaissantes (2).

Dans l'hypothèse que nous venons d'exposer et que nous adoptons pleinement, l'absence de restes organiques bien nets s'explique par les remaniements subis par le terrain primitif. Le graphite et les calcaires sont les seuls indices d'une faune qui devait être très riche et qui contenait sans doute les ancêtres déjà avancés en évolution de la faune cambrienne.

LE MÉTAMORPHISME.

Dans ce qui précède nous avons touché à la question du métamorphisme, c'est-à-dire à celle des modifications que subissent les roches sédimentaires par l'action des roches éruptives. Nous allons maintenant revenir sur ce sujet et l'exposer avec quelques détails.

Hutton le premier cita des faits de métamorphisme. Il remarqua que dans l'île de Skye le lignite ordinaire se change, sous l'action du basalte qui le traverse en un combustible compact à cassure brillante, semblable à la houille. En même temps que Hutton, Arduino émettait des idées analogues sur la formation des dolomies de Lavina dans le Vicentin et un peu plus tard le docteur Thomson

(1) Auguste Michel-Lévy, *Sur l'origine des terrains cristallins primitifs* (*Bulletin de la Société géologique de France*, 3e série, t. XVI, 1887).

(1) Id., p. 111.
(2) Id., p. 105.

Fig. 567. — L'Acropole d'Athènes.

regardait le calcaire cristallin de la Somma, très riche en minéraux variés, comme du calcaire modifié par la chaleur.

Les idées de Hutton sur la transformation des roches sédimentaires sous l'action de la chaleur et des roches éruptives furent mises en faveur par Léopold de Buch qui attribua les dolomies du Tyrol, comme nous l'avons déjà vu, à l'action du mélaphyre sur les calcaires. Bientôt Léopold de Buch attribua tout le gneiss de la Finlande à la transformation de schistes argileux sous l'action de substances qui se seraient dégagées lors de l'éruption du granite. Boué émit aussi l'idée que le gneiss et les autres roches cristallines qui avoisinent le granite ne sont que des terrains sédimentaires transformés par la roche éruptive. C'est Lyell qui en 1825 donna le nom, aujourd'hui adopté, de *métamorphisme*, aux changements ainsi éprouvés par les terrains d'origine sédimentaire sous l'action des roches éruptives ou de la chaleur centrale (1). On distingue même plusieurs sortes de métamorphisme. L'action de la roche peut ne s'étendre qu'à une faible distance; elle ne s'exerce souvent qu'à quelques décimètres. Il y a, dit-on alors, *métamorphisme de contact*. Mais en outre les gaz qui accompagnent la roche à sa sortie ont pu agir sur les roches encaissantes et à une distance assez grande, parfois à plusieurs centaines de mètres. C'est ce qu'on nomme le *métamorphisme périphérique*. Enfin parfois des massifs considérables de roches sédimentaires occupant des pays entiers montrent un métamorphisme prononcé, même quand il est impossible de découvrir au milieu de ces terrains le moindre affleurement de roches éruptives. C'est ce qu'on appelle le *métamorphisme régional* ou *général*. Il a été attribué soit à l'action très étendue d'émanations gazeuses, soit à l'action directe de la chaleur centrale sur la croûte terrestre, soit, avec beaucoup plus de raison, à des phénomènes mécaniques. Il se manifeste en effet dans les régions disloquées, comme les Alpes. Or les actions mécaniques, comme les pressions qui ont produit les plissements des couches, développent une quantité considérable de chaleur, assurément suffisante pour transformer les roches et leur donner une texture cristalline. Le *métamorphisme régional* est donc un *métamorphisme mécanique*.

La modification subie par la roche encaissante, c'est-à-dire traversée par la roche ignée, peut être purement physique. Elle peut consister en une calcination, un durcissement dus à la chaleur. Souvent au voisinage des roches éruptives les calcaires sont transformés en marbre, les argiles en terre cuite ou en une sorte de porcelaine. Ainsi dans le Cantal, le basalte du Cézallier s'est épanché sur une argile que la chaleur a transformée en porcelanite.

Mais en général il s'est produit des actions chimiques et la roche stratifiée contient des minéraux silicatés dont les éléments sont fournis par la roche ignée et le terrain encaissant. Le Vésuve rejette souvent des calcaires provenant du sous-sol et qui ont été soumis, dans l'intérieur du volcan, à l'action des laves et des gaz. Ces calcaires sont devenus cristallins. On y trouve, entre autres, de la magnésie cristallisée (périclase), du zircon, du grenat (silicate d'alumine, de chaux et de fer), un autre silicate d'alumine et de chaux, l'idocrase, minéral vert, si commun au Vésuve qu'on l'a appelé vésuvienne, le mica noir, l'au-

(1) Voir pour l'historique du métamorphisme : Daubrée, *Études sur le métamorphisme* (déjà cité).

gite, etc. Citons encore le calcaire du Kaiserstuhl, dans le Grand-Duché de Bade. Là, un lambeau de calcaire arraché par le basalte aux terrains avoisinants, a été profondément modifié. Il est devenu lamellaire et renferme des cristaux de fer oxydulé titanifère, de pyrite de fer, de mica, de quartz, des aiguilles d'apatite, etc.

On connaît maintenant beaucoup d'exemples de l'action des roches granitiques sur les roches encaissantes, grâce aux travaux de MM. Rosenbusch, Lehmann, Lossen en Allemagne, MM. Michel-Lévy et Barrois en France. La granulite est arrivée probablement beaucoup plus fluide que le granite, car elle donne de nombreux filons très fins. Elle était accompagnée d'émanations fluorées, comme le montre la présence de la tourmaline. La granulite s'est injectée dans le gneiss, soit en larges bandes, soit en bandes étroites. Il y a des lits où l'on trouve les éléments complets de la granulite, d'autres où se trouvent les éléments du second temps : mica blanc et tourmaline. La granulite est souvent remplie de fer oligiste et de grenat qui la rendent rouge, de sorte que le gneiss granulitisé est rougeâtre. C'est le *gneiss rouge* commun en Saxe. Les micaschistes sont aussi modifiés par la granulite ; il s'y développe du feldspath, ce qui en fait un gneiss. Le granite agit peu sur ces deux roches, ou plutôt son action est difficile à préciser, car le granite, comme nous le savons, est souvent difficile à distinguer du gneiss.

L'action sur les schistes est considérable. C'est le granite qui a métamorphisé les schistes d'Andlau, dans les Vosges. Le bourg d'Andlau repose sur du granite à mica noir. Mais celui-ci passe à la granulite et ce sont les filons de celle-ci qui ont agi sur les schistes. Dans la zone la plus éloignée de la roche éruptive on voit se former des nodules où s'est concentrée la matière colorante des schistes, puis dans la seconde zone se trouvent du mica noir, de la staurotide, de la macle, de la tourmaline, enfin le quartz se montre ; la schistosité de la roche disparaît et celle-ci devient blanche et cristalline.

Les schistes à minéraux, les cipolins, doivent leur composition variée à l'action de la granulite.

Les roches du cambrien, du silurien sont très cristallines, ce qui est dû au métamorphisme des roches granulitiques. Les schistes cambriens ou phyllades consistent en une pâte amorphe, avec du quartz, de la séricite, des matières charbonneuses. Au contact du granite les grains de quartz se multiplient, le mica noir se développe. La roche est devenue un schiste quartzo-micacé, c'est ce qui a lieu quelquefois à plusieurs kilomètres de la roche éruptive ; cela résulte donc d'émanations. Un second stade consiste dans la formation de cristaux d'andalousite et de staurotide ; les phyllades deviennent maclifères. Enfin immédiatement au contact se développe parfois du feldspath ; la roche éruptive a alors pénétré en nature. Dans le granite on voit souvent des morceaux de schistes cambriens englobés sous forme de taches de couleur sombre. Il en est ainsi dans le granite des trottoirs de Paris. Ces échantillons de schistes sont très cristallins, très micacés.

Une autre roche cambrienne est le quartzite, presque entièrement quartzeux. Il s'y développe, sous l'influence du granite, du micanoir et la roche devient par suite schisteuse et micacée. Enfin on trouve aussi dans le cambrien des roches vertes riches en quartz et en une amphibole verte. On les appelle, à cause de leur couleur, les *cornes vertes*. Elles se produisent sous l'action du granite riche en amphibole, ou des diorites et des diabases.

Le métamorphisme se montre dans des roches siluriennes fossilifères, qui présentent ainsi à la fois des cristaux et des fossiles. Ainsi en Norwège, les schistes siluriens des environs de Bergen ont été considérablement modifiés. Ils ont été transformés en micaschistes contenant encore des empreintes de Trilobites (fig. 568). Les calcaires qui leur sont subordonnés montrent des indices encore nets de Polypiers et de Brachiopodes. En Bretagne, on constate des faits du même genre. Dans les mêmes schistes on trouve des Trilobites (Calymènes et Trinucleus) et des cristaux de chiastolite ou macle (variété d'andalousite chargée de matières charbonneuses). Ceux-ci peuvent atteindre une longueur de 13 centimètres. Les schistes les plus connus à ce point de vue sont situés aux Salles-de-Rohan (Morbihan) à près de trois kilomètres du granite et de la granulite. Cette localité est le berceau de la famille de Rohan dont l'écusson est orné des macles si communes dans ces schistes. Les schistes à chiastolite sont noirs, généralement dépourvus de mica noir et souvent très riche en grenat.

Dans les régions disloquées, avons-nous dit, le métamorphisme mécanique s'est exercé avec une grande intensité. Quand on se dirige de la Côte-d'Or vers le Jura, on voit les assises changer peu à peu de caractères, et les calcaires primitivement amorphes deviennent plus ou moins saccharoïdes. Au milieu du gneiss de la Jungfrau on trouve des *coins* de calcaire jurassique (fig. 569). Ce sont des plis très prononcés où les calcaires ont été soumis à une pression énorme. Celle-ci a développé

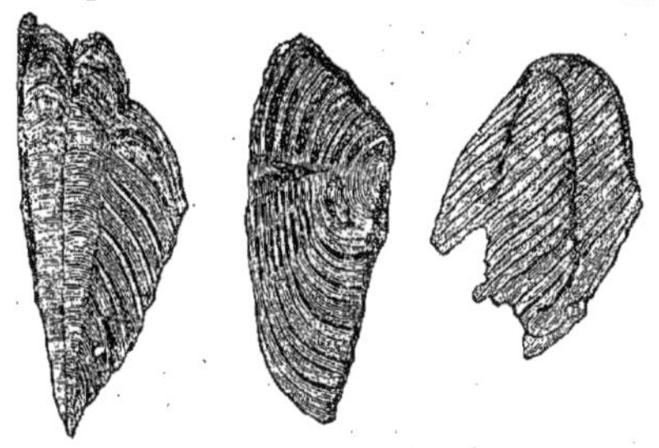

Fig. 568. — Empreintes de Trilobites des schistes métamorphiques de Bergen en Norwège (d'après Reusch).

beaucoup de chaleur et l'on voit à la pointe des coins le calcaire transformé en marbre (1). De même les roches amphiboliques de Bastogne, qui appartiennent au dévonien, sont, d'après M. Renard, des sédiments dont le métamorphisme doit être attribué aux actions mécaniques par lesquelles ces roches ont été redressées et disloquées. En Écosse, aux environs d'Ullapole, les grès, au fur et à mesure qu'ils perdent la régularité de leur stratification, se métamorphisent; ils deviennent des phyllades quartzeux, puis des micaschites et se chargent de silicates, entre autres de grenat pyrope.

Le marbre blanc ou calcaire saccharoïde représente pour les calcaires le terme extrême du métamorphisme. A Paros, à Carrare, il appartient visiblement, dit Delesse (2), aux roches métamorphiques et il ne résulte pas d'un métamorphisme spécial, mais général, c'est-à-dire mécanique. Ainsi à Carrare, dans les Alpes Apuennes, le marbre provient du métamorphisme d'un calcaire triasique. Il contient différents silicates, entre autres le mica, et le quartz tapisse ses druses, c'est-à-dire ses cavités. Certains calcaires autrefois regardés, à cause de leur cristallinité, comme primitifs, sont en réalité métamorphisés par voie mécanique. Tel est le calcaire du col de Seigne, où de Charpentier trouva en 1822 des Belemnites fossiles qui caractérisent les terrains secondaires. On en a trouvé de même dans le voisinage du Saint-Gothard, au milieu de schistes micacés avec grenat.

(1) Voir de Lapparent, *Traité de géologie*, p. 1450.
(2) Delesse, *Études sur le métamorphisme des roches*, 1857-58.

En Grèce, le haut plateau d'Acarnanie, les montagnes de l'Étolie, l'Oeta, le Parnasse, l'Hélicon, la partie occidentale de l'Othrys, sont formés de couches sédimentaires appartenant au crétacé. Là des calcaires d'un gris blanchâtre, contenant des fossiles de la craie, alternent avec des grès et schistes argileux

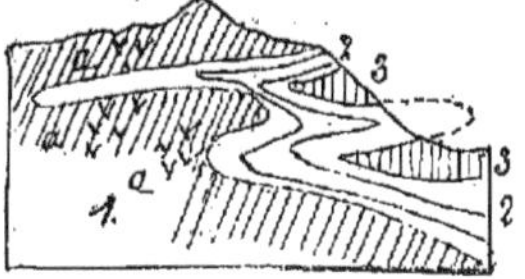

Fig. 569. — Coins de calcaire jurassique dans le gneiss de la Jungfrau, d'après Baltzer. — 1, gneiss; 2, calcaire; 3, gneiss.

presque sans fossiles, qu'on appelle *macignos*. Dans la partie orientale du pays se trouvent au contraire des schistes micacés, du gneiss, du marbre en liaison intime avec des couches où, à la vérité, les éléments cristallisés dominent, mais où le microscope décèle la présence de matière amorphe d'origine clastique. En d'autres échantillons les éléments clastiques dominent et la roche passe au macigno. Il y a tous les passages entre les roches franchement sédimentaires et les roches cristallines, et en suivant les mêmes couches on les trouve successivement. Athènes est à la limite des deux facies. A l'ouest se voient les couches franchement sédimentaires; l'Hymette au sud-est est déjà cristallin, tandis que les roches sur lesquelles est bâtie la ville, les collines qui l'entourent sont à demi cristallines.

Il y eut autrefois, sur les schistes à demi cristallins d'Athènes, une couche de calcaire peu épaisse, dont la plus grande partie a été enlevée par l'érosion ; ce calcaire ne se trouve plus qu'en quelques points isolés. Ses lambeaux constituent les points culminants de la cité : l'Acropole (fig. 567), l'Aréopage, etc. Là ils sont soit compacts, soit en partie cristallins et renferment des traces de fossiles. On trouve même des restes de coraux dans le marbre saccharoïde de l'Hymette; des faits du même genre se constatent dans le Péloponèse, la

Crète, la Thessalie, l'Albanie, l'Asie Mineure.

Il y a là des couches crétacées en relation intime avec du marbre et des schistes cristallins. On doit attribuer ces phénomènes à un métamorphisme mécanique qui est dû au plissement des couches, et qui a développé la cristallinité dans le terrain crétacé (Neumayr). Il en a été de même dans bien d'autres contrées, comme les îles Andaman et Nicobar, la Birmanie, la Terre de Feu, les Andes, etc. Le métamorphisme s'est donc exercé à diverses époques, et ne provient pas seulement de l'action des roches éruptives, mais aussi de la chaleur dégagée par des actions mécaniques.

UTILITÉ DES MINÉRAUX ET DES ROCHES.

LES MATÉRIAUX DE CONSTRUCTION ET DE DÉCORATION

Nous avons étudié dans les chapitres précédents les roches au point de vue théorique, nous avons cherché à éclaircir leur origine, à établir leur composition. Dans les pages qui vont suivre nous allons maintenant les étudier au point de vue pratique.

Nous nous occuperons successivement des matériaux de construction, des combustibles, des minéraux employés dans l'industrie, des minerais et des métaux, enfin des pierres précieuses. Nous aurons ainsi rempli notre programme d'étudier la Terre dans sa structure et dans ses modifications actuelles.

LES PIERRES CALCAIRES.

Les matériaux de construction sont très variés. On peut dire d'une manière générale que toute pierre d'une solidité suffisante et qui résiste à l'érosion des agents atmosphériques, est propre à servir pour la construction. On emploie aussi bien les schistes cristallins et les roches éruptives que les roches sédimentaires. On utilise même dans des cas exceptionnels des roches qui généralement ne servent pas à un pareil usage. Ainsi dans les parties du Sahara où il ne pleut pas, on se sert pour la construction des maisons du gypse et du natron (carbonate de soude) ; dans les Indes, au *Salt-Range* (chaîne saline), on bâtit avec des blocs de sel gemme, parce que les pluies sont rares (1). Mais les matériaux de construction habituellement employés doivent remplir plusieurs conditions : être solides, durables, faciles à transporter et à travailler, enfin présenter une certaine beauté.

Les pierres calcaires sont celles qui réunissent le mieux toutes ces conditions, et par suite ce sont celles qui sont le plus utilisées comme pierres à bâtir.

Il faut citer en première ligne le calcaire grossier de Paris dont l'abondance a permis à la ville de s'étendre continuellement. Son épaisseur peut atteindre de 30 à 40 mètres. Les catacombes ne sont autre chose que d'anciennes carrières souterraines où l'on a transporté des ossements lors de la suppression des cimetières intérieurs de Paris.

(1) Uhlig, *Nutzbare Mineralien*, appendice au vol. II de Neumayr : *Erdegeschichte*, p. 832.

Le calcaire grossier (fig. 570) présente plusieurs variétés, les unes tendres, les autres plus dures. Une roche tendre, remplie de

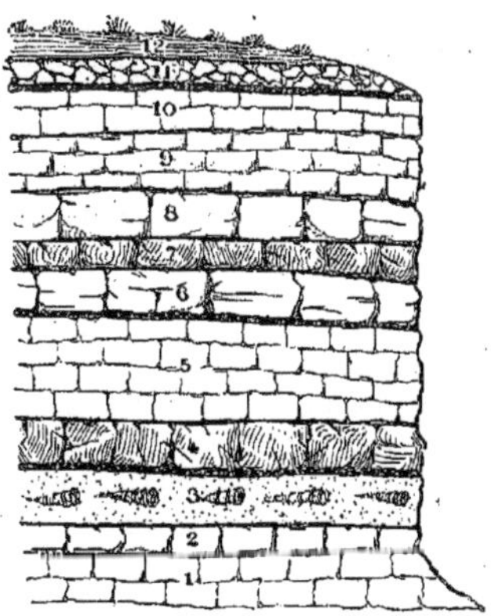

Fig. 570. — Coupe générale du calcaire grossier. — 12, terre végétale; 11, caillasses; 10, roche (de Paris); 9, banc franc de Paris; 8, cliquart; 7, banc vert; 6, saint-nom; 5, banc royal; 4, vergelés ou lambourdes; 3, banc à *Cerithium giganteum;* 2, saint-leu 1, banc à *Nummulites lævigata.*

Nummulites, qui lui ont valu le nom de *pierre à liards*, s'exploite dans le Soissonnais, ainsi au mont Ganelon, près de Compiègne. Aux environs de Creil (Oise) (fig. 573), à Saint-Leu se trouve un calcaire jaunâtre et gras, rempli de débris de coquilles brisés et pilés. Cette pierre de Creil ou de Saint-Leu est très em-

Fig. 571. — Carrière de pierres à bâtir, commune d'Arcueil.

ployée pour la construction des maisons particulières. Il en est de même de la pierre qui s'exploite à Conflans-Sainte-Honorine, et de celle dite *vergelé*, souvent marbrée de veines ocreuses, exploitée à Chantilly. A Conflans, une variété plus dure, à grain très fin, constitue le *banc royal;* on l'a employée pour la décoration de divers monuments (chapiteaux de la Bourse, fronton du Panthéon).

Ce qu'on appelle la *roche* est un calcaire très dur, très résistant, employé pour les soubassements. Il se trouve au niveau le plus élevé du calcaire grossier et s'exploite à Bagneux, Châtillon, Arcueil (fig. 571), Montrouge, etc.

Le *banc à verrains* est ainsi appelé à cause des moules internes de *Cerithium giganteum* qui ressemblent à des vis ou *verrains*. C'est une pierre compacte, à grain fin, autrefois exploitée à la barrière Saint-Jacques. Maintenant on la tire de Bagneux, d'Arcueil, du bas Meudon, des carrières Saint-Denis. Elle constitue la base des exploitations de calcaire On l'emploie surtout pour les dalles, les marches d'escaliers. Citons encore le calcaire grossier supérieur ou *cliquart*, pierre dure devenue rare et qu'on exploite à Vaugirard, à Créteil, sous le nom de *liais*.

L'exploitation du calcaire grossier, comme d'ailleurs celle de tous les calcaires, demande quelques précautions. Certaines pierres de bonne qualité se fendent par les grands froids, parce qu'on les a extraites à l'approche de l'hiver; l'eau qu'elles contiennent se congèle et fait éclater la pierre. Il suffit de les extraire pendant la belle saison pour qu'elles aient le temps de perdre leur eau de carrière; elles résistent ensuite parfaitement. D'autres sont au contraire de mauvaise qualité; elles contiennent de l'argile qui absorbe facilement l'humidité, ce qui pendant les froids fait tomber la pierre en écailles très minces. Ces pierres dites *gélives* doivent être rejetées.

Fig. 572. — Habitations creusées dans la pierre tendre de Bourré (page 464).

Dans le bassin de Paris on trouve une roche calcaire très dure, compacte, pouvant prendre le poli du marbre; c'est la roche de Château-Landon (Seine-et-Marne). On l'emploie pour les monuments. L'Arc de Triomphe est bâti avec cette pierre-marbre, de même la basilique de Montmartre. La pierre de Château-Landon est d'un niveau plus élevé que le calcaire grossier; elle appartient à la partie inférieure du terrain miocène (oligocène).

Les terrains tertiaires sont très riches en roches calcaires propres à la construction. Ainsi on emploie, en Provence, une pierre rousse, tendre, contenant beaucoup de coquilles. On l'exploite aux environs d'Aix ; c'est la *mollasse calcaire* appartenant au miocène. A Bordeaux on utilise aussi comme pierre de taille une mollasse qui se durcit à l'air. Elle est constituée par des sables calcaires remplis de coquilles, les faluns, qui sont ici cimentés par du carbonate de chaux. Citons encore le calcaire de la Leitha, employé à Vienne (Autriche).

Dans les terrains secondaires nous trouverons aussi de nombreux matériaux de construction calcaire, de dureté variable. En première ligne viennent les calcaires oolithiques de la Lorraine et de la Normandie. L'une des variétés les plus remarquables est le *calcaire de Caen*, blanc, très pur, à grain fin, exploité dans d'importantes carrières autour de la ville, comme celles du village d'Allemagne. Avec ce

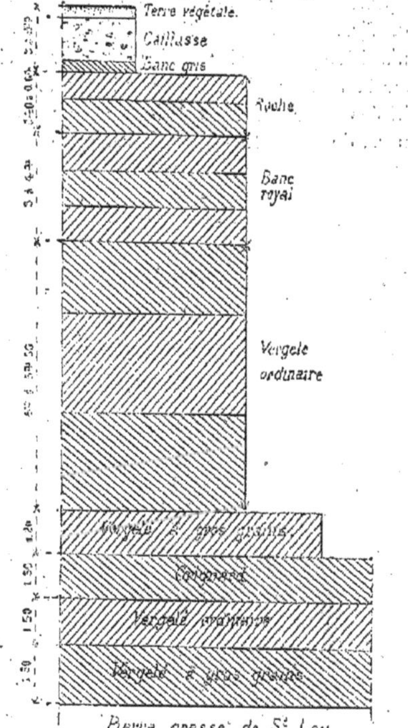

Fig. 573. — Carrière de Saint-Vincent, près Creil.

calcaire sont construits les monuments du

Calvados et aussi la tour de Londres. En Bourgogne on utilise la *lumachelle*, calcaire rempli de petites coquilles. Dans l'Isère, à l'Echaillon, se trouve un calcaire très dur, d'un grain fin et qui se polit comme du marbre. Un autre calcaire compact, cristallin, s'exploite aux environs de Lyon sous le nom de *choin-bâtard*.

Beaucoup de calcaires du terrain crétacé peuvent être utilisés pour la construction. Telle est en particulier une craie jaune et sableuse, le *tuffeau de Touraine*, qui durcit à l'air; on l'exploite sur les bords du Cher sous le nom de pierre de Bourré. Les habitants de cette localité s'y sont creusé des demeures (fig. 572). Il en est de même dans d'autres localités.

Les terrains primaires renferment à différents niveaux des calcaires estimés. Tels sont les calcaires-marbres bleu foncé de Tournai, qui sont dévoniens, et ceux de Soignies, qui sont carbonifères. On ne les utilise pas seulement en Belgique; on les exporte au loin à cause de leur dureté et de leur beauté.

AUTRES MATÉRIAUX DE CONSTRUCTION.

D'autres matériaux de construction sont les *meulières*. Ce sont des pierres siliceuses criblées de cavités dont les couleurs varient entre le blanc, le jaune et le rougeâtre. Elles se trouvent aux environs de Paris à deux niveaux. On distingue les meulières de Brie à la base du miocène (oligocène), au-dessous des sables de Fontainebleau et les meulières de Beauce au-dessus de ces sables. Les premières sont surtout employées pour la fabrication des meules de moulin. La Ferté-sous-Jouarre est depuis près de quatre cents ans le centre de cette exploitation (fig. 574). Cette meulière a une cassure unie et n'adhère pas avec le mortier; elle ne vaut rien pour la construction. Celles qui peuvent être utilisées pour bâtir sont beaucoup plus poreuses, de forme très irrégulière, et le mortier s'y attache fortement en s'insérant dans toutes les cavités. Elles sont généralement d'un jaune rougeâtre. On exploite, pour la construction, les meulières de divers points de la Brie, mais surtout les meulières supérieures dites de Montmorency, qui constituent le sommet des collines avoisinant Paris. A Paris les meulières ont été employées pour les égouts, pour les fortifications. Elles servent aussi à la décoration des édifices, parce que leur couleur rouge tranche agréablement sur le blanc de la pierre de taille. Les meulières de Montgeron, de Brunoy, convenablement concassées, servent à l'empierrement des routes et au macadamisage des rues de Paris.

Les grès du bassin de Paris, si riche en pierres à bâtir, sont employés pour le pavement. Tels sont ceux à ciment siliceux, qu'on exploite dans la forêt de Fontainebleau et aux environs d'Étampes. Tels sont encore ceux du niveau inférieur de l'éocène, qui se trouvent dans le Soissonnais, à Molinchart et à Belleu. Mais dans les pays où les calcaires manquent et où les grès sont abondants, on emploie ceux-ci pour bâtir. Ainsi dans les Vosges on trouve des grès bariolés de rouge et de blanc appelés *grès bigarrés*. Ils sont assez tendres pour être taillés facilement. On en fait des pierres de taille et des dalles. La cathédrale de Strasbourg est construite en grès d'un rouge vif. Le grès vosgien, qui constitue la

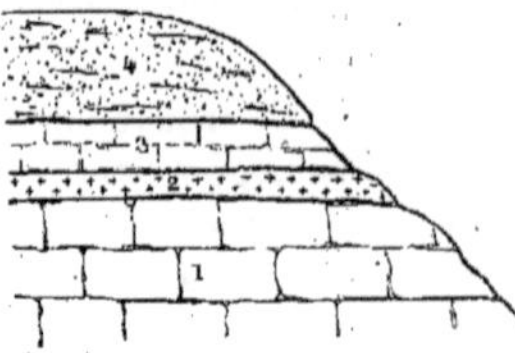

Fig. 574. — Coupe des meulières à la Ferté-sous-Jouarre. — 4, sables ferrugineux (de Fontainebleau); 3, meulières de la Brie; 2, gypse; 1, calcaire.

partie inférieure de l'étage des grès bigarrés, est plus dur; ses escarpements présentent souvent de loin l'aspect de forteresses; d'anciens châteaux sont même en partie taillés dans sa masse (fig. 575).

Les roches éruptives, à cause de leur grande dureté, de la difficulté qu'on éprouve à les tailler, ne sont employées en grande quantité pour les constructions que là où elles constituent la majeure partie du sol. Ainsi dans le plateau central de la France on utilise les basaltes, les andésites, les trachytes, les phonolites. La lave de Volvic a servi pour la construction de la cathédrale de Clermont. On y utilise également les roches granitiques, ainsi à Limoges. Mais le granite est par excellence la pierre de construction de la Bretagne; les villes de Rennes, Lorient, Saint-Malo, etc., en sont exclusivement construites. Il en est de même de l'abbaye du Mont-Saint-Michel. Mais

Fig. 575. — Rochers de grès vosgien près de Chatillon (Braconnier).

les roches éruptives sont surtout employées pour le pavage des rues, le dallage des trottoirs, la construction des parapets, des jetées et autres ouvrages où il faut une pierre en quelque sorte indestructible. C'est ainsi que Paris emploie pour ses trottoirs d'énormes masses de granite provenant des carrières de Vire et des îles Chausey. Les laves d'Auvergne ont même été mises à contribution; les trottoirs du Palais-Royal ont été dallés avec la lave de Volvic. Quant aux basaltes, beaucoup de villes d'Auvergne et des Cévennes n'ont pas d'autre pavage. On a simplement divisé en fragments les colonnes prismatiques de la roche. D'autres matériaux souvent employés pour l'empierrement sont les porphyres. La France importe de grandes quantités de ces pierres venant de Lessines et de Quenast en Belgique.

Dans les régions où les pierres manquent on a recours pour les constructions aux argiles ou même à la terre. En mélangeant à celle-ci de l'argile et du sable on fabrique le *pisé* que l'on emploie surtout dans le Midi pour faire des murailles devenant avec le temps extrêmement solides. Rondelet (1), chargé de restaurer dans l'Ain un château construit en pisé et datant de 150 ans, fut obligé pour percer les murs, d'employer des marteaux à pointe et taillants. Le pisé avait acquis la dureté de la pierre de Saint-Leu.

Les argiles pétries avec de l'eau sont employées pour la fabrication des briques. On façonne celles-ci soit dans des moules en bois, soit à la machine. On les fait soit simplement sécher au soleil, comme les anciens Assyriens, soit, plus généralement, on les fait cuire en plein air dans des fours spéciaux. L'argile peut toujours être employée à la fabrication des briques, pourvu qu'on y mélange des quantités convenables de sable ou de marne; sans ces éléments la terre ne sécherait pas également et ne cuirait pas bien. Les argiles sont particulièrement abondantes dans les terrains tertiaires. L'argile plastique des environs de Paris est employée à divers usages et entre autres à la fabrication des briques. Celles-ci constituent presque l'unique élément des constructions dans le nord de la France, où l'argile abonde, tandis que la pierre est rare. Certaines briques, dites réfractaires, qui résistent aux plus hautes températures, sont l'objet d'une fabrication spéciale.

(1) Cité par Jagnaux, *Traité de minéralogie appliquée*, Paris, 1885.

LA PIERRE A PLATRE.

Pour recouvrir les murs, les cloisons, les plafonds, on se sert du plâtre parce que celui-ci, réduit en poudre et mélangé à l'eau, se prend facilement en une masse solide de petits cristaux de sulfate de chaux hydraté. En somme, il constitue en se solidifiant une véritable pierre légère. Pour l'obtenir, il suffit de chauffer le gypse ou pierre à plâtre, qui perd à 130° environ son eau et se transforme alors en plâtre. La cuisson se fait très facilement. On construit avec de grosses pierres de gypse de petites voûtes sur lesquelles on dispose la masse à cuire, et on allume sous les

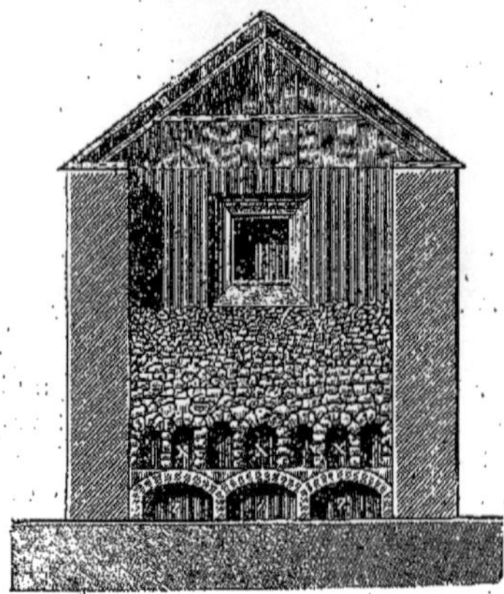

Fig. 576. — Cuisson du plâtre.

voûtes un feu de bois, ou même depuis quelques années un feu de charbon (fig. 576).

Le gypse est très répandu. Nous avons vu précédemment qu'il accompagne généralement le sel gemme. On en trouve en Lorraine dans le trias, en Provence et à Paris dans l'éocène. Le gypse de Paris constitue une formation très importante dont l'épaisseur atteint au moins 50 mètres. Il y a des couches alternatives de marnes et de pierre à plâtre. On distingue trois masses et même quatre masses de gypse désignées, de haut en bas, par les ouvriers, sous le nom de première, seconde, troisième, quatrième masse. La première masse ou haute masse est la plus épaisse et la plus constante : elle atteint de 8 à 15 mètres; à Montmartre même elle a 20 mètres (fig. 577). C'est dans cette masse que Cuvier a découvert toute une série de mammifères, entre autres le *Palæotherium* (fig. 578). Le gypse y est grenu et saccharoïde. Dans la seconde masse c'est du gypse

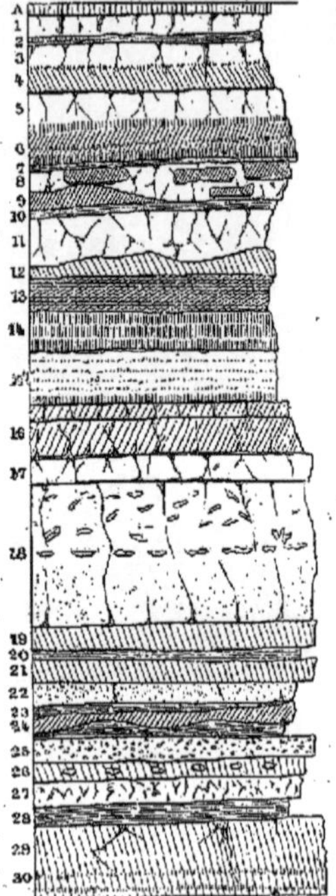

Fig. 577. — Coupe de la 3me masse du gypse à Montmartre (alternance de marnes et de gypse). — 1, 2, 3, marne; 4, 5, 6, gypse; 7, marne; 8, gypse; 9, 10, 11, marne; 12, 13, 14, 15, gypse; 16, marne; 17, gypse; 18, marne; 19, gypse; 20, marne; 21, gypse; 22, 23, et 24, marne; 25, calcaire grossier dur; 26, gypse; 27, calcaire grossier tendre (souchet); 28, marne; 29, 30, gypse; 31, marne blanche.

fer-de-lance, et dans la troisième, du gypse en cristaux assez volumineux appelé gypse *pied d'alouette* par les ouvriers. La quatrième masse n'est pas constante et elle est peu exploitée.

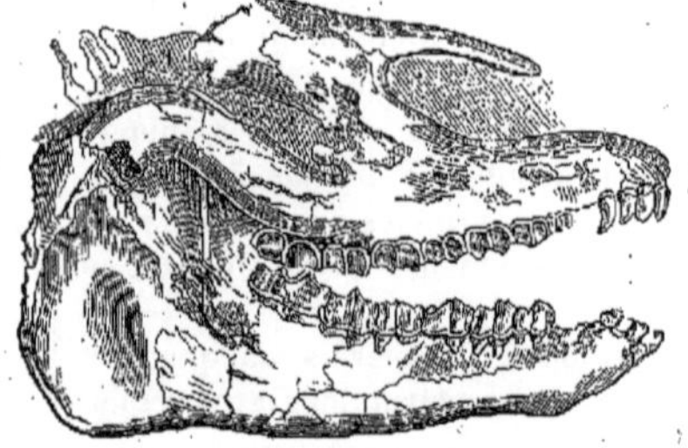

Fig. 578. — Tête de *Palæotherium medium*.

Les principales carrières de plâtre des environs de Paris sont celles de Montreuil-sous-Bois, Romainville, Noisy-le-Sec, Rosny-sous-Bois, Neuilly-sur-Marne, Pierrefitte, Argenteuil (fig. 582), Sannois, Châtillon, Clamart, Villejuif, Vitry, Choisy.

En mélangeant du plâtre à une dissolution d'alun et en le cuisant ensuite, on obtient une matière dure, susceptible d'un beau poli, c'est le plâtre aluné. Il se prend moins vite que le plâtre ordinaire, mais il résiste beaucoup mieux aux intempéries. On le colore avec divers oxydes pour lui donner l'aspect du marbre.

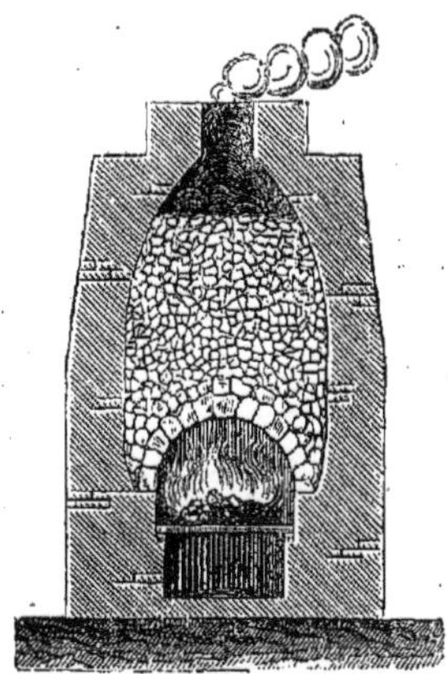

Fig. 579. — Cuisson de la chaux (four intermittent.)

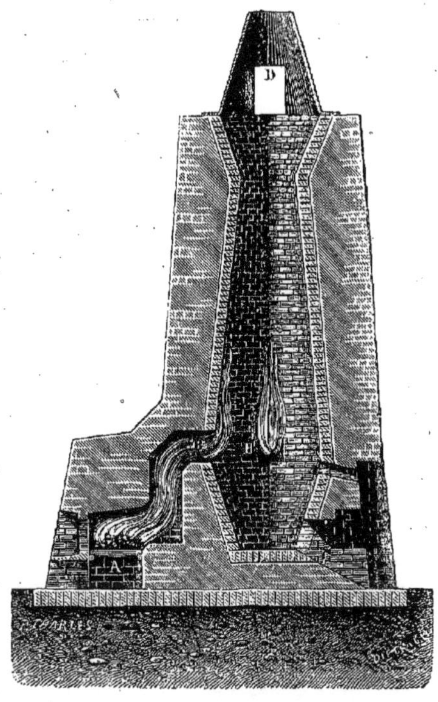

Fig. 580. — Cuisson de la chaux (four continu).

Le *stuc* s'obtient en gâchant le plâtre avec une dissolution de colle forte. Il devient dur, peut se polir, mais ne résiste pas bien à l'action de l'humidité. On l'emploie pour la décoration des appartements.

CHAUX, MORTIERS ET CIMENTS.

Pour souder ensemble les diverses pierres d'un édifice on emploie du *mortier*. Celui-ci est préparé en mélangeant du sable avec de la chaux éteinte délayée dans l'eau.

La chaux s'obtient en calcinant un calcaire quelconque, opération qui s'effectue dans un four spécial (fig. 579). Un four à chaux est construit en briques réfractaires. On y établit une voûte avec des morceaux de calcaire; au-dessus sont empilés des morceaux plus petits; au-dessous on allume du combustible, houille, bois ou tourbe. On élève la température jusqu'au rouge; la flamme s'élève à travers la masse et transforme le calcaire en chaux.

Outre ces fours qui sont intermittents, on emploie aussi des fours continus formés d'un double cône de briques réfractaires (fig. 580). Le foyer est latéral. On charge le calcaire par le haut, tandis que l'on retire par le bas la chaux cuite. Cette opération se fait environ toutes les douze heures.

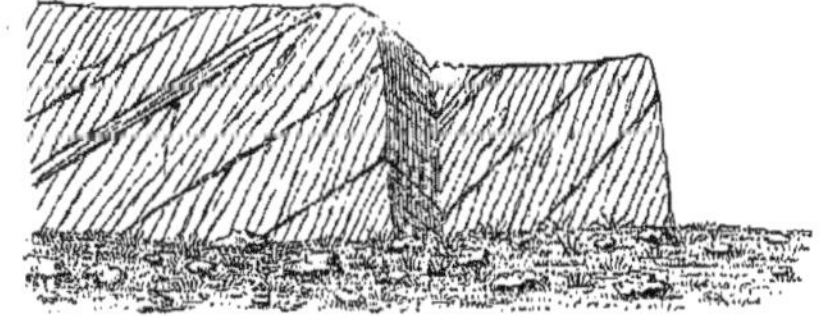

Fig. 581. — Carrière de schistes ardoisiers.

Les propriétés de la chaux varient avec le calcaire qui a servi à la préparer. Celle qui provient de la calcination du marbre blanc ou de calcaires à peu près purs s'appelle *chaux grasse*. Mélangée à l'eau elle s'éteint en déga-

Fig. 582. — Carrière de pierre à plâtre d'Orgemont, près d'Argenteuil.

geant beaucoup de chaleur et en foisonnant beaucoup, c'est-à-dire en augmentant considérablement de volume. Elle durcit au contact de l'air et donne avec le sable un bon mortier. Il a cependant l'inconvénient de ne sécher que très lentement. On cite à ce propos le fait constaté, en 1822, à Strasbourg. En démolissant le soubassement d'un bastion qui datait de 1666, on y trouva à l'intérieur le mortier aussi frais qu'au premier jour. Le mortier soude les pierres parce que l'acide carbonique de l'air change peu à peu la chaux en carbonate de chaux qui joint ensemble tous les grains de sable.

Les chaux qui proviennent de la calcination des calcaires magnésiens et ferrugineux sont dites *maigres*. Elles s'échauffent peu et foisonnent peu en s'éteignant. Les mortiers qu'elles fournissent manquent de ténacité.

Ni la chaux grasse ni la chaux maigre ne peuvent servir pour les constructions dans l'eau. Il faut alors employer les chaux *hydrauliques*. Celles-ci font prise sous l'eau au bout d'un temps plus ou moins long. Les meilleures se solidifient du deuxième au quatrième jour d'immersion; au bout de six mois elles ont la dureté de la pierre. L'ingénieur Vicat a découvert que les chaux hydrauliques doivent

Fig. 583. — Carrière de craie à Issy (Les Moulineaux).

leurs propriétés à ce qu'elles contiennent de l'argile. Les chaux éminemment hydrauliques en renferment de 25 à 30 p. 100; les chaux moyennement hydrauliques de 9 à 10 p. 100. Parmi les plus estimées se trouvent celles du Theil (Ardèche), de Montélimart (Drôme), de Doué (Maine-et-Loir), de la Hève, de Saint-Quentin, de Sassenage (Isère), de Castelnaudary, d'Echoisy (Charente), de Rochefort (Var) (1). On comprend qu'il soit possible de fabriquer des chaux hydrauliques, si l'on a à sa disposition du calcaire et de l'argile. C'est précisément ce qui se trouve aux environs de Paris (fig. 583), où il y a beaucoup de craie et d'argile.

On y fabrique de la chaux hydraulique en calcinant ensemble quatre parties de craie de Meudon et une partie d'argile de Vanves. D'ailleurs il suffit, pour fabriquer de la chaux hydraulique, de mélanger à de la chaux grasse de l'argile légèrement calcinée avec 1200 de chaux. On peut aussi mélanger à la chaux grasse certaines matières naturelles, comme les pouzzolanes et les trass. Les premières sont des argiles poreuses d'origine volcanique, qu'on trouve au Vésuve. Le trass est une argile de même nature exploitée aux environs d'Andernach sur les bords du Rhin. Les mortiers hydrauliques sont fabriqués avec de la chaux hydraulique mélangée de sable, ou avec de la pouzzolane et de la chaux grasse ou hydraulique avec addition de sable. Quand on n'a pas de pouzzolane on peut prendre des briques ou des tuiles. Le *béton* est un mortier hydraulique auquel on a ajouté de petits cailloux anguleux. Les piles des ponts reposent généralement sur une masse de béton.

Les ciments improprement appelés ciments romains, sont des chaux très hydrauliques qu se solidifient en quelques heures soit à l'air soit sous l'eau. Ils proviennent de la calcination des calcaires marneux ou argileux. Le

(1) Jagnaux, *Traité de minéralogie appliquée*, p. 365.

Fig. 584. — Ardoises de Penrhyn (Pays de Galles).

premier ciment a été celui d'Angleterre, en usage depuis 1796, fabriqué avec des calcaires très argileux des côtes du Somerset. Depuis on a trouvé des calcaires analogues à Boulogne-sur-Mer.

On exploite aussi des calcaires à ciment à Vassy (Yonne) et à Pouilly (Côte-d'Or), où il y en a même deux, l'un noir, l'autre gris.

Le ciment de Portland est une chaux qui a été cuite jusqu'à un commencement de vitrification; contrairement aux autres, tout en étant de très bonne qualité, il est d'une prise lente.

LES ARDOISES.

Pour couvrir les habitations on se sert des ardoises. Ce sont des schistes argileux très fissiles (fig. 581 et 584). La schistosité est indépendante de la stratification; les feuillets sont obliques sur le plan de stratification; celui-ci peut être ployé, contourné, tandis que les plans de clivage restent parallèles entre eux. Dès 1846, MM. Baur et Scharpe émirent l'idée que la schistosité provenait d'une compression, et c'est ce qui a été mis en évidence, avons-nous déjà vu, par les expériences de M. Daubrée : de l'argile molle comprimée se divise en feuillets. Des preuves de la compression se trouvent encore dans la disposition des minéraux que renferment les ardoises, parallèlement aux feuillets. Il en est de même des fossiles, qui sont aplatis dans ce sens.

La plus importante exploitation d'ardoises Fercan ne se trouve aux environs d'Angers, à Trélazé (fig. 585). Elle occupe plusieurs milliers d'ouvriers. Ces ardoises d'Angers sont bleues; on y voit souvent des paillettes de mica et des cristaux jaune d'or de pyrite. Leur dureté, leur cristallinité sont l'effet d'un métamorphisme mécanique développé par la compression. Les couches sont verticales ou inclinées à 75° ou 80° sur l'horizon. Il y a quatre bandes distinctes, dont deux : la veine du Nord et celle du Sud, sont placées à 350 mètres de distance; les deux autres, la veine de l'Union et celle de la Porée sont moins importantes. Les schistes ardoisiers d'Angers appartiennent au silurien, comme l'indiquent les grands Trilobites déformés qu'on y trouve (*Illænus giganteus*, *Calymene Tristani*).

Le terrain cambrien des Ardennes, très développé dans la vallée de la Meuse, contient des ardoises qui sont aussi activement exploi-

Fig. 585. — Ardoisières de Trélazé, près d'Angers (d'après une photographie communiquée par M. Vélain).

tées. Certaines, verdâtres ou bleuâtres, se trouvent particulièrement à Deville et à Monthermé; d'autres, rouges ou violacées, sont exploitées à Fumay; on y trouve souvent de la pyrite. Ces ardoises de Fumay sont tirées surtout de la galerie Sainte-Anne, ouverte en 1840 et qui descend jusqu'à 500 mètres de profondeur. A Deville les ardoises contiennent des cristaux de magnétite (fer oxydulé) couchés dans une direction oblique sur le plan des feuillets. A Rimogne on exploite l'ardoise depuis 1780; elle est vert grisâtre avec des cristaux de fer oxydulé.

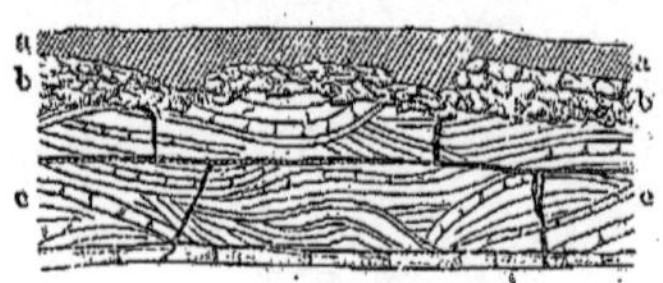

Fig. 586. — Carrière de dalle nacrée près de Montbéliard. — *a*, terre végétale; *b*, débris remaniés; *c*, dalle nacrée.

Il y a encore en France d'autres exploitations d'ardoises, beaucoup moins importantes, comme celles des Vosges, des Pyrénées, de la Corrèze, de la Savoie, de Renazé (Mayenne), de Saint-Lô (Manche), et celles du Finistère. Dans cette dernière région, les ardoises surtout exploitées à Châteaulin, sont d'âge carbonifère.

Dans certains pays les ardoises sont remplacées pour la couverture des toits par d'autres roches également fissiles. Ainsi, en Lorraine et dans la Haute-Marne, le calcaire oolithique devient feuilleté et se débite en plaquettes souvent employées en guise d'ardoises sous le nom de *laves*. Cette dalle oolithique est remplacée dans le Jura par la *dalle nacrée*, qui est d'un niveau un peu plus élevé. Ce calcaire fissile contient de grandes huîtres à reflets nacrés. Ses feuillets se croisent, se contournent, s'enchevêtrent d'une manière irrégulière (fig. 586).

Certaines roches éruptives, les phonolites, comme nous l'avons déjà vu, se laissent débiter comme des ardoises. Ces plaquettes sonores appelées *lauzes* sont employées dans le Cantal et dans le Velay, où elles sont très abondantes surtout au Mézenc et au voisinage du Pertuis.

MATÉRIAUX EMPLOYÉS PAR LA DÉCORATION.

Les matières minérales employées à cause de leur teinte pour la décoration des édifices sont assez nombreuses. En première ligne viennent les *marbres*. Ils résultent, comme nous l'avons vu, du métamorphisme des calcaires, et les beaux marbres blancs, employés pour les statues, sont tirés de Grèce et d'Italie. Souvent, avons-nous dit, ils appartiennent aux terrains secondaires, et même au crétacé, partie la plus récente des terrains secondaires. Dans l'antiquité le premier rang était accordé au marbre de Paros; ce marbre à grain fin régulier, d'un ton légèrement jaunâtre, est translucide comme l'ivoire. Les statues de la Vénus de Médicis, de Diane chasseresse sont taillées dans ce marbre. Aujourd'hui on ne tire plus de Paros qu'un marbre à gros grain, ayant une teinte bleuâtre et par suite inutilisable pour la sculpture.

Un marbre plus blanc que celui de Paros est le marbre de Luna, près de Carrare, susceptible d'un beau poli et dans lequel ont été taillés l'Antinoüs et l'Apollon du Belvédère. Après le marbre de Paros les anciens plaçaient le marbre pentélique, à reflets dorés. On l'exploitait aux environs d'Athènes et c'est lui qui a fourni les matériaux des Propylées, de l'Acropole, du Theseion, du Temple de Jupiter Olympien. Les Grecs employaient aussi le marbre de l'Hymette, celui du Laurium, et ceux des îles d'Andros, Naxos, Thasos et Eubée. De cette île vient le marbre carystique, parcouru par des veines verdâtres; il était particulièrement estimé des Romains (1). Un marbre employé dans l'antiquité est le marbre vert laconique, du mont Taygète.

Aujourd'hui c'est le marbre de Carrare qui qui est le plus exploité. Il est connu depuis le temps des Césars, et c'est avec lui qu'a été créé l'Apollon du Belvédère, avons-nous déjà dit. C'est lui aussi qui a servi aux grands maîtres de la sculpture moderne, tels que Thorwaldsen. Ce gisement se trouve dans les Alpes Apuennes aux environs de la Spezzia. Ces couches, qu'on rapporte au trias, s'étendent sur une longueur de 9 à 10 kilomètres et une largeur de 3 ou 4. Elles comprennent trois groupes. Le plus élevé se compose d'une alternance de cipolins et de grès micacés avec de petites lentilles de marbres et des calcaires à crinoïdes. Ensuite vient le marbre proprement dit et des dolomies cristallines, avec une puissance de 1000 mètres; enfin des calcaires gris, com-

(1) Uhlig, *Nutzbare Mineralien* (*Erdgeschichte*, II, p. 829).

Fig. 587. — Carrières de marbre à Carrare.

pacts ou bréchiformes contenant des fossiles. Ce sont les *Grezzoni*.

Parmi les marbres de Carrare il y a des variétés claires (*Chiaro*) et des variétés sombres (*Bardiglio*). Dans les premières se trouve le *Statuario*, le plus beau des marbres statuaires par ses grains fins, réguliers, son éclat éblouissant, son poli incomparable. Il est d'ailleurs assez rare, et forme des lentilles isolées entourées de marbres moins purs, contenant des cristaux de quartz et de pyrite. Il n'entre que pour 5 p. 100 dans la production totale des gisements de Carrare. Une autre variété est le *Bianco chiaro*, à grain plus gros, et qui n'est pas aussi blanc que le précédent, mais il résiste mieux aux intempéries. D'autres variétés grises veinées sont employées pour faire des tables, des pilastres, des cheminées. Parmi les variétés du *Bardiglio* les plus estimées sont celles qui sont rouges comme le *Mischio di Serravezza* couleur fleur de pêcher ou violet, et le *Pavonazzo* blanc avec des veines jaunes, brunes et noires (1).

Le centre de l'exploitation est à Carrare (fig. 587); on a fait aussi des carrières à la Massa di Carrara et à Serravezza. Beaucoup de carrières datent du temps des Romains, et les débris qui s'accumulent obligent souvent à abandonner une carrière, bien qu'elle ne soit pas encore épuisée. Depuis 2000 ans qu'on exploite le marbre de Carrare, on est encore bien éloigné de le voir disparaître. Les anciens n'exploitaient que la surface ; les parties profondes sont encore intactes. La valeur annuelle de l'exportation est d'environ 16 millions de francs. On emploie aussi pour la sculpture certains marbres du Tyrol et des Pyrénées (Saint-Béat).

D'autres marbres de couleurs variées sont employés pour la décoration. Ce sont des calcaires plus ou moins cristallins susceptibles d'un beau poli et dont les teintes sont dues à des impuretés diverses. En Belgique il existe des marbres noirs et gris veinés de blanc, employés pour les cheminées communes. Ce sont les marbres de Sainte-Anne et petit granite déjà cités plus haut. Le petit granite est exploité aux Écaussines, dans le Hainaut; ses taches blanches sont dues à des débris d'organismes. On exploite pour le même usage commun des marbres du carbonifère près de Boulogne-sur-Mer; ainsi le marbre gris dit

(1) Uhlig, p. 830.

Fig. 588. — Carrière de marbres et pierres de taille de Leulinghen, par Marquise (P.-de-C.), d'après une photographie communiquée par M. Franchy.

marbre Napoléon, à Marquise (fig. 588 et 589). Un marbre d'une grande beauté, employé pour les cheminées, est le *Portor antique* des environs de Carrare; il est noir avec des veines jaunes brillantes comme de l'or. En France les plus beaux marbres viennent des Alpes et des Pyrénées. Ils ont servi à la décoration du palais de Versailles, du Louvre, etc. Citons dans les Hautes-Alpes la *brèche Portor*, noir uniforme. Dans l'Aude, à Caunes, on exploite les marbres *griotte* qui sont panachés de rouge et de blanc; et les marbres *cervelas* rouge foncé, veinés de gris et tachetés de blanc. Dans la Haute-Garonne, à Cierp, on exploite une carrière de marbre rouge acajou située à mi-côte sur les montagnes qui dominent le confluent de la Garonne et de la Pique. Les couches en ont été étudiées par Leymerie; sur le versant septentrional de la montagne de Rie, on rencontre une carrière de marbre blanc cristallin, dit marbre de Saint-Béat. Dans les Hautes-Pyrénées, à Ilhet, le *sarrancolin* isabelle et rouge est à juste titre considéré comme l'un des plus beaux marbres décoratifs. Louis XIV a fait employer ce marbre au salon d'Hercule, aux soubassements et aux corniches de la galerie des Glaces, dans la cheminée de l'Œil-de-Bœuf. Les grandes colonnes monolithe de l'escalier de l'Opéra sont également en marbre sarrancolin. Sur les bords de la Neste on peut obtenir en grandes dimensions un marbre blanc et noir avec des dessins rappelant ceux présentés par le marbre Sainte-Anne; c'est le marbre d'Héchettes, dit petit Antique. Sur les bords du Ley, près de Saint-Girons, on exploite le marbre grand Antique, noir et blanc, un peu brèche, éminemment propre à l'architecture funéraire; dans la vallée de Campan, le marbre vert qui porte ce nom et provient d'Espiadet. Tous ces marbres des Pyrénées sont de l'âge dévonien. Citons aussi les marbres de la Mayenne. La carrière de Rose-Enjugeraie fournit le marbre rose dit sarrancolin de l'Ouest; il est panaché rose brique et gris perlé, avec quelques flammes blanches et rouges. Nous donnons une vue de la carrière de Bouère (Mayenne) (fig. 590). Sablé est le centre industriel où se confectionnent spécialement les marbres de l'Ouest.

Dans l'Isère, à l'Échaillon (fig. 591) où nous avons déjà cité une pierre de taille, il y a aussi des carrières de marbre qui, exploitées jusqu'au XVIIIe siècle, furent abandonnées jusqu'en 1826. Elles sont de nouveau en pleine activité. Le marbre est jaunâtre ou rose avec des taches blanches qui sont des débris de polypiers convertis en spath calcaire. On s'en est servi pour

Fig. 589. — Carrière de marbre, près Marquise, d'après une photographie communiquée par M. Franchy, directeur des carrières de Leulinghen.

la décoration du nouvel Opéra de Paris, pour le Palais de Justice, le square de la Trinité, etc.

Beaucoup de roches éruptives sont utilisées pour l'ornementation des édifices. Les Égyptiens se sont beaucoup servi du granite rouge, appelé improprement syénite. Ils y ont taillé beaucoup de sphinx, d'obélisques, entre autres celui de Louqsor. Les anciens recherchaient particulièrement le porphyre rouge d'Égypte qu'ils tiraient des montagnes qui s'élèvent entre le Nil et la mer Rouge. Ils en faisaient des cuves sépulcrales, des baignoires, des obélisques, etc. La plus grande masse connue de ce porphyre est l'obélisque de Sixte-Quint à Rome. En France on cite la cuve qui sert de fonts baptismaux dans la cathédrale de Metz. Le Musée du Louvre à Paris, possède également en porphyre rouge d'Égypte quelques baignoires antiques, d'une rare beauté, plusieurs statues colossales représentant des barbares captifs et un certain nombre de socles et de colonnes d'une grande richesse. Le porphyre vert antique était aussi très employé. Dans les Vosges, dans l'Esterel, il y a beaucoup de porphyres susceptibles d'être employés pour la décoration.

On utilise aussi des grès très durs, les quartzites, susceptibles d'un beau poli. Ainsi le tombeau de Napoléon Ier aux Invalides est en quartzite rouge.

Les serpentines sont également employées, parce qu'elles sont susceptibles d'un beau poli et que leurs couleurs vertes sont agréables à l'œil. On les emploie en guise de marbres et aussi pour des statues, des colonnes, des vases, etc. On les exploite en Italie, à Suse, au Prato, au Val Sezia, etc. Le *Verde di Susa*, et le *Verde di Prato* sont verts avec des veines blanches et rouges. La *Serpentino ner' antico* et le *Nero di Prato* sont d'un vert foncé avec des veines rouges. On utilise aussi les serpentines de Zöblitz en Saxe, celles de Ténos en Grèce. En France les principaux gisements se trouvent dans les Vosges, dans les Hautes-Alpes à Saint Pérau et à Maurins, à Verie et Estival dans le Lot, à Arvieu dans l'Aveyron, à Bivinco en Corse. Nous avons vu déjà que la serpentine est un silicate hydraté de magnésie provenant de la décomposition de roches riches en magnésie. Le défaut des serpentines, c'est qu'elles offrent peu de cohésion, se laissent écraser facilement et résistent mal aux chocs.

On emploie encore en guise de marbre, l'*albâtre calcaire* qui n'est autre que le calcaire

Fig. 590. — Carrière de marbre rose dit sarrancolin de l'Ouest, exploitée par MM. Landeau et Cie à Bouère, canton de Grez-en-Bouère (Mayenne).

des stalactites. On l'appelle aussi *onyx*. L'albâtre oriental, l'onyx des anciens, est d'un blanc jaune; il présente des veines concentriques et ondulées, transparentes ou opaques. On l'a retrouvé en Égypte; les carrières de Beni-Souef près du Caire et celles de Syout connues des anciens sont de nouveau exploitées. En Algérie on trouve un onyx plus translucide, qui est d'un blanc pur ou teinté de vert; certaines couches sont même rouges ou jaune d'or. Les anciens le tiraient des environs d'Oran, où depuis quelques années on fait de nouveau des exploitations. On se sert aussi de l'albâtre de Bastia veiné de jaune; de celui de Sicile d'un blanc sale, de celui de Sienne jaune de miel (1).

Le gypse saccharoïde est finement grenu, translucide et d'un blanc pur. On le connaît aussi sous le nom d'albâtre, et on l'emploie

(1) Jagnaux, *Traité de Minéralogie appliquée*, p. 342.

Fig. 591. — Carrière de marbre de l'Échaillon (Isère), vue intérieure.

pour des vases, des pendules, des statuettes. Le plus pur se trouve dans la vallée de Marmolajo près de Volterra en Toscane; il appartient là au miocène supérieur. A Lagny, près de Paris, on exploite comme albâtre un gypse veiné de gris.

Citons enfin comme matière d'ornementation la *malachite*. On appelle ainsi un carbonate de cuivre hydraté d'une belle couleur verte. La malachite se trouve dans les gîtes de minerais de cuivre sous forme de rognons ayant une texture à la fois fibreuse et concentrique. Les diverses zones sont de nuances différentes, ce qui donne au minéral taillé et poli un aspect très agréable. On en fait des tables, des vases, des colonnes, on l'emploie aussi en mosaïque. Généralement les morceaux sont petits; ceux qui sont assez gros pour être taillés en vases et en tables sont d'un prix élevé. On le trouve au Mexique, en Australie, mais surtout en Sibérie et dans l'Oural; c'est là qu'il forme les masses les plus pures et les plus volumineuses. En France on la trouve à Chessy dans le Rhône, avec d'autres minerais de cuivre dans une argile ferrugineuse et dans un grès d'âge triasique ou permien. Les gisements les plus exploités de l'Oural sont ceux de Bogoslowsk et de Gumeschewsk.

LES COMBUSTIBLES.

LA HOUILLE, SON ORIGINE.

Il est peu de minéraux aussi utiles que les combustibles. Ils nous donnent la chaleur et la lumière, et constituent l'une des nécessités essentielles de la vie humaine; eux seuls ont permis à l'industrie de prendre ce merveilleux essor que nous admirons. Le plus précieux de ces combustibles est la houille ou charbon de terre, substance noire qui contient au moins 80 p. 100 de carbone. Elle est connue depuis longtemps. Les écrivains anciens, Aristote, Théophraste, parlent en divers points de leurs ouvrages, des combustibles minéraux; toutefois il s'agit peut-être plutôt des lignites que de la houille. La Grande-Bretagne présente, comme l'on sait, de très riches gisements houillers; certains étaient déjà exploités à l'époque romaine; tel est celui de Ligan dans le Lancashire. Dans le même pays les fouilles archéologiques ont démontré que l'homme préhistorique s'était servi de la houille. On a trouvé des instruments de silex dans les couches houillères du Monmouthshire, et aussi des marteaux de pierre et autres ustensiles dans les exploitations primitives des houillères du Leicestershire. Les Romains ont négligé la houille et n'ont aucunement utilisé les gisements importants de la France méridionale et de la France centrale. Au contraire il est probable que les Chinois se servent des combustibles minéraux depuis un temps immémorial. Au XIIIe siècle Marco Polo rapporte que les habitants du Cathay brûlent en guise de bois une pierre qu'ils appellent *meï*. Le géographe arabe Istakhry qui vivait au Xe siècle parle des mines de charbon du Turkestan (1).

En Europe, dans les temps historiques, l'une des plus anciennes exploitations paraît être celle de Zwickau, en Saxe. Les bassins de Belgique et Westphalie sont utilisés depuis le XIe siècle. C'est en 1049 qu'en Belgique un forgeron du village de Plenevaux fit les premiers travaux pour l'exploitation de la houille. Ce forgeron, du pays de Liège, se serait appelé Houllos, et son nom modifié serait devenu celui du combustible. Toutefois cette étymologie est incertaine. Suivant plusieurs auteurs, le nom de houille viendrait du mot allemand « Scholle » qui veut dire motte de terre. Quoiqu'il en soit, les mines de houille étaient en pleine exploitation, aux environs de Liège, à la fin du XIIe siècle. Celles de Mons ne furent ouvertes que plus tard, au XIVe siècle, mais elles devinrent plus importantes, et dès le milieu du XVIe siècle ce charbon était emporté en abondance grâce aux nombreux canaux du pays; les bateaux houillers apportaient ce combustible par ces canaux très loin de Mons. En France, la houille fut employée à Saint-Étienne dès le XIIIe siècle, mais elle ne servait alors qu'aux usages domestiques des habitants.

En Angleterre, l'exploitation des mines de Newcastle commença au XIIIe siècle; les habitants obtinrent même, en 1239, du roi Henri II, un privilège d'exportation. D'après un document de 1315, un bateau appartenant à un bourgeois de Pontoise, apportait à Newcastle du blé et revenait avec une cargaison de houille. En Angleterre l'usage de ce combustible se propagea rapidement. Un arrêt d'Édouard IV, en 1306, défendait aux habitants de Londres de brûler de la houille, à cause de la fumée qu'elle produisait. Des édits du même genre furent publiés en France. Henri II faisait condamner à l'amende et à la prison les maréchaux ferrants de Paris qui se servaient de la houille. Ce ne fut qu'au commencement du siècle, lors de l'emploi de la houille pour les machines à vapeur, que ce combustible obtint tout à fait droit de cité. Maintenant, loin de le proscrire, on recherche de plus en plus les gisements houillers.

Nous n'avons pas à faire ici une histoire géologique complète de la houille, mais il est nécessaire d'avoir des données précises sur son origine. Ce combustible se trouve surtout dans le terrain du groupe primaire, qui de son nom a été appelé terrain carbonifère. Mais, comme nous le verrons, il y a des houilles plus récentes.

La houille se présente en lits superposés, ayant de quelques centimètres à deux mètres

(1) Voir pour l'historique : Jagnaux, *Traité de Minéralogie appliquée*, p. 223.

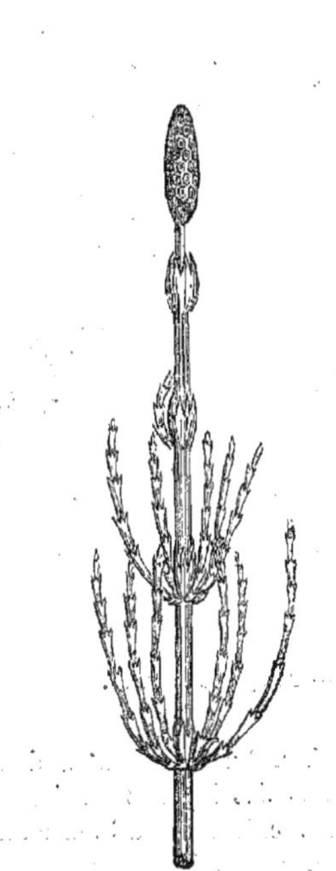

Fig. 592. — *Equisetum palustre.*

Fig. 593. — *Calamites Suckowi.*

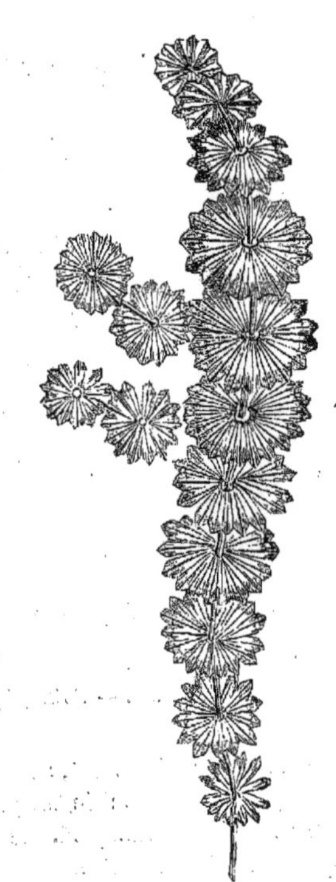

Fig. 594. — *Annularia.*

d'épaisseur. Ils sont séparés les uns des autres par des couches de schistes. A première vue, la houille ne présente d'ordinaire aucune trace d'organisation. Cependant on peut y reconnaître parfois à l'œil nu des troncs d'arbres carbonisés, des écorces et des feuilles. En outre les schistes qui emprisonnent les lits de houille présentent beaucoup d'empreintes végétales. Déjà les savants du siècle dernier, comme Scheuchzer, avaient reconnu l'existence de ces débris végétaux et en concluaient que la houille avait une origine végétale, de même que le lignite et la tourbe où ces débris sont plus nets. Ainsi la houille est due à la décomposition lente des végétaux. La succession des lits de houille et des schistes montre qu'il s'agit ici d'une alluvion et que la décomposition des plantes a eu lieu dans l'eau à l'abri du contact de l'air. Les matières végétales se composent surtout de carbone, d'oxygène et d'hydrogène. Quand elles se décomposent à l'air libre, le carbone et l'hydrogène disparaissent à l'état d'acide carbonique et d'eau. Mais à l'abri de l'air l'oxydation est nécessairement incomplète, car il n'y a pas dans ces matières assez d'oxygène pour brûler tout le carbone et tout l'hydrogène. Le résultat de cette décomposition lente est un enrichissement progressif en carbone qui peut aller, comme nous allons le voir, jusqu'à 95 p. 100.

Mais la houille s'est-elle formée sur place ou est-elle un produit de transport? Suivant la première opinion, qui était celle d'Élie de Beaumont et de Brongniart, la végétation houillère formait d'épaisses forêts dans des vallées marécageuses. Les débris tombés des arbres s'accumulaient sur un sol que venaient couvrir les eaux d'inondation, et s'y carbonisaient lentement. On trouve en effet, par exemple en Belgique, des racines qui traversent les schistes inférieurs au lit de houille, tandis que les schistes supérieurs renferment des empreintes de feuilles et que la houille interposée présente des tiges. Il s'agit bien alors d'une forêt dont les schistes inférieurs représentent l'ancien sol. Les lits successifs de houille s'expliquent par des immersions et des émersions alternatives du sol.

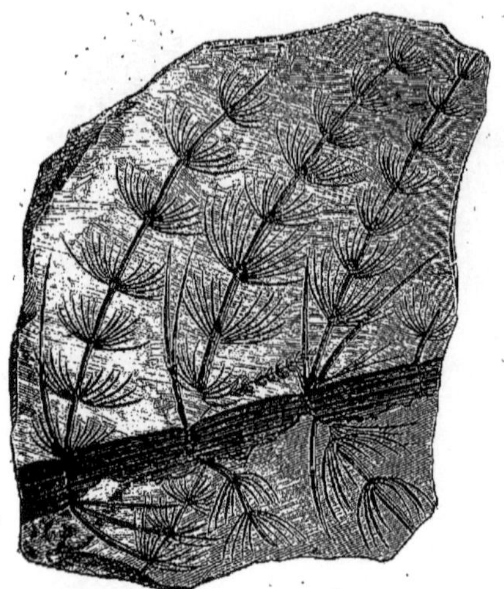

Fig. 595. — *Asterophyllites.*

Fig. 596. — *Callipteris conferta.*

On admet maintenant, avec MM. Grand'Eury et Fayol, que la houille est plus généralement un produit de transport. Le plus souvent les débris végétaux sont posés à plat, comme s'ils s'étaient accumulés dans un liquide ; en outre on peut trouver, comme à Commentry, dans la houille, des arbres dressés les racines en l'air. On suppose que des débris de plantes ont été entraînés par les eaux de ruissellement le long des pentes et se sont déposés dans des dépressions du sol, dans des lacs ou des lagunes. L'alternance de couches de houille et de schistes résulterait de la densité différente des matériaux transportés.

Il est fort probable que les deux cas se sont présentés suivant les pays. Il y a eu d'une part submersion des forêts et, d'autre part, flottage de matières végétales qui se sont accumulées dans des dépressions. Dans le premier cas, la formation de la houille a dû être très lente ; dans le second cas, au contraire, chaque couche de houille pouvait être le produit d'une seule inondation. Cela explique pourquoi il existe tant de divergences au sujet du nombre d'années nécessaire à la formation de la houille. Suivant certains auteurs il a fallu un million d'années, suivant d'autres cinq mille ans seulement.

Un fait remarquable est la présence dans les couches de houille de petits bancs calcaires contenant des fossiles marins, comme les *Productus*, les *Goniatites*. La houille s'est donc formée souvent dans des lagunes où débouchaient des fleuves entraînant à la mer une foule de débris. On peut admettre aussi que les forêts houillères s'étaient établies sur des côtes basses que la mer couvrait parfois de ses eaux. Ces dépôts houillers indiquent donc la limite des continents à l'époque houillère.

Nous connaissons maintenant fort bien la flore houillère, grâce aux travaux de Brongniart, et à ceux plus récents de MM. Renault, Grand'Eury et Zeiller. Les végétaux qui, en se décomposant, ont produit la houille, sont très différents des végétaux actuels. Ce sont des *Cryptogames*, c'est-à-dire des plantes sans fleurs, et des *Gymnospermes*. On appelle ainsi des plantes dont les ovules ne sont pas dans un ovaire clos et dont les graines, par suite, sont à découvert. Le Cycas, le Pin, le Sapin, en sont des exemples bien connus.

Les Cryptogames de la houille ont des racines et par suite des vaisseaux ; ce sont des *Cryptogames vasculaires*. Ils se rattachent aux trois groupes actuels des Équisétacées, des Fougères et des Lycopodiacées.

Les Équisétacées sont représentées aujourd'hui par les Prêles ou *Equisetum* (fig. 592), reconnaissables à leur tige cannelée, entourée de collerettes de feuilles réduites à l'état d'écailles. Ces plantes n'ont jamais qu'une faible hauteur. Au contraire, à l'époque houillère il

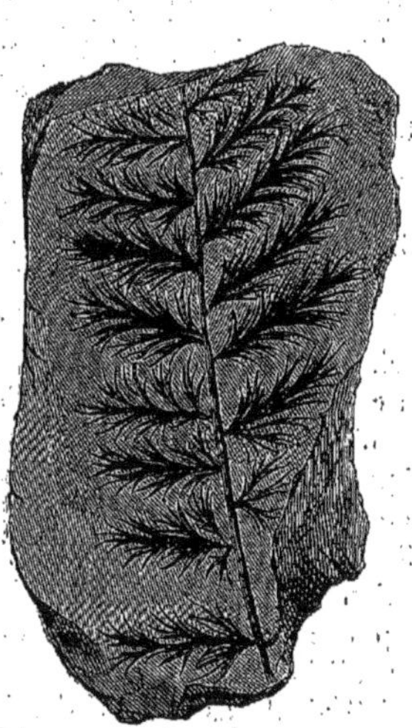
Fig. 597. — *Sphenopteris acutilobata.*

Fig. 598. — *Lepidodendron aculeatum.*

y avait des Prêles atteignant 4 à 5 mètres. Les troncs sont cannelés longitudinalement; ils ne présentent pas les collerettes des *Equisetum*. On les a appelés *Calamites* à cause de leur tige creuse (*calamus* : chalumeau) (fig. 593).

Parmi les Équisétacées se placent aussi les *Asterophyllites* et les *Annularia*. Les feuilles forment encore des collerettes autour de la tige, mais ne sont plus soudées à leur base; elles sont complètement libres. Les rameaux sont au nombre de deux pour chaque collerette de feuilles chez les *Annularia* (fig. 594); il y en a plusieurs chez les *Asterophyllites* (fig. 595). On pense que les *Annularia* étaient des plantes à demi submergées dont les feuilles flottaient à la surface de l'eau; d'ailleurs la présence des Équisétacées indique l'existence des marécages; les Prêles actuelles se trouvent dans les endroits humides.

Les Fougères sont très abondantes dans la houille. Elles étaient arborescentes, ce qui n'a plus lieu aujourd'hui que dans les pays chauds. Leur hauteur atteignait de 10 à 20 mètres. Les feuilles ou frondes sont très découpées; on donne le nom de pinnules à leurs divisions. Citons les *Pecopteris*, *Nevropteris*, *Callipteris* (fig. 596), *Sphenopteris* (fig. 597), etc.

Les Lycopodiacées sont représentées à notre époque par le Lycopode et les Sélaginelles, qui sont de petite taille. Le caractère de ce groupe est le suivant : les tiges se ramifient en formant des fourches successives; chaque branche se divise à son extrémité en deux rameaux qui se comporteront de même et ainsi de suite. A l'époque houillère vivaient des Lycopodiacées atteignant de 20 à 30 mètres de haut. On les appelle *Lepidodendrons* (fig. 598). Ils portaient de petites feuilles aiguës qui laissaient sur l'écorce, en tombant, une cicatrice en forme de losange. Le nom de Lepidodendron rappelle les cicatrices en écailles de la tige.

On rapproche des Lepidodendrons, les *Sigillaires* (fig. 599). La tige présente des cannelures verticales et des cicatrices arrondies en forme de cachet; de là le nom de Sigillaire (*sigillum* : sceau). Ces cicatrices proviennent de la chute des feuilles. Les rameaux des Sigillaires étaient peu écartés et portaient de petites feuilles. A cause du faible écartement des rameaux les Sigillaires paraissaient terminées par un panache. On a longtemps décrit les racines des Sigillaires (ou plutôt leurs rhizomes) comme des plantes distinctes sous le nom de *Stigmaria*. Bien qu'on range les Sigillaires à côté des Lycopodiacées, leur place est encore discutée, car leurs fructifications sont peu connues. Cependant M. Grand'Eury a pu étudier récemment, dans la Loire et le Gard, des tiges de Sigillaires encore en place, et les fructifications qu'il leur attribue sont bien des fructifications de Cryptogames.

Les Gymnospermes ont maintenant comme familles principales les Cycadées et les Conifères, qui sont représentées, mais faiblement, à l'époque houillère. En revanche s'est développé à cette époque un groupe de Gymnospermes aujourd'hui complètement éteint : ce sont les *Cordaïtes* (du nom du naturaliste Corda (fig. 600). Ces arbres pouvaient atteindre de 30 à 40 mètres de hauteur, ne se ramifiaient que vers le haut et portaient des feuilles rabaissées de 1 mètre de long. Ces feuilles rappellent celles des Dragonniers actuels. Les fleurs et les fruits sont analogues à ceux des Conifères, tandis que certains traits de leur structure interne rappellent les Cycadées.

Ce n'est pas ici le lieu de tirer de ce qui précède des conclusions sur le climat à l'époque houillère. Nous discuterons ce sujet dans un autre volume. Souvent on insiste sur la grande puissance des dépôts de houille et l'on suppose que la végétation pendant cette période était d'une richesse extraordinaire. Mais il ne faut pas oublier que la houille s'est produite dans des conditions spéciales, surtout par suite de transport; de plus sa formation a exigé un temps très long. On insiste trop également sur l'uniformité de la flore houillère, du Spitzberg à l'Australie, ce qui, suivant beaucoup de géologue, indique qu'il n'y avait pas encore de climats distincts. Cette uniformité est loin d'être absolue. Enfin, de la grande étendue des couches de houille, de leur grande épaisseur, on conclut que l'atmosphère devait être chargée d'une très forte proportion d'acide carbonique, ce qui ne serait pas une condition favorable pour le développement de la vie animale. Il est fort probable au contraire que la composition de l'atmosphère ne différait pas beaucoup de celle de l'atmosphère actuelle, et que les conditions physiques de l'époque houillère ne différaient pas autant qu'on le suppose souvent de celles de notre époque.

DIVERSES SORTES DE HOUILLE. LEURS USAGES.

La houille contient non seulement du carbone qui en forme la majeure partie, mais aussi de l'oxygène, de l'hydrogène, de l'azote. D'après M. Regnault, la composition de la houille exprimée en centièmes est la suivante :

Carbone.	Hydrogène.	Oxygène et azote.
75 à 90	0 à 6	6 à 18

Il n'y a guère que 0,8 à 1 d'azote.

Il y a des différences d'une houille à l'autre à cause de la proportion plus ou moins grande des carbures d'hydrogène volatils. Ces différences résultent de la nature des débris : écorces, feuilles, plantes de telle ou telle famille, qui forment de la houille; elles sont dues aussi à une décomposition plus ou moins complète des débris avant leur enfouissement.

Quand il y a beaucoup de produits volatils, la houille peut servir à la fabrication du gaz d'éclairage; elle donne beaucoup de gaz et de fumée. C'est la *houille grasse*. Quand au contraire les carbures d'hydrogène sont peu abondants, la houille brûle avec peu de flamme; elle est dite *maigre* ou sèche.

Chaque variété de houille a des usages différents. On distingue en France les cinq variétés suivantes :

1° Les *houilles grasses* et *dures à courte flamme*, qui fournissent par la calcination 75 p. 100 de coke. Elles se ramollissent peu en brûlant et leur flamme est courte. On les emploie surtout pour les opérations métallurgiques;

2° Les *houilles grasses maréchales* fournissent 70 p. 100 d'un coke très boursouflé. Elles se ramollissent. Elles conviennent particulièrement aux travaux de forges, parce qu'elles donnent une forte chaleur qui se conserve sous les sortes de voûtes qu'elles produisent en se boursouflant. On peut donc enlever le fer pour le forger et le remettre ensuite sous ces voûtes. Les houilles maréchales sont d'un beau noir et possèdent un éclat gras caractéristique; leur poussière est brune;

3° Les *houilles grasses à longue flamme*, donnant 70 p. 100 de coke. Leur flamme est longue et vive. On les emploie surtout pour la fabrication du gaz;

4° Les *houilles sèches* ou *houilles maigres à longue flamme*, fournissant 60 p. 100 de coke. La température n'est pas très élevée.

5° Les *houilles sèches sans flamme*, très noires, donnent un coke pulvérulent et beaucoup de cendres. Elles brûlent difficilement et ne peuvent être introduites que dans un foyer en pleine activité.

Une sorte de houille très sèche et brillante, à éclat presque métallique, est l'*anthracite*. Sa composition est la suivante : 92 à 95 de carbone, 2 à 3 d'hydrogène, 3 d'oxygène et des

Fig. 599. — Sigillaire.

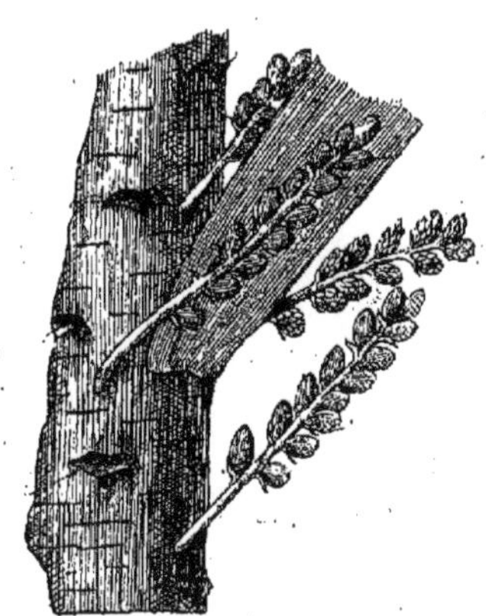

Fig. 600. — Cordaïtes.

traces seulement d'azote. Ce minéral ne brûle que difficilement, avec une flamme très courte sans fusion ni odeur. Il faut un tirage violent pour le faire prendre, mais il donne beaucoup de chaleur. L'anthracite est une houille plus ancienne que la houille ordinaire. Elle se trouve dans des couches qui sont antérieures à celles du houiller, et qui correspondent à l'époque du calcaire carbonifère. Ces couches, développées dans les Vosges, le Nassau, le Hartz, portent le nom de *Culm*. C'est à cet étage qu'appartiennent en France les anthracites de la Basse-Loire.

La houille renferme souvent des minerais de fer. Le plus répandu est la pyrite ou sulfure de fer d'un beau jaune d'or. Elle fournit quand on la brûle ou quand on la distille pour la fabrication du gaz, de l'acide sulfhydrique dont l'odeur est désagréable. Il y a aussi du carbonate de fer sous forme de rognons aplatis qui contiennent parfois des fossiles, soit des empreintes de feuilles, soit des restes d'animaux. La houille avec carbonate de fer se trouve en Allemagne dans le bassin de la Ruhr et surtout en Angleterre, c'est le *blackband* des Anglais. On trouve alors réunis en un même lieu le minerai de fer et le combustible nécessaire pour l'exploiter, circonstance avantageuse qui explique la richesse de l'industrie métallurgique en Angleterre. La même circonstance est réalisée en France à Saint-Étienne et à Alais.

Souvent on voit sur des fragments de houille de brillantes couleurs, des irisations semblables à celles des bulles de savon. Le phénomène est dû à la même cause que celui présenté par ces bulles; il résulte de la décomposition de la lumière à la surface d'une mince pellicule. Celle-ci provient dans la houille d'une légère altération toute superficielle.

La houille, tout le monde le sait, est une des matières les plus précieuses. Elle sert pour le chauffage domestique, pour l'industrie qui en consomme d'énormes quantités, soit dans le travail des métaux, soit pour la production de force motrice par les machines à vapeur. Les chemins de fer exigent aussi une grande masse de houille. Il en est de même de la fabrication du gaz d'éclairage. On avait observé depuis bien longtemps que la houille fournissait un gaz combustible, mais c'est en 1785 seulement que l'ingénieur Philippe Lebon prit un brevet pour produire un gaz combustible au moyen de la calcination en vase clos du bois ou de la houille. Les expériences furent reprises en 1792 en Angleterre par Murdoch. Ainsi l'usine de Soho près Birmingham fut d'abord éclairée au gaz; les rues de Londres le furent dès 1812. A Paris, le passage des Panoramas reçut l'éclairage du gaz en 1816. L'usage de celui-ci se répandit rapidement. Pour l'obtenir on distille la houille dans des cornues en terre réfractaire. Les gaz combustibles se dégagent tandis qu'il reste comme résidu du coke (1). Ces gaz doivent subir une épuration physique et une épuration chimique. Ils se débarrassent des carbures d'hydrogène peu volatils qui se déposent dans des tuyaux refroidis, sous forme

(1) Voy. de Mont-Serrat et Brisac, *le Gaz et ses applications : éclairage, chauffage, force motrice*. Paris, 1892, p. 333. (Bibliothèque des connaissances utiles.)

Fig. 601. — Gradins droits.

Fig. 602. — Gradins renversés.

Fig. 603. — Portage.

Fig. 604. — Traînage.

Fig. 605. — Roulage.

de goudrons. Il reste dans le gaz de l'acide sulfhydrique, du sulfhydrate d'ammoniaque et du carbonate d'ammoniaque qui donneraient en brûlant de l'acide sulfureux et de l'acide carbonique. Ces substances sont retenues par un mélange de chaux et de sesquioxyde de fer hydraté. En sortant des appareils d'épuration, le gaz d'éclairage est composé d'hydrogène, de protocarbure d'hydrogène, d'un peu d'éthylène et d'oxyde de carbone et d'acétylène. Il reste toujours une petite quantité d'acide sulfhydrique. Les matières provenant de l'épuration sont employées dans l'industrie. Le goudron ou coaltar a une composition très complexe. On y trouve 7 hydrocarbures liquides, 10 hydrocarbures solides, sans compter des acides et des éthers. On se sert du goudron de houille pour préparer l'acide phénique, la benzine et des matières colorantes très répandues aujourd'hui sous le nom de couleurs d'aniline (1). Enfin on fabrique avec l'oxyde de fer qui a servi à l'épuration du gaz un bleu de Prusse de très bonne qualité. Il ne faut pas oublier, outre le coke, le charbon des cornues, très compact, bon conducteur de la chaleur et de l'électricité, qui se dépose dans les cornues où l'on distille la houille, par suite de la décomposition partielle des gaz. On fait de ce charbon des prismes employés comme pôles positifs dans les piles de Bunsen ; on en fait aussi des tubes et des creusets absolument infusibles. Cent kilogrammes de houille donnent environ 70 à 75 kilogrammes de coke et 25 mètres cubes environ de gaz d'éclairage.

(1) Voy. Tassart, *les Matières colorantes et la chimie de la teinture*. Paris, 1890.

EXPLOITATION DE LA HOUILLE.

On peut quelquefois exploiter la houille à

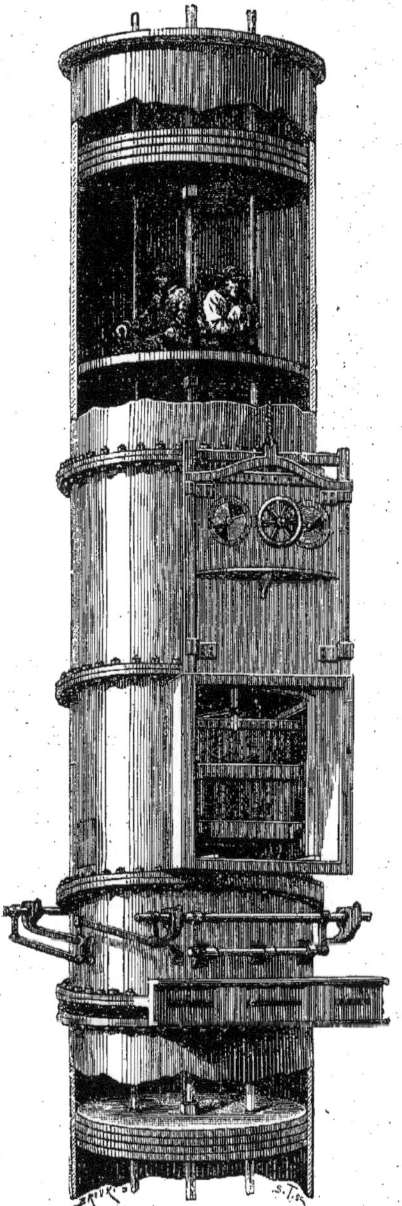

Fig. 606. — Piston-cage (p. 487).

ciel ouvert comme dans l'Aveyron ou à Commentry. Mais le plus souvent la houille est à une certaine profondeur. Il faut alors recon-

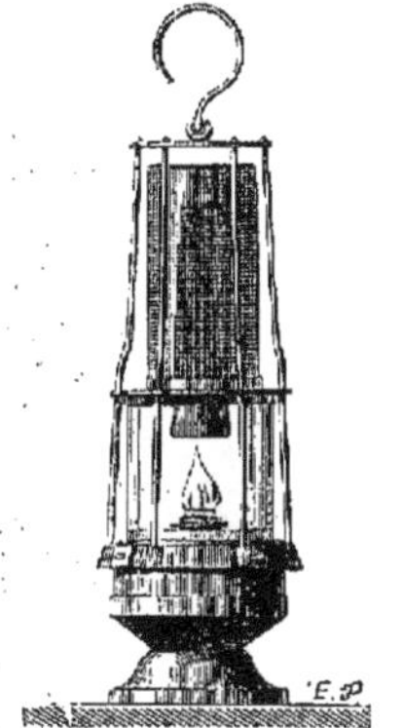

Fig. 607. — Lampe Davy (p. 488).

naître sa présence au moyen de sondages, ensuite on creuse un puits, travail considérable contrarié par des éboulements, et par les eaux

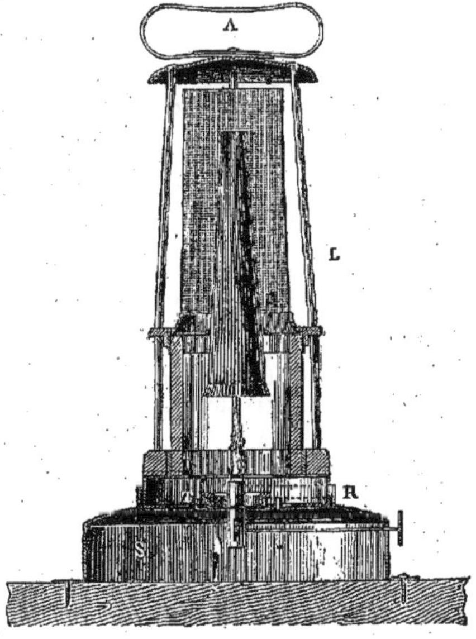

Fig. 608. — Lampe Lechien. — A, anneau-anse ; S, socle-réservoir d'huile ; R, rondelle en cuir-caoutchouc ; T, tubes saillants pour le trop-plein du joint à l'huile ; L, armatures de la lampe (p. 488).

d'infiltration ; des pompes d'épuisement fonctionnent continuellement pour empêcher l'ac-

Fig. 609. — Mineur d'Anzin.

cumulation de ces eaux. Une fois que le puits est parvenu à la couche de houille, on perce dans le plan de la couche une galerie horizontale. On exploite le fond de cette galerie qui, par suite, s'allonge au fur et à mesure du travail. On a soin de soutenir le toit et les parois de la galerie par des boisages.

On rencontre rarement les couches de houille dans une position horizontale. Le plus souvent il y a des inclinaisons plus ou moins fortes, ou les couches de houille sont plissées, contournées d'une manière compliquée. C'est ce que montre la figure qui représente le bassin houiller de Valenciennes (fig. 615). Il y a des zigzags très prononcés à branches très longues qui se répètent dans toute l'étendue du dépôt. Par suite le même puits, à cause du contournement des couches, peut traverser plusieurs fois les mêmes couches; il y a donc plusieurs étages de galeries. Les failles sont également fréquentes dans le terrain houiller; ce sont des cassures qui produisent des dénivellations plus ou moins considérables des couches; une couche qui se trouvait à un certain niveau cesse brusquement et on ne la retrouve qu'à un niveau très inférieur. Une disposition favorable est celle dite en fond de bateau; les couches de houille forment au fond du bassin une partie plane, et se redressent des deux côtés.

Les figures donnent une idée de la manière dont on explore la houille. On attaque le combustible par plusieurs méthodes dites des *gradins droits* (fig. 601) et des *gradins renversés* (fig. 602). Il faut ensuite rassembler le minéral à l'ouverture des galeries, ce qui nécessite suivant les cas les opérations du *portage* (fig. 603), du *traînage* (fig. 604), du *roulage* (fig. 605). Une cage de fer suspendue par des câbles monte et descend continuellement grâce à des moteurs animés (hommes ou chevaux), ou à une petite machine à vapeur. Dans cette cage sont placés les bennes ou wagonnets contenant la houille. Certaines cages enlèvent à la fois huit wagonnets. Tantôt la cage possède une seule entrée, on doit alors retirer les chariots vides pour introduire ensuite les chariots pleins; tantôt elle présente deux ouvertures opposées, on introduit alors directement les chariots pleins qui poussent devant eux les wagonnets vides. La cage est guidée par des

Fig. 610. — Laveuse de charbon au Creuzot.

longuerines en bois régnant du haut en bas du puits, et qui empêchent ainsi les rencontres et les tournoiements. Le guidonnage peut aussi être en fer ou formé de câbles métalliques. Dans le cas d'une rupture du câble la cage se trouverait arrêtée par un appareil nommé *parachute*, dont il y a plusieurs variétés.

Dans certaines mines l'extraction se fait pneumatiquement. Dans toute la hauteur du puits règne un tube d'un très gros diamètre. On y opère le vide à l'aide d'une machine pneumatique puissante ; on aspire ainsi un piston-cage renfermant les wagonnets (fig. 606). Les câbles, toujours en danger de se rompre, sont ainsi supprimés.

L'extraction de la houille nécessite l'emploi de nombreux mineurs (fig. 609) et de nombreux ouvriers employés au va-et-vient des wagons et au transport du combustible. Celui-ci est trié par des femmes (fig. 610) et même des enfants. L'exploitation du charbon est très laborieuse et en même temps très périlleuse à cause des éboulements, des inondations dues aux eaux d'infiltration, et surtout du *grisou*. On appelle ainsi un carbure d'hydrogène gazeux, le protocarbure, qui se dégage quelquefois de la houille en abondance.

On attribue souvent le dégagement du grisou à ce fait que le baromètre a subi une baisse brusque. Cependant on a observé des dégagements de grisou, et en particulier dans les mines de Saint-Étienne, sans dépression sensible du baromètre. De plus dans la plupart des cas le dégagement a lieu avec une pression bien supérieure aux variations barométriques. Elle peut atteindre, comme au Flénu (bassin de Mons) vingt et vingt-trois atmosphères; les mineurs perçoivent alors un bruissement particulier qu'ils appellent le *chant du grisou*. En somme l'influence barométrique paraît faible et même douteuse; dans le cas où elle se ferait sentir, elle ne semble pas de nature à modifier d'une manière notable les conditions de sécurité des mines à grisou (1). Le régime de celui-ci est variable et doit être étudié dans chaque mine. Le grisou se dégage des houilles grasses; les charbons maigres et secs n'en dégagent pas. Ce gaz en s'unissant à l'air des galeries forme un mélange détonant que les lampes des mineurs enflamment. De là des explosions

Fig. 611. — Lampe Trouvé.

terribles qui font beaucoup de victimes. Les ouvriers sont brûlés, broyés contre les parois des galeries qui s'effondrent. Le mélange d'air et de grisou brûle déjà quand le carbure atteint la proportion de 4 p. 100; mais l'inflammation ne se propage que lentement, au contraire elle est instantanée et terrible quand la proportion atteint 12 ou 14 p. 100.

(1) Knab, *les Minéraux utiles et l'exploitation des mines*, Paris, 1888, p. 332. (Bibliothèque scientifique contemporaine.)

On prévient les explosions de grisou par une ventilation active et surtout par l'emploi de lampes particulières dites *lampes de sûreté*. La plus ancienne de ces lampes est celle de Davy (fig. 607), modifiée par Combes. Un cylindre de toile métallique à mailles serrées sépare la flamme de l'atmosphère extérieure; si le mineur se trouve dans un mélange détonant, l'explosion se fait à l'intérieur de la lampe, mais ne peut se propager au dehors, parce que la toile arrête la flamme en refroidissant les gaz qui la constituent. La lampe primitive de Davy donnait peu de lumière; Combes y a ajouté à la partie inférieure un cylindre de cristal épais surmonté d'une cheminée en cuivre qui active le tirage. Malgré l'emploi de ces lampes les explosions de grisou sont encore fréquentes, parce que les mineurs

Fig. 612. — Emploi de la lampe Trouvé dans les mines.

dévissent imprudemment leur lampe. Il faut que celle-ci ait un mode d'ouverture très commode pour les lampistes et d'autre part impraticable pour le mineur auquel on remet sa lampe allumée et fermée. M. Lechien a apporté à la lampe de sûreté une modification qui permet de l'ouvrir et de la fermer en un instant (fig. 608). Le réservoir à huile se sépare en deux parties; la partie supérieure s'unit à

Fig. 613. — Un puits de mine dans le comté de Durham (1).

l'autre par un joint à eau ou à huile qui forme fermeture étanche. Pour effectuer le rallumage il suffit de soulever la partie supérieure qui ne fait qu'une seule pièce.

On a essayé aussi d'employer dans les mines la lumière électrique, bien que ce mode d'éclairage ait l'inconvénient d'éblouir les ouvriers et de les empêcher de distinguer les détails dans des couches absolument noires. Malgré cela la lampe Trouvé, figurée ici (fig. 611 et 612), a déjà rendu de grands services dans les milieux explosifs ; mais on peut dire que jusqu'à présent les lampes de sûreté sont seules pratiques dans les mines à grisou.

BASSINS HOUILLERS D'ANGLETERRE ET DE BELGIQUE.

De tous les pays d'Europe l'Angleterre est le plus riche en charbon de terre. Celui-ci couvre une surface qu'on évalue à 480 milles carrés, et l'épaisseur du houiller peut atteindre 3 600 mètres. A la base de la formation carbonifère se trouve le calcaire carbonifère qui constitue les hauteurs du pays, de là son nom de *mountain limestone*. Vient ensuite un grès grossier employé à la fabrication des meules (*millstone grit*). Enfin au-dessus se trouve l'ensemble des schistes et des couches houillères exploitables, appelé *coal measures*. Dans le *millstone grit* il y a parfois de minces veines de houille. La houille des *coal measures*, comme nous l'avons déjà vu, est mélangée de minerais de fer. En Écosse les couches de houille les plus productives se trouvent dans le *millstone grit*, qui est ici représenté par des schistes et des grès contenant des fossiles marins et saumâtres. On peut faire des bassins houillers des Iles Britanniques quatre groupes principaux composés de champs d'une grande étendue, auxquels se rattachent des gisements isolés.

Le premier groupe comprend le bassin houiller du pays de Galles sud. Ce bassin s'étend sur une superficie d'environ 2 330 kilomètres. Sa largeur est de 19 à 25 kilomètres. Il est séparé par la baie de Caermarthen en une partie orientale et une partie occidentale. Celle-ci est la plus petite. A ce groupe se rattachent le bassin de Bristol et celui de la forêt de Dean à l'ouest de l'embouchure de la Severn. Dans le pays de Galles les couches de houille ont en moyenne $0^{m},60$ d'épaisseur; elles sont séparées les unes des autres par des couches

(1) Figure empruntée à *l'Angleterre, l'Écosse et l'Irlande*, par P. Villars.

de schistes et d'argile. A Swansea il y a 16 couches; l'une d'elles atteint par exception 3 mètres. A Cardiff il y a 75 couches de houille ayant ensemble une épaisseur de plus de 25 mètres.

Le deuxième groupe s'étend au centre de l'Angleterre et comprend un grand nombre de bassins séparés par des formations plus récentes. Tels sont ceux de la forêt de Wyre, de Schrewsbury, de Coalbrook Dale, du pays de Galles nord, du Flintshire, du Straffordskire nord et sud, du Lancashire, du Warwichshire, du Leicestershire, du Yorkskire et du Derbyshire. Là se trouvent les grandes villes industrielles de Birmingham, Manchester, Chester, Liverpool, Leeds et Scheffield. En certains endroits comme dans le Derbyshire et le Flintshire les couches de houille atteignent des épaisseurs exceptionnelles ($2^m,70$ à $4^m,50$). Le Lancashire fournit une houille célèbre, le *cannel coal*, employé pour la fabrication du gaz.

Le troisième groupe occupe la partie nord de l'Angleterre; il comprend sur la côte orientale les bassins de Newcastle et de Durham (fig. 613); sur la côte ouest celui de Cumberland. La surface totale des deux premiers bassins est de 1800 kilomètres carrés; l'ensemble des couches reconnues dépasse l'épaisseur de 600 mètres. La production du bassin de Durham a beaucoup augmenté dans ces derniers temps par suite des progrès de l'industrie du fer dans le nord du Yorkshire et dans d'autres régions de l'Angleterre. De plus les couches sont très régulières et la houille est d'une excellente qualité, ce qui a encore contribué à la prospérité de ce bassin. Malheureusement certaines couches dégagent une notable quantité de grisou. Le bassin de Cumberland est moins étendu, mais certaines de ses couches sont d'une épaisseur et d'une régularité remarquables.

Le quatrième groupe comprend les bassins houillers d'Écosse, c'est-à-dire ceux de la Clyde, du Midlothian, du Fifeshire, du Ayrshire. Il s'appuie au nord à la chaîne des Grampians et s'étend presque sans interruption sur une largeur de 32 à 48 kilomètres de la côte d'Ayr à l'ouest, jusqu'au Firth of Forth à l'est.

Le *Bog head* d'Écosse fait transition entre la houille à gaz et les schistes bitumineux. On peut en extraire aussi bien du gaz d'éclairage que de l'huile de naphte.

En Irlande il n'y a que de petits bassins houillers, tandis que le calcaire carbonifère forme une grande partie de l'intérieur et de la côte sud-ouest de l'île. La production annuelle de l'Irlande n'est que de 25000 tonnes, tandis que la production totale des Iles Britanniques atteint environ 160 millions de tonnes.

Malgré la grande étendue de ce terrain houiller d'Angleterre, les géologues anglais, entre autres Hull, pensent qu'à l'origine il était encore plus puissant; les dénudations en ont emporté une grande partie (1).

Le houiller se retrouve avec un développement considérable en Belgique. Il se rattache au houiller d'Angleterre, dont il n'est qu'une continuation, par le bassin du Boulonnais et par les couches de charbon du nord de la France qui sont cachées par une couverture de couches crétacées et tertiaires atteignant plus de 140 mètres d'épaisseur. En Belgique, la formation houillère occupe une superficie totale de 160 kilomètres de longueur sur une largeur de 6 à 9 kilomètres. Elle se divise en plusieurs bassins, ceux de Mons, de Charleroi, de Liège. Les couches sont fortement plissées, souvent renversées et dessinent de nombreux zigzags. Dans le bassin de Mons la puissance des houilles est de 2 900 mètres. On y trouve cent cinquante-sept couches de houille, sur lesquelles cent vingt sont exploitables. Elles ont une épaisseur de $0^m,25$ à $0^m,90$ et forment quatre groupes distincts. Le groupe supérieur s'appelle le *flénu*; il contient des houilles grasses à longue flamme employées pour la fabrication du gaz, il présente quarante-sept couches. Vient ensuite le groupe des charbons *durs* formé de vingt-une couches; il est exploité pour la fabrication spéciale du coke. Le troisième comprenant vingt-neuf couches fournit du charbon gras pour la forge; enfin le dernier de vingt à vingt-cinq couches contient de la houille sèche anthraciteuse. A Liège il y a 85 couches; à Charleroi 82, mais le groupe supérieur manque. Ces districts houillers de la Belgique et notamment celui de Mons, sont couverts de nombreux villages qui sont des centres d'exploitation et des centres industriels importants. Citons Jemappes, Quaregnon, Boussu-lez-Mons, Wasmes-en-Borinage, Pâturages, la Bouverie. La production houillère annuelle de la Belgique est de plus de 18 millions de tonnes, dont une bonne partie est exportée en France. Les mineurs sont au nombre de plus de 100 000.

(1) Uhlig, dans Neumayr (*Erdgeschichte*, II, p. 749).

Fig. 614. — Fosse de la Réussite à Anzin.

BASSINS HOUILLERS DE FRANCE.

Le terrain houiller belge se prolonge souterrainement en France dans les départements du Nord et du Pas-de-Calais. Il est surmonté d'une grande épaisseur de couches crétacées et tertiaires que les mineurs appellent les *morts-terrains*. Ainsi au-dessous de la craie on trouve une argile crétacée appelée *dièves*, puis une agglomération de cailloux arrondis et de coquillages marins réunis dans une pâte argilo-calcaire. Ce poudingue également crétacé est le *tourtia*. Au-dessous vient enfin le carbonifère. L'épaisseur moyenne des morts-terrains est de 80 mètres à Anzin; cette épaisseur va en augmentant jusqu'aux environs de Béthune où elle atteint 150 mètres.

On peut diviser le houiller de France en quatre zones qui sont, de la plus récente à la plus ancienne : la zone des charbons à gaz exploitée à Bully-Grenay, Vieux-Condé, Vicoigne, Carvin; la zone des charbons gras (Anzin, Denain, Aniche, l'Escarpelle, etc.); la zone des charbons demi-gras, qui s'étend d'une extrémité à l'autre du bassin et qui est la plus activement exploitée; enfin la zone des charbons maigres qui existe particulièrement à Bully-Grenay, Bruay et Marles. Les premières mines furent creusées à Anzin en juin 1734. Les capitaux engagés s'élevaient alors à 1 365 603 fr. qui furent divisés en 288 deniers d'environ 4 000 francs chacun. Le denier d'Anzin valait en janvier 1875, 800 000 francs. L'une des fosses les plus connues à Anzin est celle de la Réussite (fig. 614), creusée dans les houilles demi-grasses. D'autres sont les fosses Thiers et Casimir-Perier. De la fosse Thiers à la fosse Casimir-Perier, sur une longueur de 30 kilomètres, le faisceau des houilles demi-grasses est limité par une grande faille dite Cran de

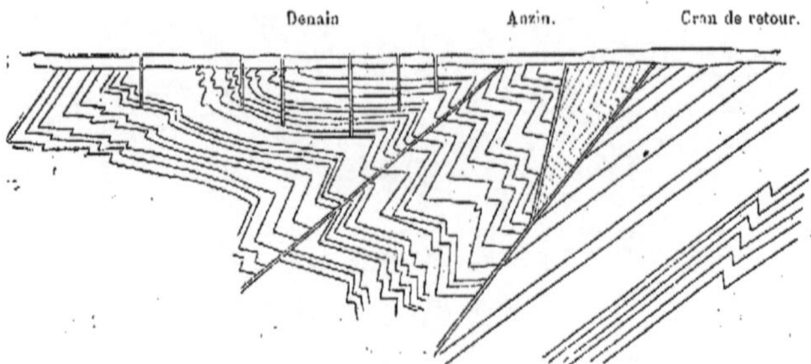

Fig. 615. — Coupe du bassin de Valenciennes, d'après H. Laporte.

retour (fig. 615), au sud de cette faille commence le faisceau des houilles grasses (1).

Le bassin du Pas-de-Calais a été reconnu seulement en 1842. L'épaisseur moyenne des

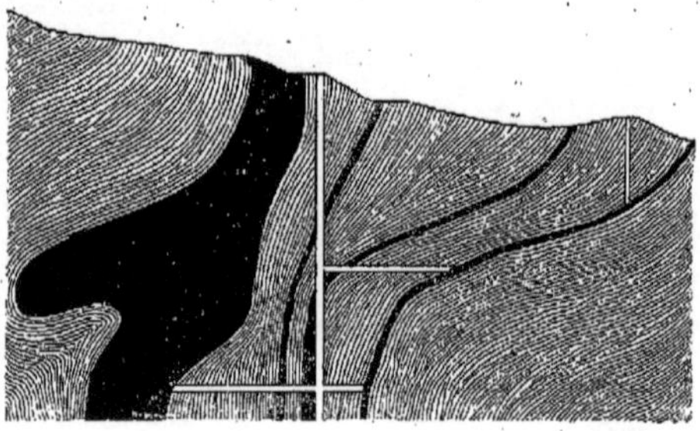

Fig. 616. — Masse principale à Saint-Étienne (d'après Burat). — *a*, carbonifère; *b*, houille (page 494).

couches de houille y est de 0m,80. A Lens, dans la fosse n° 2, la veine dite veine Beaumont atteint une épaisseur de 2m,20.

Dans le Boulonnais se trouve le carbonifère qui n'est plus caché par des morts-terrains. Ce bassin du Boulonnais rattache le bassin

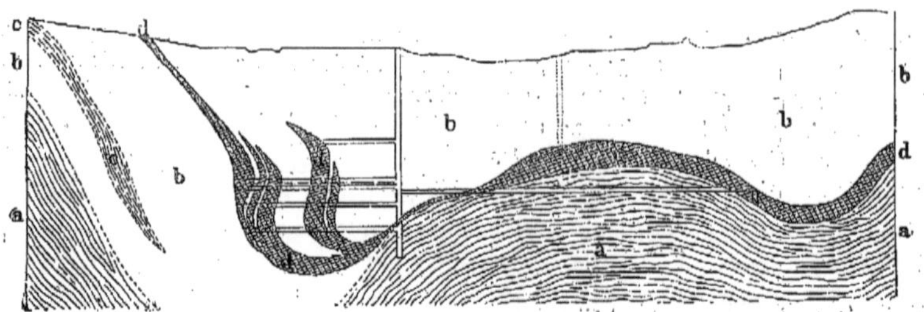

Fig. 617. — Partie est du bassin du Creusot (d'après Burat). — *a*, grauwacke; *b*, houille; *c*, argile; *d*, grès houiller (page 494).

franco-belge aux bassins de la Grande-Bretagne. On a trouvé de la houille à Ferques, à Locquinghen où il y a du minerai de fer.

Dans l'est de la France il faut citer quelques lambeaux houillers dans les Vosges; tels sont les petits bassins de Saint-Hippolyte, de Lalaye, de Lubine, de Roppe et de Ronchamp. Ce dernier fournit encore annuellement une quantité assez notable, environ 300 000 tonnes.

Dans l'ouest il y a aussi quelques bassins

(1) Jagnaux, *Traité de Minéralogie appliquée*, p. 197.

Fig. 618. — Puits de mines Sainte-Marie et Saint-Pierre-et-Saint-Paul au Creusot (page 494).

Ainsi en Normandie ceux de Littry près de Bayeux (Calvados) et de Plessis (Manche); ils appartiennent à la zone la plus élevée du houiller. La couche de Littry a $1^{m},30$ d'épaisseur, mais elle est moins exploitée qu'autrefois.

Le massif breton présente quelques lambeaux peu importants à Plogoff, Kergogne, Quimper. Mais les plus considérables appartiennent au Culm, c'est-à-dire à la base du terrain carbonifère. Tels sont les gisements à anthracite de la Sarthe et de la Mayenne exploités à la Baconnière, la Bazouge, Montigné, l'Huisserie. Cependant le gisement relativement important de Saint-Pierre-la-Cour près de Laval appartient bien au houiller proprement dit. On trouve là jusqu'à 17 couches d'une houille bitumeuse, de $0^{m},15$ à $0^{m},70$ de puissance (1). La superficie du bassin ne dépasse pas 200 hectares. Dans la Basse-Loire, vers Ancenis se trouve un bassin d'anthracite de 100 kilomètres de longueur. On l'exploite jusqu'à une profondeur de 300 à 500 mètres. Les mines les plus riches sont celles de Chalonnes.

Dans la Vendée il y a des anthracites à Saint-Laurs et des houilles véritables à Feymoreau et Chantonnay.

Le plateau central de la France est entouré de toute une série de bassins houillers souvent très riches ; il y a en outre une série de gisements disposés suivant une ligne qui traverse le plateau central; cette ligne, qui s'étend sur une longueur d'environ 200 kilomètres, va de Decize à Pleaux (Cantal), en passant par Commentry. Presque tous ces gisements appartiennent à la partie supérieure de l'étage houiller.

Les bassins les plus importants sont celui de la Loire, celui d'Autun et celui du Creusot, enfin celui de Commentry.

(1) De Lapparent, *Géologie*, p. 846.

Le bassin de la Loire s'étend à Saint-Étienne (fig. 616) et à Rive-de-Gier. La formation de Rive-de-Gier présente plusieurs couches, dont une dite « la grande masse » est puissante de 8 à 18 mètres, suivant les localités. A Saint-Étienne il y a des dépôts de 800 à 1 200 mètres contenant 16 couches de houille dont les puissances réunies atteignent 40 à 50 mètres.

Le bassin d'Autun est composé de deux faisceaux composés de grès et de schistes avec couches de houille. Le faisceau inférieur, de beaucoup plus important, est exploité à Épinac ; le faisceau supérieur se trouve au Grand-Moloy.

Le bassin du Creusot (fig. 617) et de Blanzy présente des masses de houille d'une grande puissance. L'étage supérieur comprend plus de 30 mètres d'épaisseur de charbon pour une puissance totale de 300 mètres. L'étage moyen présente six couches dont les épaisseurs réunies dépassent 25 mètres. L'étage inférieur, traversé par les puits les plus profonds de Blanzy, est presque stérile ; on y trouve un peu d'anthracite. La figure indique le profil de la partie est du bassin..

A Montchanin les couches sont très dérangées et les gîtes ont des formes anormales. A Montceau on exploite deux grandes couches de houille dont les produits sont variables ; à l'est les charbons peuvent servir à la fabrication du gaz ; à l'ouest ils sont maigres et passent à l'anthracite.

Le gisement du Creusot consiste en une couche de 10 à 12 mètres de puissance qui s'étend, en s'amincissant, sur une longueur de 1 600 mètres. En certains points du gîte les houilles sont maréchales ; ailleurs elles se rapprochent des houilles maigres à longue flamme. Nous donnons ici une vue des puits du Creusot (fig. 618).

Le bassin de Commentry (Allier) est remarquable par ses excavations à ciel ouvert, exploitées de temps immémorial. Il y a là une couche d'une épaisseur moyenne de 14 mètres atteignant parfois 20 mètres, et qui fournit annuellement 500 000 tonnes de combustible. Au voisinage se trouvent les bassins de Doyet et de la Queusne.

En Auvergne il faut citer le bassin de Saint-Éloi, près de Montaigut-en-Combrailles (Puy-de-Dôme) ; il est peu étendu, mais très riche ; les bassins de Bort et de Champagnac sont peu productifs. Entre cette ligne de gisements et celui de la Loire se trouvent les petits bassins de Brassac et de Langeac. Le premier est assez riche et fournit des houilles grasses et des houilles maigres. Le second a environ 8 kilomètres de long sur 2 kilomètres de large. Dans la Creuse se trouve le gisement d'Ahun où l'on a reconnu sept couches disposées en fond de bateau. La Corrèze présente un gisement houiller aux environs de Brive, mais il est peu productif.

Au contraire, dans l'Aveyron on peut citer deux faisceaux houillers. Le faisceau inférieur ou de Campagnac contient une couche de 6 à 12 mètres de puissance ; le faisceau supérieur ou de Decazeville, présente une couche épaisse de 20 et même parfois 50 mètres, où il y a du carbonate de fer. Dans l'Hérault est situé le bassin de Graissessac, près de Saint-Gervais. On en tire surtout de l'anthracite.

Le Gard nous présente les bassins du Vigan et d'Alais. Le premier a été exploité jusqu'en 1847, époque à laquelle l'affluence des eaux en détermina l'abandon (1). Le second s'étend sur une superficie de 2 800 hectares, comme une nappe allant de la Grand-Combe jusqu'à Pigère, dans l'Ardèche, en passant par Bessèges. On peut y distinguer trois parties. La partie supérieure, épaisse de 800 mètres, contient treize couches de combustible d'une puissance totale de 12 mètres et exploitées au Mazel, aux Brousses, etc. La partie moyenne, épaisse de 405 mètres, présente à la Grand-Combe onze couches d'une épaisseur maximum de 18 mètres. La partie inférieure, d'une puissance de 550 mètres, avec une épaisseur de houille de 18 à 20 mètres, se rencontre encore à la Grand-Combe et à Bessèges.

Le houiller de Saint-Étienne dépasse le Rhône, et passe sous la plaine du Dauphiné, où des sondages l'ont fait rencontrer à 200 mètres de profondeur. On exploite la houille en Dauphiné à la Mure et à Drac. En Savoie (Petit-Cœur en Tarentaise, etc.), et, dans le Briançonnais, la houille passe à l'état d'anthracite.

Dans le Var, de Toulon à l'Esterel, se trouve une bande continue cachée çà et là par le trias. Cette houille est anthraciteuse et l'irrégularité de sa stratification a fait abandonner les travaux d'exploitation. De même, dans les Pyrénées, se trouve une sorte d'anthracite à Ségure, ayant parfois 10 mètres de puissance, mais elle est très impure et ne sert qu'à la consommation locale.

(1) Jagnaux, *Minéralogie appliquée*, p. 203.

Fig. 619. — Le pays de la Sarre (page 496).

La production annuelle de la houille en France est d'environ 20 millions de tonnes, c'est-à-dire les deux tiers seulement de la quantité nécessaire à la consommation.

BASSINS HOUILLERS D'ALLEMAGNE.

L'Allemagne possède d'importants bassins houillers en Westphalie. Ils sont le prolongement du bassin franco-belge, et sont recouverts, comme ce dernier, par le crétacé. Le bassin d'Eschweiler rattache le bassin de la Ruhr au bassin belge. Il faut citer dans la région de la Ruhr les gisements de Dortmund et d'Essen, puis aux environs, près d'Aix-la-Chapelle, ceux de l'Inde près d'Eschweiler, et de la Worm. Les couches de houille en Westphalie atteignent $1^{m},10$ en moyenne, tandis que leur épaisseur dans le Pas-de-Calais atteint environ 1 mètre, dans le département du Nord $0^{m},70$ et en Belgique $0^{m},64$. Les gisements d'Inde et de la Worm sont séparés l'un de l'autre par le dévonien et le calcaire carbonifère. Dans le second les couches sont plissées, dans le premier leur stratification est normale. Dans la région de la Ruhr les gisements houillers forment quatre bassins. Le plus important est

Fig. 620. — Bassin houiller de Sarrebrück, vue de Neukirchen.

celui de Witten-Horde, ensuite vient vers le nord celui de Bochum, puis celui d'Essen et enfin celui de Duisbourg.

Les premiers sont couverts par le crétacé dans leur partie nord; le dernier est entièrement recouvert. La formation houillère du bassin de la Ruhr a 2400 mètres de puissance et renferme cent trente-deux couches de houille dont soixante-seize sont exploitées. La richesse de ce bassin est évaluée à plus de 39 milliards de tonnes (1). Il est facile à exploiter à cause de la régularité de la stratification.

Le bassin de la Sarre (fig. 619), sur la rive gauche du Rhin, est le plus riche du continent. Il s'étend sur une longueur d'environ 87 kilomètres et une largeur de 32 kilomètres. Les houillères de Saarbrück exploitées depuis longtemps prennent une importance toujours croissante et alimentent de nombreuses usines, entre autres celles Neukirchen (fig. 620).

(1) Jagnaux, p. 210.

Le bassin houiller de la Haute-Silésie est exploité depuis 1784. Il y a là d'énormes quantités de combustible. Une seule couche, le *Xavier Flötz*, a atteint 16 mètres, et la masse de charbon exploitable jusqu'à 600 mètres, est évaluée à 500 milliards de tonnes. Ce charbon cependant n'est pas excellent; et quelques puits livrent seuls du combustible comparable à celui de la Prusse occidentale et de l'Angleterre.

Il y a en réalité dans la Silésie deux bassins, l'un qui s'étend près de Waldenburg sur le bord sud-ouest de l'Eulengebirge, l'autre beaucoup plus important qui s'étend entre les Sudètes à l'ouest, la Pologne à l'est, et les Carpathes au sud. Les couches de combustible y sont exploitées depuis 1750. L'exploitation se fait jusqu'à Dembrowa, en Pologne, et jusqu'à Cracovie, à l'est; au sud-ouest elle se continue

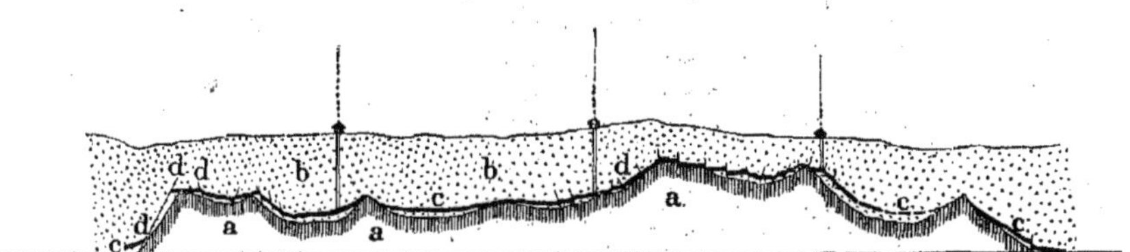

Fig. 621. — Coupe du bassin houiller de Kladno en Bohême. — *a*, roche fondamentale, gneiss; *b*, calcaire carbonifère; *c*, houille; *d*, failles; *mm*, niveau de la mer.

dans la Silésie autrichienne et la Moravie. La houille la plus ancienne qui s'y trouve provient du Culm, dans la région d'Ostrau. Le houiller proprement dit est exploité à Karwin, Königshütte, Nikolaï et Rybnik.

Vers le nord de l'Allemagne il y a quelques gisements, ainsi à Ibbenbüren, près de Munster, au Piesberg, près d'Osnabrück. Au Deister se trouve un gisement houiller appartenant au wealdien, base du crétacé, et par suite relativement récent. Il y a là quinze couches de houille dont la puissance varie de 0m,07 à 0m,20.

En Saxe se trouvent des gisements assez riches; ainsi à Ebersdorf dans le Culm, à Planen près de Dresde et surtout dans la région de Chemnitz et de Zwickau. Près de cette dernière ville le charbon est exploité jusqu'à 800 mètres au-dessous de la surface du sol. Une houillère y brûle lentement depuis trois siècles et l'on a même établi, sur le sol attiédi, des serres pour la culture des primeurs et des plantes tropicales (1).

AUTRES BASSINS HOUILLERS D'EUROPE.

En Bohême la houille se trouve avec un certain développement, car la production annuelle dépasse 4 millions de tonnes. Il y a là des lambeaux isolés (fig. 621) en stratification horizontale à Pilsen, Kladno, Schlan, Rakonitz, Miröschau, etc. Sur le bord du massif de Bohême se trouve un gisement houiller près de Rossitz, entre les schistes micacés du massif à l'ouest, et le chaînon syénitique de Brünn à l'est.

Il y a quelques gisements houillers peu importants dans les Alpes autrichiennes, à la limite commune de la Styrie, de la Carinthie et du pays de Salzbourg. Mais les gisements qui, en dehors de ceux de Bohême, ont le plus de valeur en Autriche, sont ceux des Carpathes à Fünfkirchen en Hongrie, à Bersaska, Kozla et Sirinnia dans le Banat. Cette houille n'appartient pas au carbonifère; elle est jurassique et répond, à la base de ce terrain, au lias. A Bersaska il y a vingt-six couches formant ensemble 26 mètres de charbon et alternant avec des minerais de fer. A Kozla il y en a trois couches ayant en moyenne de 0m,60 à 1 mètre. Tout récemment en Transylvanie, on a découvert le bassin très riche de Petroseny qui contient au moins 250 millions de tonnes d'excellent combustible. Citons encore, dans la Basse-Autriche, de la houille exploitable dans le trias (Lettenkohle).

C'est également aux terrains secondaires qu'appartiennent les quelques gisements de combustible de la Suède. Dans ce pays on trouve, en Scanie, près d'Helsingborg, de la houille à la base du lias dans l'étage rhétien. On l'exploite à Hoeganaes où les couches ont de 0m,30 à 1 mètre. Cette houille est tantôt schisteuse, tantôt compacte et légèrement bitumineuse. On la retrouve dans l'île de Bornholm. Ces gisements n'ont qu'une importance locale.

La Russie est beaucoup plus favorisée que la Scandinavie sur le rapport du combustible. Elle présente plusieurs bassins. Le plus vaste est celui de Moscou, qui s'étend de la mer Blanche jusqu'à la partie méridionale du gouvernement de Nijni-Novgorod. Là il y en a, en certains points du plateau de Waldaï, des couches de 1m,50 d'épaisseur. Cette houille est médiocre; ainsi que celle du bassin de l'Oural, elle appartient à l'étage du Culm. Au contraire, dans la Russie méridionale on trouve le bassin du Donetz, dont les couches du sommet appartiennent à l'étage houiller proprement dit. La puissance totale des couches est d'environ 9 mètres, et on passe par degrés en al-

(1) Reclus, *Géographie universelle : l'Europe centrale* p. 770.

Fig. 622. — Exploitation de Hollywood en Pensylvanie (d'après Chance).

lant de l'est à l'ouest, de l'anthracite à la houille véritable. L'un des principaux centres d'exploitation est Grouchovka, qui fournit par an près de 200 mille tonnes de combustible.

Les pays méditerranéens ne sont pas riches en charbon; ils sont presque privés de combustible. L'Italie est particulièrement pauvre. Il y a seulement quelques gisements en Lombardie, ainsi aux Sette Communi. Il y a aussi celui de Jano, en Toscane, et celui de San Sebastiano de Seni, en Sardaigne (1). En Espagne il y a en Catalogne et dans les Asturies de nombreuses couches de houille, mais qui ne sont pas encore exploitées. Il en est de même de celles de Belmez et de Villez-Nueva, près de Cordoue. L'Espagne ne fournit guère annuellement plus de 400000 tonnes de houille. Ce combustible existe aussi en Portugal, mais n'est pas exploité.

BASSINS HOUILLERS D'AMÉRIQUE.

Les bassins houillers d'Europe paraissent peu importants à côté de ceux de l'Amérique du Nord.

Dana évalue leur superficie à 193000 milles carrés, tandis que la superficie des gisements houillers d'Angleterre et d'Irlande est de 9000 seulement. Comme en Europe le carbonifère commence par le calcaire carbonifère, ensuite vient le houiller productif séparé du précédent par des conglomérats et des grès qui correspondent au millstone grit.

On distingue dans l'Amérique du Nord sept bassins dont un seul, celui de la Nouvelle-Écosse et du Nouveau-Brunswick, se trouve dans les possessions anglaises. Les autres appartiennent aux États-Unis. Ce sont le bassin de la Nouvelle-Angleterre, celui de Pensylvanie, ceux des Apalaches, du Michigan, du Missouri et du centre.

Dans la Pensylvanie on trouve à l'est une houille anthraciteuse qui atteint parfois une épaisseur de 62 mètres, mais l'épaisseur moyenne est de 21 mètres (fig. 624). Les couches forment des plis réguliers qui s'étendent parallèlement à la côte du S.-S.-O. au N.-N.-E., sur le versant ouest des Alleghanys. Le combustible est de qualité supérieure, son extraction est facile à cause de la régularité de la stratification, et à cause aussi de la faible profondeur qui permet souvent une exploitation à ciel ouvert (fig. 622). Enfin la région est traversée par des fleuves navigables qui permettent un transport peu coûteux; toutes ces conditions donnent aux gisements de Pensylvanie une très grande valeur (2).

A l'occident de cette région anthraciteuse plissée s'étend, en couches horizontales, un immense plateau houiller, jusqu'aux montagnes de l'extrême ouest. Le bassin des Apalaches se poursuit jusqu'à l'Alabama, dans le sud, et couvre une surface de 59000 milles anglais carrés. Le bassin central de l'Illinois et de l'Indiana couvre une surface de 12500 mètres carrés; et l'on y a reconnu 12 à 15 mètres de

(1) Uhlig, dans Neumayr (*Erdgeschichte*, II, p. 752).
(2) Uhlig, dans Neumayr (*Erdgeschichte*, II, p. 753).

Fig. 623. — Carte du pays à charbon et à anthracite de Pensylvanie (d'après Dana).

charbon. Il est séparé par le Mississipi du bassin du Missouri où les couches sont moins épaisses.

Le bassin du Michigan s'étend entre le lac de ce nom et le lac Huron, sur une superficie de 6 700 milles carrés. Dans ces bassins au lieu de trouver de l'anthracite on trouve une houille bitumineuse. En s'avançant de l'est à l'ouest on constate une transition graduelle; l'anthracite est remplacé par une houille à

Fig. 624. — Vue de la grande couche de houille sur le Monongahela à Brownsville (Pensylvanie). — *a*, couche de houille à 3 mètres; *b*, schiste noir bitumeux de 3 mètres; *c*, grès micacé; *d*, couche supérieure de $1^m,50$. (Warington Smyth et Maurice, *les Houillères en Angleterre*.)

demi bitumineuse et celle-ci par une houille tout à fait bitumineuse (fig. 623). On constate en même temps que l'anthracite est en couches plissées, tandis que la houille proprement dite n'a pas été dérangée. D'après Lesley (1) la différence des deux matières tient précisément à cette différence de gisement; les charbons bitumineux restés dans leur position primitive n'ont pas changé de composition; les charbons de l'est, au contraire, ont été disloqués; les gaz en sont partis et la houille est devenue de l'anthracite.

(1) Reclus, *Géographie universelle : les États-Unis*, p. 123.

Dans la Virginie et la Caroline du Nord il y a de petits bassins elliptiques reposant sur le granite; ils appartiennent au jurassique. D'après M. Rogers la superficie totale des bassins houillers des États-Unis est de 509448 kilomètres carrés.

AUTRES RÉGIONS HOUILLÈRES.

Le seul pays du monde qui puisse rivaliser avec les États-Unis pour sa richesse houillère est la Chine. D'après de Richthofen on trouve de la houille grasse ou de l'anthracite dans toutes les provinces que parcourent les affluents du fleuve Jaune, dans le Petchili, le Chansi, le Kansou, le Hounan; il y en a aussi au sud de l'empire dans le Setchouen. Ce dernier bassin s'étend sur un espace de 250000 kilomètres carrés. Le plus important toutefois à cause de sa facilité d'accès est celui du Chansi méridional. D'après de Richthofen on pourrait très facilement faire pénétrer des chemins de fer dans les mines, qui commencent au niveau des plaines. Les grands fleuves navigables de la Chine assurent aussi à la production houillère du pays un brillant avenir. L'empire chinois ne fournit annuellement que trois millions de tonnes de houille ou d'anthracite; mais les procédés d'extraction sont encore très imparfaits. Cependant des machines européennes viennent d'être introduites à Formose et dans la province de Petchili, ce qui a permis déjà de décupler la production annuelle.

Un autre pays houiller est le Japon. Dans l'île de Yeso les couches de combustible sont très riches; Lyman évalue leur puissance à 400 milliards de tonnes; cependant l'exploitation de la houille au Japon n'était en 1879 que de 350000 tonnes (Reclus). Le Tonkin fournit aussi de la houille et son importance houillère ira toujours en croissant. Ce combustible appartient, dans notre colonie, à l'étage rhétien (jurassique inférieur) comme celui de la Suède.

Les empreintes végétales sont différentes de celles du houiller proprement dit. Le bassin de Tonkin, étudié par M. Fuchs, s'étend parallèlement à la côte sur une longueur d'environ 100 kilomètres (fig. 625). Les couches ont une épaisseur totale d'environ 6 à 12 mètres. La houille du Tonkin paraît être de médiocre qualité, anthraciteuse, s'émiettant facilement. Pour l'utiliser sur les bateaux à vapeur il faut la mélanger avec son poids de charbon gras (1).

La houille jurassique se montre également dans d'autres régions de l'Asie, par exemple dans la Transcaucasie, la Perse, mais surtout dans l'Inde. Là se trouve une série de couches, dites de Gondwana, atteignant une épaisseur de 12000 pieds anglais. Elle est formée de grès, de schistes, de conglomérats et de couches à végétaux et à combustibles. Le groupe de Gondwana s'étend entre le Gange et le Godaweri dans la partie est du Deccan. On attribue la quantité de combustible qui s'y trouve à 20 milliards de tonnes. Les principaux centres d'exploitation sont Ranigary et Karharbari.

L'Afrique présente aussi des bassins de combustible. Le terrain houiller a été constaté dans la colonie du Cap et il possède un grand développement dans la région du Zambèze. Il y a aussi à Madagascar un bassin houiller en face de Nossi-Bé, sur les bords de la baie de Passandava.

En Australie, dans la Nouvelle-Galles du Sud et le Queensland on a trouvé des gisements de houille déjà activement exploités et qui fournissent des charbons de qualités diverses. On cite une couche ayant 9 mètres de puissance.

Dans l'Amérique du Sud on connaît jusqu'à présent peu de dépôts de combustible. Cependant au Chili, dans le district d'Atacama, on a trouvé un gisement de houille d'âge jurassique.

Les régions arctiques pourront sans doute un jour fournir du charbon de terre. On a trouvé de la houille à l'île des Ours, au Spitzberg, avec des Calamites, des Sigillaires et autres végétaux de la houille d'Europe. Ce charbon brûle facilement et a été parfois utilisé par les bateaux à vapeur qui passaient près de ces îles.

(1) Jourdy, *Bulletin de la Société géologique*, 1885-86, p. 450.

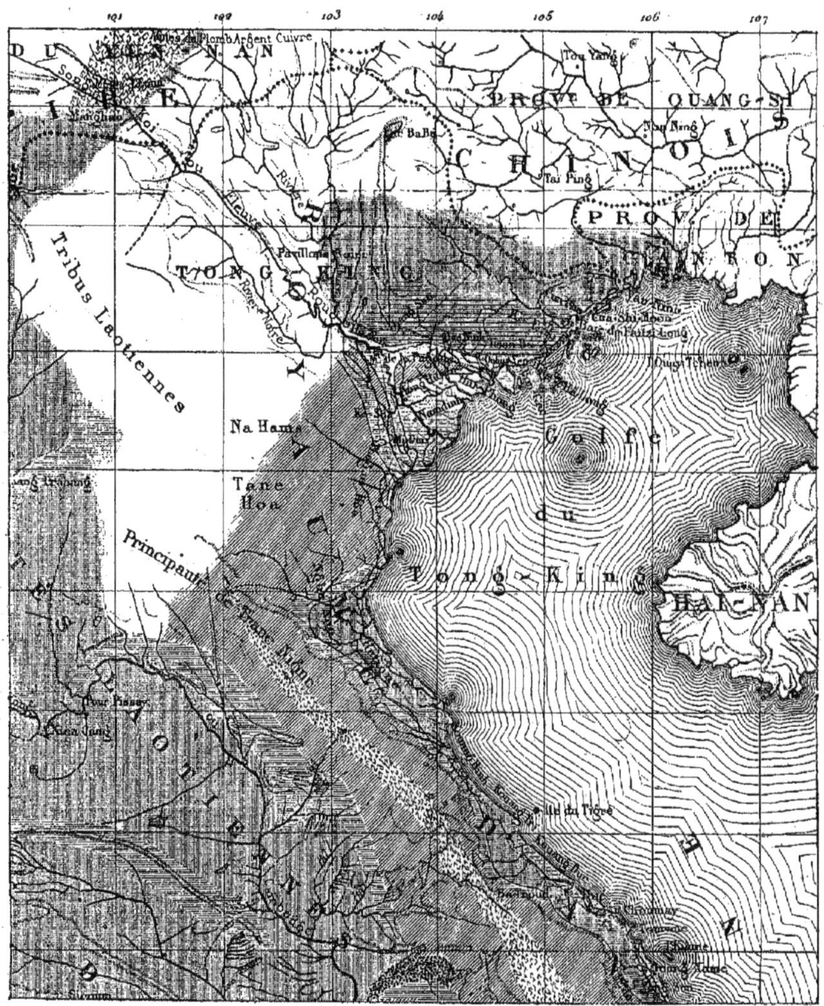

Fig. 625. — Carte géologique du Tonkin, d'après les *Annales des Mines*. Les bassins houillers sont désignés par ▦

LA PRODUCTION HOUILLÈRE. SON AVENIR.

La production de la houille suit, depuis l'invention des machines à vapeur et les progrès de l'industrie, une progression rapidement croissante. Elle a été d'après Williams, de 328 millions 69/100 de tonnes en 1880, de 360 millions 8/100 en 1881, et de 406 millions 38/100 en 1884. Voici la production pour les différents pays, d'après un tableau emprunté à Uhlig (1) :

(1) Uhlig, dans Neumayr (*Erdgeschichte*, II, p. 755).

Pays.	Années.	Tonnes.	Années.	Tonnes.	Années.	Tonnes.
Angleterre et Irlande ...	1879	134.008.228	1881	154.183.300	1884	160.757.815
États-Unis	1877	54.398.250	—	76.679.491	1884	106.906.295
Allemagne	1877	48.296.367	—	61.540.475	1883	70.442.648
France	1877	16.877.200	—	19.909.057	1884	20.137.209
Belgique	1878	14.899.175	—	17.500.000	1884	18.011.000
Autriche-Hongrie	1876	14.252.038	—	19.000.000	1883	17.047.961
Russie	1876	1.824.868	—	3.255.000	1882	3.742.380
Nouvelles-Galles du Sud.	1877	1.444.271	—	1.775.224 (1)		
Espagne	1878	699.500	—	800.000	1880	847.128
Indes anglaises	—	500.000	—	4.000.000		
Nouvelle-Écosse	1879	688.626	—	1.124.270		
Canada	1877	757.796	—			
Queensland	1877	60.918	—			
Ile de Vancouver	1878	145.542	—	325.000		
Japon			—	800.000		
Suède					1882	250.000
Italie					1882	220.000
Autres pays					1883	8.000.000

(1) Production totale de l'Australie.

L'industrie et particulièrement l'industrie métallurgique exige de plus en plus de houille, de telle sorte que depuis longtemps déjà les géologues se sont demandé si les gisements houillers ne seraient pas épuisés dans un avenir relativement prochain. M. Hull, inspecteur des mines du Royaume-Uni, avait calculé dès 1859 que la réserve totale de houille pour l'Angleterre était de 80 milliards de tonnes, en comptant tout ce qui était pratiquement exploitable, c'est-à-dire à moins de 1 200 mètres. Une commission nommée par le Parlement en 1871 donna un chiffre plus rassurant, celui de 146 milliards. Si l'on suppose que la consommation augmente dans la même proportion qu'aujourd'hui, le premier nombre donne 276 ans et le second 360 pour le temps au bout duquel les houillères de la Grande-Bretagne seront épuisées. D'après M. Greenwell il n'y avait plus au 1er janvier 1882 que 86 milliards 840 millions de tonnes. Ces chiffres sont nécessairement approximatifs, et de ce que la consommation du combustible a doublé en vingt ans, on ne peut conclure qu'il en sera toujours ainsi. D'après Warington Smyth l'augmentation pour l'Angleterre ne peut plus être que de 2 à 3 millions de tonnes par an.

La France maintiendrait sa production annuelle maxima de 24 millions pendant sept ou huit cents ans. Mais notre pays doit emprunter au dehors 10 millions de tonnes par an. S'il devait les trouver dans ses mines, il n'en aurait plus que pour cinq ou six cents ans, et en supposant une progression croissante des besoins comme celle de l'Angleterre, le nombre d'années se réduirait à deux siècles et demi ou trois siècles. En résumé l'Europe occidentale aura certainement épuisé ses gisements de houille dans un très petit nombre de siècles, de trois à six au plus (1). Mais en dehors de l'Europe il y a des pays qui possèdent des réserves énormes de combustible. D'après Stanley Jevons la surface totale des bassins houillers est de 6 552 000 kilomètres carrés (Europe et Amérique) et les États-Unis à eux seuls en possèdent 509 000 kilomètres, soit 92 p. 100. Une seule couche de charbon, celle de Pittsburg, en Pensylvanie, se continue sur 50 000 kilomètres carrés avec une épaisseur de 1 à 2 mètres. La part de la Grande-Bretagne est de 2,5 p. 100, et celle de la France à peine de 1,5 p. 100. Par suite, en supposant la même épaisseur exploitable, les États-Unis pourraient suffire pendant 11 000 ans à la consommation totale du globe, qui est d'environ 450 000 000 de tonnes en 1888. La Chine également pourrait fournir pendant des milliers d'années la quantité de houille ou d'anthracite nécessaire. Mais la question se pose de savoir si dans un avenir relativement peu éloigné, les États-Unis et aussi la Chine, où la population est si dense et si travailleuse, ne prendront pas le premier rang au point de vue industriel à cause de leur énorme masse de combustible, qu'il serait très coûteux de transporter en Europe.

Quoi qu'il en soit, dans l'Europe occidentale la nécessité s'impose de ménager le combustible plus qu'on ne l'a fait jusqu'ici. Il faut perfectionner les appareils, qui donnent lieu à des pertes considérables de chaleur. Les fourneaux et les générateurs de certaines machines perdent jusqu'à 20 p. 100 par la conductibilité de leurs parois. Le four à fusion de Scheffield (fonte des aciers et des fers) n'utilise que la

(1) De Lapparent, *la Question du charbon de terre*, Paris, 1890, p. 116.

soixante-dixième partie de la chaleur du combustible employé. Le chauffage domestique entraîne aussi une perte excessive de combustible. La plupart des cheminées n'utilisent que de 6 à 10 p. 100 de la chaleur produite; c'est-à-dire que la perte est d'au moins 90 p. 100 du poids du charbon (1).

LE LIGNITE.

Le lignite est un combustible minéral, que l'on peut considérer comme une houille imparfaite. Il est brun ou noir; la couleur de la poussière est brune. Souvent le lignite garde la texture fibreuse du bois dont il provient. Il y a toutes les transitions entre la houille et le lignite véritable. Ce combustible brûle avec une longue flamme et une épaisse fumée d'une odeur désagréable. A la distillation il donne un charbon compact; à l'air libre il donne 30 à 40 p. 100 de cendres; le reste disparait sous forme d'acide carbonique, et de diverses matières volatiles. La proportion de charbon varie de 50 à 70 p. 100, l'hydrogène de 3 à 5 p. 100, l'oxygène de 26 à 27, l'azote de 0 à 2. Il est hors de doute que le lignite provient comme la houille et l'anthracite de la décomposition des végétaux. On peut le produire artificiellement. M. Daubrée a soumis des fragments de bois à l'action de l'eau surchauffée, et suivant la température il a obtenu du lignite, de la houille ou de l'anthracite, avec des produits liquides ou volatils ressemblant aux bitumes.

Le lignite présente différentes variétés. Le lignite proprement dit (*Braunkohle* des Allemands) est compact et sa cassure est conchoïdale. Il se montre au microscope comme formé de débris divers parmi lesquels dominent les graminées et les mousses. Le *Pechkohle* est noir et brillant. Le lignite xyloïde est fibreux, formé de débris ligneux. Le *jayet* est un lignite compact dont on a fait longtemps des bijoux de deuil. On le travaillait surtout dans le département de l'Aude à Sainte-Colombe-sur-l'Hers. Mille ou douze cents ouvriers étaient employés à cette industrie aujourd'hui perdue. Certaines variétés sont connues sous le nom de *terre d'Ombre*, de *terre de Cologne*. On les emploie en peinture après les avoir séparées par des lavages des matières terreuses qui les accompagnent; elles sont d'un brun clair. La *pyropissite* (*Wachskohle*) est d'un gris terreux, friable, se réduit entre les doigts en une poudre un peu collante. On l'emploie pour la fabrication de la paraffine. On appelle enfin *dysodile* ou *houille papyracée* un lignite très schisteux, en feuillets très minces, élastiques donnant beaucoup de cendres; on l'emploie pour la préparation du gaz d'éclairage.

Les lignites communs sont utilisés comme combustibles, soit pour le chauffage domestique, soit pour la cuisson du plâtre, des poteries ou la préparation de la chaux. Les variétés chargées de pyrite, comme celles du département de l'Aisne, sont employées pour la fabrication de l'alun et du sulfate de fer; les résidus de cette fabrication sont utilisés par l'agriculture sous le nom de cendres rouges et de cendres noires.

Les gisements de lignites sont assez répandus dans les terrains secondaires et surtout dans les terrains tertiaires. En France on peut citer dans le crétacé supérieur les gisements de Provence. A Fuveau et à Gardanne on compte 17 couches de lignite ressemblant à la houille et ayant de 1 mètre à 1m,50. Il y en a aussi dans l'Ardèche à Saint-Paulet et en divers autres points. Les lignites se montrent dans l'éocène du bassin de Paris, ce sont celles du Soissonnais et des environs de Laon. Citons encore des lignites miocènes en Auvergne et en Provence (Manosque, Hauterives). En Espagne on peut noter les lignites d'Utrillas dans l'aptien (crétacé inférieur). C'est en Allemagne que les gisements ligniteux sont le plus importants, surtout dans l'oligocène (base du miocène). La formation lignitifère s'étend depuis les bords de l'Elbe jusqu'à Königsberg et Cracovie. On le retrouve aussi au pied des Alpes bavaroises. Une autre formation plus récente, miocène, se montre à Cologne et au Siebengebirge, près de Bonn. L'Autriche-Hongrie présente aussi des gisements ligniteux importants dans l'éocène des bords de l'Adriatique, l'oligocène de Höring au Tyrol, et celui de Styrie et de Transylvanie; enfin dans le miocène du nord de la Bohême. En Transylvanie dans la vallée de la Zsily le combustible forme plusieurs couches d'une puissance totale de 31 mètres.

En Amérique, dans les montagnes Rocheuses la base du tertiaire contient des lignites bitumeux (*lignitic group* ou *groupe de Laramie*).

(1) Jagnaux, *Minéralogie appliquée* p. 215.

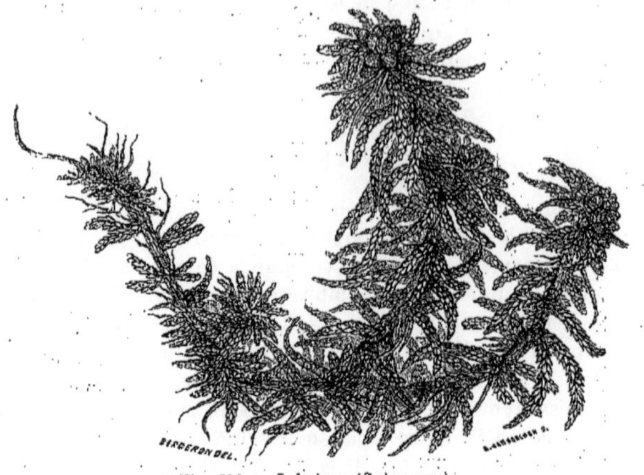

Fig. 626. — Sphaigne (*Sphagnum*).

LA TOURBE.

Un autre combustible minéral qui révèle encore plus facilement que le lignite son origine végétale, est la tourbe. Cette substance est brune ou noirâtre; dans les parties inférieures du dépôt elle est homogène et compacte; dans les parties supérieures plus récentes elle devient filamenteuse, et se compose de végétaux à peine altérés. En brûlant la tourbe répand une odeur particulière; elle

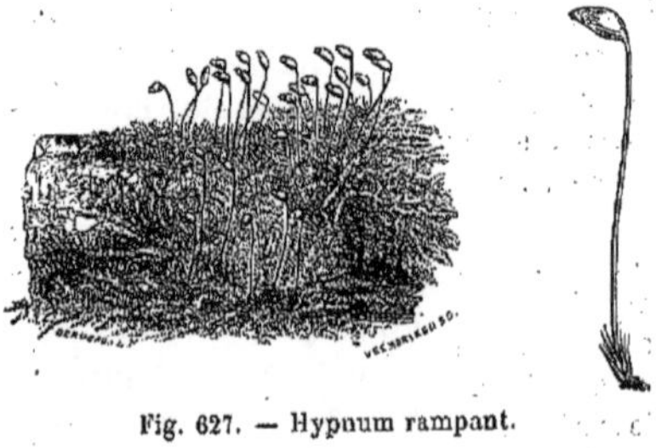

Fig. 627. — Hypnum rampant.

ournit des gaz, et à la distillation on obtient aussi une eau chargée d'acide nitrique et une matière huileuse. La composition moyenne de la tourbe est la suivante : 59,50 p. 100 de carbone, 5,50 d'hydrogène, 33 d'oxygène et 2 d'azote. Au fur et à mesure que la tourbe devient plus ancienne, elle s'enrichit en carbone, tandis que la quantité d'hydrogène et surtout celle de l'oxygène diminuent. La tourbe la plus noire, la plus compacte, contient jusqu'à 46 p. 100 de carbone, tandis qu'il n'y a plus que 26 d'oxygène.

Fig. 628. — Hypnum vrai.

La tourbe provient de la décomposition de plantes aquatiques, qui se détruisent par le pied tandis qu'elles continuent à se développer par le haut. Il s'en forme constamment dans

Fig. 629. — *Cervus megaceros* (grand cerf des tourbières).

les marais des régions tempérées où l'eau est suffisamment limpide. La vase et le sable qui troublent l'eau empêchent la croissance des végétaux fournissant la tourbe. La température la plus favorable est une moyenne annuelle de 6° à 8° comme celle de l'Irlande.

Les végétaux qui fournissent le plus de tourbe par leur décomposition lente sont les mousses du genre *Sphagnum* (fig. 626). Elles ont la propriété d'absorber une grande quantité de vapeur d'eau atmosphérique, et par suite elles créent rapidement là où il n'y en avait pas, une nappe d'eau favorable à la production du combustible. Dans d'autres cas la tourbe est fournie par des mousses du genre *Hypnum* (fig. 627 et 628); ainsi dans la Somme où les *Hypnum* sont associés à des *Carex*. A la Terre de Feu même on trouve de grands marais tourbeux ne contenant pas de mousses, mais des saxifrages (*Donatia magellanica*) et des joncs (*Astelia pumila*), auxquels s'adjoignent le *Juncus grandiflorus* et un *Empetrum* (*Empetrum rubrum*) qui ressemble à notre bruyère. Charles Darwin constate que jamais dans l'Amérique méridionale, ni à la Terre de Feu, ni aux îles Falkland, ni aux îles Chonos, les mousses ne contribuent à la formation de la tourbe (1). Celle-ci atteint parfois plus de 12 mètres d'épaisseur. Quant à la rapidité avec laquelle se forme le combustible, elle varie avec les conditions climatériques, avec la somme des précipitations atmosphériques, la température, le sous-sol qui ne doit pas permettre aux eaux de s'infiltrer trop loin dans la profondeur. Dans le Jura et dans la Somme l'accroissement est évalué à environ 1 mètre par siècle.

Les tourbières ont commencé à se former pendant la période quaternaire lorsque les glaciers reculèrent vers les pôles ou le sommet des montagnes. On y trouve des ossements d'animaux quaternaires. Ainsi les tourbières d'Irlande ont livré le squelette de grands cerfs pourvus d'énormes bois aplatis atteignant trois mètres d'envergure. Cette espèce a reçu pour cette raison le nom de *Cervus megaceros* (cerf à grandes cornes) (fig. 629) (1). On a trouvé aussi dans les tourbières des instruments, des armes de l'homme préhistorique.

La formation de la tourbe continue de nos jours dans les régions où sont réalisées les conditions que nous avons déjà indiquées.

En France les tourbières les plus importantes sont celles de la vallée de la Somme. Elles produisent à elles seules la moitié de la tourbe exploitée annuellement en France. Mais l'agriculture fait disparaître peu à peu ces marécages en les transformant par le drainage. Il a suffi parfois pour assécher

(1) Darwin, *Voyage d'un naturaliste*, trad. franç., Paris, 1875, p. 308.

(1) Voy. Félix Bernard, *Éléments de paléontologie*, Paris, 1893.

les tourbières de creuser des puits absorbants poussés jusqu'à la craie (1).

Les tourbières de la Somme s'étendent depuis Saint-Quentin jusqu'à Abbeville. On trouve de la tourbe en France dans 28 départements. Le combustible peut se former sur des pentes granitiques, parce que la roche en se décomposant fournit une argile qui empêche les eaux de s'infiltrer au loin dans la profondeur. Ainsi dans les Vosges, au Champ-du-Feu, à 1 000 mètres d'altitude, existent des marais où la tourbe atteint deux ou trois mètres d'épaisseur. De même dans le Morvan, les Alpes et les Pyrénées.

Les départements dont la production a dépassé dix mille tonnes en 1880 sont les suivants:

Somme	83.920	tonnes.
Loire-Inférieure	28.500	—
Oise	26.900	—
Pas-de-Calais	25.219	—
Seine-et-Oise	14.836	—
Isère	14.728	—
Aisne	14.009 (2)	—

En Europe les pays où la tourbe se forme le plus abondamment sont l'Irlande, la Hollande et l'Allemagne du Nord.

En Irlande les tourbières ou *bogs* couvrent 11 450 kilomètres carrés, soit à peu près le septième de l'île. L'épaisseur moyenne de la tourbe est de 8 mètres, et l'on évalue à 23 milliards de mètres cubes la masse de combustible. On distingue les tourbières noires (*black bogs*) et les tourbières rouges (*red bogs*). Les premières qui sont les plus exploitées occupent les dépressions du sol. Le combustible y présente parfois la consistance, et l'aspect des lignites. On y trouve fréquemment des troncs d'arbres complètement carbonisés. Parfois les chênes et autres arbres y sont devenus tellement flexibles par un long séjour dans la tourbe, qu'on peut les découper en lanières et en faire des cordes. D'après Kinahan, les chênes trouvés dans le bog de Castle-Connell près du Shannon ont au moins cinquante siècles à en juger par l'épaisseur de la tourbe qui les recouvre (3).

La tourbe rouge se forme sur les pentes; il y a moins d'eau parce que celle-ci s'écoule, et le marécage est en partie recouvert de bruyères (*Erica tetralix* et *Calluna vulgaris*).

(1) Reclus, *Géographie universelle : la France*, p. 767.
(2) Jagnaux, *Minéralogie appliquée*, p. 289.
(3) Reclus, *Géographie universelle : l'Europe du Nord-Ouest*, p. 756.

Beaucoup des hauteurs de l'Irlande sont ainsi couvertes de tourbe rouge et s'élèvent comme des îles au milieu des plaines de tourbe noire. Les mousses s'étendent aussi peu à peu à la surface des lacs et y forment une prairie tremblante de tourbe. Parfois le liquide ou les gaz enfermés sous cette couche spongieuse la déchirent et une masse d'eau et de vase se répand sur les plaines voisines. C'est ce qui s'est produit en 1821 près de Tullamore à la tourbière de Kinalady : le courant boueux recouvrit plus de 12 kilomètres carrés de terrain.

Les tourbières occupent des milliers d'hectares en Hollande, dans les provinces de Frise, de Groningue, de la Drenthe, de la Gueldre, de l'Over-Yssel (fig. 630). Les tourbes hautes (*hooge veenen*) qui se trouvent dans l'intérieur du pays disparaissent rapidement par suite des progrès de l'agriculture. Les paysans creusent des canaux au milieu des tourbières, enlèvent le combustible et mélangent au sol les amendements nécessaires pour obtenir des récoltes. Sur le littoral on rencontre les tourbes basses (*lage veenen*) qui s'étendent jusque sous les dunes. Le sol d'une grande partie de la Frise est spongieux; l'eau se trouve dessous. Il se produit dans les lacs, des îles flottantes qui, parfois, sont poussées par les tempêtes d'une rive à l'autre (1). L'épaisseur des tourbes basses atteint 3 ou 4 mètres. On y trouve des essences d'arbres aujourd'hui rares dans le pays, ainsi des noisetiers; les troncs de saules et depins y sont abondants, tandis que dans les tourbes hautes se rencontrent des pins. Il y a souvent aussi des objets travaillés par l'homme. On trouve fréquemment des planches, des *pontes longi*, employés par les Romains pour la traversée des tourbières. Ces nombreux vestiges d'arbres indiquent que le pays était autrefois recouvert de forêts aujourd'hui détruites. Un fait remarquable, c'est que les objets enfouis dans la tourbe remontent peu à peu par suite des trépidations imprimées au sol, et finissent par affleurer à la surface. La Hollande fournit annuellement plus de 40 millions de tonnes de tourbe.

Les tourbières de la Hollande se continuent sur le territoire de l'Allemagne du Nord, dans le Hanovre et l'Oldenbourg. Le Bourtanger Moor ou marais de Bourtange occupe une étendue de 1 400 kilomètres carrés. Certaines parties du marais, plus élevées, sont habitées

(1) Reclus, *Géographie universelle: l'Europe du Nord-Ouest*, p. 207.

Fig. 630. — Tourbières en Hollande.

et les indigènes savent habilement sauter à l'aide de perches d'une motte à l'autre; ils glissent aussi sur le sol fangeux à l'aide de larges planchettes dont ils s'arment les pieds. Ces tourbières de Bourtange ont été traversées par les légions de Germanicus, qui y ont laissé des traces de leur passage sous forme de *pontes longi*. Aujourd'hui on s'efforce de réduire le marécage et de l'assécher pour le cultiver, soit par la méthode hollandaise, soit par un procédé plus simple mais barbare qui consiste à brûler la tourbe pendant l'été et à semer dans les cendres du sarrasin d'abord, puis quelques années après du seigle et de l'avoine (Reclus).

Dans le Holstein et le Schleswig, les tourbières sont également très nombreuses. Certaines y présentent un phénomène remarquable. Les mousses absorbent une telle quantité d'eau qu'elles se gonflent d'une manière extraordinaire. Il en résulte que le centre du marais s'élève beaucoup par rapport aux rives. La surélévation dans le marais de Dosen, près de Neumunster, atteint au centre 8 ou 9 mètres, de sorte que d'un bord on ne voit pas le bord opposé. Des phénomènes semblables de gonflement s'observent dans les tourbières de l'Amérique du Nord, en Floride, en Virginie et dans la Caroline.

HUILES MINÉRALES, BITUMES, ASPHALTES.

Les charbons : anthracite, houille, lignite, tourbe, constituent une série continue dont les termes ont composition et origine analogues. De même les huiles minérales, les bitumes, les asphaltes constituent une série naturelle de substances, les unes liquides, les autres solides, mais qui sont seulement composées de carbone et d'hydrogène. Il n'y a jamais d'oxygène comme dans les combustibles précédents. Ce sont des mélanges d'hydrocarbures (1).

De toutes ces substances, les plus importantes sont les huiles minérales (pétrole, naphte). Ces produits ne sont guère employés en grande abondance que depuis un quart de siècle, bien qu'ils soient connus depuis la plus haute antiquité. On s'en servit dès lors pour graisser ou comme remède; quelquefois cependant pour l'éclairage. On employa dans ce dernier but l'huile minérale d'Agrigente et celle de l'île de Zante. A Gênes on utilisait au siècle dernier l'huile d'Amiano, pour l'éclairage des rues. Celle de Tegernsee, en Bavière, servait comme remède sous le nom d'huile de Saint-Quirinus. Dans l'Amérique du Nord, les Indiens recherchaient aussi le pétrole. Mais celui-ci ne fut découvert en grande masse, grâce à des sondages profonds, qu'en Pensylvanie (1859) et presque en même temps en Galicie.

Le pétrole n'est pas un corps unique, mais un assemblage de plusieurs hydrocarbures qui diffèrent les uns des autres par leur poids spécifique, leur point d'ébullition et la température à laquelle ils s'enflamment. Ils ont comme

(1) Nous empruntons la plus grande partie de ce qui suit à Uhlig (appendice de Neumayr, *Erdgeschichte*, II, p. 757 et suivantes).

formule générale C^nH^{2n+2}. Ce sont les suivants :

		Poids spécifique.	Point d'ébullition.
Hydrure de pentyle ou d'amylène..	C^5H^{12}	0,64	30°
— d'hexyle.....	C^6H^{14}	0,676	61°
— d'heptyle.....	C^7H^{16}	0,701	90°
— d'octyle......	C^8H^{18}	0,737	119°
— de nonyle....	C^9H^{20}	0,756	150°

On trouve aussi dans beaucoup d'huiles minérales les hydrocarbures de la série C^nH^{2n-6} dont le poids spécifique est environ 0,86. Ce sont :

		Point d'ébullition.
La benzine ou benzol......	C^6H^6	82°
Le toluène ou toluol.......	C^7H^8	111°
Le xylène ou xylol.........	C^8H^{10}	139°
Le cumène ou cumol.......	C^9H^{12}	148°
Le cymène ou cymol.......	$C^{10}H^{16}$	175°

D'après la prédominance des hydrocarbures les plus lourds ou les plus légers on donne aux huiles minérales le nom d'huiles lourdes ou d'huiles légères. Les premières sont plus foncées et se rattachent aux asphaltes par l'intermédiaire de variétés molles et gluantes comme le malthe. Les secondes, beaucoup plus claires, sont formées d'hydrocarbures volatils.

Les huiles minérales se présentent de diverses manières. Parfois on les voit flotter à la surface de l'eau, où elles se distinguent par leur teinte irisée et leur odeur particulière. Ailleurs, elles sortent directement du sol comme des sources, ou bien l'on voit sortir du sol des vapeurs d'hydrocarbures qui s'enflamment avec la plus grande facilité et forment ainsi des feux perpétuels.

Nous avons parlé de ces dégagements gazeux à propos des salses. Souvent le pétrole imprègne des roches, sables, conglomérats, schistes, où il s'accumule dans les grands et les petits interstices (fig. 631). On l'atteint en faisant des puits de mine ou des trous de sonde. L'huile minérale jaillit par l'ouverture parfois jusqu'à 20 mètres, puis le jaillissement cesse, le liquide se rassemble lentement dans le puits et on l'extrait à l'aide de pompes.

Les huiles minérales ont d'abord été exploitées dans la région du Caucase, ainsi dans les péninsules de Kertch, de Taman et d'Apchéron, où l'endroit le plus connu pour les sources de naphte est Bakou. Il y a là deux gisements à Balakahn et à Baibat, qui ont ensemble une superficie de 8 kilomètres carrés. L'huile minérale se trouve dans des couches tertiaires récentes. Celles-ci comprennent d'ailleurs deux parties : la supérieure est formée de calcaires à Congéries, sans naphte ; l'inférieure est composée d'argiles, de sables, de grès schisteux où se trouve le naphte. Il suffit de creuser à 40 ou 50 mètres pour rencontrer le pétrole, qui pendant une huitaine de jours jaillit sous forme d'un jet plus ou moins puissant. On en cite un qui avait 40 mètres de hauteur et une pression de douze atmosphères. Quand le jet commence, c'est le sable qui est d'abord lancé, puis l'huile minérale. La figure 631 indique une source à Bakou, dans l'état intermédiaire, c'est-à-dire que le sable est mélangé au liquide. Ce sable forme parfois autour des orifices des monticules de 15 mètres de haut. C'est la pression des hydrocarbures gazeux qui fait ainsi jaillir le pétrole. Le gaz qui jaillit des moindres fissures est extrêmement combustible et on l'emploie pour le chauffage, l'éclairage, la cuisine. Le liquide est de l'huile de naphte presque pure qui peut immédiatement, après une simple distillation, être employée pour les lampes. Dans le voisinage de Bakou il y a sept cents puits de naphte qui ne semblent pas près de se tarir ; une seule source donnait, en 1876, 4800 tonnes par jour. La production du naphte à Bakou était de 25159 tonnes seulement en 1872 ; de 180000 en 1876, de 491000 en 1881 et de plus de 900000 en 1883. La plus grande partie de ce naphte est employée en Russie, mais l'exportation augmente rapidement. Il en est de même des autres pays à pétrole de la Caucasie ; tels sont le district de Tiflis, celui du Terek, et les environs de Wladikawkas, de Derbent et de Petrowsk, sur la mer Caspienne.

En Valachie les sources de pétrole appartiennent au même âge que celles de Caucasie, c'est-à-dire qu'elles se trouvent dans la partie inférieure des couches à Congéries (pliocène inférieur). Les points d'exploitation qui deviennent de plus en plus importants sont Dembowitza et Prahowa. La Moldavie présente des gisements de pétrole, les uns dans le tertiaire ancien, les autres dans l'argile salifère miocène, mais ils sont encore peu exploités.

Une vaste région pétrolifère se trouve dans les Carpathes de la Galicie (fig. 632) et de la Bukowine. Le pétrole se trouve dans l'argile salifère miocène et dans des couches plus anciennes, comme le tertiaire ancien de Ciezkowic, et les couches crétacées de Ropianka. Le pétrole sort de la base des montagnes ; la terre est noire de matières combustibles ; l'eau

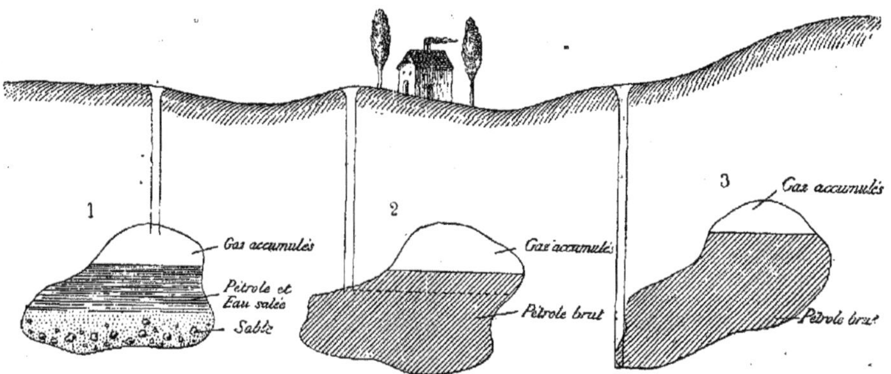

Fig. 631. — Poches à pétrole.

des ruisseaux présente une pellicule d'huile, l'atmosphère est chargée d'émanations hydrocarbonées. On connaissait ces dégagements combustibles depuis longtemps mais on ne songea à les exploiter que vers 1866. Le centre de l'exploitation en Galicie est Boryslaw dans le bassin du Dniester; il y a là plus de 5000 puits d'une profondeur moyenne de 40 mètres (1). Un autre centre est au nord de Tutra dans la vallée du Dunagec. La production de Boryslaw, en 1873, était de 11 000 tonnes ; elle a augmenté depuis.

D'autres localités pétrolifères sont celles d'Italie dont nous avons parlé à propos des salses (2). Il y en a quelques-unes en Allemagne, ainsi au Tegernsee, en Bavière, dans le miocène inférieur (huile de Saint-Quirinus); dans le Hanovre et le Brunswick on a aussi fait des sondages. On trouve aussi des gisements d'huile minérale et d'asphalte dans le miocène de la Basse-Alsace, à Pechelbronn, Schwabweiler et Lobsann. Il y en a également en Asie dans le Pendjab, le Japon, la Birmanie, où à Rangoon on peut en récolter par an 400 000 tonneaux.

On trouve le pétrole à Gabian, dans l'Hérault; on l'exploite aussi aux environs d'Autun, où il existe dans des schistes permiens.

Il faut citer également la Nouvelle-Zélande et la province de Mendoza, dans la république Argentine. Mais toutes les régions pétrolifères que nous venons d'étudier ou de citer, sont de beaucoup dépassées par les riches sources de pétrole de l'Amérique du Nord.

(1) Reclus, *Géographie universelle, l'Europe centrale*, p. 405.

(2) Page 266.

On y distingue cinq régions pétrolifères principales : les environs d'Enniskillen, au Canada, entre les lacs Huron et Érié, le district de Gaspé à l'embouchure du Saint-Laurent, la Pensylvanie entre le lac Érié et Pittsburg, l'Ohio et la Virginie, enfin le Kentucky et le Tennessee. On a trouvé aussi l'huile minérale depuis 1878, en Californie. Le gisement de Gaspé, moins important, appartient au silurien ; les autres sont tous à l'ouest des Alléghanys, dans le carbonifère et le dévonien. Ce dernier terrain est le plus abondant en huile minérale. Le terme dévonien le plus ancien constitue le groupe cornifère formé de grès et de calcaires riches en restes coralliens. Puis vient le groupe d'Hamilton avec des schistes bitumineux gris et noirâtres; enfin au-dessus se trouve le groupe de Chemung formé de schistes, de grès et de conglomérats. Toutes ces couches sont disposées presque horizontalement.

Les huiles minérales de Pensylvanie proviennent du groupe de Chemung; celles du Canada des calcaires du groupe cornifère. Dans les schistes et les argiles du groupe de Chemung se trouvent, à trois niveaux différents, des couches isolées de grès, de sable et de conglomérats contenant l'huile minérale. Pour obtenir celle-ci on fait des puits ou bien simplement des trous de sonde garnis de tubages d'où le liquide jaillit. L'huile est généralement accompagnée de dégagements gazeux, et quand on introduit dans un trou de sonde des tubes concentriques, on peut obtenir par les uns de l'huile et par les autres des gaz. Ceux-ci sont employés soit pour l'éclairage soit comme force motrice. Les sondages se font à des profondeurs de 1300 à 1700 pieds. La pression de l'huile peut être assez forte pour la faire jaillir à plusieurs mètres de hauteur sous forme de fontaines intermittentes. L'une des plus remarquables est celle de Lady-Hunter-Well, à 4 kilomètres de Petrolia-City. Toutes les demi-heures le liquide jaillit pendant quelques minutes à une hauteur de

Fig. 632. — Jet de pétrole à Bakou.

3 mètres. Dans les premiers temps cette fontaine fournissait par jour 4770 hectolitres d'huile. Lorsque la pression n'est pas assez grande on amène le liquide au jour à l'aide de pompes. Il est souvent accompagné d'eau salée, circonstance dont on ne connait pas bien la cause. Parfois les puits deviennent quelque temps improductifs pour de nouveau être exploitables. Généralement ils produisent du pétrole pendant deux ou trois ans. On évalue l'étendue de la région pétrolifère de Pensylvanie à 8 064 kilomètres carrés, dont la dixième partie seulement peut être regardée comme productive. On y distingue deux districts : l'un supérieur sur l'Oil-Creek avec les centres de Titusville, Oil-City, Petroleumcentre, Pleasantville ; l'autre inférieur, sur la rivière Alleghany avec Petrolia-City et Lawrenceburg.

L'huile minérale de l'Ohio et de la Virginie occidentale provient aussi du groupe de Chemung. Dans le Kentucky et le Tennessee elle appartient également à la formation dévonienne, mais ces gisements sont bien inférieurs comme importance à ceux de la Pensylvanie. Les gisements de Pensylvanie et de New-York sont ceux qui fournissent le plus d'huile minérale.

L'exploitation commença, en 1859, à Oil-Creek, en Pensylvanie, et fournit 2000 barils (le baril vaut 42 gallons, et un gallon correspond à plus de 4 litres et demi). Bientôt la production s'éleva à 200000 barils ; en 1861, elle atteignit 2110000, et, en 1875, 9015000 barils. Depuis elle a encore augmenté et était évaluée en 1882 à 30460000 barils. La quantité totale de barils de pétrole fournis par la Pensylvanie et l'État de New-York, de 1859 à 1882, est de 216083000. Depuis 1882 la production a un peu baissé ; en 1884, d'après Carll, elle n'a été que de 23743924 barils. La Californie a produit, en 1882, 70000 barils. La valeur du gaz naturel employé aux États-Unis est aussi très considérable. L'exploitation du pétrole a fait surgir un grand nombre de villes dans des régions autrefois désertes. Sur l'emplacement central de Pithole-City il n'y avait en mai 1865 que deux maisons ; au mois d'août de la même année la ville comptait déjà 14000 habitants.

L'huile de naphte est formée de carbures volatils, son point d'ébullition est de 39°. On s'en sert pour dissoudre le caoutchouc. Elle existe à l'état naturel ou bien on la fabrique en distillant le pétrole. Celui-ci diffère du naphte par la présence de nombreux carbures peu volatils.

D'après M. Sheridan Muspratt (1), le pétrole brut du Canada est formé de :

Naphte de couleur claire	20
— jaune et lourd	50
Huile à graisser, riche en paraffine	22
Goudron	5
Charbon	1
Pertes dans l'analyse	2
	100

Par distillation fractionnée on peut partager le pétrole en portions de volatilité différente. Le procédé fut imaginé en même temps par Lukasiewicz, en Galicie, et par Silliman en Amérique. La distillation se fait dans des chaudières en fer, où le liquide est introduit par des pompes qui vont le puiser dans les réservoirs. Les chaudières ne doivent être remplies

(1) Cité par Jagnaux, *Minéralogie appliquée*, p. 248.

Fig. 633. — Exploitation du pétrole à Bobska en Galicie.

qu'aux deux tiers environ. Quand on élève peu à peu la température les parties les plus volatiles passent d'abord et vont se condenser dans un serpentin entouré d'eau froide. On obtient ainsi en particulier la gazoline et la benzine; la première bout vers 40° tandis que la seconde bout entre 100° et 200°. Ces deux substances s'évaporent très facilement à l'air libre; elles dissolvent rapidement les graisses.

En poussant la distillation du pétrole plus loin on obtient le pétrole raffiné employé pour l'éclairage. C'est un mélange d'hydrocarbures qui entrent en ébullition entre 200° et 300°, son poids spécifique est compris entre 0,76 et 0,86. Une troisième portion est obtenue par une distillation portée plus loin; c'est l'huile à graisser formée d'hydrocarbures lourds, de densité égale à 0,84 ou même 0,93.

Enfin, la dernière partie qui passe est une huile riche en paraffine, et celle-ci elle-même sous forme d'une matière blanche, cireuse, cristalline. Dans les chaudières reste un goudron noir et épais dont on extrait encore de l'huile lourde. Le pétrole distillé ne peut être employé immédiatement pour l'éclairage. On le mélange à de l'acide sulfurique qui carbonise les impuretés et décompose les hydrocarbures les moins stables. On lave ensuite à l'eau, puis on verse sur l'huile une lessive de soude. On laisse reposer; le pétrole est maintenant purifié; il n'a plus de mauvaise odeur et ne peut plus émettre de vapeurs inflammables au-dessous de 48°. Le pétrole sert non seulement pour l'éclairage, mais parfois pour la fabrication du gaz ou pour alimenter les machines motrices de certains navires américains. On en injecte aussi les bois pour les préserver de la destruction.

Les *bitumes* sont des mélanges d'hydrocarbures de consistance molle; ils ressemblent à de la poix; la chaleur les rend liquides. Ils imprègnent les roches dans bien des localités. On peut citer Seyssel (Ain) et le val Travers près Neuchâtel, où le bitume imprègne le calcaire de l'urgonien (crétacé inférieur), Lobsann en Alsace, où il se trouve dans le calcaire du miocène inférieur. Près de Limmen, au Hanovre, il y a, dans le jurassique supérieur, un calcaire bitumineux. C'est avec ces calcaires mélangés de bitume qu'on fabrique l'enduit qui sert sous le nom d'asphalte à la confection des trottoirs. On ajoute du bitume à ce calcaire, on agite le tout dans une chaudière, on obtient une masse pâteuse. Pour s'en servir on n'aura qu'à la ramollir par la chaleur. On l'étend sur la surface à daller et on saupoudre de gravier très fin afin d'empêcher le pied de glisser.

Souvent on confond *asphalte* et bitume. Mais il faut réserver le nom d'asphalte, en minéralogie, à un bitume solide, à cassure vitreuse, qui ne fond qu'au-dessus de 100°. On le trouve sur les bords de la mer Morte (bitume de Judée). Souvent il monte du fond à la surface des eaux. A l'île Trinidad, sur la côte de l'Amérique du Sud, il y a un lac dit lac de la

Poix, ayant deux kilomètres de diamètre; il s'y forme sur les bords une croûte solide d'asphalte. Les Égyptiens employaient cette substance pour l'embaumement des morts; on s'en sert aujourd'hui pour la fabrication de la cire à cacheter noire et des vernis. Souvent l'asphalte et le bitume sont employés pour calfater les navires.

Une substance plus rare que les bitumes et les asphaltes, est l'*ozokérite* appelée aussi cire fossile ou paraffine naturelle. Elle est de consistance cireuse, d'éclat gras, et sa couleur varie du brun jaunâtre au vert. Elle a une odeur spéciale. Elle se ramollit facilement par la chaleur. L'ozokérite est un mélange d'hydrocarbures de formule C^nH^{2n}, qui fondent entre 56° et 82°. On la purifie par distillation et elle devient alors identique à la paraffine, si employée pour la fabrication des bougies.

Elle a été découverte d'abord à Slanik en Moldavie, mais elle se trouve surtout dans la formation salifère miocène des Carpathes, à Boryslaw et à Truskaviec en Galicie. Boryslaw est la seule localité où on l'exploite en grandes masses; elle s'y trouve en couches régulières ou bien remplit les fentes des roches. A l'ozokérite se rattache la *hatchettine* ou *suif minéral* du pays de Galles et des environs de Liège, c'est une matière cireuse blanc jaunâtre ou brune.

L'origine des huiles minérales, des bitumes, des asphaltes, est encore discutée. On les a longtemps attribués à la décomposition des matières organiques. Beaucoup de schistes bitumineux se présentent dans les diverses formations, par exemple dans le lias de Souabe, et on les emploie pour la fabrication du pétrole et de la paraffine. Le bitume de ces schistes est attribué à la décomposition des débris animaux que renfermaient originairement ces schistes. Encore aujourd'hui des hydrocarbures paraissent se former aux dépens des organismes. D'après Fraas on trouve dans les récifs coralliens des bords de la mer Rouge de petites cavités peu éloignées du bord et où pénètre l'eau de mer. Sur l'eau il y a une couche huileuse d'un brun verdâtre, présentant des irisations, et qui d'après Fraas coule du récif corallien. Ce pétrole serait dû à la décomposition des nombreux organismes qui peuplent la lagune. Ce fait expliquerait aussi la présence fréquente, avec le pétrole, d'eau salée et de traces de soufre. Ainsi le sel de Wieliczka contient des inclusions de carbures d'hydrogène et il semble ainsi que le sel gemme et les hydrocarbures se soient formés en même temps (1). Uhlig adopte cette théorie de la formation des hydrocarbures. Il leur assigne une origine organique; les huiles minérales, l'asphalte, les bitumes répandus dans les couches sédimentaires proviendraient de la décomposition des animaux, tandis que l'ozokérite, qui ressemble beaucoup à un lignite de consistance cireuse, et la pyropissite, seraient dues peut-être à la décomposition de débris végétaux.

Mais si parfois les hydrocarbures naturels paraissent avoir une origine organique, ce cas ne nous paraît pas être le cas général. Il est difficile d'attribuer à ces causes les sources de Bakou et de l'Amérique. On a bien expliqué ces gisements en disant que les huiles minérales ne s'y trouvaient pas en place, qu'elles venaient des couches voisines et s'y étaient simplement rassemblées. Mais cette hypothèse paraît gratuite. D'autre part nous savons que des carbures d'hydrogène s'échappent des volcans; nous avons vu qu'il y avait souvent un rapport évident entre ces émanations et les phénomènes volcaniques (2). Elles sont en relation avec les fractures du sol, et l'origine de ces dégagements est certainement, dans la majeure partie des cas, une origine interne.

(1) Uhlig dans Neumayr (*Erdgeschichte*, II, p. 762).
(2) Page 182.

Fig. 684. — Masse de sel gemme exploitée à ciel ouvert dans la vallée de Cardona (Catalogne).

LE SEL GEMME.

SES PRINCIPAUX GISEMENTS.

Les anciens connaissaient déjà des gisements de sel gemme; tel était celui qui se trouve près du temple de Jupiter Ammon en Libye. Dans les salines de Maros-Uyvar et de Thorda en Transylvanie on a trouvé les traces de travaux exécutés par les Romains. Dans ces salines et dans celles de Marmarosch en Hongrie on a même découvert des instruments de bronze et de pierre, ce qui montre que ces gisements sont exploités depuis les premiers temps de la civilisation. Il en est de même de ceux d'Hallstadt dans les Alpes, et de bien d'autres (1).

Toutefois si l'exploitation du sel gemme date de loin, sa composition n'est connue que depuis 1810. Davy démontra qu'il n'est autre chose que le chlorure de sodium. Nous avons déjà discuté l'origine de cette substance (2). Les volcans rejettent des vapeurs de sel et celui-ci se dépose par sublimation; mais ce sel d'origine volcanique est peu de chose auprès de celui qui se trouve dans les eaux de la mer. On peut dire que la plus grande partie des gisements de sel gemme provient de l'évaporation des eaux marines. Quand il est pur il est d'un blanc éclatant; mais le plus souvent il est souillé par l'argile et prend une teinte grise. Parfois même il peut être coloré en bleu ou en rouge. La matière rouge est le plus souvent d'origine organique et beaucoup de ces colorations accidentelles disparaissent sous l'action de la chaleur.

On peut dire que le sel gemme se trouve dans toutes les formations géologiques. Ainsi le silurien inférieur en présente des amas aux environs de Saint-Pétersbourg. Le silurien supérieur en contient des amas puissants d'une épaisseur de 14 à 40 pieds, à Goderich au Canada, à Salina et à Syracuse, aux États-Unis. Le dévonien contient du sel dans les provinces

(1) Voir Uhlig, dans Neumayr (*Erdgeschichte*, II, p. 725).
(2) Page 443.

baltiques et en Chine; le carbonifère, en Angleterre et aux États-Unis dans le Michigan (district de Saginaw). Le permien est particulièrement riche en gisements salifères; tels sont ceux de Perm et de Jekaterinoslaw en Russie et surtout ceux de Stassfurt, Heinrichshall, Welfisholz en Allemagne. On doit rapporter également aux terrains paléozoïques les énormes dépôts du Salt-Range au Pendjab dans les Indes Orientales.

Des terrains secondaires, c'est le trias qui contient le plus de salines. En Allemagne on en trouve dans tous ses étages : c'est-à-dire dans les grès bigarrés (Sulza, Salzungen), le muschelkalk, et le keuper. Les plus importantes sont celles du muschelkalk (Souabe, Franconie, Hanovre). Les gisements bien connus de Ischl, Hallein, Aussee, Berchtesgaden, dans les Alpes tyroliennes, appartiennent aussi au trias. Les salines du Jura et de la Lorraine se trouvent dans les marnes irisées (keuper). Tels sont Salins dans le Jura; Vic, Dieuze, Saint-Nicolas en Lorraine. Il y a aussi du sel gemme dans le trias d'Angleterre (comtés de Nottingham, Derby, Stafford); à Norwitch près de Liverpool, il existe dans les grès bigarrés deux couches de sel, dont l'une de 25 et l'autre de 40 mètres d'épaisseur. Le jurassique et le crétacé sont relativement pauvres en dépôts salifères; on doit rapporter au crétacé certains gisements d'Algérie et une série de sources salées en Westphalie (Königsbau, Neusalzwerk, Werl).

Les dépôts salifères les plus étendus appartiennent aux formations tertiaires. On peut citer dans le tertiaire ancien les collines salines de Solsona et de Cardona en Catalogne (fig. 634). La colline de Cardona, haute de 95 mètres, s'élève au-dessus du calcaire à Nummulites. Les pluies l'ont déchiquetée et, avec ses pyramides, ses crevasses, lui ont donné l'aspect d'un glacier. On l'exploite à ciel ouvert comme une carrière et le sel, relativement pur, est livré immédiatement à la consommation. Ce gisement est exploité depuis des siècles pour la consommation de l'Espagne; on évalue sa contenance à 300 millions de mètres cubes. Le terrain miocène est particulièrement riche en dépôts salifères. Le bord des Carpathes est longé par une bande miocène formée surtout d'argile; là se trouvent d'énormes gisements en Galicie, en Hongrie, en Transylvanie et en Roumanie. Il faut citer aussi comme dépôts d'âge miocène ceux du sud de la Russie, de Sicile, de Perse.

MINES DE WIELICZKA.

Plusieurs gisements de sel gemme méritent une étude spéciale. Tel est celui de Wieliczka près de Cracovie (fig. 635) exploité régulièrement depuis le XIe siècle. Sous une couche peu épaisse de terre végétale et de diluvium se trouve l'argile miocène bleuâtre qui déjà à 20 mètres présente une légère imprégnation de sel gemme. Au fur et à mesure qu'on descend la teneur en sel augmente et l'argile salifère proprement dite contient des amas de sel de grosseur variable; certaines atteignent plusieurs millions de mètres cubes. Ce sel est impur et il porte à cause de sa couleur le nom de sel vert (*grün salz*). Au-dessous viennent les couches salifères proprement dites, qui diffèrent de ce qui est au-dessus par leur stratification régulière; ce ne sont plus des amas, mais de véritables couches séparées par des roches stériles qui sont, outre l'argile, des bancs d'anhydrite et plus rarement de gypse. Ces couches salifères proprement dites présentent deux zones distinctes séparées par un intervalle de trois ou quatre mètres. La zone supérieure porte le nom de sel spiza (*spizasalz*). Il forme des couches ayant jusqu'à 20 mètres de puissance; il est encore un peu impur, car il contient des veines d'argile et du sable. Il est de couleur gris foncé très luisante. On l'emploie surtout en agriculture. La seconde zone s'appelle le sel szibik (*szibikersalz*). Le sel y est très pur, les couches n'ont qu'une épaisseur variant de 2 à 8 mètres. La base de cette zone est formée d'anhydrite, d'argile et de sables salifères, et on ne l'a pas encore traversée, parce qu'à plusieurs reprises il en est sorti d'énormes quantités d'eau douce qui ont menacé les travaux d'exploitation.

Le gisement de Wieliczka doit certainement son origine aux eaux de la mer. On y trouve aussi bien que dans l'argile des restes de mollusques : *Pecten Lilii*, *Pecten cristatus*, de crustacés, de bryozoaires, de polypiers et des coquilles microscopiques de foraminifères. Il y a également des plantes provenant des terres voisines de la mer à l'époque miocène, principalement des cônes de pin (*Pinus*

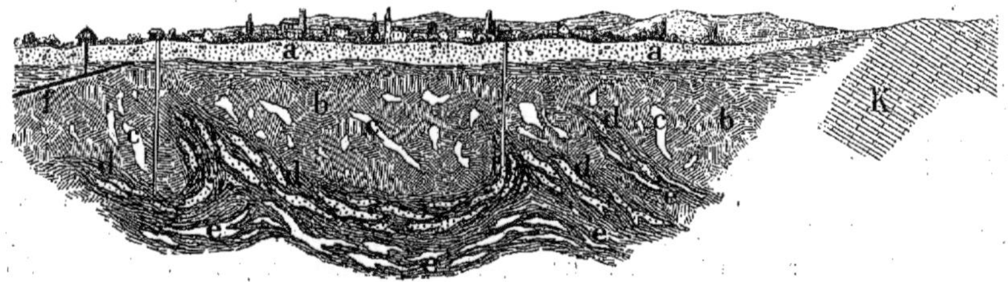

Fig. 635. — Coupe du gisement de Wieliczka. — *a*, alluvions; *b*, argile salifère; *c*, sel vert; *d*, sel spiza; *e*, sel szibik; *f*, gypse; K, grès des Carpathes, crétacé et tertiaire ancien.

salinarum) et les troncs de divers arbres.

Les galeries ressemblent à celles des mines de houille. Elles commencent à une profondeur de 95 mètres environ et forment plusieurs étages, unis par des escaliers. La galerie la plus profonde est à 312 mètres, soit à 50 mètres au-dessous du niveau de la mer. Les galeries, en les supposant bout à bout, auraient une longueur de 680 kilomètres. Elles sont mises en communication avec le sol par onze puits, dont sept utilisés par l'extraction. Les travaux ne sont jamais interrompus; hiver comme été la température se maintient entre 10° et 15° centigrades. L'extraction se fait de la manière suivante (fig. 637). Les mineurs entaillent la masse de sel d'abord sur les deux côtés, puis à la base et enfin au plafond sur une profondeur d'environ un mètre; ensuite on sépare en partie la masse de la galerie à l'aide de coins en fer, puis avec une perche de bois de hêtre on la détache complètement. On obtient ainsi des plaques de sel qu'on débite ensuite en fragments. Les excavations produites par l'extraction s'appellent des « chambres ». Elles atteignent bientôt de grandes dimensions et deviennent de véritables salles dont le plafond est soutenu par des piliers de sel, des étais en maçonnerie, des boisages. Les chambres les plus élevées et les plus anciennes sont dans le sel vert. Beaucoup de salles restent plus d'un siècle en exploitation. La salle Michalowice a fourni du sel depuis 1717 jusqu'en 1861. Les mineurs ont sculpté dans les salles des statues de saints, des pyramides, des lustres même où l'on peut placer 300 lumières. Toute une chapelle dite de Saint-Antoine avec son autel, ses statues, ses colonnes, a été taillée dans le sel et elle est encore dans un parfait état de conservation depuis deux siècles. La visite des mines de Wieliczka est des plus curieuses, mais il n'y a pas là, comme l'ont raconté divers auteurs, des villes entières taillées dans le sel et dont les habitants ne montent presque jamais à la surface; en réalité les ouvriers sortent chaque jour des salines, les chevaux seuls y restent (1).

La formation salifère de Wieliczka se prolonge vers l'est et elle est exploitée en divers points, comme Bochnia, Laczko, Stebnitz. Elle se prolonge dans la Bukowina. Mais il n'y a plus de couches régulières comme à Wieliczka, seulement des amas isolés très nombreux. Le sel de Bochnia et des autres localités est également moins pur. On évalue à 100 millions de kilogrammes la quantité de sel fournie annuellement par les salines de Wieliczka et de Bochnia.

Les gisements de la Hongrie et de la Transylvanie sont également très riches et activement exploités suivant la méthode usitée à Wieliczka. On évalue à 3 milliards 300000 tonnes la masse de sel qui y est exploitable. La masse de sel de Parajd a une longueur de 2300 mètres, une largeur de 1700 mètres et une épaisseur reconnue de 180 mètres. Les salines transylvaines de Parajd, Decsackna, Thorda, Maros-Ujvar et Bizackna livrent une grande quantité de matière à la consommation; celles de Maros-Ujvar fournissent annuellement 700 000 quintaux de sel.

Nous ne passerons pas en revue les divers gisements d'Allemagne, d'Angleterre, de France. Nous nous occuperons seulement de celui de Strassfurt à cause de son importance et des circonstances particulières qu'il présente.

(1) Grad, *Visite aux salines de Wieliczka* (*Nature*, 26 octobre 1878).

GISEMENT DE STASSFURT.

Ce gisement a été découvert en 1861, près de Magdebourg, à une profondeur de 300 mètres, et à partir de là il s'enfonce jusqu'à plus de 600 mètres de la surface (fig. 636). Le sel y constitue une assise inclinée. On arrive au sel par deux puits, en traversant d'abord un banc puissant de grès bigarré, puis une couche de gypse et d'anhydrite, enfin une couche de marne qui enveloppe le gisement salin. Dans sa partie supérieure le sel gemme est mélangé de différentes substances, c'est ce que les mineurs rejetaient autrefois sous le nom de sel de déblais (*abraumsalze*). Cette zone a une épaisseur de 50 à 60 mètres. Aujourd'hui on l'exploite activement, car les sels qu'elle renferme servent à la fabrication de la potasse, du salpêtre, de l'alun, etc. Elle se divise elle-même en plusieurs parties. La couche inférieure, immédiatement au contact du sel pur, s'appelle la région de la *polyhalite*. La polyhalite est un mélange de sulfate de chaux, de sulfate de magnésie et de sulfate de potasse. Au-dessus vient la région de la *kiésérite* ou sulfate de magnésie; encore plus haut vient la région de la *carnallite* (chlorure double de potassium et de magnésium hydraté). Elle passe au même niveau à la région de la *kainite* (combinaison hydratée de chlorure de potassium et de sulfate de magnésie). C'est immédiatement au contact de l'argile que se montrent la carnallite et la kainite. La région de la kiésérite contient 65 p. 100 de sel gemme, 17 p. 100 de kiésérite et 13 p. 100 de carnallite; la région de la carnallite contient encore 25 p. 100 de sel gemme, 16 p. 100 de kiésérite et 55 p. 100 de carnallite. L'origine marine du gisement de Stassfurt n'est pas contestable; les principaux sels contenus dans les trois couches supérieures : sulfate de potasse, de magnésie, chlorure double de potassium et de magnésium, sont précisément dans l'ordre où ils se produisent dans l'évaporation de l'eau de mer. Le gisement de Stassfurt a une superficie de 25 milles carrés; en tous les points de cette surface on ne trouve pas avec la même abondance les sels de potasse; ils peuvent manquer complètement ou se trouver en quantité trop faible pour être exploitée. C'est en 1861 que s'installa à Stassfurt la première usine de produits chimiques, et qu'on utilisa ces sels.

Le gisement de Stassfurt présente un autre phénomène important : celui des *anneaux annuels* (*Jahrringe*). La masse principale de sel gemme est uniformément composée de couches de 3 à 15 centimètres d'épaisseur séparées par des lits d'anhydrite de 1 centimètre. On a supposé, mais sans preuve certaine, que chaque couche de sel comprise entre deux lits

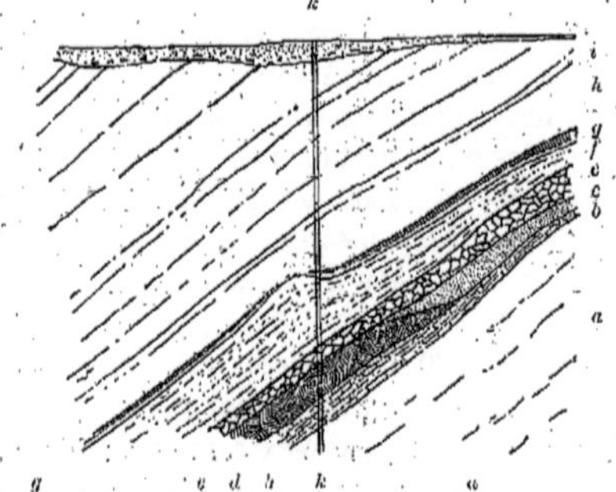

Fig. 636. — Gisement de Stassfurt. — *a*, sel gemme; *b*, kiésérite; *c*, carnallite; *e*, argile; *f*, anhydrite; *g*, gypse; *h*, argile rouge, schistes et grès; *i*, diluvium; *k*, puits de Heydt.

d'anhydrite représente le dépôt d'une année. La production annuelle du sel gemme à Stassfurt était de 45500 tonnes en 1870, et celle des autres sels de 146250 tonnes (1).

Nous avons eu déjà l'occasion de parler des lacs des steppes qui fournissent de grandes quantités de sel. Ainsi dans le voisinage de la Caspienne le lac d'Elton en donne une grande quantité. De même les Chinois, d'après de Richthofen, retirent une grande quantité de sel de la région salée marécageuse de Lutsun (province de Chansi), par un procédé analogue à celui des marais salants, si employé dans le sud de la France, en Espagne, en Portugal, en Italie, etc.

La consommation annuelle de sel de cuisine est évaluée en moyenne à 6 ou 7 kilogrammes par tête. Il y a des variations avec les pays. Ainsi, en Espagne elle est de 4,75, en France de 5,2, en Italie de 6,25, en Autriche de 7,7, en Russie de 8,5, en Angleterre de 12,5, dans l'Amérique du Nord de 15, en Portugal de

(1) Reclus, *Géographie universelle : l'Europe centrale*, p. 828.

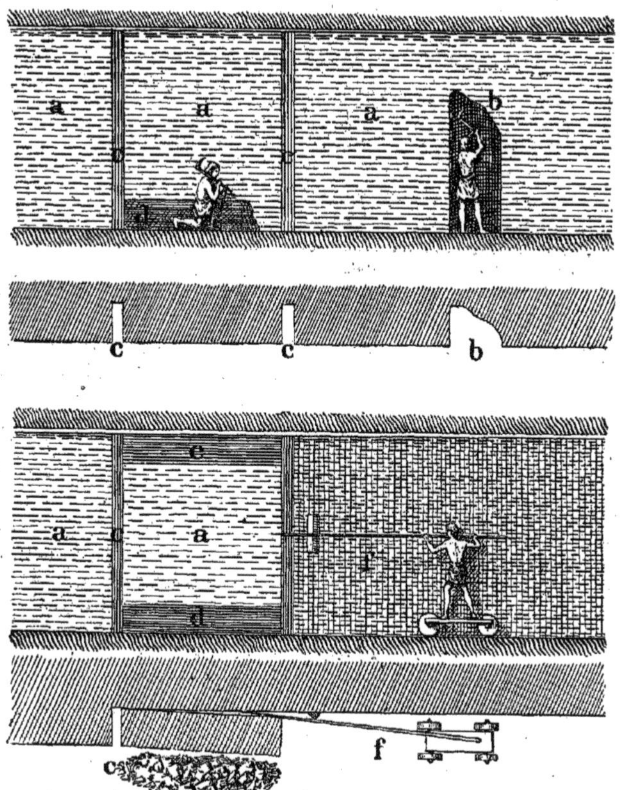

Fig. 637. — Extraction du sel à Wieliczka. — *a*, sel ; *b*, entaillage ; *c*, entaille en longueur ; *d*, entaille de base ; *e*, entailles au sommet ; *f*, tringle pour enlever.

15,25 ; en Allemagne une estimation ancienne l'évaluait à 19,8, et une statistique récente à 13,1 (1).

Voici la production en sel des différents pays, d'après Uhlig :

Angleterre...........	1884	2.332.704 tonnes.
Amérique du Nord..	1884	912.091 —
Russie..............	1882	834.177 —
Allemagne..........	1884	804.337 —
France.............	1882	380.000 —
Autriche-Hongrie...	1884	264.771 —

(1) Uhlig, dans Neumayr (*Erdgeschichte*, II, p. 734).

SUBSTANCES MINÉRALES DIVERSES UTILES A L'AGRICULTURE ET A L'INDUSTRIE.

MATIÈRES UTILES A L'AGRICULTURE. LE PHOSPHATE DE CHAUX.

Pour obtenir de bonnes récoltes, les agriculteurs doivent ajouter au sol différentes substances utiles qui n'y existent pas ou s'y trouvent en quantités trop faibles ; ils font ce qu'on appelle des *amendements*. Le sol doit retenir l'humidité et les principes minéraux utiles ; il ne doit pas cependant être imperméable, car il se couvrirait à chaque pluie de flaques d'eau où les plantes pourriraient. Il doit être assez poreux pour que l'air puisse facilement arriver jusqu'aux racines. Or le sable ne retient par l'humidité, l'argile au contraire est trop imperméable, le calcaire ne fait que des terres de mauvaise qualité. D'autre part le terreau ou humus provenant de la décomposition des débris végétaux (feuilles, plantes entières, etc.) ne suffit pas; les racines y pourriraient. Il faut pour qu'une terre soit bonne, qu'elle soit composée en parties presque égales de sable, de calcaire, d'argile, avec de l'humus qui fournit plusieurs des principes essentiels.

Quand l'argile domine on dit que la terre est *forte :* elle est alors humide, collante. Des terres de cette sorte sont bonnes pour la culture du blé et de la betterave. Quand le sable est abondant, la terre est dite *légère;* elle est chaude, et elle est sèche, car la pluie la traverse rapidement. La pomme de terre y vient bien; de même des plantes hâtives comme le seigle, l'orge, l'avoine.

Faire un amendement, c'est ajouter au sol les substances qui lui manquent. Ainsi on ajoute aux terres trop argileuses du sable, de la chaux, de la marne; aux sols calcaires on adjoint de l'argile.

Les récoltes successives que l'on tire du sol en enlèvent les principes chimiques nécessaires à toute plante, comme l'azote, le soufre, le phosphore, le chlore, le potassium, etc. On doit donc les remplacer au fur et à mesure, ce que l'on fait au moyen des *engrais.*

On emploie comme tels des matières organiques en décomposition, ainsi le fumier, le guano, qui sont riches en matières azotées. On emploie aussi pour la culture intensive des engrais minéraux dont nous allons énumérer les principaux.

Le *gypse* et l'*anhydrite* (sulfate de chaux) sont souvent utilisés; ils ont, comme l'avait déjà montré Franklin au siècle dernier, une action énergique sur la végétation des légumineuses: trèfle, sainfoin, luzerne. Le *sel marin* (chlorure de sodium) est employé aussi, comme source de chlore, en grande quantité. Comme sources de potasse on employait autrefois seulement les *cendres* provenant de la combustion des bois et des mauvaises herbes. Aujourd'hui les *sels de potasse* exploités à Stassfurt avec le sel gemme sont également utilisés. On se sert aussi de la *glauconie,* minerai vert contenant de 6 à 7 p. 100 de potasse; il se trouve dans la craie et il est particulièrement abondant dans le sable de la craie inférieure de New-Jersey aux États-Unis (1).

Comme sources d'azote on utilise l'*azotate de soude* et les *sels ammoniacaux*. On se servirait de préférence de l'azotate de potasse ou salpêtre qui contient deux des aliments principaux des plantes; l'azote et le potassium, si le prix n'en était trop élevé. Au contraire l'*azotate de soude* (natronitre) est d'un prix assez modéré pour être employé par l'agriculture. On le tire en grande quantité de la partie du Pérou et de la Bolivie conquise par le Chili. Il y forme aux environs d'Arica et d'Iquique des dépôts énormes appelés *caliches,* qui ont de $0^m,25$ à $1^m,50$ d'épaisseur; ils s'étendent sur une longueur de plus 30 milles et sont recouverts d'argile. L'azotate de soude est mélangé de sulfate de soude, de chlorure et d'iodure de sodium; il est souillé en outre de matières terreuses qui lui donnent une teinte brune. La France reçoit environ par an 30 000 tonnes d'azotate de soude. La fabrication du gaz d'éclairage donne comme résidu de grandes quantités de sels ammoniacaux très utiles à l'agriculture.

L'acide phosphorique donne beaucoup de vigueur à certaines cultures. On l'utilise aujourd'hui beaucoup dans la culture intensive à l'état de *phosphate de chaux*. Celui-ci se trouve dans les cendres d'os, et dans les résidus de noir animal sortant des raffineries de sucres, parce que ce noir est fabriqué avec des os carbonisés. Mais le phosphate de chaux existe à l'état naturel et ses gisements sont activement recherchés.

Le phosphate de chaux existe dans diverses formations géologiques. Dans les roches éruptives, en particulier dans les roches granitiques, il se trouve à l'état d'*apatite*. On appelle ainsi une combinaison de phosphate de chaux et de chlorure et fluorure de calcium. Ce minéral se présente en cristaux blancs ou verts, du système hexagonal. Souvent dans les roches éruptives les cristaux sont microscopiques; nous avons eu déjà l'occasion d'en parler. Dans les gneiss et cipolins du Canada, il y a de beaux cristaux verts d'apatite en prismes hexagonaux pyramidés. Les filons d'apatite sont assez communs dans les schistes cristallins de la Norwège. Ces filons ont un trajet assez court; mais ils sont nombreux et leur épaisseur peut atteindre 1 mètre. Le mi-

(1) Uhlig, dans Neumayr (*Erdgeschichte*, II, p. 836).

néral est accompagné de mica, d'hornblende, de rutile et de fer titané. Des filons semblables se trouvent en Espagne dans l'Estramadure et en Portugal dans la région adjacente; ils coupent le granite et les schistes amphiboliques; le minéral est mélangé au quartz. Dans la Podolie russe et la Podolie autrichienne on trouve aussi de l'apatite dans le silurien, et le phosphate de chaux se rencontre aussi dans ces pays, formant des nodules de structure radiée dans des couches plus récentes, dans le crétacé. Les gisements de phosphate de la Russie sont très riches (fig. 638).

Dans les environs de Wiesbaden le phosphate se montre en rapport avec des gisements de fer et de manganèse dans le terrain dévonien. Il est mélangé au sulfate et au carbonate de chaux et de magnésie; de plus il contient des traces d'iode et de brome. En Westphalie on le trouve dans la région de la Ruhr. Il y a là dans le carbonifère une couche d'argile

Fig. 638. — Nodules de phosphate de chaux (Podolie), d'après Schwakhöfer.

ferrugineuse épaisse de 1 à 10 centimètres, qui contient de 12 à 31 p. 100 d'acide phosphorique (Uhlig).

M. Bleicher a signalé des phosphates dans le calcaire triasique supérieur de Lunéville. Le jurassique présente des gisements nombreux dans le lias et l'oolite. D'après M. de Grossouvre on trouve dans le jurassique du centre de la France un certain nombre de niveaux de phosphate de chaux dont plusieurs sont exploités. Il y en a un dans le lias inférieur (Auxois); plusieurs dans le lias moyen (Dordogne), trois dans le lias supérieur (Indre, Dordogne, Deux-Sèvres), enfin plusieurs encore dans l'oolithe inférieure. Les fossiles de tous ces niveaux, qui sont surtout des ammonites, sont transformés partiellement en phosphate; ils peuvent renfermer jusqu'à 27 p. 100 d'acide phosphorique (1). Il en est de même en Allemagne.

Les exploitations de phosphate deviennent très importantes dans la partie inférieure du crétacé, appelée le *gault*. Il y a là des nodules formés d'un mélange de phosphate et de carbonate de chaux. Ces nodules arrondis, sphériques ou réniformes, ont une texture rayonnante ou compacte; leur dimension varie depuis celle d'une noix jusqu'à celle du poing; ils sont de couleur grise ou brunâtre. Ils peu-

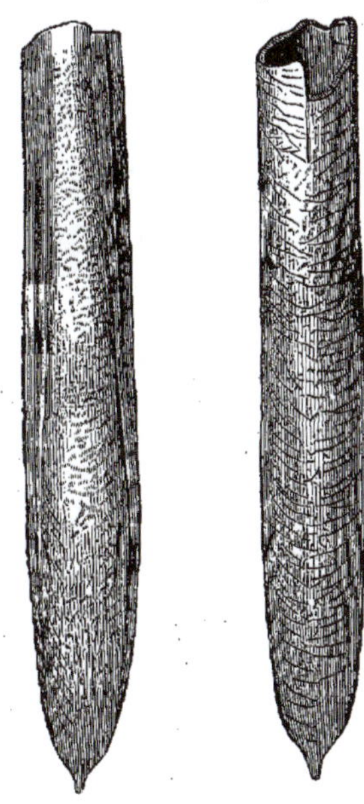

Fig. 639. — Bélemnitelle (*Belemnitella mucronata*).

vent être disposés sans ordre dans les sables ou l'argile, ou au contraire former des couches étendues. Ainsi dans l'Argonne on trouve dans les sables verts des couches de nodules ayant $0^m,18$ d'épaisseur, et une autre couche dans l'argile qui est au-dessus. On retrouve ces nodules dans les Ardennes (Machéromesnil, Vouziers); ils existent dans le grès vert du Boulonnais où ils ont d'abord été trouvés à Wissant; on en trouve aussi dans le gault du cap de la Hève près du Havre. La zone à nodules de phosphate se prolonge dans le crétacé inférieur d'Angleterre (Folkstone), en Allemagne, en Bohême et jusqu'en Russie. Les gisements de la Russie centrale (gouvernements de Koursk, Woronej,

(1) De Grossouvre, *Bull. Soc. géol. de France*, 4 avril 1887.

Fig. 640. — Vue d'ensemble dans des phosphatières d'Hardivillers (Oise). — D'après une photographie prise par M. Boursault au cours de l'excursion publique du Muséum d'histoire naturelle (1).

Simbirsk) sont particulièrement riches. Ils couvrent, d'après Yermolow, une étendue de 20 millions d'hectares et contiennent assez de phosphate pour en paver une moitié de l'Europe (fig. 638).

La craie proprement dite qui vient au-dessus du gault contient aussi des masses énormes de phosphate. On trouve des nodules dans les marnes glauconieuses du *tourtia* (base de la craie); ainsi dans le Pas-de-Calais, aux environs d'Avesnes, de Mons. Il y a surtout de ce précieux minéral dans la craie grise dite craie à *Belemnitella quadrata*, inférieure à la craie à *B. mucronata* (fig. 639). C'est ce qui a été reconnu en Picardie, par M. de Mercey, puis par M. Lasne (1). Buteux avait découvert le gisement de Beauval (Somme) en 1849; M. de Mercey avait trouvé ceux d'Hardivillers (fig. 640 et 641), près Breteuil (Oise) et de Dreuil-Hamel vers Hallencourt (Somme); depuis on en a trouvé à Orville (Pas-de-Calais) et au Cateau (Nord) (fig. 642). A Beauval le sol se compose d'une couche d'argile à silex épaisse de 3 à 4 mètres. Au-dessous on trouve immédiatement un sable riche en phosphate qui repose sur la craie à *Belemnitella quadrata*, et qui y pénètre en formant des poches plus ou moins profondes. Ce sable calcaire contient de 60 à

(1) Voyez *le Naturaliste*, 15 février 1891, Paris, Deyrolle.

(1) *Bull. Soc. géol. de France*, 1887, t. XV, et 1890 t. XVIII.

Fig. 641. — Vue d'une poche de sable phosphaté pénétrant dans la craie blanche à Hardivillers, (Oise). D'après une photographie prise par M. H. Boursault.

80 p. 100 de phosphate de chaux. Ce dernier se présente en petits grains ayant quelques dixièmes de millimètre de diamètre, mais de forme souvent très irrégulière et de couleur brunâtre. Les sondages sont arrêtés au contact de la craie grise, mais celle-ci est elle-même phosphatée et son titre dépasse souvent 30 p. 100 de phosphate. Elle a 8 à 9 mètres d'épaisseur. A Hardivillers la craie grise, et son dépôt arénacé qui la surmonte, s'enfonce sous une épaisseur de craie blanche (dite inférieure) atteignant 20 mètres et contenant aussi comme fossile la *Belemnitella quadrata*. Le dépôt sableux qui est visible sous cette craie blanche a une forme lenticulaire ; l'épaisseur réduite à quelques centimètres sur les bords atteint au centre 7, 8 et même plus de 10 mètres. Il en est de même à Hallencourt. C'est en 1886 que M. Merle a trouvé que le phosphate s'était en certains points isolé de la craie grise, formant des poches très faciles à exploiter. Cette découverte a donné lieu aux environs de Doullens à une véritable spéculation des terrains riches en phosphate, spéculation qui dure encore et se propage dans toute la région ; on peut lui appliquer le nom de « fièvre du phosphate ».

En Belgique, à Ciply, près de Mons, M. Cornet a trouvé le phosphate également à l'état de sable dans la craie blanche supérieure, à un niveau plus élevé d'au moins 60 mètres que celui des dépôts de la Picardie.

Le phosphate n'est pas rare dans les terrains tertiaires. Il existe en Tunisie et en Algérie dans l'éocène inférieur. L'un des gisements des plus riches est celui du Dekma dans la province de Constantine; le phosphate y forme des nodules analogues à ceux des Ardennes. En France, ces dépôts de phosphate dans le miocène inférieur (oligocène) sont bien connus. Ils portent le nom de *phosphorites* et existent dans les départements du Lot et de l'Auvergne. Cette région appelée le Quercy présente de hauts plateaux de calcaires jurassiques criblés de cavités remplies de phosphate de chaux. Ces poches sont très variables; certaines ont 35 mètres de diamètre; d'autres sont de grandes crevasses de 3 à 6 mètres se poursuivant sur une longueur d'environ 100 mètres. Toutes les poches, d'après M. Filhol, se terminent en pointe vers la profondeur, tandis qu'elles s'évasent près de la surface. Leur partie supérieure contient de l'argile rouge, plus bas se trouvent les concrétions de phosphate. Il y a dans ces cavités une très grande quantité d'ossements de mammifères, qui ont été bien étudiés par M. Filhol.

On a beaucoup discuté sur l'origine des gisements phosphatés. Il semble que cette origine soit complexe. Ainsi quand on considère les gros nodules des Ardennes, de la Meuse et du Boulonnais, on y voit souvent des débris organiques, des coprolithes ou excréments fossiles de vertébrés. Souvent aussi ce sont des spongiaires imprégnés de phosphate; enfin les ammonites sont représentés par leurs moules et ceux-ci sont phosphatisés. Les nodules sont disposés en cordons et indiquent ainsi un rivage où la mer rejetait des coquilles, des ossements, des dents de reptiles ou de poissons, débris qui tous sont formés d'un mélange de phosphate et de carbonate de chaux. Les nodules ont donc comme cause déterminante l'accumulation sur des plages de grande quantité de matières organiques (1). Naturellement ce phosphate provient de l'apatite des roches éruptives. que les eaux ont dissoutes; ce sont elles qui ont fourni aux animaux la matière première dont ils ont formé leur squelette ou leur coquille.

Le sable phosphaté des gisements de Picardie a donné lieu à des discussions au point de vue de l'origine du phosphate. D'après M. de Mercey, le minéral est dû à des sources minérales qui sont venues à travers les fissures de la craie blanche jusqu'à la mer où se déposaient les Bélemnitelles. D'après M. Lasne, l'origine du phosphate est purement chimique. Ce savant a reconnu qu'en réalité le phosphate de Picardie et celui du lias de l'Indre (Argenton) contiennent du fluor et qu'ils sont en somme du fluophosphate de chaux (apatite). M. Lasne suppose que les eaux douces sont arrivées à la mer après avoir dissous l'apatite en traversant les terrains anciens. Le fluophosphate se serait précipité au contact des carapaces de foraminifères. MM. Renard et Cornet proposent une autre théorie qui semble plus exacte. Quand on étudie au microscope les grains de phosphate on y reconnaît un grand nombre de coquilles de foraminifères qui sont entièrement phosphatisées; il y a aussi des esquilles osseuses provenant des reptiles et de poissons, des dents de poissons, etc. Il est probable que ces débris ont servi de centre d'attraction au phosphate. Les poissons et les reptiles crétacés ont fourni par la décomposition de leurs tissus et de leur squelette une source de matières phosphatées; celles-ci ont imprégné la vase calcaire qui se déposait et s'est concentrée autour des mêmes débris. D'ailleurs à l'époque actuelle un phénomène analogue se produit. MM. Renard et Murray, en étudiant les sédiments recueillis par le *Challenger* sur les côtes de l'Afrique australe, ont constaté l'existence d'une vase calcaire avec de petites concrétions de glauconie (silicate de fer et de potasse) et de phosphate de chaux. Ces concrétions constituent les moules internes des coquilles de foraminifères. Ainsi l'origine du phosphate des nodules et des grains est une origine organique.

Les recherches récentes de M. Bleicher viennent encore à l'appui de cette théorie. Le calcaire triasique des environs de Lunéville renferme des débris osseux microscopiques entièrement minéralisés. Dans les lames minces taillées au travers des échantillons de phosphate d'Algérie, M. Bleicher a reconnu de minces débris osseux, des dents, des écailles de poissons; le phosphate est certainement dû

(1) De Lapparent, *la Formation de la craie phosphatée de Picardie* (*Revue générale des sciences pures et appliquées*, 30 juin 1891).

Fig. 642. — Tranchée de la gare du Cateau (Nord). — Poches de sables phosphatés. (page 520).

à la dissociation des os et de la matière organique qui les accompagnait.

Toutefois dans certains cas l'origine du phosphate est purement minérale. Ainsi les phosphorites du Quercy qui remplissent les fentes du calcaire jurassique ont toutes les allures d'un dépôt de sources. Les ossements nombreux qu'on y trouve proviennent d'animaux qui sont allés aux sources pour se désaltérer; ils s'y sont noyés ou ont été asphyxiés par des vapeurs nuisibles et sont restés ensevelis dans les dépôts de ces sources.

L'industrie des phosphates s'est développée à partir de 1848, d'abord en Angleterre, puis en France et en Allemagne. Liebig en a été l'un des promoteurs. Il trouva que les os riches en phosphate ou les nodules phosphatés résistent à la décomposition dans le sol; il imagina de les attaquer préalablement par l'acide sulfurique. Le phosphate tribasique de chaux insoluble dans l'eau, qui se trouve dans le phosphate naturel, est ainsi rendu soluble. Le produit de cette transformation porte le nom de *superphosphate*. Il se compose d'acide phosphorique libre, de phosphate acide de chaux, de phosphate bicalcique et de phosphate tribasique inattaqué. Son assimilabilité dépend de la somme d'acide phosphorique qu'il contient sous les trois premières formes. Pour fabriquer le superphosphate on broie le phosphate naturel, on le mélange avec l'acide dans un cylindre en fonte muni d'un axe de rotation portant des palettes, et de là le mélange passe dans les chambres de maçonnerie où au bout de trente-six heures il est solidifié. L'appareil Thibault, aujourd'hui très employé, peut fabriquer par jour 30 000 kilogrammes de superphosphate (1).

SUBSTANCES MINÉRALES EMPLOYÉES EN CÉRAMIQUE ET POUR LA FABRICATION DU VERRE.

Pour la fabrication de la porcelaine et des poteries on se sert des argiles. L'argile la plus pure ou *kaolin* est la terre à porcelaine. Elle se présente en masses blanches, onctueuses, douces au toucher, plastiques, et qui peuvent être mélangées de grains fins de quartz, de feldspath, de mica. Ces masses sont associées à des roches éruptives, le plus souvent granitiques. Ainsi à Saint-Yrieix (Haute-Vienne), à Cambo (Pyrénées), elles sont en relation directe avec des pegmatites, celles de Saxe (Morl près Halle) avec des porphyres.

Le kaolin provient souvent de la décomposition du feldspath, sous l'influence de l'eau et de l'acide carbonique. Le feldspath se dédouble en carbonate de potasse qui se dissout et en silicate d'alumine qui est le kaolin. Ainsi le feldspath renferme : silice 64,8, alumine 18,3, potasse 16,9. Le kaolin renferme : silice 39,5, alumine 44,8, eau 15,7. L'excès de silice du feldspath se dépose sous forme de sable.

(1) Jagnaux, *Minéralogie appliquée*, p. 399

Fig. 643. — Gîtes, exploitation et lavage du kaolin. — Disposition générale des gîtes de kaolin à Saint-Yrieix, près Limoges ; — *g*, gneiss souvent altéré ; *k*, kaolin argileux en veine se croisant ; *kc*, kaolin caillouteux en grandes masses traversées de filons de gneiss.

Il faut remarquer toutefois que le fluor agit souvent pour la formation du kaolin ; il n'y a pas seulement décomposition par l'eau et l'acide carbonique.

Le kaolin de Halle, d'après de Buch, doit son origine à l'altération d'un porphyre par l'acide fluorhydrique. Il en est de même d'après M. Daubrée pour le kaolin de Saint-Austell en Cornouailles, où l'on voit la tourmaline, minéral fluorifère, se substituer au feldspath (1).

Le kaolin n'est pas toujours susceptible d'être employé à la fabrication de la porcelaine ; il peut contenir de l'oxyde de fer qui colorerait la pâte, ou bien de la potasse qui le rendrait fusible à la température des fours à porcelaine.

Les gisements de France les plus importants sont : Saint-Yrieix, près de Limoges, et Loubossoa dans les Basses-Pyrénées (fig. 643).

Le premier, découvert en 1765, alimente les fabriques de Limoges et fournit aussi la matière première à la manufacture de Sèvres. Le second alimente les fabriques de Saint-Gaudens et de Toulouse.

Il y a d'autres gisements aux Collettes (Allier), Vaublanc (Côtes-du-Nord), Villeder (Morbihan), à Alençon, à Sainte-Foy-l'Argentière près de Lyon, etc.

Les manufactures de Berlin et de Meissen se fournissent à Morl.

(1) De Lapparent, *Traité de géologie*, 2e édit., p. 1388.

Les belles porcelaines de Saxe ont été faites avec le kaolin d'Annec près de Schneeberg (1). Cette substance est très abondante en Chine.

La pâte à porcelaine est formée d'environ 60 p. 100 de kaolin auquel on ajoute des matières qui joueront le rôle de fondants, comme le feldspath, le sable, la craie. Une pâte ainsi faite, soumise au moulage, à la cuisson, se prend en une masse dure, brillante, translucide, qui est la porcelaine.

Les argiles plastiques, employées pour la fabrication des poteries, sont beaucoup plus communes que le kaolin et se trouvent dans toutes les formations géologiques. Elles diffèrent du kaolin par une certaine proportion d'oxyde de fer, et parce qu'elles sont mélangées de calcaire et de sable. Les plus pures, qui résistent à la température rouge sans fondre ni se ramollir, sont employées pour la fabrication de la faïence fine, de la majolique. Les plus résistantes sont employées pour la fabrication des creusets réfractaires. Enfin les plus communes, les plus impures servent pour les poteries communes qui n'ont pas besoin d'être soumises à une température élevée. Les argiles sont très répandues dans les divers terrains et sont généralement des dépôts sédimentaires.

Certaines argiles réfractaires ne forment pas cependant de véritables couches, mais seule-

(1) Jagnaux, *Minéralogie appliquée*, p. 434.

Fig. 644. — Carrière à sable de Bonnevault, près de Fontainebleau. D'après une photographie communiquée par L. Bouvery et Queudot.

ment des nids ou des veines au milieu d'autres dépôts; telles sont l'argile réfractaire du pays de Bray et celle de Vierzon. On les attribue souvent à des influences thermales ayant agi sur les granites ou les terrains primaires (1).

Les verres sont des substances transparentes, dures, cassantes, ayant un éclat particulier : l'éclat vitreux. Quand on les chauffe ils deviennent visqueux, puis ils fondent; ils passent par tous les états intermédiaires et peuvent s'étirer en fils ou se mouler comme de la cire. Les plus employés sont des silicates doubles provenant de l'union d'un silicate de potasse ou de soude avec du silicate de chaux ou de plomb; il peut y entrer aussi, comme dans le verre à bouteilles, des silicates d'alumine et de fer.

Pour fabriquer les verres on chauffe au rouge un mélange de plusieurs substances. La principale est le *quartz* à l'état de sable plus ou moins pur.

On y ajoute du carbonate de potasse ou de soude aussi pur que possible, du carbonate de chaux ou du plomb à l'état de minium. Parmi les sables les plus estimés pour la fabrication du verre, il faut citer celui de certaines carrières de la forêt de Fontainebleau, des environs de Nemours et de la forêt de Chantilly (fig. 644).

Le sesquicarbonate de soude ou *natron* était employé depuis la plus haute antiquité pour la fabrication du verre. Pline raconte que les Phéniciens découvrirent fortuitement la propriété de ce minéral. Ayant débarqué sur les rives du fleuve Bélus, ils se servirent de pierres de natron pour poser leurs marmites. Soumise à l'action de la chaleur, cette substance forma avec le sable du rivage un liquide transparent qui se solidifia par refroidissement : c'était du verre. Le natron se forme par l'évaporation spontanée de certains lacs salés de l'Égypte, des Indes, de l'Amérique. Il produit aussi des efflorescences à la surface du sol en divers points de la Hongrie. Le carbonate de soude est très abondant dans les déserts sans eau du Great Basin du Nevada. Il y a là deux lacs : le « Desert Lake » et le « Soda Lake » où on le trouve particulièrement mélangé de sel marin et de sulfate de soude. Ce dernier ou *sel de Glauber* est employé comme le précédent pour la fabrication de la soude et pour celle du verre. On le trouve aussi mélangé de sel marin dans

(1) De Lapparent, p. 1389.

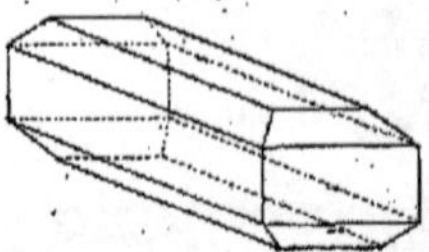

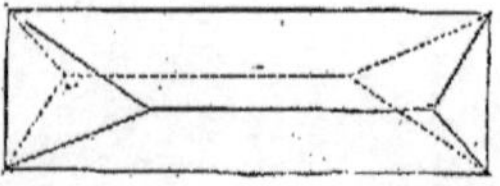

Fig. 645 et 646. — Cristaux de barytine.

la vallée de l'Èbre près de Logrono et de Lodosa. A Muchrevan, aux environs de Tiflis, il existe à l'état de parfaite pureté en une couche puissante de cinq pieds, recouverte d'argile et de marne. On l'exploite aussi dans la région du Pérou d'où vient l'azotate de soude et dont s'est récemment emparé le Chili.

On commence à se servir pour la fabrication du verre des sels de baryte, remarquables par leur grande densité (fig. 645 et 646) : sulfate (*barytine*) et carbonate (*withérite*). Ces substances sont communes dans les filons métallifères. Le carbonate est utilisé également pour la préparation de l'hydrate de baryte dont on se sert pour l'épuration des sirops de sucre. Malheureusement aussi, les sels de baryte sont employés pour la falsification de la farine.

LE GRAPHITE.

On mélange souvent à l'argile, pour la fabrication des creusets et des poteries très réfractaires, une variété de charbon appelé le *graphite*. Cette substance d'un noir de fer ou d'un gris d'acier possède un éclat presque métallique. Sa densité est faible; le graphite est gras et onctueux : il laisse sur le papier et sur les doigts des traces noires; aussi sert-il à la fabrication des crayons sous le nom de *mine de plomb* ou *plombagine*. Il est également employé pour noircir les tuyaux de poêles, pour métalliser les surfaces en galvanoplastie; enfin mélangé aux corps gras le graphite donne une matière gluante, le cambouis, dont on se sert pour graisser les roues des voitures et les engrenages.

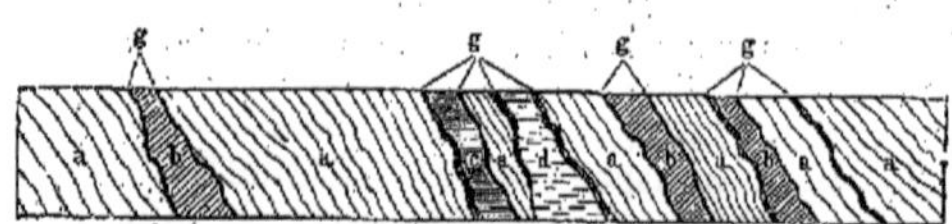

Fig. 647. — Gisement de graphite de Wolmersdorf dans la Basse-Autriche. — *a*, schiste quartzifère; *b*, calcaire; *c*, schiste à hornblende; *d*, micaschiste; *g*, graphite.

C'est en Angleterre qu'on a d'abord découvert et employé le graphite. Ce minéral fut trouvé entre 1540 et 1560 à Borrowdale près de Keswich dans le Cumberland; il appartient au terrain primitif. Aujourd'hui ce gisement, exploité avec activité, est épuisé. Le minéral existe en d'autres points du continent européen. Les gisements les plus riches se trouvent dans le massif de Bohême et les parties voisines : Moravie, Basse-Autriche (fig. 647) (Brunn, Deppach, Marbach), Bavière (Passau), Silésie et Saxe. En Bohême, aux environs de Krunsau près de Budweis, le graphite se trouve dans le gneiss et les micaschistes, sous forme d'amas lenticulaires qui peuvent acquérir 14 mètres d'épaisseur; il est souvent accompagné de calcaires cristallins et de kaolin. A Passau dans le gneiss les gisements de graphite sont importants; ils étaient déjà connus d'Agricola (1490-1555). Il y a aussi de petits gisements dans les Alpes Autrichiennes en Styrie et en Carinthie. On en trouve en France dans le département des Hautes-Alpes, dans le département du Rhône, etc.

Les mines de graphite les plus riches sont celles de Sibérie (fig. 648 et 650). Elles existent à 50 milles à l'ouest de Jakoutsk dans un chaînon du Sajansk. Elles furent découvertes en 1847 par un ingénieur français, Alibert. La principale masse se trouve entre le granite et

Fig. 648. — Vue de la mine de graphite de M. Alibert, dans les monts Sajausk (Sibérie orientale).

la syénite sur une épaisseur de 2 mètres; il est accompagné de calcaire cristallin. A l'École des Mines de Paris, il y a de beaux échantillons de graphite de la mine Alibert (fig. 648). Le graphite de Ceylan est remarquable par sa texture écailleuse et sa grande pureté.

Dans le nord de l'Amérique, en Californie (comté de Tuolomme), il y a aussi une mine importante (Sonora-Mine). Aujourd'hui la mine la plus productive est celle de Ticonderoga dans l'État de New-York. Il y a également des gisements dans le Massachusetts l'Alabama, la Pensylvanie, le Colorado, le Nouveau-Mexique, le Canada, le Nouveau-Brunswick. Il y en a aussi au Brésil, à Madagascar, à la Nouvelle-Zélande, enfin dans tous les pays où les schistes cristallins ont un développement considérable.

SUBSTANCES DIVERSES EMPLOYÉES DANS LES INDUSTRIES CHIMIQUES.

Aujourd'hui beaucoup de substances sont employées comme matières premières dans les industries chimiques.

L'une des plus importantes est le *soufre*, dont la plus grande partie est transformée en acide sulfurique, cet acide dont les usages sont si nombreux. La France en fabrique annuellement 70 millions de kilogrammes et l'Angleterre en fabrique bien davantage.

Le *soufre* se présente parfois en cristaux jaunes (fig. 649) d'une grande beauté appartenant au système orthorhombique, mais le plus souvent il forme des masses plus ou moins mélangées de gangue et dont la couleur varie du jaune au vert et au brunâtre. Il existe, avons-nous dit déjà, au voisinage de tous les volcans et provient de la décomposition de l'acide sulfhydrique des fumerolles. Nous avons cité la solfatare de Pouzzoles, celle de Vulcano; on peut signaler celles de l'île de Milo, celles d'Islande, etc. Toutefois la plus grande quantité du soufre employé en Europe provient de la Sicile, qui en exporte 300 000 tonnes par an. Au pied sud de l'Etna, dans les provinces de Girgenti et de Caltanisetta, il y a d'énormes dépôts de soufre, mais ils ne sont pas en rapport avec l'activité du volcan; ils sont plus anciens que l'Etna, car ils se trouvent dans les couches du pliocène inférieur. Les gisements de soufre de la province de Girgenti sont associés à des dépôts de gypse et de sel. Le soufre forme des bancs ayant de

1 centimètre à 2 ou 3 mètres de puissance et intercalés dans des calcaires marneux qui contiennent des poissons, des insectes, des empreintes végétales. Au-dessus se trouve une argile à foraminifères (1). Les gisements de soufre de Radoboj en Croatie et de Szwoszowice près de Cracovie sont analogues. Dans le soufre de Teruel en Aragon, il y a même de nombreuses coquilles. De plus le soufre de

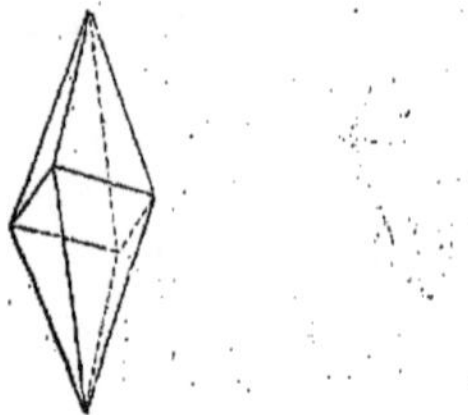

Fig. 649. — Soufre octaédrique.

ces gisements est fortement imprégné de bitume.

Un phénomène qui se présente sur les côtes de la mer Rouge vient éclaircir l'origine de ces gisements. Il y a là, suivant Fraas, une formation littorale composée de gypse, de sel et de soufre. D'après Fraas il devait y avoir là, à une époque géologique relativement peu éloignée de la nôtre, une lagune où se déposaient du gypse et du sel marin. Par suite de la décomposition des nombreux animaux qui fréquentent les rivages de la mer Rouge, il s'est produit des gaz qui ont agi chimiquement sur le gypse, fournissant ainsi de l'hydrogène sulfuré. Celui-ci s'est décomposé et a déposé du soufre. On a attribué encore à une autre cause les dépôts de calcaires et de soufre de Girgenti; ils se seraient formés dans une eau douce où des sources sulfureuses et calcaires déposaient ces matériaux (2).

Nous devons ajouter qu'une très notable proportion de l'acide sulfurique se prépare, non plus à l'aide du soufre, mais avec les sulfures naturels, entre autres le sulfure ou pyrite de fer, fourni surtout par l'Espagne, le Portugal et la Norwège. La huitième partie seulement de l'acide sulfurique fabriqué est préparée au moyen du soufre.

D'autres substances ayant une grande importance dans l'industrie sont les sels de soude (carbonate et sulfate) dont nous avons déjà parlé. Le sulfate sert à la fabrication de la soude artificielle, c'est-à-dire du carbonate de soude, dont on obtient aussi une bonne partie en brûlant les varechs. Aujourd'hui la plus grande partie du sulfate de soude s'obtient par le procédé Leblanc, en chauffant le sel marin avec l'acide sulfurique. Le sulfate décomposé ensuite à une température élevée par le carbonate de chaux et le charbon fournit du carbonate de soude ou soude artificielle.

L'azotate de soude, déjà cité plusieurs fois, remplace dans la fabrication de l'acide azotique l'*azotate de potasse* ou *salpêtre*. Ce dernier forme des efflorescences à la surface du sol dans bien des pays, ainsi en Égypte, dans l'Inde, en Perse, en Hongrie, dans l'Amérique du Sud. Il se produit sur les murs de nos cours, de nos caves; on le tire des plâtras de démolition. Il doit son origine à plusieurs causes, et en particulier à l'oxydation des matières organiques riches en azote, sous l'influence de l'air, en présence de carbonates alcalins. Ce phénomène est activé par la température élevée dans les pays chauds comme l'Égypte et les Indes. Le salpêtre, appelé aussi le nitre, sert à la fabrication de la poudre.

Un sel employé en médecine et dans l'industrie des cuirs, dans celle de la teinture, est l'*alun de potasse*, qui est un sulfate double de potasse et d'alumine. On le trouve à l'état naturel dans les pays volcaniques; partout où des émanations sulfurées traversent des laves il se forme de l'alun ou au moins de l'*alunite*, qui n'en diffère que par la présence d'alumine libre et d'eau. On calcine cette pierre pour la débarrasser de l'eau, puis par dissolution on sépare l'alun de l'alumine.

L'alunite est exploitée depuis plusieurs siècles à la Tolfa près de Civita-Vecchia, dans la province de Rome. Elle forme des filons dans le terrain trachytique; le fer la teinte en rouge ou en jaune. On l'exploite aussi à Montioni près de Piombino, à Pouzzoles; en Hongrie, à Tokay, à Munkacs; dans les îles de l'archipel grec et en particulier à Milo; enfin en France au Mont-Dore. Mais les gisements naturels ne suffiraient pas à fournir tout l'alun employé. On tire surtout l'alun des schistes alumineux très communs particulièrement dans les formations anciennes. Ces schistes sont toujours mélangés de pyrite de fer dont le soufre, par le grillage à l'air, passe à l'état d'acide sulfurique; l'argile du schiste devient sous l'action de cet acide du sulfate d'alumine. On sépare

(1) Uhlig, dans Neumayr (*Erdgeschichte*, II, p. 843).
(2) Id.

Fig. 650. — Fouille principale de la mine de graphite (d'après Albert).

par l'eau ce dernier du sulfate de fer qui cristallise. On ajoute à la dissolution du sulfate de potasse; l'alun se dépose à froid. On fabrique aussi l'alun au moyen du sulfate d'alumine obtenu en faisant agir l'acide sulfurique sur l'argile blanche.

Deux autres roches peuvent fournir l'alumine dans la préparation du sulfate d'alumine, ce sont la *cryolithe* et la *bauxite*.

La *cryolithe* est un fluorure double d'aluminium et de sodium. Elle est généralement d'un blanc laiteux, d'un éclat presque vitreux; par son aspect elle rappelle la stéarine. Ce minéral ne se trouve qu'au Groënland à Ivigtut, près de Frederikshaab. Le gisement peu étendu affleure à la base d'un rocher vertical immédiatement au bord de la mer, de sorte que les navires peuvent facilement faire leur chargement. La cryolithe forme une veine puissante dans le gneiss; et elle est accompagnée de filons de quartz, de galène et d'autres minéraux comme la fluorine, la cassitérite, traversés eux-mêmes par des filons de cryolithe.

L'exportation moyenne annuelle de la cryolithe est de 775 tonnes (1). Le minéral était connu depuis longtemps des indigènes, qui le réduisent en poudre et le mêlent à leur tabac pour en augmenter la force. C'est seulement depuis une trentaine d'années qu'on lui a trouvé un usage. On s'en sert pour la fabrication de l'alun et pour en extraire la soude. En 1856 Henri Sainte-Claire Deville en tira l'aluminium; mais la cryolithe pure est relativement rare et l'on obtient un métal plus beau et plus blanc par un autre procédé. Aujourd'hui la cryolithe n'entre dans la fabrication de l'aluminium que comme fondant. C'est la *bauxite* qui joue maintenant le rôle essentiel dans la préparation du métal. La *bauxite* est un minéral blanc ou rougeâtre contenant de l'alumine, du sesquioxyde de fer, et le plus souvent de la silice hydratée. Suivant les uns c'est un hydrate d'alumine et de fer; suivant les autres c'est de l'argile avec de l'oxyde de fer. La bauxite tire son nom de ce qu'on l'a d'abord découverte dans la commune des Baux (Bouches-du-Rhône), où elle remplit sous forme de poches le calcaire crétacé inférieur (urgonien). Elle existe aussi dans l'Hérault (Villeveyrac), l'Ariège, à Allauch (Bouches-du-Rhône) et à Revest (Var). On la trouve aussi en Irlande à Belfast et Antrim, en Calabre, à Égine, dans la Basse-

(1) Reclus, *Géographie universelle : l'Amérique boréale*, p. 138.

Autriche et en Carniole. Là sa composition est un peu différente ; il y a moins de silice et de fer ; cette variété appelée wochéinite est presque un hydrate d'alumine. Récemment on a beaucoup discuté sur l'âge et l'origine de la bauxite. D'après M. Collot (1), qui a fait une étude approfondie des gisements de bauxite du sud-est de la France, cette roche est comprise entre l'urgonien (crétacé inférieur) en bas et le cénomanien en haut. M. Stanislas Meunier explique la bauxite par la réaction suivante. L'eau salée pénétrant par les fissures de l'écorce terrestre décomposerait des argiles plus ou moins ferrugineuses et produirait des chlorures d'aluminium et de fer. Ces chlorures amenés ensuite par l'eau à la surface du sol et ruisselant sur des calcaires les décomposeraient ; il y aurait échange des bases, précipitation de l'alumine et du peroxyde de fer, dissolution du chlorure de calcium et dégagement de l'acide carbonique. Un fait qui vient à l'appui de cette hypothèse, c'est que la bauxite repose généralement sur des calcaires. Cependant M. Augé (1) a trouvé dans le Puy-de-Dôme de la bauxite reposant sur le gneiss. En outre M. Hayden a constaté, au Parc National des États-Unis, que la bauxite se forme actuellement, elle est rejetée par les geysers. Ainsi cette roche aurait une origine hydrothermale.

Quoi qu'il en soit, la bauxite a un rôle industriel relativement important. Outre son emploi dans la fabrication de l'aluminium elle sert à la préparation de l'alun, du sulfate d'alumine et elle est également utilisée comme terre réfractaire. Les gisements du S.-E. de la France en fournissent annuellement 20 000 tonnes.

(1) *Bulletin de la Société géologique de France*, 3e série, t. XV, 1887, 344.

(1) *Bull. Soc. géol.*, t. XVI, 1888, p. 346.

LES MINERAIS. LES MÉTAUX.

GÉNÉRALITÉS SUR LES GITES MÉTALLIFÈRES.

Un très petit nombre de métaux comme l'or et le platine, opposant une résistance exceptionnelle aux divers agents chimiques, se présentent dans un état de pureté absolue. La plupart sont en combinaison avec l'oxygène, le soufre, le chlore, l'antimoine, l'acide carbonique, etc. Ces composés s'appellent les *minerais* et les métaux ne peuvent en être tirés que par des procédés plus ou moins compliqués.

Certains métaux sont extrêmement peu répandus dans l'écorce terrestre ; tels sont l'or, le platine, et même l'argent et le mercure. D'autres, tels que le fer, sont beaucoup plus communs. La rareté plus ou moins grande des métaux présente une relation curieuse avec leur poids spécifique ; plus le métal est lourd et plus il est rare. Ainsi l'iridium avec le poids spécifique 22,23, le platine avec 21,5, l'or avec 19,25 forment le groupe des métaux les plus lourds et les plus rares. Le second groupe contient : le thallium peu commun, de densité 11,9, le palladium avec 11,8, le plomb très répandu avec 11,35, l'argent 10,47, le bismuth 9,8, le cuivre 8,8, le nickel 8,27, le fer 7,84. Entre les deux séries se place le mercure dont le poids spécifique est 13,59 (Uhlig).

De ce qui précède résulte une conséquence immédiate. La densité de la Terre est évaluée à 5,56, tandis que celle de l'écorce terrestre n'est que de 2,5 à 3. Cette différence ne peut se comprendre qu'en admettant l'existence d'un noyau interne riche en métaux. Le fer doit prédominer au-dessous de la croûte terrestre ; tandis que les métaux les plus lourds et les plus rares à la surface, doivent être accumulés dans le noyau le plus interne. Les métaux proviennent certainement, dans la moyenne partie des cas, de l'intérieur du globe ; ils arrivent soit avec les roches volcaniques, soit avec l'eau qui les a dissous dans les profondeurs.

Les roches qui contiennent le plus de métaux sont les roches volcaniques, puis les roches granitiques et les schistes cristallins. M. Sandberger a démontré dans les minéraux de ces roches : mica, augite, olivine, hornblende, l'existence de petites quantités de cuivre, de plomb, de cobalt, de nickel, de bismuth, d'ar-

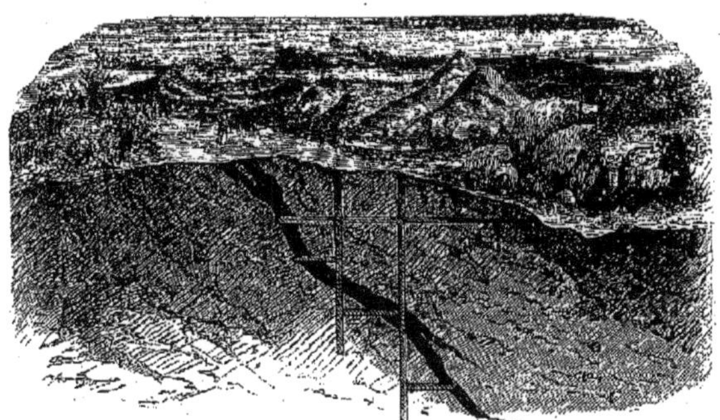

Fig. 651. — Attaque d'un filon par puits et galeries.

gent, de fer, d'antimoine, d'étain. M. Marx a trouvé du zinc dans les andésites, roches volcaniques récentes. D'autre part tous ces métaux peuvent être transformés en combinaisons solubles que l'eau emporte pour les déposer plus loin. On doit dire que les gîtes métallifères varient beaucoup sous le rapport de leur composition géologique, de leur structure géologique, de leur âge et de leur origine. Un même métal peut exister dans des minerais variés et dans des gisements très différents par leur structure et leur origine; tandis qu'un même gisement d'une structure déterminée peut contenir plusieurs minerais. Les principaux types sont les suivants :

1° Les *gîtes stratifiés*, où les minerais sont disposés en couches régulières intercalées dans les roches sédimentaires, calcaires, sables, etc. Ces lits de minerais varient comme les lits de houille, sous le rapport du nombre et de l'épaisseur, mais leur puissance et leur structure sont généralement beaucoup plus faibles que celles des couches de houille. Les lits métallifères subissent naturellement les mêmes plissements et les mêmes perturbations que l'ensemble sédimentaire dont ils font partie. Quand ils ont une faible étendue horizontale et une grande épaisseur, ils constituent non plus des couches, mais des *amas*. Quand les gîtes sont formés de parties isolées dans les couches sédimentaires, ce sont des *rognons*, des *nids*.

2° Les *gîtes éruptifs*, ainsi appelés parce que les minerais sont renfermés dans une roche volcanique, de telle sorte que la roche et le minerai constituent une seule et même formation. Le dernier peut être répandu plus ou moins régulièrement dans toute la roche ou bien se concentrer çà et là en petits amas.

3° Enfin le cas le plus général est celui de cavités qui ont été remplies après coup de minerais. On distingue les *filons* et les *amas filoniens* suivant que la cavité est une fente ou qu'elle est irrégulière. Les filons sont de beaucoup les plus importants. Comme nous l'avons déjà dit, dans le cours de cet ouvrage (1), ce sont de grandes fentes qui existent dans les roches sédimentaires ou éruptives, et que remplissent avec les minerais des matières pierreuses diverses qu'on appelle les gangues. On les exploite par des puits ou des galeries quand ils sont profonds (fig. 651). Généralement la direction du plan d'un filon se rapproche de la verticale, à moins que le terrain n'ait subi, après l'ouverture des fentes, des bouleversements notables.

Les parois d'un filon s'appellent les *épontes;* celle qui à cause de l'inclinaison s'appuie sur l'autre s'appelle le *toit*, tandis que la seconde est le *mur*. Souvent il y a contre les parois une certaine épaisseur de matières détritiques; c'est la *salbande* (fig. 652). Un filon est nécessairement moins ancien que la roche qu'il traverse. Sa direction peut rester la même sur une grande longueur. Mais le filon peut être interrompu ou *croisé* par un autre plus récent, alors le filon le plus ancien subit un *rejet*. Il peut arriver aussi qu'un filon résulte de la fusion de plusieurs filons plus petits qui se rapprochent de plus en plus les uns des autres et finissent par se confondre. Rarement les filons sont isolés; le plus souvent ils sont disposés en séries qui se coupent, chacune de ces séries étant formée de filons à peu près parallèles. L'ensemble de toutes ces fentes constitue un *champ de fractures*. Il y en a en

(1) Page 275.

Saxe près de Freiberg (fig. 653), dans le quartz autour de Clausthal, à Schemnitz en Hongrie, en France à Pontgibaud, etc.

L'épaisseur et la profondeur des filons sont très variables. Il y a en Transylvanie des filons dont l'épaisseur est comparable à celle d'une feuille de papier; d'autres au contraire atteignent plusieurs mètres de puissance, et l'on trouve tous les intermédiaires. Certains disparaissent à une faible profondeur, tandis que d'autres, comme celui de Maria-Adalbert près de Przibram (Bohême), se suivent jusqu'à une profondeur de 100 mètres; d'autres se prolongent encore davantage. L'étendue sur laquelle se continue à la surface du sol le plan d'un filon varie beaucoup également; pour certains la longueur n'est que de quelques mètres, pour celui de Chemnitz appelé le « *Spitaler Gang* » elle atteint un mille d'Allemagne; le filon du « *Mother lode* » en Californie a pu être suivi sur une longueur de 90 milles anglais (120 kilomètres).

La structure des filons est dans beaucoup de cas absolument symétrique; les filons sont dits *concrétionnés;* le dépôt par des eaux souterraines est bien évident (fig. 653). Sur les deux parois se trouvent des couches successives de minéraux et au milieu il existe souvent des vides ou *druses* où les cristaux parviennent à se développer librement avec leurs faces terminales. Les croûtes minérales qui se trouvent sur les parois ont été les premières formées; au milieu se montre la formation la plus récente. La croûte extérieure est constituée fréquemment par du quartz pur ou mélangé de minerais sulfurés; ensuite vient une couche où dominent ces derniers et enfin apparaissent le spath calcaire et la barytine. Quand la symétrie d'un filon régulièrement disposé se montre troublée, il faut dans la plupart des cas l'expliquer par une nouvelle déchirure de la crevasse, où s'est produit un nouveau remplissage.

Il faut citer aussi les *filons complexes* qui sont remplis par une substance prédominante où se montrent de nombreux petits filons remplis de minerais ou de débris, filons plus ou moins régulièrement disposés. La matière prédominante est, soit la roche encaissante inaltérée, soit le résultat de la décomposition chimique ou de la destruction mécanique de cette même roche.

Là où le filon arrive à la surface du sol, sa composition subit des changements sous l'influence des agents atmosphériques. Les oxydations se produisent de plus en plus, les eaux d'infiltration descendantes exercent une action puissante. Les filons de minerais de fer sont surmontés de limonite rouge ou brune, formant ce qu'on appelle le *chapeau de fer* du filon. On trouve également ce dernier dans les filons riches en plomb, argent, cuivre, or, mais qui contiennent en outre de la pyrite. Outre la limonite (fer oxydé hydraté), le chapeau de fer contient aussi du carbonate de plomb, du sulfate de fer, du carbonate de cuivre, du chlorure d'argent, du cuivre et de l'argent natifs. En Bolivie et au Chili les minerais sulfurés d'argent sont transformés à la surface du filon en minerais oxydés.

La question du remplissage des filons est l'une des plus compliquées. Lorsque les matériaux du filon sont régulièrement disposés, c'est-à-dire quand les filons sont concrétionnés, ils doivent sans aucun doute leur origine à la circulation des eaux minérales chaudes dans les crevasses du sol. Ces eaux ont emprunté les substances qu'elles ont déposées aux roches encaissantes. C'est ce que M. Sandberger appelle une *sécrétion latérale.* On a constaté souvent en effet dans les minéraux des roches encaissantes, olivine, hornblende, augite, mica noir, de très petites quantités de métaux. Il y aurait dissolution dans les eaux chaudes, et celles-ci arrivant au contact de l'air dans les parties supérieures des fentes y auraient déposé par évaporation et oxydation, les matières dissoutes. M. Dieulafait a pleinement adopté cette théorie de la sécrétion latérale. Il s'est attaché à rechercher dans les roches les métaux des filons, il a ainsi trouvé le cuivre, le manganèse, le zinc dans les dolomies; or celles-ci sont partout en relation directe avec les gîtes zincifères. Les roches du terrain primitif et celles des terrains sédimentaires anciens, en somme toutes les roches qui sont au-dessous du trias, renferment des quantités relativement notables de zinc, de manganèse, de cuivre, de lithine, de baryte. Pour mettre ces substances en évidence il n'a jamais fallu plus de 100 grammes de roche, et généralement 5 grammes suffisent (1). La plupart des gîtes minéraux seraient dus aux eaux chaudes qui ont lavé les roches encaissantes, ou à la concentration des eaux marines qui ont trituré les roches anciennes. D'après

(1) Dieulafait, *l'Origine et la formation des minerais métallifères* (*Rev. scient.*, 19 mai 1883).

Fig. 652. — Filons métalliques avec leurs salbandes coupés perpendiculairement par un filon de pierres stériles dans une galerie de mine.

M. Dieulafait le célèbre minerai cuivreux du Mansfeld aurait cette origine.

Toutefois d'autres causes ont agi pour le remplissage de filons, indépendamment de la sécrétion latérale. Il est impossible de nier qu'il y ait eu souvent des émanations provenant de l'intérieur du sol. La vapeur d'eau a certainement apporté des produits de sublimation des roches éruptives; les sources chaudes ont apporté aussi de ces substances dues à l'activité interne du globe.

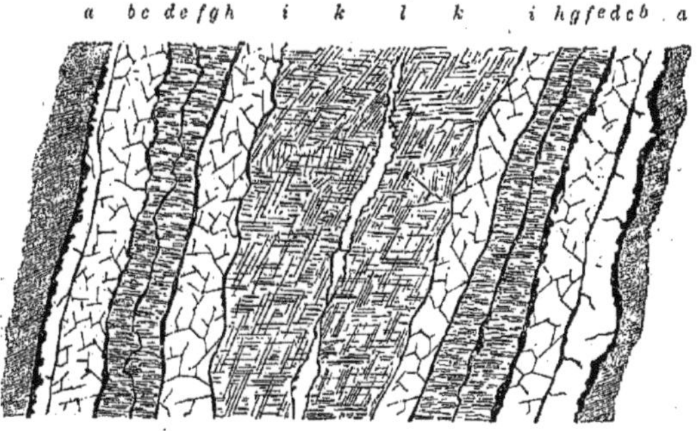

Fig. 653. — Filon des Trois Princes à Freiberg. — a, blende; b, quartz; c, spath fluor; d, blende; e, sulfate de baryte; f, pyrite; g, sulfate de baryte; h, spath fluor; i, pyrite; k, spath calcaire; l, espace où les cristaux sont disposés en druses.

Un quatrième groupe de gisements métallifères sont ceux que Groddeck appelle des *gîtes de contact*. Lorsque les roches sédimentaires sont traversées par des roches éruptives, elles perdent au contact de celles-ci leur composition normale; ainsi, comme nous l'avons vu plus haut, le calcaire peut de cette manière se transformer en marbre. Plus on s'éloigne du contact et plus le changement est faible, jusqu'à ce que, à une certaine distance, la roche sédimentaire se montre inaltérée. La masse éruptive est souvent accompagnée de matières minérales et métalliques qui peuvent s'accumuler au contact et transformer la roche encaissante par ce qu'on appelle une *pseudomorphose*, c'est-à-dire qu'il y aura échange d'éléments chimiques, mais que les minéraux primitifs de la roche, tout en étant profondément modifiés, gardent leur forme cristalline. Ainsi les cristaux de carbonate de fer se transforment en limonite, le feldspath se montre remplacé dans ses cristaux par du mica. Au gypse se substitue fréquemment le quartz, etc. Les gîtes de contact, comme ceux de Christiania et du Banat, sont pour la plupart de forme irrégulière.

Enfin un dernier groupe de gisements métallifères est celui des *gîtes de débris*; ils proviennent des gisements primitifs qui ont subi une destruction mécanique et en partie aussi chimique. La substance a été soumise à l'érosion des cours d'eau, puis elle s'est déposée de nouveau dans les alluvions des fleuves. Tels sont non seulement les métaux inaltérables, comme l'or et le platine, mais aussi le zinc et le fer magnétique. Ce sont naturellement ces gîtes qu'il est le plus facile d'exploiter; un simple lavage suffit généralement. Ce sont eux probablement qui ont mis l'homme sur la trace des métaux.

L'ÉTAIN. LES GISEMENTS STANNIFÈRES ET TITANIFÈRES.

L'étain est un métal aussi blanc que l'argent, à reflet légèrement jaunâtre. Sa densité est égale à 7,29. Il fond facilement; son point de fusion est 228°. Il résiste à l'action de l'air à la température ordinaire, mais quand on le chauffe il s'oxyde rapidement. Les propriétés qui le font employer sont, d'une part, sa faible altérabilité au contact de l'air et des acides, d'autre part sa grande malléabilité. Le seul composé d'étain utilisé comme minerai est la *cassitérite* ou bioxyde d'étain.

La cassitérite se trouve en cristaux ou en masses amorphes concrétionnées. La couleur varie du brun clair au noir. Le système cristallin est le système quadratique. La forme ordinaire des cristaux consiste en prismes courts terminés par des pyramides. Le plus souvent les cristaux sont maclés, c'est-à-dire accolés deux à deux; la macle présente un angle rentrant caractéristique appelé *bec d'étain* (fig. 654).

Les amas ou les filons stannifères se trouvent toujours dans les mêmes conditions. Ils sont associés à des roches granitiques : granulite, microgranulite et *greisen*. Cette dernière roche est un granite à mica blanc privé de feldspath. Lorsque les roches riches en cassitérite arrivent au jour et s'y décomposent, le minerai d'étain s'accumule, tandis que le sable et les minéraux moins lourds sont entraînés par les eaux. On a ainsi un minerai d'alluvion ou de lavage beaucoup plus pur que celui des filons ou des amas.

Dans ces derniers la cassitérite est accompagnée de divers minéraux. Il y a beaucoup de quartz; en outre le wolfram (tungstate de fer et de manganèse) et la pyrite arsenicale ou mispickel. Le minerai d'étain est associé à des produits riches en fluor, ainsi des micas fluorés, la topaze, la tourmaline, l'apatite ou fluophosphate de chaux, etc. Les cristaux d'oxyde d'étain du Groënland proviennent de la même localité que la cryolithe, fluorure

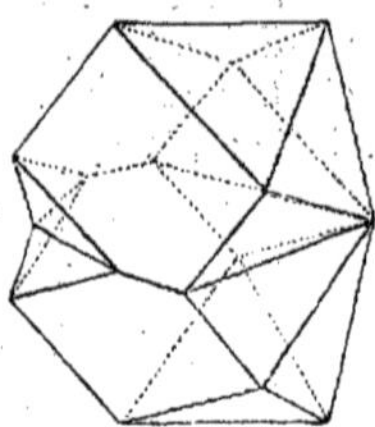

Fig. 654. — Cassitérite.

double d'aluminium et de sodium (1). M. Daubrée conclut de ces faits que le fluor a joué un rôle dans la formation des amas stannifères. Des émanations fluorées auraient accompagné les éruptions granulitiques. L'étain est probablement arrivé à l'état de fluorure, qui se serait décomposé sous l'action de la vapeur d'eau. M. Daubrée a soumis son hypothèse à l'expérience, qui est venue la confirmer. Il n'a pas opéré sur le fluorure, mais sur le chlorure d'étain, d'ailleurs analogue au précédent et plus facile à préparer. En faisant passer dans un tube de porcelaine chauffé au rouge blanc deux courants, l'un de perchlorure d'étain, l'autre de vapeur d'eau, l'opérateur a obtenu

(1) Daubrée, *Géologie expérimentale*, p. 31.

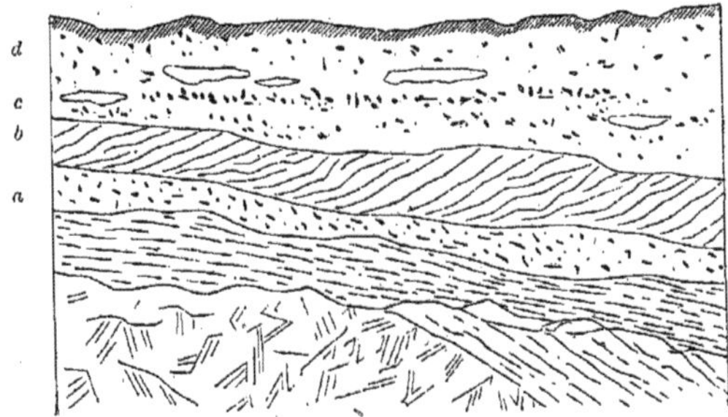

Fig. 655. — Gisement de Bangka. — 1, granite; 2, schistes métamorphiques; a, gisement d'étain; b, sable grossier; c, argile; d, sable grossier et sable fin avec peu de minerai.

de petits cristaux très éclatants de cassitérite (1). L'origine du minerai d'étain paraît donc élucidée. Parfois cependant la cassitérite est associée, comme à la Villeder, non pas à des minéraux fluorés, mais à des sulfures (blende, chalcopyrite, mispickel); dans certains cas l'étain semble donc être arrivé de la profondeur, à la faveur d'émanations sulfureuses (2).

L'étain est exploité depuis longtemps en Saxe et en Bohême dans l'Erzgebirge. Il y a eu dans cette région des éruptions porphyriques nombreuses, et en certains points comme Zinnwald, Altenberg, Kahlenberg, etc., se trouvent des roches granitiques où l'on trouve la cassitérite. A Zinnwald, dans le porphyre se montre un dôme granulitique accompagné de filons renfermant la cassitérite, du quartz et du mica fluoré. En outre, la masse entière de la roche est remplie de minerai d'étain, mais pas en assez grande proportion pour être exploitée. Les relations du minerai et de la roche encaissante sont analogues à Altenberg. A Geyer, le granite est traversé par de nombreux petits filons, où la cassitérite est disséminée dans le quartz.

Le minerai d'étain est aussi exploité en Cornouailles. Il y a là des schistes dévoniens (*killas*) d'où s'élèvent des massifs granulitiques. A la jonction des deux roches se trouvent de nombreuses fissures remplies de quartz, de cassitérite et d'autres minéraux, comme le mispickel, la pyrite cuivreuse, le wolfram, etc. Les filons sont de longueur variable ; il y en a qui ont été suivis sur 2 000 mètres avec une puissance de 60 centimètres à un mètre. La richesse en étain est en

(1) Daubrée, p. 38.
(2) Voir de Lapparent, *Traité de géologie*, p. 136.

moyenne de 2 p. 100 des massifs abattus (1). L'un des gisements les plus connus est celui du mont Saint-Michel.

En France les gisements de cassitérite sont peu nombreux et peu importants. Il y en a dans le Limousin, en relation avec la granulite. On les exploite surtout à Vaulry (Haute-Vienne). Les veines y sont formées d'un quartz grisâtre où le minerai se trouve en blocs, depuis la grosseur d'un œuf de pigeon jusqu'à celle de la tête d'un enfant (2). Il est associé au wolfram, au mispickel, au cuivre natif ou oxydé, enfin à de l'or. Au lavage on trouve 3 kilogrammes d'oxyde d'étain par mètre cube et de 120 à 1 000 grammes d'or par tonne de minerai. D'autres exploitations se trouvent à Chanteloube (Haute-Vienne), à Montebras (Creuse), etc.

A Piriac (Loire-Inférieure), la cassitérite se trouve en petits rognons ou en filons dans un gneiss kaolinisé avec zircon, spinelle, émeraude. A la Villeder dans le Morbihan, des veines quartzeuses se montrent dans la granulite. Il y a là de la cassitérite accompagnée de mispickel, de topaze, d'émeraude. Il y a aussi des paillettes d'or.

Dans l'Asie orientale et en Australie, l'oxyde d'étain est très abondant; il existe dans des alluvions aujourd'hui activement exploitées. Ces sables contiennent en outre des spinelles, des zircons, des tourmalines. Ils proviennent de la décomposition de filons qui se trouvent dans une granulite à tourmaline. L'île Bangka (fig. 655), dans les Indes néerlandaises, est célèbre par ses alluvions stannifères épaisses de 4 mètres au moins, de 12 mètres au plus. Elles furent découvertes en 1710, et déjà en

(1) Jagnaux, *Minéralogie appliquée*, p. 701.
(2) Id.

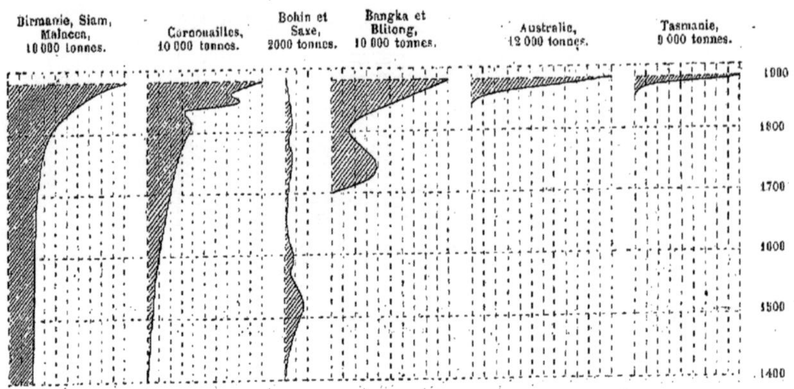

Fig. 656. — Représentation graphique de la production de l'étain, de 1400 à l'époque actuelle (d'après Ed. Reyer).

1740 on en obtenait 1 550 tonnes de métal. Aujourd'hui l'exploitation est faite au profit de l'État par des Chinois. Le travail se fait à ciel ouvert au moyen de tranchées; on lave ensuite le minerai. Les centres d'exploitation se trouvent surtout près de la côte nord-orientale, aux environs de Merawang. Près de Bangka, l'île de Billiton ou Blitong est aussi un pays stannifère. L'exploitation a commencé en 1853; elle était alors de 40 tonnes, mais a centuplé depuis.

La presqu'île de Malacca fournit aussi beaucoup d'étain; en plusieurs régions de l'intérieur même, la monnaie consiste en disques de ce métal (1). Le pays de l'étain s'étend aussi en Australie sur les côtes des provinces de Victoria, du Queensland et de la Nouvelle-Galles du Sud; il se prolonge jusqu'en Tasmanie. On peut citer des gisements peu importants en Galice, à Campiglia Marittima en Italie, en Finlande, en Chine et au Japon, en Bolivie, à Durango et Chihuahua au Mexique, enfin aux États-Unis, dans les États du Maine, du Missouri, de Californie. Récemment même on s'est mis à exploiter la cassitérite dans l'Alabama à Broad-Arrow, et dans le Dakota.

L'étain est connu depuis les temps les plus anciens, car il sert à la fabrication du bronze, qui est un alliage de cuivre et d'étain. D'après de Richthofen, l'industrie du bronze était déjà florissante en Chine 1 800 ans avant notre ère. Les peuples du bassin de la Méditerranée le connurent aussi de bonne heure; les Phéniciens allaient chercher l'étain en Espagne et en Angleterre. C'est ce dernier pays qui fournit longtemps toute l'Europe. Les gisements furent exploités jusqu'au XIVe siècle dans le comté de Devon, puis en Cornouailles. L'exploitation des amas stannifères de l'Erzgebirge remonte au XIIe siècle; les gisements de Graupen d'abord, puis dans la seconde moitié du XVe siècle ceux d'Altenberg et de Schlackenwald, prirent une grande importance. Mais la production de l'étain s'affaiblit de plus en plus en Allemagne, tandis que celle de Cornouailles progresse sans cesse. Aujourd'hui aussi les Indes et l'Australie fournissent à l'Europe une bonne partie de l'étain qu'elle emploie. D'après Reyer, l'Angleterre a fourni en 1883, 9 307 tonnes d'étain, dont 9 262 pour le Cornouailles et 44 pour le Devonshire. La Nouvelle-Galles du Sud a produit dans la même année 15 268 tonnes, la province de Victoria 94, et le Queensland 27 312. En 1880, la presqu'île de Malacca a donné 5 444 tonnes, Bangka en 1881, 4 339 tonnes et Blitong 4 735 (fig. 656).

Nous n'insisterons pas sur la métallurgie de l'étain, qui consiste essentiellement dans la réduction de la cassitérite par le charbon.

Un métal allié à l'étain est le *titane*, qu'on trouve surtout à l'état d'acide titanique. Celui-ci existe dans la nature sous trois formes différentes : *rutile* (fig. 657 et 658), *brookite* et *anatase* (fig. 659), qu'on a pu obtenir artificiellement. Le rutile et la brookite sont rouges; l'anatase est généralement d'un bleu indigo. L'espèce la plus importante est le rutile qui

(1) Reclus, *Géographie universelle : Indes et Indo-Chine*, p. 916.

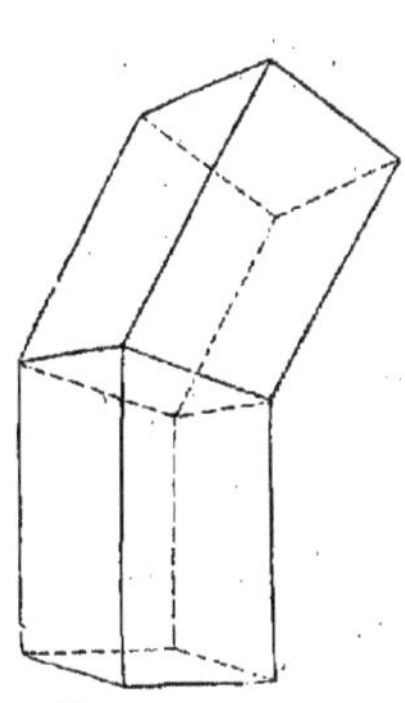
Fig. 657. — Rutile.

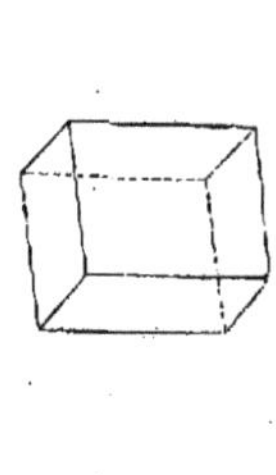
Fig. 658. — Rutile.

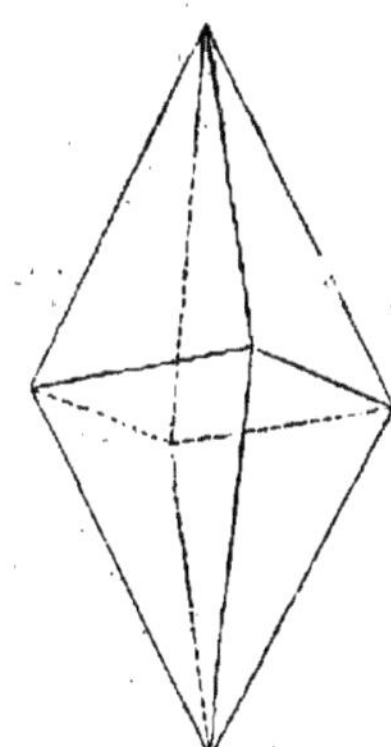
Fig. 659. — Anatase.

appartient au système quadratique et présente souvent une macle dite en genou. Fréquemment il se montre dans le quartz sous forme de filaments d'un blond doré (cheveux de Vénus). M. Daubrée a démontré les rapports des gîtes titanifères avec ceux d'étain (1). Souvent les minéraux du titane sont accompagnés comme le minerai d'étain de matières fluorées. Ils forment, mélangés au quartz et au feldspath, des filons dans le terrain primitif de l'Oisans, du Dauphiné et de Saxe.

MINERAIS DE ZINC.

Le zinc est un métal blanc bleuâtre dont la densité varie de 6, 8, à 7, 3. Il fond à 350°. Il se laisse marteler et se lamine facilement. Son altération au contact de l'air est toute superficielle ; l'enduit qui se forme protège le reste du métal contre l'oxydation. On l'em-

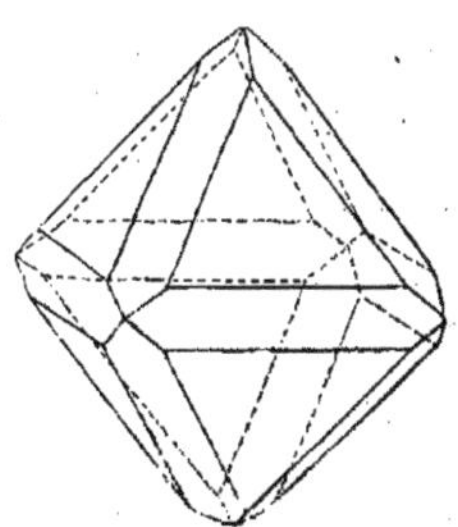
Fig. 660. — Blende.

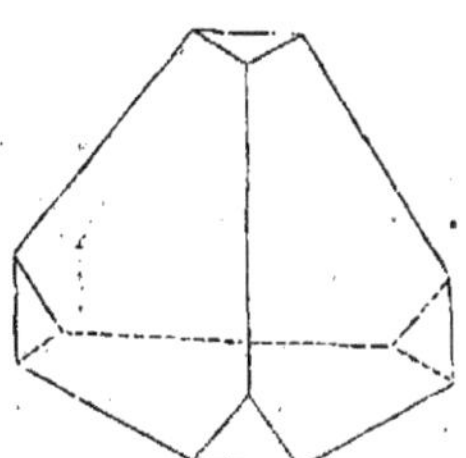
Fig. 661. — Blende.

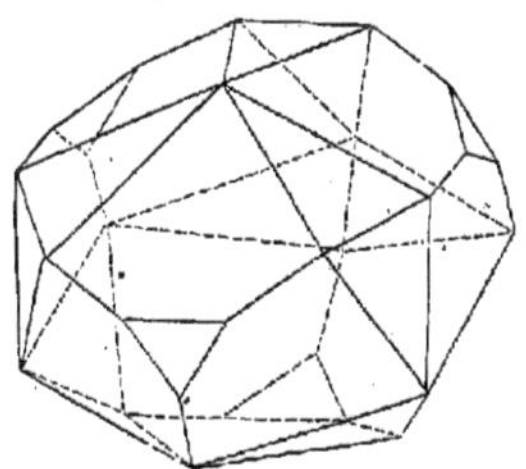
Fig. 662. — Blende.

ploie depuis longtemps pour faire des toitures et pour fabriquer le laiton. Il joue aussi un grand rôle dans les industries électriques.

Les minerais de zinc sont la *blende* et la *calamine*. La blende est le sulfure de zinc. Elle cristallise dans le système cubique (fig. 660, 661 et 662). Ses cristaux sont brillants, parfois tout à fait transparents, leur couleur est jaune ou brune. Les mineurs confondent sous le nom de calamine deux combinaisons du zinc qui sont intimement unies dans les mêmes gisements : le carbonate de zinc (smithsonite), du système rhomboédrique, et l'hydrosilicate de zinc (véritable calamine), du système rhombique. Les calamines peuvent fournir 40 p. 100 de zinc, mais généralement la proportion est de 15 à 20.

Le carbonate et l'hydrosilicate sont jaunes

(1) Daubrée, *Géologie expérimentale*, p. 41.

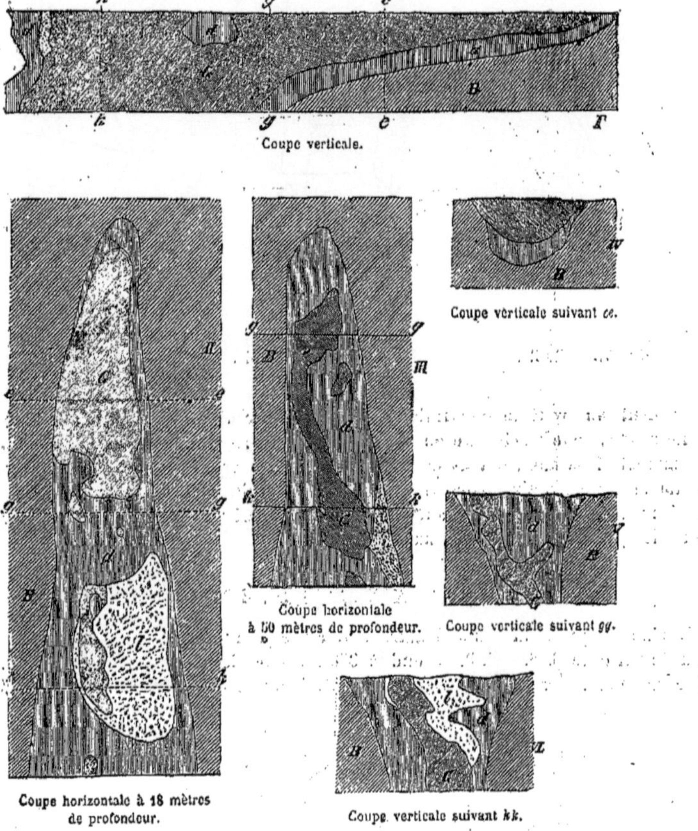

Fig. 663. — Le gîte de calamine de la Vieille-Montagne. — B, schistes; G, calamine; *d*, dolomie; *l*, argile.

ou bruns; ils forment le plus souvent des masses compactes, réniformes, ou des enduits stalagmitiques. Généralement les minerais de zinc sont accompagnés des minerais de plomb, et ils ont la même origine, c'est-à-dire que les uns et les autres sont dus à des eaux minérales. Quand un filon de blende passe d'un schiste dans un calcaire il s'élargit considérablement et se transforme en un amas de calamine : c'est ce qu'on appelle un *gîte calaminaire*. Le fait est facile à expliquer. Les eaux minérales ont traversé le schiste sans l'attaquer, tandis qu'elles ont dissous le calcaire ; de là des cavités irrégulières et élargies où le minerai de zinc, s'oxydant grâce aux fissures du calcaire qui le mettaient en contact avec l'air, s'est changé en silicate et en carbonate (1).

Le zinc était connu des anciens ; on a trouvé dans les ruines de Camiros détruite 500 ans avant Jésus-Christ, des bracelets creux remplis de zinc (2).

En Europe le gisement calaminaire le plus anciennement exploité est celui de Moresnet (Vieille-Montagne) sur la lisière de la Belgique et de la Prusse (fig. 663). On l'exploitait déjà au xve siècle. Il est à la rencontre d'un filon de blende avec le calcaire carbonifère. Cet amas avait 400 mètres de longueur sur 150 de largeur. Le minerai formait des masses irrégulières dans des argiles bariolées. Le gise-

(1) De Lapparent, p. 1380.
(2) Jagnaux, p. 690.

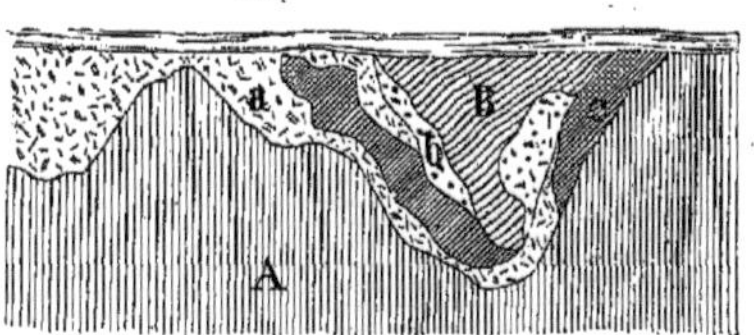

Coupe verticale suivant *nn*.

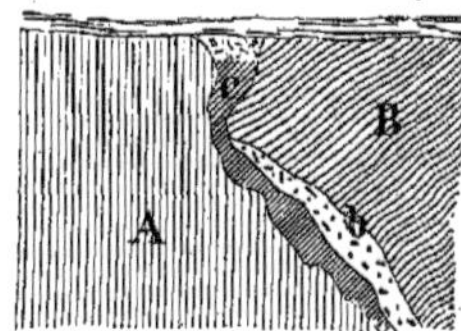

Coupe verticale suivant *mm*.

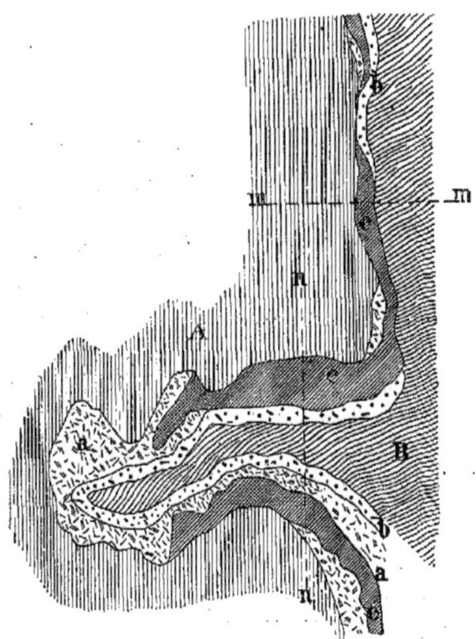

Fig. 664. — Gisement de Welkenraedt (d'après Braun). — A, calcaire; B, schistes; *a*, argile avec minerai de fer; *b*, schiste avec galène; *c*, calamine.

ment de la Vieille-Montagne a fourni de 1837 à 1882 plus de 1 200 000 tonnes de minerai, aussi est-il presque épuisé. On utilise maintenant le gîte de Welkenraedt (fig. 664), situé à 7 kilomètres de là, où les minerais de zinc, accompagnés de galène et de minerais de fer, sont à la limite du calcaire carbonifère et des schistes carbonifères. A la Nouvelle-Montagne, près d'Engis, on exploite aussi les gîtes de Mallieue, du Dos et des Fagnes.

Dans la Haute-Silésie (fig. 665), les amas calaminaires sont compris dans un bassin de 3 milles de long, et de 1/4 à 1/2 mille de large. Il s'étend depuis Beuthen jusqu'à Czeladz et Bendzin dans la Pologne russe. Il appartient au muschelkalk. La surface est formée soit de la dolomie supérieure au muschelkalk, soit d'argile et de sable tertiaires. Après vient de la limonite, puis le carbonate de zinc contenant peu de silicate de zinc, enfin le minerai est remplacé dans la profondeur par la blende.

Le gisement d'Ackersund en Suède, qui appartient à la Société de la Vieille-Montagne, a des relations toutes différentes. C'est un filon de blende qui imprègne le gneiss; il a été reconnu sur une longueur de 3 kilomètres, et sa puissance atteint 15 à 20 mètres.

L'Espagne présente des gisements importants aux environs de Santander. Ils sont situés le long de la chaîne Cantabrique (*Picos de Europa*). Là le calcaire carbonifère et jurassique présente des fentes et des cavités remplies de calamine et en relation avec de nombreux filons de blende. On constate sur place la transformation de la blende en minerais oxydés.

En Sardaigne les amas calaminaires du Monte Poni près d'Iglesias sont enfermés dans le calcaire silurien. Les gîtes sont lenticulaires, aplatis, et forment parfois des filons sur une longueur de 20 ou 30 mètres. Aux environs de Monte Poni il y a d'autres gîtes plus ou moins riches.

Citons encore les gisements de Raibl en Carinthie dans la dolomie triasique (fig. 666). Ils se continuent à travers la Carniole, la Styrie, la Croatie sur plus de 200 kilomètres. Les mines les plus connues sont celles de Bleiberg, Villach, Klagenfurth.

En Grèce se trouve le célèbre gisement du Laurium. Les marbres métamorphiques présentent des amas irréguliers où domine la limonite avec de la galène, de la blende, du carbonate de zinc, etc. Enfin l'Angleterre, la France, l'Illinois dans l'Amérique du Nord, fournissent également du zinc. La production et la consommation vont sans cesse en croissant. Voici, d'après Uhlig la production de l'Europe dans la période 1883-1885 :

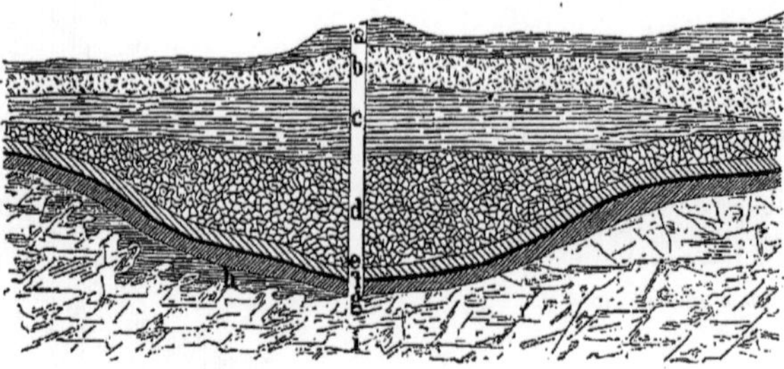

Fig. 665. — Fer, plomb et zinc dans la Haute-Silésie. — *a*, terre glaise; *b*, roche perméable; *c*, terre glaise; *d*, minerai de fer; *e*, dolomie; *f*, gisement de plomb; *g*, calamine rouge; *h*, calamine blanche; *i*, calcaire.

Haute-Silésie	71.567	tonnes par an.
Provinces rhénanes et Westphalie	45.220	—
Belgique et France	90.615	—
Angleterre	25.000	—
Suède	35.000	—
Espagne	4.296	—
Autriche	4.000	—
Pologne	4.500	—

La production en Amérique est très variable; on peut l'évaluer à environ 20000 tonnes par an.

Les procédés métallurgiques ont fait sans cesse des progrès. C'est vers 1809 que l'abbé Dony parvint à retirer le zinc pur de la calamine de Moresnet (1).

GISEMENTS PLOMBIFÈRES.

Le plomb est un métal gris bleuâtre ; sa densité est considérable (11,35). Il est mou, très ductile, et fond à une température peu élevée (330°). Il est très employé pour la confection de feuilles servant à recouvrir les toits ou l'intérieur des réservoirs, et pour faire des tuyaux, parce qu'on peut les plier facilement et leur donner tous les contours possibles. Le plomb s'altère facilement à l'air, aussi est-il fort rare à l'état natif. On l'a cependant rencontré au Mexique, en Suède, en Allemagne, sous forme de petites plaques ou de filaments.

Fig. 666. — Gîtes de calamine à Raibl, d'après Poszepny.

Le minerai de plomb par excellence est la *galène* ou sulfure de plomb (fig. 668 et 669), qui contient 86,55 de plomb, 13,45 de soufre, et qui est toujours plus ou moins argentifère, depuis 0,01 jusqu'à 0,7 p. 100. La galène est d'un gris métallique très brillant ; elle cristallise dans le système cubique et se présente surtout en cubes, cubo-octaèdres et cubo-dodécaèdres. D'autres minerais de plomb, mais beaucoup moins importants, sont : le sulfate de plomb ou anglésite, le carbonate de plomb ou cérusite, le phosphate de plomb ou pyromorphite.

Les gisements plombifères se présentent sous diverses formes. Le minerai peut imprégner les roches, ou former des couches, ou, ce qui est le cas général, constituer des filons

(1) Jagnaux, p. 690.

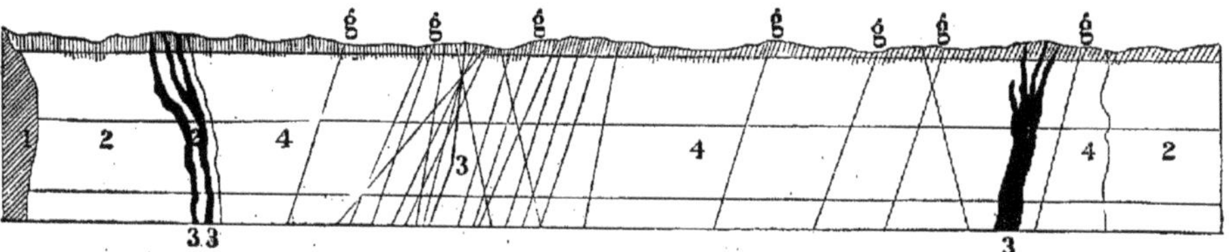

Fig. 667. — Filons de Przibram en Bohême. — 1, granite; 2, schistes; 3, diorite; 4, grauwacke; g, filons.

concrétionnés; enfin il peut, mélangé avec les minerais de zinc, remplir des cavités irrégulières dans les calcaires. Ainsi dans l'Eifel, à Kommern, le gisement est à l'état d'imprégnation. Sur les couches dévoniennes on voit des grès bigarrés (trias inférieur) s'étendant sur une longueur de 3 milles et une largeur de 1 mille. Leur partie inférieure contient des nodosités isolées ou rapprochées les unes des autres, et qui consistent en grains de sable réunis par une sorte de ciment où l'on trouve de la galène, du plomb carbonaté

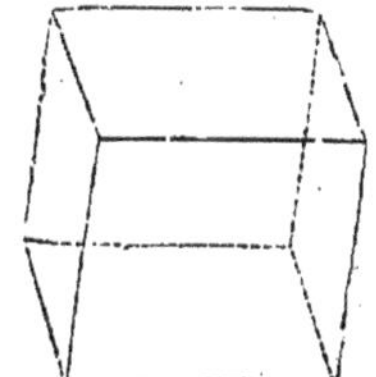

Fig. 668. — Plomb sulfuré (galène).

et des minerais de cuivre. L'exploitation se fait entre Call et Mechernich (1).

Les gisements en couches se voient à Rammelsberg dans le Harz, où la galène est unie à la pyrite de cuivre. Les filons plombifères sont très répandus en Allemagne. Il y en a toute une série dans le Harz autour de Clausthal. Les couches dévoniennes et celles du Culm sont traversées par un grand nombre de fissures disposées en groupes. On y voit des fragments des roches encaissantes, une matière schisteuse, bitumeuse, provenant de l'écrasement des parois, et des veinules métallifères remplies de galène argentifère, de blende, de pyrite cuivreuse, avec quartz, barytine, carbonate de chaux.

Ces filons peuvent atteindre 40 mètres d'épaisseur, la partie utile ayant quelques mètres. Il y a des gisements analogues dans les couches dévoniennes des provinces rhénanes.

(1) Uhlig, *Erdgeschichte*, II, p. 791.

Les filons de l'Erzgebirge, aux environs de Freiberg, sont aussi bien connus. Ils traversent le gneiss; leur nombre dépasse mille.

Les gîtes de remplissage dans le calcaire se montrent dans la Haute-Silésie aux environs de Beuthen; nous en avons déjà parlé à propos des minerais de zinc. Le même type se trouve en Westphalie à Brilon et Iserlohn, et entre Aix-la-Chapelle et Philippeville (Belgique) (1).

En Bohême se trouvent les filons de Przibram (fig. 667), qui percent le cambrien. On en exploite une quarantaine. Les mines furent ouvertes dès 755, surtout pour l'argent con-

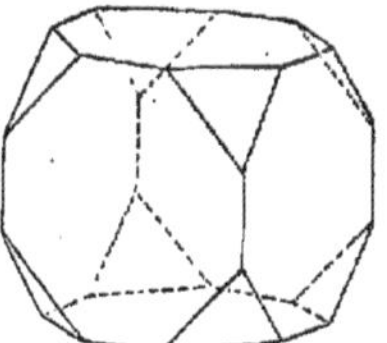

Fig. 669. — Plomb sulfuré (galène).

tenu dans la galène. L'exploitation a toujours continué et aujourd'hui l'un des puits, le puits Adalbert, s'enfonce à 1 020 mètres au-dessous de la surface. Raibl, en Carinthie, fournit aussi beaucoup de plomb ainsi que du zinc. Les gisements sont dans le trias.

En Angleterre le plomb s'exploite depuis longtemps; les gisements du Cardiganshire et du Shropshire étaient déjà connus des Romains. Dans le Cumberland et le Derbyshire ce sont des filons qui traversent le calcaire carbonifère. On les retrouve dans le pays de Galles dans les gneiss, les micaschistes et le dévonien. On exploite aussi le plomb dans l'île de Man et dans d'autres localités.

En Russie les mines de plomb sont souvent exploitées pour l'argent qui s'y trouve. Ainsi les mines de Nertchinsk (Sibérie) fournissent par an 1 200 tonnes de plomb et 17 000 kilogrammes d'argent.

(1) Uhlig, p. 791.

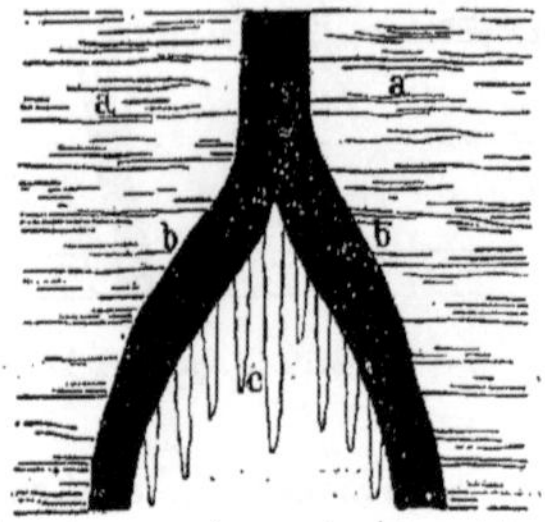

Fig. 670. — Remplissage dans la dolomie sur le Mississipi supérieur (d'après Whitney). — *a*, dolomie; *b*, minerai de plomb; *c*, stalactites calcaires.

En France on trouve des gîtes plombifères assez importants. Près de Morlaix, à Poullaouen et Huelgoat, se trouvent des filons ayant plus de 1500 mètres de longueur et qu'on a suivis jusqu'à 250 mètres de profondeur. Il sont aujourd'hui presque abandonnés. On en a tiré autrefois 300 tonnes de plomb par an et 1400 kilogrammes d'argent. De même près de Rennes à Pontpéan, il y a un filon riche en galène et en blende, dont on a tiré longtemps de l'argent. L'exploitation a été abandonnée jusqu'à ces dernières années à cause des eaux qui envahissaient les travaux; on l'a reprise et le gisement fournit plus de 100 tonnes de blende et de galène.

A Vialas dans la Lozère, il y a de nombreux filons dont la plupart ont été remplis vers le milieu ou à la fin de la période tertiaire. Il y a aussi des gisements filoniens dans l'Aveyron; ils sont au milieu des schistes cristallins et ne se montrent que là où ces schistes sont traversés par des roches volcaniques. Ils ont donc été remplis par des sources en relation avec l'activité volcanique. Il en est de même en Auvergne, où les filons sont dans le voisinage des volcans éteints; ils contiennent de la galène argentifère, de la blende, des minerais de cuivre et de la barytine. Les plus exploités sont les filons de Pontgibaud, qui donnent 200 à 400 grammes d'argent avec 1000 kilogrammes de plomb. Dans les Cévennes le minerai remplit des cavités irrégulières dans le calcaire liasique....

Il y a eu, en somme, en Europe deux périodes d'émanations plombifères. L'une à partir du trias et pendant lesquelles les sources s'épanchaient au milieu des dépôts triasiques et liasiques. L'autre a coïncidé avec les mouvements du sol qui ont donné naissance aux Alpes et aux Pyrénées. Elle correspond à l'époque tertiaire.

L'un des pays d'Europe qui fournit le plus de plomb est l'Espagne, dont les mines étaient déjà exploitées par les Phéniciens, les Carthaginois et les Romains. Le district de Linares dans la Sierra di Cador, rameau de la Sierra Morena, est formé de granite sur lequel s'étendent des lambeaux d'argile rouge et de grès rouge. Cette masse est traversée par des filons épais de 8 mètres et dont la longueur atteint jusqu'à 6 kilomètres. On y trouve de la galène et du plomb carbonaté. Près de Carthagène, il y a dans le calcaire des filons et des cavités riches en minerai de plomb. Dans la province d'Almeria, il y a des gisements dans les schistes cristallins. La Sardaigne fournit aussi du plomb et de l'argent; les filons de Monte Vecchio et de Monte Peni sont surtout exploités.

Aux États-Unis le minerai de plomb forme des filons dans le silurien et dans le gneiss des Alleghanys; il y a aussi des couches régulières. Les gisements s'exploitent à Austin (Virginie), Knoxville (Tennessee), Friedensville (Pensylvanie), etc., dans les dolomies des groupes de Trenton (silurien inférieur). Dans le centre, le pays de la galène a une étendue de 140 milles géographiques; il se trouve sur le haut Mississipi (fig. 670) à la lisière des États du Wisconsin, de l'Illinois, de l'Iowa et du Missouri. On y voit de petites fentes verticales ou des espaces irréguliers creusés dans le groupe de Trenton, et contenant avec la galène et la blende du carbonate de chaux, de la barytine et de la pyrite. Dans le Missouri, les minerais se présentent avec le même aspect dans les calcaires silurien et carbonifère.

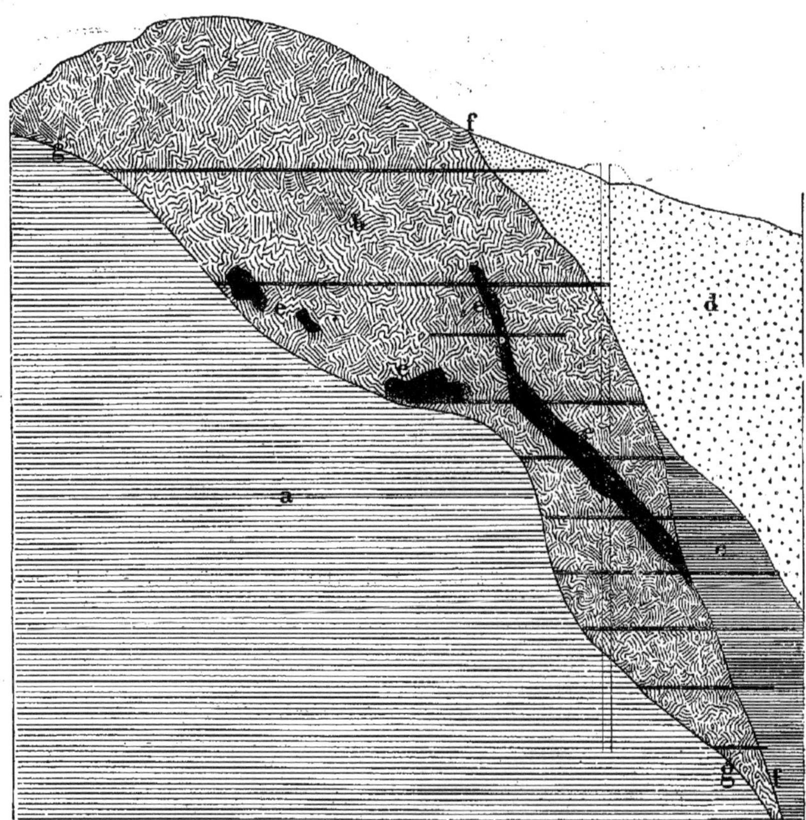

Fig. 671. — Mine d'Euréka (Nevada), d'après Curtis. — *a*, Prospect Mountain (quartzite); *b*, Prospect Mountain (calcaire en débris); *c*, calcaire bien stratifié; *d*, schistes de Secret Cañon; *e*, minerai; *ff*, crevasse de Ruby Hill; *gg*, crevasse secondaire.

Dans l'ouest de l'Amérique, le plomb est fourni par l'Utah, le Nevada, le Colorado, la Californie, le Montana. Deux exploitations sont particulièrement importantes, celle de Leadville dans le Colorado et celle du district d'Euréka dans le Nevada. Le pays de Leadville est constitué par des terrains primitifs, du cambrien, du silurien et du carbonifère ; ces roches sont traversées par des porphyres de l'âge secondaire. Les minerais se trouvent surtout à la limite du porphyre et du calcaire carbonifère, et d'après Emmons, ils proviennent d'émanations métallifères qui ont accompagné le porphyre et qui une fois dissoutes ont produit la pseudomorphose de la dolomie ou du calcaire (1).

(1) Emmons, *Geology and mining Industry of Leadville, Colorado.* Washington, 1886.

Le district métallifère d'Euréka se trouve au Nevada dans le Diamond Range (fig. 671). Le terrain présente des couches cambriennes, siluriennes, dévoniennes, avec des granites et beaucoup de roches éruptives récentes, andésites et basaltes. La Prospect Mountain et le Ruby Hill consistent en couches cambriennes traversées par de nombreuses fentes longitudinales et transversales. A Ruby Hill, il y a notamment à considérer deux crevasses dont l'une se trouve à la limite entre le calcaire et le quartzite. La partie sud-est de la crevasse principale est injectée de rhyolite et la partie nord-ouest est remplie d'argile. Les deux crevasses, la principale et la secondaire, limitent dans la Prospect Mountain un espace en forme de coin où se trouvent disposés sans ordre les minerais. Ceux-ci remplissent soit des fentes,

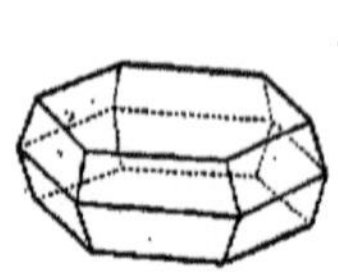
Fig. 672. — Fer oligiste.

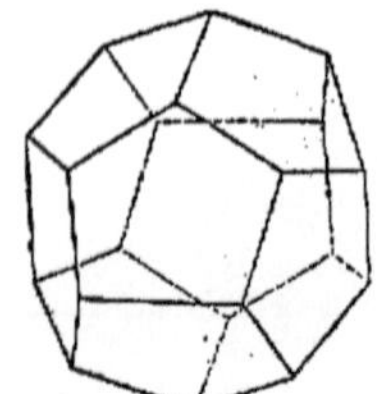
Fig. 673. — Pyrite jaune.

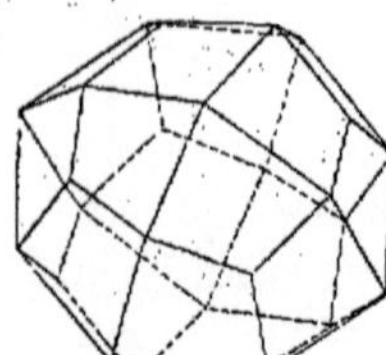
Fig. 674. — Pyrite jaune.

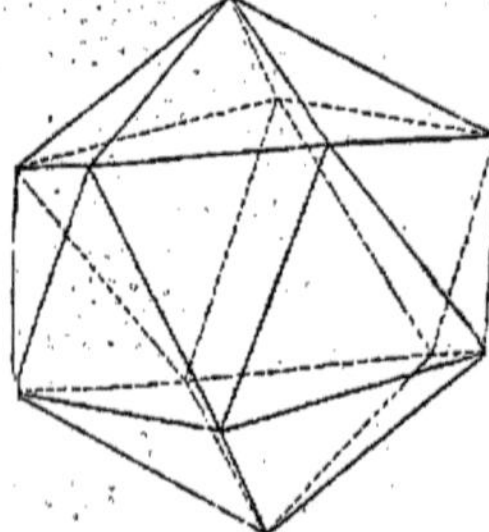
Fig. 675. — Pyrite jaune.

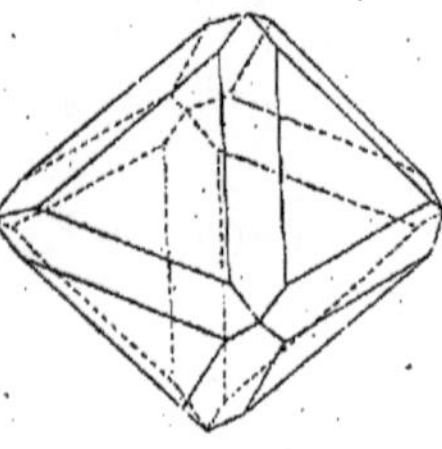
Fig. 676. — Pyrite jaune.

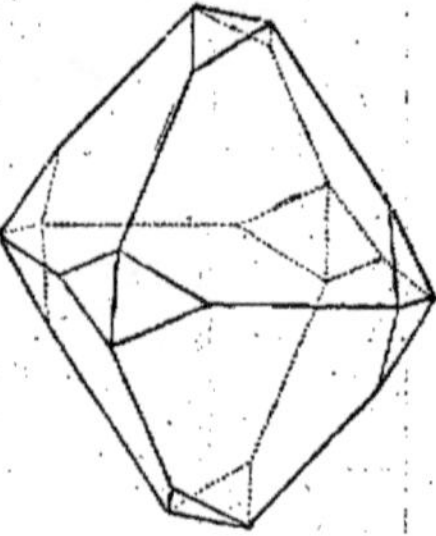
Fig. 677. — Pyrite jaune.

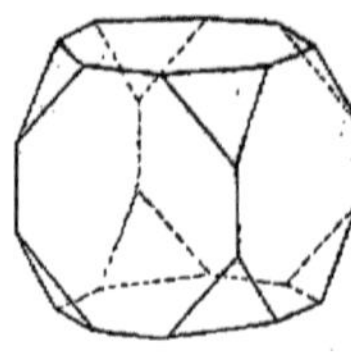
Fig. 678. — Pyrite jaune.

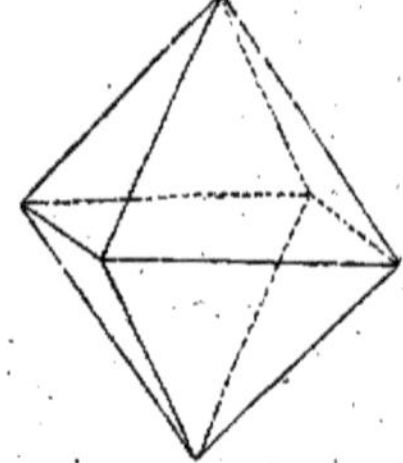
Fig. 679. — Pyrite jaune.

soit des cavités dans les profondeurs, il y a de la galène argentifère, de la blende, de la pyrite; en haut des minéraux oxydés : anglésite cérusite et limonite. Les eaux thermales ont apporté dans les fissures des minéraux sulfurés qui y sont déposés et se sont oxydés. Ces émanations métallifères sont d'après Curtis en relation avec les éruptions rhyolitiques.

La production annuelle du plomb a été pendant 1884, d'après Landsberg, d'environ 500 000 tonnes; les États qui en fournissent le plus sont l'Amérique du Nord, l'Espagne et l'Allemagne. La production de l'Amérique va sans cesse en croissant et elle fait concurrence au plomb d'Europe. Les chiffres qui suivent sont relatifs à 1881, mais, depuis, l'écart a augmenté entre la production américaine et celle des pays d'Europe :

Espagne...........	120.000	tonnes.
Amérique..........	105.000	—
Allemagne.........	90.000	—
Angleterre........	67.000	—
France............	15.000	—
Italie............	10.000	—
Grèce.............	9.000	—
Belgique..........	8.000	—
Autriche..........	6.000	—
Russie............	1.500	—

LE FER ET SES MINERAIS.

Le fer est un métal d'un blanc grisâtre, ayant pour densité 7,7. Il est très tenace et fond à 160°. Son rôle, comme tout le monde le sait, est des plus importants dans tous les pays. La fonte est du fer mélangé de charbon (2 à 5 p. 100); on l'obtient en réduisant les

Fig. 680. — Mine de fer de Nijni-Tagilsk (Oural).

oxydes de fer par l'oxyde de carbone. L'acier se prépare au moyen de la décarburation de la fonte, ou par la carburation du fer. L'acier contient environ 0,7 p. 100 de carbone.

Le fer natif se trouve dans les météorites, uni au nickel. A l'île de Disco, au Groënland, le basalte renferme d'énormes masses de fer. A Ovifak, Nordenskiold a trouvé trois blocs isolés dont l'un pèse 24 tonnes. A Sovalik, sur les bords de la baie de Melville, il y a des blocs analogues dont les indigènes détachent des fragments pour en faire des couteaux par le polissage. Mais le fer natif n'a en somme qu'un faible rôle à côté des nombreux minerais exploités. Ces minerais sont de diverses sortes. On emploie surtout les oxydes de fer (fer oxydulé, fer oligiste, limonite) et le carbonate de fer (sidérose).

La *magnétite* ou *fer oxydulé* contient 72,4 de fer et 27,6 d'oxygène. Elle cristallise dans le système cubique, surtout en octaèdres et en dodécaèdres rhomboïdaux. Sa couleur est noire. Ce minéral agit sur l'aiguille aimantée ; il forme parfois des montagnes entières. On le recherche beaucoup pour la fabrication des aciers fins, dont la qualité tient probablement à la présence d'un peu de manganèse.

Le *fer oligiste* (fig. 672) contient 70 de fer et 30 d'oxygène. Il se présente en cristaux rhomboédriques ou en tables hexagonales d'une couleur gris d'acier et dont la poussière est rouge. Son éclat est très vif. Souvent le fer oligiste se trouve en masses concrétionnées d'un rouge brun ; c'est l'*hématite rouge*. Enfin il est parfois terreux à cause de son mélange avec l'argile. C'est le minerai le plus abondant, les oxydes de fer hydratés sont la *goethite* et la *limonite*. La première, qui appartient au système monoclinique, est jaune ou brune ; sa poussière est couleur de rouille. La *limonite* n'est jamais cristallisée ; elle se présente en masses concrétionnées, compactes, amorphes et terreuses ou sous forme de grains isolés ou agglutinés. Sa couleur est brune ou noire ; la poussière est toujours d'un jaune rougeâtre. Il y a 85,3 d'oxyde de fer et 14,7 d'eau. Parfois la couleur devient bleuâtre ou verdâtre, à cause du mélange avec un silico-aluminate de fer (*berthiérite*). Une variété est la *limonite de fer ocreuse* ou mine de fer des marais, qui se forme de nos jours dans les endroits marécageux. C'est un dépôt limoneux

Fig. 681. — Vue de l'amas de fer oxydulé du cap Calamita (île d'Elbe).

qu'on enlève à la pelle et qui se reproduit rapidement, soit par la décomposition des pyrites, soit par le lavage des sables ferrugineux par les eaux superficielles (1).

La *sidérose* ou carbonate de fer contient 62,1 d'oxyde et 39,7 d'acide carbonique. Elle appartient au système rhomboédrique. C'est un minéral très altérable ; la couleur, qui est blanche, passe au jaunâtre, par ce que le carbonate de fer se couvre au contact de l'air et de l'eau d'une couche d'hydrate d'oxyde de fer. La *sphérosidérite* est une variété compacte et noduleuse. Le fer carbonaté lithoïde est une variété argileuse en rognons aplatis ou formant de véritables couches dans le terrain houiller (*black band*).

Les sulfures de fer sont très répandus ; nous avons déjà eu l'occasion d'en parler à plusieurs reprises. On distingue la *pyrrhotine* qui est presque du protosulfure de fer, et la *pyrite* ou bisulfure (fig. 673 à 679). Il y a la *pyrite jaune* cristallisant dans le système cubique ; ses cristaux, de formes très variées, sont d'un jaune d'or. La *pyrite blanche* ou *marcassite* tire sur le gris ou le verdâtre. Elle appartient au système rhombique. Souvent les cristaux sont groupés de manière à former des boules hérissées de pointes (*pyrite crêtée*). Les sulfures de fer, malgré leur grande extension, ne sont guère employés comme minerais, car le fer qu'ils fournissent est mélangé de soufre, ce qui le rend cassant.

Le fer magnétique se trouve surtout en Suède ; il y constitue des amas sous forme de lentilles ondulées alternativement renflées et amincies, et dont la longueur est de plusieurs centaines de mètres ; leur épaisseur est de $0^m,10$ à 60 mètres. Le minerai contient de 50 à 70 p. 100 de fer. Certains gîtes forment des montagnes entières, ainsi à Gellivara dans la Laponie suédoise, à Taberg dans le Smaland. Plusieurs mines ont été approfondies en Suède jusqu'à 200 mètres, par exemple à Danemora, Uto, le Bispberg, sans qu'on ait constaté un appauvrissement du minerai. Les mines de la Dalécarlie fournissent par an de 780 000 à 900 000 tonnes qui servent à fabriquer 350 000 tonnes de fonte.

D'autres pays présentent aussi des montagnes de fer, tels sont les monts Ourals (fig. 680) à Goro-Blagodat, Katschkanar, Nijni-Tagilsk et Wissokaya-Goro. La montagne de Blagodat

(1) Jagnaux, p. 796.

Fig. 682. — Minerai de fer dans le silurien de Bohême (d'après Lipold). — *a*, grès silurien inférieur; *b*, minerai.

est un bloc de fer magnétique de 469 mètres d'altitude; il s'élève sur la lisière de l'Europe et de l'Asie. Le Katschkanar, qui domine la ville de Nijni-Tourinsk, s'élève à 841 mètres. Sur les bords d'un lac se trouve le district de mines concédé par Pierre le Grand à Demidov. C'est là que s'élève le Wissokaya-Goro formé de magnétite pure. On exploite aussi dans ce district l'or, le platine, le cuivre.

L'Amérique du Nord possède aussi des montagnes de fer, telle est l'Iron Mountain au sud de Saint-Louis (Missouri). Outre des filons il y a une masse compacte de minerai puissante de 10 à 20 mètres.

Les mines de l'île d'Elbe sont justement célèbres. Les gisements de fer oligiste occupant 250 hectares; ils s'élèvent en falaises sur la côte nord-orientale. On abat à même le minerai qui est ensuite embarqué. D'après Élisée Reclus les mines pourraient fournir encore annuellement pendant vingt siècles un million de tonnes. Ces minerais sont surtout transportés en France pour la fabrication des aciers. Le gisement de Calamita (fig. 681) contient beaucoup de magnétite. C'est cette pierre d'aimant, qui placée sur un rondin de liège flottant sur l'eau, servait autrefois de boussole aux marins de la Méditerranée (1). Ces gîtes de l'île d'Elbe se trouvent indifféremment dans le cambrien, le permo-carbonifère et le lias.

Les gisements de fer d'Angleterre ont l'avantage, comme nous l'avons déjà vu, d'être tout près des houillères. Ils consistent surtout en fer carbonaté. Les gisements de France consistent généralement en limonite; celle-ci se trouve à la surface, ce qui rend son exploitation facile, mais le rendement est relativement faible et ne dépasse guère 30 à 40 p. 100. En Bohême on trouve aussi ces couches superficielles de limonite (fig. 682). Elles sont nombreuses d'ailleurs dans tous les pays (fig. 683). En Carinthie il y a du carbonate de fer.

(1) E. Reclus, *Géographie universelle : l'Europe méridionale*, p. 433.

Au point de vue de l'âge des gisements de fer, on peut dire qu'il y en a dans toutes les formations géologiques. Dans les gneiss et micaschites du terrain primitif se trouvent les minerais magnétiques de Scandinavie; de même le gisement de Mokta-el-Hadid en Algérie, s'étend sur 1 600 mètres avec une épaisseur de 5 à 15 mètres dans les gneiss de Bone à la base d'une couche de cipolin.

Le cambrien et le silurien contiennent les minerais de fer des Asturies, de Normandie, de Bretagne; ils consistent surtout en fer oligiste, hématite et limonite. Dans le dévo-

Fig. 683. — Gisements de carbonate de fer formant des lentilles dans le gneiss au Knappenberg, près de Hüttenberg, en Carinthie.

nien il y a les minerais du Harz et des provinces de Namur et de Liège. Ils sont liés à la diabase, et probablement le fer est arrivé à l'état d'émanations sulfureuses qui se sont ensuite oxydées. Le carbonifère présente de la limonite et du fer carbonaté.

Au trias appartiennent les filons de fer carbonaté d'Allevard en Dauphiné. Le jurassique contient en France, et de même le crétacé, de nombreux gisements. Ainsi dans le jurassique on remarque ceux de Thostes, de la Verpillière, des Ardennes, de la Voulte, etc. Il y en a aussi dans le crétacé inférieur, ainsi ceux de la Haute-Marne et de l'Yonne, où le minerai consiste en oolithes réunies par un ciment argilo-siliceux.

A l'époque tertiaire il y a eu de nombreuses émissions ferrugineuses qui ont accompagné les roches éruptives. Le minerai de fer consistant en limonite, en grains empâtés dans

Fig. 684. — Vue des mines du Creusot.

Fig. 685. — Usines du Creusot. — Le marteau-pilon.

l'argile, est si abondant qu'il a formé un terrain particulier appelé *terrain sidérolithique* bien développé dans le Jura et en Bourgogne. Les minerais de Bilbao, ceux de la Tafna en Algérie sont regardés aussi comme éruptifs et tertiaires. Enfin actuellement se produit, avons-nous dit, la mine de fer des marais.

La production des fontes et des aciers augmente rapidement avec les progrès de l'industrie. Dans la période 1866-1876 la production totale de la fonte s'est accrue de 47,8 p. 100. En 1876 elle était de 14 millions de tonnes, en 1882 de 20 millions. La production en aciers était en 1877 de 2 millions et demi ; en 1882 de 6 millions de tonnes.

Voici la production pour 1882 en tonnes, dans les différents pays :

	Minerai de fer.	Fonte.	Acier.
Grande-Bretagne..	16.627.000	8.493.287	2 259.619
États-Unis........	9.000.000	4.623.323	1.736.692
Allemagne........	8.150.162	3.170.957	1.050.000
France...........	3.500.000	2.033.104	453.783
Belgique..........	250.000	717.000	200.000
Autriche..........	1.050.000	523.570	225.000
Russie............	1.028.883	448.514	307.382
Suède............	826.254	435.489	52.234
Espagne..........	5.000.000	85.937	216
Italie.............	350.000	25.000	2.800
Autres pays......	1.000.000	100.000	20.000
Total........	46.777.299	20.656.184	6.307.756

Certains pays, comme l'Espagne, ne transforment en fonte et en acier qu'une faible partie de leurs minerais et les exportent dans les pays industriels, comme l'Angleterre, la France, l'Allemagne, la Belgique.

Les usines sidérurgiques les plus importantes de France sont celles du Creusot (fig. 684). Cette localité n'était, il y a un siècle, qu'un simple hameau, la Charbonnière, comptant une cinquantaine d'habitants. Aujourd'hui l'usine occupe plus de 15 000 agents ou ouvriers, elle peut fabriquer 200 000 tonnes de fontes par an et 160 000 d'aciers. Elle brûle 700 000 tonnes de houille exploitée au Creusot même et dans la région. Il y a 13 hauts-fourneaux pour la fabrication de la fonte. Les minerais employés viennent : 1° de la mine de Mazenay (fer oolithique) ; 2° de Mokta-el-Hadid (Algérie) ; 3° de Bilbao et de l'île d'Elbe, enfin, 4° des mines de Saint-Georges (Savoie) et d'Allevard (Isère). Plusieurs marteaux-pilons servent au forgeage. Ils sont de 8, 10, 15, 20, 40 et enfin 100 tonnes. Le célèbre marteau de 100 tonnes, dont la course est de 5 mètres, donne un travail de 500 000 kilogrammètres (1) (fig. 685).

MINERAIS ET MÉTAUX DIVERS.

Cronstedt découvrit en 1751 un métal, le *nickel*, qui se rapproche du fer par la plupart de ses propriétés ; mais il présente la couleur, l'éclat et l'inaltérabilité de l'argent. Ce métal se trouve associé au fer dans les météorites. Il existe dans plusieurs minéraux qu'on emploie comme minerais pour l'en extraire. Telle est la *nickeline* ou arséniure de nickel qu'on appelle aussi le *kupfernickel* parce qu'elle se présente en masses compactes d'un rouge de cuivre.

Le plus souvent elle est associée à un produit d'oxydation : l'*annabergite* ou arséniate hydraté de nickel, d'une belle couleur verte. On exploite aussi le *nickel gris* (arsénio-sulfure) ou *gersdorffite* d'un gris d'acier, la *chloanthite*, arséniure qui contient du cobalt et du fer, enfin la pyrite de fer qui contient souvent une certaine proportion de nickel. Ces minerais sont communs dans le Harz, également en Suède, en Norwège. On tire aussi la pyrite nickélifère de la Pensylvanie. Il y a peu d'années (1863), M. J. Garnier a trouvé à la Nouvelle-Calédonie un nouveau minerai de nickel, qu'on a appelé de son nom la *garniérite*. C'est un hydrosilicate de nickel et de magnésie, mélangé en proportions variables de cobalt, de fer et de chrome. Il est en filons au milieu des serpentines et des roches à olivine qui constituent la plus grande partie de l'île. C'est un minéral onctueux au toucher, d'un vert émeraude ou d'un vert pomme plus ou moins foncé. Cette découverte a eu pour conséquence de modifier profondément la métallurgie du nickel et de faire baisser le prix du métal qui vaut maintenant de 8 à 10 francs le kilogramme. Depuis 1888 on exploite aussi le nickel au Canada. La production annuelle du nickel est la suivante :

Allemagne..................	475.000	kilogr.
Autriche (Styrie)...........	100.000	—
Belgique....................	19.000	—
France (Nouvelle-Calédonie).	20.000	—
Scandinavie.................	70.000	—
Brésil......................	100.000	—
Amérique du Nord..........	175.000	— (2)

(1) Voy. Lafon, *Une visite aux usines du Creusot* (*Science et Nature*, 1885, t. III).

(2) Jagnaux, *Minéralogie appliquée*, p. 777.

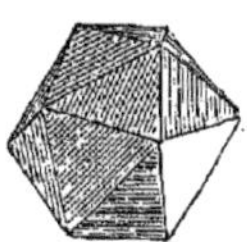

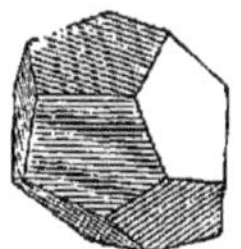

Fig. 686. — Cristaux de cobalt gris.

Le nickel est de plus en plus employé en galvanoplastie (nickelage). Avec le cuivre il forme un alliage employé comme monnaie en Belgique; et dans d'autres pays, avec le zinc et le cuivre, il forme le maillechort.

Le *cobalt*, découvert en 1742 par Brandt, accompagne presque toujours le nickel. Ses minerais sont la *smaltine* ou arséniure de cobalt et la *cobaltine* ou *cobalt gris* (arsénio-sulfure) (fig. 686). Ce sont des minéraux gris d'acier ou blanc d'argent. Ils peuvent être accompagnés du cobalt arséniaté en aiguilles radiées de couleur fleur de pêcher. Les minerais de cobalt sont communs dans le Harz, en Suède, en Norwège. En France on les trouve avec ceux du nickel en certains points, comme à Allemont (Dauphiné) et à Luchon. Le cobalt métallique est peu employé. Ses minerais sont surtout utilisés pour fabriquer le smalt ou bleu d'azur dont on se sert pour les verres et les émaux.

Le *manganèse* est un métal qui accompagne presque toujours le fer; il est par conséquent très répandu, mais il se combine si facilement avec l'oxygène qu'on ne le trouve pas dans la nature à l'état métallique. En revanche il fournit toute une série d'oxydes. Le plus connu est la *pyrolusite* ou bioxyde d'une couleur noire ou gris noirâtre. Elle se présente en baguettes oblongues, en aiguilles ou en masses amorphes. Ensuite viennent la *braunite*, l'*hausmanite*, l'*acerdèse*. Les oxydes de manganèse sont employés dans l'affinage des fontes pour faciliter l'élimination du soufre et du silicium. Le bioxyde de manganèse sert pour la fabrication du chlore et de l'oxygène. On l'emploie aussi pour blanchir la pâte du verre noircie par des matières charbonneuses, et dans la fabrication des verres colorés en rose ou en violet. Les minerais de manganèse forment généralement des cavités ou des taches dans les calcaires; ils constituent aussi des filons, avec du carbonate de chaux et de la barytine. On trouve de ces filons à Ilfeld dans le Harz, à Rumpelsberg et Mittelberg en Thuringe.

Les gisements manganésifères les plus riches sont ceux d'Huelva en Espagne. En France on exploite près de Mâcon le gisement de Romanèche placé au contact d'une roche granitique et du lias. Le minerai se présente sous forme de masses noires concrétionnées ou stalactitiques. On lui donne le nom de *psidomélane*. C'est une combinaison d'oxyde hydraté de manganèse avec de la baryte. On en extrait 67 à 73 p. 100 de bioxyde. On exploite d'autres gisements dans le Cher, la Vienne, l'Aude, les Hautes-Pyrénées. Ces mines produisent annuellement 2 400 000 kilogrammes de manganèse (Jagnaux).

Deux métaux assez rares ont une certaine importance pour la préparation des couleurs minérales; ce sont le *chrome* et l'*uranium*. Le minerai du chrome est la *chromite* ou fer chromé contenant à la fois de l'oxyde chromique et de l'oxyde ferreux avec de la magnésie. C'est un minéral se présentant généralement en masses grenues, noires à éclat demi-métallique. Il accompagne la serpentine et dérive comme celle-ci du péridot. On le trouve surtout dans les serpentines de la presqu'île des Balkans, dans celles de l'Asie Mineure, de l'Oural, de la Nouvelle-Calédonie. Il y en a aussi en Styrie, en Norwège. A la Nouvelle-Zélande se dresse une montagne de serpentine, le Wooded Peak, contenant en abondance la chromite (Uhlig).

Celle-ci est employée pour la fabrication des couleurs jaunes et vertes de chrome. Les fers riches en chrome fournissent un acier particulièrement résistant.

L'*uranium* est un métal encore plus rare que l'on tire de la *pechblende* ou *pechurane*. Celui-ci est un oxyde d'uranium très impur. On le trouve en masses mamelonnées, grises ou d'un noir de poix, avec les minerais de cobalt, d'argent, de bismuth. Les principaux gisements sont Joachimsthal, en Bohême, Annaberg et Marienberg, en Saxe. On emploie les sels d'urane pour obtenir les couleurs jaunes dans l'industrie du verre, des émaux et de la porcelaine.

L'*antimoine* est un métal cassant, de structure cristalline et lamelleuse, ayant la blancheur de l'étain. Il cristallise en rhomboèdres; sa densité est 6,7. On s'en sert pour la fabrication des caractères d'imprimerie et la préparation d'alliages d'étain qu'il rend plus durs. On l'utilise aussi en médecine. L'antimoine natif se trouve dans des filons, associé à l'arsenic natif et à des sulfures; ainsi à Andréasberg (Harz), à Allemont (Dauphiné), à Przibram (Bohême), etc. Le principal minerai est la *stibine* ou *antimonite* (sulfure d'antimoine) qui se présente en masses bacillaires ou en longs cristaux striés, d'un gris d'acier, associé dans les filons aux minerais de plomb, de zinc et d'argent. Elle est commune dans le Harz, en Bohême, en Hongrie, dans l'Isère, le Puy-de-Dôme, le Cantal, la Haute-Loire. Les filons traversent les schistes cristallins. En Hongrie, dans la chaine de Djumbir, à Magurko, se trouvent, dans le granite, des filons épais de 4 mètres remplis d'antimonite et de quartz aurifère. Au Japon, il y a dans les schistes cristallins des filons analogues où les cristaux sont bien formés. Les oxydes d'antimoine (*sénarmontite* et *valentinite*) forment des amas importants dans la province de Constantine et à Bornéo.

L'*arsenic* est généralement placé par les chimistes parmi les métalloïdes, mais les minéralogistes et les géologues le rangent parmi les métaux à côté de l'antimoine et du bismuth. C'est un corps très répandu qu'on trouve à l'état natif ou mieux à l'état de sulfures.

On distingue le sulfure rouge ou *réalgar* et le sulfure jaune ou *orpiment*. Le véritable minerai d'arsenic est la pyrite arsenicale ou *mispickel*, qui est une combinaison de soufre, de fer et d'arsenic. C'est un minéral d'un blanc légèrement grisâtre, cristallisant dans le système orthorhombique et qui se trouve aussi en masses informes à cassure grenue. Les minerais d'arsenic sont associés à d'autres minerais, à ceux d'étain et d'argent. L'arsenic lui-même a peu d'usages, mais ses composés sont très employés, particulièrement dans la fabrication des couleurs vertes et dans celles des couleurs d'aniline.

Le *bismuth* est un métal cassant, employé sous forme d'alliages. Il est d'un blanc d'étain avec une nuance rougeâtre, son éclat est brillant. On le rencontre à l'état natif avec le cobalt arsenical, la galène, l'argent; il se montre en masses lamellaires ou granulaires. Sa grande fusibilité (264°) permet de le séparer facilement de sa gangue. On le retire aussi de la bismuthine (sulfure de bismuth) qui accompagne les minerais d'autres métaux, notamment ceux de nickel et de cobalt. La plus grande partie du bismuth vient de l'Erzgebirge, de Cornouailles ou de Bolivie. M. A. Carnot a découvert en 1873, à Meymac (Corrèze), un gisement de bismuth sous forme d'un hydrocarbonate amorphe, jaune ou verdâtre (*bismuthite*).

Un métal connu depuis assez longtemps est le *tungstène* qui, jusqu'à ces dernières années, n'avait aucun usage industriel. Mais on a reconnu qu'il donne à l'acier une dureté et une compacité particulières. On ajoute à l'acier le minerai du tungstène, appelé *wolfram*. C'est un tungstate de fer et de manganèse qui se présente le plus souvent en masses lamelleuses d'un noir brunâtre ou d'un noir de fer. Il accompagne les minerais d'étain dans l'Erzgebirge, le Harz, en Angleterre, etc. On le trouve aussi en France, à Chanteloube, aux environs de Limoges. L'acier au wolfram se fabrique aujourd'hui en Suède, en Allemagne, en France, en Amérique et en Angleterre.

Un autre métal que l'on commence à utiliser est le *vanadium* découvert dans un minerai de plomb du Mexique, puis dans un fer suédois remarquable par sa ductilité. Aujourd'hui on emploie les combinaisons du vanadium dans l'industrie de l'impression des étoffes; elles fournissent aussi de très belles couleurs sur porcelaines. Aussi cherche-t-on activement les minerais vanadiques. M. Dieulafait a prouvé que ce métal est très répandu dans les roches anciennes; il se concentre dans les minerais de fer provenant de leur destruction. Certains minerais de fer des bords du plateau central en contiennent des quantités notables. MM. Osmond et Witz ont créé au Creusot l'industrie du vanadium; ils utilisent des scories jusqu'alors négligées et fabriquent annuellement soixante mille kilogrammes d'acide vanadique. Pour donner une idée de l'importance de cette industrie naissante, il suffira de dire que dans ces dernières années l'acide vanadique se vendait mille francs le kilogramme (1).

(1) Dieulafait, *l'Origine et la formation des minerais métallifères* (*Revue scientifique*, 19 mai 1883).

LE CUIVRE.

Le cuivre est un métal remarquable par sa belle couleur rouge ; il est très malléable. Son rôle industriel est très important ; il entre dans la composition de nombreux alliages : laiton, bronze, maillechort, etc. Sa densité varie entre 8,85 et 8,95 selon qu'il a été fondu ou travaillé. Il fond vers 1150° et se vaporise lentement en colorant en vert la flamme du foyer.

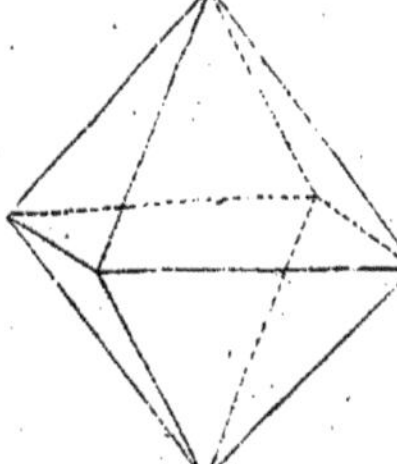

Fig. 687. — Cuivre oxydulé (cuprite).

Le cuivre se trouve soit à l'état natif, soit en combinaisons.

Le cuivre natif se présente sous divers aspects. Le plus souvent il forme des cristaux du système cubique (cube, octaèdre, dodécaèdre rhomboïdal), qui sont groupés en masses ramifiées à la manière des dendrites, ou en chapelet ou en réseaux. Les cristaux sont généralement maclés. Parfois aussi le cuivre natif

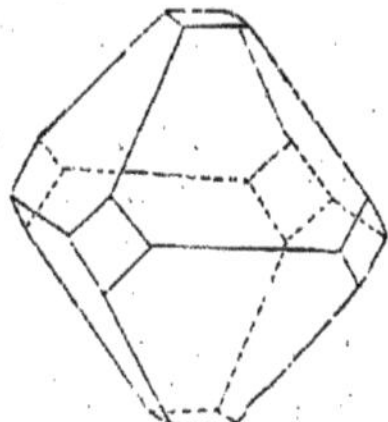

Fig. 688. — Cuivre oxydulé (cuprite).

forme des plaques, des enduits ou des grains disséminés. Le plus souvent le cuivre est accompagné d'autres métaux, en particulier d'argent, mais celui-ci n'est jamais mélangé au cuivre ; les deux métaux sont simplement soudés l'un à l'autre.

Les minerais du cuivre sont nombreux. Il faut distinguer les combinaisons oxydées et les combinaisons sulfurées. Parmi les premières se trouve la *cuprite* (oxydule de cuivre) (fig. 687, 688), cristaux rouges du système cubique souvent translucides. Elle peut aussi se pré-

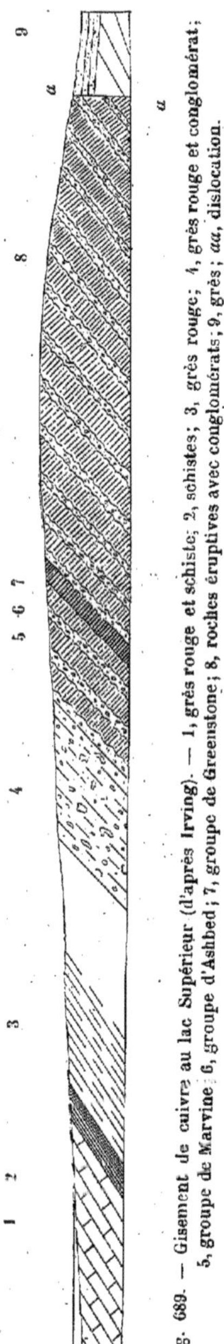

Fig. 689. — Gisement de cuivre au lac Supérieur (d'après Irving). — 1, grès rouge et schiste ; 2, schistes ; 3, grès rouge ; 4, grès rouge et conglomérat ; 5, groupe de Marvine ; 6, groupe d'Ashbed ; 7, groupe de Greenstone ; 8, roches éruptives avec conglomérats ; 9, grès ; *aa*, dislocation.

senter en filaments très déliés d'un rouge co-

Fig. 690. — Lac Supérieur.

chenille ou carmin. Il existe deux carbonates de cuivre, tous les deux hydratés : la *malachite* et l'*azurite*. Nous avons déjà cité la première au sujet des matériaux d'ornementation. C'est un minéral vert émeraude, le plus souvent en masses mamelonnées. Généralement les cristaux de cuprite sont couverts d'un enduit de malachite. L'azurite forme aussi des concrétions d'une couleur variant du bleu d'azur au bleu de Prusse. A Chessy on a trouvé de magnifiques cristaux isolés d'azurite.

Les minerais sulfurés sont la *chalcosine* et la *chalcopyrite*. La première se présente en cristaux aplatis d'apparence hexagonale, appartenant au système rhombique ; elle existe aussi en masses compactes amorphes. Sa couleur est noire bleuâtre ; elle se laisse facilement couper au couteau. Elle contient souvent du sulfure d'argent; alors sa couleur devient plus claire et peut tourner au violet.

La chalcopyrite ou pyrite de cuivre cristallise dans le système quadratique, mais elle existe aussi en masses amorphes ou concrétionnées. C'est un sulfure double de cuivre et de fer. Son éclat est très vif; sa couleur est d'un jaune d'or avec reflets verdâtres ; souvent elle est irisée à cause d'un commencement d'altération (pyrite gorge de pigeon).

Le *cuivre panaché* appelé aussi *érubescite* ou *phillipsite* contient 50 à 71 de cuivre, 6 à 18 de fer et 21 à 28 de soufre. Ce minéral, du système cubique, forme généralement des rognons ou des incrustations. Sa couleur est intermédiaire entre le rouge de cuivre et le brun tombac, avec des irisations bleues et violettes. On doit rapprocher des minéraux précédents les *cuivres gris* dont la couleur varie du gris d'acier au gris et noir de fer. Ce sont des combinaisons où le cuivre s'associe à l'argent, au fer, au zinc, tandis que le soufre s'associe à l'antimoine et à l'arsenic. On distingue la *panabase* ou *cuivre gris antimonial* et la *tennantite* ou *cuivre gris arsenical*. Elles cristallisent dans le système cubique avec prédominance des formes tétraédriques.

Les plus riches gisements de cuivre natif se trouvent dans l'Amérique du Nord, sur les bords du lac Supérieur (fig. 689). Là on voit

Fig. 691. — Lac Supérieur. — Le Grand Portique, roche sous laquelle les eaux du lac s'engouffrent et forment un bassin intérieur (1).

des roches éruptives basiques : diabase et mélaphyres, avec intercalations de brèches et de grès. Tout le système a une épaisseur de 10 kilomètres et s'incline vers le nord ou le nord-ouest. Le cuivre s'y présente sous trois formes : en filons traversant le mélaphyre, en amandes au milieu des roches éruptives, ou bien comme ciment de conglomérats porphyriques. Les filons sont épais de 0m,30 à 1 mètre. On suppose que le cuivre a accompagné les éruptions des roches basiques sous forme de sulfure ou de silicate, et qu'il a été mis en liberté par la décomposition lente des minéraux du mélaphyre.

L'exploitation du cuivre du lac Supérieur (fig. 690, 691, 692) remonte aux temps préhistoriques. Dans l'île Royale et dans la presqu'île de Keweenaw on a retrouvé d'anciennes mines avec leurs galeries de soutènement, à demi-cachées par la terre végétale où sont nées des forêts (1). On y a trouvé des marteaux de pierre, des ciseaux de cuivre, du charbon de bois. On sait maintenant comment les premiers travailleurs faisaient l'extraction du cuivre. Ils allumaient un grand feu et refroidissaient brusquement la couche de métal en y jetant de l'eau froide. Le cuivre devenu cassant pouvait se détacher assez facilement à l'aide des marteaux de pierre.

D'ailleurs l'homme préhistorique nord-américain ne savait pas fondre le cuivre; tous les instruments trouvés sont en métal battu. Ils sont très nombreux dans les buttes de terre appelées *mounds*, si répandues aux États-Unis depuis la région canadienne de la rivière Rouge jusque dans la Louisiane. Au XVIIe siècle

(1) Figure empruntée à l'*Amérique du Nord pittoresque*. Paris, May.

(1) Reclus, *Géographie universelle : les États-Unis*, p. 35.

Fig. 692. — Lac Supérieur : cap du Tonnerre (Thunder Cape).

les gisements du lac Supérieur étaient déjà connus des colons anglais, mais l'exploitation ne se fit avec activité que dans ce siècle. Jusqu'à ces dernières années le cuivre du lac Supérieur fournissait les 88 p. 100 de la production annuelle des États-Unis. Aujourd'hui il n'en donne guère que la moitié, parce qu'on a découvert d'autres gisements dans le Montana et l'Arizona.

Dans le Montana le district cuprifère est celui de Butte; le métal forme des filons dans un granite et un porphyre symétrique. Dans l'Arizona, les mines de Copper Mountain (district de Clifton) se trouvent au contact du porphyre et des roches sédimentaires.

Le Chili fournit aujourd'hui beaucoup de cuivre depuis trente ans environ. Les exploitations les plus importantes sont sur les côtes de la Cordillère, aux environs de Coquimbo. Telles sont celles de Tamaya où le filon puissant de 2 à 3 mètres se trouve dans la diorite, et de La Higuera où les conditions sont les mêmes. A Copiapo les mines sont dans les montagnes en filons et en couches dans les schistes cristallins. Les minerais exploités au Chili sont surtout la pyrite cuivreuse et le cuivre panaché. La production du Chili devient la plus importante du monde; elle a fait baisser le cuivre de 20 p. 100 sur les marchés de l'Europe.

Les mines de Corocoro, en Bolivie, produisent plus de 60 000 quintaux de cuivre natif sous forme de petits grains; le métal est disséminé dans des grès. Les mines sont sur un plateau à plus de 1 000 mètres du niveau de la mer. Citons encore en Amérique les gisements de Santiago de Cuba, subordonnés à des serpentines. La pyrite cuivreuse y présente comme gangues le quartz et la dolomie (Jagnaux).

Hors de l'Europe deux pays cuprifères sont le Japon et l'Australie. Au Japon dans la province d'Yo, à Berki, la pyrite cuivreuse forme des filons dans des schistes, mélangée à la pyrite de fer et à la pyrite arsenicale. Les minerais de cuivre du Japon contiennent de l'or en quantité assez notable. Dans la Nouvelle-Galles du Sud, en Australie, la mine la plus importante est celle de Cobar Copper, consistant en filons dans les schistes siluriens; dans le Queensland se trouve la Peak mine, et dans l'Australie du Sud celle de Burra Burra.

Les pays d'Europe qui produisent le plus de cuivre sont l'Espagne et le Portugal. Dans les provinces d'Huelva (Espagne) et d'Alemtejo (Portugal) se trouve une zone de schistes siluriens ou dévoniens contenant au contact de porphyres dioritiques, de très riches gisements de cuivre à l'état de pyrite mélangée à de la

Fig. 693. — Exploitation du Rio-Tinto (d'après une photographie).

pyrite de fer. Les amas atteignent de 15 à 100 mètres de puissance sur 80 ou 700 de longueur. Les mines les plus renommées sont celles de Rio-Tinto dans la province d'Huelva (fig. 693) (1). Il y a là trois filons; celui du sud, celui du nord et celui du milieu. Le premier a été reconnu sur une longueur de 2 kilomètres et demi avec une puissance de 500 mètres; le second sur 3 kilomètres avec une épaisseur de 125 mètres. La pyrite est compacte, sans aucune gangue. Ces mines étaient déjà exploitées par les Phéniciens. Il y a beaucoup de traces d'origine romaine, des sépultures, des routes, des monnaies dont les dernières remontent à Honorius. L'exploitation, au temps des Romains, occupait, dit-on, vingt mille esclaves. Pendant la domination des Goths et des Maures les mines furent abandonnées. L'exploitation ne reprit toute son activité qu'à partir de 1730. On évalue la quantité de minerai à 300 millions de tonnes. L'exploitation est rendue difficile par l'altitude élevée de Rio-Tinto (500 mètres) et la distance de la mer. Le gisement de Tharsis, beaucoup moins riche, est plus exploité parce qu'il est à proximité du port d'Huelva (fig. 694). La Compagnie du Rio-Tinto exporte une grande quantité de minerais de cuivre et de fer pour l'extraction du cuivre et la fabrication de l'acide sulfurique. San Domingos en Portugal continue les gisements d'Huelva; le minerai est une pyrite de fer contenant environ 3 p. 100 de cuivre.

En France les gisements cuprifères sont peu importants; il y en a dans les départements du Gard et du Var, dans les Basses-Pyrénées et en Savoie. Les localités les plus connues sont Chessy et Saint-Bel près de Lyon. Dans une argile ferrugineuse se trouvent des amas lenticulaires de pyrite de fer et de pyrite de cuivre, surmontés d'un chapeau de minerais oxydés : cuivre oxydulé, malachite et azurite en beaux cristaux. La pyrite est en rapport avec une roche amphibolique, dont elle paraît avoir accompagné l'éruption. La partie supérieure du gisement est aujourd'hui épuisée et l'on se contente d'extraire de Saint-Bel, annuellement 60 000 tonnes de pyrite de fer et 4 à 5 000 tonnes de chalcopyrite. En Cornouailles il y a des filons de 1 à 2 mètres de puissance et s'étendant parfois sur une grande longueur dans les couches dévoniennes ; la

(1) Voy. *Science et Nature*, 1884, t. II, p. 136.

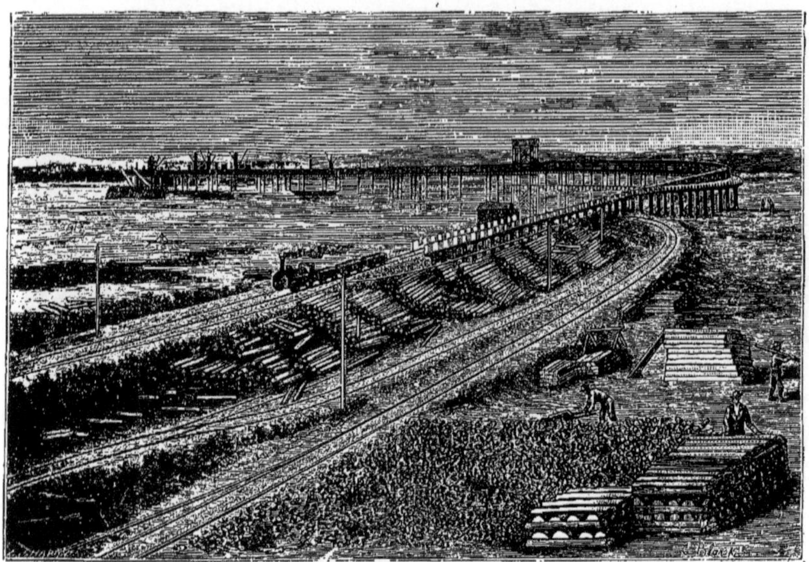

Fig. 694. — Port de Huelva (d'après une photographie).

gangue est le quartz; le minerai principal est la chalcopyrite à laquelle viennent se réunir parfois la pyrite de fer, le mispickel, l'oxyde d'étain et la blende.

L'Italie présente entre Gênes et le sud de la Toscane des gisements très remarquables en forme de nids, subordonnés à des diabases et des serpentines. Les plus importants sont ceux de Monte Catini, à l'ouest de Volterra. Il y a là des schistes et des grès éocènes au milieu desquels s'élève en îlot le gabbro du Monte Massi. A la limite de celui-ci apparaissent des serpentines formant des masses irrégulières et un filon composé d'un conglomérat de serpentine et d'une argile onctueuse. C'est dans ce filon que se montre le minerai sous forme de sphères isolées (*noccioli*), consistant en pyrite de cuivre ou en cuivre panaché. Ces blocs de minerai étaient déjà exploités par les Étrusques. Le filon de Monte Catini a la forme d'un coin renversé; il affleure comme une zone très étroite, qui dans la profondeur s'élargit au point d'atteindre 15 mètres.

Il y a également des gisements de contact dans le Banat, gisements qui se prolongent jusqu'en Serbie. Une zone médiane de schistes cristallins porte sur ses deux versants des calcaires jurassiques et crétacés. Dans ceux-ci se trouvent des masses de diorite formant un réseau de filons dans les calcaires et les ayant métamorphisés. Il y a souvent au contact du marbre avec minéraux variés : grenat, vésuvienne, etc., et des amas irréguliers de minerais de cuivre, de plomb, de fer. A Dognacska et Moravitza c'est surtout de la magnétite avec une petite quantité de blende, et de minerais de cuivre et de bismuth; à Oravitza et Cziklowa, des minerais de cuivre; à Neu Moldawa de la pyrite de fer contenant aussi du cuivre, mais exploitée seulement aujourd'hui pour la fabrication de l'acide sulfurique (1).

L'Allemagne présente d'assez nombreux gisements de cuivre. Au Rammelsberg (fig. 695), dans le Harz (fig. 696) il y a une lentille, dans le dévonien, de 600 mètres de long avec 60 mètres de puissance. Les principaux minerais sont les pyrites de fer et de cuivre, la galène, la blende. Les mines du Rammelsberg étaient déjà exploitées du temps de l'empereur Othon Ier. Dans le Mansfeld se trouvent des schistes bitumineux d'âge permien où sont disséminés en petits cristaux ou en petites veinules, du cuivre pyriteux, du cuivre panaché, de la blende, de la pyrite de fer, des minerais d'arsenic, de nickel, de cobalt, de vanadium et de plomb. La teneur en argent est assez

(1) Uhlig, p. 788.

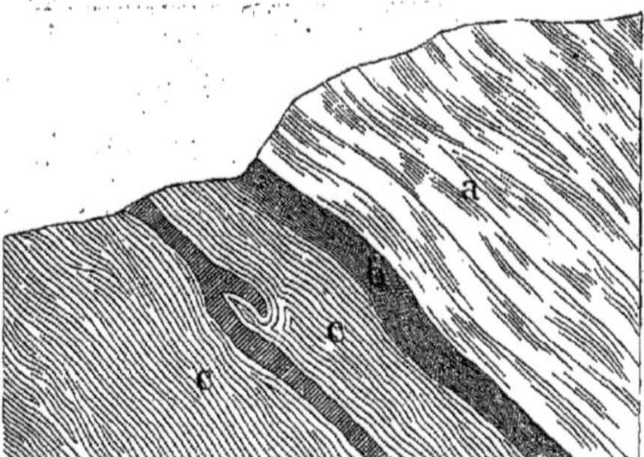

Fig. 695. — Gisement du Rammelsberg (d'après Wimmer). — *a*, grès; *b*, *c*, schistes; *d*, gisements.

notable. La couche de schistes bitumineux (*Kupfer-Schiefer*) est très peu épaisse : 60 centimètres, mais elle s'étend sur quarante lieues de longueur.

Cent parties de schistes donnent trois parties de cuivre et 100 de cuivre donnant une partie d'argent. Il y a des gisements analogues en Westphalie et dans la Hesse. A Rheinbreisbach, dans les provinces rhénanes il y a un filon à gangue de quartz contenant de la pyrite cuivreuse et du cuivre panaché. Près de Dillenburg dans le Nassau il y a une quarantaine de filons de pyrite cuivreuse traversant les diabases. Des filons du même genre perçant la diorite se rencontrent en Norwège à Kafjord. A Tellemarken aussi il y a un granite cuprifère (fig. 697).

En Suède on cite particulièrement dans la Dalécarlie, le gîte de Fahlun, amas vertical se ramifiant dans des roches amphiboliques. Il est formé de pyrite de fer dont la zone extérieure est mélangée de pyrite de cuivre dans le rapport de 2 1/2 à 3 p. 100.

En Russie le permien contient un véritable grès cuprifère, dont le ciment est composé de carbonate de cuivre. Ce grès s'étend presque horizontalement sur une surface de 18000 milles carrés à travers les gouvernements de Perm, d'Orenbourg, etc.

Les principales mines cependant se trouvent dans l'Oural au contact des calcaires siluriens avec les diorites. A Tournisk et Nijni-Taglinsk les minerais de cuivre (chalcopyrite, malachite, oxyde) sont très abondants.

En résumé il paraît y avoir eu deux époques principales d'épanchements cuivreux : l'une liée aux éruptions permiennes et triasiques, l'autre en rapport avec les serpentines de l'éocène supérieur (Toscane).

Voici le tableau de la production du cuivre, exprimée en milliers de tonnes :

	1880.	1882.	1884.
États-Unis	25.0	41.0	64.0
Chili	43.0	92.9	41.6
Espagne et Portugal	34.0	37.0	43.7
Allemagne	10.8	13.2	14.8
Australie	9.7	8.9	13.0
Japon (1879)	1.9	»	6.0
Le Cap (1879)	4.3	»	5.0
Vénézuéla (1879)	1.6	»	4.6
Russie (1879)	3.0	»	4.0
Norwège (1879)	2.4	»	2.7
Angleterre (1879)	3.46	»	2.5
Italie (1879)	1.14	»	1.32
Bolivie (1879)	2.00	»	1.3
Autriche-Hongrie	1.2	»	0.9

D'après Merton la production du cuivre a été pour le monde entier de 149 156 tonnes en 1879 et de 208 313 tonnes en 1884.

LE MERCURE.

Le mercure est le seul métal liquide à la température ordinaire. Il se congèle à — 40° et cristallise en octaèdres; il bout à 350°. Sa densité est 13,6. On trouve parfois des globules de mercure natif, mais le seul minerai de mercure important est le sulfure ou *cinabre*. Celui-ci est d'une couleur rouge cochenille, sa poussière est rouge écarlate; il est translucide, son éclat est adamantin. Il se laisse facilement couper au couteau. Le cinabre forme de beaux cristaux rhomboédriques, ou des masses lamelleuses ou grenues. Il peut aussi se présenter à l'état pulvérulent, comme à Wolfstein (Palatinat).

Fig. 696. — Les grandes tailles du Harz. — Abattage d'un amas de pyrites par gradins droits avec toit boisé.

Le gisement le plus anciennement connu, qui était déjà exploité par les Arabes, est celui d'Almaden sur le versant nord de la Sierra Morena en Espagne. Les schistes contiennent des couches de grès et de calcaires riches en cinabre. On exploite trois filons, San Diego qui présente une puissance moyenne de 8 à 10 mètres, San Francisco et San Nicolas d'une puissance de 3 à 4 mètres. La masse des grès peut être entièrement imprégnée de cinabre ou en contenir au contraire très peu. Le mercure se trouve là aussi à l'état natif; on a découvert des poches qui en contenaient plusieurs kilogrammes.

Le gisement d'Almaden paraît appartenir à l'époque permo-carbonifère; il se trouve au voisinage de roches amphiboliques. Les travaux atteignent une profondeur de 270 mètres.

Dans les montagnes de la Carniole, à Idria, le mercure se trouve aussi à l'état de cinabre ou à l'état natif. Le sol est composé de schistes carbonifères et de couches triasiques. Une fente de dislocation qui date du tertiaire a permis l'arrivée du mercure qui se trouve en petite quantité dans les schistes carbonifères et en grandes masses dans les couches triasiques.

Le mercure se trouve également dans des schistes bitumineux du Palatinat, entre Wolfstein et Kreutznach, au Monte Amiata en Toscane, à Valalta dans les Alpes vénitiennes, à Ripa près de Modène et à Avala près de Belgrade. On trouve du mercure en quelques localités de France, ainsi à Réalmont (Tarn), à Méneldot (Manche), à la Mure et aux Challanches (Isère), à Haminate (Algérie) associé au sulfure d'antimoine.

Le cinabre se présente aussi en Chine, au Japon, en Australie. Il y des exploitations importantes en Amérique. A Huanca Velica, au Pérou, les calcaires et les schistes argileux d'âge carbonifère sont remplis de mercure. Au sud de San Francisco sont situées des mines fort productives, à New-Almaden et Redington, dans les montagnes qui bordent la côte du Pacifique. Ces montagnes sont formées de schistes, de grès et de calcaires crétacés traversés par des serpentines en relation avec des coulées trachytiques. Le cinabre accompagné de pyrite de fer et surtout de bitumes, forme des imprégnations lenticulaires au contact des serpentines et des roches stratifiées; dans ces mines de Californie se dégagent souvent de torrents d'acide carbonique et d'hydrogène sulfuré. Les émanations mercurielles

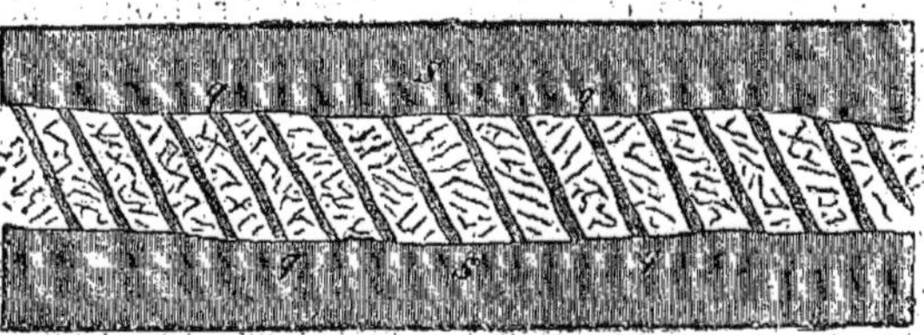

Fig. 697. — Filon de granite cuprifère du Tellemarken (Norwège). — S, micaschistes ; G, granite ; *q*, *q*, veines de quartz avec minerais de cuivre (page 559).

sont liées en effet à l'activité volcanique du globe, comme le montrent les phénomènes observés au *Sulphur Bank* en Californie. Il y a dans ce pays une vaste région couverte de sources chaudes et de dégagements gazeux ; elle s'étend dans la chaîne active au pied du cône volcanique de l'Oncle Sam, haut de 1300 mètres. Près du lac Clear, il y a une colline : le *Sulphur Bank*, formée de lave andésitique recouverte de soufre natif. Elle a 30 mètres de hauteur sur 600 de long et 600 de large. Les sources chaudes, les émanations de vapeur d'eau, d'acide carbonique et d'hydrogène sulfuré, sont obligées de se frayer un passage à travers la roche volcanique pour arriver au jour. Elles décomposent l'andésite et sur leur trajet se déposent de l'opale, de la calcédoine, du soufre, du cinabre et des matières bitumeuses. On exploite aujourd'hui le cinabre à 80 mètres de profondeur.

Dans le Nevada, à 11 kilomètres au nord-ouest de Virginia City, se trouvent des jets de vapeurs qui se font jour à travers des dépôts de silice. Ce sont les sources dites du Bateau à vapeur (*Steamboat Springs*). On y trouve, outre la silice, du cinabre, des traces de pyrite argentifère et même de l'or natif. Beaucoup de fentes de granite de cette région sont tapissées de silice amorphe et cristallisée, imprégnée de cinabre (1).

Le mercure a comme on sait des usages multiples. Il sert à la fabrication d'instruments de physique, à l'étamage des glaces, à la dorure, etc. Mais la plus grande partie du métal est employée pour l'extraction de l'or et de l'argent ; on amalgame ces deux métaux pour les séparer des impuretés. Pendant trois siècles les mines d'Almaden fournirent au Mexique le mercure nécessaire à l'exploitation des métaux précieux ; quelquefois même le Nouveau Monde dut recourir au mercure d'Idria. Mais les mines de Huanca Velica au Pérou furent exploitées au XVIIIe siècle ; celles de Californie le furent en 1850 ; aujourd'hui elles fournissent la moitié du mercure nécessaire à la consommation.

Le mercure est livré au commerce dans des bouteilles en fer à fermeture à vis. Le poids du mercure contenu dans chaque bouteille est de 28kil,34. La Californie a livré en 1879, 79396 de ces bouteilles, en 1882, 52732 bouteilles ; la même année la production d'Almaden a été de 45921 et celle d'Idria de 11000 bouteilles. La production des autres pays (Allemagne, Italie, etc.), est peu de chose à côté de celle des grandes mines. Elle est de 165000 kilogrammes, tandis que la quantité de mercure livrée par l'Espagne est de 1250000 kilogrammes environ et celle de la Californie de 3 millions de kilogrammes. Celle du Pérou est de 160000 kilogrammes.

L'ARGENT.

L'argent est un métal blanc, brillant, qui se noircit rapidement par les vapeurs sulfureuses. Il est assez tenace, très ductile, très malléable ; il est plus dur que l'or, mais plus mou que le cuivre. Sa densité est 10,5. L'argent se trouve à l'état natif, mais plus rarement que l'or, parce qu'il résiste beaucoup moins aux agents chimiques ; on rencontre surtout l'argent en combinaison avec le soufre, l'arsenic, l'antimoine, le chlore, le brome, l'iode. Il fond à 1000°.

L'argent natif se présente en cristaux du système cubique généralement réunis en rameaux ou en dendrites, figurant des fougères.

(1) Uhlig, p. 784.

On le trouve aussi en filaments capillaires disposés en réseaux, parfois en plaques plus ou moins grandes ou en morceaux massifs. Les plus beaux cristaux d'argent viennent de Kongsberg, en Norwège où l'on a découvert des masses d'argent natif pesant de 25 à 275 kilogrammes.

Les minerais d'argent les plus importants sont les sulfures, arséniures, antimoniures, et aussi le chlorure d'argent.

Le sulfure d'argent s'appelle *argentite* ou *argyrose*. C'est un minéral d'un gris de plomb noirâtre extrêmement tendre. Il se laisse facilement couper en copeaux. L'argyrose cristallise dans le système cubique mais se rencontre généralement en masses amorphes. Il contient 87 p. 100 d'argent.

Les *argents noirs* sont des sulfo-antimoniures. On distingue la *polybasite* et la *stéphanite*. La *polybasite* est ainsi nommée parce qu'elle contient d'autres métaux que l'argent, ainsi le cuivre, et un peu de fer et de zinc. Elle renferme de 64 à 72 p. 100 d'argent et 3 à 10 p. 100 de cuivre. La *stéphanite* est comme la précédente d'un noir de fer; elle contient environ 68 p. 100 d'argent.

Les *argents rouges* sont de trois sortes. La *pyrargyrite* ou *argyrythrose* est l'argent rouge antimonial; c'est un antimonio-sulfure d'une couleur rouge foncé ou même gris de plomb, mais la poussière est toujours rouge. Il y a 60 p. 100 d'argent. On le trouve parfois en cristaux rhomboédriques transparents. La *proustite* ou argent rouge arsenical accompagne la précédente; elle est d'un rouge cochenille et contient 65 p. 100 d'argent. Enfin la *miargyrite*, d'un rouge cerise foncé, est antimoniale et se distingue des deux autres espèces par la proportion moindre d'argent; elle n'en contient que 36 p. 100.

Le chlorure d'argent porte le nom d'*argent corné* ou *cérargyrite*. Il se présente en petits cristaux du système cubique ou en masses compactes; son aspect est analogue à celui de la corne. Il est blanc ou gris jaunâtre, mais devient violacé sous l'action de la lumière. Il est très tendre et se coupe comme de la craie. Il contient de 68 à 76 p. 100 d'argent.

Citons encore le *mercure argental* et l'*arquérite*, qui sont des amalgames : le mercure est uni à l'argent. Enfin le métal se retire aussi des cuivres gris et surtout de la galène qui est souvent très argentifère; une grande partie de l'argent obtenu s'extrait du minerai de plomb

L'argent se trouve uni à l'or dans la Sierra Nevada de Californie. Les gisements de Comstock dont Virginia City est le centre, consistent en une série de filons dont le principal porte le nom de Comstock Lode. Les minerais sont des sulfures d'argent associés à des sulfures d'antimoine, de plomb, de cuivre, etc. L'or et l'argent natifs s'y trouvent souvent. Certains dépôts, dits *bonanzas*, sont d'une richesse exceptionnelle. Nous parlerons plus en détail de ces filons de Comstock à propos de l'or. A l'est du Nevada, dans la chaîne de Wahsatch, se trouvent de riches gisements de plomb argentifère. Les roches sont des quartzites et calcaires carbonifères traversées par des roches éruptives. Les gisements sont exploités non seulement pour l'argent, mais aussi pour le plomb. Les principales exploitations sont celles de la mine Emma, de la mine Flugstaff dans la vallée de Cottomwood, de Crescent près d'Alta, d'Ontario près de Park City, et celle d'Eureka dont nous avons parlé à propos du plomb.

Le pays du monde qui a livré le plus d'argent est le Mexique. Il en fournit depuis quatre siècles et ses gisements sont loin d'être épuisés. D'après les évaluations les plus modérées, depuis la découverte de l'Amérique (1492) jusqu'en 1890, le Mexique a fourni pour plus de vingt millards de francs d'argent, soit plus de la cinquième partie de la production totale du monde pendant la même période. La superficie de la région minière au Mexique couvre les quatre cinquièmes du pays. Elle comprend l'espace limité par l'océan Pacifique d'une part, et de l'autre par une ligne parallèle menée de Paso del Norte à Tehuantepec. Cette surface représente le double de celle de la France (1). Le milieu de cet espace est occupé par la Sierra Madre, qui le partage en trois régions distinctes : terres basses, montagnes et plateaux, entre lesquelles sont répartis les filons. On trouve ceux-ci dans les grès, les calcaires, les schistes, etc. Ils sont en relation avec des roches vertes (diabases, etc.) et des trachytes récents.

Il y a des filons dans les plaines, ainsi au Fresnillo, à Plateras, à Carcas. Les plus exploités sont ceux de la région des plateaux, à Saint-Louis Potosi, à Guanajuato, Chihuahua, etc. La Sierra Madre présente les exploitations renommées de Batopilas, Balanas, Gua-

(1) Voir Guillemain, cité par Jagnaux, *Minéralogie appliquée*.

Fig. 698. — Affleurement d'un filon de quartz aurifère en Californie (page 566).

dalupe y Calvo, etc. Il y a des mines à toutes les altitudes, depuis un niveau inférieur à celui de la mer (Rosario, Sinaloa) jusqu'à 2 800 mètres de hauteur (Guadalupe).

Les minerais les plus abondants mais les moins exploités sont les galeries argentifères. Les minerais argileux, dits *colorados*, comprennent les chlorure, bromure et iodure d'argent. On les traite par l'amalgamation à chaud. Les minerais quartzeux, dits *negros*, parce qu'ils contiennent l'argent à l'état de sulfures, sont les plus exploités. On les traite par l'amalgamateur à froid ou *patio* qui consiste à faire piétiner par des chevaux le minerai en poudre avec du sel marin et de l'eau, puis avec de la pyrite cuivreuse grillée et du mercure. L'opération dure plusieurs mois; on obtient du chlorure d'argent et ensuite de l'amalgame d'argent qu'il faut distiller pour enlever le mercure et mettre l'argent en liberté. C'est par cette méthode qu'on se procure les huit dixièmes du métal produit dans le pays. Les minerais les plus riches contiennent de 4 à 6 millièmes d'argent.

Après les mines du Mexique, les plus riches sont celles du Pérou et de la Bolivie, où se trouvent les gisements renommés de Potosi, Pasco et Castro Vireyna. Le gîte de Potosi à lui seul, depuis la conquête, a fourni environ pour 6 milliards d'argent. Il s'est affaibli en profondeur, et l'on exploite aujourd'hui particulièrement les filons de Caracoles dans le désert d'Atacama, près du port de Mejillones; ils se trouvent dans le calcaire jurassique supérieur, dans du porphyre quartzifère et des roches vertes. Les filons de porphyre contiennent de l'argent natif et de l'argent corné; ceux des roches stratifiées contiennent de la galène argentifère (1). Les mines de Pasco se trouvent dans les Andes du Pérou, près des sources du fleuve des Amazones, à 4 000 mètres d'altitude.

Les côtes du Chili présentent de nombreux gisements à Arqueros, Tunas, Amargua, et dans le district de Copiapo. L'argent se trouve à l'état natif, ou amalgamé, ou à l'état de chlorure. Les mines de Chanarcillo se trouvent dans la zone moyenne des Cordillères, où le calcaire jurassique présente de nombreux filons et aussi des intrusions de roches vertes. Les filons ou *chorros* et les intrusions sont en relation avec les minerais; dans le voisinage des *chorros* sont les veines les plus importantes, et les bancs de calcaires voisins sont imprégnés de minerais. Le filon le plus riche : la *Corrida colorado*, a une puissance de 10 mètres à la surface, qui s'abaisse à 1 mètre dans la profondeur. Comme ceux du Mexique, du Pérou et de la Bolivie, il présente de l'argent natif et du chlorure accompagnés de calcaire et de barytine; dans les profondeurs se trouvent des sulfures. Les minerais les plus riches contiennent un deux-centième d'argent; d'autres plus pauvres et d'une apparence non

(1) Uhlig, p. 780.

métallique, d'une couleur grise ou ocreuse, n'en contiennent que de 1 à 5 millièmes. Toutefois on les exploite avantageusement.

En Europe on exploite aussi d'une manière fructueuse des gisements qui cependant sont fouillés depuis des siècles. Le pays le plus renommé sur ce rapport est le district de Freiberg en Saxe dans l'Erzgebirge. De 1163 à 1882 il a fourni pour plus de 853 millions de marks d'argent (1), et en outre des quantités considérables de plomb et de cuivre. Les filons se dirigent de Meissen sur Freiberg, Marienberg, et Annaberg jusque vers Joachimsthal au sud-ouest, dans le gneiss et les schistes cristallins. Il y a dans cette zone de la Saxe en tout 1 848 filons, dont 849 fournissent, outre l'argent et le plomb, des minerais de cobalt et de nickel. On distingue à Freiberg plusieurs groupes de filons (2). Le premier composé de 150 filons au moins (*edle Quartzgänge*), contient du quartz avec des minerais argentifères; le second de plus de 300 filons (*kiesige Bleigänge*) contient de la galène, de la blende et des pyrites de fer cuivreuse et arsenicale; le troisième (*edle Bleigänge*, 400 filons) contient de la galène argentifère, du sulfure d'argent et de l'argent rouge; le quatrième groupe (*barytische Bleigänge*, 130) présente, entre autres minéraux, de la barytine, de la galène et des pyrites; enfin le cinquième (*Kupfererzgänge*) est surtout riche en minerais de cuivre. Les filons ont des directions variées et se croisent souvent; la richesse est particulièrement grande aux points de croisement.

Dans le Harz au sud-ouest du Brocken se trouvent les mines de Saint-Andreasberg; l'une d'elles descend à 850 mètres au-dessous de la surface du sol. Les filons traversent un terrain de schistes siluriens et de grauwackes (grès argileux), limité au nord par la granulite et au sud par la diabase. Ces filons sont remplis de minerais d'argent, de fer et de cuivre. Il y a des fentes stériles (*Ruscheln*) qui limitent là un espace elliptique. Les filons argentifères se trouvent seulement dans cet espace, tandis que les filons ferrugineux et cuprifères sont à l'extérieur de l'ellipse.

Une région analogue se montre aux environs de Przibram en Bohême dans les schistes et les grauwackes du cambrien (étage B du silurien de Barrande). Il y a là deux zones de schistes s'étendant dans la direction du N.-E. vers le S.-O., qui sont séparées par une fente de dislocation : la *Lettenkluft*. Les filons les plus nombreux et les plus riches se trouvent dans la première zone; ils s'étendent dans la direction nord-sud et coupent obliquement les couches. Arrivés à la *Lettenkluft* ils paraissent interrompus et l'on a d'abord considéré cette dislocation comme limitant l'extension des filons vers le nord, mais des travaux bien dirigés ont démontré qu'ils existaient au delà de la fente. Près de Przibram il y a une cinquantaine de filons dont trente sont exploités; ils fournissent surtout de la galène argentifère et de la blende. Le filon le plus riche, l'*Adalbertigang*, est connu sur une longueur de 4 740 mètres; les travaux y atteignent, avons-nous déjà dit, une profondeur de 1 020 mètres. Il y aussi de nombreux filons de diabase; beaucoup de filons métallifères se montrent au contact de la diabase et des grauwackes (Uhlig).

En Hongrie se trouve le gisement argentifère et cuprifère de Schemnitz, dont nous nous occuperons à propos de l'or. Le gisement argentifère le plus riche d'Europe se montre en Norwège aux environs de Kongsberg. On en retire annuellement pour environ un demi-million d'argent. Le métal s'y trouve non seulement en combinaisons, mais à l'état natif et parfaitement cristallisé. Le sol consiste en un gneiss souvent rempli de grenat, et accompagné de micaschistes amphiboliques et de quartzites. Sur une longueur de un mille et une largeur de 100 à 200 mètres les schistes sont remplis de minerais de fer, et à angle droit sur eux s'étendent de nombreux filons courts et étroits où se trouve l'argent.

Dans d'autres pays d'Europe, en Espagne, en Angleterre, en France, on tire des quantités plus ou moins considérables d'argent, principalement des galènes. Les mines de Guadalcanal en Espagne sont assez importantes. On y trouve de l'argent rouge. Les filons de la Sierra de Guadalajara contiennent des minerais d'argent à l'état de grande dissémination. En France, du XVIIe siècle jusqu'en 1868 on a exploité les mines de galène argentifère de Poullaouen et du Huelgoat près de Morlaix. Le métal s'y trouvait aussi dans une terre rouge et ocreuse à l'état natif, et à l'état de chlorure, bromure, iodure. On retirait de ces mines environ 1 400 kilogrammes d'argent. Un autre filon de galène a été aussi autrefois exploité pour l'argent, près de Rennes à Pontpéan. Aux environs de Sainte-Marie-aux-

(1) Le mark vaut 1 fr. 25 cent.
(2) Uhlig, p. 781.

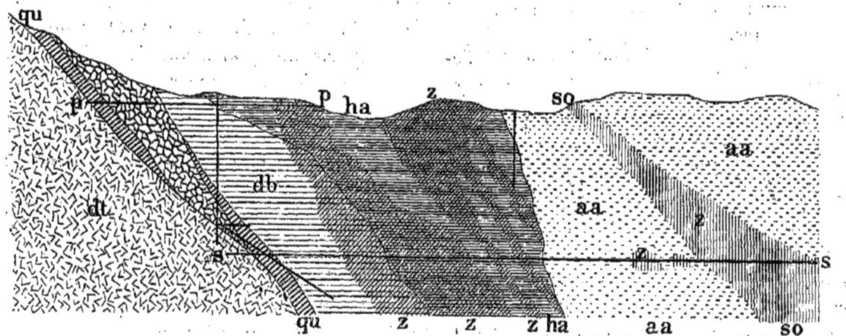

Fig. 699. — Filon de Comstock. — *dt*, diorite; *go*, *si*, or et argent; *db*, diabase; *ha*, andésite à hornblende; *aa*, andésite à augite; *z*, parties décomposées; *so*, parties décomposées, ancien filon de Solférino; *ss*, tunnel de Sutro; *pp*, tunnel de Potosi.

Mines, dans le massif des Vosges, il y a beaucoup de filons argentifères, notamment celui de Lacroix. La galène y renferme environ un deux-millième d'argent. Il y a en outre de l'argent natif et de l'argent rouge. Ce filon a été abandonné à cause de l'envahissement des eaux. Aux environs de Pontgibaud, les filons de Pranal et de Barbecot donnent de 150 à 180 grammes d'argent par 100 kilogrammes de minerai; d'autres filons en fournissent de 200 à 400 grammes, mais l'exploitation est rendue difficile par l'abondance de l'eau et de l'acide carbonique. La Lozère présente aussi des filons de galène argentifère; il y en a également dans les Alpes et les Pyrénées.

Nous avons déjà cité plus haut les mines de plomb argentifère de Nertchinsk en Sibérie. Ce pays a fourni depuis le commencement du XVIIIe siècle plus de 3 millions de kilogrammes d'argent représentant plus d'un demi-milliard de francs. Mais la Sibérie produit, comme nous allons voir, beaucoup plus d'or que d'argent.

Voici d'après Burchard la production de l'argent dans les différents pays, en 1881 et 1884 :

	1881. kilogr.	1884. kilogr.
États-Unis	1.034.649	1.174.205
Russie	7.992	9.336
Australie	3.940	2.788
Mexique	665.918	655.868
Allemagne	186.990	248.115
Autriche-Hongrie	31.359	49.424
Suède	1.176	1.816
Norwège	4.812	6.387
Italie	432	432
Espagne	74.506	3.562
Turquie	1.719	2.164
République argentine	10.109	10.109
Colombie	24.057	18.286
Bolivie	264.677	384.985
Chili	122.275	128.106
Japon	22.046	21.121
Canada	1.641	1.641
France	»	6.356
Pérou	»	45.901
Total	2.458.322	2.770.610

L'OR. LES GISEMENTS AURIFÈRES.

L'or est remarquable par sa belle couleur jaune et par l'éclat très vif qu'il prend quand on le polit. La couleur de l'or appartient aussi à la pyrite de fer, mais le métal précieux se distingue facilement du minerai de fer par sa grande densité (19,5), sa faible dureté (2,5 à 3), sa grande ductilité, sa malléabilité extrême. On peut le réduire en lames de $\frac{1}{10000}$ de millimètre. Il fond à 1 200°. C'est avec le platine le plus inaltérable de tous les métaux, il ne se ternit jamais à l'air. L'or cristallise dans le système cubique; il se présente le plus souvent en octaèdres et en dodécaèdres. Les cristaux sont généralement groupés en rameaux ou en dendrites. On le rencontre aussi sous forme de lames. Le plus souvent il existe disséminé dans les sables en paillettes ou en grains arrondis. Quand ceux-ci atteignent une certaine grosseur on les appelle des pépites. Les pépites sont généralement d'un volume inférieur à celui d'un grain de groseille. Il y en a toutefois de dimension extraordinaire, pesant 10, 15 et jusqu'à 40 kilogrammes. On cite une pépite de la Californie qui pesait 60 kilogrammes.

L'or se trouve presque exclusivement à l'état natif, mais il est presque toujours mélangé à des quantités variables d'argent, de cuivre et de fer. Il existe aussi des alliages d'or. Ainsi l'on rencontre en Sibérie, en Transylvanie, etc., un alliage d'or et d'argent d'un jaune clair, contenant 20 p. 100 d'or; c'est l'*électrum* ou *or argental*. Dans la *porpézite* de l'Amérique du Sud, et d'un jaune blanchâtre, l'or est allié au palladium; il y a 25 p. 100 d'or. La *rhodite* est un alliage d'or et de rhodium renfermant 34 à 43 p. 100 d'or. On le trouve en Colombie. L'*auramalgame* qu'on trouve en Colombie, en Australie, en Californie se présente en petits grains blancs très mous, qui contiennent 57 à 60 p. 100 de mercure.

L'or présente plusieurs sortes de gisements. Le premier mode consiste en la présence du métal en parcelles dans des roches cristallines, comme dans le granite de certaines parties du Brésil ou dans la serpentine de Nijni-Tagilsk provenant de la décomposition de roches à olivine. Dans un second mode, l'or forme des filons qui accompagnent des roches volcaniques. Il est généralement uni à l'argent. Le plus souvent ce sont des filons de quartz dans lesquels les métaux sont disséminés. Enfin le gisement le plus ordinaire consiste dans la présence de grains ou de paillettes dans des terrains d'alluvions superficiels, dans des sables provenant de la destruction sur place de filons quartzeux (fig. 698).

Les filons de quartz aurifère remontent à une époque très reculée, comme le montrent diverses observations. Au Venezuela et à la Guyane on peut distinguer dans les filons de quartz trois zones : la zone supérieure riche en pépites et en paillettes, une zone moyenne à quartz pauvre, et une zone profonde où le quartz contient de nombreux cristaux de pyrite aurifère. Ces gisements sont en relation constante avec une diorite. Il résulte de ce qui précède que l'or est probablement arrivé, lors de l'éruption de la diorite, à l'état de sulfure, comme le fer. Les émanations métallifères se sont oxydées en arrivant à la surface : le fer est passé à l'état de rouille qui tache par endroits le quartz, tandis que l'or s'est déposé (1). En Australie les filons de quartz aurifère traversent les schistes siluriens. Ils accompagnent la diabase; là encore il y a de la pyrite. Les conglomérats houillers d'Australie contiennent des débris de quartz aurifère. On a même trouvé de l'or dans une couche de houille de la Tasmanie; enfin dans le département du Gard le conglomérat houiller est aussi aurifère. Ainsi il y a eu une arrivée de l'or pendant la période primaire.

Une autre venue s'est produite vers la fin de la période tertiaire; le fameux filon dit *Comstock Lode* dans le Nevada (fig. 699) s'est rempli vers la fin du miocène, au moment de l'épanchement des andésites. Il en a été de même en Hongrie et en Transylvanie. L'or répandu dans le quartz avec les pyrites occupe des filons dans les andésites et les dacites, ou dans un conglomérat renfermant des morceaux de ces roches éruptives. Ainsi l'on peut conclure que les gîtes aurifères résultent de puissantes solfatares venues au jour avec des roches dioritiques; et plus tard avec des roches trachytoïdes. Les filons quartzeux sont rarement productifs. On exploite surtout les alluvions ou placers provenant de leur destruction. C'est là qu'on trouve parfois des pépites énormes, ainsi dans l'Oural et en Australie où l'une des pépites pesait 68 kilogrammes. On exploite aussi des lentilles irrégulières qui se trouvent çà et là dans le quartz; la roche y est imprégnée de minerai. Ce sont les *bonanzas* si célèbres de *Comstock Lode*.

La partie ouest de l'Amérique du Nord est un des pays les plus riches en or. Là se dressent parallèlement à la côte une série de chaînes montagneuses riches en minerais. Les gîtes sont déjà nombreux dans la partie la plus septentrionale, c'est-à-dire dans la Colombie Britannique. En 1856 on trouva des pépites sur les bords du Fraser, puis dans la vallée du Thompson. Toutes les rivières contiennent de l'or dans les sables qu'elles roulent. De 1858 à 1888 on a retiré pour 281 millions d'or des sables de la Colombie. Aujourd'hui l'exploitation est presque abandonnée, sauf sur les frontières de l'Alaska dans le pays de Cassiar.

On emploie dans la Colombie anglaise pour exploiter l'or un procédé hydraulique dont nous parlerons en détail à propos des gisements californiens. L'eau mise en mouvement par une pompe actionnée par une roue flottante arrive dans de longs canaux de bois ou *sluices*; dans un dernier on place le minerai (fig. 700) aurifère qu'il s'agit de laver.

(1) De Lapparent, *Traité de géologie*, 2ᵉ édit., p. 1374.

Fig. 700. — Exploitation de l'or dans la Colombie anglaise.

C'est surtout aux États-Unis que l'exploitation de l'or est active et fructueuse. Il y a là, d'après Clarence King, quatre groupes de filons. Le premier et le plus occidental suit la chaîne cotière, il contient du mercure, de l'étain et du fer chromé. Les deux suivants sont sur le versant ouest de la Sierra Nevada. Le plus occidental contient surtout du cuivre, l'autre consiste en filons de quartz aurifère qui traversent le granite. Ce sont ces filons qui par leur destruction ont fourni les alluvions si riches de la Californie. La quatrième zone de filons se montre sur le versant oriental de la Sierra Nevada dans une région volcanique; les filons contiennent à la fois de l'or et de l'argent. C'est là que se trouve le fameux *Comstock Lode*, le plus important filon de métaux précieux qui ait jamais été exploité. Enfin il y a encore des gisements dans l'Arizona, le Nouveau-Mexique, le Colorado. Dans les schistes de Black Hills se trouve le filon *Homestake* puissant de 30 à 60 mètres. Il est très ancien, car ses éléments se présentent à l'état de conglomérat dans le cambrien; celui-ci est aurifère jusqu'à 1 500 mètres du filon.

Les gisements de Californie étaient soupçonnés depuis bien des années; les jésuites des Missions en avaient déjà trouvé au temps de la domination espagnole, mais ils tinrent leur découverte secrète pour ne pas attirer dans ce pays calme une multitude avide. En 1848 la présence du métal fut reconnue par le capitaine Sutter dans les sables déposés par les rivières. Quelques mois après des milliers d'hommes se précipitaient en Californie pour y rechercher l'or; des villes populeuses s'y élevèrent comme par enchantement, mais en même temps la fièvre de l'or poussa au crime les chercheurs malheureux ou trop cupides; ils tuèrent ou chassèrent souvent leurs compétiteurs pour s'emparer de leurs richesses. Sutter fut aussi expulsé par ses compagnons après avoir été complètement dépouillé.

On rechercha d'abord le précieux métal dans les alluvions actuelles des fleuves, dans les *flat placers* qui sont les plus faciles à exploiter (fig. 701). Ensuite on se mit à exploiter les alluvions anciennes datant du pliocène supérieur ou du quaternaire. Elles se trouvent à 3 ou 400 mètres d'altitude, leur épaisseur est de 150 à 200 mètres. Elles sont protégées par une nappe de basalte parfois épaisse de 50 mètres, provenant des volcans de la Sierra. Le substratum des alluvions ou *bed rock* est

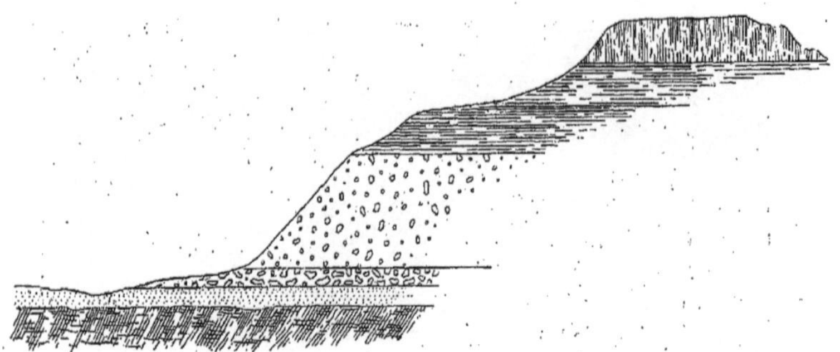

Fig. 701. — Mine à Cherokee-Plat (Californie). — 1, roche fondamentale; 2, sable bleu; 3, cailloux roulés; 4, sable; 5, argile; 6, basalte.

formé de schistes anciens. Les alluvions présentent à la base un sable bleu avec des blocs anguleux; ensuite vient un gravier sableux et de l'argile; enfin le basalte. Les parties inférieures sont plus riches que les parties supérieures. Ces alluvions s'étendent sur un espace de 800 à 900 milles carrés. Elles forment des traînées souvent dirigées à angle droit par rapport au parcours des vallées modernes.

L'exploitation des sables aurifères se fait très simplement dans certains gisements. On emploie souvent une simple *sébile* ou *batée* creusée dans un bloc de bois. On la remplit à moitié de sable, et on la plonge dans l'eau. Le mineur tenant la sébile des deux mains la fait osciller à droite, à gauche, en avant, en arrière ; l'eau entraîne les matières légères, il ne reste que les matières lourdes mêlées à la poudre d'or. Il est avantageux de donner à la batée la forme d'un cône renversé, dont l'angle au sommet est de 150 à 160 degrés; c'est la forme qui utilise le mieux les propriétés du mouvement giratoire de l'eau. Cet ustensile, employé encore dans les placers de l'Afrique, est généralement construit aujourd'hui en fer battu. Les Chinois, les Annamites, etc., emploient une augette en forme de toit renversé très aplati. Pour déterminer la richesse des gîtes aurifères les Américains se servent surtout du *pan*, bassine circulaire évasée. On emplit ce pan de gravier aurifère, puis on le plonge dans un trou rempli d'eau. L'ouvrier remue le gravier, broie les rognons d'argile et transforme ainsi la matière en une bouillie très claire. Il doit ensuite par des mouvements d'oscillation provoquer la sortie des matières légères. Les grains pierreux s'enlèvent à la main ; s'il y a beaucoup d'oxyde de fer, on l'enlève à l'aide d'un barreau aimanté, il ne reste plus que l'or. Au Mexique on fait subir au minerai, avant le travail du pan, un débourbage et un passage à la claie préalables. L'argile est ainsi délayée et la claie débarrasse le gravier restant des gros cailloux roulés. L'enrichissement ainsi obtenu du sable aurifère réduit au tiers ou au quart le travail du pan.

Comme instrument de concentration on substitue bientôt au pan le *berceau* (craddle ou rocker). En Californie il est encore l'instrument favori des Chinois, qui exploitent les placers abandonnés (1).

Le berceau est une boîte rectangulaire en bois de 1 mètre de long et de $0^{m},50$ de large, reposant sur deux supports pareils à ceux d'un berceau d'enfant; ils permettent de faire basculer l'appareil. L'un des petits côtés est ouvert, les trois autres ont des parois vecticales; les deux parois longitudinales vont en s'abaissant graduellement vers le côté ouvert. Au-dessus du berceau on installe une boîte carrée dont le fond est une tôle percée de petits trous; sous la boîte il y a de plus une toile ou couverture de laine. Le gravier est jeté sur la boîte servant de crible, les grosses pierres y restent, les sables délayés sont renvoyés par la boîte ou la couverture vers le fond du berceau. Le mouvement de va et vient du berceau délaye les sables mélangés d'eau. L'or est retenu par deux tasseaux ou *riffles* cloués sur le fond du berceau; l'or le plus fin est recueilli par la couverture.

(1) *Encyclopédie chimique : l'Or*, par Cumenge et Fuchs, 3e partie, page 9.

Fig. 702. — Lavage de l'or dans le Montana à Alder Gulch.

Il faut pour la manœuvre du berceau beaucoup d'eau. Un homme seul suffit pour traiter par jour un mètre cube de gravier.

En Californie le berceau fut bientôt remplacé par le *longtom*, encore utilisé en Australie. C'est une auge grossière de 4 mètres de long, terminée à la partie inférieure par une plaque de tôle perforée inclinée à 45°, qui retient les grosses pierres. On jette sur le longtom le gravier et de l'eau, on brise les blocs d'argile et de terre, les sables fins traversent la boîte et arrivent dans une boîte inclinée. Le courant d'eau qui arrive dans cette boîte inférieure avec les sables, entraîne ces derniers, tandis que l'or est arrêté par des *taquets* ou *riffles*. Deux ouvriers opérant sur le même appareil peuvent travailler par jour 7 à 8 mètres cubes de gravier. Il y a des pertes d'or fin par voie d'entraînement, on les évite partiellement en plaçant dans les riffles du mercure qui dissout l'or; pour avoir ce dernier, il suffit de distiller l'amalgame.

Aujourd'hui on emploie en Californie, pour les alluvions anciennes ou *deep placers*, exploités depuis 1852, un procédé hydraulique. On dirige sur les roches de forts jets d'eau qui les sapent et les désagrègent; on a entamé préalablement la base à la pelle et à la pioche, ou par la poudre ou la dynamite. La matière désagrégée est ensuite lavée. Pour obtenir l'eau nécessaire on commence par barrer une vallée; l'eau est conduite sur une faible pente par des canaux de 2 à 3 mètres de large; elle se rassemble dans un distributeur carré d'où partent des tuyaux en tôle terminés par des ajutages. Le jet sous pression est dirigé sur le point à entamer jusqu'à ce que l'éboulement se produise (fig. 702). Enfin on broie la roche au marteau ou à l'aide de cylindres et de bocards pour la réduire en poudre (1). Par ce procédé des montagnes entières ont été réduites en morceaux; des vallées nombreuses sont remplies des débris de l'exploitation et transformées en déserts pierreux. On chercha ensuite les gisements aurifères primitifs. On les trouva dans les filons quartzifères de la Sierra : le *Mother Lode* et ses voisins, qui sont en relation avec des diorites et des granites à amphibole. Ces filons forment par leurs affleurements des dykes faisant saillie. On commença à les exploiter, mais les travaux ont été bientôt presque entièrement abandonnés, parce que la richesse diminue rapidement avec la profondeur. La

(1) Jagnaux, *Minéralogie appliquée*, p. 597.

Fig. 703. — Un cours de *sluices* avec son *under-current* (Californie).

mine Euréka avait produit en neuf ans 22 millions d'or ; on a dû arrêter les travaux à 200 mètres de la surface. Cependant certains filons pyriteux qui ne présentent pas d'or visible à l'œil nu, fournissent de 50 à 75 francs de métal par 1 000 kilogrammes de quartz. Pour extraire l'or des filons quartzeux on broie le minerai, puis on ajoute du mercure. Le mercure dissout l'or ; on le passe alors à travers une peau. L'amalgame retenu est distillé, l'or reste seul. Le lavage et l'évacuation des débris, ainsi que l'amalgamation, se font par un procédé très remarquable. On creuse un long tunnel qui peut atteindre depuis 30 mètres jusqu'à plusieurs kilomètres suivant la position des vallées dans lesquelles il doit aboutir. On y installe de longs canaux en bois ou *sluices* qui se continuent au delà du tunnel dans les vallées inférieures jusqu'au point où peut se faire la décharge des débris appauvris. Ces canaux ont 2 mètres de large environ, sur $0^m,50$ de profondeur. Ils consistent en pièces de bois assemblées. Il y a des cadres formés d'une traverse horizontale inférieure et de deux montants verticaux. Ces cadres espacés de $0^m,70$ à $1^m,20$ sont reliés dans le fond et sur les côtés par des cours de planches, il y a en outre un pavage en pierres ou bien en bois qui garnit le fond du *sluice*. On emploie généralement le pavage en pierres dans les parties à ciel ouvert.

Le courant d'eau qui coule dans les *sluices* avec les matériaux aurifères est très rapide; pour amortir sa vitesse et prévenir la perte d'une grande quantité d'or, on ménage sur le parcours des sluices des *under-currents* ou courants dérivés (1) (fig. 703).

Les *under-currents* sont de petits étangs artificiels où la vitesse du courant diminue; ce qui permet le dépôt de l'or. Le premier *under-current* est établi à la sortie du tunnel, il y en a d'autres dans les parties à ciel ou-

(1) *Encyclopédie chimique : l'Or*, p. 60.

Fig. 704. — L'or à la Nouvelle-Grenade.

vert. Parfois le développement des sluices atteint jusqu'à 15 kilomètres, avec une vingtaine d'*under-currents*. La communication avec le cours des sluices se fait de la manière suivante. Le fond de l'une des boîtes du sluice est remplacé par une grille sur laquelle continue à couler les matières les moins divisées; le sable et l'eau qui traversent la grille passent de là dans l'*under-current* par une boîte inclinée. Les eaux boueuses s'étalent sur la table de l'*under-current*, dont le fond est garni de riffles de différentes sortes; c'est ainsi que l'or et les matières lourdes se déposent.

On répand, avant de mettre le cours des *sluices* en opération, du mercure, tant dans les *sluices* que dans les *under-currents*.

Ce mercure retient l'or. On continue à ajouter du mercure par petites portions pendant toute la durée du travail. Il en faut beaucoup; pour un cours de sluices de 1500 mètres, 2 à 300 kilos sont nécessaires au début des opérations, et le total atteint pour une campagne de six mois 3500 kilogrammes. Le nettoyage complet des *sluices* pour la récolte de l'amalgame n'a lieu que une ou deux fois par an, on enlève alors complètement le pavage, mais il y a des nettoyages partiels tous les quinze jours.

L'amalgame recueilli contient outre l'or, de l'argent et du plomb. Pour le purifier on le triture dans un bain de mercure. Les amalgames des métaux inférieurs surnagent et sont enlevés; le mercure est filtré dans une manche en toile à voile ou une peau. L'acide sulfurique débarrasse l'amalgame, retenu sur le filtre, des métaux qui pourraient encore accompagner l'or. On lave ensuite l'amalgame à l'eau pure, puis on le distille dans des cornues en fonte ou *retortes*. L'or obtenu est fondu et coulé en lingots; sur chacun de ceux-ci on frappe les chiffres de son poids, et le nom de la mine d'où il provient. Le titre de ces lingots est élevé et peut atteindre 960. Les lingots sont vendus à San-Francisco, où il existe une usine d'affinage.

Le procédé des sluices exige beaucoup d'eau, environ 12 fois le volume des minerais.

A Euréka on employait aussi le procédé suivant par voie humide. Le minerai grillé, pulvérisé et légèrement humecté, est traité par le chlore gazeux qui dissout l'or en six heures. On lave ensuite et l'on précipite l'or à l'état de sulfure par l'hydrogène sulfuré; on n'a plus qu'à fondre le sulfure (Jagnaux).

Un filon célèbre et très exploité est le *Comstock Lode* dans la chaîne de Virginia, sur le versant oriental de la Sierra Nevada. La chaîne de Virginia se compose de roches volcaniques récentes (andésites), d'où s'élèvent quelques massifs de diorite ancienne, comme le mont Davidson qui est le point culminant (2600 mètres). Sur le versant oriental du mont Davidson il y a des trachytes et des andésites jusqu'à 2000 mètres et à la limite de la diorite et de l'andésite vient au jour le *Comstock Lode*. Il s'étend sur une longueur de 7 kilomètres au-dessus des villes nouvelles de Virginia City, Good Hill et Ophir. Sa longueur peut atteindre en certains points 300 mètres, tandis qu'ailleurs elle se réduit à une vingtaine de mètres. Dans sa partie moyenne le filon est exactement au contact de la diorite et de l'andésite, tandis que vers le sud il passe entièrement dans l'andésite. Son inclinaison est de 40 à 45° vers l'est; dans sa partie profonde il pénètre presque perpendiculairement dans la diorite. Le filon est rempli de quartz métallifère et de fragments anguleux provenant des parois. Les minerais sont, comme nous l'avons déjà vu, de l'argent sulfuré, de la galène argentifère, de l'argent rouge, de l'argent natif et de l'or. Certaines lentilles disséminées dans le quartz, les *bonanzas*, sont particulièrement riches. Ce filon de Comstock fournit les trois septièmes de la production totale de l'Amérique du Nord, mais son exploitation est pénible, à cause de la haute température qui règne déjà à une profondeur relativement faible, à cause aussi des sources chaudes. Les eaux s'écoulent par le tunnel de Sutro long de plus de 6 kilomètres; les puits de mines atteignent la profondeur de 950 mètres. L'exploitation commença vers 1860 et dans les cinq premières années le filon fournit pour 340 millions de francs de métaux précieux. Les *bonanzas*, aujourd'hui épuisées, ont donné pour 1 500 millions d'or et d'argent.

Outre le Nevada et la Californie, il y a d'autres États de l'Amérique du Nord qui fournissent une quantité notable d'or; ainsi le Colorado, le Dakota, le Montana, l'Idaho et l'Arizona. On peut évaluer à plus de quatre milliards la quantité d'or fournie depuis 1848 par les États-Unis d'Amérique.

L'Amérique du Sud présente aussi des régions aurifères, comme la Nouvelle-Grenade (fig. 704), la Guyane et surtout le Brésil. Les alluvions aurifères se trouvent dans la Guyane française, sur la rive droite de l'Arataya, à 25 ou 30 lieues de Cayenne. Les gisements du Brésil sont connus depuis le XVIe siècle. Ils furent découverts d'abord dans la province de San Paulo, puis dans les provinces de Minas-Geraes et de Goyaz. L'or se trouve disséminé dans des roches composées de quartz, de fer oligiste, de carbonate de manganèse. Celui-ci est regardé comme le guide le plus certain pour la recherche de l'or. A Gongo-Socco, Villarica, Taquary, se trouve un schiste rougeâtre appelé *Yacotinga*, ses feuillets sont enduits de fer oligiste; il est aurifère. Il existe aussi des sables aurifères sur le bord des cours d'eau; on y rencontre outre l'or, d'autres métaux : platine, palladium, iridium, et le diamant. Pendant tout le XVIIIe

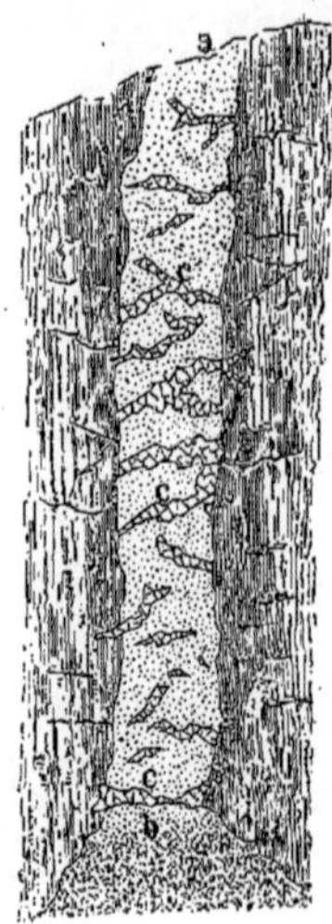

Fig. 705. — Coupe d'un filon de la mine de Waverley dans la province de Victoria (d'après Phillips). — *a*, *b*, filon de roche verte décomposée; *c*, veines de quartz aurifère.

Fig. 706. — Placer aurifère dans l'Oural.

siècle, les gisements du Brésil ont fourni la plus grande partie de l'or produit annuellement par le monde entier. La production annuelle s'éleva jusqu'à 29 millions de francs; elle est aujourd'hui de 3 millions de francs. Les gisements de la Colombie et du Brésil se continuent dans la partie orientale de l'île de Saint-Domingue. Il y en a aussi au Chili, au Pérou; dans ce dernier pays on exploite les filons quartzeux de la province de Tarma et les sables d'un grand nombre de cours d'eau.

L'Australie doit la plus grande partie de sa population à la découverte des placers en 1851. Le métal précieux fut trouvé d'abord dans la colonie de Victoria (fig. 705), ensuite dans la Nouvelle-Galles du Sud et le Queensland. L'Australie du Sud, la Tasmanie, possèdent aussi des gisements. De 1851, jusqu'en 1887, le total de l'or déclaré par les mineurs s'élève pour l'Australie et la Tasmanie, à 8 milliards de francs; c'est environ 200 millions par an. A la Nouvelle-Zélande on découvrit des mines très riches qui ont fourni de 1857 à 1887 pour 1 100 millions d'or. Mais les gisements d'Australie et de la Nouvelle-Zélande s'épuisent rapidement; leur production annuelle diminue.

L'or de Victoria provient de filons de quartz qui traversent les schistes paléozoïques et sont accompagnés de filons de diabase; on en connaît plus de trois mille. La diabase elle-même contient de l'or. Les filons ont fourni les éléments d'alluvions très riches en métal. On sait que les placers australiens ont fourni des pépites énormes : la Welcome Nugget (la pépite bienvenue) pesait 68^{k},26; la Precious Nugget 50^{k},41. Les placers qui ont été les plus productifs sont ceux de Ballarat, Castlemaine, Landhurst, Dunolly. Dans l'Australie du Sud se trouve Teetulpa et Burrundie. Dans le Queensland on a découvert, en

Fig. 707. — Une mine d'or dans l'Oural septentrional.

1885, les gisements aurifères de Croydon qui ont fourni en 1887 plus de 3 millions de francs d'or.

En Afrique il existe des mines d'or importantes; la poudre d'or fournie par les nègres fait l'objet d'un commerce considérable. Elle provient des sables d'alluvion. Pendant longtemps on n'a connu comme points de production que le Darfour, les montagnes au pied desquelles le Sénégal, la Gambie et le Niger prennent leur source, les côtes de Guinée et du Congo, enfin le Sofala sur la côte orientale qui serait, suivant beaucoup d'auteurs, l'Ophir d'où Salomon faisait venir l'or, les bois précieux et les perles (1). Les sables de Sofala contiennent de la poudre d'or, et le plateau de Manica est fameux par ses alluvions aurifères. Mais les gisements les plus productifs sont ceux du Transvaal découverts depuis peu de temps.

En 1864, le géologue Mausch découvrit le métal sur les bords du Tati. Quelques années plus tard Button reconnut son existence dans les collines dévoniennes de Makapana, à 200 kilomètres au nord-est de Pretoria.

(1) Voir Reclus, *Géographie universelle : l'Afrique méridionale*, p. 623.

En 1873 on découvrit des mines dans les montagnes de Lijdenburg. Enfin, en 1888, on trouva des gisements immenses au Witwatersrand, à 64 kilomètres de Pretoria. Ce district doit son nom (zone des eaux blanches), à une rangée de collines. Il est à 2000 mètres d'altitude. D'autres champs aurifères se trouvent au Kaap, Krugersdorp, Rooderand, etc. Enfin les régions voisines de Matebeland, Mashonaland, Swazieland sont également aurifères.

Le Witwatersrand se compose de terrains plissés qu'on a rattachés au dévonien (1). Les affleurements aurifères ou *reefs* consistent en un conglomérat formé de galets de quartz reliés entre eux par une pâte siliceuse ou ferrugineuse. Il y a aussi des galets de quartzites, de granite, etc. L'affleurement le plus riche est le *main reef proper* qui s'étend sur 35 kilomètres et se compose de cinq veines, dont l'une, la veine sud, fournit jusqu'à 10 ou 12 onces d'or à la tonne. La partie supérieure des filons ne contient que des oxydes de fer; en profondeur il y a des pyrites aurifères. D'après M. de Launay, l'or des conglomérats

(1) Voir un article de M. de Launay dans les *Annales des Mines*, 1891.

Fig. 708. — Une laverie d'or en Sibérie.

provient de la destruction d'anciens filons pyriteux; le métal était en inclusions dans la pyrite. Jusqu'à présent on laisse de côté les pyrites; on ne s'occupe que du métal en liberté dans le conglomérat. Celui-ci est broyé, puis on traite par le mercure et l'amalgame est distillé dans des cornues en fonte. L'exploitation se fait au profit de plusieurs compagnies établies dans le Natal, à Pretoria et à Londres. Elle est d'autant plus avantageuse que les mines se trouvent au voisinage de la voie directe qui relie Pretoria à la baie Delagoa. En 1888, le Transvaal a expédié pour 22 millions d'or, en 1889 pour 36 millions. En 1890 la production s'est encore accrue et elle a été en moyenne supérieure à 4 millions par mois.

La région de l'Oural et la Sibérie fournissent tous les ans une quantité notable d'or. Dans l'Oural (fig. 706 et 707) les gisements aurifères sont généralement des filons de quartz, qui traversent les schistes cristallins. C'est ce qu'on trouve à Berosov ou Berezovsky Zavod, près d'Yekaterinbourg et près de Miask et de Troïsk. Les mines de Berosov, découvertes en 1820, fournirent en 1827 pour 15 millions de roubles d'or et de platine. Il y a aussi dans cette région sur le versant asiatique de l'Oural des sables aurifères qui donnent environ 4 kilogrammes d'or par million de kilogrammes de sable. On trouve également dans la diorite et la serpentine, ainsi dans la serpentine de la vallée de Soimonov, près de Kischtim, de l'or, mais en trop faible quantité pour être exploité avec avantage (1). On peut citer aussi la localité de Nijni Tagilsk. Les gisements de la Sibérie sur les bords de l'Yeniseï, dans le district de Nertchinsk et dans la région de l'Amour sont plus riches que ceux de l'Oural. Les laveries d'or de Kara (fig. 708) dans le district de Nertchinsk, emploient plus de 2000 condamnés politiques ou de condamnés de droit commun. Les sables de la région de l'Yeniseï sont exploités depuis le commencement du siècle; de 1825 à 1850, le rendement fut très considérable, mais actuellement il a considérablement baissé; il s'est réduit de 3 millions au cinquième ou au dixième de cette quantité. Dans le district d'Olokminsk il y a un millier de laveries produisant environ 40 kilogrammes d'or par an. La production annuelle totale de la Sibérie est évaluée à 30 millions par an. De 1726, époque où commença l'exploitation, à 1876, la Russie d'Europe et d'Asie ont fourni 1 251 432 kilogrammes d'or valant 4 milliards 420 millions (2). Cette quantité est d'autant plus considérable qu'à cause de la rigueur du climat, l'exploitation ne peut se faire que pendant une courte partie de l'année, et que de plus il y a des gisements non exploités. Les procédés employés en Sibérie pour l'extraction de l'or, rappellent

(1) Uhlig, p. 775.

(2) Reclus, *Géographie universelle : l'Asie Russe*, p. 880 et 703.

Fig. 709. — Un orpailleur.

beaucoup ceux qui sont utilisés en Californie et en Australie.

Dans les vallées de l'Obi, du Yenisei et de la Léna, on se sert de l'*auge sibérienne*. C'est une caisse rectangulaire fermée par un crible et d'où les matières passent par une ouverture latérale sur une table inclinée d'environ 6 mètres de long, divisée en deux parties par un tasseau transversal. Le maniement de l'auge sibérienne exige l'intervention constante de l'ouvrier; par plusieurs lavages il enrichit graduellement la formation aurifère. Celle-ci après un premier enrichissement s'appelle *schlich gris*, après un second *schlich noir*, de plus le mercure est immédiatement mélangé au minerai sur la table de lavage. Le schlich noir n'est autre que l'amalgame d'or mélangé de pyrite et de fer oxydulé.

L'auge sibérienne permet de traiter à la fois 15 pounds (240 kilogrammes) de gravier.

En Sibérie on emploie aussi la méthode des *sluices*, mais assez profondément modifiée. Il y a un sluice principal, et des sluices secondaires transversaux séparés du premier par une grille; ils jouent le rôle des *under-currents* californiens. Les sluices sont courts, ce qui ne permet pas à l'eau seule de séparer complètement l'or des autres substances lourdes. Sur les sluices se produit seulement l'enrichissement des graviers et la transformation en *schlich gris;* ce premier est ensuite traité par le mercure et transformé en *schlich noir*, sur des tables par l'intervention directe des ouvriers.

Près de l'embouchure de l'Obi, où la température de l'hiver varie de — 25° à — 35, où le sol n'y dégèle pendant l'été que de 20 à 30 centimètres, il y a des mines d'or, de platine, de fer encore inexploitées.

A côté des gisements aurifères dont nous avons parlé jusqu'ici, ceux du reste de l'Europe sont assez peu de chose, sauf les gisements des Carpathes. Les Phéniciens et les Romains exploitaient l'or en Espagne; les derniers avaient même fait de grands travaux dans le nord du pays. Pline cite la mine Abulcare comme très importante; mais la position de ce gisement nous est maintenant totalement inconnue (Jagnaux). Les filons quartzeux et pyriteux aurifères existent en Italie. On exploite ceux de Pastarena, du val Toppa, du val Anzasca, etc. En Ligurie les filons quartzeux traversent la serpentine; l'or y est associé à la pyrite et au fer magnétique. L'Italie fournit environ pour 500 000 francs d'or par an.

La France a certainement possédé autrefois des gisements aurifères; les Gaulois portaient des armes dorées et des colliers d'or. Mais la trace de ces gisements est aujourd'hui perdue. Il y a cependant à la Bessette, dans le plateau Central, des filons de pyrite aurifère. A la Gardette (Isère) le gneiss présente un filon de quartz où se trouve de l'or. Cette mine fut exploitée, mais avec pertes, à deux reprises différentes, en 1781 et en 1837. Les conglomérats houillers du Gard sont aurifères. Beaucoup de cours d'eau français roulent des paillettes d'or; ainsi l'Ariège et la Garonne, près de Toulouse, le Rhône et l'Arve, le Gardon, la Cèze, l'Ardèche et l'Hérault. Mais la quantité d'or est très faible, et les orpailleurs qui se

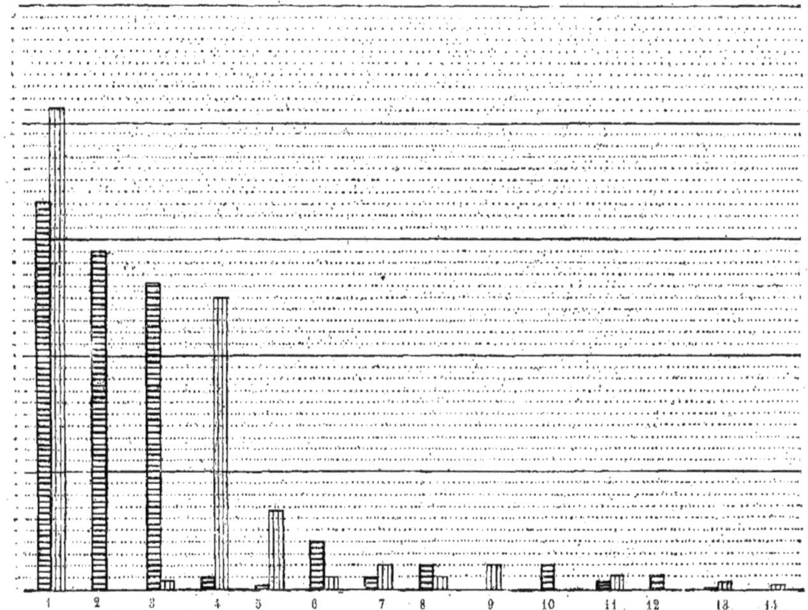

Fig. 710. — Production des métaux précieux (d'après Cl. King). — Les lignes verticales indiquent l'argent et les lignes horizontales l'or. — 1, États-Unis; 2, Australie; 3, Russie; 4, Mexique; 5, Allemagne; 6, Colombie; 7, Autriche; 8, Amérique du Sud (sans la Colombie et la République argentine); 9, Europe (sans la Russie, l'Allemagne, l'Autriche, la Norwège, la Suède et l'Italie); 10, Afrique; 11, Japon; 12, Colombie anglaise; 13, République argentine; 14, Norwège.

livrent à son exploitation sont de moins en moins nombreux (fig. 709).

Il en est de même pour le Rhin. D'après M. Daubrée, il faut laver 7 millions de kilogrammes de sable pour obtenir un kilogramme d'or valant 3000 francs. Entre Bâle et Manheim la production est seulement de 45000 francs par an. Les paillettes d'or sont si petites qu'il en faut de 17 à 22 pour faire un milligramme (Jagnaux).

Il y a de la pyrite aurifère au Rammelsberg dans le Harz. On a exploité à la fin du moyen âge des gisements aurifères en Silésie, près de Zuckmantel et de Freiwaldau. Ils sont aujourd'hui abandonnés pour la plupart, de même que les filons de quartz aurifère exploités autrefois en Bohême, au voisinage des cours d'eau comme la Sazava. Dans le Tyrol et le pays de Salzbourg, il y a des gisements de métaux précieux que les Romains exploitaient. Ils furent très activement exploités aussi aux xve et xvie siècles. La région des Hohe-Tauern fournissait beaucoup d'argent, malgré les difficultés de travaux à faire à plus de 2000 mètres d'altitude. Récemment encore on tirait de ces mines de 10 à 15 kilogrammes d'or par an, mais en 1876 elles ont été définitivement abandonnées (1).

Au contraire, les mines de Hongrie et de Transylvanie déjà exploitées au moyen âge ont gardé toute leur activité. En Hongrie, à Schemnitz et à Kremnitz, il y a des filons qui traversent la syénite et d'autres qui traversent les andésites amphiboliques. Le *Grüner gang* s'étend sur 2 kilomètres; le *Spitaler gang* sur 8 kilomètres et sur une épaisseur de 40 mètres. Ils sont remplis de quartz aurifère, de galène, de sulfures de fer et de cuivre. Les minerais sont concentrés en certains points qui rappellent ainsi les *bonanzas* du Nevada. Il y a aussi des filons à Nagybanya, Felsobanya et Kapnik. Dans les montagnes de Transylvanie très riches en roches éruptives, se trouvent de nombreux gisements au voisinage de l'Aranyos ou Rivière de l'or. Tels sont Vorospatak et Nagyag, Abrudbanya, Offenbanya et Zala-

(1) Reclus, *Géographie universelle : l'Europe centrale*, p. 178.

thna. Sur les bords des ruisseaux se trouvent de nombreux orpailleurs, qui ne gagnent cependant que de faibles salaires. La ville de Voröspatak est le centre de l'exploitation. Là on trouve de l'or dans des filons de quartz qui traversent les dacites, roches éruptives communes dans le pays, ou un conglomérat tertiaire. L'or se montre souvent dans des fentes à l'état de cristaux où se trouve une quantité notable d'argent.

A Nagyag, Offenbanya, etc., l'or est en combinaison avec un métalloïde très rare : le tellure. On trouve un tellurure d'or de couleur blanchâtre : la *sylvanite*, contenant de l'argent. Les cristaux forment des dendrites qui imitent les caractères orientaux, d'où le nom de *tellure graphique* quelquefois donné à l'espèce.

La *krennérite* est un autre tellurure d'or et d'argent. La *nagyagite* a une composition complexe; elle contient du plomb, de l'or et du cuivre unis au soufre, à l'antimoine et au tellure. Le minéral forme des masses feuilletées d'un gris de plomb noirâtre. L'exploitation des mines de Transylvanie remonte très haut; elle avait déjà été poussée activement par les Romains de Trajan, vers l'an 106 de notre ère. La production totale annuelle de la Hongrie et de la Transylvanie est d'environ 4 à 5 millions de francs (fig. 710).

Voici, d'après Burchard, la production de l'or pour le monde entier, exprimée en kilogrammes. On sait qu'avec 1 kilogramme d'or fin on fait 172 pièces de 20 francs; chaque pièce étant au titre de 900/1000 et pesant $6^{gr},4516$.

	1881 kilogr.	1883. kilogr.	1884. kilogr.
États-Unis	52.212	45.140	46.243
Russie	36.671	35.913	32.829
Australie	46.178	39.873	42.900
Mexique	1.292	1.488	1.780
Allemagne	350	457	555
Autriche-Hongrie	1.867	1.638	1.658
Suède	1	37	19
Italie	109	109	109
Turquie	7	10	10
République argentine	118	118	118
Colombie	6.019	5.802	5.802
Bolivie	109	109	109
Chili	194	245	245
Brésil	1.116	952	952
Japon	702	181	256
Afrique	3.000	3.000	3.000
Vénézuela	3.423	5.022	5.022
Pérou	»	»	179
	155.016	141.479	143.881

LE PLATINE.

Le platine est un métal assez rare. Sa couleur est d'un gris blanc intermédiaire entre la couleur de l'argent et celle de l'étain. Il est très tenace et peut être réduit en fils très fins. Sa densité est considérable; elle varie entre 21,48 et 21,50. Longtemps il a été regardé comme infusible, mais MM. Henri Sainte-Claire Deville et Debray ont réussi à le fondre en grandes masses dans des creusets de chaux à l'aide du chalumeau à oxygène. La température de la fusion est de 2000°. Le platine est presque inaltérable; il ne s'oxyde ni dans l'air, ni dans l'oxygène à aucune température; il est inaltérable par l'eau et les acides. Il se dissout, comme l'or, dans l'eau régale.

Le platine a été découvert en 1735 dans les sables aurifères du fleuve Pinto, dans la province de Choco (Colombie). Son nom est un diminutif du mot espagnol *plata* qui veut dire argent. Il est à l'état de petits grains ou de pépites, et dans les mêmes sables on trouve l'or, le fer chromé, le fer magnétique, le zircon, le corindon et le diamant. On le découvrit ensuite au Brésil dans les provinces de Minas-Geraes et de Matto-Grosso; à Haïti, dans les sables de la rivière Jockey; à l'île de Bornéo, en Birmanie, en Californie, toujours associé en petites quantités à l'or, et dans d'autres gisements aurifères. Le principal gisement de platine connu se trouve dans l'Oural, à Nijni-Tagilsk. On le trouve dans des sables qui paraissent provenir de la destruction de serpentines chromifères, car il y a là des cailloux roulés de serpentine et certains grains de platine sont encore fixés à de la serpentine et à du fer chromé.

La dimension des grains de platine est généralement celle de la poudre de chasse; toutefois on a trouvé des pépites d'une grosseur extraordinaire. L'une d'elles, découverte en 1831 à Nijni-Tagilsk, pesait 9 kilogrammes et demi.

Le platine natif n'est généralement pas pur. Il y a au plus 86 p. 100 de platine. Les métaux qui l'accompagnent sont le palladium, l'iridium, le rhodium, le ruthénium, l'osmium, le fer, le cuivre. Il y a en outre dans les grains de l'osmiure d'iridium. La quantité de fer peut atteindre à Nijni-Tagilsk de 12 à 19 p. 100. Le minerai est alors fortement magnétique. Les

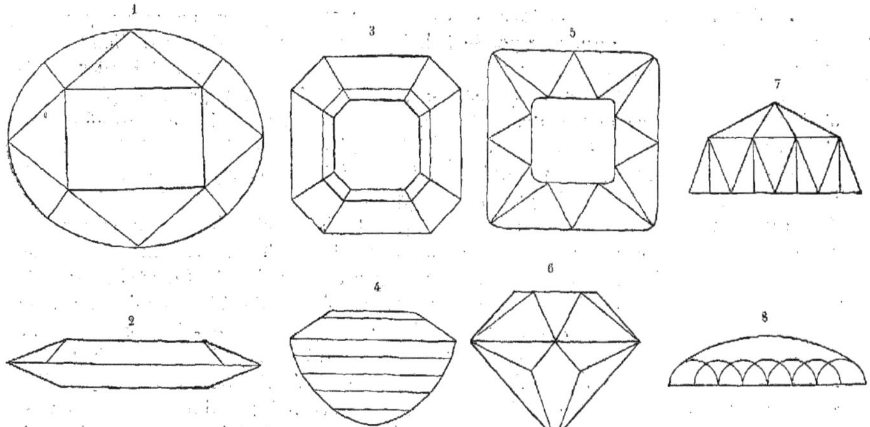

Fig. 711. — Taille des pierres précieuses. — 1, table vue de dessus; 2, vue de côté; 3, taille en escalier vue de dessus; 4, vue de côté; 5, taille en brillant vue de dessus; 6, vue de côté; 7, rose; 8, taille en coquille.

grains de ce platine ferrifère non seulement agissent sur l'aiguille aimantée, mais présentent des pôles comme de véritables aimants.

La plus grande partie du platine vient de l'Oural. Le district de Nijni-Tagilsk a fourni de 1825 à 1874, 66000 kilogrammes de ce métal. La production en 1880 a été de 5800 kilogrammes et, en 1882, de 4082 kilogrammes (1). Le platine est employé pour faire des creusets, des capsules à l'usage des chimistes, pour la fabrication des cornues servant à concentrer l'acide sulfurique, pour faire des étalons de poids et mesures, etc. On s'en sert en Russie pour faire des bijoux; on y a même frappé, en 1828, une monnaie de platine qui fut retirée de la circulation en 1845. En effet, il est difficile de séparer le platine des métaux étrangers, par suite le monnayage est coûteux. En outre les fluctuations de valeur sont considérables pour le platine. Un kilogramme vaut, suivant le cours, de 1200 à 1500 francs (1).

Le palladium, le rhodium, l'iridium, le ruthénium, l'osmium sont désignés sous le nom commun de métaux du platine parce qu'ils l'accompagnent toujours. Le palladium a été employé pur ou allié à un peu d'or pour la fabrication des cercles divisés des instruments d'astronomie; il ne se ternit pas à l'air, comme l'argent sous l'effet des dégagements sulfurés. L'iridium est le plus lourd des métaux connus; sa densité est 22,4. Les alliages de platine et d'iridium sont employés pour fabriquer des vases qui résistent mieux que le platine pur à l'action de l'eau régale et de l'acide sulfurique concentré. Le rhodium est employé aux mêmes usages. L'osmium fournit un acide, l'acide osmique, qui noircit les tissus; les histologistes l'emploient comme réactif.

LES PIERRES PRÉCIEUSES.

On désigne sous le nom de pierres précieuses ou de gemmes des minéraux très divers, qui ont pour caractères communs une grande dureté, une grande limpidité, et un éclat très vif. Ces pierres doivent à leur dureté leur beau poli, leurs arêtes tranchantes, la netteté de leur surface. Dès la plus haute antiquité l'homme a recherché les pierres précieuses et en a apprécié la valeur. Les Hindous devaient les premiers employer pour la parure les gemmes si répandues dans leur pays; les Égyptiens les connurent ensuite, et l'usage des pierres précieuses se répandit de là dans la Grèce où l'on ne connaissait au

(1) Uhlig, p. 779.

(1) Jagnaux, p. 631, 635.

temps d'Homère comme moyen de parure, que l'or et l'ambre jaune. Les Romains portèrent au plus haut degré le luxe des joyaux.

Les pierres précieuses sont de composition très diverses. Certaines, comme le diamant, sont des corps simples, mais la plupart ont une composition chimique plus ou moins compliquée. De plus, beaucoup de gemmes regardées comme très différentes les unes des autres sont de simples variétés d'une même espèce minérale. Ainsi le saphir qui est bleu et le rubis qui est rouge sont deux variétés du corindon (alumine cristallisée), et doivent leur coloration à de faibles quantités de substances étrangères. De même on a confondu longtemps sous un nom commun des pierres de compositions différentes. On donne le nom de topaze à deux gemmes qui ont la même couleur dorée.

La taille des pierres précieuses constitue toute une industrie. On se sert pour user la pierre de poudre d'émeri fine et de poudre de diamant; celle-ci peut seule user le plus dur de tous les corps, c'est-à-dire le diamant lui-même. Par la taille on donne à la pierre précieuse différentes formes; on multiplie autant que possible le nombre des facettes afin d'amplifier les jeux de lumière. On distingue : 1° la taille en *brillant* employée pour les diamants de qualité supérieure et les pierres de grande valeur, le dessus et le dessous présentent des facettes; 2° la taille en *rose* où la pierre est plate par dessous; 3° la taille en *table* employée pour les pierres de faible épaisseur; 4° la taille en *escalier;* 5° la combinaison de la taille en brillant et de la taille en escalier; 6° la taille en *coquille* où l'on donne aux facettes une forme arrondie; le dôme est bombé: on emploie ce mode de taille pour des pierres à demi transparentes, comme les opales nobles (fig. 711).

Nous allons passer en revue les diverses pierres précieuses, en les classant d'après leur composition chimique.

LE DIAMANT.

Le diamant est le plus dur de tous les corps connus; il raye toutes les substances et il est placé au dernier rang dans l'échelle de dureté de Mohs avec le numéro 10, parce qu'il raye les neuf autres termes de cette série. Il est fragile et le choc le brise facilement. Sa cassure est conchoïdale. Son éclat est très remarquable, il est très réfringent, et quand le diamant est bien taillé il produit par des réflexions intérieures ces jeux de lumière qui le font rechercher avec tant de soin pour la parure. Le nom de diamant vient d'un mot grec (*adamas*) qui désignait l'acier le plus dur. La densité varie de 3,52 à 3,53.

C'est Newton qui, le premier, soupçonna que le diamant était combustible, parce qu'il avait remarqué que tous les corps combustibles ont un indice de réfraction considérable. Boyle le premier fit brûler du diamant. Plus tard le grand-duc Cosme de Médicis fit consumer du diamant à l'aide de lentilles de verre. Le duc de Lorraine François-Étienne, en 1737, fit répéter ces expériences à l'aide d'un four; il se proposait de faire fondre ensemble plusieurs petits diamants pour en obtenir un gros. Lavoisier démontra le premier l'existence du carbone dans le diamant en le faisant brûler dans un ballon contenant de l'oxygène; la chaleur était concentrée à l'aide de fortes lentilles. Davy, en 1816, démontra que le diamant donne en brûlant la même quantité d'acide carbonique que le carbone pur. MM. Dumas et Stas reprirent ces expériences et mirent ainsi hors de doute ce résultat que le diamant est simplement du carbone pur et cristallisé. En brûlant il laisse un résidu pesant $\frac{1}{500}$ à $\frac{1}{2000}$ de son poids; cette cendre consiste en une poussière cristalline incolore, ou en parcelles rougeâtres et cristallines.

Le diamant est inattaquable par les acides : il est fixe et infusible. La chaleur intense obtenue à l'aide de 5 ou 600 éléments de pile Bunsen le transforme en graphite. On voit le diamant se gonfler et se changer en un charbon noir qui tache fortement le papier.

Le diamant cristallise dans le système cubique. On le trouve surtout sous forme d'octaèdres ou de solides à 48 faces. Les faces sont ordinairement courbes et elles sont fréquemment striées. Les macles sont communes. A l'École des mines de Paris il y a un échantillon composé de deux cristaux croisés à angle droit; le Muséum possède une macle composée de trois cristaux accolés sous un angle de 60°.

Le diamant est généralement incolore. Il y en a cependant qui présentent des nuances diverses. Ainsi les diamants jaunes sont assez com-

Fig. 712. — Les mines de diamant au Cap de Bonne-Espérance (page 585).

muns, les diamants verts également. On recherche les diamants roses. Le *carbonado* ou diamant noir est opaque; il se présente en morceaux atteignant parfois la grosseur du poing. On s'en sert surtout pour tailler les roches dures, comme le granite, et pour forer des trous de mine. Avec des diamants noirs on peut creuser des cavités dans la pierre et y placer ensuite des cartouches de dynamite pour faire sauter la roche. On a procédé de cette manière pour le percement du mont Cenis.

Le *boort* est le diamant concrétionné; on le trouve en boules de structure radiée. Il est impossible de le tailler; on le pulvérise et on obtient ainsi la poudre dite *égrisée* qui sert pour la taille des diamants et des autres pierres dures. On sait que le diamant, outre son usage pour la parure et pour perforer les roches, sert également à la fabrication de pivots pour les pièces d'horlogerie. Il sert également à couper le verre. Les vitriers emploient des diamants bruts de petites dimensions à arêtes courbes. Un diamant à arêtes rectilignes pourrait rayer le verre, mais ne le couperait pas. Les diamants de vitriers viennent du Brésil ou du Cap.

Jusqu'à ces derniers temps on ne connaissait rien sur les roches mères du diamant. Ce minéral se rencontrait seulement dans des alluvions récentes, dans les sables et les graviers déposés par les fleuves. Il est généralement accompagné d'autres minéraux : quartz, zircon, grenat, tourmaline, fer oxydulé, fer titané. Dans ces mêmes sables, on trouve l'or et le platine. Récemment on a recueilli un certain nombre de faits sur les roches d'où provient le diamant. Au Cap de Bonne-Espérance, le minéral se trouve dans des roches dures occupant dans les schistes de véritables boutonnières. Ces roches sont analogues aux serpentines et aux ophites. Elles sont probablement arrivées dans un état de fluidité marquée; elles ressemblent à une sorte de boue éruptive dans laquelle le diamant existe en octaèdres séparés de la roche encaissante par un enduit de calcite (1). On l'a trouvé aussi dans les résidus de lavage d'une serpentine de Bornéo riche en platine et en or.

M. Gorceix (2), dans le gisement de Salobro (province de Bahia) au Brésil, a trouvé le diamant dans des argiles blanches provenant de la décomposition sur place de schistes anciens. A Grao-Mogor, dans la province de Minas-Geraes, il y a des quartzites micacés schisteux et d'autres dont les plaques sont complètement flexibles (itacolumite). Ces roches sont traversées par des fentes ou des filons dans lesquels se trouvent des diamants avec du quartz, de la pyrite, des oxydes de titane (rutile, anatase) et de fer. M. Gorceix a même trouvé un diamant enchâssé au milieu d'un cristal d'anatase. D'après M. Gorceix, le diamant serait au Brésil un minéral de filon au même titre

(1) De Lapparent, *Traité de géologie*, p. 1387.
(2) Gorceix, *Bull. Soc. géol.*, 3e s., t. XII, 5 mai 1884.

que l'or, les oxydes de titane, etc. Il serait arrivé des profondeurs de la terre à l'état de combinaison volatile qui aurait ensuite abandonné le carbone sous forme de cristaux.

M. Chaper (1) a étudié le gisement de Wajra-Karour dans le district de Bellary (province de Madras, Hindoustan). Le pays est granitique; il y a là en particulier une roche contenant de l'orthose d'un rose saumon vif, de l'oligoclase, du quartz et de l'épidote. L'orthose est prédominante. Cette roche doit être regardée comme une pegmatite épidotifère. Elle se désagrège sur place et fournit un sable riche en orthose. C'est exclusivement dans ce sable à feldspath rouge fourni par la pegmatite décomposée, que les indigènes trouvent le diamant et le corindon, celui-ci teinté en bleu u en rouge. Il y a donc lieu de conclure avec M. Chaper que c'est cette pegmatite qui a fourni les diamants exploités dans les alluvions de l'Hindoustan. Le diamant et le corindon ayant pu se former dans une roche aussi ancienne que la pegmatite, on peut en trouver dans des sédiments divers : grès, quartzites, argiles, conglomérats provenant de la destruction des pegmatites. M. Chaper conclut aussi que le diamant a dû se former par plusieurs modes différents, car il n'y a pas d'analogie entre la pegmatite de l'Inde, la roche magnésienne de l'Afrique australe qui se présente comme une sorte de boue, et les gisements du Brésil. Un fait remarquable, c'est que les minéraux qui font cortège au diamant dans l'Inde, c'est-à-dire le corindon et l'épidote, font complètement défaut au Brésil et au Cap.

La question de l'origine du diamant est des plus obscures, et l'on en est réduit jusqu'ici à des hypothèses. Elles n'ont d'ailleurs pas manqué (2). Les uns ont assigné au diamant une origine organique, s'appuyant sur la présence supposée de cavités remplies de carbures ou de cellules d'origine végétale, ou encore sur l'existence chez les plantes, de cristaux et de concrétions inorganiques. D'autres, beaucoup plus nombreux, regardent le diamant comme ayant une origine minérale, soit qu'il s'agisse de phénomènes de sublimation ou de fusion, soit plus probablement de décompositions de liquides ou de gaz à différents états de température et de pression.

(1) Chaper, *Pegmatite diamantifère de l'Hindoustan* (*Bull. Soc. géol.*, 3e s., t. XIV, 15 février 1886, p. 330).

(2) *Encyclopédie chimique : le Diamant*, par Boutan, p. 231.

Brewster le premier supposa une origine végétale, il émit cette idée singulière que le diamant est le produit d'une sécrétion analogue à la gomme, qu'il a été d'abord mou et s'est durci ensuite. D'Orbigny pense que le diamant résulte d'une transformation cristalline des débris végétaux formant les premiers dépôts charbonneux. Wöhler suppose des combinaisons de matières végétales à basse température. D'après Wilson qui partage la même idée, ces combinaisons végétales auraient produit d'abord l'anthracite; celle-ci aurait perdu par évaporation à basse température l'oxygène, l'hydrogène et l'azote qu'elle contient, et il en serait résulté le diamant.

Dana pense que le diamant est dû comme la houille et les huiles minérales, à la décomposition de matières végétales ou animales capables de donner du carbone; les phénomènes de métamorphisme seraient intervenus pour fournir la quantité de chaleur nécessaire à la cristallisation.

Goeppert s'est beaucoup occupé de l'origine du diamant. Lui aussi pense que le diamant est un corps d'origine végétale; il s'appuie sur la présence dans ce minéral de produits altérables à haute température, et de nature organique. Des substances végétales se seraient décomposées et se seraient de plus en plus enrichies en carbone; le diamant d'abord mou et amorphe, tout pénétré de bulles de gaz, de liquides et d'inclusions de toute sorte, se serait ensuite durci et cristallisé. Goeppert pense même qu'il y a dans le diamant, de même que dans l'ambre, de nombreux organismes végétaux, notamment des cryptogames microscopiques, mais cette opinion, comme le dit M. Boutan, est aussi originale qu'improbable.

Parmi les partisans d'une origine minérale du diamant il faut citer : Parrot qui l'attribue à l'action de la chaleur sur de petits morceaux de charbon refroidis ensuite brusquement, Leonhardt qui croit à une sublimation, Gœbel qui suppose la réduction à haute température de l'acide carbonique par des corps comme le magnésium, le calcium, l'aluminium, le silicium, le fer, etc.

Simmler pensait que l'acide carbonique pouvait dissoudre le carbone comme le sulfure de carbone dissout le soufre, et que le diamant avait cristallisé par évaporation de son dissolvant. L'expérience directe a permis de constater que l'acide carbonique liquide ne dissout pas le carbone.

Fig. 713. — Champs de diamants dans l'Afrique australe (page 585).

Le diamant est accompagné généralement dans la nature, de certains minéraux qui sont comme ses satellites. Les principaux sont des oxydes de titane et de fer (rutile, anatase, brookite, fer oligiste, fer magnétique). Cette association est particulièrement frappante comme nous l'avons vu au Brésil. M. Favre, partant de ce fait que la plupart des minéraux satellites du diamant peuvent s'obtenir à haute température par la décomposition de combinaisons chlorées, pense que le diamant tire son origine du chlorure de carbone. M. Sainte-Claire Deville avait la même idée. Celle-ci a été reprise par M. Gorceix qui regarde, avons-nous déjà vu plus haut, le diamant comme un minéral de filon au même titre que l'or, les oxydes de titane et de fer, etc. Tous ces produits seraient arrivés des profondeurs du sol à l'état de chlorures et de fluorures, et se seraient ensuite cristallisés. Mais au Cap, les minéraux chlorés et fluorés ont disparu, et il n'y a pas d'or associé au diamant, comme aux Indes et au Brésil. Il est probable, comme le pense M. Chaper que le diamant s'est formé de diverses manières et que la nature a varié ses moyens pour arriver au même résultat.

Les expériences faites dans le but de reproduire artificiellement le diamant n'éclairent en rien son origine. Les premiers essais sont dus à Cagniard de la Tour et Gannal. Celui-ci en 1828 employa le sulfure de carbone. Il fit digérer dans ce liquide du phosphore et obtint une pellicule blanche contenant de petits cristaux de la grosseur d'un grain de millet. Ils présentaient de beaux reflets irisés, rayaient l'acier sans se laisser rayer par aucun autre métal et montraient au microscope la forme d'un dodécaèdre. L'un de ces cristaux fut brûlé; il présenta la combustibilité du diamant et ne laissa aucun résidu.

Despretz fit de nombreux essais. Dans un appareil vide d'air, il soumit un cylindre de charbon pur à l'étincelle d'induction. L'un des réophores était constitué par des fils de platine enveloppant l'extrémité du cylindre. L'étincelle jaillit pendant un mois; au bout de ce temps les fils de platine étaient couverts d'une poussière noire cristalline contenant de petits octaèdres brillants mais microscopiques. Cette poussière délayée dans un peu d'huile polissait le rubis. Despretz crut avoir reproduit le diamant. Il procéda ensuite autrement. Il employa une pile de Daniell portant comme électrodes des cylindres de charbon. Ce courant passait dans de l'eau acidulée. Sur le pôle négatif se forma une couche noire polissant, mais avec difficulté, le rubis. Rien ne prouve que les produits obtenus par Despretz sont vraiment du diamant.

M. Marsden fit des essais intéressants. Il chauffa pendant dix heures à haute température un mélange d'argent et de charbon de sucre; la masse fondue fut ensuite refroidie, l'argent fut dissout par l'acide azotique, le produit restant était formé de carbone amorphe, de graphite et de petits cristaux octaédriques. Ces derniers sont les uns transparents, les autres noirs. Ils rayent le verre, le quartz, le saphir et brûlent dans l'oxygène. Les noirs possèdent des arêtes courbes, les transparents ont des arêtes rectilignes et sont extrêmement réfringents. Tous ces cristaux sont, d'après M. Marsden, de véritables diamants.

M. Hannay a opéré d'une autre manière. Il avait essayé de décomposer par le sodium des carbures comme l'esprit de paraffine, dans des tubes scellés de cristal épais. L'hydrocarbure s'était décomposé, le métal avait absorbé l'hydrogène et le carbone s'était déposé. Le potassium, le lithium avaient donné des résultats analogues. M. Hannay essaya ainsi mais vainement, en opérant à des températures élevées et dans des tubes clos, c'est-à-dire sous de fortes pressions, d'obtenir la cristallisation du carbone. Il chercha ensuite à dissoudre ce dernier à haute pression dans l'huile de baleine rectifiée sur le sodium et mélangée de bases azotées. Il employait le charbon de bois. La présence de l'azote paraît une condition favorable. Sur vingt expériences plusieurs semblent avoir fourni du carbone cristallisé. En le faisant brûler dans l'oxygène, M. Hannay a obtenu de l'acide carbonique, dont la quantité correspondait à 97,85 p. 100 de carbone. Il y a un résidu gazeux qui probablement est de l'azote; ce dernier élément pourrait donc être combiné au carbone cristallisé de M. Hannay (1).

En résumé les résultats obtenus sont jusqu'à présent peu considérables et surtout peu concluants relativement à l'origine du diamant. Les cristaux sont microscopiques, il n'est pas sûr qu'ils soient du diamant et ils ont exigé pour leur production, sauf ceux de Gannal, des températures très élevées. Or on admet d'une manière générale que la nature n'a pas eu recours pour la formation du diamant à un développement de chaleur considérable. Brewster avait déjà montré depuis longtemps qu'il y a dans ce minéral des inclusions liquides et Goeppert, comme nous l'avons vu, y a trouvé des produits que détruit une température élevée. Il se peut que le diamant se soit produit à une température peu différente de la température ordinaire.

Les mines de diamants les plus anciennement connues sont celles de l'Inde. Elles ont été exploitées dès la plus haute antiquité. On divise les gisements en cinq groupes : les rives du fleuve Penar, les environs de Naudial, Raolkonde à l'ouest de Golconde, les environs de Sumbhulpur, enfin la chaîne qui s'étend sur la rive méridionale du Gange, vers le milieu de son cours jusqu'au Yamuna inférieur. Les mines de l'Inde ont cessé de fournir des quantités notables de diamants. On le trouve, avons-nous dit, dans les alluvions des rivières, dans le sable provenant de la destruction des pegmatites. Il y en a aussi dans un conglomérat reposant sous une couche de grès vert à grain très fin.

Après les Indes, le Brésil a fourni le plus de diamants. Les gisements ont été découverts en 1725. On a trouvé d'abord de ces pierres précieuses dans le torrent appelé Ribeiro-Manso, puis dans une chaîne d'alluvions près du lieu appelé autrefois Toluco et maintenant Diamantina. Les provinces du Brésil qui fournissent des diamants sont celles de Minas-Geraes et de Bahia. On a trouvé aussi quelques pierres dans les gisements aurifères du Mexique et de la Californie. De même en Australie, dans la Nouvelle-Galles du Sud. Il y en a dans les îles de la Sonde. C'est de Sumatra que provient le plus gros diamant connu; il pesait brut 367 carats. L'Oural en a aussi fourni quelques-uns. Mais les champs diamantifères les plus riches sont ceux de l'Afrique australe dans le Griqualand. Les gisements furent découverts de 1867 à 1870. En 1869 un indigène trouva une pierre de 83 carats : l'Étoile de l'Afrique du Sud, qui fut vendue 300 000 francs. Le premier gisement exploité se trouve sur les rives du Vaal. On exploite les terres qui bordent le fleuve sur une étendue de 100 kilomètres. Le

(1) *Encyclopédie chimique : le Diamant*, p. 232.

1  2  3  4  5 

Fig. 714. — 1, rose vue d'en haut; 2, vue de profil; 3, table d'un brillant; 4, profil d'un brillant; 5, cul d'un brillant (page 588).

centre de l'exploitation est la ville de Barkly. De 1870 à 1886 le produit des sables diamantifères du Vaal s'est élevé à 50 millions. Vers la fin de 1870 on trouva des gîtes sur un plateau, au sud-est des premiers gisements. Il y a là de véritables poches de terre bleue diamantifère surmontée d'une terre jaune et friable (1). On connaît quatre de ces puits diamantifères : Bultfontein, de Beer, Du Toit's Pan et Kimberley qui est le plus riche. On fit d'abord l'exploitation à ciel ouvert, puis par suite de l'éboulement des roches voisines, il fallut, pour atteindre la terre bleue au-dessous des éboulis, faire de véritables galeries à 700 pieds de profondeur. On détache le terreau diamantifère pour en charger des wagons qui le transportent à la surface. On le laisse subir pendant six mois les variations atmosphériques, et c'est ensuite qu'on le lave avec soin pour obtenir un gravier qui est enfin trié et où l'on trouve les pierres précieuses (fig. 712 et 713). Les diamants du Cap sont généralement des octaèdres parfaits ; il y en a d'incolores, de bleus, de jaunes et de noirs. Leur grosseur varie de la grosseur d'une tête d'épingle à celle d'une grosse noix.

En 1881, année la plus prospère, le trou de Kimberley a fourni au commerce pour plus de 104 millions de francs de diamants. Jusqu'à la fin de 1887 la production s'est élevée au total de sept tonnes de pierres d'une valeur de un milliard 250 millions. Voici, d'après Jacobs et Chatrian (2), la production des mines du Cap en 1883 :

	Carats.	Francs.
Kimberley	1.091.760	27.703.065
De Beer	407.339	10.629.964
Du Toit's Pan	473.449	16.494.181
Bultfontein	440.907	12.459.207
	2.419.715	67.286.419

L'exploitation des mines n'est pas libre ; elle est entre les mains de syndicats siégeant à Londres et à Paris, et qui sont devenus propriétaires des trous diamantifères. Malgré la répression la plus rigoureuse, on ne peut empêcher les détournements de pierres précieuses; ils sont évalués à 10 p. 100 des valeurs amenées au jour par les compagnies minières. Le salaire des ouvriers, généralement de race cafre, est de 6 francs 25. Ils travaillent douze heures de suite par équipes de jour et de nuit. Les chantiers de lavage et de triage sont éclairés à la lumière électrique.

Les anciens ignoraient l'art de tailler le diamant. On attribue l'invention de la taille à Louis de Berquen, qui l'aurait faite à Bruges en 1476. C'est ce qui résulterait du récit fait par l'un de ses descendants, Robert de Berquen, dans son *Traité des Pierres précieuses* (Paris, 1669).

Robert de Berquen s'exprime en ces termes : « Louis de Berquen, l'un de mes ayeuls, a désabusé le monde sur cela (les différentes opinions sur la taille du diamant). C'est luy qui le premier a trouvé l'invention, en mil quatre cent soixante et seize, de les tailler avec la poudre du diamant mesme, et en voicy l'histoire à peu près : Auparavant qu'on eut jamais pensé de pouvoir tailler les diamants, lassé qu'on estait d'avoir essayé plusieurs manières pour en venir à bout, on fut contraint de les mettre en œuvre tels qu'on les rencontrait aux Indes; c'est à sçavoir des pointes naïves qui se trouvent au fond des torrens quand les eaux se sont retirées, et dans les pierres à fuzil tout à fait bruts, sans ordre et sans grâce, sinon quelques faces au hazard, irrégulières et mal polies, tels enfin que la nature les produit et qu'ils se voient encore aujourd'huy sur les vieilles chasses et reliquaires de nos églises. Le ciel doüa ce Louis de Berquen, qui était natif de Bruges, comme un autre Bezellée, de cet esprit singulier ou génie, pour en trouver de luy mesme l'invention et en venir heureusement à bout... Ce Louis de Berquen fit l'espreuve de ce qu'il s'était mis en pensée dès le commencement de son étude; il mit deux diamants sur le ciment, et après les avoir esgrizez l'un contre l'autre, il vit manifestement que

(1) Voir Reclus, *l'Afrique méridionale*, p. 550, et un article du *Temps* (10 octobre 1891).
(2) Jacobs et Chatrian, *le Diamant*. Paris, 1883.

par le moyen de la poudre qui en tombait et l'aide du moulin, avec certaines roues de fer qu'il avait inventées, il pourrait venir à bout de les polir parfaitement, mesme de les tailler en telle manière qu'il voudrait. En effet, il l'exécuta si heureusement que cette invention, dès sa naissance, eut tout le crédit qu'elle a eu depuis, qui est l'unique que nous ayons aujourd'huy. Au mesme temps, Charles, dernier duc de Bourgogne, à qui on en avait fait récit, lui mit trois grands diamans entre les mains pour les tailler advantageusement selon son addresse. Il les tailla dès aussitost, l'un espais, l'autre faible, et le troisième en triangle, et il y réussit si bien que le duc, ravi d'une invention si surprenante, lui donna 3000 ducats de récompense. Puis ce prince, comme il les trouvait tout à fait beaux et rares, fit présent de celuy qui estait faible au pape Sixte quatrième et de celuy en forme d'un triangle et d'un cœur, réduit dans un anneau et tenu de deux mains pour simbole de foy, au roi Louis XI, duquel il recherchait alors la bonne intelligence, et quant au troisième, qui estait la pierre espaisse, il le garda pour soy et le porta toujours au doigt, en sorte qu'il l'y avait encore quand il fut tué devant Nancy, un an après qu'il les eut fait tailler, sçavoir est en l'année mil quatre cent soixante-dix-sept. »

Mais dès le XIVe siècle il y avait une corporation de tailleurs de diamants; il y avait de ces pierres taillées dans les trésors des églises. Il est donc probable que ce n'est pas Louis de Berquen qui inventa la taille du diamant; il se borna sans doute à perfectionner cet art.

M. de Laborde dans sa *Notice sur les émaux*, etc., du *Musée du Louvre* (1853), examine la question et contredit Robert de Berquen dans les termes suivants : « Les Grecs appelaient le diamant indomptable parce qu'ils ne savaient pas le tailler. Les Romains conservèrent l'expression, même alors que, dans la grande vogue des pierres gravées, leurs habiles artistes eurent découvert la propriété du diamant, non seulement d'entamer les pierres les plus dures, mais de s'entamer lui-même. Pline consacre un paragraphe entier de son XXXVIIe livre au diamant; la moitié d'une ligne compense toutes les folies que contiennent les autres : « Alio adamante perforari potest », nous dit le savant encyclopédiste latin. Ainsi donc, si même Pline n'avait en vue qu'un diamant de qualité inférieure, le secret de la taille du diamant par lui-même était trouvé, au moins dans son principe, au début de l'ère chrétienne. Pourquoi ce secret ne fut-il pas exploité de manière à mettre dès lors le diamant à la portée du luxe? Ce n'est pas la difficulté du travail qui y mettait obstacle, le diamant une fois opposé à lui-même rendait facile ce qui était impossible; ce ne sont pas les circonstances extérieures qui, dès le troisième siècle, furent médiocrement favorables au luxe, car deux siècles de fabuleuse prospérité suffisaient et au delà pour donner au diamant taillé la vogue et une grande valeur. Mais, il faut le dire, le secret de la taille du diamant ne réside pas seulement dans la découverte des propriétés du diamant à se tailler lui-même, il est plus encore dans l'invention d'une combinaison mathématique qui donne au diamant taillé tout son éclat. Un diamant en table, dont les tranches sont taillées à pans irréguliers, faisait beaucoup moins d'effet, après avoir coûté beaucoup d'efforts, qu'un cristal de roche. On dut donc abandonner et laisser sommeiller cet ingrat

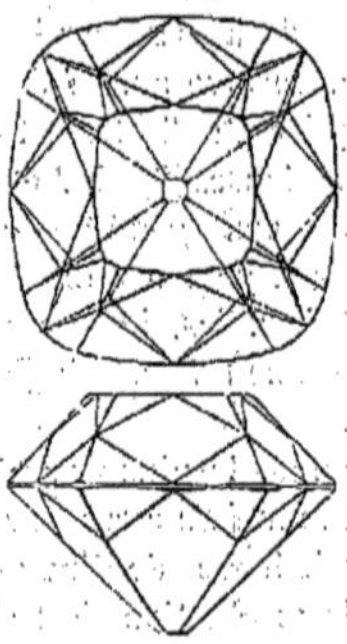

Fig. 715. — Le *Régent*, vu d'en haut et de profil.

travail, surtout à une époque où les pierres gravées étaient plus recherchées que les pierres précieuses, et les pierres colorées plus estimées que les pierres limpides. Les grands désastres de l'empire romain passèrent sur ces débuts, et les premiers siècles du moyen âge ne furent capables, en aucun genre, de reprendre et de perfectionner ce que les anciens avaient laissé d'imparfait. Le secret de la taille des diamants se transmit cependant de génération en génération, avec la taille grossière et le polissage des pierres précieuses. Quand le luxe, faisant appel à l'art et à l'industrie, eut remis en valeur la taille à facettes des pierres

Fig. 716. — Les principaux diamants. — 1, Grand-Mogol ; 2 et 11, le Régent ; 3 et 5, le Florentin; 4 et 12 l'Étoile du Sud; 6, le Sancy; 7, diamant vert à Dresde; 8, Kohi-noor sous son ancienne forme; 10, sous sa nouvelle forme; 9, diamant bleu de Hope à Amsterdam.

fines, qu'on se contentait alors de porter en cabochon, et le diamant qu'on laissait briller par les seules facettes de ses pointes naïves, on reprit toutes les traditions de la taille des pierres et on s'attaqua au diamant, pour ajouter par des facettes artificielles à l'éclat que lui donnaient les formes accidentelles de son état naturel. On taillait alors de faux diamants, faits de verre ou de béricle, à l'imitation des vrais. Et, quant au diamant, on le débita d'abord en tables, à faces bien dressées, à tranches taillées en biseau ou à pans à facettes

Le diamant avait-il plus d'épaisseur, on comprit l'importance de la régularité des facettes, on tailla la partie la plus large en table à biseau et la partie opposée en prisme régulier formant culasse. C'est ainsi qu'on les trouve ornant encore quelques joyaux d'église, c'est ainsi qu'ils sont décrits dans les documents. De ce moment, leur prix s'élève avec les progrès dans l'art de les tailler. Vendus d'abord beaucoup moins cher que les autres pierres fines qui à autant d'éclat ajoutaient leurs brillantes couleurs, ils prennent bientôt un rang égal et enfin une valeur supérieure.

« Telle est la marche suivie par la taille du diamant, telle n'est pas l'histoire qu'on en a tracée... Les encyclopédistes du moyen âge, trop connus pour qu'il soit nécessaire de les citer tous, brodent sur le canevas de ses fables (celles de Pline), d'autres fables plus ineptes encore : ce n'est donc pas dans leurs ouvrages qu'il faut chercher la preuve d'un usage constant de la taille du diamant, mais dans les descriptions des inventaires, dans les détails fournis par les comptes, dans l'existence d'un corps de métier tout entier, formé en France comme dans les Flandres par les tailleurs de diamants, probablement dès le treizième siècle et avec certitude dès le quatorzième, enfin dans l'existence d'un tailleur de diamants Herman, célèbre à Paris dans son art dès 1407. C'est, en effet, à dater de la fin du treizième siècle et surtout de la seconde moitié du quatorzième que les diamants à faces ou à côtés, taillés en écu ou en table, prennent, dans le prix des pierres précieuses et dans les montures des riches joyaux, un rang qu'ils n'y avaient pas occupé jusque-là. Aussi, lorsque le duc de Bourgogne, en 1403, donne, dans le Louvre, à dîner au roi et à sa cour, ses nobles convives reçoivent des présents et onze diamants en font partie : ils valaient 786 écus. Au nombre de ses riches joyaux, le duc de Berry comptait un diamant qu'on estima, en 1416, 5 000 écus. Le prix très élevé mentionné dans ces deux exemples, ne peut s'appliquer à des pointes naïves, autrement dits des diamants non faits, c'est-à-dire polis naturellement.

« Qu'y a-t-il de fondé dans ces prétentions (de R. de Berquen)? C'est que Louis de Berquen, homme ingénieux, qui avait étudié les mathématiques, aurait compris que la taille du diamant, telle qu'on la pratiquait de son temps, était susceptible d'importants perfectionnements par une plus grande régularité de facettes, disposées dans un ordre symétrique et dans un accord parfait. »

Les villes de Bruges, d'Anvers et surtout d'Amsterdam eurent longtemps le monopole de la taille du diamant. Mazarin fit établir plusieurs ateliers à Paris et cette industrie, qui périclita après la révocation de l'édit de Nantes, renaît de nouveau aujourd'hui. Suivant leur habileté les ouvriers diamantaires peuvent gagner de 300 à 1 000 francs par mois.

Le diamant se taille soit en rose, soit en brillant (fig. 714). Dans la taille en rose, la base ou culasse est plate; la partie supérieure est recouverte d'un nombre variable de facettes disposées symétriquement autour d'une première face. Dans la rose de Hollande il y a 24 facettes; dans la demi-Hollande de 18 à 20; dans la rose d'Anvers 12, 8 ou 6. La taille en brillant est beaucoup plus estimée et elle est réservée aux pierres de qualité supérieure. On donne à la pierre la forme d'un octaèdre, puis on enlève une petite pyramide en haut et en bas. On obtient ainsi deux faces, la culasse et la couronne, autour desquelles on taille des facettes. Il y a aussi la taille en demi-brillant ou la couronne existe seule, le diamant n'a pas de dessous.

La taille du diamant comprend plusieurs opérations. On commence par dégrossir la pierre en lui enlevant par éclats les parties défectueuses ; on utilise les clivages parallèles aux faces de l'octaèdre. Ensuite on polit à l'aide de meules d'acier recouvertes d'*égrisée* ou poussière de diamant obtenue en pulvérisant les diamants noirs.

L'unité de poids employée dans l'industrie des pierres précieuses est le *carat.* La valeur de celui-ci variait suivant les pays de 205 à 207 milligrammes. Depuis 1871 les négociants en diamants de Paris, de Londres et d'Amsterdam se sont entendus pour fixer uniformément le carat à 205 milligrammes. Quand un diamant brut est d'une belle eau il se vend environ 45 à 50 francs le carat ; mais la taille enlève à peu près la moitié du poids des diamants. On s'est servi longtemps d'une règle posée par Tavernier il y a deux siècles, d'après laquelle le prix augmente comme le carré du nombre des carats. Ainsi un diamant taillé du poids de 1 carat, provenant d'un diamant brut d'environ 2 carats, vaut environ 200 francs; un diamant taillé du poids de 2 carats, vaut environ 800 francs, et ainsi de suite. Mais cette règle n'est plus guère applicable aujourd'hui;

le prix varie beaucoup avec la beauté, le travail plus ou moins parfait du diamant, etc. Lorsque le poids dépasse 20 à 25 carats, la pierre n'a plus de valeur précise, son prix dépend du caprice de l'acheteur.

Les diamants incolores sont beaucoup plus estimés que les diamants jaunes; ils sont cotés 25 ou 30 p. 100 plus haut. De là des falsifications. Il est possible en effet de ramener des diamants jaunes à l'éclat blanc. M. Gilon a récemment étudié la question(1). On sait que le violet est la couleur complémentaire du jaune. Une solution alcoolique d'aniline violette ramène au blanc les diamants jaunes et l'œil le mieux exercé ne peut rien soupçonner. Mais si l'on plonge le diamant dans un bain d'alcool il reprend généralement sa couleur primitive; il la reprend toujours quand on le lave à l'acide nitrique.

Certains diamants sont particulièrement célèbres. Voici les principaux (fig. 716.) :

Le *Régent* (fig. 715 et 716, nos 2 et 11) qui appartient à la France et qu'on peut admirer aujourd'hui au musée du Louvre, est le plus beau diamant du monde. Il est sans tache, sans aucun défaut et sa taille est parfaite. Brut il pesait 410 carats; la taille exigea deux années et le réduisit au poids de 136 carats trois quarts. Ce diamant fut trouvé en 1701 par un naturel du pays à Partlat, près de Golconde. Il fut vendu 1000 livres sterling (25000 fr.) à un marchand nommé Jamchund. Celui-ci le revendit à Thomas Pitt, gouverneur du fort Saint-George, au prix de 20400 livres (510000 fr.). Le Régent était alors de la grandeur d'une prune de reine Claude et de forme presque ronde. Pitt le revendit pour deux millions, en 1717, au duc d'Orléans, régent de France. La taille fut exécutée à Londres et coûta 5000 livres (125000 fr.). Pendant tout le règne de Louis XV et celui de Louis XVI, ce diamant fit partie des joyaux de la couronne, et fut déposé au garde-meuble.

En 1791, en exécution d'un décret de l'Assemblée nationale, on fit l'inventaire des diamants de la couronne; à cette occasion le Régent fut estimé 12 millions; cette estimation est sujette à contestation et la valeur attribuée à ce diamant unique varie, suivant les connaisseurs, de 6 millions à 12.

En 1792, quelques jours avant les massacres de septembre, les diamants de la couronne furent volés au garde-meuble. M. Henry Alis raconte ce vol de la manière suivante (1):

« Par une nuit de ce même mois, deux hommes, nommés l'un Douligny et l'autre Chambon, s'aidant de leurs pieds, de leurs mains et de la corde d'un réverbère, s'élevèrent à la hauteur de la colonnade du garde-meuble — le garde-meuble était situé sur la place de la Concorde actuelle, — coupèrent avec un diamant le carreau d'une croisée et pénétrèrent dans les appartements avec une lanterne sourde. Les complices de ces audacieux bandits, déguisés en gardes nationaux, simulaient une patrouille et, en réalité, surveillaient les abords du garde-meuble. Quand les fausses clefs, les rossignols eurent ouvert les armoires et les coffres-forts, quelques-uns grimpèrent par le même chemin et, de main en main, les pierreries et les bijoux furent transportés au dehors jusqu'au pied de la colonnade. Tout à coup le signal convenu se fait entendre : une patrouille de vrais gardes nationaux avait aperçu de loin une lumière suspecte dans les appartements. Elle accourait. Les voleurs prennent aussitôt la fuite, les poches bien garnies. La patrouille en arrivant trouva à terre Douligny qui, dans son empressement, avait manqué la corde du réverbère. Elle s'empara également de Chambon, qu'on découvrit dans les appartements.

« Cependant, avec une singulière audace, tandis que le tocsin sonnait dans Paris, les voleurs, qui avaient pu prendre la fuite, se retrouvaient sous le pont de la Concorde et, assis en rond autour des coffres-forts volés, procédaient au partage des richesses. Le chef de la bande prenait un diamant, le remettait à son voisin de droite, sans oublier sa part ni celle des sentinelles apostées. Plusieurs coffres avaient été vidés ainsi, quand de nouveaux importuns survinrent. Chacun s'esquiva comme il put et le distributeur jeta les diamants qui restaient dans la Seine, où ils sont peut-être encore. Chambon et Douligny, condamnés à mort, firent des révélations; d'autres arrestations eurent lieu et quantité de pierres furent retrouvées. Sur l'indication d'une lettre anonyme, on en recueillit pour plus d'un million qui étaient enfouis dans l'allée des Veuves, aux Champs-Élysées. Le Régent fut repris dans un grenier. L'affaire dura très longtemps (en 1814 il fut encore restitué pour plusieurs

(1) *Revue scientifique*, 22 août 1891, p. 254.

(1) *Journal des Débats*, 13 février 1886.

millions de pierres provenant du vol) et demeura toujours mystérieuse. »

En 1796, le Directoire ayant besoin d'argent donna le Régent en gage à la banque d'Amsterdam. La femme du directeur de cette banque, Vandenberghe, portait, dit-on, le Régent sur elle, cousu dans une ceinture, tandis que le banquier montrait aux curieux une imitation en cristal de roche.

Napoléon Ier reconstitua le trésor de la couronne; il portait le Régent soit à son manteau de cérémonie, soit au pommeau de son épée; il le porta de cette dernière façon le jour de son sacre.

Depuis, ce magnifique diamant a été placé aux diverses Expositions universelles de Paris. En 1870 il fut transporté à Brest avec l'encaisse métallique de la Banque et tout le trésor de la couronne; le tout fut conservé jusqu'en 1871 dans l'arsenal, sous un monceau de vieille ferraille, dans des caisses portant ces mots : *Matières explosibles* (1). Les joyaux de la couronne ont été, comme on sait, aliénés par l'État, en vertu d'un vote des Chambres. Un certain nombre de pièces furent distribuées au Louvre, à l'École des mines et au Muséum d'histoire naturelle. Le Régent est échu au Louvre.

Le *Kohi-noor* (fig. 716, n°s 8 et 10), dont le nom veut dire montagne de lumière, appartient aujourd'hui à la couronne d'Angleterre. Pendant de nombreux siècles il resta entre les mains des princes hindous. En 1850, les troupes anglaises s'en emparèrent à Lahore. La compagnie des Indes l'offrit à la reine Victoria. A cette époque il pesait 186 carats un seizième, mais il était mal taillé. En 1852 on le retailla à Amsterdam, ce qui le réduisit à 106 carats un seizième. Il n'est pas très pur, sa teinte est grise et au microscope il présente un grand nombre d'inclusions. Le Kohi-noor est conservé à Windsor; on l'estime à 3 500 000 francs.

Le *Grand-Mogol*, dont on a perdu aujourd'hui la trace, pesait 280 carats (fig. 715, n° 1). Il fut vu par le voyageur Tavernier dans le trésor d'Aureng-Zeyb. Tavernier en donna la description suivante :

« La première pierre qu'Akel-Kan me mit entre les mains fut le grand diamant, qui est une rose ronde fort haute d'un côté. A l'arreste du bas il y a un petit cran et une petite glace dedans. L'eau en est belle et il pèse 319 ratis et demi, qui font 280 de nos carats, le ratis étant sept huitièmes de carat. Quand Mirgimola qui trahit le roi de Golconde, son maître, fit présent de cette pierre à Cha-Gehan, près duquel il se retira, elle estait brute et pesait alors 900 ratis, qui sont 787 carats et demi, et il y avait plusieurs glaces. Si cette pierre avait été en Europe, on l'aurait gouvernée d'une autre façon, car on en aurait tiré de bons morceaux et elle serait demeurée plus pesante au lieu qu'elle a été toute égrisée. Ce fut le sieur Hortensio Borgis, vénitien, qui la tailla, de quoy il fut aussi mal récompensé, car quand elle fut taillée, on lui reprocha qu'il avait gasté la pierre qui aurait pu demeurer à plus grand poids et, au lieu de le payer de son travail, le roy lui fit prendre dix mille roupies et lui en aurait fait prendre davantage s'il en eût eu au delà. Si le sieur Hortensio eût bien sçu son métier, il aurait pu tirer de cette grande pierre quelque bon morceau sans faire tort au roy et sans avoir tant de peine à l'égriser, mais ce n'était pas un fort habile diamantaire. »

Ce diamant a complètement disparu depuis Tavernier, on s'est demandé même s'il n'aurait pas été volé et clivé en plusieurs morceaux lors du sac de Delhi par les troupes anglaises.

L'*Orlow* est le plus gros des diamants qui existent en Europe; il pèse 193 carats un tiers. Il a la forme d'une moitié d'œuf et provient des Indes. Son histoire est assez obscure. Il formait, dit-on, l'un des yeux d'une idole de Brahma dans un temple du Mysore; il aurait été volé dans les premières années du dix-huitième siècle par un soldat français, qui l'aurait vendu ensuite 50 000 francs à un capitaine anglais. Le fait certain, c'est que le prince Orlow l'acheta en 1791 à Amsterdam pour l'impératrice Catherine II. Depuis cette époque il appartient à la Russie et orne le sceptre de l'empereur. Il a coûté environ 2 800 000 francs.

Un autre diamant célèbre est le *Sancy* (fig. 716, n° 6), pierre d'une eau très pure, taillée en forme d'amande et qui pèse 53 carats douze seizièmes. L'histoire de ce diamant est très curieuse. On a prétendu que le Sancy est le diamant que Charles le Téméraire portait à son doigt lors de sa mort devant Nancy en 1477; un soldat s'en serait emparé et l'aurait vendu pour une somme insignifiante. D'après une autre légende, Charles le Téméraire l'aurait perdu à la bataille de Granson en 1476. En réalité on ne

(1) *Encyclopédie chimique : le Diamant*, par Boutan, p. 283.

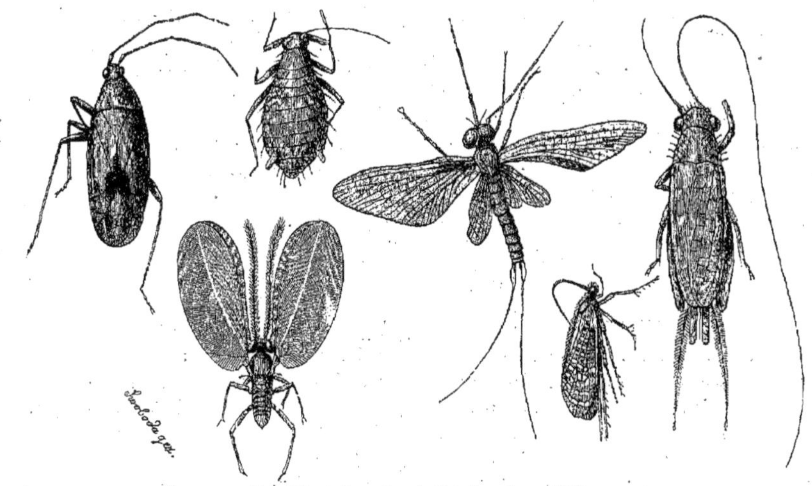

Fig. 717. — Insectes de l'ambre (page 592).

peut suivre la trace du Sancy qu'à partir de 1620. Achille de Harlay de Sancy, ambassadeur dans le Levant, le rapporta en France et le céda à la couronne d'Angleterre. Le roi Jacques II, lors de son exil en France, le revendit à Louis XIV pour 625000 francs. Le Sancy servit au sacre de Louis XV; la couronne royale était surmontée d'une fleur de lis dont la pointe centrale était ce diamant.

Le Sancy, estimé un million sur l'inventaire de 1791, fut volé avec les autres diamants de la couronne; il ne fut pas retrouvé et passa sans qu'on sache comment aux mains du roi Charles IV d'Espagne. Joseph Bonaparte le trouva dans les coffres de la couronne d'Espagne et le vendit sans doute, car la princesse Demidoff l'eut en sa possession de 1828 à 1865. Aujourd'hui le Sancy est aux Indes, il appartient au maharajah de Guttialah (1).

Le *Florentin* ou *Grand-Duc de Toscane* appartient à l'empereur d'Autriche (fig. 716, n°s 3 et 5). Comme le Sancy on l'a attribué à Charles le Téméraire qui l'aurait perdu à la bataille de Morat en 1475. Le diamant fut vendu, dit-on, par un soldat à Ludovic Sforza, duc de Milan, et passa ensuite aux mains du pape Jules II. En réalité l'histoire authentique du Florentin commence avec Tavernier; ce voyageur écrit en 1665 que le grand-duc de Toscane lui a montré un diamant pesant 139 carats et demi, dont l'eau tire un peu sur la couleur du citron.

(1) *Encyclopédie chimique : le Diamant*, p. 304.

En effet, ce diamant d'une belle forme, taillé en double rose, avec des facettes formant une étoile à neuf rayons, a une légère teinte jaune. Par le mariage de François de Lorraine, grand-duc de Toscane, avec Marie-Thérèse, ce diamant entra dans le trésor de la couronne d'Autriche.

L'*Étoile du Sud* (fig. 716, n°s 4 et 12) est le plus gros diamant trouvé au Brésil. Il fut découvert en 1853 par une négresse. Son poids brut était de 254 carats et demi. Acheté par un syndicat à la tête duquel était M. Halphen, ce diamant fut taillé, ce qui réduisit son poids à 125 carats et demi. Son eau est pure, sa teinte est légèrement rosée. Exposé plusieurs fois, puis envoyé aux Indes, il fut acheté par l'ex-gaikwar de Baroda au prix de 80000 livres sterling (deux millions de francs).

L'*Étoile de l'Afrique du Sud*, trouvée au Cap, pesait brute 83 carats; elle n'en pèse plus que 46 et demi. Cette pierre d'une eau très pure appartient aujourd'hui à la comtesse Dudley.

Certains diamants célèbres sont brillamment colorés. Ainsi la couronne de Saxe possède un magnifique diamant vert, le *diamant vert* de Dresde, qui pèse 40 carats (fig. 716, n° 7). Il appartient à la maison de Saxe depuis 1742, époque à laquelle il fut acheté à la grande foire de Leipzig à un marchand arménien du nom de Delles. On ne connaît pas le prix auquel il fut vendu. Ce diamant fait actuellement partie d'une broche en brillants.

Le *diamant bleu de Hope* est bien connu (fig. 716, n° 9). C'est une pierre superbe d'un bleu saphir taillée en forme de brillant. Son poids est de 44 carats un quart. Il appartient à M. Hope qui l'acheta 18 000 livres sterling. Tavernier avait vendu à Louis XIV un beau diamant bleu qui fut volé en 1792 avec les autres joyaux de la couronne et n'a jamais été retrouvé. On suppose que les trois diamants bleus qu'on connaît aujourd'hui en sont les fragments; le premier est le diamant de Hope; le second, du poids de 13 carats trois quarts, a appartenu au duc de Brunswick et a été acheté en 1874 par MM. Ochs frères; enfin le troisième ne pèse que 1 carat un quart, il appartient à une famille anglaise.

D'autres diamants colorés moins importants sont le diamant rose du prince de la Riccia (15 carats), et le diamant rouge rubis de Paul Ier (10 carats).

L'AMBRE JAUNE OU SUCCIN.

Nous parlons de l'ambre jaune ou succin immédiatement après le diamant, parce que cette substance contient aussi du carbone. L'ambre, en effet, est formé de carbone, d'hydrogène et d'oxygène. D'après Drapiez (1) il contient 80,59 de carbone, 7,31 d'hydrogène, 6,73 d'oxygène; il y a 3,27 de cendres (chaux, silice, etc.), et 2,10 de pertes. C'est une substance d'un jaune orangé, d'un éclat résineux qui fond à 287° et brûle avec une flamme claire, fuligineuse, répandant une odeur agréable. L'ambre est facile à électriser par le frottement. La densité est 1,08; le degré de dureté est compris entre 2 et 2,5.

L'ambre se trouve surtout sur les côtes de la mer Baltique. C'est de là qu'on le tire depuis la plus haute antiquité. Les routes qui conduisaient de la mer Noire et de l'Adriatique aux rivages où l'on recueille l'ambre, ont été reconnues grâce aux monnaies grecques, aux bronzes étrusques, aux objets phéniciens découverts par les archéologues. Tous les peuples de l'antiquité étaient tributaires des habitants du Samland. On connaît aujourd'hui la nature de l'ambre. C'est le résultat de la fossilisation d'une résine secrétée à l'époque tertiaire par un pin : le *Pinus succinifer*. Très souvent l'ambre contient des restes d'insectes et même des insectes parfaitement conservés, qui ont été englués dans la résine avant sa solidification (fig. 717).

La formation oligocène du nord de la Prusse se compose de lignite qui atteint une épaisseur de 27 mètres. Au-dessous se trouve du sable et une argile sableuse : la *terre bleue* (*blaue Erde*) épaisse de 1^{m},30 à 6 mètres. C'est la terre bleue qui est le gisement de l'ambre. Ce dernier y est mélangé de dents de squales, de coquilles marines, de débris de bois. La terre bleue est donc un dépôt marin dans lequel l'ambre a été enseveli avec les arbres qui l'avaient produit; par suite les forêts de conifères qui ont donné l'ambre doivent être rapportées à une période du tertiaire, antérieure à celle du dépôt de la terre bleue.

Comme, d'après von Dechen, la terre bleue s'étend dans le Samland, aux environs de Königsberg, sur une surface de 340 kilomètres carrés, les masses d'ambre qui y sont contenues peuvent être regardées comme inépuisables (1).

La terre bleue est juste au niveau de la mer et souvent au-dessous de ce niveau. Par suite les vagues la dégradent et emportent vers la côte l'ambre, d'ailleurs d'une faible densité, qui flotte au milieu de grandes masses de fucus. Ce qui se produit aujourd'hui s'est fait également aux époques antérieures, de sorte que l'ambre se trouve non seulement dans la formation lignitifère oligocène, mais aussi dans le diluvium et dans les alluvions récentes. On s'est longtemps contenté de recueillir l'ambre rejeté par les tempêtes sur les plages, ou de balayer le fond avec des filets. Au XVIe siècle, on commença à creuser le sable et la vase pour trouver cette substance. Les recherches ont été reprises avec méthode en 1872, et maintenant on exploite la terre bleue par de véritables travaux de mines. On va chercher aussi le succin au fond du Kurisches Haff. En 1864, en draguant la lagune près du village de Schwarzort, deux pêcheurs trouvèrent un gisement très riche. Maintenant les travaux de dragage occupent une véritable flottille de bateaux à vapeur. On creuse le sable et la boue jusqu'à 6 mètres de profondeur (2). La partie de la côte la plus riche est le Brüster Ort, promontoire avancé du Samland. La Prusse fournit par an environ 175 000 kilogrammes d'am-

(1) Cité par Jagnaux, p. 248.

(1) Uhlig, p. 827.

(2) Reclus, *Géographie universelle : l'Europe centrale*, p. 806.

bre; suivant la beauté des échantillons le prix du kilogramme varie de 25 à 180 francs.

L'ambre se trouve aussi, mais en faible quantité, dans les couches crétacées ou tertiaires d'autres régions. Il y a de l'ambre dans le miocène de la Sicile; on a découvert de l'ambre noir dans le tertiaire de la Roumanie. En France on peut citer comme gisements d'ambre, mais trop pauvres pour être exploités avec fruit, les argiles à lignite du crétacé des Charentes (Rochefort, Fouras, île d'Aix) et les couches à lignite du conglomérat éocène de Meudon; ces lignites ont fourni à Vaugirard des morceaux d'ambre.

L'ambre a été travaillé dans l'antiquité par les Égyptiens et les Assyriens; on en a fait à la Renaissance des statuettes et d'autres objets. Aujourd'hui il est utilisé comme parure en Orient; on en confectionne des bouts de tuyaux de pipes et des porte-cigares. Enfin on l'emploie pour fabriquer des vernis et pour faire l'acide succinique parfois utilisé en médecine.

VARIÉTÉS PRÉCIEUSES DE SILICE. QUARTZ COLORÉ. CALCÉDOINE. AGATE. OPALE.

La silice présente un grand nombre de variétés employées en joaillerie, mais ce ne sont que des pierres à demi précieuses, dont la valeur est bien inférieure à celle du diamant.

Nous avons déjà parlé à plusieurs reprises du quartz ou cristal de roche, qui est de la silice cristallisée anhydre. Le quartz d'un blanc limpide ou *quartz hyalin* est le plus répandu. Ses cristaux peuvent atteindre de grandes dimension, jusqu'à 1 ou 2 mètres de tour, et un poids de 3 à 400 kilogrammes. Il peut présenter une teinte noirâtre due à des matières charbonneuses (*quartz enfumé*). Ce qu'on appelle le *caillou du Rhin* ou le *caillou d'Alençon*, n'est autre chose que du quartz hyalin roulé. Le quartz *œil-de-chat* tire son nom des reflets particuliers que donnent au quartz des fibres d'amiante qui y sont incluses. Le *girasol* est un quartz laiteux qui a les reflets irisés de l'opale. L'*aventurine* est une variété jaune, rouge ou brune qui contient des parcelles de mica réfléchissant fortement la lumière : de là des effets de scintillation. Souvent le quartz est coloré par de faibles traces de matières étrangères. Il existe du quartz rose (*rubis de Bohême*) qui doit probablement sa coloration à de l'oxyde de titane ou de manganèse. La *topaze de Bohême* ou *citrine* est une variété jaune à laquelle on donne des teintes variées par une calcination ménagée. La variété de quartz la plus estimée est le *quartz améthyste* d'une belle couleur violette. On attribue souvent cette coloration à la présence du manganèse, mais l'améthyste perd sa coloration à 250°; ce n'est donc pas du manganèse qui la colore; c'est probablement, au moins en partie, un composé du carbone. L'améthyste était très estimée des anciens. Aujourd'hui elle a perdu de sa valeur parce que le Brésil en fournit des quantités énormes. Au jour on peut la confondre avec une variété de corindon d'un prix beaucoup plus élevé, mais à la lumière artificielle l'améthyste devient blafarde, tandis que le corindon prend une belle coloration d'un rouge violacé.

La *calcédoine* est de la silice concrétionnée, mélange de quartz cristallisé et de silice hydratée. Il y en a de belles variétés de couleur claire et translucides. Telle est la *sardoine* brune ou jaune orangé. On en fait des bagues, des cachets. La *saphirine* est une variété bleue qui vient surtout de Sibérie et de Transylvanie. La *cornaline* est une calcédoine à demi transparente, susceptible d'un beau poli et dont la couleur varie du rouge-cerise au rouge-chair. Les plus beaux échantillons viennent des Indes et du Japon. La *chrysoprase* est une variété de calcédoine vert-pomme qui doit sa coloration au nickel, le *plasma* est d'un vert plus foncé; l'*héliotrope* est verte avec des ponctuations rouges, elle vient de l'Orient et de la Sibérie.

Les *agates* sont des calcédoines divisées en couches concentriques de colorations diverses, qui sont dues, au moins partiellement, à des matières organiques, car elles disparaissent souvent par la calcination. On s'en sert en médaillons, en bagues, en plaques, etc. Il y en a de nombreuses variétés. Les agates *arborisées* sont parcourues par de fines veinules d'oxyde de fer et de manganèse, disposées en petits arbrisseaux ou ayant l'apparence de mousses (*agates mousseuses*). Depuis longtemps on travaille surtout les agates à Oberstein près de Birkenfeld en Allemagne. Dès le XVe siècle les habitants d'Oberstein et d'Idar savaient les polir et aussi accroître par différents procédés l'intensité de coloration des agates. Celles-ci se trouvent en grandes quantités aux environs dans les mélaphyres. Non seulement les habitants d'Oberstein utilisent les pierres trouvées dans le pays, mais aussi celles qu'ils font venir du Brésil et de l'Uruguay. Ils fabriquent des bijoux, des camées, des amulettes pour l'Afrique, des idoles pour l'Inde et la Chine. Ils vendent ainsi par an pour 4 millions de francs de pierres taillées (1).

Les *onyx* sont des agates dont les couches sont régulières, assez épaisses et de nuances vives et tranchées. Le nombre des couches varie de deux à six. Dans l'onyx proprement dit les couches sont droites; dans d'autres variétés elles sont ondulées. On s'en sert surtout et depuis l'antiquité pour faire des camées.

Les *jaspes* sont des silex compacts, mélangés de silice et de matières argileuses et colorées par des oxydes. On en fait des plaques, des cachets, etc. La coloration est variable. Il y a des jaspes rouges, jaunes, verts, bruns, bleus. Il y en a aussi de plusieurs couleurs, ainsi le jaspe rubané de Sibérie, le jaspe jaune tigré de noir du Palatinat, le jaspe sanguin vert avec des taches rouges, le jaspe égyptien d'un jaune clair avec des veines et des taches brunes.

La silice hydratée constitue l'*opale*. La proportion d'eau varie de 3 à 13 p. 100. La cassure est inégale, l'éclat est gras et vitreux, avec des reflets irisés. Ceux-ci sont attribués à différentes causes; suivant beaucoup de savants ils sont dus à la présence d'une petite quantité de matière hydrocarbonée; suivant d'autres ils seraient dus à une multitude de petites fissures se croisant dans tous les sens: les couches d'air et d'eau interposées dans la pierre donneraient lieu aux phénomènes de coloration produits par les lames minces. Enfin d'autres encore expliquent les reflets par des fentes de retrait remplies après coup par des matières de densités légèrement différentes. Il y a de nombreuses variétés d'opale. L'*opale commune* ou *semi-opale* est d'un blanc laiteux, à demi transparente, mais ne donne que peu de reflets. L'*opale vineuse* donne des reflets carminés; l'opale *girasole* est presque transparente, mais donne un reflet bleuâtre; l'*opale arlequine* donne des colorations très variées. Les opales se trouvent en bien des pays, en Hongrie, en Saxe, aux îles Færoer. Une des variétés les plus précieuses est l'*opale de feu* avec un éclat gras donnant de magnifiques reflets jaunes et rouges. Elle provient de Villa Secca près de Zimapan au Mexique et aussi de Telkibanya en Transylvanie. Elle rivalise avec l'*opale noble* ou *orientale* qui est placée au second rang des pierres précieuses. Cette dernière est remarquable par ses reflets flamboyants superbement colorés. Dans l'antiquité l'opale noble venait des Indes. Aujourd'hui on la tire surtout de Czerwenitza en Hongrie, où elle se trouve dans un trachyte décomposé. Le plus bel échantillon d'opale noble est exposé au musée de Vienne. Il est long de 4 pouces et épais de 2 pouces et demi (1).

Les opales étaient très estimées des anciens; elles sont encore employées pour la fabrication des bagues, des épingles de cravate, etc. Malheureusement elles s'altèrent et perdent leur éclat quand elles sont exposées à l'air et à l'humidité, ce qui tient à des variations dans les proportions d'air et d'eau contenus dans leurs fissures.

L'opale a pu être reproduite artificiellement par Ebelmen en 1845, et par d'autres savants. Ebelmen décomposait l'éther silicique par l'eau; il l'abandonnait à l'air humide et obtenait ainsi au bout de peu de temps une masse dure et opaline. En mélangeant à l'éther silicique des solutions alcooliques de matières colorées, il obtint des variétés diverses. La plus belle, ayant la couleur de la topaze, provenait du mélange avec le chlorure d'or. Puis sous l'influence de la lumière une réaction s'opérait; des lamelles d'or se déposaient, donnant à la pierre l'aspect de l'aventurine (2).

LE CORINDON. SES DIFFÉRENTES VARIÉTÉS. RUBIS, SAPHIR, ETC.

Les pierres qui viennent immédiatement, par leur valeur, après le diamant sont les différentes variétés du *corindon*. On appelle ainsi (du mot indien : *Korund*) l'alumine pure cristallisée. Elle cristallise dans le système rhom-

(1) Reclus, *Géographie universelle l'Europe centrale*, p. 508.

(1) Uhlig, p. 824.

(2) Fouqué et Auguste Michel Lévy, *Synthèse des minéraux et des roches*, p. 92.

boédrique, et le plus souvent en prismes hexagonaux basés ou pyramidés (fig. 718 et 719). Sa dureté est considérable; elle raye tous les corps sauf le diamant; on représente la dureté du corindon par 9. Sa densité est égale à 3, 9 ou 4. L'éclat est vitreux, et les couleurs sont très variables.

Le corindon incolore porte le nom de *saphir blanc*. Lorsqu'il est bleu c'est le *saphir oriental*. La variété rouge-cochenille ou rouge-sang est le *rubis oriental*, la variété rouge jaunâtre est l'*hyacinthe orientale*. Il y a des variétés bleu verdâtre (*aigue-marine orientale*), vertes (*émeraude orientale*), jaunes (*topaze orientale*), violettes (*améthyste orientale*). On appelle *saphir étoilé* ou *astérie* des variétés diversement colo-

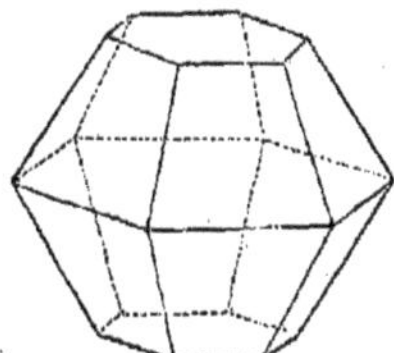

Fig. 718. — Corindon.

rées de corindon, mais surtout de saphir, qui présentent lorsqu'on les interpose entre l'œil et une flamme lumineuse une croix à six rayons. Cet effet appelé *astérisme* tient probablement à des cavités tubulaires très fines parallèles aux côtés du prisme hexagonal. Le *girasol oriental* ou *pierre de soleil* présente des reflets scintillants quand on lui a donné une surface convexe; il y a là une étoile très nette. En plaques minces on observe dans les diverses variétés de corindon de nombreuses inclusions gazeuses et liquides; on y a constaté la présence de l'aide carbonique liquide. Les colorations peuvent varier beaucoup dans le même échantillon de corindon; le saphir se décolore sous l'action de la chaleur; le rubis devient vert à chaud, mais reprend sa couleur en se refroidissant.

La coloration tient à de petites quantités d'oxydes. Le saphir et le rubis contiennent de l'oxyde de chrome, le corindon vert en contient une plus grande quantité; dans la topaze orientale il y a une très minime proportion de fer.

Depuis longtemps on a fait des essais pour reproduire artificiellement les diverses variétés de corindon. Gaudin est le premier qui ait obtenu de l'alumine cristallisée. Ebelmen obtint le corindon en dissolvant l'alumine dans de l'acide borique et en faisant évaporer dans un four à porcelaine. Par l'addition de petites quantités d'oxydes, il reproduisit le rubis, le saphir, etc. Henri Sainte-Claire Deville et Caron décomposaient à haute température le fluorure d'aluminium par l'acide borique. En ajoutant au fluorure d'aluminium de petites quantités de fluorure de chrome ils obtin-

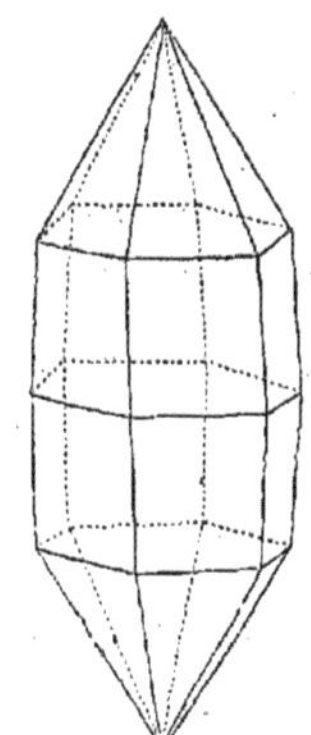

Fig. 719. — Corindon.

rent simultanément le saphir et le rubis. Un excès de fluorure de chrome fournissait le corindon vert. Debray obtenait le corindon par l'action à haute température de l'acide chlorhydrique sur l'aluminate de soude. Les minéraux reproduits par les procédés indiqués plus haut ne s'obtenaient qu'à l'état de fines poussières cristallines inutilisables. M. Frémy s'est proposé dès 1877 d'obtenir des cristaux relativement volumineux et susceptibles d'être employés. Il eut pour collaborateurs successivement Charles Feil et M. Verneuil. Tout récemment il est arrivé à des résultats très satisfaisants qui ont été communiqués à l'Académie des sciences (1).

Pour obtenir de beaux cristaux il faut employer de l'alumine alcalinisée par du carbonate de potasse. On ajoute du bichromate de potasse, qui fournira de l'oxyde de chrome, et du florure de baryum. L'opération se fait dans de grands creusets d'une capacité de plusieurs litres, placés dans un four à gaz. Les creusets sont chauffés pendant une semaine à une température de 1 330°. L'alumine chromée et potassée doit être séparée dans le creuset du fluorure alcalino-terreux; les réactions s'ef-

(1) Séance de l'Académie des Sciences du 10 novembre 1890.

fectuent ainsi entre les vapeurs et les gaz. Les rubis se présentent en cristaux très réguliers dans les cavités de la matière devenue caverneuse et friable. Certains présentent par place la coloration bleue des saphirs, d'autres sont violets ou bleuâtres; il faut en conclure que c'est le chrome différemment oxydé qui a donné les colorations du rubis et du saphir. Les cristaux produits ont la dureté des pierres naturelles; ils peuvent servir comme pivots dans la fabrication des montres et plusieurs ont été taillés pour servir de parure, entremêlés à des diamants. Jusqu'à présent MM. Frémy et Verneuil n'ont obtenu que des rubis pesant un tiers de carat, mais lorsqu'on opérera dans l'industrie sur une centaine de kilogrammes de matières, on obtiendra fort probablement des pierres du poids d'un ou de deux carats.

Le corindon est l'un des minéraux accessoires de la granulite et des schistes métamorphiques. Il résulte évidemment, d'après les essais de synthèse, de l'action minéralisatrice des acides fluorhydrique et chlorhydrique. Le plus souvent on trouve le corindon dans les alluvions provenant de la destruction des roches granitiques, gneissiques, métamorphiques. Les rubis et les saphirs viennent pour la plupart de l'Hindoustan, de Ceylan, de la Birmanie. En Chine aussi il y a des rubis, de même dans l'Oural et en Sibérie (Yékaterinbourg, Miask). Il vient aussi des pierres de l'Australie et de l'Amérique du Nord (Chester dans le Massachusetts et la Caroline du Nord). Il y en a aussi en Bohême. En France à Espaly (Haute-Loire) près du Puy-en-Velay on trouve également des saphirs mélangés à d'autres pierres précieuses : grenats, zircons, etc. Au pied du village coule un petit ruisseau, le Riou-Pezzouliou, dont les sables contiennent ces gemmes. On trouve ces pierres engagées dans les basaltes du volcan du Croustet près de ce ruisseau. Ces basaltes ont enclavé des roches anciennes (gneiss, granulites) et c'est de ces roches anciennes que proviennent les gemmes en question. Bertrand de Doue parle déjà en 1823 de gemmes engagées dans des noyaux granitiques enclavés par les laves (1). Récemment encore M. Boule a trouvé un fragment de saphir dans l'orthose englobé par la lave du Croustet, et M. Lacroix a étudié en détail les enclaves des basaltes d'Auvergne (2).

Toutes les variétés de corindons ont une grande valeur. On les taille comme les diamants; on se sert de poudre égrisée, puis on polit avec de *l'émeri*, qui n'est autre qu'une variété impure de corindon mélangé de fer magnétique ou d'oligiste.

GEMMES ALUMINEUSES. CHRYSOBÉRYL. ÉMERAUDE. TOPAZE. SPINELLE.

Il y a deux pierres précieuses de premier rang, venant immédiatement après le diamant, et qui contiennent de la glucine. Ces deux pierres sont le *chrysobéryl* et le *béryl* dont la principale variété est l'*émeraude*.

Le *chrysobéryl* est un aluminate de glucine contenant un peu de fer. Ce minéral cristallise dans le système rhombique, mais généralement on le trouve à l'état de cailloux roulés, dont les plus beaux viennent de Bornéo, de Ceylan et du Brésil. La pierre est d'un beau vert doré, et présente des reflets chatoyants magnifiques. Sa densité est 3,7 et sa dureté inférieure à celle du corindon est 8,5. On l'appelle aussi *cymophane*. Henri Sainte-Claire Deville et Caron ont reproduit cette espèce minérale en chauffant un mélange de fluorure d'aluminium et de fluorure de glucinium au rouge blanc en présence de l'acide borique. On obtient ainsi des cristaux d'une grande beauté, groupés en cœur six par six comme les cristaux naturels.

Le *béryl* est formé de silice, d'alumine et de glucine. Son poids spécifique varie de 2,67 à 2,76 et sa dureté de 7,5 à 8. Il cristallise dans le système hexagonal en prismes réguliers souvent cannelés et parfois très volumineux. On en a trouvé en Amérique dans le New-Hampshire pesant 1 500 kilogrammes; certains cristaux de Sibérie ont un mètre de long sur $0^m 15$ de diamètre. Il y a des variétés pierreuses, mais celles qui sont employées pour la parure sont vitreuses et transparentes. Le béryl ordinaire est incolore, jaune verdâtre, bleu de ciel, ou rose. Le *béryl noble* ou *aiguemarine* est d'un vert bleuâtre. Il provient de la Sibérie. L'*émeraude* est une variété d'un beau vert d'herbe.

L'émeraude et le béryl se trouvent dans les pegmatites, les schistes métamorphiques et

(1) *Description géognostique des environs du Puy-en-Velay*, Paris et le Puy, 1823, p. 150, par Bertrand-Roux (B. de Doue).

(2) *Bulletin du service de la Carte géologique de la France*, avril 1890.

les micaschistes. Mais le plus souvent ils sont en cristaux petits, de faible valeur, ou comme à Limoges, en gros prismes opaques. Le béryl est beaucoup plus commun que l'émeraude et surtout à l'état pierreux et opaque. L'émeraude était déjà très estimée des anciens. On sait que Néron regardait les jeux du cirque au travers d'une émeraude. A quelques lieues de la mer Rouge, à Zabarah près Kosseir, se trouvent des mines d'émeraude qui étaient déjà exploitées, comme l'indiquent deux inscriptions en hiéroglyphes, dès 1650 avant notre ère. Au moyen age l'émeraude était employée pour orner les reliquaires. Une superbe émeraude orne le sommet de la tiare du pape. Elle n'est qu'à demi transparente; c'est un cylindre court ayant 27 millimètres de hauteur sur 34 de diamètre (1). La plus belle émeraude connue est celle de M. Hope, pesant 125 carats; elle a coûté 12 500 francs. Ensuite vient celle qui orne le globe de la couronne royale d'Angleterre.

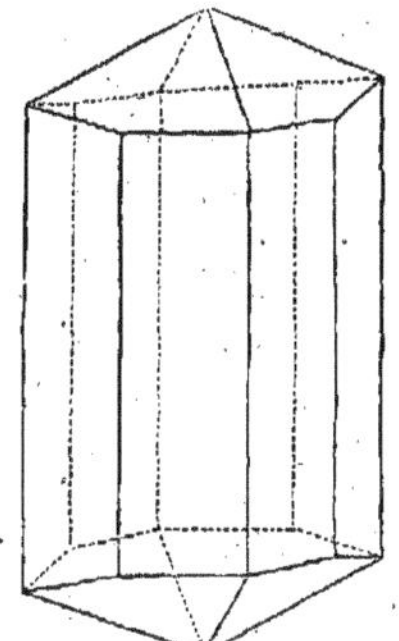

Fig. 720. — Topaze.

Bien que l'émeraude soit employée depuis longtemps, on ne connaît pas encore avec certitude le principe de sa coloration verte. Au rouge sombre, la pierre devient blanche et opaque, sa coloration caractéristique disparaît. Lévy attribuait pour cette raison la couleur à la présence de matières hydrocarbonées décomposables par la chaleur. D'autre part on trouve dans l'émeraude une certaine proportion d'oxyde de chrome, qui doit contribuer à la coloration.

Ebelmen a obtenu de petits cristaux hexagonaux d'émeraude en chauffant à haute température de l'acide borique et de l'émeraude naturelle pulvérisée, avec ou sans addition d'oxyde de chrome. Mais on n'a pu reproduire jusqu'ici l'émeraude par l'action du fluorure de silicium sur l'alumine et la glucine. On a obtenu des produits très différents des produits naturels.

(1) Jagnaux, p. 516.

Le gisement le plus célèbre d'émeraudes a été découvert en 1555 à Muso dans la vallée de Tunka à la Nouvelle-Grenade. La gemme se trouve disséminée avec le quartz, la calcite et la pyrite dans un calcaire bitumineux crétacé. L'émeraude se trouve aussi dans l'Oural à Takowaja près d'Yékaterinbourg. Là elle existe dans les micaschistes; il en est de même pour les petits cristaux qu'on trouve dans les environs de Salzbourg.

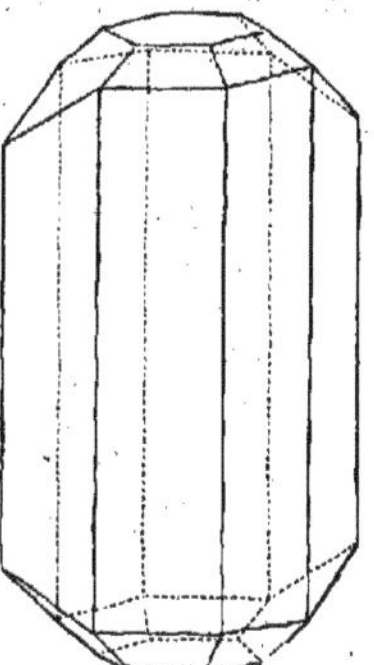

Fig. 721. — Topaze.

La *topaze* (fig. 720 et 721) est une superbe gemme composée de silice, d'alumine et de fluor. Son poids spécifique se rapproche de celui du diamant; il varie de 3,5 à 3,7. Sa dureté est 8. Elle cristallise dans le système rhombique en prismes surmontés de pointements et habituellement cannelés. L'éclat est vitreux. La topaze est généralement jaune, mais il y a différentes teintes. La *topaze indienne* est d'un jaune-safran; la *topaze de Saxe* est jaune de vin blanc; la *topaze de Sibérie* est bleuâtre ou verdâtre. Celle du Brésil est jaune rougeâtre, ou rouge rosé (*rubis du Brésil*), ou incolore et limpide (*goutte d'eau du Brésil*). Certaines variétés bleuâtres de Sibérie sont appelées, comme certaines variétés d'émeraude, *aigue-marine*.

Les colorations diverses de la topaze sont dues à des principes organiques très altérables; M. Delesse a trouvé dans les topazes du Brésil 0,22 d'azote. Cela explique l'altération de couleur éprouvée par les topazes quand on les chauffe ou qu'on les expose longtemps à la lumière solaire. Ainsi quand on chauffe une topaze jaune du Brésil elle prend une teinte rose très claire (*topaze brûlée*).

La topaze était connue des anciens; son nom vient de celui d'une île de la mer Rouge. C'est dans les schistes cristallins et la granulite, la pegmatite, qu'on trouve les topazes. Elles existent dans les gîtes stannifères. Ces pierres viennent surtout maintenant de Sibérie et du Brésil (Boa Vista, Capuo do Lona). On les a trouvées aussi en Australie et dans les sables diamantifères de l'Inde. L'Écosse et l'Irlande fournissent des topazes incolores. L'un des gisements d'Europe les plus connus est celui du Schneekenstein près de Gottesberg en Saxe, découvert en 1737. Il y a là des cristaux de topaze jaune pâle ayant une longueur de quatre pouces (1). La valeur de la topaze a baissé dans ces derniers temps, par la découverte de nouveaux gisements et à cause de la concurrence que lui font d'autres pierres jaunes, comme le quartz citrin ou topaze de Bohême. MM. Daubrée et Sainte-Claire Deville ont vainement tenté de reproduire la topaze en soumettant l'alumine chauffée au rouge à l'action d'un courant de fluorure de silicium. Le produit obtenu n'avait ni la composition, ni les caractères cristallographiques de la topaze.

Une pierre précieuse qui vient sur le même rang que les précédentes est le *spinelle*. Sa composition est analogue à celle du chrysobéryl. C'est un aluminate de magnésie, où l'alumine peut être partiellement remplacée par le sesquioxyde de chrome ou le sesquioxyde de fer; et la magnésie peut être également remplacée par le protoxyde de fer, ou de zinc. Le spinelle cristallise dans le système cubique, en octaèdres généralement maclés. La densité varie de 3,5 à 4,1, et la dureté est égale à 8. Il se trouve dans les gneiss, les schistes cristallins, et aussi dans les serpentines, les péridotites...

La couleur est variable. Les spinelles les plus estimés sont de teintes rouges. Le spinelle rouge de feu s'appelle *rubis spinelle*; on le trouve à Ceylan (Candy, Magura) et dans l'Inde; quand il est d'un rouge rose, c'est le *rubis balais* (1); quand il est d'un rouge jaunâtre, c'est le *rubicelle*. Le *spinelle almandin* est d'un rouge-cochenille violacé. Toutes ces variétés viennent de Ceylan, de l'Inde, de la Birmanie. On trouve aussi dans ces pays le spinelle bleu ou *saphirine*, qui existe également en Amérique, en Finlande, etc., et le spinelle vert (*chlorospinelle*). La variété noire contenant beaucoup de fer est le *pléonaste*, très repandu en Bohême, en Hongrie, en Tyrol, à la Somma, au Puy, etc.

Le spinelle a été reproduit il y a longtemps, par Ebelmen. Il chauffait à haute température avec un excès d'acide borique, un mélange d'alumine et de magnésie. Les deux oxydes se dissolvent dans l'acide borique, et celui-ci s'évaporant, il se forme des cristaux de spinelle. Ce sont de petits octaèdres. En ajoutant au mélange de l'oxyde de cobalt, Ebelmen a obtenu le spinelle bleu; en ajoutant du sesquioxyde de fer, il a reproduit le spinelle noir ou pléonaste.

(1) Uhlig, p. 822.

(1) Ce nom vient par corruption de Badakchan, pays tributaire de l'Afghanistan, où se trouvent de célèbres mines de rubis et de lapis-lazuli.

ZIRCON. GRENAT. TOURMALINE.

Nous allons maintenant étudier quelques silicates ayant une certaine importance en joaillerie. Le plus précieux est le *zircon* ou silicate de zircone. Ce minéral (fig. 722, 723 et 724) dont la densité varie de 4,4 à 4,7 et dont la dureté est 7,5, cristallise dans le système quadratique en prismes surmontés d'un pointement à quatre faces, ou en combinaisons rappelant un dodécaèdre rhomboïdal. Son éclat est vitreux. Le zircon est parfois incolore, il ressemble alors par ses feux au diamant, mais on peut facilement l'en distinguer, car il possède à un haut degré la double réfraction. Le plus souvent il est rougeâtre ou brunâtre; c'est la variété *hyacinthe*. Souvent les zircons se décolorent presque entièrement quand on les chauffe, mais ils ne deviennent jamais complètement incolores.

Le zircon jaune et brun est très abondant dans certaines syénites de Norwège appelées pour cette raison syénites zirconiennes. Il existe dans les gneiss, les schistes cristallins, les alluvions aurifères. La variété hyacinthe est répandue dans les sables d'Espaly près du Puy-en-Velay, en compagnie d'autres pierres précieuses : spinelle et corindon bleu. Comme nous l'avons déjà vu à propos du co-

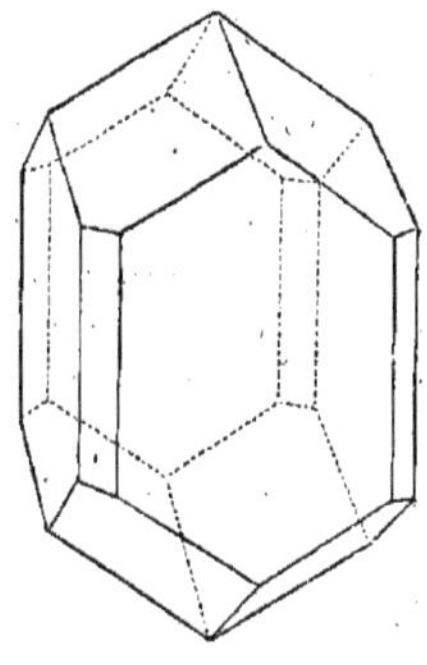
Fig. 722. — Zircon.

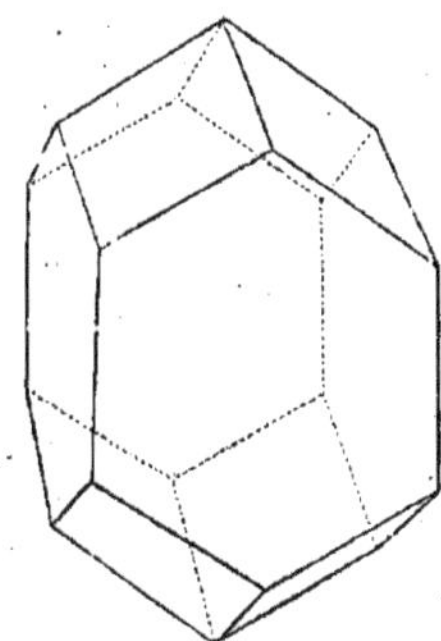
Fig. 723. — Zircon.

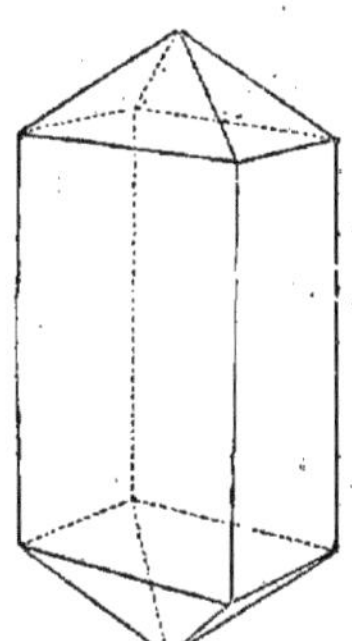
Fig. 724. — Zircon.

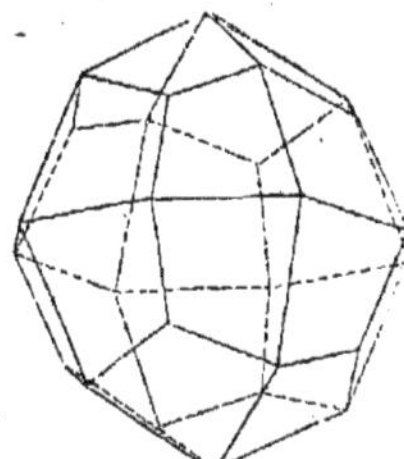
Fig. 725. — Grenat.

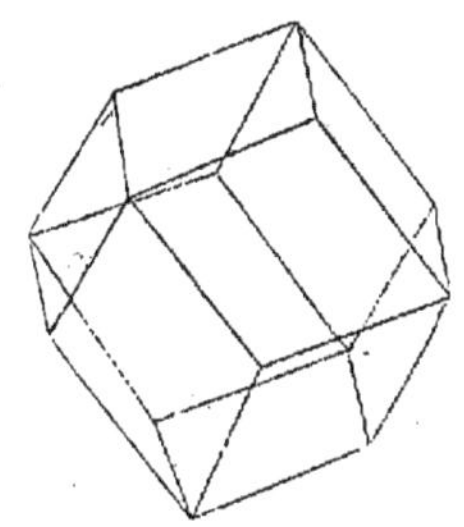
Fig. 726. — Dodécaèdre rhomboïdal de grenat.

rindon, ces pierres trouvées dans des débris basaltiques proviennent d'enclaves de roches anciennes englobées par les laves ou les scories (1). Ainsi au volcan de la Denise près du Puy, il y a dans les scories des enclaves de granulite et de gneiss granulitique où l'on reconnaît des feldspaths, du mica, du zircon. Il en est de même dans les tufs du volcan du Coupet. On trouve aussi des basaltes en coulée contenant des cristaux de zircon et de corindon. La lave a englobé une roche ancienne et l'a presque totalement fondue, ne respectant que les minéraux peu attaquables. Ces basaltes à zircon sont très répandus aux environs du Puy. Les eaux atmosphériques prennent aux débris volcaniques plus ou moins désagrégés les sables gemmifères qu'elles amènent au Riou-Pezzouliou d'Espaly.

Le zircon a été reproduit par Henri Sainte-Claire Deville et Caron en faisant passer à haute température un courant de fluorure de silicium sur la zircone, ou de fluorure de zirconium sur la silice. Le minéral naturel est donc certainement dû à l'action minéralisatrice du fluor.

Les *grenats* sont des silicates doubles où l'on trouve une base sesquioxyde et une base protoxyde. La base sesquioxyde est l'alumine, qui peut être remplacée par le sesquioxyde de fer ou le sesquioxyde de chrome. La base protoxyde est la chaux, la magnésie, le protoxyde de fer ou de manganèse. Les grenats cristallisent dans le système cubique; les cristaux sont souvent des dodécaèdres rhomboïdaux (fig. 725 et 726). La densité varie de 3,4 à 4,3 et la dureté de 6,5 à 7,5. Les grenats sont très répandus dans les roches anciennes : gneiss, micaschistes, et dans les calcaires métamorphisés par les roches éruptives.

Il y a de nombreuses variétés de grenat. Le grenat alumino-calcareux ou *grossulaire* est parfois incolore ou blanc verdâtre (*wiluite* de Sibérie), jaune de miel (*succinite*), jaune orangé (*essonite*) ou brun de cannelle (*kaneelstein*) ; le plus souvent il est rouge-hyacinthe. Le nom de grossulaire rappelle sa couleur, qui est celle de la groseille à maquereau.

(1) Lacroix, *Sur les enclaves acides des roches volcaniques de l'Auvergne* (*Bulletin du service de la Carte*, avril 1890).

Le grenat alumino-magnésien est le grenat de Bohême ou *pyrope*, ainsi nommé à cause de sa couleur qui est celle du feu. Il est rouge-sang et contient du chrome. A l'inverse des autres grenats il se trouve rarement en cristaux bien formés; le plus souvent il est en granules dans les serpentines ou dans les alluvions. Ce grenat est fréquemment employé en bijouterie.

L'*almandin* est le grenat alumino-ferreux. Il est connu aussi sous les noms de *grenat noble*, *grenat syrien* ou *oriental*, *escarboucle*. Il est d'un rouge quelquefois brunâtre. La *spessartine* ou grenat alumino-manganésien est assez rare; sa couleur est rouge violacé ou jaune ou brun. Le grenat ferro-calcareux ou *mélanite* est d'un noir de velours; il est parfois employé comme bijou de deuil; ce grenat est très répandu dans les roches volcaniques. Enfin il existe un grenat chromo-calcareux de couleur vert émeraude. C'est l'*ouwarowite* qu'on trouve dans l'Oural associée au fer chromé.

Ni le chlorure ni le fluorure de silicium agissant à haute température sur les bases du grenat ne fournissent ce minéral. MM. Fouqué et Michel-Lévy (1) en chauffant de la néphéline avec de l'augite, ont obtenu de beaux cristaux de néphéline, des octaèdres de spinelles et des dodécaèdres de grenat mélanite. Cette réaction explique la présence du grenat dans les roches volcaniques à néphéline des environs de Rome. M. Gorgeu a obtenu du grenat spessartine en traitant par la vapeur d'eau du chlorure de manganèse mélangé de silice et d'argile. Le grenat est mélangé en cristaux jaune clair au silicate de manganèse. En maintenant fondu, au sein d'un courant d'air humide, un mélange de silice, de chlorure de calcium et de sel marin, auquel on ajoute de l'argile blanche, M. Gorgeu (2) a obtenu entre d'autres produits, du grenat grossulaire.

On peut citer aussi comme pierre d'une valeur peu élevée l'*idocrase* ou *vésuvienne* qui abonde au Vésuve. C'est une sorte de grenat cristallisant dans le système quadratique. La vésuvienne est brune ou verte. Il y en a une variété bleu de ciel (*cyprine*).

La *tourmaline* est un minéral de composition très complexe. C'est un borosilicate d'alumine et d'une base monoxyde qui est la magnésie, la chaux, la soude, la lithine ou le protoxyde de fer. L'alumine peut être remplacée partiellement par le sesquioxyde de fer ou le sesquioxyde de manganèse, qui colorent le minéral. En outre, il y a du fluor. La tourmaline cristallise dans le système rhomboédrique en prismes portant à leurs extrémités des facettes (fig. 727), mais les deux extrémités ne sont jamais identiques, caractère qui constitue l'*hémimorphisme* et qui est accompagné d'une propriété remarquable : la *pyroélectricité*.

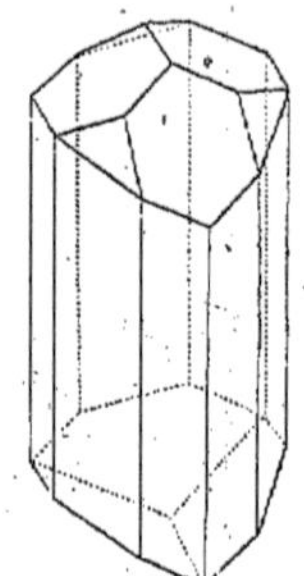

Fig. 727. — Tourmaline.

Quand on chauffe le minéral, l'une des extrémités se charge d'électricité positive, et l'autre d'électricité négative; de là le nom d'attire-cendres donné anciennement à la tourmaline parce qu'elle attire les corps légers. La désignation de tourmaline vient de Turamali dans l'île de Ceylan. Ce minéral a joué un grand rôle en optique, car on s'est longtemps servi, comme appareil de polarisation, de la pince dite à tourmalines, formée de deux lames minces taillées dans un sens déterminé. La tourmaline est, comme nous l'avons dit plus haut, l'un des minéraux habituels de la granulite et de la pegmatite. Sa densité varie de 2,94 à 3,24, et sa dureté de 7 à 7,5

Les variétés ferrifères sont noires; on les appelle *schorl* et ne sont pas estimées. Mais il y a des variétés recherchées pour leur belle coloration. La *rubellite* ou *sibérite* doit sa belle couleur rouge à un excès de manganèse. On la trouve ainsi avec une teinte claire à l'île d'Elbe dans la pegmatite. Elle existe aussi en Amérique. Une variété bleue se trouve en galets au Brésil (*indicolite* ou *saphir du Brésil*), dans le même pays existe une variété verte (*émeraude du Brésil*) qui existe également à San Pietro (île d'Elbe).

Jusqu'à présent on n'a pu reproduire la

(1) Fouqué et Aug. Michel-Lévy, *Synthèse des minéraux et des roches*, p. 64.

(2) Stanislas Meunier, *les Méthodes de synthèse en minéralogie*, Paris, 1891, p. 164 et 231.

tourmaline. L'action du fluorure de silicium au rouge sur les bases de la tourmaline avec excès de chaux et de magnésie a donné un résultat négatif.

PIERRES DIVERSES.

Quelques autres pierres sont employées en joaillerie, mais sont généralement de valeur médiocre. Telle est une variété de péridot appelée *chrysolite*. Nous avons cité à plusieurs reprises le péridot, si répandu dans les roches volcaniques. C'est un silicate de magnésie contenant une quantité variable de protoxyde de fer. Sa dureté varie de 6,5 à 7. Il appartient au système rhombique. La chrysolite est bien transparente ; elle est verte ou vert jaunâtre. Les échantillons les plus estimés viennent du Brésil, de la Haute-Égypte, du Pégou, de Ceylan. Cette pierre serait plus employée si son poli ne disparaissait pas vite par l'usage. Il ne faut pas confondre la chrysolite ou péridot noble avec certaines variétés d'émeraude qui portent le même nom et la chrysolite de Saxe qui est une topaze d'un jaune clair.

On taille parfois aussi l'*épidote*, silicate d'alumine, de chaux et de fer, d'une couleur vert pistache, qui se produit par métamorphisme. Les plus beaux échantillons viennent du Bourg-d'Oisans (Isère), d'Ala (Piémont), du Tyrol, de la Norwège, de l'Oural. La *cordiérite*, silicate double d'alumine et de magnésie, présente une variété bleue, qui existe dans les alluvions de Ceylan; on l'utilise sous le nom de *saphir d'eau*. Plusieurs silicates d'alumine sont aussi utilisés ; ainsi le *disthène* ou *cyanite* d'une couleur bleue qui rivalise avec les saphirs, quelques variétés vitreuses d'*andalousite* et une variété rouge de *staurotide :* la *grenatite*. Il faut citer aussi deux silicates de glucine, voisins de l'émeraude et qui lui sont souvent associés dans les mêmes gisements : l'*euclase* bleu de ciel ou vert d'eau, et la *phénakite* incolore ou jaunâtre.

Quelques variétés de feldspath sont parfois employées. L'orthose limpide ou *adulaire*, du Saint-Gothard, peut se polir comme le quartz et se tailler en brillants. La *pierre de lune*, qu'on trouve à Ceylan, est une variété d'orthose à reflets d'un blanc nacré. La *pierre de soleil* se compose d'orthose ou d'oligoclase présentant de petites fissures et des inclusions de fer oligiste. De là des reflets semblables à ceux de l'aventurine. L'*amazonite* ou *pierre des amazones* est un feldspath vert émeraude, qui est en grande partie du microcline et pour le reste de l'orthose. La couleur disparaît par la calcination. Certaines variétés de feldspath *labrador* présentent des reflets chatoyants analogues à ceux de l'opale. La labradorite chatoyante est employée pour faire des coupes et des camées. On l'a découverte en 1755, à Saint-Paul sur la côte du Labrador; depuis elle a été retrouvée en Finlande, en Russie, etc.

Nous terminerons par le *lapis-lazuli* et *la turquoise*.

Le *lapis-lazuli* ou *outremer* est un silicate d'alumine, de soude et de chaux contenant aussi du sulfate de soude, du fer et un peu de chlore. Cette substance se présente rarement en cristaux du système cubique ; elle est habituellement en masses compactes dans des calcaires grenus associés à des granites et à des phyllades. Le lapis-lazuli présente une belle couleur bleu d'azur, qui la fait rechercher pour la mosaïque, pour des coupes et quelques bijoux. On s'en est servi aussi pour fabriquer la couleur appelée outremer, mais aujourd'hui cette couleur s'obtient artificiellement. Le lapis vient du Turkestan, du Badakchan, de la Chine et du Thibet.

La *turquoise* ou *kalaïte* est un phosphate d'alumine hydraté, auquel une faible proportion d'oxyde de cuivre donne une superbe couleur bleu céleste. Elle est opaque ou faiblement translucide sur les bords. Elle n'est jamais cristallisée et se présente en masses compactes ou en rognons dans des schistes argilo-siliceux. Les turquoises les plus estimées viennent de Meched et de Nichapour en Perse, où les gisements sont exploités depuis longtemps. On en trouve aussi au Mexique et en Saxe. Cette pierre se marie très bien aux diamants et aux perles et garde sa couleur à la lumière artificielle.

Outre la turquoise d'Orient ou de vieille roche, il y a la turquoise nouvelle roche qui n'est autre chose que le résultat de l'imprégnation par le phosphate de fer, de dents ou d'ossements fossiles. Cette fausse turquoise ou *odontolite* fait effervescence avec les acides, dégage au feu une odeur animale; enfin elle s'électrise souvent par frottement, tandis que la vraie turquoise ne s'électrise jamais (1). L'odontolite paraît d'un bleu sale à la lumière artificielle. On la trouve en plusieurs localités d'Europe. Dans le département du Gers elle est formée aux dépens des dents de mastodontes.

(1) Jagnaux, p. 419.

La *klaprothine* appelée aussi *lazulite* ou *faux lapis* est un phosphate hydraté d'alumine et de magnésie contenant du fer. Elle présente un éclat vitreux et une belle couleur bleue qui la fait employer parfois en joaillerie. On la trouve surtout à Salzbourg dans des veines de quartz et au Brésil.

LES FAUNES ET LES FLORES. DISTRIBUTION GÉOGRAPHIQUE DES ÊTRES VIVANTS.

LES FLORES.

CAUSES QUI INFLUENT SUR LA RÉPARTITION GÉOGRAPHIQUE DES ÊTRES VIVANTS.

Dans les pages précédentes nous avons étudié la Terre à divers points de vue. Nous avons examiné ses rapports avec les autres astres, la répartition des mers et des continents, les modifications incessantes de la surface sous l'action des causes les plus diverses ; nous avons porté aussi notre attention sur les roches qui constituent l'écorce terrestre et sur les matériaux utiles que nous offre notre planète. Pour achever de connaître la Terre nous devons maintenant considérer les êtres vivants qui la peuplent.

Chaque région du globe possède une faune et une flore déterminées, c'est-à-dire qu'elle est caractérisée par une certaine association d'espèces animales et d'espèces végétales. Il faut bien se garder, disons-le tout de suite, de confondre faune et population animale, flore et végétation. Quand on dit qu'un pays est rempli d'animaux, qu'il possède une riche végétation, on ne tient compte que du nombre des individus, mais ces derniers peuvent très bien appartenir à un petit nombre d'espèces; au contraire, les termes de faune et de flore s'appliquent à l'ensemble des espèces qui habitent le pays. Le nombre des espèces peut être considérable et cependant chacune peut ne compter qu'un petit nombre d'individus; la faune et la flore alors seront riches, mais la végétation sera peu fournie et la population animale sera clairsemée. La région des Amazones, par exemple, a une riche végétation et en même temps une flore très variée, mais au contraire dans les steppes asiatiques où la couverture végétale est bien moins fournie, il n'y a pas moins de mille espèces d'*Astragalus* et d'*Oxytropis*, plantes de la famille des Légumineuses. De même, en Tasmanie (figure 728) et à la Nouvelle-Zélande la végétation est plus luxuriante que dans les régions méditerranéennes, mais la flore est moins riche (1).

La distribution géographique des animaux et des végétaux dépend d'un grand nombre de facteurs. En première ligne viennent ceux qui caractérisent le climat, c'est-à-dire la latitude, l'altitude, la proximité ou l'éloignement de la mer. D'autre part, il faut considérer la répartition des continents et des océans; une vaste surface marine séparant deux terres est évidemment un obstacle infranchissable pour de nombreux animaux. Les Oiseaux seuls pourront la franchir. Souvent une chaîne de montagnes présente sur ses deux versants deux populations différentes. Il est évident aussi que des circonstances purement locales ont une grande importance; un marécage a d'autres habitants qu'un désert, qu'une forêt ou une haute montagne. Pour les animaux marins on doit tenir compte de la direction des courants, et aussi de l'agitation des vagues. Sur les côtes livrées aux assauts furieux de la mer prospèrent des Mollusques à coquille épaisse, tandis que les mers profondes nourrissent surtout les Éponges siliceuses, les Crinoïdes, des Oursins particuliers, etc. Les plantes nous fournissent des rapports du même genre. Tout le monde sait que la végétation des endroits arrosés par un cours d'eau, dans nos pays, sera caractérisée par des Saules, des Peupliers, des Roseaux, tandis que dans les localités sèches on trouvera des plantes telles que les Luzules, les Violettes, les Ophrys.

(1) Supan, *Grundzüge der physischen Erdkunde*, Leipzig, 1884.

On doit tenir compte aussi de l'organisation plus ou moins parfaite de l'être vivant, lui permettant d'étendre plus ou moins son aire géographique. Les Chauves-Souris par exemple, existent dans les îles éloignées de la terre ferme, leurs ailes leur permettant en effet de traverser des bras de mer même fort larges. Darwin cite deux espèces de Chauves-Souris de l'Amérique du Nord, qui visitent régulièrement ou accidentellement les Bermudes à 1 000 kilomètres de la terre ferme. Les graines de beaucoup de plantes très répandues sont souvent munies d'appendices, aile ou bien duvet ou aigrette, leur permettant d'être facilement emportées par le vent; d'autres portent des crochets à l'aide desquels elles peuvent s'attacher à la laine et à la fourrure des mammifères; ceux-ci la propagent par suite en se déplaçant eux-mêmes.

L'homme a une influence considérable sur la répartition géographique des êtres vivants. Il a fait disparaître déjà par une chasse active un grand nombre d'espèces; il a considérablement réduit le domaine d'un certain nombre d'autres. Le Lion, par exemple, existait encore en Grèce au cinquième siècle avant notre ère et y attaquait les convois de l'armée de Xerxès. Tout le monde sait que le Loup a complètement disparu des Iles Britanniques depuis longtemps, les derniers représentants de cette espèce ont été tués en Irlande vers le milieu du siècle dernier. Le Bœuf sauvage appelé Urus ou Aurochs, vivait encore au treizième siècle dans les forêts de l'Allemagne; l'espèce s'est éteinte par conséquent dans les temps historiques. Le Bison d'Europe confondu souvent avec l'Aurochs, était aussi très commun autrefois; on ne le trouve plus que dans le Caucase et en Lithuanie dans la forêt de Bialowicza où des règlements spéciaux le protègent. Citons encore la Rhytine de Steller, mammifère aquatique de très grande taille, découvert sur les côtes de la mer de Behring, par Steller en 1741; avant la fin du siècle l'animal avait complètement disparu, détruit par les pêcheurs de Baleines. L'oiseau des îles Mascareignes, appelé le Dronte, a subi le même sort. Cet animal dont les ailes étaient rudimentaires existait dans l'île Maurice en 1598, lors de la découverte de cette île. Il fut rapidement détruit par les Européens et n'existait plus un siècle après la découverte. On trouve à la Nouvelle-Zélande de nombreux ossements de grands Oiseaux à ailes très réduites, les *Dinornis* ou *Moas*. Ils ont certainement disparu depuis peu, car on rencontre encore fréquemment les débris de leurs œufs qui étaient gros comme trois œufs d'Autruche; de plus les Maoris ont gardé le souvenir des combats qu'ils ont livrés aux Moas lorsqu'ils se sont établis dans l'île.

Mais l'homme n'a pas toujours été une cause de destruction pour les espèces animales ou végétales; il a été souvent un agent de propagation, volontaire ou involontaire. Le Cheval n'existait pas en Amérique lors de l'arrivée des Espagnols, et les Chevaux si nombreux à l'état sauvage dans les Pampas descendent d'individus introduits par les conquérants. Certaines espèces apportées depuis peu en Amérique, en Australie, etc., y pullulent maintenant au grand désespoir des habitants. Le Moineau d'Europe introduit aux États-Unis et en Australie s'y est propagé avec une rapidité extraordinaire. Les Lapins sont depuis quelques années un véritable fléau pour les Australiens qui ne savent comment les détruire. Un certain nombre d'espèces ont suivi l'homme dans tous ses voyages et se sont établies partout; tels sont les Rats apportés involontairement par les navires; telles sont aussi les Blattes. Les navires ont servi aussi de véhicule à un curieux mollusque bivalve voisin des Moules : la *Dreissena* ou *Dressensia polymorpha*. Ce coquillage originaire de la mer d'Azow et des lagunes de la mer Noire ne vit pas d'une manière continue dans les mers fortement salées, mais il peut cependant résister assez longtemps à l'action d'une eau chargée de sel. S'attachant par son byssus à la coque des navires, il a été ainsi transporté de la mer d'Azow dans les ports de l'Allemagne, de l'Angleterre; il s'est aussi propagé par les voies navigables, rivières ou canaux, que l'homme parcourt sans cesse. Aujourd'hui la *Dressensia* existe dans la plupart des fleuves d'Europe. Elle est arrivée en France par la Hollande; elle a pénétré jusqu'à Paris où on la trouve parfois dans les conduites d'eau; dans ces derniers temps elle a passé du bassin de la Seine dans celui de la Loire.

Les espèces végétales sont propagées par l'homme, consciemment ou non, en beaucoup plus grande abondance que les espèces animales. Les graines sont apportées avec les vêtements, avec les marchandises et germent partout où les conditions sont favorables. Nous aurons l'occasion plus loin de citer de nombreux exemples de migrations des plan-

Fig. 728. — Forêt d'Eucalyptus géants et de Fougères, en Tasmanie, d'après une photographie.

tes. Il suffit pour le moment de citer le fait du Cardon d'Europe (*Cynara cardunculus*), importé involontairement à la Plata en 1769; il couvre aujourd'hui de vastes étendues de terrain. En revanche, diverses plantes d'Amérique ont prospéré en Europe d'une manière extraordinaire et s'y sont parfaitement acclimatées.

Ainsi les causes de la répartition géographique des types animaux et végétaux sont multiples; la température, les conditions du milieu y compris la concurrence vitale des autres espèces, l'influence de l'homme, des circonstances fortuites doivent être considérées en même temps. Il faut tenir compte aussi dans une large mesure de l'histoire géologique et paléontologique du pays. Les espèces actuelles descendent d'espèces éteintes aujourd'hui, qui ont vécu aux époques géologiques antérieures à la nôtre, espèces qui ont pu elles-mêmes émigrer, ou au contraire rester isolées par suite de changements dans la répartition des terres et des mers, par suite de la rupture de voies de communication autrefois existantes. C'est ainsi qu'à l'époque actuelle l'Australie présente une faune mammalogique toute spéciale, composée de Marsupiaux, et analogue à celle qui existait dans les autres régions du globe pendant l'ère secondaire; Madagascar est caractérisée par ses Lémuriens (Makis, Indris, etc.), type de mammifères arboricoles, qui date du commencement de l'ère tertiaire. L'Amérique du Sud, dont la faune à l'époque quaternaire était remarquable par le grand nombre d'Édentés (*Megatherium*, *Glyptodon*, etc.), est encore caractérisée par la présence de nombreux animaux de même type (Tatous, Fourmiliers, etc.). En résumé la géographie zoologique et botanique d'une part, la paléontologie d'autre part, s'éclairent l'une l'autre et se rendent des services réciproques.

Ayant indiqué les principales causes qui interviennent pour l'extension des espèces animales et végétales, nous allons aborder l'étude détaillée de la distribution géographique des êtres vivants, en communiquant par les plantes.

INFLUENCE DU SOL SUR LA VÉGÉTATION.

Les plantes ont besoin pour subsister et prospérer qu'un certain nombre de conditions nécessaires soient réalisées; elles doivent trouver une quantité déterminée d'air et d'humidité, le sol doit contenir divers aliments minéraux, enfin il leur faut de la chaleur et de la lumière. Suivant les espèces végétales il y a des variations dans les conditions d'existence.

Tout naturellement l'air est celle des conditions qui, partout, est le mieux réalisée. Les parties aériennes des plantes trouvent, on peut dire, en tous lieux la quantité d'oxygène indispensable. Il n'en est plus de même des parties souterraines ou aquatiques. Suivant la nature du sol plus ou moins perméable, l'aération des racines se fera bien ou mal; cette différence influera évidemment sur la végétation. De même la pression de l'oxygène diminue quand l'altitude augmente; cette pression influe sans doute sur le développement des plantes, mais on n'a pas encore fait des recherches précises sur cette question (1).

L'influence de l'humidité est beaucoup plus importante. La quantité d'eau que trouve une plante dépend du milieu où elle vit, aquatique ou terrestre, et dans le cas où elle est terrestre, cette quantité d'humidité dépend de la nature du sol et du climat. Certaines espèces sont adaptées à un milieu humide, d'autres à un milieu sec. Ainsi, les Saules, les Peupliers, prospèrent dans des plaines voisines de cours d'eau; les Carex, les Joncs, les Prêles, etc., vivent dans des endroits marécageux; le Pin sylvestre, le Chêne exigent un sol assez sec.

Pour qu'une espèce donnée prospère dans une localité déterminée, il faut que l'humidité soit comprise entre un certain minimum et un certain maximum; pour chaque plante il y a entre ce minimum et ce maximum une quantité d'eau plus favorable que toute autre, c'est ce qu'on appelle l'optimum d'humidité. Ainsi l'*Alchemilla vulgaris*, Rosacée voisine des Pimprenelles, exige une quantité d'eau annuelle d'au moins 40 centimètres; cette condition limite rigoureusement son extension vers le sud; au contraire, le Sapin pectiné (*Abies pectinata*) ne peut supporter une grande humidité et cette condition l'empêche de pousser dans le nord-ouest de l'Allemagne.

On a remarqué depuis longtemps l'influence de la nature du sol sur la végétation. Le Hêtre, le Tilleul prospèrent dans les terrains calcaires; le Châtaignier, le Bouleau, le Pin préfèrent les terrains siliceux; certaines plantes sont tout à fait calcicoles, d'autres absolument silicicoles. La variété blanche de l'*Anemone alpina* se montre exclusivement sur les terrains calcaires, tandis que la variété jaune pousse sur les roches siliceuses et argileuses. Mais on exagère souvent l'influence du sol sur la répartition des espèces végétales. Telle plante absolument calcicole dans une région est absolument calcifuge dans une autre. En réalité il faut ici faire intervenir le climat; dans une région relativement froide une plante recherchera le calcaire qui est à la fois chaud et humide; dans une région humide elle recherchera le sable, qui est plus sec. Des considérations de ce genre permettent de comprendre que les arbres toujours verts, caractéristiques des régions méditerranéennes, poussent exclusivement sur les terrains calcaires dans le sud de la France, en Italie, en Grèce, dans le sud de la Russie, dans le nord de l'Asie Mineure, tandis que plus au sud ils prospèrent indifféremment sur tous les terrains. Le Mélèze, dans la Suisse occidentale pousse sur les schistes cristallins et fuit le calcaire; il se montre au contraire indifférent à la nature du sol dans la Haute-Bavière et encore plus dans les Carpathes; certains Pins exclusivement calcicoles dans les Alpes pous-

(1) Van Tieghem, *Botanique*, Paris, 1891, p. 1761.

sent sur un sol quelconque dans la chaîne des Carpathes.

Dans certains cas la nature du sol intervient quand il s'agit d'espèces voisines entre lesquelles s'établit la lutte pour l'existence. Le *Rhododendron ferrugineum* et le *R. hirsutum* existent tous deux dans les Alpes orientales, le second manque dans les Alpes occidentales. Quand le *R. ferrugineum* existe seul, il prospère sur tous les sols, quelle que soit leur constitution; au contraire vers l'est il se limite aux sols siliceux, tandis que le *R. hirsutum* se cantonne dans les terrains calcaires.

Le calcaire et la silice ne sont pas les seuls éléments minéraux ayant une grande influence sur la répartition des végétaux. Le chlorure de sodium joue aussi un rôle important. Certaines espèces exigent une assez forte préparation de sel et ne prospèrent bien que sur les bords de la mer ou dans les steppes salés des deux continents. La présence du sel marin exerce une action très nette sur le développement des végétaux et l'on peut citer un grand nombre de plantes qui possèdent des tiges et des feuilles plus épaisses, quand elles poussent au bord de la mer ou dans des terrains salés; tels sont, entre autres, le *Crithmum maritimum*, la *Beta maritima*, la *Cakile maritima*, le *Lotus corniculatus*, le grand Plantain (*Plantago major*), etc.

INFLUENCE DE LA CHALEUR SUR LA RÉPARTITION DES PLANTES.

L'influence prédominante pour la répartition des végétaux est la température. Chaque plante a besoin pour prospérer d'une certaine quantité de chaleur; il paraît, d'ailleurs, indifférent à la plante que cette quantité totale lui soit distribuée dans un temps très court ou dans un temps plus long. Elle se développe aussi bien dans un pays où la saison de végétation est courte et la température relativement élevée, que dans un autre pays où elle peut végéter plus longtemps, mais avec une température plus basse. Les végétaux qui exigent le moins de chaleur sont cantonnés dans les régions polaires ou sur les hautes montagnes; ceux qui ont besoin d'une quantité de chaleur considérable se trouvent dans les contrées dont la latitude est peu considérable, c'est-à-dire au voisinage de l'équateur. C'est dans les contrées équatoriales que la flore présente le plus de variété; mais cependant des circonstances locales peuvent intervenir; même sous les tropiques, il y a des régions presque dépourvues de végétation, car les végétaux demandent non seulement de la chaleur, mais de l'humidité.

Pour bien apprécier l'influence de la température sur la répartition des plantes, il suffit d'examiner les changements qui se montrent dans la flore au fur et à mesure qu'on s'élève dans les Alpes. Jusqu'à 1 300 mètres, on trouve la végétation des coteaux peu élevés, et la culture des céréales est encore possible. De 1 300 à 1 800 mètres, on trouve la *zone des forêts* peuplée d'arbres à feuilles caduques comme les Chênes et les Hêtres. Puis le Chêne disparaît ainsi que le Hêtre et les Sapins deviennent abondants. C'est la *zone subalpine* caractérisée par le Sapin pectiné (*Abies pectinata*), l'Épicéa (*Picea excelsa*); comme arbustes, on y trouve certains Groseilliers, et Chèvrefeuilles, et l'Airelle. Cette zone s'étend jusqu'à 2 200 à 2 300 mètres. Au-dessus commence la *zone alpine inférieure;* les arbres ont disparu complètement. Il n'y a plus que des Saules de très petite taille, des Genévriers nains, des Rhododendrons et un certain nombre de plantes herbacées caractéristiques comme l'*Anemone alpinia*, le *Phleum alpinum*, la *Dryas octopetala*, etc. La zone alpine inférieure se continue par la *zone alpine supérieure* qui s'étend jusqu'à la limite des neiges persistantes (2 700 mètres dans les Alpes). Il n'y a plus là que des arbustes nains ne dépassant pas 2 à 3 décimètres de hauteur: le Saule herbacé, le Bouleau nain; les plantes herbacées sont représentées par les Saxifrages, les Gentianes, etc. Les Mousses et les Lichens sont très nombreux et forment la végétation dominante. Les plantes vasculaires qui s'élèvent le plus haut sont le Saule herbacé (*Salix herbacea*), le Pavot alpin (*Papaver alpinum*) et le Paturin alpin (*Poa alpina*).

Une succession analogue des flores se manifeste lorsqu'on se dirige des bords de la Méditerranée vers le nord de la Suède. La région méditerranéenne est peuplée d'arbres toujours verts comme les Oliviers, les Lauriers, les Orangers, les Grenadiers, les Myrtes. On y trouve le Chêne-vert, le Pin pignon, etc. Ensuite vient la zone des forêts qui s'étend jusqu'au nord de la Suède. Les arbres à feuilles caduques, Hêtre Chêne, etc., ne s'étendent que jusqu'au sud de la péninsule scandinave, et la limite du Chêne (*Quercus pedunculata*) coïncide avec la limite septentrionale de la culture du Blé. Les Conifères, comme le Pin, l'Épicéa, le Mélèze, forment avec le Bouleau les forêts du nord de la Suède et de la Russie; puis encore plus au nord, en Laponie, en Islande, au Spzitberg la végétation consiste comme dans la zone alpine, en Mousses et en Lichens auxquels s'associent le Saule herbacé, le Bouleau nain, les Rhododendrons, les Saxifrages, etc.

Le climat influe beaucoup sur la durée des plantes. Dans les pays où la période de végétation est courte les végétaux sont presque tous vivaces et possèdent des tiges souterraines qui, protégées par la neige, peuvent résister aux rigueurs de l'hiver. Au contraire dans nos pays la proportion des plantes annuelles est considérable. A Paris, à 49° de latitude, elle est de 45 p. 100, tandis qu'à Christiania à 50°,6, elle n'est que de 30 p. 100 et à Listad (61°,4); de 26 p. 100. Pour le Dauphiné, la proportion entre 200 et 600 mètres d'altitude, est de 60 p. 100; entre 600 et 1 800 mètres, elle est de 33 p. 100; au-dessus de 1 800 mètres de 6 p. 100 (1). Les plantes annuelles manquent complètement aussi à la zone équatoriale où la végétation prend une splendeur extraordinaire, où des types représentés ailleurs par des herbes et des arbrisseaux deviennent de véritables arbres.

EXTENSION DES ESPÈCES VÉGÉTALES.

Quand on compare les diverses espèces végétales au point de vue de leur extension géographique, on constate de grandes différences. Certaines occupent un vaste espace, tandis que d'autres sont cantonnées sur une surface très limitée. La surface occupée par une espèce donnée est ce qu'on appelle l'*aire* de cette espèce.

Il faut considérer l'espèce comme ayant peu à peu rayonné à partir d'un centre de formation. Elle a été plus ou moins favorisée dans son mouvement d'expansion par sa facilité à s'adapter à des conditions différentes d'existence, par les moyens plus ou moins variés et parfaits dont elle dispose pour sa dissémination. Ainsi lorsque les graines sont légères, qu'elles sont munies d'ailes ou d'aigrettes de poils, il est évident que l'espèce est mieux armée pour l'extension. Nous examinerons d'ailleurs plus loin les divers moyens de dispersion des plantes. On peut comparer, avec Supan, certaines espèces à des enfants qui n'ont pas encore la force de quitter leur berceau, tandis que d'autres élargissent leur aire de dissémination avec toute la force de l'âge viril. Comme exemple du premier cas, on peut citer la *Campanula excisa* limitée au Simplon; comme exemple du second la Vergerette du Canada (*Erigeron canadense*), qui introduite en Europe au XVIIe siècle, s'étend aujourd'hui de l'Angleterre à l'Altaï et de la Sicile à la Suède.

Il faut remarquer que l'aire d'une espèce ne peut se déduire seulement des moyens de dissémination et des conditions d'existence; il faut tenir compte des faits paléontologiques. L'extension d'une espèce actuelle dépend en grande partie de l'aire qu'elle occupait pendant les périodes géologiques antérieures à la nôtre. Ainsi bien des espèces se présentent dans plusieurs stations séparées par de grandes distances; la *Monotropa uniflora* et la *Phryma leptostachya*, existent dans l'Amérique orientale, au Japon et dans l'Himalaya; il faut admettre qu'elles occupaient pendant la période tertiaire toute l'étendue séparant les trois stations actuelles, et que plus tard elles ont disparu de l'espace intermédiaire. Le genre Liquidambar existe aujourd'hui dans l'Asie Mineure, le Japon et la partie Atlantique de l'Amérique du Nord; il s'étendait encore en outre au miocène sur toute l'Amérique du Nord y compris le Groënland, sur l'Europe centrale et l'Italie. Le genre *Sequoia*, formé de Conifères remarquables par leur grande taille, est composé de vingt-six espèces, mais deux seulement sont actuellement vivantes (*S. gigantea* et *S. sempervirens*) dans la région de l'Amérique s'étendant de la Californie à l'Orégon; les autres espèces sont fossiles et vivaient autrefois dans tout l'hémisphère nord. Un autre genre de Conifères, le genre Gingko, limité aujourd'hui à la partie est de l'Asie, était autrefois beaucoup plus répandu, il s'étendait sur tout le nord; sa période d'épanouissement correspond au jurassique moyen. Les genres que nous venons de citer sont des témoins de flores anciennes aujourd'hui disparues; la pa-

(1) Supan, p. 387.

léobotanique peut seule éclairer sur leur histoire et nous expliquer leur répartition géographique actuelle.

On ne peut citer aucune espèce végétale s'étendant sur toute la surface du globe; cependant certains types présentent une extension remarquable. Les Cryptogames, comme les Algues, les Champignons, les Lichens, possèdent l'aire la plus vaste; on comprend en effet que des plantes peu élevées en organisation, peu exigeantes au point de vue de leurs conditions d'existence, aient pu s'adapter aux pays les plus divers. Parmi les Phanérogames ou plantes à fleurs, une seule espèce s'est pliée aux conditions climatériques les plus variées et se trouve pour ainsi dire partout; c'est le Laiteron maraîcher (*Sonchus oleraceus*), plante de la famille des Composées.

D'autres plantes à aire très étendue sont celles qui poussent au bord des routes comme le Chiendent (*Cynodon dactylon*), le Paturin (*Poa annua*), ou qui poussent dans les décombres, comme les Orties (*Urtica dioica*) et la Vergerette du Canada (*Erigeron canadense*), ou encore les plantes aquatiques comme le Potamot (*Potamogeton natans*). Pas plus de 120 Phanérogames présentent une aire égale au tiers de la surface terrestre.

Les arbres, d'une manière générale, n'ont qu'une aire moyenne et même souvent assez restreinte; cela tient sans doute à ce qu'ils exigent tous, au point de vue de l'humidité et de la chaleur des conditions d'existence étroitement déterminées.

Les espèces dont l'aire est la plus réduite sont celles qui habitent les îles perdues dans l'Océan; leur pouvoir d'extension est nécessairement très limité par la mer; elles restent étroitement cantonnées. Pour cette raison les îles de Saint-Hélène, Kerguelen, Tristan d'Acunha, Juan Fernandez, Galapagos ont un grand nombre d'espèces endémiques, c'est-à-dire purement locales. Aux îles Galapagos il y a environ 350 plantes vasculaires, dont plus de 50 p. 100 sont endémiques; à Tristan d'Acunha sur 29 Phanérogames, 19 ont été décrites comme endémiques (1).

MOYENS DE DISSÉMINATION DES VÉGÉTAUX.

La dispersion de certaines espèces végétales sur de vastes espaces est généralement en rapport avec divers moyens de dissémination des graines. Cette dissémination est due soit au vent, soit aux Oiseaux, soit aux courants marins.

Beaucoup de graines présentent des appendices variés, ailes ou aigrettes de poils, qui assurément favorisent leur dispersion. Le Laiteron maraîcher (*Sonchus oleraceus*), qui est la plante phanérogame la plus répandue, possède une aigrette; il en est de même de quatre sur cinq des espèces qui sont communes à la Nouvelle-Zélande et à l'Europe. Beaucoup de botanistes cependant, n'attribuent pas une grande importance à la dispersion des graines par le vent, et ils font remarquer que la plupart des Composées, malgré leurs graines aigrettées, n'ont qu'une aire assez limitée; il faut évidemment tenir compte ici, comme le dit Wallace, de la lutte pour l'existence : « les limites de leurs territoires sont presque toujours dues à la concurrence de formes alliées, les facilités de dispersion n'étant qu'un des nombreux facteurs déterminant l'étendue de la distribution des espèces (1) ». La rareté des Légumineuses dans les îles océaniques peut s'expliquer, au moins en partie, par la grosseur et le poids des graines, qui ne permettent pas le transport par le vent.

Les Oiseaux sont des facteurs très actifs de dispersion. Ils mangent beaucoup de fruits et avalent beaucoup de graines. Celles-ci ne sont généralement pas altérées par leur passage à travers l'estomac et l'intestin; c'est ce qui résulte des expériences de Darwin. Elles sont rejetées avec les excréments de l'animal et germent où elles tombent; or on sait que les Oiseaux peuvent traverser, lorsqu'ils sont chassés par les tempêtes, de grandes étendues de mer. Les Sauterelles même, d'après Darwin, pourraient exercer la même action; elles rejettent des graines intactes et sont capables de les disséminer au loin; il n'est pas rare de voir ces Insectes emportés en pleine mer très loin des côtes; Darwin en a capturé une à 595 kilomètres de la côte d'Afrique (2). Il faut également tenir compte de ce fait que souvent un peu de terre adhère aux pattes des Oiseaux, et

(1) Grisebach, *la Végétation du globe*, trad. franç., Paris, 1878, t. II, p. 807 et 832.

(1) Wallace, *le Darwinisme*, trad. franç., Paris, 1891, p. 498.

(2) Darwin, *Origine des espèces*, trad. franç., 1880, p. 439.

que dans cette terre se trouvent des graines; de là un nouveau moyen de dispersion pour celles-ci; Darwin rapporte ce fait, qu'il reçut la patte d'une Perdrix à laquelle adhérait une boule de terre durcie pesant 200 grammes. Cette terre fut brisée, arrosée et placée sous une cloche de verre; elle fournit 82 plantes, savoir 12 Monocotylédones comprenant l'Avoine et une autre herbe, et 70 Dicotylédones appartenant à trois espèces distinctes (1). Beaucoup de graines également adhèrent aux plumes des Oiseaux.

Des graines peuvent être emportées aussi avec de la terre par des glaces flottantes et échouer à de grandes distances du point de départ. Elles peuvent être aussi emportées par la mer, or un certain nombre résistent longtemps à l'action de l'eau salée; souvent elles germent après un séjour prolongé dans cette eau. Des expériences de Darwin, il résulte que 14 p. 100 des graines des plantes d'un pays quelconque peuvent être entraînées pendant vingt-huit jours par les courants marins sans perdre leur faculté germinative. Sur 87 espèces, 64 ont germé après une immersion de deux jours; certaines ont résisté à une immersion de cent trente-sept jours. On connaît un grand nombre d'exemples frappants de la résistance opposée par les fruits à l'action de l'eau de mer. Une noix de Coco des Seychelles a été trouvée sur la côte de Sumatra, à 3 000 milles de distance, en parfait état; les fruits de *Sapindus saponaria* apportés par le Gulf-Stream, ont poussé aux Bermudes après un voyage marin de 1 500 milles; les fruits de l'*Entada scandens* des Antilles, apportés aux Açores par la mer, ont germé ensuite au Jardin de Kew.

M. Guppy a eu l'occasion d'établir le rôle important des courants marins dans la dispersion des plantes. Il a étudié la flore d'un groupe de petites îles, les îles Keeling ou des Cocos, situées à 850 kilomètres de Java et de Sumatra (1). Ces îles d'origine corallienne sont couvertes d'une végétation caractéristique. Celle-ci est due à plusieurs agents, aux Oiseaux dans quelques cas, aux courants océaniques dans la plupart. M. Guppy a constaté la présence des graines apportées par les vagues; il y a des courants allant de Java et d'Australie aux îles Keeling, ils apportent des débris volcaniques, cendres et ponces provenant du détroit de la Sonde et rejetés par le Krakatau, ils transportent également des troncs d'arbres. M. Guppy attribue aux courants océaniques l'introduction aux îles Keeling du Cocotier dont les noix résistent longtemps à l'action de la mer, du Pandanus dont les graines se trouvent en abondance sur les rivages de Java, et d'un grand nombre d'autres plantes. Il s'est assuré que les graines de ces végétaux pouvaient résister à une immersion prolongée. Il en est ainsi de la *Tournefortia argentea*, plante de la famille des Borraginées, de la *Thespesia populnea*, Malvacée de Java qui a germé après quarante jours de séjour dans la mer, du *Morinda citrifolia*, Rubiacée qui a germé après cinquante-trois jours, etc.

(1) Darwin, p. 440.

(1) Voir un article de M. H. de Varigny dans la *Revue scientifique* du 28 mars 1891.

MIGRATIONS DES PLANTES.

Les causes que nous venons d'indiquer ne suffisent pas cependant pour expliquer la grande extension de diverses espèces. L'homme également est un puissant facteur de dissémination pour les végétaux. Volontairement ou non il transporte d'une extrémité de la terre à l'autre de nombreuses graines qui germent là où les conditions sont favorables et qui peuvent finir par s'acclimater. On a pu suivre dans leur expansion rapide un certain nombre de plantes. Nous avons cité déjà le Cardon d'Europe acclimaté à la Plata; il y occupe de vastes espaces, ainsi que le Fenouil qui abonde, d'après Darwin, sur les revêtements des fossés dans le voisinage de Buenos-Ayres, de Montevideo et d'autres villes (2). Dans l'Amérique du Nord un certain nombre de plantes européennes ont été introduites à l'aide des semences de végétaux utiles apportés d'Europe. Parmi les plus répandues il faut citer la Borraginée appelée Vipérine (*Echium vulgare*), très commune dans quelques parties de la Virginie.

En revanche des plantes de l'Amérique du Nord ont envahi l'Europe. Nous avons cité déjà la Vergerette du Canada (*Erigeron canadense*). Elle fut, dit-on, introduite en Angle-

(2) Darwin, *Voyage d'un naturaliste*, p. 127.

terre au milieu du XVIIe siècle ; elle servait à l'emballage d'une peau d'oiseau. Au siècle dernier elle n'occupait encore que l'Angleterre et le sud de l'Europe ; maintenant elle existe par toute l'Europe sur les décombres. Une plante aquatique, l'*Elodea canadense*, cultivée d'abord dans les jardins botaniques, s'est propagée dans le cours de ce siècle avec une rapidité extraordinaire, chassant de tous les ruisseaux les espèces ayant un genre de vie analogue au sien.

Deux localités en France sont célèbres par les espèces végétales exotiques qui s'y sont implantées, ce sont le port Juvénal près de Montpellier et Marseille.

Au port Juvénal on lave des laines en suint venant de diverses provenances ; dans ces laines se trouvent des graines restées attachées à la toison des moutons. La florule du port Juvénal comprend 350 espèces fournies la plupart par l'Espagne et le nord de l'Afrique ; 25 espèces proviennent de l'Amérique, de l'Australie et de la Nouvelle-Zélande. A Marseille il y a 250 espèces originaires surtout des régions orientales (1), et introduites par l'entremise des marchandises et des fourrages.

D'ailleurs, pendant les guerres, le mouvement des armées d'invasion peut aussi introduire dans le pays des espèces étrangères, surtout par les fourrages. On a cité des faits de ce genre lors de l'invasion de la France en 1814 et 1815, et plus récemment, après la guerre de 1870-71 ; mais généralement les plantes étrangères après avoir persisté quelques années disparaissent ; elles ne parviennent pas à se maintenir au milieu des plantes indigènes. Les armées allemandes avaient importé aux environs de Paris, d'après MM. Gaudefroy et Mouillefarine, 190 espèces; elles étaient particulièrement abondantes sur le plateau de Bellevue, mais dès 1873 il n'y en avait plus que 2 ou 3 espèces. Le même fait s'est produit aux environs d'Orléans et de Blois. Les troupes françaises venant du midi et de l'Algérie y avaient introduit 157 espèces méditerranéennes, mais, deux ans après, toutes avaient disparu à l'exception de cinq.

Nous venons de voir quels sont les principaux facteurs de la distribution géographique des végétaux ; il faut maintenant étudier les associations des végétaux entre eux. Il y a en chiffres ronds 150 000 espèces de plantes ; une contrée déterminée est caractérisée par un certain nombre d'espèces ayant à peu près la même aire géographique. Cette association constitue ce qu'on appelle la *flore* de la contrée. On peut partager la surface du globe en un certain nombre de flores naturelles, qui donnent une idée de la distribution des principales espèces. Nous allons les passer en revue, en prenant pour guides les travaux de de Candolle, de Grisebach et de Drude (1).

Avec Drude nous distinguerons trois groupes de flores : le *groupe boréal*, le *groupe tropical* et le *groupe austral*. Dans le premier il faut distinguer la *flore arctique*, la *flore des régions tempérées*, la *flore méditerranéenne* et la *flore orientale*. Dans le groupe tropical on peut reconnaître une *flore paléotropicale* (ancien continent) et une *flore néotropicale* (nouveau continent). Le groupe austral comprend d'une part les flores du Cap et de l'Australasie, d'autre part celles de l'Amérique du Sud et des îles antarctiques.

LA FLORE ARCTIQUE.

La région arctique comprend toutes les contrées qui s'étendent du pôle nord jusqu'à la limite septentrionale des forêts. Elle se compose des îles des hautes latitudes : Spitzberg, Nouvelle-Zemble, Nouvelle-Sibérie, Terre François-Joseph, archipel polaire américain, du Groënland, d'une partie de l'Amérique du Nord répondant à la côte du Labrador et à baie d'Hudson, de tout le nord de la Sibérie, de l'Oural, des côtes septentrionales de la Russie et de la Scandinavie ; il faut enfin y ajouter l'Islande.

Dans tous ces pays l'été est très court, il dure à peine trois mois et la température estivale, dont la valeur moyenne est de 7° ou 8° au mois de juillet, n'est pas assez élevée pour permettre aux arbres de pousser. On doit remarquer cependant que déjà au voisinage du cap Nord il y a quelques arbres à cause de l'influence bienfaisante du Gulf-Stream ; de même en Islande, à Reikiawik, on parvient pour la même raison à cultiver de petits Bou-

(1) Grisebach, *la Végétation du globe*, t. I, p. 304.

(1) De Candolle, *Géographie botanique raisonnée*, Paris, 1855. — Grisebach, *la Végétation du globe*, trad. franç., Paris, 1877. — Drude, *Atlas der Pflanzenverbreitung*, Gotha, 1887, et *Handbuch der Pflanzengeographie* (collection des manuels Ratzel), Stuttgart, 1890.

leaux lorsqu'ils sont bien abrités contre les vents orageux. En somme il faut tenir compte des circonstances locales, et la région des forêts peut empiéter en certains cas sur la région arctique.

Les plantes arctiques sont remarquables par le grand développement de leurs organes souterrains, racines et rhizomes, le développement rapide de leurs feuilles disposées en rosettes, l'exiguïté de leur taille. Toutes ces circonstances sont en rapport avec les conditions du climat; les plantes arctiques étant vivaces, ayant des racines et des tiges souterraines vigoureuses, peuvent immédiatement profiter de la chaleur de l'été pour croître et fleurir; leurs feuilles qui poussent rapidement leur permettent également d'assimiler immédiatement le carbone sous l'influence de la lumière solaire; leur faible taille est un excellent moyen de résister à la durée de l'hiver, car elles peuvent économiser sur le temps nécessaire à la croissance et employer la belle saison presque tout entière à la floraison et à la formation des graines. La floraison se fait avec une grande vigueur et les fleurs des plantes polaires ont généralement un éclat beaucoup plus vif que celles des mêmes espèces ou des espèces voisines dans les régions tempérées. La taille habituelle est de 5 à 8 centimètres; les végétaux de 15 centimètres de hauteur sont rares. Il est très commun de trouver des Saules de 10 à 12 centimètres de haut et dont les racines très vigoureuses s'étendent dans la terre sur plus de 3 ou 4 mètres de longueur. Le brillant coloris des fleurs arctiques a frappé depuis longtemps les botanistes, qui observaient le même phénomène sur les fleurs alpines. Ce fait se rattache sans doute aux phénomènes de fécondation par les Insectes, que Darwin a étudiés avec tant de soin. La couleur des fleurs attire les Insectes qui pénètrent dans la corolle pour chercher le nectar et se couvrent ainsi de pollen; ils transportent ce dernier de fleur en fleur, assurant de la sorte la fécondation. Plus les Insectes sont rares, ce qui a lieu dans les régions polaires, et plus il est nécessaire que les fleurs s'assurent leur indispensable concours.

Les Cryptogames sont les végétaux prédominants dans les régions arctiques, et parmi eux les Mousses et les Lichens sont de beaucoup les plus importants; ces plantes peuvent croître sur un sol qui reste gelé même pendant l'été, à 5 ou 8 centimètres de profondeur. Les Mousses se trouvent surtout dans les endroits où la terre est désagrégée et humide; elles appartiennent généralement aux genres *Polytrichum* et *Sphagnum*; ce dernier genre, avons-nous dit, constitue la tourbe sous des latitudes plus chaudes. Le *Sphagnum* d'un jaune blanchâtre, contraste avec le *Polytrichum* dont les reflets sont brunâtres.

Les Lichens, ces plantes si peu exigeantes, qui n'ont pas besoin de terre végétale et qui ne vivent que d'air et d'eau, sont caractéristiques des régions polaires. Comme le disait Linné, en parlant de la Laponie: « Les derniers des végétaux couvrent la dernière des terres. » Les Lichens des régions arctiques appartiennent surtout aux trois genres *Cetraria*, *Cladonia*, *Evernia*. Leurs teintes sont brunes, noires ou d'un blanc jaunâtre; elles donnent au sol un coloris spécial visible de loin. Les espèces les plus remarquables sont le Lichen d'Islande (*Cetraria islandica*) et le Lichen des Rennes (*Cladonia rangiferina*), principale nourriture de ces Ruminants.

En bien des contrées polaires les Mousses et les Lichens couvrent presque exclusivement le sol; il n'y a pas là de plantes à fleurs, de Phanérogames; la terre ne s'échauffe pas assez pour leur permettre de vivre. Les steppes de l'extrême nord, au sol gelé toute l'année à partir d'une très faible profondeur, à la végétation composée seulement de Mousses ou de Lichens, s'appellent les *toundras* (fig. 729).

On distingue les toundras humides revêtues de Mousses et les toundras sèches couvertes de Lichens. Elles se succèdent souvent à des distances très limitées. De Baer a constaté que dans la presqu'île de Kola les toundras à Lichens sont traversées par des bandes de toundras à Mousses, comme par autant de veines (1); celles-ci correspondent aux points où l'eau de fusion des neiges s'est accumulée dans des dépressions et a désagrégé le sol. Cependant les toundras à Mousses dominent dans l'extrême nord de la Laponie, de la Russie et dans la plus grande partie de la Sibérie septentrionale. Les toundras à Lichens caractérisent particulièrement le pays des Tchouktchis dans la Sibérie orientale, et le territoire d'Alaska ainsi que les régions voisines de l'Amérique du Nord.

Comme le remarque Grisebach, les toundras à Lichens sont plus favorables que celles à

(1) Grisebach, *la Végétation du globe*, I, p. 69.

Fig. 720. — La Toundra en Sibérie.

Mousses au développement de la vie animale. Elles sont habitées, même pendant l'hiver, par de nombreux troupeaux de Rennes et par le Bœuf musqué (*Ovibos moschatus*). Ces animaux y trouvent une alimentation suffisante, d'autant plus que souvent il y a là, au milieu des Lichens, des arbustes nains (*Vaccinium*, etc.), dont les fruits sont des baies comestibles. Les toundras sont rares dans les grandes îles arctiques auxquelles les surfaces horizontales font généralement défaut.

Les Phanérogames des régions arctiques sont au nombre d'environ 750 espèces dont une vingtaine seulement sont réellement endémiques. On retrouve les autres sur les hautes montagnes, dans la zone alpine supérieure, aussi pourrait-on être porté à confondre la flore arctique et la flore alpine si celle-ci ne présentait un grand nombre d'espèces qui ne pénètrent pas dans l'extrême nord.

Toutes les régions arctiques ne sont pas également riches en Phanérogames. La plus pauvre semble être la Terre François-Joseph où l'on n'a trouvé que cinq ou six espèces de plantes à fleurs. A la Terre de Grinnell, située sous la même latitude (82°), il y a encore neuf Phanérogames.

Au Groënland la flore est relativement riche si on la compare à celle des régions précédentes, et le pays mérite presque en certains points son nom de « Terre Verte ». Les Graminées et les Cypéracées sont assez nombreuses pour former de véritables prairies habitées par des troupeaux de Rennes et de Bœufs musqués. Dans le Groënland oriental ces prairies s'élèvent jusqu'à 300 mètres d'altitude. Un pavot (*Papaver nudicaule*) s'y trouve jusqu'à 1500 mètres; beaucoup de plantes jusqu'à 1800 même; l'Airelle (*Vaccinium*) y mûrit encore ses baies jusqu'à 660 mètres. On sait qu'à 13 kilomètres de la côte ouest commence une vaste nappe de glace, l'*Inlandsis*, couvrant tout l'intérieur (1); au-dessus de cette nappe s'élèvent çà et là des montagnes libres de neige, ce que les Esquimaux appellent *nunatakker*. Même sur ces montagnes, Jensen a

(1) Voir p. 166.

trouvé en certains points du gazon ; il y a encore vingt-sept Phanérogames à 1 250 mètres d'altitude et, sur le bord de l'Inlandsis, près de Julianabaab, le gazon est abondant et quelques Bouleaux atteignent 3 ou 4 mètres. Cette richesse relative de flore se manifeste beaucoup mieux en Islande, terre moins septentrionale partiellement réchauffée par le Gulf-Stream. Là en quelques points abrités se trouvent de véritables arbres : Saules, Bouleaux, Sorbiers, etc. A Reikiawik on voit un Sorbier de 5 mètres de haut, et à Akreyri deux Frênes ayant près de 8 mètres.

Les Phanérogames les plus caractéristiques de la flore arctique sont les suivants : parmi les Graminées deux espèces : *Pleuropogon Sabini* et *Dupontia Fischeri;* parmi les Cypéracées, un grand nombre d'espèces de *Carex;* parmi les autres familles la *Draba corymbosa* et le *Cochlearia fenestrata* (Crucifères), le *Papaver nudicaule* (Papaveracées), la *Potentilla pulchella* et *P. tridentata* et *Dryas octopetala* (Rosacées), l'*Astragalus polaris* (Légumineuses), le *Silene acaulis* (Caryophyllées), le *Saxifraga oppositifolia* (Saxifragacées), l'*Artemisia androsacea* et le *Chrysanthemum integrifolium* (Composées). Les arbustes consistent en différentes espèces de Saule (*Salix polaris, S. glauca*), d'Airelle (*Vaccinium Vitis idæa*), de Camarine (*Empetrum*), auxquelles il faut joindre, dans le sud de l'Islande, des Bouleaux (*Betula alba, B. nana*) et des Aulnes (*Alnus incana*).

L'arbuste qui résiste le mieux aux basses températures est le petit Saule glauque (*Salix glauca*) ; on le trouve au Groënland jusqu'à une altitude de 1 267 mètres.

La flore arctique présente dans son ensemble un caractère d'uniformité remarquable ; les mêmes types se retrouvent dans toutes les régions qui entourent le pôle. Il y a bien quand on compare les pays arctiques d'Europe à ceux d'Asie ou d'Amérique des différences, mais elles ne sont pas assez considérables pour permettre une subdivision très nette. La baie de Baffin peut servir de limite entre la flore européenne et la flore américaine, mais c'est une limite très imparfaite, car la huitième partie seulement des plantes de l'archipel arctique américain n'a jamais dépassé ce golfe et, d'après M. Hooker, il n'y a au Groënland que six espèces non indigènes en Europe ou dans le nord de l'Asie (1). Il est curieux que la flore groënlandaise présente si peu de rapports avec celle de l'Amérique et se rapproche tant de celle de l'Asie ou de l'Europe ; les communications à l'aide des courants marins entraînant les graines sont cependant assez faciles entre le Groënland et l'Amérique, car le détroit de Smith qui sépare le Groënland de la terre de Grinnell est étroit et la mer de Baffin elle-même est peu de chose comparée à la vaste étendue de mer séparant le Groënland de l'Asie et de la Scandinavie. Pour expliquer ce fait, Hooker admet avec Darwin, qu'au commencement de la période glaciaire la flore polaire était uniforme de la Scandinavie jusqu'en Amérique; au fur et à mesure que la température a baissé, cette flore est descendue vers le sud. Quand la période glaciaire a été close, que la température s'est de nouveau élevée, les formes arctiques plus ou moins modifiées ont gagné le sommet des montagnes et ont rétrogradé vers le nord. Lors de ce retour vers le pôle, suivant Hooker, l'archipel arctique américain a pu recevoir du continent des végétaux qui ne sont pas arrivés jusqu'au Groënland. La différence entre la flore de ce dernier pays et celle de l'Amérique boréale pourrait résulter aussi de la présence d'un courant d'est qui se dirige de la Sibérie vers l'Atlantique en suivant la côte orientale du Groënland ; ce courant aurait entraîné au Groënland des germes venant de l'Asie, apportés par les glaces flottantes. Grisebach adopte cette manière d'expliquer par les courants, les particularités de la flore groënlandaise. Il repousse celle des migrations des espèces arctiques vers le sud et leur retour vers le nord. Toutes ces hypothèses d'ailleurs sont sujettes à de nombreuses objections. On sait maintenant que le froid a été beaucoup moins vif sur tout le globe pendant les temps glaciaires, qu'on ne le supposait d'abord. La différence avec la température moyenne actuelle pour l'Europe centrale, par exemple, n'a été que d'environ 6 degrés. Ce fait ne permet guère d'admettre les migrations générales dont parlent Darwin et Hooker. De plus, bien des faits sur lesquels nous ne pouvons insister ici, conduisent à supposer l'existence aux époques géologiques antérieures à la nôtre d'un continent arctique comprenant la Scandinavie, l'Islande et le Groënland ; cette communication permet évidemment de comprendre les rapports qui existent entre la flore groënlandaise et la flore scandinave. Elle ex-

(1) Grisebach, *la Végétation du globe*, I, p. 73.

plique aussi les rapports de la flore de l'Islande avec celle de la Scandinavie. La flore du Spitzberg se relie davantage à la Sibérie qu'à la Scandinavie. Sur 93 espèces de plantes vasculaires un bon quart, 24 espèces, font défaut en Scandinavie. D'après Grisebach, il faut expliquer ce fait par l'existence du courant partant de Sibérie et qui touche le Spitzberg.

Nous avons déjà fait cette remarque que sur les 750 espèces de plantes vasculaires de la flore arctique, vingt seulement ne se trouvent pas ailleurs et sont endémiques. Parmi ces vingt espèces, dont nous avons cité les principales, il y en a dix qui à elles seules représentent un genre, c'est-à-dire qu'il y a dix genres monotypes. De ces dix monotypes il y en a trois d'origine asiatique (*Osmothamnus, Gymnandra, Kœnigia*) et sept américains (*Merckia, Douglasia, Dodecatheon, Pleuropogon, Diapensia, Monolepis, Dupontia*). La Graminée appelée *Pleuropogon Sabini* est jusqu'ici limitée aux îles Parry (1). Les espèces endémiques sont plus nombreuses en Amérique qu'ailleurs, il y en a onze pour trois seulement en Asie; ainsi les plantes arctiques reparaissent en Amérique, dans les montagnes, bien moins souvent qu'en Asie ou en Europe. D'après Grisebach, il faut y voir une conséquence de la disposition des montagnes en Amérique, qui ne permet pas comme ailleurs le passage facile des espèces végétales du nord dans les régions alpines.

LA FLORE DES RÉGIONS TEMPÉRÉES.

Au delà de la zone arctique commencent les forêts, qui caractérisent les régions tempérées de l'Europe, de l'Asie et de l'Amérique du Nord. Cette zone des forêts boréales a des limites assez bien définies, bien qu'elle empiète, suivant des circonstances locales, sur le domaine de la flore arctique. En Europe elle s'élève jusque vers le cap Nord, ce qui tient à l'influence bienfaisante des courants marins; jusqu'à la latitude de 71°, on trouve le Bouleau. En Sibérie dans le pays du Taimyr les arbres atteignent une latitude plus élevée (72°), mais le Mélèze seul s'étend jusque-là. Sur les côtes du détroit de Behring la limite s'abaisse sous l'action des vents froids, il en est de même sur le territoire d'Alaska où les arbres ne se trouvent avec des dimensions notables qu'au fort Yukon (67°,10'), ils arrivent un peu plus au sud à Nulato (64°,40') à une hauteur de 30 mètres. Sous l'influence des courants froids qui viennent du nord et de l'ouest par les détroits de Davis et d'Hudson, la limite des arbres s'abaisse sur les côtes du Labrador jusqu'à la latitude de 58°. Il faut pour que les arbres poussent, que la température moyenne du mois le plus chaud atteigne au moins 10°. La limite sud des forêts boréales passe au midi des Pyrénées, traverse le Rhône près des confluents de l'Isère, passe au sud des Alpes et du bassin du Danube, arrive à la mer Noire à l'embouchure du Dniéper, remonte au nord de la Caspienne, gagne la chaîne de l'Altaï et traverse en son milieu l'île de Saghalien. En Amérique elle arrive à l'embouchure de l'Orégon puis va gagner l'embouchure du Mississipi.

Sur l'ancien continent et déjà sur une grande partie du nouveau une bonne partie des forêts a été défrichée pour faire place aux cultures, mais en faisant abstraction de ces changements dus à l'action de l'homme on peut caractériser cette zone par la présence d'un grand nombre d'arbres.

En Europe c'est le Bouleau (*Betula alba*) qui s'avance le plus loin. En Scandinavie il atteint la limite de la région des forêts (71°), grâce à l'influence du Gulf-Stream; il descend plus au sud dans la Russie septentrionale. Cet arbre constitue avec les Conifères, les forêts du nord de l'Europe. Les Conifères, comme le Pin, le Sapin, le Mélèze, forment une ceinture de forêts jusque vers le sud de la Scandinavie. Le Pin sylvestre (*Pinus sylvestris*) possède l'aire la plus étendue; viennent ensuite l'Épicea (*Picea excelsa* (fig. 730), le Sapin pectiné (*Abies pectinata*) et le Mélèze (*Larix europæa*).

Le Chêne succède vers le sud aux forêts de Conifères. Le Chêne (*Quercus robur*, variété *pedunculata*) monte à peu près jusqu'aux lignes isothermes 2°5' à 3°7'; il s'avance en Suède jusqu'au delà de Stockholm, monte en Norwège au-dessus de 63°, tandis qu'en Russie il s'abaisse jusqu'à Saint-Pétersbourg (60°) pour s'abaisser encore jusqu'à l'Oural (50°). La ligne de végétation du Chêne coïncide presque partout avec la limite septentrionale de la culture du Froment.

Le Hêtre (*Fagus sylvatica*) monte moins haut que le Chêne. En Norwège il ne se trouve que

(1) Grisebach, I, p. 82.

dans la partie méridionale (59°), sauf sur la côte ouest baignée par le Gulf-Stream, où il monte plus haut. Cet arbre qui ne peut supporter des froids rigoureux et dont la végétation demande cinq mois au moins, ne se trouve que dans les provinces les plus occidentales de la Russie; il n'y monte pas plus haut que Libau sur la Baltique, sa limite descend ensuite vers la Podolie; de même à l'ouest le Hètre ne vient pas au nord d'Édimbourg. La limite méridionale de cet arbre descend dans la région

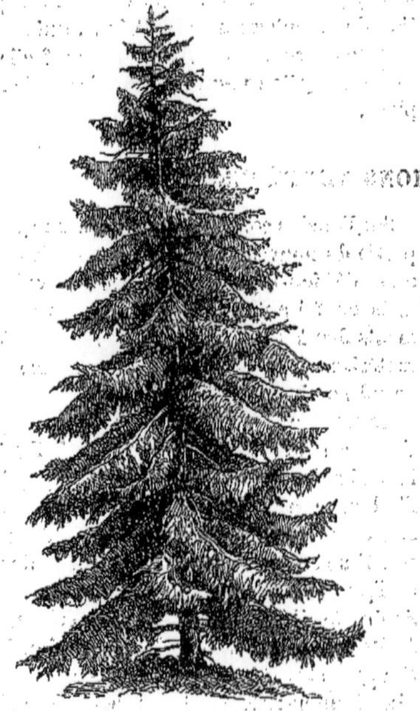

Fig. 730. — Épicéa (*Picea excelsa*).

méditerranéenne jusqu'en Sicile. La zone du Hêtre peut se subdiviser en trois parties: une partie occidentale comprenant la moyenne partie de la France, de l'Angleterre, et l'Allemagne jusqu'au Rhin et l'Oder; une partie centrale comprenant la Russie, la majeure partie de l'Allemagne, la Pologne et s'étendant jusqu'aux Carpathes; enfin une région qu'on peut qualifier de hongroise, allant jusqu'aux steppes de la mer Noire. Grisebach caractérisait ces trois régions, la première, c'est-à-dire la plus occidentale, par le Châtaignier (*Castanea vulgaris*), la région centrale par le Sapin argenté (*Abies pectinata*) et la région orientale par le Chêne cerris (*Quercus cerris*), et le Tilleul argenté (*Tilia argentea*) (1).

En Asie le Mélèze (*Larix sibirica*) est l'arbre qui s'étend le plus haut vers le nord, le Bouleau ne peut y atteindre que des latitudes beaucoup plus basses qu'en Europe; on trouve dans la région de l'Amour le *Betula dahurica*, au Kamtschatka le *Betula Ermani*. Il y a diverses sortes de Pins (*Pinus sylvestris*, *P. pichta*) et de sapins (*Abies sibirica*); le Chêne est représenté par le *Quercus mongolica*. Le Hêtre ne pénètre pas dans la région sibérienne.

En Amérique on trouve des espèces qui représentent celles d'Europe. Ainsi au Mélèze correspond le *Larix americana*, au Bouleau le *Betula papyracea*, à l'Épicea le *Picea alba*, au Pin sylvestre le *Pinus resinosa*, au Chêne le *Quercus rubra*, au Hêtre le *Fagus ferruginosa*. Il faut y joindre quelques Conifères comme le *Thuya* et le *Taxodium* ou Cyprès-Chauve, et quelques autres arbres qu'on ne trouve pas en Europe, comme le Tulipier, le Sassafras, le Magnolier, etc.

Comme nous l'avons déjà dit plus haut, la flore des forêts varie beaucoup avec l'altitude. Quand on s'élève le Hêtre disparaît d'abord, puis le Chêne, tandis que les Conifères deviennent de plus en plus nombreux, pour faire place enfin à la flore alpine.

Un certain nombre d'arbres et d'arbustes accompagnent les formes caractéristiques que nous avons citées plus haut comme formant les forêts. Tels sont l'Aulne (*Alnus incana*), qui s'étend presque aussi haut que le Chêne, l'Érable (*Acer campestris*) qui accompagne aussi ce dernier, le Charme (*Carpinus betulus*), le Sureau (*Sambucus nigra*), le Tilleul commun (*Tilia grandiflora*), plusieurs espèces de Sorbiers (*Sorbus intermedia*), etc., qui accompagnent le Hêtre; les Saules qui ont une grande extension. On doit y joindre l'Aubépine (*Cratægus*) et d'autres Rosacées (*Prunus*, *Rubus*, etc.). Ainsi que le Lierre, des arbustes présentant des baies comme l'Airelle myrtil (*Vaccinium myrtillus*) et la Camarine noire (*Empetrum nigrum*) accompagnent les Conifères. Quant aux Bruyères et aux Callunes elles couvrent de vastes espaces surtout dans l'Europe occidentale; elles sont un produit du climat du Hêtre.

Les prairies sont composées de Graminées et de Cypéracées. Au voisinage des eaux courantes, des moindres ruisseaux, s'installent de nombreuses Graminées dont les principales ap-

(1) Grisebach, I, p. 132.

partiennent aux genres Paturin (*Poa*), Flouve (*Anthoxanthum*), Ivraie (*Lolium*), Avoine (*Avena*), *Agrostis*, etc. Les eaux stagnantes déterminent au contraire le développement des Cypéracées : Laiche (*Carex*), *Scirpus*, Souchet (*Cyperus*), etc.

Les Cryptogames n'ont plus dans la région des forêts, le rôle prépondérant qu'ils remplissent dans la région arctique; les Mousses, les Lichens ont relativement peu d'importance, les Fougères au contraire présentent des formes variées (*Pteris, Polypodium, Aspidium*, etc.) surtout dans le domaine climatérique du Hêtre.

Dans la région tempérée boréale il y a un grand nombre d'espèces cultivées, dont il est bon de connaitre la limite septentrionale. Parmi les Céréales, c'est l'Orge qui s'élève le plus haut, accompagnée de la Pomme de Terre; elle s'avance jusqu'à la limite des arbres (70°, latitude, Norwège). La culture du Froment a la même limite septentrionale que le Chêne; le Seigle a presque la même limite; ces deux Céréales sont cultivées conjointement entre le 60° et le 50° de latitude; la première l'emporte sur la seconde partout où la fertilité du sol est suffisante, au-dessous du 50° commence la culture du Maïs ; celle-ci en Amérique s'étend jusqu'au Canada parce qu'il y a des variétés américaines dont la période de développement n'exige pas plus de trois mois.

Les arbres fruitiers, Pommiers, Pruniers, Cerisiers, en Europe atteignent au plus le 66° de latitude, aux environs de Drontheim; leur limite septentrionale s'abaisse en Russie jusqu'à Moscou (56°) et à Kazan (56°). Quant à la Vigne sa ligne de végétation va de la Bretagne (47°,30') jusqu'au Rhin (50°,45') pour se diriger ensuite parallèlement à sa limite naturelle septentrionale située dans les régions danubiennes (1).

Nous avons dit plus haut que presque toutes les plantes arctiques se retrouvent dans la région des forêts; elles se rencontrent en effet dans les montagnes à une altitude plus ou moins grande, suivant la latitude du pays. On ne peut donc pour cette raison séparer la flore alpine de celle des forêts de la région tempérée boréale, car au fur et à mesure qu'on s'avance vers le nord les plantes alpines se mêlent de plus en plus à celles des forêts. C'est ce qui a particulièrement lieu en Scandinavie, dans la Sibérie centrale et dans le bassin américain du Yukon. La flore alpine commence au delà de la limite supérieure des forêts, c'est-à-dire à des hauteurs très variables, comme l'indique le tableau suivant :

Norwège.........	70° 1/2 lat.	260 mètres.
»	60°	1040 —
Oural..............	61°	555 —
Écosse...........	57°	810 —
Harz...............	52°	1040 —
Vosges............	48°	1300 —
Jura................	47°	1490 —
Alpes suisses.....	46°-47°	1800 à 2100 —
Auvergne.........	45°	1500 —
Pyrénées..........	42°-43°	1950 à 2410 —
Altaï...............	50°	1800 à 2800 —
Kamtschatka.....	56°	940 —
Alleghanys......	36°	2035 —
Montagnes Rocheuses.	56°	1220 —

LA FLORE DES STEPPES ET DES PRAIRIES.

Dans la partie orientale de l'Europe, dans l'Asie centrale et la Perse, dans la partie centrale et méridionale de l'Amérique du Nord, s'étendent au sud de la région forestière de vastes plaines et des plateaux où les arbres n'ont qu'une faible importance; les plantes de médiocre hauteur couvrent presque toutes ces surfaces planes. C'est le domaine des steppes de l'Europe et de l'Asie, le domaine des prairies de l'Amérique du Nord. Les steppes sont caractérisés par un climat particulier, ne permettant pas la croissance des arbres. L'hiver est rigoureux et de longue durée, le printemps est court, l'été est chaud et dénué de pluies. La période de végétation est par suite très courte, elle se borne au printemps, seule partie de l'année où il pleuve. Les différences de température sont excessives entre l'hiver et l'été; en janvier la moyenne peut être de — 10° et atteindre + 20° au moins en juillet.

Lorsque les pluies sont assez abondantes pour empêcher les efflorescences salines, les steppes se couvrent d'une riche végétation de Graminées, ce sont de vastes pâturages que parcourent de nombreux troupeaux. On voit ces steppes herbeux en Hongrie et dans la Russie méridionale. La *puszta* magyare est une vaste plaine de Graminées couverte de gazons entre lesquels apparaît çà et là le sol nu. Les broussailles et les arbres sont fort rares. Dans le centre de la Russie, les cours d'eau favo-

(1) Grisebach, *la Végétation du globe*, I, p. 164.

risent la végétation du steppe. Là on distingue une région dite *tchernozom* (terres noires), ainsi appelée à cause de la couleur du sol; elle couvre plus de 80 millions d'hectares. On y remplace la végétation herbeuse spontanée par les céréales; la culture transforme le pays en un vaste champ de blé. Au sud du tchernozom viennent des steppes sans cours d'eau, où les pluies sont peu abondantes, où rien n'empêche les efflorescences salines. Ces steppes salés sont nombreux au voisinage de la mer Caspienne et possèdent une végétation pauvre et toute spéciale. Les arbres y sont une rareté; dans les steppes kirghiz entre la mer d'Aral et le fleuve Oural on en cite à peine quelques-uns qui sont l'objet de la vénération des indigènes.

Les steppes se continuent à travers l'Asie septentrionale et le sud de la Sibérie avec les mêmes caractères généraux, sauf cependant dans une région comprise entre l'Obi à l'est, l'Irtich à l'ouest et l'Om au nord. Là s'étend le steppe de Baraba qui est un véritable parc où les herbes atteignent une grande hauteur et où sont répandus des massifs de Pins et surtout des bois de Bouleaux; d'après Middendorff le steppe de Baraba est un véritable « steppe de Bouleaux ».

Les plantes des steppes sont remarquables soit par les réserves d'eau qui leur permettent de braver la sécheresse et qui en font des plantes grasses, soit par leur revêtement pileux. Ce revêtement permet à la plante de contre-balancer l'action des rayons solaires et de retarder par là l'évaporation (1).

L'une des plantes les plus remarquables des steppes arabo-caspiens est une Chénopodée arborescente formant de véritables taillis. C'est le Saxaoul (*Haloxylon ammodendron*); le tronc atteint de 4 à 6 mètres de hauteur, les feuilles sont réduites à de petites écailles; d'autres Chénopodées où le feuillage est aussi presque supprimé, ce qui les fait ressembler à des faisceaux de fagots verdoyants, sont les *Anabasis* et *Brachylepis* et des Polygonées comme le *Pterococcus aphyllus*.

Il y a des buissons épineux de diverses sortes, tels sont : l'*Hulthemia* des steppes kirghiz, voisin des Roses, et diverses Légumineuses, comme le *Caraganum frutescens* des steppes de l'Asie centrale. Le genre *Astragalus* est très riche en espèces dans les steppes; on en compte environ 1 250 espèces.

Les Graminées sont nombreuses; il faut citer particulièrement le genre *Stipa*. Parmi les autres plantes, il y a la Rhubarbe (*Rheum*), des Ombellifères (*Ferula*), des Euphorbes (*E. agraria*), dont les tiges atteignent pendant la saison humide une taille considérable. Les Armoises (*Artemisia*) atteignent une grande taille, mais elles meurent dès l'été et fournissent dans les steppes russes un combustible appelé *Burian*. Il y a aussi beaucoup de plantes bulbeuses, qui se mettent à végéter dès le retour du printemps; telles sont les Tulipes, ainsi que plusieurs espèces de Lis et d'Iris.

Les steppes où le sol est imprégné de sel sont couverts d'espèces spéciales, qu'on peut qualifier d'*Halophytes* (plantes des terrains salés). Ce sont surtout des Chénopodées dont les tissus se remplissent de sève, et qui sont de vraies plantes grasses; elles forment le groupe des Salsolacées (de la Soude : *Salsola*). On en a signalé plus de 550 espèces. Certains Tamarix présentent les mêmes caractères.

Dans l'Amérique du Nord les steppes sont remplacés par les prairies. Celles-ci, comme les steppes, se trouvent dans des régions où l'hiver est rigoureux et où les précipitations atmosphériques sont peu abondantes. Il y a dans les deux cas un long hiver, un court printemps avec des pluies, puis un été très sec. La végétation ne dure que de mai à juillet. Les plantes des prairies sont remarquables par le grand nombre d'espèces remplies de sève, passant à l'état de plantes grasses. Telles sont les Cactées, surtout nombreuses dans les prairies méridionales; vers le nord elles décroissent et il reste seulement l'Opuntia (*O. missouriensis*). Dans les prairies méridionales de l'ouest, les Cactées prennent la forme singulière de candélabres : tel est le Cierge géant (*Cereus giganteus*) qui atteint jusqu'à 16 mètres de hauteur; il y a aussi des formes arrondies comme les genres *Mamillaria* et *Echinocactus*. Les prairies méridionales, jusqu'à 35° latitude N., présentent aussi comme plante grasse l'Agavé. Quant aux parties des prairies qui constituent de véritables déserts salés, il y a des Armoises (*Artemisia tridentata*) et des Chénopodées à feuillage charnu, comme le Pulpy-thorn (*Sarcobatus vermicularis*), buisson qui atteint 2m,50 de hauteur. Il y a aussi des arbustes épineux (*Mimosas*), des

(1) Grisebach, I, p. 627.

Fig. 731. — Mer d'Alfa en Algérie (page 620).

Liliacées arborescentes à feuilles piquantes (*Yucca*).

Les Graminées des prairies sont très nombreuses et fournissent des gazons très fournis, permettant l'élevage de grands troupeaux et jusqu'à ces derniers temps la vie assurée pour des Bisons innombrables, qui maintenant ont presque entièrement disparu. Les principales Graminées des prairies sont le *Boutelona* ou *Gramma-grass*, le *Sesleria dactyloïdes* (*Buffalo-grass*) et des Fétuques (*Bunch-grass*). Les Composées sont très riches, de même que les Onagrariées (*Œnothera*).

LA FLORE DES RÉGIONS MÉDITERRANÉENNES.

Les régions méditerranéennes, qui se trouvent au sud de la région des forêts boréales, sont remarquables par la richesse de leur flore contenant 7 000 plantes vasculaires dont 60 p. 100 lui sont propres, soit 4 200 espèces. Le fait caractéristique est la présence d'arbres à feuillage toujours vert, dont l'un des plus remarquables est l'Olivier. Cet arbre atteint en Italie l'altitude de 400 mètres, à l'Etna celle de 700, en Dalmatie 450, en Lycie 550, en Cilicie 600. Les Chênes verts sont aussi caractéristiques; on distingue le *Quercus ilex* et le *Quercus coccifera* habitant le domaine méditerranéen tout entier et un grand nombre d'autres espèces qui se trouvent en des régions particulières de ce domaine, tel est le Chêne-liège (*Quercus suber*).

Des arbustes méditerranéens sont le Laurier (*Laurus nobilis*), l'Oléandre (*Cistus laurifolius*), le Myrte (*Myrtus communis*). On doit y ajouter des Bruyères arborescentes (*Erica arborea*), souvent mélangées aux arbustes précédents; et le *Spartium* (*S. Junceum*) dont les branches longues et vertes ne portent que de très petites feuilles isolées; il appartient à la famille des Légumineuses. Parmi les arbustes épineux les plus importants sont les *Astragalus* de la section des *Tragacantha*.

D'autres arbres méditerranéens sont les Caroubiers (*Ceratonia*), le Frêne à la manne (*Fraxinus ornus*), l'Amandier (*Amygdalus communis*), le Grenadier (*Punica granatum*) et les Mûriers (*Morus alba* et *nigra*).

Les Conifères habitent non seulement les forêts des montagnes, mais aussi la zone littorale elle-même. Les espèces de Pin les plus importantes sont le Pin pignon (*Pinus pineai* (fig. 732) et le Pin d'Alep (*P. halepensis*).

Les Palmiers, arbres monocotylédones qui caractérisent les climats tropicaux, sont représentés par une seule espèce indigène, le Palmier nain (*Chamærops humilis*), très commun en Andalousie et dans le nord de l'Afrique; il ne se voit, à l'état spontané, ni dans le midi de la France ni en Corse. Quant au Dattier (*Phœnix dactylifera*), il a été apporté dans le domaine méditerranéen par la culture, car même sur les côtes d'Algérie et en Sicile, les fruits n'arrivent point à la maturité complète; la limite septentrionale de ce Palmier se trouve dans les Asturies, en Provence et sur la rivière de Gênes (1).

Fig. 732. — Pin pignon ou parasol (*Pinus pinea*).

Les plantes grasses sont représentées par des Cactus, très abondants en Espagne, où ils ont été transplantés d'Amérique. L'Agavé y est également venu d'Amérique. Quant à l'Aloès sa patrie véritable semble être les îles Canaries.

Parmi les Graminées, on doit signaler surtout le Sparte d'Espagne ou l'Alfa d'Algérie (*Stipa tenacissima*) qui abonde surtout sur les plateaux de l'Algérie.

Les forêts sont encore nombreuses en différents points du domaine méditerranéen malgré un déboisement poussé trop loin. Ainsi les Apennins, l'Atlas, les Balkans, le Taurus, le Caucase ont des régions forestières étendues. Mais ailleurs les forêts sont remplacées par des buissons épais, ayant la taille d'un homme. Ces buissons composés d'Arbousiers (*Arbutus*), arbustes de la famille des Bruyères, de Myrtes, de Cistes, etc., sont appelés en Corse *maquis*, *garrigues* dans le midi de le France, *montebaxo* en Espagne. Les parties découvertes occupées par des herbages et des broussailles sont appelées en Espagne *tomillares*, d'après les Labiées (Thym, Lavande, Germandrée, etc.), qui y répandent leur parfum. On les trouve à des altitudes de 400 à 1 200 mètres.

La partie orientale de l'Espagne, les plateaux du Maroc, de l'Algérie, de la Tunisie, de la Tripolitaine sont occupés par de véritables steppes comparables à ceux de la Russie méridionale et de l'Asie centrale. Il y a là des steppes herbeux où domine l'Alfa (fig. 731) (*Stipa* ou *Machochloa tenacissima*) recherchée pour la fabrication du papier, des Fétuques (*Festuca granatensis*), de l'Avoine (*Avena filifolia*), etc. Ces steppes sont établis sur un terrain rocheux; d'autres steppes à sous-sol argileux sont caractérisés par des Armoises (*Artemisia herba-alba*); enfin les steppes salés présentent toute la végétation habituelle de ces sortes de déserts, c'est-à-dire des plantes halophytes (Salsolacées et autres). On compte dans les steppes salés de l'Espagne 165 espèces endémiques, entre autres 27 Salsolacées (1). Il faut noter particulièrement parmi ces halophytes des *Salsola* grasses, dépourvues de feuilles, et un végétal ligneux (*Herniaria fruticosa*) qui reste couché et dont les rameaux ne s'élèvent guère que de deux centimètres au-dessus du sol.

Les régions méditerranéennes présentent un grand nombre d'espèces endémiques, c'est-à-dire à distribution restreinte; cela indique l'existence de plusieurs centres de végétations. Parmi les espèces endémiques le plus remarquable est un arbuste du Maroc, de la famille des Sapotées (*Argania sideroxylon*), dont les alliés les plus proches existent à Madère. Les Baléares constituent un centre particulier; le dixième des espèces y est absolument spécial, on y cite en particulier: *Genista lucida* et *Hypericum balearicum*.

Quand on considère les régions méditerranéennes au point de vue de l'altitude, on trouve

(1) Grisebach, *la Végétation du globe*, I, p. 437.

(1) Drude, *Pflanzengeographie*, p. 307.

Fig. 733. — Cèdres du Liban.

naturellement, comme dans les régions boréales, des différences dans la flore. Ainsi en Espagne, dans la Sierra Nevada, le Palmier nain (*Chamærops humilis*) caractérise une zone qui s'élève jusqu'à 650 mètres; de 650 mètres à 1 400 environ on trouve la zone des Cistes, et dans les deux zones on cultive l'Olivier et la Vigne. Puis commence la zone forestière qui s'élève jusqu'à 2 000 mètres; elle est caractérisée par le Pin sylvestre(*Pinus sylvestris*), l'If (*Taxus baccata*), le Frêne (*Fraxinus excelsior*), etc. A 2 000 mètres commence la région alpine, où jusqu'à 2 500 mètres il y a des buissons élevés de Genêts (*Genista aspalathoïdes*) remplaçant les Rhododendrons des Alpes, et des Genévriers (*Juniperus nana* et *J. sabina*). A 2 500 mètres les buissons élevés disparaissent; le sol est couvert de pâturages (*Borreguiles*) dont la flore rappelle celle des Alpes tout en gardant un caractère méditerranéen; elle ne prend pas un caractère arctique comme la flore alpine. Les espèces principales sont parmi les herbes l'*Agrostis nevadensis*, le *Nardus stricta;* il faut y ajouter la *Potentilla nevadensis*, l'*Artemisia granatensis*, le *Plantago nivalis* (1).

(1) Drude, p. 399.

En Algérie l'Olivier se cultive jusqu'à 1 200 mètres, le Chêne-liège se trouve de 200 à 800 mètres et exige une chute de pluie annuelle de 0^{m},50 à 1 mètre; le Palmier nain s'élève jusqu'à 1 200 mètres en Algérie, il demande une chute de pluie annuelle de 30 à 40 centimètres; plus haut on trouve le Pin d'Alep (*Pinus halepensis*) avec quelques autres Conifères : *Callitris quadrivalvis*, *Juniperus oxycedrus*, *J. phœnicea*. Un Chêne, le *Quercus ballota*, s'élève jusqu'à 1 600 mètres, et même dans le grand Atlas les Chênes (*Q. ilex*) forment la limite de la région des forêts entre 2 400 et 2 700 mètres. Les Cèdres (*Cedrus atlantica*, *C. Libani*) et certains Sapins (*Abies Pinsapo*, *A. cilicica*) remplacent dans les chaînes méridionales les Conifères des montagnes de l'Europe centrale. Les Cèdres se trouvent de 1 200 à 1 800 ou 1 900 mètres. On les trouve dans l'Atlas aussi bien que dans le Taurus, le Liban (fig. 733) et à Chypre; ils sont généralement accompagnés d'un Cyprès (*Cupressus horizontalis*), du Pin laricio et de Genévriers (*Juniperus fœtidissima*). Les Cèdres s'avancent à l'est jusque dans l'Himalaya occidental où existe le *Cedrus deodora* (1).

(1) Drude, p. 399.

LA FLORE DES ILES OCÉANIQUES.

Au domaine méditerranéen se rattache plus ou moins intimement la flore des îles de l'océan Atlantique, telles que les Açores, Madère, les Canaries, les îles du Cap-Vert.

Les Açores possèdent une flore que M. Webb a qualifiée de flore makaronésique. Leur climat rappelle celui de l'Andalousie, mais la température y est encore plus uniforme ; le mois le plus froid correspond au mois de mai à Berlin. Les arbustes toujours verts de la région méditerranéenne y dominent et atteignent une altitude bien plus élevée qu'en Europe ; on les trouve jusqu'au sommet des montagnes. Ils y forment des maquis où dominent le Genévrier (*Juniperus brevifolia*), des Bruyères (*Erica azorica* et *Calluna vulgaris* d'Europe), des Airelles (*Vaccinium*), la Daphné d'Europe (*Daphne laureola*) et un arbuste d'origine africaine (*Myrsine africana*) qui, d'après Grisebach, n'a pu être répandu que par les Oiseaux friands de ses baies. Ces maquis se trouvent depuis 812 mètres d'altitude jusqu'à 1 462 mètres. Les forêts de Lauriers montent depuis 487 mètres jusqu'à 812 mètres. Elles sont formées surtout par trois arbres, qui existent aussi à Madère : le Laurier des Canaries (*Laurus canariensis*), une Oléinée (*Picconia excelsa*), le Fayal (*Myrica Faya*). A cause de la grande humidité, les Fougères sont très abondantes, et dans les forêts de Lauriers on retrouve des espèces européennes comme l'Osmonde royale (*Osmunda regalis*) et la Fougère-Aigle (*Pteris aquilina*). Il y a relativement peu d'espèces endémiques, 40 sur 300 espèces de plantes vasculaires. La plupart appartiennent à la famille des Composées (*Seubertia, Microseris*) et aux Cypéracées (6 espèces de Carex). La plus remarquable des espèces endémiques est une Campanule (*Campanula Vidalii*) qui n'existe que sur un seul rocher, non loin de la côte orientale de Florès.

A Madère le climat est plus chaud et moins humide qu'aux Açores. On y cultive des plantes tropicales comme la Canne à sucre. Les Lauriers y atteignent l'altitude de 1 300 mètres ; les Fougères sont très nombreuses. La Bruyère du sud de l'Europe (*Erica arborea*) devient un véritable arbre, dont le tronc peut s'élever jusqu'à 13 mètres. C'est elle qui avec une Airelle (*Vaccinium maderense*) constitue la masse principale des maquis. Ces derniers se rencontrent encore à l'altitude de 1 900 mètres. On doit signaler à Madère une Sapotée du Maroc (*Argania sideroxylon*). Un genre tropical, le Dragonnier (*Dracœna draco*) existe aussi à Madère. Quelques genres sont endémiques, tels que le *Chamæmelis*, Rosacée voisine du *Cotoneaster*, une Campanulacée (*Musshia*) et deux Ombellifères ligneuses (*Melanoselinum* et *Monizia*) (1). En résumé, la plupart des espèces de Madère se rattachent directement à la flore des régions méditerranéennes. Cependant deux Ericinées, la *Clethra arborea* et le *Vaccinium maderense*, rappellent les formes végétales de l'Amérique septentrionale.

Les îles Canaries diffèrent des îles précédentes en ce que les types végétaux du domaine méditerranéen ne se montrent qu'à une certaine hauteur, tandis que dans les parties basses dominent les types africains des tropiques. Jusqu'à 500 mètres on trouve des Dattiers (*Phœnix Jubæ* ou *Ph. canariensis*), des Tamarix (*T. canariensis*), des plantes grasses de la famille des Euphorbiacées, voisines de celles du Soudan (*Euphorbia canariensis*), une Composée grasse dont le genre se trouve au Cap (*Kleinia neriifolia*). Le Dragonnier (*Dracœna draco*) est un des arbres caractéristiques des Canaries. De Humboldt a décrit le dragonnier d'Orotava dans l'île de Ténériffe, dont le tronc mesurait 14 mètres de circonférence et portait à 20 mètres de hauteur sa couronne de branches ramifiées ; cet arbre célèbre a été depuis renversé par un coup de vent.

Les forêts de Lauriers ont la même constitution que celles de Madère. Le *Laurus canariensis* domine. Viennent ensuite les maquis composés de Bruyères arborescentes, de Cistes (*C. monspeliensis*) et d'arbustes voisins des Genêts, parmi lesquels le Retama blanc (*Spartocytisus nubigenus*) s'élève jusqu'à 2 826 mètres. Cet arbuste, presque dépourvu de feuilles, s'élève ainsi dans la région des nuages, soumis pendant le jour à une chaleur intense et pendant la nuit à une température basse. Entre la zone des maquis et celle où domine le Retama blanc s'étend une zone comprise entre 1 300 et 1 900 mètres environ, où dominent les

(1) Grisebach, II, p. 760.

Fig. 734. — Baobab (page 628).

forêts de Conifères. Le Pin des Canaries (*Pinus canariensis*) a des aiguilles qui ont presque un pied de long ; il se ramifie dès sa base. Le sommet des montagnes des Canaries est dénué de toute végétation, sans doute à cause du manque de terre végétale sur les roches volcaniques.

Enfin les îles du Cap-Vert se rattachent par leur flore à la fois aux îles Canaries et aux régions tropicales de l'Afrique. Le caractère africain est ici prépondérant.

Jusqu'à 450 mètres règne la végétation tropicale des plantes voisines de l'Afrique; les Tamarix jouent un rôle fort important. Jusqu'à 900 mètres règnent les Composées, puis de 900 à 1 400 mètres les Labiées, qui présentent de grands rapports avec celles des Canaries. Les côtes rocheuses sont couvertes de Crassulacées (*Aichryson*) de Crucifères arborescentes (*Sinapidendron*) et d'Euphorbes (*Euphorbia Tuckeyana*) (1).

LA FLORE DU SAHARA ET DE L'ARABIE.

Au sud du domaine méditerranéen se trouve une autre région comprenant les grands déserts du nord de l'Afrique et de l'Arabie. Cette région est caractérisée par la faible humidité de l'atmosphère; elle est parcourue en effet par la ligne de plus grande sécheresse correspondant à une somme de précipitations atmosphériques inférieure à 20 centimètres. Il résulte de l'absence de vapeur d'eau des variations considérables dans la température; pendant le jour, sous ce ciel pur, la chaleur est excessive, tandis que pendant la nuit, pour la même raison, le rayonnement calorifique du sable ne rencontre pas d'obstacles et la température s'abaisse d'une manière notable. C'est ainsi que M. Duveyrier a pu observer dans le Sahara un écart de 72 degrés entre la température la plus basse de la nuit (—4° 7) et la température la plus élevée (67° 7) du jour. D'autre part le Sahara se distingue encore de la zone africaine tropicale qui lui fait suite par la valeur des moyennes de température. Pendant quatre mois la moyenne est inférieure à 20°; les isothermes de janvier sont entre celles de 10° au nord et 29° à 22° au sud; celles de juillet sont comprises entre 28° et 36°. La contrée que nous examinons est donc bien particulière.

Nous avons déjà eu l'occasion de dire (1) que le Sahara n'est pas comme on le suppose souvent une simple mer de sable très étendue, mais que l'on peut au contraire y distinguer plusieurs régions ayant des caractères spéciaux. Les *Serir* sont des plaines rocailleuses couvertes de cailloux, les *Hammada* sont des plateaux élevés de même nature, les *Areg* sont de vastes étendues de sables et de dunes, enfin il faut distinguer aussi des déserts salés. Tous ces terrains ont une pauvre végétation ; les plantes ne sont relativement nombreuses que dans les vallées desséchées appelées *oueds* ou *wadis* dont les parois leur offrent un abri contre le vent, et surtout dans les *oasis*. On appelle ainsi certaines régions du désert pourvues de sources.

Les Hammada occupent la plus grande partie du Sahara ; ce sont des plateaux désolés où l'on voit quelques buissons isolés d'Acacias et de Tamarix, et surtout des Armoises et des Graminées. Parmi les arbustes il faut citer aussi le Retama, le *Calligonum*, et une Gymnosperme, l'*Ephedra*, qui rampe sur le sol.

Les Graminées sont surtout abondantes dans l'Areg. Une espèce appelée le Drin (*Aristida pungens*) atteignant près de 2 mètres, est le principal fourrage des Chameaux avec le *Calligonum comosum* (Polygonées). Dans les Oueds, se développe après les pluies une végétation verdoyante où dominent avec les Tamarix, les Acacias et les Graminées, le Retama (Genêt), le Pistachier et une Cucurbitacée rampant sur le sol, la Coloquinte (*Citrullus colocynthis*).

Dans les oasis dominent les Dattiers (*Phœnix dactylifera*) dont la limite sud coïncide avec la limite méridionale du Sahara. D'après Grisebach, le Dattier aurait dans le Sahara sa véritable patrie, mais si l'on songe que dans la flore tertiaire du sud de l'Europe existait ce Palmier, on sera peu disposé à admettre cette opinion; quoi qu'il en soit, le Dattier a trouvé dans le désert son lieu de conservation (2). Il est accompagné d'un Palmier nain, l'*Hyphæne argun*, commun surtout dans les oueds nubiens entre la mer Rouge et le Nil. On trouve également, à l'état sporadique, un Peuplier (*Populus euphratica*).

(1) Drude, p. 469.

(1) Page 98.

(2) Drude, p. 456.

Fig. 735. — Vaquois (*Pandanus utilis*), d'après une photographie de M. Charnay (page 628).

Les parties du Sahara où le sol est salé, présentent comme végétation des plantes halophytes correspondant à celles des steppes de la Russie et de l'Espagne; ce sont des Salsolées et des Zygophyllées. Un certain nombre de ces halophytes sont grasses et aphylles (*Halocnemum*, *Arthrocnemum*).

Un fait très remarquable d'adaptation est la propriété que montrent beaucoup de plantes du désert, de pouvoir résister très longtemps à la dessiccation et de revenir à la vie quand elles sont humectées. Les Graminées ne sont pas seules dans ce cas; il est des plantes qui détachées du sol par le vent, ballottées pendant longtemps, peuvent encore végéter quand elles reçoivent de l'eau. Une Crucifère annuelle, la Rose de Jéricho (*Anastatica hierochuntica*), se dessèche aussi à la maturité sous forme d'un corps globuleux qui est emporté par le vent. Au contact de l'humidité, la plante étale de nouveau ses organes, sans toutefois verdir et croître, mais les fruits qui étaient restés fermés, s'ouvrent et les graines se mettent à germer sur le sol humide.

On donne aussi le nom de Rose de Jéricho à une autre plante de la famille des Composées : l'*Asteriscus pygmæus*, répandue de l'Algérie jusqu'en Palestine, au Sinaï et en Arabie. Lorsqu'elle est desséchée, sa rosette de feuilles est hermétiquement fermée et elle s'étale presque instantanément en forme d'étoile quand on l'humecte. Pour le Lichen manne (*Leca-*

nora esculenta) la régénération est complète. Il est emporté par le vent sous forme de petites boules de la grosseur d'une noisette; il retombe plus loin en véritable pluie et se remet à végéter sous l'action de l'humidité.

On peut diviser la zone des déserts de l'ancien monde en trois régions, qui sont de l'ouest à l'est :

1° Le Sahara occidental s'étendant jusqu'au 15° de longitude est, et comprenant 5 à 600 espèces de plantes;

2° Le Sahara oriental se prolongeant jusqu'aux montagnes cotières de la mer Rouge; ses 6 à 700 espèces ont une grande analogie avec les précédentes;

3° L'Arabie intérieure jusqu'à la limite de la zone tropicale sur les côtes méridionales de l'Arabie.

Ces trois régions ont une physionomie analogue; elles possèdent beaucoup d'espèces communes, bien que des différences apparaissent quand on compare, par exemple, le Sahara algérien avec le désert de Libye ou avec les côtes égyptiennes de la mer Rouge. D'après Cosson, un tiers au moins des espèces du Sahara algérien sont endémiques.

Les familles les plus riches en espèces sont les Composées, les Graminées, les Crucifères et les Légumineuses; il en est ainsi pour les trois régions considérées.

LA FLORE ORIENTALE.

Avant de considérer les flores tropicales, nous examinerons celle de la partie orientale de la Chine et du Japon, qui se rapproche à la fois de la flore méditerranéenne et de la flore tropicale.

La région chino-japonaise est caractérisée par l'existence de précipitations atmosphériques abondantes et régulières, dues aux moussons. La succession des saisons est aussi régulière que sous les tropiques; à un printemps chaud succède une longue période de pluie qui profite au Riz, la céréale par excellence de l'Asie orientale (1). En Chine et au Japon, il tombe au moins trois fois plus d'eau que dans l'Europe occidentale.

La végétation est variée. On trouve de nombreuses Conifères, ainsi un Pin assez semblable au Pin sylvestre d'Europe (*Pinus chinensis*), le Pin à écorce blanche (*Pinus bungeana*) qui se ramifie à partir du sol, le Gingko et le *Podocarpus*, dont les feuilles sont larges, ce qui est exceptionnel chez les Conifères.

Comme arbres toujours verts, il faut citer les Lauriers qui rapprochent la flore chino-japonaise de la flore méditerranéenne, le Camphrier (*Cinnamonum camphora*) et toute la série des Camélias, dont le plus important est l'arbre à Thé (*Camellia thea* ou *Thea chinensis*). Cet arbrisseau est cultivé en Chine jusqu'au 32° de latitude et au Japon presque jusqu'au 40°. Beaucoup d'arbres à feuillage caduc, rappellent ceux de l'Europe occidentale et méditerranéenne, tels sont les Hêtres japonais (*Fagus Sieboldi*), le Châtaignier (*Castanea japonica*), des Sycomores, des Érables, etc. En somme la flore chino-japonaise est caractérisée par le grand développement des végétaux ligneux.

On rencontre un certain nombre de formes tropicales, ainsi des Palmiers comme le Palmier du Japon (*Chamærops excelsa*) et des Graminées ligneuses, les Bambous, qui s'étendent jusque dans les Kouriles (46°). Le mélange de formes tropicales et de types des climats tempérés se manifeste aussi pour les cultures; on voit l'Indigo et la Canne à sucre à côté du Froment et du Riz; le Mûrier à côté de l'Oranger et de l'arbre à Thé.

LA FLORE CALIFORNIENNE.

La flore de la contrée littorale californienne rappelle d'une manière singulière celle des régions méditerranéennes et la flore orientale. Il y a une alternance régulière entre une saison humide et une saison sans pluie, l'hiver est court et doux. Ces conditions ont développé une riche végétation.

Il y a dans les forêts de la Californie, presque autant de Conifères que dans celles du Japon (environ 28 espèces), deux genres : *Chamæcyparissus* et *Torreya*, sont communs aux deux pays. Il y a, en outre, un genre endémique en Californie, le genre *Sequoia* ou *Wellingtonia*. Le *Sequoia gigantea*, le plus grand Conifère connu, peut dépasser plus de 100 mètres. Les plus beaux échantillons de cette es-

(1) Grisebach, I, p. 706.

pèce existent sur les pentes occidentales de la Sierra Nevada, entre le 36° et le 38°,30′ de latitude. Il y en avait là environ neuf bouquets de plusieurs centaines d'individus, mais ils sont voués à une destruction rapide; déjà on en a abattu beaucoup qui avaient 120 à 130 mètres de hauteur et plus de 30 mètres de circonférence. A côté de cet arbre « Mammouth, » il faut signaler une autre espèce à bois rouge (*Sequoia sempervirens*) qui s'élève à 60 ou 100 mètres.

Il y a beaucoup d'arbres angiospermes à feuillage toujours vert, comme des Lauriers (*Tetranthera californica*), des Chênes comme *Quercus agrifolia* et *Q. densifolia*, un arbre voisin des Châtaigniers (*Castanopsis chrysophylla*), des Tilleuls, des Frênes, etc. On doit noter aussi des Arbousiers de haute taille, comme l'*Arbutus Menziesii*.

Il y a des rapports certains entre la flore chino-japonaise et la flore californienne. On a pu signaler plus de vingt espèces communes, ce qui peut s'expliquer à la fois par des migrations s'étendant à travers la chaîne des Kouriles et des Aléoutiennes jusqu'au nord de l'Amérique, ou par l'influence des courants marins. Un courant qui longe les côtes du Japon, atteint en effet le continent américain au voisinage de Vancouver. On doit remarquer aussi que certaines espèces du Japon se retrouvent dans l'est de l'Amérique jusqu'au Canada.

Les contrées californiennes peuvent se diviser en plusieurs zones suivant l'altitude. La région littorale est occupée par des maquis où les Cactus s'associent aux arbustes; il y a là, en outre, en alternance avec les maquis, des prairies couvertes de Trèfles et de Graminées, qui nourrissent de nombreux troupeaux. Cette zone s'étend jusqu'à 900 mètres. Au-dessus se trouve la zone forestière qui, de 900 mètres à 1500 présente surtout des Chênes, mais de 1500 à 2100 mètres prédominent les Pins et autres Conifères; c'est la zone des *Sequoia*. La flore alpine de la Sierra Nevada comprend des éléments arctiques, comme *Saxifraga nivalis*, *cæspitosa*, *oppositifolia*, et des espèces endémiques des genres *Cymopterus*, *Eriogonum*, *Ivesia*. Sur le Shasta toujours couvert de neige, c'est le Pin tordu (*Pin flexilis*), qui est le dernier végétal vivant à l'altitude de 2700 mètres.

LA FLORE PALÉOTROPICALE.

La zone paléotropicale, c'est-à-dire de l'ancien continent, comprend l'Afrique au sud du Sahara jusque vers le 30° de latitude sud, les îles Mascareignes et Madagascar, le sud de l'Arabie, les Indes et les îles de la Sonde ainsi que le nord de l'Australie et de la Nouvelle-Zélande.

Nous y distinguerons les domaines suivants: un premier formé de l'Afrique tropicale et du sud de l'Arabie, un second formé des îles de l'Afrique orientale, un troisième composé des Indes et des îles de la Sonde, enfin une contrée mélanésienne comprenant la Nouvelle-Guinée, la plupart des îles du Pacifique, le nord de l'Australie et de la Nouvelle-Zélande.

Dans l'Afrique tropicale le climat est caractérisé par l'alternance régulière des pluies et de la sécheresse. Ces premières peuvent, suivant les latitudes, durer de quatre à sept ou huit mois. Sous les latitudes les plus hautes il y a une seule période pluviale de deux ou trois mois, tandis que dans la région équatoriale il y en a deux, qui souvent ne sont que peu séparées l'une de l'autre. Ainsi au Sénégal il pleut de juin à octobre, à Zanzibar dans la zone équatoriale (6° latitude sud) il pleut d'octobre à décembre et de mars à mai, à Natal (25° à 30° latitude sud) d'octobre à mars. Quant à la température, on peut dire que la moyenne du mois le plus froid (janvier) n'est jamais inférieure à 20°, et autour d'un ovale de 15 degrés de latitude en diamètre, dirigé perpendiculairement à l'équateur, les isothermes de janvier sont supérieures à 30°.

On peut reconnaître dans la région tropicale africaine deux grandes formations végétales, les forêts et les savanes. Les premières (en arabe : *ghabra*) exigent un climat plus humide. Les secondes sont des plaines couvertes de Graminées principalement, mais où il y a aussi des arbres isolés ou en bouquets.

Drude, dans son Atlas et sa Géographie botanique, distingue dans l'Afrique tropicale les régions suivantes :

1° Une région des steppes herbeux couvrant le Kordofan et qui occupe la partie nord de l'Afrique tropicale.

Là on peut encore trouver le Dattier (*Phœnix dactylifera*); deux Palmiers surtout y sont communs. Le premier appelé Doum (*Hyphæne thebaica*) est un Palmier éventail qui se bifurque à l'extrémité du tronc, il est commun dans la région égyptienne et s'étend vers l'ouest jusqu'au lac Tschad et à Tombouctou. Le second type, le Deleb (*Borassus flabelliformis*) a également un feuillage en éventail; il habite la majeure partie du Soudan et paraît identique à une espèce de l'Inde.

2° Les savanes du Soudan, où croît l'arbre remarquable appelé Baobab (*Adansonia digitata*) (fig. 734). Cet arbre, de la famille des Bombacées, atteint une trentaine de mètres de hauteur, mais son diamètre est de 6 à 8 mètres. Le tronc se divise en branches énormes qui ne portent leurs feuilles palmées qu'à leurs dernières ramifications, aussi la lumière passe-t-elle librement et un voyageur, Werne, a-t-il qualifié le Baobab de ruine dépourvue d'ombre (1). Cet arbre s'étend depuis le 17° de latitude nord jusqu'au 18° de latitude sud sur la côte occidentale, jusqu'au 24° de latitude sud sur la côte orientale.

3° La région des forêts de la Guinée et du Congo où dominent le Palmier à huile (*Elaeis guineensis*), le Palmier à vin (*Raphia vinifera*) et un grand nombre d'espèces grimpantes, ayant le port de lianes, tels sont l'*Oncocalamus* qui atteint 20 mètres de haut, l'*Ancistrophyllum* et l'*Eremospatha*. Citons aussi de grands arbres du genre *Pandanus* (*P. candelabrum*) et le Kola (*Sterculia acuminata*), de la famille des Malvacées. Les Pandanus ou Vaquois (fig. 735) appartiennent à une petite famille de Monocotylédones (Pandanées) voisine des Palmiers. Leur tronc se divise en trois branches égales, qui se bifurquent elles-mêmes, les feuilles sont longues et charnues. Le Kola est recherché pour son fruit, que mâchent les nègres pour se donner de la force et résister à la fatigue.

4° La région des forêts du haut Nil et des grands lacs où il faut citer parmi les plantes aquatiques le Papyrus (*Cyperus papyrus*) et l'Ambak ou arbuste à liège (*Herminiera elaphroxylon*); le Papyrus existe d'ailleurs aussi dans la région du Niger et il est commun au Congo.

5° La région des forêts de la côte orientale, s'étendant de l'équateur au tropique du Capricorne. Elle est caractérisée par le *Sideroxylon brevipes* (Sapotées), le *Flacourtia Ramontchii*, arbre voisin du Cannellier, et quelques autres espèces.

6° La région méridionale des savanes comprenant le Zambèze et le sud du Congo. Là réapparaît comme dans les savanes du nord, l'*Adansonia digitata*.

7° Le Kalahari, désert que l'on compare souvent au Sahara. Il s'étend au-dessous de la région des savanes entre le 20° et le 30° de latitude sud. Il diffère du Sahara par des pluies plus fortes, qui ont lieu en été, comme dans le Soudan; le développement de végétaux se fait donc dans la saison estivale au lieu de se faire en hiver comme dans le Sahara. La végétation est d'ailleurs beaucoup plus abondante; il y a des buissons sur les plateaux; il y a aussi des savanes couvertes de Graminées; ce qui rend le Kalahari inhabitable, c'est le défaut de nappes d'eau persistantes. Un végétal spécial au Kalahari c'est le *Welwitschia mirabilis* qui appartient à la famille des Gnétacées, comme l'*Ephedra* du Sahara. Il ne s'élève que fort peu audessus du sol et ne présente que deux feuilles vertes, persistantes, qui s'étalent sur le sol et finissent par acquérir une dimension énorme. Les Acacias sont bien représentés, ils sont munis de fortes épines. On doit citer notamment l'*Acacia horrida* dont les épines atteignent 5 à 8 centimètres et l'*A. Girafæ*, arbre de 6 à 12 mètres, dont le feuillage est recherché de la Girafe.

8° La région des plateaux de l'Abyssinie appelée Dega, qui empiète sur la haute chaîne de l'équateur et sur le sud-ouest de l'Arabie. Elle comprend les pays dont l'altitude atteint de 2000 à 3 000 mètres.

Les forêts n'y existent pas, et les herbes elles-mêmes y sont rares aux altitudes élevées. Plus bas au contraire les arbustes sont variés; tels sont le Genévrier (*Juniperus procera*), la Bruyère arborescente (*Erica arborea*), des Oliviers (*Olea chrysophylla* et *O. laurifolia*), le Caféier (*Coffea arabica*) qui paraît avoir là son lieu d'origine; comme type spécial il faut citer le Kousso, arbre de la famille des Rosacées qui se trouve jusqu'à une altitude de 3 500 mètres; cet arbre, le *Brayera anthelmintica* des botanistes, fournit des fleurs roses employées en infusion contre le ver solitaire. Une autre plante qui se trouve jusqu'à 4 000 mètres est une Lobéliacée appelée Gibarra (*Rhynchopetalum montanum*).

9° La région des hautes montagnes s'élève au-dessus de la précédente. On peut l'étudier aussi en Abyssinie, et aux Camerouns, à Fernando-Pô, au Kilimandscharo. Il y a peu de types spéciaux, la plupart sont alliés à ceux des montagnes de la région méditerranéenne

(1) Grisebach, II, p. 186.

Fig. 700. — Ravenala, Arbre des Voyageurs (page 630).

Jusqu'à 2150 mètres dans les Camerouns se trouvent d'épaisses forêts, puis jusqu'à 2 700 mètres leur succèdent des surfaces gazonnées avec buissons d'*Hypericum*, d'*Adenocarpus*, de *Myrica*, d'*Ericinella*. La région alpine va de 2 750 à 4000 mètres; les arbrisseaux disparaissent et les plantes caractéristiques sont *Bartsia abyssinica* et *Blaeria spicata*. Sur 250 Phanérogames qui se montrent au-dessus de 1 500 mètres dans les montagnes de Biafra, 40 se rencontrent dans l'Himalaya et la plupart en Europe, telles sont : *Sanicula europæa*, *Succisa pratensis*, *Luzula campestris*. D'après Meyer au Kilimandscharo, jusqu'à 200 mètres on trouve encore des buissons épais de hauteur double de celle de l'homme ; à 4 000 mètres il y a encore des gazons avec des buissons isolés; à 4 500 mètres les buissons disparaissent, les gazons persistant avec un Seneçon (*Senecio Johnstoni*), enfin au-dessus de 4500 mètres ne croissent plus que des Mousses et des Lichens (1).

10° Le sud de l'Arabie présente un mélange de formes spéciales et de formes de l'Abyssinie et de la côte orientale d'Afrique. Des deux côtés du détroit d'Aden on trouve un arbuste de la famille des Célastrinées, le Cât (*Celastrus* ou *Catha edulis*) dont les bourgeons ont une action excitante sur le système nerveux. Le Caféier est également cultivé dans l'Yémen; les Acacias sont abondants; de plus dans les montagnes on voit des taillis de Genévrier comme en Abyssinie. Parmi les espèces endémiques de l'Arabie tropicale, qui atteignent la proportion de 20 p. 100, il faut citer particulièrement les Baumiers (*Balsamodendron*), qui s'élèvent sur les montagnes jusqu'à 1500 mètres. On doit signaler aussi une Apocynée, l'*Ademium obesum*, dont le tronc charnu présente un renflement globulaire.

Enfin il y a des *Dracæna* et des Aloès. L'île de Socotora se rattache par sa flore à l'Arabie tropicale.

11° Le pays des Somalis, sur la côte d'Afrique, forme une région particulière caractérisée par de nombreuses plantes grasses : Aloès, Euphorbes arborescentes comme l'*Euphorbia candelabrum* qui atteint une hauteur de 9 mètres. Il y a de nombreux Acacias, tels que l'*Acacia etbaica*, et l'*Acacia abyssinica*, qui fournit beaucoup de gomme; on y retrouve les arbres à encens et à myrrhe du sud de l'Arabie : le *Balsamodendron*, le *Boswellia* qui croît jusque sur les rochers nus. A une altitude de 2000 mètres poussent encore les *Dracæna* et un arbre du genre du Buis (*Buxus Hildbrandtii*).

Les îles de la côte d'Afrique présentent une flore remarquable. L'île de l'Ascension est revêtue d'un tapis de Fougères herbacées; les végétaux ligneux font défaut. Comme espèces endémiques il faut citer une Rubiacée (*Hedyotis Ascensionis*) et une Euphorbe (*Euphorbia origanoïdes*).

L'île de Sainte-Hélène a une flore endémique intéressante, qui depuis le commencement du siècle a été refoulée par l'introduction d'espèces étrangères, entre autres par celle du Pin sylvestre. Il y a environ 50 Phanérogames et 26 Fougères appartenant à des espèces spéciales. Ces espèces sont pour la plupart des arbustes toujours verts. Une Fougère arborescente, la *Dicksonia arborescens*, de 6 mètres de hauteur, habitait au commencement du siècle les sommets les plus élevés. Quelques espèces rappellent celles du Cap, ainsi une Rhamnée (*Phylica*) et une Campanulacée (*Wahlenbergia linifolia*), qui habite aussi l'Ascension.

Une autre Phylica (*Ph. arborea*) donne à la flore de l'île Tristan d'Acunha un caractère sud-africain; il y a en outre des Roseaux (*Spartina arundinacea*) formant un gazon à hauteur d'homme; ces roseaux existent également dans les îles Saint-Paul et Amsterdam, et dans cette dernière île se retrouve la *Phylica arborea*.

Les îles de la côte orientale d'Afrique, Madagascar, les Mascareignes et les Seychelles, ont une flore qui par ses caractères généraux est africaine, mais qui cependant se rapproche de celle des Indes. En outre chacune de ces îles présente une physionomie propre.

A Madagascar il y a à distinguer trois facies, l'un qui répond aux forêts tropicales, un autre représenté par les savanes de l'intérieur, enfin un troisième répondant aux buissons épineux du sud de l'île. Les forêts du littoral présentent des Acacias rappelant le Soudan, des Pandanées (*Pandanus obeliscus*) de 18 mètres de hauteur, des Palmiers, comme le *Raphia Ruffia* à feuilles très longues, rappelant les types de l'Afrique orientale. Un arbre singulier de la famille des Musacées et le *Ravenala* ou Arbre des Voyageurs (fig. 736), ainsi appelé parce que les pétioles des feuilles sont creusés d'une cavité qui retient l'eau. Citons encore des Bambous, une Orchidée ayant des fleurs énormes, l'*Angrecum sesquipetale*, et parmi les plantes aquatiques, l'Ouvirandra, dont les feuilles sont réduites à un réseau de nervures délicat comme une dentelle. Les Fougères sont extrêmement nombreuses et contribuent à donner à la flore des forêts un caractère indien. Enfin, comme dans les Indes, à Ceylan et dans les îles de la Sonde, on trouve une curieuse plante, le *Nepenthes* (fig. 737). Les feuilles sont terminées par un filament portant une urne munie d'un couvercle, dans cette urne se forme un liquide ayant un pouvoir dissolvant énergique pour les matières azotées, il dissout ainsi les Insectes qui entrent dans l'urne. On regarda donc le Nepenthès comme une plante carnivore, analogue aux Dionées et aux Droseras, mais l'urne est peut-être cependant un simple appareil de réserve pour l'eau, protégeant la plante contre une évaporation trop rapide. — Les savanes de Madagascar présentent des espèces se rapprochant de celles de

(1) Drude, p. 468.

Fig. 737. — *Nepenthes masteriana*, originaire des Indes orientales, d'après un spécimen du Jardin des Plantes.

l'Afrique orientale et surtout de celles du Cap, tels sont les Bruyères du genre *Philippia;* quelques espèces des montagnes se retrouvent en Abyssinie. Le genre *Kitchingia* (Crassulacées) est endémique ; il en est de même de la petite famille des Chlénacées voisine, d'après Grisebach de celle des Tiliacées.

Les îles Mascareignes sont Maurice et la Réunion. La végétation et le climat sont tropicaux. Il y a quelques espèces très voisines de celles de Madagascar, ainsi des *Philippia* et des *Pandanus*. D'autres formes appartiennent au Cap, ainsi une Composée (*Scriphium passerinoïdes*). D'autres, comme un Acacia (*A. heterophylla*) rappellent les îles Sandwich ; les Palmiers ont un caractère africain (*Latania*) ou indien (*Areca*). Les forêts de la Réunion, composées comme on vient de le dire, s'élèvent jusqu'à 1 300 mètres d'altitude, elles se terminent par une ceinture de Bambous (*Nastus borbonicus*) qui peuvent atteindre 16 mètres de hauteur. Plus haut, jusqu'à 2 000 mètres, se trouve la zone des maquis. A la Réunion il y a 240 espèces de Fougères. L'île Maurice présente une flore presque semblable, mais possède cependant des espèces spéciales, entre autres des *Phylica* (*Ph. mauritiania*) et des *Philippia*, éléments sud-africains.

Les Seychelles ont des espèces endémiques, il y en a 60 et l'on cite 6 genres spéciaux dont 3 de Palmiers. Le plus remarquable est le Cocotier des Seychelles (*Lodoicea Seychellarum*) dont on tire de l'huile. Ses fruits, transportés par les courants, n'ont pas servi cependant à la propagation de l'espèce, qui a presque disparu ; il n'en reste que quelques centaines d'arbres à Praslie et un certain nombre d'individus dans l'île Curieuse (1). Trois espèces de *Pandanus* sont endémiques. Les hauts sommets sont couverts de forêts d'une Dilleniacée endémique (*Wormia ferruginea*).

Le domaine tropical indien comprend l'Hindoustan, l'Indo-Chine, les îles de la Sonde, les Philippines. Il est séparé du domaine mélanésien par le détroit de Macassar entre Bornéo et Célèbes et le détroit qui sépare Bali de Lombock; nous verrons que cette ligne de démarcation joue aussi un rôle très important au point de vue de la répartition des espèces animales. Ce domaine présente de grands rapports avec l'Afrique tropicale, rapports qui sont naturellement plus grands dans la région hindoue que dans la région malaise ; mais à l'ouest de la ligne Macassar-Lombock on trouve des types caractéristiques africains, le *Borassus flabelliformis* et d'autres Palmiers, qui s'étendent jusqu'à Formose ; à l'est de la même ligne, tous ces types disparaissent.

Dans ces régions règnent les moussons, il en résulte des périodes régulières de précipitations atmosphériques et de sécheresse ; d'ailleurs les circonstances locales apportent beaucoup de variété dans le climat. La température de janvier dans le nord du domaine indien est de 12°, dans le sud et en Birmanie elle est de 25°. En juillet la moyenne la plus basse est de 25° ; pendant ce mois les pluies ont leur intensité maxima sur les côtes occidentales de l'Hindoustan et de l'Indo-Chine, le ciel est couvert de nuages et le soleil ne brille que rarement. La moyenne de juillet la plus élevée (30°), se trouve dans le nord-ouest des Indes, dans le Sindh, où les pluies de l'été sont irrégulières, peu abondantes et où le soleil est rarement voilé par les nuages. Les variations dans le régime des pluies entraînent des modifications dans la végétation. Les contrées sèches sont couvertes de savanes à Graminées où les forêts sont disséminées ; les contrées riches en pluies sont couvertes d'une masse serrée d'arbres et d'autres végétaux ligneux, tels que les Bambous ; ces forêts luxuriantes sont appelées les *jungles ;* leurs fourrés épais sont habités par le Tigre ; les herbes peuvent y devenir assez hautes pour cacher un Éléphant (2).

(1) Grisebach, II, p. 785.
(2) Grisebach, II, p. 48.

Les Palmiers sont les types les plus remarquables de la zone tropicale asiatique. Il y en a près de 300 espèces. Le Palmier appelé *Corypha umbraculifera* atteint 22 mètres de hauteur. Le *Borassus flabelliformis* ou Palmier Deleb de l'Afrique tropicale est très répandu ; il en est de même du Cocotier (*Cocos nucifera*), mais ce Palmier est originaire de l'Amérique et a été apporté dans l'Inde des îles du Pacifique. Le Palmier à bétel (*Areca catechu*), cultivé dans l'Inde, paraît provenir de la région malaise ; dans les marécages de la côte pousse le Palmier Nipa (*Nipa fruticans*). Aux arbres des jungles s'appuient les Palmiers-lianes ou Rotangs (*Calamus-Rotang*). Aux Palmiers se rattachent les *Pandanus* dont nous avons parlé déjà ; ils caractérisent surtout les régions littorales.

Les Bambous ont généralement de 3 à 16 mètres de hauteur, ils peuvent atteindre 32 mètres, et une épaisseur de 3 décimètres. Les plus longs appartiennent au genre *Dinochloa ;* et sont des lianes répondant aux Rotangs. Les Bambous sont serrés les uns contre les autres, leur croissance se fait avec une rapidité extraordinaire au moment des pluies, et ils excluent des endroits où ils se trouvent toute autre végétation.

Les Musacées, comme le Bananier (*Musa paradisiaca*), les Scitaminées, les Zingibéracées (Gingembre) sont très nombreuses. Les Orchidées sont représentées par un grand nombre d'espèces, dont beaucoup sont aériennes, elles vivent sur les arbres et laissent pendre leurs racines qui absorbent les précipitations atmosphériques. Parmi les genres les plus remarquables des Orchidées indiennes, il faut citer les genres *Vanda, Phajus, Grammatophyllum, Dendrobium.*

Outre les Bambous il faut citer parmi les Graminées dans les savanes l'*Imperata* (*I. cylindrica*), qui atteint 1 mètre de hauteur ; elle ne paraît cependant pas être indigène, car elle existe en Afrique et sur les côtes de la Méditerranée. A Java se développe sur le sol marécageux, une Graminée encore plus élevée, le Roseau Glaga (*Saccharum spontaneum*), sorte de Canne à sucre. Celle-ci (*Saccharum officinarum*) est cultivée dans toutes les régions indiennes ; elle est peut-être originaire de la Cochinchine (1). La principale culture est celle du Riz (*Oryza sativa*). Cette Graminée paraît avoir

(1) Drude, p. 481.

Fig. 738. — Cactus en forme de cierges (*Cereus*), caractéristiques de la végétation du Mexique (page 635).

sa patrie dans le nord de l'Inde ou le sud-ouest de la Chine. D'ailleurs le Riz sauvage (*O. coarctata*) pousse en abondance au bord des lacs.

Les Fougères arborescentes se présentent dans les jungles humides de l'Himalaya et se montrent à Java dans les massifs montagneux. L'une des plus remarquables est l'*Alsophila contaminans* qui atteint 3 à 5 mètres de hauteur.

Les arbres dicotylédones prennent dans les contrées tropicales de l'Asie une variété de formes remarquables et une hauteur considérable.

Une sorte de Platane, le Rasamala (*Altingia excelsa*) atteint 52 mètres de haut; une Diptérocarpée (*Dipterocarpus turbinatus*) atteint 65 mètres. Le Figuier des Banyans (*Ficus indica*) est célèbre par le développement de ses racines adventives qui soutiennent ses branches, dont le développement horizontal est illimité; un arbre donne ainsi naissance à toute une forêt. Les Mangliers (*Rhizophora*), les Palétuviers (*Bruguiera*), enfoncent dans le sol limoneux des côtes leurs racines adventives comme autant d'arcs-boutants supportant le tronc. Ils forment de véritables forêts littorales : les *Mangroves*. On doit encore citer les Lauriers, les Myrtes, des formes analogues au Châtaignier (*Castanopsis*), des Acacias (*A. Catechu*), les Citronniers, les Orangers, qui y ont leur patrie. Plusieurs arbres sont estimés pour la résistance de leur bois, très employé dans les constructions; telles sont une Verbénacée, le Teck (*Tectona grandis*), une Méliacée, le *Cedrela toona*, et une Diptérocarpée, le *Shorea* (*S. robusta*). Parmi les végétaux qui donnent aux forêts de l'Inde un aspect particulier, on doit signaler aussi un arbre de la famille des Légumineuses, le Ploso (*Butea frondosa*), dont les fleurs d'un jaune éclatant ont 5 centimètres de longueur (1), et la singulière plante appelée Nepenthès que nous avons déjà notée à Madagascar. Son aire de dispersion s'étend de Madagascar à la Nouvelle-Calédonie.

Les Conifères ne sont pas rares dans les montagnes, tel est le *Pinus Merkusii*. Les Cycadées, répandues dans l'Afrique tropicale, sont également communes en Asie.

Dans le nord-ouest de l'Himalaya, on trouve,

(1) Grisebach, II, p. 30.

au fur et à mesure que l'on s'élève, les zones suivantes :

1° Jusqu'à 900 mètres des forêts composées de Palmiers, de Sâls (*Shorea robusta*), de Bambous (*Dendrocalamus striatus*), d'Acacias (*A. catechu*);

2° Jusqu'à 2100 mètres de développement des Chênes verts (*Quercus incana*), des Pins (*Pinus longifolia*), des Oliviers (*Olea cuspidata*) voisins de ceux d'Europe, un Sumac (*Rhus cotinus*) dont l'espèce existe en Dalmatie;

3° De 2100 à 3660 mètres on trouve de nombreuses Conifères: *Pinus excelsa*, *Picea morinda*, *Cedrus deodara*, etc., des Chênes, des Bouleaux, le Noyer (*Juglans regia*), des Rhododendrons (*R. arboreum*). La flore prend un caractère méditerranéen. Un Palmier (*Trachycarpus martiana*), analogue au Chamærops, monte jusqu'à 2400 mètres;

4° De 3660 à 3900 mètres règne une flore alpine avec Rhododendrons et plantes des régions boréales (*Ranunculus*, *Anemone*, *Parnassia*, etc.). Les neiges persistantes commencent à 3900 mètres.

La flore de Java, de Sumatra est analogue, dans ses traits principaux, à celle des Indes. Les savanes sont formées de l'herbe d'Alang (*Imperata cylindrica*). Dans les forêts on trouve des Palmiers, des Figuiers, des Myrtes, des Fougères, des Tecks. Il faut y ajouter les Casuarinées (*Casuarina equisetifolia*), originaires du continent australien ; un autre arbre commun dans les îles de la Sonde est le Camphrier (*Dryobalanops camphora*), surtout répandu à Bornéo. Les Nepenthès sont nombreux. On doit citer aussi les *Rafflesia*, plantes qui vivent en parasites sur les racines et les branches des lianes ; leurs fleurs sont énormes, celles d'une espèce de Sumatra (*R. Arnoldi*) ont 1 diamètre de 6 à 9 décimètres.

Les contrées faisant partie du domaine botanique indien sont limitées, avons-nous déjà dit, par une ligne passant par le détroit de Macassar et celui qui sépare les îles Bali et Lombock. A l'est et au sud de ces îles se trouve un autre domaine botanique qui s'étend des îles Moluques aux îles Marquises, et des îles Sandwich à la Nouvelle-Zélande. Ce domaine insulaire qu'on peut qualifier de mélanésien, jouit d'un climat tropical, tempéré cependant par le voisinage de l'Océan. Il en est ainsi du moins pour la Nouvelle-Guinée ; le reste du domaine appartient plutôt au climat subtropical ; quant à la Nouvelle-Zélande dont la partie nord correspond par sa flore aux régions que nous allons étudier, elle jouit d'un climat tempéré.

La flore de ces archipels présente les caractères suivants. Elle se rattache visiblement à celle de l'Asie tropicale par un grand nombre d'espèces; d'autre part elle contient des types australiens, enfin il y a beaucoup d'espèces endémiques. Dans toutes ces îles on trouve le Sagoutier (*Metroxylon*) qui y a sa patrie; le Cocotier (*Cocos nucifera*) originaire d'Amérique; l'arbre à pain (*Arctocarpus incisa*), remarquable par son fruit comestible. Cet arbre se trouve depuis Sumatra jusqu'aux Marquises, une espèce ; *Arctocarpus integrifolia* existe dans les Indes. Les *Dioscorea* ou Ignames présentent plusieurs espèces; la *D. sativa* existe dans les Indes, mais la plupart des espèces sont répandues surtout à la Nouvelle-Guinée et dans toutes les îles voisines, tel est le Yam (*D. alata*).

A la Nouvelle-Guinée, il y a des Palmiers (*Areca*, *Kentia*) et des *Pandanus* rappelant l'Asie tropicale, mais on trouve aussi des familles australiennes, comme les Casuarinées et les Protéacées; les *Eucalyptus* également australiens se montrent dans les savanes; dans les forêts on trouve outre les types déjà signalés, les *Araucaria*, Conifères qui caractérisent les régions australes ; l'*Araucaria excelsa* des îles Norfolk atteint 58 mètres de hauteur. Un genre de Conifères qui se trouve dans toutes les îles jusqu'au îles Viti est le genre *Dammara*.

Les îles Sandwich ont un certain nombre d'espèces endémiques, entre autres un Acacia, le Koa, qui monte jusqu'à 1800 mètres d'altitude.

Le nord de la Nouvelle-Zélande appartient au type mélanésien ; le Palmier appelé *Kentia sapida* y trouve sa limite méridionale, le *Dammara* y existe aussi; ce sont des éléments tropicaux. Pour le reste de la flore nous verrons plus loin que la Nouvelle-Zélande a des affinités avec la Tasmanie et le sud de l'Amérique, peu avec l'Australie, et qu'elle présente d'ailleurs un caractère endémique très particulier.

Quant à l'Australie, dans sa partie nord et nord-est, elle se rapproche du type tropical asiatique et du type mélanésien. Les régions nord sont couvertes de *Pandanus*, de Palmiers-lianes (*Calamus australis*), de Fougères arborescentes, comme les pays tropicaux; sur la côte du Queensland, il y a des forêts (*Brushes* des habitants du pays) semblables aux jungles des Indes. Dans le nord-est les Palmiers des îles mélanésiennes (*Kentia*, *Livistona*) prennent un grand développement.

LA FLORE NÉOTROPICALE.

Les régions à flore néotropicale, c'est-à-dire les régions tropicales de l'Amérique, comprennent la plus grande partie du Mexique, la Floride, l'Amérique centrale, les Antilles, la plus grande partie de l'Amérique du Sud. Elles sont limitées au nord, à peu près par le tropique du Cancer, et elles s'étendent au sud, au delà du tropique du Capricorne, jusqu'au Chili d'une part et jusqu'aux sources de l'Uruguay de l'autre.

Un premier domaine botanique comprend le Mexique et l'Amérique centrale. Le climat varie suivant l'altitude et l'exposition, et la végétation en bien des points, à cause du relief, prend le caractère des régions tempérées. Les arbres dicotylédones sont communs, les Palmiers sont au contraire rares. Les différences de végétation sont d'ailleurs exprimées depuis longtemps par les habitants. Ils appellent terres chaudes (*tierras calientes*) les forêts et les savanes à végétation tropicale, qui se trouvent sur les flancs des montagnes jusqu'à 900 mètres d'altitude. Les terres tempérées (*tierras templadas*) qui s'élèvent jusqu'à 2000 mètres ont une végétation de Chênes toujours verts mêlés à des arbres tropicaux. Enfin les terres froides (*tierras frias*), présentent jusqu'à 2800 à 3000 mètres des Chênes à feuilles caduques et des forêts de Conifères.

La région chaude est couverte de savanes herbeuses, avec des taillis de Palmiers. Au voisinage des flancs la végétation devient plus riche et des forêts se développent. Les Palmiers les plus communs appartiennent au genre *Sabal* (*S. mexicanum*) et *Acrocomia*. Les forêts les plus fournies ne se trouvent qu'à partir de 150 mètres. Il y a là, outre les Palmiers, des Lauriers, des Térébinthes, des Cycadées (*Ceratozamia*). Les Palmiers ici sont plus petits que sur le littoral; ils appartiennent au genre *Chamædorea*, les Orchidées sont très nombreuses, ainsi que des Liliacées arborescentes (*Yucca*). Les forêts du littoral, dans le Yucatan, sont très épaisses à cause de l'humidité plus grande; c'est là qu'on trouve le bois de Campêche (*Hematoxylon*). Dans les savanes on trouve des Graminées; souvent de vastes étendues couvertes de Sensitives (*Mimosa pudica*) et de nombreuses plantes grasses, qui abondent dans les terrains verts et rocailleux. Telles sont les Cactées (*Cereus speciosus*) (fig. 738), les Agavés et une Crassulacée (*Echeveria*). La famille des Broméliacées, dont l'Ananas est le type le plus connu, habite aussi bien les endroits relativement secs que les forêts humides.

Les Chênes, avons-nous vu, sont représentés suivant les altitudes, par des espèces à feuilles caduques. Les espèces de Conifères sont nombreuses et presque toutes endémiques; citons des Pins tels que *P. leiophylla*, *P. Montezumæ*, des Sapins (*Abies religiosa*), des Cyprès-Chauves (*Taxodium mucronatum*). Ces derniers atteignent une épaisseur considérable, jusqu'à 30 mètres de circonférence; ils sont ainsi comparables au Baobab d'Afrique.

L'Amérique centrale montre naturellement un caractère mixte; la flore tient à la fois de celle du Mexique et de celle de la Colombie. Les Chênes, par exemple, manquent dans la chaîne côtière du Vénézuéla, mais ils existent dans la Cordillère de la Colombie, où Humboldt et Bonpland en ont trouvé trois espèces (*Quercus tolimensis*, *Q. almaguerensis*, *Q. Humboldtii*) (1).

La flore des Antilles a beaucoup d'analogie avec celle du Mexique et de l'Amérique centrale; il y a des espèces communes, mais cependant ces îles ont un assez grand nombre de formes endémiques, une centaine d'après Grisebach. On doit y distinguer différentes régions, suivant l'altitude comme sur le continent; les groupements sont les mêmes que sur ce dernier. Beaucoup de plantes sont cultivées dans les Antilles, tels sont le Caféier, la Canne à sucre, le Tabac (*Nicotiana tabacum*) qui paraît avoir été naturalisé, bien que des espèces du genre *Nicotiana* existent dans les îles à l'état sauvage; citons encore le Coton (*Gossypium*), qui paraît y être dans sa patrie. Le genre *Gossypium* présente en effet plusieurs espèces américaines (*G. barbadense*, *G. hirsutum*, *G. religiosum*); une autre espèce existe dans les Indes (*G. herbaceum*) où elle est utilisée depuis longtemps, et une autre encore (*G. arboreum*) dans le Sennar, en Abyssinie, en Guinée.

(1) Drude, p. 509.

Les îles Bahama ont une flore tropicale. Les îles Bermudes n'ont aucune espèce endémique; leur végétation a pour origine le transport de graines par le Gulf-Stream et par les vents du sud-ouest. Un Genévrier, le *Juniperus bermudiana* identique au *J. barbadensis*, couvre le sol des parties basses, avec le *Lantana odorata*, également originaire des Antilles; le *Stenolaphrum americanum* couvre d'un tapis vert les parties rocheuses. Les Palmiers sont représentés par un Sabal (*S. palmetto*) (1).

Du 2° de latitude nord, dans l'Amérique centrale, au 32° ou 33° de latitude sud, s'étend la végétation tropicale la plus riche qui existe. Sur le littoral atlantique, sur le littoral pacifique et dans les vallées de l'Orénoque et du fleuve des Amazones, il y a des forêts ininterrompues arrosées par d'abondantes précipitations atmosphériques. Celles-ci, à Panama, durent huit mois (d'avril en septembre); sur les baies de Cupica (7° lat. nord) et de Choco (4° lat. nord), elles durent toute l'année. Là où, par suite de la disposition du relief, les vents pluvieux ne peuvent exercer leur action, il n'y a plus que des savanes comme les *llanos* de la Guyane et du Vénézuéla, les *campos* du Brésil, ou bien même, comme sur la côte du Pérou presque dénuée de pluie, le sol est à peu près dépourvu de végétation.

Les Andes présentent différentes zones de végétation suivant l'altitude, et dans leur partie méridionale les hauts sommets sont couverts d'une végétation rappelant celle des régions alpines de l'hémisphère boréal: c'est ce qu'on peut appeler la flore andine.

Les forêts de la Colombie, qui s'élèvent sur les pointes de la Cordillère jusqu'à 1300 mètres d'altitude, ont un caractère tropical bien marqué. Les Palmiers sont nombreux, tels sont le *Phytelephas* qui fournit l'ivoire végétal, les Cocotiers, dont cette contrée est la patrie originelle, les *Iriartea* et beaucoup d'autres. Les Fougères abondent, de même les Orchidées et les lianes des familles des Légumineuses, Sapindacées, Malpighiacées, Apocynées, etc. Citons aussi dans les montagnes du Vénézuéla un arbre de la famille des Urticées, le *Galactodendron* ou Arbre à Vache, qui contient un suc laiteux se rapprochant par sa composition du lait animal. Les forêts littorales ou *Mangroves* sont formées de Mangliers.

(1) Drude, p. 509.

Dans les savanes ou *llanos* de la Guyane et du Vénézuéla dominent les Graminées, les Cypéracées (*Kyllingia*) et les Sensitives (*Mimosa*). Les arbres sont rares, il n'y a guère qu'une Protéacée (*Rhopala*), une Malpighiacée (*Byrsonima*) et des groupes de Palmiers en éventail (*Copernicia*) qui peuvent atteindre 7 mètres de hauteur. Les parties les plus arides, par exemple la côte de la Guayra, sont caractérisées, comme toujours, par la présence de nombreuses plantes grasses de la famille des Cactées: les *Cereus* ramifiés, les *Opuntia*, les *Melocactus*, etc. Une végétation du même genre existe sur le littoral du Pérou. Pendant l'été on n'y voit guère que des Cactées (*Cereus peruvianus*) et quelques Mimosées; lorsqu'il pleut en hiver, lorsque le sol est humecté par les légères précipitations atmosphériques appelées *garuas*, le sol se couvre d'un tapis verdoyant et d'herbes vivaces qui reviennent à la vie. Le désert d'Atacama qui s'étend près de Caldeira à 27° de latitude sud est particulièrement désolé. Il ne manque cependant pas complètement d'arbres; on doit citer particulièrement une Mimosée (*Prosopis siliquastrum*) et parmi les plantes caractéristiques des Composées telles que le *Baccharis tola*, qui devient ligneux.

Quand on s'élève au contraire sur les pentes des Andes, on trouve une végétation des plus riches et des plus variées. De 1200 à 1600 mètres dominent les Fougères arborescentes et de hauts Palmiers du genre *Guadua*; à la Nouvelle-Grenade on trouve jusqu'à cette altitude des forêts de Bambous. Une seconde zone qui donne aux Andes un caractère spécial, c'est celle où dominent les forêts de Quinquinas (*Cinchona*). Elles commencent à 1600 mètres et se terminent, suivant les latitudes, à 2000 ou au plus à 2500 mètres; elles sont accompagnées de Broméliacées et d'Orchidées épiphytes et du Cocaïer (*Erythroxylon coca*) dont les feuilles mastiquées par les Indiens, leur permettent de supporter facilement de grandes fatigues. Jusqu'à 2500 mètres monte un Palmier de petite taille (*Oreodoxa frigida*); le Palmier à cire (*Ceroxylon andicola*) qui atteint une taille élevée, se trouve jusqu'à 3000 mètres. Plus haut encore, de 2800 à 3400 mètres, végètent des buissons composés de *Buddleja*, *Baccharis*, *Barnadesia*, *Escalonia*, *Drimys*, etc., et jusqu'à la limite des neiges (qui varie suivant les latitudes, de 4000 à 5200 mètres), des plantes alpines telles que

Fig. 739. — *Victoria regia.*

Senecio glacialis. Au Pichincha, une Graminée rude au toucher, appelée *Stipa Ichu*, couvre de vastes surfaces jusqu'à 4600 ou 4850 mètres, et jusqu'à 4580 mètres un Bambou américain (*Chusquea*) forme d'épais taillis.

Entre la Cordillère occidentale et la chaîne orientale des Andes s'étend une région de hauts plateaux, le Puna, occupée par des steppes où dominent la *Stipa Ichu* et les buissons de *Tola*, Composée caractéristique de ce pays. On y cultive différentes Légumineuses (*Phaseolus lunatus*, *Ph. vulgaris*), le Maïs et une Chénépodée, le *Chenopodium quinoa*, qui fournit aussi des graines farineuses.

Martius divisait le Brésil en quatre régions botaniques auxquelles il donnait les noms de Naïades, Dryades, Hamadryades et Oréades. La première région, celle des Naïades, est formée des forêts humides du bassin des Amazones et de l'Orénoque. C'est ce que de Humboldt appelait l'*Hylaea*. Comme Palmiers caractéristiques on trouve les *Mauritia*, *Attalea*, *Orbignyana*, *Leopoldinia*, etc. Les principaux produits des forêts sont le caoutchouc fourni par l'*Hevea brasiliensis* (*Siphonia elastica*), le Cacao (*Theobroma cacao*), la noix de Para (*Bertholletia excelsa*), une Rubiacée, l'Ipécacuanha (*Cephælis Ipecacuanha*), etc. Dans les lagunes du fleuve on voit la superbe *Victoria regia* (fig. 739). Cette plante aquatique présente une immense feuille circulaire de 2 mètres de diamètre, relevée sur les bords en forme de plateau, verte en dessus et rouge en dessous. Le pétiole et les nervures du dessous des feuilles sont garnis d'épines de 2 centimètres. La fleur, d'abord d'un blanc pur, est formée de plusieurs centaines de pétales qui se colorent de plus en plus jusqu'à devenir complètement rouges. Le fruit, qui atteint la grosseur d'une tête d'enfant, contient des graines farineuses et comestibles.

La partie orientale du Brésil est couverte en grande partie de forêts ressemblant à l'*Hylaea*. Ces forêts vierges sont appelées par les Brésiliens *Mato virgem*; quand elles sont éclaircies et occupées par d'autres végétaux ligneux plus petits on les appelle *Capoeira*. Les forêts littorales du Brésil sont le type des forêts tropicales. Les espèces principales sont des Myrtacées (*Lecythis ollaria*), des bois colorés servant à la teinture comme le bois de Pernambouc (*Cæsalpinia echinata*), des Palmiers appartenant aux genres *Geonoma*, *Cocos* (*Syagrus*), des Palmiers Ayri (*Astrocaryum*

Ayri), des Fougères arborescentes très abondantes aux environs de Rio-de-Janeiro; telle est l'*Alsophila armata*. Ces forêts tropicales constituent la région des Dryades de Martius.

A l'intérieur du pays on trouve de vastes contrées couvertes de savanes (*Campos* des Brésiliens) ou de forêts particulières, qui perdent leurs feuilles pendant la saison sèche; on les appelle *Catingas* ou *Sertaôs*. Les Catingas sont les Hamadryades de Martius et les Campos, les Oréades. Les Catingas correspondent au climat tropical, ils existent dans la région de Ceara, Pernambuco, Piauhy, Matto-Grosso; les Campos sont à la limite sud de ce climat; ils couvrent le pays depuis la province de Minas-Geraes jusqu'à celle de Saô-Paulo. Les Catingas présentent, outre les Cactées qui restent seules vertes pendant la saison sèche, des Palmiers comme les *Mauritia vinifera* et *armata*, les Cocotiers (*Cocos coronata*) et un certain nombre de plantes comme des Orchidées, des Nyctaginées (*Bougainvillea*), une Bombacée dont le tronc se renfle en forme de tonneau (*Chorisia ventricosa*) et beaucoup de Broméliacées. Les Campos contiennent aussi des Cactées abondantes, des *Cereus* de 7 mètres de hauteur, des Opuntias. Les Graminées appartiennent surtout aux tribus des Panicées et des Stipacées; beaucoup d'herbes vivaces y sont mélangées. Les pays couverts de buissons sont appelés *Carrascos* quand il ne s'agit que de basses broussailles, et *Carrasceinos* quand les buissons ont de 7 à 10 mètres de hauteur; ces buissons sont surtout composés de Mimosées (*Acacia dumetorum*), de Myrtacées et de Malpighiacées.

Les plateaux de 650 à 1300 mètres d'altitude constituent une zone supérieure de Campos où dominent des Liliacées arborescentes (*Vellozia*, *Barbacenia*).

Le sud du Brésil (provinces de Parana, Sainte-Catharina, Rio-Grande do Sul), le Paraguay, le nord de l'Uruguay forment une zone subtropicale où dominent des forêts de Conifères appartenant au genre *Araucaria* (*A. brasilina*), et des buissons de Houx (*Ilex paraguariensis*). C'est là qu'on trouve les plus méridionaux des Palmiers (*Cocos Yatai*, *C. Datil* et *C. australis*). L'*Ilex paraguariensis* ou *Cassine Congonha* est connu des habitants sous le nom de Yerba-Maté ou de Maté. Ils se servent de ses feuilles en guise de thé.

Nous avons déjà cité plusieurs produits utiles du Brésil, le caoutchouc, le cacao. On doit citer également le Manioc (*Jatropha Manihot* ou *Manihot utilissima*), originaire de cette région, et l'*Ananas sativus* dont la patrie est le nord du Brésil et les États de l'Amérique centrale.

Au sud du Brésil on trouve d'autres régions. D'abord le grand Chaco couvert de Graminées et de Palmiers du genre *Copernicia* (Palmier à cire du Brésil). Comme plante caractéristique il faut citer les Nyctaginées du genre *Bougainvillia* (*B. præcox*) (1). Puis se présentent des plaines déboisées, appelées *Pampas*, qui occupent la plus grande partie de la République argentine. Entre ces plaines et le pied des Andes s'étendent au nord-ouest des steppes, ceux de Chanar, couverts de broussailles appartenant aux Mimosées, telles que *Gourliæa decorticans*, *Bulnesia Retama*, et assez pauvres en Graminées. Dans le Chanar on voit aussi des espaces salifères analogues au désert salé de l'Amérique du Nord; là croissent seulement quelques Halophytes.

Les Pampas sont presque exclusivement couvertes de Graminées. Les végétaux ligneux ne peuvent y pousser à cause de l'irrégularité des pluies. Il y a des orages très violents, puis l'atmosphère y devient d'une sécheresse extraordinaire et cela quelquefois pendant des années, ce qui nuit évidemment beaucoup à la végétation (2). Ces vastes plaines s'étendent depuis Cordova et le Rio Salado jusqu'aux limites de la Patagonie (29° à 40° de latitude sud). Il n'y a d'arbres ou d'arbustes qu'au voisinage des cours d'eau. Les Graminées sont surtout des *Stipacées* à feuilles rigides, mais il y a aussi des Graminées à feuilles plus délicates, comme les Poacées et les Avénacées. Comme nous l'avons déjà dit plus haut, un certain nombre de plantes européennes se sont naturalisées dans les Pampas et couvrent de vastes espaces, tels sont le Cardon (*Cynara Cardonculus*), dont les premières semences furent en 1769 transportées d'Espagne dans le poil d'un âne (3), et aussi quelques autres Composées et une Ombellifère, le Fenouil (*Fœniculum*). Dans les parties humides poussent des Roseaux acquérant une hauteur telle qu'ils peuvent cacher parfois un homme à cheval. Ils appartiennent à une espèce du Chili (*Arundo quila*) remarquable par ses panicules d'un éclat argentin. Comme arbre indigène il

(1) Drude, p. 525.
(2) Grisebach, II, p. 673.
(3) Grisebach, II, p. 684.

faut citer l'Ombu (*Pircunia dioica*), Phytolacée à large feuillage, ce qui lui a valu des Espagnols le nom de *Belombra*.

Le Chili septentrional et central forme une sorte de domaine de transition entre la flore néotropicale et la flore australe ou antarctique. Ce domaine, qui s'étend environ de 25° au 34° de latitude sud, a un climat comparable, au point de vue de la température et des précipitations atmosphériques, à celui du nord de l'Espagne. La période de végétation coïncide avec celle des pluies; elle dure de juin à novembre, puis le pays jusqu'à l'année suivante est converti en une sorte de désert aride. Il n'y reste que les Cactus, tels que le Cactus Quisco (*Cereus Quisco*) ramifié en candélabre et des Cactus roulés en boule (*Mamillaria*). Les Broméliacées sont représentées par une espèce armée d'épines (*Puya coarctata*). Comme espèce particulière il faut signaler des Légumineuses hérissées d'épines, comme l'Espino (*Acacia cavenia*) et les *Gourliæa*. Le Boldu, Laurinée de plus de 16 mètres, et le Quillaja, Rosacée de 9 mètres, sont les arbres les plus importants. On doit y ajouter un Palmier (*Jubæa spectabilis*). Il est souvent accompagné d'un Bambou de près de 5 mètres (*Chusquea*).

Au large du Chili se trouve le petit archipel de Juan-Fernandez couvert d'épaisses forêts et de Graminées. Il y a un Palmier (*Ciroxylon australe*) appartenant à un genre des Andes équatoriales, et d'autre part la flore se rapproche de celle de la Nouvelle-Zélande par la prédominance des Fougères arborescentes. Parmi les types endémiques on doit citer un genre de Composées (*Rea*) possédant plusieurs espèces.

Les îles Galapagos, situées sous l'équateur, au large du Pérou, ont une flore très remarquable. Le climat est sec, il pleut rarement sur la côte; les montagnes au contraire ont, à une altitude de 325 mètres, une végétation assez riche, parce qu'elles condensent la vapeur d'eau des nuages. Sur la côte il y a des Euphorbes (*Euphorbia viminea*), des Opuntia (*O. galapagea*). Dans la zone humide il y a surtout des Mimosées, des Rubiacées (*Psychotria*) et des Composées (*Scalesia*, *Macræa*, etc.), qui deviennent ligneuses. D'ailleurs les arbres ne deviennent jamais élevés; ils atteignent rarement 7 mètres. Sur 350 plantes vasculaires, 50 p. 100 sont endémiques (1), les autres sont immigrées. Hooker a cherché leur point de départ. L'immigration a eu surtout pour lieu d'origine l'isthme américain; il y a un courant marin qui se dirige de la baie de Panama vers le nord-est de l'archipel. Les plantes immigrées sont surtout des Légumineuses et des Solanées, dont les graines gardent longtemps la faculté de germer. Un fait remarquable aussi est la différence que présentent les diverses îles; elles ont en commun un petit nombre d'espèces, cinq seulement; chacune possède ses espèces particulières se remplaçant les unes les autres. Ainsi les taillis de *Scalesia* se trouvent partout, mais composés dans chacune des îles d'une ou deux espèces particulières. Chaque île est devenue un petit monde à part; les formes végétales apportées par les courants s'y sont modifiées indépendamment. Cela tient au manque de courants servant de moyen de connexion entre les diverses îles (2).

LES FLORES AUSTRALES.

Les flores australes, c'est-à-dire celles du sud de l'Afrique, de l'extrémité méridionale de l'Amérique et de l'Australie, présentent entre elles de grandes analogies. Les Conifères de la tribu des Actinostrobées et les Protéacées sont communes à ces régions; de plus beaucoup d'ordres sont représentés au Cap et en Australie, ou au Cap et dans l'Amérique du Sud par des groupes très voisins les uns des autres, ainsi les Rutacées, les Géraniacées avec les genres *Tropæolum* et *Oxalis*, certains groupes déterminés de Composées et de Légumineuses, les Éricinées (Bruyères) d'une part et les Épacridées, qui en sont très voisines, de l'autre. Les Palmiers manquent; quand on en trouve dans les régions australes (*Phœnix*, *Kentia* ou *Cocos*) ils sont simplement acclimatés. En outre, au sud du 40° de latitude en Amérique, se montre une flore particulière que l'on peut qualifier d'antarctique. Elle est analogue à celle des régions septentrionales de l'hémisphère boréal, mais non cependant à la flore arctique. On la retrouve dans les parties méridionales et montagneuses de la Nouvelle-Zélande, en Tasmanie, dans les Alpes australiennes et dans les îles voisines du pôle antarc-

(1) Grisebach, II, p. 807.
(2) Grisebach, p. 810.

tique. Il y a là des Conifères et des arbres feuillus répondant aux formes australes, mais bien des plantes comme les Renonculacées, les Crucifères, les Caryophyllées, les Ombellifères, se rapprochent beaucoup des formes boréales (1).

Commençons l'étude de ces flores australes et antarctiques par l'Amérique du Sud.

A partir du 40° de latitude sud, l'extrémité méridionale de l'Amérique, sur la côte Pacifique, jouit d'un climat particulièrement humide : ainsi à Valdivia (40° lat. S.) il pleut 156 jours par an et beaucoup de journées, en outre, sont nuageuses. La température est peu élevée, quoique douce pendant l'hiver. A Valdivia la moyenne annuelle est de 11°,2 et à Port-Famine, sur le détroit de Magellan, de 5°,6 (2). Il résulte de ce climat, que toute la côte et toutes les îles, de Chiloe à l'extrémité de la Terre de Feu, sont revêtues d'une épaisse forêt.

Aux environs de Valdivia et jusque vers 44° de latitude sud la forêt présente des caractères qui la font encore différer notablement de celles de l'hémisphère boréal. Il y a des Hêtres toujours verts (*Fagus betuloïdes*), plusieurs Laurinées (*Persea lingue*), des Myrtacées arborescentes (*Luma*), des Magnoliacées des Andes (*Drimys*). Ces arbres et arbustes sont mélangés de Conifères tels que les Araucarias (*Araucaria imbricata*) atteignant 33 mètres et des *Libocedrus*, des *Fitzroya* rappelant les Cyprès de l'hémisphère nord. Il y a encore des Bambous, appartenant au genre *Chusquea*. Beaucoup de formes végétales du Chili méridional sont alliées à des types de la Nouvelle-Zélande, tels sont des Rosacées arborescentes (*Eucryphia*), des arbustes de la famille des Monimiées (*Laurelia* et *Peumus*). D'autre part une Composée arborescente (*Flotowia*) relie Valdivia aux îles de Juan-Fernandez, Galapagos et Sainte-Hélène. C'est de la région de Valdivia que la Pomme de terre (*Solanum tuberosum*) est originaire. Darwin l'a trouvée à l'état sauvage dans l'archipel Chonos, et elle existe sur une grande étendue du littoral chilien.

La flore antarctique du détroit de Magellan et de l'archipel de la Terre de Feu est aujourd'hui bien connue, grâce à de nombreux voyageurs et surtout grâce à la récente mission scientifique française du cap Horn. Sous le climat humide et à température constante, poussent de nombreux végétaux, notamment des Fougères et autres Cryptogames. Il y a environ 300 espèces de Phanérogames et à peu près autant de Cryptogames. Les forêts du littoral sont constituées par des Hêtres verts (*Fagus betuloïdes*) et d'autres à feuilles caduques (*F. antarctica*), par des Conifères du genre *Libocedrus* (*L. tetragona*), et des arbustes comme les Épines-Vinettes (*Berberis iliafolia*). Sur le littoral les *Fuchsia* (*F. magellanica*) abondent à la lisière des bois; ils atteignent jusqu'à 2 ou 3 mètres de hauteur. En bien des endroits se trouvent des tourbières. Elles ne sont pas dues, comme en Europe, à la présence des Mousses du genre *Sphagnum*. Les plantes qui se montrent dans ces tourbières sont des Stylidiées (*Forsteria*), des Saxifragées (*Donatia*), des Iridées (*Tapeinia*). Des Liliacées (*Astelia pumila*) et des arbustes comme les Myrtes (*Myrtus nummularia*), des herbes vivaces à grandes feuilles découpées (*Gunnera magellanica*), poussent dans les parties plus sèches. On doit citer encore un Groseillier (*Ribes magellanicum*) et une Éricinée (*Pernettya mucronata*) à feuilles épineuses. Parmi les Fougères, la plus remarquable par la taille est la *Lomaria magellanica*, qui a été prise parfois pour un Palmier (1).

La flore précédente relativement riche ne se montre que jusqu'à 550 mètres environ d'altitude. A partir de là on ne rencontre plus que des plantes de la flore antarctique proprement dite ; c'est-à-dire des Renonculacées, des Caryophyllées, appartenant à des genres de l'hémisphère boréal ; ainsi que des espèces endémiques comme, parmi les Ombellifères, les *Azorella*, parmi les Éricinées les *Pernettya*, parmi les Graminées *Poa flabellata* et *Hierochloa magellanica*. Il n'y a plus d'arbres, les *Libocedrus* n'existent plus et les Hêtres sont réduits à des dimensions minuscules, ainsi le *Fagus antarctica* n'a plus que trois pouces de hauteur. Les sommets sont couverts simplement de Mousses et de Lichens (*Usnea melaxantha*). Cette flore antarctique des montagnes existe jusqu'à 1 000 mètres dans la Terre de Feu, jusqu'à 2 000 mètres près de Valdivia, et elle s'élève encore plus haut, jusqu'à 4 000 mètres sous des latitudes plus rapprochées de l'équateur. Elle se comporte donc comme la flore arctique dans les montagnes de l'Europe.

Les îles Falkland ou Malouines, situées vis-

(1) Drude, p. 453.
(2) Grisebach, II, p. 723.

(1) Hariot, *Mission scientifique du cap Horn*, t. V. *Botanique*.

à-vis de la Patagonie, ont une flore très peu différente de celle du continent. On y trouve environ 150 plantes vasculaires. Les *Pernettya*, les *Azorella* du détroit de Magellan s'y montrent. Le sol est couvert de tourbières et d'un épais tapis de Graminées parmi lesquelles les plus remarquables sont un Roseau (*Arundo pilosa*) et le Tussock (*Poa flabellata* ou *Dactylis cæspitosa*). On trouve environ 26 espèces endémiques, entre autres le *Senecio falklandicus*. Il y a environ 86 espèces de Fougères et de Mousses.

L'île de la Géorgie du Sud a seulement 13 espèces de plantes à fleurs, presque toutes des îles Falkland et certaines de l'île Campbell et de la terre de Kerguelen; il y a une espèce des montagnes de la Nouvelle-Zélande (*Juncus Novæ Zeelandiæ*). La *Poa flabellata* des Falkland existe dans la Géorgie du Sud.

Si nous nous avançons maintenant vers l'Australie nous trouvons la Nouvelle-Zélande. Comme nous l'avons déjà dit sa flore est composée de plusieurs éléments. Il y a en effet des types tropicaux tels que des Palmiers du genre *Kentia* (*K. sapida*) et des Conifères du genre *Dammara* (Pin kauri). L'échange avec l'Australie est peu important malgré la proximité. On peut seulement citer quelques Protéacées, groupe très important sur le continent australien. Au contraire la Nouvelle-Zélande a des analogies évidentes avec la flore de Valdivia, zone chaude de la flore antarctique; on retrouve les genres de Conifères : *Libocedrus*, *Podocarpus*, et des Hêtres analogues à ceux du Chili méridional (*Fagus Solandri*). Les montagnes fournissent une flore semblable à celle du détroit de Magellan et de la Terre de Feu; ex. : *Agrostis antarctica*, *Carex trifida*, *Juncus Novæ Zeelandiæ*, *Oxalis magellanica*, *Gunnera monoica*. Les Fougères sont extrêmement nombreuses, tel est *Pteris esculenta*. Il y a de nombreuses espèces endémiques. L'un des végétaux les plus remarquables du pays est une plante textile, le *Phormium tenax*, qui appartient à la famille des Liliacées.

Au voisinage de la Nouvelle-Zélande se trouvent plusieurs îles. Les îles Chatham ont des Palmiers et des Fougères arborescentes appartenant à des espèces néo-zélandaises. Il y a peu d'espèces endémiques; telles sont deux Composées arborescentes (*Senecio Muntii* et *Eurybia Traversii*) et un genre de Borraginées (*Myosotidium*).

Les îles Auckland sont beaucoup mieux favorisées. On y trouve des Fougères d'un mètre de haut : *Aspidium venustum* et des espèces antarctiques, ainsi des Composées (*Pleurophyllum*, *Celmisia*) et des genres de l'hémisphère boréal représentés par des espèces alpines : *Ranunculus*, *Cardamine*, *Geranium*, *Epilobium*, *Myosotis*, *Gentiana*, etc. Une Liliacée remarquable est le *Chrysobactron Rossii* qui existe aussi dans l'île Campbell placée au voisinage de l'archipel de Chatham.

L'île Macquarie par la pauvreté de sa flore rappelle la Géorgie du Sud. Ses végétaux sont ceux qui forment l'élément antarctique de la Nouvelle-Zélande, mais il y a aussi une Ombellifère : *Azorella Selago*, qui n'existe pas à la Nouvelle-Zélande et se trouve à Kerguelen et à la Terre de Feu.

L'Australie ne possède pas au point de vue botanique une homogénéité comparable à celle d'autres régions; elle en a aussi peu que l'Europe. Si certains genres se montrent sur tout le continent australien, le fait est le même que ceux que présente l'Europe, où différentes espèces de Pin se montrent depuis le cap Nord jusqu'en Espagne et où la *Calluna vulgaris*, voisine des Bruyères, s'étend sur une vaste étendue (1). Il y a en réalité en Australie trois éléments botaniques à considérer, inégalement répandus dans le pays, l'élément tropical asiatique, l'élément mélanésien qui règnent dans la partie nord orientale, et l'élément antarctique qui existe dans les montagnes de la province de Victoria, dans la Nouvelle-Galles du Sud et dans la partie élevée de la Tasmanie. Il y a beaucoup de formes endémiques. D'après von Müller il y a 1 409 genres et 8 839 espèces, dont 15,1 p. 100 sont étrangères; toutes les autres sont endémiques. De celles-ci la plupart sont cantonnées dans l'ouest de l'Australie, qui possède 3 560 espèces dont 82 p. 100 d'endémiques. Le Queensland et la Nouvelle-Galles du Sud ont respectivement 3 753 et 3 251 espèces dont beaucoup sont tropicales. L'Australie du Nord en a seulement 1 956, le sud de l'Australie 1 892, Victoria 1 894 et la Tasmanie 1 029 espèces.

Dans l'intérieur du pays, où les pluies sont rares, on trouve surtout des fourrés de buissons appelés *scrubs*, formés surtout de Protéacées et d'Eucalyptus. Ces derniers (*Gum-tree*) sont caractéristiques de l'Australie et de la Tasmanie. Ils appartiennent à la famille des Myrtacées.

(1) Drude, p. 493.

Les feuilles, alternes, souvent lancéolées, se placent verticalement à cause d'une torsion du pétiole; par suite l'arbre ne fournit que peu d'ombre. Toutes les parties vertes de l'arbre contiennent des matières oléo-résineuses à odeur balsamique qui ont valu à l'Eucalyptus le nom d'Arbre à Gomme (*Gum-Tree*). Ces matières forment à la surface des feuilles une sorte de poussière qui donne aux feuilles une coloration glauque ou blanchâtre. Les Eucalyptus, notamment l'*Eucalyptus globulus*, ont été introduits dans le midi de l'Europe et en Algérie; ils assainissent en effet les pays marécageux, en asséchant par leurs racines avides d'eau et l'évaporation rapide de leurs feuilles les terres humides. On connaît de 150 à 200 espèces d'Eucalyptus, dont la plupart craignent la gelée; ils ne peuvent par suite être acclimatés que dans les régions chaudes. Ils ont communément 30 à 35 mètres de hauteur; on en connaît en Australie ayant 100 mètres de haut et atteignant une circonférence de 10 mètres. Les Protéacées (*Banksia*, *Dryanda*) sont également caractéristiques; il en est de même des Casuarinées, famille représentée par le seul genre *Casuarina*. Les feuilles sont très petites, verticillées; les rameaux sont eux-mêmes verticillés, de sorte que l'arbre a le port de nos Prêles. Il faut citer encore des Acacias à feuillage spécial comme le Brigalow (*Acacia harpophylla*); une Myoporacée, l'*Eremophila Mitchelli* ou *Sandal-Wood;* des Conifères du genre *Araucaria* et d'autres à feuilles très exiguës, comme les *Callitris* et les *Dacrydium*. Dans les régions à efflorescences salines, se voit un arbuste de la famille des Chénopodées, *Rhagodia spinescens*, ayant comme une autre Chénopodée du genre Arroche (*Atriplex nummularia*) deux pieds de hauteur. Nous avons signalé déjà en Australie, sur la côte nord, des *Pandanus* et des Palmiers (*Kentia*, *Livistona*, *Caryota*, etc.).

Certaines Joncées appelées Xanthorrhées (*Xanthorrhea* et *Kingia*), sont singulières par leur tronc généralement très bas portant une énorme touffe de longues feuilles; une Xanthorrhée appelée dans le pays *Blackboy* atteint 3 mètres, les *Kingia* jusqu'à 9 mètres, mais la plupart sont beaucoup moins élevées.

Les Graminées sont représentées par de nombreuses espèces, dont les principales sont l'*Anthistiria australis* ou Herbe à Kangouroo, la *Stipa micrantha*, la *Perotis rara*, l'*Aristida calycina* et surtout le genre *Spinifex* répandu partout sauf sur la côte nord (*S. longifolius*, *S. paradoxus*).

On peut distinguer en Australie, y compris la Tasmanie, dix régions botaniques (1). Ce sont les suivantes :

1° Les forêts tropicales du nord, avec Palmiers (*Caryota*) et Légumineuses tropicales (*Bauhinia*) ; 2° les forêts toujours vertes du Queensland, caractérisées par certains Palmiers (*Livistona australis*) et les *Araucaria ;* 3° les savanes et les broussailles du nord avec certaines Myrtacées (*Melaleuca*, *Leptospermum*), appelées *Tea-Trees*, Arbres à Thé, par les habitants ; 4° la région nord-ouest où les précipitations atmosphériques insuffisantes empêchent l'établissement de forêts vraiment tropicales, le *Pandanus* manque et les Palmiers sont clairsemés ; 5° la région des steppes de l'ouest dépourvue d'eau et à efflorescences salines, il y a des oasis de Graminées (*Spinifex*) ; 6° les déserts et steppes de l'est ; 7° la région sud-ouest couverte de buissons de Protéacées, de Casuarinées et de Myrtacées et d'Acacias ; 8° les forêts d'Eucalyptus (*E. odorata*, *E. rostrata*, etc.), couvrant les districts montagneux du sud ; 9° les forêts du sud-est composées d'Eucalyptus (*E. amygdalina*) et de Fougères (*Dicksonia Billardieri* et *Todea rivularis*) ; 10° la région alpine de l'Australie qui s'étend de 1 200 à 2 000 mètres d'altitude. Il y a là encore des Eucalyptus (*E. alpina*, *E. pauciflora*), et des plantes antarctiques, ainsi que quelques plantes des montagnes de l'Europe centrale (*Carex*, *Alchemilla*).

La Tasmanie, dont la latitude correspond à celle de la Nouvelle-Zélande, unit dans sa flore des éléments antarctiques avec d'autres éléments du sud-est de l'Australie. La plus grande partie de l'île est couverte de prairies, et dans les montagnes on voit s'élever des Eucalyptus (*E. amygdalina*, *E. obliqua*), qui atteignent de fortes dimensions, ainsi que des Fougères arborescentes (*Dicksonia antarctica*) et des Hêtres (*Fagus Cunninghamii*) ; les sommets sont nus, couverts d'énormes blocs de rochers. Beaucoup d'espèces sont endémiques, ainsi le *Fagus Gunnii* et la plupart des Conifères de Tasmanie. Parmi ces derniers le genre *Arthrotaxis* est représenté par trois espèces, dont l'une, *A. cupressoïdes*, peut couvrir dans le nord de la Tasmanie les montagnes de ses épais buissons. Le *Dacrydium Franklinii* et le

(1) Drude, p. 499.

Phyllocladus asplenifolia indiquent des rapports avec la Nouvelle-Zélande, tandis que le *Fitzroya Archeri* se rapproche du *F. patagonica* du sud de l'Amérique.

Nous avons déjà parlé des îles Saint-Paul et Amsterdam. La terre de Kerguelen se trouve à peu près à distance égale de l'Afrique et de l'Australie. La végétation est à peu près la même sur Kerguelen, Marion, Crozet et Heard. La flore de Kerguelen est très pauvre et ne comprend que 21 espèces dont 2 genres et 6 espèces sont endémiques. Cette pauvreté s'explique par l'éloignement de ces terres, qui empêche l'émigration. L'île est couverte d'un gazon de Graminées et d'Ombellifères (*Azorella*); la principale Graminée est la *Festuca Cookii*. L'espèce la plus remarquable de l'île est une Crucifère : la *Pringlea antiscorbutica*, dont la rosette de feuilles rappelle le Chou ; Cook la désignait déjà sous le nom de Chou de Kerguelen (1). Un autre genre endémique, *Lyallia*, appartient aussi à Kerguelen.

Considérons enfin la partie la plus méridionale de l'Afrique. Ce qui frappe dans la végétation du Cap, c'est la fréquence des buissons, ce que les colons appellent *Buschland*. Les principales formes qui les constituent appartiennent aux Éricinées (Bruyères) et aux Protéacées, que nous avons signalées dans toutes les régions australes. L'espèce la plus répandue est la *Protea cynaroïdes*. Le long des cours d'eau on trouve l'*Acacia horrida* reconnaissable à ses longues épines. Les arbres sont rares ; ils n'existent que sur les rives des cours d'eau ou dans les ravins montagneux. Il y a des Conifères ressemblant au Cyprès (*Widdringtonia*), il y a aussi des *Podocarpus*. On trouve encore des Cycadées (*Encephalartos*), qui rappellent celles d'Australie, et des Dattiers nains (*Phœnix reclinata*). Les steppes arides et rocailleux du Karroo sont couverts de buissons de Composées, dont l'une des plus remarquables est l'Arbuste des Rhinocéros (*Elytropappus Rhinoçerotis*) atteignant de 3 à 6 décimètres de hauteur. Il y a là encore, comme dans tous les steppes du même genre, des plantes grasses : Euphorbes (*E. grandidens*) atteignant 12 mètres et même 16 mètres, Aloès (*Aloe arborescens*), des Crassulacées, des Chénopodées (*Caroxylon*). Au moment des pluies apparaît toute une riche végétation composée de Géraniacées (*Pelargonium*), d'Orchidées (*Disa*, *Disperis*), de Liliacées et d'Iridées : celles-ci sont particulièrement nombreuses. La flore du Cap a fourni aux jardins et aux serres d'Europe de nombreuses plantes, ainsi le *Pelargonium*, la *Strelitzia* (Scitaminée) et la *Richardia* (Aroïdée).

Si l'on compare la végétation du Cap à celle de l'Australie, on trouve un certain nombre d'analogies ; d'abord les Protéacées sont développées dans les deux pays, bien que les genres soient complètement différents; les Éricinées du Cap sont représentées en Australie par la famille très voisine des Épacridées ; pour les Myrtacées les différences sont notables, le Cap ne possède qu'une seule espèce à type australien (*Metrosideros angustifolia*). Les Eucalyptus et les Acacias d'Australie à feuillage particulier, manquent tout à fait au Cap. En revanche ce dernier possède des familles qui nulle part ne sont aussi variées : telles sont les Iridées, Ficoïdées, Géraniacées et Crassulacées. Il y a quelques familles endémiques au Cap, ainsi les Bruniacées, plantes à port de Bruyères, rangées à côté des Saxifragées. Le genre Bruyère (*Erica*) est particulièrement bien représenté ; on en compte au Cap environ 300 espèces.

LA FLORE OCÉANIQUE.

Dans les mers on trouve toute une flore composée d'Algues et de quelques autres plantes aquatiques (2). On a étudié surtout la distribution de cette flore sur les côtes de l'Europe et de l'Amérique du Nord, mais pour les autres régions on ne connaît pas encore beaucoup de faits précis ; on ne sait pas, par exemple, si les côtes de toutes les mers tropicales ont la même population algologique ou s'il y a des différences sensibles entre celle des côtes de Guinée et celle du Brésil.

Les plantes marines sont surtout des Algues. En dehors de ce groupe très important, les Monocotylédones contribuent aussi à peupler les mers. Les deux familles des Hydrocharidées et des Potamées ou Naïadiacées présentent en tout 27 espèces marines, d'ailleurs difficiles à distinguer les unes des autres. La plupart sont munies comme la Zostère (*Zostera marina*) de longues feuilles étroites et rubanées et for-

(1) Grisebach, II, p. 816.

(2) Voir Drude, *Géographie botanique et Atlas*.

mant au fond de la mer de véritables prairies. Chez les différentes espèces des genres *Posidonia* et *Phyllospadix* il y a un rhizome articulé parfaitement disposé pour fixer solidement la plante au sol sous-marin. Certaines n'ont plus l'apparence de gazon; il est ainsi des Cymodocées (*Cymodocea isoetifolia*, et *C. manatorum*) dont les feuilles ressemblent à celles des Joncs, et des espèces du genre *Halophila* dont les feuilles pétiolées sont larges et présentent des formes variées. Ces plantes marines se trouvent partout dans les mers peu profondes, sur les côtes des continents et des îles, sauf dans les régions arctiques et antarctiques. Elles ne dépassent pas une profondeur d'environ 20 mètres. On les recueille parfois pour les brûler et en retirer ainsi de la soude. On utilise surtout la Zostère sous le nom de crin végétal, pour faire des paillasses et pour emballer des objets fragiles.

La classe des Algues est extrêmement nombreuse. On peut y distinguer, parmi les espèces marines, plusieurs groupes caractérisés par leur couleur. Viennent d'abord les Algues vertes ou Chlorophycées, telles que les Ulves, les Siphonées; elles sont aussi extrêmement répandues dans les eaux douces. Le groupe des Algues brunes ou Phéophycées, est presque exclusivement marin; sur la chlorophylle qu'elles contiennent se développe un pigment d'un brun plus ou moins foncé; les *Fucus* ou Varechs, les Laminaires, en fournissent des exemples bien connus. Les Algues rouges ou Floridées, sont aussi en très grande majorité marines; leur pigment rouge, leur corps souvent élégamment découpé, en font l'ornement des prairies marines; citons comme exemples de Floridées, les *Delesseria*, les *Porphyra*. Certaines Algues rouges s'incrustent de calcaire, on les appelle Corallines (ex: *Corallina officinalis*). La plupart des Algues se fixent aux corps sous-marins par des parties de leur corps formant de véritables racines, ainsi le *Caulerpa prolifera;* d'autres, plus petites s'établissent sur les Algues plus grandes ou sur les autres plantes marines; elles sont ainsi épiphytes. Sur une grande *Cystosira barbata* de la Méditerranée Hauck a trouvé 115 espèces d'Algues épiphytes (1). Enfin de petites Algues nagent librement, telles sont les Diatomées, Algues microscopiques munies d'une carapace siliceuse, et jouant aussi un rôle très important dans les eaux douces.

Les Algues ont besoin de lumière et par suite ne peuvent prospérer au-dessous d'une certaine profondeur. A 100 mètres elles sont déjà rares, car les radiations lumineuses sont rapidement absorbées par l'eau; au-dessous de 400 mètres on n'en trouve pour ainsi dire plus. Les recherches récentes ont cependant démontré l'existence à de grandes profondeurs d'Algues microscopiques nageant librement. Au point de vue de la répartition des Algues en profondeur, on distingue: la zone littorale supérieure, comprenant la partie du rivage soumise au jeu des marées; la zone littorale inférieure ou sublittorale, s'étendant du niveau des basses mers jusqu'à 30 mètres environ; enfin la zone profonde qui s'étend depuis la terminaison de la précédente jusqu'à 100 ou 150 mètres; au delà, comme nous l'avons dit, les Algues sont extrêmement rares. La zone littorale est la plus riche en Algues variées; la zone sublittorale est aussi appelée zone des Laminaires, à cause de la fréquence de ces Algues brunes en forme de longs rubans plissés. C'est dans la zone profonde qu'on trouve particulièrement les Corallines.

Les régions boréales présentent surtout des prairies sous-marines où dominent les Fucus, les Alaries (*Alaria*), les Laminaires. Ces Algues se montrent sur toutes les côtes d'Europe, depuis les côtes arctiques jusqu'en Irlande, en France et en Espagne. Dans l'Amérique du Nord on les rencontre jusqu'au 41° de latitude nord. Certaines de ces Algues atteignent une grande longueur et même dans les mers froides. L'espèce la plus commune sur les côtes du Groenland, la *Laminaria longicruris*, a 20 ou 25 mètres de long; il en est de même des Alaries de la mer d'Ochotsk. Mais c'est surtout dans les mers chaudes que les Algues présentent des dimensions extraordinaires. Citons surtout les *Durvillea* et les *Macrocystis* des mers antarctiques. Ces derniers ont une longueur totale de 200 mètres; le corps simple et grêle dans sa partie inférieure fixée, s'élargit à la partie supérieure qui nage à la surface; on voit là des rameaux courts, renflés en boules remplies d'air qui servent de flotteurs.

Les Algues des genres *Macrocystis*, *Ecklonia*, *Lessonia* forment de véritables prairies sous-marines le long des côtes du Chili, de la Patagonie et des îles Falkland. Certaines Algues brunes, les Sargasses (*Sargussum*) sont bien connues. Elles croissent sur les côtes d'A-

(1) Drude, p. 553.

mérique. Arrachées par la mer elles sont apportées par les courants dans la partie de l'Atlantique qui s'étend entre les Bermudes, les Açores et les Canaries; cette région, de plus de 60 000 milles carrés, porte le nom de mer des Sargasses. Ces Algues portent des flotteurs arrondis, réunis en groupes et que les marins appellent raisins des tropiques.

Sur nos côtes les Laminaires, les Fucus, sont recueillis pour servir d'engrais (1). Plusieurs espèces sont également employées pour l'extraction de la soude, de l'iode et du brome, car ces végétaux ont la propriété d'accumuler dans leurs tissus l'iodure et le bromure de sodium dissous dans l'eau de mer. Certaines espèces sont utilisées dans le nord de l'Europe pour l'alimentation; telle est l'*Alaria esculenta*, telle est encore la Laminaire à sucre (*Laminaria saccharina*).

(1) Voy. Larbaletrier, *les Engrais*, 1891, p. 109.

LIEU D'ORIGINE ET RÉPARTITION DES PLANTES UTILES.

Incidemment nous avons signalé dans les pages précédentes les plantes utiles; il est nécessaire, en terminant cette étude des flores, d'insister davantage sur leur lieu d'origine et sur leur zone de culture.

Considérons d'abord les céréales. Le Blé (*Triticum vulgare*) est aujourd'hui l'une des plus répandues. Son origine est douteuse. Cependant d'après Bérose, dont Hérodote a conservé des fragments, le Blé se trouvait à l'état sauvage dans la Mésopotamie, et dans ce siècle Olivier a constaté en effet la présence de Froment sauvage sur la rive droite de l'Euphrate. M. de Candolle est disposé à admettre que la région de l'Euphrate a bien été le centre d'où s'est propagée la culture de cette céréale dès les temps préhistoriques (2). Dans les pays tropicaux sa culture est limitée par la chaleur excessive; elle ne peut réussir que dans les localités où le voisinage de la mer tempère le climat ou bien à une altitude suffisante. La limite septentrionale de la culture du Blé est de 65° de latitude sur les côtes de Norwège; elle s'abaisse à 60° en Suède et dans l'ouest de la Russie où le climat est moins doux, et elle descend jusqu'à 58° dans l'Oural. Dans l'Amérique du Nord la limite de la culture du Blé atteint 62° de latitude dans le bassin du Mackensie. Le Blé est aussi cultivé dans le sud de l'Australie, au Cap, près de Buenos-Ayres et particulièrement au Chili.

Le Seigle (*Secale cereale*) exige moins de chaleur que le Blé et réussit mieux dans les pays du nord que dans ceux du midi. On s'accorde à le regarder comme originaire de la région comprise entre les Alpes d'Autriche et le nord de la mer Caspienne. Il devient presque spontané en Autriche. Dans le nord de l'Europe et de l'Asie c'est la céréale la plus importante, mais l'Orge monte encore plus haut vers le nord. On trouve l'Orge sauvage (*Hordeum distichon*) dans l'Asie occidentale, qui est probablement le lieu d'origine de toutes les variétés d'Orge cultivées. La limite de culture des céréales s'élève sur la côte occidentale de Scandinavie jusqu'à celle des arbres (70° lat. nord) sous l'influence du Gulf-Stream, mais ensuite elle s'abaisse sous l'action d'un climat plus continental. Au golfe de Bothnie elle descend à 65°, en Sibérie à 61° et 62°, sur les îles de la mer d'Ochotsk à 50°, pour remonter au Kamtschatka vers 57°. Dans l'Amérique du Nord, sur le Mackensie, elle atteint 65° pour redescendre à 58° sur la côte est du Labrador. De là la ligne de culture remonte vers la Scandinavie; elle laisse en dehors d'elle le Groënland et l'Islande, mais les Fœroer sont en dedans de la ligne. Sur l'hémisphère sud le Seigle et l'Orge peuvent encore être cultivés à Punta-Arenas, sur le détroit de Magellan, où la moyenne du mois le plus chaud n'est que 10°,7. Ce point correspond aux Fœroer dans l'hémisphère nord (1). La limite des céréales monte très haut dans les Andes, elle y atteint 4 000 mètres; en Arménie elle atteint 2 100 mètres; dans les Alpes elle monte plus haut vers l'ouest qu'à l'est; elle arrive dans les Alpes occidentales à 2 000 mètres et dans les Alpes orientales à 1 880. D'ailleurs l'exposition des lieux a une grande influence et suffit pour faire monter ou descendre la limite de culture des céréales de 100 ou 200 mètres.

Le Maïs (*Zea Mays*) est originaire, d'après M. de Candolle, de l'Amérique où l'on en trouve des graines dans les monuments préhistoriques (*mounds* de l'Amérique du Nord, tombeaux du Pérou). C'est au XVIe siècle que

(2) De Candolle, *Origine des plantes cultivées*. Paris, 1883.

(1) Supan, p. 425, et *Atlas botanique* de Drude.

cette céréale, improprement appelée Blé de Turquie, s'est répandue dans l'ancien Monde. En Amérique la limite de culture s'élève jusqu'à 55° de latitude nord sur la rivière Rouge; en Europe elle atteint seulement le 50°; même en France la limite sur les côtes de l'ouest est plus basse (46°) à cause du climat humide et brumeux qui est défavorable au Maïs. Aujourd'hui cette céréale est cultivée en Chine, dans les Indes et en Afrique. Dans ces mêmes pays on cultive le Sorgho ou Durrha (*Holcus sorghum*). Cette espèce abonde dans l'île San Antonio de l'archipel du Cap-Vert, à l'état presque spontané. M. de Candolle est disposé à admettre une origine africaine pour le Sorgho, qui se serait répandu ensuite de l'Afrique équatoriale en Égypte, dans l'Inde et finalement en Chine.

Le Riz (*Oryza sativa*) exige beaucoup de chaleur et beaucoup d'humidité; il ne peut croître que dans des bas-fonds facilement inondés, et pendant sa période de développement la température doit être d'au moins 20°. Sa culture est surtout répandue dans les Indes, l'archipel indien, la Chine méridionale; elle réussit également dans la Caroline du Sud et au Brésil. La limite de culture dans l'ancien continent n'atteint qu'exceptionnellement 45° de latitude; en Amérique elle ne s'élève qu'à 38°, et dans l'hémisphère sud elle ne descend pas plus bas que le tropique. Le Riz existe à l'état spontané dans l'Inde et en Chine. Il est originaire sans doute de l'Asie méridionale. Son introduction en Europe est due aux Arabes, et sa culture en Amérique est toute moderne.

Les plantes à tubercules sont cultivées également, mais elles ont beaucoup moins d'importance que les céréales. Seule la Pomme de terre (*Solanum tuberosum*) est maintenant universellement répandue. Cette plante est originaire de l'Amérique du Sud où elle pousse spontanément au Chili. Avant la découverte de l'Amérique sa culture était déjà répandue dans les parties tempérées de la chaîne des Andes, depuis le Chili jusqu'à la Nouvelle-Grenade. Le Manioc (*Manihot utilissima* ou *Jatropha Manihot*) est une plante à tubercules, de la famille des Euphorbiacées. Sa fécule, dont on fait le tapioca, renferme aussi un suc vénéneux. Le Manioc est d'origine américaine; il existe à l'état spontané au Brésil, à la Guyane, au Pérou et au Mexique. De là il a été introduit dès le XVIe siècle en Afrique et en Asie. L'Arrow-Root (*Maranta arundinacea*), dont on tire aussi de la fécule, est d'origine américaine. La Batate ou Patate (*Batatas edulis*) appartient à la famille des Convolvulacées. Son origine est douteuse; elle semble cependant être américaine, bien qu'elle soit depuis longtemps cultivée en Chine. La culture de ce tubercule s'est également implantée dans l'Inde, à Taïti et à la Nouvelle-Zélande. Une autre Convolvulaire, l'*Ipomæa mammosa*, confondue souvent avec la Batate, est cultivée en Cochinchine. Les Ignames ou Yams sont des plantes monocotylédones, à tubercules, de la famille des Dioscorées. Elles constituent le genre *Dioscorea*. On en connaît près de deux cents espèces cultivées en Chine, au Japon, dans les Indes et dans les parties intertropicales de l'Afrique et de l'Amérique. Les Ignames ont donc une origine multiple, bien que les espèces asiatiques soient de beaucoup les plus nombreuses. Le Topinambour (*Helianthus tuberosus*) de la famille des Composées, est aujourd'hui cultivé dans le centre de l'Europe. Il est originaire du nord-est de l'Amérique. En Chine et au Japon on cultive pour ses tubercules une plante de la famille des Labiées, le *Stachys affinis*. En 1882, M. Pailleux commença à le cultiver à Crosnes, près de Paris. Cette culture a pris depuis une grande extension et ses tubercules sont vendus aux Halles sous le nom de *Crosnes*.

Les arbres fruitiers sont nombreux. Les fruits à noyaux, Cerises, Abricots, Prunes, Pêches, sont fournis par des espèces qui sont originaires de l'Orient. Le Cerisier des oiseaux (*Prunus avium*), d'où sont provenus les Bigarreautiers et les Merisiers, est sauvage dans l'Asie Mineure et aussi en Europe, mais il paraît avoir eu pour centre de dispersion l'Asie d'où il s'est répandu grâce aux Oiseaux, qui recherchent ses fruits et les portent de proche en proche. Même chose sans doute pour le Cerisier commun ou Griottier (*Prunus cerasus*). Le Prunier domestique (*Prunus domestica*) existe à l'état sauvage au sud du Caucase; l'Abricotier (*Prunus armeniaca*) est indigène en Chine; il semble en être de même, d'après M. de Candolle, du Pêcher (*Prunus persica*). Quant au Poirier (*Pyrus communis*), et au Pommier (*Pyrus malus*), ils existent à l'état sauvage dans presque toute l'Europe; ils en sont indigènes. Ils atteignent dans l'Europe occidentale le 65° de latitude, en Russie et en Sibérie le 45° seulement et dans le nord-ouest de l'Amérique le 50°. Les Groseilliers sont originaires de l'Europe septentrionale et tempérée. La Vigne (*Vitis vinifera*) croît spontanément dans l'Asie occidentale, l'Europe méridionale, l'Algérie et le Maroc. Ses limites de culture sont le 51° et le 28° de latitude nord. L'Olivier (*Olea europæa*) ne peut être cultivé en Europe que sur le littoral méditerranéen ; il ne se trouve pas plus haut vers le nord que Valence ; cet arbre est très commun à l'état sauvage sur la côte méridionale de l'Asie Mineure. Les Orangers, les Citronniers ne peuvent être cultivés en France que dans le Var et les Alpes-Maritimes; ils sont originaires de l'Inde ou de la Chine. Le Grenadier (*Punica granatum*) est originaire de la Perse.

Nous avons déjà discuté plus haut l'origine de différents Palmiers. Le Dattier est regardé souvent comme originaire du Sahara, mais il est plus probable, d'après M. de Candolle, qu'il existait à l'état spontané de l'Euphrate aux Canaries. Le Cocotier semble être d'origine américaine bien qu'il y ait des arguments favorables à l'idée d'une origine de l'archipel indien. Citons encore comme fruits la Banane et la Goyave; le Bananier (*Musa paradisiaca*) est sauvage en Asie, et le Goyavier (*Psidium guayava*), de la famille des Myrtacées, est originaire d'Amérique.

Des cultures importantes sont celles du Café, du Thé, du Cacao, du Tabac, de la Canne à sucre et du Cotonnier. Le Caféier (*Coffea arabica*), aujourd'hui cultivé en Arabie, à la Réunion, à Java, à Ceylan, aux Antilles et au Brésil, est originaire de l'Abyssinie, où il pousse spontanément. Le Thé (*Thea sinensis*) cultivé d'abord en Chine, l'est maintenant dans l'Inde, à Java, à Ceylan et au Brésil. Il est indigène des pays montagneux qui séparent les plaines de l'Inde de celles de la Chine (1). Le Cacao (*Theobroma Cacao*), qui était déjà cultivé au Mexique et dans l'Amérique centrale avant l'arrivée des Espagnols, pousse spontanément dans les forêts du fleuve des Amazones et de l'Orénoque. Le Tabac (*Nicotiana tabacum*) était très répandu déjà en Amérique à l'arrivée des Espagnols ; il était cultivé par les indigènes du Pérou, du Mexique, etc. Il a été trouvé à l'état spontané dans les forêts chaudes et humides des Andes péruviennes et de l'Équateur. Il y a d'ailleurs une cinquantaine d'espèces de *Nicotiana* toutes américaines, sauf une d'Australie et une de la Nouvelle-Calédonie. La patrie primitive du Tabac est, sans nul doute, américaine, mais on ne sait s'il s'étendait du Mexique jusqu'à la Bolivie ou s'il était plus cantonné. La Canne à sucre (*Saccharum officinarum*), cultivée maintenant dans toutes les parties chaudes du globe, a été d'abord employée en Asie, puis elle s'est répandue en Afrique et en Amérique. Toutes les espèces de *Saccharum* croissent dans l'Inde, sauf une espèce égyptienne. Jamais on n'a trouvé le *Saccharum officinarum* sauvage, mais les documents historiques et linguistiques concordent pour assigner comme patrie d'origine à la Canne à sucre l'Inde, la Cochinchine ou l'archipel indien.

Le Cotonnier (*Gossypium*) est un végétal textile cultivé pour les filaments qui couvrent sa graine, à la fois en Asie, en Afrique et en Amérique. On connaît plusieurs espèces : le Cotonnier herbacé (*G. herbaceum*) spontané dans l'Inde, le Cotonnier arborescent (*G. arboreum*) spontané dans l'Afrique intertropicale, enfin le Cotonnier des Barbades (*G. barbadense*) indigène en Amérique. Ces trois espèces ont fourni les variétés cultivées.

Parmi les plantes textiles les plus employées il faut citer le Lin et le Chanvre. D'après M. de Candolle, le Lin vivace (*Linum angustifolium*), spontané depuis les Canaries jusqu'au Caucase, a été cultivé d'abord en Europe par les populations préhistoriques. Ensuite le Lin annuel ordinaire (*L. usitatissimum*), spontané entre le golfe Persique, la Caspienne et la mer Noire, a été introduit en Europe par les Aryens et les Finnois. Le Chanvre (*Cannabis sativa*) se trouve à l'état sauvage au midi de la Caspienne et dans la Sibérie méridionale; c'est là sans doute son lieu d'origine. Dans certaines parties de l'Asie méridionale, surtout au Bengale, on cultive des plantes du genre *Corchorus* (famille des Tiliacées) qui est spontané dans ces pays; les fibres textiles qu'on en tire sont importées en Europe sous le nom de *Jute*. Nous avons cité déjà le *Phormium tenax* de la Nouvelle-Zélande. Un textile qui semble arrivé à un grand avenir est la Ramie (*Boehmeria*), plante de la famille des Urticées, comme le Chanvre, et qui compte un grand nombre d'espèces. On la cultive depuis longtemps en Chine dont elle semble originaire. Elle a été introduite depuis une trentaine d'années aux États-Unis, en Algérie et dans le midi de la France.

Un fait digne de remarque, c'est la rareté

(1) De Candolle, p. 95.

des plantes cultivées originaires de certains pays. Les États-Unis en particulier n'ont guère fourni que le Topinambour et des Courges, la Patagonie et le Cap n'ont pas fourni une seule espèce. L'Australie a simplement donné l'Eucalyptus. D'une manière générale les régions australes ont fort peu de plantes annuelles, et les espèces annuelles sont les plus faciles à cultiver. Si, comme l'a fait Unger, on trace sur une carte dressée suivant le système de Mercator, une ligne droite joignant l'Irlande aux Moluques, on constate que la plupart des régions les plus riches en plantes utiles, se pressent autour de cette ligne; il en est ainsi de l'archipel malais, de l'Indo-Chine, de l'Hindoustan, de la Perse, de l'Arménie, du Caucase, de la Grèce, de l'Italie et de l'Europe centrale. Une ligne de ce genre est appelée par Unger ligne *bromatorique*, c'est-à-dire ligne de subsistances. On peut en tracer également une en Amérique, dirigée vers le nord-ouest; autour d'elle se groupent le Brésil, la Guyane, le Pérou, la Colombie, l'Amérique centrale, les Antilles, le Mexique. Seule la partie atlantique des États-Unis, qui d'ailleurs a fourni peu de plantes utiles, se trouve à l'écart de cette ligne (1).

LES FAUNES.

MOYENS DE DISPERSION DES ANIMAUX.

Lorsque le voyageur parcourt les diverses régions de la Terre il est immédiatement frappé des différences qui se manifestent d'un pays à l'autre dans la population animale. L'ensemble des espèces d'animaux qui existent dans une région constitue la *faune* de cette région, chaque espèce ne se trouve que dans une certaine zone géographique, qu'on peut appeler son *habitat*, et dans cette zone elle n'occupe que certaines *stations* déterminées; c'est ainsi que dans un même pays, c'est-à-dire dans un même habitat, telle espèce ne fréquente que les forêts; telle autre, les plaines déboisées; telle autre enfin les montagnes. Les eaux courantes, les marécages ont aussi dans chaque pays leur population spéciale. Ainsi l'habitat est un phénomène géographique et la station un phénomène local.

Les circonstances qui influent sur la distribution géographique des animaux sont multiples. Certaines tiennent à l'organisation de l'animal lui-même, aux moyens de dispersion dont il dispose, aux obstacles que lui oppose son organisation même; d'autres lui sont extérieures, comme le climat, la végétation, les concurrents qu'il rencontre dans sa lutte pour l'existence.

Considérons d'abord les moyens de dispersion des divers groupes d'animaux. Les Mammifères terrestres sont naturellement les moins bien pourvus sous ce rapport. Ils sont arrêtés par les bras de mer, par les rivières profondes si celles-ci sont suffisamment larges, par les hautes chaînes de montagnes, par les déserts où ils ne peuvent trouver une nourriture suffisante. Ainsi il est fort rare que des îles éloignées des continents, même quand la distance est médiocre, aient en commun avec la terre ferme des espèces de Mammifères. Darwin cite cependant les îles Falkland (Malouines), qu'habite un Canidé voisin du Loup; il a peut-être été transporté par les glaces flottantes, comme cela a encore lieu actuellement dans les régions arctiques (2). Dans les grandes plaines du fleuve des Amazones on trouve souvent sur une rive des espèces de Singes qui n'existent pas sur l'autre bord. Cependant il arrive parfois que des Mammifères soient transportés par les fleuves au moment des crues sur des bois flottants; on a vu ainsi des Jaguars, des Lions pumas, des Singes, des Écureuils, etc., descendre les grands fleuves de l'Amérique. Les migrations qu'effectuent les Mammifères terrestres sont toujours assez restreintes et ne sont nullement comparables à celles des Oiseaux; ainsi certains Rongeurs des monts Scandinaves, les Lemmings (*Myodes*), chassés par le manque de nourriture quand ils sont devenus trop nombreux, sortent de leurs montagnes, mais

(1) Supan, p. 429.

(2) Darwin, l'*Origine des espèces*. Trad. française, Paris, 1880, p. 471.

se bornent à descendre vers la mer Baltique et la mer du Nord; les Antilopes de l'Afrique centrale exécutent de longs voyages, mais ne changent pas de région et reviennent bientôt à leurs pâturages primitifs. Les seuls Mammifères cosmopolites sont ceux que l'homme a transportés consciemment ou non à bord des navires ; ainsi les Rats (genre *Mus*), sont originaires du sud de l'Asie; ils ont envahi peu à peu l'Europe et les navires les ont transportés partout. Les Lapins importés en Australie, y sont devenus rapidement un fléau pour les habitants. Les Chèvres et les Cochons redevenus sauvages peuplent nn grand nombre d'îles océaniques. Les Chevaux d'origine européenne se sont multipliés d'une manière extraordinaire dans les Pampas de l'Amérique du Sud.

Les Mammifères aériens, c'est-à-dire les Chauves-Souris, sont beaucoup plus répandus que les Mammifères terrestres. On en trouve dans des îles très éloignées de la terre ferme, car ces animaux peuvent accidentellement franchir de grandes distances en mer. « On a vu, dit Darwin, des Chauves-Souris errer de jour sur l'océan Atlantique à de grandes distances de la terre, et deux espèces de l'Amérique du Nord visitent régulièrement ou accidentellement les Bermudes, à 1000 kilomètres de la terre ferme. »

Quant aux Mammifères marins, ils ont généralement une aire de dispersion très vaste et ils trouvent dans les courants de puissants moyens de transport. Le seul obstacle qu'ils rencontrent est le changement de température. Ainsi les Otaries, Mammifères amphibies du Pacifique et des régions antarctiques, ont une distribution géographique qui ne s'explique que par l'existence de courants chauds qui les ont empêchés de s'étendre dans l'Atlantique (1). De même parmi les Cétacés, les Baleines ne se montrent jamais dans la zone intertropicale, tandis que les Cachalots, au contraire, n'existent que dans les mers chaudes et tempérées.

Les Oiseaux ne semblent pas, au premier abord, arrêtés par les obstacles qui s'opposent à l'extension des Mammifères. Ils peuvent franchir au vol de grandes distances, et tout le monde sait que bien des espèces exécutent régulièrement des migrations. Il en est ainsi des Oiseaux insectivores, comme les Hirondelles, qui passent d'une région à l'autre suivant les saisons. D'autres sont entraînés par les vents à de grandes distances de leur habitat originel ; beaucoup d'Oiseaux d'Europe sont apportés, au moment des bourrasques, jusqu'aux Açores. Il faut peut-être attribuer à la même cause la présence en Europe, surtout dans les îles Britanniques, de soixante-neuf espèces américaines; ce sont surtout des Oiseaux qui émigrent en automne le long des côtes de l'Amérique du Nord et que des vents régnant en cette saison entraînent sur les côtes d'Europe. Cependant bien des espèces d'Oiseaux sont étroitement localisées pour des causes diverses. Ceux qui habitent les forêts de l'intérieur ne sont pas aussi exposés aux bourrasques; de plus les espèces granivores sont en quelque sorte limitées dans leur extension par la nature même de la végétation. Le climat joue également un rôle important, les hautes montagnes sont une barrière pour bien des espèces, enfin il faut tenir compte des ennemis qui s'attaquent aux adultes, aux jeunes ou aux œufs. Wallace a remarqué, par exemple, l'absence des Pigeons dans les localités de l'Archipel malais où abondent les Singes. D'ailleurs si certains types carnivores, comme les Rapaces, sont devenus cosmopolites grâce à leur genre de nourriture et à la puissance de leur vol, en revanche les Oiseaux coureurs, comme l'Autruche, le Nandou, le Casoar, qui ne peuvent pas voler et sont herbivores, ont une extension aussi limitée que les Mammifères terrestres.

Il en est de même pour les Reptiles ; ces animaux sont pour la plupart très localisés. Ils ne peuvent traverser les bras de mer, pas plus que les Mammifères, sauf cependant les Tortues marines et les Serpents marins. Généralement on ne trouve pas de Reptiles dans les îles océaniques où il n'y a pas de Mammifères indigènes. Les divers groupes, comme le fait remarquer Wallace (1), diffèrent considérablement par leurs moyens de dispersion et leur résistance aux conditions défavorables. Les Serpents peuvent certainement traverser facilement les rivières à la nage, mais ils ne peuvent prospérer dans les climats froids. Ils ne dépassent pas le 62° de latitude et ne s'élèvent pas dans les Alpes à plus de 2000 mètres. Les Lézards s'avancent plus au nord

(1) Trouessart, *la Géographie zoologique*. Paris, 1890, p. 285.

(1) Wallace, *The geographical Distribution of Animals*. Londres, 1876, I, p. 28.

que les Serpents, et s'élèvent jusqu'à plus de 3 000 mètres. Ils existent dans des îles éloignées des continents, à l'inverse des Serpents; sans doute ils possèdent des moyens, encore inconnus, de traverser les bras de mer, peut-être à l'état d'œufs.

Les Batraciens à cause de leur existence aquatique peuvent facilement s'étendre par l'intermédiaire des cours d'eau. D'autre part les Oiseaux aquatiques peuvent accidentellement en transporter des œufs attachés à leurs pattes, ou des trombes les enlever de leurs mares et les entraîner au loin. Quant aux bras de mer, les Batraciens ne peuvent les traverser, le contact de l'eau salée les tue immédiatement eux et leur frai, aussi n'existent-ils pas dans les îles océaniques, à moins d'y avoir été transportés par l'homme. C'est ainsi que les Grenouilles introduites à Madère, aux Açores, à l'île Maurice, s'y sont multipliées au point de devenir très incommodes.

Les Poissons marins semblent devoir se propager en toute liberté, mais il n'en est rien; comme pour les Cétacés les différences de température ont une grande importance; certaines espèces ne fréquentent que les eaux chaudes et ne peuvent vivre dans les eaux froides. D'autres ont besoin d'eaux peu profondes, de sorte qu'une mer de grande profondeur sera pour ces animaux un obstacle infranchissable. Il y a des différences d'une espèce à l'autre, car il y en a qui sont confinées dans les eaux douces, tandis que beaucoup, comme les Esturgeons, passent de la mer dans les rivières et inversement. Les Poissons d'eau douce ont certainement des moyens de propagation, car une même espèce peut habiter deux systèmes de rivières différents. Cela peut s'expliquer par des inondations mettant en rapport ces systèmes, mais cela peut résulter aussi du transport des œufs, ceux-ci restant souvent adhérents aux plumes des Oiseaux aquatiques ou même au corps d'Insectes tels que les Dytisques. Enfin d'après Gmelin, les Oiseaux comme les Canards et les Oies, qui pendant leurs migrations vivent de frai de Poissons, peuvent rejeter deux ou trois jours après, avec les résidus de la digestion, quelques œufs encore capables de se développer (1).

Grâce à leurs ailes, les Insectes sont souvent transportés fort loin de leur lieu d'origine, quand le vent leur vient en aide. C'est ainsi que de Humboldt a observé dans les Andes à plus de 5 000 mètres de hauteur des Sphinx et des Mouches qui avaient été entraînés par les courants d'air ascendants. Les Sauterelles peuvent également être emportées de cette manière et la mer n'est pas toujours un obstacle à la propagation de ces Insectes, pas plus qu'à celle des Papillons. On a observé accidentellement des Sphinx volant en pleine mer à plus de 400 kilomètres des côtes de l'Afrique. Les Insectes sont aussi emportés par les courants marins sur des troncs d'arbres ou sur des noix de coco et ils peuvent résister longtemps à la mort. D'autres sont arrivés dans nos pays avec des bois de charpente. Enfin les vaisseaux transportent sans cesse de ces animaux d'un pays dans un autre. La Blatte orientale (*Blatta orientalis*), est ainsi arrivée en Europe, et notre Mouche a été introduite de cette façon dans les îles de la Sonde.

Les animaux de la classe des Arachnides peuvent aussi dans certains cas parcourir de grandes distances. Beaucoup d'Araignées, appartenant aux familles de Thomisidés, des Épéiridés et des Lycosidés, se suspendent à l'extrémité d'un long fil et se laissent emporter par le vent. Ces fils abondants à l'automne, sont connus sous le nom de fils de la vierge. Ils peuvent être entraînés fort loin. Darwin, à bord du *Beagle*, rencontra une nuée de ces fils en pleine mer, à 60 milles de la côte américaine; à chacun d'eux était suspendue une petite Araignée.

Nous avons parlé déjà des œufs de Batraciens et de Poissons transportés accidentellement par les Oiseaux. Ces derniers contribuent aussi à la dispersion d'organismes beaucoup plus inférieurs. Ainsi Darwin a fait l'expérience suivante. Il suspendit une patte de Canard dans un aquarium où beaucoup de coquillages d'eau douce étaient en train d'éclore; il trouva cette patte couverte de ces coquillages qui s'y cramponnaient avec assez de force pour ne pas se détacher quand on secouait. Ces coquillages purent survivre de douze à vingt heures sur la patte du Canard dans un air humide; or pendant cet intervalle de temps un Héron ou un Canard peut franchir de 900 à 1 100 kilomètres (1). Cette expérience permet d'expliquer l'introduction de

(1) Lyell, *Principes de géologie*. Trad. franç., II, p 474.

(1) Darwin, *l'Origine des Espèces*, p. 463.

Mollusques d'eau douce dans les îles océaniques. D'ailleurs on peut invoquer des faits précis relatifs à la dispersion involontaire des Mollusques, des Crustacés, et autres animaux inférieurs. Darwin cite le cas d'un Insecte aquatique du genre Dystique, au corps duquel était attaché un *Ancylus* (coquille d'eau douce). M. de Guerne a trouvé dans la vase qui adhère au bec et aux pattes de Canards sauvages et de Sarcelles des œufs de Crustacés, des germes de Bryozoaires (statoblastes), etc. Il en est de même pour les plumes des Palmipèdes; les statoblastes en particulier y adhèrent fortement (1).

Certains Mollusques, comme le Taret (*Teredo navalis*), qui s'attachent à la coque des navires, ont été ainsi transportés loin de leur lieu d'origine. Les Tarets, d'origine équatoriale, ont été importés en Angleterre, en Hollande, en France. D'après Lyell une espèce terrestre, le *Bulimus undatus*, originaire de la Jamaïque, a été importée à Liverpool avec des bois de charpente, et se trouve aujourd'hui naturalisée aux environs de cette ville.

CIRCONSTANCES QUI INFLUENT SUR LA DISTRIBUTION GÉOGRAPHIQUE DES ANIMAUX.

La distribution géographique des animaux dépend d'une foule de circonstances. Elle est nécessairement en rapport avec la distribution des terres et des mers, la profondeur des océans, la position des îles, la hauteur et la direction des chaînes de montagnes, l'étendue et la disposition des déserts, des forêts, etc.; elle dépend de la direction des courants marins et des courants atmosphériques, de la température, de la végétation et aussi des espèces animales qui réagissent les unes sur les autres. Enfin il faut tenir grand compte de l'histoire géologique et paléontologique de la contrée.

Considérons rapidement ces divers facteurs. Celui auquel on attribue le plus d'importance est la température et, en effet, les faunes tropicales sont infiniment plus riches que les faunes des pays chauds. Cependant les animaux dépendent beaucoup moins que les végétaux de la température, parce que pendant la mauvaise saison ils peuvent souvent, grâce aux moyens de dispersion dont ils disposent, se réfugier dans des pays plus chauds, et ils ont une faculté d'acclimatation souvent très grande. C'est ce que nous montrent les Oiseaux. En Amérique on voit les Perruches (*Conurus carolinensis*) prospérer jusqu'au 42° de latitude nord et supporter le mauvais temps. Les Colibris, véritables Oiseaux des tropiques, s'avancent sur la côte ouest jusqu'au 61° de latitude nord et au Canada jusqu'au 57°, ils se montrent dans l'hémisphère sud jusqu'à la Terre de Feu et s'élèvent sur le Chimborazo jusqu'à la limite des neiges persistantes (4900 mètres). Une sorte d'Hirondelle, la Progné pourpre (*Progne purpurea*), qui habite l'Afrique du Nord et très accidentellement l'Europe, a comme limites, d'après Torell, le 67° de latitude nord et le 90° de latitude sud (2). Le Tigre, généralement regardé comme un animal des pays chauds, se rencontre dans la Sibérie méridionale. En réalité le rôle de la température, tout en étant fort important au point de vue de la répartition géographique des animaux, n'est pas le seul facteur à considérer. L'Afrique tropicale et l'Amérique tropicale ont un climat analogue dans ses traits généraux; elles sont toutes deux couvertes de grandes forêts et cependant leurs faunes sont très différentes. En Afrique on trouve des Éléphants, des Singes à queue non préhensile, des Léopards, etc.; en Amérique ces animaux sont remplacés par des Tapirs, les Singes à queue préhensile, les Jaguars, etc. Le sud de l'Afrique et l'Australie ont de grandes analogies de climat et même, comme nous l'avons vu, des analogies de flore, cependant d'une part existent des Lions, des Antilopes, des Zèbres, des Girafes, et d'autre part des Marsupiaux de formes variées. Ces faits ne peuvent s'expliquer que par la Géologie et la Paléontologie. La localisation de bien des espèces tient à des causes encore inconnues; elle constitue un problème encore à l'étude, et qui serait résolu, comme le dit M. Trouessart, « si nous connaissions parfaitement la forme des continents et la composition de leur flore et de leur faune à toutes les époques géologiques, et si nous pouvions suivre pas à pas les changements qui se sont produits dans l'une et dans l'autre depuis les temps les plus reculés jusqu'à nos jours » (3).

Les courants marins chauds ou froids consti-

(1) De Guerne, *le Peuplement des Açores* (*Rev. scient.*) 14 avril 1888).

(2) Supan, p. 434.

(3) Trouessart, p. 309.

tuent, comme nous l'avons vu plus haut, pour les Otaries et les Cétacés, des barrières presque infranchissables s'opposant aux migrations des animaux marins. Un isthme très étroit peut aussi en être une pour les populations de deux mers voisines. Ainsi la Méditerranée et la mer Rouge, séparées seulement par l'isthme de Suez, présentent des faunes très différentes. Il n'y a presque pas d'espèces communes; la faune méditerranéenne se rapproche de celle de l'Atlantique et celle de la mer Rouge présente des coquilles qui existent dans l'Océan Indien et jusqu'aux Philippines.

L'influence des montagnes est considérable; des deux côtés des Andes et des Montagnes Rocheuses en Amérique, presque tous les Mammifères, les Oiseaux et les Insectes appartiennent à des espèces différentes. En Asie l'Himalaya forme une barrière du même genre entre la région méridionale et la région septentrionale. Il n'y a pas de barrières montagneuses de ce genre en Afrique, mais le désert du Sahara en tient lieu. Les Alpes, les Pyrénées constituent, quoique à un degré beaucoup moindre, des limites du même genre. L'altitude intervient aussi pour régler la répartition géographique; mais son action se confond avec celle de la température.

Les rapports entre le règne végétal et le règne animal sont des plus étroits. Les Herbivores dépendent directement de la végétation et les Carnivores, qui pourchassent les Herbivores, en dépendent indirectement. Les forêts ont leurs espèces animales caractéristiques, de même que les plaines. Les Singes, les Écureuils, les Cerfs, pour ne citer que quelques exemples, sont liés à l'existence des forêts, tandis que les Zèbres, les Antilopes, ne fréquentent que les plaines herbeuses ou couvertes de broussailles. Un changement dans la végétation entraine nécessairement des changements dans les faunes. Ainsi aux époques préhistoriques, il y avait en Danemark des forêts de Pins, qui ont été remplacées ensuite par des forêts de Chênes et de Hêtres. Avec les Pins ont disparu divers animaux dont on trouve la trace dans les dépôts quaternaires du Danemark, tel est le Coq de bruyère (*Tetrao urogallus*) qui se nourrit de bourgeons et de feuilles de Conifères. Les Insectes sont particulièrement liés à la végétation. Beaucoup d'entre eux sont monophages, c'est-à-dire ne peuvent se nourrir que d'une espèce de plante déterminée. Chaque plante a ses Insectes particuliers, constituant en quelques sorte sa faune. Le Chêne, en Allemagne, a ainsi 537 parasites, et en Amérique d'après M. Packard un nombre beaucoup plus considérable. Le Saule en Amérique en a 486 et ainsi de suite (1).

Les formes animales agissent aussi les unes sur les autres. Une Mouche, la Mouche tsétsé, qui habite le sud de l'Afrique, empêche absolument l'introduction dans le pays, des Bœufs, des Chevaux, des Chameaux et des Chiens, parce que sa piqûre est mortelle pour eux; elle est inoffensive au contraire pour les Chèvres, les Anes et les Veaux. Un autre Diptère empêche de même les Bœufs et les Chevaux de prospérer au Paraguay, tandis qu'au nord et au sud il y a des bandes innombrables de ces animaux. Darwin a mis en évidence depuis longtemps les relations qui relient les uns aux autres, les divers êtres vivants. L'exemple suivant est devenu populaire. La fécondation du Trèfle rouge est assurée par les Bourdons; eux seuls le visitent pour en prendre le nectar et se couvrent alors de pollen qu'ils portent de fleur en fleur. Or le nombre des Bourdons dépend du nombre des Mulots qui détruisent leurs nids et celui des Mulots dépend à son tour de celui des Chats, de sorte que les nids de Bourdons sont beaucoup plus abondants près des villages qu'en pleins champs. Ainsi les Chats déterminent l'abondance dans une localité des Bourdons et des Trèfles rouges (2).

Il suffit parfois de l'introduction d'une seule espèce animale dans un pays pour changer complètement, dans un temps très court, sa flore et sa faune. Les Chèvres introduites à Sainte-Hélène ont fait disparaître de nombreux arbres de différentes espèces, et avec eux toute la population d'Insectes, de Mollusques et peut être même d'Oiseaux, qui en dépendait. Le Dronte de l'île Maurice, cet Oiseau incapable de voler dont nous avons déjà parlé plus haut, a disparu non seulement par l'action de l'homme, mais aussi à cause de la poursuite des Chats et des Cochons introduits dans l'île. De même le Rat gris ou Surmulot a presque entièrement détruit, sous l'effet de la concurrence vitale, le Rat noir qui existait seul avant lui en Europe; il a de même exterminé d'autres espèces de Rats dans d'autres régions. Notre Abeille, importée en Australie,

(1) *Les Insectes nuisibles aux forêts*, d'après M. A.-S. Packard (*Rev. scient.*, 26 déc. 1891).

(2) Darwin, *l'Origine des Espèces*, p. 285.

fait disparaître avec rapidité l'Abeille indigène dépourvue d'aiguillon (1). Nous avons déjà, au début de cette étude des faunes et des flores, insisté sur les changements que l'homme apporte dans la distribution des espèces animales et végétales, et sur les extinctions dont il est la cause (2).

Pendant longtemps on ne s'est guère occupé que des conditions d'existence des animaux terrestres et des modifications que ces conditions peuvent introduire dans leur répartition géographique. Mais il est non moins important de connaître les conditions de milieu des lacs et des mers. L'étude des lacs, faite d'après une méthode scientifique rigoureuse, ne date que de quelques années. Elle se poursuit simultanément en France, en Suisse et dans d'autres pays. On a d'abord mesuré la profondeur de ces lacs, et c'est ce que donne le tableau suivant pour trente-sept lacs de la Suisse (3) :

	Mètres au-dessus de la mer.	Profondeur maxima.
1. Muzzano, près de Lugano...	334	3,5
2. Lac Noir, Fribourg.........	1056	6,0
3. Sgrischus, Grisons.........	2640	6,55
4. Egelsee, Argovie...........	669	10,26
5. Seealpsee, Appenzell.......	1148	13,0
6. Lac d'Arusa, Grisons.......	1740	15,0
7. — —	1700	17,0
8. Grimselsee, Berne..........	1871	16,0
9. Moësola, Petit Bernardin...	2063	17,48
10. Fählensee, Appenzell.......	1455	23,0
11. Cavloccio, près de Maloja...	1908	25,0
12. Joux, Vaud (Jura)..........	1009	25,0
13. Klonthal..................	828	32,0
14. Greifen, Zürich............	439	34,0
15. Pfäffike, —	541	36,0
16. Unter, Thurgovie..........	398,3	46,3
17. Hallwyl, Argovie-Lucerne..	452	47,3
18. Morat.....................	437	48,6
19. Davos.....................	1561	53,5
20. Ritom, Tessin.............	1829	60,0
21. Œschinen, Berne...........	1592	61,0
22. Baldegg, Lucerne..........	467	66,1
23. Sils, Grisons.............	1796	73,0
24. Bienne....................	434	77,0
25. Silvaplana, Grisons........	1794	77,4
26. Egeri, Zug................	727,7	82,7
27. Sempach...................	506,9	86,9
28. Zürich....................	408,6	142,6
29. Wallen....................	425	151,0
30. Neuchâtel.................	435	153,2
31. Zug.......................	416,6	197,0
32. Quatre-Cantons............	437,0	211,0
33. Thun......................	560,2	217,2
34. Constance.................	399,5	292,0
35. Brienz....................	566	261,4
36. Lugano....................	274	289,66
37. Genève....................	375	309,7

(1) Darwin, p. 80.

(2) Page 604.

(3) Imhoff, *les Conditions de milieu dans les lacs* (*Rev. scient.*, 15 oct. 1892).

Avec la profondeur varient la température et la pression, et avec ces conditions la vie animale et végétale éprouve de nombreuses modifications. On peut distinguer dans les lacs trois régions : 1° une région littorale, qui s'étend depuis les bords jusqu'à 20 ou 25 mètres de profondeur, c'est là que se trouve la faune la plus riche; 2° une région profonde où la faune est beaucoup moins riche; 3° une région pélagique, comprenant la grande masse d'eau éloignée des bords et du fond; la faune y compte 170 espèces et 12 variétés d'animaux sans vertèbres et un petit nombre de Vertébrés.

Les océans présentent également des conditions d'existence variables avec la profondeur. La pression augmente rapidement avec celle-ci et elle joue un rôle important dans la répartition des animaux pélagiques en zones distinctes (1). Quand on soumet, comme l'a fait M. Paul Regnard (2), des animaux à des pressions de 4 ou 500 atmosphères, ils s'engourdissent, deviennent rigides, se gonflent et enfin meurent quand on maintient la pression un certain temps. Leur poids a augmenté et leurs tissus sont imbibés d'eau. Des pressions inférieures à 200 ou 300 atmosphères ne paraissent pas avoir d'effets sensibles. Or, approximativement une pression d'une atmosphère correspond à 10 mètres d'eau; par suite d'après ce qui précède, la pression n'exerce qu'une faible influence sur les animaux vivant à des profondeurs moindres que 2 000 ou 3 000 mètres. Les animaux des grandes profondeurs, ceux qui vivent à 4 000 ou 5 000 mètres, sont adaptés à ces fortes pressions, ils sont imprégnés d'eau et meurent dès qu'on les soustrait à ces pressions, parce que cette eau quitte leurs tissus. Ainsi les animaux marins sont cantonnés dans certaines zones qu'ils ne peuvent franchir sous peine de mourir par excès ou par perte d'eau dans leurs tissus. Pour certains animaux la pression a une influence plus directe que pour les autres; c'est ce que présentent les Siphonophores, animaux qui flottent à la surface, grâce à des sortes de cloches remplies de gaz. Ils ne peuvent naturellement s'aventurer au delà de certaines limites sans s'exposer à la rupture de leurs flotteurs. Les Poissons pourvus d'une

(1) Koehler, *les Conditions d'existence des organismes pélagiques* (*Rev. gén. des sciences*, 15 fév. 1892).

(2) Paul Regnard, *Conditions physiques de la vie dans les eaux*. Paris, 1891.

vessie natatoire sont exposés d'ailleurs aux mêmes inconvénients.

La température varie assez rapidement avec la profondeur. Elle décroît au fur et à mesure que la profondeur augmente. A la surface elle dépend naturellement de la saison; plus bas elle devient presque constante. A 1 000 mètres dans les régions tempérées la température est de 4 à 5° dans les grandes profondeurs, à 5 ou 6 000 mètres elle oscille entre 0° et 2°. Cette uniformité de la température dans tous les océans à de grandes profondeurs explique, comme nous avons déjà eu l'occasion de le dire (1), l'existence dans ces abîmes d'une faune presque partout la même, quelle que soit la latitude, et contenant de nombreux types qui vivent dans les mers arctiques. Sur les côtes atlantiques du Maroc, par exemple, à 2 500 ou 3 000 mètres de profondeur, on trouve des Étoiles de mer (*Brisinga*) et des Crinoïdes (*Rhizocrinus lofotensis*) qui vivent sur les côtes de Norwège.

L'intensité de la lumière diminue aussi très rapidement avec la profondeur. A 200 mètres elle est déjà affaiblie et il semble qu'elle ne puisse pénétrer dans les profondeurs de l'Océan au delà de 400 mètres. MM. Fol et Sarazin ont observé, en effet, qu'au mois d'avril, en plein midi une plaque photographique d'une sensibilité extrême cessait d'être impressionnée par la lumière entre 390 et 400 mètres. Cette variation dans l'intensité de la lumière intervient aussi dans la répartition en zones des animaux marins. Ceux des grandes profondeurs présentent, comme nous le verrons plus tard, une organisation spéciale. Beaucoup sont aveugles et possèdent en revanche des organes du tact très développés; d'autres au contraire sont phosphorescents et fournissent ainsi une certaine clarté dans les zones profondes. Certains, dont les yeux loin d'être atrophiés sont au contraire très gros, utilisent pour se diriger la lumière qu'eux-mêmes ou leurs compagnons produisent.

Remarquons d'ailleurs que beaucoup d'espèces des profondeurs remontent à la surface soit pendant la nuit, soit pendant l'hiver. Ces migrations doivent être sans doute rapportées à l'influence de la lumière et surtout de la chaleur. Ces animaux ne pouvant supporter une lumière et un échauffement intenses, se réfugient pendant le jour et pendant la saison chaude, dans les abîmes. Un fait qui vient à l'appui de cette opinion, c'est que les naturalistes de l'expédition récente du *Plankton* ont rencontré en été dans les mers arctiques, de nombreux animaux du genre Béroé, alors qu'ils n'existaient dans la Méditerranée que dans la profondeur.

Enfin la lumière agit encore indirectement sur la répartition en profondeur des animaux marins, par son influence sur les végétaux. Ceux-ci ne peuvent assimiler le carbone que sous l'influence de la lumière, aussi ne se trouvent-ils qu'à des profondeurs assez faibles. Au delà de 3 à 400 mètres les végétaux ne peuvent guère exister, parce qu'ils sont incapables d'assimiler faute de lumière. Ce n'est pas sans étonnement que l'expédition du *Plankton* a trouvé entre 1 000 et 2 000 mètres de profondeur une Algue verte unicellulaire : l'*Halosphæra viridis*; mais il est possible que celle-ci commence à vivre à la surface, pour tomber ensuite dans les profondeurs, où elle peut bien continuer à exister quelque temps, mais sans assimiler (1). Quoi qu'il en soit, la répartition en profondeur des végétaux marins doit naturellement influer sur celle des animaux qui se nourrissent de matières végétales. En résumé à toutes les profondeurs, depuis la surface jusqu'aux abîmes, existent de nombreuses faunes animales adaptées à des conditions variées de pression, de température et de lumière. Nous étudierons plus tard les principaux types de ces faunes marines, mais il faut avant tout établir les diverses régions zoologiques entre lesquelles se distribuent les formes terrestres et d'eau douce.

LES RÉGIONS ZOOLOGIQUES.

Comme nous l'avons vu dans les pages précédentes, bien des facteurs interviennent pour la répartition géographique des animaux, et non seulement des facteurs actuels mais encore et à un très haut degré les phénomènes du passé, ceux dont s'occupent la Géologie et la Paléontologie. Rien n'est plus compliqué que de comprendre la distribution des différents types. Ainsi, pour donner quelques exemples des problèmes que rencontre la géographie

(1) Page 88.

(1) Koehler, *Revue générale des sciences*, 1892.

zoologique, les Cerfs se sont répandus par toute l'Europe, l'Asie, l'Amérique; mais ils n'existent pas dans l'Afrique tropicale et australe. Les Ours, existent en Europe, en Asie et dans l'Amérique du Nord; les Cochons du genre *Sus* dans toute l'Europe et en Asie aussi bien que la Nouvelle-Guinée; mais les Ours et les Porcs sont absolument inconnus, comme les Cervidés, dans l'Afrique tropicale et australe (1). Au contraire les Antilles ont un petit nombre de Mammifères, tous de petite taille et alliés, sauf un genre, à ceux de l'Amérique; de plus, les Insectivores sont complètement absents de l'Amérique du Sud. Or, l'espèce propre aux Antilles est cependant un Insectivore appartenant à la famille des Tanrecs (Centétidés) et cette famille est reléguée tout entière, sauf cette espèce, à Madagascar. Un beau Papillon du genre *Urania* habite cette dernière île, tandis que les autres espèces du genre n'existent que dans l'Amérique tropicale. Certains groupes sont étroitement localisés, ainsi les Singes anthropomorphes dans l'Afrique occidentale et à Bornéo, les Tapirs en Malaisie et dans le sud de l'Amérique, les Marsupiaux en Australie et en Amérique; les Lémuriens surtout à Madagascar et en Malaisie. Pour se reconnaître dans cette complication, dans cet enchevêtrement des différents types animaux, il est nécessaire de diviser la terre en un certain nombre de régions zoologiques.

On ne peut songer à suivre la division géographique en continents; on ne peut non plus s'appuyer exclusivement sur des considérations relatives au climat, à la latitude par exemple et aux lignes isothermes. On doit adopter un système qui tienne compte de la distribution du plus grand nombre possible de types animaux et notamment des plus élevés en organisation, c'est-à-dire des Mammifères. Ces derniers, comme le fait remarquer Wallace, dépendent pour leur dispersion des relations réciproques des terres et des mers; ils sont liés à l'existence et à l'absence des forêts, des plaines, des plateaux, des montagnes; les causes accidentelles interviennent peu pour leur dispersion, de plus ces êtres sont de beaucoup les mieux connus et leur classification est pour ainsi dire achevée. Ajoutons que ce sont les animaux qui ont apparu les derniers sur la terre, par suite leur distribution a été affectée moins que celle des autres types, par les phénomènes géologiques anciens. Enfin les régions zoologiques basées sur la considération des Mammifères coïncident avec celles que l'on obtient en considérant les Oiseaux; elles sont même encore valables, au moins jusqu'à un certain point, pour les Reptiles, dont l'origine géologique est cependant ancienne, car elle remonte à la fin des temps primaires, tandis que les Mammifères ne se sont pleinement épanouis que dans les temps tertiaires.

En 1857 Sclater a divisé la terre en six grandes régions zoologiques qui ont été adoptées par Wallace. Ce sont les suivantes :

1° Le *région paléarctique* comprenant l'Europe, l'Asie jusqu'au massif de l'Himalaya et le nord de l'Afrique jusque et y compris le Sahara;

2° La *région néarctique* qui comprend l'Amérique du Nord jusqu'au Mexique;

3° La *région indienne* ou *orientale* formée de l'Asie au sud de l'Himalaya, le sud de la Chine et les îles de la Sonde;

4° La *région éthiopienne* formée de l'Afrique au sud du Sahara, du sud de l'Arabie, de Madagascar et des îles Mascareignes;

5° La *région néotropicale* comprenant l'Amérique depuis le nord du Mexique jusqu'au cap Horn;

6° La *région australienne* comprenant les îles de la Malaisie depuis Célèbes et Lombock, l'Australie, la Nouvelle-Zélande et la Polynésie.

Souvent, avec Sclater et Huxley, on groupe ensemble les quatre premières régions : Paléarctique, Néarctique, Indienne et Éthiopienne, sous le nom d'*Arctogée* (zone de l'hémisphère nord) et les deux autres régions : Néotropicale et Australienne, sous le nom de *Notogée* (zone de l'hémisphère sud). On peut aussi grouper les régions deux à deux de la manière suivante : Paléarctique et Néarctique pour former la zone arctique; Éthiopienne et Indienne pour former la zone tropicale; Néotropicale et Australienne pour former la zone antarctique. Plusieurs naturalistes ne reconnaissent pas de différences sensibles entre les régions Paléarctique et Néarctique et les réunissent sous le nom de région Holarctique.

Nous conserverons les six divisions de Wallace en y ajoutant avec M. Trouessart (1) deux régions nouvelles : la *région polaire arctique* et

(1) Wallace, *The geographical Distribution of Animals*. Londres, 1876, I, p. 51.

(1) Trouessart, *la Géographie zoologique*. Paris, 1890, page 19.

la *région polaire antarctique* qui sont caractérisées par une faune spéciale et aussi, comme nous l'avons vu plus haut, par une flore particulière. Wallace divise lui-même ses six grandes régions en plusieurs sous-régions.

La région paléarctique comprend quatre sous-régions : européenne, méditerranéenne, sibérienne et mandchourienne.

La région néarctique comprend les sous-régions : canadienne, alléghanienne, centrale ou des Montagnes Rocheuses et californienne.

La région orientale ou indienne comprend les sous-régions : indienne proprement dite, ceylanaise, indo-chinoise et indo-malaise.

La région éthiopienne est formée des sous-régions : occidentale, orientale, australe et malgache.

La région néotropicale présente les sous-régions : mexicaine, antillienne, brésilienne et chilienne.

La région australienne enfin, comprend les sous-régions austro-malaise, australienne proprement dite, polynésienne et néo-zélandaise.

LA FAUNE POLAIRE ARCTIQUE.

La région polaire arctique comprend toutes les contrées placées au nord de la ligne isotherme de 0°. Cette ligne ne coïncide pas avec le cercle polaire. Elle s'avance plus au sud sur les deux continents, mais dans le nord de l'Atlantique elle remonte jusqu'au cap Nord à cause de l'influence bienfaisante du Gulf-Stream. La région arctique comprend ainsi en partie l'Islande, les îles du Spitzberg et de la Nouvelle-Zemble, les côtes septentrionales de l'Europe, de l'Asie, de l'Amérique, l'archipel polaire américain et le Groënland. C'est la région des *toundras* de l'ancien Continent et des *barren-grounds* (terres stériles) de l'Amérique.

La faune arctique est très pauvre et très uniforme, les Carnivores sont représentés par diverses espèces, dont la plus remarquable, la plus forte, est l'Ours blanc (*Ursus maritimus*), qui a été rencontré jusqu'à 82° de latitude nord; il s'avance vers le sud jusqu'au 55° et parfois il arrive, porté par les banquises, sur les côtes d'Islande. Son pelage blanc s'harmonise parfaitement avec la couleur du sol couvert de neige et de glace. Beaucoup d'animaux des régions polaires sont d'ailleurs caractérisés par des changememts de teinte suivant les saisons; ils deviennent souvent blanchâtres ou même tout blancs à l'entrée de l'hiver. C'est ce qui a lieu pour l'Hermine (*Mustela erminea*). Quant au Renard polaire ou Isatis (*Vulpes lagopus*), très commun dans les pays arctiques, il a des colorations variées; les jeunes et les femelles sont bruns ou d'un gris bleuâtre (de là le nom de Renard bleu); le mâle adulte devient blanc et l'on trouve tous les passages de couleur (1). Un autre Carnivore, le Glouton (*Gulo luscus*), ne monte pas si haut sur le nord que les trois précédents; il n'a été trouvé que jusqu'au 75° de latitude (archipel Parry).

Les Rongeurs arctiques sont les Lièvres polaires (*Lepus glacialis*) ressemblant au Lièvre variable des Alpes, mais ils restent blancs toute l'année, tandis que le second n'est blanc qu'en hiver. Un autre Rongeur est le Lemming (*Myodes torquatus*), sorte de Campagnol, célèbre par les migrations qu'il fait en Laponie et en Norwège, et dont nous avons parlé plus haut (fig. 740).

Les Herbivores sont représentés par le Renne (*Cervus tarandus*) et par le Bœuf musqué (*Ovibos moschatus*). Le premier forme des bandes assez nombreuses se nourrissant surtout du Lichen appelé *Cladonia rangiferina*. Les Groënlandais comme les Lapons et les Samoyèdes l'ont domestiqué et s'en servent comme bête de somme, et utilisent son lait et sa chair. Le Bœuf musqué, plus rare que le Renne, ne se trouve guère que dans l'Amérique, surtout à la limite méridionale de la région arctique.

Les Mammifères marins sont assez nombreux, ce sont les Phoques, les Morses et différents Cétacés, entre autres les Baleines. Les Phoques appartiennent à différentes espèces : *Phoca groenlandica*, *Ph. fœtida*, *Erignathus barbatus*, etc. Ces animaux se reproduisent dans les régions polaires et descendent chaque automne vers les côtes de l'Amérique du Nord, de la Norwège et de la mer du Nord. Les Morses (*Trichecus*), remarquables par leurs lourdes défenses supérieures, sont moins abondants et ne descendent que jusqu'au 55° de latitude. Les Baleines appartiennent au genre *Balæna* proprement dit, ainsi la Baleine franche (*B. mysticetus*), au genre *Balæ-*

(1) Trouessart, p. 29.

Fig. 740. — Le Lemming, Rongeur de la région polaire arctique.

noptera, et à des genres voisins ; elles descendent assez loin vers le sud, tandis que deux autres Cétacés, le Dauphin blanc ou *Beluga* et le Narval (*Monodon monoceros*), pourvu d'une défense horizontale à la mâchoire supérieure, ne quittent jamais les mers glaciales.

Les Oiseaux terrestres des régions arctiques ne sont pas propres à ces pays et se retrouvent ailleurs. Tel est, en particulier, le Bruant des neiges (*Plectrophanes nivalis*), qui existe dans la plupart des hautes montagnes d'Europe. Le Lagopède blanc (*Lagopus albus*) descend dans la région européenne jusqu'en Courlande et en Lithuanie ; il est très commun en Norwège. Une Chouette, le Harfang des neiges (*Nyctea nivea*), descend parfois jusqu'en Allemagne. Les Oiseaux aquatiques sont extrêmement abondants. Certains sont cosmopolites comme les Oies, les Canards, les Pétrels (*Procellaria*), Hirondelles de mer (*Sterna*), les Mouettes (*Larus*). D'autres sont bien caractéristiques des régions arctiques ; ce sont les Oiseaux plongeurs par exemple, à ailes très courtes, comme les Guillemots (*Uria*) et les Pingouins (*Alca*). Ces derniers sont représentés par plusieurs espèces ; l'une de celles-ci, le Grand Pingouin (*Alca impennis*), paraît avoir complètement disparu. Il se montrait encore au commencement du siècle en Islande, à Terre-Neuve et descendait même pour pondre aux îles Faeroer et aux Hébrides. On n'en a plus vu depuis 1844. Un genre particulier du Canard est le genre Eider (*Somateria*) qui est recherché pour son duvet.

Les Reptiles, les Batraciens, les Poissons d'eau douce font complètement défaut. Les Poissons marins sont au contraire très abondants et appartiennent surtout à la famille des Gadidés ou Morues (*Gadus*, *Merluccius*, *Molva*) et à celle des Cycloptéridés (*Cyclopterus* et *Liparis*). Les Invertébrés marins sont extrêmement nombreux : Crustacés, Échinodermes, Annélides, Mollusques ; cela explique l'abondance des Vertébrés marins qui s'en nourrissent. Les Mollusques Ptéropodes, petits animaux de haute mer, munis de deux grandes nageoires latérales, sont particulièrement abondants ; ils servent de nourriture aux Cétacés comme les Baleines ; citons surtout la *Limacina arctica* pourvue d'une coquille et le *Clio borealis* qui est nu.

Les Mollusques d'eau douce terrestres sont rares ; ils n'appartiennent généralement pas en propre aux régions arctiques ; ils se retrouvent dans le nord de l'Europe. Les espèces d'eau douce sont : *Succinea groenlandica*, *Planorbis arcticus*, *Limnæa Vahlii*, *Limnophysa Hollboelii*, *Pisidium Stenbuchii;* les espèces terrestres sont : *Vitrina Angelicæ*, *Hyalina alliaria*, *Conulus Fabricii*, *Pupa Hoppi*, en tout 9 espèces (1).

Il n'y a pas plus de trente espèces d'Insectes, dont 3 Hyménoptères, 4 Diptères, 6 Lépidoptères et une dizaine de Coléoptères. A cette pauvre faune entomologique s'adjoignent de rares Araignées appartenant surtout au genre *Lycosa;* telles sont *Lycosa aquilonaris* et *Lycosa sociata*.

LA FAUNE EUROPÉENNE.

Wallace divise ce qu'il appelle la région paléarctique en quatre sous-régions : européenne, méditerranéenne, sibérienne et mandchourienne. Considérons d'abord la sous-région européenne. Elle est certainement celle dont la faune est le mieux connue. On peut avec Wallace lui tracer les limites suivantes : Elle est bornée au sud par les Pyrénées, les Alpes, les Balkans, la mer Noire et le Caucase, à l'est par les monts Ourals ou mieux par l'Irtich et la Caspienne, à l'ouest elle est limitée par l'Atlantique, et ses parties les plus occidentales sont l'Irlande et l'Islande qui appartient partiellement à la région arctique. Quant aux limites nord de la sous-région européenne elles sont peu nettes; la démarcation de la région arctique et de la sous-région européenne est en bien des points difficile à établir, il y a passage graduel. Ce n'est que d'une manière assez artificielle qu'on a pris pour ligne de démarcation l'isotherme de zéro.

Le climat de la sous-région européenne, à cause de l'influence des courants marins, est également éloigné des extrêmes de chaleur et de froid. Toute la contrée est bien arrosée, parcourue par de nombreuses rivières; elle consiste surtout en plaines et en coteaux d'une faible élévation. Les montagnes comme les Alpes, les Carpathes, les Pyrénées forment seulement des îlots à température plus basse ayant une faune comparable en partie à celle des régions arctiques; nous avons constaté un fait du même genre en comparant la flore arctique et la flore alpine.

La faune européenne ne présente pas un grand nombre de types, mais la plupart sont caractéristiques et beaucoup d'espèces de petits Mammifères et d'Oiseaux sont étroitement limitées à cette sous-région (2).

Il y a 24 espèces de Chauves-Souris dont les principaux genres sont Vespertilion (*Vespertilio*), Rhinolophe (*Rhinolophus*), Oreillard (*Plecotus*), Barbastelle (*Synotus*). Les Insectivores sont représentés par le Hérisson (*Erinaceus*), plusieurs Musaraignes (*Sorex*) et la Taupe (*Talpa*), ainsi que par un genre très curieux de mœurs aquatiques, le Desman (*Myogale*). Ce dernier est absolument confiné dans la sous-région européenne; on ne l'a trouvé que dans les Pyrénées françaises et dans le sud de la Russie. Les Rongeurs présentent les genres Écureuil (*Sciurus*), Loir (*Myoxus*), Hamster (*Cricetus*), Campagnol (*Arvicola*), Rat (*Mus*), Castor et Lièvre (*Lepus*). Le genre Rat est originaire des régions chaudes; le Rat gris ou Surmulot (*Mus decumanus*), le Rat noir (*Mus rattus*) et même la Souris (*Mus musculus*) sont certainement venus de l'Orient. Le premier même ne s'est montré en Europe qu'au siècle dernier; il n'a paru à Paris qu'en 1750; le Rat noir se trouvait déjà en Europe au XIIe siècle; quant à la Souris, elle semble avoir suivi l'homme dans ses premières migrations vers l'ouest. Deux espèces du genre *Mus* sont propres à l'Europe : le Mulot (*Mus sylvaticus*) et la Souris naine (*Mus minutus*). Les Campagnols (*Arvicola*) présentent un grand nombre d'espèces qui paraissent toutes originaires des régions arctiques; elles se sont répandues aussi bien dans la région néarctique (Amérique du Nord) que dans la région paléarctique (Europe et Asie septentrionale). Les deux espèces les plus répandues dans nos pays sont le Campagnol des champs (*Arvicola arvalis*) et le Rat d'eau (*Arvicola amphibius*). Le Castor est commun aux deux régions paléarctique et néarctique. Il est rare aujourd'hui en Europe, on ne le trouve plus guère que dans les îlots du Rhône près d'Arles, sur les bords du Danube en quelques localités, parfois sur le Weser et l'Elbe, en Russie, en Pologne et dans les cours d'eau des monts Ourals. Autrefois, il était commun,

(1) Trouessart, *Géographie zoologique*, p. 32.

(2) Le lecteur trouvera dans les volumes de Brehm (*Merveilles de la Nature*) la représentation des divers types cités ici.

si l'on en croit les traditions, sur les bords de la petite rivière de la Bièvre qui se jette dans la Seine; au moyen âge le Castor était même appelé Bièvre. Citons encore parmi les Rongeurs, le *Spalax* ou Rat-Taupe qui n'habite que l'est de l'Europe et une partie de la Sibérie.

Les Carnivores sont le Loup (*Canis lupus*), qui s'aventure parfois jusque dans la région arctique, le Renard (*Canis vulpes*), le Chat sauvage (*Felis catus*), la Marte, la Fouine, la Belette (*Mustela martes, M. foina, M. vulgaris*), la Loutre (*Lutra vulgaris*) et le Blaireau (*Meles taxus*). L'Ours brun (*Ursus arctos*) et le Lynx (*Felis Lynx*) ne se trouvent que dans les montagnes ou dans la partie de l'Europe la plus septentrionale, limitrophe de la région arctique.

Les Ongulés sont représentés dans les plaines par le Sanglier (*Sus scrofa*), le Cerf (*Cervus elaphus*), le Chevreuil (*C. capreolus*). L'Élan (*Alces palmatus*) à bois très aplatis, n'existe que dans l'Europe septentrionale, ainsi en Finlande, en Scandinavie. Il a sans cesse reculé dans les temps historiques, devant le défrichement. En Prusse près Tilsitt, il se trouve encore, protégé par des lois spéciales, dans la forêt d'Ibenhorst. Le Bison d'Europe (*Bison europæus*) ne se trouve plus de même qu'en quelques localités, comme la forêt de Bialowicza en Lithuanie et le Caucase. Dans les steppes de la Russie, comme dans ceux de la Sibérie, existe une Antilope au nez boursouflé et arqué, l'Antilope Saiga (*Colus tartaricus* ou *Saiga tartarica*), qui s'étendait autrefois jusqu'au centre de l'Europe. Dans les montagnes on trouve le Chamois (*Capella rupicapra*) et le Bouquetin (*Capra ibex*). Ces deux Ruminants caractérisent la faune alpestre avec l'Ours, l'Hermine (*Mustela erminea*), la Marmotte (*Arctomys marmotta*) et le Lièvre variable (*Lepus variabilis*).

Les côtes de la mer du Nord et de l'Atlantique sont fréquentées par le Phoque commun (*Phoca vitulina*); ce dernier se montre assez souvent sur les côtes de France, où il y fréquente diverses localités et s'y reproduit : telles sont particulièrement la baie de la Somme et la rade de Dunkerque (1). Les Cétacés des mers d'Europe sont surtout diverses espèces du genre Dauphin (*Delphinus*), le Marsouin (*Phocæna communis*). L'*Hyperoodon* ou *Butskopf* à bec de canard, et divers Balénoptères viennent parfois échouer sur nos côtes. La véritable Baleine, la Baleine franche chassée autrefois par les Basques dans le golfe de Gascogne (*Balæna biscayensis*), est propre à l'Atlantique et ne doit pas être confondue avec celle des régions arctiques (*B. mysticetus*). Elle se montre très rarement aujourd'hui sur les côtes d'Europe, mais se voit encore assez souvent sur celles des États-Unis (1).

Parmi les Oiseaux de la région paléarctique il y en a peu qui soient caractéristiques de l'Europe, parce que beaucoup émigrent vers le sud. Il n'y a peut-être pas un seul genre véritablement propre à cette sous-région. Les genres Grive (*Turdus*), Fauvette (*Sylvia*), Mésange (*Parus*), Hochequeue (*Motacilla*) doivent être cités parmi les plus abondants avec le genre Moineau (*Passer*). Le Rossignol (*Philomela luscinia*) est propre à la région paléarctique. Parmi les Rapaces il faut citer les Aigles (*Aquila*) et les Faucons (*Falco gyrfalco* et *F. peregrinus*) qui s'étendent jusqu'au 70° latitude nord. Dans les montagnes se trouvent une sorte de Vautour, le Gypaète (*Gypaetos barbatus*), le Choucas des Alpes (*Pyrrhocorax alpinus*), le Coq de bruyère (*Tetrao urogallus*) et aussi les Lagopèdes (*Lagopus alpinus*) et le Bruant des neiges (*Plectrophanes nivalis*), déjà cités dans la faune polaire arctique.

Il n'y a pas de Reptiles propres à cette région. Les plus communs sont les Lézards, tels que le Lézard vert (*Lacerta viridis*), le Lézard des souches (*L. stirpium*), qui est le plus septentrional : il se montre jusque dans le nord de la Russie; l'Orvet (*Anguis fragilis*) est aussi très abondant. Les Couleuvres (*Tropidonotus natrix*) existent jusqu'en Suède et en Russie; la Vipère (*Pelias berus*) monte jusqu'à Arkhangel (64° lat. nord) et la Scandinavie (67° lat. nord); c'est le Serpent qui s'étend le plus loin vers le nord.

Les Batraciens sont nombreux; ils sont représentés par les Crapauds (*Bufo*, *Alytes*), les Grenouilles, dont une espèce (*Rana temporaria*) s'étend sur l'extrême nord, les Rainettes (*Hyla*), les Salamandres (*Salamandra*), dont une espèce (*Salamandra atra*) est propre aux Alpes, et les Tritons ou Salamandres aquatiques (*Triton*).

Les Poissons d'eau douce les plus caractéristiques appartiennent à la famille des Cypri-

(1) De Guerne, *la Rade de Dunkerque* (*Rev. scient.*, 14 mars 1885).

(1) Flower et Lydekker, *An introduction to the study of Mammals living and extinct*. Londres, 1891, p. 240.

nidés, comme la Carpe (*Cyprinus*), le Goujon (*Gobio*), etc., et à celle des Percidés, comme la Perche (*Perca*) et deux genres particuliers à la sous-région européenne : *Percarina* qui n'existe que dans le Dniester et *Aspro* limité aux fleuves de l'Europe centrale. On doit citer les Ésocidés (Brochets) et les Salmonidés (Saumons). Les Poissons marins sont nombreux. Parmi les Poissons cartilagineux, les plus abondants sont les Raies (*Raja*) et les Squales (*Mustelus*, *Scyllium*). Parmi les Poissons osseux les plus remarquables sont les Gadidés (Morues), les Clupéidés (Harengs), les Pleuronectes (Poissons plats comme la Sole).

Parmi les Crustacés les plus caractéristiques sont les Astacidés (Écrevisse, Homard). Les Insectes présentent peu de types spéciaux. Aucun genre de Papillon n'est localisé dans la sous-région européenne ; les genres *Parnassius*, *Colias*, *Argynnis*, *Vanessa* sont particulièrement abondants ; les Coléoptères les plus nombreux sont les Carabidés.

Les Mollusques terrestres sont des Escargots (*Helix*), des Limaces (*Limax*), des Arions, Limaces rouges dépourvues de coquille, tandis qu'il en reste un rudiment chez la Limace ordinaire. Ces Mollusques marins n'ont rien de particulier; beaucoup se retrouvent dans la Méditerranée, les trois cinquièmes des Mollusques des côtes d'Angleterre existent dans la Méditerranée.

Quand on compare la faune terrestre d'Angleterre et d'Irlande à celle du continent on trouve peu de différences. Le Loup n'existe pas dans les Iles Britanniques, mais cela provient de la chasse incessante qu'on lui a faite. Il y a une Musaraigne (*Sorex rusticus*) propre à l'Angleterre. Un Lagopède, le Grouse (*Lagopus scoticus*) est aussi particulier. On peut citer aussi quelques coquilles terrestres et quelques Insectes.

En Islande la faune a un caractère arctique. Il y a des Renards polaires (*Vulpes lagopus*) ; l'Ours blanc arrive quelquefois sur la glace ; un Rat (*Mus islandicus*) est regardé comme une espèce à part (1). Les Oiseaux rappellent, les uns ceux de l'Europe, les autres ceux du Groënland ; on cite en outre quelques espèces distinctes (*Falco islandicus*, *Lagopus islandorum*, *Troglodytes borealis*).

LA FAUNE MÉDITERRANÉENNE.

La sous-région méditerranéenne est limitée au nord par les Pyrénées, les Alpes, les Balkans et le Caucase. Elle comprend toutes les côtes de la Méditerranée jusqu'à l'Atlas et même le Sahara, le nord de l'Arabie, la Perse, le Béloutchistan et l'Afghanistan. Il y a dans cette vaste région des plaines, des déserts, des montagnes et des plateaux élevés ; le climat y est chaud et sec.

Les Mammifères sont nombreux et remarquables. Les Chauves-Souris sont représentées par le genre *Molossus*, les Singes existent au Maroc, en Algérie, où se trouve le Magot (*Macacus inuus*) ; c'est le seul Singe qui habite l'Europe. Quelques individus de cette espèce vivent sur les rochers de Gibraltar. Les Carnassiers sont les uns paléarctiques, les autres ont des affinités éthiopiennes. Les genres paléarctiques sont les Ours, les Blaireaux, les Singes, les Putois, les Loutres, etc. Il faut y ajouter la Genette (*Genetta vulgaris*), petit Carnivore allié aux Civettes et qui s'avance en France vers le nord jusque dans le Poitou, et aussi les Mangoustes (*Herpestes*) qui appartiennent à la faune éthiopienne. A cette même faune appartient le Lion (*Felis Leo*), qui habite toute l'Afrique et une partie de l'Asie ; il s'avançait d'ailleurs en Europe, comme nous l'avons déjà vu, pendant les premiers siècles historiques. Ajoutons encore aux Carnassiers de la sous-région méditerranéenne, la Panthère, le Guépard (*Cynailurus guttatus*) utilisé par les Persans pour la chasse, l'Hyène rayée (*Hyæna vulgaris*), le Chacal (*Canis aureus*) qui représente le Loup et diverses sortes de Renards. Une petite espèce, le Fennec (*Canis zerda*), à grandes oreilles et à poil jaunâtre, est caractéristique du Sahara.

Dans le nord de l'Afrique on trouve un Insectivore d'origine éthiopienne, le Macroscélide (*Macroscelides Rozeti*) remarquable par ses longues pattes de derrière lui permettant de sauter. Des Rongeurs, ayant une disposition analogue des membres, sont les Gerboises (*Dipus*) et les Gerbilles (*Gerbillus*) très répandues dans les plaines sablonneuses et le Sahara. D'autres Rongeurs caractéristiques sont les Porcs-Épics (*Hystrix*) qui se montrent jusqu'en Italie et des sortes de Rats appelés *Psammomys*. Un autre Rat, le *Ctenodactylus* de

(1) Wallace, *Geogr. Distrib. of Animals*, I, p. 198.

Tripoli, appartient à une famille presque exclusivement américaine, celle des Octodontidés. Il y a des Lièvres assez voisins des nôtres; le Lapin de garenne (*Lepus cuniculus*) paraît originaire aussi des bords de la Méditerranée.

Les Ongulés sont bien représentés. Il y a des Cerfs (*Cervus elaphus*); le Daim (*Cervus dama*) est un type exclusivement méditerranéen qui ne se trouve à l'état sauvage qu'en Espagne, en Sardaigne, en Grèce et dans l'Asie Mineure. Les principales Antilopes sont les Gazelles (*Gazella dorcas*). Il y a plusieurs Ovidés sauvages comme les Mouflons qui habitent les montagnes avec les Bouquetins et diverses sortes de Chèvres. Dans l'Atlas on trouve le Mouflon à manchettes (*Ovis tragelaphus*) et en Corse, en Sardaigne une espèce voisine (*Ovis musimon*). Les Chameaux sont également originaires de la sous-région méditerranéenne. Le Chameau à deux bosses (*Camelus bactrianus*) se trouve encore dans le Turkestan à l'état sauvage. Le Chameau à une bosse ou Dromadaire paraît une variété du précédent, répandue en Syrie, en Arabie et dans le nord de l'Afrique. On ne le connaît pas à l'état sauvage. Il ne se plaît que dans les déserts à climat sec; ainsi les Dromadaires élevés à San Rossore, près de Pise, depuis deux siècles, n'ont pas rendu beaucoup de services. Il y a aussi des Chevaux sauvages, mais surtout dans les déserts qui s'étendent dans le Turkestan et vers la région mandchourienne; là on trouve le Tarpan et l'Hémione. L'*Equus hemionus* ou Mulet sauvage s'étend aussi en Perse, dans le nord de l'Arabie et en Syrie. Dans le nord-est de l'Afrique se trouve l'Ane aux pieds bandés (*E. tæniopus*), souche probable des diverses races d'Anes domestiques (*E. asinus*) (1).

Beaucoup des Oiseaux qui fréquentent la sous-région méditerranéenne ne sont pas caractéristiques de cette sous-région; ils proviennent des contrées du nord qu'ils abandonnent à l'automne. Ainsi en Palestine, pays qui a bien été étudié au point de vue ornithologique, sur 322 espèces 260 se trouvent en Europe. On peut citer cependant parmi les Oiseaux propres à la sous-région méditerranéenne les Huppes (*Upupa*), les Guêpiers (*Merops*), différentes Alouettes spéciales aux déserts (*Certhilauda, Galerita*, etc.), un Bouvreuil (*Bucanetes githaginea*), des Vautours (*Vultur monachus*, *Gyps fulvus*), et quelques Échassiers. Tels sont les Flamants (*Phœnicopterus roseus*), qui se montrent jusque dans le sud de l'Europe. En Palestine, au voisinage de la mer Morte le climat est déjà tropical; aussi y voit-on des types des régions éthiopienne et orientale, comme les *Nectarinia* (*N. osea*) au plumage d'un brillant métallique.

Les Reptiles sont très nombreux dans la sous-région méditerranéenne dont le climat chaud est très favorable à leur développement. Il y a des Tortues, dont plusieurs espèces montent assez haut vers le nord; la Tortue de Marais (*Cistudo lutaria*) existe en France au sud de la Loire. Les Sauriens sont abondants; il faut citer le Lézard ocellé (*Lacerta ocellata*) qui atteint 0m,80 de long et se rencontre jusqu'en Provence, le Caméléon (*Chamæleo vulgaris*) commun en Algérie et en Espagne, les Geckos (*Platydactylus, Hemidactylus*, etc.), aux doigts munis de ventouses, les Agames et les Varans des sables (*Varanus arenarius*). Beaucoup de Saurions ont des membres rudimentaires ou nuls et ressemblent ainsi à des Serpents; tels sont les Scinques d'Algérie (*Scincus officinalis*), les Seps (*Seps chalcis*) qui habitent la France méridionale, le *Pseudopus*, sorte d'Orvet caractéristique du sud de l'Europe. Il y a de nombreuses Couleuvres, comme la Couleuvre bordelaise (*Coronella girundica*), le *Lamenis viridiflavus*, etc. Les espèces venimeuses sont la Vipère aspic (*Vipera aspis*), l'Ammodyte (*V. ammodytes*), la Vipère cornue (*Cerastes ægyptiacus*) très commune dans le nord-est de l'Afrique et en Arabie, et le *Naja* d'Égypte; c'est l'Aspic de Cléopâtre.

Parmi les Batraciens on doit citer quelques Salamandres particulières : le genre *Seiranota* d'Italie et de Dalmatie, le genre *Chioglossa* du Portugal, le genre *Geotriton* d'Italie.

Les Poissons d'eau douce les plus caractéristiques sont quelques genres de Cyprinidés, comme le *Paraphoxinius* du sud-est de l'Europe et le *Chondrostoma* d'Europe et de l'Asie occidentale. Le genre *Tellia* de la famille des Cyprinodontidés a été trouvé seulement dans les lacs de l'Atlas (1).

Les Poissons de la Méditerranée présentent beaucoup de genres identiques à ceux de l'Atlantique; il y a même un certain nombre de genres communs avec les côtes du Japon,

(1) Trouessart, *Géographie zoologique*, p. 69.

(1) Wallace, I, p. 205.

fait certainement inattendu. Les Dactyloptères ou Poissons volants sont nombreux, de même les espèces du genre *Trigla* (Rougets). Les Thons (*Thynnus*) sont particulièrement l'objet de grandes pêches.

Les Insectes sont abondants. Déjà au sud de la Loire, ils se montrent différents de ceux du nord de l'Europe. Les Cigales (*Cicada*) apparaissent; parmi les Coléoptères se présentent de nombreux genres de Ténébrionidés et Buprestidés. Les Orthoptères sont surtout représentés par le Criquet voyageur (*Acrydium peregrinum*), appelé vulgairement Sauterelle, qui dévaste périodiquement les régions méditerranéennes. Cette espèce paraît être originaire du sud de l'Afrique; mais il y a d'autres espèces véritablement indigènes qui se multiplient dans les années de sécheresse persistante; tel est le *Stauronotus maroccanus*. Parmi les Lépidoptères deux genres sont cantonnés dans la sous-région méditerranéenne : les genres *Thais* et *Doritis*. D'autres genres de Papillons sont d'origine tropicale (*Danais*, *Charaxes* et *Libythea*).

Les Myriapodes, en particulier les Scolopendres, deviennent nombreux, entre autres des Scolopendres plus grandes que celles de nos pays. Les Arachnides présentent les Scorpions qui existent déjà dans le midi de la France (*Scorpio europæus*), mais deviennent beaucoup plus venimeux dans le nord de l'Afrique (exemple : le *Buthus afer*); il y a également de grosses Araignées comme les Lycoses; telle est la Tarentule du sud de l'Europe (*Lycosa tarentula*).

Parmi les Crustacés marins les plus communs sur les côtes de la Méditerranée nous citerons les Squilles (*Squilla mantis*). Un Invertébré marin activement pêché sur les côtes d'Algérie et de Tunisie est le Corail rouge (*Corallium rubrum*).

Les îles Atlantiques, les Açores, Madère, les Canaries, les îles du Cap-Vert se rattachent par leur faune comme par leur flore à la région méditerranéenne.

Aux Açores les Oiseaux appartiennent tous à des genres d'Europe ou du nord de l'Europe; seule une espèce de Bouvreuil est spéciale, mais alliée de très près à celles d'Europe. Il n'y a pas d'autre Mammifère indigène qu'une Chauve-Souris, d'ailleurs d'espèce européenne. Il en est de même pour les Papillons, sauf une espèce nord-américaine. Sur 212 Coléoptères, 14 seulement sont particuliers à ces îles (1).

A Madère comme Oiseaux particuliers, on ne peut citer qu'un Roitelet (*Regulus maderensis*) et un Pigeon (*Columba Trocaz*). Les Oiseaux sont plus nombreux aux Canaries qu'à Madère, mais il n'y a que cinq espèces indigènes; même le Serin ou Canari est commun à toutes les îles Atlantiques. Il y a deux espèces européennes de Chauves-Souris. Les Coléoptères de Madère sont souvent pourvus d'ailes rudimentaires, ne leur permettant pas de voler, condition évidemment favorable pour ne pas être emportés à la mer par le vent (2). Les coquilles terrestres de Madère sont remarquables. Il y en a 56 espèces et 42 dans la petite île voisine de Porto-Santo, mais 12 seulement sont communes aux deux îles et presque toutes diffèrent des types analogues d'Europe et de l'Afrique. Ces différences s'expliquent par des conditions locales qui ont peu à peu modifié les espèces introduites accidentellement par les Oiseaux ou par les autres moyens que nous avons exposés plus haut.

Les îles du Cap-Vert présentent un mélange de la faune méditerranéenne et de la faune éthiopienne, ce qui se comprend à cause de l'éloignement relativement faible du Sénégal. Comme espèces éthiopiennes, il faut citer une sorte de Passereau, le *Pyrrhulauda nigriceps*. Il y a des Scinques de grande taille (*Macroscincus Cocteani*, cantonnés sur l'îlot Branco. Les Coléoptères présentent les mêmes caractères que ceux des Canaries et de Madère. De 275 espèces, 91 existent dans les Canaries et 81 à Madère. Dans toutes les îles Océaniques, on trouve parmi les Mollusques terrestres le sous-genre *Leptaxis* de Majorque; le sous-genre *Hemicycla* est commun aux Canaries et aux îles du Cap-Vert. Comme nous l'avons déjà dit, les Batraciens qui existent dans les îles Atlantiques ne sont pas indigènes; ils ont été introduits par l'homme.

LA FAUNE SIBÉRIENNE.

La troisième sous-région paléarctique porte le nom de Sibérienne ou de l'Asie septentrionale. Elle s'étend de la Caspienne au Kamtschatka et au détroit de Behring et de l'Océan

(1) Wallace, page 207.
(2) Darwin, *Origine des espèces*, p. 148.

Arctique au massif de l'Himalaya. Elle comprend les steppes et déserts qui couvrent une grande partie de l'Asie du nord et d'autres part des montagnes comme les monts Altaï et les chaînes qui bordent les hauts plateaux du Thibet. Ce pays est soumis à un climat rigoureux, au nord à cause de la latitude et au sud à cause de l'altitude considérable. L'hiver est très froid et les chaleurs de l'été sont excessives. Ces conditions ne sont pas favorables à l'épanouissement de la vie animale.

Comme Mammifères on trouve surtout des Rongeurs comme les Sousliks ou Marmottes des sables (*Spermophilus*), les Rats-Taupes (*Ellobius talpinus*, *Siphneus aspalax*, *Spalax typhlus*), et des Insectivores de la famille des Taupes (*Nectogale*). Outre ces animaux fouisseurs, il y a des Antilopes comme la *Saïga tartarica*, des Chevrotains porte-musc (*Moschus moschiferus*), des Mouflons à cornes énormes comme l'Argali (*Musimon argali*). Dans les lacs et la mer d'Aral il y a des Phoques; ces lacs en effet étaient à une époque géologique antérieure, en communication avec l'Océan Glacial. Dans le lac Baïkal, à 2 000 mètres d'altitude, il y a un Phoque (*Phoca siberica*) qui n'est qu'une variété de celui de l'Océan Arctique; il en est de même de celui de la mer d'Aral et de la Caspienne (*Phoca caspica*).

Sur les côtes de la mer de Behring, on trouve plusieurs espèces de Mammifères, notamment la Loutre marine (*Enhydris marina*) estimée pour sa fourrure, et les Otaries qui diffèrent des vrais Phoques par leurs oreilles externes visibles et leurs membres de devant assez dégagés pour servir à la marche. Les Otaries sont particulièrement en grand nombre aux îles Pribilov dans la mer de Behring. On chasse l'*Otaria ursina* ou *Callorhinus ursinus* pour sa fourrure ressemblant à du velours, qui est très estimée. On trouvait aussi au siècle dernier, dans la mer de Behring, un grand Sirénien, la Rhytine de Steller (*Rhytina Stelleri*), mais comme nous l'avons déjà dit, cet animal a complètement disparu aujourd'hui.

Les Oiseaux sont assez rares; il y a peu de types exclusivement limités à ces régions. Parmi les plus caractéristiques, Wallace cite une espèce de Geai (*Podoces*) et des sortes de Pinsons (*Mycerobas*, *Pyrrhospiza*). Il y a aussi dans les steppes les Gangas (*Pterocles*) et les Syrrhaptes (*Syrrhaptes*), ou Perdrix des sables, qui parfois s'avancent jusque dans l'ouest de l'Europe. On a constaté en particulier l'apparition de grandes bandes de Syrrhaptes en France pendant les mois de mai et de juin 1888. Ils nichent quelquefois en Allemagne. Quelques types appartiennent à la région orientale, comme des sortes de Fauvettes (*Abrornis*, *Larvivora*) et des Faisans (*Ceriornis*, *Ithaginis*). Dans les forêts de Conifères on trouve les Becs-Croisés (*Loxia*) et les Gros-Becs (*Pinicola enucleator*).

Comme Reptiles on ne peut guère citer que quelques Lézards de la famille des Agamidés (*Phrynocephalus*) et quelques Serpents de la famille des Crotalidés (*Halys*). Parfois on trouve un Serpent du genre *Simotes*, qui s'élève dans l'Himalaya jusqu'à plus 3 000 mètres.

Les Poissons sont généralement identiques à nos espèces d'Europe. Il y a toutefois dans le lac Baïkal quelques types spéciaux (*Comephorus*, *Brachymystax*).

Les genres *Masapia* et *Hypermnestra* sont des Lépidoptères particuliers à cette sous-région, dans les montagnes on trouve comme en Europe le genre *Parnassius*. Parmi les Coléoptères, les Carabidés sont abondants comme en Europe. En somme les Insectes ont un caractère strictement européen, quoiqu'un grand nombre d'espèces soient particulières et que plusieurs genres nouveaux apparaissent.

Les Mollusques terrestres n'ont rien de bien particulier. Ils sont en majorité européens; cependant on constate dans les steppes du Turkestan des types terrestres indiens comme *Nanina* et *Macrochlamys*. En somme la sous-région sibérienne ne présente pas beaucoup de types spéciaux; sur ses limites méridionales il y a déjà un mélange des faunes paléarctiques avec celles de la région orientale.

LA FAUNE MANDCHOURIENNE.

La sous-région mandchourienne comprend le Thibet, la Mongolie, toute la Chine du fleuve Amour jusqu'au fleuve Bleu, qui la sépare de la région orientale, enfin le Japon. Du côté du Thibet ses limites ne sont pas très bien définies, de sorte que la partie occidentale est parfois attribuée à la sous-région sibérienne.

La sous-région mandchourienne ou mongolienne présente un grand nombre de Mammifères intéressants, dont la plupart ont été découverts dans le Thibet et en Chine, il y a vingt-cinq ans, par le Père David, et dans ces derniers temps par divers explorateurs, notamment par M. Bonvalot, le prince Henri d'Orléans, M. Pavie, le docteur Harmand, etc.

Dans les montagnes du Thibet oriental, à une latitude identique à celle des Alpes, vivent plusieurs sortes de Singes du genre des Macaques; tels sont le *Macacus thibetanus*, répandu dans la vallée de Moupin, le *Macacus tchelienisis*, le *Rhinopithecus Roxellanæ*. Ce dernier est revêtu d'une fourrure épaisse; il en est de même du *Macacus vestitus* dont un exemplaire se trouve aujourd'hui au Muséum de Paris. Les Carnassiers de ces contrées sont nombreux. Outre l'Ours du Thibet (*Ursus thibetanus*), il y a le Panda (*Ailurus fulgens*), animal voisin des Ours, mais à queue longue; un genre voisin : *Ailuropus melanoleucus*, trouvé dans les hautes forêts du Thibet oriental par le P. David, plusieurs espèces de Martes, de Putois, de Blaireaux, des Renards (*Vulpes ferrilatus*); des Loups, des Cuons (*Cuon Dukhunensis*), Chiens sauvages ayant quarante dents au lieu de quarante-deux, comme les vrais Chiens; il y a également différentes sortes de Chats sauvages (*Felis Bieti*, *F. tristis*), des Lynx (*Lynx rufus*), des Panthères et des Onces *Felis uncia* (1). Le Tigre peut s'étendre dans la sous-région mandchourienne jusqu'à l'Amour, limite de la sous-région sibérienne; il existe aussi à l'île Saghalien à 50° de latitude nord.

Il y a un certain nombre d'Insectivores particuliers à la région mandchourienne. Ils forment le passage des Musaraignes aux Taupes et aux Desmans (*Anourosorex*, *Scaptonyx*, *Nectogale*, etc.) (2). Comme Rongeurs on peut citer des Lièvres (*Lepus hypsibius*), des *Lagomys* ou Lièvres de montagnes, des Marmottes (*Arctomys robustus*), des Écureuils (*Sciurus erythrogaster*), des Écureuils volants ou *Pteromys* (*P. alborufus*).

Les Herbivores sont représentés par le Yack ou Bœuf à queue de cheval (*Pœphagus grunniens*), des Moutons sauvages (*Ovis naghor*), des Antilopes ressemblant au Chamois, mais à cornes droites (*Nemorrhœdus*), des Chevrotains porte-musc (*Moschus moschiferus*), différents types de Cervidés comme le Muntjac (*Cervulus lacrymans*) de petite taille, et d'autres espèces voisines de nos Cerfs.

(1) Milne-Edwards, *Observations sur les Mammifères du Thibet* (Congrès de zoologie de Moscou, 1892).

(2) Trouessart, p. 65.

Dans le nord de la Chine quelques types particuliers habitent les plaines, tel est un Chien sauvage (*Nyctereutes procyonoïdes*), un Porc-Épic (*Hystrix subcristata*) et un Pangolin (*Manis Dalmanni*), Édenté originaire de la région orientale.

Au Japon il y a des Macaques, des Chauves-Souris frugivores (*Pteropus*) qui proviennent de la région orientale, le Chien sauvage de la Chine (*Nyctereutes*), et des espèces particulières d'Insectivores, comme une sorte de Taupe (*Urotrichus talpoïdes*) qui a été trouvée aussi dans le nord-ouest de l'Amérique.

Beaucoup d'Oiseaux proviennent de la région orientale, ils remontent en été jusqu'aux confins de la Sibérie. Comme type particulier originaire de la sous-région mandchourienne il faut citer les Faisans représentés par plusieurs genres : *Lophophorus*, *Thaumalea*, *Crossoptilon*, *Pucrasia*, *Ceriornis*, *Ithaginis* et par le genre *Phasianus* (Faisan) proprement dit; il y a au moins une vingtaine d'espèces de Faisans dont la plupart ont été domestiqués par les Chinois. Les Perruches (*Palæornis Derbyana*) montent jusqu'au 32° de latitude nord.

Les Reptiles sont peu nombreux dans le nord de la Chine; il y a seulement aux environs de Pékin quatre ou cinq espèces de Serpents, un Lézard et un Gecko. Le genre de Serpents le plus caractéristique est le genre *Halys*, le genre *Callophis* s'étend au Japon. Parmi les Lézards, les genres *Plestiodon*, *Maybouya*, *Tachydromus* et *Gecko* existent au Japon (1). Les Crocodiliens existent en Chine. M. Fauvel a mis hors de doute l'existence dans le fleuve Bleu, à la limite des régions mandchourienne et orientale, du genre Alligator ou Caïman, que l'on croyait confiné jusqu'alors en Amérique. L'espèce du fleuve Bleu a été appelée *Alligator sinensis* (2).

Les Batraciens sont plus nombreux que les Reptiles. Il y a plusieurs espèces de Grenouilles (*Polypedates*) et de Salamandres. Parmi celles-ci il y en a une (*Dermodactylus Pinchonii*) appartenant à un genre dont toutes les autres espèces sont américaines, mais les Salamandres les plus remarquables sont celles de grande taille qui constituent le genre *Sieboldia*. Ces animaux dépassent parfois 1 mètre de long. La *Sieboldia maxima* (fig. 741) habite dans les eaux courantes des diverses parties du Japon, surtout au sud de l'île de Nippon. Le

(1) Wallace, I, p. 227.

(2) Fauvel, *Alligators in China* (Shanghaï, 1879).

Fig. 741. — La Salamandre géante du Japon (*Sieboldia maxima*).

P. David en a trouvé une espèce voisine (*Sieboldia Davidiana*) au Thibet et dans le lac Koko-Noor.

Les Poissons présentent quelques types spéciaux, ainsi le genre *Plecoglossus* (Salmonidés) du Japon, *Achilognathus*, *Pseudoperilampus*, *Ochetobius* et *Opsariithys* (Cyprinidés). Notre Poisson rouge ou Cyprin doré (*Carassius auratus*), élevé dans les aquariums, nous est venu de la Chine. Une variété remarquable de cette espèce est le Cyprin télescopique, remarquable par la forte saillie des yeux. Le Poisson rouge est originaire de la province de Tche-Kiang.

Les Papillons de la sous-région mandchourienne présentent un mélange de formes tropicales et de formes des régions tempérées. Il y a des espèces du genre *Parnassius* au Japon et dans le pays de l'Amour. On peut citer le genre *Sericinus*, superbe Papillon du nord de la Chine ; d'autres beaux Lépidoptères, *Papilio paris* et *P. bianor*, de type tropical, habitent les environs de Pékin (1).

Les Coléoptères présentent le même mélange de types tropicaux et de types paléarctiques. Il y a deux cent quarante-quatre espèces de Carabidés au Japon, alliés à ceux de la région orientale. Au contraire, les Hyménoptères présentent ce fait curieux que les Abeilles et les Guêpes sont des formes orientales et que les Tenthrédinidés et les Ichneumonidés ont un faciès européen.

Certains Mollusques terrestres et aquatiques de la sous-région mandchourienne se rattachent également à la faune indienne. Ainsi dans le sud du Japon on trouve des Clausilies de taille gigantesque.

(1) Wallace, I, p. 227.

LA FAUNE NÉARCTIQUE.

La région néarctique comprend la partie de l'Amérique comprise entre la région polaire arctique et le nord du Mexique ; elle se compose donc du Canada et des États-Unis. Cette vaste région se divise assez naturellement en quatre sous-régions : la *sous-région canadienne* ou *subarctique*, la *sous-région orientale* ou *alléghanienne*, la *sous-région centrale* ou des *Montagnes Rocheuses*, et la *sous-région occidentale* ou *californienne*. La faune néarctique ressemble beaucoup dans son ensemble à celle de l'Europe ; dans la sous-région californienne cependant se fait un mélange graduel de formes septentrionales et de formes tropicales.

Les Mammifères présentent beaucoup de types paléarctiques. On peut citer les Ours, les Blaireaux, les Martes, les Putois, les Loups, les Lynx, etc., qui paraissent même de simples races géographiques des espèces correspondantes d'Europe. Un genre de Loutre (*Latax*) est spécial à la région. Les genres méridionaux qui pénètrent dans le sud de la région néarctique sont parmi les Carnivores les *Bassaris*, animaux arboricoles, et les Ratons (*Procyon*), ainsi que les Moufettes (*Mephitis*), remarquables par le liquide puant qui leur sert de moyen de défense. Un Marsupial, le Sarigue (*Didelphys*), pénètre aussi dans l'Amérique du Nord.

Les Insectivores sont particuliers; il faut citer trois genres voisins des Taupes : *Condylura*, *Scapanus* et *Scalops*, ainsi que l'*Urotrichus* déjà signalé au Japon.

Les Rongeurs appartiennent au genre Campagnol (*Arvicola*) commun en Europe, au genre *Hesperomys* qui remplace les Rats proprement dits, au genre *Tamias*, sorte d'Écureuil terrestre qui existe aussi dans le nord de l'Asie, et au genre *Cynomys*, sorte de Marmotte, appelé aussi Chien des Prairies ; les Porcs-Épics sont représentés par un genre arboricole, l'*Erethizon* ou Urson (fig. 742). Il y a des Castors analogues à ceux d'Europe. Les Chauves-Souris appartiennent aux mêmes genres qu'en Europe.

Les Ruminants sont assez nombreux. L'un des genres le plus remarquables est le genre Bison. Le Bison d'Amérique (*Bison americanus*) ou Buffalo, très voisin de celui d'Europe, parcourait autrefois en immenses troupeaux toute l'étendue des États-Unis jusqu'aux Montagnes Rocheuses. Il n'y en a plus aujourd'hui que quelques rares individus ayant échappé à une chasse incessante. Dans les montagnes on trouve un Mouflon (*Ovis montana*), une Antilope ressemblant au Chamois mais dont les cornes sont fourchues (*Antilocapra*), et le genre *Aplocerus* remplaçant le Bouquetin. Les Cerfs d'Amérique sont analogues aux nôtres ; le Cerf Wapiti du Canada est plus grand que le Cerf d'Europe, plus fort et ses bois sont plus ramifiés; dans cette race, les vingt-cors ne sont pas rares.

Sur les côtes de Californie on trouve des Otaries (*Eumetopias*). L'Éléphant marin (*Macrorhinus angustirostris*), ainsi appelé à cause de la courte trompe que possède le mâle, était, jusqu'en 1852, très abondant sur les côtes de Californie. On le capturait en grandes quantités pour sa graisse. Il est devenu aujourd'hui extrêmement rare ; ainsi, en 1884, on n'en a vu que trois (1).

Les Oiseaux de l'Amérique du Nord sont très analogues à ceux d'Europe. Beaucoup de genres sont communs aux deux contrées; tels sont les Aigles, les Buses, les Corbeaux, les

(1) *Les espèces qui s'en vont*, d'après M. Lucas (*Revue scient.*, 30 avril 1892).

Merles, les Pies-Grièches, les Tétras, les Lagopèdes; les Moineaux et les Pinsons sont remplacés en Amérique par des genres voisins : *Passerculus*, *Junco*, etc. Les Fauvettes (*Sylviidés*) sont remplacées par les Figuiers (*Sylvicolidés*). On doit citer l'Oiseau moqueur (*Mimus polyglottus*) de la famille des Merles, qui imite le chant des autres Oiseaux, et le Dindon (*Meleagris*) qui a été importé au XVIe siècle en Europe. Parmi les types tropicaux qui s'avancent dans l'Amérique du Nord les plus remarquables sont un Oiseau-Mouche (*Trochilus colubris*) et la Perruche verte (*Conurus carolinensis*).

Les Reptiles sont très nombreux malgré le climat tempéré. Les Serpents sont représentés par les genres *Coluber* (Couleuvre), *Cyclophis*, *Chilomeniscus*, *Pituophis*, *Ischnognathus*. Les Crotales ou Serpents à sonnettes présentent plusieurs espèces, dont deux : *Crotalus horridus* et *Ancistrodon contortrix*, arrivent jusqu'au Canada. Les Lézards caractéristiques sont *Phrynosoma* muni de sortes de cornes, *Callisaurus*, *Euphryne*, de la famille des Iguanes, *Ophisaurus* représentant l'Orvet, *Chirotes* formant une famille à part. Les Crocodiliens sont représentés par l'Alligator ou Caïman du Missisipi. Il y a de nombreuses espèces de Tortues.

Les Batraciens, outre des espèces particulières de Grenouilles, de Rainettes et de Crapauds, nous offrent des types spéciaux comme la Sirène lacertine (*Siren lacertina*) ressemblant à une grosse Anguille munie de deux pattes antérieures, l'Amphiuma (*Amphiuma tridactylis*) pourvu de membres très courts, le Ménobranche (*Menobranchus lateralis*) qui possède comme le Protée des cavernes de la Carniole, des panaches branchiaux externes.

Dans les grands fleuves et les lacs de l'Amérique du Nord il y a de nombreux Poissons dont beaucoup sont caractéristiques; tels sont parmi les Percidés le *Paralabrax* de Californie, le *Huro* du lac Huron; parmi les Salmonidés le *Thaleïchthys* de la rivière Columbia; parmi les Esturgeons le *Scaphirhynchus* du Mississipi, et deux autres familles de Ganoïdes tout à fait spéciales, les Lépidostéidés et les Amiadés.

Les Insectes sont plus nombreux qu'en Europe. Parmi les Papillons il y a beaucoup de types néotropicaux qui pénètrent dans l'Amérique du Nord. Les espèces vraiment néarctiques sont le *Papilio turnus* et le *P. troilus*. Les genres européens *Argynnis*, *Melitæa*, *Grapta*, etc., sont représentés par de nombreuses espèces.

Certains genres de Cicindèles et de Carabes sont spéciaux; les genres *Helluomorpha*, *Galerita*, *Callida*, *Tetragonoderus* sont communs aux deux Amériques. Les Lucanes sont tous de type européen (1).

Il y a un certain nombre de Mollusques terrestres caractéristiques; ainsi les genres *Ariolimax*, *Prophysaon*, *Binneia* ne se trouvent que dans l'ouest, le genre *Macrocyclis* n'a qu'une seule espèce dans l'est, les autres sont californiennes ou du centre. Aucun pays ne surpasse l'Amérique du Nord au point de vue du nombre de Mollusques d'eau douce, soit Gastéropodes, soit Bivalves. Parmi les premiers, la famille des Mélaniadés compte 380 espèces et celle des Paludinidés 58. Les Bivalves de la famille des Unionidés comptent plus de 800 espèces dont beaucoup sont de grande taille, de formes variées et sont brillamment nacrées à l'intérieur. La région alléghanienne ou orientale est surtout riche en Mollusques d'eau douce.

Considérons maintenant les diverses sous-régions de la faune néarctique.

La sous-région canadienne qui confine à la région arctique présente quelques types de cette dernière, comme le Bœuf musqué (*Ovibos moschatus*) et l'Élan (*Alces americanus*) qui porte dans le pays le nom d'Orignal. Ce dernier est plus grand que l'Élan d'Europe. Les Loups et les animaux à fourrures comme les Martes, les Loutres, etc., sont communs; la Moufette existe dans certaines parties du Canada. Le Castor est commun et c'est dans ce pays qu'il exerce le mieux son instinct constructeur. Un autre Rongeur aquatique du Canada est l'Ondatra (*Fiber*). Les Gerboises sont représentées par le genre *Jaculus*.

Les Oiseaux particuliers à cette sous-région sont en petit nombre, citons un Bouvreuil (*Pyrrhula coccinea*).

La Salamandre formant le genre *Plethodon* est particulière.

La sous-région alléghanienne ou orientale comprend toute la partie atlantique des États-Unis jusqu'aux Montagnes Rocheuses. Au sud, en Géorgie, en Louisiane, en Floride, elle se lie graduellement à la région néotropicale. La faune est précisément celle que nous avons décrite en parlant de la région néarctique

(1) Wallace, II, p. 123.

d'une manière générale. Les genres de Mammifères les plus communs sont les Sarigues opossums (*Didelphys virginiana*), les Moufettes (*Mephitis*), les Ratons (*Procyon*), les Taupes du genre *Scalops* et les Condylures (*Condylura*), enfin les Porcs-Épics du genre *Erethizon*.

Comme Oiseaux, il faut citer particulièrement la Perruche verte (*Conurus carolinensis*), le Dindon (*Meleagris*) et un Pigeon, l'Ectopiste migrateur (*Ectopistes migratorius*), célèbre par les voyages qu'il exécute en bandes innombrables. Les Serpents sont nombreux, notamment les Serpents à sonnettes. C'est aussi dans cette sous-région alléghanienne qu'on trouve les singuliers Batraciens que nous avons cités plus haut.

A la sous-région orientale se rattachent les Bermudes séparées de la Caroline par une distance de 1 000 kilomètres. Elles sont remarquables par les nombreux Oiseaux qui leur arrivent régulièrement des États-Unis. Pas moins de cent quarante espèces les visitent, entre autres l'Oiseau des rizières (*Dolichonyx oryzivorus*), un Martin-Pêcheur (*Ceryle alcyon*) et une Poule d'eau (*Gallinula galeata*). Six ou huit espèces seulement habitent les îles d'une manière continue, entre autres l'Oiseau bleu des Américains (*Sialia sialis*), le Cardinal (*Cardinalis virginianus*) et un Corbeau (*Corvus americanus*). En outre, on a pris aux Bermudes quelques espèces européennes. Le seul Reptile de l'île est un Lézard commun en Amérique, le *Plestiodon longirostris* (1).

La sous-région centrale ou des Montagnes Rocheuses est un plateau élevé de 600 à 1 800 mètres au-dessus du niveau de la mer, et extrêmement aride ; elle est presque entièrement dépourvue d'arbres, sauf dans le voisinage des fleuves et sur les pentes des montagnes. La faune est constituée par un mélange de formes alpestres et de formes qui habitent les prairies. Aux premières appartiennent l'*Antilocapra*, l'*Aplocerus*, l'*Ovis montana*; aux secondes le Chien des Prairies (*Cynomys*) et le Bison. On doit citer parmi les Rongeurs, outre le Chien des Prairies, une sorte de Gerboise (*Jaculus*) et un genre particulier d'animaux fouisseurs, les Géomys (*Geomys bursarius*) remarquables par leurs abajoues très amples, qui leur ont valu le nom de Rats à poches. Il y a aussi un certain nombre d'espèces particulières d'Oiseaux, et de nombreux Serpents. Les rivières et les lacs contiennent aussi des types spéciaux de Poissons, notamment des Cyprinidés. Des Montagnes Rocheuses sortent périodiquement des essaims de Sauterelles (*Caloptenus spretus*), qui ravagent les États du Sud.

La sous-région occidentale ou californienne est peu étendue, car elle ne consiste qu'en l'étroite bande de terre qui s'allonge sur le versant ouest des Montagnes Rocheuses de la Colombie anglaise à la presqu'île de Californie. Cette sous-région est cependant la plus riche de toutes au point de vue zoologique et botanique ; cela tient à ses hivers beaucoup plus doux que ceux de l'est, qui permettent à un certain nombre de formes tropicales de prospérer.

Un certain nombre de types de Mammifères sont caractéristiques de cette sous-région, ainsi des Chauves-Souris (*Macrotus*) de la famille des Phyllostomidés ou Vampires, des Talpidés appartenant au genre *Urotrichus* déjà signalé au Japon, certaines Musaraignes (*Nesorex*), un Rongeur particulier (*Haplodon*), tenant des Marmottes et dont les mœurs sont celles des Chiens des Prairies, enfin des Carnivores du genre *Bassaris*, voisin des Ratons et qui est d'origine tropicale. Dans les montagnes vit un Ours de grande taille et beaucoup plus redoutable que l'Ours brun ; c'est l'Ours gris (*Ursus ferox*), appelé aussi Ours grizzly.

Comme Oiseaux les plus remarquables de la sous-région californienne sont les suivants : Parmi les Rapaces diurnes se présente un Vautour (*Pseudogryphus* ou *Cathartes californianus*), assez analogue au Condor des Andes; il est d'ailleurs devenu très rare aujourd'hui. Les Rapaces nocturnes présentent comme type spécial une sorte de Hibou, le *Glaucidium*; les Grimpeurs offrent un genre de Coucou (*Geococcyx*) qui ne se trouve qu'en Californie et au Texas. Un Passereau confiné dans cette sous-région est une sorte de Corneille à tête bleue (*Gymnokitta cyanocephala*); il y a aussi des Geais bleus (*Cyanocitta cristata*), et différentes espèces d'Oiseaux-Mouches (*Selasphorus rufus*, *Calypte Annæ*). On peut citer aussi parmi les Gallinacées un Coq de bruyère (*Pediocœtes columbianus*) et le Colin huppé de Californie (*Lophortyx californianus*).

Certains types de Serpents sont spéciaux à

(1) Wallace, II, p. 135.

Fig. 742. — L'Éréthizon ou Urson, Porc-Épic arboricole de l'Amérique du Nord.

cette sous-région, ainsi le *Lichanotus* qui appartient au groupe des énormes Serpents appelés Boas, et le genre *Charina* qui appartient au même groupe. Les Iguanes des genres *Anolius* et *Tropidolepis* ne se trouvent que dans cette partie de la région néarctique ; le genre *Sceloporus* de la même famille se trouve en outre en Floride. Il n'y a pas de Tortues, ce qui tient à l'absence de lacs et de grandes rivières. Il y a deux genres particuliers de Salamandres : *Aneides* et *Heredia*, qui n'existent pas ailleurs (1).

Quant aux Poissons, on ne peut citer que deux ou trois genres particuliers de Cyprinidés ; la sous-région californienne ne présente qu'un petit nombre de types spéciaux de cette classe de Vertébrés, ce qui s'explique encore par la faible importance des eaux courantes dans cette région.

LA FAUNE ÉTHIOPIENNE.

La région éthiopienne comprend l'Afrique au sud du Sahara, l'Arabie, Madagascar et les îles voisines. On peut la diviser en quatre sous-régions : orientale, occidentale, australe et malgache. Les trois premières ont beaucoup de traits communs, tandis que la quatrième, la sous-région malgache, a une faune toute spéciale que nous examinerons à part.

Les Mammifères sont nombreux et remarquables sous bien des rapports. Les Singes sont représentés par plusieurs genres. Le genre Macaque existe, comme nous l'avons déjà vu,

(1) Wallace, II, p. 128.

dans le nord de l'Afrique, en Asie jusqu'au Japon et même en Europe à Gibraltar où habite le Magot (*Macacus inuus*). Sur la côte occidentale existent de nombreuses espèces, plus de 35, de Singes du groupe des Guenons ou Cercopithèques, reconnaissables à leur longue queue. La Guenon verte (*Cercopithecus sabæus*), le Mangabey (*C. fuliginosus*), le Nisnas (*C. pyrrhonotus*) sont les espèces les plus connues. Les Colobes diffèrent des précédents par des formes plus trapues et leurs pouces rudimentaires. Les Cynocéphales ou Singes à tête de chien vivent dans les endroits rocheux, notamment en Abyssinie. Ce sont de grands Singes qui atteignent la taille de l'homme. Les espèces les plus connues sont le Babouin (*Cynocephalus babuin*) et le Mandrill (*C. maimon*). Enfin on trouve en Afrique des Singes anthropomorphes, c'est-à-dire ayant une ressemblance avec l'homme. Ils habitent la région du Gabon. On en connaît deux espèces : le Gorille (*Troglodytes gorilla*), atteignant 5 pieds et demi de haut, et le Chimpanzé (*T. niger*) qui n'a que 1^{m},50.

Les Chauves-Souris sont nombreuses et il faut citer notamment des espèces frugivores, les Roussettes (Ptéropodidés). Les Insectivores présentent des types spéciaux. D'abord les Macroscélides caractérisés par leurs longues pattes de derrière et ressemblant à des Gerboises à trompe, tel est le *Macroscelides typicus*; une espèce (*M. Rozeti*) habite l'Algérie. Le Chrysochlore ou Taupe dorée se trouve au Cap (*Chrysochloris capensis*); son pelage a des reflets métalliques. Le *Potamogale* est un genre aussi exclusivement africain, dont les mœurs sont aquatiques.

Les Carnassiers sont nombreux. A leur tête se place le Lion (*Felis Leo*) qui présente plusieurs variétés; celui du Sénégal a une crinière jaunâtre, celui de l'Atlas, autrefois commun en Algérie, une crinière brune, et le Lion du Cap est celui dont la crinière est le plus foncée. Viennent ensuite le Léopard (*Felis Leopardus*), difficile à distinguer de la Panthère d'Asie, et un certain nombre de Chats comme le Serval (*F. Serval*) faisant transition aux Lynx, et le Chat ganté (*F. maniculatus*) du Soudan et de l'Abyssinie, qui est probablement la souche de notre Chat domestique. Les Lynx sont représentés par plusieurs espèces (ex.: *L. Caracal*). Les Hyènes sont abondantes : on distingue l'Hyène rayée (*Hyæna striata*), l'Hyène tachetée (*H. crocuta*), l'Hyène brune (*H. brunnea*). Du genre Hyène se rapproche le Protèle (*Proteles Lalandii*) du Cap, et le genre *Lycaon* fait transition des Hyènes aux Canidés. Ceux-ci sont représentés par plusieurs espèces de Renards, de Loups (*Canis lupaster*), et les Chacals (*C. aureus*). Il faut y ajouter le genre *Otocyon* de l'Afrique méridionale remarquable par ses grandes oreilles et par une dentition plus fournie que celle des Chiens; il y a 48 dents au lieu de 42. Les Ours manquent, mais il y a en revanche des Zorilles (*Zorilla*) ressemblant aux Moufettes, des Ratels (*Mellivora*) voisins des Blaireaux, des Mangoustes (*Herpestes*), des Genettes (*Genetta*), des genres particuliers de Mustelidés, entre autres une Loutre (*Aonyx inunguis*).

Les Rongeurs les plus remarquables sont diverses sortes de Gerboises, entre autres le genre *Helamys*, les Porcs-Épics, plusieurs genres de Rats (*Saccostomus*, *Cricetomys*), des Écureuils volants du genre *Anomalurus*, etc.

Les Herbivores sont extrêmement nombreux dans la région éthiopienne et beaucoup atteignent une grande taille; tels sont les Éléphants à grandes oreilles (*Elephas africanus*), les Rhinocéros à deux cornes (*Rh. bicornis*, *R. simus*), l'Hippopotame, animal qui habite exclusivement les fleuves de l'Afrique (*Hippopotamus amphibis*), différentes sortes de Sangliers (*Potamochœrus*, *Phacochœrus*) et des Chevaux rayés parmi lesquels on distingue le Zèbre (*Equus Zebra*) dont le corps et les jambes sont annelées, le Dauw (*E. Burchelli*) dont le corps seul est annelé, et le Couagga (*E. Quagga*) moins distinctement rayé. Citons encore un groupe particulier, celui des Damans (*Hyrax*). Ce sont des Ongulés de la taille du Lapin et qui présentent dans leur dentition des caractères de Rongeurs; par leur extérieur ils ressemblent aux Marmottes. Ils habitent l'Afrique et la Syrie; l'espèce de Syrie (*H. syriacus*) est le Saphan de la Bible.

Les Ruminants sont très remarquables. Un genre exclusivement africain est le genre Girafe (*Camelopardalis Giraffa*). Les Cerfs n'existent pas en Afrique; ils sont remplacés par les Antilopes dont les espèces sont extrêmement variées; elles parcourent par centaines de milliers les plaines de l'intérieur. Les Bœufs sont représentés par plusieurs espèces, particulièrement par le Buffle de Cafrerie (*Bubalus caffer*) dont les cornes se touchent sur la ligne médiane par leurs bases très élargies. La Biche-Cochon (*Hyæmoschus aquaticus*) qui

Fig. 743. — L'Oryctérope du Cap.

habite le Gabon remplace les Chevrotains asiatiques, et ce genre est remarquable par la structure de ses pattes analogues à celle des Ruminants de la période tertiaire. Les *Hyæmoschus* existaient pendant cette période en Europe et en Asie.

Les Édentés existent en Afrique; on trouve des Pangolins (*Manis*), animaux bizarres couverts d'écailles imbriquées, et des Oryctéropes ou Cochons de terre (*Orycteropus*) pourvus d'une langue gluante, leur permettant de prendre les Fourmis; leur peau épaisse ne présente que des poils clairsemés, et leur queue longue leur permet de se dresser; leur groin allongé les fait comparer aux Cochons (fig. 743).

Les Oiseaux d'Afrique ne sont généralement pas très caractéristiques. Les plus remarquables, ceux qui sont limités à cette région, sont les Pintades (*Numida*) appartenant à l'ordre des Gallinacés, les *Buceros* ressemblant aux Corbeaux, mais dont le bec porte à la base de la mandibule supérieure un appendice semblable à une corne, le Serpentaire (*Serpentarius*), Rapace terrestre à longues pattes d'Échassiers qui détruit les Serpents; l'Autruche (*Struthio camelus*), Oiseau coureur à ailes rudimentaires. Il y a, de plus, de nombreux Vautours et autres Oiseaux de proie.

Parmi les Reptiles les Tortues terrestres (*Cinixys*) et d'eau douce sont nombreuses. Les Crocodiles existent dans tous les fleuves. Les Lézards sont représentés par plusieurs genres spéciaux. Quant aux Serpents, les plus remarquables sont les Ophidiens de grande taille, non venimeux, mais redoutables par leur force, qui constituent le genre *Python*. Parmi les Vipéridés il faut citer le genre *Atheris*.

Les Batraciens urodèles (Salamandres et Tritons) font défaut; en revanche il y a des Cécilies, Batraciens aveugles, privés de membres et à corps allongé comme celui des Serpents. Ces animaux habitent surtout l'Amérique du Sud, mais il y a trois genres africains, notamment le genre *Dermophis*. Les Crapauds sont représentés par le genre spécial *Dactylethra*.

Les Poissons d'eau douce ont trois familles propres à l'Afrique: les Mormyridés, les Gymnarchidés et les Polyptéridés. Ces derniers sont des Poissons Ganoïdes alliés aux Lépidostées de l'Amérique du Nord. En outre, les Poissons Dipnoïques, curieux animaux pourvus à la fois de branchies et de poumons, sont représentés en Afrique par le genre *Protopterus*. Ces Poissons habitent des marécages qui se dessèchent pendant l'été; ils s'enfoncent alors dans la vase, se couvrent d'un cocon formé de mucosités et y restent dans un état de torpeur jusqu'à la saison des pluies. On a transporté en Europe de ces cocons, d'où l'animal sort parfaitement vivant (1). Les Protoptères sont communs en Sénégambie (*Protopterus annectens*).

Les Insectes sont abondants. On compte 750 espèces de Papillons et l'on n'en connaît certainement encore qu'une faible partie. Parmi les Coléoptères les Cicindèles, les Carabiques sont particulièrement riches. Il en est de même des Longicornes. Parmi les Cétoines il faut citer le genre *Goliathus*, le plus gros et le plus beau Coléoptère de l'Ancien Continent.

Les Mollusques terrestres les plus remarquables sont les Hélicidés du genre *Columna* et des *Achatina* de très grande taille.

Considérons maintenant les diverses subdivisions de la région éthiopienne.

La sous-région de l'Afrique orientale et centrale a une très grande étendue. Elle comprend le sud de l'Arabie, l'Égypte, l'Abyssinie et le Soudan, et se prolonge au sud jusqu'au désert de Kalahari, à l'ouest jusqu'à la Sénégambie. C'est un plateau ayant une altitude de 300 à 1200 mètres en moyenne, sur lequel font saillie les montagnes de l'Abyssinie et les pics de Kenia et du Kilimandscharo. Cette contrée est couverte d'une végétation composée surtout de Graminées avec des bouquets d'arbres, et aussi des forêts sur les flancs du plateau abyssin et sur la côte de Mozambique jusqu'à Sofala. Cette sous-région possède un certain nombre de formes particulières. Ainsi dans les parties rocheuses de l'Abyssinie on trouve un Cynocéphale, le Gelada (*Theropithecus*) couvert d'une sorte de manteau de longs poils et les Damans ou *Hyrax;* les Macroscélides des genres *Petrodromus* et *Rhynchocyon* ne se trouvent que dans le Mozambique ; il en est de même des Muridés des genres *Saccostomus* et *Pelomys*. Il y a de nombreuses espèces de Mangoustes (*Herpestes*) ; l'Ichneumon d'Égypte (*H. ichneumon*), vénéré des anciens Égyptiens, mange les Aspics et les œufs de Crocodile. Le genre *Neotragus*, appartenant aux Antilopes, est spécial à l'Abyssinie. Dans les plaines du sud-est il y a de nombreux genres d'Antilopes ; tels sont les genres *Oryx*, *Cephalophus*, *Kobus* ou Waterbock, aux cornes courbées en lyre, *Hippotragus*, *Catoblepas* ou Gnou aux cornes de Buffle, avec la crinière et la queue du Cheval. On y trouve aussi les Girafes, les Rhinocéros, les Lions, les Hyènes, etc.

Comme Oiseaux il faut citer outre le Serpentaire, un genre de Passereaux insectivores, le genre *Irrisor* allié aux Huppes, et un singulier Échassier, le *Balæniceps*, des rives du Nil Blanc. Il est remarquable par son large bec en forme de sabot.

Parmi les Reptiles il faut signaler deux genres de Serpents du Zambèze : *Xenocalamus* et *Pythonodipsas*, et une sorte de Gecko (*Pisturus*) d'Abyssinie. Dans les montagnes de l'Abyssinie, Raffray a recueilli beaucoup de Coléoptères appartenant à des genres paléarctiques (1).

La sous-région occidentale comprend toute la partie de l'Afrique située le long de la côte au sud de la Gambie ; elle s'étend à l'est jusqu'aux montagnes limitant le bassin des grands lacs et au sud elle arrive probablement au 11° de latitude sud (2). C'est un pays de forêts presque ininterrompues et sur la faune duquel on n'a encore que des renseignements incomplets, sauf pour la côte. C'est là qu'on trouve les Singes anthropomorphes appelés le Gorille et le Chimpanzé. Les Cercopithèques y sont aussi très communs ; il y a aussi des animaux arboricoles, les Lémuriens, ayant des mains comme les Singes. Ces êtres très communs, comme nous le verrons, à Madagascar, sont représentés dans l'Afrique occidentale par le genre Potto (*Perodicticus*). Un Insectivore aquatique, le *Potamogale*, est spécial aussi à cette sous-région. On doit citer également un singulier genre d'Écureuil (*Anomalurus*), le Sanglier appelé *Potamochœrus*, un Hippopotame de petite taille localisé à Libéria (*Hippopotamus liberiensis*) et la Biche-Cochon du Gabon (*Hyœmoschus*).

Parmi les Oiseaux on doit signaler le Perroquet gris ou Jaco (*Psittacus erithacus*) et un genre particulier de Martin-Pêcheur (*Myioceyx*). Il y a un certain nombre d'espèces rappelant la Malaisie et les Indes, comme les Perroquets du genre *Palæornis*, et le genre Brève (*Pitta*), comprenant des Passereaux voisins des Pinsons et ornés de brillantes couleurs. Le genre Veuve (*Vidua*) est spécial à l'Afrique occidentale; il est remarquable par les énormes plumes qui ornent la queue du mâle au moment de la reproduction. Certains grimpeurs, les Touracos (Musophagidés) communs en

(1) Trouessart, p. 108.

(1) Trouessart, p. 109.
(2) Wallace, I, p. 262.

Afrique, sont particulièrement nombreux dans la région occidentale.

Les Serpents les plus répandus appartiennent aux familles des Dryophidés et des Homalopsidés. Parmi les Batraciens deux genres de Rainettes (*Hylambatis* et *Hemimantis*) sont caractéristiques.

Il y a beaucoup de genres particuliers de Coléoptères et aussi de Mollusques terrestres.

Les îles du golfe de Guinée : Fernando-Pô, l'île du Prince et Saint-Thomas, ont une faune assez riche. La moins éloignée de la côte, Fernando-Pô, renferme de nombreux Mammifères :

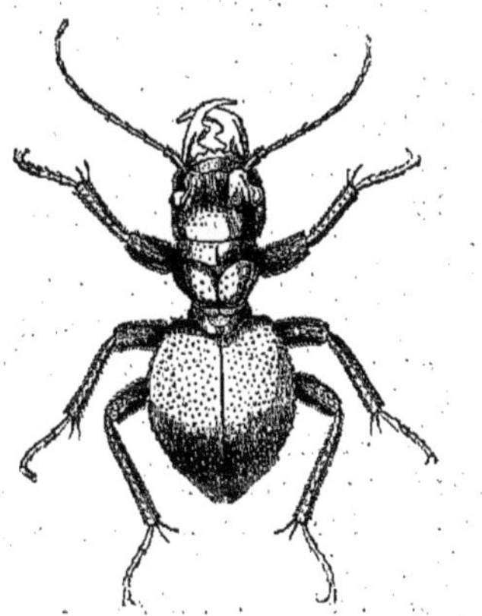

Fig. 744. — Manticore (*Manticora maxillosa*). Insecte du cap de Bonne-Espérance.

Singes, Lémuriens, *Hyrax*, *Anomalurus*, ce qui fait supposer que cette île a fait partie du continent. L'île du Prince n'a pas de Mammifères, mais trente à quarante espèces d'Oiseaux dont sept particulières. Il y a aussi à Saint-Thomas quelques espèces locales d'Oiseaux.

La sous-région de l'Afrique australe n'est pas très étendue ; elle comprend la colonie du Cap et celle de Natal ; on peut la considérer comme bornée par le désert de Kalahari et la rivière Limpopo. On y trouve un certain nombre de types spéciaux de Mammifères. Ainsi parmi les Insectivores il faut citer les Chrysochlores ou Taupes dorées (*Chrysochloris capensis*) ; parmi les Carnassiers les Protèles qui ressemblent aux Hyènes, les Lycaons qui font transition des Hyènes aux Canidés, les Otocyons (*Megalotis*) ou Chiens-Oreillards ; plusieurs genres spéciaux de Viverridés (Civettes), comme *Ariela*, *Cynictis*, *Suricata*, et un genre de Mustélidés, *Hydrogale*. Il y a plusieurs genres particuliers de Rongeurs, ainsi une sorte de Gerboise de grande taille (*Melamys* ou *Pedetes*), différentes sortes de Rats (*Dendromys*, *Malacothris* et *Mystromys*), on doit signaler aussi un Rat-Taupe (*Bathyerges*). Comme Édenté se trouve l'Oryctérope ou Cochon de terre dont nous avons parlé plus haut, et comme Antilope spéciale le genre *Pelea*.

On ne peut pas citer beaucoup de formes particulières d'Oiseaux. Il y en a cependant quelques-unes, ainsi un genre de Grives, *Choetops* ; une sorte de Coucou, le Coucou indicateur (*Indicator*), assez commun en Afrique, paraît être originaire du Cap ; il est très friand de miel et quand il a découvert un nid d'Abeilles il attire par ses cris l'homme ou les animaux amateurs de miel comme les Ratels. Comme Échassier citons la Grue de paradis (*Tetrapteryx paradiseus*).

Il y a aussi au Cap quelques genres spéciaux de Reptiles, ainsi parmi les Serpents les genres *Lamprophis*, *Cyrtophis* et le genre *Typhline*, comprenant des animaux aveugles vivant dans l'obscurité ; parmi les Lézards plusieurs genres de Zonuridés et de Geckotiens. Les Batraciens offrent aussi quelques formes spéciales.

Les Insectes sont très nombreux, les Cicindélidés offrent des genres singuliers, notamment les Manticores (*Manticora maxillosa*, fig. 744). Il n'y a pas moins de dix-sept genres spéciaux de Carabiques, et de soixante-sept de Longicornes. On connaît sept genres de Papillons, le genre *Zeritis* est particulièrement caractéristique.

Si nous considérons maintenant les îles qui se rattachent à l'Afrique, nous devrons mettre à part pour leur faune la grande île de Madagascar et les îles Mascareignes (la Réunion, Maurice). Quant à Sainte-Hélène nous avons déjà vu que la végétation originelle avait été en grande partie détruite, ce qui a entraîné nécessairement l'extermination de beaucoup des Oiseaux et des Insectes indigènes. Aucun Oiseau terrestre n'est vraiment indigène aujourd'hui à Sainte-Hélène, seulement un petit Pluvier (*Ægialitis Sanctæ-Helenæ*) est particulier, quoique intimement allié aux espèces africaines (1). Les Coléoptères sont assez nombreux et présentent des affinités avec ceux de la région éthiopienne, ceux

(1) Wallace, *Geographical Distribution of Animals*, I, p. 270.

du sud de l'Europe; ceux également des îles du nord de l'Atlantique. Les types les plus remarquables sont des Curculionidés des genres *Microxylobius*, *Nesiotes* et du genre *Trachyphlœosoma* absolument isolé. Il y a une douzaine d'espèces de Mollusques terrestres; celles du genre *Bulimus* sont alliées à celles des îles du Pacifique et du sud de l'Amérique.

L'île très isolée de Tristan d'Acunha a une faune très pauvre avec trois espèces particulières d'Oiseaux, une Grive (*Nesocichla eremita*), une petite Poule d'eau (*Gallinula nesiotis*) alliée à nos espèces, et un Passereau du genre *Crithagra* dont les affinités sont africaines. Les seules coquilles terrestres connues sont deux espèces de *Balea*, genre trouvé seulement en Europe et au Brésil (1).

LA FAUNE MALGACHE.

La sous-région malgache comprend, outre Madagascar, les îles Mascareignes, c'est-à-dire Maurice, la Réunion et Rodriguez, les Seychelles et les Comores. Cette sous-région est extrêmement remarquable par sa faune et beaucoup de naturalistes en font une région zoologique spéciale distincte de la région éthiopienne.

L'île de Madagascar elle-même est une contrée rocheuse; la plus grande partie de l'intérieur consiste en plateaux élevés, mais entre eux et la côte se trouvent de luxuriantes forêts d'aspect tropical. On connaît aujourd'hui assez bien la faune de cette grande île, grâce surtout aux travaux de M. Grandidier.

Le groupe de Mammifères le plus caractéristique de Madagascar est celui des Lémuriens ou Prosimiens, qui se rangent à côté des Singes par la disposition des membres, mais qui d'autre part ont de singulières affinités avec les Ongulés et les Insectivores, affinités dont la Paléontologie seule peut donner l'explication. Il y a des Lémuriens en Afrique, et dans la région orientale, mais la plupart cependant sont cantonnés à Madagascar. Sur quarante espèces environ, vingt-cinq au moins sont propres à Madagascar. Les plus communes sont les Makis (*Lemur*), mais il y a encore d'autres genres très répandus comme les genres *Indris*, *Propithecus*, *Avahis*, *Hapalemur*, *Cheirogaleus*). L'Aye-aye ou *Cheiromys* est particulièrement étrange. Ce genre est représenté par une seule espèce (*Cheiromys madagascarensis*, fig. 745); l'animal, dont la taille est celle du Chat, possède une dentition de Rongeur; sauf les pouces postérieurs, les doigts sont armés de griffes, et le quatrième doigt antérieur est allongé d'une manière démesurée.

Madagascar possède aussi un groupe particulier d'Insectivores, les Tanrecs (Centetidés), comprenant plusieurs genres (*Centetes*, *Ericulus*, *Oryzoryctes Geogale*, *Microgale*). Ces animaux sont voisins des Hérissons, mais en diffèrent par leur dentition. L'espèce type est le Tanrec sans queue (*Centetes ecaudatus*).

Les Rongeurs ne présentent rien de particulier et sont tous des Muridés. Quant aux Carnassiers, ils se rattachent pour la plupart aux Civettes (*Galidictis*, *Galidia*, *Eupleres*). Il y a cependant un type spécial, le Cryptoprocte ou Fossa (*Cryptoprocta ferox*); il est plantigrade à griffes rétractiles, sa dentition rappelle celle des Chats tertiaires, comme le *Pseudælurus*. Un certain nombre d'espèces de Madagascar sont certainement d'origine africaine; on trouve ainsi le *Potamochærus*, Sanglier qui existe, avons-nous déjà vu, dans le Mozambique.

Les Oiseaux ressemblent à ceux de la région éthiopienne et de la région orientale. Il y a cependant des types spéciaux, tels sont les Vazas (*Coracopsis*), Perroquets entièrement noirs avec le bec rouge, les Vangas (*Vanga curvirostris*), sorte de Pies-grièches au beau plumage panaché de blanc et de noir verdâtre, l'*Euryceros Prevosti*, remarquable par l'énorme proéminence qui surmonte le bec, le *Leptosoma discolor* blanc et vert qui forme passage entre les Coucous et les Rolliers (2).

Les Serpents et les Crocodiles de Madagascar se rattachent à ceux de la région éthiopienne, mais les Lézards sont très particuliers. Il y a des Iguanidés (*Hoplurus*, *Chalarodon*), types presque exclusivement américains, mais qui se retrouvent aussi en Australie et aux îles Fidji. Les Caméléons sont très nombreux. Quant aux Batraciens, ils ont des affinités avec ceux de la faune orientale et aussi par le genre *Mantella* avec les *Dendrobatidés* du sud de l'Amérique. Les Poissons de Madagascar sont encore peu connus.

Parmi les Papillons il semble n'y avoir qu'un

(1) Wallace, I, p. 279.
(2) Id., I, p. 272.

Fig. 745. — L'Aye-aye ou Cheiromys, Lémurien de Madagascar.

seul genre spécial, le genre *Heteropsis*. Les Coléoptères, au contraire, sont très curieux par leurs affinités avec ceux d'Afrique d'une part et ceux de l'Amérique du Nord d'autre part ; le genre *Pogonostoma*, sorte de Cicindèle, est allié au genre américain *Ctenostoma*. Il y a des Vers de terre de taille gigantesque, atteignant plus d'un mètre de long, tel est le *Geophagus Darwini*. On trouve d'ailleurs aussi des Lombrics géants, dans l'Afrique australe, en Australie, en Nouvelle-Calédonie et dans l'Amérique méridionale. Madagascar, comme les îles adjacentes, est riche en coquilles terrestres dont certains genres sont spéciaux.

Les îles Mascareignes, les Seychelles, les Comores ont une faune qui ressemble à celle de Madagascar mais avec des traits spéciaux. Elles ne paraissent pas avoir de Mammifères indigènes; il y a bien des Lémuriens et des Tanrecs à la Réunion et à Maurice, mais ils sont peut être originaires de Madagascar. Aux Comores il y a une espèce particulière de Maki (*Lemur mayottensis*). Aux îles Seychelles existe une Chauve-Souris frugivore du genre Roussette, le *Pteropus Edwarsii* de l'Inde.

La Réunion et Maurice contiennent des Oiseaux particuliers, surtout des Passereaux, des Colombidés du genre *Alectrænas* presque éteints aujourd'hui et des Perroquets du genre *Palæornis* caractéristique de la région orientale. Ce genre existe aussi à Rodriguez et aux Seychelles. Un Perroquet blanc (*Coracopsis Barklayi*) et quelques autres Oiseaux des Seychelles constituent un lien avec Madagascar. Nous avons déjà signalé comme type disparu le Dodo (*Didus ineptus*) qui existait à Maurice il y a deux siècles, mais qui était déjà complètement exterminé en 1673. C'était un Oiseau fort lourd, de la grosseur d'un Dindon et dont les ailes rudimentaires ne permettaient pas le vol. On le rapproche des Pigeons, de même que le Solitaire de l'île Rodriguez (*Pezophaps solitaria*), également éteint.

Il ne semble pas y avoir de Serpents à Maurice et à la Réunion, les Caméléons et les Geckos existent. A la Réunion se trouve le genre *Heteropus*, Scinque des îles Moluques et d'Australie. Les îles Mascareignes étaient autrefois habitées par d'énormes Tortues terrestres, mais celles-ci sont presque éteintes. Il n'y en a plus que sur les petits îles d'Aldabra. Elles y sont représentées par plusieurs espèces dont la plus connue est la Tortue éléphantine (*Testudo elephantina*).

En somme ce que l'on connaît de la faune de Madagascar et des îles voisines permet de supposer que Madagascar était pendant le tertiaire une partie d'un vaste continent comprenant les Mascareignes, les Seychelles et probablement Ceylan et la Malaisie. La flore conduit à des conclusions du même genre sur lesquelles nous ne pouvons insister dans ce volume. Les limites de ce continent, qu'on peut appeler la Lémurie, coïncident à peu près avec celles de la répartition géographique des Lémuriens (1).

LA FAUNE ORIENTALE.

La région orientale est relativement petite, mais elle est très variée et elle est très riche en types particuliers. Elle comprend toute l'Asie chaude au sud de l'Himalaya et à l'est de l'Indus; on doit y ajouter la Chine méridionale au sud du fleuve Bleu, les îles d'Haïnan et de Formose, les îles de la Sonde et les Philippines. La région orientale est séparée de la région australienne par une ligne dont Wallace a montré l'importance; cette ligne passe entre Bali, petite île voisine de Java, et Lombock, autre île voisine de Timor; elle se poursuit entre Bornéo et Célèbes. La ligne de Wallace, importante au point de vue de la répartition des animaux, joue également un grand rôle, comme il a été dit plus haut, dans la répartition des espèces végétales (1). La région orientale se divise en plusieurs sous-régions : la sous-région indienne, la sous-région ceylanaise, la sous-région indo-chinoise, et la sous-région indo-malaise. Nous les étudierons après avoir donné les caractères zoologiques généraux de la région orientale.

Les Singes sont très bien représentés. Les Anthropomorphes que nous avons déjà rencontrés en Afrique nous présentent en Malaisie l'Orang-outang (*Simia satyrus*) qui est localisé à Bornéo et à Sumatra, et les Gibbons (*Hylobates*) qui habitent en outre le sud de l'Indo-Chine; ils diffèrent des autres Anthropomorphes par la longueur extraordinaire de leurs bras qui touchent les malléoles quand l'animal est debout; on en connaît une douzaine d'espèces dont la plus connue est le Siamang. Viennent ensuite parmi les autres Singes, les Semnopithèques (*Semnopithecus*) pourvus d'une longue queue et dont une espèce, l'Entelle, est vénérée des Hindous. Il y a aussi des Macaques (*Macacus*) dont une espèce habite même le Japon.

Les Lémuriens sont assez abondants dans les Indes et les îles de la Sonde; tels sont les Loris (*Stenops* ou *Loris*) à membres longs et à queue courte, les Tarsiers (*Tarsius*), et les Galéopithèques (*Galeopitheus*), singuliers animaux dont les membres et la queue sont réunis par une membrane rappelant celle des Chauves-Souris.

Ces dernières se répartissent entre trente genres environ, les unes insectivores, les autres frugivores. Ces dernières sont les Roussettes (*Pteropus*) qui existent également en Afrique.

Les Insectivores comprennent des Hérissons (*Erinaceus*), des Musaraignes (*Sorex*), des Taupes (*Talpa*) et en outre des types spéciaux. Ces derniers sont les *Gymnura* (*G. Rafflesii*), Hérissons de Sumatra dépourvus de piquants et à longue queue presque nue, et les *Tupajas* ou Cladobates, Insectivores singuliers ayant le port et les habitudes arboricoles des Écureuils.

Les Rongeurs sont moins bien développés que dans la région éthiopienne, mais il y a cependant de nombreux Écureuils (*Sciurus*); des Écureuils volants ou *Pteromys* dont certains, comme le Taguan, ont la taille du Chat; de nombreuses espèces de Rats (*Mus*) et des genres particuliers de Muridés (*Nesokia*, *Placantomys*, *Hapalomys*). Il y a aussi des Gerboises et des Porcs-Épics, et des Rats-Taupes (*Rhizomys*).

Les Carnassiers sont nombreux. Le plus redoutable est le Tigre (*Felis tigris*) extrêmement répandu dans toute la région orientale sauf Bornéo et Ceylan; il monte même vers le nord jusque dans la Sibérie méridionale. Le Lion (*Felis leo*) existe dans le Guzerat et cette variété diffère peu du Lion africain. On a prétendu d'abord que le Lion du Guzerat était dépourvu de crinière, mais il n'en est rien; on avait étudié seulement de jeunes individus (2). Le Léopard ou Panthère (*Felis pardus*) qui habite l'Afrique existe aussi en grande

(1) Page 682.

(1) Voir pour cette répartition et pour celle des divers groupes d'animaux : Marshall, *Atlas des Thierverbreitung*. Gotha, 1887.

(2) Flower et Lydekker, *Mammals living and extinct*. London, 1891, p. 506.

Fig. 746. — Calao (*Buceros bicornis*) de l'Inde (page 678).

quantité dans la région orientale. A Java se trouve une variété absolument noire. Outre ces grandes espèces de Félidés il y a plusieurs espèces de Chats de plus petite taille, comme le Chat marbré (*Felis marmorata*), des îles de la Sonde, la Panthère longibande (*F. macroscelis*) des mêmes contrées, le Guépard (*Felis* ou *Cynælurus jubatus*) à jambes assez longues, à griffes non rétractiles et qui fait transition des Félidés aux Canidés. Dans les Indes on dresse encore parfois le Guépard pour la chasse. On trouve des Hyènes (*Hyæna*), des Mangoustes (*Herpestes*), des Civettes (*Viverra*) comme en Afrique, mais il y a aussi des genres particuliers, ainsi parmi les Viverridés les Paradoxures (*Paradoxurus*) ou Musangs et aussi les Cynogales (*Cynogale*) qui rappellent la Loutre; parmi les Subursidés les Binturongs (*Arctitis*) aux oreilles terminées par des pinceaux de poils. Les Subursidés présentent aussi un genre remarquable, le genre *Ælurus* ou Panda qui habite la pente sud de l'Himalaya; il ressemble au Chat par sa longue queue, mais les griffes ne sont pas rétractiles. Les Canidés les plus répandus sont les Loups (*Canis pallipes*) et les Renards (*Vulpes bengalensis*) qui diffèrent peu de ceux d'Europe; ils contiennent aussi le genre *Cuon*, différant du genre Chien par le nombre des dents (quarante au lieu de quarante-deux); ce genre a comme espèce principale le Buansu ou Chien sauvage de l'Himalaya. Les Ours diffèrent de ceux d'Europe; on distingue l'Ours de Himalaya (*Helarctos thibetanus*), l'Ours des Cocotiers ou Ours malais (*Helarctos malayanus*) et l'Ours jongleur ou aux grandes lèvres (*Melursus labiatus*).

Les seuls Édentés de la région orientale

sont les Pangolins (*Manis*). Le Gange et ses affluents nourrissent un Dauphin, le Plataniste (*Platanista gangetica*), remarquable par son bec long et mince. Sur les côtes on trouve des Siréniens, les Dugongs (*Halicore*).

Les Éléphants (*Elephas indicus*) habitent les Indes, Ceylan et les îles de la Sonde; ils sont moins grands que ceux d'Afrique, et leurs oreilles sont moins larges. Il y a quatre espèces de Rhinocéros; les deux premières (*Rhinoceros indicus* et *Rh. sondaicus*) ont une seule corne, les deux autres (*Rh. lasiotis* et *Rh. sumatrensis*) en ont deux. Le genre Tapir, qui existe dans l'Amérique du Sud, se trouve aussi dans la presqu'île de Malacca et à Sumatra; là, on a découvert le Tapir à chabraque ou à dos blanc (*Tapirus malayanus*). Notre Sanglier est remplacé par une espèce voisine (*Sus indicus*) et par le genre *Porcula* de l'Himalaya, qui contient les nains du groupe des Suidés; ils n'ont que 60 centimètres de long.

Les principaux Ruminants sont, parmi les Bovidés, d'abord différentes espèces de Bœufs, comme le Yack ou Bœuf à queue de cheval (*Bos grunniens*), le Gaur (*Bos gaurus*), le Gayal (*Bos frontalis*), le Banteng (*Bos sondaicus*), et le Zébu ou Bœuf à bosse (*Bos indicus*), reconnaissable à sa bosse graisseuse; il a été domestiqué depuis longtemps dans les Indes, et a été introduit en Malaisie et à Madagascar; en Afrique existe une espèce très voisine. D'autres Bovidés sont les Buffles (*Bubalus*); d'autres encore sont les Anoas ou *Probubalus*, qui font transition aux Antilopes. Celles-ci sont nombreuses; les principaux genres sont les Antilopes proprement dites (*Antilope cervicapra*), l'Antilope à quatre cornes (*Tetraceros*), pourvue d'une seconde paire de petites cornes placées sur les yeux; le Nilgau (*Portax pictus*), de la taille d'un Cerf. Il y a diverses espèces de Mouflons (*Ovis Polii*) et de Chèvres (*Capra Falconeri*). Certaines races à poils longs et soyeux, comme la Chèvre de Cachemire, donnent des laines très estimées. Citons encore différents Cervidés, comme le Rusa (*Cervus Aristotelis*), l'Axis (*Axis maculata*) à la robe tachetée de blanc, et les Cervules (*Cervulus muntjac*) des îles de la Sonde, aux bois simplement bifurqués. Enfin, le Chevrotain porte-musc (*Moschus moschiferus*) existe dans toutes les montagnes jusqu'en Cochinchine; et le Chevrotain nain (*Tragulus pygmæus*), de la taille du Lièvre, habite les îles de la Sonde.

Les Oiseaux de la région orientale sont extrêmement nombreux et variés. Parmi les plus remarquables, il faut citer les Perruches du genre *Palæornis*, et les petits Perroquets du genre *Loriculus*, de nombreux Passereaux, entre autres d'habiles constructeurs de nids, comme les *Ploceus* et les *Munia*, les Souimangas (*Arachnothera*, *Æthopyga*) qui représentent les Oiseaux-Mouches d'Amérique, les Calaos (Bucérotidés) remarquables par la proéminence osseuse de leur bec (fig. 746), les Brèves (*Pitta*) aux superbes couleurs, enfin de nombreux Gallinacés. Ces derniers sont originaires de la région orientale; on trouve là à la fois les Faisans (*Phasianus*) que nous avons déjà signalés dans la région mandchourienne, le Paon (*Pavo*), l'Argus (*Argus giganteus*) tout couvert de taches ressemblant à des yeux, le splendide Lophophore (*Lophophorus*), et un Coq sauvage (*Gallus bankiva*) regardé comme la souche de nos races domestiques.

Les Reptiles sont très divers. Il y a dans les fleuves, des Crocodiles (*Crocodilus*), et le Gange nourrit le Gavial (*Gavialis*) au museau de Brochet. Les Lézards sont, pour la plupart, ceux de la région éthiopienne : Varans (Varanidés), Scinques (Scincidés), Geckos, Agames, etc. Parmi les Serpents, il faut citer d'énormes Pythons et de nombreux Serpents venimeux, comme les *Callophis*, les *Naja*, dont la principale espèce est le *Naja tripudians* ou Cobra di capello, et aussi sur les côtes des Serpents de mer à queue aplatie (*Platurus*, *Hydrophis*). Comme Batraciens, il y a surtout des Grenouilles et des Crapauds. On doit citer la Grenouille volante (*Rhacophorus Reinwardti*), dont la palmure des pattes est élargie de manière à servir de parachute à l'animal quand il s'élance de branche en branche.

Beaucoup de Poissons d'eau douce sont organisés de manière à pouvoir vivre assez longtemps hors de l'eau. Certains, comme l'*Anabas*, peuvent, à l'aide des rayons de leurs nageoires, monter sur les arbres à la poursuite des Insectes; un autre, l'*Amphipnous*, reste généralement à terre, et ne saute dans l'eau que quand il est en danger. L'appareil respiratoire de ces Poissons est adapté à ce genre de vie terrestre.

Rien ne surpasse la beauté des Lépidoptères et des Coléoptères de la région orientale, sauf la faune entomologique de l'Amérique du Sud. Il y a de superbes Papillons, entre autres les Ornithoptères. Parmi les Coléoptères les plus remarquables sont les *Collyris*, le genre

Chalcosoma, qui atteint une grande taille, de gigantesques Buprestes (*Catoxantha*, *Sternocera*) et de nombreux Longicornes.

Les Mollusques terrestres les plus dignes d'attention sont des Cyclostomidés de grande taille et de couleurs variées formant le genre *Cyclophorus*.

La sous-région indienne comprend tout l'Hindoustan, sauf la partie la plus méridionale, au delà de Seringapatam, qui appartient à la sous-région ceylanaise. La limite orientale est indiquée par le delta du Gange, de sorte que la sous-région indienne correspond presque à l'Inde cisgangétique. C'est la moins riche de la région orientale au point de vue de la faune. Elle contient peu de types qui ne se trouvent pas ailleurs, sauf cependant le Lion limité au Guzerat, et la plupart des Antilopes.

La sous-région ceylanaise comprend aussi le système montagneux des Nilgherries dans le sud de l'Hindoustan. Il y a là plusieurs espèces de Singes du genre *Semnopithecus* (*S. cephalopterus*, *S. ursinus*), des Lémuriens du genre Loris (*Loris gracilis*), des Insectivores du genre Tupaja, enfin un Rat épineux (*Platacantomys*). Les Oiseaux les plus particuliers à cette sous-région sont l'*Ochromèla*, genre insectivore, le *Phœnicophaës* (Cuculidés), et le *Drymocataphus* (Timaliidés) ; des *Buceros*, des *Loriculus*, etc. Il y a environ 80 espèces. Les Reptiles sont caractéristiques; la famille des *Uropeltidés*, Serpents répartis entre 5 genres et 18 espèces, est propre à la sous-région ceylanaise. Les genres *Haplocercus*, *Cercaspis*, *Peltopelor* et *Hypnale* sont aussi particuliers. D'autres genres indiquent des rapports avec les faunes éthiopienne et paléarctique. Quant aux Insectes, ils montrent beaucoup d'affinités avec ceux de la Malaisie. A Ceylan, par exemple, on trouve le *Papilio jophon* très voisin du *P. antiphus* de Malaisie; le genre *Hestia* se montre à la fois dans les montagnes de Ceylan et dans l'archipel malais. Les Coléoptères malais du genre *Tricondyla* sont représentés à Ceylan par 10 espèces, etc. (1). Les faits zoologiques ainsi que les inductions tirées de l'étude géologique conduisent à admettre que Ceylan et le sud de l'Inde formaient jadis partie intégrante d'un continent méridional comprenant Madagascar, et s'étendant vers l'est en Malaisie.

(1) Wallace, I, p. 328.

La sous-région indo-chinoise est la plus riche des subdivisions de la région orientale. Dans les montagnes qui bordent la contrée vers le nord, on trouve un Mustélidé spécial : l'*Helictis nepalensis*, et le Subursidé connu sous le nom de Panda (*Ælurus fulgens*). En Birmanie cohabitent les diverses espèces de Rhinocéros. Les Gibbons (*Hylobates*) sont communs, ainsi que les Lémuriens du genre *Nycticebus* et le Galéopithèque. Comme Oiseaux, il faut citer particulièrement dans les régions montagneuses un superbe Gallinacé, le Tragopan (*Ceriornis satyra*), et un Échassier à bec et à pattes rouges, l'*Ibidorhynchus Struthersii*. Les Insectes sont très nombreux, notamment les Coléoptères et les Lépidoptères qui présentent les plus vives couleurs. Les Papillons qui fournissent la soie sont originaires de cette région. Tels sont notre Bombyx du mûrier blanc (*Sericaria mori*) élevé dans le sud de l'Europe, le Bombyx du Chêne de la Chine (*Saturnia Pernyi*), le Bombyx de l'Ailante (*Saturnia cynthia*) qu'on trouve aussi au Japon, et d'autres encore.

La sous-région indo-chinoise comprend un certain nombre d'îles dont les plus importantes sont les Andaman, Formose et Haïnan.

La plupart des Mammifères des îles Andaman ont été introduits par l'homme. On peut citer quelques Muridés et un Paradoxure. Les Oiseaux sont généralement ceux du continent; il y a cependant 17 espèces particulières. Il n'y a pas de Singes, malgré l'abondance de ces animaux sur le continent voisin. Les îles Nicobar présentent à peu près les mêmes caractères, mais se rapprochent davantage par la faune de la sous-région malaise.

A Formose, les animaux terrestres présentent beaucoup d'affinités avec ceux de la Chine et ceux de la Malaisie. Il y a un certain nombre d'espèces locales d'Oiseaux et de Mammifères, surtout de Rongeurs et d'Insectivores. L'île d'Haïnan montre un mélange encore plus compliqué d'espèces chinoises, indo-chinoises et malaises. Une espèce de Lièvre est propre à cette île (1).

La sous-région malaise ou indo-malaise comprend la péninsule de Malacca, les îles de Bornéo, Java, Sumatra, îles Philippines. Célèbes et toutes les petites îles jusqu'à Bali. Il y a beaucoup de rapports avec la faune indo-chinoise, ce qui s'explique par cette hypothèse que toutes ces îles ont été autrefois en com-

(1) Wallace, I, p. 334.

munication avec le continent ; un abaissement du niveau marin d'environ 100 mètres suffirait pour unir Sumatra, Java et Bornéo à la péninsule de Malacca. Dans l'archipel malais on trouve des Tigres, des Chats de plus petite taille, des Éléphants, des Rhinocéros, des Tapirs (*Tapirus malayanus*) et plusieurs espèces de Sangliers. Parmi ces derniers il faut citer le Babiroussa (*Babirussa alfurus*) qui constitue un genre spécial. Cet animal appelé aussi Cochon-Cerf est remarquable par le grand développement des canines supérieures qui se recourbent vers le front; elles protègent ainsi les yeux du Babiroussa quand il cherche sa nourriture consistant en fruits tombés dans les broussailles. Il y a plusieurs Cerfs (*Cervus Aristotelis, C. philippensis*), le Cervule muntjac, des Chevrotains (*Tragulus*) et l'Anoa (*Probubalus depressicornis*) qui fait transition des Bœufs aux Antilopes. Les Lémuriens sont représentés par les *Nycticebus*, les Tarsiers (*Tarsius spectrum*) et le Galéopithèque. Les Semnopithèques sont abondants, de même les Gibbons (*Hylobates*) comprenant huit espèces ; de plus à Bornéo et à Sumatra existe l'Orang-Outang.

Les Oiseaux sont extrêmement nombreux et variés. C'est dans l'archipel Malais qu'on trouve l'Argus et que les Bucérotidés (Calaos) sont le plus abondants. On doit signaler aussi dans les îles de la Sonde la curieuse Hirondelle appelée Salangane (*Collocalia nidifica*) dont les nids sont si estimés des Chinois. L'Oiseau fait son nid avec différentes substances gélatineuses, frai de poisson, pontes de Mollusques, Algues diverses, qu'il agglutine avec sa salive extrêmement gluante. Les Salanganes se trouvent surtout sur les côtes de l'archipel indien, mais on les a découvertes aussi dans les montagnes d'Assam, les Nilgherries et à Ceylan.

Les Reptiles sont la plupart ceux du continent oriental. Il y a des espèces de Batraciens et de Poissons d'eau douce. Ces derniers présentent un fait singulier; les Cyprinidés qui comprennent à Java et à Bornéo vingt-trois genres font absolument défaut à Célèbes; cette île se rattache ainsi à la région australienne où ces Poissons n'existent pas non plus.

Les Insectes sont très variés et la sous-région malaise ne le cède au point de vue entomologique qu'à l'Amérique du Sud ; les Papillons et les Coléoptères du groupe des Longicornes sont particulièrement remarquables.

Les Mollusques terrestres sont nombreux et surtout aux Philippines où l'on en connait plus de 400 espèces. Les îles sont un des points du globe les plus riches en Gastéropodes; les genres *Helix* et *Bulimus* y abondent en espèces ; les genres *Cyclophorus*, *Leptopoma* et *Pupina* sont les plus caractéristiques avec le genre *Cochlostyla*, qui est presque particulier à ces îles. Ces dernières d'ailleurs ont dans la sous-région malaise un cachet à part. D'après Wallace elles sont avec la Malaisie dans les mêmes rapports que Madagascar avec le continent africain et les Antilles avec l'Amérique (1). Des genres entiers, des familles même, répandus dans le reste de la sous-région malaise, manquent entièrement dans les Philippines. On n'y trouve pas de Singes du groupe des Semnopithèques, il n'y a que des Macaques et un genre à part voisin des Macaques, le *Cynopithecus*. On ne trouve pas aux Philippines de Tigres, ni les grands Herbivores, comme les Éléphants et de Rhinocéros; les Pangolins y manquent aussi. Les Oiseaux des Philippines appartiennent les uns à la région orientale, les autres à la région australienne ; tels sont les Cacatoès.

Célèbes est aussi un district spécial. Il y a des formes orientales, ainsi les Tarsiers, et d'autre part des formes australiennes, comme des Marsupiaux du genre *Cuscus*. Par les Oiseaux, Célèbes se rattache à la région orientale.

LA FAUNE PAPOUE.

La région australienne de Wallace comprend toutes les îles placées au sud et à l'est de la ligne Bali-Lombock, mais on doit subdiviser cette région en plusieurs sous-régions bien nettes : la sous-région austro-malaise ou papoue formée de la Nouvelle-Guinée et des îles voisines, la sous-région australienne proprement dite formée de l'Australie et de la Tasmanie, la sous-région polynésienne, enfin la Nouvelle-Zélande qui forme un monde à part.

Nous étudierons séparément ces quatre sous-régions.

La première est formée, avons-nous dit, de la Nouvelle-Guinée ou Papouasie et aussi de la

(1) Wallace, I, p. 345.

Fig. 747. — Le Thylacine, Marsupial carnivore d'Australie attaquant un Ornithorhynque (page 682).

Nouvelle-Bretagne, la Nouvelle-Irlande, les îles Salomon, les Moluques, et même de la péninsule du Queensland, partie septentrionale de l'Australie. Sauf une sorte de Rat (*Uromys*), un Sanglier et des Chauves-Souris voisines de celles de la région orientale, les Mammifères de la région papoue sont des Marsupiaux, c'est-à-dire des animaux à bourse dont les petits naissent dans un état très imparfait. Les genres les plus répandus sont les Péramèles ou Blaireaux à bourse (*Perameles*), les Dasyures (*Dasyurus*), les Phascogales (*Phascogale*), les Phalangers (*Phalangista*), animaux arboricoles à queue longue et prenante, les Couscous (*Cuscus*) qui leur ressemblent, les Phalangers volants (*Petaurus*) pourvus d'un parachute membraneux étendu entre les pattes, enfin des Kangouroos arboricoles (*Dendrolagus*) absolument spéciaux à la Nouvelle-Guinée. Chez eux la disproportion des membres n'est pas aussi grande que chez les Kangouroos sauteurs d'Australie. Récemment on a trouvé à la Nouvelle-Guinée des Échidnés, singuliers animaux de l'ordre des Monotrêmes couverts de piquants comme les Hérissons et munis d'un long bec corné d'oiseau. Nous retrouverons ces animaux en Australie et en Tasmanie. De l'espèce de la Nouvelle-Guinée on a fait un genre spécial (*Acanthoglossus*). Le bec est plus long et courbé vers le bas.

Les Oiseaux de la Nouvelle-Guinée sont superbes. On doit citer particulièrement les Oiseaux de Paradis ou Paradisiers, remarquables par leur brillant plumage; sur les flancs les mâles portent des faisceaux de plumes effilées que l'animal peut étaler et serrer à volonté. Depuis longtemps on s'empare de ces Oiseaux pour les faire servir à la parure. Il y en a de nombreuses espèces à la Nouvelle-Guinée et dans les îles voisines, et chaque île présente le plus souvent une ou plusieurs espèces ne se trouvant pas ailleurs. Citons le Paradisier rouge (*Paradisea rubra*), le Séleucide éclatant (*Seleucides resplendens*) et l'Épimaque superbe (*Epimachus magnus*). Les Paradisiers se rapprochent par leur organisation des Corbeaux et des Pies. A la Nouvelle-Guinée il faut signaler aussi les Gouras (*Goura coronata, G. Victoriæ*) qui sont les plus gros Oiseaux du groupe des Pigeons, des Perroquets variés comme les Cacatoès (*Cacatua*) reconnaissables à leur huppe et les Trichoglosses pourvus d'une langue longue effilée. Il faut signaler aussi les Casoars (*Casuarius*), grands Oiseaux coureurs, à ailes rudimentaires, aux plumes sans barbes ressemblant à des poils, et remarquables également par le cimier osseux qui surmonte leur tête. La Papouasie présente également des types orientaux, comme les Calaos. Les Insectes sont aussi variés et aussi éclatants que les Oiseaux; les Papillons surtout offrent de magnifiques couleurs; les Longicornes abondent.

Les Moluques forment dans la région papoue un district particulier où s'effectue un mélange de faune plus accusé encore qu'à Célèbes. Il y a des Mammifères de types australiens, ainsi les Couscous et les Phalangers du genre *Belideus*, et d'autre part on trouve un Singe, le *Cynopithecus nigrescens*, des Civettes (*Viverra tangalunga*), le Babiroussa, etc. Les Oiseaux sont les uns indo-malais, les autres papouas, et il y a des espèces locales. Les Insectes sont tout aussi variés qu'à la Nouvelle-Guinée, et présentent même des espèces de Papillons remarquables par leur grande taille (*Ornithoptera priamus, Papilio ulysses*).

LA FAUNE AUSTRALIENNE.

La faune australienne, celle du continent australien et de la Tasmanie, diffère absolument des autres faunes; les Mammifères de cette vaste contrée sont comparables à ceux qui existaient en Europe pendant la période secondaire. En dehors des Chauves-Souris dont la présence s'explique par l'avantage que leur fournissent leurs ailes, il n'y a guère que des Marsupiaux et des Monotrêmes. On doit signaler cependant des Rats, animaux cosmopolites, et un Chien sauvage, le Dingo (*Canis dingo*). Ce dernier est peut-être un descendant des Chiens importés par l'homme, lors de son établissement en Australie.

Les Marsupiaux ou Mammifères à bourse présentent de nombreux types, les uns carnivores, les autres insectivores ou rongeurs, d'autres enfin herbivores. Ce groupe remplace en somme en Australie l'ensemble de nos divers ordres de Mammifères.

En Tasmanie il y a deux Marsupiaux carnivores remplaçant nos Loups. L'un appelé Thylacine ou Loups zébré (*Thylacinus cynocephalus*) ressemble à un Chien un peu bas sur pattes, il fait de grands ravages dans les troupeaux de Moutons (fig. 747). L'autre, non moins incommode, est le Sarcophile (*Sarcophilus ursinus*), appelé aussi Diable de Tasmanie, à cause de la rage avec laquelle il se défend. Des Carnivores plus petits, s'attaquant surtout aux poulaillers et remplaçant nos Renards et nos Belettes, sont les Dasyures (*Dasyurus*) dont on connaît plusieurs espèces en Australie. Les petites espèces, qui composent le genre *Antechinus*, ont l'apparence extérieure des Souris et vivent surtout d'insectes. Citons encore les Insectivores du genre Myrmécobie (*Myrmecobius*) vivant surtout de Fourmis et les Péramèles (*Perameles*) à museau en forme de groin. Les pattes postérieures sont fortes et servent à l'animal pour sauter; le nombre des doigts est réduit et il l'est encore plus chez le Chœrope à pieds de cochon (*Chœropus castanotus*). Les Phalangers (*Phalangista*) déjà signalés en Papouasie, sont abondants, et fréquentent les forêts de l'Australie et de la Tasmanie. Il y a des Phalangers munis d'un parachute et reproduisant les formes des Écureuils volants, tel est entre autres le Bélidé sciurin (*Belideus* ou *Petaurus sciurus*). Le Koala ou Ours à bourse (*Phascolarctos cinereus*) n'a pas de queue et ressemble à un petit Ours; il vit surtout de bourgeons. Les Wombats (*Phascolomys latifrons*) de la taille d'un Blaireau, ont une dentition identique à celle des Rongeurs; ils se nourrissent de racines.

Les Marsupiaux herbivores sont les Kangouroos, remarquables par la longueur de leurs pattes postérieures et de leur queue. On en distingue un grand nombre d'espèces. Parmi les Kangouroos proprement dits ou *Macropus*, une espèce, le Kangouroo géant (*Macropus giganteus*), atteint et dépasse même la taille de

Fig. 748. — Le Chlamydère, Oiseau constructeur de l'Australie.

l'homme. Les Halmatures (*Halmaturus*) diffèrent des vrais Kangouroos par leur mufle dépourvu de poils. Les Kangouroos-Rats ou *Potoroos* (*Hypsiprymnus*) remplacent nos Lièvres.

Tout récemment (en 1888) M. Stirling a découvert dans le désert central du continent australien un type animal nouveau. C'est un Insectivore fouisseur, complètement aveugle, ayant une grande analogie avec les Chrysochlores ou Taupes dorées de l'Afrique australe. On l'a appelé *Notoryctes typhlops*. Cet animal possède des os marsupiaux et une bourse contenant les mamelles. C'est donc bien un Marsupial ; on peut le qualifier de Taupe marsupiale (1).

D'autres Mammifères très curieux de la région australienne et tasmanienne sont les Monotrêmes ou Ornithodelphes munis d'un cloaque comme les Oiseaux. Ils sont représentés par les deux genres Ornithorhynque et Échidné. L'Ornithorhynque (*Ornithorhynchus paradoxus*) ressemble à une Loutre et en a les mœurs aquatiques, mais il possède un bec corné semblable à celui des Canards. L'Échidné (*Echidna*) a le pelage du Hérisson ; il est pourvu d'un long bec d'oiseau et d'une langue effilée et gluante qui lui sert à prendre les Fourmis. Le type Échidné est représenté à la Nouvelle-Guinée par un genre spécial. Récemment on a pu étudier ces animaux de plus près. M. Caldwell en 1884 a prouvé que l'Ornithorhynque et l'Échidné sont ovipares comme les Oiseaux et les Reptiles. Ils pondent des œufs à enveloppe membraneuse qui sont couvés dans une poche ventrale analogue à celle des Marsupiaux. De plus M. Poulton a prouvé que l'Ornithorhynque, privé de dents à l'âge adulte, en possède pendant le jeune âge, qui s'atrophient plus tard.

Les Oiseaux australiens sont également très remarquables. On trouve dans le nord de l'Australie des Paradisiers. Un Passereau caractéristique est le Ménure-lyre (*Menura superba*) ainsi nommé à cause de la forme de sa queue composée de longues plumes recourbées. Cette queue singulière n'existe d'ailleurs que chez le mâle. Le Chlamydère (*Chlamydera*

(1) Voir Trouessart, *la Nature*, 10 octobre 1891, et *Revue scientifique*, 16 juillet 1892.

maculata) (fig. 748) a la singulière habitude de construire avec des branchages des sortes de tonnelles où viennent se rassembler chaque jour plusieurs individus; à l'entrée de ces berceaux les Chlamydères accumulent des cailloux blancs, des coquillages, de petits os, etc. Le *Ptilonorhynchus holosericeus*, ou *Bowerbird* (constructeur de berceaux) des colons anglais, a la même habitude. Il y a de nombreux Perroquets, Trichoglosses à langue effilée, Cacatoès à huppe éclatante, Perruches ondulées (*Melopsittacus undulatus*) aujourd'hui communes en Europe où on les connaît sous le nom d'Inséparables. Les grands Oiseaux coureurs, que nous avons déjà rencontrés en Afrique et à la Nouvelle-Guinée sont représentés en Australie par les Émeus (*Dromaeus*) qui tiennent le milieu entre les Autruches et les Casoars.

Les Reptiles sont moins caractéristiques que les Mammifères et les Oiseaux. Dans le nord de l'Australie il existe des Crocodiles. Les Tortues, les Caméléons, les Lézards véritables font défaut, mais il y a de nombreux Agames, entre autres le *Moloch* aux écailles hérissées et épineuses, et des Scincoïdiens. On connaît beaucoup de Serpents venimeux et aussi des Pythons. Les deux tiers des Ophidiens d'Australie sont venimeux, de sorte que cette contrée, malgré l'absence des Crotales et des Vipères, est peut-être le pays où les Serpents venimeux sont le plus abondants (1).

Les Batraciens sont les Rainettes (*Hylidés*) et les *Cystignatidés* qui sont communs à l'Australie et à l'Amérique du Sud.

Les Poissons d'eau douce sont assez peu nombreux; les Cyprinodontidés et les Cyprinidés, très développés ailleurs, manquent complètement ici. On peut citer une famille spéciale, les Gadopsidés, représentés par un seul genre contenant une seule espèce. Mais le Poisson d'eau douce le plus curieux est le Barramunda ou *Ceratodus* (*Ceratodus Forsteri*) qui possède, comme le Protoptère d'Afrique, la respiration pulmonaire aussi bien que la respiration branchiale. Le Ceratodus est d'autant plus remarquable qu'il existait en Europe dans les temps secondaires, surtout pendant la période triasique.

En somme la faune australienne possède, au moins pour les Vertébrés, un cachet d'antiquité tout à fait particulier. Il n'en est pas ainsi pour les Invertébrés, qui rappellent pour la plupart la région orientale. Les Lépidoptères ne sont abondants que dans le nord et rappellent ceux de la sous-région papoue. Le plus grand Coléoptère est le *Batocera Wallacei* dont la larve s'attaque au bois des Eucalyptus. Il y a des Fourmis à piqûre redoutable et de grandes Sauterelles (*Tropiderus*). On trouve d'énormes Vers de terre (*Megascolides australis* et *Notoscolis camdenensis*). Les Mollusques d'eau douce et terrestres sont peu caractéristiques et assez rares, à cause évidemment de la sécheresse du climat.

LA FAUNE DE LA NOUVELLE-ZÉLANDE.

La Nouvelle-Zélande a une faune toute particulière. Elle est remarquable par l'absence presque absolue des Mammifères. On ne peut citer comme indigènes que deux Chauves-Souris : *Scotophilus tuberculatus* et *Mystacina tuberculata*. La première est alliée aux Chauves-Souris australiennes; la seconde rappelle des types de l'Amérique du Sud. On a bien signalé une espèce de Rat que les indigènes utilisent pour leur nourriture, mais il est bien possible que ce Mammifère ait été introduit par l'homme (2). Sur les côtes de la Nouvelle-Zélande, comme sur celles d'Australie il y a bien des Otaries, mais ces animaux appartiennent à un type antarctique que les courants ont entraîné jusque-là.

(1) Wallace, *Geographical Distrib. of Animals*, I, p. 396.
(2) Id., ibid., I, p. 450.

Les Oiseaux comptent 160 espèces dont beaucoup sont originaires d'Australie, certaines espèces mêmes sont communes aux deux pays, comme parmi les Passereaux *Anthochæra caruncula*, *Zosterops lateralis*, *Hirundo nigricans*, et parmi les Grimpeurs du groupe des Coucous le *Chrysoccocyx lucidus*; il y a également un Coucou polynésien : *Eudynamis taïtensis*. Mais plusieurs types sont particuliers à la Nouvelle-Zélande. Tels sont parmi les Perroquets le Nestor (*Nestor productus*), grand Oiseau à bec très long qui vit à terre, et surtout le curieux *Strigops* (*Strigops habroptilus*), le *Kakopoe* des indigènes. C'est le seul exemple connu de Perroquet nocturne ; il vit dans des terriers, court rapidement mais ne vole pas, bien que ses ailes soient grandes; sauf par la disposition des doigts il ressemble beaucoup plus à un Hibou qu'à un Perroquet. Citons encore une sorte de Poule d'eau à ailes courtes (*Notornis Mantelli*), un Pluvier (*Anarhynchus frontalis*) remarquable parce qu'il est le seul Oiseau dont le bec soit dirigé obliquement (1), enfin le bizarre *Apteryx* ou *Kiwi* (fig. 749). L'Aptéryx (*A. australis*, *A. Owenii*) est un Oiseau coureur, de la taille d'une Poule, ayant un long bec de Bécasse; les ailes sont rudimentaires et cachées sous des plumes

Fig. 749. — L'Aptéryx, Oiseau aux ailes rudimentaires de la Nouvelle-Zélande.

soyeuses à barbes déchiquetées. Cet Oiseau nocturne, vivant à terre caché dans des trous ou sous les racines des grands arbres, est menacé d'une destruction rapide autant à cause de la poursuite des Chiens et des Chats, que de celle de l'homme. Il est le seul représentant actuel du groupe des gigantesques *Dinornis* ou *Moas* qui peuplaient autrefois la Nouvelle-Zélande.

Les Reptiles sont peu nombreux. On trouve surtout des Scinques, des Geckos et un type tout à fait spécial à la Nouvelle-Zélande, l'*Hatteria punctata*. C'est l'unique survivant du groupe des Rhynchocéphales, Reptiles très développés pendant les périodes permienne et triasique. On a signalé à la Nouvelle-Zélande un seul Serpent (*Chrysopelea*), et un seul Batracien de l'ordre des Anoures (*Liopelma Hochstetteri*).

(1) Wallace, I, p. 455.

Les Poissons d'eau douce comprennent 15 espèces appartenant à 7 genres. Un genre propre à la Nouvelle-Zélande est le genre *Retropinna*, seul Salmonidé de l'hémisphère austral. Deux familles (*Haplochitonidés* et *Galaxiidés*) communes à la Tasmanie et à la Nouvelle-Zélande, se retrouvent dans l'Amérique australe. Ce fait ainsi que d'autres analogues présentés par les Invertébrés et des considérations d'ordre géologique ont conduit M. Hutton à regarder la Nouvelle-Zélande comme le dernier reste d'un continent austral qui au début de la période crétacée, reliait la Tasmanie à la Terre de Feu (1).

La faune entomologique de la Nouvelle-Zélande est assez pauvre. On connaît seulement dans ce pays onze espèces de Papillons.

On peut rattacher à la sous-région néo-zélandaise les îles Auckland, Chatham, Macquarie et Norfolk. L'île Norfolk située entre l'Australie et la Nouvelle-Zélande possède 15 espèces d'Oiseaux terrestres dont 8 sont australiennes. Il y en a trois qui la relient à la Nouvelle-Zélande; le *Nestor productus* qui habitait autrefois la petite île Phillip près de Norfolk, mais aujourd'hui éteint, un autre Perroquet (*Cyanoramphus Rayneri*) et le *Notornis alba*, disparu maintenant, dont on a deux spécimens dans les musées. Les îles Chatham ont beaucoup d'Oiseaux de la Nouvelle-Zélande; d'après les indigènes, le *Strigops* et l'*Apteryx* auraient même habité ces îles avant 1835; ils ont été exterminés vers cette époque. Les îles Auckland, à 300 milles au sud de la Nouvelle-Zélande, possèdent six Oiseaux terrestres dont trois sont locaux : *Anthus aucklandicus*, *Cyanoramphus aucklandicus* et *O. Malherbii*. Il y a aussi un Canard tout à fait particulier : *Nesonetta aucklandica*. On a enfin trouvé dans ces îles un autre genre de Palmipèdes, le Harle (*Mergus*), genre cependant septentrional (2).

(1) Trouessart, *la Géographie zoologique*, p. 145.
(2) Wallace, I, p. 455.

LA FAUNE POLYNÉSIENNE.

La sous-région polynésienne, qui comprend des îles presque innombrables, est caractérisée cependant par une uniformité de faune pour ainsi dire complète. Les Mammifères font presque entièrement défaut; il n'y a que des Rats du genre *Mus*, animaux cosmopolites qui suivent l'homme dans toutes ses pérégrinations, et des Chauves-Souris Les Roussettes (*Pteropus*) se montrent jusqu'à Tonga et même jusqu'à l'île Christmas; les Vespertilions (*Ves-*

pertilio insularum) s'étendent jusqu'à Samoa. Les Oiseaux sont au contraire abondants, ce qui a valu à cette sous-région le nom d'Ornithogée, proposé par Sclater.

On peut distinguer avec Wallace, dans cette vaste étendue polynésienne, plusieurs subdivisions.

La première est formée des Carolines et des îles des Larrons ou Mariannes, où il y a des Oiseaux de Malaisie (*Calornis*), papous (*Rectes*), australiens (*Ptilopus*, *Megapodius*, etc.), ainsi que d'autres qui existent dans toute la Polynésie. Les genres spéciaux à ces îles sont : *Acrocephalus*, peut-être venu des Philippines, et *Caprimulgus* (Engoulevent), genre paléarctique et oriental.

La Nouvelle-Calédonie et les Nouvelles-Hébrides forment une subdivision qui fait transition entre la région papoue et la région australienne. On peut citer comme types les plus remarquables de gros Pigeons mangeurs de fruits (*Carpophaga goliath*) et des Échassiers particuliers alliés aux Hérons, mais formant une famille à part (*Rhinochetus jubatus*).

Les îles Fidji, Tonga et Samoa forment la Polynésie proprement dite, c'est là qu'on trouve la faune polynésienne typique avec des Perroquets bleus du genre *Coriphilus*, d'autres Perroquets des genres *Pyrhulopsis* et *Cyanoramphus*, des Passereaux comme ceux des genres *Tatare*, *Aplonis Sturnodes*, des Poules d'eau formant un groupe spécial (*Pareudiastes*), enfin aux Samoa il y a un Oiseau maintenant très rare, le Didoncule (*Didunculus strigirostris*). Il est allié aux Pigeons, mais en diffère par un bec très robuste et recourbé; cet Oiseau ne perche presque jamais et cherche sa nourriture à terre.

Aux îles de la Société et aux îles Marquises il y a beaucoup moins d'Oiseaux, 25 au lieu de 100 espèces comme à la Nouvelle-Calédonie et 50 comme aux Samoa. On y retrouve les *Cyanoramphus*, les *Coriphilus*. Un genre spécial de Pigeons carpophages est le genre *Serresius*.

Les îles Sandwich ou Hawaï forment un groupe à part avec des caractères qui rapprochent leur faune de la faune américaine. L'unique Chauve-Souris qu'on y trouve appartient à un genre américain (*Atalapha*). Il y a là un Rapace nocturne : *Asio accipitrinus*, qui probablement est venu de l'Amérique du Sud par les îles Galapagos; citons encore un Aigle pêcheur d'espèce particulière (*Pandion solitarius*), un Corbeau (*Corvus hawaïensis*), des Passereaux méliphages voisins de ceux d'Australie (*Moho*, *Chætoptila*), et d'autres Passereaux formant une famille à part, celle des Drépanididés (*Drepanis*, *Hemignathus*, *Loxops*, *Psittirostra*). Plusieurs espèces sont en voie de disparition ou ont même entièrement disparu, parce que les indigènes ont sacrifié des milliers d'Oiseaux pour leurs belles plumes employées pour confectionner des manteaux; tels sont le *Drepanis pacifica* et le *Chætoptila angustipluma* (1). Les Perroquets font encore défaut aux îles Hawaï.

Les Reptiles de la sous-région polynésienne sont surtout des Scinques (*Lygosoma*, *Euprepes*) et des Geckos (*Dactyloperus*, *Doryura*). Il y a un Lézard du groupe des Iguanes (*Brachylophus*) à Tonga et aux Fidji. Les Serpents sont assez peu nombreux; aux Fidji se trouve un Pythonidé (*Enygrus*), à la Nouvelle-Calédonie il y a un genre particulier (*Anoplodipsas*). Les principaux Serpents venimeux sont le *Nœlaps caledonicus* de la Nouvelle-Calédonie, l'*Ogmodon vitianus* des Fidji et surtout les Serpents marins (*Platurus*).

Les Batraciens paraissent manquer complètement, comme dans toutes les îles océaniques; on a signalé cependant des Rainettes aux Nouvelles-Hébrides et des Grenouilles arboricoles (*Platymantis*) aux Fidji.

Citons enfin aux îles Sandwich plus de 300 espèces d'un groupe spécial de Mollusques terrestres (*Achatinella*).

LA FAUNE NÉOTROPICALE.

La région néotropicale comprend non seulement l'Amérique du Sud, mais aussi le Mexique, l'Amérique centrale et les Antilles. Elle est remarquable par ses grands fleuves et sa végétation luxuriante; on trouve ici peu de déserts, si l'on compare cette contrée à la région éthiopienne. Les montagnes fournissent aussi, par leur situation sous l'équateur, et leur élévation, qui corrige l'effet de la latitude, de bonnes conditions d'existence aux animaux.

La faune diffère beaucoup de celle des régions tropicales de l'ancien continent. Déjà

(1) *Les Espèces qui s'en vont*, d'après Lucas (*Rev. scient.*, 30 avril 1892).

au siècle dernier Buffon avait insisté sur ces différences. Il montrait que la plupart des types de l'Ancien Monde ont leurs représentants en Amérique, mais que toujours les types américains sont plus petits et plus faibles; ainsi le Lion est remplacé par le Cougouar, le Tigre par le Jaguar, le Tapir d'Amérique est plus petit que celui du sud de l'Asie, le Lama, qui est le plus proche parent du Chameau, est plus faible que lui.

Passons maintenant en revue les divers ordres de Mammifères en commençant par les Singes. Ils diffèrent beaucoup de ceux de l'Ancien continent. Leurs narines écartées et aplaties leur ont valu le nom de Platyrrhiniens; ceux de l'ancien monde étant les Catarrhiniens. Les Platyrrhiniens ont 36 dents au lieu d'en avoir 32 comme les précédents; leur queue est longue et souvent prenante, leur taille est faible; on ne trouve ici aucun type comparable aux Anthropomorphes. Les plus connus sont les Sajous ou Sapajous (*Cebus*), les Atèles ou Singes-Araignées (*Ateles*) aux membres longs et grêles, les Alouattes ou Singes-Hurleurs (*Mycetes*) remarquables par leurs sacs laryngiens qui donnent à leur voix beaucoup de puissance. Citons encore les Nyctipithèques (*Nyctipithecus*), Singes nocturnes aux yeux énormes. Les Ouistitis forment un groupe à part; ils diffèrent des Platyrrhiniens par les griffes qui terminent leurs doigts; il n'y a d'ongles plats qu'aux pouces postérieurs; le nombre des dents est réduit à 32. Les Ouistitis constituent le genre *Hapale;* on en connaît plusieurs espèces, qui ressemblent plutôt par leur apparence générale à des Écureuils qu'à des Singes.

Les Chauves-Souris sont nombreuses; les plus caractéristiques appartiennent à la famille des Phyllostomidés, ainsi nommée de l'appendice en forme de feuille que porte le nez. Le genre *Phyllostoma* est limité à l'Amérique du Sud. La plus grande espèce est le fameux Vampire (*P. spectrum*), qui en dépit de sa réputation suce rarement le sang des Mammifères et se nourrit surtout d'Insectes. Cependant une espèce plus petite (*Macrotus Waterhousii*) poursuit et tue les Chauves-Souris plus faibles qu'elle et suce leur sang.

Fait remarquable, les Insectivores manquent complètement dans la région néotropicale, sauf au nord de l'isthme de Panama et dans les Antilles. En revanche les Marsupiaux cantonnés en Océanie, présentent ici quelques espèces constituant la famille des Sarigues (*Didelphydés*). Ce sont des animaux nocturnes, à queue longue et écailleuse. Le pouce postérieur est opposable. Les plus grandes espèces ont la taille du Chat; elles se nourrissent d'Insectes, d'Oiseaux et d'œufs et dévastent souvent les poulaillers. Le genre le plus connu est le genre Sarigue proprement dit (*Didelphys*) qui s'est propagé, avons-nous déjà dit, jusque dans la région néarctique. Le genre *Philander*, et le genre *Chironectes* qui a des mœurs aquatiques, sont limités à l'Amérique du Sud.

Les grands Carnassiers américains sont le Jaguar (*Felis onça*) et le Cougouar ou Puma (*Felis concolor*). Le Jaguar, improprement appelé Tigre d'Amérique, a la robe tachetée de la Panthère et non les bandes transversales du Tigre. Le Cougouar doit son nom de Lion d'Amérique à son pelage de couleur uniforme comme celui du Lion, mais il n'a pas de crinière, est beaucoup plus petit et grimpe facilement sur les arbres à la poursuite des Singes. Il y a d'autres espèces de Chats plus petites remplaçant nos Chats sauvages et nos Lynx; tels sont l'Ocelot (*Felis pardalis*), l'Eyra (*F. eyra*), le Chat des Pampas (*F. pajeros*), etc. Il y a des espèces particulières de Loups, tels que le Loup à crinière (*Canis jubatus*) et de Renards comme l'*Aguarachay* (*Canis* ou *Vulpes Azaræ*). On peut citer différents Mustélidés, ainsi des Moufettes (*Mephitis*), les *Galictis* qui remplacent nos Martes et nos Fouines; il y a aussi une Belette (*Mustela brasiliensis*) et quelques espèces de Loutres. Les *Bassaris* font passage des Viverridés aux Subursidés. Ces derniers présentent des types spéciaux : les Ratons (*Procyon*) qui existent aussi dans l'Amérique du Nord, les Coatis (*Nasua*) remarquables par leur nez allongé en forme de trompe, et les Kinkajous (*Cercoleptes*) à queue prenante et à langue très longue à demi rétractile. Les Ours ne sont représentés que par une petite espèce (*Tremarctos ornatus*) confinée dans les Andes du Pérou et de la Bolivie.

Si les Carnassiers et les Singes sont de plus petite taille que ceux de l'Ancien Continent, il n'en est pas de même pour les Rongeurs. C'est dans l'Amérique du Sud que l'on trouve les plus gros; tels sont le Cabiai (*Hydrochœrus*) qui atteint la taille d'un Cochon d'un an, le Paca (*Cœlogenys*) et l'Agouti (*Dasyprocta*) ou Lièvre doré, aux jambes fines et élevées. Ces trois types ressemblent moins à des Rongeurs qu'à des Ongulés; ils ont même au lieu de griffes des sortes de sabots comme ces derniers. Un autre Rongeur d'Amérique est le Cobaye Apéréa (*Cavia aperea*) qui habite le Paraguay et ressemble à notre Cochon d'Inde dont on le regarde souvent comme étant la souche; d'ailleurs il y a d'autres espèces du genre *Cavia* en Bolivie et au Pérou. Notre Cochon d'Inde a été apporté en Europe au XVIe siècle; il est originaire d'Amérique comme notre Dindon, mais en somme l'espèce sauvage qui lui a donné naissance n'est pas connue. D'après Nehring ce serait le *Cavia Cutleri* (1). Citons encore les Chinchillas (*Eriomys*) et les Viscaches (*Lagostomus*) ayant les mœurs des Marmottes, les Rats-épineux (*Echimys*) au pelage rude, les Octodontidés (*Octodon*, *Ctenomys*) qui diffèrent peu des précédents. Les Rats proprement dits ou Muridés sont représentés en Amérique par le genre *Hesperomys* qui diffère du genre *Mus* par sa dentition; il est allié à certains Rats de Madagascar (*Nesomys*) et aux Hamsters (*Cricetus*) de l'Ancien Continent (2).

Les Ongulés, avons-nous déjà dit, sont moins nombreux et plus petits que ceux de l'Ancien Monde. Le plus grand est le Tapir (*Tapirus*) dont on connaît plusieurs espèces; l'une de celles-ci découverte récemment au Guatémala forme un genre spécial (*Elasmognathus Bairdii*), la cloison du nez est osseuse au lieu d'être cartilagineuse. Nos Sangliers sont remplacés dans l'Amérique du Sud par les Pécaris (*Dicotyles*) de taille plus petite et qui vivent en grandes troupes dans les forêts. Les Chameaux sont représentés par les Lamas (*Auchenia*) de taille moins élevée et dépourvus de bosses graisseuses. Ces animaux vivent sur les hauts plateaux des Andes; il y en a plusieurs espèces: Guanaco, Vigogne, Alpaca, Lama proprement dit. Les deux dernières n'existent qu'à l'état domestique et dérivent probablement du Guanaco (*A. huanaco*). Les Cerfs sont petits et à bois peu ramifiés (*Cervus campestris*, *C. nemorivagus*, *C. rufus*).

Les Édentés, dont nous n'avons cité jusqu'à présent que les Pangolins et les Oryctéropes, sont au contraire très développés dans l'Amérique du Sud. C'est là d'ailleurs qu'ils s'épanouissaient déjà pendant les temps quaternaires, alors que vivaient le Megatherium et le Glyptodon. Les Édentés actuels de l'Amérique du Sud appartiennent à plusieurs types. Certains se nourrisssent de feuilles, ce sont les Paresseux qui ont une vague ressemblance avec les Singes; leurs membres antérieurs sont allongés et munis de griffes énormes et recourbées; on distingue les Aïs (*Bradypus*) avec trois griffes aux pattes et les Unaus (*Cholœpus*) avec deux griffes seulement. Les Tatous (*Dasypus* et *Chlamydophorus*) qui se nourrissent d'Insectes, sont bien reconnaissables à leur cuirasse formée de plaques disposées en anneaux. Enfin les Fourmiliers (*Myrmecophaga*) ont une tête très allongée et une longue langue gluante dont ils se servent pour prendre les Fourmis. Le Tamanoir (*Myrmecophaga jubata*) est le plus connu (fig. 750). Le Tamandua (*T. tetradactyla*) et le Myrmidon (*M. didactylus*) sont des Fourmiliers arboricoles à queue prenante.

Dans les Amazones et l'Orénoque on trouve une sorte de Dauphin à long bec (*Inia amazonica*). Les Siréniens du genre Lamantin (*Manatus*) remontent jusqu'à une grande distance les fleuves du Brésil et de la Guyane.

Les Oiseaux de la région néotropicale sont nombreux et variés. Parmi les Rapaces il faut signaler les Vautours qui appartiennent à des types spéciaux; ceux de petite taille sont les *Cathartes* et les *Coragyps* ou *Urubus*; ces derniers très abondants dans toutes les villes y entretiennent la propreté des rues. Les Vautours de grande taille sont les Sarcoramphes, reconnaissables à leur collerette blanche et à la crête qui surmonte le bec. Le plus connu est le Condor (*Sarcoramphus gryphus*) qui s'élève à des hauteurs prodigieuses; on le voit planer souvent au-dessus du Chimborazo à plus de 7 000 mètres d'altitude. Les Perroquets présentent un grand nombre de types, d'abord les Perroquets verts à courte queue (*Chrysotis amazonicus* et *C. æstivus*) bien connus dans nos pays, les Perruches (*Conurus*) et surtout les Aras, superbes Oiseaux à longue queue, reconnaissables à leurs joues presque nues. Parmi les Grimpeurs les plus singuliers sont les Toucans (*Ramphastos*) au bec énorme. Au premier rang des Passereaux se placent les Oiseaux-Mouches ou Colibris (*Trochilidés*) aux brillantes couleurs métalliques, puis viennent les Tangaras (*Tanagridés*), les Manakins (*Pipridés*), etc. Comme aux États-Unis on trouve un Oiseau qui imite le chant des autres, c'est le Moqueur (*Mimus lividus*

(1) Flower et Lydekker, *Mammals living and extinct*, p. 490.

(2) Trouessart, p. 120.

Fig. 750. — Le Tamanoir, Édenté de l'Amérique du Sud (page 688).

le *Sabia* des Brésiliens ; il est voisin des Grives et des Merles. Les Gallinacés les plus répandus sont les Tinamous (*Crypturus*) au bec allongé comme les Râles, les Hoccos (*Crax*), les Pénélopes (*Penelope*), les Hoazins (*Opisthocomus*). Les Échassiers caractéristiques sont les Agamis ou Oiseaux-trompettes (*Psophia*), les Savacous (*Cancroma*) au bec très aplati et les Kamichis (*Palamedea*) dont les ailes sont armées d'ergots et la tête pourvue d'une corne cylindrique. Les Coureurs, dont nous avons signalé les types divers en Afrique et en Océanie, présentent ici les Nandous (*Rhea*) communs dans les Pampas ; ce sont des Autruches différant de celles d'Afrique (*Struthio*) par leurs pattes munies de trois doigts au lieu de deux seulement.

Les Crocodiliens de l'Amérique du Sud appartiennent surtout aux genres Alligator ou Caïman, mais il y a aussi de vrais Crocodiles. Les Tortues terrestres appartiennent au genre *Testudo ;* les Tortues d'eau douce sont représentées par des genres particuliers : *Dermatemys*, *Staurotypus*, *Peltocephalus*, *Podocnemys*, *Hydromedusa* et *Chelys*. Certaines Tortues des Amazones du genre *Podocnemys* rivalisent par la taille avec les Tortues de mer. Parmi les Sauriens, les trois familles de l'Ancien Continent : Lacertidés, Varanidés et Agamidés, manquent. Il y a des Iguanidés, des Geckotidés, des Scinques, des Amphisbènes, Lézards fouisseurs dépourvus de membres. Il y aussi des Hélodermes (*Heloderma horridum*), seuls Sauriens dont la morsure soit venimeuse. Les Serpents sont largement représentés. Les Ophidiens venimeux les plus répandus sont des Crotales (*Crotalus horridus* ou Cascavella), des *Lachesis* (*Lachesis mutus* ou Sururucu) différant des Crotales par l'absence de sonnette, des *Bothrops* (ex : le Fer-de-Lance ou Trigonocéphale des Antilles) et des *Elaps* (ex : le Serpent corail ou *Elaps corallinus*). Parmi les Serpents non venimeux, mais redoutables par leur taille, il faut citer les Boas dont une espèce, le *Boa constrictor*, atteint au moins six mètres de long. Le Boa aquatique appelé *Anaconda* (*Eunectes murinus*) peut acquérir des dimensions encore plus grandes; on parle d'individus de dix mètres de long.

Les Batraciens sont surtout des Anoures, Grenouilles et Crapauds. La Grenouille-Taureau (*Rana mugiens*) de l'Amérique du Nord est remplacée par les *Ceratophrys*, grosses Grenouilles dont les paupières supérieures se prolongent en manière de cornes. Les *Pseudis* sont remarquables par la taille de leurs têtards, ce qui leur a fait donner le nom de Grenouilles à queue. Les Crapauds les plus singuliers sont les Pipas (*Pipa dorsigera*) dont les femelles portent leurs œufs sur le dos jusqu'à l'éclosion. Les Salamandres ne se trouvent que jusqu'au 5° de latitude nord. Les Batraciens apodes appelés Cécilies, que nous avons déjà signalés en Afrique et en Asie, sont surtout abondants dans l'Amérique du Sud (*Cæcilia*, *Siphonops*).

Les Poissons d'eau douce, qui trouvent de favorables conditions d'existence dans le grand développement des fleuves en Amérique, sont extrêmement variés. Nous citerons parmi les plus remarquables les Trigonidés ou Raies d'eau douce, les Gymnotes, sorte d'Anguilles électriques, et le Pirarucu (*Arapaima gigas*) des grands cours d'eau de la Guyane et du Brésil; il a une longueur de trois mètres et pèse plus de 100 kilogrammes. Enfin les Poissons Dipnoïques, à respiration pulmonaire et branchiale, signalés déjà en Australie et en Afrique, sont représentés dans l'Amérique du Sud par le *Lepidosiren*.

Aucune contrée n'égale l'Amérique du Sud pour l'abondance des Insectes. C'est là qu'on trouve les plus gros Coléoptères, comme l'Arlequin (*Macropus longimanus*) parmi les Longicornes et les *Dynastes* parmi les Scarabéidés. Plusieurs émettent des lueurs phosphorescentes, tel est le Pyrophore (*Pyrophorus noctilucus*). Un Hémiptère, le Fulgore porte-lanterne de Surinam (*Fulgora laternaria*), est aussi regardé comme lumineux, mais le fait n'est pas encore prouvé. Les Névroptères les plus remarquables sont les Termites (*Termes*) qui vivent en sociétés nombreuses dans des nids énormes de forme conique. Les plus beaux Papillons appartiennent aux familles des Nymphalidés, Héliconidés, Érycinidés. Le genre *Morpho* est admirable par sa grande taille et ses belles teintes azurées.

Les Myriapodes sont nombreux et de grande taille; la *Scolopendra morsitans* de 30 centimètres de long est très venimeuse. Les Araignées sont de grandes dimensions; la Mygale aviculaire (*Mygale avicularia*) atteint 8 centimètres de large; elle tue et dévore les Colibris.

Les Mollusques terrestres sont plus abondants dans la région néotropicale que partout ailleurs, les Hélicidés sont particulièrement nombreux et représentés par plusieurs genres spéciaux. Le genre *Bulimus* contient dans l'Amérique du Sud des espèces de grande taille. Quant aux coquilles marines, on pensa d'abord qu'elles étaient absolument différentes des deux côtés de l'isthme de Panama, mais on a reconnu depuis l'identité de quarante genres et de cent quarante espèces. Ce fait concorde avec celui de l'identité de quarante-huit espèces de Poissons et conduit, ainsi que d'autres tirés de la Géologie, à cette conclusion que l'Amérique centrale n'est émergée que depuis une époque relativement récente (1).

Les subdivisions de la région néotropicale sont les sous-régions : mexicaine, antillienne, brésilienne et chilienne ou patagonienne.

La sous-région mexicaine comprend l'Amérique centrale et seulement une partie du Mexique, car la faune néarctique empiète sur celui-ci et occupe les hautes terres mexicaines. Il y a donc ici dans le nord un mélange des formes néarctiques et néotropicales. Les formes septentrionales, comme les Musaraignes (*Sorex*), les Renards (*Vulpes*), les Lièvres (*Lepus*) et les Écureuils volants (*Pteromys*) arrivent jusqu'au Guatemala. D'autre part plusieurs espèces de Singes montent jusque dans le nord de la sous-région, ainsi les Atèles et les Hurleurs. Comme types particuliers de Mammifères il faut signaler un Tapir de l'Amérique centrale (*Elasmognathus Bairdii*) et des Rongeurs (*Myxomys*, *Heteromys*). Les Oiseaux sont nombreux, et au Guatamala seulement on a trouvé six cents espèces. Il y a là un certain nombre de types venant de la région néarctique pour passer l'hiver, mais la plupart cependant sont exclusivement néotropicaux; certaines espèces sont particulières.

Parmi les Reptiles, un Amphisbénien est cantonné dans le Mexique et la partie sud de la région néarctique, c'est le genre *Chirotes*; le Saurien venimeux appelé *Heloderma horridum*

(1) Wallace, II, p. 21.

est propre à la sous-région mexicaine. Plusieurs Iguanidés y sont aussi localisés. Parmi les Batraciens le type le plus singulier est l'Axolotl (*Siredon*), sorte de Salamandre du lac de Mexico, que l'on a regardé longtemps comme un genre spécial à cause de ses branchies externes, supposées persistantes. M. Duméril a reconnu depuis que les Axolotls ne sont que des larves capables de se reproduire à cet état imparfait; les Axolotls peuvent achever leurs métamorphoses quand ils sont dans de bonnes conditions, perdre leurs branchies et se transformer ainsi en Amblystomes (*Amblystoma*). Ces animaux se trouvent non seulement au Mexique, mais aussi en différents points des États-Unis. On élève souvent les Axolotls, en Europe, dans les aquariums.

Au Mexique et dans toute la sous-région les Insectes sont très nombreux; nous citerons seulement un Hémiptère, la Cochenille (*Coccus cacti*) dont la femelle fournit le carmin. Cet Insecte vit sur le Cactus nopal (*Opuntia coccinellifera*); on le cultive aujourd'hui aux Canaries, en Algérie, dans l'Espagne méridionale, etc.

La sous-région antillienne est extrêmement intéressante à cause des différences qu'elle présente avec l'Amérique du Sud. On n'y voit ni Singes, ni Carnassiers, ni Édentés, sauf ceux qu'on y a introduits. En dehors des Chauves-Souris les seuls Mammifères sont des Rongeurs et des Insectivores. Les premiers sont des Agoutis (*Dasyprocta cristata*) et quelques Rats de la famille des Octodontidés; ce sont des genres arboricoles comme les *Capromys* de Cuba et de la Jamaïque et les *Plagiodontia* cantonnés à Haïti. Dans cette dernière île et à la Martinique habite aussi un Rongeur de la taille d'un Lapin (*Hesperomys*), mais il est devenu rare, tandis que les Rats d'origine européenne (*Mus*) se sont multipliés dans les plantations. Les Insectivores des Antilles appartiennent au genre *Solenodon*, étroitement allié aux Tanrecs de Madagascar; le fait est d'autant plus singulier que les Insectivores manquent complètement dans tout le reste de la région néotropicale. Enfin on a trouvé sur quelques îlots de la mer des Antilles un Phoque (*Monachus tropicalis*) voisin de celui de la Méditerranée; les Phoques sont cependant un type plutôt septentrional, le fait est donc intéressant à signaler (1).

(1) Trouessart, p. 126.

Les Oiseaux appartiennent pour la plupart à des genres néotropicaux ; beaucoup cependant viennent de la région néarctique pour passer la mauvaise saison. De plus un certain nombre d'espèces sont très localisées et ne sont représentées dans les îles voisines que par des espèces plus ou moins étroitement alliées, mais distinctes; cette localisation de la faune ornithologique des îles a déjà été signalée bien des fois. Comme espèces cantonnées dans les grandes Antilles nous citerons un Grimpeur voisin des Trogons, le *Prionoteles temnurus*, propre à Cuba, et le genre *Sporadinus*.

Il y a de nombreux Reptiles: ainsi des Pythonidés des genres *Epicrates* et *Corallus*, et des Serpents très venimeux du genre *Bothrops* (*B. lanceolatus* ou *Fer-de-lance*). Il ne semble pas y avoir d'autres Crotalidés que le genre *Craspedocephalus* qui s'est introduit à Sainte-Lucie. Les Scinques sont abondants, et le genre *Celestus*, avec 9 espèces, est particulier aux Antilles. Les Batraciens les plus caractéristiques sont des Rainettes du genre *Trachycephalus*, dont une seule espèce existe dans l'Amérique continentale.

Parmi les Lépidoptères, le genre *Calisto* est caractéristique des Antilles; le genre *Lucinia* (Nymphalidés) est confiné à la Jamaïque et à Haïti (1). Beaucoup de Coléoptères sont spéciaux; certains, au contraire, rappellent ceux de l'Asie, de l'Afrique australe, et même de l'Australie et de la Nouvelle-Zélande.

Les Mollusques terrestres sont extrêmement abondants, ce qui tient, au moins en partie, aux profonds ravins où vivent ces animaux et qui sont très communs aux Antilles. A la Jamaïque, il n'y a pas moins de 30 genres comprenant plus de 500 espèces. On compte 11 genres particuliers, sans compter le genre *Cyclostomus* de l'Ancien Monde, qui se trouve aux Antilles et manque sur le continent. En revanche, le genre *Bulimus*, très développé sur la terre ferme, n'existe pas aux Antilles, sauf à Sainte-Lucie.

La sous-région brésilienne est la plus vaste de toutes les sous-régions néotropicales. Elle s'étend de l'Atlantique jusqu'à la Cordillère, comprenant les bassins de l'Orénoque, du fleuve des Amazones et autres grands fleuves de l'Amérique du Sud. Elle s'arrête à la rive gauche du Rio de la Plata. C'est un pays de forêts et de plaines basses souvent inondées. La

(1) Wallace, II, p. 74.

Fig. 151. — Amblyrhynque (*Amblyrhynchus cristatus*), Saurien aquatique, spécial aux îles Galapagos.

faune est très riche; elle est surtout caractérisée par les diverses sortes de Singes que nous avons citées comme appartenant à la région néotropicale. Les Sarigues, les Édentés, les Tapirs, les Rats épineux caractérisent encore cette contrée. Comme type particulier, il faut signaler, dans le centre du Brésil, un Lièvre (*Lepus brasiliensis*), ce qui est remarquable, parce que ce genre ne descend pas plus au sud, dans la sous-région précédente, que Costa-Rica. On y trouve aussi deux genres de Rats épineux (*Aulacodes* et *Petromys*) existant dans le sud de l'Afrique (1).

Beaucoup de genres d'Oiseaux sont confinés dans la sous-région brésilienne; il en est ainsi de 120 genres de Passereaux. C'est sur les bords du fleuve des Amazones que cette faune ornithologique étale toute sa richesse.

Parmi les îles de l'Amérique tropicale, les Galapagos, situées sous l'équateur, en face de Quito et de Guyaquil, méritent une mention spéciale. L'archipel comprend un grand nombre d'îles et d'îlots; Albemarle est la terre la plus étendue; la seule île habitée est Chatham. Les Galapagos ont été visitées plusieurs fois par les naturalistes, notamment par Darwin en 1835, lors de son célèbre voyage à bord du *Beagle*, et par M. Baur qui vient de publier une étude sur ces îles (1). Leur faune est très remarquable, parce que chaque île possède ses espèces à part, ou au moins des variétés propres. Les Mammifères sont seulement représentés par des Rats du genre *Oryzomys* et par d'autres d'origine européenne (*Mus*). Les Oiseaux les plus intéressants sont des Passereaux des genres *Nesomimus* et *Certhidia*. Les diverses îles ont leurs variétés propres de *Nesomimus*, différant surtout par la longueur du bec. Il y a trois espèces de *Certhidea* : *C. olivacea* dans les îles centrales, *C. fusca* dans celles du nord et *C. cinerascens* dans l'île Hood. Ces localisations singulières se manifestent également, avons-nous dit, dans la flore. Les Reptiles des Galapagos sont fort intéressants. Les énormes

(1) Wallace, II, p. 23.

(1) De Varigny, *les Iles Galapagos* (*Rev. scient.*, 24 septembre 1892).

Fig. 752. — Manchots de la Patagonie (*Aptenodytes patagonica*) (page 695).

Tortues terrestres des Mascareignes sont représentées ici par des espèces très voisines, et chaque île possède une espèce ou une variété distincte. Ces Tortues deviennent de plus en plus rares; elles ont déjà disparu de plusieurs îles. Il y a aussi des Lézards du genre *Tropidurus*, et d'autres Lézards aquatiques (*Amblyrhynchus*) atteignant plus de 1 mètre de long. Les Amblyrhynques sont tout à fait propres aux îles Galapagos; ce sont les seuls Sauriens de mœurs aquatiques. Un genre voisin, mais terrestre, spécial aussi aux Galapagos, est le genre *Conolophus*. Ces Reptiles sont voisins des Iguanes. Enfin, il y a des Serpents appartenant à des genres continentaux. Les Insectes sont rares et représentés surtout par quelques Coléoptères. Il y a des Mollusques terrestres du genre *Bulimulus;* plusieurs îles en ont deux ou trois espèces locales (1).

La sous-région chilienne ou patagonienne comprend le reste de l'Amérique du Sud, c'est-à-dire le pays au sud du Rio de la Plata jusqu'au cap Horn, et les régions montagneuses qui s'étendent à l'ouest de la Cordillère, le long du Pacifique, jusque et y compris le Pérou.

Dans les Andes du Pérou et de la Bolivie, les Mammifères caractéristiques sont les Lamas (*Auchenia*) dont nous avons cité plus haut les différentes espèces, et les Chinchillidés. Ces Rongeurs sont absolument spéciaux à la sous-région chilienne. Les Chinchillas proprement dits (*Eriomys*) habitent les Andes du Chili et du Pérou jusqu'au 9° de latitude sud et jusqu'à une altitude de 4 000 mètres; ils se creusent des terriers comme les Marmottes, et sont chassés surtout pour leur fourrure. Le genre *Lagidium* ou *Lagotis* se distingue du genre précédent par des pattes plus longues; ces animaux ressemblent à des Lièvres à longue queue; ils habitent le Pérou, et s'étendent jusque dans le sud de la république de l'Écuador. Plusieurs Chats, comme le *Felis colocolo*, et un petit Ours (*Tremarctos ornatus*), habitent également les montagnes. Certains Oiseaux sont aussi particuliers à cette contrée; ainsi, on peut citer le genre *Tinamotes*, des Pigeons (*Metriopelia* et *Gymnopelia*), et un genre particulier de Perroquets qui se trouve au Chili (*Henicognathus*). Plusieurs Serpents s'avancent assez loin vers le sud sur la côte ouest; comme Lézards, il y a des genres particuliers, comme *Callopistes*, *Homonota*, etc. Les Batraciens sont assez nombreux; le genre chilien *Calyptocephalus* est allié aux genres tropicaux de la région australienne (2). Le lac Titicaca présente quelques espèces de Poissons appartenant à un genre spécial (*Orestias*). Les Insectes sont assez bien représentés, et parmi les Coléoptères, les Buprestidés du Chili nous offrent de belles espèces.

Passons maintenant à l'est de la Cordillère. Les grands cours d'eau, comme le Rio de la Plata, sont fréquentés par le Cabiai et par un autre Rongeur de forte taille, le Coypou (*Myopotamus Coypu*), auquel sa belle fourrure a valu le nom de Castor de la Plata. Les vastes plaines, appelées Pampas, qui s'étendent sur la république Argentine, sont parcourues par des troupeaux innombrables de Chevaux et de Bœufs sauvages qui descendent d'individus d'origine européenne introduits par les Espagnols. Comme animaux spéciaux, il faut citer les Viscaches (*Lagostomus*), Rongeurs voisins des Chinchillas, et qui sont cantonnés entre l'Uruguay et le Rio Negro; ils creusent des terriers où ils vivent en grandes bandes.

Les plaines sablonneuses de la Patagonie qui font suite aux Pampas sont habitées également par des Rongeurs particuliers; tels sont les *Ctenomys* et les *Dolichotis*. Les *Ctenomys* comprennent plusieurs espèces dont une habite le sud du Brésil, mais ils sont surtout nombreux en Patagonie. L'espèce la plus connue est le *Ctenomys magellanicus* découverte par Darwin. Ces animaux ont des habitudes fouisseuses comme les Taupes. « Ils minent, si complètement des espaces considérables, dit Darwin (1), que les Chevaux, en passant sur leurs galeries, s'enfoncent jusqu'au boulet. » Sous le sol ils font entendre un grognement caractéristique qui fait reconnaître leur présence; les syllabes *tucutuco* le reproduisent à peu près et c'est sous le nom de Tucutuco que le Ctenomys est connu des Patagons. Le *Dolichotis* (*D. patagonica*) est appelé aussi *Mara* ou Lièvre de Patagonie; il atteint une assez grande taille. Le Guanaco (*Auchenia huanaco*) est très commun en Patagonie et s'étend jusqu'à l'extrême sud. On trouve également comme Mammifères dans ces plaines de Patagonie quelques Carnassiers, ainsi des Moufettes (*Mephitis*), le Puma (*Felis puma*) et deux espèces de Canidés. Ces derniers diffèrent des Chiens proprement dits par leur longue queue, leur pupille elliptique, ils se rapprochent des Renards. On en a fait le genre *Pseudalopex* (*P. magellanicus* et *P. griseus*). Les Oiseaux caractéristiques de la Patagonie sont les Au-

(1) Wallace, II, p. 33.
(2) *Id.*, II, p. 42.

(1) Darwin, *Voyage d'un naturaliste* p. 53.

Fig. 753. — Chiens de la Terre de Feu, rapportés par le docteur Hyades.

truches à trois doigts ou Nandous (*Rhea*) qui parcourent ces solitudes en petites bandes. Il faut citer aussi comme genres caractéristiques les genres *Eudromia*, *Rhinocrypta* et *Anabates*. Les Crotalidés du genre *Craspedocephalus* se trouvent en Patagonie jusqu'au 40° de latitude sud à Bahia Blanca. Il y a des Lézards, comme le genre *Ptygoderus*, spécial à la Patagonie et à la Terre de Feu. Parmi les Poissons d'eau douce les plus intéressants sont les *Galaxias*, dont une espèce (*G. attenuatus*) se trouve non seulement en Patagonie mais aussi en Tasmanie, dans la Nouvelle-Zélande et aux îles Chatham. Les Insectes sont peu nombreux ; il y a surtout des Coléoptères, notamment du genre *Nyctelia*, en outre des Cicindèles ; les Diptères sont représentés par une sorte de Taon.

La Terre de Feu n'est pourvue que d'une faune très pauvre analogue à celle de Patagonie. Il y a quelques Rongeurs comme le Tucutuco et deux genres de Rats (*Reithrodon* et *Hesperomys*), les espèces de Canidés déjà signalées (*Pseudalopex*), une Loutre (*Lutra felina*) qui se nourrit de Poissons marins, le Guanaco et une sorte de Daim. L'Oiseau le plus commun est une sorte de Grimpereau (*Oxyurus Tupinieri*). Il y a aussi des Roitelets (*Scytalopus magellanicus*), des Gobe-Mouches à huppe blanche (*Myiobius albiceps*) et quelques autres espèces (1). On ne trouve pas d'autre Reptile qu'un Lézard (*Ptygoderus*) ; les Batraciens manquent absolument. Les Insectes sont fort rares. Les côtes sont fréquentées par les Otaries, lesquels s'avancent d'ailleurs jusqu'à l'embouchure du Rio de la Plata, et par des Oiseaux aquatiques, les Manchots (*Aptenodytes*) (fig. 752), assez analogues aux Pingouins, mais dont les ailes couvertes de très petites plumes semblables à des écailles, sont devenues de véritables nageoires. Ces Oiseaux arrivent fréquemment sur les

(1) Darwin, *Voyage d'un naturaliste*, p. 255

côtes de Patagonie au moment de la ponte. Cette triste région de la Terre de Feu n'est peuplée que de misérables sauvages. Les Fuégiens n'ont d'autre animal domestique qu'un Chien qui ressemble beaucoup par sa forme au Chacal et au Renard; il est souvent d'un gris fauve mais sa couleur est variable. Ce Chien (fig. 753) a sans doute pour origine les espèces sauvages du pays.

A la Patagonie se rattachent aussi les îles Falkland ou Malouines. Les seuls Mammifères indigènes sont une espèce locale de Canidé (*Pseudalopex antarcticus*) très voisine de celles de Patagonie, et une sorte de Rat appartenant probablement à l'un des genres sud-américains, *Hesperomys* et *Reithrodon*. Il y a 67 espèces d'Oiseaux, dont 18 Oiseaux terrestres : 7 Rapaces et 11 Passereaux. Les premiers sont des formes de l'Amérique du Sud, sauf une espèce : *Milvago australis*, qui semble particulière. Les Passereaux appartiennent à des genres de la terre ferme; quelques-unes sont particulières comme *Turdus falklandicus* qui se trouve aussi à Juan Fernandez, *Phrigilus melanoderus*, *P. xanthogrammus*, *Cinclodes antarcticus* et *Muscisaxicola macloviana* (1). Plusieurs espèces d'Oies fréquentent ces îles : l'*Anas magellanica* est très répandue, de même l'*Anas antarctica*. Une autre espèce : *Anas brachyptera*, atteint parfois une grande taille. Enfin les Manchots présentent aux Falkland huit espèces, cinq résidant toute l'année et trois qui visitent accidentellement ces îles. Aucun Reptile n'a été découvert aux Falkland.

LA FAUNE POLAIRE ANTARCTIQUE.

Les Otaries et les Manchots sont communs, avons-nous dit, sur les côtes de Patagonie et aux Falkland; on les retrouve aussi dans les autres régions australes : Nouvelle-Zélande, Australie méridionale, sud de l'Afrique. Ils caractérisent en réalité une faune qu'on peut appeler faune polaire antarctique, dont les représentants ont été entraînés vers le Nord par les courants marins.

Les régions polaires antarctiques nous sont encore peu connues; elles sont entièrement couvertes de glace; ce qu'on appelle la terre d'Adélie, la terre de Wilkes, la terre d'Enderby, etc., sont probablement les promontoires d'un vaste continent situé au sud de l'Océan antarctique. Ce dernier est limité au nord par les Falkland, la Géorgie du Sud, les Sandwich du Sud, Tristan d'Acunha, les îles du Prince-Édouard, et Crozet, la terre de Kerguelen, Saint-Paul et Amsterdam, les Auckland, les îles Campbell, et Macquarie dont nous avons déjà étudié la faune et la flore.

Les Manchots sont répandus sur tout le pourtour de ce vaste bassin. Ils caractérisent les terres australes, comme les Pingouins caractérisent les terres arctiques; sur ce qu'on a pu reconnaître du continent antarctique ils se pressent en troupes innombrables. Ils comprennent plusieurs genres dont les plus répandus sont les Manchots proprement dits (*Aptenodytes*), les Sphénisques (*Spheniscus*) qui sont plus petits et dont le bec est plus court, et les Gorfous (*Eudyptes*) pourvus de houppes de plumes au-dessus des yeux. Le genre Sphénisque s'est établi près du cap de Bonne-Espérance dans une petite île rocheuse au milieu de False-Bay; il s'est avancé aussi avec les courants d'eau froide venant du pôle sud jusqu'aux Galapagos sous l'équateur; là se trouve l'espèce appelée *Spheniscus mendicatus* (1).

D'autres Palmipèdes sont caractéristiques des régions australes. Tels sont d'énormes Oiseaux de mer aux ailes extrêmement puissantes : les Albatros (*Diomedea exulans*) ou Moutons du Cap, ainsi appelés à cause de leur plumage blanc, et les Ossifrages (*Ossifragus giganteus*) ou Pétrels géants. Les vrais Pétrels (*Procellaria*) sont très communs, et une espèce même existe jusque dans l'extrême nord (*P. glacialis*) bien que le centre d'origine paraisse avoir été les régions antarctiques. Les Cygnes noirs (*Chenopsis*, *Coscoroba*) sont cantonnés dans l'hémisphère Sud, de même les Becs-en-fourreau ou *Chionis*, appelés aussi par les navigateurs Pigeons ou Poules antarctiques; ils se rapprochent des Huîtriers et des Pluviers de nos pays.

Les Otaries, qui diffèrent des vrais Phoques par leurs membres plus dégagés et leurs oreilles développées, sont originaires des régions antarctiques, bien que les courants d'eau froide les aient répandus jusque dans le nord du Pacifique. Les principales espèces sont le

(1) Wallace II, p. 49.
(2) Trouessart, p. 43.

Fig. 754. — Chironecte marbré (*Antennarius marmoratus*), Poisson de la mer des Sargasses, s'appuyant sur ses nageoires antérieures, d'après le Marquis de Folin.

Lion marin (*Otaria jubata*) qui remonte jusqu'aux îles Galapagos d'une part et jusqu'au Rio de la Plata d'autre part; l'*Arctocephalus australis* ou Ours marin a la même distribution; l'*A. antarcticus* se trouve au Cap de Bonne-Espérance. Dans le nord du Pacifique le genre *Eumetopias* (*E. Stelleri*) représente les Otaries et le genre *Callorhinus* (*C. ursinus*) représente les Arctocéphales. Les Callorhines sont aussi appelés Phoques à fourrure; nous avons déjà parlé de leur abondance aux îles Pribilov dans la mer de Behring, où ils sont activement chassés. On chasse avec la même activité dans l'hémisphère sud, notamment au voisinage des Falkland les Arctocéphales, pourvus aussi d'une fourrure rappelant celle de la Loutre. Un autre type de Mammifères voisins des Phoques est le genre *Macrorhinus* ou Éléphant marin, qui s'étend jusqu'en Californie. Quant aux Cétacés des mers antarctiques, ils ne diffèrent pas beaucoup de ceux des mers arctiques; les Baleines sont pour ainsi dire identiques aux Baleines franches du Nord; de même pour les Baleinoptères et les Dauphins. On cite cependant une Baleine de très petite taille (*Neobalæna marginata*) comme spéciale aux mers australes (1).

LA FAUNE PÉLAGIQUE.

Dans les pages précédentes nous avons passé en revue les divers types animaux qui habitent les continents ou les rivages. Il nous faut maintenant étudier ceux qui ne s'approchent jamais de la terre et qu'on trouve seulement au large. Ces formes animales constituent la *faune pélagique* ou de haute mer. Les Pétrels, les Albatros peuvent déjà être considérés comme des animaux pélagiques, de même les grands Cétacés : Dauphins, Cachalots et Baleines. Mais les Vertébrés pélagiques les plus nombreux sont naturellement les Poissons, notamment les Squales, dont les Requins (*Carcharias, Rhinodon, Carcharodon*)

(1) Trouessart, p. 47.

sont les représentants les plus répandus. On doit citer aussi parmi les Poissons cartilagineux quelques espèces de Raies (*Cephaloptera*, *Myliobatis* ou Aigle de mer). Les Poissons osseux pélagiques les plus intéressants sont les Espadons (*Xiphias*) pourvus d'un bec en forme de glaive, les *Naucrates* ou Pilotes qui accompagnent les grands Squales pour profiter de leur chasse, les Rémoras (*Echineis*) ayant sur la tête un large disque adhésif, nageoire transformée, qui leur permet de s'attacher aux Requins et aux grands Cétacés.

Citons encore les Coryphènes (*Coryphaena*), les *Lampris* ou Poissons-Lune, les Thons (*Thynnus*), les Maquereaux (*Scomber*) et surtout les Poissons volants, dont on distingue plusieurs types appartenant à des familles différentes, ainsi les Dactyloptères (*Dactylopterus*) voisins des Rougets, et les Exocets (*Exocetus*).

Les Mollusques Céphalopodes sont pour la plupart des animaux de haute mer. Tels sont particulièrement les Argonautes et surtout les Calmars (*Loligo*), dont certains sont gigantesques; on en a trouvé un à l'île Saint-Paul (*Mouchezia*) dont la longueur jusqu'à l'extrémité des tentacules atteignait 7m,15. Le genre *Ommastrephes* est extrêmement répandu dans le voisinage de Terre-Neuve, où l'on observe aussi un autre Céphalopode, l'*Architeuthis princeps*, atteignant une douzaine de mètres. Parmi les Gastéropodes il faut signaler la Janthine (*Janthina*) pourvue d'une sorte de flotteur vésiculeux lui permettant de se tenir à la surface des vagues. Les Hétéropodes, comme les Atlantes (*Atlanta*), les Carinaires (*Carinaria*), sont pourvus d'une large nageoire membraneuse. Les Ptéropodes (*Hyalina*, *Limacina*, *Clio*), possèdent deux nageoires latérales en forme d'ailes. Ces Mollusques souvent réunis en bancs énormes servent de nourriture aux Cétacés; la *Limacina arctica* et le *Clio borealis* forment le principal aliment des Baleines. Certains petits Crustacés, les *Mysis* et les Copépodes, pullulent fréquemment à la surface des mers; un Copépode, le *Cetochilus australis*, forme dans les mers australes de véritables bancs qui donnent à l'eau, sur des espaces de plus d'une lieue de longueur, une teinte rougeâtre (1). Enfin les animaux pélagiques par excellence sont les Tuniciers (Pyrosomes, Salpes), les Méduses, les Cténophores (Cestes, Ocyroes) et les Siphonophores (Porpites, Vélelles, Physalies), remarquables par leurs flotteurs de formes variées. Les animaux les plus inférieurs, les Protozoaires, présentent de nombreuses espèces pélagiques, ainsi les Noctiluques qui sont les principaux agents de la phosphorescence de la mer, les Globigérinés et les Radiolaires dont nous avons déjà parlé à plusieurs reprises dans le cours de ce volume.

Pendant longtemps on a regardé les animaux pélagiques comme ne pouvant vivre qu'à la surface ou à une faible profondeur; on pensait qu'entre la profondeur de cent brasses et les abîmes habités par une faune spéciale, il régnait une solitude absolue. En réalité on trouve des animaux pélagiques comme l'ont montré les naturalistes du *Challenger*, du *Vettor Pisani* et les observations de M. Chun, jusqu'à des profondeurs considérables, parfois jusqu'à 3000 à 4000 mètres (1). Certains montent de temps en temps à la surface; les autres ne quittent pas les eaux profondes. Il y a beaucoup de Radiolaires jusqu'à 500 mètres; ensuite leur abondance diminue. On a trouvé beaucoup de Méduses et des Siphonophores particuliers depuis 350 jusqu'à 1000 mètres et davantage. Certains Ptéropodes (*Spirialis*), des Tuniciers (*Stegosoma*), des Céphalopodes (*Cirroteuthis magna*) n'abandonnent jamais les profondeurs.

On doit considérer à part la mer des Sargasses comprise entre l'Amérique et l'Afrique. Les Algues qui ont donné leur nom à cette vaste étendue abritent une faune variée dont les représentants échappent aux attaques des Oiseaux de mer grâce à une adaptation remarquable de leur couleur au milieu qu'ils habitent. C'est un exemple curieux de mimétisme. Les Sargasses sont habitées par environ 60 ou 80 espèces. Les Poissons ont des couleurs mêlées de jaune et de blanc qui leur permettent de se dissimuler au milieu des touffes d'Algues. L'espèce la plus curieuse est le Chironecte marbré (*Antennarius mormoratus*); ses nageoires antérieures ressemblent à des mains dont l'animal se sert habilement pour se suspendre (fig. 754). D'autres Poissons l'accompagent, comme les Syngnathes (*Syngnathus pelagicus*) et des Diodons ou Hérissons de mer (*Diodon hystrix*). Les Crustacés des Sargasses sont surtout des Crabes (*Nautilo-*

(1) Viguier, *la Faune pélagique* (*Rev. gén. des sciences*, 30 juillet 1890).

(1) Koehler : *les Conditions d'existence des animaux pélagiques* (*Rev. gén. des sciences*, 15 février 1892).

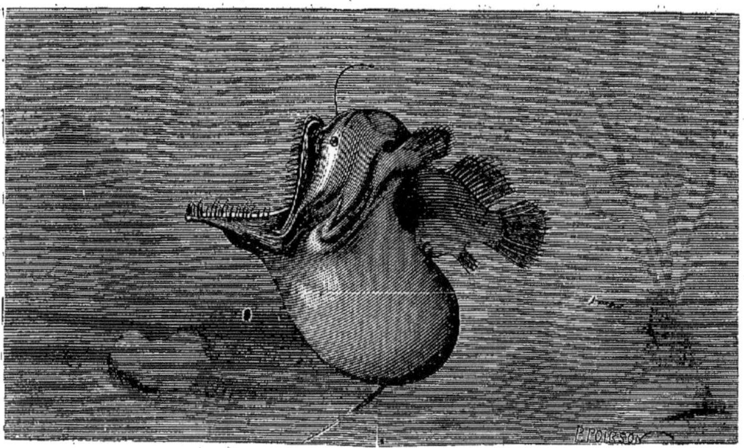

Fig. 755. — *Melanocetus Johnsoni*, Poisson des grandes profondeurs (page 700).

grapsus minutus), des Crevettes (*Palæmon pelagicus*, *P. fucorum*, *Hippolytes tenuirostris*, *Caridina sargassorum*), quelques Mollusques comme des Janthines et des *Phyllirœ*, Gastéropodes sans coquille, ressemblant à des feuilles; il y a aussi quelques Bryozoaires, une Anémone de mer et plusieurs sortes de Polypes, dont une espèce nouvelle du genre Cladocoryne (*C. simplex*). L'expédition du *Talisman* surtout nous a fait connaître cette faune des Sargasses où l'on découvrira certainement encore d'autres espèces (1).

LA FAUNE DES GRANDES PROFONDEURS OCÉANIQUES.

Longtemps on a supposé que les grandes profondeurs océaniques étaient absolument dépourvues d'habitants. D'après Forbes, qui avait exploré la Méditerranée, et surtout la mer Égée, toute vie animale disparaissait à partir d'environ 300 mètres de profondeur. Mais il n'en est rien, la Méditerranée elle-même contient encore à 2600 mètres quelques types animaux, et si cette mer est relativement pauvre en formes abyssales, cela tient à des circonstances particulières, notamment à l'existence du seuil de Gibraltar qui établit entre la Méditerranée et l'Atlantique une barrière que les animaux des grands fonds de l'Océan peuvent difficilement franchir pour pénétrer dans la Méditerranée. Au contraire la vie pullule dans les profondeurs des Océans. Les explorations du *Lightning*, du *Porcupine*, du *Challenger*, du *Travailleur* et du *Talisman*, ainsi que d'autres encore, ont permis de bien étudier la faune des abîmes, la faune *abyssale*.

Ces recherches nécessitent un outillage spécial. Il faut des sondeurs, des dragues et aussi des appareils permettant de puiser à des niveaux divers l'eau de mer, ainsi que des thermomètres particuliers. On peut ainsi non seulement recueillir les animaux des grands fonds, mais aussi étudier les conditions physiques auxquelles ils se trouvent soumis. Les sondeurs sont de différentes formes, mais ils dérivent tous du sondeur de Brooke imaginé par l'officier américain de ce nom. C'est un plomb de sonde creusé à sa partie inférieure d'une cavité portant une soupape qui s'ouvre à la descente et se ferme en remontant; on peut ainsi ramener à bord un échantillon du sol sous-marin. Un boulet percé de part en part glisse librement le long de ce plomb; lorsque le système touche le fond, le boulet tombe, comme l'indique la figure 756. A bord on sait alors que le sondeur est arrivé jusqu'au sol sous-marin et il n'y a plus qu'à le remonter.

Les dragues de formes variées, sont attachées à des câbles métalliques enroulés sur d'énormes treuils que l'on met en action à l'aide de machines à vapeur (2). Aux dragues

(1) Voir de Folin, *Sous les mers*, Paris, 1887, et Ed. Perrier, *les Explorations sous-marines*, Paris, 1886.

(2) Voir surtout Roché, *Des procédés d'étude employés par les missions d'explorations sous-océaniques et de la*

sont fixés des fauberts, grosses houppes de chanvre auxquelles s'attachent des animaux de toute espèce.

Aujourd'hui l'étude des grands fonds est entrée dans une phase nouvelle, dans la phase expérimentale. M. Paul Regnard surtout est entré dans cette voie et a étudié l'influence de la pression, de la chaleur, de la lumière sur la vie aquatique. Il a imaginé toute une série d'appareils qui permettent d'apprécier l'action de ces différents facteurs (1).

Passons en revue les principaux types de la faune abyssale. Les Poissons sont tous remarquables par l'enduit muqueux qui couvre leur peau; ils sont carnassiers et leur bouche, extraordinairement grande, est armée de nombreuses dents aiguës. Leur estomac présente généralement un développement remarquable; ces animaux ne consistent souvent pour ainsi dire qu'en une bouche et un estomac. C'est ce qui a lieu notamment pour l'*Eurypharynx pelicanoïdes* péché entre 1 500 et 2 000 mètres et pour le *Melanocetus Johnsoni* (fig. 755) trouvé à plus de 4 000 mètres de profondeur. Chez ce dernier la tête est surmontée d'un filament pêcheur analogue à celui de la Baudroie et qui doit avoir le même rôle, consistant à attirer autour du Poisson enfoui dans la vase, les espèces plus petites dont il se nourrit. D'autres ont une forme se rapprochant davantage de celle des Poissons ordinaires; tels sont les *Macrurus*, les *Malacosteus*, les *Scopelus*, etc. Beaucoup sont pourvus de plaques phosphorescentes fournissant une vive lumière permettant à l'animal de se diriger dans les ténèbres des abîmes de la mer; ainsi le *Malacosteus niger* possède sur les joues de chaque côté de la tête une paire de ces plaques lumineuses. Les *Stomias*, les *Chauliodus*, etc., ont deux doubles rangées latérales d'organes lumineux.

Plusieurs Crustacés ont aussi des organes lumineux; ainsi les *Euphasia*, le *Thysanopoda*; chez un Crabe, le *Geryon tridens*, c'est l'œil lui-même qui est entouré d'une calotte phosphorescente lui envoyant de la lumière réfléchie. Beaucoup d'animaux inférieurs sont également lumineux, telle est la superbe Étoile de mer, appelée *Brisinga coronata* (2) dont nous avons déjà parlé, et dont toute la surface étincelle ou émet au contraire une telle lueur fixe d'un bleu verdâtre. En revanche beaucoup d'animaux des grandes profondeurs sont aveugles, notamment des Crustacés; les yeux manquent

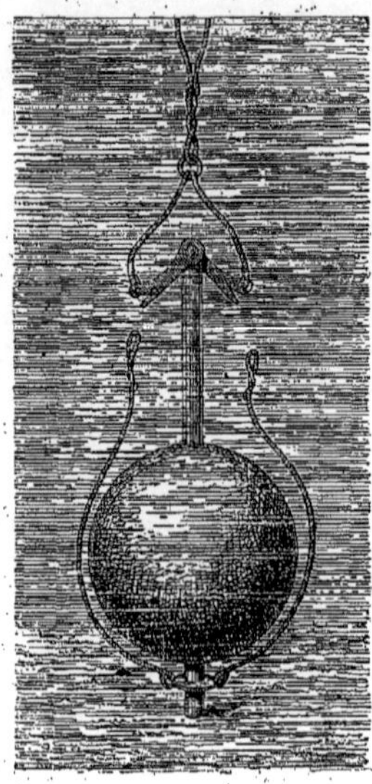

Fig. 756. — Soudeur de Brooke (page 699).

complètement chez les *Nephropsis* qui ressemblent à des Écrevisses, ils sont rudimentaires chez les *Polycheles*, les *Willemœsia* et les *Pentacheles*. Chez le *Galathodes Antonii* ils existent, mais sont réduits à une saillie arrondie privée de facettes. Le *Bathylax typhlus* est aveugle quand il habite les régions profondes et ses yeux sont normaux quand il fréquente une zone plus élevée. Citons encore parmi les Crustacés aveugles les *Nebaliopsis* pêchés à 5 000 mètres dans le Pacifique. Beaucoup de Mollusques sont également privés d'organes visuels, notamment le *Pecten fragilis* (3 000 mètres), et le *Fusus abyssorum* pêché à plus de 4 700 mètres.

Un fait remarquable est l'existence dans les grandes profondeurs d'animaux ayant une taille relativement géante, par rapport à ceux du même groupe qui vivent à la surface. Les Schizopodes et les Isopodes sont des Crustacés très petits; les premiers sont représentés cependant dans la faune abyssale par le *Gnathophausia goliath* qui atteint 25 centimètres

technique des pêcheries marines, Paris, 1891 (*Revue technique de l'Exposition universelle de 1889*).

(1) Paul Regnard, *Recherches expérimentales sur les conditions physiques de la vie dans les eaux*, Paris, 1891.

(2) Page 89, fig. 113.

Fig. 757. — Le Protée, Batracien aveugle des cavernes de la Carniole (page 702).

de long, et les seconds par le *Bathynomus giganteus* de 23 centimètres.

Un autre fait intéressant est la présence dans les abîmes d'espèces qui rappellent des formes animales disparues depuis des temps géologiques reculés. Les Crinoïdes très florissants pendant les premières périodes sont encore bien représentés par le *Pentacrinus Wyville-Thomsoni* et le *Bathycrinus aldrichianus;* chez un Oursin (*Calveria*) les plaquettes du test sont mobiles comme chez les *Echinothuria* de la craie; les Crustacés des genres *Pentacheles*, *Polycheles*, *Willemœsia* sont très analogues aux *Eryons* du Jurassique.

Enfin il faut noter la remarquable uniformité de la faune abyssale aux différentes latitudes; on trouve les mêmes formes animales sous l'équateur que dans les régions polaires; les conditions de température sont en effet, comme nous l'avons déjà vu (1), sensiblement les mêmes partout aux grandes profondeurs.

LA FAUNE DES CAVERNES.

Nous terminerons cette étude des faunes en considérant les animaux des cavernes et des eaux souterraines, qui méritent une mention particulière. La faune des cavernes est composée de types spéciaux généralement aveugles, à cause de l'atrophie graduelle des yeux, atrophie due au manque d'usage. Les grottes des Pyrénées notamment ont fourni un grand nombre d'Insectes, d'Arachnides et de Myriapodes. Les Insectes les plus abondants appartiennent à l'ordre des Coléoptères, et à la famille des Carabides. On leur donna le nom d'*Anophthalmus* à cause de leur cécité, mais on constata ensuite que les individus qui vivent à l'entrée ont encore des rudiments d'yeux; l'atrophie se montre progressivement à mesure qu'il s'agit d'individus vivant plus loin de l'ouverture. Les Anophthalmes sont en réalité des Carabes du genre *Trechus*, adaptés à des conditions nouvelles. Le genre *Adelops* contient aussi de nombreuses espèces cavernicoles. Il faut citer aussi une sorte de Sauterelle : *Dolichopoda palpalis*, remarquable par ses antennes et ses palpes extrêmement longs lui permettant de se diriger à tâtons dans l'obscurité des cavernes. La caverne du Mammouth dans le Kentucky, celles de la Carniole en Autriche présentent des types analogues. Elles contiennent aussi des Vertébrés aveugles. Une sorte de Rat (*Neotoma*) a été capturé dans

(1) Page 89.

les cavernes du Kentucky; ces individus qui vivent dans l'obscurité ont des yeux grands et brillants, mais ne distinguent pas les objets; M. Silliman a pu cependant après les avoir soumis pendant un mois à une lumière graduée constater qu'ils commençaient à recouvrer la vue; on voit intervenir ici les conséquences du non-usage des organes visuels (1). Les rivières souterraines de la grotte du Mammouth nourrissent un curieux Poisson aveugle et décoloré, l'*Amblyopsis spelæus*, voisin des Cyprinodontes et des Umbridés. Il est dépourvu d'yeux externes, bien que les lobes optiques soient aussi développés que chez les Poissons ordinaires. La perte de la vue est compensée par la présence sur la tête de papilles tactiles pourvues de filaments nerveux (2). Citons encore parmi les Poissons aveugles, le *Lucifuga dentata* des eaux souterraines de Cuba, voisin d'un type également aveugle (*Aphyonus*) des grandes profondeurs du Pacifique (1). Dans les cavernes de la Carniole et de la Dalmatie se trouve un curieux Batracien, le Protée (*Proteus anguineus*) (fig. 737); c'est une sorte de Salamandre dont la longueur atteint un pied; le corps très allongé est supporté par deux paires de membres très écartées l'une de l'autre; l'animal est généralement d'un blanc jaunâtre ou rosé; de chaque côté du cou s'insèrent des houppes branchiales d'un beau rouge-carmin; les yeux tout à fait rudimentaires sont cachés sous la peau comme ceux de l'*Amblyopsis*. L'animal reste généralement dans les ruisseaux et les lacs que forment les eaux souterraines dans les grottes d'Adelsberg, de Kermpolje, etc; il sort rarement de son milieu aquatique. Enfin, M. Richard a trouvé récemment dans les lacs du bois de Boulogne un Crustacé Copépode aveugle d'un type encore inconnu; il l'a appelé *Bradya Edwardsi*. Les lacs en question sont alimentés par le puits artésien de Passy et ce Copépode se montre en abondance dans ces eaux souterraines.

(1) Darwin, *Origine des espèces*, p. 150.

(2) Günther, *An introduction to the study of Fishes*. Édimbourg, 1880, p. 618.

(1) Trouessart, p. 308.

FIN.

TABLE DES MATIÈRES.

TABLE DES MATIÈRES

III. — LES ROCHES

IV. — UTILITÉ DES MINÉRAUX ET DES ROCHES

V. — LES FAUNES ET LES FLORES. DISTRIBUTION GÉOGRAPHIQUE DES ÊTRES VIVANTS.

FIN DE LA TABLE DES MATIÈRES.

INDEX ALPHABÉTIQUE

FIN DE L'INDEX ALPHABÉTIQUE.

2028-92. — Corbeil. Imprimerie Éd. Crété.

BLEICHER. — **Les Vosges**, le sol et les habitants, par G. Bleicher, docteur ès sciences, professeur d'histoire naturelle à l' cole de Nancy. 1889. 1 vol. in-16 de 320 pages, avec 28 figures........ 3 fr. 50

On a tant écrit sur la géologie des Vosges que ce résumé est vraiment une bonne fortune pour les jeunes géologues.

Les botanistes et les zoologistes se féliciteront du soin apporté à la rédaction des questions qui les intéressent, car les spécialistes de la région ont mis leurs connaissances au service de l'œuvre de M. Bleicher.

CONTEJEAN. — **Éléments de Géologie et de Paléontologie**, 1 vol. in-8 de 859 pages, avec 467 figures, cartonné........................ 16 fr.

La première partie est une description de l'univers, où l'on indique les relations de la terre avec les autres astres et la place qu'elle occupe dans le grand Tout : la deuxième est consacrée à la Description physique du globe ; la troisième, à l'Etude des phénomènes qui se manifestent actuellement à sa surface ou dans son intérieur, et dont la connaissance est une préparation indispensable à l'étude des phénomènes anciens, auxquels la terre doit son état actuel (4e partie).

DESHAYES. — **Description des animaux sans vertèbres découverts dans le bassin de Paris**, comprenant une revue générale de toutes les espèces actuellement connues. Ouvrage complet, 1860-1865, 3 vol. gr. in-4 de texte et 2 vol. d'atlas comprenant 196 pl. lithographiées.......... 250 fr.

Par des circonstances favorables, de notables découvertes ont été faites depuis vingt ans dans le bassin de Paris. Sillonné dans toutes les directions pour l'établissement des chemins de fer; creusé pour la recherche des matériaux utiles soit aux constructions, soit à l'amendement des terres ; fouillé pour y découvrir des matières premières utiles à certaines industries, partout le sol a été ouvert.

FALSAN (A). — **Les Alpes françaises**, les montagnes, les eaux, les glaciers, les phénomènes de l'atmosphère; par A. Falsan. 1893, 1 vol. in-16 de 286 pages avec 52 figures (*Bibliothèque scientifique contemporaine*)........................ 3 fr. 50

— **Les Alpes françaises**, Flore et Faune, par A. Falsan, avec la collaboration de MM. de Saporta, Rey, Magnin, Locard et Chantre. 1893, 1 vol. in-16 de 350 pages, avec 50 figures (*Bibliothèque scientifique contemporaine*)........................ 3 fr. 50

FOLIN (Marquis de). — **Sous les mers**, campagnes d'explorations du « *Travailleur* » et du « *Talisman* », 1 vol. in-16, 340 pages avec 45 figures (*Bibliothèque scientifique contemporaine*)................ 3 fr. 50

Table des matières. — *Introduction. Les recherches sous-marines*, leur importance et leur utilité, les conquêtes de la science. — I. *Etudes préliminaires*, étude générale des mers, les grandes explorations américaines, anglaises, etc. — II. La fosse du cap Breton, la côte des Basses-Pyrénées, des Landes et de la Gironde. — III. La première campagne du « *Travailleur* », le golfe de Gascogne, Saint-Sébastien, Santander. — IV. La deuxième campagne du « *Travailleur* », la Méditerranée, les côtes nord du Maroc, les côtes du Portugal, le golfe de Gascogne. — V. La troisième campagne du « *Travailleur* », les côtes nord de l'Espagne, les côtes occidentales du Maroc, les Canaries, Madère, le golfe de Gascogne. — VI. Campagne du « *Talisman* », les côtes sud-ouest de la péninsule Ibérique, les côtes occidentales du Maroc, les Canaries, les côtes du Soudan et du Sénégal, les îles du Cap-Vert, la mer des Sargasses, les Açores, le golfe de Gascogne.

FOUQUÉ. — **Les tremblements de terre**, par F. Fouqué, professeur au Collège de France, membre de l'Institut, 1 vol. in-16, avec 44 figures (*Bibliothèque scientifique contemporaine*).......... 3 fr. 50

M. F. Fouqué, qui a rempli de nombreuses missions toutes les fois qu'un de ces sinistres s'est produit en Europe, soulève un coin du voile et démontre par des expériences concluantes les lois qui régissent l'origine et le développement de ces phénomènes.

Mais il n'a pas suffi à M. Fouqué d'exposer ses idées dans un style imagé et pittoresque, dépouillé des formules abstraites, il a voulu joindre à cette partie générale le récit détaillé des grandes catastrophes qui, depuis 1850 jusqu'à nos jours, ont désolé notre sol; il raconte les tremblements de terre d'Ilopango, de Simoda, d'Ischia en 1883, d'Andalousie en 1884, de Nice, de Menton et de Diano-Marina en 1887.

A son texte, très détaillé et très complet, M. F. Fouqué a ajouté de jolies illustrations, exécutées d'après des photographies prises sur nature, et qui mettent sous les yeux du lecteur les principales scènes de ces drames palpitants.

GAUDRY. — **Les ancêtres de nos animaux** dans les temps géologiques, par Albert Gaudry, professeur au Muséum, membre de l'Académie des sciences. 1 vol. in-16 de 296 pages, avec 49 figures (*Bibliothèque scientifique contemporaine*).... 3 fr. 50

Ce livre renferme d'abord l'indication des phases par lesquelles l'étude de la paléontologie a passé. La première phase a été celle où Cuvier a prouvé qu'il y avait eu autrefois un monde d'êtres fossiles différents des espèces actuelles. Dans la seconde phase, plusieurs paléontologistes ont montré que les temps géologiques ont été partagés en un grand nombre d'époques, dont chacune a été caractérisée par des formes spéciales. Dans la troisième phase, qui est celle où nous sommes, M. Gaudry étudie les rapports des espèces de toutes ces époques.

M. Gaudry a réuni ici des travaux qui ont été faits à ce point de vue, notamment le résumé de ses recherches sur Pikermi.

Le livre se termine par un historique de la paléontologie.

KNAB. — **Les minéraux utiles et l'exploitation des mines**, par Louis Knab, ingénieur, répétiteur à l'Ecole centrale des Arts et manufactures. 1 vol. in-16 de 392 pages avec 74 figures (*Bibliothèque scientifique contemporaine*)... 3 fr. 50

L'auteur, dans une première partie qui a pour titre *Gîtes des minéraux utiles*, présente tous les faits géologiques qui mènent à la connaissance du gisement des minéraux. Il décrit les gîtes minéraux, les combustibles minéraux, le sel gemme, les minerais, les mines de la France et des colonies, et expose les principes qui doivent guider pour la reconnaissance des mines.

La seconde partie, sous le titre *Exploitation des minéraux utiles*, offre deux ordres de questions, les unes concernant l'attaque de la masse terrestre (*abatage, voies de communication, exploitation*), les autres concernant les transports de toute nature, effectués dans le sein de la terre (*épuisement, aérage, extraction, roulage*).

L'*éclairage*, la *descente des hommes*, les *accidents de mines* forment sous le titre de *Services divers* un groupe à part.

Enfin, sous le nom de *Préparation mécanique des minerais*, l'auteur suit les minerais au delà de l'instant où ils sont amenés au jour en vue de les livrer aux usines.

HOGARD (H.). — **Terrain erratique des Vosges.** 1 vol. gr. in-8........................ 3 fr.

— **Formations erratiques**, 1 vol. gr. in-8, avec atlas in-folio de 19 planches.............. 30 fr.

— **Glaciers et formations erratiques des Alpes de la Suisse.** 1 vol. gr. in-8, avec atlas in-folio de 35 pl. noires et color.............. 15 fr.

Séparément : Atlas seul........................ 12 fr.

MEUNIER (Stanislas). — **Géologie des environs de Paris**, description des terrains et énumération des fossiles qui s'y rencontrent. Index géographique des localités fossilières, cours professé au Muséum d'Histoire naturelle, par Stanislas Meunier, professeur au Muséum d'Histoire naturelle de Paris. 1875. 1 vol. in-8 de 530 pages, avec 112 figures... 10 fr.

TCHIHATCHEF (P. de) (Membre correspondant de l'Institut de France. — **Espagne, Algérie et Tunisie**, 1880, 1 vol. gr. in-8 de 596 pages, avec une carte de l'Algérie........................ 8 fr.

— **Le Bosphore et Constantinople**, 3e édition, 1877, 1 vol. gr. in-8, xii-591 pages, avec 2 cartes, 9 planches et 9 figures........................ 10 fr.

— **Asie Mineure**, description physique de cette contrée. Ouvrage complet................ 200 fr.

Il est divisé en quatre parties :

Première partie : Géographie physique. 1886, 1 vol. gr. in-8 de 600 p., avec 12 pl., 1 carte de l'Asie Mineure en 2 feuil. in-plano jésus et 1 atlas in-4 de 28 pl. (100 fr.). 60 fr.

Deuxième partie : Climatologie et zoologie. 1886, 1 vol. gr. in-8 de 900 p., avec 4 pl........................ 30 fr.

Troisième partie : Botanique, 1886, 2 vol. gr. in-8 de 600 p., et 1 atlas in-4 de 41 pl........................ 50 fr.

Quatrième partie : Géologie (3 vol.) et Paléontologie, avec le concours de MM. d'Archiac, de Verneuil, Fischer, Brongniart et Unger (1 vol.). Ensemble, 4 vol. gr. in-8, avec une carte in-plano et 1 atlas in-4 de 21 pl................ 60 fr.

Séparément : La Paléontologie, 1 vol. gr. in-8 avec 1 atlas in-4 de 21 pl........................ 35 fr

— La Géologie, 3 vol. gr. in-8 avec carte........ 35 fr.

LIBRAIRIE J.-B. BAILLIÈRE ET FILS, 19, RUE HAUTEFEUILLE, PARIS.

3 fr. 50 BIBLIOTHÈQUE SCIENTIFIQUE CONTEMPORAINE 3 fr. 50

Nouvelle collection de volumes in-16, comprenant 300 à 400 pages, illustrés de figures.

120 VOLUMES SONT EN VENTE.

PHILOSOPHIE DES SCIENCES

COMTE (AUGUSTE) et LITTRÉ (de l'Institut). **Principes de philosophie positive**, 1 vol. in-16............ 3 fr. 50

HUXLEY. **Les sciences naturelles et l'éducation**, par TH. HUXLEY, membre de la Société royale de Londres. 1 vol. in-16 de 320 p.......... 3 fr 50

— **L'origine des espèces et l'évolution**. 1 vol. in-16 de 320 p.................. 3 fr. 50

— **Science et religion**. 1 vol. in-16 de 320 p..... 3 fr. 50

PLYTOFF (G.). **Les sciences occultes**. Divination. Calcul des probabilités, Oracles et Sorts, Graphologie, Chiromancie, Phrénologie, Physiognomonie, Cryptographie, etc. 1 vol. in-16, avec 150 fig.............. 3 fr. 50

— **La magie**, les lois occultes, la théosophie, l'initiation, le magnétisme, le spiritisme, la sorcellerie, le sabbat, l'alchimie, la kabbale, l'astrologie. 1 vol. in-16, avec 80 fig. 3 fr. 50

ASTRONOMIE ET MÉTÉOROLOGIE

DALLET (G.). **Les merveilles du ciel**, par G. DALLET. 1 vol. in-16 de 372 p., avec 74 fig.............. 3 fr. 50

— **La prévision du temps** et les prédictions météorologiques. 1 vol. in-16 de 336 p., avec 39 fig....... 3 fr. 50

PLANTÉ (G.). **Phénomènes électriques de l'atmosphère**, par G. PLANTÉ, lauréat de l'Institut. 1 vol. in-16 de 333 p., avec 50 fig.............. 3 fr. 50

PHYSIQUE

BRUCKE et SCHUTZENBERGER (de l'Institut). **Les couleurs**, au point de vue physique, physiologique, artistique et industriel, 1 vol. in-16 de 344 p., avec 46 fig....... 3 fr. 50

CHARPENTIER (A.). **La lumière et les couleurs**, au point de vue physiologique, par A. CHARPENTIER, professeur à la Faculté de Nancy. 1 vol. in-16 de 352 p.. 3 fr. 50

COUVREUR (E.). **Le microscope et ses applications** à l'étude des animaux et des végétaux, par ED. COUVREUR, chef des travaux à la Faculté des sciences de Lyon. 1 vol. in-16 de 350 p., avec 112 fig.............. 3 fr. 50

IMBERT. **Les anomalies de la vision**, par IMBERT, professeur à la Faculté de médecine de Montpellier. 1 vol. in-16, de 365 p., avec 48 fig.............. 3 fr. 50

CHIMIE

CAZENEUVE. **La coloration des vins** par les couleurs de la houille, par P. CAZENEUVE, professeur à la Faculté de Lyon. 1 vol. in-16 de 316 p.............. 3 fr. 50

DUCLAUX (de l'Institut). **Le lait**. Études chimiques et microbiologiques, par DUCLAUX, professeur à la Faculté des sciences de Paris. 1 vol. in-16 de 336 p. avec fig. 3 fr. 50

GARNIER (L.). **Ferments et fermentations**, étude biologique des ferments, rôle des fermentations dans la nature et dans l'industrie, par LÉON GARNIER, professeur à la Faculté de Nancy. 1 vol. in-16 de 318 p. avec 65 fig. 3 fr. 50

SAPORTA (A. DE). **Les théories et les notations de la chimie moderne**, par A. DE SAPORTA. Introduction par C. FRIEDEL, membre de l'Institut. 1 vol. in-16 de 336 p. 3 fr. 50

ART MILITAIRE ET NAVAL

FOLIN (DE). **Bateaux et navires**, les embarcations de pêche, les transports, les navires de commerce et de guerre, les flotteurs de plaisance, les flotteurs sous-marins. 1 vol. in-16, de 328 pages avec 132 fig.............. 3 fr. 50

GUN (le colonel). **L'électricité appliquée à l'art militaire**, par le colonel GUN. 1 vol. in-16 de 380 p., avec 143 fig. 3 fr. 50

— **L'artillerie actuelle**, canons, poudres, fusils et projectiles. 1 vol. in-16 de 316 p., avec 96 fig....... 3 fr. 50

INDUSTRIE

BOUANT. **La galvanoplastie**, le nickelage, l'argenture, dorure et l'électro-métallurgie. 1 vol. in-16 de 308 p., avec 34 fig.............. 3 fr. 50

GRAFFIGNY (H. DE). **La navigation aérienne** et les ballons dirigeables. 1 vol. in-16 de 343 p., avec 44 fig.. 3 fr. 50

LEFÈVRE (J.). **La Photographie** et ses applications aux sciences, aux arts et à l'industrie, par JULIEN LEFÈVRE, professeur à l'École des sciences de Nantes. 1 vol. in-16 de 381 p., avec 95 fig.............. 3 fr. 50

MONTILLOT. **La télégraphie actuelle** en France et à l'Étranger, lignes, réseaux, appareils, téléphones, par MONTILLOT, directeur de télégraphie militaire. 1 vol. in-16 de 334 p., avec 181 fig.............. 3 fr. 50

— **La lumière électrique**, générateurs, foyers, distribution, applications. 1 vol. in-16 de 408 p., avec 190 fig. 3 fr. 50

SCHOELLER. **Les chemins de fer**, par H. SCHOELLER, inspecteur de l'exploitation du chemin de fer du Nord. 1 vol. in-16 de 320 p., avec 80 fig.............. 3 fr. 50

AGRICULTURE

FERRY DE LA BELLONE. **La Truffe**. Étude sur les truffes et les truffières. 1 vol. in-16 de 312 p., avec 21 fig. 3 fr. 50

GIRARD. **Les abeilles**, organes et fonctions, éducation et produits, miel et cire, 1 vol. in-16 de 320 p., avec 85 fig. 3 fr. 50

HERPIN. **La vigne et le raisin**, histoire botanique et chimique, effets physiologiques et thérapeutiques. 1 vol. in-16 de 362 p.............. 3 fr. 50

LARBALÉTRIER (A.). **L'alcool** au point de vue chimique, agricole, industriel, hygiénique et fiscal, 1 vol. in-16 de 312 p., avec 62 fig.............. 3 fr. 50

BOTANIQUE

ACLOQUE (A.). **Les champignons**, au point de vue biologique, économique et taxonomique. 1 vol. in-16, 320 p., avec 60 fig.............. 3 fr. 50

— **Les lichens**. Anatomie, physiologie et morphologie. 1 vol. in-16 de 376 p., avec 82 fig.............. 3 fr. 50

LOVERDO. **Les maladies cryptogamiques des céréales**. 1 vol. in-16 avec 50 fig.............. 3 fr. 50

VILMORIN (PH. DE). **Les Fleurs à Paris**, culture et commerce. 1892, 1 vol. in-16 de 350 p. avec 150 fig. 3 fr. 50

VUILLEMIN. **La biologie végétale**, par P. VUILLEMIN, chef des travaux d'histoire naturelle à la Faculté de médecine de Nancy. 1 vol. in-16 de 380 p., avec 82 fig.... 3 fr. 50

GÉOGRAPHIE PHYSIQUE

BLEICHER. **Les Vosges**, le sol et les habitants, par G. BLEICHER, professeur d'histoire naturelle à l'École de Nancy. 1 vol. in-16 de 320 p., avec 28 fig.............. 3 fr. 50

FALSAN (ALBERT). **Les Alpes françaises**, les montagnes, les eaux, les glaciers, les phénomènes de l'atmosphère, 1 vol. in-16, de 290 p. avec fig.............. 3 fr. 50

— **Les Alpes françaises**, la flore et la faune, 1 vol. in-16 de 300 p., avec fig.............. 3 fr. 50

TROUESSART. **Au bord de la mer**, les dunes et les falaises, les animaux et les plantes des côtes de France. 1 vol. in-16 de 350 p. avec 100 fig.............. 3 fr. 50

MINÉRALOGIE ET GÉOLOGIE

FOUQUÉ (de l'Institut). **Les tremblements de terre**, par FOUQUÉ, professeur au Collège de France. 1 vol. in-16 de 328 p., avec 44 fig.............. 3 fr. 50

KNAB (M.). **Les minéraux utiles et l'exploitation des mines**, par M. KNAB, répétiteur à l'École centrale des arts et manufactures. 1 vol. in-16 de 392 p., avec fig. 3 fr. 50

PALÉONTOLOGIE

GAUDRY (de l'Institut). **Les ancêtres de nos animaux** dans les temps géologiques, par A. GAUDRY, professeur au Muséum. 1 vol. in-16 de 300 p., avec 49 fig..... 3 fr. 50

HUXLEY. **Les problèmes de la géologie et de la paléontologie**. 1 vol. in-16 de 320 p., avec 34 fig........ 3 fr. 50

PRIEM. **L'évolution des formes animales** avant l'apparition de l'homme, par F. PRIEM, agrégé des sciences naturelles. 1 vol. in-16 de 380 p., avec 175 fig.......... 3 fr. 50

RENAULT (B.). **Les plantes fossiles**, par B. RENAULT, assistant au Muséum d'histoire naturelle. 1 vol. in-16 de 400 p., avec 53 fig.............. 3 fr. 50

SAPORTA (G. DE). **Origine paléontologique des arbres cultivés ou utilisés par l'homme**, par G. DE SAPORTA, correspondant de l'Institut. 1 vol. in-16 de 360 p., 3 fr. 50

ANTHROPOLOGIE ET ARCHÉOLOGIE

BAYE (J. DE). **L'archéologie préhistorique**, par le baron J. DE BAYE. 1 vol. in-16 de 340 pages, avec 51 fig. 3 fr. 50

COTTEAU (G.). **Le préhistorique en Europe**, congrès, musées, excursions, par G. COTTEAU, correspondant de l'Institut. 1 vol. in-16 de 313 p., avec 87 fig.......... 3 fr. 50

DEBIERRE. **L'homme avant l'histoire**, par CH. DEBIERRE, professeur à la Faculté de médecine de Lille. 1 vol. in-16 de 304 p., 84 fig.............. 3 fr. 50

HUXLEY. **La place de l'homme dans la nature**. 1 vol. in-16 de 320 p., avec 84 fig.............. 3 fr. 50

LORET. **L'Égypte au temps des Pharaons**, la vie, la science et l'art, par LORET, maître de conférences à la Faculté de Lyon. 1 vol. in-16 de 316 p., avec 18 pl. 3 fr. 50

QUATREFAGES (de l'Institut). **Les pygmées**. Les pygmées des anciens d'après la science moderne, les Negritos ou pygmées asiatiques, les Négrilles ou pygmées africains, les Hottentots et Boschimans, par A. DE QUATREFAGES, professeur au Muséum. 1 vol. in-16 de 350 p., avec 31 fig. 3 fr. 50

SICARD (H.). **L'évolution sexuelle dans l'espèce humaine**, par le Dr SICARD, doyen de la Faculté des sciences de Lyon. 1 vol. in-16 de 320 p., avec 94 fig.............. 3 fr. 50

ENVOI FRANCO CONTRE UN MANDAT POSTAL.

ZOOLOGIE

CHATIN (J.). **La cellule animale**, sa structure et sa vie, étude biologique et pratique, par J. CHATIN, professeur à la Faculté des sciences de Paris. 1 vol. in-16, 304 p. avec 149 fig. ... 3 fr. 50

DOLLO. **La vie au sein des mers**, par L. DOLLO, aide-naturaliste au Musée d'histoire naturelle de Bruxelles. 1 vol. in-16 de 304 p., avec 47 fig. ... 3 fr. 50

FOLIN (DE). **Sous les mers.** Campagnes d'explorations du *Travailleur* et du *Talisman*, 1 vol. in-16 de 340 p., avec 45 fig. ... 3 fr. 50

FOVEAU DE COURMELLES. **Les facultés mentales des animaux.** 1 vol. in-16 de 350 p., avec fig. ... 3 fr. 50

FRÉDÉRICQ (L.). **La lutte pour l'existence** chez les animaux marins, par L. FRÉDÉRICQ, professeur à l'Université de Liège. 1 vol. in-16 de 303 p., avec 37 fig. ... 3 fr. 50

GADEAU DE KERVILLE. **Les animaux et les végétaux lumineux.** 1 vol. in-16 de 327 p., avec 49 fig. ... 3 fr. 50

GIROD. **Les sociétés chez les animaux**, par P. GIROD, professeur à la Faculté des sciences de Clermont-Ferrand. 1 vol. in-16 de 320 p., avec 50 fig. ... 3 fr. 50

HAMONVILLE (D.). **La vie des oiseaux**, 1 vol. in-16 de 400 pl., avec 17 pl. ... 3 fr. 50

HOUSSAY. **Les industries des animaux**, par F. HOUSSAY, maître de conférences à l'École normale supérieure. 1 vol. in-16 de 312 p., avec 38 fig. ... 3 fr. 50

HUXLEY. **Les problèmes de la biologie.** 1 vol. in-16 3 fr. 50

JOURDAN (E.). **Les sens chez les animaux inférieurs**, par E. JOURDAN, professeur à la Faculté des sciences de Marseille. 1 vol. in-16 de 314 p., avec 48 fig. ... 3 fr. 50

LOCARD (A.). **Les huîtres et les mollusques comestibles**, moules, prairies, clovisses, escargots, etc. Histoire naturelle, culture industrielle, hygiène alimentaire. 1 vol. in-16 de 350 p., avec 97 fig. ... 3 fr. 50

MONIEZ (L.). **Les parasites de l'homme** (animaux et végétaux), par L.-R. MONIEZ, professeur à la Faculté de médecine de Lille. 1 vol. in-16 de 307 p., avec 72 fig. . 3 fr. 50

PERRIER (ED.). **Le transformisme**, par ED. PERRIER, professeur au Muséum. 1 vol. in-16 de 344 p., 88 fig. 3 fr. 50

TROUESSART. **La géographie zoologique.** 1 vol. in-16 de 350 p. avec 100 fig. ... 3 fr. 50

PHYSIOLOGIE

BEAUNIS. **L'évolution du système nerveux.** 1 vol. in-16 de 320 p. avec 237 fig. ... 3 fr. 50

BERNARD (CLAUDE). **La science expérimentale**, par CLAUDE BERNARD, de l'Académie des sciences et de l'Académie française. 1 vol. in-16 de 449 p., avec 19 fig. ... 3 fr. 50

BOUCHUT. **La vie et ses attributs**, dans leurs rapports avec la philosophie et la médecine, 1 vol. in-16 de 444 p. 3 fr. 50

COUVREUR. **Les merveilles du corps humain**, structure et fonctions. 1 vol. in-16, avec 100 fig. ... 3 fr. 50

DUVAL (MATHIAS). **La technique microscopique et histologique.** Introduction pratique à l'anatomie générale, par MATHIAS DUVAL, professeur à la Faculté de médecine de Paris. 1 vol. in-16 de 313 pages, avec 43 fig. ... 3 fr. 50

GREHANT. **Les poisons de l'air**, l'acide carbonique et l'oxyde de carbone, asphyxies et empoisonnements, par N. GRÉHANT, assistant au Muséum. 1 vol. in-16 de 320 p., avec fig. ... 3 fr. 50

MÉDECINE

BOUCHARD (CH.) (de l'Institut). **Les microbes pathogènes**, par CH. BOUCHARD, professeur à la Faculté de médecine de Paris. 1 vol. in-16, 304 pages ... 3 fr. 50

BROUARDEL. **Le secret médical.** Honoraires, mariage, assurances sur la vie, déclaration de naissance, expertise, témoignage, etc., par P. BROUARDEL, doyen de la Faculté de médecine de Paris. 1 vol. in-16 de 300 p. ... 3 fr. 50

CULLERRE. **Les frontières de la folie.** 1 vol. in-16 de 360 p. ... 3 fr. 50

GARNIER (P.). **La folie à Paris**, par P. GARNIER, médecin en chef de l'infirmerie du Dépôt de la Préfecture de police. 1 vol. in-16, 415 p. ... 3 fr. 50

GUÉRIN (A.). **Les pansements modernes**, le pansement ouaté et ses applications à la thérapeutique chirurgicale, par A. GUÉRIN, membre de l'Académie de médecine. 1 vol. in-16 de 392 p., avec fig. ... 3 fr. 50

GUIMBAIL. **Les morphinomanes.** Désordres physiques et troubles de l'intelligence, médecine légale, traitement. 1891, 1 vol. in-16 de 320 p. ... 3 fr. 50

MOREAU (P., de Tours). **La folie chez les enfants.** 1 vol. in-16 de 444 p. ... 3 fr. 50

RÉVEILLÉ-PARISE. **La goutte et les rhumatismes.** 1 vol. in-16 de 306 p. ... 3 fr. 50

RIANT. **Les irresponsables devant la justice**, par le Dr A. RIANT. 1 vol. in-16 de 306 p. ... 3 fr. 50

SCHMITT. **Microbes et maladies**, par J. SCHMITT, professeur à la Faculté de médecine de Nancy. 1 vol. in-16 de 300 p. 24 fig. ... 3 fr. 50

PSYCHOLOGIE PHYSIOLOGIQUE

AZAM. **Hypnotisme, double conscience et altérations de la personnalité**, par le Dr AZAM, professeur à la Faculté de Bordeaux. Préface par le professeur CHARCOT, de l'Institut. 1 vol. in-16 ... 3 fr. 50

BEAUNIS. **Le somnambulisme provoqué**, études physiologiques et psychologiques, par H. BEAUNIS, professeur à la Faculté de Nancy. 1 vol. in-16 ... 3 fr. 50

BOURRU et BUROT. **La suggestion mentale et l'action à distance des substances toxiques et médicamenteuses**, par BOURRU et BUROT, professeurs à l'École de Rochefort. 1 vol. in-16 de 312 p., avec 10 pl. ... 3 fr. 50

— **Variations de la personnalité.** 1 vol. in-16 de 316 p., avec 15 pl. ... 3 fr. 50

CULLERRE (A.). **La thérapeutique suggestive** et ses applications aux maladies nerveuses et mentales, à la chirurgie, à l'obstétrique et à la pédagogie. 1 vol. in-16, 318 p. 3 fr. 50

— **Magnétisme et hypnotisme.** Exposé des phénomènes observés pendant le sommeil nerveux provoqué, au point de vue clinique, psychologique, thérapeutique et médico-légal. 1 vol. in-16 de 358 p., 28 fig. ... 3 fr. 50

FRANCOTTE. **L'anthropologie criminelle**, par X. FRANCOTTE, professeur à l'Université de Liège. 1 vol. in-16 de 320 p., avec 50 fig. ... 3 fr. 50

HERZEN. **Le cerveau et l'activité cérébrale**, au point de vue psycho-physiologique, par A. HERZEN, professeur à l'Académie de Lausanne. 1 vol. in-16 de 312 ... 3 fr. 50

LELUT (de l'Institut). **Le génie, la raison et la folie**, le démon de Socrate, application de la science psychologique à l'histoire. 1 vol. in-16 de 348 p. ... 3 fr. 50

LUYS (J.). **Hypnotisme expérimental.** Les émotions dans l'état d'hypnotisme et l'action à distance des substances médicamenteuses ou toxiques, par J. LUYS, membre de l'Académie de médecine. 1 vol. in-16 de 320 p., avec 28 pl. 3 fr. 50

MOREAU de TOURS. **Fous et bouffons**, étude physiologique, psychologique et historique. 1 vol. in-16 de 300 p. 3 fr. 50

SIMON. **Le monde des rêves.** Le rêve, l'hallucination, les somnambulisme et l'hypnotisme, l'illusion, les paradis artificiels, etc., par P.-MAX SIMON, médecin en chef de l'Asile d'aliénés de Lyon. 1 vol. in-16 de 325 p. ... 3 fr. 50

— **Les maladies de l'esprit.** 1 vol. in-16 de 350 p. 3 fr. 50

HYGIÈNE

BARTHÉLEMY (A.-J.-C.). **L'examen de la vision** devant les conseils de révision et de réforme, dans la marine et dans l'armée, par le Dr BARTHÉLEMY, directeur du service de santé de la marine. 1 vol. in-16 avec fig. et pl. col. 3 fr. 50

BERGERET. **L'alcoolisme**, dangers et inconvénients pour l'individu, la famille et la société. 1 vol. in-16 de 380 p. ... 3 fr. 50

BONNEJOY. **Le végétarisme** et le régime végétarien. Introduction par le Dr DUJARDIN-BEAUMETZ. 1 vol. in-16 de 320 p. 3 fr. 50

COLLINEAU. **L'hygiène à l'école**, pédagogie scientifique. 1 vol. in-16 de 314 p. avec 50 fig. ... 3 fr. 50

COUVREUR. **Les exercices du corps**, le développement de la force et de l'adresse, étude scientifique. 1 vol. in-16 de 351 p., avec 59 fig. ... 3 fr. 50

CULLERRE. **Nervosisme et névroses.** Hygiène des énervés et des névropathes. 1 vol. in-16 de 322 p. ... 3 fr. 50

DONNE (A.). **Hygiène des gens du monde**, par A. DONNÉ, inspecteur général des Écoles de médecine, 2e *édition*. 1 vol. in-16 de 448 p. ... 3 fr. 50

DU MESNIL. **L'hygiène à Paris**, l'habitation du pauvre. Préface par J. SIMON, de l'Académie française. 1 vol. in-16 ... 3 fr. 50

FOVILLE. **Les nouvelles institutions de bienfaisance**, les dispensaires pour enfants malades, l'hospice rural, par A. FOVILLE, inspecteur général des établissements de bienfaisance. 1 vol. in-16 de 300 p., avec 10 pl. ... 3 fr. 50

GALEZOWSKI et KOPFF. **Hygiène de la vue.** 1 vol. in-16 de 328 p., avec 44 fig. ... 3 fr. 50

GAUTIER (ARM.). (de l'Institut). **Le cuivre et le plomb** dans l'alimentation et l'industrie, au point de vue de l'hygiène, par A. GAUTIER, professeur à la Faculté de médecine de Paris, 1 vol. in-16 de 310 p. ... 3 fr. 50

RAVENEZ. **La vie du soldat au point de vue de l'hygiène**, par le Dr RAVENEZ, médecin-major à l'École de cavalerie de Saumur. 1 vol. in-16 de 375 p., avec 55 fig... 3 fr. 50

RÉVEILLÉ-PARISE et CARRIÈRE. **Hygiène de l'esprit**, physiologie et hygiène des hommes livrés aux travaux intellectuels, gens de lettres, artistes, savants, hommes d'État, jurisconsultes, administrateurs, par J.-H. RÉVEILLÉ-PARISE, membre de l'Académie de médecine, et ED. CARRIÈRE, lauréat de l'Institut. 1 vol. in-16 de 435 p. ... 3 fr. 50

RIANT. **Hygiène des orateurs**, hommes politiques, magistrats, avocats, prédicateurs, professeurs, artistes et de tous ceux qui sont appelés à parler en public. 1 vol. in-16 de 500 p. ... 3 fr. 50

— **Le surmenage intellectuel** et les exercices physiques. 1 vol. in-16 de 312 p. ... 3 fr. 50

www.ingramcontent.com/pod-product-compliance
Ingram Content Group UK Ltd.
Pitfield, Milton Keynes, MK11 3LW, UK
UKHW022316190726
13856UKWH00001B/48